U0793488

2014 年 4 月 9 日，中共中央政治局委员、国务院副总理刘延东视察中国农业科学院棉花研究所

2014 年 11 月 15 日和 19 日，中央农村工作领导小组副组长袁纯清到中国农业科学院考察调研

2014 年 11 月 22 日，农业部部长韩长赋到中国农业科学院深圳农业基因组研究所调研

2014 年 6 月 24 日，科技部党组书记、副部长王志刚到中国农业科学院棉花研究所调研

2014 年 1 月 13 — 14 日，中国农业科学院在京召开 2014 年工作会议。农业部副部长、中国农业科学院院长李家洋作了题为《全面深化改革　加快世界一流院所建设步伐》的工作报告

2014 年 8 月 13 日，依托中国农业科学院建设的国家种业科技成果产权交易中心启动运行

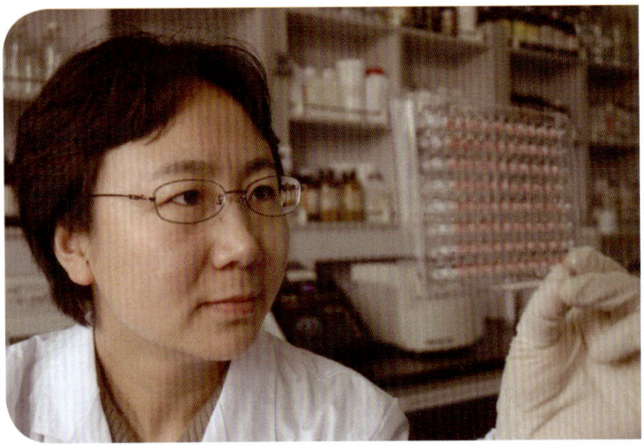

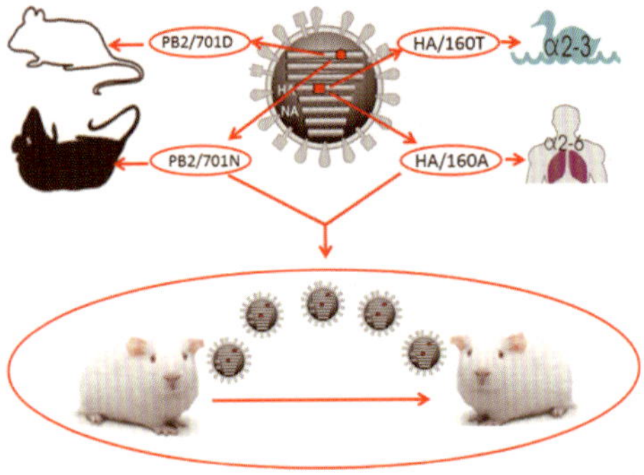

中国农业科学院哈尔滨兽医研究所陈化兰研究员主持完成的“禽流感病毒进化、跨种感染及致病力分子机制研究”获 2013 年度国家自然科学奖二等奖

中国农业科学院农业资源与农业区划研究所张夫道研究员主持完成的“低成本易降解肥料用缓释材料创制与应用”获 2013 年度国家技术发明奖二等奖

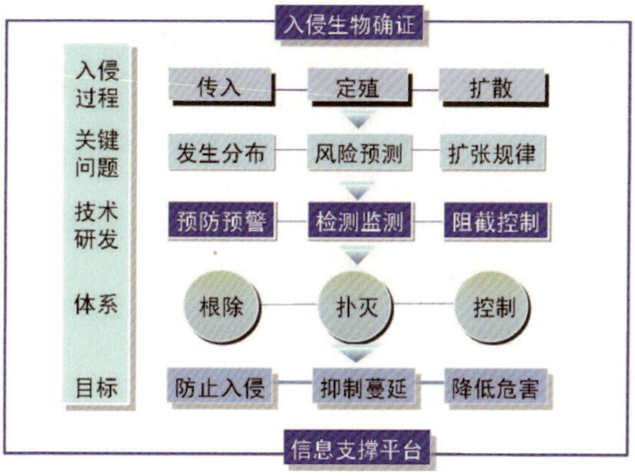

中国农业科学院植物保护研究所万方浩研究员主持完成的“主要农业入侵生物的预警与监控技术”获 2013 年度国家科技进步奖二等奖

中国农业科学院农业环境与可持续发展研究所梅旭荣研究员主持完成的“旱作农业关键技术研究与集成应用”获 2013 年度国家科技进步奖二等奖

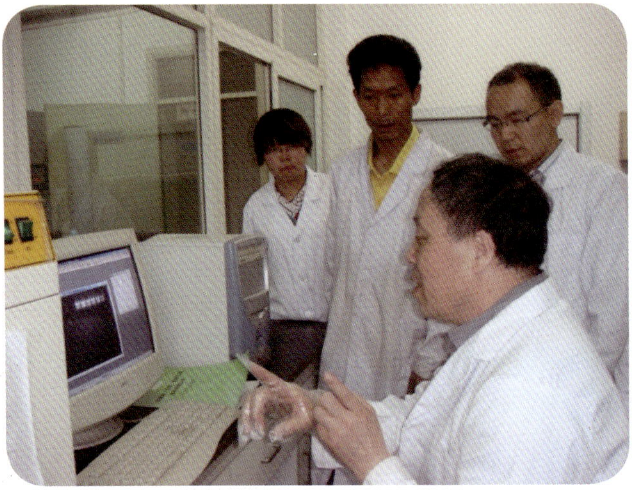

中国农业科学院北京畜牧兽医研究所侯水生研究员主持完成的“北京鸭新品种培育与养殖技术研究应用”获 2013 年度国家科技进步奖二等奖

中国农业科学院郑州果树研究所王力荣研究员主持完成的“桃优异种质的发掘、优质广适新品种的培育与利用”获 2013 年度国家科技进步奖二等奖

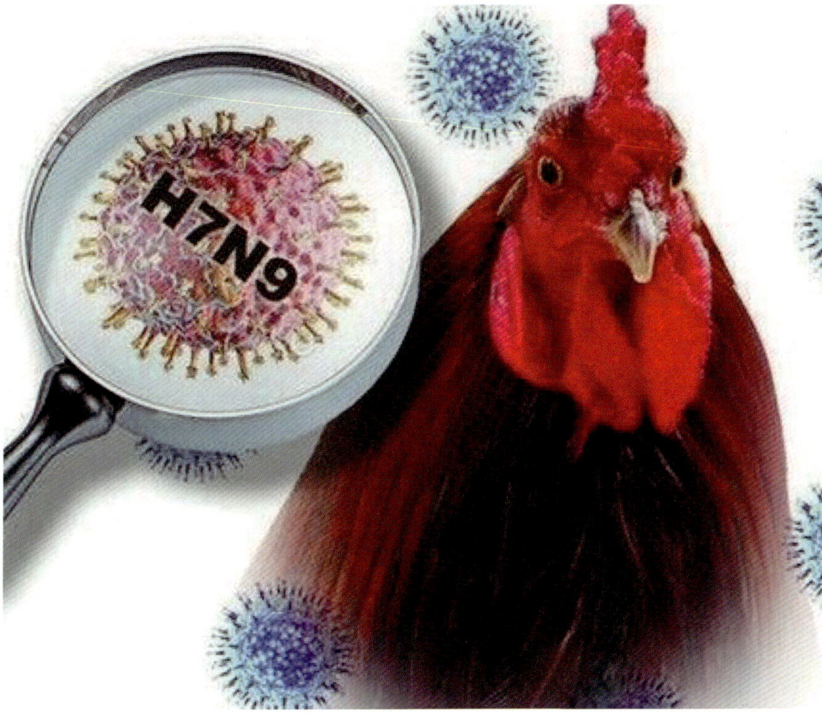

2014 年 1 月 24 日，中国农业科学院哈尔滨兽医研究所陈化兰团队在禽流感病毒研究方面取得的进展入选中国科学院院士和中国工程院院士共同评选的 2013 年“中国十大科技进展新闻”

2014 年 6 月，国家农作物种质资源库入选“中国种业十大里程碑事件”

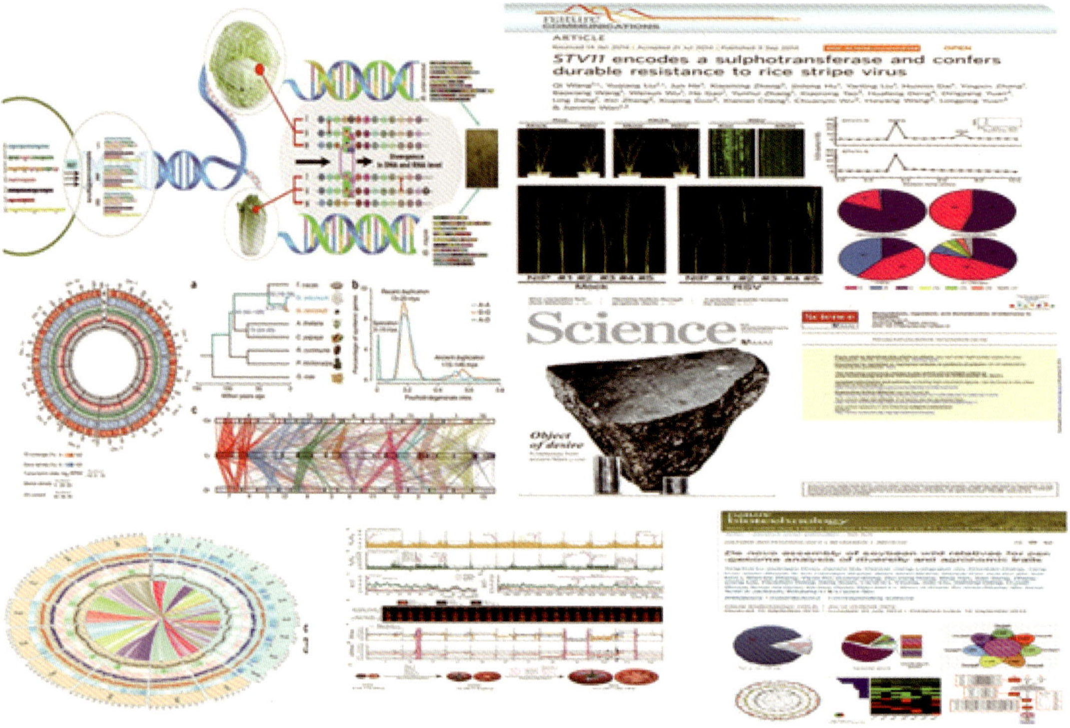

2014 年，中国农业科学院在小麦、水稻、大豆、棉花、黄瓜和烟草等作物上的基因组学研究取得重大进展。全年在 *Science*、*Nature* 等顶尖核心期刊发表论文 19 篇

2014 年，中国水稻研究所选育的“春优 927”籼粳杂交稻新品种创亩产 955 千克的单产新纪录；作物科学研究所在新疆维吾尔自治区万亩玉米示范田单产实现 1 227.6 千克 / 亩的全国大面积高产新纪录，使我国玉米万亩单产迈上 1 200 千克 / 亩的新台阶

2014 年，中国农业科学院对科技创新工程前两批试点研究所所长和团队首席专家开展培训，遴选出科技创新工程第三批试点研究所

2014 年，中国农业科学院创新工程绩效管理咨询专家组成立，前两批试点研究所所长与李家洋院长签定科技创新工程绩效任务书

2014 年，中国农业科学院开展了首批“青年英才计划”择优支持评审，举办了首届支撑人才岗位技能竞赛

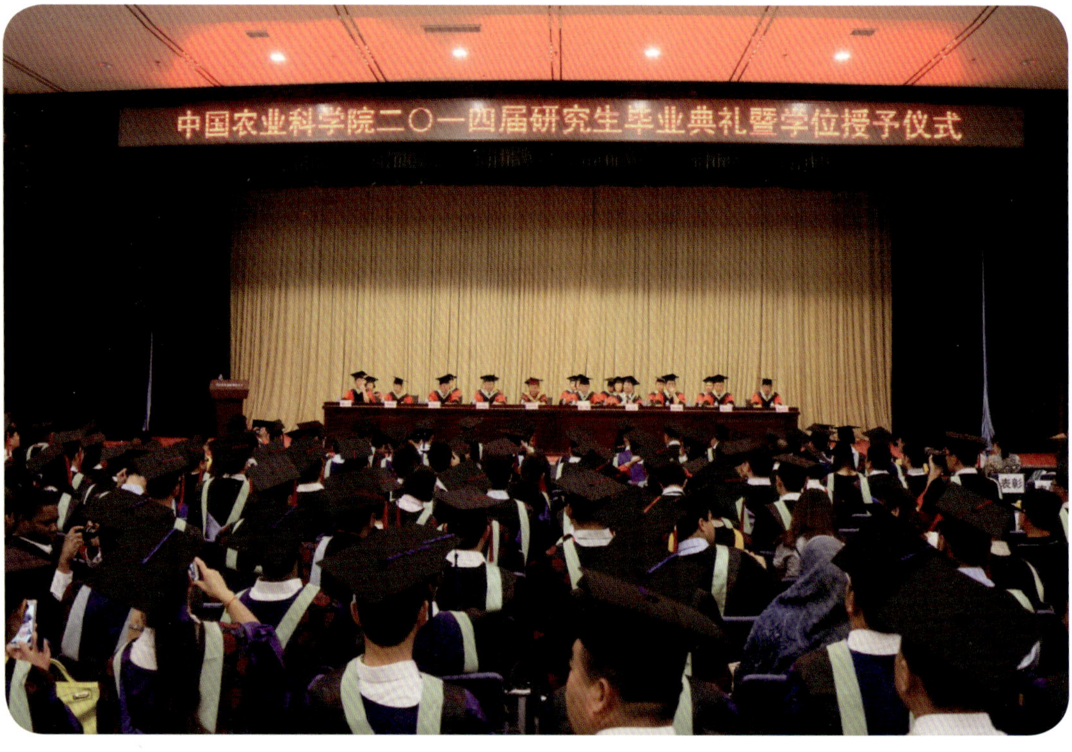

2014 年 6 月 26 日，中国农业科学院 2014 届研究生毕业典礼暨学位授予仪式在京举行

2014 年，方智远、郭三堆荣获“中国种业十大功勋人物”

2014 年，中国农业科学院棉花研究所喻树迅院士荣获“全国杰出技术人才”称号，农业环境与可持续发展研究所魏灵玲博士荣获第十七届中国科协求是杰出青年成果转化奖

2014 年，中国农业科学院共组织科技下乡 7.6 万人次，举办现场展示观摩会、技术培训咨询等活动 4 032 次，培训基层技术人员和农民 108 万人次，推广新品种 218 个、新产品 116 个、新技术 372 项，推广科技成果总面积 8.6 亿亩，推广畜禽 2.3 亿头（羽）

2014 年，中国农业科学院推进水稻、玉米、小麦、大豆、油菜等作物技术集成生产模式的协作攻关与示范推广，构建了几种主要作物增产增效综合技术生产模式，为农业部高产创建提供了技术储备与支撑

2014 年，中国农业科学院强化与地方政府的务实合作，促进了科技成果的转化，推动了现代农业产业的发展

2014 年，中国农业科学院深入开展科技援疆援藏和科技扶贫工作，提高了边疆和贫困地区的自我发展能力

2014 年，中国农业科学院共派出因公出国（境）团组 492 个，868 人次到国外开展学术交流、合作研究，参加会议和培训等

2014 年，中国农业科学院共邀请外宾 607 批 886 人次来院开展学术交流、讲学、洽谈等

2014 年，中国农业科学院举办、承办了国际真菌毒素大会、首届国际谷子遗传学大会、第五届国际牦牛大会、国际工程科技大会农业科技与食物安全分会、中国与东盟国家农业科技论坛等一系列重大国际活动，有效提升了国际影响力

2014 年，中国农业科学院深化与欧盟和中亚国家的合作，通过世界银行进一步加强与非洲的合作，推进我国农业“走出去”

2014 年，中国农业科学院与法国、阿根廷、澳大利亚等国家的科研机构、大学签署（续签）战略合作协议 11 份

2014 年，中国农业科学院与悉尼大学、比利时根特大学、世界农用林业中心等机构合作建立联合实验室

2014 年，中国农业科学院与北京市通州区人民政府签定《中国农业科学院通州院区筹建工作备忘录》；中国农业科学院农业科技展示园建设项目通过竣工验收

中国合格评定国家认可委员会
实验室认可证书
（注册号：CNAS L6928）

兹证明：

中国农业科学院哈尔滨兽医研究所
动物疫病诊断与技术服务中心
黑龙江省哈尔滨市南岗区马端街 427 号，150001

符合 ISO/IEC 17025：2005《检测和校准实验室能力的通用要求》（CNAS-CL01《检测和校准实验室能力认可准则》）的要求，具备承担本证书附件所列检测服务的能力，予以认可。

获认可的能力范围见标有相同认可注册号的证书附件，证书附件是本证书组成部分。

签发日期：2014-06-04
有效期至：2017-06-03
初次认可：2014-06-04
更新日期：2014-06-04

中国合格评定国家认可委员会授权人

中国合格评定国家认可委员会（CNAS）经国家认证认可监督管理委员会（CNCA）授权，负责实施合格评定国家认可制度。CNAS 是国际实验室认可合作组织（ILAC）和亚太实验室认可合作组织（APLAC）的多边互认协议成员。

No.CNAS AL 1　0009187

2014 年，中国农业科学院棉花研究所与河南大学联合共建的棉花生物学国家重点实验室通过科技部专家组验收；哈尔滨兽医研究所动物疫病诊断与技术服务中心通过中国合格评定国家认可委员会（CNAS）认可，成为国内动物疫病检测领域首家获此殊荣的检测实验室

2014 年 1 月 24 日，中国农业科学院召开党的群众路线教育实践活动总结大会

2014 年 11 月 5 日，中国农业科学院召开党员干部大会，传达学习党的十八届四中全会精神

2014 年 1 月 15 日，中国农业科学院召开 2014 年党风廉政建设工作会议

2014 年 11 月 3 日，中共中国农业科学院直属机关第六次代表大会在北京举行

2014 年，中国农业科学院近 30 个单位和组织获得省部级以上先进荣誉称号，20 多人荣获省部级以上先进个人荣誉称号。其中，作科所作物遗传育种系荣获“中央机关五一劳动奖状”，蔬菜所第六党支部荣获中组部“全国离退休干部先进集体”称号；资划所辛晓平获得“全国三八红旗手”荣誉称号，麻类所陈万权获得“全国五一劳动奖章”；资划所杨秀春荣获“全国民族团结进步模范个人”称号

2014 年 3 月 10 日，中国农业科学院举办首期“农科讲坛（中国农业科技报告会）”。农业部副部长、中国农业科学院院长李家洋作了题为“水稻品种设计育种的分子基础”的学术报告

2014 年 9 月 26 日，中国农业科学院举行院职工健身活动中心启用仪式

2014 年 3 月 6 日，中国农业科学院妇工委举办“魅力巾帼　芳耀农科”赛诗会，庆祝第一百零四个“三八”国际劳动妇女节

2014 年 4 月 19 日，中国农业科学院举办“中国梦·健康美”第二届职工健步走活动

中国农业科学院年鉴

2014

中国农业科学院办公室　编

中国农业科学技术出版社

图书在版编目（CIP）数据

中国农业科学院年鉴．2014／中国农业科学院办公室编．—北京：中国农业科学技术出版社，2015.10
ISBN 978－7－5116－2254－9

Ⅰ.①中…　Ⅱ.①中…　Ⅲ.①中国农业科学院－2014－年鉴
Ⅳ.①S－242

中国版本图书馆 CIP 数据核字（2015）第 213787 号

责任编辑　史咏竹　李　雪
责任校对　贾海霞

出 版 者　中国农业科学技术出版社
北京市中关村南大街 12 号　邮编：100081
电　　话　(010)82105169　82109707(编辑室)
(010)82109702(发行部)
(010)82109709(读者服务部)
传　　真　(010)82109707
网　　址　http://www.castp.cn
经 销 者　各地新华书店
印 刷 者　北京经典无限印刷有限公司
开　　本　787 mm×1 092 mm　1/16
印　　张　63　　插页　20 面
字　　数　1 418 千字
版　　次　2015 年 10 月第 1 版　2015 年 10 月第 1 次印刷
定　　价　268.00 元

版权所有·翻印必究

《中国农业科学院年鉴2014》

编 辑 委 员 会

主　　任	李家洋
副 主 任	陈萌山　唐华俊　雷茂良　刘　旭　李金祥　吴孔明　史志国　魏　琦
委　　员	高淑君　汪飞杰　梅旭荣　刘瀛弢　刘现武　张陆彪　袁龙江　高士军　舒文华　卢玉明　韩惠鹏

主　　编	李家洋
副 主 编	汪飞杰　姜梅林　方　放
执行编辑	李滋睿　刘振虎　吴限忠　任红艳　王　欣　杨　修　彭　卓　刘　燕　邓　祥　王　勇　李志平
参编人员	沈银书　侯希闻　赵英杰　苗水清　董照辉　张　雨　周　亮　牛敏杰　左　旭　马　骁　鞠光伟　陈　辰　孔凡丕　胡铁华　冯晓赟　叶群青　杨丁庆　高羽洁　庄　严　张　磊　熊明民　刘蓉蓉　赵锡海　赵婉婧　王海峰　高文洪　李　锋　张　富　王宇鸿　姜成钢　云　飞　万桂林　于　辉　丁海东　张立滨　任庆棉　王启现　刘　洁　张　熠　韩　进　汤承超　韩　姝　李明轩　钟　娟　赵　阳　宁爱照　王仕龙

目　录

一、总　　类

二、科研创新与创新工程

三、科技兴农

四、国际合作

五、人事管理与人才建设

六、计划财务管理与条件建设

七、研究生教育与管理

八、综合政务管理

九、党的建设、思想政治和党风廉政工作

十、人物介绍

十一、大事记

十二、附　　录

一、总　类

全面深化改革　加快世界一流院所建设步伐

——中国农业科学院2014年工作会议报告

农业部副部长、中国农业科学院院长　李家洋

（2014年1月13日）

各位领导、各位代表、同志们：

上午好！2013年是极不平凡的一年。这一年，在以习近平同志为总书记的党中央①领导下，我国政治、经济、社会、文化和科技等各个方面都取得了显著成就。去年年终，中央经济工作会议、中央城镇化会议和中央农村工作会议以及全国农业工作会议，都对农业科技和农业发展给予了高度重视，特别是对农业科技给予了前所未有的高度重视——要为农业插上科技的翅膀。这次会议的主要任务是，贯彻落实党的十八大、十八届二中三中全会、中央农村工作会议和全国农业工作会议精神，总结2013年工作，全面深化改革，深入推进科技创新工程，加快建设现代农业科研院所，开拓2014年工作新局面。下面，我讲3点意见。

一、圆满完成2013年各项工作任务，在建设世界一流科研院所的征程中迈出了有力一步

2013年是我院发展历史上非常重要的一年。经过全院上下的共同努力，中国农业科学院科技创新工程与中国科学院知识创新工程、中国社会科学院哲学社会科学创新工程一道，正式列入国家三大创新工程，并启动实施。这一年，也是我院各项事业全面发展的一年。面对艰巨繁重的工作任务，我们认真贯彻落实中共中央决策部署和汪洋副总理视察我院时的重要讲话精神，按照农业部②党组的要求，围绕“顶天立地”的发展战略，以科技创新工程为统领，以深入开展党的群众路线教育实践活动为动力，团结奋进、真抓实干、攻坚克难，推动全院科技创新能力、成果转化能力和科研保障能力持续

① 中国共产党中央委员会，全书简称党中央或中共中央；

② 中华人民共和国农业部，全书简称农业部

提升，科技、人才工作和教育实践活动实现了双丰收，在粮食生产“十连增”、农民增收“十连快”中发挥了重要科技支撑作用。

一是稳步推进科技创新工程，试点工作实现良好开局

按照科技创新工程整体部署和农业部、财政部要求，通过院所两级通力协作、精心组织、有力推动，高质量完成了全年试点任务，有效发挥了科技创新工程对科研的引领作用、对改革的撬动作用，激发了全院干部职工改革创新的热情。

组织机构迅速健全。成立了创新工程战略咨询委员会、创新工程管理中心及其办公室，全面加强对创新工程实施的组织领导。学科布局全面优化。进一步完善了“学科集群—学科领域—研究方向”三级学科体系，明确了新建的都市农业研究所、农业基因组研究所以及拟更名的4个研究所的学科领域和研究方向，开展了作物学科评价试点工作，有力推动了全院学科建设。配套政策相继完善。出台了以“突出机制创新、激发科研活力”为核心的创新工程综合管理办法，以“严格标准、择优支持”为原则的试点研究所评审办法，以及以“按需设岗、公开招聘、择优聘用、合同管理”“以岗定薪、绩效激励”和“人员能进能出、职务能上能下、薪酬能高能低”为核心的岗位管理办法等一系列配套政策，为顺利推进试点工作提供了制度保障。试点研究所严格遴选。按照“整体设计、统筹部署、试点先行、稳步推进”的要求，通过初审、专业评审、学科审定、综合评审4个环节的把关，先后两批遴选出22个研究所、193个科研团队进入试点。第一批11个试点研究所的112个科研团队顺利启动，标志着创新工程迈出了实质性一步。

二是扎实开展党的群众路线教育实践活动，学术氛围和科研环境明显改善

我院的教育实践活动坚持学习教育贯穿始终，领导带头贯穿始终，联系实际贯穿始终，边查边改贯穿始终，推进中心工作贯穿始终，突出科研单位特色贯彻始终，认真践行中共中央“八项规定”要求，作风建设取得实效，职工群众反映强烈的问题得到有效解决。韩长赋部长6次到我院调研指导工作，中共中央第三十一督导组突击抽查我院，都对我院取得的成效给予了充分肯定。

院教育实践活动领导小组建立了双组长制，院领导带头深入联系点30余次，督导组分赴各单位督导100多次，院属党组织召开各类座谈会161次，征集职工群众意见建议2 250条，院党组以及院属44个单位认真撰写对照检查材料，召开了高质量的专题民主生活会和专题组织生活会。

针对“四风”突出问题，院党组坚持立行立改和边查边改，提出了8个方面33条整改措施。针对改进学风，成立了院科研道德委员会，制定了《科研道德规范》，开展了职业道德教育和培训，对学术不端行为采取“零容忍”、“一票否决”。针对加强科研经费管理使用，开展了全院专项集中检查和警示教育，加强财务人员能力建设，制定了科研经费管理使用16条禁止性规定。针对转变机关作风，从完善制度建设、改进文风会风、规范调查研究、加强督查督办入手，启动了服务型院所机关建设。加强现代院所制度建设，制定制度18个，废止制度33个，完善了研究所综合评价及各类人才、团队、项目等分类评价体系；“三公”经费支出降低 20%；上报农业部的简报数量减少 70%；院机关完成“三定”方案，制定了《院机关岗位设置与聘用管理办法》《院机关工作秩序管理规定》。针对整治院区环境，成立了综合管理委员会，改造道路、绿化、停车位及排水、供暖系统，新建 1.9 万多平方米休闲广场，拆除违建临建 1 万多平方米，清理地下人防空间，完善楼宇标识和导向系统，集中解决了一批职工群众反映强、呼声大的问题，大院环境进一步美化，整体形象大为改观，院区秩序明显好转。

三是狠抓科研立项与管理，“顶天立地”创新成果不断涌现

基础研究和应用研究取得历史新突破，彰显出农业科研国家队的实力。全院共获得各类科技成果 218 项，以第一完成单位获国家级奖 6 项、省部级奖 63 项，实现新世纪国家科技奖励制度改革以来三大奖项首次全覆盖。

在科研立项方面，新增主持项目 1 600多项，合同经费 16.2 亿元，分别比 2012 年增加 4% 和 9.8%，再创历史新高。国家自然科学基金重大项目立项实现“零”的突破。“973”计划①农业领域新增项目 3 项，占全国的 37.5%；纳米科学重大研究计划新增 1 项，开辟了农业纳米研究领域新方向。转基因专项重大课题滚动项目，占全国当年立项总数的 1/3。“行业科研专项”、“863”计划②、“948”计划③等项目立项继续保持优势占位水平。

在基础研究方面，小麦、谷子和黄瓜基因组解析、H7N9 流感病毒传播机制、水稻分蘖机制等研究取得重大进展，进入世界领先行列。全年发表学术论文 4 500多篇，其中在 *Nature*、*Science* 等顶级学术刊物发表 16 篇，比上年翻了一番。

在应用研究方面，获得审定农作物品种 75 个、植物新品种权 5 件；获专利 783 项，其中发明专利 515 项，增长 17.6%；获软件著作权 213 项，较上年增长 1.5 倍；获新兽药、农药、肥料登记证 10 项。

四是加大人才引进和选拔培养力度，优秀拔尖人才脱颖而出

创造良好工作环境，完善评价激励机制，大力实施高层次人才引进、优秀人才培养和博士后推进计划，人才和干部队伍结构进一步改善。

领导班子和干部队伍建设得到加强。坚决贯彻执行《党政领导干部选拔任用工作条例》，不断深化干部人事制度改革，坚决防止和纠正用人上的不正之风。首次面向海内外公开招聘研究所所长，为加强领导班子建设作了积极有益的探索。稳步推进领导班子和领导干部任期制工作，全年共完成 4 个单位换届考察，任免所局级领导干部 68 人次，一批政治素质好、专业能力强的优秀中青年科技骨干和党政干部走上领导岗位。

启动实施“青年英才计划”，选定 37 名候选人。职称评审改革取得新突破，探索建立人才分类科学评价机制，制定了 7 个系列职称评审参考条件，申请获批下放 20 个

---

① 国家重点基础研究发展计划，全书简称“973”计划或“973”；

② 国家高技术研究发展计划，全书简称“863”计划或“863”；

③ 引进国际先进农业科学技术计划，全书简称“948”计划或“948”

单位副高级职称评审权限，为 35 岁以下优秀人才晋升高级职称建立了“绿色通道”。博士后招收规模和质量进一步提高，在站博士后达 318 人，29 人获得博士后基金资助。

优秀人才培养结出丰硕成果。哈尔滨兽医所和生物所科技人员分别入选 *Nature* 杂志年度世界十大科学人物和中央电视台年度科技人物。植保所、环发所科技人员获得中国青年科技奖和青藏高原青年科技奖。12 人次入选国家创新人才推进计划和百千万人才工程国家级人选。2 个集体获“全国农业先进集体”称号，5 人获“全国农业先进个人”称号。

研究生教育事业全面发展。全年招收全日制研究生 941 人，比上年增加接近 10%，在校生总规模达到 4 200人。留学生招生较上年增加 56%，在校生达 140 人，分别来自 42 个国家。启动了国际联合培养博士项目，首批招生 18 人。在全国第三轮学科评估中，我院的作物学、兽医学博士一级学科排名全国第一。

五是加强规划布局，平台基地建设协同推进

通过加强统筹规划和管理创新，加快重大平台和试验基地建设，全年落实条件支撑投资 8 亿元，年度投资规模大幅增长，科研基础条件保障能力加速提升。

编制了与学科体系相配套的全院学科平台建设方案；11 个学科群重点实验室获得农业部专项支持；7 个部级农产品质量安全风险评估实验室获批建设，风险评估实验室总数达到 20 个；国家科技基础条件平台实现了从项目研究到运行服务和开放共享的转变；与中国科学院共建并启动实施了农田生态系统、荒漠—草地生态系统观测研究野外台站联盟。

73 个基建项目纳入《全国农业科技创新能力条件建设规划》，规划投资占全国总投资的 55%。通州院区正式启动实施，提出了 10 年建成国家“四化同步”试验区、打造我国农业科技率先跨入世界先进行列最具标志性支撑平台的总体目标。国家农业图书馆、国家生物安全科学中心投入使用。试验基地布局进一步优化，位于新乡、新疆①、青海等地的一批综合性、专业性试验基地和野外台站相继建成。

六是构建新型成果转化体系，支撑现代农业发展的能力持续增强

建立健全了以知识产权为纽带的知识创新激励机制和转化应用驱动机制，科技推广转化力度不断加大。全年共推广农作物及畜禽新品种 190 个、新技术 228 项、新产品 93 个，推广作物总面积 5. 28 亿亩②、畜禽 1. 8 亿头（只），其中 31 个品种和 35 项技术列入 2013 年农业部主导品种和主推技术，占 1/4。“中嘉早 17” 水稻累计推广 3 000多万亩，成为我国推广面积最大的籼稻品种；玉米高产创建刷新了单季亩产最高纪录，亩产突破 1 500千克；“中单 909” 实现多点丰产稳产；推广农药新品种 46 个，推广 1. 1 亿亩次；研制的新型农机具使油菜和棉花生产实现了全程机械化，水稻平均增产 12. 4%，花生收获效率提高 2 倍。

---

① 新疆维吾尔自治区，全书统称新疆；

② 1 亩≈667 平方米，全书同

利用分布于全国的试验基地，积极开展成果展示、技术推广和农民培训。组织开展水稻、玉米、小麦、大豆等六大作物增产增效综合技术的示范推广与协作攻关，初步形成了一系列集成配套的农业生产综合技术体系，为全国开展高产创建提供了技术路线和技术模式。

进一步深化同地方政府和企业的实质性合作，引进社会优质资源，加快推进农业科技成果产业化。与黑龙江省农业科学院共建现代农业科技示范基地，完善了以项目为纽带的院地合作“大兴模式”，与中粮集团、联想集团等世界500强企业开展了富有成效的合作。

七是开展高层次国际合作与交流，国际影响力快速提升

通过不断拓展战略合作伙伴关系和国际合作平台、举办系列重大国际活动，我院的国际知名度和影响力日益提升。全年获得国际合作项目241项，总经费1.4亿元。与12个国家和4个国际组织的世界一流农业科研机构建立了战略合作关系。与欧盟签订了《关于食品、农业和生物技术研究与创新合作意向书》，确立了我院在与欧盟农业科技合作中的重要地位。成功举办了第四届国际农业科学院院长高层研讨会、金砖国家农业科学院院长会议等高级别的会议，深化了与国外著名科研机构的合作，提升了组织重大国际活动的能力。新建6个国际联合实验室（中心），有5个研究所被授予国际科技合作基地或引智推广基地称号。引进国外优异遗传资源1.1万份，创历史新高。

2013年，财政经费总体规模和稳定支持力度不断加大，全院财政拨款达27.28亿元，比上年增长近20%。积极向有关部门汇报沟通，事业单位分类改革稳步有序推进。国内外宣传力度不断加大，为院所发展和创新工程实施营造了良好舆论氛围。信息化建设工作全面推进，网络办公环境得到明显改善。成立了离退休工作领导小组，增加投入，为离退休职工办实事。投入700多万元用于公共事业建设，进一步改善了餐饮供应、幼儿教育、医疗保健等方面的条件。全年保持安全运行，未发生重大安全事故。

2013年我院取得的成绩来之不易，是农业部党组关心重视和相关部委大力支持的结果，是全院广大科技人员和干部职工齐心协力工作、攻坚克难拼搏的结果。借此机会，我代表院领导班子，向大家表示衷心感谢，并通过你们向全院职工致以崇高敬意！

二、以科技创新工程为抓手，全面深化改革，不断激发创新活力

党的十八大、十八届三中全会对农业、农业科技工作提出了新的要求，强调要把农业科技放在整个科技工作的优先位置。特别是刚闭幕不久的中央经济工作会议、中央农村工作会议和全国农业工作会议均将切实保障国家粮食安全列为2014年工作的首要任务，并将科技支撑上升到国家粮食安全战略的高度。“十连增”后，保障国家粮食安全的难度越来越大，农业科技再上层楼的难度也越来越大。身为农业科研国家队，我们必须全面深化改革，强化体制机制创新，激发内在活力与动力，提升科技创新水平，加快世界一流院所建设步伐。

一要充分认识深化改革的紧迫性

近几年，通过一系列行之有效的重大举措，我院科技创新能力持续增强，科技兴农水平不断提升，但与社会各界的殷切期待和要求相比差距依然较大。主要表现为：在粮食主产区缺乏有重大影响力的主栽品种，支撑现代农业发展的作用没有得到充分体现；学科建设没有及时跟上主产区转移、产业结构调整变化的要求；宏观战略研究不足，没有很好地发挥决策“智囊团”的作用。

当前，中央正在推动事业单位分类改革，我院正在大力实施科技创新工程，这为我院的改革和发展带来了前所未有的新机遇。如果我们能够很好地抓住这一机遇，顺势而为，乘势而上，就能够破解发展中的难题，开拓崭新的局面。但是从现实看，有相当一部分研究所和所领导的发展意识、机遇意识、紧迫意识不强，没有充分认识到科技创新工程是统筹谋划事业单位分类改革、建设现代院所等一系列改革部署和发展举措的总抓手，干部职工队伍中安于现状、进取精神不足的问题普遍存在。有些研究所希望拿创新工程的经费去“摊大饼”、去提高福利待遇。有些研究所认为创新工程是“天上掉了个大馅饼”，思想认识还停留在把创新工程当作普通科研项目上。有些研究所尽管已经认识到改革创新的紧迫性，但是对实施创新工程中要面对的困难和矛盾有诸多顾虑，缺乏主动变革的勇气和魄力。

我们必须清醒地认识到，科技创新工程是几代农科院人孜孜以求的重大构想，它最终能够获得批准启动实施，除了国务院[①]领导和财政部[②]、农业部的大力支持外，相比中国科学院和中国社会科学院，我们是在很多条件不具备的情况下，通过自身努力，冲破重重困难，经过反复沟通和大量协调争取来的。它的重大意义在于，通过少量的资金投入，撬动大量的存量资源；通过体制机制的创新，为国家探索一条农业科技创新的新路，在科研院所改革发展中发挥重要的引领和示范作用。我们必须以创新工程为抓手和依托，全面深化各项改革，将国家的要求和期待转变为现实的工作举措和创新成果。

二要准确把握深化改革的总体要求

我院深化改革的总体思路是：深入贯彻中央改革精神，牢牢把握事业单位分类改革带来的机遇，以科技创新工程为总抓手，以体制机制创新为核心，用改革的思维和方法，大胆探索，科学论证，统筹谋划，稳步推进，切实增强全院的科技创新能力，加快世界一流科研院所建设步伐，在保障国家粮食安全、加快农业现代化和促进农业可持续发展中发挥主导作用。

我们要用3～5年的时间，按照“顶天立地”的总要求，着力在“调整机制添活力、强化保障促创新”上下功夫，加快体制机制创新，大大激发科研、转化、支撑、管理人员的积极性、主动性、创造性，充分发挥人才、项目、平台、资金等科研资源的效能，有效促进各方面要素协同推进、形成合力。要加快管理创新，建立起一整套系统

① 中华人民共和国国务院，全书简称国务院；

② 中华人民共和国财政部，全书简称财政部

完备、科学规范、运行高效、符合中国农业科学院发展实际和特点的现代院所制度体系，实现院所治理的科学化、民主化、制度化。

为确保改革整体推进、顺利实施，院里将成立深化改革领导小组，总体设计改革方案，统筹协调各方关系，监督落实改革部署。院属各单位也要成立相应机构，负责本单位各项改革工作。

三要着力抓好深化改革的重点任务

下一步，我院深化改革的重点是，紧紧围绕激发科研活力、增强发展动力、提高创新效率，构建系列配套的新型科技创新体制和机制。具体来讲就是，创建基础研究、技术创新、人才教育有机结合的“三位一体”的科研体制，重点在学科建设、平台基地建设、人才队伍建设、成果转化、国际合作和管理服务6个方面创建和完善工作机制，为全面深化改革提供重要的组织和制度保障。

创建“三位一体”的科研体制，要求在基础研究方面，必须瞄准新一轮世界农业科技革命，加大稳定支持力度，坚持学科领域的动态优化，增强原始创新能力，占领世界农业科技前沿；在技术创新方面，必须紧扣我国农业现代化建设需要，调整优化主要生态区和粮食主产区科研力量布局，加强共性关键技术研发和高产高效综合技术集成示范，支撑产业发展；在人才教育方面，必须围绕加快提升科技创新能力，坚持全院一盘棋，院为引领、所为主体，更加注重中青年人才培养、研究生和博士后教育，优化创新型人才成长发展环境，为我院乃至全国农业发展输送优秀科技人才。

构建6个新型工作机制，要求在学科建设方面创建和完善学科布局机制，主要解决布局不合理和适应变化能力不强问题。必须根据国家队使命和自身特点，瞄准国际学科发展前沿，坚持支撑和服务农业产业发展导向，实施学科发展战略研究。明确重点学科和方向，不断调整完善学科布局，优化资源配置，分类开展重点学科评价和团队评估，加强新兴学科建设。

在平台基地建设方面创建和完善协同机制，主要解决系统性、协同性不足和管理落后问题。必须强化平台基地建设的科学性、系统性，突出平台基地与学科发展和人才建设的协同。强化平台基地使用管理，建立开放共享机制、考核评估机制，保持平台基地良好使用状态。

在人才队伍建设方面创建和完善人才培养机制，主要解决领军人才数量不足、后续乏力的问题。必须牢固树立人才优先战略，坚持引育并举、培养为主。在实施好“青年英才计划”的同时，建立现有人才的遴选支持机制，加大青年人才扶持力度，让优秀青年人才更早地崭露头角、脱颖而出。进一步完善与科研工作紧密结合的博士后和研究生培养机制。优化人才结构，弥补人才断层，减轻人才投入压力。

在成果转化方面完善合作机制和创建推广体系，主要解决成果转化体系不健全、转化率不高问题。必须深化与地方政府、龙头企业的合作，建立和完善利益共享、风险共担的成果转化合作机制，探索技术服务、合作推广为主要形式的转化模式。必须强化推广工作体系建设，健全推广组织机构，建立推广技术队伍，按区域、分专业组建专家队伍，形成覆盖全国和主要产业种类的专家网络。创新激励机制，充分调动科技人员从事科技推广工作的积极性。

在国际合作方面完善“走出去”机制，主要解决国际视野不够好、国际资源利用不足问题。要瞄准发展中国家，建立农业实用技术基地，促进我院农业技术产品输出，实现成果“走出去”。要积极推荐我院专家到国际机构任职，在国际科技舞台上发挥影响力；同时，大力培育和储备我院农业外交官队伍，实现人才“走出去”。在重点区域逐步建立海外分支科研机构，实现机构“走出去”。

在管理服务方面创建和完善服务机制，主要解决服务意识薄弱、效率不高问题。必须转变管理理念，增强服务意识，加快服务型院所机关建设。强化综合协调，提升全院科技资源统筹配置能力。建立院机关各部门协同工作制度，规范部门间在重要工作落实、重大问题解决上的联动。完善机关调研工作机制，健全制度，规范程序，解决突出问题。加大力度改进文风会风，认真执行限时办结制和首问责任制。

三、以只争朝夕的精神、凤凰涅槃的勇气，全力开拓2014年工作新局面

2014年是我院全面深化改革的起步之年，是科技创新工程试点深入推进的一年，也是完成“十二五”规划的关键一年。我们要按照中央和农业部的总体要求，统筹设计改革方案，超前谋划发展思路，着力推进9个方面重点工作，确保体制机制实现新突破，科研能力再获新提升，创新活力迈上新台阶。

一要全面推进科技创新工程试点工作，在新型科研体制和管理机制构建上取得实效

今年是创新工程试点工作正式启动实施的第一个完整年度，工作的压力很大、任务很重。第一批入选研究所及团队的科研工作要全面展开，第二批入选的即将正式启动，还要开展第三批试点的遴选。同时，要切实做好农业科技重大命题的顶层设计与战略研究，为推动立项做好前期准备。探索建立跨所跨学科的协同创新模式。重点建立绩效考评与管理制度，委托第三方独立开展院对研究所的绩效考评工作。对试点研究所所长和团队首席科学家开展创新工程和战略研究培训。

二要积极配合推动事业单位分类改革，在研究所布局和学科领域拓展上取得实效

要进一步明确职能定位，把全院事业单位分类改革与现代院所建设和科技创新工程有机结合起来，争取改革取得满意结果。加强向上级有关部门的沟通与汇报，争取得到更多的理解和支持。做好各研究所有关数据测算、理由论证、改革方案等应对准备工作，推动研究所理顺职能业务与人员编制，完善法人治理结构。根据学科布局和发展需要，研究机构整合具体方案，提出研究所更名及机构编制调整建议。大力推动大连都市农业研究所和深圳农业基因组研究所的筹建工作。

三要加强重大项目立项和成果培育，在彰显国家队实力上取得实效

要站在国家战略的层面，积极争取重大项目，培育重大成果，凸显农业科研国家队

的引领作用。重点抓好“973”计划、国家自然科学基金、国家重大科技专项等项目的立项，力争在农业生物功能基因与分子改良、农业病虫害、动物疫病、农产品加工与质量控制等领域获得支持，提升我院基础与应用基础研究水平。做好重大理论性突破、关键性技术创新与重大品种、重大产品创制等储备性成果的培育工作，重点推动甘蓝雄性不育系育种技术、饲料用酶生物技术及其他更多的成果冲击2014年度国家科技奖励。

四要提升科技兴农力度，在保障国家粮食安全和食品安全上取得实效

要加快提升我院科技成果对现代农业发展的支撑作用。配合农业部等有关部门组织开展重大科技兴农活动，提升我院新成果、新技术的组装配套能力。加快构建和完善粮食增产增效综合技术生产模式，扩大水稻、玉米、小麦、大豆、马铃薯等项目的示范应用范围。充分发挥试验基地的成果展示、示范推广作用，为种养大户、家庭农场、合作社、涉农企业等新型农业经营主体提供科技服务。不断深化与种子企业的合作，探索现代种业发展的新机制，培育民族品牌。进一步拓宽全院检验检测和风险评估机构的服务功能，积极为国家应急管理与决策参考提供技术保障和建议。

五要优化学科与平台布局，在为产业结构调整和区域生产的服务上取得实效

要根据国家产业结构调整和生态文明建设的需要，调整和优化全院学科与平台布局。研究制定今后5~10年全院学科布局方案，调整优化学科体系、学科力量和区域布局。统筹做好京区院部、马连洼所区与通州院区整体规划，以及综合试验基地与专业试验基地的规划，加强重大平台项目的谋划。争取新上1个国家重点实验室，推进种质库、生物技术研究中心等重大项目立项。着力谋划“国家农业重大气象灾害模拟舱”、“北京田间科学试验中心”等项目，推动通州院区建设取得实质性进展。

六要强化人才团队建设，在中青年人才培养上取得实效

进一步加大杰出人才引进力度，全年再引进50~100名“青年英才计划”人选，配套落实好科研经费、住房、岗位补助、博导资格等方面的支撑条件。进一步加强优秀青年人才培养，出台加强优秀青年科技人才培养工作的意见，全面推进研究生教育改革，扩大研究生和博士后招收规模，加大优秀青年人才激励力度，建立杰出人才储备库。进一步健全院机关岗位聘用管理制度，拓展干部职业通道，依照院机关“三定”方案和机关岗位设置与聘用管理办法，推进院机关干部全员聘用工作。按照现代科研院所建设对人才队伍的需求，统筹抓好科研、转化、支撑、管理四支队伍建设。

七要大力推进农业科技“走出去”，在全球合作战略布局上取得实效

抓住机遇积极争取和推进商务部①、农业部、科技部②对中国—中亚科技国际合作中心特别是中国—中亚农业分中心、中缅（中国—缅甸）中心的建设工作。推动在美国、法国、英国和荷兰等发达国家的顶尖科研机构建立联合实验室，选派专家赴中巴（中国—巴基斯坦）联合实验室长期工作，推动中—美（中国—美国）生物防治联合实

---

① 中华人民共和国商务部，全书简称商务部；

② 中华人民共和国科学技术部，全书简称科技部

验室、中巴（中国—巴基斯坦）棉花联合实验室、中—哈（中国—哈萨克斯坦）农业科学联合实验室的筹建。加强与欧盟地平线 2020、国际农业研究磋商组织、亚太经合组织等战略项目的对接，在食品安全、生物技术、资源环境等重点领域谋划推动“以我为主”的重大科研计划。探索引进国外智力和选派优秀青年人员出国学习和进修的新渠道、新机制，推动与美国、荷兰等国家联合培养博士生。

八要强化宏观战略研究，在为国家提供政策建议与决策参考上取得实效

围绕国家发展的前瞻性、全局性、综合性和战略性问题组织开展系统研究，提出农业科技发展的大战略、大思路、大举措，为国家农业与农业科技发展决策提供政策建议，在全国农业科技发展战略思想方面发挥引领作用，在我院科技事业发展中发挥指导作用。

建立和完善宏观战略研究的组织体系和机制。充分发挥战略规划办公室的组织协调作用，组织相关研究所、创新工程咨询委员会、农业经济与政策顾问团、国际顾问委员会等各方面力量，围绕国家粮食安全战略、生态文明和农业可持续发展等中央领导和社会广泛关注的问题集中开展研究。启动中国农业科技发展路线图的编制工作，科学把握农业科技发展的趋势、路径和实现手段。启动院“十三五”科技发展战略研究，为制定全院“十三五”各项规划奠定基础。

九要巩固和扩大教育实践活动成果，在推动一流作风建设上取得实效

要以一流作风建设统领党的工作和党风廉政建设，为全院深化改革提供坚强的政治保障、思想保障和组织保障。要继续深入推进党的群众路线教育实践活动，认真落实院党组“两方案一计划”中确定的任务，努力形成一批实践成果、制度成果、理论成果。强化党内生活制度建设，贯彻落实研究所党委工作条例、党支部工作细则等制度。强化党员队伍建设，特别要加大发展年轻党员和在科技人员中发展党员的力度，进一步增强全院党员队伍的活力。强化党风廉政建设，及时制定我院建立健全惩治和预防腐败体系工作规划，突出“八项规定”的落实、学风建设和科研经费管理使用监督 3 个重点，狠抓责任制落实、廉政教育、制度建设、监督制约、巡视工作、查办案件 6 项工作任务。认真做好安全生产工作，继续巩固和提升院区整治成果，推动其他院区和研究所特别是京外研究所根据实际情况打造优美的工作、生活和学习环境。为职工群众再办 10 件实事。

同志们，刚刚结束的中央农村工作会议提出：“中国要强，农业必须强；中国要美，农村必须美；中国要富，农民必须富。”解决好“三农”问题，最根本的出路要靠科技。让我们扬起改革的风帆，为“三农”发展插上科技的翅膀，为早日建成世界一流科研院所，为早日实现“中国梦”而努力奋斗。思者常新，行者恒远。我们既要仰望星空，更要埋头苦干，以大无畏的改革精神勇立潮头，引领全国农业科技发展。

谢谢大家！

中国农业科学院党组书记陈萌山
在中国农业科学院 2014 年工作会议上的总结讲话

（2014 年 1 月 14 日）

同志们：

这次会议内容紧凑、务实节俭、成果丰富。大家一致认为，家洋院长的报告主题鲜明、文字朴实、内涵丰富、要求明确，有很强的针对性、指导性和可操作性。几位副院长的专题报告立足全局，谋划安排工作很深入、很具体。研究所评价结果的公布，充分表明了我院推进现代院所建设的决心，客观反映了各研究所在跨越式发展进程中的总体状态。我们颁发了院级先进集体和先进工作者奖，通报表彰了 2013 年重大科技成果和受到有关部委表扬的个人，这些先进人物、先进集体，充分展示了我院广大科技人员和全体干部职工奋发有为、勇攀高峰的科学情怀和奉献精神。与会代表分组讨论，发言踊跃、精神振奋，提出了许多好做法、好打算、好建议，对完善各项工作、互相交流促进有很好的参考意义。

下面，我就贯彻家洋院长工作报告，落实好这次会议精神，提两点要求。

一、认真学习家洋院长讲话精神，统一思想，进一步凝聚跨越式发展的强大力量

一是深刻认识和把握我们取得的成绩和经验，倍加珍惜、努力保持目前加快发展的良好势头。家洋院长在报告中指出，“2013 年是全院各项事业全面发展的一年，是值得引以为豪、浓墨重彩的一年。”创新工程、顶天研究、立地成果、重大项目、人才引进、国际合作、研究生教育、基地建设、院区整治等硕果累累，教育实践活动扎实有效推进。这些成绩以及这些成绩背后的经验来之不易、十分宝贵，我们要倍加珍惜。回顾过去的一年，我们深深地体会到，紧紧围绕国家重大需求，密切跟踪农业科技前沿，大力推动科技创新，是我院履行使命的生命线；紧紧围绕科研工作需要，大力推进学科调整优化、平台基地建设和人才培养引进，是我院快出成果多出成果的有力举措；紧紧围绕调动和保持科技人员和干部职工的积极性，千方百计创造条件、优化环境、营造氛围，是我院加快发展的基础保障。各单位都要从全院发展的大局出发，认真总结过去一年的新进展、新成就、新经验，探索和积累工作规律、工作规范，以此来统一思想，凝聚正能量，把目前加快发展的良好势头保持下去。

二是深刻认识和把握面临的机遇和挑战，进一步增强国家队的使命感和责任感。家洋院长在报告中指出，新一届党中央对“三农”工作高度重视，对农业、农业科技工作提出了新的要求，强调要把农业科技放在整个科技工作的优先位置。中央经济工作会议上，“保障国家粮食安全”首次跃升为六大任务之首，粮食安全首次被提至“国家战略”高度，科技支撑首次上升至国家粮食安全战略高度。前不久召开的中央农村工作会议，习近平总书记指出，要大力推进科技进步，让农业发展插上科技的翅膀。李克强总理指出，要创新农业科技进步机制，加快构建“顶天、立地”的农业科技创新与推广格局。这些重要论述为新时期加快农业科技进步指明了方向，也寄予了厚望，提出了要求。作为农业科研的“领头雁”，我们要进一步增强使命感和责任感，切实发挥好引领作用，我们要做货真价实、名副其实的国家队，就必须有显示度、有先导性和引领性。这就是在基础和前沿科学研究领域要有重大影响的原创性成果，在农业产业转型发展中要有重大影响力的关键技术，在主要农作物生产中要有主导品种、主推技术。总而言之，就是要带领中国农业科研率先进入世界先进行列，为国家粮食安全和现代农业发展源源不断地提供科技服务。

三是深刻认识和把握深化改革的总要求，切实增强改革科研体制、创新科研机制的紧迫感和危机感。家洋院长在报告中指出，要全面深化改革，围绕加快建设世界一流院所的总目标，遵循“顶天、立地”的总要求，构建基础研究、技术创新和人才培养研究生教育“三位一体”的科研体制，创新学科、人才等六大工作机制，不断激发并汇聚起巨大的发展动力与创新活力。这是深刻把握当前经济社会发展形势和农业科技发展趋势，立足我院事业发展需要做出的重要决策。从经济体制改革看，党的十八届三中全会对全面深化改革进行了总体部署，将推动中国经济结构调整和发展方式的转变。这就要求我们的学科力量和区域布局要加快调整，适应国家产业结构调整的需要，适应建设生态文明的需要，更好地服务产业需求，服务政府部门的宏观调控。从科技体制改革看，三中全会强调健全技术创新市场导向机制，推进科技与经济紧密结合。这意味着，国家对农业科技的支持将更多采取更加有效的、符合市场经济的原则和方式。去年印发的国办 109 号文件指出，公益性科研院所要在 2015 年年底前与所办的种子企业脱钩。研究所推进所企分离的任务很重。从国际科技竞争态势看，当前科学研究日趋全球化，跨国公司纷纷携巨资到我国开办研究机构，与我们近距离争夺技术市场、争夺科技人才。从国内各创新主体来看，教育部①先后实施了 211 工程、985 工程，2011 工程，经费雄厚。中国科学院和很多省区市先后实施了专项人才计划。农业部大力扶持种子企业育种，推动国家出台了一系列国办科研机构育种专家到企业工作的政策，很有诱惑力，这些对我们稳住人才、引进人才带来极大的挑战。我们要深刻认识到，随着发展环境的变化，原有的做法已经不适应形势需要，存在的问题不是调整办法、修改制度就能解决的。我院已站在一个新的历史起点上，挑战和机遇前所未有，以一般的打法不行，必须

① 中华人民共和国教育部，全书简称教育部

以凤凰涅槃的勇气，改革体制，创新机制，激发动力，释放活力，挖掘潜力，加快发展。

四是深刻认识和把握推进创新工程的总抓手，扎扎实实开展好今年各项工作。家洋院长在报告中指出，今年我院要重点开展创新工程等9项重点工作。这其中，科技创新工程是总抓手，处于统领地位。创新工程是国家级工程，赋予的使命和责任重大，农业部、财政部希望我们大胆探索、主动探索，为国家深化科技体制改革趟出一条路子。我院创新工程已经取得了良好开局，对全院科研的引领作用，对发展的撬动作用已经初步显现，但与目标要求还有很大的差距。我们要认识到“国家队”的地位不是自封的或由政府指定的，而是自身综合实力的体现，是竞争的结果。各研究所首先要跟国内同行比较，我们是不是国内领先，在此基础上，瞄准国际知名研究所，对标定位，找准差距，提出建设世界一流研究所的具体目标与措施。要以实施创新工程为契机，大力调整优化学科布局、创新科研组织模式、开展重大命题协作攻关、加强人才团队建设和研究生教育、建立绩效导向的资源配置和评价机制，统筹推进全院各项事业快速发展，早日实现世界一流院所的发展目标。

五是深刻认识和把握服务型院所机关建设的重大意义，以一流作风推动一流院所建设。经过半年的教育实践活动，我院各级领导干部的宗旨意识、群众观念、工作作风得到了普遍提高，为形成一流作风奠定了思想基础、制度基础。

一流院所建设是一个宏大的工程、宏伟的目标，除了要有一流的人才、一流的平台、一流的基地，更要有一流的机制和一流的作风。今年我们要巩固教育实践活动的成果，把创一流作风建一流院所作为机关建设的主要目标，其目的就是，打造服务人才、服务科研、服务基层的院所机关，将教育实践活动形成的优良作风进行下去，发扬下去。所谓“一流作风”，一要有科学的管理理念，落实好开放办院、民主办院的要求；二要有鼓励创新、宽容失败的文化氛围，建立不唯上、不唯权威、只唯实、科学严谨的学风；三要有完善规范的工作机制和流程，形成“我来办”、“立即办”，我把关，立等立办的高效办事风尚；四要有强烈的事业心、责任心和使命感，吃苦耐劳、甘于奉献，耐得住清贫、守得住寂寞蔚然成风。

二、围绕今年改革发展的目标任务，切实加强领导班子自身建设，以钉钉子精神抓落实

党的十八届三中全会提出推进国家治理体系和治理能力现代化，对中国农业科学院来讲，我们要推进科研单位治理机制和治理能力的提升，加强院所领导班子自身建设是关键。

一要讲大局、办实事。院所局办领导首先要树立大局意识、责任意识，思维上谋大局，工作上担责任。谋大局，就是要站在国家战略高度谋划科技创新，围绕院里中心任务来安排研究所和院机关局办的工作，集中精力抓好当前的重点和关乎长远的大事。担

责任，就是勤勤恳恳、夙夜在公。习近平同志指出，“衡量一个干部的好与差，就是看他能不能办实事，能不能打开局面。要抓实事，求实效，真刀真枪干一场。”院所局办领导要在办实事上花大力气，在求实效上下真功夫，认真研究和解决发展中存在的困难和问题。今年我们要开展院机关岗位聘用，真正实现竞聘上岗、双向选择，而不是简单的排列组合；我们要根据国家产业结构调整需要，优化学科方向和科研力量布局；要按照国家深化科技体制改革的需要和公益性研究所的定位，推进所办企业管办分离、一所两制，按照现代企业制度建立起科技型企业的运行机制。这些都是关系我院长远发展的大事、实事。

二要抓班子、带队伍。毛主席说：“领导者的责任，归结起来，主要是出主意、用干部两件事”。抓班子带队伍，形成好的团队，是“一把手”的重要职责。作为一个领导干部，既要主持好组织交给的一方面工作，又要带好组织委托的一个团队。班子好不好，关键在班长，队伍强不强，关键在“领头羊”。“一把手”要善于带队伍，不断激发干部职工的内生动力，营造良好的工作氛围，充分调动所有人的积极性，使大家各就各位，各司其职，各展其才。所长应该是或者讲要努力成为所在领域的大师、所在行业的旗手，以高超的学术水平和影响力，引领研究所科研事业发展。同时，要努力成为科研管理的专家，切实把握农业科研的规律和研究所的发展方向，提升研究所发展能力、发展实力。党委书记要与所长密切配合，主动分担管理责任，要当好科学家的“后勤部长”、“园丁”、“灵魂工程师”，成为科学工作者的良师益友，为科技工作服好务。

三要钉钉子、抓落实。抓工作不能停在概念、浮于表面，需要毫不松懈、持之以恒。既要信念坚定又持之以恒，既较真碰硬又要耐住寂寞，像钉钉子一样抓落实。要令出即行，说到做到，抓把泥土攥出油。一件事情办到底，而且要办漂亮，一项工作抓出头，而且力求最佳，真正把院里的决策部署落实到位，把关乎改革发展的大事抓出成效。去年院级已经建立了抓落实的督办机制，设专人、建立专门制度开展督办，加强对重点工作任务、重大决策事项和院主要领导批示的督办，形成了良好的工作机制，有力推动了工作落实，有效维护了决策的权威性。今年的督办工作要进一步深入提升。各单位也要建立督办机制，形成一级抓一级，层层抓落实的责任体系，所领导要以“第一人称”带头抓落实，以对历史负责、为现实服务、替未来着想的态度办好每一件事。

四要加强学习、提高能力。要适应不断发展变化的新形势，解决好各种矛盾和问题，领导干部必须在加强学习上下功夫，不断充实、提高、完善自己。作为担当领导发展重任的院所级干部，必须牢固树立勤于学习、善于学习、终身学习的理念，努力做到学以致用。要学习理论政策和法规，使自己的思想认识紧贴中央的要求。专家背景的领导干部要学习管理知识，成为内行的管理者和服务者；管理背景的干部要学习科学知识，把握科研规律，讲科学家能听懂的话。今年我们在中关村院区要开办农科讲坛，以弘扬科学精神、启发创新思维、普及科学知识为宗旨，以发布农业科技最新进展、交流新的学术思想和新方法、研讨农业科技热点问题为主要内容，家洋院长将讲第一课。我们的目的就是为大家创造条件，营造良好的学习氛围、工作氛围和创新氛围。

五要加强党风廉政建设，善用底线思维。院所领导班子成员能否始终保持勤奋敬业的状态，保持清正廉洁的本色，不仅涉及个人的声誉和威望，影响着我院干部队伍的面貌和风气，更关系到我院事业发展。领导干部一方面要严格约束自己，要求别人做到的，自己首先做到，要求别人不做的，自己首先不做，挺得直腰杆，说得起硬话。另一方面要认真落实党风廉政建设责任制，加强对分管部门和干部的教育管理和监督，特别是注意发现苗头性问题，做到早提醒、早制止、早纠正。

今年是改革年，全面深化改革任务重、难度大、涉及面广、影响深远，各种利益关系错综复杂，必须坚持稳中求进，坚守底线思维。中国农业科学院要保持目前的良好的发展势头，做到健康发展、平安发展、稳定发展，不发生重大的案件，不出现重大的折腾，底线思维的工作方法非常重要。法律是底线、纪律是底线、道德是底线，我们想问题办事情都必须坚守。希望同志们按照中央要求做好这方面的工作。在重大原则问题上态度明确，在具体问题上讲求方法，不让小的隐患酿成大的事件。要积极主动化解群众矛盾，切实落实好研究所的责任，把群众纠纷解决在萌芽、解决在基层、解决在研究所，做到矛盾不发酵、不转移、不上交。

春节将至，要坚决贯彻落实中央八项规定精神，严格禁止公款送礼、公款吃喝，狠刹奢侈浪费之风，特别是要认真贯彻中纪委《关于严禁公款购买印制寄送贺年卡等物品的通知》和《关于在党的群众路线教育实践活动中严肃整治“会所中的歪风”的通知》精神，严禁用公款购买、印制、邮寄、赠送贺年卡、明信片、年历等物品，党员领导干部要承诺不出入私人会所、不接受和持有私人会所会员卡，过一个风清气正的春节。

春节前期，要开展好走访慰问生活困难职工、老党员和老干部活动，把组织的温暖传递到每一位职工心上，努力让大家过一个欢乐祥和的新春佳节。同时，要高度重视安全生产。去年我院安全生产抓得好，没有出现重大安全事故，荣获了农业部“平安单位”建设优秀单位称号。但安全生产这根弦一刻也不能松，任何时候都不能麻痹大意，要加强监督检查力度，提高安全防范意识，把安全生产责任制落到实处，确保节日期间安全、院所区安全和实验室药品安全，切实防范重大安全生产事故的发生。

同志们，中央农村工作会议和全国农业工作会议对保障国家粮食安全、加快农业科技进步，指明了发展方向，提出了明确要求。这次会议进一步统一了思想，家洋院长的报告提出了 2014 年我院的目标任务。可以说，工作部署已经明确，进军号令已经吹响。希望大家以全新的面貌、高度负责任的态度，全身心投入到各项工作中，全力开创我院工作的新局面。

再过 17 天就是马年春节，在这里我代表院党组祝同志们身体健康龙马精神，好运相伴一马当先，事业辉煌马到成功！

中国农业科学院关于表彰2014年度研究所评价和机关考核优秀单位的通知

农科院人〔2015〕34号

根据院属研究所评价和机关工作任务执行情况考核测评结果，现将2014年度发展实力、发展速度、人均实力前5位的研究所和机关综合考核、单项考核前3位的部门公布如下。

一、研究所评价

1. 发展实力

作物科学研究所、植物保护研究所、哈尔滨兽医研究所、农业资源与农业区划研究所、中国水稻研究所。

2. 发展速度

与2013年发展实力相比：特产研究所、农业部沼气科学研究所、农产品加工研究所、棉花研究所、兰州畜牧与兽药研究所；

与2011—2013年发展实力平均值相比：农产品加工研究所、棉花研究所、植物保护研究所、特产研究所、农业部沼气科学研究所。

3. 人均实力

植物保护研究所、作物科学研究所、农产品加工研究所、北京畜牧兽医研究所、生物技术研究所。

二、机关任务执行情况考核

1. 综合考核

人事局、院办公室、科技管理局。

2. 单项考核

（1）工作作风：人事局、院办公室、直属机关党委；

（2）业务水平：人事局、科技管理局、院办公室；

（3）工作效率：人事局、院办公室、直属机关党委；

（4）部门职责完成情况：院办公室、人事局、科技管理局。

经院党组会议研究，决定对上述单位予以表彰，以资鼓励。希望受到表彰的单位充分发挥示范作用，再接再厉、再创佳绩。希望院属各单位、院机关各部门都要积极适应新常态、新要求，以更加开阔的视野，更加务实的作风，改革创新，持续求进，奋发有为，为推动我院跨越式发展，加快建设“世界一流农业科研院所”做出新的更大的贡献。

中国农业科学院

2015 年 2 月 15 日

二、科研创新与创新工程

中国农业科学院 2014 年科研计划执行情况

一、总体概况

2014 年，全院共主持各级各类科技计划项目 3 571项，年度合同经费总额 58. 54 亿元，其中，2014 年新增主持项目 1 758项，合同经费 15. 13 亿元。国家自然科学基金立项总数 292 项，经费 1. 6 亿元，立项数量和经费规模均创历史新高。国家社会科学基金重大项目取得零突破，“转基因新品种培育” 重大专项、“863” 计划、科技基础性工作专项和农业行业科研专项等重大、重点项目立项稳定增长，继续保持我院在国家主体科技计划中的优势占位。

基础研究方面，在黄瓜、番茄、甘蓝基因组解析等方面研究取得了重大突破，整体研究水平进入世界先进行列。全年以第一作者或通讯作者共发表论文 4 646篇，比 2013 年增长 6%，其中 SCI/EI 等收录 1 885篇，比 2013 年增长了 21%，以第一完成单位或通讯单位在 *science*、*nature* 等顶尖核心期刊发表论文 28 篇，比 2013 年增长了 75%。

应用研究方面，获得一批具有重大影响的新品种、新技术、新产品等科技成果。审定新品种 104 项，其中，国家审定 17 个，省级审定 87 个。全年获授权专利 905 项，其中发明专利 471 项。获得新兽药、农药、肥料登记证 18 项，发表科技著作 276 部，获软件著作权 281 项。

全年共获得各类科技成果 238 项，以第一完成单位获得国家奖励成果 7 项，其中技术发明奖 2 项，科技进步奖 5 项；以参加单位获国家奖励成果 2 项。我院获奖成果总数占全国农业领域国家奖总数的 39% （第一完成单位占 30%）。此外，还获得省部级奖共 30 项。

二、各类科技计划项目执行情况

（一） 国家重点基础研究发展计划 （ “973” 计划）

重点围绕主要农作物核心种质重要农艺性状单元型区段及互作、棉花纤维品质功能基因组研究及优质高产新品种的分子改良、肥料养分持续高效利用机理与途径、主要粮油产品贮藏过程中真菌毒素形成机理及防控基础等方面开展基础研究，取得了一批重要的科学发现和理论突破，鉴定并获得了一批具有重要价值的功能基因和分子标记。

主要农作物核心种质重要农艺性状单元型区段及互作：建立了完善的水稻、小麦、大豆三大作物种质资源重要性状单元型（区段）分析的理论、方法技术和材料平台，获得了一批有重要利用价值的基因及其标记，创造了一批基因组学分析及中间育种材料。

主要粮食作物骨干亲本遗传效应和利用的基础研究：通过 SNP 芯片检测，分别明确了小麦品种碧蚂 1、碧蚂 4 号作为大品种和骨干亲本的重要表型和基因组特征。结合多年多环境的表型数据，初步分析了这两个品种重要基因组特征的分布情况。

棉花纤维品质功能基因组研究及优质高产新品种的分子改良：获得和验证了一批与棉花品质形成调控密切相关的基因和功能组件；利用叶片衰老特异启动子和细胞分裂素基因改良了 3 个转基因株系；创制了一批优异育种材料；初步研究发现 NO 可能是通过在磷酸化水平调控乙烯信号延缓衰老的。

主要蔬菜重要品质性状形成的遗传机理与分子改良：完成了番茄变异组图谱的构建、黄瓜苦味物质合成途径和调控网络的解析和黄瓜早花遗传因子的鉴定；证明了栽培番茄的两步进化过程；发现有 11 个基因参与黄瓜苦味合成、调控及驯化过程；找到一个早花性状主效 QTL 的候选基因。

肥料养分持续高效利用机理与途径：建立了农田玉米养分协同优化推荐施肥理论与方法；完成了长期有机无机配施下小麦和玉米根际土壤水解酶活性与微生物量、各类根际土壤微生物群落结构多样性分析和相关微生物高通量测序，揭示了有机无机配施的协同增效机制；完成了脲酶抑制剂与硝化抑制剂对稻田氨挥发、反硝化、氮素供应及微生物群落结构影响研究。

主要粮油产品贮藏过程中真菌毒素形成机理及防控基础：初步揭示了花生和小麦贮藏过程中真菌菌群的演变规律；解析了黄曲霉不产毒的分子机理，基本阐明禾谷镰刀菌高渗透甘油和雷帕霉素靶标信号途径及其对 DON 毒素的调控机制；建立了小麦贮藏真菌生长活动早期监测预警体系和黄曲霉毒素产生预警模型；获得国内外首次报道的真菌毒素高效降解菌 8 种；实现了玉米赤霉烯酮降解酶的多拷贝高效表达。

玉米产量和品质性状全基因组选择育种的基础研究：发现多个重要玉米产量性状和籽粒性状的关联位点，并重点对控制玉米穗行数、粒长、粒厚和容重等性状的 4 个位点进行了精细定位。克隆了多个控制玉米产量和籽粒性状的基因；阐明了 5512G 的突变影响胚乳表型的途径。设计制备了 2 种玉米分子育种 SNP 芯片，初步建立并比较了 3 种玉米油份含量的分子育种选择模型。

食用菌产量和品质形成的分子机理及调控：系统的梳理和明确了我国主要栽培品种的分类地位；初步明确了高温胁迫对食用菌海藻糖合成代谢的调控机理。

天然草原生产力的调控机制与途径：系统研究了放牧对草原土壤、植物体内元素含量和结构的影响，发现放牧加剧 N 的限制，围封样地中 P 的限制作用更为强烈；筛选出了牧草对放牧最敏感的响应指标和说明了牧草的适应策略；阐明了草原建群物种在不同放牧强度下的适应机制。

利用纳米材料与技术提高农药有效性与安全性：针对阿维菌素、氯虫苯甲酰胺、高效氯氟氰菊酯3种典型农药，建立了农药纳米载药系统职业暴露典型场景模型及暴露剂量采集方法，构建了对蜜蜂毒性评价的农药纳米载药系统，构建了在土壤、水体等典型生态环境中的传递、分布及代谢测定与评价的农药纳米载药系统，筛选与合成了一批新型乳化剂、分散剂和农药载体新材料，并建立了量产化的制备方法与工艺。

（二）国家高技术研究发展计划（“863”计划）

重点开展水稻、小麦、棉花、油菜等主要农作物重要性状的基因定位、克隆、功能验证，以及设施植物生长模拟与光温智能控制技术、动物重大疾病控制技术等高技术研究，在前沿技术领域获得一批支撑战略高技术发展的基因海量数据，突破一批制约产业进步的关键技术瓶颈，创制出一批应用前景广阔的优良新产品（品种）。

作物分子育种与品种创制：获得功能分子标记1 209个，定位和标记重要性状基因/*QTL* 66个；申报发明专利17项，获得发明专利授权16项，制定技术标准3项，提升了作物分子育种技术水平；创制优异新种质408份，材料积累成效突出；培育通过审定的新品种50个，建立示范线与产业化基地57个。

水稻株型和粒型的功能基因组研究：克隆了与水稻产量性状相关的抽穗期基因*DTH7*（PNAS），该蛋白定位在细胞核中，处于*Ehd*1的上游，通过*Ehd*1来调节下游成花素基因*Hd3a*和*RFT*1的表达来调控水稻的开花，存在如下的顺序节律表达模式：OsPRR73→OsPRR37→OsPRR95（OsPRR59）→ OsPRR1。克隆了与温度敏感性相关的基因*LTG*1（Plant J），一个与叶绿体的发育和非生物胁迫反应有关的基因*WSL*（Mol Plant），深入分析了基因*LP*2与抗逆性的关系（JEP）。

水稻分子设计育种技术与品种创制：利用特青背景近等基因系进行有效穗数QPn4b的精细定位，并利用Lemont背景近等基因系进行有效穗数的精细定位验证。获得大量的SNP和InDel数据，其中部分SNP标记正通过GWAS进行功能验证。在此基础上，构建了基于MySQL和JBrowser的数据库，线上测试（http：//www. rmbreeding. cn/Snp3k）。培育分别适应黑龙江第一积温带上限和第二积温带上限的北方粳稻新品系科垦27和科垦34。

绿色超级稻设计育种的理论和技术体系：筛选出多个与高产相关的候选基因或QTL，发展出多性状联合关联分析方法。利用水稻核心种质进行水稻分蘖期及抽穗期的叶绿素含量及叶绿素荧光参数调查，检测到若干效应显著的位点，构建了3个分离群体，并进行了部分验证。完成水稻抗旱核心种质资源全基因组重测序，抗旱核心种质和微核心种质合并组成的群体重测序数据分析，提取和验证SNP数据，开展水稻中胚轴延长特性和抗旱的关联定位分析、候选基因的鉴定和克隆等研究。分析3 000份种质资源重测序信息，初步建立了种质资源基因组信息库。

小麦A、D基因组测序：构建了不同插入片段的文库，对于多数Pair end文库进行了双端100碱基对测序，获得了近1.2×10^{12}碱基对高质量序列，覆盖基因组近300倍。

对海量数据进行基因组拼接分析，已完成对 7 – 10K 数据的拼接工作，结果显示 contig 的 N50 长度为 16 千碱基对，scaffold N50 长度已经接近 134 千碱基对。

小麦等作物航天工程育种技术及新品种选育研究： 优化小麦细胞诱变育种技术体系，以小麦等植物航天及地面模拟诱变材料为试材开展了诱变机理研究。利用航天诱变、杂交及细胞工程等方法育成并审定（认定）小麦等植物新品种 4 个，育成并进入省级以上区试的小麦等植物新品系 19 个，育成的新品种累计示范应用面积 1 000万亩以上；创制优异突变材料 12 份。

马铃薯和谷子功能基因组研究： 构建了抗旱材料 H145 和干旱敏感材料 H214 二倍体抗旱分离群体，对群体的表型性状进行了系统评价，相对根干重、根鲜重、根长等 8 个性状之间有极显著正相关；构建了结薯形基因 Ro 的遗传图谱，该基因被定位在 10 号染色体上，两侧的分子标记分别是 542-CAPS 和 1137-CAPS，遗传距离分别为 2.26 厘摩和 1.71 厘摩；对抗性和农艺性状优良的材料进行了混合授粉杂交，获得 8 个母本组合的 39 个杂交果。

基于全基因组的主要蔬菜大规模功能基因标记开发技术研究： 在全基因组测序的基础上，完成了甘蓝和白菜共 645 份种质资源材料的重测序，开发了基于二代测序技术的高通量 SNP 检测技术体系；开展了主要蔬菜品质、抗病和抗逆等重要性状的分子标记开发研究及相关基因鉴定和功能分析，构建了相应的群体，获得了与性状基因紧密连锁的分子标记 36 个，并且有些标记已在育种中用于辅助选择；正在进行 18 个功能基因的精细定位或分离克隆，其中 5 个已完成克隆。

月季、菊花、百合分子育种与品种创制： 引进月季种质资源 400 余份，收集菊花资源 61 份。继续新疆野生蔷薇资源调查分析，阐明弯刺蔷薇野生居群遗传多样性。利用金叶弯刺蔷薇和山刺玫作图群体，进行了遗传连锁图谱初步构建，80 个标记定位在金叶弯刺蔷薇 7 个连锁群的 612.8cM 的遗传距离上，43 个标记定位在山刺玫 6 个连锁群的 412.4cM 的遗传距离上。对 6 个优良天山系列株系进行示范推广。

高产优质多抗棉花分子育种与品种创制： 中棉所 60（sGK 中 156）通过河南省品种审定。开发自由 SSR 标记 442 个、SNP 标记 14 947个。以中棉所 36 为轮回亲本，海岛棉海 1 为供体亲本，经过高代回交、自交得到 BC5F3 : 5 早熟群体检测到的 QTL。以中棉所 45 为轮回亲本，显性无腺体海岛棉为供体亲本，经过高代回交、自交得到中棉所 45 海 1 BC4F3 : 5 株系，从构建的 F2 群体中检测到 QTL。利用陆海渐渗系 BC1F1、BC1S1、BC2F1 进行衣分 QTL 筛选，得到 26 个 QTL，其中有 6 个 QTL 能解释超过 15% 的表型变异，属主效 QTL。

强优势棉花杂交种的创制与应用： 选育了首例产量高、适应性广和制种简化的三系杂交棉“中棉所 83”，创制了棉花光敏雄性不育系“中 9106”。该不育系解决恢复源狭窄等问题，最大程度地降低制种成本、提高制种效率。

棉花功能基因组学研究与应用： 完成了陆地棉全基因组测序，获得了棉花 AD 基因组高密度遗传连锁图谱和物理图谱。总测序量达到 4.457×10^{11} 碱基对，覆盖陆地棉基因组的 181 倍，估测到亚洲棉基因组大小约为 2.42×10^9 碱基对，重复序列占基因组的比例为 66%，注释到蛋白编码基因 76 943个。获得 76 943个 SNP 标记，能够把 88.5% 的基因组序列定位在 26 染色体上。从全基因组水平上证实陆地棉（AD 基因组）的进化历程。

高产优质多抗油菜分子育种与品种创制：精细定位油菜重要性状基因 7 个，开发了 SSR、SNP 等新型分子标记和功能分子标记 50 个。审定 2 个油菜新品种，创制新种质及新材料 61 份。种质资源数据库收集品种及育种材料 1 294份；分子标记数据库收录 SSR 标记已达 5 399条；新增 3 293对 InDel 标记；油菜数据中心分子标记数据库中标记总数已达 8 692对。

大豆、油菜、花生功能基因组学研究与应用：开展目标基因定位，筛选出紧密连锁的分子标记 20 多个。完成了油菜核心资源、骨干亲本、主栽品种各物种 248 份资源的重测序；考察了各品质性状、抗病、抗逆等重要农艺性状。利用创建大豆抗逆和高产功能基因组研究的资源材料库，获得了 30 多个抗非生物逆境、抗生物逆境和产量等重要农艺性状相关的候选基因。

特色果树功能基因组学研究与应用：开展了桃、梨、枸杞、茶树重要农艺性状等第二年评价与鉴定，其中桃农艺性状评价 2 000份次，梨 1 000份次，枸杞 1 000份次，茶树 500 份次，杨梅 5 ~ 10 种生物活性物质鉴定；桃 50 份地方品种重测序，测序深度 5 × 以上；梨 100 份种质重测序，测序深度 3 × 以上。

微生物杀菌剂研究与产品创制：从灰葡萄孢菌胞外纯化了 BcGS1 蛋白激发子，编码该蛋白的全长基因 2 019碱基对，编码 672 个氨基酸，预测分子量为 70 574，等电点为 5.38。该蛋白能够诱导烟草 HR，激发番茄和烟草叶片 H2O2 的积累，诱导抗病相关基因的表达，提高番茄对灰霉病的抗性和烟草对烟草花叶病（TMV）的抗性。首次发现该蛋白具有诱导植物防御反应、提高抗病性的功能。

农林有害生物分子免疫调控技术研究：克隆了两种微生物源的植物免疫蛋白燕麦嗜酸菌（*Acidovorax avenae subsp. avenae*，Aaa）鞭毛素蛋白 FliCaaa 及番茄—辣椒细菌性斑点病（Xcv）鞭毛素蛋白基因并对它们进行了原核表达，确认了他们具有诱导水稻细胞死亡和 H2O2 产生等免疫活性；获取了两种免疫分子的不同结构域，成功构建了基于植物免疫蛋白番茄—辣椒细菌性斑点病（Xcv）鞭毛素蛋白基因的水稻基因工程菌株。

智能化植物工厂生产技术研究：建立我国人工光与自然光植物工厂技术研发平台，研发形成了具有自主知识产权的植物工厂生产技术与配套控制装备。初步形成植物工厂叶菜、果菜光环境优化指标及控制模式 3 套，研制出植物工厂专用 LED 光源装置 4 套。形成多层立体栽培系统装备 4 套/台。研制出小容器光温耦合实验箱及智能能耗测算系统。初步建立植物工厂营养液在线监测系统，开发了 3 种紫外线—臭氧营养液消毒样机。研制了植物工厂空气温湿度、光环境、二氧化碳、液温、叶温传感器样机。

植物工厂 LED 节能光源及光环境智能控制技术：系统阐述了太阳光植物工厂 LED 与 HPS 光源补光对番茄生长产量影响，光周期对不同生菜品种生长发育的影响。研发出了移动光源控制装置，研发出一款 60 瓦中功率芯片植物生长平板灯和一款 280 瓦主动散热大功率植物生长平板灯。研发了人工光植物工厂和太阳光植物工厂的 LED 光源装置所发光强、光质和光周期进行智能化控制，按植物需求提供光条件或补光的软件系统。

作物生长水分与营养土壤生境调控技术：筛选负压渗水新材料 2 种；设计土壤水分平稳供应新装置 7 套，其中 2 套得到了批量试验制作和运用；筛选出高水溶性肥料配方 3 个；进行了油菜、烟草、甜菜、樱桃萝卜等 4 种作物的田间或盆栽试验。

作物虚拟设计与可视化技术：构建了小麦、玉米生理生态过程模型；明确了植株器官的形态结构与同化物分配状态的时空变化模式及其与对应器官生物量的基本关系，以及小麦地上部植株与各器官氮/碳素积累和转运的动态规律，构建了番茄姿态和结构具有随机性和普遍性的三维虚拟可视化模型；初步研制冠层温度数字化检测设备，提出了基于图像的玉米表观特征提取、分析与建模方法，研发了三维作物实时真实感可视化框架。

基于模型的果园与油菜作物生产数字化管理平台：构建了可视化的苹果树生长模拟模型，实现了“功能—形态”模型的有机耦合；研制了果园虫害以及叶部病害发生情况远程感知设备、果园农艺作业信息自动记录器和苹果产量精准记录小车，丰富了果园信息采集手段。研制了果园数字化管理软件系统，实现了果园环境数据自动采集、苹果树生长模拟与管理决策方案优选、远程生产指导等功能。

果园精准生产技术与装备：研究完善土壤/植株养分、果实品质和溯源、重要病害等的近红外光谱预测技术，系统完成了果园变量施肥、精准采收等现代作业技术和决策支持技术系统的构建，完成服务生产的软件系统的研发、构建果园多源信息精准作业现场服务平台（车），建立中国果树精准农业网站等产业信息化服务条件，初步完成对靶施药—施肥一体化作业机的研发，完成浙江、江西等主产区精准作业技术与装备集成示范基地的建设。研发多功能光谱检测仪、信息化服务车等技术系统装置 3 套。

脱胶酶系用于麻类纤维原料脱胶工艺研究：发明专利“一种功能菌株用于工厂化发酵快速提取草本纤维的方法”（ZL201110410078. 7）获授权，原创性技术发明成果“高效节能清洁型麻类工厂化生物脱胶技术”通过整体成果评价；从麻类脱胶高效菌株 DCE-01 中克隆出包括果胶酶、甘露聚糖酶和木聚糖酶的麻类脱胶关键酶基因 6 个。

实验用小型猪重大疾病模型研发及其专门化品系培育：实验用五指山小型猪近交系培育通过专家鉴定，获得了 PCSK9 D374Y 肝脏特异性过表达载体，并进行了功能验证。获得转 *PCSK9* 基因转基因猪。检测转 *NPC1L1* 基因猪的血液和肝脏组织并获得了相关表型数据。获得了上皮组织特异性表达 *N-LMP1* 和 *CR2* 的表达载体，并筛选得到该双基因表达载体阳性细胞克隆，利用核移植技术获得 6 头阳性转 *N-LMP1* 基因和 *CR2* 基因双基因转基因巴马小型猪。成功获得转 *GIPRn-hIAPP* 双基因猪，并构建 F1 代群体；转 *11βHSD1-CHOP-hIAPP* 三基因猪进行了阳性鉴定和表达检测。

饲料酶及其应用：建立了酶分子改良的技术体系 4 项，获得了综合性能优良的改良纤维素酶、木聚糖酶、葡聚糖酶、甘露聚糖酶、α-半乳糖苷酶酶。5种改良酶工程菌株均建立了一套完整有效的发酵工艺控制策略。建立了通用的稳定的酶后加工工艺流程，通过条件优化制备的多种改良酶均具有良好的贮存稳定性。实现了新型木聚糖酶、甘露聚糖酶、α-半乳糖苷酶的规模化生产。

饲料酶的分子改良与产品创制：采集了来自于青藏高原、东北长白山脉、各地区农田等土壤样品，进行了环境微生物的富集筛选，从不同的特殊环境中分离筛选新型饲料用酶，并在此过程中改进了新型的高效筛选方法。完成了葡萄糖氧化酶、淀粉酶、脂肪酶等产品的分子改良研究，酶的特性改良适合饲料应用，并在酵母中构建的高表达工程菌。葡萄糖氧化酶、淀粉酶、脂肪酶效价分别达到4 500单位/毫升、22 000单位/毫升、3 200单位/毫升。获得了阿魏酸酯酶和赤霉烯酮降解酶的高效表达工程菌株。

结核病、布鲁氏菌病、衣原体感染等人畜共患病分子诊断技术研究与产品研制：研制了重组蛋白替代牛提纯结核菌素皮内变态反应试剂盒，研制了牛IFN-γELISA检测试剂盒，可用于临床样品的检测，与BovigamTM检测符合率为95.3%，初步阐明牛结核病的毒力因子在其致病中的作用。

家畜病毒病基因工程疫苗创制：创制了9种新型基因工程疫苗，开展转基因安全评价和临床试验，腺病毒/甲病毒复制子嵌合载体猪瘟疫苗获得了转基因安全证书；高致病性猪蓝耳病基因标记弱毒疫苗株rHN4-△25 + NP49获得了环境释放试验批复，并申请了生产性试验；获得转基因生物安全证书4项。

新型重大动物疫病疫苗与诊断试剂创制及生产工艺创新：完成牛副流感病毒3型重组疫苗的实验室研究。初步完成重组干酪乳杆菌表达系统免疫动物实验研究；成功建立系统、高效和稳定的核酸检测试剂盒产业化生产工艺；完成4种动物疫苗佐剂安全试验和效力检测及2种剂型佐剂配方和实验室工艺研究；完成狂犬病毒候选疫苗株选择及特性鉴定；建立了稳定的可用于工厂化生产的病毒疫苗抗原提取纯化工艺。

（三）国家自然科学基金

重点开展了水稻、玉米、小麦、棉花、蔬菜等作物的重要基因挖掘与功能解析，作物病虫害抗性分子机制，固氮菌基因网络调控机制，饲料用酶分子生物学，微生物代谢，鸡、猪发育相关性状遗传机理，家畜寄生虫蛋白质组学等研究，揭示相关机理，为关键技术创新和重大产品创制奠定理论基础。

水稻抗白叶枯病广谱抗性材料的鉴定、基因发掘及抗病机理：鉴定了一批水稻白叶枯病广谱抗性材料，通过接种菲律宾强毒菌株PXO99到免疫株系H471及其亲本，分析了其病机制，初步表明H471免疫株系可能具有新的抗病分子机制；通过群体遗传分析，发现一个新的白叶枯病抗性基因，暂命名为*Xa*39。

水稻种质资源高产、抗旱有利基因高效挖掘及其利用：配制了黄华占与3个抗旱导入系HHHZ5-Y4-DT2、HHZ19-DT12-Y2和HHZ8-Y2-DT1的杂交组合，同时在3个抗旱株系间两两配组杂交组合，在抗旱 QTL 两侧加密标记进行抗旱单株间的图示基因型重叠精细定位，同时标记辅助筛选不同抗旱 QTL 的聚合体。

玉米籽粒相关性状关键基因挖掘及其生物学功能分析：通过 5 000个单株的次级分离群体，图位克隆了黄早四籽粒相关主效 QTL（暂命名为 ql4kw）。候选基因序列分析发现，与旅 28 相比，黄早四含有 6 个碱基的突变，导致 6 个氨基酸从疏水突变为亲水。蛋白结构预测发现，该基因编码一个跨膜的激酶蛋白，黄早四等位变异编码蛋白的跨膜结构与旅 28 具有显著差异。

小麦品种对条锈菌持久抗病性遗传组分及机制：分析了 269 份生产品种和重要抗源抗条锈病基因，明确了带花麦、老白麦等农家品种的抗条锈病基因类型及其遗传特点；对尤皮Ⅱ号中抗条锈病基因 *YrJu*4 进行了分子标记筛选和精确定位；获得与农家品种红曹麦抗性 *YrNJ*244 基因连锁的 3 个分子标记；分析发现农家品种白线芒具有全生育期抗条锈性。

棉花高频再生性状的遗传与应用：在棉花体细胞球形胚和子叶胚中鉴定了 209 个与呼吸和光合作用相关的差异表达蛋白，克隆了 3 个 *AGL*15 的同源基因；发现 *GhAGL*15*s* 在缩短棉花转化周期和提高棉花转化效率方面具有应用的潜力；借助规模化转基因平台，首次创制了功能获得型突变体 pag1，利用 T-DNA 标签克隆了 PAG1，转录组分析表明 PAG1 通过调节内源 BR 含量影响纤维发育。

棉花—害虫—天敌的互作机制：在棉铃虫上发现了一种浓核病毒 HaDNV-1，其可提高棉铃虫对 Bt 生物杀虫剂和 NPV 的抗性。棉铃虫感染后，幼虫和蛹的发育速度加快，成虫生殖力增强；首次在 Bt 抗性研究领域发现启动子变异介导的基因沉默机制，同时证实 Bt 毒素的活化受阻可能是 Bt 抗性产生的重要因素；花椒毒素与黄酮诱导 CYP321A1 基因表达主要被功能多样的共同元件调控，同时次生物质各自的反应元件也起了一定作用。

蔬菜种质资源与遗传育种学：完成了番茄变异组图谱的构建和黄瓜苦味物质合成调控网络的解析；利用变异图谱的数据，结合丰富的表型数据和群体遗传学分析，证明了栽培番茄的驯化和改良两步进化过程；通过挖掘黄瓜基因组、转录组及变异组等组学数据，发现有 11 个基因参与黄瓜苦味合成、调控及驯化过程。

黄瓜种质资源优异抗病基因发掘、功能遗传解析及利用：完成了野生黄瓜后代杂交群体的抗性鉴定，对南方根结线虫的抗性遗传特征分析，初步证明了在野生黄瓜中存在抗线虫基因；利用抗感杂交的 F2 群体分离情况，初步推断抗性为单显性基因控制的质量性状。

作物双生病毒致病的分子机理：揭示了中国番茄黄曲叶病毒（TYLCCNV）伴随的卫星分子编码的致病因子和 RNA 沉默抑制子——βC1 抑制植物防卫反应的新机制：发现 βC1 上调烟草和番茄等植物中内源的 RNA 沉默抑制子——钙调素类似蛋白（rgs-CaM）的表达；发现 βC1 通过上调 rgs-CaM 的表达抑制 RNA 沉默途径中的关键组分 RNA 依赖的 RNA 聚合酶 6（RDR6）的功能从而促进病毒侵染，并且导致原本仅侵染茄科植物的 TYLCCNV 能够系统侵染拟南芥 rdr6 突变体植株；进一步筛选并鉴定与双生病毒编码的关键蛋白 V2、C4 和 βC1 互作的寄主因子。

植物挥发物对棉铃虫嗅觉行为调控的神经和分子机理：对棉铃虫的气味受体基因家族进行了全面鉴定并克隆得到 35 个气味受体的全长序列；研究了其中 25 个气味受体基因对醇等 7 大类 89 种气味分子的识别功能，筛选得到 14 个气味受体可被不同的气味分子激活。结果显示棉铃虫的气味受体多数反应谱较窄，主要识别萜烯类、芳香族、醇类和脂类化合物；研究了棉铃虫触角感受器里嗅觉受体神经元对棉铃虫主要性信息组分和正庚醛等 15 种等植物挥发物的反应；采用免疫组织化学染色标记的方法，明确了棉铃虫脑的解剖结构。

长江流域棉区红铃虫对 Bt 棉花的抗性等位基因鉴定及演化动态分析：对长江流域江西、湖北、湖南、安徽四省 12 个红铃虫种群进行生测；检测了红铃虫田间种群的抗性基因频率；对携带抗性等位基因的田间抗性种群纯化，建立室内抗性品系；克隆及鉴定田间抗性种群所携带的抗性等位基因，比较研究红铃虫抗性品系与敏感品系的适合度差异。

农业昆虫与害虫防治：定量解析了节肢动物食物关系；调查了全年不同时期瓢虫在农田生态系统中的种群转移规律，分析发现瓢虫寄主转移与食物资源蚜虫种群丰富度呈正相关关系，同时发现个别作物能为瓢虫提供特定庇护所和蜜源，形成了特殊的寄主转换事件；证实了景观多样性及其结构组成对小麦、玉米、棉花上天敌发生及其控害的影响。

农业有害生物检疫与入侵生物学：研究发现了雌雄成虫个体大小对广聚萤叶甲的繁殖力均具有显著影响，表明个体大的成虫对种群繁衍十分有利。

烟粉虱适应寄主植物的转录组学及寄主诱导代谢的分子机制研究：研究发现 Q 烟粉虱与 TYLCV 互作过程中，TYLCV 能促进 Q 烟粉虱的生长发育繁殖、促进其种群扩增，使其朝有利于病毒传播扩散的方向特性发展；烟粉虱与 TYLCV 互作对植物茉莉酸防御途径的显著抑制是其互利共生的重要原因，这也是传毒昆虫烟粉虱与所传病毒 TYLCV 互利共生并促进病毒病暴发流行的分子机制。

乙烯信号传导调控植物耐盐性新组分的鉴定：发现了光信号途径的正调控因子 HY5 参与了乙烯调控的盐胁迫反应，乙烯过量生成突变体 eto2 和 HY5 的过表达株系的杂交材料部分的恢复了 eto2 对 NaCl 处理的敏感性，而 ctr1 hy5 和 ein3 hy5 的双突变体材料则表现出 hy5 突变体的盐敏感性；发现了 NaCl 处理的拟南芥中 HY5 蛋白的含量升高，但添加乙烯合成前体 ACC 后会明显抑制 HY5 蛋白的积累。分析发现 ACC 的处理最终影响了 HY5 下游 ABI5 基因的表达；证明了植物通过 HY5 整合了乙烯信号和光信号途径并最终通过 ABI5 等下游的转录因子调控植物的耐盐性。

联合固氮施氏假单胞菌碳氮代谢基因网络调控的分子机制：发现 CbrAB 和 Crc 蛋白在固氮基因表达调控中发挥作用，cbrA 和 cbrB 的缺失突变都分别造成了固氮酶活的显著降低，CbrAB 可能直接或间接参与 A1501 的固氮调控；对野生型和 crc 突变株在固氮条件下的转录组的分析发现A1501固氮岛内59个固氮基因中有51个发生显著下调，参与氮代谢调控的关键基因*glnK*和*amtB*等也表达下调，表明Crc可能通过某种直接或者间接的机制影响了氮代谢，进而对固氮基因的表达产生影响。

饲粮微量元素对肉鸡的抗热应效应及其分子机制研究：完成种母鸡组织*HSP*70、*HSP*90和*MnSOD*功能基因及其蛋白表达量、鸡胚心肌总DNA及特定基因（*HSP*70、*HSP*90和*MnSOD*）甲基化、MicroRNA表达谱、差异MicroRNA筛选及其靶基因的分析与预测，以及子代肉仔鸡组织概略养分等分析工作；完成了种母鸡饲养、种蛋孵化和子代肉仔鸡3个阶段相关指标的分析工作。

PI3K/Akt通路调控猪肌肉发育及产肉量的整合表观遗传学机制：建立了长白猪和通城猪核心种质群，采集了两品种28个生长发育时间点骨骼肌的转录组图谱；建立了高通量猪功能基因挖掘技术和生物信息分析平台，构建了共表达调控网络；明确验证了胚胎发育55天到65天是中外猪种骨骼肌发育表型差异的关键时间节点；证明了*CNN*3的表达受到miRNA-1的调控，并且与猪初生重和断奶重显著相关，*CRABP*1与猪的出生前骨骼肌发育相关；通过全基因组SNP扫描的方法，分析了中国地方猪和商品猪遗传结构、选择标记和拷贝数差异，阐释了中外猪种在选择进化过程中的差异。

基于组学方法研究瘤胃中秸秆代谢相关微生物的生态结构和功能：秸秆日粮条件下瘤胃液代谢指纹图谱呈现明显的差异，其优势代谢物包括乙酸和三甲胺，它们参与三羧酸循环、甲烷代谢和氨基酸代谢；苜蓿混合粗饲料日粮中优势代谢物包括丙酸、丁酸、甲酸、次黄嘌呤，参与了能量代谢、碳水化合物代谢等；在瘤胃整体代谢途径方面，单一秸秆日粮主要影响瘤胃挥发性脂肪酸生成通路，表现在激活乙酸生成通路，抑制丙酸生成通路。

饲料用酶的分子生物学：确定了4个与*Streptomyces sp.* S9木聚糖酶热稳定性相关的关键位点，构建了5个突变体；从3株嗜热微生物中获得了6个具有应用潜力的新颖α-半乳糖苷酶，首次研究了两种不同结构的27家族α-半乳糖苷酶降解结构组成不同的半乳甘露聚糖（21%~38%）和葡甘露聚糖。

弓形虫与宿主互作的转录组及蛋白组研究：综合评价了弓形虫TgROP38基因对小鼠弓形虫感染的免疫保护作用；开展了*ToxoDB#9*基因型PYS虫株感染对宿主（猪）的主要器官转录组、miRNA及蛋白组的系统研究，开展了II型PRU虫株感染对宿主（猫）主要器官转录组、miRNA及蛋白组的系统研究。

（四）国家科技支撑计划

重点围绕农作物种质资源发掘与创新利用、农业可持续高产栽培技术、优良动植物新品种创制与繁育技术、重大病虫害防控技术、气候变化及主要农业气象灾害防控技术、土壤肥力培育与地力提升关键技术、新型肥料创制与施肥关键技术、农业面源污染防控减排技术、畜禽健康养殖与营养调控技术等方面开展研究，注重集成和消化吸收再创新，在重大工艺技术及产业共性技术研究方面取得突破进展，解决了一批综合性、区域性关键技术问题，取得了一批支撑产业发展的新产品（新品种），为产业发展提供了有力的技术保障与产品支撑。

作物种质资源收集、编目、入库与安全保存：收集编目入库资源2 103份。构建了集成电子鼻和BP-神经网络技术的种质活力无损、快速检测新技术，获得水稻种质活力丧失的潜在分子预警指标，发现*CAT*1、*APX*1 和 *MDHAR*1 基因可望作为种子活力预警的分子标记。构建了甘蓝型油菜种质高通量遗传完整性检测平台。试管苗库和种质圃保存的60份马铃薯种质的农艺性状和同工酶标记均无明显变异。完成长期库保存21～27年4 060份活力监测，平均发芽率91.7%。

农林植物种质资源发掘与创新利用：收集引进小麦、水稻、玉米作物种质资源1 169份；筛选和鉴定出一批性状突出的小麦、水稻、玉米种质资源351份；发掘具有关键效应的新基因/QTL共22个；利用筛选得到的优异种质创新小麦、水稻、玉米种质资源46份。研发和审定新品种、新材料7个。

淀粉类（小麦野生材料）种质遗传完整性新技术研究及监测：得到相应老化梯度的老芒麦种子，开展了老化处理的材料进行形态标记、化处理后种子的生理生化指标测定的研究，以及老化处理后试验材料DNA提取，SSR-PCR反应体系及程序的建立，SSR引物筛选，PCR扩增。对中期库保存的500份小麦野生近缘植物（老芒麦）种质进行活力监测、对小麦野生近缘植物（披碱草属）79份老芒麦和披碱草材料进行了发芽率检测。

北部冬麦区小麦新品种培育与扩繁：培育优质高产抗逆材料2份，育成优异高产抗病品系2个。加强了小麦抗逆育种技术的研究。示范推广“中麦13”、“中麦14”等新品种16.5万亩。

主要农作物辐射育种及新品种创制研究：对混合粒子场诱变处理得到的小麦矮秆突变体DC20赤霉素合成及信号转导途径关键基因进行分析，并对不同小麦基因型对γ射线辐照敏感性的分子解析；创制新资源及育种新材料10份；育成玉米优良新品种2个，育成并进入省级以上区试的小麦、水稻等作物新品系11个；申请植物新品种保护权2项，2项新品种权获公告。

主要粮食作物可持续超高产共性理论与关键技术研究：提出了作物超高产群体的抗倒防衰耕作栽培调控途径；阐明了玉米耕层土壤水热动态特征和耕作措施对耕层土壤水热的综合影响及其作用机制，提出了满足密植高产高效的耕层蓄水增温的耕作栽培调控途径；探明了水稻高产群体碳排放高的机制，阐明了湿润/旱育秧、增密减氮、控水增氧、化控抗逆等栽培措施的增产减排效应，建立了水稻高产群体抗逆高产、节水减排的技术体系。

主要旱粮作物重大病虫害防控技术研究与集成示范：对192个国家区试品种进行抗条锈性把关鉴定与评价，其中免疫或近免疫品种66个、高抗品种27个、中抗品种39个、慢锈性品种43个、高感品种17个。对265个小麦生产品种和重要抗源进行了抗条锈性鉴定与评价，其中免疫和近免疫品种96个、高抗品种59个、中抗品种31个、慢锈品种67个、感病品种12个。对75个全国小麦区试品种（系）、91个河南省参加全国小麦区试品种（系）进行了遗传多样性和抗条锈性分析，发现不同地区品种间存在遗传差异。

棉花重大病虫害防控技术研究与集成示范：比较了棉花与其他植物不同种植模式、不同栽培方式等景观多样性对棉田主要病虫害的影响，并利用这种生态作用控制棉花重要虫害。调查了棉田主要天敌的种群动态，室内建立了异色瓢虫、中红侧沟茧蜂等天敌的饲养体系并在田间示范防治棉蚜。调查了牧草盲蝽、扶桑绵粉蚧等潜在重要害虫的发生情况、趋势，并对防控技术进行研究。监测了棉铃虫、红铃虫、棉蚜等对化学农药、Bt的抗性，开展了绿盲蝽、斜纹夜蛾等棉花重大病虫害发生规律、预测预报和防治技术的研究。筛选棉花抗病虫品种资源，并对抗病、抗虫机制进行了研究。

茄果类蔬菜杂交优势利用与新品种选育：建立了番茄黄化曲叶病毒（TYLCV）分子快速检测技术体系，初步探讨提出辣椒低温弱光的耐性强弱指标，进行了辣椒细胞质雄性不育基因的克隆及表达分析，进一步完善了辣椒单倍体育种技术体系，育成不同果形甜椒、辣椒胞质雄性不育系CMS及保持系21份，探索茄子耐热及耐低温人工鉴定技术指标，开发了与茄子单性结实连锁的分子标记。评价、筛选育种材料5 000份以上，获得688份综合性状优异、抗病及耐低温弱光育种材料；获得优良杂交新组合254个，其中番茄92个，辣（甜）椒42个，茄子120个。

马铃薯综合育种技术和多抗优质新品种选育：鉴定评价亲本400多份，品比试验中26个品系表现优良。建立了以电解质渗漏法为基础的马铃薯耐冻性鉴定评价技术方案，形成了准确简易可操作的技术规程；育成抗旱材料4份、抗寒材料1份、鲜薯食用材料1份、薯片薯条加工材料1份、高抗高淀粉材料1份、特色材料1份和高抗晚疫病材料1份，选送炸片加工品系中蔬D549和全粉加工品系中蔬D597进入国家级品种区域试验。

水稻新品种培育与扩繁：选育24个新组合进入中种标准化测试网点测试，创制优质、高产、抗病虫、耐逆等新材料120份，扩繁重要水稻亲本原原种23吨。获得植物新品种权30个，获得国家发明专利15项。

棉花新品种培育与扩繁：审定棉花新品种10个；参加省级以上区域试验新组合和新品系达25个；提供3个新品系进入本项目标准化测试网点进行筛选；创造优良育种亲本材料20多份；新申请专利1项，新申请植物新品种保护权1项；获得授权专利2项；在三大棉区建立中试基地22个，推广棉花品种150万亩。

经济作物种质资源发掘与创新利用：对近500份棉花、油菜、花生等种质材料进行了鉴定、评价及筛选。对其中的84份优异种质在基因水平上进行了分析，鉴定了与株型、抗逆、产量及品质等相关基因16个。新收集和创制种质资源材料750份，创制了一套陆地棉—澳洲棉外源异附加系。

经济作物农机农艺关键技术集成研究与示范：对“中50”、“中74”、“豫早9110”

3个品种进行了深入研究，突破套播棉花的机械化精量播种技术，在河北省邯郸市实现了麦棉两熟的全程机械化生产的示范，开展了棉花机械化采收。基本明确了品种适宜的播种密度，“中74”群体以中高密度群体为主，为7 000～8 000株/亩，而“中50”密度以中密度群体为主，在5 000～7 000株/亩为宜；明确“豫早9110”适宜的播种期在5月中旬左右。

棉花病虫害生态控制技术研究与集成示范：明确了不同种植方式下棉田主要病虫害及其天敌种群的变化规律；筛选出20余种对棉花病虫害友好型新型农药，持续监测了冀鲁豫、新疆等地区棉花主要病虫害对化学农药的抗性动态，发现我国黄河流域棉区棉铃虫对甲氨基阿维菌素苯甲酸盐和辛硫磷的抗性总体处于敏感水平；大部分地区棉铃虫对高效氯氟氰菊酯的抗药性水平仍然较高，9个监测点基本处于中等至高水平抗性。

高油高产机械化专用油菜新品种选育：利用抗裂角性差异显著的两个甘蓝型油菜品系配制杂交组合，通过小孢子培养构建了一个双单倍体群体并连续进行抗裂角性鉴定和遗传分析。开展适合机械化油菜品种资源鉴定与材料创新，获得专用油菜材料47份。培育出32个组合（品系）参加省级以上区试。筛选出3个适合机械化生产的油菜新品种。示范推广已筛选适合机械收获的新品种60多万亩，机械化收获面积占96%以上。研制出一套适合黄淮区的油菜全程机械化作业的技术措施。

油菜高效低耗加工技术研究：不同类型油菜籽中形成的Canolol含量与各自的芥子酸、芥子碱含量呈显著相关性，硫甙的酶促和热降解途径是调控不同风味形成的关键因素，为调控辛辣风味和关键营养成分以及工艺技术优化奠定了重要基础。

长江中游油菜丰产关键技术集成示范：开展了油菜丰产关键技术研究，研究了油菜抗裂角性状，氮肥和密度对油菜机械收获损失率的影响，施氮量对油菜氮素积累和运转及氮素利用率的影响。进一步集成适于长江中游油菜机械化生产的丰产关键技术，开展油菜机械化生产集成示范；建立油菜丰产技术集成示范基地10个，面积210.86万亩。建立双低油菜高效加工示范基地建立长江中游油菜高效加工技术规程1套，双低油菜高效加工示范基地2个，年生产规模达到20万吨。

优质高产多抗专用苎麻新品种选育及高效轻简化栽培技术研究：首次克隆获得苎麻氮代谢途径中关键基因*GS*基因家族中的2个胞液型基因和2个质体型基因。利用同源重组技术将苎麻*BnGS*1-2基因转入*pBI*121植物表达载体特定位点，获得转基因植株。超量表达*BnGS*1-2基因，能够促进转基因烟草植株对氮素的吸收和利用，提高氮代谢效率。选育苎麻新品种“中苎3号”，2014年通过湖南省作物品种登记。

主要仁果类果树新品种选育：开展了苹果、梨优良种质S基因型分析，选配杂交组合9个，其中，苹果3个，分别为蜜脆×安托诺夫卡、金红×金沙伊拉姆、蜜脆×短枝陆奥；梨6个，分别为慈梨×新世纪、五九香×金花、S5×T18、S5×新世纪、S5×金花、矮梨1号×金花。筛选出优异种质4份，其中苹果和梨各2份。

果蔬重大病虫害防控技术研究与集成示范：研发了更多的蔬菜重大病害的快速检测技术，筛选出更多的抗性种质资源，研究了温度、耕作方式、药剂使用等因素对病虫害的影响，研发出旋风式气流捕虫机、蓟马聚集信息素等新的病虫害防控技术。组建了北方地区根结线虫的综合治理技术，分别建立了适合南方地区的蔬菜根结线虫综合治理技术和北方地区小菜蛾综合治理技术等，并进行示范和推广。

重大农业气象灾害防控与管理技术研究与示范：重点开发了基于 Zigbee 和 433M 协议的传感器网络技术，研制出专用采集模块；设计研发农业环境单点采集设备，研发多维移动图像（视频）监控设备；进一步完善了基于 Web 的远程监控与诊断管理系统平台，提高了潜在灾害预警信息的反馈速度和准确度。开展了耐旱性内生真菌试验，分离筛选出一株内生真菌 Ly-1，具有在干旱条件下调节小麦生长和保持水分的作用。

中低产田障碍因子消减与地力提升共性关键技术研究：土壤 pH 值降低成为洞庭湖区主要的障碍因子。有机无机肥配合及土壤调理剂的施用能遏制土壤酸化；绿肥、秸秆和氮肥配施能够显著增强灌漠土抗冻融的能力。长期施有机肥能显著地提高有机碳储量。每年向灌漠土输入的有机碳量大约有 11.5% 转变成土壤有机碳，每年向土壤输入 0.66Mg/ha 的有机碳才能维持土壤有机碳原有的水平；种植年限延长、土壤趋于酸化使耐酸性细菌所占比例大大增加。设施菜地表土中，pH 值随种植年限的增加呈逐年下降趋势，土壤有机质和硝态氮含量则随种植年限增加而上升。

旱地农田高效用水关键技术研究与典型示范：初步探明了旱地冬小麦高产高效的生理生态基础，选育出“青麦 6 号”和“青麦 7 号”两个旱地小麦新品种。界定了旱肥地生态条件指标，集成创新了旱地小麦早、深、平高产高效栽培技术体系及高产高效机理，创出旱地小麦亩产 600 千克以上的高产典型，水分利用效率最高达到 1.62 千克/(毫米 · 亩)。明确了小麦萌发期胚根数目作为新的抗旱性鉴定指标。集成完善高产技术模式 2 种，研制出旱地玉米专用微生物肥料及配套农机，示范推广 20 万亩以。

华北集约化农区农业面源污染防控技术集成与示范：建立了 2 个畜禽养殖粪污处理和农田利用试验示范基地，研发了粪便秸秆混合固态两相厌氧消化、猪场废水生物—生态联合处理、养殖废水处理后农田安全利用与农药残液生物床降解等技术，摸清了产甲烷发酵的最适条件与固体产酸发酵和液态产甲烷反应器有效容积，研发了养殖废水高浓度臭氧一体化设备，提出了冬小麦—夏玉米轮作农田猪场厌氧肥水综合利用模式，构建了利用香菇菌糠替代草炭，与土壤和秸秆共同构成 Biomixture。

循环农业系统污染物减控关键技术研究：明确了以稻草、小麦秸秆、玉米秸秆及杂草为主的生物碳及其改性生物碳对重金属的吸附特征和规律、对不同程度的砷镉铅污染土壤的钝化效应及对作物吸收重金属的影响。研究表明，一定比例的 Fe、生物碳、水滑石及赤泥的联合处理降低作物吸收砷含量的幅度达 50% 以上；纳米铁的施用大大降低了土壤砷的淋溶风险，而有机肥的施用则导致土壤中的砷明显活化，增加了土壤中砷的淋失；明确了纳米铁应用于砷污染土壤中钝化其活性砷的应用前景和潜力。

旱地生态系统固碳减排技术集成与示范：开展了秸秆还田、有机肥施用、免耕、生物黑炭等固碳技术；益生菌配施、碳氮水综合固碳减排技术研究与示范；系统完成了北方旱地农业生态区的固碳技术 Meta 分析，初步完成了 N_2O 减排技术 Meta 分析，完成了北方主要农业生态区不同固碳措施的固碳效果区域模拟的模型校验；研发了土壤固碳技术规程3套，推广示范面积150亩，辐射面积2 000亩。

国家适应气候变化方法学研究和综合技术体系构建：设计了农林牧适应气候变化技术体系框架，梳理与明确气候变化风险评估流程与方法，筛选农业适应气候变化关键技术，从栽种、抚育、苗圃、监测预警等角度筛选林业适应技术；从饲养、草地改良、畜舍改良、防疫、育种等角度筛选草地畜牧业适应技术，编制农林牧业适应技术清单。从不同方法学分析入手，甄别不同尺度上的核心技术和配套技术，进行了适应技术的集成。

生猪养殖业节能减排关键技术研究与示范：确定了6种NSP酶的单酶对主要饲料原料的最优作用添加量，获取了猪3种主要日粮的最优NSP酶复合物并建立了磷生物学效价体外评定方法，使3种日粮干物质消化率分别达到84.17%、79.08%和74.37%。研究开发了规模化猪场妊娠母猪和保育猪福利养殖工艺及其智能化管理系统；研制了风机现场测定系统，分离筛选获得硝化细菌2株和异养硝化—好养反硝化细菌2株，开发出猪场污水处理的高效硝化—脱氮复合菌剂品系1个。

优质多抗牧草新品种选育与良种繁育关键技术研究与示范：对苜蓿假盘菌诱导下的抗、感苜蓿植株叶片基因的差异表达进行研究，在抗病单株中获得的显著差异表达基因2 618个，在感病单株中获得差异表达基因3 590个。利用60Co-γ诱变白三叶耐旱突变体，确定了20戈瑞、80戈瑞、90戈瑞辐照过的材料和未辐照过的材料对甘露醇的适宜浓度、半致死浓度及致死浓度，成功筛选出突变体；通过对诱变白三叶海发品种的盆栽耐旱突变体筛选，获得耐旱突变株97株。

优质肉牛新品种（系）选育与关键技术研究及示范：肉用西门塔尔牛新品种育种群规模扩大至4 120头，核心群规模达1 200头，完成了第一世代的选择。犊牛断奶体重平均提高12千克，育肥期日增重提高0.09千克。完成了行业标准《肉牛生产性能测定技术规程》编制并发布。

畜禽健康养殖通用技术标准及营养调控关键技术研究：研究了不同氨气浓度对肉鸡呼吸道黏膜屏障的影响，在肉鸡舍空气中喷洒复合芽孢杆菌制剂，肉鸡排泄物中大肠杆菌的数量减少而乳酸杆菌数量增加，同时鸡舍氨气浓度降低；肉鸡气管黏膜上皮淋巴细胞及杯状细胞的数量明显增加，电镜下观察黏膜完整性提高；喉部及气管的好氧菌数及大肠杆菌数量明显下降；使用芽孢杆菌可以调节肉鸡呼吸道菌群结构，有利于呼吸道黏膜健康。

畜禽健康养殖环境控制关键技术与集成：研究了急性短期不同温湿度、日变温湿度、恒温与变温以及变温模对肉鸡行为、生理、内分泌和生产性能的影响，研究找出4项评价肉鸡热舒适性的非侵入性新指标。找出反应肉鸡热舒适及其分级的敏感可靠指标，初步确定热舒适分级的综合指标体系。研究了冷热环境对肉鸡能量代谢的影响，综合单位体重代谢能摄入量、线粒体蛋白含量和细胞色素氧化酶活性、胸肌avUCP mRNA的表达量以及生产性能的变化结果研究确定肉鸡热舒适参数。

奶牛营养调控与粗饲料高效利用关键技术研究：系统研究了玉米秸秆在不同泌乳水平奶牛日粮中的有效添加量，提出了以玉米秸秆为基础改善奶牛生产性能的日粮营养调控技术，集成了以促进瘤胃发酵为核心的奶牛营养升级综合技术方案，在北京市、天津市等地示范规模达 1.2 万头成母牛。

功能性植物提取物的创制与应用：完成响应面法优化复合酶辅助提取苜蓿多糖的纯化、分离、理化测定。研究了苜蓿多糖对肝细胞的保护作用，完成响应面法优化超声波辅助提取苜蓿黄酮的研究，及苜草素对高脂低蛋白日粮诱发的蛋鸡脂肪肝出血综合征的预防作用研究。

蜜蜂、蚕、毛皮动物等特种经济动物资源高效利用技术研究与示范：重点开展了蜂王浆高效安全生产关键技术与机具改进研究；分析 BLUP 蜜蜂评估体系模型在示范蜂场的适用性；开展了中华蜜蜂囊状幼虫病等防治和蜂花粉保肝活性成分的研究，从油菜蜂花粉中分离纯化鉴定出数个黄酮苷成分并进行了活性筛选；进一步确认“快杨 107”和“速生杨 2025”也是中国蜂胶胶源植物；分离纯化出蜂王浆主蛋白 MRJP1、MRJP2 和 MRJP3。在北京、甘肃等 6 省市建立安全高效生产关键技术示范基地和蜂群档案。

生态环保饲料生产关键技术研发与集成示范：从鸡粪中筛选得到 1 株具有高效降解氨氮能力的拟青霉菌，可有效控制畜禽粪便氨气的排放。发现当肉鸡日粮中微量元素以有机和无机 50 : 50 的比例供应显著提高肉鸡的生产性能，改善微量元素营养指标。筛选了适宜的铜、铁、锌、锰添加水平，初步证实微量元素的营养需要存在适宜平衡模式。确定了有利于减少肉仔鸡排泄物 N、P、挥发性盐基氮等主要臭气化合物含量的适宜代谢能和可消化赖氨酸水平分别为（1.255×10^7）~（1.318×10^7）焦耳/千克和 0.80%。

肉鸡饲料营养价值和营养需要量模型化技术研究与应用示范：评定了玉米、豆粕等 10 种原料 150 个样品的代谢能、氨基酸消化率和有效磷数据，得到营养参数 3 450个，建立化学成分预测有效能值、氨基酸消化率和有效磷回归公式 23 个、模型 7 个。阐明了肉鸡体重对净能评定中总产热量和绝食代谢产热量的影响，并得出 1.21 ~3.10 千克肉鸡单位代谢体重绝食产热量为 4.7×10^5 焦耳/（千克 $Bw^{0.74}$ · 天），实测了郑单 958 等的净能值。

安全优质饲料生产关键技术研发与集成示范：完善了饲料生产质量安全管理系统，揭示包装方式、颗粒直径和水分含量对饲料储存品质变化的影响规律。发现普通编织袋包装的饲料水分变化最易受环境条件的影响，不同粒径颗粒饲料水分的变化受环境条件和微生物生长的影响。为控制饲料霉变，应将饲料的水分含量控制在 12.5% 以下。

新型微生态制剂的创制与应用：针对分泌通路因子及信号肽酶进行了定向改造，构建了改进的新表达系统，对 NZ2114 的表达系统进行了优化，表达产量翻倍，后续纯化工作简化。优化了菊粉衍生物制备水媒法和有机溶剂法制备羧甲基菊粉的方法、氧化和酯代双阶段制备磷羧酸菊粉的方法以及 Wenker 法合成 O-氨乙基菊粉的方法；进一步完善了联合分析羧甲基菊粉、磷羧酸菊粉和 O-氨乙基菊粉的基团取代、糖环结构、晶体结构和螯合反应后的空间结构的方法。

食用农产品加工适宜性评价及风险监控技术研究示范： 建立了花生酱加工适宜性评价技术与蛋白凝胶性改善技术、燕麦加工适宜性评价技术、桃制汁加工过程品质控制技术、羊肉烧烤适宜性评价技术、不同品种鸡蒸煮加工适宜性评价技术、牛奶加工过程品质控制技术、食用农产品中环境激素的风险监控技术及农产品加工过程风险防控技术，开展了甘薯加工专用品种的示范。形成适宜性评价技术 4 项，品质控制技术 2 项，加工专用品种示范 1 项，风险控制技术 4 项，形成全程监控技术规范 1 套。

新型乳制品包装设备和材料的研究与产业化示范： 成功开发出基于云处理技术的智能无菌灌装设备，灌装速度达 16 000包/小时。研制了可使用无铝箔包材的新型包装机，开发了多种无菌包材，研制了基于膜技术的无菌在线添加中试设备，开展了无菌在线添加技术研究；完成了原料乳加工特性及 UHT 加工品质研究，明确了耐热酶是导致 UHT 乳在货架期内品质劣化的主要原因，建立了基于原料乳特性的 UHT 乳货架期预测模型。

新型食品辐照与同位素溯源技术研究： 开展了冰鲜三文鱼生鱼片、牛肉的辐照与温控耦合保鲜技术研究，名贵淡水鱼调理制品的辐照加工技术研究及高端水产品和牛肉电子束辐照保鲜工艺研究。开展了添加剂、酸碱度和水分含量等对致病微生物的辐照生物学效应影响研究，发现低剂量的辐照对防腐剂抑菌性影响不显著，10 ~ 15k 戈瑞的辐照可使防腐剂抑菌性产生显著变化，且随着辐照剂量的升高而增大。利用同位素法处理采集的牛肉、牛尾毛和饲料样品，通过比较不同组织中同位素差异，筛选出了用于牛肉产地溯源的有效指标。

复合肥农艺配方与生态工艺技术研究： 制订了小麦、玉米、水稻、棉花、油菜、花生、马铃薯、大豆八大作物区域专用复混肥农艺配方。建立以磷矿直接生产复合肥和圆形大颗粒钾生产工艺，开发了复合肥新产品 5 个。完成复合肥自动造粒控制系统的改造升级。无机材料反应成膜和有机质包膜缓释肥技术工艺成熟并实现产业化。完成年产 2 万吨包膜肥料中试生产线建设，研发智能配肥机，建立小型配肥站 1 套，开展了 15 省市区区域主栽作物农艺配方复合（混）肥试验示范。

钢渣农业资源化利用技术研究与示范： 在水稻、玉米、棉花以及白菜上施用不同种类的硅钙肥都显著增加了作物的生长，提高了产量。施用不同浓度硅钙肥提高了水稻产量，降低了植物中重金属的积累，提高了耕地质量。

粮食作物水肥一体化精准控制关键技术研究： 进行了精量控制水肥一体化灌溉技术试验、不同类型保水剂对作物产量、水分利用效率及根系形态的影响及差异性试验及水肥一体化田间试验。完成了施肥器的多功能水力性能试验台搭建工作和 Netafim 文丘里施肥器三维建模与数值模拟；选用聚丙烯酰胺类、淀粉接枝丙烯酸钠、聚丙烯酸钠盐等 5 种保水剂在田间开展了小麦、玉米的滴灌和地面灌的对比试验；进行了小麦、玉米水肥一体化微喷带（间距 2. 5 米）的田间试验。

节水灌溉地区适应性评价方法与指标体系： 研制了喷灌施肥装置 1 套，肥液均匀度达 94% 。分别开展了甘蔗田、小麦玉米适应性试验，构建了节水灌溉技术适应性评价的指标体系。提出灌区节水灌溉技术选用方法与标准化配置模式1套。

华中淹育贫瘠及潜育中低产稻田改良技术集成示范：构建了潜育化中低产稻田障碍因子消除及定向培育技术模式，如平原区潜育化稻田的水分调控、磷肥有效性、综合治理等障碍因子消除及定向培育技术，丘陵区潜育化稻田的土壤结构改良、工程排水、磷钾肥有效性等障碍因子消除及定向培育技术模式。构建了淹育瘠薄中低产稻田地力提升技术与产品。

草原生态系统立体监测评估技术研究及应用：构建了草原生态系统定量评估指标体系，研发并运行了草原生态系统地基感测网络，开展了星—空—地综合遥感同步监测实验，通过已运行的地基感测网络、航空实验、在轨卫星遥感成功实现了对草原生态系统的VI、LAI、FPAR、NPP等关键参数精准监测。

气候变化对草原影响与风险评估技术：完成了多模式多情景未来气候变化数据的整理与建库；完成CENTURY、DNDC、和GrassGro等模型的参数化；建立气候变化对草原影响评估指标体系及方法，完成蒙古高原区气候与非气候影响的定量分离；完成了草原生态系统对气候变化影响的敏感性分析；建立了草原对气候变化影响风险评估的多层次指标体系；完成了草原关键物候期多尺度模型研究。

农业生产与市场流通匹配管理及信息服务关键技术研究与示范：构建了畜产品信息表达规范标准，建立了畜禽品种、畜牧业管理机构和草原建设利用统计指标体系，制定了农产品电子商务特征表述与编码标准，分析了我国蔬菜产地转换流通情况。创新了农业产量动态评估技术，开展了居民消费风险感知情况研究；实现对蔬菜、棉花市场等的信息实时监测。开展了北京市新发地农产品批发市场等3个网站的数据采集工作，建立了涵盖31个省区市30多种农产品的信息数据仓库。提出了农业领域模型和组合算法。

农村信息服务云存储于云计算技术研究与应用：研究了应用需求定制、资源弹性扩展、应用隔离、快速部署等关键技术。初步实现分布式云存储环境平台的建设。实现课题单位之间计算资源、物理资源的互联共享，整个环境CPU核达到1 300核，物理内存达到2 000GB。初步完成云资源运营管理系统和云资源自助服务系统开发，具备为国家农村信息综合服务平台提供云计算和云存储支持服务的能力。

基于STKOS的知识服务应用示范：系统收集整理了“水稻”、“肿瘤”和“生物多样性”等多类型数据资源，并规范加工与分析计算各类数据资源。设计并实现了STKOS在不同层次的应用场景与功能，对基于STKOS的科技监测应用示范子系统、领域知识结构及演化分析子系统、学术关系网络分析子系统、领域科研信息环境和关联数据核心工具与软件等各示范子系统的服务功能进行了优化完善与应用测试，开展了应用示范系统可扩展性研究和工具开发。

田间涝渍灾害监测预警技术及应急除涝机具研发：开展黄淮平原潮土小麦—玉米周年两熟制地区的涝渍灾害模拟试验、田间涝渍灾害监测与预警技术研究，配套形成田间涝渍灾害监测系统设备1套；进一步优化改进了应急排涝机具的结构和配套模式，加工试制大流量田间应急排涝机具样机1套，形成2种规格的田间应急排涝机具的成套样机，小批量生产了样机配套的自闭接头关键产品。

重大自然灾害风险评估技术研究：完成近15年相关遥感、气象、社会经济等数据的收集以及当年生长季植被、土壤等野外数据采集工作。开展了基于标准化降水指数（SPI）的锡林郭勒地区干旱监测、土壤含水量与降水量相关分析、主要遥感干旱监测指标与土壤湿度的相关性分析等内蒙古①历次干旱灾害的时空分布特征分析，进行了ET反演和干旱监测指标体系的构建，初步建立了干旱风险评价指标体系。

甜橙饮料基质加工关键技术研究及产业化示范：获得了酶法和改良酸碱法去皮脱囊衣最佳工艺条件，确定了一种高效复合酶C并得到复合酶真空浸渍技术去皮脱囊衣的最佳条件。通分别确定了甜橙和柚汁胞最适分散工艺；通过对精制机筛网孔径和压力的研究，提高果肉回收率5%；研制了3个带肉果汁新配方，已投入商品化生产；已确定充气控温贮藏橙汁胞和橙肉的工艺条件。

工夫红茶关键加工智能化装备及自动化生产线：提出了工夫红茶品质提升的冷揉捻技术，显著提高工夫红茶成品茶TFs、TRs的含量及感官品质；开发出低氧冷揉捻机和可视化富氧发酵设备，性能及参数均符合设计要求；提出了基于计算机视觉图像和特征香气（VOC）嗅觉的工夫红茶揉捻、发酵品质适度无损检测技术；设计并建立了浙江更香"武阳工夫"红茶可视化连续化加工生产线，利用秋茶原料进行了示范生产实验，实验样品较传统样品感官品质总分提高4分以上。

内蒙古地区优良牧草新品种选育及产业化技术集成与示范：对30份苜蓿种质材料进行耐盐性测试，筛选出苜蓿、无芒雀麦、老芒麦等优异材料3个，培育紫花苜蓿、杂化苜蓿优良新品系2个，完成"兴安花苜蓿"、"中草4号扁蓿豆"区域试验，中草7号扁蓿豆通过了内蒙古草品种审定委员会的审定登记。建立了"中草3号"紫花苜蓿、"中草5号"紫花苜蓿等新品种（系）高产种子繁殖试验田500余亩，建立了"草原3号""中草3号""土默特扁蓿豆"等良种示范推广基地4 000余亩，辐射带动地方种草25 000余亩。

甘肃甘南草原牧区生产生态生活保障技术集成与示范：优化畜种结构，繁育优良牦牛公牛20头，母牛630头。培训牧民藏牦牛高效养殖技术100人次，发放冬春季牦牛补饲料和矿物盐营养添砖9吨；进行牦牛藏羊生长与营养调控配套技术、营养平衡和供给模式技术、冬季暖棚饲养技术示范。新建甘南牧区有害生物防治优化技术体系、牧草丰产栽培等试验示范区2个，面积700亩。建立藏语双语科技信息平台，调查养殖基地牛羊包虫病及家牧犬绦虫病的感染情况，投放驱虫药物2万头次，建立了快速检测牛羊犬包虫病ELISA试剂盒方法。

重点牧区草原"生产生态生活"配套保障技术及适应性管理模式研究：搜集野生优良牧草资源250份，育成红三叶、扁蓿豆、黄花矶松新品种3个，培育筛选红三叶、白三叶、百脉根、偃麦草、黄花苜蓿、野大麦新品系6个，其中，红三叶是目前唯一能

① 内蒙古自治区，全书简称内蒙古

在内蒙古安全过冬的品种。新建人工草地59 000亩，建立了草原生态评估体系，开展了围栏封育、补播、施肥、重建等保育关键技术研究，建立示范区10 360亩；建立了呼伦贝尔草甸草原、新疆山地草原等放牧利用优化模式，完成苜蓿半干青贮技术等集成技术6套；研制阿尔巴斯绒山羊羔羊育肥颗粒饲料配方和苜蓿鲜草贮存添加剂配方及制备技术2项。

严重威胁的外来动物疫病免疫防控：研制了西尼罗热重组新城疫病毒活载体疫苗及工程细胞系稳定表达亚单位疫苗，建立了敏感、特异的西尼罗热血清ELISA监测技术，研制了水泡性口炎病毒重组新城疫病毒活载体疫苗。针对我国流行的蓝舌病血清型和血清8型防治迫切需要，加快了灭活疫苗的研究进程，分别筛选出候选疫苗种毒株。构建了表达5种不同非洲猪瘟结构蛋白的重组牛痘病毒、重组新城疫病毒及DNA疫苗。研制了裂谷热重组山羊痘病毒和新城疫病毒活载体疫苗候选株。

奶牛健康养殖重要疾病防控关键技术研究：开展了治疗奶牛不发情中药制剂藿芪灌注液的中试生产、加速稳定性和长期稳定性试验；完成了治疗奶牛卵巢静止和持久黄体中兽药藿芪灌注液的临床试验；对治疗奶牛子宫内膜炎的药物丹翘灌注液进行了加速稳定性试验、长期稳定性试验和抗炎、镇痛药理试验；制备丹翘灌注液225瓶，并进行临床试验。优化苍朴口服液的制备工艺，采集临床型乳房炎病乳212份。明确了牛源金黄色葡萄球菌主要血清型及毒力基因。实验室制备了3批奶牛乳房炎多联苗，建立了用小鼠进行疫苗效力检测的方法，制备了5种佐剂乳房炎多联苗，明确了乳房炎疫苗的免疫机制。

名优动物药梅花鹿产业发展关键技术研究与养殖基地建设：收集了梅花鹿种质资源62份，建立了梅花鹿抗病育种初选核心群3个，并进行了布鲁氏杆菌病检测，共检测1 523份样品，对淘汰阳性个体76份，净化了核心群；建立了梅花鹿高效低碳饲养配套技术体系5套，完善了全混合日粮饲养技术规范，建立了“圈养—放牧—补饲”饲养模式1套；建立了梅花鹿同期发情和快繁技术体系，筛选出针对梅花鹿材主要药效成分提取分离的新工艺4个，明确了4种活性成分的相关功效；构建了鹿结核病综合防制技术平台和鹿布氏杆菌病综合防制技术平台2个，开发了系列产品33种。

（五）“转基因生物新品种培育”国家科技重大专项

重点开展了水稻、小麦、玉米、棉花、大豆、猪、肉羊的重要目标性状转基因新品种培育，获得了一批目标性状优异的转基因的新材料和新品系，部分品系进入安全性评价阶段；继续开展了基因克隆新技术和新方法、规模化转基因技术、转基因生物的安全评价技术、农业生态风险监测与控制技术研究，为转基因生物新品种培育提供技术支撑。

抗逆、抗除草转基因水稻新品种培育：克隆了水稻内源抗逆基因50个，获得不含任何植物外源序列的抗逆转基因水稻新材料1 000份以上，多点试验培育抗逆新品系

170份以上。抗旱水稻最高可减少逆境下粮食产量损失达38.7%以上，耐盐水稻在1%盐池中生长正常。抗逆新材料从苗期到成熟期抗逆性显著；获得CIPK家族、MASTER、小立碗藓PpLea蛋白基因家族中均存在基因对2种或2种以上逆境表现出多抗特性的新材料。

抗病转基因水稻新品种培育： 创制抗病转基因育种新材料120余份，其中，10份进入中间试验；获得4份转*Xa*21基因抗白叶枯病无选择标记的恢复系RT01、RT02、RT03和RT04，配租后组合天丰A/RT03综合性状表现较好；育成含*Xa*21基因抗白叶枯病保持系中16B，克隆了多个水稻条纹叶枯病主效抗性基因*qSTV*11*KAS*、*qSTV*-11*b*和*qSTV*-11*c*；聚合了抗虫、优质、抗病的基因于水稻恢复系RT03中，育成抗虫、抗病、优质的恢复系。

水稻抗病虫关键基因的挖掘和转基因育种新材料的创制： 通过纹枯病接种水稻后转录组分析结果，获得103个基因的RNAi和51个基因的超表达转基因植株；筛选获得了具有抗纹枯病的泛素连接酶基因1个，构建得到了该基因和其他6个同源家族*OsEILs*基因的超表达载体和RNAi载体。

抗逆转基因小麦新品种培育： 对表现突出的抗旱转基因小麦新品系进行水分利用效率测定，其中MGX176、MG39-8、G120-1、G42-1水分利用效率均比当地对照石4185提高15.9%~20.4%，节水性能在高产量潜力下较为明显；54个品系进入安全性评价试验，其中6个抗旱节水小麦新品系进入环境释放阶段，48个品系进入中间试验阶段。

抗逆转基因玉米新品种培育： 获得了抗逆性明显提高的转*DREB*1A、*ZmQ*、*Sb-SNAC*1等基因新材料7份；创制了携带*Los*5、*TsVP*1、*ABP*9、*CBL*2等单基因或多基因聚合、抗逆性明显提高的转基因新种质210份、自交系21个；完善了转基因与抗逆鉴定技术相结合的玉米育种技术体系，育成了正常环境产量与对照持平、逆境环境产量较非转基因对照品种增产10%以上的优良抗逆杂交种组合66个。

优质功能型转基因玉米新品种培育： 获得中性植酸酶玉米与郑58回交转育稳定自交系9个；把中性植酸酶基因*CP*53、酸性植酸酶基因*AO*与*VE*基因*GmHPT*、*ZmTMT*整合，采用胚特异启动子2 941*pro*、胚特异启动子13 387*pro*、双向启动子7-2*pro*与7-4*pro*、胚乳特异启动子123 387*pro*，应用农杆菌转化法转入玉米幼胚，获得T0代转化苗，部分事件获得T1代种子。

抗除草剂转基因大豆新品种培育： 创制出抗除草剂转基因大豆新品系、新种质、新材料85份，其中3份种质抗性可达到生产上施用剂量的3倍以上，同时也确定了外源基因的插入位点；培育了适合东北、黄淮海和南方生态区种植，综合性状突出的转*CP4EPSPS*基因大豆新品系。

转耐旱耐盐碱基因棉花新品种培育： 利用具有自主知识产权的抗除草剂*GR*79和*GAT*基因、抗旱耐盐碱*ABF*2基因和抗虫基因，获得耐受5倍生产用草甘膦除草剂浓度、在0.45%的中重度盐碱地基本正常生长的抗虫转基因棉花；通过将两类转基因材料杂交，创制了抗虫、抗除草剂、耐盐碱的多抗转基因棉花新种质；利用具有自主知识产权的耐盐碱关键基因 *GhABF*2 获得获得 4 个综合农艺性状优良、耐盐碱性能突出的转基因棉花新品系，产量增加 33% 以上。

高产转基因棉花新品种培育：对已有转 *RRM*2 高产基因、转 *iaaM* 优质纤维基因等转基因新材料和前期亲本材料进行遗传改良；对利用 RNAi 技术创制的转 *dsWXM*12 基因的新型转基因抗虫材料进行性状调查和育种价值评估；配制和选育了大批杂交组合和新品系，其中有 4 个新培育的转基因棉花新品系（组合）正在参加国家和省级区试；对前期培育的转基因三系杂交棉花新品种“中棉所 83”加大示范推广。

早熟转基因棉花新品种培育：完成了河南安阳、河北石家庄、河北邯郸 3 点早熟转基因棉花新品种的试验示范。

优质纤维转基因棉花新品种培育：创制转优质纤维等基因的新种质 42 份，筛选优质纤维等转基因棉花新品系 16 个，培育优质、抗虫、抗除草剂等的棉花新品种 6 个；推广优质棉花新品种面积 1 800万亩；利用根癌农杆菌介导法，将矮牵牛种皮特异启动子 *FBP*7 调控的生长素合成基因 *iaaM* 转入棉花，效果显著且优良性状遗传稳定。

节粮型高瘦肉率转基因猪新品种培育：利用无药物筛选法在大动物中筛选得到定点整合细胞系，效率高达 6%；获得仿比利时蓝牛 *MSTN* 基因突变的细胞系的 4 个品种（大白猪、五指山、梅山、陆川猪），并获得了 4 个品种的转基因猪；通过自然交配方式获得 *MSTN* 双等位基因修饰梅山猪。

优质转基因肉羊新品种培育：完成多个功能基因（*scd*1、*sdd*17、*pai* 等）的克隆与鉴定；构建和移植不同转基因克隆胚胎 2 140枚，转基因肉羊数量达到 256 只，还有一批尚在鉴定；获得转基因肉羊育种群 3 个：获得 3 代转 *Ofat*-1 基因的基因改良鲁波山羊种群 35 只，*Lv-FSN* + *D*1 转基因羊 30 只，MSTN-shRNA 转基因羊 5 只。获得授权专利 3 项。

基因克隆新技术和新方法研究：建成一套可供对外服务的国际先进的水稻和烟草 TILLING 技术平台，具有检测灵敏度大幅度提高、自动化程度高、2D 重叠组合池、多片段检测体系的特点；发明了一种以植物介导的 RNAi 抗虫技术，可以有效、特异地抑制昆虫基因的表达，从而抑制害虫的生长，抗虫专一性强，适用于多种昆虫。

规模化转基因技术研究：通过全长 cDNA 过表达系统技术，筛选到 11 个高粱抗逆相关基因；利用玉米转化平台，转化了 *bZIP*72、*ZmPYLA*、*ZmPYLB* 等抗逆相关基因和产量相关基因 *LP*1、*LP*2 等，获得 51 个转基因阳性事件；筛选到 3 个苗期抗旱性显著提高转基因玉米新材料和一批抗旱、抗虫转基因自交系及抗旱转基因杂交组合。

转基因玉米小麦大豆环境安全评价技术：研制出转基因抗虫玉米对鱼类生长的毒性效应评价技术、转基因抗除草剂大豆对鸟类生长的毒性效应评价技术 2 项环境安全评价新技术新方法；针对转基因抗虫玉米双抗 12-5（生产性试验）、抗除草剂大豆 ZUTS-31（环境释放试验）、抗旱小麦 MG176（环境释放试验）、抗旱大豆 T-DREB3-1（环境释放试验）等新品系，研制阶段性环境安全评价报告 4 项。

转基因水稻环境安全评价技术：进一步完善了水稻基因漂移数据库，绘制了海南省水稻基因漂流距离分布图谱。完成转基因水稻环境安全评价技术报告5项；研制新技术2项。

转基因棉花环境安全评价技术：完成了40项环境安全评价技术的研究；建立了棉花环境安全评价技术体系4套；研制转高产基因棉花对钻蛀性害虫红铃虫的抗性检测技术等11项转基因棉花安全评价新技术；分析了吐絮期的转基因高产棉、转基因抗病棉、转基因优质棉及非转基因常规棉“中棉所12”土壤微生物群落结构，结果表明，不同棉花土壤细菌丰度（S）、多样性指数（H'）和均匀度（J）均有所不同，但转基因棉与常规棉无显著差异，其中转基因抗病棉土壤细菌多样性指数、丰度和均匀度均为最高。

农业生态风险监测与控制技术：进一步评估Bt棉花种植后对靶标害虫、非靶标害虫以及天敌种群发生的影响效应，研发棉铃虫Bt抗性分子监测技术，监测各地棉铃虫和红铃虫Bt抗性演化进程，评估棉铃虫天然庇护所功能。研发Bt水稻上靶标害虫抗性分子监测技术，在华南、西南等水稻主产区进行抗性水平监测，明确其敏感基线；开展了Bt水稻与亲本对照品种上节肢动物群落、非靶标生物种群调查与比较分析。开展了南繁区转基因作物种植调查以及风险评估，建立了Bt棉花、Bt水稻上靶标害虫抗性演化模型。

（六）公益性行业科研专项

围绕产业发展的关键问题，重点在农作物栽培技术研发集成，农田土肥水资源高效利用，农产品质量控制与检测，农作物主要病害防控，农业生产关键设备研发等方面，创制一批关键技术和产品装备，集成一批优势生产模式，通过推广示范，推动我国农业生产提质增效，转变增长方式，优化产业结构。

国家重点保护野生花卉人工驯化繁殖及栽培技术研究与示范：对云南省杏黄兜兰3个居群野外资源调查发现群间的分化程度大于居群内的分化程度；收集兜兰原生种30多个和杂交种20多个并进行了适应性评价，对杏黄兜兰3个居群不同季节菌根真菌多样性进行多样性分析；建立5个兜兰原生种和2个兜兰杂交后代的无菌播种繁殖体系，突破兜兰人工繁殖困难的技术难题。

西北非耕地园艺作物生态高效生产技术研究与示范：明确了不同温度对炭化材料稳定性物质含量的影响；筛选出优良栽培基质配方3个，具备潜力的基质配方15个；完成对2种主要作物（番茄、黄瓜）种植过程中基质理化性质动态变化测定和基质理化性质的分析测定；提出2种栽培基质重复利用方法。

西北非耕地农业利用技术集成及产业化示范：建立野外不同类型非耕地标准样地10个；形成非耕地资源概况调研报告；建立设施（日光温室）园艺产业化示范基地17个，建成面积12 000亩，辐射推广面积32 000亩，建设完成符合区域特点的温室33栋，改造2栋。承接上游技术进行非耕地设施番茄、黄瓜、油桃等作物的技术示范，共计

18 种作物 353 个品种。

设施农业高效育苗标准化生产工艺与配套设备研究与示范：筛选获得优良基质配方和生长调节剂配方共 20 个；确定了育苗基质生产线抗干扰自动控制系统的硬件模式和电路图。提出操作规程和制备工艺各 1 套；开发了茄果类嫁接机、种子分选分级机、精量播种机和移动式商品苗储藏装置各一套；新建育苗技术物化基地 2 个，完成技术培训和指导累计 3 000人次以上。

苜蓿高效种植技术研究与示范：在河北省、山东省等苜蓿重要产区，开展了测土配方试验、刈割调控、植株密度调控、苜蓿品种—根瘤菌株匹配技术研究等。利用获得的 30 份苜蓿根瘤菌株开展接种实验，在施肥条件下，接种组较对照增产 20% 以上。

主要粮食作物高温热害及干热风预警及缓解技术研究示范：明确了水稻、小麦、玉米的耐热害及干热风的指标，分别提出鉴定方法 1 套；筛选出耐高温热害水稻品种 13 个，小麦品种 4 个和玉米品种 4 个；完善了热害灾损的水稻热害监测和预警系统；建立 9 个高温热害试验示范区，示范推广三大作物高温热害与干热风缓解栽培技术达 60 万亩。

中国超级稻重点区域目标产量高效育种：选育的 9 个新品种通过农业部超级稻认定；创制了一批重要超级稻亲本材料；2014 年全国共推广种植 1. 35 亿亩，平均增产 25 千克；春优 927 在浙江宁海验收亩产达到 955 千克，第一次达到第四期超级稻育种目标；构建了表型—基因型数据库、高通量大规模分子筛选平台，建立和拓展了粳不籼恢超级籼粳杂交稻育种理论和技术体系，籼粳杂交稻制种产量获得突破。

生鲜乳质量安全评价技术与生产规程：建立了奶产品中黄曲霉毒素 M1 等 6 种霉菌毒素的通量检测方法，开发了一种基于实时定量 PCR 的核酸适配体传感器，实现了婴儿配方食品中痕量黄曲霉毒素 B1 的超灵敏检测。研究表明赭曲霉毒素 A、玉米赤霉烯酮、α-玉米赤霉烯等多种毒素存在对肝细胞的损伤显著下降。

南方地区幼龄草食畜禽饲养技术研究与示范：明确了南方地区犊牛断母乳日龄以 42 天为宜，确定了湖羊羔羊早期断奶的最佳日龄，初步确立了代乳饲料的营养参数；使用代乳粉代替母奶，解决了母羊奶水不足的问题；确定了羔羊最佳的断奶日龄；建立早期断奶羔羊示范点 3 个，示范规模约 8 000只。

饲料高效低耗加工技术研究与示范：研究发现对菜粕进行挤压膨化加工可以提高蛋白体外消化率，降低抗营养成分含量；干法膨化大豆的脲酶活性明显降低，胰蛋白酶抑制因子含量明显降低，失活率平均为 67%，提高大料膨胀度，有助于提高断奶仔猪生长性能。生长育肥猪的体重、日增重、日采食量、料重比没有随颗粒直径的变化呈现规律性的变化。但 3. 5 毫米颗粒直径饲料的饲喂效果显著好于其他组。肉鸡 22 ~ 35 天饲喂 3 毫米颗粒直径饲料、36 ~ 42 天饲喂 4 毫米颗粒直径饲料生长性能最好。

水禽主要疫病快速诊断与疫苗研制：分离鉴定了一批水禽主要疫病毒株。研制禽流感、新城疫、鸭疫里默氏杆菌病、鸭病毒性肝炎、番鸭细小病毒病和小鹅瘟的灭活疫苗各 2 ~ 3 种。获得新兽药证书和环境释放试验证书各 1 项。

新型兽医专业药物的研究：获得了 AC4 的一种单晶，并确定产品最后一步的精制工艺；筛选出两种处方和工艺的 AC4 饮水剂；通过实验测算出 AC4 对大鼠 90 天毒性无作用剂量为 5 毫克，毒性作用靶器官为肾脏。

中兽药生产关键技术：研制出银翘蓝芩口服液、苍朴口服液、雪山杜鹃、防治猪气喘病颗粒剂的中兽医配方；建立两种小鼠腹泻模型方法与标准，筛选出了 1 个对小鼠腹泻有治疗效果的复方及最佳配伍剂量；建立了板黄口服液、复方“曲枳散”和防治猪气喘病颗粒剂配方试剂的质量标准。获得 2 株可稳定遗传的发酵黄芪转化多糖非解乳糖链球菌 FGM 正突变菌株。

放牧动物蠕虫病防控技术研究与示范：掌握了放牧牛羊寄生蠕虫感染的季节动态，确定了不同季节优势虫种；建成了我国放牧牛羊蠕虫数据库；建立了捻转血矛线虫环介导等温扩增技术的诊断方法；完成了长菲策吸虫、链腔直腹吸虫和殖盘殖盘吸虫的线粒体全基因组测序；完成埃普利诺菌素注射剂等 3 种新型驱虫药物对主要寄生蠕虫的驱虫试验与安全性评价，确定了最佳使用剂量；初步发现捕食性真菌与驱虫药联合应用，可以有效地提高驱虫药的临床使用效果。

新型动物疫病诊断技术应用研究：搭建了诊断试剂盒研发平台。研制了更加方便和准确的可视化核酸检测试纸条、核酸适体检测等新技术；攻克了试剂盒稳定性、重复性、保存期等关键技术难题；研制成功了用于畜禽重要疫病的新型诊断试剂盒 30 余种；获得新兽药注册证书 2 项。有 4 个试剂盒已完成转让，在全国推广应用。

南方低产水稻土改良技术研究与示范：明确了南方低产水稻土的障碍因素及其相关指标，并有针对性的提出黄泥田改良的有机熟化技术、白土改良的厚沃耕层技术、潜育化水稻土改良的排水氧化技术、反酸田改良的酸性消减技术和冷泥田改良的厢垄除障技术模式。

主要农区农业面源污染监测预警与氮磷投入阈值研究：完成了“全国农业面源污染监测网”的监测数据的收集、整理与审核，形成了我国唯一的国家尺度面源污染数据资源，明确了我国六大分区的农田面源污染底数与排放规律，确定了全国农田面源污染防治的重点区域，提出了分区域的农田面源污染减排技术。

农业源温室气体监测与控制技术研究：对旱地、水田、放牧草地、畜禽养殖 4 方面农业温室气体排放规律及其控制技术进行了持续的监测，23 个试验点共获得 3 年以上的监测数据。

粮食主产区土壤肥力演变与培肥技术研究与示范：建立了完善的农田长期试验观测指标体系，系统收集整理农田长期试验数据资料，进行土壤肥力要素（碳、氮、磷、钾、pH 值）和作物产量演变特征的分析，初步提出不同肥力土壤的培肥指标 3 项，提出土壤培肥轻简化技术 6 项。

北方旱地合理耕层构建技术及配套耕作机具研究与示范：大面积调查了不同类型土壤耕层结构功能现状，开展了 14 项耕层构建关键技术攻关与示范，并针对不同区域旱地合理耕层构建需求，开展了配套耕作机具研制与应用，完成 8 个型号的机具设计，已完成改进设计 2 台，试制 5 台。

半干旱牧区天然打草场培育及利用技术研究与示范：完成半干旱牧区打草场分布制图及资源清查报告。完成呼伦贝尔草原区、锡林郭勒典型草原区、半干旱农牧交错区、科尔沁沙化草原区、松嫩平原草原区 5 个试验示范区和 10 个共性试验基地建设，开展了不同草原区打草场植被和土壤改良和培育的共性试验研究。

农田地下害虫综合防控技术研究与示范：明确了黄淮海地区花生田蛴螬发生危害规律、种群结构及优势种；确定了花生荚果期为蛴螬为害盛期，提出了“抓住低龄时机，控制虫口密度”的防治策略；解析了土壤环境及免耕等对蛴螬发生的影响；研发了防控蛴螬效果达到 80% 以上的绿僵菌生物制剂和微囊悬浮种衣剂。

西甜瓜种传细菌性果斑病综合防控技术研究与示范：发现细菌双精氨酸运输系统（Tat）基因的缺失可导致该菌的致病力、游动能力和对数生长初期的生长能力下降；其突变不影响西瓜嗜酸菌胞外多糖和胞外纤维素酶的产生，以及生物膜的形成。

草原虫害监测预警及防控技术研究与示范：建立了蝗虫危害的草地敏感指数及蝗虫取食选择性指数；建立了生态位距离模型，确定了主要蝗虫的生态位宽度；建立了草地亚型划分原则与方法，实现了草地型和亚型水平的数字化和可视化；建立了光谱与蝗虫数量及植被类型关系模型，发现了绿僵菌和绿步甲两种生防措施对蝗虫的协同控制作用。

新种植模式下病虫害生物防治主打型新技术研究：完善了天敌生物活体资源库建设。掌握并优化了天敌微生物制剂工艺、剂型工艺，生产蚜小蜂、蚜茧蜂等天敌昆虫产品 20 种，枯草芽孢杆菌等微生物农药新产品 10 种，取得乳粉剂等新剂型 5 种；建立了具有自主知识产权的生物防治作用物产品生产线 6 条；示范推广“生物防治主打型”配套技术，降低农药使用量 50% 以上。

盲蝽蟓可持续治理技术的研究与示范：研制并优化了 3 种盲蝽蟓性诱剂并已转让进入产业化阶段；进一步优化绿盲蝽植物源引诱剂配方；在枣园和棉田进行了集成示范，大规模饲养红颈常室茧蜂，实现了绿盲蝽绿色防控。

入侵植物综合防控技术研究与示范：制定了紫茎泽兰、薇甘菊、黄顶菊的综合防治技术规程，刺萼龙葵、少花蒺藜草监测技术规程和外来入侵杂草根除指南；制订了饲料毒性成分的限量标准，销售饲料 11 455吨；研发紫茎泽兰肥料配方 3 个，建立了固、液体肥料生产线，已销售 7 582吨；分别建立了紫茎泽兰生物炭生产线、防蛀剂中试生产线和从中提取绿原酸的中试生产线。

禾谷类白粉病和赤霉病综合治理技术研究与示范：建立了小麦各生长阶段白粉病病情指数预测模型和产量因子损失率预测模型；建立了病情指数、产量、千粒重、蛋白含量的估计模型。监测研究发现分生孢子浓度与温度具有显著相关性，在此基础上建立了白粉病情预测模型；克隆得到了小麦条锈菌热激蛋白 hsp70 全长，并对温度高、低敏感类型的小麦条锈菌菌株热激蛋白 hsp70 的相对表达量进行研究。

粮食作物重要病毒病防控技术研究与示范：明确了小麦矮缩病毒在介体异沙叶蝉的

扩展过程，构建了 WDV CP 和 Rep 原核表达载体并进行了重组蛋白的诱导表达，制备得到了相应的抗体；发现了 WDV 在介体体内有两条循回途径；鉴定出了小麦矮缩病毒编码的基因沉默抑制子；确定了携带 BYDV 条件下禾谷缢管蚜的看家基因。

农田杂草防控技术研究与示范：开展了日本看麦娘、猪殃殃、菵草与小麦的竞争性试验及田间生长动态研究，研究了土壤环境对以上几种杂草发生危害的影响，明确了其田间生长动态及其对小麦产量的影响。

二点委夜蛾、玉米螟等玉米重大害虫监测防控技术研究与示范：明确了玉米螟和二点委夜蛾的寄主来源；对玉米螟各世代区划进行了划分，研究掌握了越冬条件对二点委夜蛾产生的影响；明确了二点委夜蛾的迁飞特点，及昼夜飞行节律，试验用无人机喷施药剂或撒施赤眼蜂卵防治玉米螟。

黏虫综合防治研究与示范：阐明了当前我国黏虫发生的种类及其种群消长与环境因子的关系；揭示了成虫迁飞行为在种群致灾中的作用；初步明确了黏虫性信息素的主要成份；克隆并鉴定了黏虫脂动激素和卵黄原蛋白基因功能。应用花粉标记对不同地区黏虫的虫源关系进行了初步分析，揭示了黏虫花粉种类、携带率与季节及部位的关系。

蔬菜黄化曲叶病毒病综合防控技术研究与示范：提出蔬菜黄化曲叶病毒病的技术解决方案，构建了蔬菜黄化曲叶病毒病害综合防控技术体系，并进行华南、东南、华北、长江中下游等四大蔬菜产区集成优化与大面积示范推广；在不同区域对选育的专用番茄品种进行生产示范；建立了 TYLCV 高效预警体系。

设施蔬菜根结线虫致灾规律及其综合调控技术：揭示了连续多年发生根结线虫的土壤中，寄生性和腐生性线虫变化动态规律；进一步明确了高效木霉菌制剂对根结线虫的防治效果，完成了内生真菌交织枝顶孢、淡紫拟青霉、普克尼亚菌等生防菌的分子标记；建立了防治根结线虫新型技术的试验并进行推广示范。

作物根蛆类害虫综合防治技术研究与示范：基本明确了不同种植模式下韭蛆的发生世代和动态规律；筛选出了氟铃脲等高效安全防治药剂，研发了氟铃脲和噻虫胺组合物及其田间使用技术。筛选出韭蛆成虫阻隔效率高但对韭菜生长影响小的防虫网；基本摸清了华北地区韭菜中甲胺磷等高毒农药的残留水平和成因。

粮油真菌毒素控制技术研究：研发了种植阶段降低真菌毒素技术 3 项；研制了产地快速干燥设备 2 套；研发了毒素污染预警模型 1 套、防控毒素配套设施 1 套、抑制真菌和毒素的绿色制剂 3 种。研发了真菌毒素去除技术 5 项，毒素降解技术 3 项。研发了黄曲霉毒素免疫层析传感检测仪，实现了在线快速精准检测。在 23 家企业、质检部门等进行应用推广。

果树病毒病防控技术研究与示范：新鉴定病毒种类 4 种；进一步完善柑橘无病毒良种苗木繁育技术体系；为重庆市等柑橘主产区提供无病毒苗木 12 万余株；初步构建了我国主要果树防控数据库与远程诊断平台。

烟草增香减害关键技术研究：完成了 8 个产区土壤、烟叶质量安全状况跟踪调查和评价；完成了群体结构控制等多个单项技术验证与示范，初步建立了区域技术体系；完成了烟草品种和烟草种质资源的筛选鉴定和有关成分测试。在 7 个主要产区建立区域性代表产地，开展了种植制度、土壤改良、品种筛选、白肋烟减害等区域特色烟叶生产关键技术的研究。

大宗农作物产地重金属污染阻控关键技术研究与示范：发现阻控修复技术可显著降低蔬菜和水稻中 Cd 含量同时还可以提高提高耕地质量增加产量；选育出农药降解率超过 75% 以上的降解除草剂微生物菌种 6 株；获得了南方酸性水稻田和北方污灌菜地镉污染阻控技术 3 套；提出不同类型有机肥限量施用指标和施用技术；重新编制了重金属阻控技术清单与推荐目录，初步构建了大宗农作物产地污染物产地修复生态补偿机制。

生活污泥沼气化处理利用技术及设备研究与示范：通过碱解耦合超声破解生活污泥动态试验与中试研究，获得预处理关键技术参数；掌握了不同类型生活污泥产气特性，确定了制备墙体材料配方，开展污泥制砖小型试验研究，完善了中试示范生产线工艺方案；研发了隧道窑余热/沼气助燃的余热利用系统关键设备。

杂粮初加工技术装备及综合利用研究与示范：完成了荞麦、燕麦、绿豆、薏苡脱壳脱皮关键单机部件的技术方案论证和工作图纸设计；制定了一套适宜杂粮面粉生产的灭菌技术方案；开发出保健垫褥及汽车坐垫，制定荞麦壳家纺产品企业标准，建立荞麦壳家纺产品技术示范基地。

畜禽宰后减损、分级技术装备研究与示范：开发了高阻隔的真空收缩包装技术，确定了适用于不同畜禽品种的屠宰技术方案，研究形成了适用于中小型屠宰企业需求的宰前应激控制技术体系；建立了猪、牛、羊、鸡、鸭肉的分级方法，形成适用于中小企业的畜禽肉分级技术体系，开发了猪胴体人工分级尺和基于图像处理的牛肉在线分级系统；建立了畜禽胴体机械化分级方案。

茶园综合作业机械化技术与装备：完成了适用于茶园作业机具第一轮样机及关键部件的设计、试制和试验；完成了与茶园机械相配套的中耕机、深耕机、开沟施肥覆土一体机等 8 种关键部件的仿真计算，完成设计图纸和模具制作。

华北棉区棉花全程机械化关键技术及农艺技术研究与示范：完善成熟了多项棉花统收式机采棉收获的核心技术，建立了统收式采棉机配合籽棉场上预处理机，并通过了生产性考核。

植保机械关键技术优化提升与集成示范：完成了适用于高秆作物超高地隙喷杆喷雾机，轮式和履带式低矮底盘风送喷雾机的设计；完成了 10 种 18 台套（件）设备的试制工作，熟化了喷雾防滴装置系列，研发了射流防飘喷咀系列和恒压防滴阀系列等。

油料产地加工关键技术装备研究与示范：开发出了高效的紫苏籽脱皮机；以高纯度食品级纤维素进行固相 OH-反应制备了高纤维素基脱酸剂（HCA），脱酸性能是市售脱酸剂的 3 倍；通过优化筛选出多孔介质海泡石为脱磷吸附剂原料。

农产品真实性识别与质量安全追溯技术研究与示范：初步建立了常见肉类品种的多重 PCR 鉴别方法。建立了基于 STR 技术的肉牛品种鉴别方法。初步筛选到了 26 对猪肉鉴别的 STR 引物。开展了有机猪肉和普通猪肉特征成分分析研究，并初步建立了有机猪肉真实性鉴定的快速识别方法。

反刍动物β-激动剂残留规律及监测关键技术研究与示范：建立绵羊血液、尿液与组织中沙丁胺醇 LC-MS/MS 检测方法各 1 套；研究建立了基于 MOFs 分子印迹和免疫磁微球高效样品前处理技术，能够实现饲料、动物尿液和血液中 10 种β-受体激动剂的测定；开发了荧光标记传感等β-受体激动剂速测装置和试剂；对 33 家“瘦肉精”免疫速测产品生产企业的 36 种酶联免疫试剂盒和 95 种胶体金试纸卡产品进行了评价。

动物养殖中新型未知添加物筛查与确认技术研究与示范：建立了未知物快速筛查与确认技术；构建了 390 余种药物的串联四极杆质谱筛查方法，以及筛查未知物的四极杆—高分辨质谱方法。通过筛查发现了数种新型禁止添加或违规使用的药物。

农产品安全快速监测技术和产品研发及其示范应用：建立了基于分子印迹技术的快速样品前处理技术；搭建了基于多功能纳米杂化材料的荧光竞争传感、电化学传感以及 SPR 芯片传感检测平台；构建了能稳定表达β2 激动剂靶标受体蛋白β2-AR 的细胞系 HEK293，并建立了β激动剂的直接竞争受体分析方法；得到了适用于鲁米诺—过氧化氢—辣根过氧化物酶化学发光反应体系的 3 个性能优良化学发光增敏液配方。

基于信息技术的基层农技推广服务技术集成与示范：在网站中新增加了技术明白图、农业微视频等资源栏目，以及各类资源近 10 万条；农业科技网络书屋覆盖了全国 2 000多个县；开发了平台的握手软件——农技云农户版，进一步优化了知识搜索与农技交流等功能模块，并在各示范基地推广应用。

（七）国家科技基础性工作专项

重点进行了农业生物资源的调查与鉴定评价，开展了饲料资源及其矿物元素含量与分布、农产品加工原料真菌毒素及其产毒菌污染情况、高风险农药助剂残留水平、高风险农药助剂残留水平等基础性调查工作，从生产一线收集到一批珍贵的农家种质资源，鉴定评价出一批优异的品种资源，掌握了一批基础调查数据与农业科技资料，为相关学科的发展提供了基础数据和材料支撑。

贵州农业生物资源调查：分析了 42 个县的农业生物资源在 1956 年、1981 年和 2011 年 3 个阶段的种类与分布情况，研究了 3 个阶段政治、经济、社会、环境等变化对地区农业生物资源的影响，基本查清了农业生物资源的分布状况、消长变化情况。系统调查了 6 个县，获得了大面积分布的野生油茶种群等新类型和特异的资源 1 337份，其中 34.5% 的资源具有特异性状。

西北干旱抗逆农作物种质资源调查：在西北地区的 7 个省/区开展了抗逆农作物资源普查和调查工作，完成了 80 个县基础数据的调查；对 40 个县进行了系统调查和基础样本采集。收集种质资源 4 000余份，对其中 3 000多份材料进行了繁种和农艺性状观察记载。在北京市、甘肃省和新疆对 952 份已收集种质材料进行了田间抗旱性鉴定，筛选出强抗旱材料 150 多份。

我国西南边境地区棉花种质资源考察和收集：对西藏[①]中印（中国—印度）、中尼（中国—尼泊尔）边境进行了考察，收集亚洲棉 1 份、陆地棉 2 份。在西南边境地区收集 66 份材料，并进行了田间繁殖。

华北山区苹果、梨、杏、李种质资源收集和保存：在原有种质资源圃的基础上，新（扩）建了梨种质资源圃各 10 亩。收集梨种质资源 50 余份，鉴定评价梨种质 15 份，采集图像 70 余张，并调查部分种质基本信息及主要农艺性状数据 800 余个。

我国优势产区落叶果树农家品种资源调查与搜集：调查了新疆、西藏等 21 个省区市、200 个县，收集保存核桃、石榴等 15 个树种的农家品种资源 1 272份，完成 116 份农家品种的花粉电镜观察，建设了“中国落叶果树农家品种”资源圃和数据库，通过省级审定品种 3 个；出版大型专著《中国果树志 · 石榴卷》1 部。

贵州果树及多年生经济作物资源调查与评价：开展了果树及多年生经济作物系统调查，收集果树及多年生经济作物资源样本 200 余份；对已收集的 500 余份材料进行初步鉴定、评价、编目与入库；对 25 份优异性状的材料进行特有性状的鉴定分析。

主要农作物有害生物及其天敌资源调查：对分布在河南省、山东省、湖北省、江苏省的麦田杂草进行调查；探索了杂草 DNA 条形码工作。通过对反枝苋 rbcL、matK 叶绿体编码序列 PCR 扩增、测序，发现反枝苋种内无差异。发现了国内鲜有报道的杂草——银毛龙葵（*Solanum elaeagnifolium*）、水稻后期比较罕见的胡麻斑病；发现了锐顶镰孢（*Fusarium acuminatum*）、燕麦镰孢（*Fusarium avenaceum*）和小麦冠腐病菌（*Fusarium pseudograminearum*）为引起小麦根部、茎基部腐烂病菌和小麦赤霉病的新纪录。

我国主要畜禽饲料资源及其矿物元素含量与分布调查：完成了全国畜禽饲料资源调查中第一阶段的全国、各省市区及县级的饲料资源数据资料查阅及收集工作，收集了 2012 年、2013 年国家及各省在网上、书籍或期刊上公开发表的年鉴及统计数据。

中国家畜家禽寄生虫彩色图谱编撰：完成了《中国家畜家禽线虫分类彩色图谱》的编撰，记载国内已报道的家畜家禽线虫 38 科 109 属 300 种，能全面直观地反映每种线虫的形态结构。进行《中国家畜家禽吸虫分类彩色图谱》编撰，初步完成 343 种吸虫的形态特征编写，编制了 27 科 104 属的分类检索表。完成了“中国畜禽寄生虫查询系统”软件的研制。

全国农产品加工原料真菌毒素及其产毒菌污染调查：开展了谷物、油料、水果、坚果、香辛料、饲料原料中真菌毒素及产毒菌的污染调查，采集样品 9 633份，获得全国农产品加工原料真菌毒素及产毒菌污染数据 9 633条。分离、鉴定并保存典型产毒菌 2 686株（25 个属）。初步明确了我国主要农产品真菌毒素和产毒菌的种类及其污染程度，初步建立了首个我国农产品产毒真菌菌种资源库、全国农产品真菌毒素及产毒菌污染数据库。

高风险农药助剂残留水平调查、危害分析及农药助剂分类：统计分析了我国农药助

① 西藏自治区，全书简称西藏

剂生产与使用情况，完成了北京市市售农产品中主要农药助剂污染调查；建立了16种代表性粮食、蔬菜及土壤和水等各种基质的多芳基酚聚氧乙烯醚常用表面活性剂的HPLC和LC/MS/MS方法，以及甲醇、甲苯等7种农药常用有机溶剂的GC-MS及静态顶空—GC/MS方法，采集样品690个。

全国农产品产地污染监测数据的深加工：基本建成了产地环境、农产品质量安全，产地污染源信息，产地农业投入品信息等4个涵盖全国主要农业种植区的基础数据库。提出了农产品产地环境监测数据整理及集成规范性文件。构建了产地环境质量评价的方法体系，明确了产地监测点，监测区评价技术及技术适用条件，研究提出了产地污染源解析技术方案。

中国农业科学院2014年科技成果统计表

成果总数	获奖成果总计	以第一完成单位获奖													以参加单位获奖							鉴定未获奖成果
		国家奖			省（市）部级奖				院级奖				社会力量奖	其他奖	合计	国家奖		省部级奖				
		小计	一等	二等	小计	一等	二等	三等	小计	特等	一等	二等				小计	二等	小计	一等	二等	三等	
238	122	7	0	7	30	5	12	13	20	1	5	14	14	28	23	2	2	21	3	12	6	116

注：同一成果获不同级别奖励，只统计高级别奖

中国农业科学院2014年获奖成果

一、获国家奖成果

序号	成果名称	第一完成单位	第一完成人	奖励类别	奖励等级
1	花生低温压榨制油与饼粕蛋白高值化利用关键技术及装备创制	加工所	王　强	技术发明奖	二等
2	油菜高含油量聚合育种技术及应用	油料所	王汉中	技术发明奖	二等
3	甘蓝雄性不育系育种技术体系的建立与新品种选育	蔬菜所	方智远	科技进步奖	二等
4	小麦种质资源重要育种性状评价与创新利用	作科所	李立会	科技进步奖	二等
5	农业旱涝灾害遥感监测技术	资划所	唐华俊	科技进步奖	二等
6	超级稻高产栽培关键技术及区域化集成应用	水稻所	朱德峰	科技进步奖	二等
7	饲料用酶技术体系创新及产品创制	饲料所	姚　斌	科技进步奖	二等

二、获省部级奖成果

序号	成果名称	第一完成单位	第一完成人	奖励类别	奖励等级
1	棉花枯、黄萎病抗性鉴定技术创新与应用	棉花所	朱荷琴	河南省科技进步奖	一等
2	农产品黄曲霉毒素靶向抗体创制与高灵敏检测技术	油料所	李培武	湖北省技术发明奖	一等
3	高产高效优质油菜“中油杂12”的选育与应用	油料所	李云昌	湖北省科技进步奖	一等
4	口蹄疫O型缅甸98（MYA98）疫苗的研制及应用	兰州兽医所	才学鹏	甘肃省科技进步奖	一等

（续表）

序号	成果名称	第一完成单位	第一完成人	奖励类别	奖励等级
5	多抗葡萄砧木新品种“抗砧3号”、“抗砧5号”的选育与推广应用	郑果所	刘崇怀	河南省科技进步奖	一等
6	水貂、蓝狐规模化高效养殖关键技术研究与示范	特产所	杨福合	吉林省科技进步奖	一等
7	农业纳米药物制备新技术及应用	环发所	崔海信	北京市科学技术奖	二等
8	发酵豆粕核心菌种构建、工艺创新、评价方法及推广应用	饲料所	王建华	北京市科技进步奖	二等
9	新型生物饲料关键技术研究与产业化应用	饲料所	丁宏标	北京市科技进步奖	二等
10	水稻科学数据的集成及应用	水稻所	鄂志国	浙江省科技进步奖	二等
11	水稻钵形毯状秧苗机插技术研发与应用	水稻所	朱德峰	浙江省科技进步奖	二等
12	猪用新型分子免疫佐剂的创制与应用	兰州兽医所	景志忠	甘肃省科技进步奖	二等
13	牦牛选育改良及提质增效关键技术研究与示范	兰州牧药所	阎　萍	甘肃省科技进步奖	二等
14	梅花鹿产业化关键技术开发与应用	特产所	李春义	吉林省科技进步奖	二等
15	毛皮动物（水貂、狐、貉）系列疫苗产业化与推广应用	特产所	闫喜军	吉林省科技进步奖	二等
16	利用吉林省主要大宗药材提高梅花鹿生产性能的研究	特产所	赵　蒙	吉林省科技进步奖	二等
17	城郊环保型高效农业关键技术研究与应用	环保所	任天志	天津市科技进步奖	二等
18	甜橙高效生产技术体系集成创新与产业化应用	柑桔所	吴厚玖	重庆市科技进步奖	二等
19	先进农产品市场信息采集设备（农信采）的研制与应用	信息所	许世卫	北京市科学技术奖	三等
20	黄淮海平原三大类型棉田优化施肥技术研究与应用	棉花所	董合林	河南省科技进步奖	三等

（续表）

序号	成果名称	第一完成单位	第一完成人	奖励类别	奖励等级
21	苎麻剥麻机的研制与应用	麻类所	龙超海	湖南省科技进步奖	三等
22	扁形名优绿茶连续化自动化加工技术与成套装备	茶叶所	林　智	浙江省科技进步奖	三等
23	牛结核病病原生态学和流行病学研究	哈尔滨兽医所	刘思国	黑龙江省自然科学奖	三等
24	牛传染性胸膜肺炎流行病学监测与国际认证	哈尔滨兽医所	辛九庆	黑龙江省科技进步奖	三等
25	猪链球菌（2 型）病防治新技术研究与应用	兰州兽医所	柳纪省	甘肃省科技进步奖	三等
26	家畜布鲁氏菌病快速检测技术的建立与应用	兰州兽医所	邱昌庆	甘肃省技术发明奖	三等
27	牛羊微量元素精准调控技术研究与应用	兰州牧药所	刘永明	甘肃省科技进步奖	三等
28	吉林省梅花鹿遗传改良及扩繁关键技术示范推广	特产所	魏海军	吉林省科技进步奖	三等
29	农田栽参土壤改良关键技术研究	特产所	张亚玉	吉林省科技进步奖	三等
30	小麦优质节水高效灌溉指标与非充分灌溉模式	灌溉所	孙景生	河南省科技进步奖	三等

注：同一成果获不同级别奖励，只列出高级别奖

三、获中国农科院科学技术成果奖成果

序号	成果名称	第一完成单位	第一完成人	奖励等级
1	国际首例小型猪近交系研究与鉴定	牧医所	冯书堂	特等
2	国家特种经济动物遗传资源库建设与创新利用	特产所	杨福合	一等
3	毛皮动物犬瘟热病毒分子流行病学调查及防控关键技术研究与应用	特产所	闫喜军	一等

（续表）

序号	成果名称	第一完成单位	第一完成人	奖励等级
4	西北沿黄灌区盐碱地改良关键技术研究与应用	资划所	逄焕成	一等
5	非食用油脂资源生物柴油转化关键技术研究与应用	油料所	黄凤洪	一等
6	先进农产品市场信息采集设备（农信采）的研制与应用	信息所	许世卫	一等
7	高产优质杂交油菜大地 55 的选育与利用	油料所	李云昌	二等
8	牡丹促成栽培新技术研发与推广	蔬菜所	张秀新	二等
9	甜菜新品种甜研 312 育种技术创新与推广	甜菜所	王华忠	二等
10	中国肉羊优异基因发掘利用与群体遗传改良关键技术的研究应用	牧医所	杜立新	二等
11	水产饲用酶制剂 N-酰基高丝氨酸内酯降解酶创制与应用	饲料所	周志刚	二等
12	奶牛衣原体病灭活疫苗的研究	兰州兽医所	邱昌庆	二等
13	鸭疫里默氏杆菌毒力基因、诊断技术研究及应用	上海兽医所	于圣青	二等
14	重金属镉/铅与喹乙醇抗原合成、单克隆抗体制备及 ELISA 检测技术研究	兰州牧药所	李建喜	二等
15	内蒙古主要草原类型区保护建设技术固碳潜力研究	草原所	侯向阳	二等
16	恶性外来入侵植物紫茎泽兰防控及利用技术研究与示范	植保所	曹坳程	二等
17	山东烟草病毒病防控技术研究与示范推广	烟草所	王凤龙	二等
18	果蔬变温压差膨化组合干燥技术研究与应用	加工所	毕金峰	二等
19	中国秸秆资源评价方法与应用	资划所	毕于运	二等
20	农业科学数据共享平台构建与应用服务	信息所	孟宪学	二等

中国农业科学院2014年获奖科技成果简介

一、国家级奖

1. 花生低温压榨制油与饼粕蛋白高值化利用关键技术及装备创制

主要完成单位 中国农业科学院农产品加工研究所

主要完成人员 王 强，许振国，刘红芝，祁 鲲，朱新亮，相 海

起 止 时 间 2001年2月1日—2010年12月31日

获 奖 情 况 2014年国家技术发明奖二等奖

内 容 提 要

我国是世界上最大的花生油生产与消费国，每年约900万吨花生用于榨油，但生产中90%以上采用高温压榨工艺，长期存在油的品质差、营养损失重、饼粕利用率和附加值低等突出问题，严重制约了花生产业健康发展。针对上述问题，本研究在国家科技支撑、“863”项目支持下，历经10年，取得以下创新成果。

（1）发明了花生低温压榨制油与饼粕蛋白联产技术及装备，实现了传统制油技术的革新。通过对调质、低温压榨等技术研究及双螺杆榨油机关键部件改进、出油缝隙和出饼厚度的适度调节，建立了低温压榨制油技术与工艺，出油率达47.0%、饼粕残油6.5%、饼粕蛋白氮溶指数（NSI）73.6%，攻克了高温压榨花生油品质差（低温比高温花生油过氧化值低50%、β-谷甾醇高53%）与蛋白变性（低温粕蛋白NSI是高温的6.3倍）的问题；突破了现有低温压榨出油率低、残油高的技术难题。创新设计了快开门萃取罐与可编程序控制系统，发明了亚临界流体萃取装置，利用该装置与短链烷烃萃取、微波灭菌等技术制备出残油率0.8%、NSI 70.6%的蛋白粉，有效解决了萃取罐开启繁琐、自动化程度低、蛋白粉残油高的问题，并建立了国内最大的花生低温压榨制油与蛋白联产生产线。

（2）发明了花生伴球蛋白与浓缩蛋白制备与改性技术，填补了国内空白。通过研究料液比、冷沉温度对伴球蛋白表面疏水性、二硫键含量的影响，构建了伴球蛋白结构与凝胶性关系模型，发明了伴球蛋白低温冷沉制备技术，产品纯度达78.9%、提取率71.3%、凝胶硬度217.0克力、持水性2.1克/克、持油性2.8克/克。通过研究醇洗条件、转谷氨酰胺酶改性方法，创建了浓缩蛋白制备与改性技术，高凝胶型浓缩蛋白硬度、持水性、持油性分别较改性前提高了36.7%、50.0%、31.6%。首次实现伴球蛋白、浓缩蛋白在肉制品中的应用，突破了长期以来花生蛋白不能用于肉制品加工的技术

瓶颈。

（3）发明了功能性花生短肽制备技术，大幅提高了产品附加值。通过研究短肽得率与酶种类、水解条件的回归模型与动力学模型，超滤条件对短肽精制分级的影响，创建了短肽制备技术，短肽得率89.0%、纯度90.3%。通过动物实验证实了短肽的降血压活性，确定了活性最高组分的氨基酸序列，为降血压机理研究提供了依据。已建立生产线3条，产品附加值较花生蛋白粉提高了30～35倍，实现了花生蛋白的高值化利用。

项目获发明专利7项、实用新型1项，制定农业行业标准2项，出版专著2部，发表论文43篇、SCI/EI 17篇。农业部、中国农学会组织的评价专家组认为：成果整体处于国际先进水平，花生低温压榨制油技术与装备、浓缩蛋白制备与改性技术达国际领先水平。获国家技术发明二等奖，中华农业科技一等奖、中国粮油学会科技一等奖，被国科网评为“十一五”国家重大科技成果。

成果在山东省高唐蓝山集团总公司、中机康元粮油装备（北京）有限公司、河南大用实业有限公司、河南省亚临界生物技术有限公司、河南鲲华生物技术有限公司、丰益生物技术研发中心（金龙鱼）等9家企业转化应用，3年累计销售收入148.5亿元，新增利润8.0亿元、税收2.1亿元。该成果攻克了目前花生加工产业存在的瓶颈技术与装备难题，开创了花生低温压榨和蛋白高值化利用的先河，为提升粮油营养品质、保障国家粮油安全提供了科技支撑。

2. 油菜高含油量聚合育种技术及应用

主要完成单位　中国农业科学院油料作物研究所

主要完成人员　王汉中，刘贵华，王新发，华　玮，刘　静，胡志勇

起 止 时 间　2000年3月—2012年12月

获 奖 情 况　2014年国家技术发明二等奖

内 容 提 要

针对我国油菜含油量低、育种技术落后、资源匮乏、高含油量与其他性状矛盾等突出问题，本项目创新如下。

（1）建立了目前数量最大、基因型变异最广泛的含油量研究群体，通过独特的遗传学实验首次证明母体基因型对种子含油量影响效应最大（达86%），首次鉴定出含5种不同的含油量调控途径的4个高油资源和4个有自主知识产权的含油量调控新功能基因，部分结果在国际著名刊物发表，为高油聚合育种提供了新思路、新基因和优异亲本。

（2）首次将关联分析与遗传群体连锁分析相结合开展油菜含油量研究，明确了含油量与产量及其主要构成性状相关性不明显，鉴定出高油和产量位点48个，其中新位点26个。由于位点对性状的贡献值大，标记离有效位点近，后代辅助鉴定效果更为显著。

（3）利用上述具有不同高含油量调控机制的亲本材料和开发的分子标记，通过聚

合杂交、小孢子培养和分子标记辅助选择，创造了5份含油量60%以上的高油新品系，其中品系YN171含油量高达64.8%，创造了油菜含油量世界最高纪录。

（4）利用“种质资源精准鉴定与亲本定向选配+多亲本复合杂交+小孢子培养+异地夏繁加代+分子标记辅助选择+多个目标性状多年多点鉴定+杂种优势利用”的多目标聚合育种技术，创制了具有完全自主知识产权的高含油量、双低、高产、多抗、广适油菜新品种（杂交种）5个，其中“中双11号”是目前世界上首个集高含油量(49.04%)、强抗裂角、高抗倒伏、抗菌核病为一体的双低油菜品种，其含油量是目前我国冬油菜国家审定品种中最高的，有效克服了高含油量与双低、高产、多抗的矛盾。

本项目发表SCI论文15篇，累计影响因子42，单篇影响因子4.0以上6篇；引用累计90次，单篇最高20次。申请国家发明专利10项，国际专利3项，已获授权国家发明专利6项。获新品种权1项，省级以上审定品种5个。2008年以来，上述品种在长江流域9省（市）累计推广种植2 585.2万亩，创经济效益18.714亿元，近3年新增经济效益15.344亿元；“中双11号”还被32家单位作为亲本利用，为油菜科技进步、产业发展做出了突出贡献。

3. 甘蓝雄性不育系育种技术体系的建立与新品种选育

主要完成单位 中国农业科学院蔬菜花卉研究所

主要完成人员 方智远，刘玉梅，杨丽梅，王晓武，庄 木，张扬勇，孙培田

起止时间 1979年1月—2010年12月

获奖情况 2014年国家科技进步二等奖

内容提要

甘蓝是主要的蔬菜作物。21世纪以前，甘蓝杂交种90%以上是用自交不亲和系配制的，该途径存在易出现假杂种、亲本繁殖需人工授粉成本高等缺陷。为克服甘蓝自交不亲和系杂交制种中的上述弊端，确立了寻找新型雄性不育源、建立雄性不育育种技术体系为主攻方向，培育优质、抗病、抗逆甘蓝新品种满足市场需求，历经30余年取得以下重要创新性成果。

（1）国内外首次发现甘蓝显性核基因雄性不育源并建立不育系育种技术体系：历经多年从30多万种株中发现了甘蓝新型雄性不育源79-399-3，研究阐明其不育性为显性核单基因控制；创制出低温诱导可出现携带不育基因的微量花粉的材料，从其自交后代中鉴定出纯合不育株，进而创建了通过回交、自交、测交结合分子标记辅助选择选育显性核基因雄性不育系的育种技术体系。育成DGMs01-216等5个不育株率达到100%、不育度达到或接近100%、配合力优良、熟性不同的甘蓝显性不育系，属国内外首创(发明专利ZL96120785.X)。

（2）率先建立用自交亲和系转育获得优良CMSR3胞质雄性不育系的选育技术：历经10余年从CMSR1、CMSR2、CMSR3等3代不育源中筛选出优良胞质不育材料CMSR3625、CMSR3629，建立用87-534等自交亲和系转育的技术，并获得5个优良胞质雄

性不育系，苗期低温不黄化、结荚正常、不育性稳定。亲本可蜜蜂授粉繁殖，成本仅为自交不亲和系繁种的 1/10（发明专利 ZL200510011406. 0）。

（3）创制出一批用于雄性不育系转育的优异甘蓝骨干自交系：率先育成“中甘 87-534”等 8 份花期自交亲和指数达到 4 的自交亲和系，“96-100”等 4 份抗枯萎病两个生理小种的抗源，“88-62”等 4 份成熟后 7～10 天不裂球的极耐裂球自交系，为优良雄性不育系的转育奠定了种质基础（发明专利 ZL201110211317. 6）。

（4）利用上述 1、2、3 的专利技术培育出 6 个突破性甘蓝新品种，并实现甘蓝雄性不育系规模化制种：“中甘 21”、“中甘 192”、“中甘 17”、“中甘 18”、“中甘 96”、“中甘 101” 6 个新品种早、中、晚熟配套，全国区试中比对照品种增产 5. 8% ～22. 6%，其品质、产量或春甘蓝的早熟性等方面优于国内外同类品种，均通过国家审（鉴）定。规模化制种杂种杂交率 100%，比自交不亲和系制种提高 8% ～10%，实现了甘蓝杂交制种由自交不亲和系到雄性不育系的重大变革。

6 个甘蓝新品种在 25 个省区市累计推广 968. 6 万亩，新增社会经济效益约 28. 3 亿元。2011—2013 年推广 551. 9 万亩，在北方春甘蓝和高原夏甘蓝主产区占栽培面积的 60% ～80%，新增社会经济效益 15. 8 亿元，并出口印度、俄国、日本等国。获发明专利 3 项，新品种权 2 项，审（鉴）定新品种 6 个，论文 58 篇（SCI 14 篇），育种技术和材料已被兄弟单位应用。本成果是甘蓝育种技术的一次重大突破，开创了甘蓝杂交制种新途径，丰富了蔬菜雄性不育遗传育种理论与实践，对提升蔬菜育种水平、保障蔬菜供应、抵御国外蔬菜品种冲击发挥了重要作用。

4. 小麦种质资源中重要育种目标性状的评价与创新利用

主要完成单位 中国农业科学院作物科学研究所，河北省农林科学院粮油作物研究所，江苏省农业科学院粮食作物研究所等

主要完成人员 李立会，李杏普，蔡士宾，吉万全，李斯深，安调过，郑有良，王洪刚，余懋群，李秀全，张相岐，杨武云，宋凤英，马晓岗，杨欣明

起 止 时 间 2002 年 1 月—2013 年 12 月

获 奖 情 况 2014 年国家科技进步二等奖

内 容 提 要

（1）研制出重要育种目标性状表型和基因型鉴定评价新技术 12 项，攻克了鉴定效率低下、结果重复性差的难题：研发了在同一生长季节内能够对众多生育期不同的种质资源的抗穗发芽、抗赤霉病、抗纹枯病等多个重要育种目标性状表型和蛋白质组成、外源目标基因等多个基因型同时进行鉴定的新技术 12 项，在 3 年时间内对 12 000余份小麦种质资源的 15 个重要育种目标性状进行了系统鉴定，评价结果能够在多个环境下进行重复。其中，10 项获国家发明专利，1 项成为农业部行业标准。

（2）发掘和创造重要育种目标性状突出、遗传背景清楚的优异种质 183 份，公开

发表新基因58个，建立了资源引领育种、突破遗传基础狭窄的新途径。对已利用育种亲本的遗传基础进行了充分研究，向育种家提供未利用的优异基因资源，不仅引领育种家解决了遗传基础狭窄问题，而且提高了育种效率。

（3）创建了优异种质资源发掘与高效利用的技术体系，开辟了市场经济下作物种质资源与育种协调发展的新模式。通过对发掘和创造的优异种质在7个生态试验点进行田间展示，由不同生态区的育种家根据各自的育种目标自主选择，相互反馈相关信息，极大促进了作物种质资源与育种的协调发展。通过该技术体系，本项目向全国116个育种和科研单位分发各类种质资源21 000余份，其中2011年与2001年相比，分发数量提高了10倍。据不完全统计，利用本项目提供的优异种质资源培育新品种34个，新品种累计种植面积1.33亿亩，取得社会经济效益55亿元。

5. 农业旱涝灾害遥感监测技术

主要完成单位 中国农业科学院农业资源与农业区划研究所，中国水利水电科学研究院，中国气象科学研究院，中国科学院地理科学与资源研究所，浙江大学，安徽省经济研究院，河南省农业科学院

主要完成人员 唐华俊，黄诗峰，霍治国，黄敬峰，陈仲新，吴文斌，杨　鹏，李召良，刘海启，李正国

起止时间 1998年1月—2013年12月

获奖情况 2014年国家科技进步二等奖

内容提要

成果从1998年开始，围绕农业主管部门的灾情信息需求，紧扣“理论创新—技术突破—应用服务”的主线，创建了适应复杂灾情的蒸散发全遥感反演和洪涝全过程解析理论，推动了我国农业旱涝灾害遥感监测理论体系的发展；突破了灾情信息星机地一体化快速获取、旱涝灾害动态解析和灾损评估等关键技术，解决了我国灾情复杂条件下遥感监测与评估精度低和时效差的技术难题；建立了我国第一个高精度、大尺度和短周期的旱涝灾害遥感监测系统，实现全国旱灾常规监测每旬1次、应急监测3天1次，首次实现遥感影像获取后4小时内可上报农业洪涝灾损定量评估结果。2002年开始，系统逐步应用于农业部和国家防汛抗旱总指挥部等部门的全国农业防灾减灾工作，在多次重（特）大农业旱涝灾害监测中发挥了重要作用，并先后在黑龙江、河南和山东等15个省进行推广应用，累计监测受灾面积34.9亿亩，实现间接经济效益243亿元。项目取得发明专利4项、软件著作权12项，制订标准规范15项，出版专著7部，发表学术论文112篇（SCI论文52篇），突破了农业旱涝遥感监测中“监测精度低、响应时效差、应用范围小”等三大技术难题，总体技术水平达到国际先进，地表蒸散发遥感估算和洪涝水体遥感检测技术达到国际领先水平。

6. 超级稻高产栽培关键技术与区域化集成应用

主要完成单位　中国水稻研究所，扬州大学，江西农业大学，湖南农业大学，吉林省农业科学院，广东省农业科学院水稻研究所，四川省农业科学院作物研究所

主要完成人员　朱德峰，张洪程，潘晓华，邹应斌，侯立刚，黄　庆，郑家国，吴文革，陈惠哲，霍中洋

起 止 时 间　2001 年 1 月—2013 年 12 月

获 奖 情 况　2014 年国家科技进步二等奖

内 容 提 要

成果针对超级稻品种物质生产量大、穗大粒多等诸多特性，与普通水稻品种存在很大差异，传统栽培技术与其不配套，不能充分发挥增产潜力等问题，开展超级稻品种特性、高产机理及适宜高产栽培方式研究，重点研发关键栽培技术，并结合区域生态特点开展技术集成应用，为我国超级稻大面积生产提供栽培技术支撑。获国家发明专利授权 4 项和实用新型授权 3 项、计算机软件著作权 2 项，制定地方技术标准 8 个。发表论文 100 余篇；制作了农业部认定的超级稻品种高产栽培技术规程，以及主要超级稻品种与种植方式结合的高产栽培模式图 113 张；主编出版专著 10 部，其中《超级稻品种配套栽培技术》出版 18 万册。

主要技术创新内容如下。

（1）揭示了超级稻品种高产生长特性，研明了超级稻高产形成的共性规律。揭示了增加中后期物质生产量是提高超级稻总物质生产量实现高产的途径，阐明了超级稻高产形成的物质基础。明确了群体足够总颖花量是高产形成的库容基础，提出了以适宜群体穗数，增加二次枝梗数增加穗粒数形成大穗，提高群体总颖花量的超级稻高产途径。研明了超级稻品种高产条件下氮磷钾需求量，揭示了超级稻氮生产效率高和中后期氮素吸收量大等特点。

（2）提出了超级稻品种高产群体构建的实用指标，创立了超级稻高产栽培关键技术。研明了主要稻区超级稻的增产途径，建立了超级稻品种高产群体构建实用指标；提出了“区域差异、品种特色、季节特点、增施穗肥”为特征的超级稻定量施肥方法，创立了超级稻“前期早发够穗苗、中期壮秆扩库容、后期保源促充实”的高产栽培共性关键技术。

（3）提出了我国超级稻品种高产种植的区域布局，集成建立了我国超级稻区域化高产栽培技术体系。

核心技术被列为全国水稻主推技术，2006 年以来累计推广应用 2. 5 亿亩，新增稻谷 1 346. 6万吨；2011—2013 年在超级稻主要推广省份应用面积达 1. 19 亿亩，增产稻谷 640. 0 万吨，增产增效 116. 5 亿元，节本增效 20. 9 亿元，累计增效 137. 4 亿元，取得了巨大的经济、社会和生态效益。为我国粮食产量“十连增”做出了重要贡献。

7. 饲料用酶技术体系创新及重点产品创制

主要完成单位 中国农业科学院饲料研究所，青岛蔚蓝生物集团有限公司，广东溢多利生物科技股份有限公司，武汉新华扬生物股份有限公司，北京挑战生物技术有限公司，新希望集团有限公司

主要完成人员 姚　斌，罗会颖，黄火清，杨培龙，柏映国，于会民，李阳源，詹志春，刘鲁民，李学军

起 止 时 间 2003 年 1 月—2012 年 12 月

获 奖 情 况 2014 年国家科技进步二等奖

内 容 提 要

本成果创立了高效的酶及其基因资源挖掘技术体系，突破了酶的构效机理和高效表达机制研究，构建了表达水平达 10 ~ 50 克/升级的高效表达技术体系。创制多种饲料用酶，生产水平较同类技术高 3 倍以上。获授权专利 66 项，发表 SCI 论文 113 篇，参与制定国家或行业标准 9 项。产品在全国 31 省区推广应用，占据市场 80% 以上，并出口 20 余国。节约资源 6 千万吨，减轻污染排放 1 千万吨以上。

二、省部级奖

1. 棉花枯、黄萎病抗性鉴定技术创新与应用

主要完成单位 中国农业科学院棉花研究所，中国农业科学院植物保护研究所，全国农业技术推广服务中心，西北农林科技大学

主要完成人员 朱荷琴，简桂良，冯自力，郭红甫，李志芳，金石桥，宋晓轩，张西岭，师勇强，卢美光，赵丽红，郑鋐爽，胡小平，齐放军，张文蔚

起 止 时 间 1996 年 1 月—2013 年 8 月

获 奖 情 况 2014 河南省科技进步一等奖

内 容 提 要

项目针对抗病鉴定中存在的病原菌生理型分布等相关理论基础不清楚，接种和抗病性评价等关键技术不科学，没有科学、准确、规范的国家标准等问题开展如下几方面研究和创新：首先采用国际通用鉴别寄主鉴定我国三大棉区 144 个枯萎病菌株的生理小种，明确 7 号小种致病力最强、分布最广，为我国的优势小种，确定抗枯萎病鉴定以 7 号小种为标准；明确新疆棉区的黄萎病菌株与内地菌株在遗传上差异明显，属于不同的 SSR 类群；落叶型黄萎病在我国三大棉区均有出现，我国的棉花黄萎病菌存在强、中、弱 3 种致病力类型，中等致病力类型菌株为优势类型；黄河流域棉区和长江流域棉区的菌株致病力水平较高，新疆棉区的菌株致病力水平较低，确定抗黄萎病鉴定选用中等偏强致病力菌株为标准，筛选确定出适合我国三大棉区抗黄萎病鉴定的标准菌株 33 个，

建立了用于抗病性鉴定的标准菌株资源库及其生物学性状、致病力、SSR 指纹图谱等信息档案，为抗病鉴定技术体系的建立奠定了基础。创新了以“相对病情指数”为统一“度量衡”的评价技术，解决了不同生态条件下鉴定结果无法校正、可比性差的重大难题。研制出种沟接种、土壤拌菌和无底纸钵蘸根接种 3 套人工接种技术。创新完善了枯萎病苗床病圃法、纸钵土壤接菌盆栽法，黄萎病无底纸钵定量蘸菌液法、人工病圃法。其中，纸钵土壤接菌盆栽法和人工病圃法已形成国家标准。“蛭石沙土无底纸钵定量蘸菌液法”获得国家发明专利，使黄萎病鉴定周期由原来的 140 天缩短到 45 天左右，一年可进行多批鉴定，为大批量棉花材料的抗病性鉴定提供了技术保障。形成了规范化、标准化的抗病鉴定技术体系。项目期间，为国家和省级棉花品种区域试验 2 722个品种（系）进行抗病性把关鉴定，鉴定出 333 个抗（耐）品种通过国家或省级审定，累计推广 2.8 亿亩，近 3 年增加经济效益 26.9 亿元。还为国家科研项目、育种单位提供的 3 819份材料进行了抗病性鉴定，覆盖棉花相关科研项目的 70%，全国育种单位的 85%。上述工作为我国棉花枯、黄萎病的控制起到了良好的支撑作用，使这两种“癌症”病害的从猖獗危害到有效控制，取得了良好的经济和社会生态效益。

2. 农产品黄曲霉毒素靶向抗体创制与高灵敏检测技术

主要完成单位 中国农业科学院油料作物研究所

主要完成人员 李培武，张　奇，丁小霞，张　文，姜　俊，崔野韩

起 止 时 间 1993 年 3 月—2012 年 12 月

获 奖 情 况 2014 年湖北省技术发明一等奖

内 容 提 要

农产品黄曲霉毒素高灵敏现场检测技术针对农产品黄曲霉毒素污染重、危害大、缺少高灵敏现场检测技术，严重威胁农产品消费安全和产业发展突出问题，探明了黄曲霉毒素分子免疫活性位点和抗体识别关键氨基酸位点，提出了免疫活性位点决定抗体亲和力靶向效应学说，发现外源细胞因子 bFGF、HFCS 对阳性杂交瘤形成与生长调节规律，创建了半固体培养基—梯度筛选法，为高灵敏抗体创制提供了理论基础。发明出黄曲霉毒素高灵敏单克隆抗体、基因重组抗体和纳米抗体，灵敏度、特异性世界最高。采用梯度筛选法和噬菌体展示库，发明出 1C11、2C9、3G1 等总量及 B1、M1、G1 细胞株和 1A7、2G7 基因重组与纳米抗体，IC50 达 0.001 ~ 0.018 纳克/毫升，创造了灵敏度、特异性世界最高纪录。创建了黄曲霉毒素总量与 M1、B1、G1 分量高灵敏现场检测技术体系，灵敏度比同类方法提高 10 ~ 50 倍以上。利用上述抗体，建立了免疫时间分辨荧光、纳米金及免疫亲和荧光现场检测技术体系，均已为国家农业标准发布。研制出免疫亲和微柱、试剂盒系列产品和 3 种检测仪器，实现了从抗体原始创新、到技术和终端产品的全程创新。研制出黄曲霉毒素总量、黄曲霉毒素 M1、黄曲霉毒素 B1、黄曲霉毒素 G1 高灵敏、高特异性试剂盒，以及免疫亲和柱及荧光检测仪、单光谱成像检测仪、时间分辨荧光检测仪等 7 类产品，灵敏度达 0.003 ~ 0.3 纳克/毫升，实现了技术发明产品

转化。

本研究发表论文70篇，其中SCI 31篇，累计影响因子125.585，包括一区TOP 7篇，单篇最高影响因子12.888，影响因子5.0以上9篇，累计被引184次，单篇最高36次；中文核心39篇，累计被引281次，单篇最高61次，英文著作（章）2部；国家农业标准10项；获授权专利30项，其中发明专利27项，攻克了长期困扰农产品黄曲霉毒素高灵敏现场检测世界性难题。在长江流域、黄河流域、淮河流域及东北地区22省农产品、食用油、饲料和乳品等领域广泛应用，部分远销美国、印度、巴基斯坦、斯里兰卡等国。近3年直接效益：新增利润56 085万元，税收10 167万元，其中湖北新增利润11 473万元，税收1 022万元；技术应用获新增产值457.15亿元，税收52.12亿元，其中湖北新增产值129.17亿元，税收24.72亿元；为保障农产品消费安全做出了重要贡献。

3. 高产高效优质油菜“中油杂12”的选育与应用

主要完成单位 中国农业科学院油料作物研究所

主要完成人员 李云昌，胡 琼，梅德圣，李英德，徐育松，张 毅，张春雷，马 霓，王宇清，沈福生，陈遵东，程应德，赵启菊，李必钦

起 止 时 间 2003年1月—2012年12月

获 奖 情 况 2014年湖北省科技进步一等奖

内 容 提 要

本项目针对油菜单产较低、机械化程度低，劳动力成本高、生产效益低等突出问题，采用多亲本复合杂交和分子标记预测杂种优势等方法实现了多个优良性状在同一个杂交品种中的聚合，选育出高产、稳产、优质、适宜机械化生产的油菜新品种“中油杂12”，于2005年通过湖北省审定，2006年通过国家审定。主要创新点如下。

（1）创制了配合力强、适于机械化生产的亲本系，组配出产量、抗性优势突出的杂交种“中油杂12”，具有如下优点：①丰产性好，稳产性强。湖北省区试中，平均亩产201.68千克，比对照“中双9号”增产15.03%，居第一位，是湖北省油菜区试首个两年平均亩产超过200千克的品种，20个试验点中18个点增产；国家长江中游区试中，平均亩产174.25千克，比对照“中油杂2号”增产5.62%，是国家油菜区试中以杂交种中油杂2号为对照连续3年无品种审定后首个增产5%以上的品种，20个试验点中14个点比对照增产。②产油量高：湖北省区试平均亩产油量84.38千克，比对照“中双9号”增加14.83千克，增幅达21.32%；国家区试平均亩产油量73.71千克，比对照“中油杂2号”增加9.07%。③株型紧凑、株高中等、抗倒性较强，适宜机械化生产。

（2）研制出SRAP标记预测杂种优势技术，提高了育种效率。研究表明SRAP标记估算的遗传距离与产量杂种优势的二次、三次模拟曲线几乎重合，与产量杂种优势之间的相关系数（$r=0.654^{*}$）显著高于SSR标记（$r=0.423$）。

（3）建立了“中油杂12”高产高效机械化栽培模式，实现了良种良法配套。通过研究其物质积累和营养元素吸收规律，确定了合理的肥料用量和施肥方式；明确了“中油杂12”机械化收获的适宜种植密度为每亩2.0万~2.5万株，探明了在90%以上角果枇杷黄时为联合收获最佳时期；在此基础上制定了油菜全程机械化生产行业标准，在提高单产的同时，大幅度降低了生产成本。

（4）构建了种子质量全程控制技术体系。建立了用SSR引物组合准确鉴定杂交种纯度技术，从亲本繁殖、杂交制种到种子纯度鉴定等环节都制定了严格的技术规程，实现了种子质量全程控制，保证该品种在生产上具有顽强的生命力。

2006年以来，“中油杂12”在湖北、湖南、江西等省累计推广2 756.5万亩，总经济效益23.4亿元；其中近3年推广1 816.9万亩，获经济效益15.4亿元，为农业经济发展和农民增产增收做出了重要贡献。

4. 口蹄疫O型缅甸98（MYA98）疫苗的研制及应用

主要完成单位　中国农业科学院兰州兽医研究所

主要完成人员　才学鹏，刘湘涛，王超英，郭建宏，刘西兰，何继军，张云德，靳　野，张　军，郑海学，翟国元，陈　涓，王国平

起止时间　2009年7月—2013年12月

获奖情况　2014年甘肃省科技进步一等奖

内容提要

本研究成果属于畜牧业重大动物疫病防控、农业生物技术和生物医药领域。

口蹄疫是全球性动物疫病，对畜牧业危害巨大。2010年，我国多个省份发生了严重的口蹄疫疫情，传播迅猛，损失极大，急需查明疫源，研究有效控制技术。本项目针对国家防疫急需，取得了以下主要研究成果。

（1）通过系统的流行病学研究，查明O/MYA98毒株是导致2010年以来我国口蹄疫暴发的主要流行毒，明确了该毒株的来源、遗传衍变、流行区域、生态分布和感染致病性。

（2）筛选培育出疫苗种毒O/MYA98/BY/2010株，证实该疫苗株对当前O型口蹄疫流行毒具有广谱的免疫保护性。试制三批疫苗，对MYA98毒株的免疫效力均高于10.81PD50/头份；对Cathay、SEA、ME-SA 3个遗传拓扑型代表毒株的免疫效力为7.05~13.59PD50/头份。

（3）创新了疫苗生产工艺，研制成功O/MYA98疫苗。提高疫苗抗原含量近5倍，疫苗保护力由3.0 PD50/头份提高至6.0 PD50/头份以上；降低杂蛋白含量到500微克/毫升以下，有效降低了副反应。

（4）获得国家新兽药注册证书和生产批文，实现了疫苗的产业化生产，在全国推广使用后效果十分显著，为控制疫情发挥了关键作用，产生了巨大的经济效益和社会效益。

本项成果的突出贡献是满足国家重大需求，在国际上率先研制成功 O/MYA98 疫苗，为迅速控制疫情提供了科技手段。获得农业部临时和正式生产批文各 1 份，新兽药注册证书 1 项，发表研究论文 21 篇。形成了以分子流行病学技术为基础的疫苗种毒筛选和评价技术平台，集成和优化了疫苗生产及质量控制技术，大幅度提高了我国口蹄疫免疫防控成效。

该疫苗于 2011 年 1 月获得农业部临时生产批文后，随即开始大量生产用于紧急防疫。截至 2013 年 12 月，疫苗已累计销售 15.914 亿毫升，在全国 31 个省市区推广应用，销售收入 8.78 亿元，创汇 26.8 万美元，纳税 8 190.82万元。是目前我国 O 型口蹄疫防控的主导产品，经测算平均年经济效益 36.72 亿元。

5. 多抗葡萄砧木新品种“抗砧 3 号”、“抗砧 5 号”的选育与推广应用

主要完成单位 中国农业科学院郑州果树研究所

主要完成人员 刘崇怀，姜建福，樊秀彩，张 颖，孙海生，李 民，魏志峰，郭景南，刘三军，安利波

起止时间 1998 年 5 月—2013 年 12 月

获奖情况 2014 年河南省科技进步三等奖

内容提要

“抗砧 3 号”和“抗砧 5 号”作为我国首个具有自主知识产权的多抗葡萄砧木新品种，填补了我国在葡萄专用砧木上的空白，推动了葡萄砧木品种的本土化。两个砧木新品种极耐盐碱、高抗葡萄根瘤蚜、高抗葡萄根结线虫，与目前生产上常用的砧木品种“贝达”、“SO4”相比优势明显，具有较大的推广应用潜力，并在江苏、辽宁、山东、河北、陕西、安徽、浙江、湖南、上海等 20 余个省（自治区、市）进行引种栽培，均产生了良好的生态和社会效益。对其进行推广应用，不仅能够提高果农的经济收入，而且对改善当地农业生态环境和提高生态效益等都具有重要的作用。“抗砧 3 号”、“抗砧 5 号”现已全国推广应用面积 2.4 万亩，年产生直接经济效益 2.84 亿元。

6. 水貂、蓝狐精准营养研究与饲料高效利用技术

主要完成单位 中国农业科学院特产研究所，中国农业科学院饲料研究所，北华大学，石家庄农林科学院

主要完成人员 杨福合，高秀华，张铁涛，耿业业，杨 颖，任二军，李光玉，邢秀梅，张海华，王 雷，刘汇涛，吴学壮，蒋清奎，孙伟丽，刘 志

起止时间 2009 年 3 月—2013 年 12 月

获奖情况 2014 年吉林省科技进步一等奖

内 容 简 介

水貂、蓝狐是珍贵的毛皮动物，其毛皮被誉为“软黄金”，制裘原料近90%来自貂、狐皮。本项目针对制约水貂、蓝狐产业化发展的重大难题：营养代谢和营养原理的基础研究薄弱、饲料营养不合理、规范化饲养标准缺失、饲料数据库空白等，从主要营养素日粮适宜营养水平与营养需要量研究、饲料资源开发与高效利用、营养调控与环境减排、毛皮动物常用饲料营养价值评价等方面开展了大量的基础研究和应用研究。

（1）率先确定了水貂与蓝狐育成期、冬毛期、繁殖期和哺乳期基于干粉饲粮的能量、蛋白质、脂肪、氨基酸、微量元素等营养需要量参数，提出了适合我国饲料及饲养条件、改善毛皮品质及主要经济性状的营养需要量标准，实现了我国珍贵毛皮动物饲养标准零的突破。优化水貂、蓝狐日粮配方及饲料配制技术18套，水貂、蓝狐死亡率分别降低19.5%和12.6%，貂皮、狐皮优质率分别提高23%、15%。

（2）揭示了日粮蛋白质对水貂黑色素皮质素受体、表皮生长因子和类胰岛素生长因子转录调控规律，以及饲粮脂肪对微粒体甘油三酯转移蛋白、碳水化合物反应元件结合蛋白和固醇调节元件结合蛋白基因的调节规律。初步阐明了水貂、蓝狐营养及代谢的基本原理和规律，丰富了貂、狐营养理论体系。

（3）建立了复合酶制剂等12种饲料添加剂对水貂、蓝狐生长及饲料高效利用的营养调控技术。筛选出了复合酶、益生菌优化组方以及铜、锌、锰的添加水平。饲料利用率提高了15.2%，饲料成本降低16.3%，同时降低了氮、磷的排放量。

（4）系统调查了我国水貂主产区新鲜饲料和干粉饲料的分布，测定了6类51种96个水貂饲料营养成分，编制了水貂饲料营养价值表。为科学配制毛皮动物日粮及有效利用饲料资源提供了可靠依据和理论指导。

本项目研究具有很强的系统性，多项研究填补了国内外相关技术领域的空白，解决了大中型毛皮动物养殖场实际遇到的关键技术问题。项目成果已在吉林、辽宁、山东等六省区367个养殖场进行了推广应用，对降低饲养成本，减少环境排放，提高饲养效率，满足貂、狐饲养业需求，增强我国毛皮业的国际竞争力产生了重大作用，经济效益及社会效益显著。

7. 农业纳米药物制备新技术及应用

主要完成单位 中国农业科学院农业环境与可持续发展研究所，中国农业科学院植物保护研究所，中国农业科学院兰州畜牧与兽药研究所，中国农业科学院兰州兽医研究所，中国农业大学，深圳诺普信农化股份有限公司，中国农业科学院哈尔滨兽医研究所，中国农业科学院北京畜牧兽医研究所

主要完成人员 崔海信，黄啟良，张继瑜，景志忠，周文忠，李谱超，刘国强，孔 键，李 正，曹永松

起 止 时 间 2003年1月—2012年12月

获奖情况 2014年北京市科学技术奖二等奖

内容提要

以提高农业药物有效利用率、延长持效期和降低残留污染为目标，建立了具有靶标导向和可控缓释等功能的纳米载药系统，构建新剂型制备的关键共性技术平台，创制了绿色纳米农业药物新制剂以及药物载体与助剂等新产品。获国家授权发明专利26项，取得新产品登记证书120种，发表论文130余篇。

本项目主要创新点如下。

（1）攻克了利用纳米材料改善农业药物靶向传输效率和控制释放功能的核心技术，构建了纳米微囊、纳米微球、固体脂质纳米粒、纳米混悬剂、纳米微乳等通用纳米载药系统。

（2）针对脂溶性农药，研发了水基化与可控缓释功能的纳米农药新剂型，改善了农药分散性、持效期和有效利用率，降低了农产品残留。

（3）以提高难溶性抗寄生虫与抗菌药物有效利用率为目标，研发了兽用抗生素纳米乳注射液等新剂型，改善了药物的溶解度、分散性与生物利用度，减少了动物体内药物残留与毒副作用。

（4）以安全、高效和生物可降解为理念，基于动物天然免疫信号途径研发了纳米疫苗佐剂与免疫增强剂，改善了兽用疫苗的免疫效力与持续期。

本项目推广应用情况如下。

目前，该发明的核心技术与产品已实现产业化，近3年，新增产值40亿元，获间接经济效益180亿元。

（1）纳米兽药：青蒿琥酯和伊维菌素纳米微乳注射液，已向6家企业转让实施，新增产值28亿，直接经济效益3.62亿元。生产青蒿琥酯纳米微乳注射液120万头份，羔羊焦虫病病死率下降90%以上。生产伊维菌素纳米注射液50万头份，牛体寄生虫病驱除率达100%。

（2）新型疫苗佐剂与免疫增强剂：CpG DNA免疫佐剂用于生产高效猪口蹄疫灭活疫苗300万头份以上，获直接经济效益达1.29亿元。向2家企业提供专利技术，合同转让费0.35亿元，建立了年生产能力达8亿头份的GMP生产线。

（3）纳米农药：共有116种农药纳米微乳剂与纳米微囊剂商品化，直接经济效益10亿元、间接经济效益145.5亿元，推广使用面积0.97亿亩。

（4）农药载体与助剂：以脂肪醇醚磷酸酯为主要成分的农药助剂，累计推广面积2.5亿亩，直接经济效益1.25亿元，减少有害溶剂投放量2 000余吨。

8. 发酵豆粕核心菌种构建、工艺创新、评价方法及推广应用

主要完成单位 中国农业科学院饲料研究所，北京金泰得生物科技股份有限公司

主要完成人员　王建华，滕　达，王秀敏，雷红升，刘　宾，杨雅麟，高美云，田子罡

起 止 时 间　2005 年 1 月—2013 年 12 月

获 奖 情 况　2014 年北京市科学技术奖二等奖

内 容 提 要

以生物脱敏、替代高档蛋白（鱼粉、血浆蛋白）、减少抗生素使用和改善生产性能为目标，通过菌株、工艺、产品、评价和应用创新，首创饲料抗原蛋白分子检测技术和豆粕发酵技术，实现产业化。

（1）豆粕致敏蛋白和胀气因子分子检测技术：首次引入抗原表位预测技术成功创建豆粕致敏蛋白分子免疫检测方法，具国际领先性：预测大豆 β-伴球蛋白 α 亚基抗原表位，选取并合成特异抗原表位 85EQDERQFPFPR95 作半抗原，分别与载体蛋白 KLH 和 BSA 偶联作免疫抗原和包被抗原，建立 β-伴球蛋白 α 亚基检测的 cELISA；表达致敏蛋白 P34 和 Gly mBd 28K，建立 iELISA；创建了胀气因子（水苏糖和棉籽糖）的分子检测方法；制定行业标准《饲料原料　发酵豆粕》，解决了发酵豆粕质量评价难题，为规范此类产品质量标准、评价监管提供了技术支持。

（2）豆粕发酵新技术创新点包括：菌株及组合创建、温度—湿度—pH 值联控、按需补料、交替发酵、低水分发酵、低温干燥等，打通了固态发酵技术瓶颈；围绕脱敏防腹泻、抗菌防疾病、产酶促消化等目标功能创建了 4 类发酵工艺；通过设置 26 个工艺单元，彻底解决了发酵豆粕技术落后、工艺粗放、控制程度低、质量不稳的乱象。产品消化酶等功能成分显著增加，胰蛋白酶抑制剂、脲酶活性等有害因子未检出，三大致敏蛋白（β-伴球蛋白 α 亚基、P34 和 Gly m Bd 28K）脱敏率 80% ~100%。蛋白消化率达 95%，机体非特异性免疫水平明显提高。在国际上率先实现发酵豆粕产业化。

（3）产品应用：针对仔猪、母猪、肉用仔鸡、南美白虾、鳗鱼和草鱼 6 种动物饲料，建立了替代 30% ~50% 鱼粉的饲料配制和应用技术．共申请 11 项发明专利，6 项获授权；制定行业标准 2 项；论著 61 篇，其中 SCI 论文 8 篇，共被引用 317 次。新产品应用产生重大经济生态效益，5 年累计推广 6. 25 万吨，产值 2. 98 亿元，抗生素减用 62. 5 吨，增就业岗位 170 个。为豆粕科学评价、除害增益、缓解我国饲料蛋白尤其优质蛋白供给压力提供了范例。成果总体上达国际领先水平。

9. 新型生物饲料关键技术研究与产业化应用

主要完成单位　中国农业科学院饲料研究所，南京农业大学，山东农业大学，辽宁禾丰牧业股份有限公司，福建傲农生物科技集团有限公司，广州立达尔生物科技股份有限公司，北京惠新纯益养殖有限公司

主要完成人员　丁宏标，邵彩梅，姚　文，乔　宇，高秀华，李多川，陶正国，肖俊峰，陈小兵，孙雁领，汤海鸥，郭耀棋

起 止 时 间　2003 年 1 月—2013 年 12 月

获 奖 情 况 2014 年北京市科学技术奖二等奖

内 容 提 要

本成果属现代农业技术领域，主要应用于新型优质高效生物饲料配制和生产领域。本成果在系统研究动物肠道微生物组成与调控的基础上，系统研发了畜禽、水产饲用酶制剂、微生态制剂、寡糖和天然色素抗氧化剂等生物饲料添加剂，并通过技术集成形成不添加高铜、锌和抗生素的低碳安全饲料配置技术。解决的主要技术问题和创新：分离鉴定产酶嗜热真菌 31 种，纯化 15 种热稳定酶，克隆并注册新基因 12 个；开发高比活甘露聚糖酶（单位发酵水平 3×10^{6} 单位/毫升，高于美国和美酵素 6 倍），及其高密度发酵生产技术和高保活制粒技术；形成高效复合酶配伍和配套应用技术。建立微生态制剂的质量标准及其品质评估的离、在体培养和分子技术体系。建立从万寿菊花、春福寿草花制备高纯度叶黄素晶体、玉米黄素和虾青素的技术体系。集成上述添加剂技术，建立净能体系下的猪低碳、安全日粮配置技术和生产方法。

技术经济指标：建立了年产 5 000吨复合酶制剂生产线；以棕榈粕、椰壳、褐藻为原料的年产 400 吨寡糖生产线；年产 3 000吨饲用乳杆菌生产应用和菌株改良技术平台；3 种天然色素年产 5 000吨提取精制技术体系；年产 100 万吨低碳安全饲料生产应用平台。平均提高养殖纯收益 12%，取得总经济效益 120 亿元，节约饲粮 2 000万吨；有效减少养殖排泄，降低高铜、抗生素污染，保障产品品质与安全。

本成果获得授权中国发明专利 16 项，发表论文 212 篇（SCI 收录 61 篇）；4 项技术成果实现转让，转让金额 1 200万元；荣获国家重点新产品 2 项，北京市自主创新产品 1 项，北京市行业影响力品牌奖 2 项，广东省高新技术产品 3 项。推广应用及经济或社会效益：通过和北京、广东、江苏、河北等省市畜牧技术推广部门合作，累计建立示范区 162 个，3 年共推广应用生猪 6 255. 7万头，家禽 136 870. 2万只，水产 620. 8 万亩。

10. 水稻科学数据的集成及应用

主要完成单位 中国水稻研究所

主要完成人员 鄂志国，王　磊，庄杰云，钱　前，向　镜，申红芳，王糯兴，颜文斌，汪玉军

起 止 时 间 2004 年 1 月—2011 年 12 月

获 奖 情 况 2014 年浙江省科技进步二等奖

内 容 提 要

当今，现代生物信息技术虽取得长足发展，但在传统农业研究上的应用相对滞后，为解决这一难题，本项目创建了一个以水稻为研究对象，融贯多学科的综合性数据库。主要研发内容包括如下方面。

（1）开发系谱树，创建中国水稻品种及其系谱数据库，收录国内外水稻品种和育种材料等数据近 1. 5 万份（记录数超过 4. 0 万条，包括历年全部的审认定品种、大面积推广品种和获得品种权品种，以及部分外引和农家品种）；构建优异稻种资源数据集和

大品种指纹数据集，收集优异稻种资源数据共计5 379份。本数据库是国内有关水稻品种资料最全，且唯一带有系谱追溯功能的数据库。在系谱追溯分析基础上，提出“骨干亲本”评价方法，即对同时代育成的种质和同样的衍生世代进行量化比较，有助于育种家高效选择亲本。

（2）创建水稻功能基因数据库，以文献析出的方式整合了国内外报道的水稻功能基因2 545个（翻阅国内外文献超过1.9万篇，基本收集齐水稻领域有功能研究的全部基因）；利用矢量可标记语言（VML）和可缩放矢量图形（SVG），开发出基于浏览器的遗传图谱生成程序和基因结构图生成程序，并对水稻产量关键性状相关QTL进行图谱整合，以千粒重为例，发现1号染色体长臂末端存在调控粒重的重要基因；针对抽穗期、育性恢复、抗白叶枯病、抗稻瘟病和米质等重要性状，构建育种上有利基因的整合数据集和重要功能基因的分子标记数据库。这些工作为功能基因组研究和分子辅助育种提供了重要的参考依据。

（3）自主开发了用于知识管理的本体系统（Ontology）。收录水稻相关术语2 300多条，在国内开创性地将此系统应用于水稻功能基因数据库和参考文献数据库的管理；通过独特的库结构设计，将不同学科数据进行有机整合，有助于节省科研人员的跨平台检索时间，提高了效率。

本成果共获得软件著作权3份（2011SR036932，2013SR106007，2014SR073934），发表学术论文20余篇，截至2013年10月，数据库所载内容和发表论文已分别被他人引用167次和204次。

本项目的成果（ricedata.cn），目前已得到广泛应用，产生重要影响。它以网站形式为用户提供信息，每日访问人数超过535个，在国内外农学类信息系统中，访问量名列前茅，超过国际知名网站gramene.org。除了每日的常规查询服务外，还为国内众多有需求的科研与教学单位无偿提供“目标种质衍生后代批量查询”等专项科技服务，帮助育种家评判目标种质在育种中的利用价值，高效选择亲本。数据库结构和控制程序，也为其他作物同类信息系统的创建提供了模板。

11. 水稻钵形毯状秧苗机插技术研发与应用

主要完成单位　中国水稻研究所，浙江理工大学
主要完成人员　朱德峰，陈惠哲，徐一成，张玉屏，李　革，寿建尧
起 止 时 间　2006年1月—2013年12月
获 奖 情 况　2014年浙江省技术发明二等奖
内 容 提 要

成果围绕我国稻作技术转型及水稻传统毯苗机插技术存在问题，根据我国水稻生产特点，发明了水稻钵形毯状秧苗机插技术。获发明专利10项及实用新型专利8项，软件著作权2项；主编著作4部，发表论文67篇，拍摄“水稻钵形毯状秧苗机插技术”科教专题片1部。制订了钵形毯状秧苗机插秧盘行业标准。项目主要技术发明如下。

（1）发明了水稻钵形毯状秧苗机插新方法，实现了钵苗机插。创新了水稻毯苗与钵苗结合的机插新方法，设计钵形毯状秧盘，通过培育上毯下钵机插秧苗，利用普通插秧机实现钵苗机插，解决了传统毯苗机插存在的存在取秧不均、伤秧伤根严重、漏秧率高、插后返青慢等问题，实现机插高产高效。

（2）研发了钵形毯状系列育秧盘、配套播种和机插机械装备及育秧基质，实现了机插秧配套装备创新，促进了机插技术升级。钵形毯状秧盘底部由一组纵横排列的倒四棱台形钵碗组成，利于根系盘结，培育的秧苗其上层连成毯状，下层分隔成钵形的特点，机插时按钵取秧准确，插苗均匀。研制了田间轨道精量播种装备和宽窄行插秧机等配套装备，提高了育秧和种植机械化水平。研发了机插育秧基质系列产品，实现产业化生产应用。

（3）通过关键技术研究，集成创建了“稀播壮秧、合理密度、精确施肥、节水灌溉、定量控苗、病虫草综合防治”为核心的水稻钵形毯状秧苗机插高产栽培技术体系，实现精量定位按钵取秧机插，提高机插效果，秧苗断根率由传统毯状秧苗机插的36.6%下降到20.1%，漏秧率降低2.1%～4.8%，且插苗均匀，伤秧少，插后秧苗提早返青3～7天。技术应用比传统毯苗机插平均增产9.42%。技术连续4年（2011—2014年）列为我国水稻主推技术，在我国20多省市示范推广，应用面积迅速扩大，年推广面积超2 000多万亩，占全国水稻机插秧面积20%以上，在黑龙江农垦2 300万亩水稻面积占90%左右，代替原来子盘育秧毯苗机插技术。2010—2013年在黑龙江、吉林、浙江等省推广3 994.4万亩，增产稻谷143.3万吨，累计增效38.99亿元，取得了巨大经济、社会和生态效益。

12. 猪用新型分子免疫佐剂的创制与应用

主要完成单位 中国农业科学院兰州兽医研究所

主要完成人员 景志忠，才学鹏，房永祥，陈国华，蒙学莲，窦永喜，高世杰，曾 爽，何小兵

起止时间 2003年1月—2013年12月

获奖情况 2013年度甘肃省科技进步二等奖

内容提要

在国家“十一五”与“十二五”的“863”计划项目、国家科技支撑计划、农业结构调整重大专项和甘肃省科技重大专项的资助下，该项目围绕重大动物和人兽共患病防控关键技术问题，以全新的机体模式识别与天然免疫理论研究为基础，以其信号转导关键靶点为突破口，创制猪用新型分子免疫佐剂，为安全高效疫苗的生产和应用提供技术和物质储备。

（1）针对Toll样受体家族（TLRs）信号途径的关键靶点，率先研究基于猪TLRs的激活物CpG ODNs、ORNs以及IL-18、IL-2、IL-4、IL-6、IL-12、IFN-γ等免疫效应和免疫调节分子的结构与功能，筛选免疫激活分子。

（2）创制了 CpG DNA、CpG-IFN 和 CpG-IL4 重组质粒以及重组 IL-2 纳米粒等多种单、双因子的基因工程免疫佐剂，并用于猪的不同疫病、不同疫苗类型和不同免疫应答类型的疫苗中，免疫效力提高 2 倍以上，申请发明专利 6 项，获授权 4 项。

（3）在 GMP 条件下建立了 2 条规模化生产重组质粒的工艺技术平台和生产线，其中发酵罐生产线年设计能力达 8 亿头份；已规模化生产 CpG DNA 免疫佐剂 800 万头份以上，制备猪口蹄疫高效疫苗 500 万头份。

（4）针对细胞因子和 CpG DNA 重组质粒的转基因生物安全风险，率先建立核酸类重组质粒免疫佐剂安全性系统评价的技术平台，完成了 6 种基因工程新制剂转基因生物安全评价，获安全证书 1 项。

（5）建立新型免疫佐剂口蹄疫高效疫苗安全性和免疫效力评价田间试验基地 3 个，在甘肃等全国十多个省区示范推广应用，取得了显著的社会和经济效益。

13. 牦牛选育改良及提质增效关键技术研究与示范

主要完成单位　中国农业科学院兰州畜牧与兽药研究所，甘南藏族自治州畜牧科学研究所，西北民族大学，玛曲县阿孜畜牧科技示范园区，合作市畜牧工作站

主要完成人员　阎　萍，梁春年，郭　宪，杨　勤，裴　杰，包鹏甲，曾玉峰，潘和平，褚　敏，石生光，丁学智，王宏博，卢建雄，喻传林，朱新书

起 止 时 间　2006 年 1 月—2013 年 12 月

获 奖 情 况　2014 年甘肃省科技进步二等奖

内 容 提 要

项目属农业类畜牧兽医科学技术领域，主要科技内容及及技术经济指标如下。

（1）建立甘南牦牛核心群 5 群 1 058头，选育群 30 群 4 846头，扩繁群 66 群 9 756头，推广甘南牦牛种牛 9 100头，建立了甘南牦牛三级繁育技术体系。

（2）利用大通牦牛种牛及其细管冻精改良甘南当地牦牛，建立了甘南牦牛 AI 繁育技术体系，推广大通牦牛种牛 2 405头，冻精 2. 10 万支。改良犊牛比当地犊牛生长速度快，各项产肉指标均提高 10% 以上，产毛绒量提高 11. 04%。

（3）通过对牦牛肉用性状、生长发育相关的候选基因辅助遗传标记研究，使选种技术实现由表型选择向基因型选择的跨越，已获得具有自主知识产权的 12 个牦牛基因序列 GenBank 登记号，为牦牛分子遗传改良提供了理论基础。

（4）应用实时荧光定量 PCR 及 Western blotting 技术，对牦牛和犏牛 *Dmrt7* 基因分析，检测牦牛和犏牛睾丸 *Dmrt7* 基因 mRNA 及其蛋白的表达水平，探讨其与犏牛雄性不育的关系，为揭示犏牛雄性不育的分子机理提供理论依据。

（5）制定《大通牦牛》《牦牛生产性能测定技术规范》农业行业标准 2 项，可规范牦牛选育和生产，提高牦牛群体质量，进行标准化选育和管理。

（6）优化牦牛生产模式，调整畜群结构，暖棚培育和季节性补饲，组装集成牦牛提质增效关键技术1套，建成甘南牦牛本品种选育基地2个，繁育甘南牦牛3.14万头，养殖示范基地3个，近3年累计改良牦牛39.77万头。

项目以牦牛选育和提质增效为目标，通过产学研联合，建立了以本品种选育、杂交改良、营养调控、分子标记辅助选择技术、功能基因挖掘等为主要内容的牦牛种质资源创新利用与开发综合配套技术体系，该技术已成为牦牛主产区科技含量高、经济效益显著、牧民实惠多、发展潜力大的畜牧业适用技术。成果应用近3年来，新增总产值2.089亿元，新增利润1.073亿元，产生了良好的社会效益和生态效益。本研究经甘肃省科技文献信息中心查新并经甘肃省科技厅组织的专家鉴定，一致认为该成果在同类研究中据国际先进水平。

14. 梅花鹿产业化关键技术开放与应用

主要完成单位 中国农业科学院特产研究所

主要完成人员 李春义，程世鹏，邢秀梅，魏海军，杜 锐，赵 雨，陈立志，李 晶，杨福合，李光玉，王大涛，褚文辉，温永俊

起止时间 2008年1月—2011年3月

获奖情况 2014年吉林省科技进步二等奖

内容提要

本项目属于特种经济动物饲养领域。涉及到梅花鹿产业中饲料繁殖，疾病防治，产品加工等环节，覆盖了整个梅花鹿养殖产业的上下游产业链。针对我国梅花鹿产业中存在的问题，着重解决了梅花鹿饲料营养、良种繁殖、常见疾病防治、产品加工等领域制约梅花鹿产业发展的瓶颈问题。

（1）确定了梅花鹿不同生理时期全混合日粮（TMR）精粗饲料组成及适宜的蛋白质、能量水平。

（2）组建了高产梅花鹿育种核心群，开展了精准输精实验。

（3）建立了梅花鹿布氏杆菌病、结核病和坏死杆菌病快速检测方法。

（4）确定了酶解法制备鹿茸胶原的最佳条件，验证了鹿茸胶原蛋白酶解产物的抗炎、抗应激和增强免疫力等功效。

（5）建立了以可溶性小分子物质为基础的鹿茸质量检测标准。

首次用PCR检测法和荧光定量PCR方法对鹿主要传染病进行检测，建立了鹿结核病简介ELISA检测法；优化了酶解法制备鹿茸胶原蛋白的工艺，并对鹿茸胶原酶解产物进行了理化性质和部分药效学研究，证实了鹿茸胶原酶解物对小鼠抗炎、抗应激和增强免疫力等功效；系统地研究了休闲期、生茸期梅花鹿全混合日粮（TMR）适宜的精粗比例以及适宜的蛋白质和能量水平；建立了一套科学的鹿茸产品质量检测标准，以有效成分作为内在检测指标制定质量标准，解决了原有质量标准水平较低的问题，将新兴的蛋白组学技术引入鹿茸质量标准体系中。

项目共获得专利 4 项，发表文章 17 篇，培养硕士研究生 12 名，博士研究生 5 名。

研究成果已经在吉林、辽宁、内蒙古等省区的 19 个示范基地进行了应用，并在我国梅花鹿主要产区的 158 个养殖场进行了推广，取得了显著的经济效益。累计为梅花鹿养殖产业和鹿产品加工企业增加产值 5 672.40万元，节省开支 1 475.31万元，增收节支达 7 147.71万元，为促进梅花鹿产业链的集体升级和健康良性发展提供了科学依据和技术支撑，推广应用的前景十分广阔。

15. 毛皮动物（水貂、狐、貉）系列疫苗产业化与推广应用

主要完成单位　中国农业科学院特产研究所，吉林特研生物技术有限责任公司

主要完成人员　闫喜军，程世鹏，吴　威，杨福合，李光玉，赵建军，罗国良，陈立志，柴秀丽，赵传芳，张海玲，张　蕾，白　雪

起止时间　2009—2011 年

获奖情况　2014 年吉林省科技进步二等奖

内容提要

本项目针对犬瘟热、病毒性肠炎和狐狸传染性脑炎 3 种疫苗产品进行了转化，建立了规模化生产工艺，实现了产业化生产；疫苗在吉林、山东、河北等毛皮动物养殖区推广应用，采用“企业 + 科研单位 + 基层畜牧兽医部门 + 协会 + 基地 + 养殖户”的推广模式，疫苗推广使用面积达 60% 以上；通过项目实施，犬瘟热、病毒性肠炎和狐狸脑炎的发病率由 30% ~40% 下降至 1% 以下；2011—2013 年累计推广犬瘟热、病毒性肠炎和狐狸传染性脑炎三种疫苗合计约 66 000万头份，免疫水貂 10 600余万只，狐狸近 4 550余万只，貉近 2 650余万只；疫苗直接经济效益 24 731.15万元，新增利税 2 424.76万元，养殖单位应用该技术减少经济损失约 125 亿元人民币，产生了显著的社会经济效益。该项研究的推广应用对控制毛皮动物传染病具有重要意义，有效地控制了疫病的流行，有效地保障了毛皮动物产业发展。

16. 利用吉林省主要大宗药材提高梅花鹿生产性能的研究

主要完成单位　中国农业科学院特产研究所

主要完成人员　赵　蒙，齐俊生，常忠娟，魏海军，赵伟刚，张　瑞，陈玉山，薛海龙，杨镒峰，徐　超，陈秀敏，曹新艳，鞠　妍

起止时间　1998—2014 年

获奖情况　2014 年吉林省科技进步二等奖

内容提要

吉林省是中草药种植生产的大省，将吉林省大宗中药开发成鹿用添加剂产品，可以

扩大中药材的应用范围，延长中药行业的产业链，实现珍贵资源的高效利用。

用中药微米加工法，可大幅提高鹿茸产量和质量；药效能最大限度发挥，便于机体吸收利用，相对节约资源，基于上述原因，我单位在吉林省科技厅的支持下，开展了“诱导东北梅花鹿同期发情及其综合配套技术的研究”（吉科合字第980206-13号）、“微米中草药添加剂对茸鹿生产性能及免疫机能影响及其机制的研究”（吉科合字第20090577号），以期达到解决东北梅花鹿同期发情率低，人工授精困难、受胎率低等繁殖方面难题；提高茸鹿生产性能和鹿茸质量；提高疾病预防能力和免疫力，降低兽药使用量等方面的目的。

应用此项技术成果，可以有效地提高茸鹿养殖业的经济效益，把文章写在大地上。可以大幅度地提高鹿茸的产量和质量，相对降低精饲料的使用量，大幅度地降低饲养成本，对农民增收提供较为便捷、有效的途径。具有较为广阔的应用市场，应用前景广阔。

17. 城郊环保型高效农业关键技术研究与应用

主要完成单位 农业部环境保护科研监测所，中国农业科学院农业资源与农业区划研究所，苏州市绿色食品行业协会，天津市农业环境保护管理监测站

主要完成人员 任天志，张贵龙，赵建宁，李志宏，杨殿林，张云贵，秦　伟，程子林

起止时间 2006年1月—2013年12月

获奖情况 2014年天津市科技进步二等奖

内容提要

针对我国城郊集约化农业资源约束趋紧、环境污染严重、生态系统退化等突出问题，开展了区域养分投入总量控制与分区施肥、农田氮磷养分流失阻控、秸秆饲肥双向转化、畜禽粪便清洁处理与安全利用等关键技术研究，取得如下成果。

（1）基于区域养分投入与输出平衡，研究养分盈余的的环境风险及安全阈值，构建其风险分级指标并形成数字化系统，科学控制区域养分投入总量。

（2）研发了炭基缓释肥料，结合填闲作物种植，提高养分利用效率，消减土壤养分残留负荷，控制养分淋失。筛选出氮磷富积量高、适应性强、兼有景观功能和经济价值的常绿植物，构建生态拦截系统，充分吸收转化农田流失的氮磷养分。

（3）收获玉米上部秸秆粉碎用做青贮作饲料，下部粉碎还田，实现肥—饲两向转化利用，有效避免秸秆焚烧。

（4）利用复合菌剂促进畜禽粪便发酵，并控制养分损失。养殖废水通过生态净化，实现安全回灌。研发出集沉沙净化、稳定储蓄、稀释匀化及落差导流为一体的清洁、低能耗收储运设施，实现沼渣、沼液农田便捷施用。示范区化肥用量减少20%～50%，肥料利用率提高3%～5%；降低农田氮磷养分流失13.5%～17.1%；技术覆盖区，秸

秆和畜禽粪便资源化率 90% 以上，沼渣沼液利用率 100% 。成果达到了国际先进水平。在北京、天津、苏州等省市大面积推广，产生了显著的经济、社会和生态效益。

18. 甜橙高效生产技术体系集成创新与产业化应用

主要完成单位 中国农业科学院柑橘研究所，重庆三峡建设集团有限公司，忠县果业局等

主要完成人员 吴厚玖，雷　霆，谭志友，何绍兰，刘巨龙，吴　峰，张才建，高芳进，王雪生

起 止 时 间 1997 年 11 月 20 日—2011 年 12 月 31 日

获 奖 情 况 2014 年重庆市科技进步二等奖

内 容 提 要

为解决重庆柑橘品种老化、栽培技术落后、成本高、效益低等问题，在引进重庆施格兰 · 三峡柑橘产业化项目的基础上进行集成创新，提出“以树为本，突出单株生产力”的栽培新理念，其核心是尊重柑橘的生物学特性，充分满足树体对肥水、土壤和环境的需求，让果树健康地生长和结果，实现早产、丰产、优质和低成本目标；率先建立与国际接轨的甜橙现代高效栽培技术新体系 1 套，包括“采用纯系砧木和品种，培育无病毒容器壮苗，生态建园，合理稀植，最少树体修整，精准施肥，生草免耕和病虫害绿色防控”等，并率先提出标准化建园，集约化管理的种植新模式。

该成果相关技术获国家和省部级奖 4 项，软件著作权 1 项，审定新品种 3 个，制定标准 7 项，编写著作 3 部，繁育推广苗木 4 600多万株，新建标准化果园 116 万亩，新增效益 33. 67 亿元，成果全市覆盖率 90% 以上，技术辐射到川、赣、湘、桂等柑橘主产区，对重庆及全国柑橘产业现代化产生了重要推动和示范带动作用。

19. 先进农产品市场信息采集设备（农信采）的研制与应用

主要完成单位 中国农业科学院农业信息研究所

主要完成人员 许世卫，李哲敏，孔繁涛，李志强，袁宏永，李干琼，张永恩，吴建寨，张建华，于海鹏，王东杰，王盛威，陈　威，张玉梅，喻　闻

起 止 时 间 2005 年 1 月—2013 年 12 月

获 奖 情 况 2014 年北京市科学技术奖二等奖

内 容 提 要

本项目是在国家信息化和农业现代化不断融合背景下，根据现代农业管理对市场数据获取能力提升的重大需求，开展了先进农产品市场信息采集设备研究，取得以下创新性成果。

（1）研发出标准化农产品市场信息采集技术与系统。提出农产品市场全息信息理论，研制出农产品全息市场信息采集规范行业标准2个；创建了农产品市场信息分类系统，研发出953种农产品市场信息分类模型及分类组件，实现了市场信息的快速采集、分类与存储；首次创建市场数据验证规则库，提高了信息采集的准确性。

（2）创建了农产品市场信息传输优化模型与定位匹配采集技术。建立完成全国4 500多个农产品市场地理信息关联表，通过应用GPS定位技术，成功实现了农产品市场的自动定位与实地匹配；研制出网络优化选择模型，实现了不同网络环境下网络传输模块与短信传输模块的优化选择；集成多种无线通信技术，实现了市场信息的全天候、实时性采集，提高了市场信息传输的质量。

（3）创新了农产品市场数据智能处理与分析技术。建立数据清理优化模型与数据规约方法，实现了市场数据的准确、高效处理；研究与建立了农产品市场空间信息处理方法，提出了农产品市场信息展示技术，实现了农产品市场的地理信息空间分析；采用数据加密技术和数据容灾技术，并研制数据传输入侵检测组件，有效降低了市场信息的网络传输安全风险。

（4）创新设计理念研制了具有便捷性、高适性和易用性的先进专用设备。提出嵌入式技术与组件技术相结合的开发设计理念，实现了市场信息采集设备的小型化，提高了稳定性；集成立体骨架设计与多防控制理念，增强了采集设备的环境适应性；采用了人性化设计理念，提高了设备的易用性。

本项目获得软件著作权26个、专利2项，受理专利申请5项，制定行业标准2部，发表论文36篇（其中SCI、EI收录11篇）。农信采在全国多省市推广应用，为农业管理部门提供了及时、准确的基础数据，形成的相关成果发挥了重要咨询决策作用。

20. 黄淮海平原三大类型棉田优化施肥技术研究与应用

主要完成单位 中国农业科学院棉花研究所，河北省农林科学院棉花研究所，河南科技学院

主要完成人员 董合林，李鹏程，王树林，刘爱忠，黄殿成，张志勇，祁　虹，王彩霞，林永增，董天浴，樊　骅，刘明美，许凤荣

起止时间 2004年1月—2011年12月

获奖情况 2014年河南省科技进步三等奖，安阳市科技进步一等奖

内容提要

本项目针对黄淮海平原棉田氮磷钾肥料配比不合理，肥料利用率及施肥效益低等问题，开展了黄淮海棉区棉花养分吸收利用特性及不同亚区主要种植制度棉田氮磷钾肥料高产与经济施用量及其优化配比研究。明确了黄淮海棉区棉花不同生育期养分吸收特性，将棉花养分吸收过程划分为始增期、快增期和缓增期3个阶段，其中氮、磷、钾养分吸收的快增期均开始于开花期前后，最大吸收速率出现在盛花始期；同时确定了棉花不同产量水平、不同熟性品种氮、磷、钾养分吸收数量及其比例。上述结果，为合理确

定本棉区棉花氮磷钾肥料施用量、施用时期及其比例提供了理论依据。采用连续定位田间试验，确定了淮北平原亚区和华北平原亚区麦棉两熟周年两季高产与经济氮、磷、钾肥料施用量；采用连续定位或多年多点田间试验，确定了华北平原亚区一熟棉田高产与经济施氮量及最高产量与最高效益氮、磷、钾肥料优化组合；京津唐早熟亚区一熟棉田高产与经济施氮量。依据上述系列试验研究结果，制订了黄淮海棉区淮北平原亚区和华北平原亚区麦棉两熟周年高产高效施肥技术规程及华北平原亚区一熟棉田高产高效施肥技术规程，并先后在黄淮海棉区华北平原亚区豫北、冀中南、鲁西北、鲁西南，淮北平原亚区豫东地区，京津唐早熟亚区冀东地区，以及长江流域棉区南襄盆地亚区豫西南开展大面积示范推广。

2010—2013 年该技术累计推广面积达 1 217万亩，其中在河北省累计推广 510 万亩，河南省累计推广 387 万亩，山东省菏泽市累计推广 320 万亩，比非应用该技术棉区平均增产籽棉 9.4%，累计新增籽棉产量 18 649万千克，新增产值 161 734.5万元，新增利税 161 369.4万元，节省支出 51 585.6万元，增收节支总额 212 955万元。

21. 苎麻剥麻机的研制与应用

主要完成单位　中国农业科学院麻类研究所

主要完成人员　龙超海，吕江南，马　兰

起 止 时 间　2000 年 1 月—2013 年 12 月

获 奖 情 况　2014 年湖南省科技进步三等奖

内 容 提 要

项目主要设计完成了横向喂入式苎麻剥麻机、4BM-260 型苎麻剥麻机、6BM-350 型苎麻剥麻机 3 项内容。

横向喂入式苎麻剥麻机的创新之处在于：区别国内现有反拉式苎麻剥麻机剥麻原理，创新性采用苎麻茎杆横向喂入、双滚筒连续分段加工的剥麻原理，大幅度地提高剥麻工效。该机的独到之处是苎麻茎杆被机械夹持装置连续地被送入剥麻装置中，改变了现有反拉式剥麻机手工喂入和拉出苎麻茎杆的方法，在大幅度减轻劳动强度情况下，剥麻工效是反拉式剥麻机的 19 倍左右。该机所剥苎麻质量均满足纺织工业要求，是苎麻基地理想的高效苎麻剥麻机械。

4BM-260 型苎麻剥麻机由剥麻装置、压板装置、机架和传动装置所组成，与单滚筒苎麻剥麻机相比，有如下特点：鲜茎出麻率大于 5%；原麻生产率高于单滚筒苎麻剥麻机，一般在 10 千克/小时以上；操作轻便省力，机器能耗较低，纤维损伤少，该机适用小规模苎麻种植户使用。

6BM-350 型苎麻剥麻机主要由剥麻装置、压板装置、机架和传动装置所组成，该机剥麻滚筒上一般安装有 16 块打板，打板安装时沿滚筒旋转方向后倾 8 ~ 15 度，并将工作面倒角，这样可以减轻打麻者的劳动强度和麻纤维的损伤。该结构较为简单，操作轻便、剥麻质量较好，该机适用小规模苎麻种植户使用。

横向喂入式大型苎麻剥麻机剥麻工效为152千克/小时，鲜茎出麻率4.78%，苎麻含杂麻1.09%，苎麻含胶率23.28%，苎麻束纤维断裂强度为4.59 CN/DTEX，适合大型苎麻基地使用。4BM-260型苎麻剥麻机鲜茎出麻率5.93%，剥麻工效18.03千克/小时，原麻含杂率0.24%。6BM-350型苎麻剥麻机鲜茎出麻率4.5%，剥麻工效≥5千克/小时，原麻含杂率≤1%。4BM-260型和6BM-350型苎麻剥麻机适合小型基地和个体农户使用，上述机器的剥麻质量均超过苎麻国家标准的有关要求。

至2013年年底，长沙桑铼特农业机械设备有限公司生产，已累计生产和推广苎麻剥麻机3 738台，分别在湖南省沅江市、南县、张家界市，重庆市涪陵区，江西省宜春市、分宜县等地推广应用，已累计剥麻65.17万亩。企业累计生产销售3 738余台，获得销售收入2 251万元，新增利税867万元，上缴税收286万元，农民使用剥麻机械节约剥麻成本1.93亿元。

22. 扁形名优绿茶连续化自动化加工技术与成套装备

主要完成单位 中国农业科学院茶叶研究所，浙江上洋机械有限公司，杭州千岛湖丰凯实业公司

主要完成人员 林 智，谭俊峰，程 斌，苏 鸿，郭 丽，蒋建祥，苏和生，彭群华，吕海鹏，戴惠亮，洪 勇，程玉明，赵祖光

起 止 时 间 2004年1月—2011年3月

获 奖 情 况 2014年浙江省科技进步三等奖

内 容 提 要

扁形名优绿茶一直是我国名优绿茶中的主导产品，约占全国名优绿茶总产量的1/3以上。近年随着我国经济的高速发展，大量的农村劳动力向城市转移，传统的劳动密集型的扁形名优绿茶生产急需解决“加工连续化、自动化”的问题，本项目在浙江省农业重大科技攻关项目和农业部公益性行业（农业）科研专项的持续资助下，历经7年多时间，对扁形名优绿茶连续化自动化加工技术和装备开展了系统研究，在扁形名优绿茶加工品质形成机理、机械加工新工艺、连续化加工关键设备及自动化生产线等方面取得了重要进展。

（1）研究探明龙井茶加工工艺参数和品质形成机理，集成创新出一套扁形名优绿茶机械加工新工艺。

（2）研发出数控炒茶机、连续作业扁形茶机和连续理条机等4台套关键设备，成功解决了扁形茶压扁和理条工序不能连续的技术难题。

（3）研制成功国内首条扁形名优绿茶连续化自动化生产线，构建了配套的标准加工工艺参数，实现了扁形名优绿茶加工的全程自动控制。

项目成果从2009年起在浙江、江苏、贵州、湖北、山东5个主要产茶省进行了转让和示范推广，近3年取得直接经济效益5 373.5万元，间接经济效益20 673.5万元，累计产生经济效益2.6亿元，社会经济效益显著。

23. 牛结核病病原生态学和流行病学研究

主要完成单位 中国农业科学院哈尔滨兽医研究所

主要完成人员 刘思国，司 微，于申业，王牟平，陈利苹

起 止 时 间 2006年6月—2011年6月

获 奖 情 况 2014年黑龙江省自然科学三等奖

内 容 提 要

牛结核病（*Bovine tuberculosis*）主要是由牛分枝杆菌（*Mycobacterium bovis*, *M. bovis*）和结核分枝杆菌（*Mycobacterium tuberculosis*）引起的一种人畜共患的慢性消耗性传染病，在世界各国均有发生，其传染流行严重地影响到畜牧业的持续健康发展，并威胁着人类健康，控制牛结核病具有重大的公共卫生学意义。但是我国目前的牛结核病流行状况并不十分清楚。本项目应用常规的流行病学和分子流行病学相结合的研究方法，从整体上提高了我国牛结核病的基础研究水平，比较充分地了解和掌握了我国牛结核病的流行特点和流行规律，为有针对性地进行防控奠定坚实的基础。本项目的主要发现点和发现点的科学价值如下。

（1）建立了较为系统和先进的牛分枝杆菌的检测和分子分型方法。首次建立了以rM70-M83-E6（MPB70-MPB83-ESAT6）为诊断抗原的间接ELISA方法，以及用于结核分枝杆菌复合物的Spoligotyping和VNTR-MIRU基因分型检测和分型方法，本研究建立的方法有效提高了牛结核病的分子流行病学调查和病原学的监测效果，为牛结核病的流行病学研究提供了有力的技术支持。

（2）获得了牛结核病在全国范围内感染的可靠数据。本研究完成了对东北、华北、华南、西北部分地区不同饲养模式牛场的样品采集工作。共采集1 067份咽喉拭子及对应1 067份牛血清样品。分离抗酸菌111株。其中，非结核分枝杆菌为68株，结核分枝杆菌复合物为43株，包括14株牛分枝杆菌（牛型）和29株结核分枝杆菌（人型）。表明非结核分枝杆菌在我国流行严重，干扰牛结核病的检疫；同时存在牛型和人型结核分枝杆菌在牛群中交叉感染的情况。

（3）牛结核病感染率与地区和饲养模式相关。对采集的1 067份牛血清样品进行PPD皮试和血清抗体ELISA检测，细菌分离培养鉴定结果显示，间接ELISA与细菌学检查符合率（52.8%）远比PPD变态反应与细菌学检查的符合率（4.0%）高。我国不同地区不同牛场PPD阳性率1.08% ~60%不等，间接ELISA检测血清中的抗体，0.33% ~30.7%的牛显示结核抗体阳性，总体阳性率约为1.8%，部分牛场结核病疫情严重，高达30.7%。发达地区和规模化养殖场牛结核病感染率相对较低；而欠发达地区和散养户的牛结核病感染率较高。这提示我们对于不同饲养模式应该采取不同的防控策略。

（4）我国结核菌分离株呈现独特的基因型。应用本研究建立的Spoligotyping和VNTR-MIRU方法进行了基因分型，结果表明我国结核菌分离株呈现出多种基因型，其中

16 株具有独特的基因型。牛分枝杆菌的主要基因型为 BCG 家族，北京家族基因型菌株是结核分枝杆菌感染牛群的主要流行菌株，5 株具有相同的“北京家族” Spoligotyping 图谱。

本项目获得发明专利 2 项；发表研究论文 45 篇，其中 SCI 研究论文 8 篇；他引总次数为 119 次，其中 SCI 研究论文被他引 24 次。

24. 牛传染性胸膜肺炎流行病学监测与国际认证

主要完成单位 中国农业科学院哈尔滨兽医研究所，中国动物卫生与流行病学中心，哈尔滨动物生物制品国家工程研究中心有限公司

主要完成人员 辛九庆，李　媛，汪　洋，滕翔雁，宋建德，刘　洋，郑雪光

起 止 时 间 2002 年 6 月—2011 年 2 月

获 奖 情 况 2014 年黑龙江省科技进步三等奖

内 容 提 要

牛传染性胸膜肺炎（Contagious bovine pleuropneumonia，CBPP）是由 Mmm（*Mycoplasma mycodis subsp mycodies*）引起的一种严重威胁养牛业安全的烈性传染病，是世界动物卫生组织（OIE）规定的 A 类传染病。我国从 1960 年开始在全国范围内应用 Mmm 兔化弱毒疫苗和以其菌种研制的兔化绵羊化弱毒疫苗有效控制了 CBPP 的流行。农业部决定从 2002 年开始中国牛传染性胸膜肺炎国际无疫认证工作。在此过程中需要建立符合 OIE 标准的血清学，病原学检测方法，并在 5 年内对全国的易感动物进行流行病学监测。针对这些要求，中国农业科学院哈尔滨兽医研究所建立了符合 OIE 标准的 CBPP 血清学，病原学检测方法并作为牵头单位联合国内相关部门在全国范围内开展了 CBPP 流行病学监测。在此基础上及时总结监测结果并于 2008 年向 OIE 提交了我国 CBPP 无疫认证报告，经过两次补充，最终于 2011 年 5 月获得了 OIE 颁发的国际无疫认证证书。本项目主要创新点如下。

（1）首次建立了符合 OIE 标准的 CBPP 血清学诊断方法并对全国 13 个省、自治区的 155 802份牛血清样品进行了流行病学监测。

（2）首次建立了符合 OIE 标准的 Mmm 病原学诊断技术并对全国 13 个省、自治区的 1 025份疑似样品进行了流行病学监测。

（3）首次对中国 Mmm 流行菌株的分子进化分析，首次提出中国流行的 CBPP 来自于澳大利亚。

（4）作为技术支撑单位帮助我国在 2011 年 5 月的 OIE 世界代表大会上通过无牛传染性胸膜肺炎认证。

（5）系统总结了中国 CBPP 的控制、消灭策略。并在国际著名兽医专业期刊：英国兽医杂志上首次对我国近 60 年对 CBPP 的研究、控制、消灭进行了综述。

牛传染性胸膜肺炎的国际无疫认证是我国动物疫病防控获得国际认可的重大突破。按照 OIE 标准建立血清学及病原学检测技术等 CBPP 综合诊断技术处于国内领先水平，

可以对 CBPP 疑似病例进行最终诊断，为兽医行政主管部门的科学决策提供技术支撑。对中国 Mmm 流行株的分子进化分析为阐述我国 CBPP 的传入途径提供证据。

本项目成功完成为我国开展其他重大动物传染病的国际无疫认证工作提供了宝贵的经验和成功的做法，对于提高我国在全球动物卫生领域影响，促进兽医工作国际化发展具有重要意义。

25. 猪链球菌（2 型）病防治新技术研究与应用

主要完成单位　中国农业科学院兰州兽医研究所

主要完成人员　柳纪省，李学瑞，白银梅，李宝玉，殷相平，王超英，李志勇

起 止 时 间　2006 年 1 月—2012 年 12 月

获 奖 情 况　2013 年甘肃省科技进步三等奖

内 容 提 要

本项目属于兽医学研究领域，主要技术内容、特定及应用推广情况如下。

（1）创立了一种新的猪源性球菌通用的 PCR 检测方法。目前的 PCR 方法，一般只能扩增一种特定病原目的基因片段。本项目利用链球菌延伸因子保守序列所设计的一对引物，可以对链球菌属 6 个菌群多菌种的病例进行检测。试验证实，该方法还能够扩增芽孢杆菌纲乳球菌属、肠球菌属、葡萄球菌属、芽孢杆菌属多个菌种，从种的水平上对细菌加以鉴定。

（2）创立了一种链球菌新型分子分群方法。近年来，国际上主要采用丹麦学者 Kilan 的多位点序列分群方法研究链球菌。该方法虽然能够对 6 个链球菌群中的缓征，咽峡炎等 3 个链球菌群内各种链球菌之间的遗传演化关系进行系统分析，但在分析六群链球菌多个菌种之间的遗传演化关系时，所获得的系统进化树自举检验值很低。我们通过对链球菌基因组上 2 200多个基因的系统分析，综合比较，最终建立了一种新的多位点序列分析方法，能够准确地反应出各链球菌群之间的遗传关系及新种的分子鉴定。

（3）提出了一种细菌性新型基因工程疫苗理念并证实该理念具有可行性。通过敲除猪链球菌 2 型菌株基因组上的 D-丙氨酸消旋酶基因，从而使得猪链球菌细胞壁的合成受阻，细菌复制受到抑制，在添加有一定量外源 D-丙氨酸的条件下，细菌才能够大量复制，用该营养缺陷菌株试制疫苗，经安全性以及免疫效力等试验，证实该理念具有可行性，并成功研制了外源营养依赖型猪链球菌（2 型）基因工程疫苗。

（4）调查了猪链球菌病的流行态势：建立了猪链球菌（2 型）ELISA 检测方法。将该方法与链球菌通用 PCR 检测方法相结合，调查了甘肃、青海、宁夏①三省区 15 个地区的 99 个猪场的猪链球菌流行态势，分离鉴定了疑似猪链球菌（2 型），并进行了药敏试验，对养殖场猪链球菌病的防治提供技术支持，减少了抗生素的使用，提高了猪只的出栏率。产生了较为可观的经济效益和社会效益。据粗略估计，获得间接经济效益

① 宁夏回族自治区，全书简称宁夏

1 300余万元。

（5）申报发明专利2项。发表论文3篇，其中SCI论文2篇。

26. 家畜布鲁氏菌病快速检测技术的建立与应用

主要完成单位 中国农业科学院兰州兽医研究所

主要完成人员 邱昌庆，蔺国珍，曹小安，周继章，郑福英，宫晓炜

起止时间 2003年1月—2011年12月

获奖情况 2014年甘肃省技术发明三等奖

内容提要

本项目属预防兽医学领域，其主要技术内容、技术经济指标及应用推广情况如下。

国内首次建立了主要针对乳样中布鲁氏菌的套式聚合酶链反应（nested-PCR）检测技术。该检测特异性强，灵敏度达到50个菌落形成单位/毫升奶样；可重复性和稳定性好，其与常规血清凝集试验（SAT）的阳性符合率为100%（98/98）；阴性符合率为97.71%（342/350），敏感性高于SAT。本方法同样可用于家畜其他流产病料、血液、公牛精液中布鲁氏菌的快速检测。本技术已被制定为农业行业标准（NY/T 1467—2007），并获国家发明专利授权（专利号ZL200510007981.3）。多年来，该技术及行业标准在全国兽医系统推广应用，对布病的快速诊断和预防控制发挥着重要作用。

国内首次建立了一种灵敏、特异、高效的布鲁氏菌环介导等温扩增（LAMP）检测方法。该方法能从奶样和血样中检出6个种的布鲁氏菌病原，所能检测出的最低限度为9飞克/微升，较PCR方法高出10倍，具有很高的特异性、敏感性和稳定性。本技术获国家发明专利授权（专利号ZL2010101162779.9）。该方法不需要昂贵的仪器，适合基层和现场检测。近年来，在实验室和实际生产中为布病得广泛监测、快速诊断和有效防控发挥着积极作用。

国内首次将布鲁氏菌*bcsp*31基因克隆插入酵母表达载体构建了pPIC9K-bcsp31重组质粒，将其线性化后转入GS115真菌表达，成功获得可溶性糖基化目的蛋白，该蛋白与牛布鲁氏菌病阳性血清发生特异反应，呈现良好的免疫反应性。这为布鲁氏菌病新型疫苗及间接ELISA诊断试剂盒的研制奠定了基础。本技术获国家发明专利授权（专利号ZL200910145908.0）。

据不完全统计，2011—2013年，利用以上技术在甘肃、宁夏等省区奶牛场检测奶牛血清13 754头份、奶样17 380头份，应用发现该技术检测结果与传统的血清凝集试验符合率达99%以上，其结果准确可靠，而且更加快速。运用该技术有效监测和预防了本病，显著提高了受检牛场的经济效益和社会效益，2011—2013年，所调查奶牛场累计增收3 006.2万元。

27. 牛羊微量元素精准调控技术研究与应用

主要完成单位 中国农业科学院兰州畜牧与兽药研究所，宁夏大学，江苏农牧科技职业学院动物科技学院，中国农业科学院中兽医研究所药厂

主要完成人员 刘永明，王胜义，荔　霞，王　慧，辛国省，齐志明，张　力，刘世祥，王　瑜，周学辉，丁学智，陈化琦，董书伟

起止时间 2001年1月—2012年12月

获奖情况 2014年甘肃省科技进步三等奖

内容提要

本项目属畜牧学动物营养技术领域。

本项目通过对甘肃等省（区）牛羊主要养殖区土壤、牧草、牛羊血清微量元素动态变化进行系统检测、牛羊生产性能和相关疾病流行病学调查，取得如下几方面成果。

（1）制定出微量元素调控技术和补饲技术。

（2）研制出奶牛、肉（牦）牛、犊牛和羊微量元素舔砖系列新产品8种，试验期内提高奶牛日产奶量2.44千克；提高肉牛日增重0.133千克、犊牛日增重0.259千克、肉羊日增重0.026 9千克；提高母牛受胎率7.32%、犊牛成活率8.01%、母羊受胎率9.75%；降低母牛流产率5.16%、乳房炎发病率13.89%、胎衣不下发病率17.22%、子宫内膜炎发病率13.19%、生产瘫痪发病率4.8%。

（3）研制出牛羊缓释剂2种，试验期内提高奶牛日产奶量0.47千克；提高肉牛日增重0.157千克、羊日增重0.0281千克、母牛受胎率6.25%、母羊受胎率10.6%、羔羊成活率9.0%；降低母牛流产率2.75%、乳房炎发病率10.49%、胎衣不下发病率12.78%、子宫内膜炎发病率11.4%。

（4）研制出牛羊舔砖专用支架2种和缓释剂专用投服器2种，达到长期、持续、清洁补充微量元素的目的。

获甘肃省饲料工业办公室批准的添加剂预混料生产文号8个，甘肃省质量技术监督局企业产品标准8个；申报专利18项，其中，授权11项，公开并进入审查7项；出版著作3部；发表论文45篇（其中SCI 6篇，一级学报3篇）。

取得农业部添加剂预混合饲料生产许可证1个；建立添加剂预混料生产车间和2条微量元素舔砖和缓释剂生产线；通过新产品技术转让，在中国农业科学院中兽医研究所药厂等2家企业建立生产基地并批量生产；产品已在甘肃、青海、宁夏等省区52个试验示范点（区）共推广应用牛共29.77万头（次）、羊共57.65万只（次）；经中国农业科学院农业经济与发展研究所测算，实现经济效益44 728.25万元。

本成果的重点是微量元素精准调控技术的建立和新型、高效、安全、环保牛羊微量元素添加剂的研究与推广应用，具有明显的创新性；工艺与设计独特新颖；投入低、产出率高，推广应用前景广阔。

28. 吉林省梅花鹿遗传改良及扩繁关键技术示范推广

主要完成单位 中国农业科学院特产研究所

主要完成人员 魏海军，赵伟刚，常忠娟，赵 蒙，薛海龙，杨镒峰，陈秀敏，白秀娟

起止时间 2000—2013 年

获奖情况 2014 年吉林省科技进步三等奖

内容提要

（1）应用系统工程方法，将数量遗传学理论、核心群选育技术、经济学评估方法等集成综合，制定了统一的种鹿性能测定体系和遗传评估方法，在计算机技术的支持下，建立了梅花鹿的育种技术新体系，丰富和发展了梅花鹿育种理论和方法。

（2）克隆了梅花鹿的生长激素（GH）基因和类胰岛素样生长因子 1（IGF-1）两个基因，建立了合适的统计分析模型，分析了基因多态性与鹿茸产量的相关性。采用尾分析方法，对混合 DNA 样本进行 RAPD 标记，检测出高产茸量和低产茸量梅花鹿之间的差异标记，为梅花鹿分子标记育种奠定了基础。

（3）研制了鹿用同期发情硅胶板孕酮阴道栓，处理母鹿在 72 小时内发情率为 85% ~95%，研制了鹿用自动电刺激采精器及适宜梅花鹿精液保存的稀释液配方，建立了腹腔镜精准输精技术操作规程，使梅花鹿受胎率达到 76% ~89%。

（4）在 MOET 育种方案实施中，选优质经产梅花鹿母鹿为供体，平均每只一次超排获可用胚胎 4.6 枚；改善供体鹿和受体鹿发情同步性后的受体鹿鲜胚移植成功率达到 51.1%，获得了 34 只胚胎移植后代，使胚胎移植技术达到了实用化程度。

（5）采用冷冻解冻精液人工输精新技术，进行了 10 种杂交组合的繁育实验，通过屠宰实验测定了两种杂交组合后代的产肉性能并对其进行了肉质评定，筛选出了适宜培育肉用鹿的杂交组合。

（6）编制了茸鹿育种信息计算机管理系统，可为鹿场的现代化生产及育种管理提供便捷的服务。

在项目实施期间和完成后，以国家级月每花鹿优质高效养殖星火专家大院产为平台，在吉林省 30 余家大中型鹿场进行了现代繁育技术示范推广，评定出 20 只优秀种公鹿进行了精液采集，为 15 000余只梅花鹿进行了良种繁育和改良，获得了 12 000余只优良后代，雄性后代初角茸和头锯茸茸重分别增加 21% 和 17%，群体产茸性能提高 17.5%，良种普及率提高 30%，获取直接经济效益 1 600余万元。对加速梅花鹿主要经济性状遗传改良进程、提升鹿群质量及养鹿业可持续发展提供坚实的理论基础和技术支撑。

29. 农田栽参土壤改良关键技术研究

主要完成单位 中国农业科学院特产研究所

主要完成人员　张亚玉，孙　海，孙长伟，王秋霞，王志清，魏云洁，刘继永，关一鸣

起止时间　2012—2014 年

获奖情况　2014 年吉林省科技进步三等奖

内容提要

农田栽培人参不仅满足了市场对人参产品的需求，同时对农村种植业结构的调整，实现多种经营创造了条件，为农民致富提供了商机，农田栽培人参能够解决过去腐殖土栽参与林争地的矛盾，对于保护森林资源，防止水土流失，保持生态平衡具有深远的社会意义。

人参的栽培在我国已有近 400 年的历史，在栽培过程中，产量低、病害重、药效低等不利因素一直困扰人参的栽培业，开展人参栽培土壤改良技术研究，根据野山参及优质林下护育山参的土壤物理结构、养分组成及微生物群落特性，做为农田栽培人参土壤科学改良的理论依据，对于加快栽培人参的规范化理论进程可提供有效的方法。本项目首次以野山参生态环境条件作为参考，系统地研究了农田栽参土壤的物理结构、养分特性、酶活性、微生物群落特征。明确了土壤立体构造、速效养分含量及配比失衡、微生物群落结构改变是农田栽参产量低、药效差、病害重等的主要原因；根据适宜人参生长的土壤特征，在已有制剂的基础上经过添加合理的菌剂及养分完成了农田栽参土壤适宜改良剂的开发筛选，建立了科学的农田栽培人参土壤改良技术依据；对改良地人参进行质量评价，总皂苷、单体皂苷、农药残留及重金属含量等指标均符合药典及行业标准限值，研究成果达到了国际领先水平。所得成果在人参主产区进行推广，产量平均提高了 20%，高的提高了 22%，产量达到 2.0 千克/平方米。

30. 小麦优质节水高效灌溉指标与非充分灌溉模式

主要完成单位　中国农业科学院灌溉研究所

主要完成人员　孙景生，刘祖贵，张寄阳，王景雷，尚三林，申孝军，刘小飞

起止时间　1993 年 3 月—2012 年 12 月

获奖情况　2014 年河南省科技进步三等奖

内容提要

该项目针对我国黄淮海地区水资源严重紧缺、优质小麦生产中灌溉管理模式缺乏的现状，以实现小麦节水、高产、优质三者的协调统一，促进小麦生产由丰水高产型向量质协调高效型转变为主要目标，在优质小麦节水高效土壤水分调控理论、灌溉指标与非充分灌溉模式、优质小麦智能化灌溉管理系统等方面取得重要突破和技术创新。项目的创新性主要体现在以下几方面。

（1）系统提出了优质小麦节水高效的土壤水分调控理论。系统揭示了水分调控对小麦根冠生长、生理生化特性和物质分配、矿物质吸收与利用的影响机理；探讨了水分调控对优质小麦产量和品质特性、耗水量和水分利用效率的影响，确定了黄淮海地区优

质小麦的关键需水期；提出了以水调质、高产优质相协调的优质小麦节水高效土壤水分调控理论，为黄淮海地区小麦灌溉由传统丰水高产型灌溉向节水优质型灌溉的转变提供理论支撑。

（2）建立了优质小麦节水高效灌溉技术指标体系。在综合考虑各生育阶段不同程度水分亏缺对小麦产量以及品质性状影响的基础上，建立了优质小麦节水高效灌溉指标体系，综合权衡了小麦节水与高产、高产与优质的相互关系，实现了节水、高产、优质三者的协调统一；并且针对不同专用型小麦的不同品质要求制定相应的指标体系，可为不同专用型小麦的田间水分管理提供科学依据。

（3）制定了优质小麦非充分灌溉模式与技术规程。建立了不同专用型小麦产量与分生育期耗水量的 Jensen 模型，利用动态规划方法制定了不同水文年不同供水量下的非充分灌溉制度，并制定了简单实用、可操作性强的优质小麦非充分灌溉技术规程。既考虑了不同专用型小麦水分管理的要求，又综合农艺配套措施与灌溉管理措施，在保证高产的条件下，达到节水、优质的目的。

（4）开发了优质小麦智能化非充分灌溉管理系统。采用表现层、业务逻辑层、数据层三层结构的 B/S 开发模式研发了优质小麦智能化非充分灌溉管理系统，该系统具有作物需水预报、土壤墒情预测及水资源优化配置等功能，实现了优质小麦需水用水管理的智能化、数字化与可视化。

通过项目的实施，公开发表相关学术论文 25 篇，其中 SCI 收录 3 篇，EI 收录 2 篇；参编专著 3 部，取得计算机软件著作权 1 项，实用新型专利 2 项。成果的推广应用优化了灌区的水资源调度，对于保障小麦优质高产、增加农民收入、缓解区域水资源供需矛盾、保护水环境均起到了很好地促进作用。

三、院级奖

1. 国际首例小型猪近交系研究与鉴定

主要完成单位 中国农业科学院北京畜牧兽医研究所

主要完成人员 冯书堂，李　奎，牟玉莲，时建忠，杨述林，顾宪红，刘　岚，韩建林，吴添文，何晓红，董　晓，程文科，崔茂盛，张　莉，何　薇

起止时间 2005 年 3 月—2013 年 12 月

获奖情况 2014 年中国农业科学院科学技术成果特等奖

内容提要

小型猪近交系在生理结构与生化功能等方面与人类更为接近，在疾病模型研究、新药临床前评价、食品安全评价、异种器官移植、疫苗研制等医学领域具有重要的应用价值。科研团队历经 10 年，以 2 头五指山猪为系祖培育的近交群体为材料，利用“仔配母、兄妹全同胞”近亲繁殖等综合技术措施，逐步攻克猪近交后代畸形率高、弱仔率

高、成活率低等 3 个阶段性难题，组建了第 20 代至第 23 代近交系群体，建立了近交系谱，第 23 代近交系数已高达 0.993，标志着世界首例近交系猪育成。该近交系猪具有体型小、性成熟早、繁殖率较高，不含内源性逆转录病毒 C 型基因、应激反应基因、免疫代谢等基因，与人类有较高同源性等显著特点。

科研人员还利用全基因组序列分析和高密度单核苷酸多态性（SNP）芯片测定等手段，创新了猪近交系全基因组水平验证技术体系，建立了该近交系猪的鉴定方法和标准，监测了各个世代的分子遗传规律，进一步证实了遗传基因的高度纯合，并成功创建了近交系猪异种皮肤移植鉴定方法。相关研究结果 2012 年发表于 *Giga Science*，被 *Nature* 等国际刊物引用，并受到 *Science Daily* 高度评价，认为该近交系是一种理想的实验动物模型。

该研究成果已呈现广阔的应用前景。科研团队已累计向 70 余家科研单位、大学提供了实验用猪上千头，成功用于人类疾病模型、新药鉴定、食品和转基因食品安全、角膜、肝脏异种器官移植等方面，并已取得突破性进展。目前，医用生物敷料研发应用已进入产业化运作。

2. 国家特种经济动物遗传资源库建设与创新利用

主要完成单位　中国农业科学院特产研究所，中国农业科学院饲料研究所，大连明华经济动物有限公司

主要完成人员　杨福合，邢秀梅，高秀华，吴　琼，张志明，李一清，周　婷，李光玉，杨　颖，巴恒星，刘汇涛，郑兴涛，任二军，荣　敏，王　雷

起 止 时 间　1986—2013 年

获 奖 情 况　2014 年中国农业科学院科学技术成果一等奖

内 容 提 要

针对我国特种经济动物资源分布分散、保存规模小、易丢失，资源的保存和整理不规范、缺少系统全面的评价体系，数字化管理水平较低，网络系统不健全、信息不畅通，共享机制不完善、资源共享程度低等问题，从特种经济动物种质资源的收集保存、评价和整理、创新利用及数据共享等方面开展了大量的研究，为我国特种经济动物种质资源研究提供基础支持。

（1）收集保存：整理、整合了我国特种经济动物遗传资源 509 个品种（类型），繁殖更新了 27 个特种经济动物生殖细胞和活体。收集、整理、抢救性保护与安全保存 22 个特种经济动物资源。完成了 62 个特种经济动物基因资源保存及共享利用。

（2）评价整理：制定了特种经济动物 1 个共性描述规范、29 个个性描述规范、4 个特种经济动物技术规程、2 个活体异地保存技术规范，制定并完善了 29 个特种经济动物种质资源数据标准和数据质量控制规范。针对 48 个品种（类型）完成了 22 个基因、170 个标记、56 种蛋白评价工作。

（3）创新利用：培育了清原马鹿、四平梅花鹿、明华黑色水貂、吉林白貉、左家雉鸡新品种5个；命名了吉林梅花鹿、敖鲁古雅驯鹿、新西兰赤鹿；基因库种质资源参与了18个新品种培育。

（4）数据共享：开发了1套网络数据库（1个共性数据库和3个个性数据库），数据化表达509个类型特种经济动物种质资源，建立了中国特种经济动物种质资源网站（www. spanimal. cn）；采用FTP离线上传方式向平台门户提交核心元数据4 711条，向E平台提交4 711条特种经济动物共性描述信息，上传图片1 511幅；向全国科研教学和生产单位提供实验动物、组织样品等17 790份，接待实习学生13 758人次，服务于各类科技计划28项；支撑相关论文118篇（SCI收录12篇）、著作和标准7项、专利和软件著作权11项、奖励8项。

该项研究比较系统的解决了我国特种经济动物种质资源面临的问题，研究成果能够使特种经济动物种质资源合理的利用，促进特种经济动物产业健康发展，填补了国内外相关技术领域的空白。项目研究成果应用推广实践证实，应用效果十分明显，取得了显著的经济效益和社会效益。

3. 毛皮动物犬瘟热病毒分子流行病学调查及防控关键技术研究与应用

主要完成单位 中国农业科学院特产研究所，吉林特研生物技术有限责任公司

主要完成人员 闫喜军，程世鹏，赵建军，吴 威，张海玲，白 雪，张 蕾，胡 博，柴秀丽，赵传芳，罗国良，易 立，王凤雪，刘 昊，司方方

起止时间 2005—2013年

获奖情况 2014年中国农业科学院科学技术成果一等奖

内容提要

（1）通过对我国近10年不同地域毛皮动物（水貂、狐狸、貉）犬瘟热病毒（Canine distemper virus，CDV）血凝素基因（H）克隆及序列分析，在国内首次系统地完成了我国毛皮动物CDV分子流行病学调查工作，澄清了我国毛皮动物CDV基因分型情况及其在时间、地域上的遗传变异规律，为了解我国CDV流行动态及疫情预警提供了理论依据。

（2）基于CDV不同靶基因（N和H基因），分别建立了RT-PCR-限制性酶切片段长度多态性分析（RT-PCR-RFLP）和联合RT-PCR两种CDV疫苗株和野毒株鉴别检测技术，为犬瘟热的快速诊断提供了有效的手段。

（3）在国内外首次克隆了CDV感染水貂、狐狸、貉的受体——信号淋巴细胞激活分子（SLAM），并建立了稳定表达SLAM的Vero细胞系（Vero-rSLAM），应用该细胞系成功培育了CDV强毒株HBF-1株；该细胞系的建立解决了CDV强毒分离的技术

难题。

（4）采用蚀斑克隆技术从 CDV 鸡胚成纤维细胞适应株 CDV3 株中成功克隆驯化出 1 株免疫原性良好的 Vero 细胞适应株（CDV3-CL 株），并研制了安全、有效的犬瘟热 Vero 细胞活疫苗；完成了临床试验和注册申报，获得了新兽药注册证书。

（5）建立了犬瘟热 Vero 细胞活疫苗规模化生产工艺，实现疫苗产业化生产；产品进行了有效地转化和推广，推广面积 50% 以上；养殖单位应用疫苗后犬瘟热发病率明显降低。

4. 西北沿黄灌区盐碱地改良关键技术研究与应用

主要完成单位 中国农业科学院农业资源与农业区划研究所，甘肃省农业科学院土壤肥料与节水农业研究所，宁夏农林科学院，中国科学院武汉植物园，北京理工大学，内蒙古五原县农业技术推广中心

主要完成人员 逄焕成，李玉义，王　婧，杨思存，张永宏，赵永敢，付金民，张建丽，靳存旺

起 止 时 间 2009 年 1 月—2013 年 12 月

获 奖 情 况 2014 年中国农业科学院科学技术成果一等奖

内 容 提 要

针对西北沿黄灌区盐碱地长期存在土壤盐分“表聚化”严重、作物产量低下甚至绝产等突出问题，本项目从研究调控盐碱地水盐时空运移动态的技术与配套改良产品（机具）研制入手，通过研究可实现盐碱地快速高效改良利用的关键技术、研发适用配套产品与机具，构建适用于西北沿黄灌区盐碱地改良利用的技术体系，达到攻克盐分“表聚”、作物易受盐害、产量低下等难题的目标。

（1）突破了限制西北沿黄灌区盐碱地快速高效改良利用的关键技术瓶颈。研制出集控盐、抑盐、培肥、促生等效果于一体的“上膜下秸”控抑盐增产技术，阐明了其应用机理，解决了长期制约西北沿黄灌区盐碱地盐分易“表聚”影响作物出苗的难题，填补了区域盐碱地改良技术研究空白。盐碱地“上膜下秸”控抑盐增产技术被农业部确定为全国主推技术。

（2）研创了适宜于不同类型盐碱地改良的配套产品。研制出能显著降低碱土 pH 值的碱性土壤调理剂、适于新垦盐荒地快速改良的营养型盐碱地改良剂；研制出实施盐碱地“上膜下秸”控抑盐技术的专用机具，突破“上膜下秸”关键技术实施推广的技术瓶颈，实现了农机与农艺、改良与利用技术的有效融合。

（3）构建了可适用于不同类型盐碱地快速改良利用的技术体系。制订了 10 项适用于不同类型盐碱地的抗盐增产技术规程（地方标准）并颁布应用。

研制出的盐碱地控抑盐系统、盐碱地枸杞覆盖节水抑盐栽培方法、重度盐荒地草坪种植方法、适于新垦盐荒地快速改良的营养型盐碱地改良剂等获得了专利授权；研制出的实施“上膜下秸”隔盐技术的专用秸秆深埋机械获得了专利授权，实现了农机与农

艺、改良与利用技术的有效融合；发现并命名了一个具有潜在应用价值的抗盐碱微生物根瘤菌属的新种 Xi19（五原根瘤菌）。

自2010年开始整体应用，累计在内蒙古、宁夏、甘肃等省区推广1 154万亩，增产100.71万吨，新增经济效益24.59亿元，取得显著的社会经济效益。

5. 非食用油脂资源生物柴油转化关键技术研究与应用

主要完成单位 中国农业科学院油料作物研究所

主要完成人员 黄凤洪，郭萍梅，利文林，黄庆德，万楚筠，杨 湄，刘昌盛，钮琰星，郑明明

起止时间 2010年3月—2013年3月

获奖情况 2014年中国农业科学院科学技术成果一等奖

内容提要

本项目重点围绕制约我国生物柴油产业化技术瓶颈，以小桐子和光皮树等非食用油料、含高饱和脂肪酸的棕榈油、成分复杂的废弃油脂等为原料，进行生物柴油转化关键技术研究与产业化开发，技术经济指标如下。

（1）攻克了非食用油脂资源预处理技术难题，研制出原理新颖、高效的油料脱壳榨油机，脱壳率≥90%，饼残油<5%；采用双向分级聚结技术开发了高效油水分离装置，分离效率≥93%，废水排放达到国家标准。

（2）突破了原料广适的生物柴油高效转化技术瓶颈，研制出生物柴油固体催化剂，建立了以小桐子油、光皮树油、棕榈油等低酸值油脂（酸值<10毫克KOH/克,）为原料的转化新工艺，催化剂使用时间≥1 800小时，转化率≥96%；开发出适用于高酸值废弃油脂（酸值≥10毫克KOH/克）的共沸蒸馏酯化—转酯化技术，生产成本比现有常规工艺降低20%以上；研究建立了花生油等植物油油脚为原料的常压高效复合催化水解和多级酯化技术，与传统工艺相比，反应时间缩短7小时、效率高10%。

（3）攻克了生物柴油配套工程技术难题，开发出活性稻壳灰纯化生物柴油技术，与现有水洗纯化技术相比，具有成本低、设备简单、操作容易，无废水排放等优点；开发出多功能生物柴油品质改良剂，可同时使生物柴油氧化诱导期延长20~70小时，使冷滤点下降5~15℃。

（4）将上述技术组装集成，形成了可工业化应用的工艺软件包，生物柴油产品质量达到国际标准ASTMD6751和国家标准GB/T 20828—2007。

本项目已获得国家专利12项，其中发明专利10项，获发明展览会奖2项，鉴定成果3项；非食用油脂资源生物柴油关键技术的研究开发均为自主创新并拥有知识产权。本项目技术成果已在湖北省、湖南省、河北省以及柬埔寨等多家企业推广应用，2008—2013年，项目共获得新增产值10.36亿元，新增利税1.74亿元，年增收节支总额4 296万元。显著提高企业效益，带动产业发展。

6. 先进农产品市场信息采集设备（农信采）的研制与应用

主要完成单位 中国农业科学院农业信息研究所

主要完成人员 许世卫，李哲敏，孔繁涛，李志强，袁宏永，李干琼，张永恩，吴建寨，张建华，于海鹏，王东杰，王盛威，陈 威，张玉梅，喻 闻

起 止 时 间 2005 年 1 月—2013 年 12 月

获 奖 情 况 2014 年中国农业科学院科学技术成果一等奖

内 容 提 要

加强农产品市场监测预警，是保障我国现代农业稳定发展的有效手段，是建立健全我国现代市场体系的重要支撑，是世界发达国家高效管理农业的通用做法。农产品市场监测预警的前提是获取全面、准确、及时的基础数据，而我国市场监测预警工作存在的采集标准化程度低、数据采集实时性差、采集数据质量难以有效监控等突出问题，是长期困扰市场管理和决策的重大难题。本项目根据信息化和市场化不断深化背景下的农产品市场信息采集工作新需求，开展了先进农产品市场信息采集设备研究，取得以下创新性成果。

（1）研发了标准化市场信息采集技术。研究了市场信息的采集内容、采集方式和表达方法，针对市场信息采集不规范，提出农产品市场全息信息理论，研制出农产品全息市场信息采集规范行业标准 2 个；研发出 953 种农产品市场信息分类模型及分类组件，实现了市场信息的快速采集、分类与存储；提出农产品市场信息编码解码策略，增强了数据传输的安全性；首次创建市场数据验证规则库，提升了信息采集的准确性。

（2）突破了农产品市场信息实时定位采集技术。建立全国 4 500多个批发市场及田头市场、零售市场的农产品市场地理信息关联表，通过应用 GPS 定位技术获取采集作业的农产品市场经纬度信息，成功实现了农产品市场的自动定位与实地匹配；集成多种无线通信技术，实现了市场信息的全天候、实时性采集；研制出网络优化选择模型，实现了不同网络环境下网络传输模块与短信传输模块的优化选择，提高了市场信息传输的质量。

（3）创建了农产品市场信息采集数据智能处理技术。建立数据清理优化模型与数据规约方法，实现了市场数据的准确、高效处理；创建农产品市场空间信息处理方法，实现了农产品市场的地理信息和空间分析；采用数据加密技术和数据容灾技术以及研制数据传输入侵组建，有效降低了市场信息的网络风险。

（4）创新设计理念研制了具有便捷性、高适应性和易用性的先进专用设备。提出嵌入式技术与组件技术相结合的开发设计理念，实现了市场信息采集设备的小型化与稳定性；集成立体骨架设计与多防控制理念，增强了采集设备的环境适应性；采用了人性化设计理念，提高了设备的易用性，百条数据采集效率提高 5 倍以上。

项目获软件著作权 27 个、专利 7 项（其中获得实用新型专利 2 项，受理申请专利 5 项），制定行业标准 2 部，发表论文 36 篇（其中 SCI 与 EI 论文 11 篇）。研制的设备

已在全国多个省市推广应用，用户持续快速增加，应用期间利用农信采报送数据量达到48万余条。

7. 高产优质杂交油菜“大地55”的选育与利用

主要完成单位 中国农业科学院油料作物研究所

主要完成人员 李云昌，梅德圣，胡 琼，李英德，徐育松，张春雷，马 霓，李晓琴，刘 佳，付 丽，陈玉峰

起止时间 1993年1月—2013年12月

获奖情况 2014年中国农业科学院科学技术成果二等奖

内容提要

项目针对我国油菜产油量偏低，导致生产效益低、缺乏国际竞争力的问题，采用多亲本复合杂交、SRAP和SNP标记估算亲本间遗传距离预测杂种优势等方法，选育出具有完全自主知识产权的高产稳产优质杂交油菜品种“大地55”；根据品种特性建立了科学的高产高效栽培技术；通过与种业公司合作开发，促进了该成果的转化，产生了显著的社会和经济效益。该品种主要特点如下。

（1）丰产性好：在2006—2007年湖北省油菜区试中创造了平均亩产242.60千克的高产纪录，是湖北省区试首个比“中油杂2号”增产5%以上的品种；在2007—2009年国家长江下游区试中，平均亩产182.69千克，比对照“秦优7号”增产13.69%。

（2）产油量高：在国家长江下游区试中，两年平均亩产油量80.82千克，比对照“秦优7号”增加12.77%。

（3）稳产性强：国家长江下游区试和生产试验，22个试验点全部增产，增产点次100%。

（4）品质优：在国家区试中，芥酸和硫苷含量分别为0.0%和19.49微摩尔/克（饼），达到国际领先的加拿大优质油菜标准。

（5）种子纯度好，制种安全性高：不育系的不育性稳定，配制出的杂交种不育株率低，在湖北省和国家区试中分别仅为0.93%和1.89%。

建立了“种子生产总经销公司+市场代销网络+示范宣传”的市场化开发营销模式和规范的种子质量全程控制技术体系。2009年以来，在湖北、安徽、浙江等省累计推广种植1 495.5万亩，新增经济效益7.68亿元，机械化生产节约劳动力成本2.4亿元，为农业经济发展和农民增产增收做出了重要贡献。

8. 牡丹促成栽培新技术研发与推广

主要完成单位 中国农业科学院蔬菜花卉研究所

主要完成人员 张秀新，薛璟祺，王顺利，穆 鼎，张付春，吴 蕊，石颜通，石丰瑞，张 萍，朱富勇

起 止 时 间 2006年1月—2013年1月

获 奖 情 况 2014年中国农业科学院科学技术成果二等奖

内 容 提 要

牡丹是我国的传统名花，也是我国首选的候选国花，生产上常用促成栽培实现春节、国庆等重大节日用花。本研究主要针对传统促成栽培缺乏品种评价体系、成花后花叶比例不协调且花后难以复壮、种苗繁殖效率低、生产周期长等问题开展系统研究。项目主要技术内容如下。

（1）首次创建了牡丹促成栽培品种筛选和评价体系，该体系是利用近10年实地研究的基础数据结合科学分析产生的。利用该体系，从大量牡丹传统栽培品种中筛选到10个浅休眠、易调控品种，并在北京、山东、甘肃等省市成功推广。已通过北京市园林绿化局组织的课题验收。

（2）率先建立了一套利用自然低温解除休眠的盆栽牡丹促成栽培贮藏方法。利用该方法，不仅可省去冷库等基础建设的费用支出，大大节约生产成本，而且可以有效解决有花无叶、花色不正、花后植株容易死亡等问题，获国家发明专利。

（3）率先建立了一套适合国庆用花的牡丹促成栽培方法。该方法利用浅休眠牡丹品种二次成花的特性，通过人工脱叶、控水、涂抹秋发素等步骤，在国庆开花的同时，可有效解决花朵畸形（激素处理不当易产生）、花叶比例失调、根系生长不良等问题，获国家发明专利。

（4）首创了一种用于牡丹播种的育苗容器和采用该容器的育苗方法。该育苗容器可克服传统牡丹播种育苗发根、休眠以及移栽过程中出现的技术难题，利用该方法，可提高播种育苗的成苗率并大大缩短育苗周期，从而有效降低企业生产成本，提高经济效益。该育苗容器与弃苗方法获国家发明专利。

目前，依托该项目，已在北京、山东、甘肃等省建立了示范推广基地，累积推广面积达到了300亩以上，利用“科技＋公司＋农户”的推广模式，累计培训技术员500人次以上；新添了一批就业岗位，解决了部分农村劳动力的就近就业问题，有效增加了农户收入，新增产值超过1 000万元。发表论文15篇，对提升牡丹产业整体水平，丰富牡丹促成栽培理论研究具有重要意义。

9. 甜菜新品种“甜研312”育种技术创新与推广

主要完成单位 中国农业科学院甜菜研究所

主要完成人员 王华忠，吴则东，王茂芊，高 峰，朱东顺，王丛玲，高 岩，何 群，肖春山

起 止 时 间 2001年1月—2012年12月

获 奖 情 况 2014年中国农业科学院科学技术成果二等奖

内 容 提 要

（1）主要技术内容：“甜研312”品种为多胚三倍体双交种。主要采取了多种遗传

改良技术进行优良基因聚合筛选。①该品种父母本均为杂交一代，突出双交种的杂种优势，促进性状互补。母本4N03408为两个四倍体品系的杂交一代，父本2N03210为两个二倍体品系杂交一代。②把国外甜菜及野生甜菜的高产及抗病基因（抗褐斑病、根腐病基因）导入到父本品系当中，增强父本品系的抗病性。③进行病地与非病地的双重轮回选择，强化父母本材料的抗耐丛根病和根腐病性能，提高丰产基因型频率。④把甜菜母根分割两瓣，进行配合力测定，筛选根头小、根体肥大的丰产根形。⑤甜研312品种已转让种业公司独家繁育经销，是东北甜菜产区近五年唯一推广的国产品种。

（2）技术经济指标："甜研312"全省区域试验中，平均根产量43 014.0千克/公顷，比统一对照"甜研309"增产13.7%；平均含糖率17.7%，略高于对照0.10%；平均产糖量7 621.6千克/公顷，比对照提高14.6%。与国外品种比较，含糖率提高2%以上，产糖量提高10%以上。该品种达到了高糖、丰产、抗病的育种目标。适应种植地区为黑龙江、内蒙古、新疆等省区的甜菜主产区。

（3）知识产权情况：2010年3月通过黑龙江省农作物品种审定委员会审定命名（黑审糖2010005）。自育单位拥有独家产权。"甜研312"品种的育种技术具有创新性。综合经济指标在国内处于领先水平，可替代国外品种。

（4）推广应用及效益情况：2010—2012年共计7个制糖企业与种子公司，在黑龙江甜菜主产区推广"甜研312"品种40万亩。直接经济效益为，育种单位销售权转让费收益10万元，种子繁育单位销售生产种200吨，纯收益100万元。推广种植"甜研312"增产增糖可使农民收益8 160万元、制糖企业收益13 800万元，合计新增利润21 960万元。该品种深受糖厂与糖农欢迎，预计推广面积不断扩大。

10. 中国肉羊优异基因发掘与群体遗传改良关键技术的研究应用

主要完成单位 中国农业科学院北京畜牧兽医研究所

主要完成人员 杜立新，魏彩虹，张 莉，赵福平

起止时间 2013年12月—2014年12月

获奖情况 2014年中国农业科学院科学技术成果二等奖

内容提要

针对缺乏具有自主知识产权和商业化潜力的基因资源、育种效率低下等困扰和制约我国肉羊遗传改良的核心障碍，本研究从全基因组水平发现和验证了绵羊骨形态形成、肌肉生长发育、生殖力、抗逆、尾型和角型等与驯化和改良相关的基因。挖掘和鉴定了30个与羊繁殖力、生长、胴体、肉质等性状相关的基因，建立了6个具有育种可利用价值基因的检测技术；揭示了中外绵羊肌肉形成和脂肪分化相关基因通路差异，首次发现1个与骨骼肌发育有关的基因网络，构建了绵羊CNV、SNP、miRNA和甲基化图谱，其中miRNA和甲基化图谱在国际上首次报道；研发并建立了包括肉羊性能测定与遗传

评估技术，繁殖力、生长、胴体品质等重要经济性状基因检测技术，多基因聚合配套系选择技术，优质种羊快速扩繁技术和育、繁、推一体化育种模式等关键技术所组成的高效肉羊遗传改良技术体系，在国际上首创基于基因聚合的肉羊配套系选择方法，以及由原种核心群选育—产区制种—规模化三元配套系生产组成的肉羊商业化育种模式，创新集成了绵羊二年三产繁殖调控技术模式。应用上述技术体系，目前已选育出 3 个“杜泊羊”专门化品系，形成“湖羊高繁”、“乌珠穆沁羊高繁”、“苏尼特羊肥羔”和“呼伦贝尔短尾”4 个品系，以及“澳 × 杜 × 湖”等 7 个杂交配套模式。

为我国肉羊群体遗传改良提供新的技术途径，形成常规技术、分子技术、信息技术相结合的新育种技术体系。实现了引进资源的再创新和地方品种的优势转化。研发的杂交配套组合及产业化开发，促进了地方品种和新培育品种成为国内肉羊生产的主导品种，以及引进品种的本地化和国产化。

11. 水产饲用酶制剂 N-酰基高丝氨酸内酯降解酶创制与应用

主要完成单位 中国农业科学院饲料研究所

主要完成人员 周志刚，姚　斌，杨雅麟，张美超，徐　俐，何夙旭，于会民，曹雅男，杨禄良，李学军

起止时间 2005 年 1 月—2013 年 12 月

获奖情况 2014 年中国农业科学院科学技术成果二等奖

内容提要

水产养殖细菌性病害（G-细菌病原占致病病因 90% 以上，又以嗜水气单胞菌 *Aeromonas hydrophila* 占 60% 以上）严重制约着我国水产养殖可持续化发展与无公害水产品输出。针对水产养殖细菌性病害有效预警及无抗防治的技术瓶颈，立足于群体感应信号分子监测及路径阻断策略，本项目确立了从 G-病原菌群体感应信号分子检测、饲用阻断策略挖掘到应用评价的研究思路，建立了系统的从发病有效预警到无抗高效防治的基础探索及产品开发的研究平台，解决了信号分子野外在线检测、N-酰基高丝氨酸内酯降解酶创制、效能表达、成本控制、应用评价和知识产权等瓶颈问题，开创了我国乃至全球基于群体感应调控机制的水产养殖细菌性病害预警与防治体系，具有鲜明的原始创新特色，并迅速付诸实践。本项目整体技术处于国际领先水平。

（1）率先建立了 G-病原菌群体感应信号分子 N-酰基高丝氨酸内酯野外在线检测方法。通过生物指标菌及受体偶联纳米磁珠技术，检测灵敏度从 nM 级提升至 pM 级，检测时限从 48 ~ 72 小时缩短至 12 ~ 24 小时，实现了水产养殖病原细菌群体感应信号分子野外在线超敏检测。

（2）创制了多种 N-酰基高丝氨酸内酯降解酶，均可满足水产养殖环境及水产饲料加工需求。研制 N-酰基高丝氨酸内酯酶 AiiA-B546、AiiA-AI96、QsdA-RH5 及 N-酰基高丝氨酸内酯转移酶 AiiO-AIO6，现有表达水平分别达到 3 500单位/毫升、55 单位/毫升、45 单位/毫升及 1 000单位/毫升，高于国内外其他报道水平 10 倍以上，处于国际领先

水平。

（3）创建了水产养殖N-酰基高丝氨酸内酯降解酶抗病应用的分子评估体系。通过水产动物消化道菌群PCR-DGGE分析方法、*q*PCR分子计数技术、*q*RT-PCR免疫相关细胞因子与应激Marker的分析体系、无菌斑马鱼测试模型以及水产动物离体肠囊评估模型，首次建立了N-酰基高丝氨酸内酯降解酶水产养殖抗病应用的系统评价平台。

12. 奶牛衣原体病灭活疫苗研究

主要完成单位 中国农业科学院兰州兽医研究所

主要完成人员 邱昌庆，周继章，曹小安，程淑敏，蔺国珍，郑福英，宫晓炜

起止时间 2007年10月—2010年12月

获奖情况 2014年中国农业科学院科学技术成果二等奖

内容提要

奶牛衣原体病灭活疫苗，是由中国农业科学院兰州兽医研究所，采用衣原体外膜主蛋白（MOMP）基因克隆及序列分析技术与常规技术结合，筛选出免疫原性强而稳定的制苗菌株（SX5株）而研制成功的高效安全疫苗。获得国家发明专利（ZL200510042611.3）及一类国家新兽药注册证书〔（2011）新兽药证字17号〕。

该产品采用肌肉注射的方法，平均保护率达到94.4%，一次免疫保护期达8个月。疫苗在4～8℃下保存12个月使用效果不变。安全试验证明本疫苗对犊牛和怀孕牛均安全；临床试验证明疫苗安全、有效。目前，各国防治牛衣原体病，尚无商品化疫苗可用，主要采用化药预防和治疗，其后果是容易产生新的抗药菌株，并使牛奶和肉中抗生素等药物残留升高，导致乳制品和牛肉制品的安全性降低，直接危害广大消费者的健康。该产品填补了国内外空白，解决了生产及市场亟待解决的问题，该产品主要用于牛衣原体性流产及犊牛衣原体性肺炎—肠炎等衣原体病的预防。在全国北方、南方代表性区域推广应用，免疫效果一致。

该项目取得的创新性成果如下。

（1）通过对不同地区分离株主要免疫原蛋白基因序列分析，筛选出最佳制苗菌株，用所筛选的菌株制备的疫苗免疫不同地区的奶牛，能有效预防奶牛衣原体病。

（2）通过实验室研究与田间实验相结合，撰写和制定了奶牛衣原体灭活疫苗制备规程1套。

（3）利用常规技术与进口佐剂相结合，制备了稳定的、免疫力强劲的灭活疫苗。

（4）首次在国内、甚至国际上研究和制备了奶牛衣原体灭活疫苗，填补了世界乃至国内防控奶牛衣原体病的相关空白。

13. 鸭疫里默氏杆菌毒力因子、诊断技术研究及应用

主要完成单位 中国农业科学院上海兽医研究所

主要完成人员　于圣青，丁　铲，韩先干，胡青海，王少辉，王小兰，刘海文

起 止 时 间　2010 年 1 月—2013 年 12 月

获 奖 情 况　2014 年中国农业科学院科学技术成果二等奖

内 容 提 要

鸭疫里默氏杆菌病是由鸭疫里默氏杆菌（*Riemrella anatipestifer*）引起的一种严重危害雏鸭的细菌性传染病。本病呈急性败血症或慢性过程，以 10 ~ 35 日龄的雏鸭发病率最高，死亡率也高，耐过鸭多成为僵鸭，生长迟缓，造成极大的经济损失，及时采取有效的防治措施对控制该病的发生十分重要。由于国内外对鸭疫里默氏杆菌的分子生物学研究不多，因此其致病机理的研究进展缓慢，毒力基因或致病相关因子不是很清楚。另外由于该病的临床症状与常见的鸭大肠杆菌病和鸭沙门菌病十分相似，因此为了对该病进行有效防控，必须尽快进行确诊。为此该项目对鸭疫里默氏杆菌的毒力基因和诊断技术进行了研究，取得如下研究成果。

（1）鸭疫里默氏杆菌可形成生物被膜，生物被膜的形成可增强 RA 对抗生素和去污剂的抵抗力，因此可能与 RA 在鸭场的长期存在相关。

（2）建立了鸭疫里默氏杆菌基因组的转座子随机突变方法，获得了含有 2 560株突变株的转座子随机突变株库，并筛选获得生物被膜形成相关基因 33 个。

（3）建立了鸭疫里默氏杆菌同源臂重组的基因定向突变方法，发现 *ompA* 是鸭疫里默氏杆菌的一种重要毒力因子。

（4）建立了基于 *groEL* 基因的 环介导等温扩增（LAMP）快速诊断方法，在 65℃ 的反应温度下，20 分钟即可完成鸭疫里默氏杆菌的检测，检测限为 10 个菌落形成单位（CFU），比普通 PCR 敏感 50 倍。

（5）建立了一种鸭源常见细菌（鸭疫里默氏杆菌、鸭大肠杆菌和沙门氏菌）的多重 PCR 鉴别诊断方法，可对上述 3 种细菌在 2 小时内进行快速鉴别诊断，检测限为 1 000个菌落形成单位。

该研究成果获得国家发明专利授权 2 项；发表 SCI 收录研究论文 8 篇，中文核心期刊研究论文 4 篇。获得国家发明专利授权的 2 种鸭疫里默氏杆菌检测试剂盒已在上海、广东、安徽、浙江、山东、广西①等省区市进行临床应用，对鸭疫里默氏杆菌感染的准确快速诊断和及时采取有效控制措施发挥了重要作用，正在开展检测试剂盒的新兽药证书申报工作。

该项研究成果的社会效益包括：①有效地对鸭疫里默氏杆菌进行快速检测和鉴别诊断；②有利于快速制定疫病的防控措施，最大限度地减少疫病损失；③有利于农民和养殖场增收致富、促进我国养鸭业的健康发展。

---

① 广西壮族自治区，全书简称广西

14. 重金属镉/铅与喹乙醇抗原合成、单克隆抗体制备及 ELISA 检测技术研究

主要完成单位 中国农业科学院兰州畜牧与兽药研究所

主要完成人员 李建喜，王学智，张景艳，王　磊，杨志强，王旭荣，秦　哲，张　凯，孟嘉仁，孔晓军

起 止 时 间 2007 年 1 月—2012 年 12 月

获 奖 情 况 2014 年中国农业科学院科学技术成果二等奖

内 容 提 要

该项目所属技术领域为免疫学和细胞生物学，特别涉及单克隆抗体在免疫学快速检测技术中的应用。该项目主要研究内容为利用小分子化合物免疫分析技术，开展镉、铅与喹乙醇抗原合成、单克隆抗体制备及 ELISA 检测技术研究，旨在为重金属镉、铅与喹乙醇的批量筛查和快速检测提供理论支撑和技术支持。

（1）利用丁二酸酐法，成功合成出喹乙醇半琥珀酸酯（OLA-HS），采用 IR、TLC、MS、NMR 等方法完成了相关表征分析，其分子量为 363，熔点为 192～196℃。

（2）分别采用络合剂双位点桥接法和活泼酯化法，建立、优化重金属 Cd^{2+}、Pb^{2+} 及 OLA 全抗原的合成方法，合成出免疫、检测抗原共 7 种。并采用 AAS、UV、TNBS 等方法完成了 7 种全抗原的表征分析，其中 Cd^{2+}、Pb^{2+} 与 OLA 免疫全抗原的偶联比为 55.8、57.1、7.8。

（3）利用间接 ELISA 法考察载体蛋白、免疫方法、免疫剂量等条件对抗血清的效价及特异性的影响，确定有效免疫抗原为 KLH-IEDTA-Cd、KLH-DTPA-Pb、OLA-HS-BSA，包被抗原为 BSA-IEDTA-Cd、BSA-DTPA-Pb、OVA-HS- OLA。按 100 微克/只的最佳剂量免疫 Balb/C 小鼠，分别获得抗血清效价为 128 000（镉，5 免）、204 800（铅，5 免）、16 000以上（喹乙醇，4 免）的试验用小鼠，并取其脾脏细胞用于细胞融合，融合率可达 95% 以上。

（4）采用优化后的细胞融合技术，分别得到 3 株可稳定传代的阳性杂交瘤细胞株 1A1、3H12、1H9，并制备出抗镉、铅及喹乙醇腹水型单克隆抗体，其亚类分别为 IgG1、IgG1、IgG2a 型，腹水效价分别为 2.56×10^5 以上、2.56×10^5 以上、1.6×10^7；蛋白浓度为 15.04 毫克/毫升、12.14 毫克/毫升、3.24 毫克/毫升（纯化后）。

（5）利用所获得的抗镉、铅及喹乙醇单克隆抗体，建立并优化间接竞争 ELISA 检测方法，并进行了应用研究，在 1.5～128.00 微克/升的浓度范围内，Cd^{2+}、Pb^{2+} 浓度与抑制率有良好的线性关系，IC50 分别为 11.35 微克/升、9.84 微克/升。与其他金属元素与抗体无明显交叉反应性；在 1～243 纳克/毫升的范围内，OLA 浓度与抑制率有良好的线性关系，IC50 为（9.97±3.50）纳克/毫升，与 MQCA、QCA 及其他喹喔啉类药物几乎无反应性，通过与 HPLC、AAS 方法的比较，证明该方法结果可靠，可用于重

金属镉、铅及喹乙醇的定量、半定量分析。

15. 内蒙古主要草原类型区保护建设技术固碳潜力研究

主要完成单位 中国农业科学院草原研究所

主要完成人员 侯向阳，丁 勇，吴新宏，萨如拉，戴雅婷，杨婷婷，徐海红，高 丽，王 珍，黄祖杰，纪 磊

起 止 时 间 2010 年 1 月—2012 年 12 月

获 奖 情 况 2014 年中国农业科学院科学技术成果二等奖

内 容 提 要

本项目主要研究内容如下。

（1）通过研究得出生态环境愈好的地区或生态类型区，其草原植被—土壤固碳和增碳潜力愈大，即固碳潜力大小关系为：草甸草原 > 荒漠草原 > 典型草原 > 沙地草原。

（2）草原适度利用有利于生态系统碳积累，围栏封育并不能实现植被—土壤系统的最大碳蓄积，过度放牧或过长时间的围封均会降低系统碳密度。

（3）过度放牧利用导致土壤退化，是致使同一草原生态类型区内土壤—植被系统碳库差异的重要原因。

（4）在典型草原和荒漠草原，干旱年份放牧样地比围封禁牧样地碳积累明显减少，反映放牧系统对干旱更敏感。

（5）在沙地草原自然修复的油蒿群落比人工种植的中间锦鸡儿群落根际养分聚集、微生物活性等生态功能更强，因此，自然修复更有利于系统碳蓄积。

本研究成果深入地揭示了不同保护建设措施影响主要草原类型区碳积累的机制，丰富了草原碳循环研究科学领域，同时为科学制定草原保护建设技术体系，促进草原畜牧业高效持续发展的决策提供了重要参考依据。

在国内外期刊上共发表重要学术论文 55 篇，其中 SCI/EI 收录论文 4 篇，接受 4 篇，审稿 15 篇，其研究成果他引 155 次。出版专著 1 部。

16. 恶性外来入侵植物紫茎泽兰防控及利用技术研究与示范

主要完成单位 中国农业科学院植物保护研究所

主要完成人员 曹坳程，何 兰，欧阳华，曹建华，张呈瑞，赵 静，欧阳灿彬，王秋霞，李 园，颜冬冬，郭美霞，朱文达，侯玉霞，李贵桐，钱益新

起 止 时 间 2008 年 5 月—2013 年 12 月

获 奖 情 况 2014 年中国农业科学院科学技术成果二等奖

内 容 提 要

本项目属于农业/有害生物综合治理/资源化利用/农产品加工等领域。在农业部两

期公益性行业科研专项的支持下，以紫茎泽兰的综合利用技术研究与示范为目标，在前期紫茎泽兰的高效防除技术体系保障下，对紫茎泽兰综合利用的关键技术和难点问题开展了系统研究，实现了紫茎泽兰的可持续防控。

（1）动员社会力量，采用科研机构、企业、农户三者共同参与紫茎泽兰资源利用的可持续治理策略。企业在项目技术支撑下，从农户手中收购紫茎泽兰，实现紫茎泽兰的综合防治。

（2）研发了紫茎泽兰作为饲料、有机肥、生物炭、染料等具有自主知识产权的产品及工业化生产工艺，并通过了国家和地方的相关检验，取得登记证书，进行大量生产和销售，为综合利用的可持续发展提供了技术保障。

（3）明确了紫茎泽兰的毒性成分及其季节变化规律，突破了饲料脱毒技术，制定了毒性成分的限量标准。在国内 16 个省销售，销售量已达 11 455吨，直接经济效益 2 291万元。

（4）研发了 3 个紫茎泽兰肥料配方，具有显著的增产效果，在攀枝花市和西昌市分别建立了固体和液体肥料生产线，均取得登记证书，已销售 7 582吨，直接经济效益 1 258. 66万元。

（5）开发了紫茎泽兰染料，其色彩、色牢度均达到优级品标准，已生产染料 100余吨。印染衬衣、围巾等产口已销往国内外，累积销售 13. 3 万件，直接经济效益 1 457万元。

（6）解决了紫茎泽兰生物炭生产技术，实现生产过程无“三废”排放，在攀枝花市建立了一条年产量为 500 吨的生物炭生产线。

（7）完成从紫茎泽兰提取绿原酸工艺技术路线（绿原酸纯度可达 95%）。建成一条年产量为 100 吨绿原酸的中试生产线，已提取绿原酸浸膏 15 吨，价值 500 万元。

（8）研究了紫茎泽兰综合利用的储备技术。①发现了紫茎泽兰抗逆基因 *EaHAK*1、*EaSERK*1、*EaDREB*1*A* 等；②发现抗癌活性化合物（-）-（5R,6R,7S,9R,10S）-荜澄茄烷-3-烯-6，7-二醇；③发明了紫茎泽兰作为防蛀剂、防污剂、育苗基质块等专利技术。

项目实施过程期间，发表论文 20 篇，其中 SCI 期刊收录 3 篇；申报国家发明专利 18 项，获授权专利 9 项；培养博士研究生 4 名、硕士研究生 20 名。本项目解决了利用的关键技术难点，并产业化，整体提高了我国对外来恶性杂草的综合利用及防治水平，对保护我国的生物多样性、维护生态平衡、促进农业产业的可持续发展具有重要意义。

17. 山东烟草病毒病防控技术研究与示范推广

主要完成单位　中国农业科学院烟草研究所

主要完成人员　王凤龙，杨金广，陈德鑫，申莉莉，钱玉梅

起 止 时 间　1997 年 1 月—2013 年 12 月

获 奖 情 况　2014 年中国农业科学院科学技术成果二等奖

内 容 提 要

项目历经 16 年对气候、蚜虫和病毒病发生相关性进行了系统研究，明确了我国烟草病毒 TMV、CMV 和 PVY 的种群遗传分化和主要病毒病的发生流行规律，建立了主要病毒快速检测体系和蚜传病毒病预测预报模型及监测预警体系。培育出对主要病毒具多抗性的烤烟品种“中烟 204”；建立了我国烟草种质资源对 TMV、CMV 和 PVY 的抗性评价体系，并形成了国家标准；筛选出对 3 种病毒免疫或高抗的烟草种质资源 151 份。建立了以抗病毒品种种植和无毒育苗为基础，间作套种、天敌保护利用、微孔膜和反光膜趋蚜避蚜等生物防治和生态控制为主要措施的烟草病毒病绿色防控技术体系。项目实施 16 年来，发表学术论文 48 篇，其中，SCI 论文 6 篇，EI 收录论文 4 篇；申请专利 8 项，获得授权 5 项；制定相应国家标准 3 项，行业标准 8 项；培养研究生 31 名。在黄淮烟区、东北烟区、中南烟区和部分西南烟区等地进行了大面积的试验示范工作，烟草病毒病综合防治技术累计推广达到 1 255. 3万亩，新增产值 210 298. 16万元，新增利税 46 265. 6万元，节支 4 790. 98万元。减少化学农药使用量 13%，挽回了大量经济损失，取得了良好的经济效益、社会效益和生态效应。今后将进一步扩大该项技术在全国烟叶产区示范推广面积，搞好烟草病毒病的综合防治工作，争取巨大的经济和社会效益。

18. 果蔬变温压差膨化组合干燥技术研究与应用

主要完成单位　中国农业科学院农产品加工研究所，江苏省农业科学院农产品加工研究所，甘肃省农业科学院农产品贮藏加工研究所，天津农学院，无锡科安自动化装备有限公司

主要完成人员　毕金峰，刘　璇，陈芹芹，周林燕，易建勇，郑金铠，吴昕烨，周　沫，李大婧，何新益，刘春泉，张永茂，江水泉，王　秋，刘金福

起 止 时 间　2004 年 3 月 20 日—2013 年 2 月 28 日

获 奖 情 况　2014 年中国农业科学院科学技术成果二等奖

内 容 提 要

果蔬变温压差膨化组合干燥是一种新型、环保、节能的非油炸干燥技术。本成果针对目前该技术基础研究薄弱、加工工艺不稳定、生产设备能耗高和自动化控制程度低等问题，项目主要完成单位以果蔬为主要原料，在变温压差膨化单一干燥工艺关键因素筛选、变温压差膨化组合干燥优化、膨化超微粉及片剂研发、膨化设备升级改造和膨化组合干燥机理研究等方面实现创新，取得一批拥有自主知识产权的成果。主要技术发明内容如下。

（1）发明了果蔬变温压差膨化单一干燥技术。首次确证了桃、菠萝、柑橘、哈密瓜、甘薯、槟榔芋、菠萝蜜和芒果 8 种果蔬变温压差膨化单一干燥工艺关键因素及优化条件，研发了 8 种新产品，填补了国内外空白。

（2）发明了果蔬变温压差膨化组合干燥技术。首次研究发明了微波—压差膨化、

热风—真空微波—压差膨化、负压远红外—真空微波—压差膨化等组合干燥新技术，研发了7种新产品，填补了国内外空白。

（3）开发了果蔬变温压差膨化在线检测和全自动控制设备。研制了控制物料在膨化干燥过程中水份和温度变化的膨化罐，首次开发多功能全自动控制系统软件，对设备在线检测、品质调控和全自动控制系统进行创新，实现了膨化设备的全自动控制。

（4）创制了果蔬粉及营养咀嚼片新产品。将变温压差膨化组合干燥与超微粉碎技术相结合，确证了番茄、脐橙和枸杞等果蔬营养粉及营养咀嚼片制备工艺关键因素并进行优化，创制了3种新产品。

（5）揭示了果蔬变温压差膨化组合干燥机理。系统揭示了变温压差膨化预处理工艺及机理、变温压差膨化组合干燥机理，建立了膨化产品品质评价与质量控制技术体系。

成果授权国家发明专利18项、实用新型专利2项、获得计算机软件著作权登记证书1项，发表相关学术文章100余篇；技术转让企业8家，转让合同总经费1 130万元。成果在8家生产企业产业化，近5年企业实现新增销售收入累计达3亿多元，新增利润6 200多万元，新增税收1 900多万元，新增就业人数1 000余人，带动果蔬种植农户10 000余户实现加工增值，经济和社会效益显著，为推动果蔬干燥行业快速发展做出重大贡献。本成果部分内容获得全国商业科技进步一等奖1项。

19. 中国秸秆资源评价与应用

主要完成单位 中国农业科学院农业资源与农业区划研究所，农业部农业生态与资源保护总站，农业部科技教育司，农业部发展计划司，河北农业大学商学院，河南省安阳市农村能源站，河北青县新能源办公室

主要完成人员 毕于运，王亚静，王瑞波，高春雨，刘海启，郝先荣，方　放，闫　成，李　刚，王红彦，韩　昀，熊凤山，杨海燕，李砚飞，李建政

获 奖 情 况 2014年中国农业科学院科学技术成果二等奖

内 容 提 要

我国是粮食生产大国，也是秸秆生产大国。秸秆“用则利，弃则害”，如何有效推进秸秆资源综合利用已成为新时期我国农业可持续发展和农业资源高效利用的重要内容。

该研究成果基于科学试验和农户调查，对我国秸秆资源的理论产量、可收集利用量进行测算，并对秸秆利用适应性展开评价，方法创新，成效显著。

（1）完善了草谷比和农副产品比重体系，全面地测算出我国秸秆资源的理论产量，建立了相应的秸秆理论资源量数据库。

（2）调查和收集了各类农作物株高、收割留茬高度、叶部生物量比重、枝叶脱落率、收贮运损失率等资料，创新性提出秸秆可收集利用系数概念，制定了完善的可收集

利用系数指标体系，准确地测算出我国秸秆资源可收集利用量。

（3）首次提出“草性”秸秆、“木性”秸秆和“中性”秸秆的概念，深入开展了秸秆资源可燃性、可饲性、直接还田适宜性、秸秆工业加工和食用菌栽培适宜性评价。

课题组围绕该研究成果已出版专著 5 部，在《中国农业科学》《农业工程学报》等期刊公开发表论文 20 余篇。其中，发表于《农业工程学报》的《中国秸秆资源数量估算》一文入选 2013 年“领跑者 5 000——中国精品科技期刊顶尖学术论文”。

该研究成果在农业部、国家发改委①等部门制定的《全国秸秆综合利用实施方案》以及 2013 年农业部、国家发改委等部门开展的“十二五”农作物秸秆综合利用规划中期评估工作中都发挥了基础保障作用。同时，在各地编制农作物秸秆综合利用方案中也得到了广泛使用，北京市《“十二五”秸秆综合利用发展规划》和《秸秆综合利用实施方案》，江苏省《秸秆综合利用规划》，甘肃省《秸秆综合利用规划》、秸秆气化和秸秆固化成型燃料试点示范，河北省秸秆新能源、还田、养畜、种植食用菌推广，河南省秸秆新型能源化利用技术推广等工作都借鉴了本成果。

20. 农业科学数据共享平台构建与应用服务

主要完成单位　中国农业科学院农业信息研究所，中国农业科学院作物科学研究所，中国农业科学院北京畜牧兽医研究所，中国农业科学院农业资源与农业区划研究所，中国水产科学研究院渔业工程研究所，中国热带农业科学院科技信息研究所

主要完成人员　孟宪学，周国民，赵瑞雪，李思经，朱　亮，方　沩，熊本海，王　健，鲜国建，寇远涛，樊景超，辛晓平，陈佑启，方　佳，王立华

起 止 时 间　2006 年 1 月—2012 年 12 月

获 奖 情 况　2014 年中国农业科学院科学技术成果二等奖

内 容 提 要

以国家科学数据共享总体规划为依据，进行农业科学数据共享标准体系研究与建设，农业科学数据资源整合与集成，共享平台搭建与服务，以及人才队伍培养，最终建成国家农业科学数据共享中心（以下简称中心），并成为科技部、财政部联合认定的 23 个国家科技基础条件平台之一。

该成果建成了由 1 个主中心（http：//www. agridata. cn）、7 个专业数据（作物、动物、渔业、热作、区划、草业、科技基础）分中心、10 个省级服务分中心组成的农业科学数据资源建设与共享服务体系。研究制定了包括《农业科学数据共享管理办法》《农业科学数据检查与质量控制管理办法》《农业科学数据分类规范》《农业科学数据加工流程规范》《农业科学数据元数据标准》等在内的 71 项农业科学数据制作、共享服

① 中华人民共和国国家发展和改革委员会，全书简称国家发改委

务方面的管理办法和标准规范。按照“学科—主体数据库—数据集”三级模式重点整合了作物科学、动物科学与动物医学、农业区划科学、草地与草业科学、渔业与水产科学、热带作物科学、农业科技基础、农业微生物科学、农业资源与环境科学、农业生物技术与生物安全、食品工程与农业质量标准、农业信息与科技发展12大类学科，近3万亿字节的农业科学数据资源，这些资源全部通过中心门户网站实现元数据共享，并为用户提供数据检索、浏览、下载等在线服务，以及数据定制、数据产品开发、数据挖掘与分析等专题数据服务。

目前，该成果取得了显著的应用成效。截至2013年年底，中心门户网站累计访问量达上千万次。中心依托专业领域服务分中心、省级区域服务分中心、数据服务站等服务主体，以及一支超过200人的专业服务人才队伍，共面向全国科研院所、高等院校、政府部门、生产企业以及社会公众提供线下服务两千余次，开展专题及培训服务120余次，共为超过240项国家重大专项（工程）、“863”计划项目、“973”计划项目、国家自然科学基金项目、国家科技支撑（攻关）项目（课题）提供了数据及技术支持服务，有力支撑了国家农业科技创新、政府决策、农业生产节本增效等。此外，成果共支撑发表论文152篇，出版论著22部，获取专利及软件著作权20项，制定标准14项，获奖科技成果17项。

中国农业科学院2014年获得的其他形式成果

2014年获得专利清单

序号	专利名称	类别	授权公告日	专利号	发明人（设计人）	研究所
1	棉花 *GhTCP2* 基因启动子及其应用	发明专利	2014. 8. 13	ZL201210392335. 3	李学勇、邢　进、赵金凤、刘伟娜	作科所
2	水稻 *NWL1* 基因及其编码蛋白与应用	发明专利	2014. 7. 2	ZL201210589954. 1	李学勇、王道峰、赵金凤、袁守江、尹　亮	作科所
3	植物抗黄矮病关键蛋白 *TiRB* 及其编码基因和应用	发明专利	2014. 6. 4	ZL201210358636. 4	张增艳、汪信东、徐慧君、杜丽璞、辛志勇	作科所
4	一种培育抗病小麦的方法及其专用重组质粒	发明专利	2014. 2. 19	ZL201110318554. 2	张增艳、徐慧君、刘　欣、庄洪涛、祝秀亮、李　钊、杜丽璞	作科所
5	植物耐逆性相关蛋白TaDREB4A及其编码基因和应用	发明专利	2014. 12. 3	ZL201210097862. 1	徐兆师、马有志、赵　月、陈　阳、李连城、陈　明	作科所
6	植物耐逆性相关蛋白TaHSF3及其编码基因和应用	发明专利	2014. 12. 31	ZL201210065679. 3	马有志、徐兆师、张双喜、李连城、陈　明	作科所

（续表）

序号	专利名称	类别	授权公告日	专利号	发明人（设计人）	研究所
7	植物耐逆性相关蛋白TaDREB8及其编码基因和应用	发明专利	2014. 12. 31	ZL201210065654. 3	马有志、徐兆师、赵　月、陈　阳、李连城、陈　明	作科所
8	*AtTGA4* 基因在提高植物抗逆性中的应用	发明专利	2014. 12. 17	ZL201210554530. 1	陈　明、马有志、李连城、徐兆师	作科所
9	利用改进的目的基因表达盒进行植物转化的方法	发明专利	2014. 9. 3	ZL201210554803. 2	徐慧君、马有志、徐兆师、李连城、徐瑞波、杜丽璞	作科所
10	一种小麦幼胚的冷冻储藏方法	发明专利	2014. 8. 13	ZL201310087497. X	叶兴国、王欣敏、王　珂、徐惠君、杜丽璞、赵　佩、林志珊、张　伟、李　欣	作科所
11	番茄 *SLMBP21* 基因及其应用	发明专利	2014. 3. 26	ZL201010287618. 2	毛　龙、李爱丽、刘旦梅	作科所
12	小麦 TaCPK2 蛋白在植物抗病育种中的应用	发明专利	2014. 11. 12	ZL201210062346. 5	毛　龙、李爱丽、武　亮、汤丽川、耿帅锋	作科所
13	一种非生物胁迫诱导型启动子	发明专利	2014. 11. 5	ZL201310336989. 9	温小杰、魏文杰、郝晨阳、蒲　文、苏姗姗、刘　旭、张学勇	作科所
14	小麦矮秆基因串联重复片段及其应用	发明专利	2014. 2. 12	ZL201110123132. X	孔秀英、李异媛、肖建会、贾继增	作科所
15	植物耐逆相关蛋白TaMYB19及其编码基因和应用	发明专利	2014. 6. 4	ZL201210234458. 4	孔秀英、张立超、赵光耀、贾继增、刘　旭	作科所

（续表）

序号	专利名称	类别	授权公告日	专利号	发明人（设计人）	研究所
16	植物耐逆相关蛋白TaMYB30及其编码基因和应用	发明专利	2014. 7. 2	ZL201210241566. 4	孔秀英、张立超、赵光耀、贾继增、刘　旭	作科所
17	来源于小麦的多效基因相关蛋白及其编码基因与应用	发明专利	2014. 4. 16	ZL201110093386. 1	贾继增、武　晶、孔秀英	作科所
18	培育转植物耐逆相关蛋白GmG2编码基因的转基因植物的方法	发明专利	2014. 4. 2	ZL201110080131. 1	王晓波、邱丽娟	作科所
19	植物耐逆相关蛋白GmP1及其编码基因和应用	发明专利	2014. 7. 16	ZL201110080074. 7	王晓波、邱丽娟	作科所
20	合成型转录因子*VP64-Os01g63510*的应用	发明专利	2014. 9. 3	ZL201310106606. 9	刘　军、邹小花、李宏宇、赵　涛、刘　斌、林辰涛	作科所
21	合成型转录因子*VP64-Os03g57670*的应用	发明专利	2014. 10. 24	ZL201310109022. 7	刘　斌、邹小花、李宏宇、赵　涛、刘　军、林辰涛	作科所
22	水稻转录因子*Os05g39950*基因的应用	发明专利	2014. 1. 15	ZL201210272511. X	刘　军、于　慧、边鸣镝、李宏宇、赵　涛、刘　斌、林辰涛	作科所
23	水稻转录因子*Os01g18440*基因的应用	发明专利	2014. 8. 13	ZL201310156136. 7	赵　涛、姜文洙、周婷婷、刘　斌、刘　军、李宏宇、林辰涛	作科所

（续表）

序号	专利名称	类别	授权公告日	专利号	发明人（设计人）	研究所
24	水稻转录因子 *Os01g23760* 基因的应用	发明专利	2014. 10. 30	ZL201310172967. 3	刘　军、赵　涛、刘　斌、李宏宇、林辰涛	作科所
25	水稻转录因子 *Os02g07780* 基因的应用	发明专利	2014. 10. 30	ZL201310374189. 6	刘　军、赵　涛、刘　斌、李宏宇、林辰涛	作科所
26	水稻转录因子 *Os11g02540* 基因的应用	发明专利	2014. 11. 5	ZL201310374044. 6	刘　斌、李宏宇、赵　涛、刘　军、林辰涛	作科所
27	水稻转录因子 *Os01g64730* 基因的应用	发明专利	2014. 11. 26	ZL201310154397. 5	李宏宇、张春雨、刘　斌、赵　涛、刘　军、林辰涛	作科所
28	一种融合基因及其所表达的蛋白和用途	发明专利	2014. 11. 26	ZL201310106639. 3	李宏宇、邹小花、赵　涛、刘　斌、刘　军、林辰涛	作科所
29	一种在热带地区进行大豆杂交的方法	发明专利	2014. 7. 30	ZL201310182964. 8	韩天富、张　勇、孙　石、杨兴勇、吴存祥、侯文胜	作科所
30	筛选或辅助筛选高抗穗发芽小麦的方法及其专用引物	发明专利	2014. 10. 15	ZL201310106532. 9	陈新民、苗西磊、何中虎	作科所
31	用于鉴定小麦千粒重的引物对以及相关分子标记	发明专利	2014. 4. 16	ZL201310016993. 7	何中虎、张颖君、夏先春	作科所
32	用于鉴定小麦籽粒发芽性状的引物对以及相关分子标记	发明专利	2014. 8. 6	ZL201310017002. 7	何中虎、张颖君、夏先春	作科所
33	dsRNA 及其组合在控制蚜虫危害中的应用	发明专利	2014. 6. 11	ZL201310007173. 1	夏兰琴、张　珉、李雪峰	作科所

（续表）

序号	专利名称	类别	授权公告日	专利号	发明人（设计人）	研究所
34	两种 dsRNA 及其组合在控制蚜虫危害中的应用	发明专利	2014. 7. 9	ZL201310007203. 9	夏兰琴、张　珉、李雪峰	作科所
35	一种长枝木霉菌株及其应用	发明专利	2014. 5. 21	ZL201110376561. 8	顿宝庆、赵　萱、王　智	作科所
36	一种细菌木糖异构酶基因及其应用	发明专利	2014. 12. 3	ZL201310224677. 9	王　智、顿宝庆、李桂英、路　明	作科所
37	山葵试管苗离体茎尖包埋干燥超低温保存及再生培养方法	发明专利	2014. 4. 2	ZL201210211725. 6	陈晓玲、张金梅、辛　霞、卢新雄	作科所
38	小立方原位根土取样器	实用新型专利	2014. 6. 18	ZL201320884725. 2	赵　明、马　玮、郭彦军	作科所
39	调控田间作物的环境温度的装置	实用新型专利	2014. 8. 13	ZL201420177081. 8	张卫建、宋振伟、陈金、郑成岩、邓艾兴、田云录、张　彬	作科所
40	被动式夜间增温设备	实用新型专利	2014. 9. 10	ZL201420224914. 1	张卫建、宋振伟、陈　金、郑成岩、邓艾兴、田云录、张　彬	作科所
41	小麦侧深位施肥镇压播种机	实用新型专利	2014. 8. 1	ZL201420215780. 7	赵广才、常旭虹、张学政、崔志恒、董奎平、郝德有	作科所
42	一种水稻萜烯合成酶、编码其的基因及其应用	发明专利	2014. 1. 1	ZL201110444827. 8	孙　洋、徐绮霞、张永军、吴孔明、郭予元	植保所

（续表）

序号	专利名称	类别	授权公告日	专利号	发明人（设计人）	研究所
43	一种繁殖昆虫的方法及专用装置	发明专利	2014. 2. 5	ZL201210034173. 6	陈红印、王树英、陈长风、张礼生、王孟卿、曹　静、路　慧	植保所
44	一种用精液蛋白基因检测昆虫卵孵化率的方法	发明专利	2014. 2. 5	ZL201310031405. 7	邹德玉、刘晨曦、王孟卿、陈长风、王树英、张礼生、陈红印	植保所
45	一种用气味结合蛋白15基因检测昆虫自残率的方法	发明专利	2014. 2. 5	ZL201310032095. X	邹德玉、刘晨曦、王孟卿、陈长风、王树英、张礼生、陈红印	植保所
46	一种用卵黄原蛋白基因检测昆虫产卵量的方法	发明专利	2014. 2. 5	ZL201310031934. 7	邹德玉、刘晨曦、王孟卿、陈长风、王树英、张礼生、陈红印	植保所
47	一种用热激蛋白83-1基因检测昆虫产卵量的方法	发明专利	2014. 2. 5	ZL201310031961. 4	邹德玉、刘晨曦、王孟卿、陈长风、王树英、张礼生、陈红印	植保所
48	一种用热激蛋白90基因检测昆虫产卵量的方法	发明专利	2014. 2. 5	ZL201310031965. 2	邹德玉、刘晨曦、王孟卿、陈长风、王树英、张礼生、陈红印	植保所
49	一种用精液蛋白基因检测昆虫产卵量的方法	发明专利	2014. 2. 5	ZL201310032009. 6	邹德玉、刘晨曦、王孟卿、陈长风、王树英、张礼生、陈红印	植保所

（续表）

序号	专利名称	类别	授权公告日	专利号	发明人（设计人）	研究所
50	一种鳞翅目低龄幼虫的人工饲料其制备方法和饲养技术	发明专利	2014. 2. 19	ZL201210067591. 5	张云慧、张　智、程登发、殷新田、彭　赫、张方梅	植保所
51	一种菲利普孢囊线虫LAMP快速检测方法及应用	发明专利	2014. 2. 26	ZL201310053055. 4	彭德良、徐小琴、彭　焕、黄文坤、亓晓莉、姜道宏	植保所
52	根特异性启动子及其应用	发明专利	2014. 3. 19	ZL201210433515. 1	张　杰、彭　琦、宋福平、束长龙、段晓红、耿丽丽	植保所
53	大丽轮枝菌分离的蛋白质多核苷酸及其应用	发明专利	2014. 3. 26	ZL201010593488. 5	邱德文、曾洪梅、杨秀芬、郭立华、袁京京、王炳楠	植保所
54	一种天敌昆虫滞育解除的方法	发明专利	2014. 3. 26	ZL201210279607. 9	张礼生、陈红印、刘爱萍、王　伟	植保所
55	七星瓢虫滞育维持技术	发明专利	2014. 3. 26	ZL201210279647. 3	张礼生、陈红印、王　伟、王孟卿、刘晨曦、王树英、陈长风	植保所
56	瓢虫滞育诱导及贮存方法	发明专利	2014. 3. 26	ZL201210279680. 6	张礼生、陈红印	植保所
57	捕食性天敌昆虫——蝽类的人工饲料	发明专利	2014. 3. 26	ZL201210275175. 4	邹德玉、陈红印、张礼生、王树英、陈长风、王孟卿、刘晨曦	植保所
58	七星瓢虫滞育调控及贮存方法	发明专利	2014. 3. 26	ZL201210279680. 6	陈红印、张礼生	植保所

（续表）

序号	专利名称	类别	授权公告日	专利号	发明人（设计人）	研究所
59	一种禾谷孢囊线虫 LAMP 快速检测方法及应用	发明专利	2014. 4. 9	ZL201310020383. 4	彭德良、徐小琴、彭　焕、亓晓莉、黄文坤、贺文婷、姜道宏	植保所
60	对鳞翅目害虫高毒力杀虫基因 *cry2Ah-like* 及应用	发明专利	2014. 4. 9	ZL201310150965. 4	束长龙、黄大昉、彭　琦、宋福平、耿丽丽、张　杰	植保所
61	中华草蛉幼虫人工饲料及杀虫化合物对草蛉幼虫毒性影响的策定方法	发明专利	2014. 4. 16	ZL201210495656. 8	李云河、胡　龙、彭于发	植保所
62	铜绿丽金龟性引诱剂的制备方法及其应用	发明专利	2014. 4. 16	ZL201110440448. 1	李克斌、尹　姣、宁　君、曹雅忠、梅向东	植保所
63	一种农用鱼尼丁受体激动剂及其制备方法和应用	发明专利	2014. 4. 16	ZL201210120811. 6	宁　君、张　婷、梁艳辉、赵前飞、张　涛、梅向东、谢如良	植保所
64	一种扩繁豌豆潜蝇姬小蜂的方法	发明专利	2014. 5. 7	ZL201210135596. 7	张礼生、陈红印、王孟卿、陈长风、王树英、顾新丽	植保所
65	建立可控突变率突变库的方法与应用	发明专利	2014. 5. 7	ZL20101024255. 1	耿丽丽、宋福平、张　杰、刘　明、束长龙	植保所
66	杀虫化合物对灰飞虱潜在毒性影响的测定方法	发明专利	2014. 6. 4	ZL20121006388. 5	林克剑、彭于发、刘泽文、李云河、王增霞	植保所

（续表）

序号	专利名称	类别	授权公告日	专利号	发明人（设计人）	研究所
67	利用豌豆彩潜蝇扩繁豌豆潜蝇姬小蜂的方法	发明专利	2014. 6. 4	ZL201210279622. 3	顾新丽、陈红印、张礼生	植保所
68	2,3-二-O-甲氧甲基-6-O-苄基-β-环糊精气相色谱手性固定相及其制备方法	发明专利	2014. 6. 11	ZL201110042903. 2	尹明明、钟江春、刘勇良、陈福良、朱小波	植保所
69	2,3-二-O-乙氧甲基-6-O-苄基-β-环糊精气相色谱手性固定相及其制备方法	发明专利	2014. 6. 11	ZL201110042915. 5	尹明明、钟江春、刘勇良、陈福良、朱小波	植保所
70	一对双钩巢粉虱特异性SS-COI引物及快速PCR检测方法和试剂盒	发明专利	2014. 6. 11	ZL201210420799. X	张桂芬、曹凤勤、刘万学、郭建英、郭建洋、万方浩	植保所
71	一类绿盲蝽及中黑盲蝽引诱剂及其应用	发明专利	2014. 6. 11	ZL201310012932. 3	孙玉凤、余　昊、陆宴辉、张永军、吴孔明	植保所
72	一对番茄潜叶蛾特异性SS-COI引物及快速PCR检测方法和试剂盒	发明专利	2014. 6. 11	ZL201310058012. 5	张桂芬、张毅波、万方浩、郭建洋、刘万学	植保所
73	小麦杀菌杀虫复配剂	发明专利	2014. 6. 18	ZL200910166717. 2	李克斌、王玉卿、尹　姣、曹雅忠、曹　煜	植保所
74	一种小麦杀菌杀虫复配剂	发明专利	2014. 6. 25	ZL201010034286. 7	尹　姣、王玉卿、曹雅忠、李克斌、曹　煜	植保所
75	一种香蕉穿孔线虫特异性LAMP检测方法及其应用	发明专利	2014. 6. 25	ZL201110032956. 6	王　琼、彭　焕、彭德良	植保所

（续表）

序号	专利名称	类别	授权公告日	专利号	发明人（设计人）	研究所
76	一种利用广聚萤叶甲生物防治入侵杂草豚草的方法	发明专利	2014. 6. 25	ZL201210528838. 9	周忠实、李　敏、郭　薇、郑海燕、罗　敏、郑兴汶、陈红松、万方浩、郭建英	植保所
77	一种用于诱集草地螟的引诱剂	发明专利	2014. 7. 16	ZL201310057649. 2	罗礼智、肖永红	植保所
78	一种非洲爪蟾饲料	发明专利	2014. 7. 23	ZL201310142277. 3	何伟志、唐敬新、齐培松、张燕宁、张　兰、蒋红云	植保所
79	绿僵菌颗粒制剂及其制备方法	发明专利	2014. 7. 30	ZL201210587557. X	农向群、王广君、曹广春、张泽华、张英财	植保所
80	蝗虫取食偏好性检测的方法及检测试剂盒	发明专利	2014. 7. 30	ZL201310044274. 6	张泽华、曹广春、吴惠惠	植保所
81	一对扶桑绵粉蚧特异性SS-COI引物及快速PCR检测方法和试剂盒	发明专利	2014. 7. 30	ZL201310058014. 4	张桂芬、周忠实、马　骏、万方浩、王　瑞、田　虎	植保所
82	一种防治根结线虫、土传病原真菌和杂草的组合物及方法	发明专利	2014. 8. 6	ZL201310258244. 5	毛连纲、欧阳灿彬、李　园、郭美霞、王秋霞、马涛涛、颜冬冬、曹坳程	植保所
83	一种防治根结线虫、土传病原真菌和杂草的组合物及方法	发明专利	2014. 8. 6	ZL201310258268. X	毛连纲、欧阳灿彬、李　园、郭美霞、王秋霞、马涛涛、颜冬冬、曹坳程	植保所
84	一种调控烟蚜茧蜂滞育的方法	发明专利	2014. 8. 13	ZL201210145604. 6	张　礼、张　洁、李玉艳、陈红印	植保所

（续表）

序号	专利名称	类别	授权公告日	专利号	发明人（设计人）	研究所
85	一种多效价烟碱化合物及其制备方法和应用	发明专利	2014. 8. 20	ZL201210121014. X	宁　君、张　婷、梁艳辉、赵前飞、张　涛、梅向东、谢如良	植保所
86	一种 PCR 快速检测大丽轮枝菌的方法及其试剂盒	发明专利	2014. 8. 20	ZL201310321266. 1	李　园、马涛涛、毛连纲、颜冬冬、欧阳灿彬、王秋霞、郭美霞、曹坳程	植保所
87	一种诱导非洲爪蟾自然产卵及孵化的人工方法	发明专利	2014. 12. 17	ZL201310071450. 5	何伟志、蒋红云、张　兰、张燕宁、齐培松	植保所
88	一种广聚萤叶甲和豚草卷蛾立体式规模化混合饲养的方法	发明专利	2014. 9. 24	ZL201210500414. 1	周忠实、陈红松、郭建英、万方浩、郑兴汶、罗源华、罗　敏、郑海燕、郭　薇、李　敏	植保所
89	一种防治植物线虫和病毒病的组合物及其应用	发明专利	2014. 12. 10	ZL20131011128. 7	梅向东、宁　君、张　涛、谢如良	植保所
90	*BM-RPL32* 基因片段作为柑橘大实蝇不同发育时期稳定表达的内参基因的应用发明专利	发明专利	2014. 12. 10	ZL201310170668. 6	吕志创、王刘豪、周忠实、张桂芬、万方浩、郭建英	植保所
91	一种烟蚜 hunchback 基因 cDNA 及其应用	发明专利	2014. 12. 10	ZL201210257022. 7	毛建军、曾凡荣	植保所

（续表）

序号	专利名称	类别	授权公告日	专利号	发明人（设计人）	研究所
92	柑橘大实蝇不同发育时期稳定表达的内参基因 *BM-EF*1-α 片段及其应用	发明专利	2014. 11. 3	ZL201310194341. 2	吕志创、王刘豪、张桂芬、周忠实、万方浩、郭建英	植保所
93	蛋白激发子 Hrip1 在提高和改善植物的耐盐和抗旱能力中的作用	发明专利	2014. 11. 6	ZL201310097741. 1	邱德文、刘　峥、杨秀芬、曾洪梅、郭立华、袁京京、彭学聪	植保所
94	一种评价棉铃虫抗性治理效果的方法	发明专利	2014. 11. 12	ZL201210480447. 4	梁革梅、张永军、高　珍、张丽丽、魏纪珍	植保所
95	一种人工大量饲养东方钝绥螨的新方法	发明专利	2014. 11. 26	ZL201110456703. 1	王伯明、郭颖伟、杨　康、盛福敬、胡　毅、王恩东、姜晓环、徐学农	植保所
96	利用麦二叉蚜扩繁烟蚜茧蜂的方法	发明专利	2014	ZL201310117164. 8	张礼生、陈红印、张　洁	植保所
97	一种扩繁烟蚜茧蜂的方法	发明专利	2014	ZL201310117138. 5	张礼生、陈红印、徐林波、李玉艳、张　洁	植保所
98	一种超双元载体、构建方法及其应用	发明专利	2014. 12. 10	ZL201310185723. 9	李　莉、李　羽、王锡锋、雷　阳、刘　艳、吴蓓蕾	植保所
99	苏云金芽胞杆菌工程菌及其应用	发明专利	2014. 12. 10	ZL201310210953. 6	贾艳华、张　杰、束长龙、王庆雷、宋福平、黄大昉、彭　琦	植保所

（续表）

序号	专利名称	类别	授权公告日	专利号	发明人（设计人）	研究所
100	豆蚜特异性 SS-COI 引物、含有该引物的试剂盒及其检测方法	发明专利	2014. 12. 10	ZL201310429628. 9	王　倩、杨　帆、陆宴辉、杨益众	植保所
101	一种在葡萄上诱捕果蝇的简易装置	实用新型专利	2014. 1. 8	ZL201320262064. X	王忠跃、刘薇薇、王玉倩、孔繁芳、秦文韬、黄晓庆、孔祥久	植保所
102	人工气候室温湿度调节系统	实用新型专利	2014. 2. 12	ZL201320460086. 7	孟子园、高　松	植保所
103	霜冻人工气候室	实用新型专利	2014. 2. 12	ZL201320460068. 9	孟子园、高　松	植保所
104	诱虫带	实用新型专利	2014. 3. 12	ZL201320425358. X	雷仲仁、李　娟、吴圣勇、耿伟华、王海鸿	植保所
105	便携式喷雾均匀性测试盘	实用新型专利	2014. 3. 12	ZL201320342317. 4	方宝林、袁会珠	植保所
106	一种实蝇类害虫单头饲养装置	实用新型专利	2014. 4. 30	ZL201320754499. 6	武　强、蔡玉英、吕志创、张桂芬、周忠实、万方浩	植保所
107	养虫器	实用新型专利	2014. 7. 30	ZL201420076256. 6	马方舟、郭建英、王　韧、万方浩、周忠实、吕志创	植保所
108	一种盆栽牡丹国庆开花的促成栽培方法	发明专利	2014. 3. 12	ZL201210077211. 6	张秀新、石颜通、薛璟祺	蔬菜所

（续表）

序号	专利名称	类别	授权公告日	专利号	发明人（设计人）	研究所
109	黄瓜嫩果白色果皮基因 *w* 连锁的 SSR 标记及其应用	发明专利	2014. 3. 13	ZL201210298883. X	顾兴芳、张圣平、苗　晗、王　烨、董邵云	蔬菜所
110	黄瓜果实苦味基因 *Bt* 紧密连锁的 SSR 标记及其应用	发明专利	2014. 3. 19	ZL201210185989. 9	顾兴芳、张圣平、苗　晗、王　烨	蔬菜所
111	一种盆栽牡丹元旦开花的促成栽培方法	发明专利	2014. 3. 26	ZL201210563079. X	张秀新、薛璟祺、石颜通	蔬菜所
112	与黄瓜苦味性状相关的 SNP 标记及其应用	发明专利	2014. 4. 3	ZL201210559855. 9	黄三文、尚　铁、张忠华、李　颖、马永硕、齐建建、王深浩、王　晔	蔬菜所
113	朱砂叶螨 SCAR 标记及其特异性 PCR 检测方法	发明专利	2014. 4. 16	ZL201110098889. 8	王少丽、戴宇婷、王相晶、张友军、吴青君、徐宝云	蔬菜所
114	与番茄黄化卷叶病毒病抗性基因 *Ty*-2 紧密连锁的分子标记	发明专利	2014. 4. 30	ZL201210270653. 2	杜永臣、国艳梅、杨晓慧、王孝宣、高建昌	蔬菜所
115	一种将抗根结线虫的 RNA 干扰基因导入黄瓜的方法	发明专利	2014. 5. 7	ZL201210016854. X	王　烨、顾兴芳、张圣平、苗　晗、陈国华、谢丙炎	蔬菜所
116	一种诱抗剂在控制园艺作物土传病害上的应用（第一单位）	发明专利	2014. 6. 11	ZL201010117498. 1	李宝聚、钱旭红、石延霞、徐玉芳、朱维平	蔬菜所

（续表）

序号	专利名称	类别	授权公告日	专利号	发明人（设计人）	研究所
117	一种快速转育芸薹属蔬菜细胞质雄性不育系的方法	发明专利	2014. 7. 16	ZL201210459068. 7	孙日飞、李　菲、张淑江、章时蕃、张　慧	蔬菜所
118	同时鉴别 Q 型和 B 型烟粉虱的特异性 PCR 方法及试剂盒	发明专利	2014. 8. 6	ZL201310049776. 8	王少丽、王金娜、张友军、吴青君、谢　文、徐宝云	蔬菜所
119	一种双向调温节能日光温室	实用新型专利	2014. 8. 20	ZL201420054708. 0	贺超兴	蔬菜所
120	植物根部特异表达 *Bt-cry6A* 晶体蛋白在根结线虫防治中的应用	发明专利	2014. 9. 24	ZL201210470439. 1	陈国华、梅　眉、王殿东、田雪亮、茆振川、杨宇红、谢丙炎	蔬菜所
121	植物根部特异表达 *Bt-Cry5B* 晶体蛋白在根结线虫防治中的应用	发明专利	2014. 11. 12	ZL201210469765. 0	陈国华、王殿东、田雪亮、茆振川、梅　眉、杨宇红、谢丙炎	蔬菜所
122	Bt-06A 晶体蛋白用于杀灭松材线虫的用途	发明专利	2014. 12. 17	ZL201110301281. 0	谢丙炎、周梦溪、王殿东、潘洪玉、陈国华	蔬菜所
123	高效 RNA 干扰联合 *Bt* 基因双重防治番茄根结线虫的方法	发明专利	2014. 12. 17	ZL201210468420. 3	陈国华、王殿东、田雪亮、王运生、茆振川、杨宇红、谢丙炎	蔬菜所
124	一种蔬菜穴盘育苗苗床	实用新型专利	2014. 11. 26	ZL201420395112. 7	尚庆茂、张志刚、龙智强、吕　科	蔬菜所

（续表）

序号	专利名称	类别	授权公告日	专利号	发明人（设计人）	研究所
125	一种潮汐式灌溉育苗槽	实用新型专利	2014. 11. 26	ZL201420394426. 5	尚庆茂、张志刚、汪晓云	蔬菜所
126	溴氰虫酰胺和吡虫啉的杀虫组合物	发明专利	2014. 11. 26	ZL201310141138. 9	王少丽、张友军、吴青君、谢　文、徐宝云、刘小园	蔬菜所
127	纳米二氧化硅在农药控释中的应用	发明专利	2014. 7. 2	ZL201210448805. 3	王　琰、崔海信、孙长娇	环发所
128	一种转基因生物培育用磁性纳米基因载体的制备方法和应用	发明专利	2014. 12. 4	ZL201310153676. X	崔海信、王　琰、孙长娇、孟志刚、孙金海、李　奎、姜建芳、赵　翔	环发所
129	一种水溶性农药缓控释制剂及其制备方法	发明专利	2014. 6. 25	ZL201210311123. 8	姜建芳、崔海信	环发所
130	一种半开放式气候变化原位模拟气室	发明专利	2014. 11. 12	ZL201210520281. 4	万运帆、李玉娥、游松财、高清竹、秦晓波、刘　硕、马　欣	环发所
131	一种水稻环保型钵体育苗方法	发明专利	2014. 11. 26	ZL201310343239. 4	段　然、曾希柏、汤月丰、文　炯、白玲玉、王伟政、苏世鸣、李莲芳、王亚男、吴翠霞	环发所
132	脱氮微生物菌剂及其制备方法和固定化颗粒及其应用	发明专利	2014. 11. 26	ZL201210008762. 7	朱昌雄、肖晶晶、郭　萍、田云龙、俞晓芸、龚明波、刘　雪、叶　婧、李　峰	环发所

（续表）

序号	专利名称	类别	授权公告日	专利号	发明人（设计人）	研究所
133	水培气液共用管道系统	发明专利	2014. 10. 30	ZL201210593771. 7	李 琨、杨其长、刘文科、程瑞锋、魏灵玲、仝宇欣、张 义、方 慧、肖 平	环发所
134	资源集约利用型植物工厂	发明专利	2014. 9. 3	ZL201210592579. 6	李 琨、杨其长、刘文科、程瑞锋、魏灵玲、仝宇欣、张 义、方 慧、肖 平	环发所
135	一种反硝化细菌培养及测定水体硝态氮同位素组成的方法	发明专利	2014. 7. 2	ZL201210228975. 0	徐春英、李玉中、郝卫平、孙东宝、李巧珍、董一威	环发所
136	一种确定堆肥原料混合比的装置	实用新型专利	2014. 4. 23	ZL201320396989. 3	董红敏、尚 斌、陶秀萍	环发所
137	一种适用于畜禽粪便堆肥挥发氨气回收的系统	实用新型专利	2014. 4. 23	ZL201320397036. 9	董红敏、尚 斌、陶秀萍	环发所
138	一种畜禽废弃物管理气体排放动态测定箱	实用新型专利	2014. 9. 17	ZL201420087388. X	朱志平、董红敏	环发所
139	一种气体均匀分配装置	实用新型专利	2014. 9. 17	ZL201420087389. X	朱志平、董红敏	环发所
140	一种果树霜冻灾害监测系统	实用新型专利	2014. 10. 9	ZL201420378212. 9	孙忠富、杜克明、郑飞翔	环发所
141	网络型平移式作物图像视频采集系统	实用新型专利	2014. 9. 28	ZL201420378312. 1	孙忠富、杜克明、郑飞翔	环发所

（续表）

序号	专利名称	类别	授权公告日	专利号	发明人（设计人）	研究所
142	果树开花期监测预报系统	实用新型专利	2014. 10. 24	ZL201420378294. 7	孙忠富、杜克明、郑飞翔	环发所
143	一种适用于日光温室的主动蓄放热墙体	实用新型专利	2014. 7. 2	ZL201320859422. 5	方　慧、张　义、杨其长、程瑞锋、刘文科、李　琨、仝宇欣、肖　平	环发所
144	应用于温室的主动蓄放热系统—热泵联合设备	实用新型专利	2014. 7. 2	ZL201320859428. 2	孙维拓、杨其长、方　慧、张　义	环发所
145	一种壤中流氮磷迁移通量的测量装置	实用新型专利	2014. 9. 10	ZL201320844273. 5	张晴雯、陈尚洪、刘定辉、杨正礼、张爱平	环发所
146	一种设施蔬菜土壤起垄槽式无土栽培装置	实用新型专利	2014. 11. 10	ZL201420397263. 6	刘文科	环发所
147	一种水平双向照射的柔性灯带	实用新型专利	2014. 11. 11	ZL201320608885. 4	刘文科	环发所
148	一种设施园艺用补光柔性LED 灯栅	实用新型专利	2014. 11. 10	ZL201320608895. 8	刘文科	环发所
149	一种设施栽培用柔性灯链	实用新型专利	2014. 11. 10	ZL201320166018. X	刘文科	环发所
150	Method for preparing a transgenic animal of simultaneous multiple-gene expression	发明专利（美国）	2014. 6. 3	US8742085 B2	李　奎、杨述林	牧医所
151	miRNA expression vector	发明专利（美国）	2014. 9. 2	US 8822669 B2	苗向阳	牧医所

（续表）

序号	专利名称	类别	授权公告日	专利号	发明人（设计人）	研究所
152	紫花苜蓿生育酚甲基转移酶基因及编码的蛋白和应用	发明专利	2014. 9. 3	ZL201110343669. 7	王学敏、王　赞、高洪文	牧医所
153	紫花苜蓿花青素还原酶基因及其编码的蛋白和应用	发明专利	2014. 10. 22	ZL201110297203. 8	王学敏、高洪文、王　赞、董　洁	牧医所
154	检测鸡产蛋下降综合征病毒的方法及其试剂盒	发明专利	2014. 4. 23	ZL201210086823. 1	李　刚、马震原、李文超	牧医所
155	一种具有双荧光基因的质粒及其作为标准品的应用	发明专利	2013. 12. 3	ZL201210509946. 1	李　奎、阮进学、吴添文、刘　楠、杨述林、牟玉莲	牧医所
156	一对特异识别肌肉生长抑制素基因的多肽及其编码基因和应用	发明专利	2014. 5. 7	ZL201210510893. 5	李　奎、唐中林	牧医所
157	锌指核酸酶定点敲除 *Myostatin* 基因特异靶位点	发明专利	2014. 4. 23	ZL201110229828. 0	崔文涛、汤茂学、钱丽丽、李　奎	牧医所
158	一种提高动物繁育力的新型 shRNA 及其应用	发明专利	2014. 5. 21	ZL201110176875. 3	苗向阳、张瑞杰	牧医所
159	瘤胃脲酶抗原组合物及其制备方法和应用及瘤胃脲酶抗原蛋白的应用	发明专利	2014. 10. 22	ZL201210186715. 1	王加启、赵圣国、周凌云、卜登攀	牧医所
160	一种辅助鉴定猪背膘厚性状的方法及其专用产品	发明专利	2014. 8. 27	ZL201310278483. 7	王立贤、张龙超、王立刚、赵克斌、颜　华	牧医所

（续表）

序号	专利名称	类别	授权公告日	专利号	发明人（设计人）	研究所
161	利用微卫星标记鉴定北京油鸡的方法	发明专利	2014. 8. 6	ZL201210133458. 5	文　杰、赵桂苹、刘冉冉、崔焕先、郑麦青、陈继兰、王慧华、李　鹏	牧医所
162	紫花苜蓿抗旱相关基因及其编码的蛋白和应用	发明专利	2014. 7. 2	ZL201110310769. X	王涌鑫、郑　彦、刘　涛、张路培、苗丽宏、李　聪	牧医所
163	杨树芽提取物在提高畜禽生产性能及其产品品质中的应用	发明专利	2014. 6. 18	ZL201110095256. 1	张军民、李　超、张梦晗	牧医所
164	低聚原花青素作为延长蛋类保质期的饲料添加剂的应用	发明专利	2014. 4. 23	ZL201310111134. 6	冯京海、张敏红、姜礼文、熊艳丹	牧医所
165	用于检测牛分枝杆菌感染的基因工程制剂	发明专利	2014. 4. 16	ZL201210146722. 9	贾　红、鑫　婷、朱鸿飞、袁维峰、郭晓宇、侯绍华	牧医所
166	重组蛋白混合物介导的牛结核病诊断方法及其试剂	发明专利	2014. 9. 2	ZL201210147131. 3	鑫　婷、贾　红、朱鸿飞、袁维峰、郭晓宇、侯绍华	牧医所
167	心肌特异性同源盒部分多肽及其应用	发明专利	2013. 12. 25	ZL201010034424. 1	马月辉、关伟军	牧医所
168	鸡 pdx1 多克隆抗体及应用	发明专利	2014. 4. 23	ZL201010105298. 4	关伟军、马月辉	牧医所
169	用于饲喂哺乳母猪的下料装置	实用新型专利	2014. 11. 12	ZL201420339945. 1	杨　亮、熊本海、曹　沛、潘晓花、王海峰	牧医所

（续表）

序号	专利名称	类别	授权公告日	专利号	发明人（设计人）	研究所
170	水禽饲喂装置	实用新型专利	2014. 7. 2	ZL201320890470. 0	熊本海、杨　亮、罗清尧	牧医所
171	分拣装置	实用新型专利	2014. 5. 21	ZL201320844387. X	熊本海、罗清尧、杨　亮、吕健强、庞之洪	牧医所
172	奶牛计步器	实用新型专利	2014. 7. 26	ZL201420037330. 3	熊本海、杨　亮、罗远明罗清尧、庞之洪	牧医所
173	一种用于猪消化代谢试验的装置	实用新型专利	2014. 8. 6	ZL201420069099. 6	熊本海、杨　亮、唐湘芳、罗清尧	牧医所
174	一种嵌入式高频鸡个体电子标签的脚环	实用新型专利	2014. 11. 5	ZL201420151920. 9	罗清尧、陈继兰、熊本海、杨　亮	牧医所
175	用于妊娠母猪自动精确饲喂装置	实用新型专利	2014. 11. 26	ZL201420111540. 2	熊本海、杨　亮、罗清尧	牧医所
176	一种用于调控植物生长过程中水分供给的自动装置	实用新型专利	2014. 12. 3	ZL201420312673. 6	李向林、万里强、何　峰	牧医所
177	一种家畜卵裂球培养微型孔的制备装置	实用新型专利	2014. 7. 2	ZL201320890814. 8	赵善江、赵学明、朱化彬	牧医所
178	近红外漫反射探头	实用新型专利	2014. 7. 30	ZL201420078565. 7	孙宝忠、谢　鹏	牧医所
179	一种生根培养系统及制备所述系统的专用设备	实用新型专利	2014. 8. 6	ZL201420116999. 1	龙瑞才、李明娜、杨青川、康俊梅、张铁军	牧医所
180	制备生根培养基的装置	外观专利	2014. 11. 5	ZL201430117383. 1	龙瑞才、李明娜、杨青川、康俊梅、张铁军	牧医所

（续表）

序号	专利名称	类别	授权公告日	专利号	发明人（设计人）	研究所
181	一种快速测定蜜蜂爬行能力的便携式环保型装置	实用新型专利	2014. 2. 12	ZL20132056213. X	吴艳艳、周　婷	蜜蜂所
182	蜂箱以及其底板组件	实用新型专利	2014. 4. 2	ZL201320689704. 5	刘之光、郭海坤、丁桂玲、吕丽萍、石　巍	蜜蜂所
183	一种王台输送盒	实用新型专利	2010. 6. 4	ZL201320759154. X	丁桂玲、石　巍、吕丽萍、刘之光	蜜蜂所
184	一种熊蜂育王专用箱	实用新型专利	2014. 9. 17	ZL201420353738. 1	黄家兴、安建东、吴　杰、李继莲、罗术东	蜜蜂所
185	一种胡蜂诱捕器	实用新型专利	2014. 8. 27	ZL201420054610. 5	吴黎明、薛晓锋、陈　芳、张中印	蜜蜂所
186	一种油菜蜜和荆条蜜的鉴别方法	发明专利	2014. 11. 26	ZL201310148946. 8	张金振、陈兰珍、李　熠、吴黎明、赵　静	蜜蜂所
187	一种从蜂花粉中提取辅酶Q10的方法及其应用	发明专利	2014. 7. 16	ZL201110364321. 6	薛晓锋、赵　静、吴黎明	蜜蜂所
188	重组菌丝霉素的制备和应用	发明专利	2014. 1. 15	ZL201010115149. 6	王建华、杨雅麟、张　军、滕　达、王少然、田子罡	饲料所
189	在重组毕赤酵母中高效表达抗菌肽 NZ2114 的方法	发明专利	2014. 3. 26	ZL201210550063. 5	王建华、张　勇、滕　达、王秀敏、毛若雨	饲料所
190	耐药性金黄色葡萄球菌的抗菌肽 MP1102、其制备方法及应用	发明专利	2014. 11. 4	ZL201310253154. 7	王建华、毛若雨、滕　达、王秀敏、张　勇	饲料所

（续表）

序号	专利名称	类别	授权公告日	专利号	发明人（设计人）	研究所
191	一种高温酸性甘露聚糖酶 Man5C1 及其基因和应用	发明专利	2014. 7. 30	ZL201010621906. 7	姚　斌、石鹏君、蔡红英、袁铁铮、柏映国、黄火清、罗会颖、杨培龙、孟　昆、王亚茹、赵　珩	饲料所
192	优化的甘露聚糖酶基因及其重组植物表达载体和应用	发明专利	2014. 5. 14	ZL201210431932. 2	姚　斌、杨培龙、孟　昆、张宇宏、徐晓露、袁建华、陈茹梅、孟庆长、张　伟	饲料所
193	一种新型防御素 BD2 及其基因和应用	发明专利	2014. 6. 11	ZL201210439359. X	姚　斌、赵　珩、陈叶雨、罗会颖、杨培龙、孟　昆、王亚茹、石鹏君、柏映国、黄火清	饲料所
194	一种高温耐碱甘露聚糖酶 Man5X27 及其基因和应用	发明专利	2014. 7. 30	ZL201310062872. 6	姚　斌、石鹏君、卢海强、罗会颖、杨培龙、黄火清、孟　昆、王亚茹	饲料所
195	一种啤酒酿造用高温中性木聚糖酶 XYNA 及其基因和应用	发明专利	2014. 6. 11	ZL201210444531. 0	姚　斌、石鹏君、王亚茹、杜彦龙、黄火清、罗会颖、杨培龙、孟　昆	饲料所
196	一种多聚半乳糖醛酸酶 PG8fn 及其基因和应用	发明专利	2014. 4. 30	ZL201210468531. 4	姚　斌、孟　昆、涂　涛、罗会颖、石鹏君、黄火清、杨培龙、王亚茹	饲料所

（续表）

序号	专利名称	类别	授权公告日	专利号	发明人（设计人）	研究所
197	同时鉴定转甘露聚糖酶基因、葡聚糖酶基因、木聚糖酶基因和半乳糖苷酶基因植物的方法	发明专利	2014. 4. 30	ZL201210591031. X	姚　斌、徐晓露、孟　昆、杨培龙、罗会颖、王亚茹	饲料所
198	一种吸附玉米赤霉烯酮的材料及其制备方法	发明专利	2014. 3. 26	ZL201210376057. 2	董颖超、李　俊、李军国、秦玉昌、谷　旭、牛力斌	饲料所
199	可吸附玉米赤霉烯酮的改性蒙脱石及其制备方法	发明专利	2014. 6. 18	ZL201210164730. 6	董颖超、李　俊、单　慧、李军国、秦玉昌、牛力斌、谷　旭	饲料所
200	一种饲料添加剂及其制备方法和应用	发明专利	2014. 6. 18	ZL201310204239. 6	董颖超、李　俊、李军国、秦玉昌、谷　旭、牛力斌	饲料所
201	粉料调质熟化后低温制粒畜禽饲料生产工艺	发明专利	2014. 8. 27	ZL201310074545. 2	李军国、李　俊、秦玉昌、牛力斌、董颖超、谷　旭	饲料所
202	一种可移动无线视频监控设备	实用新型专利	2014. 5. 27	ZL201320724695. 9	李　俊、李军国、秦玉昌、姚赞配、易志怀、牛力斌	饲料所
203	注射器主体与针头分离的注射装置	实用新型专利	2014. 7. 9	ZL201420019369. 2	于纪宾、李　俊、李军国、秦玉昌、牛力斌、于治芹	饲料所
204	一种甘薯复合功能寡糖及其制备方法与应用	发明专利	2014. 4. 23	ZL201210368057. 8	石　波、李金启、彭　晴、梁　平、刘沙沙、董向艳	饲料所
205	一种以多菌种固态发酵生产的杏仁皮发酵饲料	发明专利	2014. 11. 20	ZL201310661404. 0	屠　焰、刁其玉、张乃锋、刘　策、马　涛	饲料所

（续表）

序号	专利名称	类别	授权公告日	专利号	发明人（设计人）	研究所
206	一种羔羊用消化代谢实验装置	实用新型专利	2014. 8. 8	ZL201420445188. 6	刁其玉、张乃锋、柴建民	饲料所
207	羔羊消化代谢笼	实用新型专利	2014. 11. 5	Zl201420358190. X	刁其玉、张乃峰、姜成刚、马　涛	饲料所
208	公羊消化代谢试验用粪便收集装置	实用新型专利	2014. 11. 5	ZL201420358188. 2	刁其玉、张立涛	饲料所
209	羔羊呼吸代谢笼	实用新型专利	2014. 11. 5	ZL201420358216. 0	刁其玉、姜成刚、马　涛	饲料所
210	犊牛消化代谢笼	实用新型专利	2014. 11. 5	ZL201420358198. 7	刁其玉、屠　焰、张　蓉	饲料所
211	一种甘薯复合功能寡糖及其制备方法与应用	发明专利	2014. 4. 23	ZL201210368057. 8	石　波、李金启、彭　晴、梁　平、刘沙沙、董向艳	饲料所
212	几丁质酶 CHI－X 及其编码基因与应用	发明专利	2014. 7. 2	ZL201210510998. X	周志刚、许　洁、杨雅麟、梁　凉、徐　俐、何夙旭、于会民、艾春香	饲料所
213	无菌斑马鱼的生产方法	发明专利	2014. 7. 2	ZL201310096246. 9	周志刚、覃初斌、徐　俐、杨雅麟、何夙旭、张美超、李　青、余　强	饲料所
214	具有 β -N-乙酰氨基葡萄糖苷酶活性的蛋白质及其编码基因和应用	发明专利	2014. 3. 5	ZL201210065384. 6	周志刚、张宇婷、姚　斌、杨雅麟、李映红、霍凤敏、徐　俐、李　青	饲料所

（续表）

序号	专利名称	类别	授权公告日	专利号	发明人（设计人）	研究所
215	一种脂肪酶及其编码基因与应用	发明专利	2014. 3. 6	ZL201210059320. 5	周志刚、何夙旭、徐　俐、杨雅麟、张美超、张宇婷、任鹏飞、姚　斌	饲料所
216	7 通道小型动物呼吸代谢测定装置	实用新型专利	2014. 7. 2	ZL201420042236. 7	杨华明、蔡辉益、赵玉民、闫海洁、班志斌、张　姝、刘国华、魏炳栋、刘　伟、梁　浩、孙　凯	饲料所
217	一种用于分子标记辅助育种检测棉花植株对黄萎病抗性的方法	发明专利	2014. 8. 25	ZL201310588981. 1	戴小枫、陈捷胤、李　蕾、马雪峰、桂月晶、孔志强、包郁明	加工所
218	核酸以及鉴定真菌菌株致病型的方法和试剂盒	发明专利	2014. 9. 4	ZL201310052313. 2	戴小枫、陈捷胤、王金龙、李　蕾、陈相永、柳少燕	加工所
219	一种利用中短波红外干燥法生产胡萝卜片的方法	发明专利	2014. 7. 16	ZL201310280812. 1	毕金峰、陈芹芹、刘　璇、吴昕烨、陈瑞娟、周禹含、焦　艺、曾目成、司　旭	加工所
220	一种枸杞含服制剂及其制备方法	发明专利	2014. 11. 26	ZL201310740299. X	吴　韬、方　芳、董元元、王凤忠	加工所
221	一种南瓜自发粉及其专用发酵剂	发明专利	2014. 12. 10	ZL201310371471. 9	方　芳、王凤忠、吴　韬、高　杰	加工所
222	由葵花粕中同时提取绿原酸和葵花蛋白的方法	发明专利	2014. 4. 9	ZL201110362727. 0	刘　鹭、胡鲜宝、吕加平、李红娟、张书文、孔凡华	加工所

（续表）

序号	专利名称	类别	授权公告日	专利号	发明人（设计人）	研究所
223	酪蛋白粉及其制备方法	发明专利	2014. 12. 17	ZL201310206502. 5	吕加平、陈建行、张书文	加工所
224	鉴别原料乳、巴氏乳和UHT乳的方法	发明专利	2014. 11. 5	ZL201310183189. 8	吕加平、张书文、刘　鹭	加工所
225	一种干酪及其生产方法	发明专利	2014. 11. 5	ZL200710099650. 6	吕加平、褚中秋、任星环、崔圆圆	加工所
226	一种从薯类淀粉加工废液中提取蛋白的新方法	发明专利	2014. 11. 4	ZL201110190167. 5	木泰华、陈井旺、梅　新	加工所
227	一种制备乳清蛋白水解多肽的方法	发明专利	2014. 10. 8	ZL201110414551. 9	木泰华、张　苗、盛小波	加工所
228	一种提取花青素的方法	发明专利	2014. 12. 1	ZL201310082784. 2	木泰华、刘兴丽、孙红男、张　苗、陈井旺	加工所
229	高活热稳定性纳豆激酶菌株及其发酵制品	发明专利	2014. 8. 20	ZL201010479382. 1	唐选明、李淑英、聂　莹	加工所
230	位点突变的高活热稳定性纳豆激酶基因及其应用	发明专利	2014. 12. 17	ZL201310211343. 3	唐选明、李淑英、聂　莹	加工所
231	一种同步提取制备花生球蛋白与伴球蛋白的方法	发明专利	2014. 1. 29	ZL201210255934. 0	王　强、赵冠里、刘红芝、刘　丽、胡　晖、封小龙	加工所
232	近红外检测花生中氨基酸含量的方法	发明专利	2014. 3. 26	ZL201210007425. 6	王　强、王　丽、刘红芝、刘　丽、杜　寅	加工所
233	一种同时测定植物油中植物甾醇和角鲨烯的方法	发明专利	2014. 4. 9	ZL201110424907. 7	王　强、张建书、刘红芝、刘　丽	加工所

（续表）

序号	专利名称	类别	授权公告日	专利号	发明人（设计人）	研究所
234	一种适宜凝胶型蛋白质加工的花生品质测定及其评价方法	发明专利	2014. 10. 15	ZL201210238520. 7	王　强、刘红芝、刘　丽、王　丽	加工所
235	一种适宜溶解型蛋白质加工的花生品质测定及其评价方法	发明专利	2014. 10. 15	ZL201210277441. 7	王　强、刘红芝、刘　丽、王　丽	加工所
236	一种双中性蛋白酶分步酶解花生分离蛋白制备花生肽的方法	发明专利	2014. 11. 5	ZL201310167006. 3	王　强、刘芳友、刘红芝、张文镨、刘　丽、李　宁、胡　晖	加工所
237	一种酵母 β-D-葡聚糖的制备方法	发明专利	2014. 11. 26	ZL201310003610. 2	王　强、刘红芝、刘　丽、胡　晖、高　洁	加工所
238	一种鸡骨架联产脱骨原料肉、鸡骨高汤及硫酸软骨素的方法	发明专利	2014. 4. 23	ZL201210152697. 5	张春晖、李　侠、张德权、孙红梅	加工所
239	羊骨鱼骨复合高汤的增鲜增香方法	发明专利	2014. 6. 18	ZL201310277538. 2	张春晖、孙红梅、李　侠、贾　伟、穆国锋	加工所
240	一种肉制品干燥方法	发明专利	2014. 10. 15	ZL201310339931. X	张春晖、谢小雷、李　侠、贾　伟、王春青、王兆进	加工所
241	一种防止畜禽骨素提取液中脂肪乳化的设备	发明专利	2014. 7. 30	ZL201310036689. 9	张春晖、李　侠、贾　伟、李　银、孙红梅、董宪兵	加工所

（续表）

序号	专利名称	类别	授权公告日	专利号	发明人（设计人）	研究所
242	低膻羊肉乳化香肠及其制作方法	发明专利	2014. 6. 18	ZL201310037664. 0	张德权、王琳琛、陈　丽、王振宇、倪　娜、高　远、饶伟丽、丁　楷、刘　岳	加工所
243	一种芝麻风干肉干及其制作方法	发明专利	2014. 9. 17	ZL201310008690. 0	张德权、张春晖、陈　丽、饶伟丽、王振宇、高　远、丁　楷、刘　岳	加工所
244	一种原料肉的减菌方法	发明专利	2014. 10. 15	ZL201310594705. 6	张　泓、黄艳杰、许　杨、张　雪、张德权	加工所
245	一种多座式圆底烧瓶瓶托	实用新型专利	2014. 8. 13	ZL201320882317. 3	戴小枫、孔志强、包郁明	加工所
246	一种抗菌保鲜袋	实用新型专利	2014. 5. 28	ZL201320837898. 9	吴　韬、董元元、王凤忠、李敏敏、范　蓓、王东晖、来吉祥	加工所
247	一种便携式抗氧化活性板	实用新型专利	2014. 5. 28	ZL201320864864. 9	吴　韬、范　蓓、王凤忠、李敏敏、董元元、卢　嘉、王东晖	加工所
248	一种分液漏斗支架	实用新型专利	2014. 10. 16	ZL201320776020. 9	吴　韬、范　蓓、王凤忠、李敏敏、董元元、卢　嘉、王东晖	加工所
249	中药萃取设备	实用新型专利	2014. 6. 4	ZL201320802414. 7	方　芳、王凤忠、王东晖	加工所
250	中药萃取器	实用新型专利	2014. 6. 4	ZL201320802846. 8	方　芳、王凤忠、王东晖	加工所

（续表）

序号	专利名称	类别	授权公告日	专利号	发明人（设计人）	研究所
251	一种分液漏斗架	实用新型专利	2014. 5. 28	ZL201320777675. 8	方　芳、吴　韬、王凤忠、李敏敏、来吉祥、王东晖、董元元	加工所
252	一种可显示提取液液量的煎煮壶	实用新型专利	2014. 8. 5	ZL201320832804. 9	董元元、吴　韬、王凤忠、方　芳、王东晖、来吉祥、卢　嘉、顾丰颖	加工所
253	一种超声波提取装置	实用新型专利	2014. 4. 11	ZL201320793657. 9	王东晖、方　芳、王凤忠、吴　韬、董元元、来吉祥、范　蓓、王　锋	加工所
254	一种可调尺寸的玉米剥离器	实用新型专利	2014. 4. 9	ZL201320833882. 0	王东晖、吴　韬、王凤忠、李敏敏、方　芳、董元元、来吉祥	加工所
255	一种超声辅助提取固定装置	实用新型专利	2014. 7. 23	ZL201320865097. 3	来吉祥、吴　韬、王凤忠、李敏敏、方　芳、董元元、王东晖、王　锋、范　蓓	加工所
256	一种冷却装置	实用新型专利	2014. 5. 28	ZL201320792930. 6	范　蓓、顾丰颖、李敏敏、王凤忠、董元元、卢　嘉、贺　妍、吴　韬、王　锋	加工所
257	一种土壤采集器	实用新型专利	2014. 8. 7	ZL201320833892. 4	李敏敏、卢　嘉、王凤忠、贺　妍、董元元、顾丰颖、范　蓓、王　锋	加工所

（续表）

序号	专利名称	类别	授权公告日	专利号	发明人（设计人）	研究所
258	一种全自动基体分散固相萃取前处理一体机	实用新型专利	2014. 9. 16	ZL201420092160. 9	李敏敏、孔志强、范 蓓、卢 嘉、贺 妍、王凤忠、王 锋、吴 韬、董元元、方 芳、来吉祥、王东晖	加工所
259	一种便于倾倒的液氮储蓄装置	实用新型专利	2014. 5. 28	ZL201320833003. 4	董元元、范 蓓、王凤忠、方 芳、王东晖、来吉祥、卢 嘉、李敏敏	加工所
260	一种小麦籽粒质量分级系统	实用新型专利	2014. 7. 30	ZL201420125456. 6	张 波、张影全、魏益民、郭波莉、魏 帅	加工所
261	一种物料挥发性物质的动态分析装置	实用新型专利	2014. 10. 31	ZL201420479345. 5	魏益民、张影全、张 波、严军辉	加工所
262	一种禽胴体在轨紫外减菌隧道	实用新型专利	2014. 7. 23	ZL201320299001. 1	张春晖、李 侠、贾 伟、李 银、孙红梅	加工所
263	一种直火加热可调压力蒸煮罐	实用新型专利	2014. 3. 5	ZL201320537989. 0	张春晖、贾 伟、李 侠、王春青、谢小雷	加工所
264	一种自动开盖夹层锅	实用新型专利	2014. 3. 5	ZL201320542356. 9	张春晖、李 侠、贾 伟、王春青、谢小雷	加工所
265	一种具有香气回收装置的酒发酵罐	实用新型专利	2014. 5. 21	ZL201320587362. 6	李 侠、张春晖、贾 伟、王春青、谢小雷	加工所
266	一种能够回收果香与色素的蒸馏罐	实用新型专利	2014. 3. 5	ZL201320560121. 2	李 侠、张春晖、贾 伟、王春青、谢小雷	加工所

（续表）

序号	专利名称	类别	授权公告日	专利号	发明人（设计人）	研究所
267	一种适用于牧区加工食品的装置	实用新型专利	2014. 6. 11	ZL201320804563. 7	张春晖、李　侠、贾　伟、谢小雷、王春青、王振宇	加工所
268	一种用于鱼骨素提取酶解和美拉德反应的联产装置	实用新型专利	2014. 11. 21	ZL201420459093. X	贾　伟、张春晖、王金枝、李　侠、金　凤	加工所
269	内置伸缩板的动物装卸台	实用新型专利	2014. 6. 18	ZL201320669209. 8	张德权、夏安琪、陈　丽、李　欣、王振宇、高　远、刘　越、潘　晗、倪　娜	加工所
270	一种家畜声音驱赶器	实用新型专利	2014. 6. 18	ZL201320678961. 9	张德权、夏安琪、陈　丽、李　欣、潘　晗、王振宇、高　远、丁　楷、杨　扬	加工所
271	多点按摩式滚揉机	实用新型专利	2014. 5. 28	ZL201320692624. 5	张德权、徐薇薇、陈　丽、倪　娜、王振宇、陈立娟、刘　越	加工所
272	一种滚揉机出料收集装置	实用新型专利	2014. 5. 28	ZL201320704031. 6	张德权、徐薇薇、陈　丽、倪　娜、王振宇、陈立娟、刘　越、潘　晗、何　凡	加工所
273	一种可调高度组装式待宰动物装卸平台	实用新型专利	2014. 6. 18	ZL201320822447. 8	王振宇、张德权、贾　伟、丁　楷、陈　丽、高　远、李　欣、夏安琪、刘　岳	加工所
274	可移动多能源风干牛羊肉加工装置	实用新型专利	2014. 7. 23	ZL201320804742. 0	张德权、王振宇、贾　伟、陈　丽、丁　楷、李　欣、高　远	加工所

（续表）

序号	专利名称	类别	授权公告日	专利号	发明人（设计人）	研究所
275	一种骨油氧化控制罐	实用新型专利	2014. 6. 18	ZL201320833741. 9	张德权、高　远、饶伟丽、陈　丽、李　欣、王振宇、丁　楷、刘　岳	加工所
276	一种适用于电泳实验的多功能漏斗	实用新型专利	2014. 11. 5	ZL201420164902. 4	陈立娟、张德权、陈　丽、李　欣、倪　娜、潘　晗、杜曼婷、张彩霞	加工所
277	一种可组装式风干肉晾挂架	实用新型专利	2014. 11. 2	ZL201420484535. 6	王振宇、张德权、张彩霞、高　远、陈　丽、李　欣、丁　楷、高玲玲	加工所
278	一种杀菌釜的热水喷淋装置	实用新型专利	2014. 10. 10	ZL201420229486. 1	张　泓、黄　峰、胡宏海、张春江、张　雪、张德权、陈文波、路立立、郭　昕、徐　芬	加工所
279	一种食品用静态变压腌制机	实用新型专利	2014. 1. 26	ZL201320608869. 5	张　泓、黄　峰、张春江、胡宏海、张　雪、张德权	加工所
280	一种梯度变压静态腌制机	实用新型专利	2014. 5. 9	ZL201420006539. 3	黄　峰、张　泓、张春江、胡宏海、张　雪、张德权、黄艳杰、郭　昕、路立立	加工所
281	一种肉制品生产吊架清洗消毒装置	实用新型专利	2014. 5. 26	ZL201420053658. 4	张　泓、张春江、胡宏海、黄　峰、张　雪、路立立、郭　昕	加工所

（续表）

序号	专利名称	类别	授权公告日	专利号	发明人（设计人）	研究所
282	一种畜禽肉表面快速干燥装置	实用新型专利	2014. 5. 6	ZL201420053650. 8	张　泓、张春江、张　雪、胡宏海、黄　峰、张德权、郭　昕、路立立	加工所
283	一种卤禽制品快速油炸上色装置	实用新型专利	2014. 5. 23	ZL201420053692. 1	张春江、张　泓、黄　峰、张德权、胡宏海、张　雪、路立立、郭　昕	加工所
284	一种腌制机滑动密封盖装置	实用新型专利	2014. 6. 20	ZL201420125071. X	黄　峰、张　泓、胡宏海、张　雪、张春江、黄艳杰、路立立、郭　昕	加工所
285	一种减菌化冷却室	实用新型专利	2014. 6. 20	ZL201420122510. 1	张　泓、胡宏海、黄　峰、张春江、张　雪、路立立、陈文波、徐　芬、郭　昕	加工所
286	一种可控温度的烟熏装置	实用新型专利	2014. 6. 20	ZL201420122149. 2	胡宏海、张　泓、张德权、黄　峰、张春江、张　雪、陈文波、郭　昕、路立立、徐　芬	加工所
287	一种大型食品腌制机循环装置	实用新型专利	2014. 5. 23	ZL201420128118. 8	张　泓、黄　峰、胡宏海、张春江、陈文波、张　雪、郭　昕、路立立、姚　远	加工所

（续表）

序号	专利名称	类别	授权公告日	专利号	发明人（设计人）	研究所
288	一种卤制装置	实用新型专利	2014.7.31	ZL201420426440.9	张　雪、张　泓、张春江、胡宏海、黄　峰、陈文波、刘倩楠、路立立、郭　昕、徐　芬	加工所
289	一种去除谷物中黄曲霉毒素的设备	实用新型专利	2014.5.28	ZL201320728190.X	王　锋、顾丰颖、李　凯、李志强	加工所
290	一种制备多分子量植物蛋白肽的反应系统	实用新型专利	2014.5.28	ZL201320728189.7	顾丰颖、王　锋、李　凯、李志强	加工所
291	一种酶反应系统	实用新型专利	2014.5.28	ZL201320728213.7	顾丰颖、王　锋、李　凯、李志强	加工所
292	一种液态品冷却装置	实用新型专利	2014.5.28	ZL201320832976.6	顾丰颖、范　蓓、卢　嘉、王　锋	加工所
293	一种家用果酒发酵简易装置	实用新型专利	2014.3.12	ZL201320598394.6	王凤忠、王　锋、顾丰颖、李敏敏、贺　凡	加工所
294	一种利用转大豆 *GTPCHI* 和 *ADCS* 基因协同增效作用提高植物叶酸含量的方法	发明专利	2014.7.30	ZL20111026512.8	张春义、梁秋菊、范云六	生物所
295	DNA molecular for expressing hairpin RNA、the constructing methods and the use thereof	发明专利	2014.10.28	EP 08800572.3（欧洲）	王　磊、范云六	生物所

（续表）

序号	专利名称	类别	授权公告日	专利号	发明人（设计人）	研究所
296	泛素蛋白内含子改造序列及其应用	发明专利	2014. 5. 28	ZL201210251464. 0	黄大昉、郎志宏、朱　莉、潘阳阳	生物所
297	水稻类病斑基因 *UPG8* 及其应用	发明专利	2014. 11. 26	ZL201310282534. 3	张海文、肖桂清、权瑞党、张执金、黄荣峰	生物所
298	植物抗逆性相关蛋白 PpLEA3-23 及其编码基因与应用	发明专利	2014. 5. 17	ZL201210499263. 2	路铁刚、何奕昆、崔素霞、吴金霞、张治国	生物所
299	苔藓植物耐逆蛋白 PpLEA3-17 及其编码基因与应用	发明专利	2013. 8. 14	ZL201010599624. 1	何奕昆、崔素霞、路铁刚、张治国、胡　勇、曹保久、宋晓璇、郭士磊、胡　家、蔺平亮、宋　旸、王丽颖	生物所
300	一种基于分子标记技术鉴定陆地棉细胞质雄性不育恢复基因的方法	发明专利	2014. 7. 2	ZL200910157263. 2	郭三堆、侯思宇、张　锐	生物所
301	一种与植物耐旱性相关的蛋白及其编码基因和应用	发明专利	2014. 8. 6	ZL201310270802. X	张　锐、郭三堆、郭利娜	生物所
302	沙冬青低温胁迫相关基因及其表达载体和应用	发明专利	2014. 12. 5	ZL201310254613. 3	程红梅、顾立江、郭惠明	生物所
303	木榄 ERF 转录因子 cDNA 序列及其表达载体和应用	发明专利	2014. 10. 13	ZL201210076296. 6	卢运明、吴燕民、赵杨敏、庞俊峰、周美亮、侯学瑛	生物所

（续表）

序号	专利名称	类别	授权公告日	专利号	发明人（设计人）	研究所
304	人酸性成纤维细胞生长因子融合蛋白及其编码基因和应用	发明专利	2014. 11. 5	ZL201310282455. 2	刘德虎、谭亚清、李刚强、王　楠	生物所
305	人类乳头瘤病毒空衣壳粒子的制备方法及其产品	发明专利	2014. 2. 26	ZL201110258298. 2	张志芳、李铁女、边大勇、易咏竹、杨　标、王国增、沈桂芳、舒惠国	生物所
306	利用叶绿体制备猪圆环病毒Ⅱ型抗原的方法及其产品	发明专利	2014. 2. 26	ZL201110266796. 1	李铁女、张志芳、王金辉、程　奇、王国增、沈桂芳、倪丕冲	生物所
307	一种水貂肠炎细小病毒空衣壳抗原粒子的制备方法	发明专利	2014. 2. 12	ZL201110254418. 1	张志芳、李铁女、易咏竹、江　峰、王国增、王树坤、沈桂芳	生物所
308	动物 α 干扰素和 γ 干扰素的表达方法	发明专利	2014. 9. 26	ZL201210110533. 6	张志芳、李金祥、李铁女、易咏竹、刘兴健、张金卫、丁　农、钟鲁龙、王国增、沈桂芳	生物所
309	羊包虫可溶性抗原的制备方法	发明专利	2014. 3. 12	ZL201010222212. 6	张志芳、李铁女、易咏竹、贾　如、韩　宾、邹媛媛、沈桂芳、舒惠国	生物所

（续表）

序号	专利名称	类别	授权公告日	专利号	发明人（设计人）	研究所
310	细胞色素结合结构域蛋白作为助分泌因子提高外源基因在毕赤酵母中分泌表达量的用途	发明专利	2014. 10. 1	ZL201210469485. X	田　健、伍宁丰、初晓宇、黄　璐、王　平	生物所
311	一种高通量测定转植酸酶作物种子中植酸酶活性的方法	发明专利	2014. 8. 6	ZL201110326940. 6	初晓宇、杨文竹、伍宁丰、陈茹梅、范云六、姚　斌	生物所
312	转植酸酶玉米的用途和制备液化液和糖化液及发酵产品的方法	发明专利	2014. 4. 23	ZL201210415196. 1	田　健、范云六、陈茹梅、伍宁丰、姚　斌	生物所
313	优化的乳糖酶基因及其分泌表达方法和应用	发明专利	2014. 8. 27	ZL201210195026. 7	张　伟、张宇宏、范云六、刘　波	生物所
314	耐辐射异常球菌 R1 *trkA* 基因培育抗旱植物的应用	发明专利	2014. 5. 14	ZL201210291584. 3	林　敏、王　劲、左开井、陈　明、张　维、平淑珍、陆　伟、燕永亮	生物所
315	双组分系统基因 *dtrA* 和 *dtrB* 的用途与利用方法	发明专利	2014. 4. 16	ZL201210160266. 3	陈　明、郝艳华、张　维、王文涛、林　敏	生物所
316	耐辐射异常球菌 R1 HIN 蛋白基因培育耐盐植物的应用	发明专利	2014. 9. 24	ZL201210046708. 1	王　劲、江世杰、张　维、陈　明、陈　震、林　敏	生物所

（续表）

序号	专利名称	类别	授权公告日	专利号	发明人（设计人）	研究所
317	耐辐射异常球菌 *R1 lea-like* 基因培育抗干旱植物的应用	发明专利	2014. 7. 23	ZL201210046237. 4	陈　明、江世杰、张　维、王　劲、郝艳华、林　敏	生物所
318	耐辐射异常球菌 *R1 dap* 基因培育耐盐植物的应用	发明专利	2014. 5. 14	ZL201210041712. 9	张　维、江世杰、王　劲、陈　明、滕　超、林　敏	生物所
319	全局调控因子 IrrE、Csp 及 CarD 蛋白的金标快速联检试剂盒	实用新型	2014. 9. 24	ZL201320731951. 7	张　维、谷　伟、周正富、滕　超、王金辉、陆　伟、陈　明、林　敏	生物所
320	Genes for improving salt tolerance and drought tolerance of plant and the uses thereof	发明专利	2014. 5. 26	260860	Linmin、Chenming、Wangjin、Panjie、Zhouzhengfu、Zhangwei、Luwei、Pingshuzhe	生物所
321	一种可增强固氮菌泌铵能力的基因	发明专利	2014. 12. 24	ZL201310459866. 4	平淑珍、赵仲麟、燕永亮、陆　伟、林　敏	生物所
322	耐辐射异常球菌 *R1 trk B* 基因培育耐盐植物的应用	发明专利	2014. 5. 14	ZL201210291616. X	林　敏、王　劲、左开井、陈　明、张　维、平淑珍、陆　伟、燕永亮	生物所
323	与植物纤维长度相关的蛋白及其编码基因与应用	发明专利	2014. 3. 19	ZL201010218516. 5	王志兴、靳　茜、王旭静、唐巧玲	生物所
324	一种培育杂交转基因水稻的方法	发明专利	2014. 10. 15	ZL201310085201. 1	王旭静、王志兴、贾士荣、靳　茜、唐巧玲	生物所

（续表）

序号	专利名称	类别	授权公告日	专利号	发明人（设计人）	研究所
325	提高棉花分生组织转化效率的辅助工具	实用新型专利	2014. 5. 7	ZL201320668037. 2	王志兴、唐巧玲、王旭静	生物所
326	棉花再生植株的栽培方法	发明专利	2014. 5. 7	ZL201210518521. 7	王志兴、唐巧玲、王旭静	生物所
327	与植物抗蚜能力相关的蛋白及其编码基因与应用	发明专利	2014. 11. 5	ZL201110236588. 7	王志兴、苗猛猛、王旭静、唐巧玲	生物所
328	转基因水稻品系 Bar68-1 的外源插入片段的旁侧序列及其应用	发明专利	2014. 3. 5	ZL201110206849. 0	金芜军、宛煜嵩、王文娟、张秀杰、苗朝华	生物所
329	一种用于鉴定纯合型转基因抗虫水稻克螟稻 1 的引物	发明专利	2014. 3. 5	ZL201110282188. X	金芜军、宛煜嵩、苗朝华、张秀杰、于晓芹	生物所
330	基于外源基因旁侧序列建立的鉴定纯合型克螟稻 1 的方法	发明专利	2014. 9. 10	ZL201110282854. X	金芜军、宛煜嵩、张秀杰、苗朝华、于晓芹	生物所
331	一种鉴定纯合型转基因抗虫水稻品系 TT51-1 的方法	发明专利	2014. 9. 10	ZL201110393896. 0	金芜军、宛煜嵩、贺辉群、张秀杰、苗朝华	生物所
332	*Cry1Ab*. *Cry1Ac* 抗虫基因 RPA 检测方法	发明专利	2014. 11. 5	ZL201310390769. 4	金芜军、宛煜嵩、徐　潮、张秀杰、苗朝华、黄卫红	生物所

（续表）

序号	专利名称	类别	授权公告日	专利号	发明人（设计人）	研究所
333	来源于硅藻的与植物氮利用和生长相关的蛋白质及其编码基因与应用	发明专利	2014. 7. 30	ZL201310007104. 0	刘昱辉、李　梅、张华光	生物所
334	一种具有抑制轮纹病菌活性的生物活性物质及其应用	发明专利	2014. 4. 30	ZL201210118981. 0	黄其满、都晓伟、王英姿	生物所
335	一种新型省力根钻	实用新型专利	2014. 3. 26	ZL201320631686. 5	陈宝瑞	资划所
336	一株固氮微球菌及其用途	发明专利	2014. 11. 19	ZL201310271879. 9	孙建光、陈　倩、徐　晶	资划所
337	一种尿素包膜复合乳液、它们的制备方法与用途	发明专利	2014. 11. 26	ZL20121447434. 7	杨相东、赵秉强、李燕婷、李　娟、袁　亮、林治安	资划所
338	土壤采样器	实用新型专利	2014. 12. 4	ZL201420554265. 1	韦文珊、陈学渊、吴永常、吴国胜、郑　凯、于　涛、吴思齐、王清民	资划所
339	用于屋顶农业的种植槽	实用新型专利	2014. 11. 14	ZL201420514053. 0	于　涛、吴永常、耿志席、韦文珊、闫冬洋、陈学渊、石保坤、吴国胜	资划所
340	一种用于屋顶绿化大型植株的固定装置	实用新型专利	2014. 8. 20	ZL201420001810. 4	吴国胜	资划所
341	一种用于坡式屋顶绿化栽培槽	实用新型专利	2014. 1. 2	ZL201420001844. 3	吴永常、耿志席、陈学渊、吴国胜、韦文珊、郑博薇、李作麟、石保坤、闫东洋	资划所

（续表）

序号	专利名称	类别	授权公告日	专利号	发明人（设计人）	研究所
342	一种恒压灌水装置及恒负压灌水方法	发明专利	2014. 10. 9	ZL201310103290. 0	龙怀玉	资划所
343	基于土壤水盐运移规律的土柱模拟装置	发明专利	2014. 11. 6	ZL201310040017. 5	逄焕成、赵永敢、李玉义、王　婧、魏由庆	资划所
344	一株可可木霉及其在防治蔬菜病害中的应用	发明专利	2014. 8. 20	ZL201310023319. 1	顾金刚、李世贵、刘好宝、阮志勇、张晓霞、马晓彤、张瑞颖	资划所
345	一种坡耕地平作条件下的径流收集装置	实用新型专利	2014. 11. 12	ZL20142253582. X	刘宏斌、刘　申、习　斌、胡万里、范先鹏、雷宝坤、张富林、翟丽梅、王洪媛、任天志	资划所
346	一种基于果树单株管理控制系统的果树单株管理控制方法	发明专利	2014. 5. 7	ZL201210129815. 0	白由路、王振营、赵德英、程存刚、王　磊、张彦昌、王　贺、徐　锴、卢艳丽、袁继存、杨俐苹	资划所
347	一种温室大棚	发明专利	2014. 6. 4	ZL201110379078. 5	尹昌斌	资划所
348	盐碱地控抑盐方法及盐碱地控抑盐系统	发明专利	2014. 6. 11	ZL201110320898. 7	逄焕成、李玉义、任天志、靳存旺、李二珍、杨柳青、魏由庆、严慧峻、王　婧、李　华、赵永敢	资划所

（续表）

序号	专利名称	类别	授权公告日	专利号	发明人（设计人）	研究所
349	一种土壤风蚀特征野外测量装置	实用新型专利	2014. 11. 26	ZL201420333757. 8	闫玉春、辛晓平、王　旭、於建国、杨桂霞	资划所
350	一种人工草地温室气体采集装置	实用新型专利	2014. 11. 5	ZL201420201305. 4	徐丽君	资划所
351	一种凋落物迁移通量测定装置	实用新型专利	2014. 11. 25	ZL201320631659. 8	闫玉春、辛晓平、王　旭、杨桂霞	资划所
352	精控排肥装置	实用新型专利	2014. 1. 1	ZL201320370893. X	张云贵、李　强、李志宏、丁　伟、周　祥、陈晓明、梁永江、张长华、石俊雄、刘青丽、蒋　卫、霍沁建、朱忠彬、叶江平	资划所
353	精控排肥装置的排肥部件	实用新型专利	2014. 1. 1	ZL21032037894. 4	李志宏、张云贵、李　强、周　祥、丁　伟、梁永江、陈晓明、张长华、石俊雄、刘青丽、蒋　卫、朱忠彬、霍沁建、叶江平	资划所
354	一种大型称重式蒸发计	实用新型专利	2014. 8. 13	ZL201420078999. 7	雷秋良	资划所

（续表）

序号	专利名称	类别	授权公告日	专利号	发明人（设计人）	研究所
355	一种称重式自动蒸发计	实用新型专利	2014. 8. 13	ZL201420078983. 6	杨　卓、雷秋良、刘宏斌、杨启涛、翟丽梅、臧　敏、王洪媛、石建杰、张继宗、宋长春、刘　申、刘　超、武淑霞、王　阳、连玉柱、杜春龙、张亦涛、蔡　乐、罗春燕、王久好、季明峰、龚义欣、陈　科	资划所
356	一种促进乙酸分泌的溶磷基因	发明专利	2014. 10. 8	ZL201310365040. 1	龚明波	资划所
357	一种促进有机酸分泌的溶磷基因	发明专利	2014. 10. 29	ZL201310365037. X	龚明波	资划所
358	嗜酸乳杆菌 PCR 检测、鉴定特异引物对	发明专利	2014. 5. 7	ZL201110027688. 9	杨小红	资划所
359	鼠李糖乳杆菌 PCR 检测、鉴定特异引物对	发明专利	2014. 5. 7	ZL201110027673. 2	杨小红	资划所
360	植物乳杆菌 PCR 检测、鉴定特异引物对	发明专利	2014. 5. 7	ZL201110027662. 4	杨小红	资划所
361	德氏乳杆菌 PCR 检测、鉴定特异引物对	发明专利	2014. 5. 7	ZL201110027639. 5	杨小红	资划所
362	草原雪灾遥感监测与灾情评估系统及方法	发明专利	2014. 4. 30	ZL200910939729. X	杨秀春、曹云刚、徐　斌、朱晓华、王道龙	资划所

（续表）

序号	专利名称	类别	授权公告日	专利号	发明人（设计人）	研究所
363	一株固氮叶杆菌及其用途	发明专利	2014. 11. 5	ZL20131271863. 8	孙建光、周建娇、秦宝军	资划所
364	无人机载式地块空间信息自动采集装置	实用新型专利	2014. 10. 22	ZL201420106005. 8	史　云	资划所
365	一种三元缓释复混肥料及其制备方法	发明专利	2014. 3. 26	ZL201210300111. 5	王玉军、黄绍文、高　伟、唐继伟	资划所
366	一种设施黄瓜专用可控缓释 BB 肥及其制备方法	发明专利	2014. 10. 29	ZL201110397076. 9	王玉军、黄绍文、张树清、高　伟、张彦才、唐继伟	资划所
367	一株降解除草剂乙草胺的细菌及其用途	发明专利	2014. 10. 15	ZL201310271167. 7	孙建光、顾金刚、刘　君、胡海燕	资划所
368	一株降解除草剂氯嘧磺隆和乙草胺的细菌及其用途	发明专利	2014. 8. 20	ZL201310272123. 6	孙建光、辛访华、高　淼、周义清	资划所
369	基于稻壳废弃物的土壤调理剂的制备方法	发明专利	2014. 7. 30	ZL201210465570. 9	程宪国、杨曙明、马雪峰、谢国强	资划所
370	一株降解除草剂氯嘧磺隆的细菌及其用途	发明专利	2014. 8. 13	ZL201310271687. 8	孙建光、杨　汉、高　淼、孙燕华	资划所
371	一株降解除草剂普施特的细菌及其用途	发明专利	2014. 8. 13	ZL201310271794. 0	孙建光、吕翻洋、王文博、徐　晶	资划所
372	一株降解农药氯嘧磺隆和多菌灵的细菌及其用途	发明专利	2014. 8. 13	ZL201310272243. 6	孙建光、解林奇、高　淼、顾金刚	资划所

（续表）

序号	专利名称	类别	授权公告日	专利号	发明人（设计人）	研究所
373	一种海藻增效尿素及其生产方法与用途	发明专利	2014. 2. 5	ZL201110402369. 1	袁　亮、赵秉强、李燕婷、林治安、温延臣、殷军港、高仁升、孟广银、王志勇	资划所
374	一种智能疏花疏果器	实用新型专利	2014. 5. 30	ZL201420288422. 9	胡　林、周国民、丘　耘、樊景超、郭秀明	信息所
375	基于 RFID 技术的苗木防伪技术追溯装置	实用新型专利	2014. 7. 30	ZL201420425988. 1	樊景超、周国民、吴定峰、胡　林、丘　耘	信息所
376	Kinect 便携式野外采集硬件平台	实用新型专利	2014. 7. 30	ZL201420425850. 1	樊景超、周国民、胡　林、丘　耘	信息所
377	基于 4G 网络的农业生产环境异步无线视频监控装置	实用新型专利	2014. 9. 17	ZL201420535075. 5	王　健、崔运鹏、周国民、丘　耘、赵　华	信息所
378	语音输入的信息采集装置	实用新型专利	2013. 12. 31	ZL201320890457. 5	李哲敏、许世卫、孔繁涛、张永恩、张建华、王东杰、张　超、陈　威	信息所
379	作物农情监测装置	实用新型专利	2013. 12. 31	ZL201320889776. 4	许世卫、李哲敏、孔繁涛、张建华、陈　威、吴健寨、于海鹏	信息所
380	一种环境因子集中采集装置	实用新型专利	2014. 7. 15	ZL201420391411. 3	张建华、许世卫、孔繁涛、李哲敏、吴建寨、周向阳、徐　克	信息所

（续表）

序号	专利名称	类别	授权公告日	专利号	发明人（设计人）	研究所
381	信息分类统计装置	实用新型专利	2013. 12. 31	ZL201320889767. 5	孔繁涛、李哲敏、许世卫、吴建寨、喻 闻、朱孟帅、张建华、王盛威、于海鹏.	信息所
382	基于4G网络的农业生产环境双模式视频监控装置	实用新型专利	2014. 9. 27	ZL201420535260. 4	崔运鹏、王 健、张学福	信息所
383	基于物联网的奶牛场无线监测系统	实用新型专利	2014. 4. 11	ZL201420174298. 3	许世卫、李哲敏、董晓霞、李灯华、于海鹏	信息所
384	多参数离子传感器、传感器芯片和监测系统	实用新型专利	2014. 5. 6	ZL201420226891. 8	许世卫、李哲敏、李灯华	信息所
385	养殖场动态环境监测装置及系统	实用新型专利	2014. 7. 2	ZL201420362917. 1	许世卫、李哲敏、苏念思、李灯华	信息所
386	一种农产品市场要素信息采集的鲁棒性语音识别方法	发明专利	2014. 8. 27	ZL201410429563. 2	诸叶平、许金普	信息所
387	一种二叉树型知识可视化编辑器及其编辑方法	发明专利	2014. 5. 21	ZL201410215782. X	丘 耘、樊景超、吴定锋、郭秀明、周国民	信息所
388	一种基于WSN用于微环境监测的主从式信息采集设备	实用新型专利	2014. 10. 24	ZL201420622113. X	郭秀明、周国民、樊景超、吴定锋、丘 耘	信息所
389	一种果园虫害发生量异地获取装置	实用新型专利	2014. 10. 30	ZL201420642545. 8	周国民、樊景超、吴定锋、郭秀明、丘 耘	信息所

（续表）

序号	专利名称	类别	授权公告日	专利号	发明人（设计人）	研究所
390	一种果树叶部病害发生情况异地获取装置	实用新型专利	2014. 10. 30	ZL201420642551. 3	周国民、樊景超、吴定锋、郭秀明、丘　耘	信息所
391	一种便携式果园人工作业信息自动记录装置	实用新型专利	2014. 10. 31	ZL201420642858. 3	周国民、樊景超、吴定锋、郭秀明、丘　耘	信息所
392	一种便携式果园人工作业信息自动记录装置及方法	发明专利	2014. 10. 31	ZL201410602185. 3	周国民、樊景超、吴定锋、郭秀明、丘　耘	信息所
393	一种果园环境喷药作业信息自动记录装置	实用新型专利	2014. 10. 31	ZL201420642447. 4	周国民、樊景超、吴定锋、郭秀明、丘　耘	信息所
394	一种果园环境喷药作业信息自动记录装置和方法	发明专利	2014. 10. 31	ZL201410601441. 7	周国民、樊景超、吴定锋、郭秀明、丘　耘	信息所
395	一种自动记录果树精准产量的装置	实用新型专利	2014. 10. 31	ZL201420642868. 7	周国民、樊景超、吴定锋、郭秀明、丘耘	信息所
396	一种自动记录果树精准产量的装置和方法	发明专利	2014. 10. 31	ZL201410601802. 8	周国民、樊景超、吴定锋、郭秀明、丘　耘	信息所
397	基于物联网的奶牛场无线监测系统	发明专利	2014. 4. 11	ZL201410144363. 2	许世卫、李哲敏、董晓霞、李灯华、于海鹏	信息所
398	养殖场动态环境监测装置及系统	发明专利	2014. 7. 2	ZL201410312015. 0	许世卫、李哲敏、苏念思、李灯华	信息所
399	多参数离子传感器及其制备方法、多参数离子传感器芯片和监测系统	发明专利	2014. 5. 6	ZL201410186870. 2	许世卫、李哲敏、李灯华	信息所

（续表）

序号	专利名称	类别	授权公告日	专利号	发明人（设计人）	研究所
400	作物叶片生理水分监测系统	发明专利	2014. 11. 24	ZL201410682332. 2	许世卫、李灯华、李哲敏、张建华、李干琼、王东杰	信息所
401	一种芒果品质监测系统	发明专利	2014. 10. 9	ZL201410528146. 3	李灯华、庄家煜、陈　威、苏念思、李哲敏、许世卫	信息所
402	一种机器人智能仿真测试方法	发明专利	2014. 9. 15	ZL201410468357. 2	庄家煜、许世卫、李哲敏、王东杰、张　超、陈　威、李干琼、张玉梅、张永恩	信息所
403	一种机器人智能仿真测试系统	发明专利	2014. 9. 15	ZL201410468356. 8	陈　威、庄家煜、李灯华、孔繁涛、张建华、王东杰、喻　闻、许世卫、李哲敏	信息所
404	一种智能农业监控预警系统及方法	发明专利	2014. 9. 15	ZL201410468347. 9	许世卫、李哲敏、李干琼、庄家煜、董晓霞、张玉梅、于海鹏、王东杰、张　超	信息所
405	自动温控犊牛保育舍	实用新型专利	2014. 10. 29	ZL201420635708. X	董晓霞、李哲敏、周俊生、周　岚	信息所
406	一种芒果品质监测系统	实用新型专利	2014. 10. 9	ZL201420580794. 9	李灯华、庄家煜、陈　威、苏念思、李哲敏、许世卫	信息所
407	作物叶片生理水分监测系统	实用新型专利	2014. 11. 24	ZL201420712576. 6	许世卫、李灯华、李哲敏、张建华、李干琼、王东杰	信息所
408	一种智能农业监控预警系统	实用新型专利	2014. 9. 15	ZL201420529665. 7	许世卫、李哲敏、李干琼、庄家煜、董晓霞、张玉梅、于海鹏、王东杰、张　超	信息所

（续表）

序号	专利名称	类别	授权公告日	专利号	发明人（设计人）	研究所
409	一种用于防震抗摔的信息采集器	实用新型专利	2014. 7. 31	ZL201420429509. 3	张建华、孔繁涛、李哲敏、吴建寨、刘佳佳、朱孟帅、赵　璞	信息所
410	一种农作物生长状态监测预警装置	实用新型专利	2014. 7. 31	ZL201410375202. 4	许世卫、孔繁涛、张建华、朱孟帅、王盛威、李哲敏、沈　辰	信息所
411	一种农作物生长状态监测预警装置	发明专利	2014. 7. 31	ZL201420431064. 2	许世卫、孔繁涛、张建华、朱孟帅、王盛威、李哲敏、沈　辰	信息所
412	一种奶牛躺卧时间远程采集系统	实用新型专利	2014. 10. 31	ZL201420643100. 1	朱孟帅、李哲敏、吴建寨、李辉尚、梁丹辉、赵锡海、杨海城	信息所
413	一种仔猪自动喂奶保温箱	实用新型专利	2014. 10. 31	ZL201420642910. 5	孔繁涛、张建华、朱孟帅、赵　璞、王盛威、沈　辰、徐　克	信息所
414	一种可分辨作物大小的拍摄装置	实用新型专利	2014. 10. 31	ZL201420643151. 4	许世卫、孔繁涛、张建华、赵　璞、刘佳佳、韩书庆、周向阳、熊　露	信息所
415	一种同步测定三唑类手性农药对映体含量的方法	发明专利	2014. 7. 30	ZL201110148839. 6	邱　静、杨曙明、于红侠	质标所
416	检测雌激素的方法及其专用试纸	发明专利	2014. 7. 16	ZL201110100756. X	陈爱亮	质标所

（续表）

序号	专利名称	类别	授权公告日	专利号	发明人（设计人）	研究所
417	牛奶中雌激素的定量检测方法	发明专利	2014. 3. 12	ZL201210028917. 3	陈　刚	质标所
418	一种抽吸式杂质吸附模式固相萃取柱装置	实用新型专利	2014. 10. 29	ZL201420469725. X	苏晓鸥、王瑞国、王培龙、张　维、李　阳、邓　涛	质标所
419	一种移液器直接进样的杂质吸附型微型净化柱	实用新型专利	2014. 11. 20	ZL201420515066. X	苏晓鸥、王瑞国、王培龙、程　劼、邓　涛、程芳芳	质标所
420	一种反应条件可控的胶体金试纸条测定装置	实用新型专利	2014. 4. 14	ZL201320382640. 4	李　阳、苏晓鸥、王培龙、王瑞国、王　骁、张　维	质标所
421	一种流量可调喷嘴	实用新型专利	2014. 1. 8	ZL201320403654. X	段福义、范永申、李金山、贾艳辉、韩启彪、孙　浩、陈　震	灌溉所
422	一种灌溉过量示警装置	实用新型专利	2014. 1. 8	ZL201320402130. 9	韩启彪、仵　峰、孙　浩、李金山、范永申、段福义、刘　杨、贾艳辉	灌溉所
423	一种自过滤负压灌溉装置	实用新型专利	2014. 5. 28	ZL201320845675. 7	吕谋超、孙　浩、宗　洁、李金山、韩启彪、杨慎骄、李　浩	灌溉所
424	滴灌管/带快速铺设装置	实用新型专利	2014. 9. 3	ZL201420175887. 3	邓　忠、孙景生、李　迎、翟国亮、宗　洁、刘　浩、蔡九茂、张文正	灌溉所

（续表）

序号	专利名称	类别	授权公告日	专利号	发明人（设计人）	研究所
425	一种坑塘清淤机	实用新型专利	2014. 4. 11	ZL201420172879. 3	邓　忠、翟国亮、郭大应、李　迎、蔡九茂、宗　洁、冯俊杰、张文正	灌溉所
426	行走式农田灌溉机	实用新型专利	2014. 9. 17	ZL201420237574. 6	邓　忠、翟国亮、李　迎、杨筠晴、蔡九茂、宗　洁、张文正、冯俊杰	灌溉所
427	用于抽水试验流量控制与测量的装置	实用新型专利	2014. 4. 16	ZL201320520210. 4	樊向阳、胡艳玲、齐学斌、李　平、李中阳、黄仲冬、吴海卿、朱东海	灌溉所
428	一种非稳定流抽水试验流量恒定的控制装置	实用新型专利	2014. 10. 15	ZL201420312189. 3	樊向阳、胡艳玲、黄仲冬、李　平、齐学斌、乔冬梅、赵志娟、胡　超	灌溉所
429	一种按扣式滴灌管	实用新型专利	2014. 9. 17	ZL201420230271. 1	蔡九茂、李　莉、宗　洁、邓　忠、翟国亮、张文正、李　迎	灌溉所
430	一种自动控制压差施肥系统	实用新型专利	2014. 11. 5	ZL201420224795. X	韩启彪、李金山、李　浩、范永申、段福义、贾艳辉、陈伟伟	灌溉所
431	一种滴灌试验土壤取样及水分测量装置	实用新型专利	2014. 10. 22	ZL201320679024. 5	韩启彪、李金山、范永申、郭志新、段福义、孙　浩、刘　杨	灌溉所

（续表）

序号	专利名称	类别	授权公告日	专利号	发明人（设计人）	研究所
432	一种移动式喷灌施肥装置	实用新型专利	2014. 10. 22	ZL201420200389. X	李金山、孙　浩、段福义、韩启彪、刘　杨、李　浩、陈　震	灌溉所
433	一种农田排水系统	实用新型专利	2014. 11. 5	ZL201420200415. 9	李金山、韩启彪、段福义、范永申、孙　浩	灌溉所
434	一种干旱预警方法和预警系统	发明专利	2014. 9. 24	ZL201210257722. 6	陈智芳、王景雷、孙景生、张寄阳、宋　妮、刘小飞	灌溉所
435	一种水稻客土盘育秧基质及其育秧方法	发明专利	2014. 1. 1	ZL201110442944. X	欧阳由男、李春生、王艳丽、李黎红、沈　波、闻　丽、蒋玉根、王子民	水稻所
436	吡蚜酮与仲丁威复配农药	发明专利	2014. 1. 1	ZL201010104608. X	罗　举、胡国文、傅　强、胡　阳、赖凤香	水稻所
437	与水稻抗白背飞虱基因相连锁的分子标记及其应用	发明专利	2014. 1. 29	ZL201210045397. 7	曾大力、李家洋、钱　前、胡　江、张光恒、郭龙彪、董国军、刘　坚、高振宇、朱　丽、颜美仙、胡兴民	水稻所
438	一种水稻田间育秧播种器	发明专利	2014. 2. 5	ZL201110115382. 9	徐一成、朱德峰、陈慧哲、李　革、应火冬	水稻所
439	直播式水稻品种区域试验方法	发明专利	2014. 4. 2	ZL201110341379. 9	程本义、夏俊辉、龚俊义、杨仕华	水稻所
440	一种控制水稻镉积累的肥料及其制备方法	发明专利	2014. 4. 16	ZL201210568873. 3	邵国胜、沈希宏、王　静	水稻所

（续表）

序号	专利名称	类别	授权公告日	专利号	发明人（设计人）	研究所
441	一种水稻干粉种衣剂的黏着剂及其制备方法	发明专利	2014. 5. 7	ZL201210117342. 2	王丹英、章秀福、徐春梅、陈　松	水稻所
442	基于 DSP 的水稻杂草识别系统及其识别方法	发明专利	2014. 5. 7	ZL201110136815. 9	唐　健、范德耀	水稻所
443	检测控制水稻耐盐等位基因的特异性 PCR 分子标记	发明专利	2014. 6. 4	ZL201310026317. 8	樊叶杨、朱玉君、庄杰云、董　峰	水稻所
444	提前粳型杂交稻不育系开花时间的方法和提高制种的方法	发明专利	2014. 6. 4	ZL201210552470. X	朱旭东、王跃星、陈红旗、倪　深	水稻所
445	一种大螟的半人工饲料及其制备方法	发明专利	2014. 7. 2	ZL201310045121. 3	傅　强、袁哲明、戴长庚、王立峰、谭显胜、胡　阳、李凯龙、刘卓荣	水稻所
446	水稻生态专用肥及其施用方法	发明专利	2014. 7. 23	ZL201210302227. 2	陈　松、章秀福、王丹英、徐春梅	水稻所
447	一种控制旱地作物镉积累的肥料及其制备方法	发明专利	2014. 7. 23	ZL201210588239. 6	邵国胜、沈希宏、王　静	水稻所
448	水稻田间稻纵卷叶螟赶蛾装置及应用方法	发明专利	2014. 7. 30	ZL201310091610. 2	唐　健、姚　青、徐一成、杨保军、黄　挺	水稻所
449	水稻非损伤性源库调控方法	发明专利	2014. 10. 13	ZL201310166485. 7	张卫星、邵国胜、沈希宏、朱智伟、闵　捷、廖西元	水稻所

（续表）

序号	专利名称	类别	授权公告日	专利号	发明人（设计人）	研究所
450	水稲の機械的移植のトレー育苗用発根剤及びその使用方法	发明专利（日本）	2014. 10. 24	PCT/CN2011/000552 进入国别日本（特许第5635692）	欧阳由男	水稻所
451	定量检测土壤氨释放对种子萌发影响的装置	发明专利	2014. 11. 12	ZL201310492320. 9	向　镜、朱德峰、徐一成、陈惠哲、张玉屏	水稻所
452	检测水稻品种密阳46高硅含量等位基因 *qHUS*6. 1的特异性PCR分子标记	发明专利	2014. 11. 26	ZL201210392832. 3	应杰政、樊叶杨、庄杰云、朱玉君	水稻所
453	一种控制作物镉积累的肥料及其制备方法	发明专利	2014. 12. 3	ZL2013100451143. X	邵国胜、沈希宏、王　静	水稻所
454	利用光谱调控水稻秧苗生长的育秧光谱调节装置和设备	实用新型专利	2014. 2. 5	ZL201320084415. 2	朱德峰、向　镜、陈惠哲、徐一成、李许可、周　泓	水稻所
455	一种直立型夹角测量器	实用新型专利	2014. 2. 5	ZL201320560129. 9	张小惠、张迎信、秦亚芝、李春生、吴先军、曹立勇、程式华	水稻所
456	一种便携式秸秆发酵袋	实用新型专利	2014. 3. 12	ZL201320508676. 2	张均华、朱练峰、赵夫涛、禹盛苗、金千瑜	水稻所
457	一种米质糊化温度的测定装置	实用新型专利	2014. 3. 12	ZL201320617039. 9	何小嫣、段彬五、孙成效、方长云、朱智伟	水稻所
458	一种实验用移液装置	实用新型专利	2014. 4. 9	ZL201320617033. 1	何小嫣、段彬五、孙成效、方长云、朱智伟	水稻所

（续表）

序号	专利名称	类别	授权公告日	专利号	发明人（设计人）	研究所
459	一种蒸煮消解装置	实用新型专利	2014. 6. 4	ZL201320784696. 2	谢黎虹、胡培松、唐绍清、陈　能、罗　炬、焦桂爱、邵高能、魏祥进、圣忠华	水稻所
460	一种蜂窝形秧苗育秧盘	实用新型专利	2014. 6. 18	ZL2013208097576. X	欧阳由男、曹立勇	水稻所
461	一种简易稻田灌水测定装置	实用新型专利	2014. 7. 30	ZL201420073160. 4	陈　松、章秀福、王丹英、徐春梅	水稻所
462	水稻定点定量深施肥装置	实用新型专利	2014. 8. 6	ZL201420132531. 1	向　镜、朱德峰	水稻所
463	水稻长毯式钵形毯状秧苗的育秧装置	实用新型专利	2014. 8. 13	ZL201320813620. 8	徐一成、朱德峰、李　革、陈惠哲、张玉屏、向　镜	水稻所
464	一种新型精米机	实用新型专利	2014. 8. 13	ZL201420181861. X	闵　捷、朱智伟、张文保、陈　能、罗玉坤	水稻所
465	一种大米垩白度观测仪	实用新型专利	2014. 8. 13	ZL201420181875. 1	闵　捷、朱智伟、张文保、许　立、陈　能、段彬伍、罗　玉	水稻所
466	一种直链淀粉容量瓶加热辅助装置	实用新型专利	2014. 8. 13	ZL201420181872. 8	章林平、朱智伟、闵　捷、陈　能、段彬伍、许群英	水稻所
467	一种水稻种植箱	实用新型专利	2014. 9. 10	ZL201320868948. X	张迎信、徐晓明、曹立勇、程式华、占小登、于　萍、陈代波、吴伟明	水稻所
468	一种存储柜的除湿控制装置	实用新型专利	2014. 9. 10	ZL201420234153. 8	鄂志国、张玉屏、朱德峰、李新华	水稻所

（续表）

序号	专利名称	类别	授权公告日	专利号	发明人（设计人）	研究所
469	一种轻型无土水稻育秧基质的专用装盘进料装置	实用新型专利	2014. 9. 17	ZL201420214013. 4	张均华、金千瑜、赵夫涛、朱练峰、禹盛苗、吴世强	水稻所
470	水稻根系平面培养装置	实用新型专利	2014. 9. 24	ZL201420227621. 9	张义凯、朱德峰	水稻所
471	一种水稻水稻育秧专用漂浮装置	实用新型专利	2014. 10. 15	ZL201420271213. 3	张均华、金千瑜、赵夫涛、朱练峰、禹盛苗	水稻所
472	胶稠度测试用米胶水平延淌板	实用新型专利	2014. 10. 22	ZL201420323697. 1	许　立、闵　捷、朱智伟、段彬伍	水稻所
473	一种昆虫基因检测方法	发明专利	2014. 2 12	ZL201110385101. 1	张　帅、崔金杰、雒珺瑜、王春义、吕丽敏、马　艳、蒋伟丽	棉花所
474	一种移栽用打洞施肥一体机	发明专利	2014. 2 19	ZL201210074377. 2	毛树春、韩迎春、李亚兵、董春旺、王国平、冯　璐、朱巧玲、范正义、李小新、芦建华	棉花所
475	鉴定优质抗虫杂交棉中棉所70品种真实性和/或品种纯度的SSR分子标记方法	发明专利	2014. 3. 19	ZL201210009203. 8	袁友禄、石玉真、李俊文、商海红、刘爱英、龚举武、张金凤、葛瑞华、龚万奎、王　涛	棉花所
476	棉花增铃保铃剂及其制备方法与应用	发明专利	2014. 4. 2	ZL201010034349. 9	宋国立、李亚兵、毛树春、王丙军、徐正洲、陈志军、王和生	棉花所

（续表）

序号	专利名称	类别	授权公告日	专利号	发明人（设计人）	研究所
477	沉默两个抗性基因防治烟灰虱的方法	发明专利	2014. 4. 30	ZL201210025653. 6	刘　方、张保龙、王坤波、陈天子、蔡小彦	棉花所
478	哈克尼西棉不育胞质棉花恢复系的分子鉴定方法	发明专利	2014. 5. 22	ZL201210092777. 6	邢朝柱、吴建勇、郭立平、戚廷香	棉花所
479	一种获得植物候选抗病基因序列的方法	发明专利	2014. 6. 18	ZL201210511335. 0	王红梅、赵云雷、陈　伟、李运海、龚海燕、桑晓慧	棉花所
480	利用非暗培养叶片构建棉花 BAC 文库的方法	发明专利	2014. 6. 25	ZL201210215857. 6	高海燕、王坤波、马峙英、刘　方、王省芬、王春英、张香娣、王玉红、彭仁海	棉花所
481	一种棉花 MYB 转录因子及其编码基因与应用	发明专利	2014. 8. 6	ZL201310259345. 4	于霁雯、王诺菡、马启峰、吴　嫚、张金发、李兴丽、黄双领	棉花所
482	一种棉花 GhFPF1 蛋白及其编码基因和应用	发明专利	2014. 8. 20	ZL201310136123. 3	喻树迅、王小艳、范术丽、宋美珍、庞朝友、魏恒玲	棉花所
483	一种土壤养分分级指标的田间试验方法	发明专利	2014. 11. 15	ZL301310043968. 8	董合林、李鹏程、刘爱忠、李如意	棉花所
484	转 *Bt* 基因棉花抗棉铃虫性评价方法	发明专利	2014. 3. 26	ZL201210339761. 0	雒珺瑜、崔金杰、王春义、张　帅、吕丽敏	棉花所
485	一种棉花蚜虫生物测定方法	发明专利	2014. 9. 28	ZL201210187447. 5	雒珺瑜、崔金杰、马　艳、辛慧江、王春义、张　帅、吕丽敏、李春花、吴冬梅	棉花所

（续表）

序号	专利名称	类别	授权公告日	专利号	发明人（设计人）	研究所
486	一种抗烟粉虱棉花品种或品系的筛选方法	发明专利	2014. 4. 30	ZL201110422829. 7	雒珺瑜、崔金杰、马　艳、王春义、辛惠江、张　帅、吕丽敏、吴冬梅、李春花	棉花所
487	一种棉铃虫对 Bt 蛋白抗性检测方法	发明专利	2014. 12. 3	ZL201310192831. 9	张　帅、崔金杰、王春义、雒珺瑜、吕丽敏	棉花所
488	一种生产经济环保型棉花杂交品种的方法	发明专利	2014. 3. 19	ZL201210408415. 3	马雄风、杨代刚、周晓箭、王海风、孟清芹、裴小雨、张文生、周克海、刘艳改	棉花所
489	功能叶片取样机	实用新型专利	2014. 4. 2	ZL201320527937. 5	杨北方、毛树春、范正义、王国平、韩迎春、李亚兵、杜文丽、冯　璐、朱巧玲、李小新、芦建华	棉花所
490	一种组合窝眼轮式穴盘播种机	实用新型专利	2014. 4. 9	ZL201320597992. 1	毛树春、杨北方、韩迎春、李亚兵、王国平、范正义、杜文丽、冯　璐、朱巧玲、李小新、芦建华	棉花所
491	一种育苗穴盘	实用新型专利	2014. 6. 25	ZL201320679025. X	王国平、杨北方、韩迎春、李亚兵、毛树春、范正义、杜文丽、芦建华	棉花所
492	自动振荡器	实用新型专利	2014. 7. 2	ZL201110099373. 5	喻树迅、马启峰、范术丽、于霁雯、吴　嫚、翟红红	棉花所

（续表）

序号	专利名称	类别	授权公告日	专利号	发明人（设计人）	研究所
493	一种凯氏定氮蒸馏装置	实用新型专利	2014. 8. 6	ZL201420156427. 6	李鹏程、董合林、刘爱忠、刘敬然、刘爱珍、李如义、孙　淼	棉花所
494	一种挥发物溶液缓释装置	实用新型专利	2014. 8. 6	ZL201420025073. 1	张　帅、崔金杰、王春义、雒珺瑜、吕丽敏、李春花	棉花所
495	基于平等四杆机构的穴盘打穴器	实用新型专利	2014. 8. 13	ZL201420147335. 1	杨北方、毛树春、韩迎春、李亚兵、王国平、范正义、冯　璐、杜文丽、李小新、芦建华	棉花所
496	一种籽棉清理机	实用新型专利	2014. 8. 13	ZL201420147673. 5	杨北方、毛树春、韩迎春、李亚兵、王国平、范正义、冯　璐、杜文丽、李小新、芦建华	棉花所
497	一种棉铃虫人工饲料切割装置	实用新型专利	2014. 11. 4	ZL201420443697. 5	吕丽敏、崔金杰、张　帅、雒珺瑜、王春义、李春花、朱香镇	棉花所
498	一种甘蓝型油菜耐湿性改良的方法	发明专利	2014. 5. 14	ZL201210142130. X	陈玉峰、胡　琼、李云昌、梅德圣、刘　佳、付　丽、李英德、徐育松、李晓琴	油料所
499	一种提高芝麻耐湿能力的复合诱抗剂	发明专利	2014. 11. 5	ZL201310360848. 0	张秀荣、黎冬华、张艳欣、王林海、高　媛	油料所

（续表）

序号	专利名称	类别	授权公告日	专利号	发明人（设计人）	研究所
500	一种大豆抗倒伏主效基因位点及应用	发明专利	2014. 7. 30	Zl201310053958. 2	陈海峰、沙爱华、单志慧、杨中路、张晓娟、张婵娟、陈李淼、陈水莲、邱德珍、周　蓉、吴学军、周新安	油料所
501	一种大豆抗花叶病毒主效基因位点及应用	发明专利	2014. 8. 13	Zl201310053813. 2	陈海峰、沙爱华、单志慧、杨中路、张晓娟、张婵娟、陈李淼、陈水莲、邱德珍、周　蓉、吴学军、周新安	油料所
502	植物耐低钾胁迫相关蛋白GmWRKY50及其编码基因与应用	发明专利	2014. 9. 17	ZL201310064928. 1	朱晓玲、陈海峰、王　程、郝青南、崔嘉成、沙爱华、陈李淼、周　蓉、张婵娟、张晓娟、陈水莲、周新安	油料所
503	植物耐低氮胁迫相关蛋白GmDUF-CBS及其编码基因与应用	发明专利	2014	ZL201310066007. 9	郝青南、朱晓玲、沙爱华、单志慧、陈海峰、陈李淼、张婵娟、陈水莲、张晓娟、周　蓉、周新安	油料所
504	一种植物非叶器官光效促进剂及其制备方法	发明专利	2014. 6. 25	ZL201310036522. 2	李　俊、张春雷、马　霓、李　玲、廖　星、袁金展、余常兵	油料所
505	一种植物不育系和恢复系的制备方法和应用	发明专利	2013. 12. 11	ZL201110192597. 0	刘胜毅、石　磊、董彩华	油料所

（续表）

序号	专利名称	类别	授权公告日	专利号	发明人（设计人）	研究所
506	油菜 *BnRabGDI3* 基因及其应用	发明专利	2014. 3. 12	ZL201210494543. 4	刘胜毅、董彩华、黄军艳、李振波、童超波、刘越英、程晓辉	油料所
507	油菜 *BnRabGDI3* 启动子的制备方法及其应用	发明专利	2014. 6. 25	ZL201210491386. 1	刘胜毅、董彩华、黄军艳、李振波、刘越英、程晓辉	油料所
508	一种油菜抗逆基因及其应用	发明专利	2014. 4. 2	ZL201310074873. 2	王汉中、华　玮、胡志勇、刘　静、刘贵华、王新发、詹高淼、杨红丽、邓林彬	油料所
509	无探针双引物标记交互荧光能量共振转移定量 PCR 方法	发明专利	2014. 5. 14	ZL201210551429. 0	吴　刚、李　伟、武玉花、李晓飞	油料所
510	杂交瘤细胞株 AFM1B7、其单克隆抗体及黄曲霉毒素 M1 流动滞后免疫时间分辨荧光速测试剂盒	发明专利	2014. 4. 30	ZL201310115872. 8	李培武、李　冉、张　奇、丁小霞、张　文、张兆威	油料所
511	杂交瘤细胞株 AFB3G1、其单克隆抗体及半定量化检测黄曲霉毒素 B1 的多检测线免疫层析试纸条	发明专利	2014. 4. 30	ZL201310115849. 9	李培武、张兆威、张　奇、丁小霞、张　文	油料所
512	黄曲霉毒素重组单链抗体 2G7、编码基因及其应用	发明专利	2014. 4. 30	ZL201310029279. 1	李培武、李　鑫、张　奇、丁小霞、张　文、李　冉	油料所

（续表）

序号	专利名称	类别	授权公告日	专利号	发明人（设计人）	研究所
513	黄曲霉毒素阳性抗体基因库、构建方法、用途及黄曲霉毒素重组单链抗体 1A7	发明专利	2014. 4. 30	ZL201310054391. 0	李培武、李　鑫、张　奇、丁小霞、张　文、李　冉	油料所
514	杂交瘤细胞株 2D3、其产生的抗玉米赤霉烯酮单克隆抗体及其应用	发明专利	2014. 4. 9	ZL201310115825. 3	李培武、李　鑫、张　奇、何　婷、丁小霞、张　文、李　冉	油料所
515	一种检测黄曲霉毒素 B1 含量的非标记免疫分析方法	发明专利	2014. 4. 9	ZL201210501665. 1	李培武、李　鑫、张　奇、丁小霞、张　文、张兆威、李　冉	油料所
516	抗黄曲霉毒素通用单克隆抗体 1C11 在黄曲霉毒素 B1 荧光淬灭中的应用及方法	发明专利	2014. 4. 9	ZL201210501565. 9	李培武、李　鑫、张　奇、丁小霞、张　文、张兆威、李　冉	油料所
517	杂交瘤细胞株 1H2、其产生的抗赭曲霉毒素 A 单克隆抗体及其应用	发明专利	2014. 1. 22	ZL201310115921. 8	李培武、李　鑫、张　奇、何　婷、丁小霞、张　文、李　冉	油料所
518	同步检测黄曲霉毒素和赭曲霉毒素 A 混合污染的免疫层析试纸条、制备方法及应用	发明专利	2014. 4. 9	ZL201310115186. 0	李培武、李　鑫、张　奇、丁小霞、张　文、张兆威	油料所

（续表）

序号	专利名称	类别	授权公告日	专利号	发明人（设计人）	研究所
519	同步检测黄曲霉毒素和玉米赤霉烯酮混合污染的免疫层析试纸条、制备方法及其应用	发明专利	2014. 1. 8	ZL201310115725. 0	李培武、李　鑫、张　奇、丁小霞、张　文、张兆威	油料所
520	同步检测黄曲霉毒素、赭曲霉毒素 A 和玉米赤霉烯酮混合污染的免疫层析试纸条及制备方法	发明专利	2014. 1. 8	ZL201310115190. 7	李培武、张兆威、张　奇、丁小霞、张　文	油料所
521	黄曲霉毒素 B1 流动滞后免疫时间分辨荧光速测试剂盒及其应用	发明专利	2014. 4. 9	ZL201310115724. 6	李培武、李　冉、张　奇、丁小霞、张　文、张兆威	油料所
522	杂交瘤细胞株 AFG1G6、其产生的抗黄曲霉毒素 G1 单克隆抗体及黄曲霉毒素 G1 免疫层析试纸条	发明专利	2014. 9. 10	ZL201310115189. 4	李培武、张兆威、张　奇、丁小霞、张　文	油料所
523	A hybridoma cell line 10G4 and a monoclonal antibody against the total of aflatoxin B1，B2，G1 and G2	发明专利（美国）	2014. 9. 23	US 8841419 B2	李培武、李　鑫、张　奇、丁小霞、张　文、李　冉、张兆威	油料所

（续表）

序号	专利名称	类别	授权公告日	专利号	发明人（设计人）	研究所
524	하이브리도머 세포주 10G4 및 그가 생성하는 항아플라톡신 B1, B2, G1, G2 총량 모노클론 항체	发明专利（韩国）	2014. 11. 24	10-2013-7019060	李培武、李　鑫、张　奇、丁小霞、张　文、李　冉、张兆威	油料所
525	一种制取植物油的物理方法	发明专利	2014. 10. 8	ZL201310234272. 3	黄凤洪、刘昌盛、李文林、杨　湄、黄庆德、邓乾春、周　琦、钮琰星、郭萍梅、万楚筠、许继取、郑明明、杨金娥	油料所
526	生物酶辅助制取菜籽仁油和回收蛋白的方法	发明专利	2013. 12. 4	ZL201210550415. 7	黄凤洪、万楚筠、钮琰星、李文林、邓乾春、杨　湄、郑明明、郭萍梅、许继取、黄庆德、刘昌盛、郑　畅、周　琦、郭　勉、胡双喜	油料所
527	一种处理农作物秸秆的方法	发明专利	2014. 3. 12	ZL201110114720. 7	黄凤洪、万楚筠、钮琰星、李文林、黄庆德、黄　茜、邓乾春、杨　湄、郭萍梅、刘昌盛、许继取、郑明明、刘　睿	油料所

（续表）

序号	专利名称	类别	授权公告日	专利号	发明人（设计人）	研究所
528	一种超声波强化酶促合成植物甾醇酯的方法	发明专利	2013. 12. 25	ZL201210099437. 6	黄凤洪、郑明明、郭萍梅、李文林、邓乾春、杨　湄、黄庆德、万楚筠、钮琰星、刘昌盛、许继取、杨金娥	油料所
529	防止油料滑膛的双螺旋榨油机	发明专利	2014. 12. 10	ZL201210037727. 8	李文林、黄凤洪、刘协舫	油料所
530	气体强化液压榨油装置	实用新型专利	2014. 1. 22	ZL201320473050. 2	黄凤洪、万楚筠、钮琰星、李文林、邓乾春、黄庆德、杨　湄、郭　勉、郑明明、许继取、郭萍梅、郑　畅、周　琦、刘昌盛、胡双喜	油料所
531	一种压榨制油的榨油机	实用新型专利	2014. 3. 26	ZL201320472930. 8	黄凤洪、万楚筠、李文林、钮琰星、郑明明、邓乾春、郭　勉、胡双喜、许继取、黄庆德、杨　湄、郭萍梅、刘昌盛、郑　畅、周　琦	油料所
532	利用 SSR 分子标记构建苎麻分子身份证的方法	发明专利	2014. 9. 7	ZL201310120547. X	陈建华、栾明宝、王晓飞、许　英、孙志民、邹自征	麻类所
533	一种利用 EST-SSR 分子标记构建苎麻核心种质的方法	发明专利	2014. 11. 2	ZL201310636792. 7	栾明宝、陈建华、王晓飞、许　英、孙志民、邹自征	麻类所

（续表）

序号	专利名称	类别	授权公告日	专利号	发明人（设计人）	研究所
534	一种功能菌株用于工厂化发酵快速提取草本纤维的方法	发明专利	2014. 3. 12	ZL201110410078. 7	刘正初、段盛文、成莉凤、郑　科、冯湘沅、郑霞	麻类所
535	一种肉鹅饲养方法	发明专利	2014. 1. 1	ZL201210524836. 2	熊和平、陈继康、喻春明、王延周、陈　平、卢凌霄	麻类所
536	一种用于处理苎麻茎秆的分离设备	实用新型专利	2014. 8. 27	ZL201420115842. 7	马　兰、龙超海、吕江南、刘佳杰	麻类所
537	一种苎麻有机化学成分微波提取器	实用新型专利	2014. 3. 5	ZL201320572773. 8	冷　鹃、肖爱平、杨喜爱、廖丽萍、程　毅、田小兰、聂晴岚	麻类所
538	一种苹果种质资源条形码标识的制备方法	发明专利	2014. 4. 23	ZL201210094690. 2	高　源、王　昆、龚　欣、刘立军、王大江、刘凤之	果树所
539	果树新梢旋转修剪机	实用新型专利	2014. 4. 16	ZL201320758440. 4	王海波、刘凤之、郝志强、王孝娣、张敬国、徐翠云、张成福、史祥宾	果树所
540	开沟施肥搅拌回填机	发明专利	2014. 9. 24	ZL201210339145. 5	王海波、郝志强、刘凤之、王孝娣、张敬国、徐翠云、张成福、徐勇	果树所
541	果园树盘碎草机	实用新型专利	2014. 4. 27	ZL201320755730. 3	王海波、郝志强、刘凤之、王孝娣、张敬国、徐翠云、张成福、徐　勇	果树所

（续表）

序号	专利名称	类别	授权公告日	专利号	发明人（设计人）	研究所
542	风、气和静电结合牵引弥雾机	实用新型专利	2014. 4. 23	ZL201320755590. X	王海波、郝志强、刘凤之、王孝娣、张敬国、徐翠云、张成福、史祥宾	果树所
543	西洋梨省力化早结果整形修剪方法	发明专利	2014. 5. 14	ZL201210536077. 1	李秀根、杨　健、王　龙、王苏珂	郑果所
544	叶螨天敌塔六点蓟马人工规模化饲养方法	发明专利	2014. 1. 22	ZL201210573883. 6	张金勇、陈汉杰、涂洪涛	郑果所
545	假眼小绿叶暗诱捕色的筛选及数字化标准色板的制作方法	发明专利	2014. 5. 7	ZL201210346154. 7	陈宗懋、边　磊、孙晓玲、罗宗秀、辛肇军、林志平、陈丽萍	茶叶所
546	一种茶尺户成虫引诱剂及含该引诱剂的诱芯制备方法	发明专利	2014. 7. 2	ZL201310243816. 2	孙晓玲、陈宗懋	茶叶所
547	一种阶梯式茶叶连续发酵装置	发明专利	2014. 6. 25	ZL201210552475. 2	叶　阳、董春旺、朱宏凯、刘　飞、钱园凤、张坚强、周小芬	茶叶所
548	一种茶叶加工在制品快速冷却装置及方法	发明专利	2014. 6. 25	ZL201210552474. 8	叶　阳、董春旺、朱宏凯、刘　飞、钱园凤、张坚强、周小芬	茶叶所
549	一种可视化红茶自动发酵装置	实用新型专利	2014. 1. 8	ZL201320431738. 4	叶　阳、董春旺、娄利明、朱宏凯、刘　飞、钱园凤、张坚强	茶叶所

（续表）

序号	专利名称	类别	授权公告日	专利号	发明人（设计人）	研究所
550	一种昆虫诱捕色筛选装置	实用新型专利	2014. 5. 21	ZL201320796484. 6	陈宗懋、边　磊、孙晓玲、陈华才、辛肇军、罗宗秀	茶叶所
551	一种茶叶理条机	实用新型专利	2014. 4. 30	ZL201320352007. 0	叶　阳、董春旺、朱宏凯、何华锋、钱园凤、刘　飞、张坚强	茶叶所
552	透明茶叶发酵筒	外观设计专利	2014. 2. 5	ZL201330379992. X	叶　阳、董春旺、娄利明、朱宏凯、刘　飞、钱园凤、张坚强	茶叶所
553	一种高茶黄素红茶饮料的加工方法	发明专利	2014. 4. 30	ZL201210054105. 6	尹军峰、许勇泉、陈建新、袁海波、邓余良、汪　芳、陈根生	茶叶所
554	香茶全自动生产线及用该生产线制香茶的方法	发明专利	2014. 5. 7	ZL201210467457. 4	林　智、汤　哲、周建勇、谭俊峰、彭浩明、郑红发、吕海鹏、彭群华、郭　丽	茶叶所
555	一种茶叶发酵环境发生装置	实用新型专利	2014. 7. 23	ZL201420006294. 4	叶　阳、董春旺、娄利明、朱宏凯、何华锋、王　梅、刘　飞、张坚强	茶叶所
556	可视化茶叶揉捻机	外观设计专利	2014. 6. 18	ZL201330593471. 4	董春旺、叶　阳、朱宏凯、何华锋、刘　飞、张坚强、黄　藩、洪文娟、张　成	茶叶所
557	一种茶树害虫灯光防治系统	实用新型专利	2014. 8. 27	ZL201420160033. 8	陈宗懋、边　磊、孙晓玲、陈华才、辛肇军、罗宗秀	茶叶所

（续表）

序号	专利名称	类别	授权公告日	专利号	发明人（设计人）	研究所
558	一种茶树害虫测报装置	实用新型专利	2014. 8. 27	ZL201420160186. 2	陈宗懋、边　磊、孙晓玲、陈华才、辛肇军、罗宗秀	茶叶所
559	一种茶树害虫诱杀装置	实用新型专利	2014. 9. 17	ZL201420160111. 4	陈宗懋、边　磊、孙晓玲、陈华才、辛肇军、罗宗秀	茶叶所
560	一种红茶内热增氧发酵方法	发明专利	2014. 10. 8	ZL201310289960. X	袁海波、尹军峰、江用文、邓余良、许勇泉、陈根生、汪　芳、白堃元	茶叶所
561	一种茶叶加工在制品快速冷却装置	发明专利	2014. 6. 25	ZL201210552474. 8	叶　阳、董春旺	茶叶所
562	离心萃取分离制备高纯度茶多酚的方法	发明专利	2014. 4. 2	ZL201210124324. 7	江和源、张建勇、江用文、王　岩、叶　葵	茶叶所
563	固定化多酚氧化酶动态连续氧化制备茶黄素的方法	发明专利	2014. 4. 23	ZL201110103086. 7	江和源、王　斌、张建勇、王伟伟	茶叶所
564	一种曲毫形红茶的加工方法	发明专利	2014. 10. 21	ZL201310372463. 6	袁海波、江用文、尹军峰、邓余良、许勇泉、陈根生、汪　芳、陈建新	茶叶所
565	一种可拆卸的发酵装置	实用新型专利	2014. 4. 17	ZL201420187337. 3	袁海波、江用文、尹军峰、邓余良、许勇泉	茶叶所
566	一种用于鲜叶分级机的筛板	实用新型专利	2014. 5. 18	ZL201420252304. 2	袁海波、尹军峰、邓余良、许勇泉、陈根生、汪　芳、陈建新	茶叶所

（续表）

序号	专利名称	类别	授权公告日	专利号	发明人（设计人）	研究所
567	一种茶叶超声波多级逆流柱提取装置	实用新型专利	2014. 10. 27	ZL201420458428. 6	陈建新、尹军峰、许勇泉、袁海波	茶叶所
568	一种工夫红茶揉捻发酵一体机	实用新型专利	2014. 11. 2	ZL201420428206. X	邓余良、袁海波、余书平、尹军峰、江用文、许勇泉、汪　芳、陈建新、陈根生	茶叶所
569	一种纳米茶杯	外观设计专利	2014. 12. 1	ZL201430294107. 2	邓余良、袁海波、尹军峰，等	茶叶所
570	包装盒（茶多酚片）	外观设计专利	2014. 8. 20	ZL201430072242. 2	江和源、张建勇、罗国军	茶叶所
571	瓶贴（茶多酚片）	外观设计专利	2014. 10. 15	ZL201430071737. 3	江和源、张建勇、罗国军	茶叶所
572	包装袋（随爽清茶）	外观设计专利	2014. 9. 30	ZL201430258733. 6	陈建新、尹军峰、许勇泉、袁海波	茶叶所
573	包装盒（随爽清茶）	外观设计专利	2014. 11. 6	ZL201430258855. 5	陈建新、尹军峰、许勇泉、袁海波	茶叶所
574	低咖啡碱绿茶制备方法、低咖啡碱绿茶及其茶制品	发明专利	2014. 10. 10	ZL201210228536. X	姚明哲、陈　亮、马春雷	茶叶所
575	一种茶树穗条扦插装置	实用新型专利	2014. 9. 4	ZL201420228453. 5	马春雷、陈　亮、姚明哲、金基强、马建强	茶叶所
576	一种茶树种子保存装置	实用新型专利	2014. 7. 31	ZL201420227009. 1	马春雷、陈　亮、姚明哲、金基强、马建强	茶叶所
577	一种易移栽的茶树穗条扦插装置	实用新型专利	2014. 8. 29	ZL201420228498. 2	马春雷、陈　亮、姚明哲、金基强、马建强	茶叶所

（续表）

序号	专利名称	类别	授权公告日	专利号	发明人（设计人）	研究所
578	一种拟南芥培养装置	实用新型专利	2014. 7. 29	ZL201420226999. 7	马春雷、陈　亮、姚明哲、金基强、马建强	茶叶所
579	一种茶叶保存装置	实用新型专利	2014. 10. 17	ZL201420227036. 9	马春雷、陈　亮、姚明哲、金基强、马建强	茶叶所
580	一种串联式植物水培装置	实用新型专利	2014. 8. 13	ZL201420107879. 5	张成才、成　浩、王丽鸳、韦　康	茶叶所
581	一种采用发光二极管诱杀假眼小绿叶蝉的装置	实用新型专利	2014. 6. 11	ZL201320794682. 9	陈宗懋、边　磊、孙晓玲、罗宗秀、辛肇军、林志平、陈丽萍	茶叶所
582	猪伪狂犬病病毒强毒株、其基因缺失疫苗株及其应用	发明专利	2014. 4. 22	ZL201210486730. 8	田志军、彭金美、安同庆	哈尔滨兽医所
583	表达禽流感血凝素基因的重组鸭病毒性肠炎病毒疫苗株及其构建方法和应用	发明专利	2014. 5. 14	ZL201010592385. 7	陈化兰、柳金雄、步志高、姜永萍	哈尔滨兽医所
584	鸭病毒性肠炎病毒感染性重组克隆系统及其构建方法和应用	发明专利	2013. 12. 25	ZL201010208250. 6	陈化兰、柳金雄、步志高、姜永萍	哈尔滨兽医所
585	鸭病毒性肠炎病毒疫苗株感染性克隆系统及其构建方法和应用	发明专利（中国香港）	2014. 6. 13	HK1162598	陈化兰、柳金雄、步志高、姜永萍	哈尔滨兽医所

（续表）

序号	专利名称	类别	授权公告日	专利号	发明人（设计人）	研究所
586	重组甲型H1N1流感病毒冷适应弱毒活疫苗株（SC/AAca）的制备及应用	发明专利	2014. 5. 7	ZL201010166722. 6	陈化兰、施建忠、步志高、邓国华、姜永萍、田国彬、李雁冰、乔传玲	哈尔滨兽医所
587	重组甲型H1N1流感病毒灭活疫苗株（SC/PR8）的制备及应用	发明专利	2014. 5. 7	ZL201010166788. 5	陈化兰、施建忠、步志高、邓国华、姜永萍、田国彬、李雁冰、乔传玲	哈尔滨兽医所
588	分泌SAMHD1蛋白单克隆抗体的杂交瘤细胞株、由该细胞株分泌的单克隆抗体及应用	发明专利	2014. 7. 16	ZL201210535066. 1	王晓钧	哈尔滨兽医所
589	一种可抑制病毒粒子释放的蛋白、其编码序列及在抑制EIAV从细胞释放中的应用	发明专利	2014. 7. 9	ZL201310001962. 4	王晓钧、胡　哲	哈尔滨兽医所
590	表达O型口蹄疫病毒空衣壳的重组缺损腺病毒及其应用	发明专利	2014. 8. 6	ZL201210030115. 6	于　力、周国辉、杨德成	哈尔滨兽医所
591	牛肠道病毒中国分离株及其感染性cDNA克隆的构建和应用	发明专利	2014. 6. 4	ZL201110120089. 1	于　力、常继涛	哈尔滨兽医所

（续表）

序号	专利名称	类别	授权公告日	专利号	发明人（设计人）	研究所
592	亚洲 1 型耐酸突变株、其携带的衣壳蛋白及其编码基因和应用	发明专利	2014. 7. 9	ZL201210533120. 9	于　力	哈尔滨兽医所
593	特异性沉默鸡马立克病病毒 *gI*、*gE* 基因的 siRNA 序列及其载体和应用	发明专利	2014. 4. 2	ZL201210303835. 5	王云峰、赵　妍、石星明、崔红玉、刘长军、王　玫	哈尔滨兽医所
594	检测禽白血病群特异性抗原的双抗体夹心 ELISA 试剂盒	发明专利	2014. 8. 13	ZL201210113675. 8	王笑梅、高玉龙、秦立廷、祁小乐、王永强、高宏雷	哈尔滨兽医所
595	一种用于禽肺病毒 A 亚群特异性检测的荧光定量 RT-PCR 试剂盒及其应用	发明专利	2014. 7. 15	ZL201310014454. X	高玉龙、王笑梅、祁小乐、高宏雷、王永强	哈尔滨兽医所
596	猪用隔离器	实用新型专利	2014. 10. 1	ZL201420253031. 3	韩凌霞、曲连东、张　伟、司昌德、姜　骞	哈尔滨兽医所
597	一管 PCR 鉴别诊断 I 型和新 I 型鸭肝炎病毒试剂盒	发明专利	2014. 9. 16	ZL201210324527. 0	张　云、刘　明、殷秀晨、刘红玉	哈尔滨兽医所
598	一种不含抗性标记的猪胸膜肺炎放线杆菌 ClpP 蛋白酶基因缺失株、其构建方法及应用	发明专利	2014. 1. 29	ZL201110336861. 3	谢　芳、王春来、张艳禾、李建军、朱晓凯、李艳玲	哈尔滨兽医所

（续表）

序号	专利名称	类别	授权公告日	专利号	发明人（设计人）	研究所
599	抗蓝舌病病毒 VP7 蛋白的单克隆抗体、分泌该抗体的杂交瘤细胞株及应用	发明专利	2014. 7. 9	ZL201210213073. X	吴东来、徐青元、刘霓红、杨　涛	哈尔滨兽医所
600	抗蓝舌病病毒血清 8 型 VP2 蛋白的单克隆抗体 BTV8-VP2-4D9 及其识别的 B 细胞表位多肽和应用	发明专利	2014. 11. 5	ZL201310241664. 2	吴东来、徐青元、刘霓红、杨　涛	哈尔滨兽医所
601	狂犬病 DNA 疫苗的构建及应用	发明专利	2014. 10. 15	ZL201310125911. 2	步志高、王喜军、葛金英、	哈尔滨兽医所
602	犬瘟热病毒 CDV/R-20/8 疫苗株的反向遗传操作系统及其应用	发明专利	2014. 2. 26	ZL201010226994. 0	步志高、夏咸柱、王喜军、冯　娜、葛金英、高玉伟	哈尔滨兽医所
603	一种鸭黄病毒病亚单位疫苗及其制备方法	发明专利	2014. 9. 10	ZL201210271338. 1	华荣虹、步志高	哈尔滨兽医所
604	犬瘟热病毒敏感细胞系及其建立方法和应用	发明专利	2013. 10. 30	ZL201210152860. 8	姜　骞、曲连东、林　欢、刘加森、郭冬春、司昌德	哈尔滨兽医所
605	用于同时检测猫泛白细胞减少症病毒、猫杯状病毒和猫疱疹病毒 1 型的多重 PCR 引物组	发明专利	2014. 9. 3	ZL201320159199. 8	刘大飞、张洪英、曲连东、刘春国、林　欢	哈尔滨兽医所

（续表）

序号	专利名称	类别	授权公告日	专利号	发明人（设计人）	研究所
606	猪伪狂犬病病毒强毒株、其基因缺失疫苗株及其应用	发明专利	2014. 4. 22	ZL201210486730. 8	田志军、彭金美、安同庆	哈尔滨兽医所
607	一种口蹄疫疫苗的免疫佐剂及其应用	发明专利	2014. 1. 1	ZL201210131845. 5	邵军军、常惠芸、丛国正、林　彤、高闪电、独军政	兰州兽医所
608	一种用于预装柱纯化蛋白的简易助力器	实用新型专利	2014. 1. 22	ZL201320551601. 2	张少华、才学鹏、朱学亮、骆学农、郭爱疆、窦永喜、侯俊玲、郑亚东	兰州兽医所
609	抗猪圆环病毒2型的双峰驼重链单域抗体及其制备方法和用途	发明专利	2014. 3. 12	ZL201210249621. 4	刘湘涛、杨顺利、尹双辉、尚佑军、孙世琪、田　宏、靳　野、吴锦艳、陈　妍、张克山	兰州兽医所
610	一种山羊传染性胸膜肺炎的快速检测试剂盒及其制备方法	发明专利	2014. 3. 12	ZL201110248562. 4	逯忠新、贺　英、储岳峰、赵　萍、高鹏程、张念章	兰州兽医所
611	肠道病毒71型感染性克隆及构建方法	发明专利	2014. 3. 12	ZL201110082256. 8	郑海学、李建强、曹伟军、杨　帆、王玉琳、刘湘涛	兰州兽医所
612	一种口蹄疫疫苗新型复合氢氧化铝佐剂及其制备疫苗方法	发明专利	2014. 4. 16	ZL201210302873. 9	李　冬、刘在新、周春雪、卢曾军、陈应理、孙　普、谢宝霞、曹轶梅、付元芳、包慧芳、李平花、白兴文	兰州兽医所

（续表）

序号	专利名称	类别	授权公告日	专利号	发明人（设计人）	研究所
613	一种猪用亚洲 I 型口蹄疫病毒灭活疫苗佐剂及制备方法	发明专利	2014. 4. 16	ZL201210274528. 9	景志忠、陈国华、曾　爽、房永祥、贾怀杰、何小兵、蔺国珍、才学鹏	兰州兽医所
614	一种 C 型口蹄疫亚单位疫苗及其制备方法	发明专利	2014. 5. 28	ZL201110303276. 3	刘永生、张　杰、丁耀忠、陈豪泰、马丽娜、周建华	兰州兽医所
615	检测绵羊无浆体的试剂盒	发明专利	2014. 6. 4	ZL201210137237. 5	殷　宏、迟庆安、刘志杰、罗建勋、马米玲、杨吉飞、李有全	兰州兽医所
616	具有免疫保护性的脑多头带绦虫烯醇酶 TmENO 重组蛋白	发明专利	2014. 6. 4	ZL201310043128. 1	李文卉、付宝权、曲自刚、谢志宙、刘静宜	兰州兽医所
617	用于检测和区分多种棘球绦虫的检测试剂盒	发明专利	2014. 6. 11	ZL201310102181. 4	娄忠子、贾万忠、闫宏斌、李宏民、李　立、范彦雷、倪兴维	兰州兽医所
618	一种用于抑制猪繁殖及呼吸综合征病毒复制的 RNAi 及其制备方法	发明专利	2014. 7. 2	ZL201210180401. 0	刘湘涛、吴锦艳、田　宏、陈　妍、尚佑军、尹双辉、王光祥、靳　野、张克山、杨顺利、刘永杰	兰州兽医所
619	双表达的 AAV 重组病毒的制备方法	发明专利	2014. 7. 9	ZL201210474111. 7	柳纪省、杨　彬、兰　喜、邱　燕、殷相平、李学瑞、李宝玉、白银梅、张　韵、李志勇、方玉萍	兰州兽医所

（续表）

序号	专利名称	类别	授权公告日	专利号	发明人（设计人）	研究所
620	一种诊断马泰勒虫的检测试剂盒及制备与使用方法	发明专利	2014. 7. 9	ZL201110003531. 2	刘光远、谢俊仁、田占成	兰州兽医所
621	一种基于合成肽检测羊痘病毒血清抗体的试剂盒	发明专利	2014. 8. 6	ZL201210471119. 8	刘湘涛、田　宏、吴锦艳、陈　妍、尚佑军、尹双辉、王光祥、靳　野、张克山、杨顺利、刘永杰	兰州兽医所
622	一种多头带绦虫抗原基因及其重组蛋白与用途	发明专利	2014. 8. 13	ZL201310076265. 5	李文卉、付宝权、曲自刚、盖文燕、谢志宙、刘静宜	兰州兽医所
623	一种实验动物大剂量自动采血装置	实用新型专利	2014. 8. 13	ZL201420170911. 4	王光祥、尚佑军、张志东、王艳华	兰州兽医所
624	可调节易拆卸壁挂式羊料槽	实用新型专利	2014. 9. 3	ZL201420210093. 6	张克山、刘永杰、刘湘涛、尚佑军、逯忠新	兰州兽医所
625	Asia I 型口蹄疫重组病毒及其制备方法和应用	发明专利	2014. 10. 29	ZL201310175323. X	郑海学、杨　帆、刘湘涛、靳　野、郭建宏、曹伟军、何继军、张克山、才学鹏	兰州兽医所
626	毛绒样品抽样装置	发明专利	2014. 2. 26	ZL201210249404. 5	郭天芬、李维红、牛春娥、杨博辉、梁丽娜、杜天庆、常玉兰	兰州牧药所
627	截断侧耳素衍生物及其制备方法和应用	发明专利	2014. 4. 9	ZL201210427093. 7	梁剑平、尚若锋、刘　宇、郭文柱、陶　蕾、郭志廷、华兰英、蒲秀英、幸志君、郝宝成、王学红	兰州牧药所

（续表）

序号	专利名称	类别	授权公告日	专利号	发明人（设计人）	研究所
628	一种注射用鹿蹄草素含量测定的方法	发明专利	2014. 1. 9	ZL200910119068. 0	梁剑平、郭志廷、叶得河、王曙阳、郭文柱、刘　宇、尚若峰、王学红、郑红星、华兰英	兰州牧药所
629	一种喹乙醇残留标示物高偶联比的全抗原合成方法	发明专利	2014. 4. 30	ZL201210151680. 8	张景艳、李建喜、张　凯、杨志强、王　磊、王学智、张　宏、孟嘉仁、秦　哲	兰州牧药所
630	一种防治猪气喘病的中药组合物及其制备和应用	发明专利	2014. 9. 10	ZL201310022928. 5	辛蕊华、郑继方、谢家声、王贵波、程　龙、罗永江、罗超应、李锦宇	兰州牧药所
631	一种防治猪传染性胃肠炎的中药复方药物	发明专利	2014. 6. 11	ZL201310144692. 2	李锦宇、王贵波、罗超应、谢家声、郑继方、罗永江、辛瑞华	兰州牧药所
632	一种治疗猪流行性腹泻的中药组合物及其应用	发明专利	2014. 9. 17	ZL201310147391. 5	李锦宇、王贵波、罗超应、谢家声、郑继方、罗永江、辛蕊华	兰州牧药所
633	一种以水为基质的伊维菌素 O/W 型注射液及其制备方法	发明专利	2014. 9. 10	ZL201210155464. 0	周绪正、张继瑜、李　冰、李剑勇、魏小娟、牛建荣、杨亚军、刘希望、李金莲	兰州牧药所

（续表）

序号	专利名称	类别	授权公告日	专利号	发明人（设计人）	研究所
634	一种防治牛猪肺炎疾病的药物组合物及其制备方法	发明专利	2014. 8. 27	ZL201210041157. X	李剑勇、杨亚军、刘希望、张继瑜、李新圃、王海为、周绪正、李　冰、魏小娟、牛建荣	兰州牧药所
635	一种常山碱的提取工艺	发明专利	2014. 8. 13	ZL201210015939. 6	郭志廷、梁剑平、罗晓琴、雷宏东	兰州牧药所
636	一种苦马豆素的酶法提取工艺	发明专利	2014. 8. 13	ZL201210176457. 9	郝宝成、梁剑平、杨贤鹏、王学红、陶　蕾、王保海、刘建枝、刘　宇、郭文柱、尚若锋、郭志廷、华兰英	兰州牧药所
637	一种提取黄芪多糖的发酵培养基	发明专利	2014. 10. 29	ZL201210141832. 6	张　凯、李建喜、张景艳、孟嘉仁、杨志强、王学智	兰州牧药所
638	一种防治鸡慢性呼吸道病的中药组合物及其制备和应用	发明专利	2014. 10. 13	ZL201310154850. 2	王贵波、谢家声、郑继方、辛蕊华、罗永江、李锦宇、罗超应	兰州牧药所
639	一种藏羊专用浓缩料及其配制方法	发明专利	2014. 10. 15	ZL201310090240. 0	王宏博、阎　萍、郭　宪、梁春年、朱新书、郎　侠、丁学智	兰州牧药所
640	一种藏羊提纯复壮的方法	发明专利	2014. 10. 15	ZL201310084732. 9	梁春年、杨　勤、郎　侠、阎　萍、王宏博、孙胜祥、杨树猛	兰州牧药所

（续表）

序号	专利名称	类别	授权公告日	专利号	发明人（设计人）	研究所
641	一种用于奶牛临床型乳房炎乳汁性状观察的诊断盘套装	实用新型专利	2014. 3. 19	ZL201320589243. 4	王旭荣、李建喜、张世栋、王学智、王　磊、杨志强、李宏胜	兰州牧药所
642	温热灸按摩一体棒	实用新型专利	2014. 1. 22	ZL201320324028. 1	王贵波、罗超应、郑继方、李锦宇、辛蕊华、罗永江、谢家声	兰州牧药所
643	一种可拆卸式糟渣饲料成型装置	实用新型专利	2014. 3. 26	ZL201320605686. 8	王晓力、王春梅、王永刚、朱新强、张　茜、范文君、曾玉峰、杨　晓、刘玉凤	兰州牧药所
644	一种糟渣饲料成型装置	实用新型专利	2014. 3. 26	ZL201320599758. 2	王晓力、刘世祥、王春梅、朱新强、王永刚、张　茜、范文君、娜日苏、周　磊、贺洞杰	兰州牧药所
645	一种聚丙烯酰胺凝胶制备装置	实用新型专利	2014. 1. 22	ZL201320488482. 0	裴　杰、阎　萍、郭　宪、包鹏甲、梁春年、褚　敏、丁学智、冯瑞林	兰州牧药所
646	一种 RNA 酶去除装置	实用新型专利	2014. 1. 22	ZL201320460609. 8	裴　杰、阎　萍、郭　宪、包鹏甲、梁春年、郎　侠、褚　敏、丁学智、冯瑞林	兰州牧药所
647	一种野外牦牛分群补饲装置	实用新型专利	2014. 1. 15	ZL201320232591. 6	梁春年、阎　萍、郭　宪、丁学智、王宏博、刘文博、孙胜祥、包鹏甲、吴晓云	兰州牧药所

（续表）

序号	专利名称	类别	授权公告日	专利号	发明人（设计人）	研究所
648	一种牦牛野外称量体重的装置	实用新型专利	2014. 2. 19	ZL201320079880. 7	梁春年、巴桑旺堆、阎　萍、王宏博、郭　宪、丁学智、包鹏甲、褚　敏、朱彦斌	兰州牧药所
649	集成式固体食品分析样品采样盒	实用新型专利	2014. 5. 14	ZL201320825605. 5	熊　琳、李维红、高雅琴、牛春娥、杨晓玲	兰州牧药所
650	一种测定溶液 PH 的装置	实用新型专利	2014. 5. 14	ZL201320815357. 6	熊　琳、李维红、高雅琴、牛春娥、杨晓玲	兰州牧药所
651	畜禽内脏粉碎样品取样器	实用新型专利	2014. 5. 7	ZL201320790883. 1	李维红、高雅琴、熊　琳、杜天庆、王宏博、牛春娥、刘建斌、郭天芬	兰州牧药所
652	奶牛子宫用药栓剂的制备模具	实用新型专利	2013. 12. 18	ZL201320366075. 2	梁剑平、陆锡宏、刘　宇、陶　蕾、郝宝成、王学红、李雪虎、赵凤舞	兰州牧药所
653	一种羊毛分级台	实用新型专利	2013. 12. 18	ZL201320314448. 1	牛春娥、郭婷婷、郭天芬、杨博辉、郭　健、岳耀敬、熊　琳、刘建斌、冯瑞林、李维红、高雅琴、杜天庆、梁丽娜、孙晓萍	兰州牧药所
654	一种单子叶植物幼苗液体培养用培养盒	实用新型专利	2014. 6. 25	ZL201420036315. 7	王春梅、王晓力、王旭荣、张　茜、朱新强、张怀山	兰州牧药所

（续表）

序号	专利名称	类别	授权公告日	专利号	发明人（设计人）	研究所
655	一种适用于长时间萌发且便于移栽的种子萌发盒	实用新型专利	2014. 6. 25	ZL201420039152. 8	王春梅、王晓力、张 茜、王旭荣、朱新强、周学辉	兰州牧药所
656	一种采集奶牛子宫内膜分泌物的组合装置	实用新型专利	2014. 6. 11	ZL201320700881. 9	李建喜、王旭荣、杨志强、王孝武、崔东安、王学智	兰州牧药所
657	一种冻存管集装裹袋	实用新型专利	2014. 7. 23	ZL201420055296. 2	张世栋、王东升、董书伟、严作廷、杨 峰、王旭荣、褚 敏	兰州牧药所
658	一种用于琼脂平板培养基细菌接种的滚动涂抹棒	实用新型专利	2014. 6. 18	ZL201420007463. 6	杨 峰、李宏胜、王旭荣、罗金印、李新圃、张世栋、尚立宏	兰州牧药所
659	一种畜禽肉及内脏样品水浴蒸干搅拌器	实用新型专利	2014. 6. 25	ZL201420023334. 6	李维红、熊 琳、高雅琴、杜天庆、牛春娥、杨晓玲、郭天芬	兰州牧药所
660	一种自动洗毛机	实用新型专利	2014. 6. 9	ZL201420026738. 3	熊 琳、高雅琴、牛春娥、郭天芬、王宏博、李维红、杨晓玲	兰州牧药所
661	涡旋混合器	实用新型专利	2014. 6. 18	ZL201420069694. X	熊 琳、高雅琴、牛春娥、李维红、郭天芬、王宏博	兰州牧药所
662	一种超声清洗仪	实用新型专利	2014. 6. 12	ZL201420069735. 5	熊 琳、高雅琴、牛春娥、李维红、王宏博、王晓玲	兰州牧药所

（续表）

序号	专利名称	类别	授权公告日	专利号	发明人（设计人）	研究所
663	一种皮革取样刀	实用新型专利	2014. 6. 24	ZL201420142056. 6	牛春娥、郭　健、杨博辉、郭天芬、郭婷婷、岳耀敬、冯瑞林、刘建斌	兰州牧药所
664	一种便携式可旋转绵羊毛分级台	实用新型专利	2014. 3. 12	ZL201320471973. 4	孙晓萍、张万龙、刘建斌、杨博辉、陈永华、岳耀敬	兰州牧药所
665	一种新型适用于液氮冻存的七孔纱布袋	实用新型专利	2014. 6. 4	ZL201320831429. 6	褚　敏、阎　萍、吴晓云、裴　杰、张世栋	兰州牧药所
666	一种适用于冻存管的动物软组织专用取样器	实用新型专利	2014. 6. 4	ZL201320809800. 9	褚　敏、阎　萍、吴晓云、裴　杰、张世栋	兰州牧药所
667	一种种用牦牛补饲栏装置	实用新型专利	2014. 7. 16	ZL201420097955. 9	郭　宪、裴　杰、梁春年、王宏博、阎　萍、丁学智、褚　敏、包鹏甲	兰州牧药所
668	一种适用于薄层板高温加热的支架	实用新型专利	2014. 8. 13	ZL201420180651. 9	辛蕊华、郑继方、谢家声、王贵波、罗永江、罗超应、李锦宇	兰州牧药所
669	一种啮齿动物保定装置	实用新型专利	2014. 9. 10	ZL201420170367. 3	罗永江、郑继方、王贵波、辛蕊华	兰州牧药所
670	圆形容器清洗刷	实用新型专利	2014. 8. 27	ZL201420199827. 5	王贵波、李锦宇、罗永江、郑继方、罗超应、辛蕊华、谢家声	兰州牧药所

（续表）

序号	专利名称	类别	授权公告日	专利号	发明人（设计人）	研究所
671	家畜灌胃开口器	实用新型专利	2014. 7. 9	ZL201420060230. 2	王贵波、李锦宇、罗永江、罗超应、郑继方、辛蕊华、谢家声	兰州牧药所
672	一种大鼠电子体温检测装置	实用新型专利	2014. 8. 27	ZL201420176295. 3	张世栋、董书伟、王东升、严作廷、杨　峰、王旭荣、褚　敏	兰州牧药所
673	一种大动物软组织采样切刀	实用新型专利	2014. 8. 13	ZL201420178030. 7	张世栋、王东升、董书伟、严作廷、杨　峰、王旭荣、褚　敏	兰州牧药所
674	一种用于细菌微量生化鉴定管的定量吸头	实用新型专利	2014. 7. 30	ZL201420141687. 6	李新圃、罗金印、李宏胜、杨　峰	兰州牧药所
675	一种用于放置细菌微量生化鉴定管的活动管架	实用新型专利	2014. 8. 27	ZL201420202030. 6	李新圃、罗金印、李宏胜、杨　峰	兰州牧药所
676	一种可更换刷头的电动试管刷	实用新型专利	2014. 9. 17	ZL201420266582. 3	李宏胜、杨　峰、王旭荣、罗金印、李新圃、陈灵然、张世栋、尚立宏	兰州牧药所
677	一种便携式可拆式羊用保定架	实用新型专利	2014. 8. 27	ZL201420198238. 5	李宏胜、罗金印、杨　峰、李新圃、王旭荣、陈灵然、张世栋、尚立宏、王东升	兰州牧药所
678	一种旋转型培养皿架	实用新型专利	2014. 9. 3	ZL201420205867. 6	杨　峰、李宏胜、王旭荣、罗金印、李新圃、张世栋、尚立宏	兰州牧药所

（续表）

序号	专利名称	类别	授权公告日	专利号	发明人（设计人）	研究所
679	一种用于液体类药物抑菌试验的培养皿	实用新型专利	2014. 7. 9	ZL201420029756. 4	杨 峰、李宏胜、王旭荣、罗金印、李新圃、张世栋、尚立宏	兰州牧药所
680	一种用于冻干管抽真空的连接头	实用新型专利	2014. 8. 27	ZL201420183782. 2	杨 峰、李宏胜、王旭荣、罗金印、李新圃、张世栋、尚立宏	兰州牧药所
681	一种用于细菌培养和保藏的琼脂斜面管	实用新型专利	2014. 8. 27	ZL201420186896. 2	杨 峰、李宏胜、王旭荣、罗金印、李新圃、张世栋、尚立宏	兰州牧药所
682	一种用于药敏纸片的移动抢	实用新型专利	2014. 8. 27	ZL201420198240. 2	杨 峰、李宏胜、王旭荣、罗金印、李新圃、张世栋、陈炅然、尚立宏	兰州牧药所
683	自动化牛羊营养舔块制造机具	实用新型专利	2014. 7. 30	ZL201420136651. 9	王胜义、刘姗姗、王 慧、白亚涛、荔 霞、刘永明、刘世祥、齐志明、王 瑜、陈化奇、王晓斌	兰州牧药所
684	微波消解防溅罩	实用新型专利	2014. 7. 30	ZL201420136558. 8	王 慧、刘姗姗、王胜义、白亚涛、荔 霞、刘永明、刘世祥、齐志明	兰州牧药所

（续表）

序号	专利名称	类别	授权公告日	专利号	发明人（设计人）	研究所
685	奶牛用便携式药液防呛快速灌服器	实用新型专利	2014. 9. 10	ZL201420193643. 8	王　磊、崔东安、李建喜、刘姗姗、王学智、杨志强、张景艳、王旭荣、刘世祥、秦　哲、孔晓军、孟嘉仁、荔　霞	兰州牧药所
686	用于兽医临床样品采集的多功能采样箱	实用新型专利	2014. 9. 10	ZL201420242428. 2	王旭荣、杨　峰、李建喜、张世栋、王　磊、张景艳、秦　哲、孔晓军、王学智	兰州牧药所
687	一种新型采集提取DNA的新鲜植物叶片样品的干燥袋	实用新型专利	2014. 7. 30	ZL201420092537. 0	张　茜、尉秋实、王春梅、王小利、朱新强、路　远、褚　敏、杨　晓	兰州牧药所
688	一种新型待提取DNA的植物干燥叶片样品的储藏盒	实用新型专利	2014. 7. 16	ZL201420092525. 8	张　茜、尉秋实、王春梅、王小利、朱新强、路　远、褚　敏、杨　晓	兰州牧药所
689	一种防水干燥型植物标本夹包	实用新型专利	2014. 7. 23	ZL201420115952. 3	张　茜、朱学泰、尉秋实、王春梅、王晓力、褚　敏、肖玉萍、朱新强、杨　晓	兰州牧药所
690	一种土壤样品采集存储盒	实用新型专利	2014. 7. 23	ZL201420110569. 9	张　茜、田福平、李锦华、王晓力、朱新强、王春梅、褚　敏、肖玉萍	兰州牧药所

（续表）

序号	专利名称	类别	授权公告日	专利号	发明人（设计人）	研究所
691	分子生物学实验操作盘	实用新型专利	2014. 8. 6	ZL201420150522. 5	张　茜、朱学泰、王晓力、王春梅、路　远、田福平、褚　敏	兰州牧药所
692	微波炉加热凝胶液体杯	实用新型专利	2014. 8. 6	ZL201420150622. 8	张　茜、王晓力、朱学泰、田福平、肖玉萍	兰州牧药所
693	一种鸡鸭胚液收集辅助器	实用新型专利	2014. 9. 17	ZL201420255228. 0	贺洞杰、路　远、李锦华、杨　晓、朱新强、曾玉峰	兰州牧药所
694	一种折叠式无菌细管架	实用新型专利	2014. 9. 10	ZL201420249843. 0	贺洞杰、李锦华、张　茜、王晓力、路　远、朱新强、杨　晓、周　磊	兰州牧药所
695	一种伸缩式斜置试剂瓶架	实用新型专利	2014. 9. 10	ZL201420249827. 1	贺洞杰、王晓力、朱新强、张　茜、曾玉峰、王春梅、周　磊	兰州牧药所
696	一种自动固定式涡旋器	实用新型专利	2014. 9. 10	ZL201420251735. 7	贺洞杰、朱新强、杨　晓、李锦华、路　远、曾玉峰	兰州牧药所
697	一种植物培养装置	实用新型专利	2014. 8. 20	ZL201420189764. 5	王春梅、王晓力、时永杰、田福平、朱新强、张　茜、张怀山、杨　晓、杨红善、贺炯杰	兰州牧药所
698	测定须根系植物地上部分离子回运的方法的专用设备	实用新型专利	2014. 8. 6	ZL201420083518. 1	王春梅、王晓力、张怀山、王旭荣、张　茜、朱新强	兰州牧药所

（续表）

序号	专利名称	类别	授权公告日	专利号	发明人（设计人）	研究所
699	一种羊毛中有色纤维鉴别装置	实用新型专利	2014. 8. 13	ZL201420104199. 8	高雅琴、王宏博、李维红、杜天庆、熊　琳、梁丽娜、郭天芬、牛春娥	兰州牧药所
700	一种牦牛屠宰保定装置	实用新型专利	2014. 7. 16	ZL201420083121. 2	梁春年、丁学智、阎　萍、郭　宪、褚　敏、王宏博、包鹏甲	兰州牧药所
701	一种牧区野外饲草料晾晒和饲喂一体简易装置	实用新型专利	2014. 9. 3	ZL201420097858. X	梁春年、丁学智、阎　萍、王宏博、褚　敏	兰州牧药所
702	一种牧区野外多功能活动式牛羊补饲围栏装置	实用新型专利	2014. 9. 3	ZL201420097857. 5	梁春年、阎　萍、郭　宪、包鹏甲、裴　杰	兰州牧药所
703	一种嵌套式小容量采血管	实用新型专利	2014. 7. 23	ZL201420098954. 6	褚　敏、裴　杰、梁春年、郭　宪、丁学智、包鹏甲、吴晓云、肖玉萍、张　茜、张世栋	兰州牧药所
704	一种新型的开孔式微量冻存管	实用新型专利	2014. 7. 23	ZL201420110456. 9	褚　敏、裴　杰、阎　萍、丁学智、郭　宪、梁春年、包鹏甲、王宏博、肖玉萍、张　茜、张世栋	兰州牧药所
705	一种可调式圆形切胶器	实用新型专利	2014. 7. 23	ZL201420098916. 0	褚　敏、裴　杰、阎　萍、梁春年、郭　宪、丁学智、包鹏甲、王宏博、张世栋、肖玉萍、张　茜	兰州牧药所

（续表）

序号	专利名称	类别	授权公告日	专利号	发明人（设计人）	研究所
706	一种新型可注入液氮式研磨器	实用新型专利	2014. 6. 25	ZL201320839512. 8	褚　敏、阎　萍、吴晓云、裴　杰、张世栋	兰州牧药所
707	琼脂糖凝胶制胶器	实用新型专利	2014. 8. 27	ZL201420206301. 5	裴　杰、郭　宪、梁春年、包鹏甲、褚　敏、郎　侠、丁学智、朱新书、冯瑞林、王宏博、阎　萍	兰州牧药所
708	一种新型动物组织采样器	实用新型专利	2014. 8. 27	ZL201420166093. 0	裴　杰、褚　敏、郭　宪、包鹏甲、梁春年、朱新书、丁学智、冯瑞林、王宏博、阎　萍	兰州牧药所
709	一种 X 形羊用野外称重保定带	实用新型专利	2014. 9. 17	ZL201420129786. 2	包鹏甲、裴　杰、王宏博、梁春年、丁学智、郭　宪、朱新书、褚　敏	兰州牧药所
710	一种电泳凝胶转移及染色脱色装置	实用新型专利	2014. 9. 3	ZL201420239522. 2	郭婷婷、郭　健、牛春娥、岳耀敬、杨博辉、刘建斌、冯瑞林、孙晓萍	兰州牧药所
711	一种用于毛囊培养的装置	实用新型专利	2014. 8. 6	ZL21420164275. 4	郭婷婷、牛春娥、岳耀敬、杨博辉、刘建斌、郭　健、冯瑞林、孙晓萍	兰州牧药所

（续表）

序号	专利名称	类别	授权公告日	专利号	发明人（设计人）	研究所
712	一种兽医用手套	实用新型专利	2014. 9. 10	ZL201420097247. 5	岳耀敬、秦　哲、杨博辉、郭　健、李范文、王天翔、孙晓萍、李桂英、郭婷婷、牛春娥、刘建斌、冯瑞林、李文辉、王喜军	兰州牧药所
713	通风柜	实用新型专利	2014. 8. 20	ZL201420069576. 9	熊　琳、高雅琴、牛春娥、杜天庆	兰州牧药所
714	一种毛绒样品清洗装置	实用新型专利	2014. 10. 1	ZL201420110292. X	郭天芬、王宏博、高雅琴、牛春娥、杜天庆、梁丽娜、熊　琳、刘建斌	兰州牧药所
715	用于盛放及清洗羊毛样品的装置	实用新型专利	2014. 7. 23	ZL201420110293. 4	郭天芬、王宏博、牛春娥、高雅琴、熊　琳、刘建斌、杜天庆、梁丽娜	兰州牧药所
716	豚鼠专用注射固定器	实用新型专利	2014. 8. 10	ZL201420105314. 3	周绪正、张继瑜、邢守叶、李　冰、李剑勇、魏小娟、牛建荣、杨亚军、刘希望	兰州牧药所
717	一种兽用丸剂制成型模具	实用新型专利	2014. 4. 29	ZL201420212350. X	郝宝成、刘　宇、梁剑平、王学红、陶　蕾、王保海、刘建枝、次仁多吉、赵凤舞、尚若锋、郭文柱、郭志廷	兰州牧药所

（续表）

序号	专利名称	类别	授权公告日	专利号	发明人（设计人）	研究所
718	分液漏斗支架装置	实用新型专利	2014. 8. 27	ZL201420221050. 8	刘 宇、郝宝成、程富胜、梁剑平、尚若峰、王学红、华兰英	兰州牧药所
719	一种无菌操作台用容器支撑器	实用新型专利	2014. 9. 10	ZL201420174305. X	张景艳、张 宏、李建喜、王学智、王旭荣、王 磊、秦 哲、孔晓军、孟嘉仁	兰州牧药所
720	一种用于组织切片或涂片烘干装置	实用新型专利	2014. 10. 15	ZL201420204676. 8	孔晓军、王学智、王旭荣、李建喜、张景艳、秦 哲、王 磊、张 凯、孟嘉仁、杨志强	兰州牧药所
721	一种毛、绒伸直长度测量板	实用新型专利	2014. 10. 8	ZL201420113746. 9	牛春娥、郭 健、郭天芬、郭婷婷、杨博辉、岳耀敬、冯瑞林、刘建斌、梁春年	兰州牧药所
722	一种饲料混合粉碎机	实用新型专利	2014. 10. 15	ZL201420336602. X	张怀山、吴国锋、连晓雯、夏曾润、代立兰、李永鹏	兰州牧药所
723	一种剪毛束装置	实用新型专利	2014. 10. 15	ZL201420336601. 5	张怀山、吴国锋、连晓雯、夏曾润、代立兰、李永鹏	兰州牧药所
724	一种色谱仪进样瓶风干器	实用新型专利	2014. 8. 27	ZL201320836791. 2	熊 琳、杨晓玲、高雅琴、牛春娥、李维红	兰州牧药所
725	一种可拆卸晾毛架	实用新型专利	2014. 9. 10	ZL201420042302. 0	熊 琳、高雅琴、牛春娥、郭天芬、王宏博、李维红	兰州牧药所

（续表）

序号	专利名称	类别	授权公告日	专利号	发明人（设计人）	研究所
726	一种预防动物疯草中毒制剂舔砖加工成型的模具	实用新型专利	2014. 5. 4	ZL201420230255. 2	郝宝成、刘　宇、梁剑平、王学红、陶　蕾、王保海、刘建枝、次仁多吉、赵凤舞、尚若锋、郭文柱、郭志廷	兰州牧药所
727	一种用于安全运输菌株冻干管的保护管	实用新型专利	2014. 10. 29	ZL201420275462. X	王　玲、杨　峰、魏小娟	兰州牧药所
728	一种用于存放研钵及研磨棒的搁置架	实用新型专利	2014. 8. 13	ZL201420171321. 3	张　茜、王晓力、路　远、田福平、朱学泰、李锦华	兰州牧药所
729	一种野外植物采样工具包	实用新型专利	2014. 9. 3	ZL201420139451. 9	张　茜、朱学泰、王晓力、王春梅、尉秋实	兰州牧药所
730	一种测草产量的称重袋	实用新型专利	2014. 9. 10	ZL201420115688. 3	张　茜、王晓力、王春梅、田福平、李锦华、路　远、朱新强、杨　晓、褚　敏、肖玉萍	兰州牧药所
731	一种干燥防尘箱	实用新型专利	2014. 10. 15	ZL201420289919. 2	张茜、王晓力、朱学泰、贺洞杰、田福平、尉秋实、朱新强	兰州牧药所
732	一种 DNA 电泳检测前制样用板	实用新型专利	2014. 11. 26	ZL201420294971. 7	张　茜、朱学泰、王晓力、贺洞杰、尉秋实、褚　敏	兰州牧药所

（续表）

序号	专利名称	类别	授权公告日	专利号	发明人（设计人）	研究所
733	一种伸缩型牧草株高测量尺	实用新型专利	2014. 12. 3	ZL201420115305. 2	张　茜、田福平、王春梅、李锦华、王晓力、朱新强、路　远、褚　敏、肖玉萍	兰州牧药所
734	一种培养皿放置收纳箱	实用新型专利	2014. 12. 3	ZL201420284244. 2	张　茜、王晓力、朱学泰、贺洞杰、尉秋实、王春梅	兰州牧药所
735	一种便携式洗根器	实用新型专利	2014. 11. 26	ZL201420141934. 2	路　远、田福平、时永杰、胡　宇、张　茜、李润林	兰州牧药所
736	一种容量瓶	实用新型专利	2014. 11. 26	ZL201420300283. 7	朱新强、王晓力、李锦华、杨　晓、王春梅、张　茜、贺洞杰、胡　宇、张小甫	兰州牧药所
737	一种试验用玻璃棒	实用新型专利	2014. 12. 1	ZL201420300379. 3	朱新强、李锦华、王晓力、杨　晓、王春梅、张　茜、田福平、张小甫、路　远	兰州牧药所
738	涂布棒灼烧消毒固定工具	实用新型专利	2014. 10. 29	ZL201420231726. 1	贺洞杰、张　茜、李锦华、曾玉峰、朱新强、杨　晓	兰州牧药所
739	一种易拆装花盆	实用新型专利	2014. 10. 15	ZL201420268425. 6	胡　宇、田福平、路　远	兰州牧药所
740	一种固态发酵蛋白饲料的发酵盒	实用新型专利	2014. 5. 19	ZL201420256016. 4	王晓力、王永刚、朱新强、王春梅、张　茜、曾玉峰、周　磊、陈少辉	兰州牧药所
741	一种利于厌氧和好氧发酵转换的发酵袋	实用新型专利	2014. 5. 19	ZL201420255940. 0	王晓力、王春梅、王永刚、朱新强、张　茜、周　磊	兰州牧药所

（续表）

序号	专利名称	类别	授权公告日	专利号	发明人（设计人）	研究所
742	一种锥形瓶灭菌用的封口装置	实用新型专利	2014. 10. 22	ZL201420443935. 2	王晓力、杨瑞基、朱跃明、王永刚、朱新强、王春梅、张　茜	兰州牧药所
743	一种对种子清洗消毒的装置	实用新型专利	2014. 4. 18	ZL201420190136. 9	王春梅、王晓力、时永杰、田福平、杨红善、朱新强、张　茜、贺烔杰、杨　晓	兰州牧药所
744	一种带刺植物种子采集器	实用新型专利	2014. 5. 23	ZL201420262213. 7	王春梅、王晓力、朱新强、夏曾润、李锦华、张　茜、田福平、王旭荣、周　磊、胡　宇、贺烔杰	兰州牧药所
745	一种定量稀释喷洒装置	实用新型专利	2014. 6. 24	ZL201420338783. X	王春梅、王晓力、杨　逵、朱新强、张怀山、张　茜、魏云霞、程胜利、肖玉萍、王旭荣	兰州牧药所
746	一种培养皿消毒装置	实用新型专利	2014. 5. 21	ZL201420261113. 2	王春梅、王晓力、朱新强、张　茜、田福平、夏曾润、段丽婕、王旭荣、曾玉峰、贺烔杰、胡　宇	兰州牧药所
747	一种试管架	实用新型专利	2014. 11. 5	ZL201420315525. X	罗永江、郑继方、王贵波、辛蕊华	兰州牧药所

（续表）

序号	专利名称	类别	授权公告日	专利号	发明人（设计人）	研究所
748	一种配置牛床的犊牛岛	实用新型专利	2014. 11. 12	ZL201420370740. X	秦　哲、李建喜、岳耀敬、张景艳、王旭荣、王　磊、孔晓军、杨志强、王学智、孟嘉仁	兰州牧药所
749	一种用于微生物学实验的接种针	实用新型专利	2014. 11. 5	ZL201420292141. 0	王旭荣、杨　峰、王学智、张景艳、张世栋、王　磊、秦　哲、孔晓军、李建喜、李宏胜	兰州牧药所
750	一种耐高温高压的细菌冻干管贮运保护套	实用新型专利	2014. 7. 23	ZL201420045653. 7	王旭荣、杨　峰、张世栋、李建喜、王学智、李宏胜	兰州牧药所
751	一种病理玻片架	实用新型专利	2014. 10. 21	ZL201420174174. 5	张景艳、李建喜、王旭荣	兰州牧药所
752	母牛子宫内分泌物采集装置	实用新型专利	2014. 10. 22	ZL201420055292. 4	张世栋、董书伟、王东升、严作廷、杨　峰、王旭荣、褚　敏	兰州牧药所
753	一种用于冻干管批量清洗装置	实用新型专利	2014. 10. 15	ZL201420297285. 5	李宏胜、杨　峰、罗金印、李新圃、王旭荣、陈炅然、尚立宏、王　玲	兰州牧药所
754	一种用于培养皿消毒和保藏的储存盒	实用新型专利	2014. 11. 26	ZL201420302266. 7	李宏胜、杨　峰、王旭荣、罗金印、李新圃、陈炅然、尚立宏	兰州牧药所

（续表）

序号	专利名称	类别	授权公告日	专利号	发明人（设计人）	研究所
755	一种多功能试管收纳筐	实用新型专利	2014. 6. 20	ZL201420331452. 3	李新圃、罗金印、李宏胜、杨　峰	兰州牧药所
756	一种用于 CO_2 培养箱的抽水装置	实用新型专利	2014. 10. 17	ZL201420160004. 1	王　磊、李建喜、王学智、王旭荣、张景艳、杨志强、秦　哲、孔晓军、孟嘉仁	兰州牧药所
757	实验室用电动清洗刷	实用新型专利	2014. 10. 10	ZL201420207999. 2	王贵波、罗永江、辛蕊华、李锦宇、罗超应、郑继方、谢家声	兰州牧药所
758	一种小鼠多功能夹式固定器	实用新型专利	2014. 10. 22	ZL201420391011. 2	罗金印、李宏胜、李新圃、杨　峰	兰州牧药所
759	一种液氮罐用冻存管保存架	实用新型专利	2014. 10. 31	ZL201420247751. 9	裴　杰、褚　敏、郭　宪、梁春年、包鹏甲、朱新书、郎　侠、丁学智、冯瑞林、阎　萍	兰州牧药所
760	一种农区、半农半牧区家庭化舍饲养牛牛舍	实用新型专利	2014. 10. 15	ZL201420129922. 8	包鹏甲、裴　杰、梁春年、王宏博、丁学智、郭　宪、朱新书、阎　萍	兰州牧药所
761	一种羊用野外称重保定装置	实用新型专利	2014. 10. 29	ZL201420110553. 8	包鹏甲、裴　杰、王宏博、梁春年、丁学智、郭　宪、朱新书	兰州牧药所

（续表）

序号	专利名称	类别	授权公告日	专利号	发明人（设计人）	研究所
762	一种便携式保温采样瓶	实用新型专利	2014. 10. 29	ZL201420319874. 9	包鹏甲、阎　萍、郭　宪、曾玉峰、梁春年、裴　杰、王宏博	兰州牧药所
763	简易真空干燥装置	实用新型专利	2014. 11. 26	ZL201420042430. 5	熊　琳、高雅琴、牛春娥、王宏博、李维红	兰州牧药所
764	一种洗毛夹	实用新型专利	2014. 9. 24	ZL201320836844. 0	熊　琳、李维红、高雅琴、牛春娥、杨晓玲	兰州牧药所
765	一种绵羊产羔栏	实用新型专利	2014. 10. 29	ZL201420164233. 0	郭　健、刘建斌、冯瑞林、牛春娥、岳耀敬、孙晓萍、郭婷婷、杨博辉	兰州牧药所
766	一种绵羊母子护理栏	实用新型专利	2014. 10. 15	ZL201420295132. 7	郭　健、刘建斌、岳耀敬、冯瑞林、郭婷婷、牛春娥、孙晓萍、杨博辉	兰州牧药所
767	绵羊人工授精设施	实用新型专利	2014. 11. 19	ZL201420293214. 8	郭　健、冯瑞林、刘建斌、岳耀敬、郭婷婷、牛春娥、孙晓萍、杨博辉	兰州牧药所
768	一种绵羊药浴设施	实用新型专利	2014. 11. 6	ZL201420382102. X	郭　健、刘建斌、郭婷婷、冯瑞林、岳耀敬、牛春娥、孙晓萍、杨博辉	兰州牧药所
769	一种剪毛房	实用新型专利	2014. 11. 5	ZLZL201420098940. 4	牛春娥、郭婷婷、郭　健、杨博辉、岳耀敬、冯瑞林、刘建斌、梁春年	兰州牧药所

（续表）

序号	专利名称	类别	授权公告日	专利号	发明人（设计人）	研究所
770	猪瘟分支肽及其应用	发明专利	2014.6.4	ZL201310060318.4	童光志、李国新、周艳君、于　海	上海兽医所
771	吉氏巴贝西虫重组抗原及其诊断试剂盒和应用	发明专利	2014.7.2	ZL201210035683.5	周金林、杨其清、周勇志、曹　杰、张厚双	上海兽医所
772	一种抗流感病毒的单链抗体及其制备方法和应用	发明专利	2014.6.4	ZL201210063870.4	蒋　蔚、王　权、陈永军、刘迎春、史子学、马志永、顾惠明、杨　康、宋宁宁、石金磊、李欣彤	上海兽医所
773	一种鸭黄病毒及其疫苗、试剂盒	发明专利	2014.4.16	ZL201010601050.7	李泽君、颜丕熙、闫丽萍、滕巧泱	上海兽医所
774	用于检测弓形虫缓殖子的引物和探针及试剂盒	发明专利	2014.9.3	ZL201210072527.6	张厚双、周金林、张彦雷、曹　杰、周勇志	上海兽医所
775	一种甲烷排放监测笼	实用新型专利	2014.1.15	ZL201320456836.3	赵青山、侯向阳、夏　明、段俊杰、那日苏、王　海、塔　娜、崔艳伟、张春友	草原所
776	测定牧草种子萌发期耐盐性的装置	实用新型专利	2014.10.29	ZL201420251736.1	解继红、任卫波、于林清、穆怀斌、刘雅学、戴雅婷、德　英	草原所
777	一种水貂用注射和采血保定器	实用新型专利	2014.4.30	ZL201320673957.3	魏海军、陈秀敏、杨镒峰、郭海军、赵伟刚、薛海龙、赵　蒙、宋兴超	特产所

（续表）

序号	专利名称	类别	授权公告日	专利号	发明人（设计人）	研究所
778	卵母细胞、胚胎培养装置	实用新型专利	2014. 7. 2	ZL201420078486. 6	曹新燕、魏海军、赵伟刚、徐　超、杨镒峰	特产所
779	貂属动物保定装置	实用新型专利	2014. 10. 8	ZL201420017533. 6	曹新燕、李雁冰、李井春、赵伟刚、魏海军	特产所
780	一种貉采精架	实用新型专利	2014. 3. 5	ZL201320402486. 2	徐　超、赵家平、李光玉、吴艳玲、宋兴超、刘晗璐、魏海军、王桂武、张秀丽、赵伟刚	特产所
781	一种可自动分开收集粪尿的水貂消化代谢笼	实用新型专利	2014. 9. 24	ZL201420244108. 0	张海华、李光玉、王士勇、张铁涛、鲍　坤、周　宁、孙伟丽、赵靖波、王凯英	特产所
782	一种狐、貉颗粒饲料喂食器	实用新型专利	2014. 11. 5	ZL201420138405. 7	张海华、李光玉、张铁涛、钟　伟、孙伟丽、周　宁、赵靖波、王凯英、常忠娟	特产所
783	一种水貂捕捉笼	实用新型专利	2014. 11. 5	ZL201420131286. 2	张海华、李光玉、王士勇、张铁涛、刘晓颖、孙伟丽、王凯英、常忠娟、鲍　坤、宋兴超	特产所
784	一种动态动物供食装置	实用新型专利	2014. 12. 3	ZL201420384324. 5	孙伟丽、李光玉、杨雅涵、刘　峰、余　森	特产所
785	一种检测水貂源性成分的扩增引物	发明专利	2014. 1. 8	ZL201210105454. 6	李光玉、孙伟莉、赵家平	特产所

（续表）

序号	专利名称	类别	授权公告日	专利号	发明人（设计人）	研究所
786	一种抬鹿担架	实用新型专利	2014. 12. 31	ZL201420244476. 5	赵海平、李春义、褚文辉、杨　春	特产所
787	用于动物表皮和真皮层分割的组合刀具	实用新型专利	2014. 9. 18	ZL201420334519. 9	李春义、褚文辉、赵海平、孙红梅、安培培	特产所
788	一种特种动物无菌组织采集装置	实用新型专利	2014. 10. 30	ZL201420244472. 7	赵海平、李春义、褚文辉、孙红梅、王大涛	特产所
789	一种动物组织切割器械	实用新型专利	2014. 9. 16	ZL201420335401. 8	李春义、褚文辉、赵海平	特产所
790	一种鹿科动物可升降移动手术台	实用新型专利	2014. 10. 22	ZL201420244481. 6	褚文辉、李春义、赵海平、王大涛、孙红梅	特产所
791	一种便携式无菌手术器械包	实用新型专利	2014. 10. 29	ZL201420244508. 1	褚文辉、李春义、赵海平、刘　振	特产所
792	一种活体组织致密穿孔器	实用新型专利	2014. 10. 8	ZL201420244482. 0	李春义、褚文辉、赵海平、孙红梅、王大涛	特产所
793	一种麻醉鹿科动物遮光眼罩	实用新型专利	2014. 12. 11	ZL201420244476. 5	孙红梅、赵海平、李春义、褚文辉、王大涛	特产所
794	菜地专用炭基缓释氮肥及其制备方法	发明专利	2014. 9. 17	ZL201310281761. 4	张贵龙、任天志、杨殿林、赵建宁、刘红梅、赖　欣、宋晓龙	环保所
795	地表径流自动计量装置	实用新型专利	2014. 2. 5	ZL201320352096. 9	张贵龙、任天志、杨殿林、赵建宁、刘红梅、赖　欣、宋晓龙	环保所

（续表）

序号	专利名称	类别	授权公告日	专利号	发明人（设计人）	研究所
796	一种减压抽滤装置	实用新型专利	2014. 1. 1	ZL201320391014. 1	罗　铭、刘潇威、王　璐、彭　祎、王　策	环保所
797	一种轻便灵活水体污染物吸附装置	实用新型专利	2014. 1. 8	ZL201420011805. 1	赵玉杰、刘潇威、张铁亮、周其文	环保所
798	叶用油菜镉排异品种的筛选方法	发明专利	2014. 6. 4	ZL201310181524. 0	王　林、徐应明、梁学峰、孙约兵、林大松、孙　扬、秦　旭	环保所
799	一种降低油菜镉污染风险的方法	发明专利	2014. 7. 2	ZL201310181701. 5	王　林、徐应明、梁学峰、孙约兵、林大松、孙　扬、秦　旭	环保所
800	一种用于速生灌木柳灌溉的生活污水处理系统	实用新型专利	2014. 8. 20	ZL201420076213. 8	王瑞刚、赵玉杰、施士争、王红玲、蔡彦明	环保所
801	一种实验室微量气体的计量装置	实用新型专利	2014. 6. 11	ZL201320879492. 7	杜连柱、张克强、黄治平、杨　鹏、梁军锋	环保所
802	秸秆沼气发酵装置	发明专利	2014. 8. 13	ZL201310033590. 3	罗　涛、施国中、梅自力	沼科所
803	大颗粒秸秆沼气发酵装置	发明专利	2014. 6. 4	ZL201310033976. 4	罗　涛、施国中、梅自力	沼科所
804	药渣防虫剂	发明专利	2014. 7. 9	ZL201310007411. 9	张云飞、陈　璐	沼科所
805	高浓度秸秆沼气发酵装置	发明专利	2014. 4. 2	ZL201310033972. 6	罗　涛、梅自力、施国中、徐彦胜	沼科所

（续表）

序号	专利名称	类别	授权公告日	专利号	发明人（设计人）	研究所
806	沼气干发酵复合菌	发明专利	2014. 6. 18	ZL201210021679. 3	尹小波、徐彦胜、李　强、马诗淳、张云飞、代丽荣、承　磊	沼科所
807	沼气无氧生物脱硫方法与装置	发明专利	2014. 5. 14	ZL200910164394. 3	邓良伟	沼科所
808	羽毛角蛋白厌氧降解菌株18D-TA	发明专利	2014. 4. 16	ZL201110245868. 4	邓　宇	沼科所
809	生活垃圾生物反应器及好氧—厌氧—准好氧循环处理方法	发明专利	2014. 6. 18	ZL201210096000. 7	韩智勇、梅自力	沼科所
810	一种沼气干发酵复合菌剂的制备方法	发明专利	2014. 7. 30	ZL201210021688. 2	尹小波、李　强、徐彦胜、马诗淳、张云飞、代丽荣、承　磊	沼科所
811	生物质炉	实用新型专利	2014. 6. 18	ZL201420001135. 5	张云飞、陈　璐、邓　宇	沼科所
812	一种厌氧微生物菌落挑取装置	实用新型专利	2014. 7. 23	ZL201420109436. X	马诗淳、黄　艳、承　磊、邓　宇	沼科所
813	玻璃钢沼气池池拱的检测固定装置	实用新型专利	2014. 7. 23	ZL201420097732. 2	冉　毅、王　超、丁自立、陈子爱、张冀川、贺　莉、蒋鸿涛、袁　丁	沼科所
814	一种用于厌氧微生物遗传转化的厌氧操作箱	实用新型专利	2014. 7. 2	ZL201420063008. 8	马诗淳、周　正、黄　艳、邓　宇	沼科所

（续表）

序号	专利名称	类别	授权公告日	专利号	发明人（设计人）	研究所
815	实验室用中药渣干发酵装置	实用新型专利	2014. 1. 1	ZL201320443827. 0	张云飞、李　强	沼科所
816	便携式防碎 U 型压力计	实用新型专利	2014. 1. 8	ZL201320447153. 1	冉　毅、王　超、丁自立、罗　涛、张冀川、贺　莉、席　江、蒋鸿涛	沼科所
817	沼气中的氢气和甲烷一体化分析检测装置	实用新型专利	2014. 2. 19	ZL201320562380. 9	周　正、李　强、邓雅月、马诗淳、陈　璐、尹小波	沼科所
818	生活污水净化装置的密封连接结构	实用新型专利	2014. 2. 19	ZL201320531518. 9	潘　科、胡启春、王文国、汤晓玉、祝其丽	沼科所
819	防结团的组合式填料	实用新型专利	2014. 4. 23	ZL201320702211. 0	潘　科、祝其丽、汤晓玉、王文国、胡启春、何明雄	沼科所
820	干湿发酵隔离式沼气池	实用新型专利	2014. 10. 15	ZL201420303861. 2	李　强、尹小波、张　敏、邓　宇	沼科所
821	一种沼气发酵罐双管式溢流系统	实用新型专利	2014. 9. 10	ZL201420214796. 6	蒲小东、王智勇、宋　立、刘　刘、邓良伟	沼科所
822	人工快速渗滤系统布水装置	实用新型专利	2014. 9. 24	ZL201420209206. 0	蒲小东、邓良伟、宋　立、刘　刘、王智勇	沼科所
823	一种小型电动拖拉机	发明专利	2014. 3. 26	ZL201320521784. 3	胡　桧、夏长高、夏建林、管春松、陈永生	农机化所
824	一种自动盆钵分离装置	发明专利	2014. 3. 26	ZL201210301758. X	胡　桧、管春松、杨雅婷、陈明江、曲浩丽、李瑞容、陈永生	农机化所

（续表）

序号	专利名称	类别	授权公告日	专利号	发明人（设计人）	研究所
825	一种油菜移栽机自动对穴施水装置	发明专利	2014. 11. 15	ZL201420513614. 5	袁文胜、吴崇友、王素珍、汤　庆、吴　俊、唐宗义、张文毅、金诚谦	农机化所
826	一种秧蔓拨入折弯输送半喂入花生摘果机	发明专利	2013. 8. 14	ZL201210062064. 5	张延化、胡志超、陈有庆、王伯凯、田立佳、计福来	农机化所
827	一种土下果实收获果秧对齐分离装置	发明专利	2013. 8. 28	ZL201210046203. 5	彭宝良、吕小莲、胡志超、王海鸥、陈友庆、张会娟、王建楠、顾峰玮、曹明珠、高景魁	农机化所
828	沼气秸秆原料粉碎浸泡混合多功能一体化作业处理机	发明专利	2013. 7. 3	ZL201110085766. 0	朱德文、李瑞容、陈永生、曲浩丽	农机化所
829	一种水稻插秧机施药器及施药控制方法	发明专利	2014. 3. 19	ZL201310644118. 3	薛新宇、孙　竹、蔡　晨、周良富、张宋超、秦维彩、周立新、孔　伟、丁素明、吕小兰、张　玲、金永奎、王宝坤	农机化所
830	作物叶片雾滴持留量测定装置	发明专利	2014. 2. 5	ZL201110282273. 6	吕晓兰、薛新宇、周立新、丁素明、吴　萍、周良富、孙　竹、孔　伟、秦维彩、张宋超、蔡　晨、王宝坤	农机化所

（续表）

序号	专利名称	类别	授权公告日	专利号	发明人（设计人）	研究所
831	一种自走式喷杆喷雾机	发明专利	2014. 1. 15	ZL201210210137. 0	丁素明、薛新宇、周立新、吕晓兰、张　玲、蔡　晨、周良富、孙　竹、孔　伟、秦唯彩、张宋超、王宝坤	农机化所
832	基于模型的直升机航空施药飘移预测方法	发明专利	2014. 11. 5	ZL201210411015. 5	薛新宇、张宋超、孙　竹、常　春、梁　建、秦维彩、周立新、孔　伟、周良富、蔡　晨、王宝坤	农机化所
833	一种防颠簸的航空飘洒药箱结构	发明专利	2014. 9. 24	ZL201310013492. 3	周立新	农机化所
834	一种双风果园喷雾装置	发明专利	2014. 8. 13	ZL201420174159. 0	丁素明	农机化所
835	一种仿形电极静电喷头	发明专利	2014. 2. 26	ZL201420084154. 9	张　玲、孙　竹、蔡　晨、薛新宇、周立新、孔　伟、顾　伟、王宝坤	农机化所
836	一种水稻插秧机施药器及施药控制方法	发明专利	2014. 3. 19	ZL201310361929. 2	薛新宇、孙　竹、蔡　晨、周良富、张宋超、秦维彩、周立新、孔　伟、丁素明、吕小兰、张　玲、金永奎、王宝坤	农机化所

（续表）

序号	专利名称	类别	授权公告日	专利号	发明人（设计人）	研究所
837	一种水稻插秧机施药器	发明专利	2014. 6. 25	ZL201320788350. X	薛新宇、孙　竹、蔡　晨、周良富、张宋超、秦维彩、周立新、孔　伟、丁素明、吕小兰、张　玲、金永奎、王宝坤	农机化所
838	一种接种装置	发明专利	2014. 7. 30	ZL201420058602. 8	张　玲、金永奎、秦维彩、张宋超、周良富、丁素明、薛新宇	农机化所
839	一种农用静电喷雾机测控装置胶测控方法	发明专利	2014. 1. 15	ZL201210521845. 6	张　玲	农机化所
840	电子控制夹管流量阀	发明专利	2013. 12. 11	ZL201210342685. 9	陈伟群、龚　艳、陈小兵、刘　燕、李良波、裴　亮、张井超	农机化所
841	自控集棉箱	发明专利	2014. 4. 30	ZL201210034575. 6	张玉同、石　磊、吴崇友、沐森林、胡敏娟、袁文胜	农机化所
842	一种耙棉装置	发明专利	2014. 1. 29	ZL201210045115. 3	张玉同、梁　建、石　磊、吴崇友、沐森林、梁苏宁、胡敏娟	农机化所
843	机载高效清棉装置	发明专利	2014. 2. 12	ZL201210014731. 2	张玉同、石　磊、吴崇友、胡敏娟、梁苏宁、袁文胜、金　梅	农机化所

（续表）

序号	专利名称	类别	授权公告日	专利号	发明人（设计人）	研究所
844	自走复指式采棉机	发明专利	2014. 2. 12	ZL201210037033. 4	张玉同、石　磊、吴崇友、梁　键、沐森林、陈长林、胡敏娟、袁文胜、梁苏宁	农机化所
845	一种棉桃分离输送装置	实用新型专利	2014. 9. 24	ZL201420224961. 6	张玉同、石　磊、吴崇友、陈长林、孙勇飞	农机化所
846	一种籽棉预处理机	实用新型专利	2014. 7. 30	ZL201320833601. 1	陈长林、石　磊、张玉同、孙勇飞、沐森林、黄铭森	农机化所
847	一种机采籽棉排大杂机构	实用新型专利	2014. 6. 4	ZL201320835785. 5	陈长林、石　磊、张玉同、孙勇飞、沐森林、黄铭森	农机化所
848	一种适于全秸秆覆盖地作业的小麦免耕播种机	实用新型专利	2014. 6. 25	ZL201320855580. 3	胡志超、吴　峰、顾峰玮、陈有庆、王伯凯、王公仆、张会娟	农机化所
849	一种水稻插秧机施药器	实用新型专利	2014. 6. 25	ZL201320788350. X	薛新宇、孙　竹、蔡　晨、周良富、张宋超、秦维彩、周立新、孔　伟、丁素明、吕小兰、张　玲、金永奎、王宝坤	农机化所
850	一种甘薯旋耕起垄移栽联合作业机	实用新型专利	2014. 7. 23	ZL201420108547. 9	胡良龙、计福来、田立佳、王　冰、王公仆、马　标、施智浩	农机化所
851	多功能旋耕施肥播种机	实用新型专利	2014. 3. 26	ZL201320626094. 4	金　梅、张　敏、卢　晏、胡敏娟、余山山、袁文胜	农机化所

（续表）

序号	专利名称	类别	授权公告日	专利号	发明人（设计人）	研究所
852	一种伸缩链齿式油菜割晒机	实用新型专利	2014. 4. 9	ZL201320367478. 9	金诚谦、吴崇友、梁苏宁、石　磊、金　梅、唐宗义	农机化所
853	一种多功能联合收割机	实用新型专利	2014. 5. 14	ZL201320782786. 8	吴崇友、王　刚、金诚谦、石　磊、汤　庆、唐宗义	农机化所
854	自走式多功能施肥机	实用新型专利	2014. 10. 15	ZL201420167403. 0	吴爱兵、朱德文、陈永生	农机化所
855	一种高粗茎秆作物收获机	实用新型专利	2014. 3. 26	ZL201320558438. 2	李显旺、陈巧敏、张　彬、王锦国、黄继承、沈　成、田昆鹏、汪志兵、唐存干、朱文勇	农机化所
856	一种高粗茎秆作物收获机上拨禾装置	实用新型专利	2014. 3. 26	ZL201320557608. 5	李显旺、陈巧敏、张　彬、王锦国、黄继承、沈　成、田昆鹏、汪志兵、唐存干、朱文勇	农机化所
857	干发酵注射式强化传质传热装置	实用新型专利	2014. 8. 13	ZL201420131545. 1	朱德文、王鹏军、李瑞容、马现鹏、陶三奇	农机化所
858	一种以秸秆为主的多元物料厌氧干发酵系统	实用新型专利	2014. 5. 28	ZL201320716132. 5	曲浩丽、朱德文、陈永生、吴爱兵、陈明江、李瑞容、王鹏军、朱忠伟	农机化所
859	用于密封库体的铰链可调式密封门	实用新型专利	2014. 10. 24	ZL201220457646. 8	陈明江	农机化所

（续表）

序号	专利名称	类别	授权公告日	专利号	发明人（设计人）	研究所
860	一种小型电动拖拉机	实用新型专利	2014. 3. 26	ZL201320521784. 3	胡　桧、夏长高、夏建林、管春松、陈永生	农机化所
861	一种高度可调的导风管式烟雾机	实用新型专利	2014. 10. 15	ZL201420188999. 2	管春松、胡　桧、韩柏和、陈永生、杨雅婷	农机化所
862	一种可调侧偏式旋耕机	实用新型专利	2014. 9. 4	ZL201420334917. 0	胡　桧、管春松、陈永生、张　浪、杨雅婷	农机化所
863	一种蔬菜栽培精细化整地机具	实用新型专利	2014. 10. 15	ZL201420187667. 2	张　浪、陈永生、胡　桧、许斌星、管春松	农机化所
864	一种甜菜机械化收获自动对行实验装置	实用新型专利	2014. 2. 19	ZL201320531211. 9	王申莹、胡志超、彭宝良、吴惠昌、顾峰玮、谢焕雄、吴　峰、王海鸥、游兆延	农机化所
865	一种花生联合收获机自动限深装置	实用新型专利	2014. 3. 5	ZL201320484931. 4	游兆延、胡志超、吴　努、吴惠昌、彭宝良、张兆龙、高景魁、王申莹、马　标	农机化所
866	一种与甘薯移栽机配套的牵引式浇水平台	实用新型专利	2014. 3. 26	ZL201320586520. 6	王　冰、胡良龙、胡志超、计福来、田立佳、王洪亮、马　标	农机化所
867	一种翻抄均匀可实时筛分物料的绿豆脱皮机用滚筒	实用新型专利	2014. 7. 23	ZL201420055050. 5	刘敏基、王海鸥、胡志超、谢焕雄、王建楠、高学梅、马　标、杨　柯、魏　海	农机化所

（续表）

序号	专利名称	类别	授权公告日	专利号	发明人（设计人）	研究所
868	一种绿豆脱皮滚筒用清筛刷辊	实用新型专利	2014. 7. 23	ZL201420056426. 4	刘敏基、王海鸥、胡志超、谢焕雄、王建楠、高学梅、马　标、杨　柯、魏　海	农机化所
869	一种薏米或荞麦的脱壳机	实用新型专利	2014. 7. 23	ZL201420064744. 5	谢焕雄、王建楠、王海鸥、胡志超、刘敏基、施丽莉、吴　峰、张会娟、陈有庆、田立佳	农机化所
870	一种覆秸量可调的全秸秆覆盖地免耕小麦播种机	实用新型专利	2014. 9. 3	ZL201420138642. 3	胡志超、吴　峰、顾峰玮、陈有庆、王伯凯、王公仆、曹明珠、刘敏基、张延化	农机化所
871	一种小型杆条升运链式甘薯收获机	实用新型专利	2014. 10. 29	ZL201420316891. 7	王　冰、胡良龙、计福来、胡志超、田立佳、王公仆、马　标	农机化所
872	一种秸秆堆肥螺旋搅拌型 CO_2 发生器装置	实用新型专利	2014. 11. 12	ZL201420348313. 1	肖宏儒	农机化所
873	一种超声波雾化施药装置	实用新型专利	2014. 11. 12	ZL201420183065. X	王小丽、李良波、赵晓萍	农机化所
874	一种仿形电极静电喷头	实用新型专利	2014. 7. 30	ZL201420084154. 9	张　玲、孙　竹、蔡　晨、薛新宇、周立新、孔　伟、顾　伟、王宝坤	农机化所

（续表）

序号	专利名称	类别	授权公告日	专利号	发明人（设计人）	研究所
875	一种双风道果园喷雾装置	实用新型专利	2014. 8. 13	ZL201420174159. 0	丁素明、薛新宇、周立新、张　玲、周良富、蔡　晨、孙　竹、孔　伟、秦维彩、张宋超、顾　伟、王宝坤	农机化所
876	一种多功能撒肥机	实用新型专利	2014. 10. 1	ZL201420177596. 8	程玉龙、张礼钢	农机化所
877	稻麦秸秆根茬沟埋联合作业机	实用新型专利	2014. 10. 15	ZL201420329620. 5	朱继平、陈小兵、袁　栋、丁　艳、彭卓敏、夏　敏、姚克恒、樊家志、杨　斌	农机化所
878	秸秆还田施肥整地联合作业机	实用新型专利	2014. 10. 15	ZL201420329619. 2	陈小兵、朱继平、樊家志、杨　斌、袁　栋、丁　艳、彭卓敏、夏　敏、姚克恒	农机化所
879	一种茶叶智能采摘机	实用新型专利	2014. 3. 26	ZL201320630540. 9	秦广明、肖宏儒、陈　勇、宋志禹、赵　映、金　月、任彩虹	农机化所
880	自走式大豆脱荚机	实用新型专利	2014. 3. 26	ZL201320588756. 3	秦广明、肖宏儒、赵　映、金　月、任彩虹	农机化所
881	一种培养皿中筛选烟草抗赤星病种质材料的方法	发明专利	2014. 4. 9	ZL201210408757. 5	时　焦、孙丽萍、孟　坤、张峻铨、雒振宁、王凤龙	烟草所
882	双柱固相萃取—液相色谱法测定烟草中吡蚜酮残留量的方法	发明专利	2014. 7. 23	ZL201310086814. 7	李义强、王秀国、孙惠青、徐金丽、徐光军、郑　晓	烟草所

（续表）

序号	专利名称	类别	授权公告日	专利号	发明人（设计人）	研究所
883	采用 SPE-HPLC/UV 检测烟叶和果蔬中甲噻诱胺残留的方法	发明专利	2014. 7. 23	ZL201310086788. 8	王秀国、李义强、徐金丽、徐光军、孙惠青、郑　晓	烟草所
884	一株烟草普通花叶病毒生防粘质沙雷氏菌菌株	发明专利	2014. 6. 18	ZL201110434599. 6	王凤龙、杨金广、申莉莉、钱玉梅、翟熙伦、陈德鑫、孙惠青、王新伟、战徊旭	烟草所
885	一种兼抗烟草黑胫病和青枯病的生防菌株	发明专利	2014. 10. 15	ZL201210159083. X	张成省、孔凡玉、徐　茜、罗定棋、王　静、冯　超、陈志厚、林　勇	烟草所
886	一种烟草黑胫病抗性的快速鉴定方法	发明专利	2014. 1. 8	ZL201310011911. X	冯　超、孔凡玉、张成省、王　静、杨举田、李乃会、张永春	烟草所
887	噻菌铜缓释型微胶囊的制备方法及制备的微胶囊	发明专利	2014. 10. 15	ZL201310099983. 4	冯　超、黄　建、孔凡玉、王凤龙、张成省、王　静、徐　茜、张玉芹、陈志厚、林　勇	烟草所
888	一种启动子及其应用	发明专利	2014. 4. 16	ZL201310146067. 1	解敏敏、孙玉合、龚达平	烟草所
889	五段五对应烟叶烤香密集烘烤精准工艺	发明专利	2014. 7. 16	ZL201210072835. 9	孙福山、王松峰、王爱华、徐秀红、王传义、刘　伟、任　杰	烟草所

（续表）

序号	专利名称	类别	授权公告日	专利号	发明人（设计人）	研究所
890	一种研磨机及其研磨方法	发明专利	2014. 10. 22	ZL201310040476. 3	付秋娟、窦玉青、张忠锋、孙　平、张伟峰、程　森、唐　宇、顾毓敏、高　远	烟草所
891	一种防治烟草蚜虫的农药	发明专利	2014. 3. 26	ZL201210395621. 5	陈德鑫、许家来、曹君正、张玉芹、王锡金	烟草所
892	一种蚜虫简易饲养装置	实用新型专利	2014. 10. 8	ZL201420246535. 2	范秀娟、孙志娟、唐仕浩、陈　丹、王秀芳、王新伟、任广伟	烟草所
893	一种实验用梳式烟夹	实用新型专利	2014. 11. 19	ZL201420389102. 2	石　屹、孙艳茹、刘海伟、陈国军	烟草所
894	一种脚踏式原状土取土钻	实用新型专利	2014. 11. 19	ZL201420390809. 5	孙艳茹、石　屹、闫慧峰、孙延国、刘海伟、陈国军、常　帅	烟草所
895	一种土壤取样器	实用新型专利	2014. 9. 24	ZL201320805329. 6	郭先锋	烟草所
896	一种烟草抑芽剂施药器	实用新型专利	2014. 3. 26	ZL201320532978. 3	陈德鑫、李　斌、曹君正、郭先锋、于祥文、李现道	烟草所
897	柑桔品种标准 DNA 指纹图谱库及其构建方法	发明专利	2014. 1	ZL201010513720. X	雷天刚、陈善春、何永睿、姚利晓、彭爱红、许兰珍	柑桔所
898	一种柑桔全爪螨若螨的 RNA 干扰方法	发明专利	2014. 4. 16	ZL201310030235. 0	冉　春、陈　飞、刘浩强、李鸿筠、张云飞	柑桔所

（续表）

序号	专利名称	类别	授权公告日	专利号	发明人（设计人）	研究所
899	植物源杀虫剂	发明专利	2014. 2. 26	ZL201210076671. 7	刘浩强、李鸿筠、冉　春、姚廷山、胡军华、王进军、赵志模	柑桔所
900	自动地下通风降温式通风库	实用新型专利	2014. 9. 10	ZL201320749944. X	王日葵、周　炼、贺明阳、韩　冷	柑桔所
901	一种真空脉冲处理柑桔果皮和囊衣脱除的装置	实用新型专利	2014. 10. 1	ZL201320756373. 2	马亚琴、吴厚玖、王　华、黄学根、孙志高	柑桔所
902	果园信息化服务车	实用新型专利	2014. 9. 10	ZL201420264029. 6	邓　烈、易时来、何绍兰、郑永强、吕　强、谢让金、何明礼	柑桔所
903	多功能近红外监测仪	实用新型专利	2014. 9. 17	ZL201420264050. 6	邓　烈、易时来、何绍兰、郑永强、吕　强、谢让金、何明礼	柑桔所
904	可拆卸便携式昆虫采集存放器	实用新型专利	2014. 9. 9	ZL201420322760. X	丛　林、冉　春、刘浩强、李鸿筠、田慧霞、于士将、杨　涓	柑桔所
905	可拆卸便携式昆虫标本采集存放器	实用新型专利	2014. 9. 9	ZL201420322760. X	丛　林、冉　春，等	柑桔所

2014 年品种权登记目录

序号	品种名称	作物种类	培育人（第一、第二）	申请国	公告日	公告号	品种权人	单位
1	中黄 39	大豆	韩天富、吴存祥	中国	2014. 1. 1	CNA004702G	作科所	作科所
2	HD568	玉米	黄长玲、刘志芳	中国	2014. 1. 1	CNA004088G	作科所	作科所
3	中单 909	玉米	黄长玲、刘志芳	中国	2014. 1. 1	CNA004087G	作科所	作科所
4	中单 815	玉米	黄长玲、刘志芳	中国	2014. 1. 1	CNA004086G	作科所	作科所
5	中植棉 6 号	棉花	李修立、张永军	中国	2014. 5. 1	CNA20080204. 6	植保所、生物所	植保所
6	中植棉 8 号	棉花	李修立、张永军	中国	2014. 5. 1	CNA20080205. 4	植保所、生物所	植保所
7	培两优 8007	水稻	曹立勇、程式华	中国	2014. 1. 1	CNA20080616. 5	曹立勇、程式华、占小登、吴伟明、沈希宏、周正平	水稻所
8	中 9 优 8012	水稻	曹立勇、程式华	中国	2014. 1. 1	CNA20080617. 3	曹立勇、程式华、占小登、吴伟明、沈希宏、周正平	水稻所
9	中协 A	水稻	林建荣、吴明国	中国	2014. 3. 1	CNA004244G	林建荣、吴明国	水稻所
10	春江 47A	水稻	吴明国、林建荣	中国	2014. 3. 1	CNA004244G	吴明国、林建荣	水稻所
11	中早 35	水稻	马良勇、李西明	中国	2014. 3. 1	CNA20090728. 8	马良勇、李西明	水稻所
12	中早 39	水稻	李西明、杨长登	中国	2014. 3. 1	CNA20090727. 9	李西明、杨长登	水稻所
13	中 20A	水稻	王一平、袁筱萍	中国	2014. 3. 1	CNA20080525. 8	王一平、袁筱萍	水稻所

（续表）

序号	品种名称	作物种类	培育人（第一、第二）	申请国	公告日	公告号	品种权人	单位
14	中 2A	水稻	胡培松、唐绍清	中国	2014. 3. 1	CN20080564. 9	胡培松、唐绍清、罗　炬、焦桂爱	水稻所
15	中 3A	水稻	胡培松、唐绍清	中国	2014. 3. 1	CN20080565. 7	胡培松、唐绍清、罗　炬、焦桂爱	水稻所
16	中 3 优 1681	水稻	胡培松、唐绍清	中国	2014. 3. 1	CN20080566. 5	胡培松、唐绍清、罗　炬、焦桂爱	水稻所
17	中 3 优 810	水稻	胡培松、罗　炬	中国	2014. 3. 1	CN20080567. 3	胡培松、罗　炬、唐绍清、焦桂爱	水稻所
18	华占	水稻	朱旭东、陈红旗	中国	2014. 3. 1	CNA20080059. 0	朱旭东、陈红旗	水稻所
19	中早 39	水稻	杨长登、季芝娟	中国	2014. 3. 1	CNA004241G；CNA20090727. 9	杨长登、季芝娟	水稻所
20	中 3013	棉花	张永山、姚金波	中国	2014. 3. 1	CNA011161E	棉花所	棉花所
21	中棉所 85（中夏杂 06）	棉花	喻树迅、范术丽	中国	2014. 5. 1	CNA011422E	棉花所	棉花所
22	中 9106	棉花	喻树迅、刘　记	中国	2014. 5. 1	CNA011423E	棉花所	棉花所
23	中育 9302	小麦	杨兆生、闫素红	中国	2014. 3. 1	CNA011117E	中棉种业科技股份有限公司	棉花所
24	中麦 170	小麦	张　勇、阎　俊	中国	2014. 5. 1	CNA011395E	棉花所、作科所	棉花所
25	中油杂 12 号	油菜	王汉中、刘贵华	中国	2014. 1. 1	CNA20090232. 7	油料所	油料所

2014 年审定品种目录

序号	品种名称	作物种类	审定时间	审批号	审定部门	研究所
1	中草 7 号扁蓿豆	牧草	2014. 2. 20	NO23	内蒙古自治区草品种审定委员会	草原所
2	中茶 111	茶树	2014. 3. 18	国品鉴茶 2014009	全国农业技术推广服务中心	茶叶所
3	长叶香橙	柑桔	2014. 5. 30	渝审柑桔 2014001	重庆市农作物品种审定委员会	柑桔所
4	一品丹枫（观赏李）	果树	2014. 1	吉登果 2014006	吉林省农作物品种审定委员会	果树所
5	华苹	果树	2014. 3	辽备果 2013001	辽宁省非主要农作物品种备案委员会	果树所
6	航苜 1 号紫花苜蓿	草品种	2014. 6. 11	GCS014	甘肃省草品种审定委员会	兰州牧药所
7	陇中黄花矶松	草品种	2014. 6. 11	GCS013	甘肃省草品种审定委员会	兰州牧药所
8	中苎 3 号	苎麻	2014. 7	XPD016-2014	湖南省农作物品种审定委员会	麻类所
9	中红麻 16 号	红麻	2014	国品鉴麻 2014001	全国农业技术推广服务中心	麻类所
10	中杂红 328	红麻	2014	国品鉴麻 2014003	全国农业技术推广服务中心	麻类所

（续表）

序号	品种名称	作物种类	审定时间	审批号	审定部门	研究所
11	中杂红 368	红麻	2014	国品鉴麻 2014002	全国农业技术推广服务中心	麻类所
12	中黄麻 4 号	黄麻	2014	国品鉴麻 2014011	全国农业技术推广服务中心	麻类所
13	中黄麻 5 号	黄麻	2014	国品鉴麻 2014012	全国农业技术推广服务中心	麻类所
14	sGK 中 3017（中棉所 89）	棉花	2014. 6	豫审棉 2014002	河南省品种审定委员会	棉花所
15	sGKz 中 929	棉花	2014. 6	豫审棉 2014003	河南省品种审定委员会	棉花所
16	中棉所 60	棉花	2014. 6	豫审棉 2014001	河南省品种审定委员会	棉花所
17	中育 9307	小麦	2014. 3	预审麦 2014007	河南省品种审定委员会	棉花所
18	鄂麦 170	小麦	2014	鄂审麦 2014001	湖北省品种审定委员会	棉花所
19	中棉所 69	棉花	2014. 5	晋引棉 2014001	山西省品种审定委员会	棉花所
20	中麦 170	小麦	2014. 8	陕审麦 2014005	陕西省品种审定委员会	棉花所
21	中育 9302	小麦	2014	豫审麦 2014022	河南省品种审定委员会	棉花所
22	中麦 875	小麦	2014	豫审麦 2014027	河南省品种审定委员会	棉花所
23	中苜 5 号紫花苜蓿	草品种	2014. 5. 30	463	全国草品种审定委员会	牧医所
24	H1040	胡萝卜	2014. 9. 12	皖品鉴登字第 1303030	安徽省非主要农作物品种鉴定登记委员会	蔬菜所

（续表）

序号	品种名称	作物种类	审定时间	审批号	审定部门	研究所
25	H1063	胡萝卜	2014. 9. 12	皖品鉴登字第1303031	安徽省非主要农作物品种鉴定登记委员会	蔬菜所
26	吉红娃娃	大白菜	2014. 8. 4	京审菜2014003	北京市农作物品种审定委员会	蔬菜所
27	中甘828	甘蓝	2014. 8. 25	国品鉴菜2014001	全国蔬菜品种鉴定委员会	蔬菜所
28	中农116号	黄瓜	2014. 5. 8	鲁农审2014033号	山东省农作物品种审定委员会	蔬菜所
29	中农32号	黄瓜	2014. 5. 19	晋审菜（认）2014004	山西省农作物品种审定委员会	蔬菜所
30	中浙优10号	水稻	2014. 3. 10	闽种引稻〔2014〕第001号	福建省品种认定	水稻所
31	五优84	水稻	2014. 6. 11	粤审稻2014032	广东省农作物品种审定委员会	水稻所
32	中研优519	水稻	2014. 1. 28	粤审稻2014016	广东省农作物品种审定委员会	水稻所
33	深95优华占	水稻	2014. 1. 28	粤审稻2014017	广东省农作物品种审定委员会	水稻所
34	银丰优华占	水稻	2014. 1. 28	粤审稻2014021	广东省农作物品种审定委员会	水稻所
35	恒丰优华占	水稻	2014. 6. 11	粤审稻2014033	广东省农作物品种审定委员会	水稻所
36	荣优华占	水稻	2014. 6. 11	粤审稻2014046	广东省农作物品种审定委员会	水稻所
37	中谷优8号	水稻	2014. 6. 26	桂审稻2014036号	广西壮族自治区品种审定委员会	水稻所

（续表）

序号	品种名称	作物种类	审定时间	审批号	审定部门	研究所
38	博优 N33	水稻	2014. 6. 26	桂审稻 2014022 号	广西壮族自治区区品种审定委员会	水稻所
39	广两优 7203	水稻	2014. 10. 16	国审稻 2014032	国家农作物品种审定委员会	水稻所
40	陆两优 173	水稻	2014. 10. 16	国审稻 2014003	国家农作物品种审定委员会	水稻所
41	陵两优 722	水稻	2014. 10. 16	国审稻 2014005	国家农作物品种审定委员会	水稻所
42	陵两优 22	水稻	2014. 10. 16	国审稻 2014004	国家农作物品种审定委员会	水稻所
43	株两优 39	水稻	2014. 10. 16	国审稻 2014002	国家农作物品种审定委员会	水稻所
44	博 II 优华占	水稻	2014. 8. 25	琼审稻 2014001	海南省农作物品种审定委员会	水稻所
45	博优华占	水稻	2014. 2. 21	琼审稻 2013015	海南省农作物品种审定委员会	水稻所
46	早丰优华占	水稻	2014. 6. 18	湘审稻 2014015	湖南省品种审定委员会	水稻所
47	陆两优 35	水稻	2014. 4. 11	赣审稻 2014003	江西省品种审定委员会	水稻所
48	益优华占	水稻	2014. 4. 11	赣审稻 2014022	江西省品种审定委员会	水稻所
49	炳优华占	水稻	2014. 4. 11	赣审稻 2014021	江西省品种审定委员会	水稻所
50	中百优华占	水稻	2014. 4. 11	赣审稻 2014015	江西省品种审定委员会	水稻所
51	早丰优华占	水稻	2014. 4. 11	赣审稻 2014014	江西省品种审定委员会	水稻所

（续表）

序号	品种名称	作物种类	审定时间	审批号	审定部门	研究所
52	五丰优 286	水稻	2014. 4. 11	赣审稻 2014005	江西省品种审定委员会	水稻所
53	中 1 优 188	水稻	2014. 7. 28	川审稻 2014012	四川省农作物品种审定委员会	水稻所
54	春江 23A	水稻	2014. 9. 18	浙育鉴 2014008	浙江省不育系鉴定	水稻所
55	春江 99A	水稻	2014. 9. 18	浙育鉴 2014009	浙江省不育系鉴定	水稻所
56	雨 03S	水稻	2014. 9. 18	浙育鉴 2014014	浙江省不育系鉴定	水稻所
57	雨 06S	水稻	2014. 9. 18	浙育鉴 2014015	浙江省不育系鉴定	水稻所
58	中 98A	水稻	2014. 9. 18	浙育鉴 2014016	浙江省不育系鉴定	水稻所
59	中冷 23	水稻	2014. 3. 19	浙审稻 2014003	浙江省品种审定委员会	水稻所
60	春优 149	水稻	2014. 3. 19	浙审稻 2014016	浙江省品种审定委员会	水稻所
61	中冷 23	水稻	2014. 3. 19	浙审稻 2014003	浙江省品种审定委员会	水稻所
62	广两优 9388	水稻	2014. 3. 19	浙审稻 2014009	浙江省品种审定委员会	水稻所
63	明华黑色水貂	水貂	2013. 12	（农 17）新品种证字第 7 号	国家畜禽遗传资源委员会	特产所
64	佳绿	软枣猕猴桃	2014. 1	吉登果 2014004	吉林省农作物品种审定委员会	特产所
65	福星 2 号	人参	2014. 1	吉登药 2014004	吉林省农作物品种审定委员会	特产所

（续表）

序号	品种名称	作物种类	审定时间	审批号	审定部门	研究所
66	2HDTY02	甜菜	2014. 2. 20	黑审糖 2014004	黑龙江省农作物品种审定委员会	甜菜所
67	航甜单 0919	甜菜	2014. 2. 20	黑审糖 2014005	黑龙江省农作物品种审定委员会	甜菜所
68	中芝 28	芝麻	2014. 6	皖品鉴登字第 1204005	安徽非主要农作物品种鉴定登记委员会	油料所
69	中芝 29	芝麻	2014. 6	皖品鉴登字第 1204006	安徽非主要农作物品种鉴定登记委员会	油料所
70	中蓖杂 3 号	蓖麻	2013. 12	巴登蓖麻 2013002	巴彦淖尔市农作物品种推荐小组	油料所
71	中花 23	花生	2014. 8	国品鉴花生 2014013	全国农业技术推广服务中心	油料所
72	金玉玲珑无籽 1 号	西瓜	2014	京审瓜 2014003	北京市农作物品种审定委员会	郑果所
73	众天红	西瓜	2014	京审瓜 2014002	北京市农作物品种审定委员会	郑果所
74	中蟠桃 10 号	桃	2014	豫 S-SV-PP-006-2013	河南省林木品种审定委员会	郑果所
75	中蟠桃 11 号	桃	2014	豫 S-SV-PP-007-2013	河南省林木品种审定委员会	郑果所
76	华丹	苹果	2014	豫林审证字第 299 号	河南省林木品种审定委员会	郑果所

（续表）

序号	品种名称	作物种类	审定时间	审批号	审定部门	研究所
77	中梨 4 号	梨	2014	豫 S-SV-PS-008-2013	河南省林木品种审定委员会	郑果所
78	中核 4 号	核桃	2014	豫-S-SV-JR-001-2013	河南省林木品种审定委员会	郑果所
79	玫香杏	杏	2014	良种编号：豫 S-SV-AV-016-2013	河南省林木品种审定委员会	郑果所
80	郑艳无核	葡萄	2014	豫 S-SV-VV-011-2013	河南省林木审定委员会	郑果所
81	郑美	葡萄	2014	豫 S-SV-VV-012-2013	河南省林木审定委员会	郑果所
82	贵园	葡萄	2014	豫 S-SV-VV-013-2013	河南省林木审定委员会	郑果所
83	红伟无籽	西瓜	2014	豫审西瓜 2014007	河南省农作物品种审定委员会	郑果所
84	莱卡红 3 号	西瓜	2014	豫审西瓜 2014006	河南省农作物品种审定委员会	郑果所
85	朝霞	西瓜	2014	豫审西瓜 2014008	河南省农作物品种审定委员会	郑果所
86	金玉玲珑无籽 1 号	西瓜	2014	豫审西瓜 2014010	河南省农作物品种审定委员会	郑果所
87	朝霞	西瓜	2014	国品鉴瓜 2014001	全国农业技术推广服务中心	郑果所
88	中植 3 号	小麦	2014. 3. 17	甘审麦 2014009	甘肃省农作物品种审定委员会	植保所

（续表）

序号	品种名称	作物种类	审定时间	审批号	审定部门	研究所
89	轮选167	小麦	2014	京审麦2014005、晋审麦2014011	北京市农作物品种审定委员会、山西省农作物品种审定委员会	作科所
90	中黄75	大豆	2014.7	北京市农业局文件京农发〔2014〕138号	北京市农作物品种审定委员会	作科所
91	中麦1197	小麦	2014	京审麦2014004	北京市农作物品种审定委员会	作科所
92	中甜30	玉米	2014.5	京审玉2014	北京市农作物品种审定委员会	作科所
93	中绿16	绿豆	2014.9.5	京品鉴杂2014026	北京市种子管理站	作科所
94	中绿17	绿豆	2014.9.6	京品鉴杂2014027	北京市种子管理站	作科所
95	中绿18	绿豆	2014.9.7	京品鉴杂2014028	北京市种子管理站	作科所
96	中绿19	绿豆	2014.9.8	京品鉴杂2014029	北京市种子管理站	作科所
97	中黄45	大豆	2014	国品审函〔2014〕24号	国家农作物品种审定委员会	作科所
98	中黄66	大豆	2014.1	国品审函〔2014〕24号	国家农作物品种审定委员会	作科所
99	中麦875	小麦	2014	豫审麦2014027	河南省农作物品种审定委员会	作科所
100	中东玉1号	玉米	2014.2	黑审玉2014003	黑龙江省农作物品种审定委员会	作科所

（续表）

序号	品种名称	作物种类	审定时间	审批号	审定部门	研究所
101	中黄 73	大豆	2014	辽农〔2014〕15 号	辽宁省农作物审定委员会	作科所
102	普冰 701	小麦	2014. 8. 28	陕审麦 2014002 号	陕西省农作物品种审定委员会	作科所
103	中麦 996	小麦	2014. 4. 14	津审麦 2013001	天津市农作物品种审定委员会	作科所
104	中绿 15	绿豆	2014. 5. 30	渝品审鉴 2014009	重庆市农作物品种审定委员会	作科所

2014 年新农（兽）药目录

序号	名称	类别	批准时间	证书号	主要完成人	研究所
1	寡糖 · 链蛋白	新农药	2014. 2. 18	LS20140049	邱德文、杨秀芬、曾洪梅、郭立华、袁京京	植保所
2	嘧菌酯	新农药	2014. 4. 11	PD20140929	陈 昶	植保所
3	溴菌腈 · 多菌灵	新农药	2014. 4. 21	PD20141019	陈 昶	植保所
4	球孢白僵菌	新农药	2014. 6. 5	PD20141407	农向群、张泽华、王广君、曹广春	植保所
5	硝磺草酮	新农药	2014. 6. 5	PD20141406	陈 昶	植保所
6	金龟子绿僵菌	新农药	2014. 7. 14	PD20141799	农向群、张泽华、王广君、曹广春	植保所
7	1 000亿活菌/克枯草芽孢杆菌可湿性粉剂	新农药	2014. 12	PD20150091	郭荣君、李世东	植保所
8	猪口蹄疫 O 型合成肽疫苗（多肽 2600 +2700 +2800）	兽药三类	2014. 6. 16	（2014）新兽药证字 24 号	郑海学、靳 野、杨 帆、何继军、郭建宏、郭爱江、曹伟军、朱紫祥、朱学亮、李 丹、陈智英、聂东升、刘湘涛、才学鹏、殷 宏	兰州兽医所
9	猪传染性胃肠炎、猪流行性腹泻、猪轮状病毒（G5 型）三联活疫苗	兽药二类	2014	（2014）新兽药证字 54 号	冯 力、时红艳、陈建飞、佟有恩、张 鑫	哈尔滨兽医所

（续表）

序号	名称	类别	批准时间	证书号	主要完成人	研究所
10	重组禽流感病毒灭活疫苗（H5N1 亚型 Re-8 株）	兽药三类	2014. 11. 13	农业部公告第 2174 号	曾显营、田国彬、李雁冰、姜永萍、刘丽玲、邓国华、施建忠、陈普成、陈化兰	哈尔滨兽医所
11	重组禽流感病毒灭活疫苗（H5N1 亚型，Re-7 株）	兽药三类	2014. 4. 11	农业部公告第 2093 号	曾显营、田国彬、邓国华、施建忠、姜永萍、刘丽玲、李雁冰、陈化兰	哈尔滨兽医所
12	重组禽流感病毒 H5 亚型二价灭活疫苗（H5N1，Re-6 株 + Re-7 株）	兽药三类	2014. 4. 11	农业部公告第 2093 号	田国彬、曾显营、施建忠、邓国华、姜永萍、刘丽玲、李雁冰、陈化兰	哈尔滨兽医所
13	禽流感、新城疫重组二联活疫苗（rLH-8 株）	兽药三类	2014. 11. 13	农业部公告第 2174 号	陈化兰、步志高、葛金英、田国彬、曾显营、李雁冰、姜永萍、刘丽玲、邓国华、施建忠、陈普成	哈尔滨兽医所
14	球孢白僵菌	新农药	2014. 3. 24	PD20140681	邓春生、张燕荣	环发所
15	地衣芽孢杆菌等	饲料添加剂新产品	2014. 10. 17	鄂饲添〔2014〕H01001	李　青、朱昌雄、俞晓芸	环发所

（续表）

序号	名称	类别	批准时间	证书号	主要完成人	研究所
16	地衣芽孢杆菌等	饲料添加剂新产品	2014. 10. 17	鄂饲添〔2014〕T01002	李　青、朱昌雄、俞晓芸	环发所
17	绿珍 QS 生物有机肥	新肥料	2014. 2. 10	微生物肥（2012）临字（1548）号	李瑞波、朱昌雄	环发所
18	绿珍 QS	新肥料	2014. 4. 17	微生物肥（2009）准字（0492）号	李瑞波、朱昌雄	环发所

2014 年软件著作权目录

序号	软件名称	批准时间	登记号	著作权人	研究所
1	连锁图谱构建和 QTL 作图集成软件（QTL IciMapping）V4.0	2014.11.14	2014SR172482	作科所	作科所
2	手机版玉米生长异常诊断软件	2014.12	2014R11L357469	作科所	作科所
3	玉米产业体系数据库系统	2014.12	2014R11L357450	作科所	作科所
4	基于 ReXMPP 的圃网异构系统数据交换服务器软件 V1.0	2014.11.5	2014SR169565	作科所	作科所
5	种质资源统一数字标识系统 V1.0	2014.11.5	2014SR169556	作科所	作科所
6	玉米生产定量化动态分析及其高产高效管理系统	2014.7.30	2014SR148382	作科所	作科所
7	无性系物种和双交群体遗传分析软件（GACD）V1.0	2014.11.14	2014SR172573	作科所	作科所
8	分布式圃网数据采集与预警平台系统 V1.0	2014.11.5	2014SR169512	作科所	作科所
9	外来入侵物种安全性评价系统 V1.0	2014.1.3	2014SR025186	植保所	植保所
10	基于 GIS 平台的外来生物风险评估系统 V1.0	2014.6.10	2014SR074805	植保所	植保所
11	气候变化模拟箱控制系统（简称：CCSCCS）V1.0	2014.5.4	2014SR053106	刘　硕、万运帆、李玉娥、游松财	环发所

（续表）

序号	软件名称	批准时间	登记号	著作权人	研究所
12	气象灾害脆弱性和适应性管理数据库系统	2014. 8. 18	2014SR121508	陈敏鹏、夏　旭	环发所
13	中国区域农业氮流动模型系统	2014. 7. 18	2014S4100658	陈敏鹏、夏　旭	环发所
14	作物种植面积数据空间分布优化系统	2014. 12. 1	2014SR185078	刘杏认	环发所
15	牧草智能灌溉管理系统	2014. 11. 28	2014SR183675	万运帆、仝乘风、高清竹、李玉娥、秦晓波、刘硕	环发所
16	开顶式气室自动降温控制系统	2014. 11. 28	2014SR183678	万运帆、李玉娥、高清竹、耿　魁、秦晓波、刘　硕、马　欣	环发所
17	多通道气体采样系统	2014. 7. 24	2014SR104607	董红敏、朱志平、仝乘风	环发所
18	规模化养殖环境监测系统	2014. 7. 24	2014SR104867	董红敏、朱志平、仝乘风	环发所
19	智能多用途 GPS 授时节能系统软件	2014. 4. 25	2014SR049292	孙忠富、杜克明、郑飞翔	环发所
20	温室远程控制物联网平台	2014. 4. 25	2014SR049279	孙忠富、杜克明、郑飞翔	环发所
21	农业环境信息单点采集嵌入式软件	2014. 4. 24	2014SR048586	孙忠富、杜克明、郑飞翔	环发所
22	基于物联网的温室大棚智能环境控制软件	2014. 4. 25	2014SR049288	孙忠富、杜克明、郑飞翔	环发所
23	基于 web 的小麦发育进程模拟系统软件	2014. 4. 25	2014SR049275	孙忠富、杜克明、郑飞翔	环发所

（续表）

序号	软件名称	批准时间	登记号	著作权人	研究所
24	基于 Android 移动设备的冬小麦积温监测预警系统平台软件	2014. 4. 25	2014SR049320	孙忠富、杜克明、郑飞翔	环发所
25	北方果树霜冻灾害物联网监控平台软件	2014. 4. 25	2014SR049323	孙忠富、杜克明、郑飞翔	环发所
26	水稻侧条施肥育苗决策支持与产量预测系统	2014. 5. 21	2014SR083229	段　然、曾希柏、白玲玉、苏世鸣、王亚男、李莲芳、吴翠霞	环发所
27	牛肉质量安全可追溯系统养殖环节软件	2014. 5. 12	2014SR106237	杨　亮，等	牧医所
28	肉牛场图形分析网络系统	2014. 5. 12	2014SR107842	吕健强，等	牧医所
29	肉牛场生产管理网路系统	2014. 5. 12	2014SR107851	杨　亮，等	牧医所
30	哺乳母猪饲喂控制系统（Android 版）	2014. 6. 2	2014SR131657	熊本海，等	牧医所
31	牛肉溯源查询系统	2014. 8. 1	2014SR172099	庞之洪，等	牧医所
32	畜牧业数据统计分析定制系统	2014. 9. 1	2014SR186358	熊本海，等	牧医所
33	畜牧业报表编辑系统	2014. 9. 1	2014SR186354	庞之洪，等	牧医所
34	紫花苜蓿气候生产潜力模拟系统	2013. 10. 31	2013SR147337	李向林，等	牧医所
35	紫花苜蓿病害诊断识别系统	2014. 9. 20	2014SR185808	袁庆华	牧医所
36	AIMIS 奶牛人工授精与繁殖管理系统	2014. 12. 8	2014SR189872	朱化彬	牧医所

（续表）

序号	软件名称	批准时间	登记号	著作权人	研究所
37	ETMIS 牛胚胎移植管理系统	2014. 12. 8	2014SR189996	朱化彬	牧医所
38	基于蜜蜂重复序列组成的序列比对统计及文库评估软件（AM-MSLE）	2014. 1. 4	2014SR079228	中国农业科学院蜜蜂研究所	蜜蜂所
39	蜂体系后台管理系统 V2. 0	2014. 5. 21	2014SR064420	中国农业科学院蜜蜂研究所	蜜蜂所
40	蜂体系在线填报系统 V2. 0	2014. 5. 20	2014SR063000	中国农业科学院蜜蜂研究所	蜜蜂所
41	全国农业资源与区划数据管理决策系统	2014. 12. 12	2004SR194186	邹金秋	资划所
42	农业冷害遥感监测系统	2014. 12. 6	2014SR189405	刘　佳	资划所
43	农业病害遥感监测系统	2014. 12. 5	2014SR189079	王利民	资划所
44	农业干旱遥感监测系统	2014. 12. 5	2014SR189252	王利民	资划所
45	基于 iOS 的土壤比色卡系统（iPhone 版）V1. 0	2014. 10. 17	2014SR155134	雷秋良	资划所
46	基于 iOS 的土壤比色卡系统（iPad 版）V1. 0	2014. 10. 8	2014SR147654	雷秋良	资划所
47	全国农业面源污染评估指标计算系统	2014. 9. 25	2014SR144703	武淑霞	资划所
48	全国农业面源污染风险评价系统	2014. 9. 25	2014SR144705	武淑霞	资划所
49	全国农业面源污染预警平台	2014. 9. 24	2014SR143520	武淑霞	资划所
50	农业面源污染种植业普查数据采集系统	2014. 9. 19	2014SR141331	武淑霞	资划所

（续表）

序号	软件名称	批准时间	登记号	著作权人	研究所
51	农业面源污染典型地块调查数据采集系统	2014. 9. 19	2014SR141336	武淑霞	资划所
52	畜禽养殖业粪污处理利用调查数据采集系统	2014. 9. 19	2014SR141324	武淑霞	资划所
53	全国农业面源污染监测地块施肥信息采集软件	2014. 9. 15	2014SR137779	武淑霞	资划所
54	全国农业面源污染监测地块灌溉降水信息采集软件	2014. 9. 15	2014SR137888	武淑霞	资划所
55	全国农业面源污染监测地块土壤信息采集软件	2014. 9. 15	2014SR137846	武淑霞	资划所
56	氨挥发数据处理系统（Web 版）V1. 0	2014. 9. 2	2014SR131566	王洪媛	资划所
57	全国农业面源污染监测地块基本信息采集软件	2014. 9. 1	2014SR131008	武淑霞	资划所
58	农业现代化与资源环境协调度评价系统 V1. 0	2014. 5. 29	2014SR068508	尤　飞	资划所
59	作物分类遥感信息升尺度转换软件	2014. 12. 2	2014SR186487	任建强	资划所
60	时序遥感数据平滑滤波系统	2014. 11. 29	2014SR184338	任建强	资划所
61	全球共享气象资料可视化与信息处理系统	2014. 11. 29	2014SR184336	任建强	资划所

（续表）

序号	软件名称	批准时间	登记号	著作权人	研究所
62	TM 与 MODIS 遥感数据网络获取与预处理工具软件	2014. 11. 29	2014SR184312	任建强	资划所
63	农户属性数据采集与管理软件 V1. 0	2014. 12. 3	2014SR187156	余强毅	资划所
64	基于 Agent 的农作物空间格局变化模拟软件	2014. 12. 3	2014SR187150	余强毅	资划所
65	农作物时空格局模拟软件	2014. 12. 3	2014SR187153	张　莉	资划所
66	高光谱数据叶面积指数反演软件	2014. 12. 2	2014SR186530	张　莉	资划所
67	热红外遥感数据地表温度反演软件	2014. 12. 2	2014SR186529	张　莉	资划所
68	MODIS 数据国外作物生长状况监测系统	2014. 11. 28	2014SR183406	黄　青	资划所
69	无人机载遥感影像智能筛选软件	2014. 11. 26	2014SR181895	张　莉	资划所
70	高分一号数据处理软件	2014. 11. 25	2014SR180913	刘　佳	资划所
71	山西省忻州府测土配方施肥数据管理系统	2014. 10. 20	2014SR156811	张淑香	资划所
72	水质监测数据自动汇交系统 V1. 0	2014. 8. 10	2014SR118142	雷秋良	资划所
73	气象指标批量计算软件 V1. 0	2014. 3. 10	2014SR028282	雷秋良	资划所
74	农田环境要素时序变化展示控件 V1. 0	2014. 9. 5	2014SR134207	王春艳	资划所
75	旱棚土壤水分自动监测系统 V1. 0	2014. 9. 5	2014SR133813	王春艳	资划所

（续表）

序号	软件名称	批准时间	登记号	著作权人	研究所
76	基于田间监视器的农情视频会商系统 V1.0	2014.1.23	2014SR009863	王春艳	资划所
77	VIIRS 数据卷云监测软件 V1.0	2014.10.17	2014SR154851	毛克彪	资划所
78	气候变化基础遥感数据处理软件 V1.0	2014.10.16	2014SR154249	毛克彪	资划所
79	气象干旱监测软件 V1.0	2014.10.16	2014SR154245	毛克彪	资划所
80	VIIRS 云掩码反演软件	2014.8.21	2014SR125403	毛克彪	资划所
81	基于 VIIRS 数据地表温度反演软件	2014.8.20	2014SR124418	毛克彪	资划所
82	长时系气象数据提取系统	2014.11.25	2014SR181087	邹金秋	资划所
83	玉米养分专家系统 V1.0	2014.11.21	2014SR178731	何　萍	资划所
84	小麦养分专家系统 V1.0	2014.11.21	2014SR178717	何　萍	资划所
85	低产水稻土改良与产量提升决策咨询系统 V3.0	2014.11.4	2014SR168037	周　卫	资划所
86	三维情景下地形分析辅助系统 V1.0	2014.9.28	2014SR145815	陈学渊	资划所
87	基于云计算的专家推荐施肥技术工具软件	2014.9.16	2014SR138615	冀宏杰	资划所
88	三维情景下土地利用与土地覆盖（LUCC）管理辅助系统 V1.0	2014.4.17	2014SR044613	陈学渊	资划所

（续表）

序号	软件名称	批准时间	登记号	著作权人	研究所
89	无人机载高精度地块空间信息采集软件	2014. 11. 26	2014SR181894	史　云	资划所
90	高分卫星大气校正软件	2014. 11. 25	2014SR180910	刘　佳	资划所
91	基于 iOS 的野外土壤剖面信息采集系统（iPhone 版）V1. 0	2014. 10. 8	2014SR147657	雷秋良	资划所
92	基于 iOS 的野外土壤剖面信息采集系统（iPad 版）V1. 0	2014. 8. 12	2014SR118137	雷秋良	资划所
93	网络水质数据爬取软件 V1. 0	2014. 8. 8	2014SR157440	雷秋良	资划所
94	野外土壤剖面信息采集系统（Andriod 版）V1. 0	2014. 4. 30	2014SR052318	雷秋良	资划所
95	内蒙古草地生物量遥感估算系统 V1. 0	2014. 10. 27	2014SR161136	赵　芬	资划所
96	中国农业面源污染监测数据填报系统	2014. 9. 28	2014SR146225	刘宏斌	资划所
97	全国农业面源污染时空动态数据管理平台	2014. 9. 25	2014SR144704	刘宏斌	资划所
98	全国农田面源污染监测平台	2014. 9. 17	2014SR139512	刘宏斌	资划所
99	氨挥发数据处理系统（单机版）V1. 0	2014. 9. 5	2014SR134054	王洪媛	资划所
100	全国农业面源污染监测地块植株信息采集软件	2014. 8. 26	2014SR127250	武淑霞	资划所

（续表）

序号	软件名称	批准时间	登记号	著作权人	研究所
101	全国农业面源污染调查数据采集系统	2014. 9. 25	2014SR144702	武淑霞	资划所
102	无人机载多传感器协同采集软件	2014. 4. 22	2014SR047111	史　云	资划所
103	无人机载遥感影像的自动拼接软件	2014. 4. 22	2014SR047106	史　云	资划所
104	牧场基础背景数据采集系统	2014. 10. 30	2014SR164031	闫瑞瑞	资划所
105	牧场数字化草畜监测信息管理系统	2014. 10. 30	2014SR163424	闫瑞瑞	资划所
106	气候变化对农业影响模拟系统	2014. 7. 4	2014SR091643	覃志豪	资划所
107	基于 MODIS 的地表温度重构软件 V1. 0	2014. 6. 9	2014SR074491	王春艳	资划所
108	小麦质量数据库系统	2014. 6. 16	2014SR078549	原子能所	加工所
109	骨素生产线全自动热压抽提系统	2014. 5. 9	2014SR057731	原子能所	加工所
110	骨素生产线 CIP 全自动清洗系统	2014. 5. 9	2014SR057937	原子能所	加工所
111	骨素生产线全自动杀菌机系统	2014. 5. 9	2014SR057929	原子能所	加工所
112	骨素生产线全自动浓缩系统	2014. 5. 9	2014SR057925	原子能所	加工所
113	骨素生产线自动调配系统	2014. 5. 9	2014SR057740	原子能所	加工所
114	骨胶原蛋白·羟脯氨基酸含量预测系统	2014. 5. 9	2014SR057480	原子能所	加工所
115	低温高湿变温解冻库智能控制系统	2014. 7. 16	2014SR098866	原子能所	加工所

（续表）

序号	软件名称	批准时间	登记号	著作权人	研究所
116	水稻功能结构模型系统软件	2014. 11. 13	2014SR171508	信息所	信息所
117	乡镇农业经济分析与辅助决策系统 V1.0	2014. 7. 28	2014SR106820	信息所	信息所
118	农业经济查询预测辅助决策系统 V1.0	2014. 7. 11	2014SR095717	信息所	信息所
119	河北省农业经济信息空间分析系统	2014. 7. 11	2014SR095504	信息所	信息所
120	基于 Internet 手机投票系统	2014. 5. 17	2014SR062145	信息所	信息所
121	国家重点实验室设备购置管理决策支持子系统 V2.0	2014. 6. 10	2014SR075049	信息所	信息所
122	中央级科学事业单位修缮购置专项资金项目管理系统 V2.0	2014. 6. 11	2014SR075606	信息所	信息所
123	公益性行业科研专项经费预算管理系统客户端软件 V2.0	2014. 6. 11	2014SR075668	信息所	信息所
124	中央补助地方科技基础条件专项资金管理系统 V2.0	2014. 6. 11	2014SR075680	信息所	信息所
125	公益性行业科研专项经费预算管理系统服务器端软件 V2.0	2014. 6. 11	2014SR076031	信息所	信息所
126	国家重点实验室科研仪器设备经费管理系统 V2.0	2014. 6. 11	2014SR076180	信息所	信息所
127	中央级科学事业单位修缮购置专项决策分析子系统 V2.0	2014. 6. 16	2014SR078514	信息所	信息所

（续表）

序号	软件名称	批准时间	登记号	著作权人	研究所
128	在线互动技术支持系统 V2.0	2014. 6. 17	2014SR079760	信息所	信息所
129	中央级科学事业单位修缮购置专项实施进度管理子系统 V2.0	2014. 6. 17	2014SR079763	信息所	信息所
130	农业科技产出分析与学科评价系统	2014. 7. 22	2014SR102926	信息所	信息所
131	转基因重大专项项目预算上报管理系统	2014. 8. 28	2014SR128927	信息所	信息所
132	转基因重大专项项目申请书上报管理系统	2014. 8. 27	2014SR128457	信息所	信息所
133	转基因重大专项项目合同上报管理系统	2014. 8. 27	2014SR128658	信息所	信息所
134	面向科研机构绩效评估系统	2014. 8. 28	2014SR128825	信息所	信息所
135	科研项目信息管理系统	2014. 8. 28	2014SR128843	信息所	信息所
136	中文科技文摘信息检索系统	2014. 8. 27	2014SR128662	信息所	信息所
137	基于 Solr 的中英文提问扩展软件 V1.0	2014. 1. 21	2014SR008312	信息所	信息所
138	开放获取会议集成检索系统 V1.0	2014. 1. 21	2014SR008324	信息所	信息所
139	基于 CAMES 模型的农产品监测预警知识管理系统 V1.0	2014	2014SR077786	信息所	信息所
140	基于 CAMES 模型的农产品监测预警系统 V1.0	2014	2014SR079490	信息所	信息所

（续表）

序号	软件名称	批准时间	登记号	著作权人	研究所
141	基于 CAMES 模型的农产品生产与消费智能匹配系统	2014	2014SR111804	信息所	信息所
142	基于地理信息的粮食数量监测、评估与预警系统	2014	2014SR111835	信息所	信息所
143	农产品市场流通感知与信息处理系统	2014	2014SR112092	信息所	信息所
144	农产品价格模型与趋势分析系统 V1.0	2014	2014SR119480	信息所	信息所
145	农业监测预警研究空间综合应用系统	2014	2014SR119481	信息所	信息所
146	农产品全系信息展示与查询系统 V1.0	2014	2014SR119665	信息所	信息所
147	农作物长势调查记录系统	2014. 5. 20	2014SR142513	信息所	信息所
148	农业灾损信息远程收集系统	2014. 5. 20	2014SR142510	信息所	信息所
149	空间图形多方式采集系统	2014. 5. 20	2014SR140845	信息所	信息所
150	ICFARM 数据网络平台	2014. 5. 4	2014SR053313	信息所	信息所
151	蔬菜农情数据管理系统	2014. 5. 4	2014SR053318	信息所	信息所
152	ICFARM 数据管理平台	2014. 7. 7	2014SR092854	信息所	信息所
153	中国农业科技文献查新与检索服务网络平台 V2.0	2014. 7. 8	2014SR093551	信息所	信息所

（续表）

序号	软件名称	批准时间	登记号	著作权人	研究所
154	中国农业科技文献查新与检索服务数据管理平台 V2.0	2014. 10. 23	2014SR158934	信息所	信息所
155	农业信息智能收集与处理系统 V1.0	2014. 6. 13	2014SR077588	信息所	信息所
156	农业展望信息智能管理系统 V1.0	2014. 6. 13	2014SR077807	信息所	信息所
157	基于传感器的西红柿病虫害管理系统 V1.0	2014. 6. 13	2014SR077550	信息所	信息所
158	基于无线传感器的水稻虫害管理系统 V1.0	2014. 6. 17	2014SR079493	信息所	信息所
159	基于远程控制的辣椒滴灌自动控制系统 V1.0	2014. 6. 13	2014SR077782	信息所	信息所
160	基于图像处理的棉花虫害识别系统 V1.0	2014. 6. 13	2014SR077593	信息所	信息所
161	农产品品种匹配指标体系构建与管理系统 V1.0	2014. 8. 4	2014SR111802	信息所	信息所
162	基于 GIS 的农产品时间与空间智能匹配系统 V1.0	2014. 8. 4	2014SR111962	信息所	信息所
163	基于物联网的玉米环境实时监测系统 V1.0	2014. 8. 4	2014SR111808	信息所	信息所
164	基于远程图像识别的农田作物生长状态实时监测系统 V1.0	2014. 8. 4	2014SR112095	信息所	信息所

（续表）

序号	软件名称	批准时间	登记号	著作权人	研究所
165	基于冲击模型的粮食生产风险预测与预警系统 V1.0	2014.8.4	2014SR111998	信息所	信息所
166	基于小波神经网络的农产品匹配程度智能评估系统 V1.0	2014.9.25	2014SR144109	信息所	信息所
167	基于 FRID 的奶牛精细化饲养管理系统 V1.0	2014.9.25	2014SR144092	信息所	信息所
168	基于无线传感器的奶牛养殖环境自动控制系统 V1.0	2014.9.25	2014SR144088	信息所	信息所
169	基于压缩感知的棉花病害识别系统 V1.0	2014.9.25	2014SR144539	信息所	信息所
170	基于深度学习的棉花病虫害智能分类系统 V1.0	2014.9.25	2014SR144240	信息所	信息所
171	基于无线传感器的奶牛养殖环境实时监测系统 V1.0	2014.9.25	2014SR144474	信息所	信息所
172	基于红外的奶牛躺卧时间实时采集与分析系统 V1.0	2014.11.29	2014SR184212	信息所	信息所
173	基于热红外成像的奶牛疫病早期诊断系统 V1.0	2014.11.29	2014SR183871	信息所	信息所
174	农田作物微环境实时监测系统 V1.0	2014.11.29	2014SR184138	信息所	信息所
175	棉花盲椿象危害等级自动识别系统 V1.0	2014.11.29	2014SR183822	信息所	信息所

（续表）

序号	软件名称	批准时间	登记号	著作权人	研究所
176	基于传感器的棉花虫害早期自动测报与预警系统 V1.0	2014. 11. 29	2014SR184149	信息所	信息所
177	基于小波分析的多区域蔬菜价格波动自动识别系统 V1.0	2014. 11. 27	2014SR182713	信息所	信息所
178	自然条件下棉花叶部病斑自动分割系统 V1.0	2014. 11. 29	2014SR183881	信息所	信息所
179	移动图书馆终端软件系统	2014. 12. 5	2014SR189286	信息所	信息所
180	图书馆短信服务系统	2014. 12. 5	2014SR188740	信息所	信息所
181	农业科技文摘智能检索系统	2014. 12. 5	2014SR189149	信息所	信息所
182	农业科技数据元数据采集与共享系统	2014. 12. 5	2014SR188916	信息所	信息所
183	科学数据审核工作平台软件	2014. 12. 5	2014SR189152	信息所	信息所
184	分布式农业科学数据库管理系统	2014. 12. 5	2014SR189123	信息所	信息所
185	农业专业知识服务系统	2014. 12. 5	2014SR188855	信息所	信息所
186	全科农技员信息化管理平台经验交流系统	2014	2014SR203977	信息所	信息所
187	全科农技员信息化管理平台课件点播系统	2014	2014SR204991	信息所	信息所
188	全科农技员信息化管理平台农技问答系统	2014	2014SR204887	信息所	信息所

（续表）

序号	软件名称	批准时间	登记号	著作权人	研究所
189	全科农技员信息化管理平台农技员绩效考核管理系统	2014	2014SR204933	信息所	信息所
190	全科农技员信息化管理平台种养殖处方信息系统	2014	2014SR204927	信息所	信息所
191	全科农技员信息化管理平台农技知识库系统	2014	2014SR204922	信息所	信息所
192	全科农技员信息化管理平台农情信息定向采集系统	2014	2014SR204917	信息所	信息所
193	全科农技员信息化管理平台农事黄历管理系统	2014	2014SR205089	信息所	信息所
194	全科农技员信息化管理平台设施农业动态监测系统	2014. 5. 20	2014SR205077	信息所	信息所
195	全科农技员信息化管理平台视频会议系统	2014. 5. 20	2014SR205071	信息所	信息所
196	全科农技员信息化管理平台推广日志管理发布系统	2014. 5. 20	2014SR205068	信息所	信息所
197	全科农技员信息化管理平台专家会诊系统	2014. 5. 4	2014SR204123	信息所	信息所
198	推广体系数据上报 Web 版系统	2014. 5. 4	2014SR077786	信息所	信息所
199	农技云实时价格采集系统	2014. 7. 7	2014SR079490	信息所	信息所
200	双向视频诊断系统	2014. 7. 8	2014SR111804	信息所	信息所

（续表）

序号	软件名称	批准时间	登记号	著作权人	研究所
201	农技云服务轨迹子系统	2014.10.23	2014SR111835	信息所	信息所
202	农技云 Android 客户端农户问答版系统	2014.6.13	2014SR112092	信息所	信息所
203	物联牧场气体浓度多层次采集与通风控制系统 V1.0	2014.6.13	2014SR119480	信息所	信息所
204	农产品产销全程服务网络系统 V1.0	2014.6.13	2014SR119481	信息所	信息所
205	农业多源数据清洗、规约、处理与融合系统 V1.0	2014.6.17	2014SR119665	信息所	信息所
206	跨平台匹配管理决策分析系统 V1.0	2014.6.13	2014SR142513	信息所	信息所
207	物联牧场养殖环境远程监测与自动化控制系统 V1.0	2014.6.13	2014SR142510	信息所	信息所
208	基于农产品数量、品种、时间与空间匹配的监测、评估、预警系统 V1.0	2014.8.4	2014SR140845	信息所	信息所
209	棉花病虫害与缺素状态远程诊断与自动施药控制系统 V1.0	2014.8.4	2014SR053313	信息所	信息所
210	农业生产特大灾害风险与异常预测预警系统 V1.0	2014.8.4	2014SR053318	信息所	信息所
211	饲料中抗营养因子和有毒有害物质数据库系统 V1.0	2014.11.22	2014SR179354	质标所	质标所
212	农产品质量安全风险评估系统（简称：RAMA 模型）2.0	2014.9.2	2014SR131747	质标所	质标所

（续表）

序号	软件名称	批准时间	登记号	著作权人	研究所
213	我的膳食评价系统 1.0	2014. 4. 16	2014SR044449	营养所	营养所
214	灌溉自动控制系统软件	2014. 3. 14	2014SR030965	李金山、贾艳辉、冯俊杰、范永申、孙　浩	灌溉所
215	石河子垦区膜下滴灌棉花灌溉预报系统	2014. 3. 20	2014SR032395	申孝军、张寄阳、孙景生、高　阳、王景雷、宁慧峰	灌溉所
216	区域农业水土资源利用潜力计算系统	2014. 7. 3	2014SR089900	南纪琴、王景雷、陶国通	灌溉所
217	基于天气预报的冬小麦耗水量预测系统	2014. 10. 15	2014SR152808	刘战东、张寄阳、肖俊夫、刘祖贵、秦安振、宁东峰、南纪琴	灌溉所
218	基于天气预报的夏玉米耗水量预测系统	2014. 10. 18	2014SR155477	刘战东、张寄阳、肖俊夫、刘祖贵、秦安振、宁东峰、南纪琴	灌溉所
219	基于标准化降水指数和旋转特征向量的特征降水分区软件	2014. 5. 13	2014SR059055	郭冬冬、郭树龙、周新国、李彩霞、甄博	灌溉所
220	中国玉米节水灌溉技术信息管理 & 筛选系统	2014. 11. 17	2014SR174491	南纪琴、秦安振、肖俊夫、刘战东、刘祖贵、宁东峰	灌溉所
221	玉米灌溉预报系统	2014. 9. 19	2014SR141186	陈智芳、王景雷、孙景生、宋妮、刘祖贵、刘小飞	灌溉所
222	小麦灌溉预报系统	2014. 8. 7	2014SR115563	陈智芳、王景雷、孙景生、宋　妮、申孝军、刘小飞	灌溉所

（续表）

序号	软件名称	批准时间	登记号	著作权人	研究所
223	中国玉米节水灌溉技术信息管理 & 筛选系统	2014. 11. 17	2014SR174491	刘祖贵、南纪琴，等	灌溉所
224	基于 FLASH 的轻量级地图信息显示系统	2014. 1	2014SR163475	水稻所	水稻所
225	水稻科学数据管理软件	2014. 6	2014SR073934	水稻所	水稻所
226	中国棉花生长指数研究与应用系统 V2. 0	2014. 6	2014SR074668	棉花所	棉花所
227	图说棉花基质育苗移栽技术平台 V2. 0	2014. 10	2014SR148871	棉花所	棉花所
228	中国棉花工厂化育苗和机械化移栽技术平台 V2. 0	2014. 10	2014SR148868	棉花所	棉花所
229	中国棉花轻简化育苗移栽技术平台 V2. 0	2014. 10	2014SR162857	棉花所	棉花所
230	加入世界贸易组织对中国棉花生产影响研究平台 V2. 0	2014. 10	2014SR162445	棉花所	棉花所
231	河南省棉花长势监测应用系统 V2. 0	2014. 10	2014SR162452	棉花所	棉花所
232	加入世界贸易组织对中国棉花贸易影响研究平台 V2. 0	2014. 11	2014SR166091	棉花所	棉花所
233	中国棉花可持续发展战略研究系统 V2. 0	2014. 11	2014SR166096	棉花所	棉花所
234	中国棉花大事记系统 V2. 0	2014. 11	2014SR165994	棉花所	棉花所

（续表）

序号	软件名称	批准时间	登记号	著作权人	研究所
235	新疆棉花长势监测应用系统 V2.0	2014.11	2014SR166100	棉花所	棉花所
236	中国棉花种植意向调查系统 V2.0	2014.9	2014SR176220	棉花所	棉花所
237	入世对我国棉花产业经济影响研究平台 V2.0	2014.9	2014SR177091	棉花所	棉花所
238	湖南省棉花长势监测应用系统 V2.0	2014.9	2014SR176503	棉花所	棉花所
239	中国棉花种植品种监测应用系统 V2.0	2014.9	2014SR176710	棉花所	棉花所
240	湖北省棉花长势监测应用系统 V2.0	2014.9	2014SR176894	棉花所	棉花所
241	中国棉花成本收益监测应用系统 V2.0	2014.9	2014SR177668	棉花所	棉花所
242	中国棉花生产管理指导平台 V2.0	2014.9	2014SR177089	棉花所	棉花所
243	中国棉高产创建信息软件 V2.0	2014.9	2014SR181639	棉花所	棉花所
244	中国棉花栽培技术监测应用系统 V2.0	2014.9	2014SR178983	棉花所	棉花所
245	安徽省棉花长势监测应用系统 V2.0	2014.9	2014SR181644	棉花所	棉花所
246	江苏省棉花长势监测应用系统 V2.0	2014.10	2014SR186984	棉花所	棉花所
247	中国棉花价格监测应用系统 V2.0	2014.10	2014SR186989	棉花所	棉花所
248	中国棉花采收与交售监测应用系统 V2.0	2014.10	2014SR186987	棉花所	棉花所

（续表）

序号	软件名称	批准时间	登记号	著作权人	研究所
249	中国棉花质量检验信息软件 V2.0	2014.10	2014SR186891	棉花所	棉花所
250	中国棉花生产预测及实证信息平台 V2.0	2014.10	2014SR186098	棉花所	棉花所
251	葡萄种质资源数据库系统	2014.7	2014SR107286	郑果所、西安航空学院	郑果所
252	红茶发酵检测系统软件	2014.10.10	2014SR149549	茶叶所	茶叶所
253	电子鼻特征采集系统	2014.10.10	2014SR149483	茶叶所	茶叶所
254	茶叶品质多传感信息融合—神经网络建模分析软件	2014.10.10	2014SR149479	茶叶所	茶叶所
255	茶叶加工品质预测分析软件	2014.10.10	2014SR149600	茶叶所	茶叶所
256	甲基化测序数据比对后结果分析系统 V1.0	2014.11.2	2014SR165673	兰州兽医所	兰州兽医所
257	基因功能富集分析系统 V1.0	2014.11.14	2014SR172494	兰州兽医所	兰州兽医所
258	基于 KEGG 数据库构建通路间和基因间相互作用网络软件 V1.0	2014.12.10	2014SR191568	兰州兽医所	兰州兽医所
259	中国动物纤维及毛皮质量评价体系信息管理系统	2014.7.14	2014SR097383	高雅琴	兰州牧药所
260	动物纤维组织结构信息软件	2014.7.14	2014SR097373	李维红	兰州牧药所
261	草畜生产优化管理模型系统	2014.5.27	2014SR066977	袁　清、乔　江、韩国栋	草原所

（续表）

序号	软件名称	批准时间	登记号	著作权人	研究所
262	草原监测地理信息系统处理软件	2014. 5. 29	2014SR069094	袁　清、乔　江、董永平、王加亭、王瑞勇	草原所
263	鹿病智能诊断专家系统软件 V1. 0	2014. 7. 31	2014SR109334	赵伟刚、魏海军、崔学哲	特产所
264	湿地农业软件	2014. 3. 12	2014SR029570	刘红梅、杨殿林、王跃华、张贵龙、赵建宁、皇甫超河、宋晓龙、王　慧、修伟明、李　刚、赖　欣	环保所
265	全国“农产品产地土壤重金属污染防治”普查数据录入与上报系统	2014. 8. 18	2014SR121164	农业部环境保护科研监测所、扬州市土壤肥料站	环保所
266	Agro-ecological environment protection system V1. 0	2014. 5. 9	2014SR144807	王跃华、徐亚平、刘潇威	环保所
267	农药检测数据收集系统 V2. 1	2014. 4. 10	2014SR136500	王跃华、王　璐、刘潇威、徐亚平	环保所
268	基于手持终端的烟草常见叶斑类病害自动分级系统	2014. 6. 3	2014SR070715	任广伟、王新伟、王凤龙、张成省	烟草所
269	烟草昆虫专家系统	2014. 6. 3	2014SR070712	任广伟、王新伟、王凤龙、陈丹、王秀芳	烟草所
270	烟草病虫害调研数据管理系统	2014. 6. 3	2014SR070718	任广伟、王新伟、王凤龙、陈　丹、王秀芳	烟草所
271	基因物理图谱绘制软件 V1. 0	2014. 10. 16	2014SR154347	晁江涛、孙玉合、刘贯山	烟草所
272	网页版基因物理图谱绘制软件 V1. 0	2014. 10. 16	2014SR154349	晁江涛、孙玉合、刘贯山	烟草所

（续表）

序号	软件名称	批准时间	登记号	著作权人	研究所
273	基于 php 的植物 B3 超家族相关数据库管理系统	2014. 6. 6	2014SR073691	孙亭亭、孙玉合、王大伟、龚达平、刘贯山、王卫峰	烟草所
274	基于 php 的 miRNA 相关信息查询系统	2014. 2. 27	2014SR023924	孙亭亭、龚达平、孙玉合	烟草所
275	三明烟草有害生物综合管理系统	2014. 9. 17	2014SR139541	陈德鑫、张　瀛、张久权、戴培刚、战怀旭、曹君正	烟草所
276	黔西南典型生态特色优质烟叶生产管理系统	2014. 2. 18	2014SR018986	陈德鑫、刘新明、王凤龙、戴培刚、杨金广	烟草所
277	山东烟草有害生物管理信息系统	2014. 2. 18	2014SR018991	陈德鑫、王凤龙、孔凡玉、陈　丹、战怀旭	烟草所
278	国外烟草有害生物风险评估信息系统	2014. 2. 19	2014SR019656	陈德鑫、王凤龙、孔凡玉、杨金广、战怀旭、曹君正	烟草所
279	玉溪烟草有害生物综合防控信息系统	2014. 8. 4	2014SR112185	陈德鑫、刘新民、孔凡玉、张成省、战怀旭、曹君正	烟草所
280	安徽省烟草病虫害综合管理信息系统	2014. 9. 17	2014SR139541	高正良、陈德鑫、王凤龙、孔凡玉、战怀旭、曹君正	烟草所
281	百色特色优质烟叶生产管理系统	2014. 2. 19	2014SR019714	陈德鑫、王凤龙、王允白、杨金广、曹君正	烟草所

2014 年院选 SCI 顶尖核心期刊学术论文

序号	论文题目	发表期刊	完成单位	第一作者	通讯作者
1	黄瓜苦味合成、调控及驯化的分子机制（Biosynthesis, regulation and domestication of bitterness in cucumber）	《科学》（*Science*）	蔬菜所	尚 铁	黄三文
2	后新石器时代形成的甘蓝型油菜基因组揭示了异源多倍体的早期进化（Early allopolyploid evolution in the post-Neolithic Brassica napus oilseed genome）	《科学》（*Science*）	油料所	刘胜毅	华 玮
3	一个水稻凝集素受体激酶基因簇具有广谱持久抗病性（A gene cluster encoding lectin receptor kinases confers broad-spectrum and durable insect resistance in rice）	《自然生物技术》（*Nature Biotechnology*）	作科所		万建民
4	从头测序野生大豆构建泛基因组以解析多样性和农艺性状形成的遗传基础（De novo assembly of soybean wild relatives for pan-genome analysis of diversity and agronomic traits）	《自然生物技术》（*Nature Biotechnology*）	作科所	李英慧	邱丽娟
5	基因组分析揭示番茄育种的历史（Genomic analyses provide insights into the history of tomato breeding）	《自然遗传学》（*Nature Genetics*）	蔬菜所	林 涛	杜永臣、黄三文
6	异三聚体 G 蛋白调控水稻的氮利用率（Heterotrimeric G proteins regulate nitrogen-use efficiency in rice）	《自然遗传学》（*Nature Genetics*）	水稻所	钱 前	
7	二倍体栽培种亚洲棉基因组测序（Genome sequence of the cultivated cotton Gossypium arboreum）	《自然遗传学》（*Nature Genetics*）	棉花所	李付广、王坤波、袁友禄、宋国立	喻树迅

（续表）

序号	论文题目	发表期刊	完成单位	第一作者	通讯作者
8	DTH7，一个主效 QTL 决定了水稻的光周期敏感性和区域适应性（Days to heading 7，a major quantitative locus determining photoperiod sensitivity and regional adaptation in rice）	《美国科学院院刊》（PNAS）	作科所	高　赫、金名捺	万建民
9	新合成六倍体小麦异源多倍体优势形成新发现（mRNA and small RNA Transcriptomes reveal insights into dynamic homoeolog regulation of allopolyploid heterosis in nascent hexaploid wheat）	《植物细胞》（*The Plant Cell*）	作科所	李爱丽	毛　龙
10	一个编码后高尔基体囊泡运输的调节者 GPA3 在水稻胚乳形成过程中起分泌蛋白分配的作用（GLUTELIN PRECURSOR ACCUMULATION3 encodes a regulator of post-Golgi vesicular traffic essential for vacuolar protein sorting in rice endosperm）	《植物细胞》（*The Plant Cell*）	作科所	任玉龙	万建民
11	棉铃虫浓核病毒有利于寄主的生长发育和增加对杆状病毒与苏云金杆菌的抗性（Densovirus is a mutualistic symbiont of a global crop pest（*Helicoverpa armigera*） and protects against a baculovirus and Bt biopesticide）	《科学公共图书馆—病原》（*PLoS Pathogens*）	植保所	徐蓬军	吴孔明
12	编码一个磺基转移酶基因 *STV*11 具有对水稻条纹病毒的持久抗性（STV11 encodes a sulphotransferase and confers durable resistance to rice stripe virus）	自然通讯（*Nature Communication*）	作科所		万建民
13	一种植物病毒的经卵传播是由其介体昆虫的卵黄蛋白原介导（Transovarial transmission of a plant virus is mediated by vitellogenin of its insect vector）	《科学公共图书馆—病原》（*PLoS Pathogens*）	植保所	刘文文	王锡峰

（续表）

序号	论文题目	发表期刊	完成单位	第一作者	通讯作者
14	植物 DNA 病毒卫星利用寄主钙调素类似蛋白抑制 RDR6 表达而抑制 RNA 沉默（Suppression of RNA silencing by a plant DNA virus satellite Requires a Host Calmodulin-Like protein to repress RDR6 Expression）	《科学公共图书馆—病原》（*PLoS Pathogens*）	植保所	周雪平	周雪平
15	利用 RNA-seq 和生物信息学方法发掘可复制性环状 RNA 分子（Discovery of replicating circular RNAs by RNA-seq and computational algorithms）	《科学公共图书馆—病原》（*PLoS Pathogens*）	植保所	张志想	李世访
16	自然分离的 H9N2 禽流感病毒的遗传特性、受体结合特性和在哺乳动物间传播能力的研究（Genetics，receptor binding property，and transmissibility in mammals of naturally isolated H9N2 avian influenza viruses）	《科学公共图书馆—病原》（*PLoS Pathogens*）	哈尔滨兽医所	李旭勇	陈化兰
17	基因组优势效应在多倍体植物中的起源、传递和基因调控机制（Origin，inheritance，and gene regulatory consequences of genome dominance in polyploids）	《美国科学院院刊》（*PNAS*）	蔬菜所	程　锋	
18	以多样性为导向通过重组真菌聚酮合酶亚基组合生物合成苯二酚内酯化合物（Diversity-oriented combinatorial biosynthesis of benzenediol lactone scaffolds by subunit shuffling of fungal polyketide synthases）	《美国科学院院刊》（*PNAS*）	生物所	徐玉泉	
19	甘蓝基因组分析揭示多倍体植物基因组的不对称进化现象（The *Brassica oleracea* genome reveals the asymmetrical evolution of polyploid genomes）	自然通讯（*Nature Communication*）	油料所、蔬菜所	刘胜毅、刘玉梅	

中国农业科学院 2014 年科技论文等有关数据统计表

单位	科技论文（篇）				科技专著（部）	获得专利（个）				授权新品种保护权（个）	审定（认定）品种（个）			新农药、兽药、肥料、饲料及添加剂（个）	软件著作权（个）
	总计	SCI、EI 等收录	院选核心期刊目录收录	SCI 顶尖核心期刊		总数	发明	实用新型	外观设计		总数	国审	省审		
作科所	351	198	242	6	44	41	37	4	0	4	16	2	14	0	8
植保所	454	236	162	5	12	66	59	7	0	2	1	0	1	7	2
蔬菜所	130	80	67	4	5	19	16	3	0	0	6	1	5	0	0
环发所	190	87	65	0	9	23	9	14	0	0	0	0	0	5	16
牧医所	254	66	51	0	21	31	19	11	1	0	1	1	0	0	11
蜜蜂所	70	20	9	0	12	7	2	5	0	0	0	0	0	0	3
饲料所	121	58	41	0	2	29	23	6	0	0	0	0	0	0	0
加工所	266	172	86	0	5	77	28	49	0	0	0	0	0	0	8
生物所	67	62	6	1	1	41	39	2	0	0	0	0	0	0	0
农经所	16	9	7	0	6	0	0	0	0	0	0	0	0	0	0
资划所	292	109	113	0	42	39	25	14	0	0	0	0	0	0	67
信息所	328	51	6	0	3	41	14	27	0	0	0	0	0	0	95

（续表）

单位	科技论文（篇）				科技专著（部）	获得专利（个）				授权新品种保护权（个）	审定（认定）品种（个）			新农药、兽药、肥料、饲料及添加剂（个）	软件著作权（个）
	总计	SCI、EI等收录	院选核心期刊目录收录	SCI顶尖核心期刊		总数	发明	实用新型	外观设计		总数	国审	省审		
质标所	81	43	19	0	1	6	3	3	0	0	0	0	0	0	2
营养所	1	1	0	0	3	0	0	0	0	0	0	0	0	0	0
灌溉所	56	6	30	0	5	14	1	13	0	0	0	0	0	0	10
水稻所	43	0	43	1	3	38	19	19	0	13	33	5	28	0	2
棉花所	84	45	38	1	5	25	16	9	0	5	9	0	9	0	25
油料所	145	83	78	4	17	34	32	2	0	1	4	1	3	0	0
麻类所	51	8	9	0	0	6	4	2	0	0	6	5	1	0	0
果树所	95	5	26	0	1	5	2	3	0	0	2	0	2	0	0
郑果所	94	9	10	1	6	2	2	0	0	0	16	1	15	0	1
茶叶所	108	35	15	0	2	37	12	18	7	0	1	1	0	0	4
哈尔滨兽医所	212	114	112	2	8	25	24	1	0	0	0	0	0	5	0
兰州兽医所	243	117	21	2	0	19	16	3	0	0	0	0	0	1	3
兰州牧药所	140	35	6	0	21	144	15	129	0	0	2	0	2	0	2
上海兽医所	169	75	22	1	4	5	5	0	0	0	0	0	0	0	0
草原所	68	18	4	0	7	2	0	2	0	0	1	0	1	0	3

（续表）

单位	科技论文（篇）				科技专著（部）	获得专利（个）				授权新品种保护权（个）	审定（认定）品种（个）			新农药、兽药、肥料、饲料及添加剂（个）	软件著作权（个）
	总计	SCI、EI等收录	院选核心期刊目录收录	SCI顶尖核心期刊		总数	发明	实用新型	外观设计		总数	国审	省审		
特产所	311	39	34	0	16	17	1	16	0	0	3	1	2	0	1
环保所	37	28	9	0	10	8	3	5	0	0	0	0	0	0	4
沼科所	29	20	9	0	0	21	9	12	0	0	0	0	0	0	0
农机化所	15	15	5	0	1	58	22	36	0	0	0	0	0	0	0
烟草所	45	25	20	0	4	16	11	5	0	0	0	0	0	0	14
柑桔所	76	12	12	0	0	9	3	6	0	0	1	0	1	0	0
甜菜所	3	3	0	0	0	0	0	0	0	0	2	0	2	0	0
农业遗产室	1	1	0	0	0	0	0	0	0	0	0	0	0	0	0
合计	4 646	1 885	1 377	28	276	905	471	426	8	25	104	18	86	18	281

中国农业科学院科技平台目录

一、科技创新平台

国家重点实验室

序号	实验室名称	依托单位
1	植物病虫害生物学国家重点实验室	植保所
2	动物营养学国家重点实验室	牧医所、中国农业大学
3	水稻生物学国家重点实验室	水稻所、浙江大学
4	兽医生物技术国家重点实验室	哈尔滨兽医所
5	家畜疫病病原生物学国家重点实验室	兰州兽医所
6	棉花生物学国家重点实验室	棉花所、河南大学

省部共建国家重点实验室

序号	实验室名称	依托单位
1	特种经济动物分子生物学省部共建国家重点实验室	特产所

综合性农业部重点实验室

序号	实验室名称	依托单位
1	农业部作物基因资源与种质创制重点实验室	作科所
2	农业部麦类生物学与遗传育种重点实验室	作科所
3	农业部农业部作物有害生物综合治理重点实验室	植保所
4	农业部园艺作物生物学与种质创制重点实验室	蔬菜所
5	农业部薯类作物生物学与遗传育种重点实验室	蔬菜所
6	农业部农业环境重点实验室	环发所

（续表）

序号	实验室名称	依托单位
7	农业部动物营养与饲料学重点实验室	牧医所
8	农业部农产品加工重点实验室	加工所
9	农业部农业基因组学重点实验室（北京）	生物所
10	农业部植物营养与肥料重点实验室	资划所
11	农业部农业信息技术重点实验室	资划所
12	农业部农产品质量安全重点实验室	质标所
13	农业部水稻生物学与遗传育种重点实验室	水稻所
14	农业部棉花生物学与遗传育种重点实验室	棉花所
15	农业部油料作物生物学与遗传育种重点实验室	油料所
16	农业部兽用药物与兽医生物技术重点实验室	哈尔滨兽医所
17	农业部动物疫病病原生物学重点实验室	兰州兽医所
18	农业部农村可再生能源开发利用重点实验室	沼科所
19	农业部现代农业装备重点实验室	农机化所

专业性（区域性）农业部重点实验室

序号	实验室名称	依托单位
1	农业部作物生理生态重点实验室	作科所
2	农业部北京大豆生物学重点实验室	作科所
3	农业部旱作节水农业重点实验室	环发所
4	农业部设施农业节能与废弃物处理重点实验室	环发所
5	农业部畜禽遗传资源与种质创新重点实验室	牧医所
6	农业部授粉昆虫生物学重点实验室	蜜蜂所
7	农业部饲料生物技术重点实验室	饲料所
8	农业部农业微生物资源收集与保藏重点实验室	资划所
9	农业部面源污染控制重点实验室	资划所

（续表）

序号	实验室名称	依托单位
10	农业部农业信息服务技术重点实验室	信息所
11	农业部作物需水与调控重点实验室	灌溉所
12	农业部生物毒素检测重点实验室	油料所
13	农业部麻类生物学与加工重点实验室	麻类所
14	农业部园艺作物种质资源利用重点实验室	果树所
15	农业部果树育种技术重点实验室	郑果所
16	农业部茶树生物学与资源利用重点实验室	茶叶所
17	农业部兽用药物创制重点实验室	兰州牧药所
18	农业部动物寄生虫学重点实验室	上海兽医所
19	农业部牧草资源与利用重点实验室	草原所
20	农业部特种经济动物遗传育种与繁殖重点实验室	特产所
21	农业部产地环境质量重点实验室	环保所
22	农业部烟草生物学与加工重点实验室	烟草所
23	农业部蚕桑遗传改良重点实验室	蚕业所

农业科学观测实验站

序号	实验站名称	依托单位
1	农业部新乡小麦高效育种技术科学观测实验站	作科所
2	农业部核辐射农业生物科学观测实验站	作科所
3	农业部锡林郭勒草原有害生物科学观测实验站	植保所
4	农业部桂林有害生物科学观测实验站	植保所
5	农业部廊坊农作物有害生物科学观测实验站	廊坊基地
6	农业部蔬菜作物基因资源与种质创制北京科学观测实验站	蔬菜所
7	农业部寿阳农业环境与作物高效用水科学观测实验站	环发所

（续表）

序号	实验站名称	依托单位
8	农业部兽用药物与兽医生物技术北京科学观测实验站	牧医所
9	农业部华北动物遗传资源与营养科学观测实验站	牧医所
10	农业部祁阳农业环境科学观测实验站	资划所
11	农业部呼伦贝尔农业环境科学观测实验站	资划所
12	农业部华北设施栽培与施肥科学观测实验站	德州实验站
13	农业部商丘农业环境科学观测实验站	灌溉所
14	农业部作物基因资源与种质创制浙江科学观测实验站	水稻所
15	农业部作物基因资源与种质创制辽宁科学观测实验站	果树所
16	农业部作物基因资源与种质创制河南科学观测实验站	郑果所
17	农业部草原畜牧业装备科学观测实验站	草原所
18	农业部大理农业环境科学观测实验站	环保所
19	农业部西南地区果树科学观测实验站	柑桔所

中国农业科学院重点开放实验室

序号	实验室名称	依托单位
1	中国农业科学院作物种质资源与生物技术重点开放实验室	作科所
2	中国农业科学院作物遗传改良与生物技术重点开放实验室	作科所
3	中国农业科学院粮棉油料作物生理与栽培重点开放实验室	作科所
4	中国农业科学院植物病虫害生物学重点开放实验室	植保所
5	中国农业科学院农药化学与应用技术重点开放实验室	植保所
6	中国农业科学院生物入侵与生物防治重点开放实验室	植保所
7	中国农业科学院杂草鼠害生物学与治理重点开放实验室	植保所
8	中国农业科学院园艺作物遗传与生理重点开放实验室	蔬菜所

（续表）

序号	实验室名称	依托单位
9	中国农业科学院农业环境与气候变化重点开放实验室	环发所
10	中国农业科学院旱作节水农业重点开放实验室	环发所
11	中国农业科学院动物营养学重点开放实验室	牧医所
12	中国农业科学院家养动物遗传资源与种质创新重点开放实验室	牧医所
13	中国农业科学院牧草遗传改良与利用重点开放实验室	牧医所
14	中国农业科学院授粉昆虫生物学重点开放实验室	蜜蜂所
15	中国农业科学院饲料生物技术重点开放实验室	饲料所
16	中国农业科学院农产品加工与质量控制重点开放实验室	加工所
17	中国农业科学院农作物分子生物学与生物技术重点开放实验室	生物所
18	中国农业科学院国家农业政策分析与决策支持系统重点开放实验室	农经所
19	中国农业科学院植物营养与养分循环重点开放实验室	资划所
20	中国农业科学院资源遥感与数字农业重点开放实验室	资划所
21	中国农业科学院土壤质量重点开放实验室	资划所
22	中国农业科学院智能化农业预警技术与系统重点开放实验室	信息所
23	中国农业科学院农产品质量与食物安全重点开放实验室	质标所
24	中国农业科学院农业水资源高效安全利用重点开放实验室	灌溉所
25	中国农业科学院水稻生物学重点开放实验室	水稻所
26	中国农业科学院棉花遗传改良重点开放实验室	棉花所
27	中国农业科学院油料作物生物学重点开放实验室	油料所
28	中国农业科学院茎纤维生物质与工程微生物重点开放实验室	麻类所

（续表）

序号	实验室名称	依托单位
29	中国农业科学院麻类遗传育种与生物加工重点开放实验室	麻类所
30	中国农业科学院果树种质资源与育种技术重点开放实验室	果树所
31	中国农业科学院果树生长发育与品质控制重点开放实验室	郑果所
32	中国农业科学院茶及饮料植物产品加工与质量控制重点开放实验室	茶叶所
33	中国农业科学院兽医生物技术重点开放实验室	哈尔滨兽医所
34	中国农业科学院动物流感重点开放实验室	哈尔滨兽医所
35	中国农业科学院人兽共患病重点开放实验室	哈尔滨兽医所、兰州兽医所
36	中国农业科学院家畜疫病病原生物学重点开放实验室	兰州兽医所
37	中国农业科学院草食动物疫病重点开放实验室	兰州兽医所
38	中国农业科学院新兽药工程重点开放实验室	兰州牧药所
39	中国农业科学院动物寄生虫学重点开放实验室	上海兽医所
40	中国农业科学院兽药安全评价与兽药残留研究重点开放实验室	上海兽医所
41	中国农业科学院草地资源生态重点开放实验室	草原所
42	中国农业科学院特种经济动物种质资源遗传改良重点开放实验室	特产所
43	中国农业科学院农业环境与农产品安全重点开放实验室	环保所
44	中国农业科学院能源微生物重点开放实验室	沼科所
45	中国农业科学院农业机械重点开放实验室	农机化所
46	中国农业科学院烟草遗传改良与生物技术重点开放实验室	烟草所
47	中国农业科学院柑桔学重点开放实验室	柑桔所
48	中国农业科学院北方糖料作物资源与利用重点开放实验室	甜菜所

（续表）

序号	实验室名称	依托单位
49	中国农业科学院蚕桑遗传改良与生物技术重点开放实验室	蚕业所
50	中国农业科学院草地农业系统学重点开放实验室	草原生态所
51	中国农业科学院家禽遗传资源评价与繁育重点开放实验室	家禽所
52	中国农业科学院甘薯遗传改良重点开放实验室	甘薯所

国家农作物、畜禽改良中心（分中心）

序号	改良中心（分中心）名称	依托单位
1	国家小麦改良中心	作科所
2	国家大豆改良北京分中心	作科所
3	国家蔬菜改良中心	蔬菜所
4	国家畜禽分子育种中心	牧医所
5	国家牛奶质量改良中心	牧医所
6	国家水稻改良中心	水稻所
7	国家棉花改良中心	棉花所
8	国家油料作物改良中心	油料所
9	国家麻类作物育种中心	麻类所
10	国家苹果育种中心	果树所
11	国家桃、葡萄改良中心	郑果所
12	国家茶树改良中心	茶叶所
13	国家烟草改良中心	烟草所
14	国家柑桔品种改良中心	柑桔所
15	国家糖料改良中心	甜菜所
16	国家蚕桑育种中心	蚕业所
17	国家禽类实验动物种子中心	哈尔滨兽医所
18	国家牧草改良中心	草原所

（续表）

序号	改良中心（分中心）名称	依托单位
19	国家食用菌改良中心	资划所
20	国家瓜果改良中心	郑果所
21	国家花卉改良中心	蔬菜所
22	国家马铃薯改良中心华北分中心	蔬菜所

国家级农作物种质库

序号	种质库名称	依托单位
1	国家作物种质长期库	作科所
2	国家农作物种质资源保存中心	作科所
3	国家蔬菜中期库	蔬菜所
4	国家水稻中期库	水稻所
5	国家棉花中期库	棉花所
6	国家油料作物中期库	油料所
7	国家麻类作物中期库	麻类所
8	国家西甜瓜中期库	郑果所
9	国家牧草中期库	草原所
10	国家烟草中期库	烟草所
11	国家甜菜中期库	甜菜所

国家级农作物种质圃

序号	种质圃名称	依托单位
1	国家种质北京多年生小麦野生近缘植物圃	作科所
2	国家种质海南野生棉圃	棉花所
3	国家种质武昌野花生圃	油料所
4	国家种质沅江苎麻圃	麻类所
5	国家种质兴城梨、苹果圃	果树所

（续表）

序号	种质圃名称	依托单位
6	国家种质郑州桃、葡萄圃	郑果所
7	国家种质杭州茶树圃	茶叶所
8	国家种质多年生牧草圃	草原所
9	国家种质左家山葡萄圃	特产所
10	国家种质重庆柑桔圃	柑桔所
11	国家种质镇江桑树圃	蚕业所
12	国家种质徐州甘薯试管苗库	甘薯所

国家工程技术研究中心

序号	工程中心名称	依托单位
1	国家昌平综合农业工程技术研究中心	中国农业科学院
2	国家饲料工程技术研究中心	中国农业大学、饲料所
3	国家油菜工程技术研究中心	华中农业大学、油料所
4	国家茶产业工程技术研究中心	茶叶所
5	国家柑桔工程技术研究中心	柑桔所

农业部农产品质量安全风险评估实验室

序号	实验室名称	依托单位
1	农业部稻米产品质量安全风险评估实验室（杭州）	水稻所
2	农业部谷物产品质量安全风险评估实验室（北京）	作科所
3	农业部油料产品质量安全风险评估实验室（武汉）	油料所
4	农业部奶产品质量安全风险评估实验室（北京）	牧医所
5	农业部蔬菜产品质量安全风险评估实验室（北京）	蔬菜所
6	农业部果品质量安全风险评估实验室（郑州）	郑果所
7	农业部果品质量安全风险评估实验室（兴城）	果树所
8	农业部柑桔产品质量安全风险评估实验室（重庆）	柑桔所

（续表）

序号	实验室名称	依托单位
9	农业部茶叶产品质量安全风险评估实验室（杭州）	茶叶所
10	农业部蜂产品质量安全风险评估实验室（北京）	蜜蜂所
11	农业部农产品质量安全生物性危害因子风险评估实验室（北京）	植保所
12	农业部农产品质量安全环境因子风险评估实验室（天津）	环保所
13	农业部农产品加工质量安全风险评估实验室（北京）	加工所
14	农业部棉花产品质量安全风险评估实验室（安阳）	棉花所
15	农业部烟草质量安全风险评估实验室（青岛）	烟草所
16	农业部畜产品质量安全风险评估实验室（兰州）	兰州牧药所
17	农业部微生物产品质量安全风险评估实验室（北京）	资划所
18	农业部蚕桑产品及食用昆虫质量安全风险评估实验室（镇江）	蚕业所
19	农业部糖料产品质量安全风险评估实验室（哈尔滨）	甜菜所
20	农业部禽类产品质量安全风险评估实验室（扬州）	家禽所
21	农业部动物产品质量安全生物性危害因子风险评估实验室	上海兽医所
22	农业部动物产品质量安全环境因子风险评估实验室	环发所
23	农业部植物纤维产品质量安全风险评估实验室	麻类所
24	农业部特种动植物产品质量风险评估实验室	特产所
25	农业部农产品质量与营养功能风险评估实验室	营养所

中国农业科学院农产品质量安全风险评估研究中心

序号	中心名称	依托单位
1	中国农业科学院谷物产品质量安全风险评估研究中心	作科所
2	中国农业科学院农产品农药残留与生物危害风险评估研究中心	植保所

（续表）

序号	中心名称	依托单位
3	中国农业科学院蔬菜产品质量安全风险评估研究中心	蔬菜所
4	中国农业科学院奶产品质量安全风险评估研究中心	牧医所
5	中国农业科学院蜂产品质量安全风险评估研究中心	蜜蜂所
6	中国农业科学院农产品加工质量安全风险评估研究中心	加工所
7	中国农业科学院食用菌质量安全风险评估研究中心	资划所
8	中国农业科学院稻米产品质量安全风险评估研究中心	水稻所
9	中国农业科学院棉花质量安全风险评估研究中心	棉花所
10	中国农业科学院油料产品质量安全风险评估研究中心	油料所
11	中国农业科学院麻类产品质量安全风险评估研究中心	麻类所
12	中国农业科学院兴城果品质量安全风险评估研究中心	果树所
13	中国农业科学院郑州果品质量安全风险评估研究中心	郑果所
14	中国农业科学院茶叶质量安全风险评估研究中心	茶叶所
15	中国农业科学院兰州畜产品质量安全风险评估研究中心	兰州牧药所
16	中国农业科学院特种经济动植物产品质量安全风险评估研究中心	特产所
17	中国农业科学院农产品产地环境风险评估研究中心	环保所
18	中国农业科学院烟草产品质量安全风险评估研究中心	烟草所
19	中国农业科学院柑桔质量安全风险评估研究中心	柑桔所
20	中国农业科学院蚕业产品质量安全风险评估研究中心	蚕业所

二、科技支撑平台

国家重大科学工程

序号	名　　称	依托单位
1	农作物基因资源与基因改良国家重大科学工程	作科所
2	国家农业生物安全科学中心	植保所

国家工程实验室

序号	名　　称	依托单位
1	作物分子育种国家工程实验室	作科所
2	作物细胞育种国家工程实验室	蔬菜所
3	棉花转基因育种国家工程实验室	棉花所
4	耕地培育技术国家工程实验室	资划所
5	作物高效用水与抗灾减损国家工程实验室	环发所

国家工程研究中心

序号	名　　称	依托单位
1	动物用生物制品国家工程研究中心	哈尔滨兽医所
2	生物饲料开发国家工程研究中心	饲料所

国家级野外台站

序号	野外台站名称	依托单位
1	全国农作物种质资源野外观测研究圃网	作科所
2	全国农业土壤肥力效益野外研究站网络	资划所
3	南方红黄壤地区农业生态环境监测试验站	资划所
4	内蒙古呼伦贝尔草原生态系统国家野外科学观测研究站	资划所
5	河南商丘农田生态系统国家野外科学观测研究站	灌溉所

农业部野外科学观测试验站

序号	野外台站名称	依托单位
1	农业部迁西燕山生态环境重点野外科学观测试验站	资划所
2	农业部洛阳旱地农业重点野外科学观测试验站	资划所
3	农业部呼伦贝尔草甸草原生态环境重点野外科学观测试验站	资划所

（续表）

序号	野外台站名称	依托单位
4	农业部祁阳红壤生态环境重点野外科学观测试验站	资划所
5	农业部昌平潮褐土生态环境重点野外科学观测试验站	资划所
6	农业部德州农业资源与生态环境重点野外科学观测试验站	资划所
7	农业部长白山野生生物资源重点野外科学观测试验站	特产所
8	农业部杭州茶树资源重点野外科学观测试验站	茶叶所
9	农业部寿阳旱地农业重点野外科学观测试验站	环发所
10	农业部鄂尔多斯沙地草原生态环境重点野外科学观测试验站	草原所
11	农业部沙尔沁牧草资源重点野外科学观测试验站	草原所
12	农业部玉树高寒草原资源与生态环境重点野外科学观测试验站	草原所
13	农业部沅江麻类资源重点野外科学观测试验站	麻类所
14	农业部廊坊有害生物防治重点野外科学观测试验站	植保所
15	农业部锡林浩特草原有害生物防治重点野外科学观测试验站	植保所
16	农业部兴城北方落叶果树资源重点野外科学观测试验站	果树所
17	农业部武昌花生资源重点野外科学观测试验站	油料所
18	农业部商丘农业资源与生态环境重点野外科学观测试验站	灌溉所
19	农业部兰州黄土高原生态环境重点野外科学观测试验站	兰州牧药所
20	农业部昌平畜禽资源重点野外科学观测试验站	牧医所
21	农业部新乡矮败小麦重点野外科学观测试验站	作科所
22	农业部大理农业生态环境重点野外科学观测试验站	环保所
23	农业部镇江桑树资源重点野外科学观测试验站	蚕业所
24	农业部徐州甘薯资源重点野外科学观测试验站	甘薯所

中国农业科学院野外科学观测试验站

序号	野外台站名称	依托单位
1	中国农业科学院祁阳红壤生态环境野外科学观测试验站	资划所
2	中国农业科学院呼伦贝尔草甸草原生态环境野外科学观测试验站	资划所
3	中国农业科学院洛阳旱地农业野外科学观测试验站	资划所
4	中国农业科学院迁西燕山生态环境野外科学观测试验站	资划所
5	中国农业科学院昌平潮褐土生态环境野外科学观测试验站	资划所
6	中国农业科学院德州农业资源与生态环境野外科学观测试验站	资划所
7	中国农业科学院长白山野生生物资源野外科学观测试验站	特产所
8	中国农业科学院杭州茶树资源野外科学观测试验站	茶叶所
9	中国农业科学院寿阳旱地农业野外科学观测试验站	环发所
10	中国农业科学院鄂尔多斯沙地草原生态环境野外科学观测试验站	草原所
11	中国农业科学院沙尔沁牧草资源野外科学观测试验站	草原所
12	中国农业科学院玉树高寒草原资源与生态环境野外科学观测试验站	草原所
13	中国农业科学院沅江麻类资源野外科学观测试验站	麻类所
14	中国农业科学院廊坊有害生物防治野外科学观测试验站	植保所
15	中国农业科学院锡林浩特草原有害生物防治野外科学观测试验站	植保所
16	中国农业科学院兴城北方落叶果树资源野外科学观测试验站	果树所
17	中国农业科学院武昌花生资源野外科学观测试验站	油料所
18	中国农业科学院商丘农业资源与生态环境野外科学观测试验站	灌溉所
19	中国农业科学院兰州黄土高原生态环境野外科学观测试验站	兰州牧药所

（续表）

序号	野外台站名称	依托单位
20	中国农业科学院昌平畜禽资源野外科学观测试验站	牧医所
21	中国农业科学院新乡矮败小麦野外科学观测试验站	作科所
22	中国农业科学院大理农业生态环境野外科学观测试验站	环保所
23	中国农业科学院镇江桑树资源野外科学观测试验站	蚕业所
24	中国农业科学院徐州甘薯资源野外科学观测试验站	甘薯所
25	中国农业科学院新乡有害生物防治野外科学观测试验站	植保所
26	中国农业科学院天水有害生物防治野外科学观测试验站	植保所
27	中国农业科学院桂林有害生物防治野外科学观测试验站	植保所
28	中国农业科学院廊坊数字水肥野外科学观测试验站	资划所
29	中国农业科学院密云生态农业野外科学观测试验站	资划所
30	中国农业科学院鄂托克旗牧草资源与育种野外科学观测试验站	牧医所
31	中国农业科学院杭州水稻种质资源野外科学观测试验站	水稻所
32	中国农业科学院长江中下游棉花野外科学观测试验站	棉花所
33	中国农业科学院平安油菜育种野外科学观测试验站	油料所
34	中国农业科学院进贤红壤地区油料作物野外科学观测试验站	油料所
35	中国农业科学院汉川转基因油料作物环境安全野外科学观测试验站	油料所
36	中国农业科学院武清转基因生物农田生态系统影响野外科学观测试验站	环保所
37	中国农业科学院藁城农业生态环境野外科学观测试验站	环保所
38	中国农业科学院彭州农产品产地环境野外科学观测试验站	环保所
39	中国农业科学院南京农业机械野外科学观测试验站	农机化所
40	中国农业科学院郑州果树瓜类野外科学观测试验站	郑果所
41	中国农业科学院阿克苏果树瓜类野外科学观测试验站	郑果所

（续表）

序号	野外台站名称	依托单位
42	中国农业科学院青岛烟草资源与环境野外科学观测试验站	烟草所
43	中国农业科学院张掖牧草及生态农业野外科学观测试验站	兰州牧药所
44	中国农业科学院苏尼特温带荒漠草原资源与生态环境野外科学观测试验站	草原所
45	中国农业科学院太仆寺旗草地资源生态监测与评价野外科学观测试验站	草原所
46	中国农业科学院葫芦岛落叶果树生理生态及有害生物野外科学观测试验站	果树所
47	中国农业科学院新乡农业水土环境野外科学观测试验站	灌溉所
48	中国农业科学院廊坊蔬菜资源野外科学观测试验站	蔬菜所
49	中国农业科学院信息农业野外科学观测试验站	信息所
50	中国农业科学院数字化文献信息服务系统野外科学观测试验站	信息所
51	中国农业科学院岳阳农业环境野外科学观测试验站	环发所
52	中国农业科学院那曲高寒草原生态与气候变化野外科学观测试验站	环发所
53	中国农业科学院密云农业环境野外科学观测试验站	环发所
54	中国农业科学院共和农业环境野外科学观测试验站	环发所
55	中国农业科学院兰州农业环境野外科学观测试验站	环发所、兰州牧药所
56	中国农业科学院永宁农业环境野外科学观测试验站	环发所
57	中国农业科学院大荔农业环境野外科学观测试验站	环发所
58	中国农业科学院崇明农业环境野外科学观测试验站	环发所
59	中国农业科学院东营农业环境野外科学观测试验站	环发所
60	中国农业科学院西昌烟草资源与环境野外科学观测试验站	烟草所

现代农业产业技术体系技术研发中心

序号	产业	名称	依托单位
1	水稻	国家水稻产业技术研发中心	水稻所
2	玉米	国家玉米产业技术研发中心	作科所
3	小麦	国家小麦产业技术研发中心	作科所
4	大豆	国家大豆产业技术研发中心	作科所
5	大麦青稞	国家大麦青稞产业技术研发中心	作科所
6	谷子糜子	国家谷子糜子产业技术研发中心	作科所
7	食用豆	国家食用豆产业技术研发中心	作科所
8	马铃薯	国家马铃薯产业技术研发中心	蔬菜所
9	油菜	国家油菜产业技术研发中心	油料所
10	棉花	国际棉花产业技术研发中心	棉花所
11	麻类	国家麻类产业技术研发中心	麻类所
12	茶叶	国家茶叶产业技术研发中心	茶叶所
13	食用菌	国家食用菌产业技术研发中心	资划所
14	大宗蔬菜	国家大宗蔬菜产业技术研发中心	蔬菜所
15	肉鸡	国家肉鸡产业技术研发中心	牧医所
16	水禽	国家水禽产业技术研发中心	牧医所
17	蜂	国家蜂产品技术研发中心	蜜蜂所

现代农业产业技术体系功能研究室

序号	产业	名称	依托单位
1	水稻	育种与繁育研究室	水稻所
2	水稻	栽培与土肥研究室	水稻所
3	玉米	病虫害防控研究室	植保所
4	玉米	栽培与土肥研究室	作科所
5	小麦	加工研究室	加工所

（续表）

序号	产业	名称	依托单位
6	食用豆	病虫害防控研究室	作科所
7	食用豆	栽培与土肥研究室	作科所
8	食用豆	综合研究室	信息所
9	马铃薯	育种研究室	蔬菜所
10	马铃薯	产业经济研究室	资划所
11	油菜	病虫害防控研究室	油料所
12	油菜	加工研究室	油料所
13	油菜	设施与设备研究室	农机化所
14	花生	病虫害防控研究室	油料所
15	花生	机械研究室	农机化所
16	胡麻	综合研究室	油料所
17	棉花	病虫害防控研究室	植保所
18	棉花	育种与种子研究室	棉花所
19	棉花	栽培与土肥研究室	棉花所
20	麻类	加工研究室	麻类所
21	麻类	设施设备研究室	麻类所
22	麻类	育种研究室	麻类所
23	甜菜	育种与种子研究室	甜菜所
24	甜菜	机械研究室	甜菜所
25	蚕桑	病虫害防控研究室	蚕业所
26	蚕桑	养蚕与桑树栽培研究室	蚕业所
27	茶叶	病虫害防控研究室	茶叶所
28	茶叶	加工研究室	茶叶所
29	茶叶	栽培与茶园机械研究室	茶叶所
30	茶叶	产业经济研究室	茶叶所

（续表）

序号	产业	名称	依托单位
31	大宗蔬菜	病虫害防控研究室	蔬菜所
32	大宗蔬菜	育种与种子研究室	蔬菜所
33	西甜瓜	病虫害防控研究室	植保所
34	西甜瓜	栽培与耕作研究室	郑果所
35	西甜瓜	综合研究室	农经所
36	苹果	育种与资源利用研究室	果树所
37	梨	遗传与育种研究室	郑果所
38	葡萄	病虫害防控研究室	植保所
39	葡萄	育种研究室	郑果所
40	葡萄	栽培研究室	果树所
41	桃	栽培与综合研究室	郑果所
42	牧草	产业经济研究室	农经所
43	牧草	栽培与草地管理研究室	草原所
44	奶牛	环境控制研究室	牧医所
45	奶牛	疾病控制研究室	兰州牧药所
46	肉牛牦牛	遗传育种与繁殖研究室	牧医所
47	肉羊	疾病控制研究室	兰州兽医所
48	肉羊	加工研究室	加工所
49	肉羊	营养与饲料研究室	饲料所
50	绒毛用羊	疾病控制研究室	兰州兽医所
51	蛋鸡	产业经济研究室	农经所
52	蛋鸡	营养与饲料研究室	牧医所
53	肉鸡	疾病控制研究室	哈尔滨兽医所
54	肉鸡	生产与环境控制研究室	牧医所
55	蜂	病虫害防控与质量监督研究室	蜜蜂所

（续表）

序号	产业	名称	依托单位
56	蜂	育种与授粉研究室	蜜蜂所
57	柑桔	栽培与耕作研究室	柑桔所
58	柑桔	病虫害防控研究室	柑桔所

现代农业产业技术体系综合试验站

序号	产业	名称	依托单位
1	水稻	祁阳综合试验站	资划所
2	小麦	德州综合试验站	资划所
3	麻类	沅江苎麻试验站	麻类所
4	苹果	葫芦岛综合试验站	果树所
5	葡萄	左家综合试验站	特产所
6	葡萄	豫西与黄土高原综合试验站	郑果所
7	桃	郑州综合试验站	郑果所
8	牧草	鄂尔多斯综合试验站	草原所

国家农产品加工技术研发中心、分中心

序号	中心名称	依托单位
1	国家农产品加工技术研发中心	加工所
2	国家油菜籽加工技术研发专业分中心	油料所
3	国家杂粮加工技术研发专业分中心	作科所
4	国家饲料加工技术研发专业分中心	饲料所
5	国家柑桔加工技术研发专业分中心	柑桔所
6	国家茶叶加工技术研发专业分中心	茶叶所
7	国家蜂产品加工技术研发专业分中心	蜜蜂所
8	国家人参鹿茸加工技术研发专业分中心	特产所

三、科技服务平台

国家科技基础条件平台

序号	平台名称	依托单位
1	国家农作物种质资源平台	作科所
2	国家微生物资源平台	资划所
3	家养动物种质资源平台	牧医所
4	农业科学数据共享中心	信息所

国家质检中心

序号	质检中心名称	依托单位
1	国家饲料质量监督检验中心（北京）	质标所
2	国家化肥质量监督检验中心（北京）	资划所
3	国家植保机械质量监督检验中心	农机化所

部级质检中心

序号	质检中心名称	依托单位
1	农业部谷物品质监督检验测试中心	作科所
2	农业部农药应用评价监督检验测试中心（北京）	植保所
3	农业部转基因植物环境安全及植物抗性监督检验测试中心（北京）	植保所
4	农业部蔬菜品质监督检验测试中心（北京）	蔬菜所
5	农业部畜牧环境设施设备质量监督检验测试中心（北京）	环发所
6	农业部奶及奶制品质量监督检验测试中心（北京）	牧医所
7	农业部转基因动物及饲料安全监督检验测试中心（北京）	牧医所
8	农业部蜂产品质量监督检验测试中心（北京）	蜜蜂所
9	农业部农产品加工质量监督检验测试中心	加工所

（续表）

序号	质检中心名称	依托单位
10	农业部微生物肥料和食用菌菌种质量监督检验测试中心	资划所
11	水利部节水灌溉设备质量检测中心	灌溉所
12	农业部稻米及制品质量监督检验测试中心	水稻所
13	农业部转基因植物环境安全监督检验测试中心（杭州）	水稻所
14	农业部棉花品质监督检验测试中心	棉花所
15	农业部转基因植物环境安全监督检验测试中心（安阳）	棉花所
16	农业部油料及制品质量监督检验测试中心	油料所
17	农业部转基因植物环境安全监督检验测试中心（武汉）	油料所
18	农业部麻类产品质量监督检验测试中心	麻类所
19	农业部果品及苗木质量监督检验测试中心（兴城）	果树所
20	农业部果品及苗木质量监督检验测试中心（郑州）	郑果所
21	农业部茶叶质量监督检验测试中心	茶叶所
22	农业部实验动物质量监督检验测试中心（哈尔滨）	哈尔滨兽医所
23	农业部动物毛皮及制品质量监督检验测试中心（兰州）	兰州牧药所
24	农业部特种经济动植物及产品质量监督检验测试中心	特产所
25	农业部环境质量监督检验测试中心	环保所
26	农业部转基因生物生态环境安全监督检验测试中心（天津）	环保所
27	农业部沼气产品及设备质量监督检验测试中心	沼科所
28	机械工业旋耕机械产品质量监督检测中心	农机化所
29	农业部烟草产业产品质量监督检验测试中心	烟草所
30	农业部转基因烟草环境安全监督检验测试中心（青岛）	烟草所
31	农业部转基因植物用微生物环境安全监督检验测试中心（北京）	生物所
32	农业部柑橘及苗木质量监督检验测试中心	柑桔所
33	农业部甜菜品质监督检验测试中心	甜菜所
34	农业部蚕桑产业产品质量监督检验测试中心（镇江）	蚕业所

国家参考实验室

序号	实验室名称	依托单位
1	国家牛传染性胸膜肺炎参考实验室	哈尔滨兽医所
2	国家禽流感参考实验室	哈尔滨兽医所
3	国家口蹄疫参考实验室	兰州兽医所

获 OIE、FAO 认可的参考实验室、中心

序号	实验室名称	依托单位
1	OIE 禽流感参考实验室	哈尔滨兽医所
2	OIE 马传染性贫血参考实验室	哈尔滨兽医所
3	OIE 马流感 twinning 实验室	哈尔滨兽医所
4	OIE 口蹄疫参考实验室	兰州兽医所
5	OIE 禽传染性法氏囊病 twinning 实验室	哈尔滨兽医所
6	OIE 人兽共患病亚太区协作中心	哈尔滨兽医所
7	OIE 羊泰勒虫病参考实验室	兰州兽医所
8	FAO 动物流感参考中心	哈尔滨兽医所

中国农业科学院科技创新工程经费管理办法（试行）

农科院财〔2014〕131号

第一章 总 则

第一条 为有效组织实施中国农业科学院科技创新工程（以下简称创新工程），根据《农业部 财政部关于同意启动实施中国农业科学院科技创新工程的批复》（农财发〔2013〕2号）和相关规定，特制定本办法。

第二条 创新工程的总体目标是：落实国家创新驱动发展战略，服务国家现代农业发展需求，攀登世界农业科技高峰，推动建设现代农业科研院所，发挥中国农业科学院改革排头兵、创新国家队、决策智囊团的作用，引导全国农业科技创新和体制改革。

第三条 创新工程发挥中国农业科学院科研组织和多学科的优势，以“学科集群—学科领域—研究方向”三级学科体系为指导，建立院为统领、研究所为主体、科研团队为基础的科研创新组织模式。

第四条 创新工程充分发挥公共财政稳定支持公益性研究的作用，持续支持研究所及其科研团队开展重点方向研究，择优开展国家现代农业战略需求和长远发展的跨学科重大科学问题研究，全面提升创新能力和水平。

第五条 创新工程按照整体设计、科学规划、试点先行、稳步推进的原则，分期分批组织实施，分类分档管理。

第六条 创新工程实行绩效管理，建立以目标为导向的监测评价机制，开放、竞争、流动的用人机制，优绩优酬的分配机制。

第七条 创新工程专项经费探索建立预算编制有目标、执行有监控、完成有评价、评价结果有应用的预算绩效管理运行机制，提高资金使用效率和效益。

第八条 创新工程整合优化增量与存量资源，合理衔接创新工程与现有科技计划、专项、基金等任务，带动全院资源优化配置。

第二章 机构与职责

第九条 院全面负责创新工程的组织与实施，制定实施方案和管理办法，探索建立适应农业科技创新规律和我国国情的现代院所制度，着力营造以人为本、公平竞争、充分激发科研人员创新热情的良好环境，促进出成果、出人才。

第十条　成立院创新工程领导小组，由院领导和院机关相关部门主要负责人组成，组织领导创新工程实施工作。创新工程制度办法、预算安排、人才团队、绩效评价等重大事项，经创新工程领导小组审核并征求农业部、财政部意见后，由院常务会审定。

第十一条　创新工程领导小组下设办公室，主要负责创新工程日常管理工作，组织制定院创新工程绩效目标，组织制定研究所绩效目标任务书和绩效管理指标体系，组织年度绩效监测，提出绩效评价结果应用方案建议，指导和监督研究所对科研团队和首席专家的绩效评价工作。

第十二条　成立创新工程战略咨询委员会，由中农办①、财政部、农业部、科技部等相关部门负责人和知名科学家组成，主要负责创新工程建设与发展的决策咨询。

第十三条　研究所是创新工程执行主体，要切实履行法人管理职责，落实现代院所制度建设要求，加强支撑条件建设，提高对科研人员的服务水平。按照创新工程总体设计，编制学科领域发展规划，组织开展科技创新、科研团队建设、预算执行与监管等工作，规范科研团队申请竞争性科研项目，组织开展绩效目标管理、过程监测、结果评价等工作。

第十四条　科研团队是创新任务实施、创新岗位设置和资源优化配置的基本单元，按照三级学科体系布局，每个研究方向原则上组建一个科研团队。

科研团队设首席专家，根据学科重点方向和创新岗位设置，负责组建科研团队，组织实施科研任务，考核团队岗位任务完成情况，提出团队岗位绩效奖励建议方案等。首席专家对研究所负责，接受研究所监督考核和团队民主评议。

第十五条　院所两级学术委员会是创新工程学术咨询机构。

院学术委员会负责审议三级学科体系设置，评议跨所跨学科重大命题和重大成果，论证院级综合性基地平台建设方案和重大国际合作项目，对研究所团队组建及其引进人才提出咨询意见。下设学科集群专业委员会。

所学术委员会负责审议本所学科领域和研究方向设置，评议本所研究方向创新任务和重大成果，对所内人才引进和团队组建等提出咨询意见。

第三章　创新任务

第十六条　创新任务聚焦国家重大需求，全面提升农业发展科技支撑能力和农业科技国际竞争力，解决现代农业发展中的战略问题、前沿科学和关键技术问题，获得一批重大原创学术性与实用性成果，形成若干重大政策建议，服务于国家粮食安全和现代农业发展。主要包括稳定支持符合学科方向的基础性和公益性科学研究（简称团队任务），择优开展战略性、前瞻性和系统性重大科技命题研究（简称重大命题）。

---

①　中央农村工作领导小组办公室，全书简称中农办

第十七条 团队任务围绕学科发展前沿、现代农业重大科技需求和院学科体系建设规划，有机衔接基础性工作、应用基础研究、关键技术攻关和重大产业应用，稳定开展科学研究、人才团队建设、国际交流与合作、科研平台建设。

第十八条 科研团队应按照重点研究方向确定科研选题，提出明确的创新能力提升目标，以及科研产出目标，确立团队任务及实施方案，经研究所学术委员会审议，纳入研究所整体创新任务。

第十九条 重大命题围绕创新工程目标任务，发挥中国农业科学院建制优势与学科特长，针对农业科技前沿交叉学科领域的基础性、战略性、系统性科学问题和国际农业科技竞争热点，组织跨学科集群、跨学科领域、跨研究所的优势力量，形成大团队，开展长周期协同创新。

第四章　组织实施

第二十条 院根据创新工程试点研究所遴选办法和岗位管理任职条件，分批分类分档遴选试点研究所及科研团队，实施团队任务。根据重大命题管理办法，遴选和组织实施重大命题。

第二十一条 研究所根据创新工程总体目标要求和研究所发展定位及全院学科体系布局，确立重点研究方向和科研团队，制定试点工作方案，提出考核目标，遴选推荐首席专家。首席专家根据岗位设置要求和相关规定，遴选团队成员，报研究所审核决定。

第二十二条 科研团队应具有较强的科技创新能力，优势明显、特色突出，在国内外有重大影响。应有符合创新工程岗位基本任职条件的首席科学家及相应的人员配备。

第二十三条 按照创新任务，坚持从严控制、按需设岗、稳步发展的原则设置科研岗位、技术支撑岗位和管理岗位。其中，流动创新岗位的设置不低于20%。人员从现有职工中公开遴选和面向社会公开招聘，实行合同聘用，根据绩效评价结果进行动态调整。

第二十四条 科研岗位包括首席专家、骨干专家和研究助理3个层级。

（一）首席专家须具有正高级职称，身体健康，距退休年龄至少能够任满一个聘期。在本研究方向具有较大学术影响，有带领团队开展世界一流水平创新研究或解决产业重大问题的研发能力。

聘期内因各种原因解聘的首席专家，空缺岗位由研究所按照上述条件和程序进行遴选。解聘的首席专家需进行聘期工作总结和财务审计。

（二）骨干专家须具有副高级及以上职称，或出站博士后和取得博士学位后工作满2年。主持或参加过国家级项目，或院“青年英才计划”引进的人才等。

聘期内因各种原因解聘的骨干专家，空出的岗位按照上述条件和程序进行遴选和聘任。解聘的骨干专家，由首席专家组织工作交接。

（三）研究助理须具有中级以上职称，或博士后。有独立从事科研工作的能力和相关研究工作经历。

聘期内因各种原因解聘的研究助理，空出的岗位按照上述条件和程序进行遴选和聘任。解聘的研究助理，由首席专家组织工作交接。

第二十五条　技术支撑岗位和管理岗位人员的聘任、管理和考核，由院所根据相关文件规定，另行制定相应办法。

第二十六条　院对首席专家、团队组建方案及研究方向进行初审后，组织行业部门、专业学会、知名专家进行评审，评审结果经院常务会审定并公示后确定，并报农业部审核备案。

第二十七条　院与研究所签定《中国农业科学院科技创新工程绩效目标任务书》，明确体制机制创新、科研创新、团队建设、国际合作、平台基地建设、资源配置、经费预算等内容。研究所根据绩效目标任务书，与首席专家签订科研团队绩效目标任务书。绩效目标任务书是院所实施创新工程计划、检查验收、绩效评价的依据。

第二十八条　院根据《国家中长期科学和技术发展规划纲要（2006—2020 年）》和《全国现代农业发展规划》要求，组织开展相关领域重大命题战略调研，提出选题建议，经学术委员会评议后，形成重大命题建议方案。

第二十九条　重大命题采取自上而下组织策划、统一协调的方式，建立与国家主管部门的工作会商机制，在任务策划、论证和立项各环节，广泛咨询农业科技界专家意见，注重与国家其他农业科技计划的相互衔接，保证立项的权威、合理和公正，择需、择重、择优，成熟一项启动一项。

第三十条　院以择优委托或面向海内外公开招聘的方式，提出重大命题承担单位及负责人（团队）建议，组织编制重大命题实施方案，征询国家相关部门意见，进行综合论证，提交常务会审定立项。

第三十一条　院与重大命题承担单位签定任务书，创新任务实行年度计划管理，长期稳定支持与动态调整相结合，建立重大事项和科研进展报告制度，及时提出重大政策建议和技术发展路线。

第三十二条　院所两级为创新任务实施提供必要的条件保障。综合性试验基地由院提出统一规划布局及运行共享方案，报农业部审核备案。专业性基地、重大科技设施、科技平台和仪器设备共享共用方案由研究所提出，报院审定。

第五章　绩效评价

第三十三条　院根据创新工程绩效管理目标，按照科学规范、公开透明、统一组织、分级实施、分类分档管理的原则，建立绩效评估动态调整和终止机制，制定分类绩效管理指标体系，运用定性和定量相结合的方法，开展过程监测和结果评价，追踪问效。

第三十四条　创新工程的绩效管理实行部对院、院对所、所对团队（首席专家）、首席专家对团队成员的分级绩效评价制度，实行一年一监测、三年一评估、五年一考核。

第三十五条 农业部、财政部考核中国农科院创新工程整体绩效，并委托第三方机构独立开展绩效评价工作。主要评价重点前沿学科领域的影响力，在保障国家粮食安全、农产品有效供给和农业可持续发展方面的科技支撑引领作用，科研体制机制创新和现代科研院所制度建设，重大政策和决策咨询建议，以及预算资金管理等。

第三十六条 院对研究所的绩效评价委托第三方独立开展。主要评价研究所体制机制创新、人才团队建设、创新能力和创新效率，以及资金使用管理等内容。院结合不同类型研究所业务性质，制定绩效管理指标体系。

第三十七条 研究所对科研团队进行绩效评价，主要评价团队的科研方向、团队组织、创新水平和产出、人才培养和资金使用管理等内容。研究所结合不同科研团队业务特点，制定科研团队绩效管理指标体系。团队绩效评价实行目标管理，建立健全与岗位职责、工作业绩、实际贡献紧密联系和鼓励创新的分配激励和问责机制。

第三十八条 院根据重大命题的方向和任务，制定专门的绩效管理指标体系。由院按命题组织绩效评价，重点评价阶段目标完成情况、重大科技突破、协同创新机制、人才培养，以及资金使用效率。评价结果作为调整重大命题和承担单位绩效奖惩的依据。

第三十九条 年度监测主要是动态监测科研状态，及时纠正科研方向，确保经费使用实时安全，通过创新工程管理信息系统平台、同行评议等方式，监测年度绩效目标完成情况。院对所主要监测机制创新、团队建设、重大科研进展、预算执行、条件保障等。研究所对科研团队（首席专家）主要监测科研产出、人才培养、资金使用以及团队的学风等。首席专家对本团队成员主要监测科研方案执行、成果创新、协作精神、学术道德等，并进行年度考核。

第四十条 院对所、所对团队的中期和期满绩效评价委托第三方机构独立开展。实施中期主要评价创新任务进展、团队工作状态等。实施期满全面评价科研成果水平或重大突破、人才培养及团队持续创新能力等。

第四十一条 年度监测与中期和期满绩效评价结果作为研究方向和创新任务调整、团队首席专家和成员调整以及预算调整的主要依据。

年度监测结果实行预警机制，对未能完成年度绩效目标的，提出警告和整改要求。

中期绩效评价结果作为经费预算调整的依据，排序前20%的研究所按照上一年度创新经费的10%增加预算，排序后10%的研究所调减下年度预算20%。所内排序后10%的团队，对团队首席专家提出警告或解聘。

期满绩效评价结果作为调整分档的依据，对未能完成绩效目标任务的研究所，对所领导班子进行调整；未能完成绩效目标任务的团队，退出创新工程。

团队成员的绩效评价结果与薪酬挂钩。年度考核不称职或连续2年考核末位的团队成员，退出创新工程。

研究所、科研团队、团队成员如出现严重的学术道德或重大的违法违纪问题，退出创新工程。

退出创新工程的研究所、科研团队、团队成员，根据退出原因，按规定采取中止任务执行、暂停拨款、追回已拨资金、降低信用评级、限制项目申报等措施，并在一定范围内通报。

第六章　经费使用

第四十二条　创新工程专项经费主要用于科研团队长期稳定开展科研活动以及研究所的公共服务与支撑，跨所跨学科的重大命题、人才引进与培养、国际合作、基地平台运行服务奖补，以及其他相关工作。

第四十三条　根据院对所整体绩效评价结果和研究所学科类型、创新任务、团队岗位结构及人员数量等，由院结合部门预算安排情况测算研究所经费，报院常务会审定。

第四十四条　创新工程专项经费支出范围包括材料费、测试化验加工费、燃料动力费、差旅费、交通费、会议费、国际合作与交流费、出版/文献/信息传播/知识产权事务费、劳务费、专家咨询费、培训费、租赁费、设备购置与研制费、设施设备维修维护费，以及其他相关支出。

第四十五条　创新工程专项经费属于国家财政专项资金，研究所要严格执行国家有关财经法规、制度的规定，按照规定的开支范围合理支出，不得用于有工资性收入的人员工资、奖金、津补贴和福利支出，不得用于与科研工作无关的支出，不得用于支付各种罚款、捐款、赞助、投资等。

第四十六条　创新工程专项经费应纳入研究所财务统一管理，单独核算，专款专用。研究所应充分发挥组织、协调和监督作用，法定代表人是专项经费管理的第一责任人，团队首席专家是专项经费管理的直接责任人。

第四十七条　按照增量撬动存量的要求，将创新工程专项经费与现有科技资源衔接整合。中央级公益性科研院所基本科研业务费、非营利性科研机构改革专项启动费、中央级科学事业单位修缮购置专项等相关的中央财政科技经费，以及其他渠道资金，优先用于创新工程。

基本科研业务费，核定到研究所的经费优先用于支持科研团队开展研究工作，增量部分用于配合创新工程开展跨所跨学科重大命题。非营利性科研机构改革专项启动费在所内优先用于科研团队及相应的研究所公共服务与支撑。修缮购置专项围绕创新工程目标和任务要求进行规划和项目资金安排，优先支持创新工程任务相关的科研条件建设。

第七章　预算与决算

第四十八条　研究所根据创新工程确定的任务，按照部门预算要求编制预算，按程序报院。根据绩效评价结果及预算执行情况，院组织审核、汇总形成部门预算“一上”

建议方案，经院常务会审定后报农业部。

第四十九条 院根据部门预算“一下”控制数，结合年度任务，依据绩效评价结果和预算执行情况，提出细化方案，报院常务会审定后下达。

第五十条 研究所根据“一下”控制数编报预算“二上”草案，院审核、汇总并经院常务会审定后报农业部。

第五十一条 院根据部门预算批复，下达各研究所创新工程专项经费预算。

第五十二条 研究所应提高预算编制的科学性和准确性，预算一经批准，应严格按照批复下达的预算执行，原则上不得自行调整。

第五十三条 院根据创新工程专项经费预算执行进度、阶段考核结果等，可按部门预算管理程序申请调整相关研究所创新工程专项经费年度预算。

第五十四条 按照国家财政专项资金管理要求，院对研究所创新工程专项经费进行预算执行管理和滚动管理。按规定权限和程序经编制管理部门批准成立并登记的院属研究所为创新工程专项经费的预算执行单位，不得擅自转拨院外单位。

第五十五条 院建立创新工程管理信息系统。按照统筹规划、资源共享、安全可靠、务求实效的要求，实现创新工程系统、规范、科学、高效管理。将创新工程经费预算安排及执行、科研团队人员信息、创新任务实施等内容纳入管理信息系统。

第五十六条 创新工程专项经费结转资金继续用于下一年度创新工程相关任务，纳入部门预算统一编报。

第五十七条 创新工程专项经费的收支情况应纳入研究所年度决算统一编报。

第八章 监督检查

第五十八条 院负责监督、检查研究所创新工程专项经费的安排、使用、管理情况，以及统筹其他渠道经费情况，检查结果作为预算安排的参考依据。

第五十九条 院创新工程专项经费检查，可通过派检查人员实地检查或研究所报送资料方式开展。根据具体情况，院可委派检查组或委托社会中介机构进行检查。

第六十条 院所建立创新工程专项经费信息公开制度，在一定范围内将预算安排和预算执行情况及时公开，接受社会监督。

第六十一条 研究所应建立内部监督制度，明确职责权限，规定监督程序和要求，运用财务信息化手段，加强内部控制。

第六十二条 建立信用记录评级制度。院对进入创新工程的研究所、科研团队、首席专家的科研信誉进行评价和记录，形成逐级考核问责机制和责任倒查机制，构建监管服务长效机制。

第六十三条 院监察和审计部门要加强对创新工程实施的监督和管理。创新工程专项经费使用中如发现弄虚作假、截留、挪用、挤占等违反财经纪律的行为，视具体情况给予通报批评，责令限期整改，或调整相应研究所有关年度预算；对情节严重的单位和人员，退出创新工程，并按国家有关规定追究行政或法律责任。

第九章　附　则

第六十四条　中国农业科学院根据本办法制定人才引进、岗位管理、重大命题、绩效评价、薪酬管理等配套办法，报农业部、财政部备案。

第六十五条　本办法自印发之日起执行。中国农业科学院负责解释。

中国农业科学院科技创新工程专项经费管理实施细则（试行）

农科院财〔2014〕238号

第一章　总　则

第一条　为规范中国农业科学院科技创新工程专项（以下简称创新工程专项）经费管理，提高经费使用效益，根据《中国农业科学院科技创新工程经费管理办法（试行）》和财政科研项目经费管理的有关规定，结合我院创新工程专项管理工作的实际，制定本实施细则。

第二条　创新工程专项经费主要用于创新工程科研团队（简称科研团队）长期稳定开展科研活动以及研究所的公共服务与支撑，跨所跨学科的重大命题、人才引进与培养、国际合作、基地平台运行服务奖补，以及其他相关工作。

第三条　按照增量撬动存量的要求，将创新工程专项经费与现有科技资源衔接整合。中央级公益性科研院所基本科研业务费、非营利性科研机构改革专项启动费、中央级科学事业单位修缮购置专项等相关的中央财政科技经费，以及其他渠道资金，优先用于创新工程。基本科研业务费，核定到研究所的经费优先用于支持科研团队开展研究工作，增量部分用于配合创新工程开展跨所跨学科重大命题。非营利性科研机构改革专项启动费在所内优先用于科研团队及相应的研究所公共服务与支撑。修缮购置专项围绕创新工程目标和任务要求进行规划和项目资金安排，优先支持创新工程任务相关的科研条件建设。

第二章　预算编制

第四条　根据院对所整体绩效评价结果和研究所学科类型、创新任务、团队岗位结构及人员数量等，由院财务局结合部门预算安排情况测算研究所经费，报院常务会审定，作为编制创新工程经费预算“一上”的依据。

第五条　研究所根据创新工程确定的任务和院常务会审定的预算测算方案，于每年6月按照部门预算要求编制下一年度创新工程预算，按部门预算“一上”程序报院财务局。根据绩效评价结果及预算执行情况，院财务局组织审核、汇总形成部门预算“一上”建议方案，经院常务会审定后报农业部。

第六条 院财务局根据部门预算“一下”控制数，结合年度任务，依据绩效评价结果和预算执行情况，提出细化方案、报院常务会审定后，于每年 11 月底前后下达至创新工程研究所。

第七条 研究所根据“一下”控制数编报预算“二上”草案，院财务局审核、汇总并经院常务会审定后，按部门预算“二上”程序报农业部。

第八条 院财务局根据部门预算批复，下达各研究所创新工程专项经费预算。

第三章 预算执行

第九条 研究所应提高预算编制的科学性和准确性，预算一经批准，应严格按照批复下达的预算执行，原则上不得自行调整。

第十条 院财务局根据创新工程专项经费预算执行进度、阶段考核结果等，可按部门预算管理程序申请调整相关研究所创新工程专项经费年度预算；对预算执行较慢的研究所经费，可按程序申请调整用于院属创新工程其他单位相关工作。

第十一条 按照国家财政专项资金管理要求，院财务局对研究所创新工程专项经费进行预算执行管理和滚动管理。按规定权限和程序经编制管理部门批准成立并登记的院属研究所为创新工程专项经费的预算执行单位，不得擅自转拨院外单位。

第十二条 院建立创新工程管理信息系统。按照统筹规划、资源共享、安全可靠、务求实效的要求，实现创新工程系统、规范、科学、高效管理。将创新工程经费预算安排及执行、科研团队人员信息、创新任务实施等内容纳入管理信息系统。

第十三条 创新工程专项经费结转资金继续用于下一年度创新工程相关任务，纳入部门预算统一编报。

第十四条 研究所创新工程专项经费由于客观因素导致执行困难的，应于 7 月底前提出预算和执行计划调整方案，由院财务局按程序申请预算调整。

第四章 经费支出管理

第十五条 创新工程专项经费应纳入研究所财务统一管理，单独核算，专款专用。研究所应充分发挥组织、协调和监督作用，法定代表人是专项经费管理的第一责任人，团队首席专家是专项经费管理的直接责任人。根据预算执行、创新任务实施等情况，研究所可适当调整创新工程专项经费在研究所内部分配额度。

第十六条 创新工程专项经费属于国家财政专项资金，研究所要严格执行国家有关财经法规、制度的规定，按照规定的开支范围合理支出，不得用于有工资性收入的人员工资、奖金、津补贴和福利支出，不得用于与科研工作无关的支出，不得用于支付各种罚款、捐款、赞助、投资等。

第十七条 创新工程专项经费支出范围包括材料费、测试化验加工费、燃料动力费、差旅费、交通费、会议费、国际合作与交流费、出版/文献/信息传播/知识产权事务费、劳务费、专家咨询费、培训费、租赁费、设备购置与研制费、设施设备维修维护费，以及其他相关支出。

（一）材料费：是指在研究开发过程中消耗的各种原材料、辅助材料等低值易耗品的采购及运输、装卸、整理等费用。

（二）测试化验加工费：是指在研究开发过程中支付给外单位（包括研究所内部独立经济核算单位）的检验、测试、化验、加工等费用。

（三）燃料动力费：是指在研究开发过程中相关大型仪器设备、专用科学装置等运行发生的可以单独计量的水、电、气、燃料消耗费用等。

（四）差旅费：是指在研究开发过程中开展科学实验（试验）、科学考察、业务调研、学术交流等所发生的外埠差旅费、市内交通费用等。差旅费的开支标准应当按照国家有关规定执行。

（五）交通费：是指因研究需要发生的车辆租用费、燃料费、维修费、过路过桥费、出租车费等。研究所应制定交通费管理相关细则，严格控制交通费支出，报销时以背书相关信息等方式确保票据真实性。

（六）会议费：是指研究开发过程中为组织开展学术研讨、咨询以及协调等活动而发生的会议费用。研究所应当按照国家有关规定，严格控制会议规模、会议数量、会议开支标准和会期。

（七）国际合作与交流费：是指在研究开发过程中项目研究人员出国及外国专家来华工作的费用。国际合作与交流费应当严格执行国家外事经费管理的有关规定。

（八）出版/文献/信息传播/知识产权事务费：是指在研究开发过程中，需要支付的出版费、资料费、专用软件购买费、文献检索费、专业通信费、专利申请及其他知识产权事务等费用。

（九）劳务费：是指在研究开发过程中支付给参与研究人员中没有工资性收入的相关人员（如在读研究生、博士后）和临时聘用人员等的劳务性、社会保险补助等费用。

（十）专家咨询费：是指在研究开发过程中支付给临时聘请的咨询专家的费用。专家咨询费不得支付给本研究所创新工程科研团队成员及其管理相关的工作人员。

（十一）培训费：是指因研究和培养团队成员、提升研究能力等发生的各类培训支出。研究所应当按照国家有关规定，严格控制培训费开支标准和规模。

（十二）租赁费：是指研究所因执行创新工程需要而开支的租赁房屋、宿舍、试验田、专用通讯网等而发生的费用。

（十三）设备购置与研制费：是指在研究开发过程中购置或试制专用仪器设备，对现有仪器设备进行升级改造而发生的费用。

（十四）设施设备维修维护费：是指研究所因执行创新工程需要而开支的仪器设备、科研设施等固定资产修理和维护费用，网络信息系统运行与维护费用。

（十五）创新工程在实施和研究过程中发生的除上述费用之外的其他相关支出，应当在申请预算时单独列示。

第十八条 研究所应加强设备采购和大宗材料采购管理，制定和完善固定资产和物资采购、领用管理制度。涉及政府采购的，按照政府采购有关规定执行。

第十九条 劳务费、测试化验加工费等无明确支出标准的，研究所应结合市场价格，制定内部标准。

第五章 决算管理

第二十条 创新工程专项经费的收支情况应纳入研究所年度决算统一编报。

第二十一条 建立研究所决算信息公示制度。研究所在每年 1 月底前将上一年度专项经费预算和决算支出信息在研究所内部公示不少于 5 个工作日。公示内容包括（但不仅限于）：研究所年度创新工程专项经费和各创新团队经费的预算总金额、经济分类科目决算支出金额。研究所自行确定公示的方式和内容格式。

第六章 监督管理

第二十二条 院财务、监察和审计部门负责监督、检查研究所创新工程专项经费的安排、使用、管理情况，以及统筹其他渠道经费情况，检查结果作为预算安排的参考依据。

第二十三条 院创新工程专项经费检查，可通过派检查人员实地检查或研究所报送资料方式开展。根据具体情况，院可委派检查组或委托社会中介机构进行检查。

第二十四条 院所建立创新工程专项经费内部公开制度，在一定范围内将预算安排和预算执行情况及时公开，接受监督。

第二十五条 研究所应建立内部监督制度，明确职责权限，规定监督程序和要求，运用财务信息化手段，加强内部控制。

第二十六条 建立经费管理信用记录评级机制。院对进入创新工程的研究所、科研团队、首席专家在创新工程专项经费管理方面的信用进行评价和记录。

第二十七条 院监察和审计部门要加强对创新工程实施的监督和管理。创新工程专项经费使用中如发现弄虚作假、截留、挪用、挤占等违反财经纪律的行为，视具体情况给予通报批评，责令限期整改，或调整相应研究所有关年度预算；对情节严重的单位和人员，退出创新工程，并按国家有关规定追究行政或法律责任。

第七章 附 则

第二十八条 本细则由财务局负责解释。

第二十九条 本细则自发布之日起施行。

中国农业科学院科技创新工程绩效管理办法（试行）

农科院办〔2014〕226号

第一章 总 则

第一条 为规范中国农业科学院科技创新工程绩效管理工作，依据《财政支出绩效评价管理暂行办法》《中国农业科学院科技创新工程实施方案》（以下简称《实施方案》）《中国农业科学院科技创新工程经费管理办法（试行）》等有关规定，制定本办法。

第二条 创新工程绩效管理以提高财政资金使用效率为目标，以促进科研成果产出和提升科研创新能力为导向，运用科学的绩效评价方法，对创新工程实施的任务与目标、效果与效率进行监测和评估，具体内容包括目标管理、运行监控、评价实施和结果应用等。

第三条 创新工程绩效管理遵循以下原则：

（一）统一组织，分级实施；

（二）绩效导向，鼓励创新；

（三）突出特色，分类分档；

（四）开放透明，强化监督。

第四条 创新工程建立两级绩效考评制度。农业部、财政部对中国农业科学院进行考评，实行“1+3+5+5”年度间隔的阶段性考评。中国农业科学院内部实行院对所、所对科研团队（首席专家）、首席专家对团队成员的考评。

试点期（2013—2015年）实行启动年考评、年度监测、三年试点期满考评；从调整期（2016—2020年）开始以五年为一个周期，实行年度监测、三年中期评估、五年期满考评。

第五条 本办法适用于进入中国农业科学院科技创新工程的研究所和科研团队。

第二章 组织机构与职责

第六条 中国农业科学院科技创新工程领导小组（以下简称“领导小组”）负责组织领导全院绩效管理工作，主要包括：

（一）审定绩效管理相关制度；

（二）审定《中国农业科学院科技创新工程研究所绩效任务书》（以下简称《研究所绩效任务书》）和绩效考评指标；

（三）审定绩效考评结果及其运用建议；

（四）接受和处理绩效管理申诉；

（五）研究和协调解决绩效管理工作重大问题。

领导小组成员单位按照职责分工参与绩效管理工作，相关局办明确一名领导负责，并指定专（兼）职人员负责日常工作。

第七条 创新工程领导小组办公室（以下简称“创新办”）具体负责绩效管理日常工作，主要包括：

（一）承担绩效管理组织协调与监督检查；

（二）起草绩效管理相关制度；

（三）组织开展绩效考评工作，负责院对所年度监测，指导所对科研团队的绩效考评；

（四）审核《研究所绩效任务书》和绩效考评指标；

（五）起草院对所的绩效管理年度监测报告，并对绩效考评结果提出应用建议；

（六）组织开展绩效管理重大问题调研；

（七）完成领导小组交办的其他工作。

第八条 成立创新工程绩效管理咨询专家组（以下简称“专家组”）。专家组由绩效管理研究领域的著名专家和从事相关工作的管理人员构成，主要职责是为创新工程绩效管理提供理论支持、战略咨询和技术指导。

第九条 研究所创新工程领导小组负责本所绩效管理工作，法人代表是绩效管理第一责任人，研究所创新工程管理执行机构具体实施。主要职责包括：

（一）制定研究所绩效管理实施细则；

（二）组织编制《研究所绩效任务书》；

（三）组织实施对科研团队（首席专家）的年度监测、中期评估和期满考评；

（四）将绩效考评结果和整改意见及时反馈科研团队（首席专家），并负责督办落实；

（五）将科研团队绩效考评结果报备创新办，并按时按要求完成研究所自评估报告。

第三章 绩效分类与分档

第十条 创新工程绩效考评主要包括体制机制创新、人才团队建设、资金使用管理等共性内容以及创新能力和创新效率等个性内容。按照学科特色、产出特点和科研类型，对不同研究所、科研团队的创新能力和创新效率分类制定指标，进行分类考评。

第十一条 根据中国农业科学院确定的“学科集群-学科领域-研究方向”三级学科体系，结合学科特色和产出特点，按照作物（作物学科集群、园艺学科集群）、动物（畜牧学科集群、兽医学科集群）、资源环境（资源与环境学科集群）、农业工程（质量安全与加工学科集群、工程与机械学科集群）、经济信息（信息与经济学科集群）等五大类别，对研究所进行分类绩效考评。

第十二条 根据不同类别，分类制定创新能力和创新效率绩效考评指标。

属于作物类别的研究所创新能力和创新效率绩效考评指标突出作物新品种、新基因、新技术。

属于动物类别的研究所创新能力和创新效率绩效考评指标突出动物新品种、重大疫病防控和畜禽养殖技术。

属于资源环境类别的研究所创新能力和创新效率绩效考评指标突出农业资源利用与环境保护的重大关键技术和产品。

属于农业工程类别的研究所创新能力和创新效率绩效考评指标突出农业重大工程装备与技术、新工艺、新方法和新标准。

属于经济信息类别的研究所创新能力和创新效率绩效考评指标突出农业重大产业政策和咨询建议。

第十三条 对进入创新工程的研究所实行分档管理，根据绩效考评结果，分为A（优秀）、B（良好）、C（一般）三个等级，分别占研究所总数的30%、50%和20%。

第十四条 研究所按照应用基础类、应用技术类、基础性工作类等三类对科研团队进行分类考评。

属于应用基础类科研团队创新能力和创新效率绩效考评指标突出农业领域重大理论发现与方法创新。

属于应用技术类科研团队创新能力和创新效率绩效考评指标突出农业领域重大关键技术与产品研发。

属于基础性工作类科研团队创新能力和创新效率绩效考评指标突出基础数据、资料、信息共享与服务。

第十五条 研究所对进入创新工程的科研团队实行分档管理，为Ⅰ（优秀）、Ⅱ（良好）、Ⅲ（一般）和Ⅳ（较差）四个等级，分别占研究所总数的30%、30%、30%和10%。

第十六条 根据绩效考评结果，确定各研究所和科研团队的创新工程经费资助额度，并对试点研究所和科研团队分别作出升档、维持和降档处理。

第四章 绩效目标与绩效考评指标

第十七条 绩效目标是考评对象在规定期限内根据创新任务设计预期达到的结果，是绩效管理的基础和绩效考评的依据。绩效目标包括年度绩效目标、试点期绩效目标、中期绩效目标和期满绩效目标。

第十八条 绩效目标要符合创新工程的总体设计，符合院所定位及学科特点，指向明确，具体细化，合理可行，并与创新工程专项经费的支出范围、方向、效果紧密相关。

第十九条 绩效考评指标是绩效目标的细化量化分解，是衡量绩效目标实现程度的重要考评工具。按照相关性、重要性、可比性及系统性原则，采取定性与定量相结合的办法制定绩效考评指标，并根据创新工程建设进度安排对指标及其权重进行动态调整。

第二十条 中国农业科学院创新工程绩效目标应包括前沿学科领域的影响力，对产业发展的科技支撑能力，体制机制创新和现代院所建设成效，重大政策建议与决策咨询作用，预算资金管理及投入产出效益等内容。具体绩效考评指标由农业部制定和发布。

第二十一条 创新工程重大命题由第三方独立开展绩效评价，根据拟定的重大创新方向和任务，另行制定绩效考评指标，重点评价阶段目标完成情况、重大科技突破、协同创新机制、人才培养，以及资金使用效率等。考评结果作为调整重大命题和承担单位绩效奖惩的依据。

第二十二条 院对所创新工程任务的实施情况进行绩效考评，重点评价体制机制创新、科研产出与影响力、成果转化与贡献、人才团队建设、科研条件建设与完善、国际合作与交流以及资金使用管理等内容。

研究所根据创新任务设计和院制定的指导性绩效考评指标框架，结合学科特点，设定本所绩效目标与具体考评指标。

第二十三条 所对科研团队（首席专家）创新工程任务的实施情况进行绩效考评，重点评价科研团队的研究方向、团队建设、创新水平与产出、资金使用管理及学术诚信等内容。

科研团队根据研究所创新任务设计，设定本团队的绩效目标与具体考评指标。

第二十四条 首席专家对团队成员创新工程任务的实施情况进行绩效考评，主要考评成员岗位职责履行、科研进度完成、目标实现以及学术诚信等内容。

第二十五条 启动年重点考评第一批试点所在人事、薪酬、科研组织方式、协作与共享等内部运行机制方面的创新情况，研究方向设置、首席遴选和团队组建、科研平台布局等任务的落实情况。

第二十六条 年度监测重点跟踪任务进展、科研动态、团队状态、条件保障及经费使用等。

第二十七条 试点期满考评主要对体制机制创新情况进行评价，重点考评以绩效管理为核心的人才团队建设、科研管理等新型管理制度的制定、落实情况与初始效果，学科方向调整和科研团队组建情况，科研进展，条件平台布局，国际合作与交流，资源撬动和优化配置情况及资金使用管理等。

第二十八条 三年中期评估主要对阶段产出和绩效目标实现程度进行评价，重点考评绩效计划执行进度，各项任务完成情况，重大科研成果培育进展情况，人才团队工作状态等内容。

第二十九条 五年期满考评主要对总体产出和绩效目标实现结果进行全面评价，重点考评重大成果或重大突破的水平与学术影响力，学科领域的引领地位，对产业的贡献与支撑效果，杰出人才培养效果，研究所整体实力与地位，持续创新能力和创新效率等内容。

第三十条 绩效目标和绩效考评指标分别通过《研究所绩效任务书》、《中国农业科学院科技创新工程科研团队绩效任务书》（以下简称“科研团队绩效任务书”）以及《中国农业科学院科技创新工程创新岗位年度责任书》（以下简称“创新岗位年度责任书”）进行约定，作为绩效考评的主要依据。

第三十一条 对上一周期绩效考评结果为“较差”的科研团队，将其绩效改进计划与整改落实情况纳入下一周期的考评内容。

第五章　绩效考评标准、方法

第三十二条 绩效考评标准是衡量绩效目标完成程度的尺度，是绩效考评结果分档的依据。具体包括：

（一）计划标准。是指以创新工程预先设定的目标、计划、预算等数据作为评价的标准。

（二）学科（行业）标准。是指以学科或行业指标数据制定的评价标准。

（三）历史标准。是指参照同类指标的历史数据制定的评价标准。

第三十三条 绩效考评方法根据创新工程不同阶段的侧重点，主要采取第三方评估、同行评议、自评估及公众评判等方法。

第三十四条 农业部、财政部对中国农业科学院的绩效考评按照《实施方案》的目标任务对创新工程的整体绩效进行综合评价。

第三十五条 院对所绩效考评在研究所自评估的基础上采取公众评判法，由创新办组织成立考评专家组，通过专家评估、公众问卷及抽样调查等对创新工程实施效果进行评判。

第三十六条 所对科研团队（首席专家）绩效考评采用同行评议法。由研究所组建本领域著名专家和行业管理专家构成评估小组，依据《科研团队绩效任务书》对科研团队进行评议并提出意见。

第三十七条 年度监测采用动态跟踪和定量分析相结合的方法，依托创新工程管理信息系统实现实时管理。

第六章　绩效考评工作程序

第三十八条 部对院绩效考评工作程序：农业部、财政部根据评估周期组织开展对中国农业科学院的绩效考评工作；中国农业科学院提供自评估报告和相关证据材料，协助开展相关工作，对考评过程和结论不加干预。

绩效考评报告报农业部、财政部并反馈中国农业科学院。农业部、财政部提出绩效改进和预算支出意见并督促落实。

第三十九条 院对所绩效考评工作程序：研究所在创新工程各实施阶段的第一年年初与院签定《研究所绩效任务书》，确定绩效目标。创新办于各实施阶段结束前 1 个月发布通知，研究所在通知发布后 2 个月内按要求完成自评估。

院组织成立考评专家组对研究所进行绩效考评，形成《研究所中期绩效评估报告》或《研究所期满绩效考评报告》，并提出绩效考评意见反馈研究所落实。

第四十条 所对科研团队绩效考评工作程序：科研团队在创新工程各实施阶段的第一年年初填报《科研团队绩效任务书》，确定绩效目标，经研究所审定后报备创新办。

研究所组织成立评估小组对科研团队进行考评，形成《科研团队中期评估报告》或《科研团队期满考评报告》。研究所提出绩效考评意见反馈科研团队落实。

第四十一条 首席专家对科研团队成员绩效考评工作程序：首席专家与团队成员签订《创新岗位年度责任书》，作为团队成员年度绩效考评的依据。首席专家根据岗位职责和创新任务对团队成员进行考评。

第四十二条 院对所年度监测由创新办具体组织实施，每年向领导小组提交《研究所绩效管理年度监测报告》，并反馈研究所。

第四十三条 建立绩效考评档案。将年度监测、中期评估和期满考评形成的绩效考评结论、报告及相关材料等进行归档。

第七章 绩效考评结果应用

第四十四条 农业部、财政部对中国农业科学院的绩效考评结果作为调整创新工程年度预算的依据，以发挥绩效考评对财政资金的追踪问效和决策信息反馈作用。

第四十五条 院内部绩效考评结果应用按照“发展快早支持、发展好多支持”的原则，将绩效考评结果作为研究所和科研团队分档、研究方向和创新任务调整、首席专家和科研团队成员调整以及预算调整的主要依据。

第四十六条 年度监测结果实行预警机制，加强监测过程的沟通和监测结果的反馈。

第四十七条 研究所绩效考评结果与绩效奖励和责任领导班子调整挂钩，作为研究所领导班子调整配备的重要依据。

第四十八条 科研团队成员的绩效考评结果与岗位调整和薪酬挂钩。年度考评不称职或连续 2 年考评末位的成员，退出创新工程。薪酬激励办法由各研究所根据国家和院有关政策制定实施。

第八章　在线管理与监督

第四十九条　绩效管理通过创新工程管理信息系统进行在线管理，实现绩效指标网上制定，过程进展网上监测，监测结果网上实时反馈，绩效信息网上公开，考评结果网上公示。

第五十条　管理信息系统采取分级授权管理的运行模式，根据不同部门和不同级别的职能和需求赋予相应的使用和管理权限，确保系统使用安全规范。

第五十一条　绩效管理工作必须实事求是，研究所应对绩效管理过程中涉及的相关材料的真实性、合法性、完整性负责，不得弄虚作假。

第五十二条　纪检监察部门参与绩效管理，严格履行监督职责。研究所、科研团队、团队成员若出现严重违法违纪、学术不端与造假行为，采取一票否决制，并依据国家有关规定和创新工程管理办法追究研究所法人代表及当事人责任，并退出创新工程。

第九章　附　则

第五十三条　各研究所依据本办法结合实际制定本所绩效考评管理办法，并报备创新办。

第五十四条　本办法自发布之日起实施。中国农业科学院负责解释。

中国农业科学院科技创新工程绩效管理实施细则（试行）

农科院办〔2014〕249号

第一章　总　则

第一条　为规范中国农业科学院科技创新工程绩效管理工作，根据《中国农业科学院科技创新工程经费管理办法（试行）》《中国农业科学院科技创新工程绩效管理办法（试行）》等有关规定，制定本实施细则。

第二条　中国农业科学院科技创新工程绩效管理实行财政部、农业部对中国农业科学院、中国农业科学院对研究所、研究所对科研团队（首席专家）、科研团队首席专家对团队成员的四级管理制度。院绩效管理由财政部、农业部组织实施。

第三条　院对所绩效管理按照作物、动物、资源环境、农业工程、经济信息等五类分别进行。所对科研团队绩效管理按照应用基础类、应用技术类、基础性工作类等三类分别进行。

第二章　绩效管理内容与指标

第四条　院对所的绩效管理主要包括体制机制创新、科技创新能力、人才团队建设、科研条件建设、国际合作与交流、资金使用管理等方面内容。

第五条　院对所的绩效管理指标原则上分为三级。

一级指标分别为体制机制创新、科技创新能力、人才团队建设、科研条件建设、国际合作与交流、资金使用管理。

二级指标体制机制创新包括用人制度、分配制度、科研组织方式等内容；科技创新能力包括重大成果产出、科研水平与影响力、产业支撑、咨询建议、知识产权转让等内容；人才团队建设包括人才培养与引进、科研团队建设等内容；科研条件建设包括基地平台功能与水平、开放共享水平等内容；国际合作与交流包括引进派出与联合研究及合作成果、联合研究平台建设等内容；资金使用与管理包括经费管理、预算执行等内容。研究所制定指标体系时，二级指标应包含上述内容，可根据自身特点增加新的指标内容。

三级指标是对二级指标的分解，每项三级指标对应具体工作任务，由研究所自行确定指标内容，尽可能量化，不能量化的提出可衡量的标准。

第六条 研究所绩效考评指标满分100分，指标内容和分值权重根据创新工程不同实施阶段的重点任务进行动态调整。

试点期的权重为体制机制创新30%、科技创新能力20%、人才团队建设20%、科研条件建设10%、国际合作与交流10%、资金使用管理10%。

调整推进期和全面发展期的权重为体制机制创新20%、科技创新能力30%、人才团队建设20%、科研条件建设10%、国际合作与交流10%、资金使用管理10%。

第七条 所对科研团队的绩效管理包括科研团队的研究方向、团队建设、创新水平与产出、资金使用管理及学术诚信等方面内容。具体指标由研究所自行制定。

第八条 首席专家对团队成员的绩效管理主要包括岗位职责履行、科研进展、目标实现以及学术诚信等方面内容。具体指标由研究所提出指导性意见，首席专家自行制定。

第三章 绩效任务书

第九条 绩效任务书是进行绩效管理的主要依据，应当充分体现研究所和科研团队的中心任务和预期目标。按照分级管理的要求，院与研究所、研究所与创新团队、首席专家与团队成员分别签署《研究所绩效任务书》《科研团队绩效任务书》和《创新岗位年度责任书》。

第十条 《研究所绩效任务书》基本内容包括：信息表、基础概况，在体制机制创新、科技创新能力、人才团队建设、科研条件建设、国际合作与交流、资金使用管理等方面的任务计划与预期目标成效。

第十一条 《研究所绩效任务书》经创新办和领导小组成员单位审核并报领导小组审定后，一式三份，由院长与研究所第一责任人签署，院长、创新办和研究所各保存一份。

第十二条 《科研团队绩效任务书》基本内容包括：团队基础与首席基本情况，在科技创新、人才团队建设、科技条件平台建设、国家合作与交流等方面的任务计划与预期目标成效，以及团队成员考评方案。

第十三条 《科研团队绩效任务书》一式三份，由研究所负责审核与组织签署，研究所、首席专家各保存一份，报备创新办一份。

第十四条 《创新岗位年度责任书》基本内容包括：岗位职责履行、科研进度完成、目标实现及学术诚信等。

第十五条 《创新岗位年度责任书》由科研团队负责审核与组织签署，一式四份，首席专家、团队成员各保存一份，报研究所人事管理部门一份用于单位年度考核，报备研究所创新工程管理机构一份。

第十六条 《研究所绩效任务书》《科研团队绩效任务书》的起草、审核与签署，原则上在每个实施阶段起始年的 4 月底前完成；《创新岗位年度责任书》的起草、审核与签署，原则上在每年 3 月底前完成。

第四章　绩效实施与考评

第十七条　研究所和科研团队应当按照《绩效任务书》的安排和要求组织实施创新工程绩效管理工作，做到组织到位、责任到位、措施到位、落实到位。

第十八条　创新办与研究所、研究所与科研团队之间要加强绩效沟通，强化过程管理，及时发现并解决绩效实施过程中出现的问题。

第十九条　创新工程绩效管理实施阶段内每年进行年度监测。次年 2 月底前，创新办向领导小组提交《研究所绩效管理年度监测报告》并反馈研究所；研究所形成《科研团队绩效管理年度监测报告》反馈科研团队，同时报备创新办。遇绩效考评年度时，不需单独提交年度监测报告，其内容与绩效考评报告结合。

第二十条　创新工程绩效管理实施阶段分为试点期、调整推进期、全面发展期。2013 年至 2015 年为试点期，试点期绩效考评包括启动年考评、年度监测、三年试点期满考评。2016 年至 2020 年为调整推进期，2021 年至 2025 年为全面发展期，调整推进期、全面发展期绩效考评包括年度监测、三年中期评估、五年期满考评。

绩效考评时间从每个绩效考评年度的 12 月下旬开始至次年 3 月中旬前结束。

第二十一条　创新工程绩效考评工作由领导小组统一组织，创新办、研究所和科研团队具体负责实施。考评顺序是首席专家对团队成员、所对科研团队、院对所。

第二十二条　考评工作根据不同级别分别采取下列方法和程序：

（一）首席专家对团队成员的考评每年一次，考评方法由各科研团队自行确定。考评结果由首席专家反馈团队成员。

（二）所对科研团队的绩效考评采用“同行评议法”。由研究所邀请本领域著名专家和行业管理专家组成评估小组，依据《科研团队绩效任务书》对科研团队进行评议并提出结果意见。研究所审定考评结果后形成绩效考评报告反馈科研团队。

（三）院对所的绩效考评采取“自评估 + 综合评估法”，考评程序包括：自我评估、领导小组成员单位核实、综合评估、领导小组审定。

研究所根据《绩效任务书》，对绩效计划任务和目标完成情况做出评价，将实际取得的结果与绩效指标逐项进行对比打分，形成绩效自评报告，提交创新办。

创新办组织领导小组成员单位对研究所自评情况进行核实，得出研究所绩效指标得分；同时邀请同行专家、公众代表组成综合评估小组，对研究所进行现场评议，得出综合评估总分。研究所绩效考评结果满分 100 分，其中绩效指标分值占 70%，综合评估分值占 30%。

创新办汇总分析研究所各项得分，提出考评结果建议，形成绩效考评报告，经领导小组审定后，在中国农业科学院网站进行公示，并反馈各研究所。

第二十三条 创新办按照30%、50%和20%的比例，将研究所考评结果分为A（优秀）、B（良好）、C（一般）三个等级。研究所按照30%、30%、30%和10%的比例，将科研团队考评结果分为Ⅰ（优秀）、Ⅱ（良好）、Ⅲ（一般）和Ⅳ（较差）四个等级。

第二十四条 因不可抗力导致绩效任务无法完成的，研究所和科研团队在绩效考评时要做出说明并提供证明，评估小组核实后可不因此降低分数。

第二十五条 研究所和科研团队将绩效改进建议列入下一个考评周期的绩效指标体系中，并进行整改。

第五章 考评结果运用

第二十六条 绩效考评结果为优秀档次的研究所和科研团队，分别在中国农业科学院和各研究所范围内予以通报表扬。

第二十七条 院对所的绩效考评结果作为研究所领导班子调整、研究方向和创新任务调整、创新工程经费安排的重要依据，对考核排名靠后或降档的研究所将核减创新工程经费。

第二十八条 所对科研团队的绩效考评结果作为科研团队首席专家、团队成员调整和预算安排的重要依据。对绩效考评结果为“较差”档次的科研团队将核减创新工程经费。连续两次考评结果为“较差”档次的科研团队，退出创新工程。

第二十九 条科研团队成员的绩效考评结果与岗位调整和薪酬挂钩。年度考评连续两次末位的成员，退出创新工程。

第六章 回避、保密和注意事项

第三十条 作为被考评对象的研究所和科研团队中与绩效考评工作直接相关者不得作为评估专家，评估专家必须严格遵守绩效考评有关程序和规范，实事求是、客观公正、保守秘密。

第三十一条 本细则自印发之日起实施，由创新办负责解释。

中国农业科学院关于科技创新工程第 3 批试点研究所及科研团队组建的批复

农科院办〔2014〕346 号

院属有关单位：

按照我院科技创新工程试点工作的总体部署，将分期分批遴选组织研究所进入试点。在严格的遴选评审工作基础上，第 3 批试点研究所（附件 1）及其科研团队（附件 2），以及第 1、2 批试点研究所新增科研团队（附件 3），已经院常务会议审定并公示，现予批复。

各试点研究所要按照本所试点工作方案全面推进试点工作，加强对科研团队的管理。一是根据创新工程的相关要求，组织、管理好科研团队，按照各科研团队设定的科研创新任务和目标，切实推动科研工作全面开展。二是与科研团队首席专家签订聘用合同，聘期一般为 5 年；其中，超龄首席专家聘期为 3 年，其科研团队必须设首席助理，并制定首席培养计划。三是第 3 批试点研究所实施创新工程的起始时间为 2015 年 1 月。

附件：1. 中国农业科学院科技创新工程第 3 批试点研究所名单

2. 中国农业科学院科技创新工程第 3 批试点研究所科研团队组建情况表（略）

3. 中国农业科学院科技创新工程第 1、2 批试点研究所新增科研团队组建情况表（略）

中国农业科学院

2014 年 11 月 13 日

附件1

中国农业科学院科技创新工程第3批试点研究所名单

1. 蜜蜂研究所
2. 农业经济与发展研究所
3. 农业信息研究所
4. 农业部食物与营养发展研究所
5. 农田灌溉研究所
6. 麻类研究所
7. 果树研究所
8. 郑州果树研究所
9. 草原研究所
10. 沼气科学研究所

注：排名按电话簿顺序

聚焦科学问题　推动协同创新

——李家洋在院七届四次学术委员会会议上的讲话

（2014年3月28日）

各位委员、同志们：

上午好！在这春意盎然、生机勃勃的美好时节，我们召开中国农业科学院第七届学术委员会第四次会议。首先我代表中国农业科学院对各位委员长期以来对中国农科院的大力支持表示衷心的感谢，对各位委员的到来表示热烈的欢迎！

2013年是我院发展历史上非常重要的一年，经过全院上下的共同努力，我院创新工程正式列入国家三大创新工程，并顺利启动实施。一年来，我们按照去年各位委员提出的设想和建议，认真推动工作，各项事业全面发展，在建设世界一流科研院所的征程中迈出有力一步。今天，我们在这里召开会议，主要任务是借助各位专家委员的智慧，共同分析中国农业科学院科技工作面临的新形势、新任务，集思广益，探讨农业科技创新方向和战略重点，整体提升科技自主创新能力，为推动现代农业发展提供支撑和服务。

下面，我主要讲3个方面的问题，请委员们讨论并提出建议。

一、锐意进取、扎实工作，2013年我院各项工作稳步推进

2013年是我院发展历史上非常重要的一年。在上级部门关心、支持下，经过各界的共同努力，中国农业科学院科技创新工程正式列入国家三大创新工程，并启动实施。过去的一年，院学术委员会及各位委员积极发挥咨询、参谋、评议作用，不断创新工作机制，认真履行职责，紧紧围绕学科建设和科技创新，积极开展农业重大问题调研，不断加强农业科技合作与学术交流，为我院一流院所建设建言献策，付出了辛勤劳动，促进了科技创新和学科发展，繁荣了学术文化，取得了很好的成效。

（一）组织开展了现代农业科技发展战略研究等工作，积极发挥咨询参谋作用

为发挥我院学术委员会的高级“智囊团”作用，学术委员会组织相关领域的院士、专家，围绕国家现代农业发展、农业重大科技项目等，适时向中央领导及有关部门提交

了“粮食与食物可持续发展战略研究”、“主要农作物种业工程”、“盐碱旱地规模化智能植棉技术研发”、“现代农业发展与农业科技革命”等建议报告，大多数得到领导的批示和有关部门的采纳，为国家在农业重大工程实施决策、重大战略布局等发挥了积极的作用。

（二）认真评议了学科建设研究与学科评价评议方案，为完善院学科体系建设提供智力支持

组织开展了对我院《学科科研工作方案》《学科平台建设方案》和《学科评价方案》的评议，委员们结合各学科领域和科技发展方向等提出了许多建设性的意见和建议，为进一步完善我院三级学科体系提供了智力支持。组织相关委员对都市农业研究所和农业基因组研究所2个新建研究所的学科领域和研究方向，蜜蜂所、麻类所、烟草所和沼科所4个拟更名研究所的学科领域调整和研究方向设置进行了审议，系统优化了我院相关学科布局。经过征询意见和审议，组织开展了作物学科评价试点工作，探索建立了一套符合我院学科特点的评价指标体系，为全面开展学科评价工作和引导促进学科发展奠定了良好基础。

（三）组织凝练重大命题和科研选题，为推进院科技创新工程顺利实施提供决策参考

围绕院科技创新工程整体部署，组织相关专家，对重大命题实施方案、重大命题管理办法和绩效评价管理办法框架进行了审议，并围绕农业发展重大瓶颈、引领发展的方向目标，组织凝练了农业重大科技命题和科研选题，借助2014年度院基本科研业务费项目，“择需、择重、择优”启动了“C3植物的C4合成途径研究与高光效育种”和“农业生物资源深度开发与基因型重建”2个跨研究所、跨学科领域的战略性、长周期、大协作的研究选题，并实施马铃薯主粮化项目，探索重大命题实施机制，为积极推进院科技创新工程深入实施提供了决策参考。

（四）积极开展院奖、省部奖、国家奖的评审咨询工作，为促进我院重大成果产出贡献力量

2013年，委员们本着“科学、公正、公平、公开”的原则，以求真务实的精神，认真评审，共评审出一等奖7项、二等奖13项，充分肯定了我院科研人员的辛勤劳动成果，使广大科研人员倍受鼓舞，也为加快我院重大成果组装和集成，进一步申报国家级重大成果奠定了基础。在国家奖和省部级奖的申报组织环节，积极开展评审咨询工作，帮助凝练创新点，提升报奖材料水平，为我院重大科研成果取得新突破发挥了重要

作用。2013 年，我院共获得各类科技成果 218 项，以第一完成单位获国家奖 6 项、省部级奖 63 项，实现新世纪国家科技奖励制度改革以来三大奖项全覆盖。

（五）积极组织科技合作与交流活动，进一步提高了我院的学术地位和影响

过去的一年里，全院组织开展了丰富多彩的学术活动，共主办和承办国际性、全国性、专业性学术会议及各类学术交流达 200 余场次，特别是成功举办了第四届国际农业科学院院长高层研讨会、金砖国家农业科学院院长会议等高级别的会议，深化了与国外著名科研机构的合作。同时，我院属各单位积极组织学术交流和学术研讨会，邀请国际、国内知名学术专家开展专题讲座和咨询活动。深化与地方和企业的实质性合作，与黑龙江省农业科学院共建现代农业科技示范基地，与中粮集团、联想集团等世界 500 强企业开展了富有成效的科技合作。通过院所两级学术委员会的共同努力，为科技创新创造了浓厚的学术氛围，进一步提高了我院的学术水平。

（六）积极发挥职能，推动各项工作的顺利开展并取得显著成效

在学术委员会全体委员和全院科技工作者的共同努力下，我院紧紧围绕国家重大需求，积极实施学科、项目、团队、平台、机制一体化战略，着力加强科技自主创新，推动了各项科技工作的繁荣和发展。一是基础研究和应用基础研究取得历史突破。科研立项方面，新增主持项目 1 621项、合同经费 16. 2 亿元，科研立项和经费规模再上新台阶；黄瓜、小麦和谷子基因组解析，H7N9 流感病毒跨种传播机制等研究取得重大科研进展，进入世界领先行列。全年共发表学术论文 4 500多篇，在 *Nature*、*Science* 等顶尖核心期刊发表 16 篇，比上年翻了一番。二是重大共性关键技术创新取得重大进展。研发建立水稻等作物规模化转基因技术体系、转基因抗虫和耐除草剂作物环境安全评价技术的新技术体系；克隆获得 6 个具有重要育种利用价值的抗虫、抗除草剂和耐旱新基因；玉米高产理论与技术研究及高产创建再创全国高产纪录；创制了高效防控水稻纹枯病、稻曲病的微生物制剂和转植酸酶基因玉米、抗虫玉米、抗黄花叶病小麦等重大产品。获得专利共 737 项，审定新品种 75 项，新兽药、农药、肥料登记证 10 项，软件著作权 171 项。三是构建了新型成果转化体系。全年共推广农作物及畜禽新品种 190 个、新技术 228 项、新产品 93 个，推广作物总面积 5. 28 亿亩、畜禽 1. 8 亿头（只）；组织开展水稻、玉米、小麦、大豆等 6 大作物增产增效综合技术的示范推广与协作攻关，初步形成了一系列集成配套的农业生产综合技术体系。四是人才和创新团队建设取得重要进展。首次向海内外公开招聘研究所所长；启动实施“青年英才计划”，选定 37 名候选人；12 人次入选国家创新人才推进计划和百千万人才工程国家级人选。2 个集体获“全国农业先进集体”称号，5 人获“全国农业先进个人”称号。五是支撑科研的条件

平台再添生力军。通州院区正式启动实施；国家农业图书馆、国家生物安全科学中心投入使用；农业部重点实验室启动建设了8个学科群，其中6个学科群由我院负责牵头；新获批7个部级农产品质量安全风险评估实验室，国家、农业部重点实验室等科技平台运行管理能力和共享水平不断提升；各研究所试验基地设施和条件明显改善，服务科研能力显著提高。

总之，通过努力，我院一流现代院所建设迈出坚实的一步。这些成绩的取得，离不开各位委员的大力支持和帮助，在此，我代表院学术委员会向各位委员、特别是院外委员表示衷心的感谢！

二、把握形势、明确责任，积极构建以重大命题为先导的高效协同创新机制

目前，我国进入“十二五”中后期，世情、国情、农情已发生深刻变化，依靠科技进步促进现代农业发展、建设创新型国家成为农业科技肩负的历史重任，新形势赋予我们崇高的责任和使命，农业科技发展面临的形势变化和机遇对创新学术委员会工作提出了亟待破解的新课题。

（一）充分认识农业科技发展的新形势

进入21世纪以来，在广大科技人员的努力下，我国取得了超级稻、矮败小麦、高产玉米、转基因抗虫棉、“双低”油菜、马传贫弱毒疫苗、禽流感和口蹄疫基因工程疫苗等一批重大农业科技成果，实现了我国主要农作物良种覆盖率达96%以上，农业耕种收综合机械化水平达到57%以上，农业科技贡献率达到55.2%的重大跨越。2013年，我国农业再获丰收，粮食生产实现新中国成立以来首次“十连增”，农民收入也实现“十连快”。农业科技创新能力的不断增强，为我国粮食总产突破6亿吨大关提供了坚实的科技保障，科技创新已成为推动现代农业发展的主要力量。

当前，农业科技发展的政策环境越来越好，农业科技发展面临着难得的发展机遇。第一，农业科技发展面临良好的宏观政策环境。党的十八大、十八届三中全会对农业、农业科技工作提出新的要求，强调要把农业科技放在整个科技工作的优先位置。2013年年底召开的中央经济工作会议、中央农村工作会议、2014年中共中央一号文件和刚刚闭幕的全国“两会”均将切实保障国家粮食安全列为2014年工作的首要任务，并将科技支撑上升到国家粮食安全战略的高度。习近平总书记特别强调指出，农业的出路在现代化，农业现代化关键在科技进步。保障国家粮食安全，最终也要靠科技。要加快农业科技进步，为农业发展插上科技的翅膀。这些阐述体现出党中央、国务院对发展农业科技、依靠科技进步解决“三农”问题，确保国家粮食安全的信心和决心。第二，农业科技发展的原动力和空间进一步拓展。分子生物学等基础学科理论不断丰富和发展，

为农业科技发展提供了新的理论和方法。生物组学技术、干细胞技术、转基因技术、数字农业技术等正在孕育新的革命性突破。农业与其他产业的关联更加紧密，生物经济、低碳经济、循环经济等新型经济不断发展，生物制造、生物能源、生物医药等新兴产业不断涌现，进一步拓宽了农业科技发展的领域。第三，科技创新工程的启动实施为加快我国农业科技创新步伐注入新的动力。2013 年，我院创新工程先后两批遴选了 22 个研究所、193 个科研团队进入试点，开展了一系列体制机制创新工作，对中国农科院科研的引领作用和改革的撬动作用十分明显，激发了创新活力，产生了一批对中国农业科学院、对中国乃至世界农业科技发展有重大影响的成果和人才，在我国农业科研体制机制创新方面发挥了先行先试的排头兵作用。

但是，我们也要看到，我国农业科技创新的整体实力与发达国家相比还有很大差距，创新驱动中国特色现代农业发展的动力依然十分乏力。一是我国农作物种质资源保存总量虽然达到43 万份、位居全球第二，但真正挖掘、拥有自主知识产权的功能基因很少，没有从资源大国形成为基因强国；二是我国主要粮食作物实现了新品种 5 ~6 次的更新换代和普及，但主要畜禽品种和高档蔬菜、果树等品种依然主要依赖进口；三是农业信息技术、新材料技术、农产品加工技术、农业机械化技术与装备等依然落后于发达国家 10 ~20 年，农药等农业投入品对外依赖度高。同时，国际跨国大公司已在生物技术的一些重要领域，如生物育种、转基因新品种开发、生物制药等占据了领先地位，并逐步加大对农业渗透，对我国农业产业构成了威胁。在当前国际经济竞争和科技挑战十分严峻、压力十分巨大的形势下，我们必须把握世界新科技革命带来的历史机遇，以只争朝夕的精神、打破常规的措施，加快农业科技创新步伐，大力提高农业科技整体创新实力，支撑和引领我国现代农业的发展。

（二）进一步明确中国农业科技工作的使命与责任

新时期新阶段，在我国农业由传统农业向现代农业加快转型和升级的关键时期，机遇前所未有，挑战依然严峻。高位护盘、高点爬坡，犹如逆水行舟，不进则退。我们要全面建成小康社会，实现中国梦，眼前最为迫切的任务就是要坚决贯彻和实施创新驱动发展战略，全面深化农业科技体制改革，优化农业科技资源配置，大幅度提高农业科技资源的利用效率，切实提升我国农业科技创新的整体实力，用科技进步解决资源约束，全面支撑和引领现代农业的发展，这应该是中国农业、中国农业科技，甚至是我们所有农科人的梦想和历史使命。

肩负着我国农业科技发展实现跨越的重任，每一位农业科技工作者要根据现代农业发展的总体要求，进一步理清思路，充分发挥自己的聪明才智，探索用改革的思维和方法，将国家的要求和期待转变为现实的工作举措和创新的成果。作为我院重要的学术咨询机构，学术委员会要以创新工程为抓手和依托，大胆探索，科学论证，统筹谋划，稳步推进，在充分发挥人才、项目、平台、资金等科研资源的效能上下功夫，有效促成各方面要素协同推进、形成合力，切实增强我国农业科技创新能力，为发展现代农业、保障国家粮食安全提供强有力的科技支撑。

这就要求我们，围绕保障粮食等主要农产品有效供给，促进农民持续增收和实现农业可持续发展的重大战略任务，必须提高种子科技创新能力，培育高产、优质、多抗、专用的突破性新品种，实行良种良法配套，不断提高单产水平；必须提高重大动物疫情疫病和植物病虫害防控科技创新能力，为动植物产品的数量和质量安全提供保障；必须提高农业物质装备科技创新能力，加强农机农艺融合技术研发，提升防灾减灾技术水平；必须提高农产品贮藏加工科技创新能力，提高农产品附加值，加速推进农业产业化；必须提高农业资源环境科技创新能力，研究开发精准平衡施肥技术、保护性耕作技术、节水节能技术、养殖业清洁生产技术、废弃物资源化利用技术等。

中国农业发展的机遇与挑战并存，农业科技的使命光荣但责任重大。我们一定要认清形势、把握机遇，正视挑战、争取主动，积极探索农业科研新体制和管理新机制，凝聚大团队，构筑大平台，培育大成果，承担起发展我国农业科学技术的历史重任，致力于攻克新阶段农业发展的科学难关和技术瓶颈，引领全国农业科技创新。

（三）着力抓好提升创新水平的重点任务

在科技创新工程的启动实施过程中，我院根据当前农业和农业科技发展的基本态势及今后一段时期学科建设与发展的基本方向，完善了以学科建设为指导、以团队创新任务为基础、以重大命题为导向、以机制创新为突破口的创新工程实施思路。当前，在科技创新工程实施的关键环节，要充分发挥学术委员会作用切实提升农业科技创新水平，需要重点把握以下 3 点。

持续加强宏观战略研究，引导做好全国农业学科的顶层设计与布局。未来农业的竞争主要是科技的竞争，而科技竞争的关键在于做好战略布局和顶层设计。我们要围绕国家粮食安全、食物安全与农业可持续发展的前瞻性、全局性、综合性和战略性问题组织开展系统研究，提出现代农业和农业科技发展的大战略、大思路、大举措，为国家战略布局和科学决策提供依据和政策建议，真正发挥国家思想库的作用。要跟踪学科发展前沿和国家重大需求，综合考虑产业发展瓶颈和区域创新不足等问题，站在国家高度，做好全国农业学科发展规划与优化布局，整合形成全国优势学科力量，深入推进区域学科共建，开展学科平台、项目合作、人才培养与交流等合作，提升区域创新能力，服务现代农业科技进步和产业发展。

组织凝练重大科学问题，突出解决现代农业及区域农业发展中的基础性、战略性、系统性技术难题。现代农业的发展取决于科技创新与进步水平，克服长期制约我国农业发展的重大瓶颈问题，培育引领现代农业发展的新的生长点，是我们农业科技创新的主要目标和任务。我们要围绕现代生物种业、农业生物合成、生物安全与重大疫病防控、农业资源高效利用、农田生态系统重构等前沿科学问题和重大技术难题，以及区域农业发展需求，组织和凝练一批农业重大基础性、战略性、关键性重大科技命题，突破一批重大基础理论和科学问题，着力培育一批重大学术型和实用型成果，大幅提升我国农业科技原始创新能力和国际竞争力，凸显农业科研国家队的引领作用，引领和支撑现代农业健康快速发展，为实施国家粮食安全战略和确保重要农产品有效供给提供科技支撑，推动我国农业科技创新整体实力进入世界先进行列。

积极创新体制机制，整体提升农业科技协同创新水平。随着科学与技术一体化、科技与经济一体化步伐的加快，农业科技工作呈现出大型化、复杂性等特点。要实现农业科技跨越式发展，必然要求改变过去“单兵作战”的方式，大力推进“集团军大协同作战”的科技创新机制。我们要进一步深化农业科技体制改革，积极探索学科布局导向的学科团队建设机制和重大命题主导的科技创新工作机制，通过目标控制、知识共享和绩效评价等，构建农业科研大联合、大协作的新型科研组织管理模式，推动建立起一整套系统完备、科学规范、运行高效的现代农业科研院所制度体系，推动和加快创新步伐，提高创新效率，以实现建设世界一流科研院所和科技顶天立地、跨越发展的战略目标。

三、把握重点、发挥职责，推动 2014 年科技各项工作迈上新台阶

2014 年学术委员会的工作，必须紧紧围绕我院科技创新工程的总体部署和安排，把智慧和力量凝聚到深化科技改革与实施创新驱动上来，继续发挥学术咨询、评议等作用，不断强化现代院所学科建设，大幅提升科技自主创新能力，开创科技创新工程实施工作新局面，推动我院农业科技事业迈上新台阶。我认为，学术委员会要重点做好以下 5 方面工作。

（一）积极开展农业科技发展战略研究，强化发挥“策源地”、“参谋部”和“生力军”作用

组建院科技发展战略研究团队，开展农业与农村经济发展、“十三五”农业科技发展战略研究，形成重大科技选题、科技与政策建议、科技发展战略报告，强化和发挥“策源地”、“参谋部”和“生力军”的作用；围绕学科发展、产业需求和国家农业生态环境变化，策划设计一批满足国家需求、符合我院学科发展方向的重大选题。发挥学术委员会在学术把关、战略咨询、选题凝练等方面的作用，组织策划农业科技高层论坛等重大学术活动，争取在“973”、国家科技重大专项，国家自然科学基金等重大项目中获得立项，提高我院重大性、关键性科研的能力水平。

（二）积极发挥咨询作用，推动学科布局完善和重大科技命题凝练工作

今年将根据现代院所建设和学科发展要求，调整优化全院学科体系、学科力量和区域布局，推动我院学科快速发展。在新型学科布局中，跟踪学科发展前沿和国家重大需求，对现有学科进行优化调整，进一步完善院学科体系；根据学科布局合并、增加或撤销相关研究所，优化整合全院学科力量；分区域设立研究分院，深入推进区域学科共建，开展学科平台、项目合作、人才培养与交流等合作，提升协同创新能力。学术委员会要充分履行职能，在学科布局设计与完善、学科建设与评价等方面发挥咨询作用。

本次会议，重点请各位委员站在世界科技前沿、立足农业产业发展需求，研究讨论和提出未来5~10年农业领域亟待突破的重大科技命题。在此基础上，院学术委员会和院科技局还将进一步就提出的重大命题进行深层次研究，及时向国家有关部委提出命题建议，以进一步为国家“十三五”科技发展规划提供重要决策参考。

（三）积极发挥评议作用，推动产出重大农业科技成果

要探索建立以绩效评价为导向的科研组织实施方式，促进科研组织机制创新。实施重点学科团队绩效评价试点工作，建立优化学科上中下游不同性质研究的绩效评价指标，强化评价的科学性和公平性。在评价基础上，统筹配置现有科技资源，探索构建增强科研创新效率的资源配置机制。实施“科研成果培育专项”，重点支持集成、熟化转化及宣传，提高获奖率和获奖等级，构建激励重大成果产出的引导机制。同时，发挥专家评议作用，积极参与院奖、省部级奖和国家奖成果的咨询、评审等工作。今天下午，院里还要组织开展2014年度院科技成果奖的评审工作，具体评审说明，一会儿学术委员会秘书长、科技局局长梅旭荣同志还要专门详细说明，请各位委员本着公平、公正、负责的精神参加评审。

（四）组织开展学术交流，推动我院协同创新能力提升

要发挥委员来自国内各单位的优势，围绕科研选题，推动我院相关研究所及其他具有优势与特色、可与我院形成技术互补的院校的科研力量，建立“集团军式作战”的协同创新团队，通过联合攻关，取得重大突破性成果，形成学科集群优势，建立符合农业科技发展规律的科研协同创新机制。要积极利用学会、协会等平台，组织召开国际性、全国性以及区域性、专业性学术会议等学术活动，共商农业科技发展大事，促进学术交流，推动科技合作和学科共建。

（五）创新工作机制，切实提高学术委员会工作水平

积极探索学术委员会工作机制创新，在重要发展规划制订、重大科研布局调整、重要科技资源配置、重大科研项目论证和验收等方面，充分发挥院学术委员会决策咨询和评议功能，推进决策科学化、民主化。鼓励各学部大胆实践、积极探索和创新工作思路，形成符合各学科特点的工作机制，充分发挥学部的学术指导、学术评议、学术咨询，以及在实施跨所跨学科重大课题研究和重大学术活动中的组织协调功能。建立健全学术委员会委员的工作激励与约束机制，健全工作机构，落实工作经费，加强对学部委员的推介工作，以提高委员在国内外学术界的知名度和社会影响。进一步完善院学术委员会章程，明确委员职责，对未能履职的委员实行退出机制，推动院、所学术委员会切实发挥决策参谋和咨询评议作用。

各位委员、同志们，今年是落实党的十八届三中全会精神、全面深化改革的起步之年，也是全面完成“十二五”农业科技规划的关键之年，更是我院“科技创新工程”深化实施之年。学术委员会作为我院学术咨询、参谋、评议机构，要以高度的责任感和求真务实的作风，认真履责，扎实工作，让我们扬起改革的风帆，为“三农”发展插上科技的翅膀，为现代农业发展和一流院所建设做出新的贡献。

谢谢大家！

陈萌山在国家农业科技创新联盟建设工作座谈会上的发言

（2014 年 11 月 28 日）

刘艳、礼胜两位司长，各位厅局长、院长，同志们：

大家下午好！

首先，我代表李家洋院长，欢迎各位今天来到中国农业科学院，参加农业部科教司①组织的国家农业科技创新联盟建设工作座谈会。刚才刘司长讲到，部里召开这次会议，目的是对当前部里正在推动的国家农业科技创新联盟建设工作进行一个通报，并就国家农业科技创新联盟建设方案、运行管理机制等事项进行研讨。根据会议安排，我下面重点就联盟建设的相关背景及有关领导批示精神、联盟建设重要性及需求等做一个说明，并就我院下一步推进联盟建设工作提出一些思路和措施建议，供司里和各位领导参考。

一、关于联盟建设的相关背景及领导批示

今年 6 月份，韩长赋部长考察了以色列农业科研体系及其运行机制，回国后提出了在农科院系统建设科技创新联盟的构想，特别是在中国科学院提出“率先行动计划”后，为了贯彻落实习近平总书记和中央领导同志的有关批示精神，韩部长也做出指示，强调“农科院系统也应认真贯彻批示精神，要组织实施好中国农业科学院科技创新工程，尤其要建立农科院系统的创新联盟，以真正实现顶天立地”。随后，韩部长指示由张桃林副部长和李家洋副部长共同负责，推进相关工作。根据两位部长的指示，我本人具体牵头，成立了由部科教司和农科院领导、专家组成的研究组和讨论组，带领多名专家系统研究和分析了我国农业科研体系的发展状况、典型国家及国际组织科技管理机制，又先后深入全国 21 个省级农科院进行实地调研。研究组和讨论组多次召开会议，细化研究方案、讨论研究进展、深化研究内容。经过 1 个多月紧张而高效的工作，形成了农业科技高效协同创新的专题调研报告。

7 月 8 日，部党组召开中心组学习会，我重点就创新联盟建设的构想做了一个发言。韩部长听后指出：“每年全国农业厅局长会议进行分组讨论，我一般都选择农科院

① 中华人民共和国农业部科技教育司，全书简称农业部科教司或部科教司

院长这个组听取意见，发现大家在发言中各有想法、各有韬略，有面向全国，也有面向世界，开展重大项目攻关，理想、抱负很好，但是绝大多数是徒有虚名，怎么办？建立创新联盟是一件大事，萌山同志讲的‘国家需求导向、项目任务引领、科技资源共享、机制创新推动’四句话，关键是后面两句。现在全国农业科研队伍十万大军，两万精锐部队，怎么整合？我们的数量、我们的机构在世界上算不少，但研究差别不大，核心的改革没有活力。如何通过改革，把全国的农业科学院建立联盟，我关心的是以下几个问题：一是科技如何立项，如何管理，相应的机制如何确定；二是科技资源、装备如何整合，特别是大量的科研投入如何发挥作用；三是科研成果如何转化。农科院和桃林同志要研究科技创新机制问题，先从农科院系统开始，研究建立农业科技创新联盟。今年的农业厅局长会议上就签联盟。今后重大课题重点支持联盟，部里科研经费，包括计划司、财务司相关科技经费都要集中使用，不是联盟的不安排。”

8 月 22 日，我们向桃林副部长专题汇报研究进展和联盟建设方案。张部长就联盟管理机制、实施平台、实施载体、保障制度等提出具体要求，并强调联盟研究和建设方案设计要再提速。随后，研究组根据张部长指示精神，征求了有关领导和专家意见，对研究报告和建设方案进行了多次修改完善，形成了比较全面和清晰的联盟建设思路。

9 月 28 日，李家洋部长和我联名向韩部长、张部长报告了联盟建设研究工作进展，两位部长均对联盟建设工作作出重要批示。韩部长的批示是：“这件事本身就是一项创新，请农科院牵头加快推动，并带动农业科技体制改革。”张部长批示说：“此研究报告和建设方案比较完整，清晰可行，建议原则同意，抓住机遇，加快推进。”按照部长的批示精神，我院第一时间组织研究提出了加快联盟建设的工作计划，包括组建联盟组织管理机构、组织召开今天这次工作座谈会，以及在今年年底召开的全国农业工作会议期间举办联盟加盟签约仪式等。工作计划上报农业部后，张部长批示说：“联盟筹建及日常运行管理工作建议由农科院牵头，部科教司、财务司等积极配合，实行领导小组和联盟理事会制度。当前似应围绕贯彻落实《关于深化中央财政科技计划（专项、基金等）管理改革方案》，特别是在争取国家科技重大专项、国家重点研发计划等方面，发挥联盟的独特作用。”韩部长的批示是：“同意桃林意见，应抓紧推动筹建，发挥联盟作用。”李家洋副部长、院长也做出“加快推进、发挥联盟独特作用”的批示。

从部长们多次作出的重要批示中可以体会到，农业部高度重视联盟建设工作，并且一再要求提速、抓紧推动，让我们感到责任很重，必须要又好又快地完成联盟设计与筹建的事情。这次座谈会就是推进联盟建设的一次重要会议。会上要讨论的联盟建设方案以及一系列配套材料，前期以我院为主研究起草，后期吸纳了中国水产科学院、中国热带农业科学院和个别省农科院的专家研讨修改意见。今天会上，希望大家充分讨论，多提宝贵意见，共同把联盟设计好，为在全国农业工作会议上签约成立联盟奠定基础。

二、关于联盟建设的重要性和需求

通过研究我们认为，加快建立农业科技联盟十分必要和紧迫，也具有很强的可行性。

从必要性看：党的十八大明确提出实施创新驱动发展战略，强调科技创新是提高社会生产力和综合国力的战略支撑，必须摆在国家发展全局的核心位置。习近平总书记多次作出重要指示，要求加强科技创新统筹协调，克服体制机制障碍，加快建立健全各主体、各方面、各环节有机互动、协同高效的国家创新体系，特别是在视察山东省农业科学院时，强调要加快构建适应高产、优质、高效、生态、安全农业发展要求的技术体系，给农业插上科技的翅膀。尽管我国粮食生产已“十连增”，但在传统农业加快向现代农业转型升级的过程中，仍存在一系列长期制约性的问题，比如主要农产品需求刚性增长、生产成本居高不下、生态环境压力加剧、食品安全事件频发等。这些问题，依靠现有农业科研组织模式难以取得重大突破，必须通过改革，创新机制，激发活力，形成合力，才能发挥科技创新这一革命性力量的作用。

从紧迫性看：我国农业科研体系长期存在科研分工不明、任务交叉重复，科研投入总量不足、结构不合理、资金利用效率不高甚至不规范、基地平台共享不足，科研管理缺乏统筹协调机制，科研和生产“两张皮”等突出问题。迫切需要顶层设计、统筹谋划全国农业学科发展，实现农业科研力量的合理分工与密切协作，形成全国“一盘棋”的新局面，加快推动形成上中下游紧密衔接的农业科技创新转化新局面。此外，当前国家正在深入推进科技体制改革与事业单位单位分类改革，中央财政科技计划管理改革也已经拉开大幕，如何自身调整、顺势而为，在改革中赢得主动，这对我们农业科研系统提出了很大的挑战。建立农业科技创新联盟，既是形势所迫，更是主动顺应改革大势的战略举措。

从可行性来看：当前，建立农业科技联盟的条件已经具备。一是领导高度重视。党的十八大确立了创新驱动发展战略，农业科技的战略地位得到空前提升，农业部主要领导和分管领导都十分重视联盟建设工作。二是现有的“国家—省—地”三级农业科研体系比较完善，农业科研专业化队伍已经形成。三是从科研实践看，从20世纪60年代开始，我国组织开展了影响力农业科技联合攻关的重大任务，取得了杰出成绩，从中探索出一些协同创新成功模式，同时，农业部现代农业产业技术体系、中国农业科学院科技创新工程等，也为组建科技创新联盟提供了新的实践经验。四是典型国家和国际组织的做法提供了有益启示。如法国2009年将研究机构、大学和农业兽医教育机构整合，以色列实行由全国农业科技管理委员会统一管理的科研体制。五是我们在调研中感受到，农科院系统对联盟建设热切期盼，强烈要求建立联盟。同时，我们专门与财政部教科文司进行了沟通，他们认为建立农业科技创新联盟十分必要，愿意参与方案的研究讨论并从项目资金等方面给予大力支持。

总的来说，联盟建设是推动农业科技联合攻关、提升创新效率与水平的迫切需求，是以机制创新推动农业科技体制改革的重大举措。探索建立国家农业科技创新联盟，就是在不动现行体制的前提下，改革现行农业科研管理方式和运行机制，构建分工协作的“一盘棋”农业科研创新格局，组建覆盖上中下游的“一条链”科技创新组织模式，创建农业产业发展的“一体化”综合解决方案。联盟建成后，将成为创新任务明确、创新目标聚焦，优势团队集聚、资源优化配置，平台共享共用、开放联合攻关，管理机制创新、运行保障充分的农业科研“集团军”，在我国农业科技创新体系中发挥核心主体作用。通过加强协同创新与资源共享，推动提升农业科技创新效率，产出一批重大科技成果，为保障国家粮食安全和农业可持续发展提供更加有力的科技支撑。

三、关于下一步工作打算和安排

这次会议是请各位厅局长和院长就推进创新联盟建设工作提思路、想办法、提意见的会议，会后，我们仍然在部科教司领导下，积极配合司里推进相关工作。第一，要根据部领导指示精神，和此次座谈会上各位领导专家提出的意见，进一步修改联盟建设方案及相关材料，在农业部科教司的带领下，在大家的共同努力下，把联盟设计得更加完善，提出更加科学合理、更加具有操作性的联盟运行保障机制。第二，发挥中国农业科学院国家队优势和作用，通过各种渠道，推动农业科技创新联盟建设工作写入 2015 年中央一号文件，以获取政策支持，推进农业科技创新联盟建设，构建农业科研大联合、大协作局面。第三，与各省、市农科院兄弟单位一起，深入调研我国农业与农业科技发展的战略需求，经过梳理、凝练和整合，规划提出我国今后 10 ~ 15 年农业科技协同创新的若干重大任务，作为联盟运行的任务牵引。这件工作已经在开展，并且已经形成了一批重大任务建议，今后还要进一步广泛吸收意见，不断优化完善。第四，是联盟成立后，我院将积极发挥好国家队的牵头作用，按照联盟工作要求，组织制定 2 ~ 3 个重大科技任务试点工作方案，并推动试点工作，力争取得原始创新突破，带动行业科技进步，同时探索联盟组织实施重大科技任务的管理模式、运行机制和政策需求，在科技支撑区域农业可持续发展中发挥更大作用。

以上报告请各位领导、专家提出宝贵意见和建议。

谢谢大家！

凝聚共识、群策群力 大力加强我院科技发展战略研究工作

——中国农业科学院副院长吴孔明在院科技发展战略研究培训暨科技规划工作会上的讲话

（2014 年 12 月 18 日）

各位领导、各位代表，同志们：

大家上午好！今天，我们召开中国农业科学院科技发展战略研究培训暨科技规划工作会。这次会议的主要任务是，深入落实李家洋院长在今年 6 月召开的院科技管理工作会上的讲话精神，加强我院科技发展战略研究，培养战略研究人才，促进院科技发展战略与规划的制定工作，更好地发挥农业科研国家队的“决策智囊团”作用。

下面，我想针对为什么要加强我院的宏观战略研究工作，对全院战略研究工作的设想，以及如何做好科技发展战略研究与规划编制等工作，谈 3 点意见。

一、加强我院科技发展战略研究工作意义重大

宏观战略在指导和引领科技发展方面起着关键性。我院历来十分重视战略研究工作，建院 57 年来，开展了一系列重大农业及农业科技战略研究，涌现出一批批高水平的战略科学家，对国家战略决策与政策制定发挥了举足轻重的影响。当前，农业及农业科技发展面临着独特的历史背景与发展趋势，呈现出显著的时代特征，更加需要不断加强我院的科技发展战略研究工作。

（一）辨明宏观形势与需求，明确我院科技发展方向与发展路径，迫切需要加强科技战略研究

在经济全球化的大背景下，各国农业资源利用优化和农产品贸易显著加强，对我国农业提升国际竞争力提出了更高要求；从世界范围来看，以生物技术、信息技术和先进制造技术为标志的新一轮农业科技革命正在兴起，科技正在成为推动农业发展的强大动力，也是我国发展现代农业的根本出路；当前我国进入全面深化改革时期，宏观经济运行面临很多不确定因素，制约农业发展的新旧矛盾相互交织，新情况、新问题不断凸显，要确保我国粮食安全、食品安全、生态安全和农民持续增收，农业科技工作面临的

形势更加复杂、挑战更加严峻。当前，我院确立了“建设世界一流科研院所”的战略目标，进入了跨越发展的新阶段。在重大机遇与重大挑战并存的发展关键期，前进速度很重要，但前进方向可能更加重要。有句话讲：“不谋万世者不足谋一时”，我们必须准确地把握国际国内的宏观形势，准确认识我国农业农村经济社会发展面临的各种结构性、深层次的矛盾和问题，准确认识和把握农业科技发展中的主要矛盾和基本规律，针对现代农业发展的前瞻性、全局性、综合性问题，把战略需求研究清楚，再与我们自身的优势与特色相结合，才能明确今后一个时期的重点方向与重点任务，才能规划出跨越发展的具体路径。

（二）发挥农业决策智囊团的作用，对国家和有关部门决策产生权威性影响，迫切需要加强科技战略研究

“十一五”以来，国家加大了对农业科技的投入力度，我院科技人员承担了大量的各级各类科研任务，投身到了农业科技创新与产业服务的主战场，科技创新水平与产业支撑能力取得了长足进步。然而，整体来看，我院的科技战略研究工作却没有得到相应的提升，坦率地讲，在国家决策咨询、重大政策建议等方面没有发挥好应有的作用，既逊色于20世纪我院老一辈专家的战略影响力，距离我院创新工程三大目标之一的“决策智囊团”的定位也有较大差距。因此，院里决定将加强宏观战略研究作为今后一个时期的重点工作，下决心要切实抓紧抓好。要围绕国家农业和农业科技发展的重大战略问题和热点问题，开展前瞻性、综合性学术研究，及时提出应对策略和发展途径，提出出台或调整完善相关政策的措施建议，提高我院在重大政策建议、重大战略咨询上的话语权、影响力和权威性。通过一个时期的持续工作，努力使我院发展成为国家倚重的农业科技智库，在支撑决策方面发挥应有作用。

（三）加强科技战略研究，有助于培养一支战略研究队伍，提升我院科技人员的战略眼光与科学思维能力

要做好战略研究，最重要的是要有人，要有一支人员相对固定、高素质、高水平的战略研究队伍。近年来，我院科技人才和团队建设不断取得积极成效，但始终没有组建起一支战略研究的专家队伍，没有建立起科技战略人才的培养机制，在国内有影响力的战略科学家十分稀缺。在分析人才成长规律时不难发现，战略思维能力在很大程度上决定了一个人才的事业高度，杰出的科学家或管理科学家，通常都是具备战略眼光，拥有出众的政策水平、判断力、预见力和决策力的人。开展战略研究非常有助于丰富知识、拓展视野，提升把握政策和科学思维的能力。大家知道，中国科学院前几年全院上下持续深入地开展了战略研究工作，明确了“创新 2020”发展战略，实施了“一三五”规划，编制了各个领域到2050年的技术发展路线图。李家洋院长曾经说过，正是这几年

的战略研究工作，使一批中青年人才显著提升了战略思维能力，从普通的科研人员成长为战略科学家，走上了领导岗位。从促进人才培养的角度来看，我院必须大力加强战略研究工作，使更多的科研人员能够得到锻炼和提升，能够脱颖而出，在院、所发展的科学决策中发挥更大作用。

二、对我院科技发展战略研究工作的总体设想

今年10月召开的院常务会上，专门审议了我院科技发展战略研究工作方案，明确了工作思路、工作目标、重点内容与推进措施。即将到来的2015年，是两个五年计划间承前启后的一年，也是开展战略研究与发展规划编制的关键年。我们要以此为契机，组建一支战略研究队伍，建立常态化工作机制，规划好我院今后的科技发展战略与发展路径，同时要为国家政策建议与决策参考发挥更大作用。我认为，应从以下几个方面谋划和组织好我院的战略研究工作。

（一）建立常态化、持续性的战略研究工作机制

科技发展战略研究不是一蹴而就的事情，需要长期积累，持续开展，不断深入。无论是世界农业与农业科技的进展趋势，还是我国现代农业及其科技需求的发展演变，都必须通过长期跟踪研究，才能深刻地理解和把握。要实现我院科技发展战略研究的常态化、持续化，最关键的是要建立起有效的工作机制，使战略研究工作得到有力支撑，使我们的工作专家组能够高效地发挥作用。院里的设想是，一要针对我院的学科集群、学科领域，持续开展学科评价和发展战略研究，对学科发展现状、发展态势、发展规律等进行系统研究和跟踪评价，提出发展战略对策与建议；二要设立战略研究专项，持续跟踪世界农业科技发展趋势和重要进展，结合国家和行业战略需求，重点开展科技发展预测研究、科研创新模式研究、宏观政策与支撑环境研究等，提出重大政策建议；三要建立我院发展战略研讨会制度，每年就国家及我院科技发展中的重大问题进行研讨，创建我院及各研究所发展的思想交流平台，为院所发展提供思想保证，为国家有关部门提供决策支持。

（二）建立一支高水平的战略研究队伍，成为国家农业科技智库

今年年初，各研究所推荐了一批战略专家候选人，科技局结合我院重点学科方向，以学科领域带头人和中青年业务骨干为主，遴选形成了170余人的工作专家组队伍，共分为13个专题组，其中包括12个学科专题组以及科技管理组，目的就是要充分调动全院专家力量，广泛集中各方智慧，为开展好全院战略研究提供队伍保障。这是一个务实的工作组，各所推荐的一把手所长或学科领域知名专家并没有进入这个组，而是另外成

立了一个综合专家组，负责咨询评议工作。今天召开这个会议，就标志着我院战略研究的工作专家队伍正式建立起来了。可以说，这支队伍是精干的、很有发展潜力的，是加强我院战略研究的核心力量，院里对你们寄予厚望。队伍组建起来后，要建立多层次、经常化的交流研讨机制，加强培训与学习，使大家熟练掌握战略研究工作的方法、技能与要求；更重要的是，要通过承担我院战略研究与规划编制工作，以及推荐各位专家参加国家相关部委的战略研究工作，在实践中快速拓展视野、提升能力，并以你们为引领，使全院的科技发展战略研究工作迈上一个新台阶，最终建成国家农业科技智库。

（三）持续产出高质量的战略研究成果，打造知名品牌

战略研究工作的成果必须通过适当形式体现出来，这对于发挥影响力、提升显示度至关重要。我院的科技发展战略研究工作必须坚持以重大产出为导向，这里讲的产出，可以是战略研究报告、技术发展报告、政策建议，也可以是发展规划、技术路线图、重大项目建议，等等。涉及国家政策和决策的，应当建立有效的渠道，将我们的研究成果呈送给上级部门和有关领导，推动转化为更高层面的规划或政策，体现我院的决策支持作用。在这方面，院里的设想是：一要打造集中反映我院战略研究成果的刊物载体，分专题刊登咨询报告、月度快报、科技内参、年度报告等重大研究成果，不定期向国家、中央、部委和有关领导汇报；二要与国内有关单位联合举办农业科技发展高层论坛，围绕中国特色农业现代化建设、农业科技创新等重大问题，提出政策建议，打造知名品牌。通过这些措施，有效提升我院战略研究在国家层面的话语权和影响力。

（四）在充分战略研究的基础上制定全院科技发展路径

新一届院党组提出，通过实施跨越发展战略和科技创新工程，到 2020 年基本建成、到 2025 年全面建成世界一流农业科研院所。如何才能实现跨越发展？在哪些领域重点跨越？怎样评价发展目标的实现程度？这些基本的、核心的问题，不经过深入的战略研究，不可能给出明确的答案。“十三五”是我国农业科技整体实力快速提升的机遇期，也是我院加速建设世界一流科研院所的关键时期，谋划好今后 5 年的发展目标、战略重点与路径选择，编制出高质量的科技发展规划，是一件纲举目张的重要工作。此外，在研究我院未来科技发展的战略重点时，我们感到有一些问题必须以更加长远的眼光来考虑。要着眼于应对中长期的国家战略需求和国际竞争挑战，有必要前瞻性地谋划我院未来 10 ~ 15 年的科技发展，因此院里提出，要开展“跨越 2030”农业科技发展战略研究。通过这项谋长远的工作，进行我国农业与农业科技中长期发展预测，研究农业科技创新的重点方向与路径，谋划我院到 2030 年的发展战略与学科布局，为我院今后持续发展描绘蓝图，为全院各项工作的开展提供指引，这对于支撑现代一流院所建设、实现顶天立地跨越发展意义重大。

三、如何做好我院科技发展战略研究与规划工作

开展科技发展战略研究工作不是一件容易的事情。做科研水平高，不意味着自然就能做好战略研究工作。除了要深入调研、系统思考、付出艰苦努力之外，还常常需要超脱一己私利，因此还需要一些“牺牲精神”。我想，要做好这件工作，可能需要大家在以下几个方面下功夫。

（一）站位要高、视野要广，努力提升战略思维水平

战略是对全局性、长远性重大问题的谋划和决策。院科技发展战略研究涉及的不只是我院，还涉及国家农业及农业科技的发展战略；我们要规划的不仅是“十三五”，还包括2030年这一个中长期阶段。这就要求我们要提升站位，把目光投向更远处，范围要看得更宽一些，时间要看得更长一些，尽量避免局限于自己所熟悉的学科分支，也要避免仅立足当前来就事论事。当然，要做到这样是很不容易的。我想，大家必须首先开阔自己的视野：要熟悉和理解现阶段国家的改革大势，从大的科技体制改革、事业单位分类改革，到中央财政科技计划改革；要整体把握国内外现代农业和农业科技的发展趋势；还要熟悉和理解国家创新驱动战略、国家中长期科技发展规划纲要等对于农业和农业科技的有关部署。同时，还要努力提升科学思维能力，学会运用建立在事实和逻辑基础上的理性的思维方式，超越对事物经验的、表象的把握和理解，形成普遍性的、本质的、规律性的把握和理解。

（二）基础要实、调研要透，力求有理有据、科学严谨

调查研究是做好战略规划必不可少的基础。各位专家都是优秀的科研人员，都理解开展科研工作所需要的科学严谨精神。战略研究工作需要和做科研同样的科学严谨精神，甚至对这方面的要求更高，因为战略研究的成果最终体现为发展规划、政策和决策等，影响面更大、作用时间更久。农业本身是一个综合、开放的复杂系统，是自然生产与社会再生产的结合，各方面的影响因素很多；随着农业科技交叉融合加剧，新兴前沿方向与学科热点层出不穷。面对新形势、新任务、新要求，我们必须广泛、深入地开展调查研究，全面掌握国际国内有关情况，努力贯穿从科学研究、成果转化到生产贸易、消费市场的全链条，把问题研究透，这样提出的政策与措施建议才有扎实的基础。“拍脑袋”拍出来的所谓“战略报告”和“发展规划”，不仅毫无价值，还会贻笑大方。

（三）问题要准、任务要明，指明科技发展目标与重点方向

无论是农业科技的发展预测，还是一个单位发展道路的战略选择，都是复杂性的问题。我们在认识事物的时候常常感到，透过现象探明本质是不容易的，要想准确地分析、判断，做出正确的决策，难度更大。战略研究就是要降低这一难度，要拨云见日，从各种矛盾中发现主要矛盾，从大量问题中找到核心问题，从许多任务重选择最要紧的任务。开展农业科技发展战略研究工作，必须始终坚持以重大战略需求和问题为导向，理解和把握科技发展趋势及产业发展需求，分析和研究我国农业及农业科技发展中的重大问题，在尊重客观规律的基础上，进行科学预测，合理制定发展路线图。要密切结合我院学科发展实际，认真开展我院科技发展战略研究，提出“十三五”及中长期科技发展的战略思路、战略目标、战略重点、重大科技命题及战略途径等，真正发挥战略研究在科技决策中的重要作用。

（四）路径要清、措施要实，确保战略研究成果落到实处

无论是编写战略研究报告、技术发展报告还是科技发展规划，核心的落脚点，就在于要明确发展的路径该怎样选择，要提出建设性的措施建议。否则，我们编写的东西将是纸上谈兵，难以落实。大家都是科学家，科学家最重要的特质就是有创造性，我们希望各位在战略研究工作中，能充分发挥创造性思维，要敢于设想、求实创新，在深入调查、系统思考和充分讨论的基础上，在符合国家农业发展需求和我院发展需求的前提下，为我院加快发展出谋划策，从学科发展、科研任务、平台建设等方面，明确我们的跨越发展路径，提出好的措施建议，推动我院早日实现建设世界一流科研院所的宏伟目标。

各位代表，今天，我们非常有幸地邀请到了科技发展战略研究院技术预测研究所的王革所长和中国科学院科技政策研究所的穆荣平所长，来为大家讲讲怎样开展技术预测、发展路线图编制和科技战略研究工作。这两位都是长期从事科技战略研究、经验十分丰富、在本领域非常有影响的大家。希望各位代表珍惜这次培训的机会，认真学习，积极讨论交流。我相信，通过今天的学习，大家一定能够加深对科技发展战略研究及其工作方法的理解与认识。今天的会议，还要介绍我院战略研究与规划编制工作，部署有关任务，各个研究所的分管所领导和科研处负责同志也到会了，建议今天会后，各所也应尽早启动发展规划研究与编制工作。希望大家群策群力，共同做好我院的战略研究与规划工作，为加快我院建设、引领农业科技创新和跨越、推动现代农业可持续发展做出新的贡献。

谢谢大家！

三、科技兴农

中国农业科学院2014年科技兴农工作总结

2014年，在农业部的直接领导下，中国农业科学院组织全院科技力量开展了一系列科技兴农工作，有效提高了服务“三农”能力。组织开展了粮食增产增效技术集成生产模式研究，为“高产创建”工作提供了技术储备；不断加强与地方政府的实质性合作，搭建科技成果转化平台；组织开展了一系列科技培训活动，有效提高了基层农业生产技术水平；不断加大援疆援藏和科技扶贫力度，提高了边疆和贫困地区的自我发展能力。通过开展科技兴农活动，有力地促进了我院科技成果的转化，为我国现代农业的发展和保障国家粮食安全提供了有力的科技支撑。

2014年，全院共组织科技下乡7.6万人·天，举办现场展示观摩会、技术培训咨询等活动4 032次，培训基层技术人员和农民108万人次，发放技术资料169万份，推广新品种218个、新产品116个、新技术372项，推广科技成果总面积8.6亿亩，推广畜禽2.3亿头（羽）。

一、粮食增产增效技术集成生产模式研究取得新成效，为“高产创建”提供技术储备

2014年，我院继续推进水稻、玉米、小麦、大豆、油菜等作物技术集成生产模式研究计划，通过院内外200多个单位的协作攻关，取得了新的进展，几种作物增产均超过10%，最高达44.7%，每亩最高增效500元。同时，集成了一批实用技术与成果，构建了几种主要作物增产增效综合技术生产模式，组建了一批实力雄厚的攻关团队，建立了一批固定的试验示范基地，形成了覆盖全国的协作攻关网络，为农业部“高产创建”提供了技术储备和支撑。

（一）水稻构建了适合不同区域的生产技术模式

由水稻研究所牵头，联合院内兄弟单位以及有关地方政府，组建了联合攻关团队，集成了一系列新品种、新技术，构建了适合不同区域的水稻增产增效技术集成生产模式。在江西、湖北、广西等省区建立了5个示范点，集成示范了水稻好氧栽培、机插轻型无土基质育秧、免疫诱抗剂应用、粒粒饱增产、低碳机械化稻作、激光耕整地、统防统治田间管理7项核心技术，构建了晚稻早熟品种、中迟熟品种技术集成等4套生产模

式。通过示范应用，有效提高了产量和效益。在江西省珠湖农场示范的3种早熟品种技术集成模式，平均每亩分别增产84千克、166千克和121千克，平均增收338元；示范的中迟熟品种生产模式，每亩增产173千克，增收349元。集成的机插轻型无土基质育秧技术，60%的基质成分是农作物秸秆，为秸秆利用找到了一个新途径，大幅降低了成本，提高了生产效率；统防统治田间管理技术，通过宽幅远程、高地隙自走、航空喷雾等方式，实现了病虫害防治机械化，避免了农药与作业人员的直接接触，在增产增效的同时保证了安全生产。

（二）玉米农机农艺配套融合效果显著

由作物科学研究所牵头，根据不同生产区域的特点和技术需求，对优良品种和关键技术进行集成和熟化。在黄淮海产区的山东、河南、安徽等省建立新品种“中单909”千亩核心示范基地5个，集成组装了种子包衣、科学播种、统防统治、化控防倒、适时晚收、全程机械化等“农机农艺六配套”，并配合抢时、灭茬、宽窄行播种、测土配方、三位施肥、密植播种“科学播种六融合”的“六配套六融合”大面积生产技术集成模式；在此基础上，又增加了叶面施肥和辅助授粉两项技术，构建了“八配套六融合”超高产技术模式，取得了大面积均衡增产的良好效果。在山东省武城县，10亩“八配套六融合”技术模式示范田，平均亩产1 056千克，增产300～400千克，节工5个，增收800元；1 000亩“六配套六融合”技术模式示范田，亩产850千克，增产150～200千克，节工5个，增收600元。在东北春玉米区，将平播垄管机械精量播种、化学调控抗逆抗倒防衰等7项技术优化集成，1 000亩示范田平均亩增产100多千克，增效200多元，带动区域增产增效10%。在西北产区，重点集成高效精量灌溉控制节水、病虫草害综合防治等9项技术，提高了水分和光热资源利用效率和产量。在西南产区，重点开展了山丘高垄作、高效多熟种植、覆膜集水、抗逆化控、轻型机械化耕种等技术集成，并在区域示范推广。

（三）小麦综合技术示范带动了区域发展

小麦在黄淮海产区开展了“增产增效协调、良种良法配套、农机农艺融合”技术集成生产模式研究。在山东、河南、河北、江苏和安徽等省建立万亩区1个、千亩片4个、百亩方10个，重点开展了包括“中麦”和“轮选”系列冬小麦优良品种、病虫害综合防控、墒情自动监测与灌溉预报、新型肥料与施肥等技术集成生产模式研究，集成了新品种、新肥料、氮磷钾与中微量元素全程平衡施肥、精细耕作管理、全程病虫草害综合防控、适期收获等技术，取得了良好的效果。在河南省新乡市示范区，亩产超过600千克，增产增效10%以上。

（四）大豆综合技术多区域示范效果显著

大豆项目开展了针对不同地区生产特点的技术集成生产模式研究。在黄淮海、西北和东北产区设示范基地9个，核心区示范面积8 200多亩，辐射500多万亩。在安徽省濉溪县，在麦茬机械化免耕播种栽培基础上，重点集成了病虫害防治、除草剂安全施用、测土配方施肥、根瘤菌施用、高效低损失收获等技术，平均亩产200多千克，增产10%以上。在新疆石河子市，集成新品种“中黄35”以及膜下滴灌精量播种技术，示范2 600亩，平均亩产310千克。

（五）综合技术集成使油菜生产“扭亏为盈”

油菜项目在湖北省公安县集成了新品种“中双11号”、土壤适墒管理、机械化密度调控、缓释全营养一次施肥、联合机械播种、机械收获、芽前封闭除草、秸秆菌核腐解以及“一促四防”9项核心技术，进行模块化组装，构建了直播机收、开沟撒播机收、育苗移栽机收等7套全程机械化增产增效技术集成生产模式。在江西、湖北等省建立示范基地5个，面积3 000亩，核心示范区900亩。在长江中下游地区湖北省云梦县示范的品种“阳光2009”，平均亩产150千克，最高达172.6千克，每亩直接生产成本由1 500元降低到446.4元，使种植油菜由原来每亩亏损750元变成赢利300多元。在“扭亏为盈”的同时，有效地解决了我国油菜生产环节多、成本高、效益低的问题，实现了高产、高抗、高效和机械化、轻简化、集成化、规模化、模式化“三高五化”的目标，为我国油菜生产方式的变革提供技术支持。

二、积极执行农业部等上级部门的工作部署，大力开展科技兴农活动

按照农业部的统一部署，组织开展了粮棉油高产创建、园艺作物标准园创建、水稻“双增一百”和玉米“双增二百”、测土配方施肥技术推广、农业科技信息进农家等形式多样的科技兴农活动，取得了良好成效，有力地促进了现代农业技术的发展。

（一）“高产创建”工作取得新成效

水稻：“中早39”在浙江省江山市亩产达1 403千克，超级稻“春优927”在浙江省宁海县亩产955千克。杂交稻“春优84”在江西省进贤县千亩示范片平均亩产853千克，在浙江省奉化市百亩示范方平均亩产783千克，在安徽省东至县百亩示范方平均亩产786千克。

玉米：在多地创造了高产记录，在甘肃省凉州区亩产达1 287千克，在新疆生产建设兵团四师创亩产1 227千克大面积高产新纪录，在内蒙古通辽市百亩方单产突破1 200千克，在黑龙江省肇东市达到1 242千克，在黑龙江省农垦局和平牧场也突破1 200千克。

小麦：在河南省延津县和新乡市的两个千亩片平均亩产分别为629 千克和600 千克，增产10%以上；“中麦175”在甘肃省创旱地亩产617 千克的高产记录，“中麦895”在陕西省创水浇地亩产724 千克的高产记录。

大豆：在河南新乡市亩产282 千克，再创黄淮海夏大豆节本高产典型；在新疆石河子市亩产310 千克。在甘肃省灵州区进行的大豆与果树间作试验示范，小面积亩产达到315 千克。

花生：在湖北省大悟县20 万亩“高产创建”核心示范区平均单产300 千克，增产20%以上。

棉花：在新疆生产建设兵团平均亩产籽棉536. 7 千克，最高达558 千克，创造了高产新纪录。

（二）园艺作物标准园创建工作取得新进展

在河南省郑州市建设500 亩苹果、葡萄、桃、猕猴桃、樱桃高标准生产示范园，全部采用省力化高效栽培模式，预计2015 年即进入结果期。在浙江省浦江县建设100 亩猕猴桃示范园，示范推广优良品种和栽培技术。继续为辽宁省前所果树农场、大台山果树农场等10 家国家果树标准园进行拉枝、修剪、套袋等技术指导和服务，推广高光效整形修剪、提质增效花果管理、生草覆盖、节水灌溉、肥水耦合等栽培新技术，有效促进了标准果园建立和管理。

（三）推进水稻“双增一百”和玉米“双增二百”活动

在海南省三亚市、湖南省岳阳市、湖北省荆州市、江苏省淮安市和江宁区、辽宁省锦州市等地，推广水稻无人驾驶自动导航低空施药、杂交水稻制种辅助授粉等技术2 万多亩，获经济效益300 多万元。在扬州市、苏州市等地推广水稻钵苗移栽机插秧技术2 000亩。

分别在辽宁省、吉林省、黑龙江省、内蒙古建立了16 个玉米密植高产机械化收粒试验示范点，其中在黑龙江省亩产超过1 200千克，在吉林省亩产超过1 000千克。

（四）继续推广测土配方施肥技术

组织专家先后赴吉林、新疆等18 个省（区、市）的县、乡、村和大型农场开展测土配方施肥技术培训20多期，培训技术骨干和农业生产一线人员3万余人。在一些乡村建立了测土配方施肥示范区，指导农民推广应用测土配方施肥技术。通过测土配方施肥，小麦、玉米平均每亩增产50千克、节肥20千克、增效150余元，棉花每亩增产23千克、增效135元。

（五）积极开展农业科技信息进农家活动

围绕农业部“信息进村入户试点工作”，组织专家调研起草了“信息进村入户试点工作方案”，提出了评价指标体系。先后对吉林、黑龙江、江苏等省的信息进村入户工作进行实地督导和评价，提出了有针对性的政策建议。利用国家农业遥感监测系统平台，为全国进行农作物遥感监测、灾害监测、资源监测等服务。每旬监测1次全国农作物长势和土壤墒情，为国家提供了及时、准确的农业监测信息。在河南省鹤壁市大范围应用“农情1号”，及时准确监测农情信息，为“高产创建”提供技术支持。葡萄、梨、西瓜等果树专家还利用广播电台等媒体开展专家热线、科技110热线咨询活动和技术讲座，及时解答果农生产中的热点问题，受到广大果农的称赞。

三、加快科技成果转化应用，促进现代农业发展

为加快科技成果的转化应用，我院积极推广转化新品种、新技术、新产品等科技成果，打通技术推广和成果转化的“最后一公里”。2014年，我院有39个品种被选定为全国农业主导品种，占总数的25%；有45项新技术被选定为主推技术，占37%。由于在促进科研成果转化和粮食增产、农民增收方面做出重要贡献，陈万权、朱德峰等专家被农业部授予“全国农业先进个人”荣誉称号。

（一）新品种的推广提升了农业产量和质量

粮食作物：推广水稻优良品种30多个，面积超过1亿亩，“中早39”等6个品种入选农业部2014年主导品种。推广小麦新品种“中麦175”414万亩，已成为北部冬麦区和西北春麦区“春改冬”的第一大品种、黄淮冬麦区旱肥地的主推品种和北部冬麦区试验对照品种；推广“轮选987”149万亩，成为北部冬麦区的第二大品种。推广玉米品种“中单808”134万亩、“中单909”384万亩。推广大豆“中黄13”、“中黄35”等新品种1 400多万亩。“中黄13”连续7年居全国种植面积之首，累计推广8 000多万亩。“中黄30”、“中黄35”和“中黄37”入选2014年农业部主导品种。

蔬菜：示范推广蔬菜新品种15个56万余亩，创经济效益9 300余万元。推广甘蓝“中甘21”、“中甘23”等品种26万亩，推广“蔬菠1号”等菠菜品种1万亩，推广“中椒105”、“中椒107”等辣椒品种14万亩，推广马铃薯“中薯”系列品种11.8万

亩。为全国 20 余省（区）提供“中薯 18”、“中薯 20”等新品种种薯 20 余吨进行示范，在广东省惠东县、开平县取得了“一亩地，一百天，一万元”的效益，打破了荷兰“费乌瑞它”独家垄断的局面。

棉花：在黄河流域、长江流域和西北内陆 3 大棉区 12 省（市、自治区）示范推广“中植棉”及“中棉所”系列新品种 30 多个 1 000多万亩，新增社会经济效益 17. 3 亿元。其中仅“中棉所 49”在新疆推广近 500 万亩，占南疆棉花种植面积 40% 以上，是推广面积最大的品种。推广“中棉所 92”200 万亩，占北疆种植面积的 25% 。

油料：示范推广主要油料作物品种 43 个 2 100万亩，新增社会经济效益 9 亿元。其中推广“中油杂 11”等油菜新品种 28 个 1 650万亩，“中花 6”等花生新品种 4 个 300 万亩，“中芝 13”等芝麻新品种 6 个 100 万亩。

瓜果：在河南、山东等 20 多个省（市）示范推广“华硕”等苹果新品种、“春蜜”等桃新品种、“早金香”等梨新品种 20 多个 54 万亩。在河南、湖北等 10 余省示范推广“中兴红 1 号”、“郑抗 863”等西甜瓜新品种 6 万余亩，创经济效益 8 500万元。示范推广“华葡 1 号”、“抗砧 3 号”等葡萄新品种 1 000多亩。

其他：在山东、安徽、四川等省示范推广“中烟 103”等烟草新品种 170 多万亩，新增效益 1. 7 亿元。在湖北省、四川省推广“中茶 108”等茶叶新品种 3. 4 万亩。示范推广“福星 1 号”等人参西洋参新品种 100 多亩。推广“中草 5 号”等牧草新品种 4 万亩。推广北京油鸡 320 万只，创经济效益 4 500万元。示范推广“中红麻 16 号”等麻类新品种 20 万亩，经创济效益 5 000万元。

（二）新技术示范推广优化了产业结构

粮棉油方面：在黑龙江、浙江等 20 多省市示范推广“水稻钵形毯状秧苗机插技术”3 000多万亩，覆盖黑龙江垦区水稻面积 90% 左右。向全国 13 个单位提供矮败小麦骨干亲本 68 份次，推动了矮败小麦育种技术的广泛应用。在黑龙江省推广“春玉米密植高产与水热高效耕作栽培技术”1 500万亩，增收 14 亿元。在河南省推广应用“保护性耕作技术”4 万余亩。在新疆、安徽等省区示范推广“棉花轻简育苗移栽”、“轻型机采棉设备及采棉”、“痕量节水滴灌”等先进技术 500 多万亩。在安徽、浙江等省区示范推广“油菜分段收获装备技术”1. 35 万亩，新增经济效益 120 万元。“花生低温压榨制油与饼粕蛋白高值化利用关键技术”转让给 9 家企业，建立了国内最大花生低温压榨制油与蛋白联产生产线，创收 50 多亿元。

果蔬方面：在内蒙古、天津、北京等省区市推广“设施蔬菜菌根苗培育”等新技术 5 项 2 800亩，新增经济社会效益 418 万元。在辽宁省推广“苹果园有机覆盖培肥技术”15 万亩，实现经济效益 8 200万元。在辽宁省、山东省推广“设施果树现代生产技术”10 万亩以上，新增经济效益 2 亿元，推广“梨省力化栽培技术”5 000亩，带动农民增收 2 000万元。

畜牧方面：示范推广“半隐蔽沙障栽植机与综合配套”、“干旱区紫花苜蓿高产栽培”、“牧草低损收获加工”、“退化草地快速恢复”等新技术30多项21万亩，新增经济效益5 000多万元。在新疆、青海等省区应用“双羔免疫轻简化技术”1.5万只。“一种防治猪气喘病的中药组合物及其制备和应用”和“一种治疗猪流行性腹泻的中药组合物及其应用”2项发明专利转让200万元。

环保方面：在北京、新疆、山西、宁夏、内蒙古、浙江等省区市示范推广了“日光温室主动蓄放热”和“植物工厂”2项技术4万多平方米，直接经济效益320万元。示范应用“外来入侵生物防控”、“生态草业”、“粪污处理”、“重金属修复”、“生态农庄建设”等新技术1万多亩，取得了明显的社会经济生态效益。“沼气发酵功能微生物强化技术”在北京市通州区等地的沼气集中供气站应用，节能减排，改善环境。

农机及其他：示范推广“油菜分段收获”、“棉花机械化收获”等13项新技术33.8万亩。其中“麦茬全秸秆覆盖花生机械化免耕播种”、“半喂入花生联合收获”等6项技术被农业部选定为主推技术；在浙江省推广应用“适度修剪”、“色板诱集”、“灯光诱杀”，以及“使用微生物源、植物源和矿物源农药”等茶树害虫绿色防控新技术6项7.5万亩；在新疆等地示范应用“膜下滴灌高效节水灌溉”等节水灌溉技术6项2万多亩。在山东、陕西、安徽等省推广应用烟草“8点式精准密集烘烤工艺”技术70万亩。

（三）新产品的推广增加了农民的收入

在山东、河南等省示范推广新农药35个、新肥料9个，面积1亿多亩，其中推广烟草专用有机肥1.5万余吨300万亩，减少化肥施用量4 000余吨；在水稻、玉米、小麦、蔬菜、瓜果、烟草、花卉等作物上示范推广生物农药“阿泰灵”50吨，面积100万亩，实现经济效益700余万元。在浙江等省推广名优绿茶清洁化连续化生产线16条、摊青设备10余套，推广生物农药7.5万亩、数字化诱虫色板10万亩。在内蒙古示范推广免耕播种机等机械设备10套5 000亩。推广应用“梨果早优宝”、“座瓜灵”等多种植物生长调节剂6万亩，直接经济效益6 000多万元。推广口蹄疫系列诊断试剂盒3万套，检测样品1千多万头份。转让猪细小病毒灭活疫苗收入1 440万元。

四、落实农业部“为农民办实事”活动，开展形式多样的科技培训与技术服务活动

积极落实农业部“为农民办实事”的工作部署，依托研究生院成立了专门培训中心，组织专家开展了以提高基层农技人员科技水平为目标的技术咨询与培训服务活动。针对“三农”发展的需求，开展了作物、蔬菜、茶叶、果树、农机、加工、烟草等方面的科技培训和技术服务活动，累计培训基层技术人员和农民108万人次，发放技术资料169万份。通过一系列活动，提高了基层农技人员的科技素质和生产技能，将先进的

科技成果送到了农民手中，培养了一批适应现代农业生产发展的新型农民和生产技术骨干，提高了农业生产经济社会效益。

作物方面：依托水稻、小麦、玉米、大豆等产业技术体系及有关计划项目，组织开展了系统的技术培训和咨询服务，培训技术骨干和各类农技人员 7.8 万人次，现场指导种田大户、农民 15 万余人次；在湖南、湖北、安徽、江西、江苏、河南、山东和河北等省培训“棉花轻简育苗技术”60 场次，培训农技人员 8 000多人次，发放技术资料 2 万多份。举办病虫害防治技术讲座 800 多次，指导培训农民、技术人员 8.5 万人次。

蔬菜方面：在江西、河南、江苏、海南、新疆等省区组织技术培训 60 多次，培训农民和技术人员 6 500多人，主办或参加现场观摩展示及各种交易会 23 次，展示推介新品种新技术近百个。在河南省新乡市举办了蔬菜技术培训与对接会，培训新乡市四区八县蔬菜种植大户、专业合作社代表、行业管理人员和农技人员 300 多人，专家重点讲授了蔬菜优质安全高效种植技术和重要病害识别防治技术，并就生产中的问题进行了咨询解答；在山东省安丘市举办了生姜安全生产暨土壤消毒技术培训，安丘市供销社、市农产品质量安全办公室和有关乡镇、街道代表以及生姜种植合作社、种植户、经销商近 700 人参加培训，专家深入浅出地讲解了影响土壤熏蒸效果的因素及土壤消毒后的管理，深受姜农的欢迎。

果树方面：依托国家苹果、梨产业体系以及有关成果转化项目，在北京、辽宁、河北、山东、山西、陕西、河南、新疆、黑龙江、吉林等省区市组织举办各种形式的技术培训活动 460 次，直接培训基层技术人员与果农 1.64 万人次，发放技术资料 3.4 万份。其中在北京市大兴区和河南省中牟县举办了都市型特色西瓜和“郑抗”系列无籽西瓜新品种示范观摩会，当地经销商、农技人员、种植户等共 1 500多人参加，专家就品质、产量、栽培等问题与种植户进行了交流，解答了有关问题，赠送了相关技术材料。

茶叶方面：组织举办现场展示、技术培训、讲座、咨询等 60 多期，培训 6 000多人次。派出科技人员近 3 000人次深入全国茶产区，帮助茶农和企业解决生产中的问题，发放科技图书资料近 10 000份。

烟草方面：在四川等省举办烟草主要病虫害识别、预测预报、综合防治等技术培训 675 次，直接培训烟农、技术员 46 万人次，发放技术和宣传材料 32 000份，服务面覆盖 1 000多万亩，占全国种植面积的 80%。

农机方面：组织举办技术培训和现场观摩会 71 次，发放技术资料 1.3 万份，培训基层技术人员和农民 13 000多人次，创经济效益 6 700万元。

加工方面：开展技术对接活动 65 次，组织专家 2 800余人次深入基层、车间服务产业发展，培训企业技术人员、工人、合作社农民 11 000 人次，增加经济效益近 1.4 亿元。

五、强化与地方政府的务实合作，促进现代农业产业发展

积极落实与有关地方政府签署的合作协议，不断加强实质性的合作，帮助地方政府制定农业发展规划，合作实施科技项目，共建科技平台，联合培养人才，带动了地方农业产业发展，促进了我院科技成果的转化。

（一）不断推进与地方政府的实质性合作

与山东省德州市政府建立了战略合作关系，在共建试验示范基地、农技人员培训、农产品加工等方面，开展了广泛深入的合作。创新与北京市大兴区的合作机制，派出了6名科技人员到大兴区相关乡镇挂职科技副镇长。在大兴区建立200亩标准化省力栽培技术标准示范果园，示范推广早结果省力化栽培技术；推广示范了都市型特色西瓜品种，完善了功能性西瓜品种的配套栽培模式，举办了高番茄红素西瓜“中兴红1号”和“中兴红2号”现场观摩会，取得了良好的效果。作物科学研究所分别在辽宁、吉林、黑龙江和内蒙古等省区布设了16个玉米密植高产机械化收粒生产技术试验示范点，大大提高了生产科技水平和效率。

（二）与国家现代农业示范区共建取得新进展

水稻研究所在黑龙江省农垦总局建三江分局推广“水稻钵形毯状秧苗机插技术”2 100万亩，平均增产12.4%，在该地区覆盖率90%，举办了现场观摩会，取代了原来的子盘育秧机插技术，促进了黑龙江垦区稻作技术的升级；资源环境发展研究所在山东省东营示范区建成500多平方米实验室，开展了生物质能源植物种植试验，联合荷兰GreenQ等国际知名设施园艺企业在寿光示范区建立了试验示范基地，为北京顺义、天津西青和武清等示范区提供设施农业高效栽培技术和温室节能环控技术；麻类研究所在黑龙江农垦开展了麻育秧膜在水稻机插育秧中的示范应用，受到普遍欢迎；植保研究所与攀枝花示范区开展了紧密的合作，通过生态调控和技术防治等技术，有效控制了紫茎泽兰的蔓延，并推广应用以紫茎泽兰为原料的生物肥料、生物碳等产品；油料作物研究所在黄陂示范区建立集粮油加工、机械设备、科普教育、观光旅游于一体的国家油菜产业科技示范园238亩；蔬菜研究所在青海大通示范区推广番茄新品种和温室肥水气一体化生产新技术；信息研究所在河北省玉田示范区建立作物生境监测点和长势监测点各2个，各监测点每天定时上传生境监测数据1 000余条，实时视频数据13千兆字节，为规避农业生产风险、预测作物长势提供科学支持；有关研究所还与四川广安示范区在设施农业、蔬菜、食用菌、人才培养等领域开展了合作，为示范区现代农业的发展提供科技支撑。

六、积极开展援疆援藏和科技扶贫工作，提高边疆和贫困地区自我发展能力

按照农业部援疆援藏及扶贫开发工作部署，我院充分利用人才、技术、成果、项目等方面的优势，积极组织开展援疆援藏和扶贫开发工作，不断加大扶持力度，着力提高边疆和贫困地区自我发展能力。

（一）深入开展科技援疆援藏工作

1. 加强调查研究，协助边疆地区谋划发展

2014 年我院先后有 5 名院领导带队赴新疆、西藏等地调研，为边疆地区发展建言献策。李家洋院长在新疆阿克苏、昌吉、石河子等市调研后，要求全院推进西部农业研究中心和中亚农业科技分中心建设，并与新疆维吾尔自治区人民政府签署了合作协议；陈萌山书记带队考察了西藏农牧科学院和曲水县净土健康产业，要求全院进一步深化与西藏自治区的全方位合作。针对 2014 年新疆棉区春季持续低温、强寒潮、大风沙尘侵袭等问题，我院棉花专家撰写了《大风强沙尘强寒潮对新疆棉花生产影响及生产补救意见和建议》《早期灾害如何夺取棉花高产》等研究报告，提出了一系列防灾减灾技术措施和指导意见，并接受了中央人民广播电台《农博士在线》专门访谈，为新疆棉花生产挽回了巨大的经济损失。

2. 加强科技合作，提升边疆地区创新能力

与新疆、西藏等有关科研单位联合开展了新品种引进与示范、育种、病虫害防治、生态环境等方面的合作研究。通过共同实施各类科技项目，带动提升了新疆、西藏农业科技创新能力。2014 年我院与新疆、西藏有关单位联合承担科技项目 53 个，经费 5 165万元，共建和完善试验示范基地 100 个。大麦专家与西藏农牧科学院合作开展了青稞新品种选育与生产技术集成示范，对有关品种进行了基因组测序；蔬菜研究所为新疆泽普等县提供了“中薯 18 号”、“中薯 20 号”、“中薯 5 号”等马铃薯种薯；通过“降解地膜实验评价研究”项目，农业环境发展研究所对德国 BASF 公司提供的不同类型的降解地膜开展了田间实验评价研究，推广 20 多万亩，还指导西藏农牧科学院农业气象、环境工程等重点学科的建设工作；草原研究所与新疆畜牧科学院联合承担的科技支撑计划项目，完成改扩建围栏草场 1 000亩，建立人工饲草料地 60 亩，在昌吉市建立家庭示范牧场 1 500亩；与新疆农业大学联合承担的“十二五”科技支撑项目“速步马、乳用马、耐力马疫病防控共性技术研究”，开展了马流感检测，疫苗免疫 150 匹；农业信息、农产品加工、畜牧兽医等研究所分别与塔里木大学在项目合作研究，平台基地建设、人才培养等方面开展了合作，共建了“新疆南疆农业信息化研究中心”。为西藏农牧科学院援建了数字图书馆系统、西藏农业科技文献数字化与多媒体信息资源开发

与应用管理平台等。

3. 组织开展技术服务，提升农牧民科技素质

在新疆、西藏有关地区组织开展了棉花、蔬菜、果树、青稞等生产技术培训服务工作，组织科技下乡2 600人次，培训基层技术人员和农牧民9 500人次，推广新品种45个783万亩，推广新技术56项80万亩，创造社会经济效益17.6亿元。作物科学研究所在新疆奇台县等地建立基地，开展玉米高产潜力探索与高产高效技术研究与示范，推广优良适宜品种，发放玉米种植技术手册1万册，技术挂图3万张，还与新疆农科院合作集成示范大豆免耕覆秸机械化生产技术2万亩；植保专家探明了新疆棉花早衰病发生的成因，建立了防治技术体系，并在全疆开展了培训、示范、推广和应用；果树专家在新疆生产建设兵团开展了鲜食葡萄标准化生产、果园机械化生产等技术培训和现场指导，取得良好效果。

4. 加强干部交流培养，加大智力援疆援藏力度

我院第七批援疆的5名干部圆满完成了为期3年的援助任务，获集体二等功，其中杨秀春博士被授予“全国民族团结进步模范个人”荣誉称号，是农业部系统唯一获此殊荣的专家。2014年我院又选派了第八批5名干部挂职新疆有关部门。第六批援藏干部张燕卿同志，在西藏农牧科学院挂职期间表现突出，被西藏自治区党委和政府评为优秀援藏干部。2014年，3名干部作为中组部第七批援藏干部奔赴西藏挂职有关部门。另外，2014年我院还为新疆和西藏培养“西部之光”访问学者等高级研究和管理人员151人，研究生40人。

（二）科技扶贫工作取得新成效

2014年，我院在太行山区的阜平县，武陵山区的湘西地区与恩施土家族苗族自治州（以下简称恩施），秦巴山区的安康市，大兴安岭南麓片区的齐齐哈尔市、绥化市、通榆县等贫困地区开展科技服务48次，举办培训班138期，培训技术人员和农民1.4万人次，赴贫困县调研考察404人次，派出21名干部在贫困地区挂职，帮助贫困地区引进项目32个、技术19项、人才18人。向我国14个连片贫困地区遴选提供“中绿5号”、“中绿10号”等食用豆优良品种及“高寒区绿豆地膜覆盖高产栽培”、“棉花轻简化育苗移栽”等新技术10余项，助力贫困地区现代农业的发展。院领导带领畜牧、果树等方面的专家到国家级贫困县阜平县调研，组织专家对全县畜牧业管理人员、养殖场负责人等进行了专门培训，取得了良好效果；兰州兽医研究所组织专家到恩施调研考察，为当地养殖业的发展出谋划策；农业资源与环境发展研究所专家协助恩施建设生物降解地膜试验基地，农机专家将先进的手扶式修剪机、手扶式茶园翻耕机等机械引进恩施，受到广泛欢迎；油料作物研究所协助恩施农业科学院申报成功外专局引智项目“恩施山区新资源挖掘及新功能食品研发关键技术引进”，邀请新西兰专家访问恩施并签定了“恩施州农业科学院—奥克兰大学理学院天然富硒功能食品联合实验室”共建

协议，促进了当地特色产业的发展；与秦巴山区的安康市在粮油、畜牧、茶叶等领域开展了5个项目的合作研究，试验筛选出了3个适宜当地推广应用的特用玉米新品种并举办了现场观摩会；与大兴安岭南麓贫困片区的齐齐哈尔市、绥化市、林甸县、兴安盟签署了科技合作协议，并开展了“东北地区黑土保育及有机质提升关键技术研究与示范”研究，研发出了以秸秆还田为核心的有机质提升综合技术，促进了当地农业的健康发展。

中国农业科学院 2014 年试验基地工作总结

在院所领导的高度重视和有关部门、单位的大力支持下，经过参与基地建设、管理和使用的管理人员、科研人员共同努力，2014 年全院试验基地条件建设取得了显著成效，基础条件不断完善，科研工作成效显著，开放共享和运行管理水平明显提升，基地辐射和带动作用逐步显现，为进一步完善基地条件和功能、加快形成开放共享的全院试验基地网络奠定了良好基础。

截至 2014 年年底，全院共有 29 个直属研究所建立了 103 个科研试验基地（以下简称试验基地或基地），基地总面积 9.46 万亩，其中院所拥有产权的土地面积 4.35 万亩（包括 3 126亩建设用地），占 46.0%。2014 年，作科所、蔬菜所、环发所、棉花所和草原所等在河北、山东、新疆和内蒙古等省（自治区、直辖市）新建 5 个基地，面积 5 446亩。

一、条件建设情况

据不完全统计，2014 年全院共有 42 个试验基地获得了条件建设项目立项支持（有的为试验基地类项目，有的建设内容或地点涉及试验基地），项目总数 72 项，立项总金额 28 227万元。其中，与基地相关的基本建设项目 17 项（涉及 15 个基地），立项批复投资 15 591万元，分别占项目总数的 23.61% 和立项总金额的 55.23%。与基地相关的修缮购置资金项目 25 项（涉及 21 个基地），立项批复资金 10 614万元，分别占 34.72% 和 37.60%。自筹资金项目 30 项（涉及 16 个基地），立项金额 2 022万元，分别占 41.67% 和 7.16%。

2014 年全院共有 48 个试验基地实施了 87 项条件建设项目。其中，16 个基地实施了 18 项基本建设项目；25 个基地实施 30 项修购项目；17 个基地实施了 39 项自筹资金项目。新增建筑面积 35 857平方米，改造试验田 9 621亩，购置农机具 79 台件、仪器设备 472 台套。

院新乡综合基地：进一步完善了基地实验楼、专家公寓等公共设施装备工作，完成了办公区、试验区公共基础设施项目验收。环发所在实验楼内建成土柱淋溶迁移实验室 1 个，建成多功能无线远程监控系统 5 套，进一步完善了自动气象站仪器设备和涡度相关及波文比系统。郑果所修购项目新立项 1 项，投资规模 550 万元，预计 2015 年实施；验收 2013 年度国家瓜果改良中心二期建设项目 1 项，建成西瓜甜瓜种子试材库 516 平方米、日光温室 2 335 平方米、塑料大棚 6 421 平方米、避雨栽培设施 1 座（占地 5 亩）、架势设施 25 亩、机井及机井房 2（眼）栋、场区供电工程 1 项、护栏围墙 2 750 米和仪器设备 42 台（套）。灌溉所利用修购资金，投资 374 万元，新建日光温室 6 栋（面积 4 000 平方米）、测坑及移动式防雨棚两组（占地面积 2 000 平方米）；投资 24 万元，新建钢结构农机库 1 座，面积 324 平方米；投资 130 多万元，购置农业机具与配套设备、添置试验设备、自动气象站和测试仪器 10 台件，完善实验室、专家公寓电器家具等。

院廊坊园区： 完成了园区电力设施设备全面检修，对网络设施进行了升级改造。蔬菜所自筹资金 10 万元，购置拖拉机、小型微耕机各 1 台，自行改装了胡萝卜采收机、撒肥机等少量农机具，对育苗温室架构进行了改造，提高了机械化。资划所完成了野外台站基础设施改造项目（2013—2014 年），2014 年实施资金 320 元，对日光温室、连栋温室、灌水井房、旱棚池、旱棚等基础设施进行了改造。草原所利用科研项目，2014 年购置三重蒸馏水仪、万分之一天平各 1 台。特产所 2014 年利用特种动物种质资源平台项目资金 20 万元，新增取暖设备，改善了供排水条件，改善了工作居住条件。饲料所 2014 年实施了院共建共享项目综合基地基础设施改造项目（2013—2015 年），完成了供水管沟及围墙等建设工作。

院南口中试基地： 修订编制了基地总体规划设计，完成了基地基础设施建设项目可研批复，批复资金 1 850 万元，电改造重大修购项目实施取得实质进展。作科所实施修购资金 257 万元，完成试验条件改善。牧医所利用所内现有资金，完成国家五指山猪保种场猪舍修缮、线路检修、锅炉房维修等工作。饲料所列入全国农业科技创新能力条件建设规划（2012—2016 年）的南口试验基地建设项目已取得项目可研立项批复；实施 2012 年度生物饲料添加剂共性技术研发及工程化验证平台项目，新增中试发酵设备 23 台（套）；实施 2013 年（3 年度）修购项目，完成土方更换等工作。质标所取得南口基地基础设施改造修购项目立项批复，批复资金 194.14 万元，2014 年完成项目招标工作，正在实施中。蔬菜所自筹资金 40 万，对 7 栋温室由单独供暖改为集中供暖，对食堂和育苗温室架构进行了改造，改装了胡萝卜采收机、撒肥机，新购置拖拉机和小型微耕机各 1 台。

中央财政资金立项金额（基本建设项目和修缮购置资金项目）超过 2 000 万元（包括位于上述 3 个院综合基地内的相关建设项目）的研究所有 4 个，具体情况如下。

兰州牧药所： 中央财政立项资金 3 680 万元。其中，大洼山基地承担建设项目 1 个，经费 640 万元，维修基地机井、泵房，供电线路及水池清淤、仪器设备维护等工作，购置拖拉机 1 台、仪器设备 2 台。张掖基地基建项目立项 1 项，立项金额 2 180 万元，实施项目金额 200 万元；取得修购项目立项 1 项，立项金额 500 万元，实施项目金额 430 万元。完成基地平田整地 2 700 亩、新建林网 127 亩、新建围栏 5 055 米等。

果树所： 中央财政立项资金 3 090 万元。其中，砬山综合试验基地建设项目 2013 年 5 月获得初步设计与概算批复，核定概算总投资 2 160 万元，建设期 2013—2014 年，现已完成科研辅助用房 1 156.13平方米、泵房 48.42 平方米、设计容量 3.6 万立方米水塘 1 座、灌溉管线 2 400余米、18 栋日光温室、网室等工程的建设，并购置了挖掘机、拖拉机各 1 台。温泉科技创新基地科研及辅助用房修缮项目（2 年）总投资 410 万元，建设期 2013—2014 年，已完成了旧科研楼改造 1 048平方米、果品采后技术实验室修缮 525 平方米、辅助用房修缮 662 平方米、田间管理用房修缮 114 平方米、种子苗木处理及农机库修缮 812 平方米和实验室仓库修缮 199 平方米。温泉科技创新基地基础设施改造项目（2 年）总投资 520 万元，建设期 2014—2015 年，2014 年到位资金 130 万元，已完成 3 栋冷棚建设，共计 2 190平方米。

环发所：中央财政立项资金 2 992万元。其中，顺义综合基地 2014 年度向农业部提交基地建设项目可研报告，申请 2 596万元，用于在 37 亩产权土地上建设实验楼 2 400 平方米、车间及库房 1 750平方米及配套的围墙、道路、电力、给排水系统等。目前项目已在评审过程中。寿阳基地 2014 年度修购项目与 2015 年执行，主要建设内容包括：田间道路改造 1 520平方米、旱棚 1 个面积 403 平方米、供热锅炉改造等。岳阳基地 2014 年度修购项目与 2015 年执行，主要建设内容包括改造原位发酵床、异位发酵床处理平台各 1 个，面积 424 平方米；造柱形渗滤池 48 个，面积 141 平方米；径流场 56 个，分 14 个径流小区，面积 137 平方米。

资划所：中央财政立项资金 2 645万元，基建项目 1 项、修购项目 3 项。平泉食用菌改良中心建设项目 2014 年重点对配套设施及相关仪器设备进行完善，已基本完成。2013 年开始的野外科学观测试验站基础设施改造（2 年）项目 2014 年预算额度 320 元，主要为廊坊基地进行基础设施改造。2013 年开始的农业野外观测试验站科研楼及附属设施修缮（2 年）项目 2014 年预算额度 195 万元，主要是全面维修德州基地二层小楼 1 栋，建筑面积 800 平方米；全面维修平房 2 栋，建筑面积 1 152平方米。2014 年开始的试验基地基础设施改造项目（2 年）总投资 855 万元，2014 年整合进贤、江门、德州、洛阳 4 个基地的建设内容完成项目实施方案编报，进贤基地分配资金 368 万元，工程已全部完工；德州基地分配资金 85 万元，已完成招标工作，并拨付了工程首付款。

此外，中央财政资金立项金额 1 000 万 ~ 2 000万元的有 8 个研究所，即烟草所、牧医所、郑果所、水稻所、上海兽医所、茶叶所、环保所和生物所。

二、科研创新情况

2014 年全院在试验基地共实施科研项目 1 240项，涉及经费 52 342万元，平均每个基地承担 12 个项目的科研任务。在基地获取的数据为重要支撑，全院共获省部级以上科技奖励成果 45 项，发表高水平论文 2 500篇，审定新品种 89 个，获授权专利 302 项。

院新乡综合基地：作科所实施科研项目 22 项、项目经费 230 万元，获得省部级以上科技奖励成果 1 项，发表高水平学术论文 22 篇、取得授权专利 3 项。植保所棉花害虫组、棉花病害组、地下害虫组、果树害虫组、害虫监测预警技术组、小麦害虫组、麦类真菌病害组、粮作病毒病害研究组、作物线虫病害组、农药生物学研究组、农药应用工艺学组 11 个课题组约 50 余名科研人员开展研究工作，承担“973”课题 7 项、“863”课题 1 项、自然科学基金项目 25 项、省部级重点项目 39 项，获得省部级以上科技奖励成果 1 项，发表论文 159 篇，取得授权发明专利 6 项、植物新品种权 2 项。环发所投入科研经费 90 万元，主要开展了旱地生态系统固碳减排技术集成与示范、农田生态系统水碳交换季节和年际动态的观测研究、基地农业环境物联网监控中心建设及小麦苗情数字远程监控与诊断管理关键技术、土壤溶质运移环境核素垂直迁移规律研究 4 个方面的科研工作。其中，旱地生态系统固碳减排技术集成与示范（“十二五”科技支撑课题），自 2010 年夏玉米开始已连续定位进行了 4 年共 9 季作物（冬小麦 + 夏玉米）试验，取得了良好数据结果。灌溉所实施 863 项目 1 项、自然科学基金项目 2 项，获农业节水科技奖一等奖 1 项，发表论文 20 篇（其中 EI 收录 3 篇），获发明专利 1 项、软件著作权 4 项。郑果所共承担科研项目 11 项，投入经费 208 万元，成果鉴定 1 项，审定新品种 2 个，申请植物新品种保护 1 个，发表论文 11 篇，获得专利 1 项，编写专著 1 部。

院廊坊园区：作科所实施科研项目 17 项，经费 140 万元，获得省部级及以上奖励 1 项，发表论文 18 篇，审定品种 1 个，获得授权专利 1 项。蔬菜所实施科研项目 8 项。生物所实施转基因专项、“973”、“863”、创新工程等课题多项，经费 210 万元，培育棉花新品种 2 个，三系抗虫棉核心技术 2014 年获第六届中国专利优秀奖。资划所完成“冬小麦—夏玉米水肥耦合试验（旱棚）”、“滴灌施肥对作物生长发育及土壤水肥的影响”等试验多项，建立低空遥感平台（无人飞机）控制中心，获取土壤样品超过 18 000个、植株样品超过 5 000个、小麦玉米收获考种样品超过 10 000个。牧医所完成科研项目 2 个，经费 15 万元，培育牧草新品种 1 个，发表论文 1 篇，取得授权专利 1 项。草原所开展了“苜蓿等优质饲草品种适应性评价”、“不同水肥条件对苜蓿生长的影响”、“不同种植模式的生产比较”等研究工作，发表高水平论文 3 篇。特产所开展了桔梗种质资源的收集与育种研究（2012—2014 年）相关工作。

院南口中试基地：作科所实施科研项目 9 项，经费 250 万元，发表高水平学术论文 16 篇，审定品种 2 个，取得授权专利 1 项。牧医所完成了农业部物种资源保护项目——五指山猪遗传资源保护的实施。饲料所实施科研项目 61 项，经费 850 万元，发表论文 121 篇（其中院选核心期刊 41 篇）；获省部级以上科技奖励成果 3 项（其中：获国家级奖 1 项），取得授权专利 29 项（其中发明专利 23 项）。蔬菜所实施科研项目 8 项。

作科所：9 个基地（包括在位于上述 3 个院综合基地的研究所基地）共实施科研项目 268 项，在基地支出经费 2 670万元，以第一单位获得省部级及以上科技奖励成果 3 项、作为第二单位参与获得省部级奖励 6 项；发表论文 157 篇；审定新品种 16 个，其中小麦 5 个、大豆 4 个、玉米 2 个、绿豆 5 个；获得授权专利 24 项。其中，昌平马池口基地实施科研项目 58 项，获得省级以上科技奖励成果 1 项、发表论文 21 篇、审定品种5个、取得授权专利4个。顺义基地实施科研项目49项，获得省级以上科技奖励成果2项、发表论文25篇、审定品种4个、取得授权专利6个。院部基地实施科研项目53项，获得省级以上科技奖励成果2项、发表论文34篇、审定品种2个、取得授权专利5个。

植保所：廊坊中试基地实施科研项目38项，获2014年河北省科技进步三等奖、植保学会科学技术二等奖各1项；发表论文39篇，授权专利2项。桂林基地在研科研项目7项，发表论文17篇，申请国家发明专利1项。锡林郭勒基地承担公益性行业专项2项、支撑计划项目1项、青年科学基金项目1项、科技基础性工作专项1项，发表文章8篇（其中SCI论文4篇），参编专著1部，获得发明专利2项，鉴定成果1项。公主岭基地承担科研项目4项，发表论文8篇（其中SCI 3篇），授权专利1项。长岛基地承担公益性行业专项等科研项目2项，发表论文7篇，其中SCI 5篇。

蔬菜所：4个基地实施科研项目均在8项以上，发表论文130篇，审定品种7个，获省部级以上科技奖励成果3项，取得授权专利19个。

环发所：顺义基地部分创新团队及课题相继入驻开展可研工作，投入试验经费302万元，发表论文23篇。寿阳基地承担科技支撑、自然科学基金等项目4项，获得国家科技进步二等奖成果1项、鉴定成果1项，发表论文30篇，取得发明专利1项。岳阳基地承担科技支撑、自然科学基金等科研项目6项，获得成果鉴定1项、岳阳市科技进步二等奖科技奖励成果1项，发表论文7篇，出版专著1部，取得发明专利1项。海西基地发表论文8篇。东营基地承担科研项目1项，发表论文16篇。

牧医所：昌平马池口基地实施科研项目127项，累计发表论文218篇，其中SCI论文93篇；获得省部级科技进步奖特等奖1项，一等奖2项，鉴定成果1项。取得授权专利25项。天津武清基地新获得转双基因、三基因疾病模型猪农用基因工程猪，颁布转基因检测技术标准国标2项。廊坊及鄂托克基地完成科研项目4项，培育牧草新品种1个，发表论文3篇。

生物所：在基地实施转基因专项、“973”、“863”等科研项目21项，培育出三系杂交抗虫棉新品种“银棉2号”和“银棉8号”，三系抗虫棉核心技术获第六届中国专利优秀奖。

资划所：土壤肥力与肥料效益监测站网参与并承担国家项目68项，发表论文49篇，其中SCI论文15篇，获省部级奖9项，著作2部。呼伦贝尔基地承担“863”、行业专项等13项，发表论文60篇（其中SCI收录18篇、EI论文7篇），出版著作3部；取得发明专利5项，实用新型专利5项、软件著作权14项。祁阳基地主持和参加“973”、科技支撑、重大专项、自然科学基金等课题21项，发表论文21篇，其中SCI论文4篇，鉴定成果1项。德州基地主持科技攻关、公益性行业专项等课题11项，发表论文16篇，其中院选SCI论文2篇；出版专著9部；获发明专利授权5项、申请发明专利20项；获山东省科技厅鉴定成果1项。洛阳基地经完成和正在承担科研项目10多项，发表论文3篇，获得专利3项，省科技进步三等奖1项。

灌溉所：商丘基地承担"863"、自然科学基金、科技支撑等课题15项，发表学术论文22篇，获得授权专利4项。新乡洪门基地承担公益性行业专项、"863"等课题9项，发表论文6篇，主编专著2部；获得发明专利1项，实用新型专利2项。新乡所部作物需水量试验场实施"863"、自然科学基金、行业专项等课题3项，获河南省科技进步三等奖1项，发表论文14篇（其中SCI收录1篇，EI收录2篇），获实用新型专利1项，软件著作权3项。

水稻所：富阳基地、陵水南繁基地、临安稻瘟病基地共实施科研项目158项，经费5 696万元，获得省部级以上科技奖励成果7项，其中国家科技进步二等奖1项；审定新品种33个；获品种权13个；授权专利38个、软件著作权3个；出版专著3部，发表SCI、EI论文56篇，院选核心期刊42篇，院选SCI顶尖核心期刊1篇。

棉花所：石河子基地选育出2个适合北疆地区种植的杂交棉组合（"中棉所1206"和"中棉所1105"），发表论文1篇。望江基地选育的国审杂交棉品种"中棉所63"再次获得农业部主导品种，申请发明专利2项，获得安徽省科学技术研究成果1项，发表论文5篇，参与撰写了国家农业行业标准1项。

油料所：武昌、阳逻、汉川等5个基地共实施科研项目约70个，在基地实际支出经费2 600万元，发表论文144篇，其中SCI论文82篇；审定品种4个，取得授权专利34项，获得省部级以上科技奖励成果6项，其中发明二等奖1项，省科技进步一等奖3项。其中，阳逻基地实施科研项目38项，获得省级以上科技奖励成果3项、发表论文83篇、审定品种2个、取得授权专利16个。武昌本部基地实施科研项目26项，获得省级以上科技奖励成果3项、发表论文53篇、审定品种2个、取得授权专利18个。

麻类所：全年在基地实施科研项目62项，其中新增14项。登记新品种6个，其中国审品种5个。获得专利授权6项，其中发明专利4项、实用新型专利2项。获批准颁布实施农业行业标准1项。获得湖南省科技进步三等奖1项。发表论文51篇，其中院选SCI核心期刊4篇。

果树所：砀山基地实施科研项目14项，发表论文15篇，授权发明专利1项。所部温泉基地实施科研项目34项，发表论文45篇，审定新品种2个，授权发明专利2项，实用新型专利4项。

郑果所：所本部基地承担科研项目60项，获省科技进步一等奖1项，成果鉴定3项，审定新品种14个，申请植物新品种保护3个，发表论文80篇，获得专利4项，编写专著5部。新疆基地承担科研项目2项，审定新品种1个，发表论文3篇。

茶叶所：杭州基地实施科研项目53项，以基地为支撑发表论文59篇，获国家级鉴定茶树新品种1个，获授权专利26项，获得浙江省科学技术三等奖1项。

兰州牧药所：大洼山基地承担科研项目7项，发表论文10多篇，培育出"航苜1号紫花苜蓿"、"海波草地早熟禾"、"陆地中间偃麦草"和"隆中黄花矶松"4个新品种，取得授权专利5项。张掖基地实施科研项目1项，发表论文8篇，取得授权的发明专利5项。

特产所：左家基地实施科研项目 53 项，获得省级以上科技奖励成果 2 项、发表论文 125 篇、审定品种 5 个、取得授权专利 34 个。

环保所：大理基地继续完成既定的监测数据测定和数据收集整理工作，并开展了自然基金、引智项目等课题 6 项，申请授权专利 12 项，其中授权实用新型专利 1 项，发表论文 8 篇。天津武清基地承担自然科学基金、“948”、财政专项等科研项目 10 余项，以第一完成单位获天津市科技进步奖二等奖一项，以参加单位获环境保护科学技术奖二等奖一项，取得授权专利 2 项，软件著作权 1 项，发表论文 10 余篇。

烟草所：青岛基地发表论文 24 篇，获取专利数 7 项，标准制定数量 2 项，科研成果获取 2 项。四川西昌基地育成烤烟新品种 2 个，发表论文 13 篇，其中 SCI 收录 2 篇，EI 收录 3 篇；编著著作 1 部，参编著作 1 部。

三、成果转化情况

2014 年，围绕农业部中心工作，积极推动研究所基地入选国家基地。我院有关研究所作为主体建设单位，推动资划所祁阳基地、水稻所富阳基地、棉花所阿拉尔基地、油料所阳逻基地、环保所大理基地、兰州牧药所张掖基地 6 个基地入选 2014 年全国 100 个国家农业科技创新与集成示范基地。同时，我院及有关研究所作为共建单位，参与另外 9 个国家农业科技创新与集成示范基地建设任务。

院新乡综合基地：积极推动基层农技推广服务云平台在河南省新乡市的示范应用，目前已覆盖全市 4 区 8 县 800 名农技人员、专业合作社、种养大户等新型农业生产经营主体，开展了 4 次集中式培训，该工作在中央电视台（七套）进行了重点宣传。组织蔬菜专家举办了技术培训与成果对接会，取得了明显成效。以基地为依托，协助基地所在县、市成功申报了国家农业科技园区、国家现代农业示范区、河南省农业科技园区、河南省产业技术创新平台、河南省矮败小麦工程技术研究中心等重要平台。

院廊坊园区：组团参加了第十八届中国（廊坊）农产品交易会，完成我院展区的特装制作，组织作科所、植保所等 16 个院属研究所参展，大会组委会授予我院会务组织奖和展贸优秀奖。围绕当地农业主导产业需求，开展了梨标准园创建、病虫害综合防治技术培训、奶牛健康养殖技术培训、蔬菜新品种新技术观摩等科技服务工作。

四、开放共享情况

2014 年，全院有 21 个基地与 40 余家单位共享，共享面积约 4 200亩，较去年增幅较大。棉花所 8 个基地与 15 个单位共享，资划所、植保所、环发所、饲料所、兰州牧药所、环保所、灌溉所、草原所和烟草所均有基地与其他单位共享。

五、运行管理情况

全院 29 个研究所均明确了分管基地的所领导和工作部门，其中 6 个研究所设立了专职部门。全院 17 个基地设立了独立的核算机构或管理实体，其中院综合基地 2 个、研究所专业基地 15 个。

据不完全统计，2014 年全院共有 1 229人参与了基地建设和管理工作，平均基地 10 人左右。从人员组成看，在职职工 598 人，占 48. 7%；合同聘用人员 519 人，占 42. 2%；其他人员 112 人，占 9. 1%。

作科所：试验农场统一负责全所试验基地的管理，在职职工 15 人、聘用人员 32 人，各基地日常管理由站长负责。

植保所：成果转化处为基地业务管理的职能部门，各基地实行站长负责制。基地后勤保障、生活服务等实行企业化管理。其中，廊坊基地有管理岗在职职工 3 名，合同工 5 名。

蔬菜所：基地日常管理设在成果转化处，在职职工 9 人、合同聘用人员 143 人。其中，所区基地设场长 1 名、助理 1 名、高级工 1 名（在职职工），合同聘用人员 13 人；南口基地设场长 1 名、副场长 1 名（在职职工），场长助理 1 名，合同聘用人员 43 人。

牧医所：条件保障处负责管理昌平马池口基地。基地的整体管理有现场管理人员 10 人，其中在职人员 3 人，合同聘用 7 人；基地内各养殖场的生产试验管理有 52 人，其中在职人员 12 人，合同聘用人员 40 人。

资划所：平台建设处为基地业务管理的职能部门，基地实行站长负责制。全所共有 89 名在职职工、49 名合同聘用职工参与基地建设和管理工作。

水稻所：试验基地由所部试验区负责运营管理，该区下设 19 个岗位，分别为田间管理人员 10 名（其中 1 名为外聘人员）、田间耕作及后勤保障人员 3 名、仓库管理人员 2 名、管理人员 2 名、出纳 1 名（所部编外职工）、排涝人员 1 名。

油料所：基地综合管理办公室（简称基地办）统一负责全所饰演基地的管理。基地办现有职工 19 人，长期合同工 33 人，分设 4 站 8 队 1 办，是一支集田间试验管理、基地保卫、环卫、绿化、后勤于一体的专业支撑服务团队。

麻类所：沅江基地日常管理由该所沅江实验站负责，管理人员约 8 人。长沙境内的白箬铺基地、种质资源圃、野生纤维植物保护圃 3 个基地由成果转化处负责管理，兼职管理人员 3 人、合同管理人员 2 人。

果树所：成果转化处主要负责管理砬山、温泉两个基地的日常工作，参与基地管理在职职工 11 人，其中正处长、副处长各 1 名、科长 1 名，管理人员 2 名，工人 6 名。前所基地由课题组派专人管理。

茶叶所：设有基地办公室，负责试验基地日常管理，现有在职职工 2 人，合同聘用人员 2 人。

哈尔滨兽医所：动物试验场地现有职工55人，其中，事业编制13人、劳务派遣36人、计时工6人，大专以上学历职工13人，硕士研究生以上学历2人，副研究员2人。基地现有农业组、综合组、非免疫禽类养殖组、实验猪标准化研究中心等11个班组。

上海兽医所：动物试验场由基建后勤处负责管理，在职职工2名，聘用劳务工4名。

草原所：目前基地共有62人，其中，在职职工42人，聘用人员8人，其他人员12人。实行相对独立的管理体制，在研究所统一领导和专家组的指导下，实行基地负责人负责制。

特产所：左家基地内的长白山野生生物资源观测站现有职工38人，其中，管理人员2人，技术人员5人，实验辅助工人19人，其他工作人员12人；药用植物资源圃固定在职职工3人，其中，技术员1人，实验辅助工人2人。

环保所：大理基地有站长、副站长各1人，此外，有在职工作人员5人，地方配套工作人员4人。

沼科所：基建与后勤服务中心负责基地管理，有管理人员3人（其中，专职管理人员在职职工1人、合同聘用保安2人），负责基地安保、固定资产、基础设施的保护和保养工作。

农机化所：溧水基地由产业与开发管理处负责宏观管理和指导。科技管理和基建工作分别由科研处和基建办公室负责。管理人员共5人，均为在职职工。

烟草所：设有基地管理办公室，并依托该办公室分别设立青岛基地管理办公室和西昌基地管理办公室，负责各基地日常运行与管理工作。共有在职职工3人，合同聘用人员10余人。

中国农业科学院科研试验基地目录

综合试验基地

序号	基地名称	基地面积（亩）	产权面积（亩）		租赁面积及期限		所属单位	备注
			小计	建设用地	面积（亩）	期限（年）		
1	河南新乡综合试验基地	4 217	212	212	4 005	50	中国农业科学院	5 所入驻（作科所、植保所、环发所、灌溉所、郑果所）
2	河北廊坊农业高新技术产业园	2 000	200	200	1 800	50	中国农业科学院	8 所入驻（作科所、蔬菜所、牧医所、饲料所、生物所、资划所、草原所、特产所）
3	北京南口综合试验基地	800	800				中国农业科学院	8 所入驻（作科所、蔬菜所、牧医所、环发所、蜜蜂所、饲料所、加工所、质标所）

专业试验基地

序号	基地名称	基地面积（亩）	产权面积（亩）		租赁面积及期限		所属单位	备注
			小计	建设用地	面积（亩）	期限（年）		
1	北京海淀作物试验基地	200	200				作科所	位于院部所区
2	北京昌平作物试验基地	664	664	20				位于马池口地区

（续表）

序号	基地名称	基地面积（亩）	产权面积（亩）		租赁面积及期限		所属单位	备注
			小计	建设用地	面积（亩）	期限（年）		
3	海南三亚作物南繁试验基地	352	60	60	292	30	作科所	
4	河南新乡小麦育种试验基地	130	130					农业部新乡矮败小麦重点野外科学观测试验站
5	北京顺义作物试验基地	1 648	43	43	1 605	20		
6	河北沽源小麦夏繁试验基地	210	10		200	30		
7	吉林公主岭作物试验基地	300			300	30		
8	河北唐海作物耐盐碱试验基地	50			50	30		
9	内蒙古锡林浩特草原有害生物监测与防治试验基地	500	300		200	50	植保所	农业部锡林浩特草原有害生物防治重点野外科学观测试验站
10	河北廊坊农业有害生物监测与防治试验基地	507	507	36				农业部廊坊有害生物防治重点野外科学观测试验站
11	吉林公主岭农业有害生物监测与防治试验基地	200	200					

（续表）

序号	基地名称	基地面积（亩）	产权面积（亩）		租赁面积及期限		所属单位	备注
			小计	建设用地	面积（亩）	期限（年）		
12	广西桂林农业有害生物监测与防治试验基地	163	163				植保所	
13	新疆库尔勒农业有害生物监测与防治试验基地	200	200				植保所	
14	甘肃天水农业有害生物监测与防治试验基地	57	57	16			植保所	
15	山东长岛农业有害生物监测与防治试验基地	10			10	30	植保所	
16	北京海淀蔬菜花卉试验基地	50	50				蔬菜所	位于院部所区
17	北京顺义蔬菜试验基地	375			375	15	蔬菜所	
18	河北省张家口蔬菜试验基地	1 030	30	30	1 000	15	蔬菜所	

（续表）

序号	基地名称	基地面积（亩）	产权面积（亩）		租赁面积及期限		所属单位	备注
			小计	建设用地	面积（亩）	期限（年）		
19	山西寿阳旱地农业试验基地	160	20		140	30	环发所	农业部寿阳旱地农业重点野外科学观测试验站
20	西藏那曲高寒草地生态与气候变化试验基地	2 000	2 000				环发所	
21	湖南岳阳农业环境试验基地	142	22		120	20	环发所	
22	北京顺义农业环境试验基地	1 146	37	37	1 109	18	环发所	
23	福建海西农业环境试验基地	16	16				环发所	
24	山东省东营市垦利县	306	21	21	285		环发所	
25	北京昌平畜牧试验基地	288	288	52			牧医所	位于马池口地区，农业部昌平畜禽资源重点野外科学观测试验站
26	内蒙古鄂尔多斯鄂托克旗牧草资源与育种试验基地	1 010	10	10	1 000	20	牧医所	

（续表）

序号	基地名称	基地面积（亩）	产权面积（亩）		租赁面积及期限		所属单位	备注
			小计	建设用地	面积（亩）	期限（年）		
27	北京平谷北方棉花生物技术育种试验基地	200	10	10	190	20	生物所	
28	海南三亚棉花南繁试验基地	30	3	3	27	20		
29	湖北麻城长江流域棉区棉花生物技术育种试验基地	119	17	17	102	20		
30	海南乐东生物技术试验基地	100			100	23		
31	辽宁营口生物技术试验基地	45	21	21	24			
32	安徽灵璧生物技术试验基地	10	10	3				
33	北京昌平潮褐土生态环境试验站	30	30	12			资划所	位于马池口地区，农业部昌平潮褐土生态环境重点野外科学观测试验站
34	内蒙古呼伦贝尔草原生态系统试验基地	4 750	200		4 550	50		内蒙古呼伦贝尔草原生态系统国家野外科学观测研究站

（续表）

序号	基地名称	基地面积（亩）	产权面积（亩）		租赁面积及期限		所属单位	备注
			小计	建设用地	面积（亩）	期限（年）		
35	山东德州盐碱土壤改良试验基地	228	228	10		50	资划所	农业部德州农业资源与生态环境重点野外科学观测试验站
36	北京海淀国家土壤肥力与肥料效益监测站网	838	784	32	54			分散在全国各地各单位，由原国家计委统一购置产权土地，部分土地归我院资划所所有
37	河南洛阳旱地农业试验基地	130	30		100			农业部洛阳旱地农业重点野外科学观测试验站
38	北京密云土壤肥料试验基地	128	8	8	120	50		
39	湖南祁阳红壤农业生态试验基地	662	662	20				南方红壤地区农业生态环境监测试验站
40	河北迁西燕山生态环境试验站	172	22		150			农业部迁西燕山生态环境重点野外科学观测试验站
41	河北平泉国家食用菌改良中心试验基地	45	45	15				
42	江西进贤土壤肥料试验基地	90	90	10				
43	广东江门农业农业资源试验基地	350	50		300			

（续表）

序号	基地名称	基地面积（亩）	产权面积（亩）		租赁面积及期限		所属单位	备注
			小计	建设用地	面积（亩）	期限（年）		
44	河北定兴新农村信息化试验示范基地						信息所	与当地政府合作建设
45	河北怀来新农村信息化试验示范基地						信息所	与当地政府合作建设
46	江苏苏州农业信息化试验示范基地						信息所	与苏州稼泰丰农业科技公司合建设
47	河南新乡作物需水量试验基地	15	15				灌溉所	位于所区
48	河南商丘农业资源与生态环境试验站	83	50	13	33	30	灌溉所	河南商丘农田生态系统国家野外科学观测研究站
49	河南洪门水资源安全利用试验基地	18	18				灌溉所	
50	海南陵水水稻南繁试验基地	326	4		322	20	水稻所	
51	浙江富阳水稻试验场	5 608	5 608	408			水稻所	
52	云南永胜水稻试验基地	3. 4	3. 4	3. 4			水稻所	

（续表）

序号	基地名称	基地面积（亩）	产权面积（亩）		租赁面积及期限		所属单位	备注
			小计	建设用地	面积（亩）	期限（年）		
53	海南三亚棉花试验基地	615	56	41	559	40	棉花所	国家种质海南野生棉圃
54	安徽合肥杂交棉试验基地	45	45	15		15		
55	安徽望江棉花试验基地	179	29	24	150			
56	新疆石河子早熟棉育种试验基地	112	112	10				
57	新疆阿克苏中早熟棉试验基地	1 000			1 000			
58	河南郑州棉花试验基地	90	15		75	40		
59	河南安阳棉花试验基地	2 488	2 488					
60	江西九江棉花试验基地	90			90			
61	新疆阿拉尔棉花试验基地	434	30	30	404			
62	青海平安油菜夏繁试验基地	208	208	28			油料所	
63	湖北汉川油料转基因安全检测与试验基地	143	143					

（续表）

序号	基地名称	基地面积（亩）	产权面积（亩）		租赁面积及期限		所属单位	备注
			小计	建设用地	面积（亩）	期限（年）		
64	湖北阳逻油料作物试验基地	1 000	1 000	200			油料所	
65	湖北武昌油料作物试验基地	800	800	120			油料所	位于油料所本部，国家种质武昌野生花生圃农业部武昌花生资源重点野外科学观测试验站
66	江西进贤油料作物试验基地	160	160	10			油料所	
67	湖南沅江麻类作物试验基地	581	581	93			麻类所	农业部沅江麻类资源重点野外科学观测试验站
68	湖南长沙苎麻与野生纤维植物资源圃	87	12		75	20	麻类所	国家作物种质资源长沙苎麻圃
69	湖南长沙望城麻类创新试验基地	140	21	21	119	30	麻类所	
70	辽宁兴城砬山北方落叶果树试验基地	3 146	3 146				果树所	国家果树种质兴城梨圃，农业部兴城北方落叶果树资源重点野外科学观测试验站
71	辽宁兴城温泉果树试验基地	464	464				果树所	位于所区，国家果树种质兴城苹果圃
72	辽宁绥中果树栽培试验基地	100			100	30	果树所	

（续表）

序号	基地名称	基地面积（亩）	产权面积（亩）		租赁面积及期限		所属单位	备注
			小计	建设用地	面积（亩）	期限（年）		
73	新疆哈密果树瓜类试验基地	2 626	2 626	0.7			郑果所	
74	河南郑州果树瓜类试验基地	650	650	225				位于所区。国家果树种质郑州桃圃、葡萄圃
75	郑州荥阳果树瓜类试验基地	846	4	4	842	50		
76	新疆阿克苏果树试验基地	350	350					
77	浙江杭州茶叶试验基地	361	361	110			茶叶所	位于所区。国家种质杭州茶树圃，农业部杭州茶树种质资源重点野外科学观测试验站
78	浙江淳安茶叶试验基地	315	45	45	270	30		包括淳安茶叶加工试验基地和淳安文昌茶叶试验基地
79	浙江嵊州茶叶试验基地	341	341	15				
80	云南普洱茶试验基地	1 500	2		1 498	30		
81	黑龙江哈尔滨南山试验场	2 102	2 102	225			哈尔滨兽医所	

（续表）

序号	基地名称	基地面积（亩）	产权面积（亩）		租赁面积及期限		所属单位	备注
			小计	建设用地	面积（亩）	期限（年）		
82	甘肃兰州大洼山畜牧试验基地	2 400	2 400	72			兰州牧药所	农业部兰州黄土高原生态环境重点野外科学观测试验站
83	甘肃张掖旱生牧草种子繁育试验基地	3 109	3 109	94				
84	内蒙古呼和浩特农牧交错区试验基地	5 080	5 080				草原所	国家种质多年生牧草资源圃农业部沙尔沁牧草资源重点野外科学观测试验站
85	内蒙古锡盟苏尼特荒漠草原试验基地	8 300	20	20	8 280	5		其余部分：480亩每5年续签一次，其他与牧民合作
86	内蒙古鄂尔多斯十二连城沙地草原试验基地	5 000			5 000	30		农业部鄂尔多斯沙地草原生态环境重点野外科学观测试验站
87	内蒙古鄂尔多斯达拉特沙地草场改良试验基地	5 000	500	30	4 500	40		
88	青海玉树青藏高寒草原试验基地	5 010	10	10	5 000	10		农业部玉树高寒草原资源与生态环境野外科学观测试验站
89	内蒙古锡盟太仆寺旗典型草原试验示范基地	535	15	15	520	30		
90	锡林浩特试验示范基地	3 221			3 221			

（续表）

序号	基地名称	基地面积（亩）	产权面积（亩）		租赁面积及期限		所属单位	备注
			小计	建设用地	面积（亩）	期限（年）		
91	上海松江动物试验基地	30	30	30			上海兽医所	
92	吉林昌邑左家特种经济动植物试验基地	1 160	1 160	123			特产所	农业部长白山野生生物资源重点野外科学观测试验站，国家果树种质左家山葡萄圃
93	云南大理农业生态环境试验基地	162	162	22				农业部大理农业生态环境重点野外科学观测试验站
94	天津武清农业生态环境试验基地	64			64	30	环保所	
95	湖南湘阴农业生态环境试验基地	130	30	30	100			
96	四川成都公兴沼气发酵中试基地	63	63	18		40	沼科所	
97	江苏南京溧水农业机械化技术试验基地	200	200	28			农机化所	
98	山东即墨烟草试验基地	471. 5	26. 5	26. 5	445	30		
99	山东青州烟草试验基地	746	746	48			烟草所	
100	四川西昌烟草试验基地	219	21	21	198			

国家农业科技创新与集成示范基地入选目录

（农办科〔2014〕34 号）

序号	基地名称	主体建设单位	共建单位	合作企业
1	国家农业科技创新与集成示范基地	中国农业科学院兰州畜牧与兽药研究所	甘州区政府、甘州区农业局、甘州区畜牧兽医局、张掖绿洲现代农业试验示范区办公室、甘肃广宇牧业有限公司	张掖市发忠牧业有限责任公司
2	国家农业科技创新与集成示范基地	中国农业科学院油料作物研究所	武汉市新洲区政府、华中农业大学、湖北大学	武汉中油科技新产业有限公司
3	国家农业科技创新与集成示范基地	中国农业科学院棉花研究所	新疆生产建设兵团第一师	中棉种业科技股份有限公司
4	国家农业科技创新与集成示范基地	中国农业科学院农业资源与农业区划研究所	永州市政府、永州市农业局、祁阳县农业局	湖南果秀食品有限公司
5	国家农业科技创新与集成示范基地	中国水稻研究所	浙江省农业厅、浙江国稻高科技种业有限公司	北京金色农华种业科技股份有限公司、广西瑞特种子有限责任公司、浙江勿忘农种业股份有限公司
6	国家农业科技创新与集成示范基地	农业部环境保护科研监测所	云南省农业环境保护监测站、大理市政府	大理市原种场

中国农业科学院2014年产业发展工作总结

2014年，围绕“建设世界一流农业科研院所”和“顶天立地”的目标及院党组的统一部署，以改革为主线，加强科技产业顶层设计，发挥企业成果转化平台作用，开展种业科技成果权益改革试点工作，加快种子企业改制，推进产业升级，全院科技产业工作取得了明显成效。

2014年，全院开发收入125 013.48万元，其中技术转让收入37 559.29万元，占总收入的30.0%；全院共签订合同4 881份，合同交易金额9.24亿元，当年实收金额8.07亿元；全院全资、控股的54家一级企业实现营业总收入135 849.34万元，同比增长12.83%，净利润26 033.20万元，同比增长21.25%，资产总额247 156.54万元，同比增长16.63%。

一、加强顶层设计，促进科技产业健康发展

为了贯彻落实党的十八届三中全会和中央农村工作会议精神，推进我院世界一流科研院所建设，着力构建现代农业科技产业发展新体系，我院出台了《中国农业科学院关于推进科技产业发展的若干意见（试行）》（以下简称《若干意见》）。《若干意见》紧紧抓住深化企业改革这条主线，旨在通过推动现代企业制度建设，加快提升企业竞争力，为科技产业实现跨越式发展指明了方向。《若干意见》强调了发展科技产业对完成科技创新使命、促进科技成果转化、逐步实现事企分开等工作的重要意义。《若干意见》提出，加强科技产业的重组与整合，加强所办企业技术创新主体地位及能力建设，加强企业高层管理团队建设，加强与大企业、大资本的合作，努力做强做大科技产业。

二、开展权益改革试点，推进种子企业脱钩，深化种业科技体制改革

（一）开展种业科研成果权益改革试点

实施创新驱动发展战略，最根本的是要增强自主创新能力。种业是国家战略性、基础性核心产业，发展现代种业的核心就是提升种业创新能力。2014年10月24日，农业部、科技部、财政部联合发文，决定开展种业科研单位与科研人员权益改革试点工

作，旨在推动种业科技体制改革，建立成果权益分享机制，激发科研人员创新活力，提高科技成果转化效率，提升我国种业科技创新能力。我院作科所、蔬菜所、水稻所 3 家单位和中国农大玉米中心作为首批 4 家试点单位参与试点。

1. 加强组织领导，开展广泛调研

我院高度重视试点工作，多次召开院党组会、院常务会专题研究部署，并成立了试点工作领导小组，统筹安排、指导协调试点工作。3 个试点单位也分别成立了工作组，明确了部门职责，落实了具体分工，切实做好试点工作组织保障。院所领导深入科研一线开展调研，多次召开座谈会，充分听取广大科研人员的意见，为稳妥开展试点工作打下了良好基础。

2. 制定工作方案，细化工作内容

3 个试点单位在我院制定的试点工作总体方案的框架下，在摸清家底的基础上，按照“科研人员和职工收入不减少、科研单位综合实力不降低、种业基础研究能力不削弱”的原则，结合各自特点，制定了切实可行的实施方案。方案经过了所务会、职代会多次讨论，反复论证，领导小组审议通过。方案明确了试点范围、成果权利的确定、成果收益分配、成果处置等各项内容，提出了确保试点工作顺利开展的保障措施。

3. 确定成果权益，明确权利归属

试点单位针对本单位实际情况，确定了成果的权利归属，明确了权益分配的原则，将成果的占有、使用、处置和收益等权益赋予成果完成人，使成果转化后的“奖励”变为成果形成前的“确权”。为了加强基础科研，还特别提高了种质创制、育种方法等前端科研成果分配给科研人员的权益比例，大大激发了科研人员的创新热情。

4. 筹建交易中心，组织成果上线交易

为了确保种业科研成果公开、公平、公正交易，在农业部的大力支持下，我院建成了“国家种业科技成果产权交易中心”，完成了 1 000平米交易中心的建设任务，完善了交易平台功能，制定了交易规范和合同，加强了交易平台宣传、推广、交易知识普及和平台操作培训，组织了试点单位和全国科研单位、高等院校的品种、专利等种业成果上线展示交易。

5. 推动成果展示，部分成果确权交易

3 个试点单位梳理了 500 多项成果，重点推介 180 多项成果上交易平台展示交易，6 项成果率先实现交易，并于 2014 年 12 月 2 日在“种业科技成果确权推介交易活动”上签定转让（许可）协议。

6. 以点带面，推动全面改革

我院在推动试点单位改革的同时，也要求其他研究所梳理种业科技成果，尽快上线公开交易，为参与试点工作做准备。以试点工作带动全院改革，强化体制机制创新，促进了“科研思路转变、基础研究加强、科研体制创新、种子企业改制”等重点工作，使全院科技体制改革不断深入。

（二）推动种子企业脱钩

2011 年，国务院印发《国务院关于加快推进现代农作物种业发展的意见》（以下简称《意见》），种业改革正式启动。《意见》要求："引导和积极推进科研院所和高等院校逐步退出商业化育种，力争到"十二五"末科研院所和高等院校与其开办的种子企业基本实现'事企脱钩'。"2013 年年底，《国务院办公厅关于深化种业体制改革提高创新能力的意见》，就深化种业体制改革、提高创新能力提出更加具体的意见和要求，特别提出："确定为公益性的科研院所和高等院校（以下简称事业单位），在 2015 年年底前实现与其所办的种子企业脱钩；其他科研院所逐步实行企业化改革。"

按照《国务院办公厅关于深化种业体制改革提高创新能力的意见》和农业部的总体要求，每一家种子企业分别制定详细的脱钩工作方案，逐步推进脱钩工作。对于没有种子经营许可证，经营管理不善、没有发展潜力，或无实际控制权的 2 家院办企业、3 家所办企业，通过注销、转让股权等方式，实现脱钩；对于不再从事种子种苗业务的 3 家所办企业，变更主营业务；对于不直接从事种子经营的 2 家所办一级企业，改制为二级企业控股母公司，二级企业业务整合重组，形成合力；对确需保留，具有一定市场竞争力的企业，通过加强与大企业的合作，引进战略投资改制重组。

中棉种业科技股份有限公司（以下简称中棉种业）是棉花研究所全资企业科技贸易公司与其他非国有股东共同发起设立的股份有限公司，成立时注册资本 5 000万元人民币，总股本 5 000 万股，其中科贸公司持有 1 750 万股，占中棉种业总股本的 35.00%。根据棉花所产业发展战略与发展目标，为了更好的推动中棉种业健康快速发展，中棉种业通过 5 次股权转让和 2 次增资，引入战略投资公司 4 家，完成了公司的改制重组工作，注册资本由 5 000万元增资到 7 000万元，总股本 7 000万股，其中科贸公司持有 2 050万股，占中棉种业总股本的 29.2857%。目前，中棉种业已完成企业改制，并在新三版上市，顺利实现脱钩。

三、发挥企业作用，促进成果转化

企业作为成果转化平台，担负着研究所的中试孵化、成果熟化、推广转化等任务。我院所办企业积极发挥各自优势，在成果转化中起着重要作用。

（一）协作创新

我院研究所拥有技术、人才、平台等方面的优势，所办企业拥有管理、市场、推广等方面的优势，充分发挥各自优势，协同创新，很好的促进了科技与经济结合，成果与市场挂钩。

作科所出资设立的特品降脂燕麦开发公司作为燕麦研究成果的成果转化平台，在燕麦产品的熟化推广和燕麦育种研究中起到了重要作用。公司与燕麦课题组合作，对燕麦G5 品种进行提纯复壮选育和小面积繁殖；同时收集市场主流燕麦品种 12 个进行种植鉴定、品质分析、采集第一手数据，为研究所及公司进一步选育优良品种提供材料。另外，公司与合作基地共同繁殖一级、二级和三级种子田约 4 000亩，品种新增推广面积约 15 000亩，收获商品燕麦 100 多万千克，增加了农民的经济效益。

哈尔滨兽医所出资设立的哈尔滨动物生物制品国家工程研究中心有限公司与哈尔滨兽医所签约研发项目 6 项，其中，布鲁氏菌抗体 cELISA 检测试剂盒项目顺利获得了新兽药注册证书，从中国兽医药品监察所引进科技项目 2 项。2014 年工程中心加大研发投入，从哈尔滨兽医所新引进、孵化科技开发项目 29 项，其中，引进疫苗项目 13 项，引进诊断试剂 16 项。工程中心还联合天津瑞普、广东大华农等 4 家国内一流的生物制品企业共同组建动物用生物制品产业科技创新联合体，开展科技项目的合作研发。

（二）展示推广

展示交易会、现场观摩会等形式是成果转化的重要环节，所办企业利用各种活动展示推广各自成果，取得了很好的成效。

蔬菜所出资设立的中蔬种业科技（北京）有限公司 2014 年组织廊坊蔬菜新品种展示等 4 次现场展示，展示新品种新组合 1 000多个，参加了广州、杭州等市的新品种展示会，展示蔬菜所新品种新组合数 120 个。在强化品种展示示范和试种管理的同时，积极参加北京世界种子大会等 8 个种子交易会，制作了宣传展墙，提供了宣传资料，展示了公司的整体形象。

浙江国稻高科技种业有限公司作为中国水稻研究所成果转化的平台，以研究所技术为依托，以水稻种子和精致稻米产业为双翼，经济效益显著，公司利润稳步增长。2014 年完成了“国稻 1 号”、“中百优 1 号”、“中优 161” 等 14 个新老组合的推广应用，签定了联合开发协议/种子销售协议合计 25 份，召开了百亩示范现场推介会 8 个，累计制种面积达 15 000余亩，生产种子 300 余万千克，合作销售种子约 250 万千克，累积推广种植面积超过 300 余万亩。

（三）实施项目

所办企业作为项目承担单位，通过成果转化项目的实施，集成了关键技术，开发了优质产品，推动了成果应用。

为加大苜蓿新品种——“中苜 2 号”高产苜蓿的推广开发力度，牧医所出资设立的北京中畜东方草业科技有限公司成功申报了科技成果转化项目“‘中苜 2 号’高产苜蓿新品种中试示范”，获得项目经费 60 万。公司以内蒙古鄂尔多斯市鄂托克旗赛乌素草籽场作为“中苜 2 号”苜蓿种子扩繁地点，完成建植种子田 300 亩。通过项目的实施，集成应用了一系列种子高产关键技术，大幅提高了苜蓿种子产量，增加了苜蓿制种经济效益。

蜜蜂所全资企业北京中蜜科技发展有限公司作为产品研发、中试、推广的重要平台，在科学研究与市场推广之间架起了沟通的桥梁。2014 年由公司承担的科技成果转化项目“不易结晶蜂蜜加工技术的中试与示范”通过了验收。通过该项目的实施，系统优化不易结晶蜂蜜中试生产工艺条件和参数，研究制定出不易结晶蜂蜜加工技术规程；研究与开发融蜜机；开发蜂蜜制品 1 个；制定蜂蜜制品企业标准 1 项，销售不易结晶蜂蜜 458 吨，实现销售收入 1 464万元。

四、加强对外投资管理，确保国有资产保值增值

（一）推进企业调整升级

1. 院办企业

2013 年启动了院办企业清理整顿工作，在不断努力下，院办企业清理整顿工作取得了新进展。北京中农福得绿色科技有限公司完成债权债务公告、股东名称变更、清算组备案、下属公司股权变更等工作。北京中农科技术开发公司完成电商业务清算工作。北京市中农良种有限责任公司召开股东会启动股权转让工作。中农草业有限责任公司完成了清算工作，收回了清算资产。

2. 所办企业

在全面分析各单位对外投资事项的基础上，按照国家相关法律政策和《中国农业科学院关于推进科技产业发展的若干意见（试行)》的要求，根据各单位事业发展需要，考虑所办企业现状，制定了《中国农业科学院所办企业清理整顿方案》，推动所办企业开展清理整顿工作。

按照《中国农业科学院所办企业清理整顿方案》的要求，一些单位先后启动清理整顿工作，并取得了阶段性成效。2 个单位注销了下属经营业绩不良的企业，2 个单位通过股权转让的形式，退出了股权比例小、无主导权的企业，2 个单位完成了部分全民所有制企业的改制工作。

（二）加强企业财务信息管理

做好企业财务会计决算、固定资产投资决算、企业经济效益月报等企业财务信息管理工作，有利于提高会计信息质量，有利于企业提高管理水平，有利于领导管理决策，有利于财政部门加强财政管理。按照财政部、农业部的相关要求，完成了 2013 年全院

58 家一级企业、21 家二级企业、4 家三级企业，共计 83 家企业财务会计决算、固定资产投资决算审核、汇总和上报工作。完成了 57 家全资、控股企业经济效益月报汇总上报工作。

（三）开展企业国有资产产权登记

企业国有资产产权登记工作是以出资人角度管理国有资产的需要，是建立现代产权制度的需要，是适应股权多元化的需要。各单位积极组织，充分准备，反复审核，完成了 14 个企业产权登记工作。为强化产权意识，理顺产权关系，维护国有资产权益，提高资金管理效益打下了良好基础。

中国农业科学院 2014 年知识产权工作总结

为落实院领导要求，切实提高全院知识产权工作水平，2014 年在知识产权管理方面主要做了以下工作。

1. 知识产权“三位一体”体系建设和运转

在院领导提出建设我院知识产权“三位一体”工作体系后，按照符合我院实际情况并在机制上有所创新的原则，探索并实施知识产权管理、研究与转化“三位一体”工作方案。通过成立中国农业科学院知识产权管理委员会、建设农业科技成果评价系统、组建国家种业科技成果产权交易中心、制定中国农业科学院知识产权全程管理工作参考手册、参加各地展会等具体任务，将院成果转化局、各所知识产权管理人员和院农业知识产权研究中心、院技术转移中心等负责管理、研究和转化 3 方面力量，通过经费、人员和资源的共享，集结形成三位一体工作体系。

2. 宣传与联系

在农业部科技教育司的大力支持以及院属各单位和院机关各部门的通力配合下，根据院信息化工作领导小组的统一部署和协调，精心设计、反复论证，在较短时间内顺利完成了院知识产权网站的设计和内容搜集工作，配合 4 月 26 日知识产权日，于 2014 年 4 月 28 日正式上线运行。一年中，将院知识产权网站作为提高知识产权意识、学习和宣传的重要途径，以“立足全院需求、加强知识传播、扩大对外宣传、院所维权打假、促进成果转化”为原则，按照一天一更新的要求，共上网 3 281项授权专利、植物新品种、获奖专利等信息，在全院各类子网站中排名第一，其中人工编选录入的新闻和信息等 132 篇。利用国家知识产权战略网、院网站和 QQ 群等，传递信息并答疑解惑，提高了院相关人员对该工作的认识和知识普及。

3. 培　训

2014 年 5 月 21—23 日，在京举办知识产权全程管理培训班。培训班邀请了中国科学院有关知识产权的专家分别就国立科研机构的知识产权管理规范、研究所知识产权管理体系与实践、科研项目的知识产权管理 3 个专题作了深入讲解，介绍了国内外知识产权管理体系和工作机制，讲解了知识产权的价值管理和团队建设方案等，给了学员们很大启发。院属 32 个单位知识产权管理岗位负责人及管理人员共计 68 人参加了培训。

2014 年 7 月 18 日，在京举办了国家专利奖申报讲座。邀请国家知识产权局①专利管理司市场处主管领导，从专利创造新颖性、技术先进性、运用保护措施及成效、发展

---

① 中华人民共和国国家知识产权局，全书简称国家知识产权局

前景和行业影响4个方面深入阐述了国家专利奖的评奖机制和测评标准，并结合专利评价指标体系讲解了专利价值的评价基理。共计有来自17个研究所以及中国水产科学研究院的50多名科研人员和分管领导参加。

2014年10月20日，协助农业部科技教育司在成都举办农业部知识产权工作会议，以我院人员为主，包括中国水产科学研究院、中国热带农业科学院、广东省农业科学院、四川省农业科学院等，约40人。重点讨论农业科研机构的全程知识产权管理规范并交流工作情况。

4. 全程管理实务参考手册

组织院有关研究所共同参与制定《中国农业科学院知识产权全程管理实务参考手册》，包括汇报制度、保密制度、评价制度等。针对存在的问题邀请中国科学院相关人员研讨和作相关培训。目前形成了6万余字的初稿，计划于2015年世界知识产权日前后印发。

5. 国家种业科技成果产权交易中心

2013年12月20日《国务院办公厅关于深化种业体制改革提高创新能力的意见》（国办发〔2013〕109号文）提出要“建立种业科技成果公开交易平台和托管中心，制定交易管理办法，禁止私下交易”。2014年5月12日《农业部关于中国农业科学院成立国家种业科技成果产权交易中心》（农种函〔2014〕1号文）明确了我院的任务和对我院的要求。我院将举全院之力，落实国务院和农业部有关文件精神，把农业部批准建立的唯一权威机构“国家种业科技成果产权交易中心”打造成农业领域“激励科技创新、加速成果转化应用、规范成果交易行为”的先行先试样板平台。

经向汪洋副总理、农业部余欣荣副部长等汇报并调研北京市金融管理局、上海联合产权交易所北京中心、中国技术交易所等，征求了中国种子集团、现代种业发展基金和隆平高科等数十家企业和科研机构的意向，形成了工作方案，于2014年8月13日建成国家种业科技成果产权交易中心并揭牌、12月2日试点启动并交易，完成9项交易，成交金额逾3 000万元。

6. 知识产权管理外部支撑体系

在2013年申请获得农业部科技教育司的工作经费资助的基础上，2014年继续获得该司支持。还在争取国家知识产权局专利管理司支持方面有所突破，该司副司长带队来我院调研，并且批准我院成为种业专利质量分析试点单位。两方面的支持聚焦于种业专利质量分析和提高方面。2014年申请了基本科研业务费，主要将聚焦创新工程的知识产权体制机制设计，提高知识产权工作的管理水平和影响力。

7. 院技术转移中心工作

借鉴国内外知识产权服务发展与建设经验，凝炼农业知识产权在线服务模式，构建基于互联网的线上服务平台——“农业科技知识成果服务平台”并建成“农业技术价值评估系统”，为解决农业技术转移过程中“技术估价难”的突出问题提供了有效的方式、方法。

走访了作物所、加工所、区划所、水稻所、甘薯所、麻类所等科研处、产业开发处及其课题组，在为各所提供市场信息咨询同时，根据农业企业需求，重点推荐和对接了相关技术。例如：加工所周素梅课题组预糊化杂粮粉产品加工技术、苦荞黄酮及其系列产品生产技术；作物所台建祥课题组黄蜀葵（野芙蓉）药食两用深加工综合利用技术；甘薯所“徐薯22号”、“徐薯25号”在武安地区示范种植及其示范推广等。提出“中黄42”高蛋白大豆开发商业计划书，并向中粮集团推荐在北京房山种植基地试种。

2014年6月22—25日，联合中国饲料经济专业委员会在京举办“畜牧饲料产业可持续发展的现实与远见”主题系列活动，我院饲料所、牧医所、家禽所等相关所和研究机构参加。

8. 院农业知识产权研究中心

承担国家自然科学基金、转基因重大专项、农业部其他专项项目等10项。在*Technology Forecasting & Social change*、《中国农业科学》《中国生物工程杂志》等国内外核心期刊发表10余篇论文。发布和提交多篇研究报告，其中《农业知识产权创造指数报告2014》在农业知识产权领域具有较大影响力。牵头完成的科研成果“农业知识产权战略决策支撑系统”荣获北京市科学技术奖。

9月11日—12日，举办首届国家种业科技成果产权交易平台经纪人培训班，共有来自全国各农业研究院所、科研单位、种子公司的70余位学员通过为期两天的专业知识和实务操作培训。

加强宣传交流工作。通过建立网站、组织举办智农沙龙、发布农业知识产权简讯、举办农业知识产权论坛等方式进行交流合作，先后主办或参与承办种业国际化研讨会、美国种子贸易协会（ASTA）座谈会、品种权保护和转让知识培训班，多次接受新华社、中央电视台、农民日报、中国知识产权报等媒体专访，扩大影响力。

中国农业科学院通州院区筹建工作备忘录

甲方：中国农业科学院
乙方：通州区人民政府

为进一步贯彻落实《中国农业科学院　通州区人民政府共建通州院区合作框架协议》，双方本着优势互补、合作共赢的原则，积极推进中国农业科学院通州院区（以下简称通州院区）筹建与通州区创建“四化同步”改革试验区（以下简称“四化同步”试验区）等各项工作。为认真总结已有成效，有力推进下一步合作，特签订本备忘录。

一、主要工作进展

1. 积极推进“四化同步”试验区创建。中国农业科学院积极向农业部领导及有关司局汇报“四化同步”试验区创建方案，争取获得了《农业部关于共同创建‘四化同步’改革试验区的函》（农计函〔2014〕10号）的批复；同时，中国农业科学院已采取专家顾问团、推荐农业产业化项目、设立院士工作站等形式为示范区创建提供智力支撑，率先开展“四化同步”试验示范工作。

2. 有序推进通州院区筹建。中国农业科学院成立了通州院区筹建工作领导小组及办公室，授权其负责与通州区人民政府对接工作；由通州区人民政府委托于家务乡人民政府全权与中国农业科学院接洽以及共同合作，于家务乡人民政府明确通州国际种业园区全程对接通州院区筹建工作，并由国际种业园区管委会牵头成立领导小组专门负责。双方建立了有效的沟通机制，就筹建工作定期召开通气会，及时协调解决重大事项。

3. 认真研究土地征用政策。中国农业科学院对集体农业用地征为国有农业用地涉及的政策进行了认真研究，并得到国家土地管理部门认同，明确不存在政策性障碍；同时，委托咨询公司编制通州院区土地征用建设项目建议书。于家务乡人民政府和中国农业科学院共同积极争取农业用地转建设用地指标，研究相关村庄拆迁安置方案。

4. 加强规划报批与衔接。于家务乡人民政府已将《于家务回族乡总体规划研究》报送北京市规划委员会征求意见，目前正在修订中。中国农业科学院已启动《通州院区总体规划》编制工作，积极与于家务乡总体规划对接，同步开展相关调研论证。

5. 扎实做好前期准备工作。于家务乡人民政府积极游园农村集体农业土地，现已基本完成富各庄村近3 500亩农业用地流转。中国农业科学院已部署京区单位于2014年率先进驻，开展相关试验示范工作；已将“北京田间科学试验中心”、“国家农业重大气象灾害模拟舱”等一批重大建设项目纳入《全国农业科技创新能力条件建设规划》，并落户通州院区。

6. 促进干部人才交流。中国农业科学院已选派1名副处级干部，到于家务乡人民政府挂职副乡长；筹划选派一名副局级干部，到通州区人民政府挂职副区长或区长助理。于家务乡人民政府积极衔接地方组织人事部门，协助提供必要的办公生活条件。

二、达成基本共识

7. 多措并举落实通州院区用地规模。双方认可采取“统一规划，分步推进”的模式，即以富各庄村旧址270亩建设用地为基础，在相邻的次中心区附近区域内划出210亩建设用地，或将210亩一般农田调整为建设用地，用于通州院区建设；以先期全部征用富各庄村及渠头村已流转的农业用地约3 500亩为基础办理征地手续，后期再依据实际需求逐步征用周边的农业用地。

8. 多渠道解决通州院区土地征用资金。双方认可采取如下方式解决村庄拆迁安置成本：考虑到部、市共同创建“四化同步”改革试验区方案，及实现自身村镇改造的实际，中国农业科学院和于家务乡人民政府各拿出一定比例的建设用地指标用于商业开发，即通过定向开发的方式引入投资公司和房地产企业，以地产开发及收益解决富各庄村的拆迁补偿及安置。

9. 规划获批是推进工作的关键。双方认可《于家务回族乡总体规划》获得批复是各项工作的重要基础，双方应通力合作、全力推进，在已明确总体规划获批的前提下，中国农业科学院可以办理征地等相关手续。在总体规划中应明确通州院区建设用地的准确位置及规模，在相关基础设施专项规划中充分考虑中国农业科学院建设需求及接口位置，及时通报总体规划修订、基础设施专项规划编制等涉及通州院区建设的有关情况，并提供必要的技术资料。

三、下一步工作安排

10. 加强工作汇报与协调。甲乙双方应定期向农业部、北京市等上级主管部门及领导汇报进展情况，对遇到的问题及时提请协调解决，特别是涉及征地、拆迁安置、规划指标等方面，积极争取优惠政策支持。

11. 深入推进“四化同步”试验示范。依据《农业部关于共同创建‘四化同步’改革试验区的函》精神，甲乙双方应积极开展相关理论研究、机制创新、模式探索等工作，为《农业部　北京市人民政府共建‘四化同步’改革试验区暨中国农业科学院通州区战略合作协议》签署，及深入开展“四化同步”改革试验工作打好基础。

12. 抓紧落实各项任务分工。于家务乡人民政府尽快拟定土地征用、流转及拆迁等工作方案，明确责任主体及具体负责事项，尽快落实通州院区建设用地、农业用地选址及四至（总体应控制在“北至规划七环路退让红线、东至于家务乡乡域边界、南至柏德路向南 1 千米以内、西至张凤路”范围内）。中国农业科学院抓紧开展通州院区规划的研究论证，依据院区选址编制完成概念性规划。甲乙双方应共同推进于家务乡总体规划批复，尽快就通州院区前期土地地流转、农用设施拆迁补偿、土地地勘测等事项达成意向协议。

中国农业科学院
代表（签字）：

2014 年 7 月 15 日

通州区人民政府
代表（签字）：

2014 年 7 月 15 日

中国农业科学院　河北省农林科学院
旱作农业研究所合作协议

甲方：中国农业科学院
项目负责人：陈萌山　王小虎
地址：北京市海淀区中关村南大街12号
联系人：孙君茂

乙方：河北省农林科学院旱作农业研究所
负责人：庞昭进
地址：河北省衡水市胜利东路1966号
联系人：李明哲

为顺利推进和加快《薯类作物主粮化推进战略与产品营养功能评价研究》项目的进程，探讨雨养条件下河北地下水漏斗区马铃薯替代小麦种植模式的可行性，促进衡水地区农业生产方式跨越式转变，为华北地下水超采区农业结构调整探索路子，项目主持单位中国农业科学院（以下简称甲方）与河北省农林科学院旱作农业研究所（以下简称乙方）共同开展雨养条件下马铃薯生产试验。

为更好地进行相关生产试验工作，甲乙双方本着精诚合作、协同创新、共同发展的原则建立合作关系。具体合作事宜如下。

一、方的权利和义务

（一）甲方设计生产试验管理方案，提供技术指导。
（二）甲方向乙方提出播种、灌溉、施肥、施药、收获、数据采集等具体要求。
（三）甲方向乙方提供有关经费总额：24.55万元。
（四）生产试验所产所有产品及有关附属物品归属于甲方。

二、乙方的权利和义务

（一）乙方实施甲方提供的生产试验管理方案。
（二）乙方负责提供生产试验地块和召集生产管理所需的人工。

（三）乙方负责采集甲方需要的试验数据资料，并按时提供给甲方，其数据资料的权利归属于方。

本协议未尽事宜，双方本着友好协作的精神协商解决。本协议一式四分，双方各持两份，经双方签署后生效。

附表：马铃薯生产试验经费预算

甲方：中国农业科学院（盖章）

项目负责人签字：

食物营养所项目负责人签字：

日期：2014 年 7 月 1 日

乙方：河北省农林科学院旱作农业研究所（盖章）

项目负责人签字：

日期：2014 年 7 月 1 日

附表　马铃薯生产试验经费预算

科目名称	主要用途	预算（万元）	备注
1. 租地费	种植马铃薯	10.05	每亩1 500.00元，67 亩
2. 材料费	试验示范的各种原材料、辅助材料	3.5	种薯、基肥、农药、除草剂等
3. 燃料动力费	在研究开发和试验示范过程中相关大型仪器设备、专用科学装置等运行发生的可以单独计量的水、电、气、燃料消耗费用等	2	浇地电费、租用农用机械柴油费等
4. 差旅费	试验示范过程、科学考察、业务调研、学术交流等所发生的差旅费。开支标准应当按照国家有关规定执行	1	来往试验地、农资运输、调研等
5. 劳务费	试验示范过程中支付给没有工资性收入的相关人员（如在校研究生）和临时聘用人员等的劳务性费用	4.2	整地，种薯处理、储运，播种、浇水、打药等
6. 管理费	试验示范过程中对使用依托单位现有仪器设备及房屋，日常水、电、气、暖消耗，以及其他有关管理费用的补助支出。按基本研发费预算分段超额累退比例法核定	0.8	
7. 其他	除上述费用之外，在试验过程中发生的与和管理密切相关的其他支出	1	
8. 税金		2	
合计		24.55	

中国农业科学院　中国科学报社战略合作协议

甲方：中国农业科学院

乙方：中国科学报社

为充分发挥各自优势资源，共同提高我国农业科研传播能务和水平，甲乙双方经友好协商，达成如下协议。

第一条　合作目标

互为战略合作伙伴关系，开展多元化、深层次的合作，资源共享、优势互补、共同发展、实现双赢。

第二条　合作期限

双方合作期限为3年，即2014年4月1日至2017年3月31日。期满后再行约定。

第三条　合作项目

1. 双方精诚合作，乙方充分利用其旗下报、刊、网等媒体平台，为甲方在重大项目传播、高层媒体关系、高端精准传播等方面提供全方位、立体式整体传播服务，共同提高我国农业科研传播能力和科普水平；乙方将甲方作为新闻采访基地，重大新闻策划优先选取甲方为报道对象，努力提高甲方的知名度和影响力。

2. 双方实现互利合作，在甲方重大宣传项目上，乙方协助甲方制定整合传播方案，形成新闻素材库，并在传播主题、推广策略、媒介组合建议、媒介发布计划、媒体关系维护等方面提供专业服务。

3. 双方建立定期会晤机制。双方单位办公室为联络部门，部门负责人为联络人，及时沟通工作计划，确保信息畅通。

第四条　其　他

1. 双方共同遵守协议条款的保密原则，不得向第三方透露。

2. 具体合作方案以补充协议形式另行签署，具有同等法律效力。本协议一式4份，双方各执2份，自双方签字盖章之日起生效。

甲方：中国农业科学院

代表：

日期：2014年3月27日

乙方：中国科学报社

代表：

日期：2014年3月27日

德州市人民政府　中国农业科学院 农业科技合作协议

为加快德州市农业和农村经济又好又快发展，提高农业综合生产能力，促进农业科技成果转化与产业化，推动现代农业发展和城乡一体化建设，德州市人民政府与中国农业科学院决定建立长期友好的科技战略合作关系。双方经认真探讨与磋商，达成如下协议。

一、合作宗旨

按照优势互补、突出重点、互惠互利、共同发展的原则，将中国农业科学院科技创新、人才培养、社会服务等优势与德州市农业农村的资源基础和产业发展有机结合，实现科技创新、成果孵化、人才培养、资源聚集的多重功能，共同推动产学研合作和科技成果产业化，为德州市农业农村经济持续健康发展提供强有力的科技支撑。

二、合作原则

（一）优势互补，联合创新

发挥中国农业科学院人才、技术、平台和德州市基地、资源、政策等优势，并调动德州市属农科院（所）、农技推广部门、龙头企业的技术力量，通过合作实现“产、学、研、政”的有机结合。

（二）示范带动，务求实效

立足德州市农业生产与产业发展实际需求，利用中国农业科学院的技术优势，针对最具代表性的重点区域和关键生产环节开展合作攻关，突出重点，以点带面，切实推动德州市农业现代化全面发展。

三、合作内容

（一）开展重大战略研究，为农业和农村经济发展决策提供支撑

围绕德州市优势资源发展战略和区域发展相关重大农业科技问题，尤其是现代都市农业发展和可持续发展战略等，共同组织专家开展战略研究，制定和完善现代农业发展规划、特色产业发展规划、统筹城乡发展规划，促进区域经济社会可持续发展。

（二）联合开展科技攻关，围绕德州市农牧业及农产品加工等产业关键技术问题开展联合攻关，为农业优质高产提供科技支撑

中国农业科学院每年派出专家到德州市参加粮食、经济作物优质高产科技攻关、生态安全栽培技术集成与推广计划；德州市政府设立农业科技战略合作专项资金，提供优惠政策，并积极组织市农科院等有关单位参与合作工作。

（三）联合组织实施国家农业科技重大项目，加快双方协作发展

围绕提高德州市的农业科技水平，双方联合组织申报和实施国家有关部门及各级政府有关科技计划项目。在德州市共建实验室、科技试验示范基地等研发平台，协助德州市争取有关产业技术体系试验站，为科技成果转化提供孵化基地。

（四）合作推进农业产业化发展，建设安全农产品生产基地

开展农业重大病虫害监测预警和综合防治技术的引进和推广示范，联合成立“农作物重大病虫害监测预警野外台站（中心）”和农业科技成果转化示范基地。与德州市农业龙头企业紧密结合，推介引进一批全国知名企业，建立一批优质专用农产品精深加工基地。

（五）共同开展国际农业学术交流，提升创新能力

加强对外农业科技合作，联合争取和组织实施国际合作项目，从国外引进高新技术和品种，提升农业科技创新能力和国际影响力。

（六）加强人才队伍建设，共同培养高级农业科技人才

中国农业科学院推荐优秀干部到德州市有关地区和部门挂职，支持德州市农业科学研究院“博士后科研工作站”建设；德州市有关单位选派科研和管理人员到中国农业科学院相关单位开展合作研究、挂职锻炼、进修深造；德州市聘请中国农业科学院有关专家为农业相关领域重点工程、项目的技术顾问，帮助解决科研生产以及产业发展遇到的技术问题。

四、合作组织

成立合作工作领导小组，由德州市人民政府与中国农科院主管领导任负责人。领导小组下设办公室，分别设在德州市人民政府院地合作办公室和中国农科院成果转化局，负责合作的日常事务和具体合作内容的落实。

五、附　则

本协议为框架协议，具体合作内容由双方所属单位另行签订专项协议。

本协议有效期5年，双方签字并加盖公章后生效；期满后双方可协商续约。

本协议一式4份，双方各执2份

本协议未尽事宜，由双方协商决定。

德州市人民政府　　　　中国农业科学院

2014年3月17日　　　　2014年3月17日

广西壮族自治区人民政府　中国农业科学院 深化农业科技合作备忘录

甲方：广西壮族自治区人民政府

乙方：中国农业科学院

为进一步落实 2011 年 3 月签定的《广西壮族自治区人民政府中国农业科学院农业科技战略合作协议》精神，2014 年 7 月 11 日，广西壮族自治区党委常委、自治区副主席唐仁健率队到中国农业科学院，与农业部副部长、中国农业科学院院长李家洋和中国农业科学院党组书记陈萌山等院领导和相关部门负责人进行了座谈。经友好协商，甲乙双方就深化农业科技合作达成共识，现备忘如下。

一、进一步加强人才的培养合作

利用中国农业科学院创新平台和众多的学科带头人等优势科技资源，采取学术交流、访问学者、聘请专家、共同培训等方式，重点推进广西茶叶等农业产业人才队伍建设，提高广西农业科业人才队伍总体素质，继续指导广西农业学科建设和产业发展。具体为：

（一）加强高层次科研人才培养合作。利用中国农业科学院创新平台等优势科技资源，采取互派访问学者和联合培养研究生等方式，逐步提升广西农业科研队伍素质，促进提高双方的科技创新能力（具体由广西农科院与中国农业科学院研究生院对接）。

（二）加强产业人才队伍的培养合作。结合国家现代农业茶叶产业技术体系和广西创新团队建设，通过聘请中国农业科学院茶叶研究所陈宗懋院士、杨亚军、林智等专家及团队，采取共同培训等方式，建立茶叶职业技能培训体系，继续支持广西茶叶产业人才队伍建设，提高广西茶产业人才队伍素质（具体由广西桂林茶叶科学研究所与中国农业科学院茶叶所对接）。

（三）加强高端人才交流合作。中国农业科学院陈宗懋、刘旭、吴孔明等院士，以及程式华、万建民、杜永臣、金黎平、张国政、沈家兴等专家，定期或不定期到广西做学术报告，开展学术研讨，继续指导广西农业学科建设和产业发展（具体由广西农业科学院、广西桂林茶业科学研究所、广西蚕业科学研究院与中国农业科学院有关所对接）。

二、推进科技平台共建

加快推进“中国—东盟现代农业科技合作园区”等项目建设，提升广西蚕业科学研究平台。具体为：

（一）双方进一步加强沟通合作，共同加快推进“中国—东盟现代农业科技合作园区”、中国农业科学院南方畜牧兽医创新示范基地建设工作（具体由广西水产畜牧兽医局与中国农业科学院北京畜牧兽医研究所对接）。

（二）双方在中国农业科学院蚕业研究中心（广西）基础上，共同建立中国农业科学院亚热带蚕业研究所，打造国家级亚热带蚕业研究中心；共同建立中古蚕桑科技合作中心，加大中国蚕桑对外合作力度（具体由广西蚕业科学研究院与中国农业科学院蚕业所对接）。

三、加强科研项目合作攻关

在果树新品种的引进、粮食作物增产技术攻关、种质资源挖掘和利用、农产品质量安全技术开发、家畜分子选育相关技术的研究与应用、南方饲料牧草资源收集与豆科牧草新品种选育、饲料营养价值与畜禽营养需求评定等方面加强合作。具体为：

（一）果树新品种的引进方面，双方就中国农业科学院果树所桃、梨、李、柿、核桃、猕猴桃、葡萄、柑橘、草莓等水果优良品种，在广西联合设站建点，开展品种适宜及配套栽培技术试验示范与推广。中国农业科学院在广西柑橘品种结构调整方面，提供品种与技术支持（具体由广西农业科学院、广西特色作物研究院与中国农业科学院柑橘所、中国农业科学院郑果所对接）。

（二）粮食作物方面，双方联合申报国家自然科学基金、农业部科研任务专项、国家支撑计划项目，共同开展水稻优异基因资源发掘与创新利用、优质抗逆抗病玉米种质创新与利用和马铃薯主粮化加工技术开发研究（具体由广西农业科学院、玉林市农业科学院与中国水稻研究所、中国农业科学院作科所、中国农业科学院蔬菜所、中国农业科学院加工所对接）。

（三）资源利用、挖掘方面，在中国农业科学院蔬菜与花卉研究所、生物技术研究所、农业资源与农业区划研究所技术支持下，合作开展广西野生兰花资源收集利用与遗传多样性分析，广西微生物资源的挖掘、开发和应用评价，南方适宜的食用菌品种资源挖掘、引进与示范研究（具体由广西农业科学院与中国农业科学院上述相关研究所对接）。

（四）农产品质量安全方面，双方合作共同开展亚热带作物农药及重金属残留安全评价、植物病虫草害防治的新理论新技术、西江流域农田土壤及农产品中重金属污染及防控技术研究，探索广西主要农作物生物防治新技术、农产品快速检测技术新方法和重金属残留评价及治理方法，联合申报国家“973”计划和国家自然科学基金、国家科技支撑计划等项目（具体由广西农业科学院与中国农业科学院植保所、中国农业科学院资划所、中国农业科学院农业环发所对接）。

（五）家畜分子选育相关技术的研究与应用方面，借助中国农业科学院家畜分子育种相关技术的技术平台和人才力量，以及相应发明专利和科技成果，运用动物分子选育技术合作开展具有广西特色桂科猪、娟姗牛、广西本地黄牛、隆林山羊等家畜的遗传育种技术研究，培育出各种具备优良性状的家畜品种（具体由广西水产畜牧兽医局与中国农业科学院牧医所对接）。

（六）南方饲料牧草资源收集与豆科牧草新品种选育方面，加强资源共享，中国农业科学院提供适合南方气候牧草种质，如耐热型紫花苜蓿，联合申报国家科技项目，开展高产、高蛋白、抗逆性强的亚热带牧草豆科牧草新品种选育（具体由广西水产畜牧兽医局与中国农业科学院草原所、中国农业科学院兰州牧药所对接）。

（七）饲料营养价值与畜禽营养需求评定方面，将广西畜牧研究所纳入国家饲料营养价值与畜禽营养需求评定实施单位和监测站点，共同推进广西饲料原料营养成分数据库及主要畜禽（三黄鸡、麻鸡、瘦肉型猪、陆川猪、桂科猪）饲料转化率、生产性能、产品品质等的数据库和评价监测等体系建设；共同开展广西边境动物疫病监测中心建设，开展重要人畜共患病变化监测分析（具体由广西水产畜牧兽医局与中国农业科学院饲料所、兰州兽医所、哈尔滨兽医所、牧医所对接）。

四、其他事宜

本备忘录一式 4 份，双方各执 2 份，签字后生效。

甲方（盖章）：广西壮族自治区人民政府

代表（签字）：

2014 年 11 月 4 日

乙方（盖章）：中国农业科学院

代表（签字）：副院长

2014 年 11 月 4 日

“京津冀农业与水安全协同创新战略联盟”组建协议

为了贯彻落实习近平总书记关于京津冀协同发展的重要指示，根据“优势互补、互利共赢、扎实推进、协同创新”的原则，京津冀农业高等院校和农业科研院所联合成立“京津冀高等农业院所农业与水安全协同创新战略联盟”（以下简称联盟），并达成如下协议。

联盟的总目标是针对京津冀一体化协同发展战略的重大需求，充分发挥京津冀农业高等院所在人才、科技、信息和区位方面的综合优势，在农业和水安全及相关领域战略决策、技术开发、集成示范、产业带动方面发挥更大作用。

根据自愿互利和优势互补的原则，联盟由京津冀农业大学和农科院组成。牵头单位为中国农业大学，参加单位有三地农业院校和科研院所。联盟办公室设在中国农业大学。

联盟将坚持优势集成、协同创新的原则，积极探索多单位联合高效的创新机制，争取早出一流成果、一流人才，形成协同创新模式和重大影响力。

联盟通过举办高层论坛，组织战略研究，提出重大政策建议，找寻大数据网络信息平台，组织重大科技工程专项，建立实验研究与集成示范网络平台等具体行动推进联合协同创新。

联盟由成员各方协同管理。根据需要，通过协商，联盟在统筹协同创新任务、运行管理、资源配置、成果共享等方面制定相应的制度，确保联盟有效运行。

联盟各方承诺，根据实际需要，通过协商，为联盟建设和运行提供人、财、物等方面的必要保障和支撑，加快联盟建设与发展。

本协议一式8份，联盟各方各1份，协议自签定之日生效。

中国农业大学　　代表签字：　　2014年6月7日

中国农业科学院　　代表签字：　　2014年6月7日

北京农学院　　代表签字：　　2014 年 6 月 7 日

北京市农林科学院　　代表签字：　　2014 年 6 月 7 日

天津农学院　　代表签字：　　2014 年 6 月 7 日

天津市农业科学院　　代表签字：　　2014 年 6 月 7 日

河北农业大学　　代表签字：　　2014 年 6 月 7 日

河北省农林科学院　　代表签字：　　2014 年 6 月 7 日

四、国际合作

中国农业科学院2014年国际合作工作概况

2014年，我院国际合作工作以党的十八大和十八届三中、四中全会精神为指导，以服务我院改革创新发展为宗旨，以不断提升我院国际化水平和国际影响力为目的，紧密围绕“世界一流农业科研院所”建设目标和2014年中心任务，强化统一领导、细化重点任务分工，责任到人，定期督办，狠抓落实，各项工作取得良好成效。

一、强化领导机制和管理制度，确保我院外事活动的顺利开展

为全面贯彻落实中央外事工作的新精神、新要求和新规定，加强对我院外事工作的集中统一领导，建立健全外事工作领导体制，理顺外事管理工作机制，进一步提升外事工作统筹协调和管理能力，按照外交部（中办发〔2013〕16号）文件要求并结合我院实际，成立了中国农业科学院党组外事管理领导小组。其主要职能是：①领导、协调、规范和管理我院外事工作；②研究和分析国际农业科技发展的新形势和新特点，更好地利用国内国际资源，助推我院科技创新；③负责对我院外事工作重大问题做出决策。院党组外事管理领导小组成立后，于4月4日召开了专门会议，审议通过了我院院级代表团2014年出访计划方案、我院所局级以下人员因公临时出国量化调整方案和我院科研人员出国指标缺口解决建议方案，为我院2014年的外事管理工作提供了强有力的决策保障。

为切实加强我院因公临时出国（境）规范管理，根据《中共中央办公厅国务院办公厅转发〈外交部、中央外办、中央组织部、财政部关于进一步规范省部级以下国家工作人员因公临时出国的意见〉的通知》（中办发〔2013〕16号）精神和《农业部因公临时出国管理规定》（农外发〔2014〕1号）文件要求，结合我院国际合作工作实际，制定了《中国农业科学院因公临时出国管理规定》，经2014年4月4日院第四次常务会议审定并发布施行。

按照外交部外外管函〔2014〕10号通知精神，2014年全院因公临时出国指标在2013年度控制限额的基础上压缩不少于20%。为此，我院严格要求院属各单位（部门）所制定的年度出国计划必须与本单位（部门）年度因公出国（境）资金预算相衔接，坚持因事定人，科学制定了我院《2014年度因公临时出国（境）计划》，共计240团520人次。

在外事审批过程中，按照“务实、高效、精简、节约”的原则，坚持因事定人、讲求实效和厉行节约，严格实行出国团组信息公开和成果共享，自觉接受群众监督。无

实质内容的一般性出访和考察性出访一律不予批准，从严审批双跨团组和出国培训团组。

为了提升管理水平和办事效率，院国际合作局自 2014 年 3 月 3 日建成并开通了新版网上办公系统（新版 OA 系统），实行“一站式”审批，大幅度提高了外事审批的科学化、规范化、标准化水平和工作效率。

由于体制机制健全，审批严格，措施适当，确保了我院本年度外事交流工作的顺利开展，为全院科技创新提供了强有力支撑。

二、拓展战略伙伴关系，加快建设“世界一流科研院所”步伐

紧密结合我院“世界一流科研院所”建设战略部署，继续拓展战略合作伙伴关系。与土耳其农业研究总局签署了《中国农业科学院与土耳其农业研究总局科技合作备忘录》，与新疆农业大学和哈萨克斯坦赛富林大学共同签署了《关于建立农业科学联合实验室和促进农业科技创新合作谅解备忘录》，与澳大利亚西澳大学签署了《农业科技合作谅解备忘录》，与德国联邦食品与农业部签署了《中德农业科技合作平台意向书》，与美国北卡罗来纳州立大学签署了《中国农业科学院和北卡州立大学农业科学联合中心合作协议》，与比利时根特大学签署了《关于建立全球变化与粮食安全联合实验室的协议》，与印度尼西亚农业研究发展署签署了《农业科技合作与技术交流意向书》，与芬兰农业食品研究院签署了《关于中国燕麦生产开发的行动计划》，与古巴农业部签署了《关于开展桑蚕合作的行动计划》，与全球农作物多样性信托基金（GCDT）签署了《中国农业科学院与全球作物多样性信托基金谅解备忘录》，与法国农科院续签了《中国农业科学院与法国农科院合作框架协议》，与阿根廷农林牧技术研究院续签了《中国农业科学院（CAAS）与阿根廷国家农牧业科学院（INTA）技术合作协议》。

积极推进我院与联合国粮农组织（FAO）在南南合作框架下的战略合作伙伴关系。我院沼气研究所被成功认证为“联合国粮农组织沼气技术研究培训参考中心”，将承担 FAO 南南合作框架下沼气技术的相关培训工作；已与 FAO 就签署全面合作谅解备忘录达成共识，并基本敲定了备忘录文本，拟于 2015 年在院长代表团访问 FAO 时签署。

积极利用世界银行平台，以多边促双边，推进我院与非洲国家的战略伙伴关系，就我院与埃塞俄比亚亚的斯亚贝巴大学共建“中国农业科学院—亚的斯亚贝巴大学联合研究平台”事宜达成共识。成功与世界银行合作，在我院举办非洲能力建设培训班，为拓展我院与非洲国家在相关领域的合作打下了基础。与中东非促进农业研究联合会（ASARECA）就签署《关于科学研究、知识交流及能力与体制建设合作谅解备忘录》达成共识，进一步加强了实质性合作。

积极落实我院与欧盟在 2013 年签署的科技合作谅解备忘录条款，针对新一轮欧盟科研计划“Horizon 2020”将不对“金砖五国”提供经费支持的问题，积极与欧盟总部、欧盟驻华使团以及科技部沟通，并多次与欧盟总部召开视频会议，促成了 2016—

2017 年合作优先领域的确定。

深化了我院与国际私营部门的合作关系，促成了我院植物保护研究所和作物科学研究所与 4 家私营企业（拜耳、先正达、先锋和孟山都公司）签署了 9 个国际合作项目协议。

推进我院与国际农业研究磋商组织（CGIAR）下属研究中心的合作，促成了世界农用林业中心（ICRAF）在我院畜牧兽医研究所设立“CAAS - ICRAF 农用林业与可持续畜牧业联合实验室”，推进国际家畜研究所（ILRI）在我院兰州兽医研究所设立“CAAS - ILRI 反刍动物疫病防控技术研究联合实验室”，与国际干旱地区农业研究中心（ICARDA）商定了优先合作领域。

此外，还深化了我院与国际应用生物科学中心（CABI）、热带农业平台（TAP）、比尔·梅琳达盖茨基金会等的合作关系。

2014 年，我院在研究所层面与国外科研机构在医学、畜牧、动植物检疫及蔬菜果树等领域签署相关合作协议 34 份。

与国际顶尖科研机构的战略合作，在一定程度上加快了我院“世界一流科研院所”的建设步伐。

三、积极打造合作平台，为提升国际合作效率提供支撑

合作平台是科学家有效开展国际合作的舞台和媒介，是提升国际合作效率的重要途径。2014 年，我院在科技合作平台建设和有效运转方面开展了大量工作，取得良好效果。

（一）中—澳可持续农业生态联合实验室

经过积极推进，我院与澳大利亚悉尼大学共建的“中—澳可持续农业生态联合实验室”于 2014 年 2 月 26 日在悉尼大学揭牌，李家洋院长与悉尼大学校长迈克尔·斯朋思（Michael Spence）校长出席揭牌仪式并为实验室揭牌。“中—澳可持续农业生态联合实验室”的建立，标志着我国设在大洋洲的首个农业科技联合实验室的成立，该实验室将充分利用双方的科研经验和优势成果，推动双方在农业生态领域的科技合作，加速相关农业科技成果的转化应用和产业化。

（二）中—比全球变化与粮食安全联合实验室

2014 年 3 月，在中国和比利时双方领导人的共同见证下，中国农业科学院与比利时根特大学签署了《关于成立全球变化与粮食安全联合实验室的协议》。这是中国农业科学院在欧洲设立的第一个海外联合实验室。该协议的签署，标志着中国农业科学院与

比利时的科技合作进入了新的发展阶段。

根据合作协议，双方将通过交换科技人员和研究生、联合开发技术、开展合作项目研究、共同举办学术会议等方式开展合作，并通过共建联合实验室的方式实现资源与优势互补，进一步加强彼此在全球变化与粮食安全研究领域的科技创新协作。

2014 年 11 月初，双方在比利时召开了第一次工作组会议，会议商讨确定了实验室的学术委员会成员以及 2015 年工作方案，并就如何进一步推动联合实验室的建设深入交换了意见。

(三) 中—德农业科技合作平台

为落实《中德农业合作战略规划》，按照我院对德国农业科技合作的需求，向中德两国的农业部提出了在中德农业中心框架下搭建中—德农业科技合作平台的建议，并提交了中—德农业科技合作平台实施方案，得到了德方的积极响应。在我院建立中德农业科技合作平台被视为 2014 年 10 月中德农业部长对话机制首次会议的最重要成果之一。为落实两国农业部达成的共识，我院于 2014 年 11 月派遣高级代表团与德国农业部就共建中—德农业科技合作平台一事进行了进一步磋商，并签署了“中—德农业合作平台意向书”。根据意向书条款，双方将在农业资源与环境、农作物种植、农业转基因环境安全、畜牧兽医、食品安全风险监测与评估、沼气科学等领域进一步加强合作。

(四) 中—美生物防治联合实验室、中—美农业经济信息联合实验室(研究中心)

在农业部科教司和国际合作司的大力支持下和指导下，中国与美国双方已确认中美生物防治联合实验室、中美农业经济信息联合实验室（研究中心）的合作协议将作为两国农业部政府间农业合作备忘录的附件进行签署。2014 年 3 月，按照工作计划，我方已将我院起草的协议文本通过正式的外交程序递交给美方。经与美国农业研究局（ARS）等美方合作单位协商，双方共建联合实验室合作协议基本达成共识。双方一致同意择机签署中美农业部合作谅解备忘录以及美国农业部与中国农业科学院共建联合实验室合作协议，共同促进美—中生物防治联合实验室在美国以及中—美农业经济信息联合实验室（研究中心）在中国农业科学院成立。

(五) 中国农业科学院西部研究中心

中国农业科学院西部农业研究中心是我局牵头的一项重点工作，是我院西部科技布局的重要措施。西部农业中心由我院与新疆昌吉国家农业科技园区共同建设，中心联合相关机构组建了“中国—中亚农业科技合作中心”，实行“两块牌子、一套人马”一体化运作的管理模式。韩长赋部长在2014年的全国农业援疆会议的讲话上，明确提出将大力支持中国农业科学院在新疆建立中国农业科学院西部研究中心。通过中国—中亚农业科技合作中心的建设推动中国—中亚农业在作物科学、畜牧兽医、蔬菜花卉、食品安全、农产品加工等领域的科技合作，具体落实科技部、农业部“一带一路”战略部署。

（六）CAAS－ICRAF农用林业与可持续畜牧业联合实验室

促成了世界农用林业中心（ICRAF）在我院畜牧兽医研究所设立“CAAS－ICRAF农用林业与可持续畜牧业联合实验室”。同时，充分利用我国对CGIAR的定向捐款，在项目引进、人才培养等方面的支持，提升了双方在农用林业与可持续畜牧业科技创新和能力建设方面的合作。

（七）国际（国外）机构驻我院办事处的管理

协助解决了13个国际（国外）机构驻我院办事处现存的系列问题，组织召开了国际（国外）机构驻我院办事处座谈会，全面总结了近年来农业科技交流与合作情况，并确定了今后合作的重点领域和重点工作。为了规范协调管理办事处的各项日常工作，组织起草了《中国农业科学院农业科研类国际（国外）组织驻华代表机构管理办法》，大力发挥办事处在合作交流中的桥梁作用。

四、大力争取合作项目，推进科技合作交流

充分利用国内外多种渠道，大力争取国际合作项目。获得科技部立项的2014年国际科技合作专项13项，经费2 688万元。获得科技部港澳台合作专项2项，经费380万元。获得科技部政府间项目、对外援助项目等8项，经费473万元。获得农业部国际交流与合作专项28项，批准经费1 005万元。获得国家自然基金国际合作交流项目、海外及港澳学者合作研究基金等10项，经费608.5万元。获得商务部对发展中国家科技援助项目3项，经费240万元。获得国家信息中心国际合作项目1项，经费35万元。获得国家外国专家局引进国外技术与管理人才项目、引智成果示范推广项目、高端外国专家项目共26项，经费243万元。获得国家留学基金委公派留学项目53项，资助53人，经费约1 400万元。获得财政部APEC基金1项，经费支持50万元。与韩国振兴厅联合确定2014—2015年中韩农业科技合作项目8项，经费3万美元（约18.5万元）。获得国际原子能机构技术合作项目1项，经费35万欧元（约268万元）。获得拜耳、先正达、先锋和孟山都等跨国私营机构合作项目9项，经费600万元。

此外，我院还通过其他多种渠道获得国内外国际合作项目82项（包括国外项目60项），支持经费共8 793万元（包括国外经费6 982万元）。

2014 年度，我院共计获得各类国际合作项目 245 项，总经费 1. 680 2亿元。这些经费的支持，对有效推进我院国际合作事业的发展和“世界一流科研院所”建设具有重要意义。

五、主办/承办国际会议，扩大我院国际影响力

举办国际学术会议是了解国际学术前沿最新动态、最新理念和掌握国际智力资源的重要途径，也是提升我院科技创新能力和国际影响力的重要手段。2014 年，我院共组织举办各种国际学术会议、科学家峰会、专题研讨会等 49 次，与会总人数 3 715 人(其中外宾总人数 751 人)，包括 2014 年国际真菌毒素大会、首届国际谷子遗传学大会、第五届国际牦牛大会、第三届农业地理信息科学与工程国际会议、中国与东盟国家农业科技论坛、第 14 届国际非豆科生物固氮会议、2014 全球茶叶研究所所长学术交流会议、中国农业科学院与英国洛桑试验站合作研讨会、国际工程科技大会农业科技与食物安全分会、ATCWG 第 18 届年会、中国农业科学院与美国密歇根州立大学农业生物技术研讨会、农产品产地环境质量与绿色农业生产国际研讨会等重要国际学术会议。通过举办这些会议，不仅了解了国际相关领域的研究前沿，深化了与国外科研机构的联系，拓展了合作领域和学术思路，同时提升了我院的国际影响力和参与国际事务的能力。

六、继续加强种质资源引进，储备创新战略基础

整合全院力量，大力支持和推进国外优异种质资源引进。2014 年，我院从国际水稻研究所（IRRI）引进水稻种质资源材料 2 800份；从美国引进食用豆、水稻等资源 1 000份；从越南、老挝、缅甸、斯里兰卡、马来西亚、印度尼西亚、菲律宾等国家收集各类作物种质资源 937 份；从美国、俄罗斯、蒙古等国家引进了燕麦、小麦等作物资源 180 多份；从韩国引进水稻选育品种、杂草稻等资源 30 份；从国际玉米小麦改良中心（CIMMYT）引进玉米特异种质资源 50 份；从国际半干旱地区热带作物研究所(ICRISAT)引进野生花生资源 13 份；从塞内加尔农科院引进塞内加尔芝麻地方种 18 份；从马里引进芝麻地方种 2 份；从俄罗斯瓦维洛夫植物栽培研究所引进了牧草种质资源材料 1 120份；从蒙古国引进黄花苜蓿、扁蓄豆等牧草种质资源 300 份；从美国收集优异大蒜品种 200 份；从巴西收集辣椒、茄子、萝卜等资源 18 份；从东南亚地区收集各种豆类、瓜类、大蒜、生姜等种质 94 份；从新西兰引进野生蔷薇种 15 份和月季品种 400 份；从法国、日本、保加利亚、摩洛哥、巴西等地引进特有香味玫瑰品种 6 份；从美国引进百合新品种 12 份和芍药切花 1 份；从美国、巴西引进各类棉花种质资源 361 份；从美国引进梨砧木品种 4 个和桃种质资源 28 份；从西班牙引进苹果种质 1 份；从俄罗斯引进抗寒山葡萄种质资源 10 份；从津巴布韦引进优异西瓜品种 1 份；从日本引进人参品种 1 个和种质资源 6 份；从丹麦引进优良水貂资源 350 只；从韩国引进植物根

际促生菌（PGPR）菌株3株。

2014年度，我院从海外引进各类遗传资源共计7 962份，丰富了我国动植物种质库储备。

七、实施“走出去”战略，拓展发展空间

农业科技“走出去”是国家农业“走出去”战略的重要内容之一，是充分利用国际国内“两种资源”拓展发展空间的重大举措。

2014年，在科技部国际合作司和我国驻哈萨克使馆的指导支持下，我院于5月下旬派代表团赴哈萨克斯坦赛富林大学就中国农业科学院—新疆农业大学—赛富林农业大学三方共建“中哈农业科学联合实验室及教育示范基地”一事进行具体磋商，并签署了合作协议，现已确定最终的实验室建设内容和方案。该基地已获得科技部585万经费支持，正在积极筹备中。

按照《中—古（巴基斯坦）两国科技部关于棉花分子育种技术合作备忘录》中关于棉花分子育种技术及示范推广合作的要求，在我国驻巴使馆的大力协助下，我院派团于2014年5月中下旬赴巴基斯坦考察访问，落实了双方在巴基斯坦建立《中—巴棉花生物技术联合实验室》的合作事宜，代表团分别考察了巴基斯坦科技部、拉哈尔分子生物学中心、Ayub农业研究所及农业生物技术研究所、费斯拉巴德农业大学和木尔坦棉花研究所。现已将完整的协议文本提交巴科技部批准。该联合实验室的建立将为我国与巴基斯坦在棉花领域开展深入科技合作、实现资源共享和优势互补提供无障碍通道。

按照《中—古（古巴）农业技术综合试验示范园区合作方案》中关于蚕桑和饲料合作的要求，我院专门派团赴古巴访问考察，实地调研了古巴农业部、古巴农业部草料和饲料研究所、罗斯纳兰霍斯牲畜遗传公司、未来奶牛场、古巴农业科学技术研究所、古巴生物集团公司等单位，落实了双方在古巴共同建立“中—古（古巴）农业技术综合试验示范园”，开展蚕桑和饲料科技合作事宜。该项目已获得农业部235万元经费支持，正在积极筹建中。

为使我国先进的植棉技术、优良棉花品种、动物疫病防控技术等向中亚地区大面积推广，带动我国技术、设备、农机具和品种以及人才的输出，实现农业科技走向中亚。经研究论证并征得商务部援外司同意，起草了《援吉尔吉斯棉花示范中心项目实施方案》，该项目已列入商务部二上项目。

我院哈尔滨兽医研究所积极配合国家“一带一路”外交战略，开展了与哈萨克斯坦的国际合作，主持援建哈萨克斯坦塞夫林农业技术大学动物传染病研究联合实验室，派出专门代表团赴哈萨克斯坦进行了实验室的选址和技术设计，双方就援建的具体事宜达成协议，援建工作正在顺利进行中。

同时，哈尔滨兽医研究所还大力推进禽流感疫苗出口，全年出口禽流感疫苗9 258千万羽份，禽流感诊断试剂252瓶，年销售额约为102万美元，同比去年增长55%。

此外，还陆续开展了孟加拉、约旦、日本等国市场调研工作。

中国养蜂学会组团参加了 2014 年 4 月在土耳其举办的第 12 届 AAA 亚洲养蜂大会暨博览会。利用 14 个展位展出了我国的蜂产品（蜂蜜、蜂胶等）、养蜂机具（割蜜刀、移虫针等各类小型机具）和蜜蜂文化产品，备受国际用户青睐，为我国蜂产品和技术走出国门打下了基础。

植物保护研究所将我国赤眼蜂大规模饲养、释放等生物防治为基础的玉米害虫、水稻害虫等综合治理技术向缅甸、老挝推广应用，进一步推进了我国植保科技“走出去”。

北京畜牧兽医研究所开展了阿根廷奶牛营养调控与规范化饲养关键技术示范，提出了奶牛规范化饲养技术方案和放牧补饲营养调控技术各 1 套，饲料转化率提高 5%，牛奶 ω-3 脂肪酸含量提高 5%，中阿示范应用奶牛达 5 000头，培训奶业技术人员 200 人次。

农业资源与农业区划研究所积极参加中缅罂粟替代种植规划，编制完成《缅甸北部罂粟种植示范项目建议书》。同时，正在研究制定《老挝丰沙里省罂粟规划种植规划》一期规划，为促进未来与老挝开展罂粟替代种植合作奠定了基础。

蔬菜花卉研究所，经过多年的品种试种，在科技成果对国外转化方面成果喜人。甘蓝品种分别销往东南亚和日本，其中雄性不育“中甘 11”由于口感好，品质优，整齐度高，球形小巧，符合日本追求高品质蔬菜品种的需求，连续两年在日本市场上畅销。2 个苤蓝品种获得了国外市场的认可。加工番茄在美国加州的试种取得了很好的成效，其中一个品种今年正式进行销售。大白菜和小白菜 2 个品种获得了印度商人的认可，目前正在办理 100 多千克种子的出口事宜。同时该印度商人对我院一些甘蓝品种表现出极大的兴趣，为打开印度甘蓝市场打下了良好基础。

兰州兽医研究所通过援助朝鲜口蹄疫防疫物资项目，向朝方提供口蹄疫液相阻断 ELISA 抗体检测试剂盒（600 盒），口蹄疫 3ABC 非结构蛋白 ELISA 抗体检测试剂盒（450 盒），口蹄疫 RT-PCR 抗原检测试剂盒（250 盒），口蹄疫胶体金抗体检测试剂盒（450 盒）及豚鼠抗血清（15 毫升）等，涉及资金 279. 41 万元。

棉花研究所牢固把握“一带一路”及“新丝绸之路经济带”建设发展契机，积极开展中亚国家的科技合作和示范推广，在吉尔吉斯审定主推品种“中棉所 44”，并已在吉方北部棉区广泛开展示范推广和种植，配套农机、农药、化肥、地膜等农资产品正逐步拍套跟进和推广应用。后续的主推品种“中棉所 49”、“中棉所 63”等也正逐步迈出国门，走向中亚，逐步实现“中亚棉花战略转移”。

作物科学研究所在盖茨基金项目和科技部国合项目支持下，对来自 15 个国家的 23 名育种人员进行了为期 15 天的绿色超级稻育种技术的培训。同时，派出专家 7 名，对坦桑尼亚、莫桑比克、埃塞俄比亚和菲律宾进行了绿色超级稻育种技术现场指导。

八、推进能力建设，提高队伍水平

为加强外事管理队伍能力建设，我院于 2014 年 8 月中旬在新疆乌鲁木齐组织召开了第十九届全国农科院系统外事协作网会议暨中国农业科学院第三届外事专办员培训班，近 30 个省区市农（牧）科学院的领导和外事负责同志、中国农业科学院院属各研究所主管外事领导及外事专办员 150 余人参加了会议。会议邀请中国人民对外友好协会原会长陈昊苏做了“民间外交在国际关系中的作用和影响”主题报告，阐述了民间外交的作用和实现形式，强调了当前如何利用建设“丝绸之路经济带”机遇，开展广泛的民间外交和推动农业领域的对外科技合作。邀请外交部①外管司副司长崔爱民、商务部援外司商务参赞王永普分别在作了题为“外事管理与外事政策”“农业援外与走出去战略”的主题报告。国家知识产权局、农业部人事司、中国科学技术交流中心、外交部领事司、中国农业科学院国合局等单位的代表分别就农业国际专利、创新团队建设、发展中国家培训班、国家电子护照二期项目实施、外交部最新签证业务以及外事报批新政及管理规定作了专题培训。通过培训，进一步提高了外事工作人员的政策水平、工作能力和服务意识。

2014 年，我院积极组织申请国家公派留学项目，申报人数 74 人，53 人被录取，录取率 72%，分别派往美国、英国、德国、荷兰、澳大利亚、加拿大等科技发达国家学习深造。我院还获得国家外国专家局出国（境）培训项目 3 项，引进高端外国专家项目 5 项 10 人次。

为了培养年轻骨干，积极协调利用 CGIAR 定向捐款，选派我院 14 名青年科学家赴 CGIAR 下属 6 个研究中心开展为期 3 个月的交流培训，提高了我院青年科学家的国际合作能力。

九、加大外事宣传，提升我院国际影响

为加大国际合作对外宣传力度，扩大我院国际声音和影响力，加强了我院英文网站建设和宣传工作。完成了我院英文网站二级页面的改版，大力开展了重大科研活动、科研进展、重要国际合作等内容的宣传，发布重要信息 129 条，起到良好国际影响。定期发布我院国际合作简讯（*Newsletter*）（季刊），向全球主要农业科研机构和合作伙伴发送 650 余份。同时，作为对外宣传工作的新亮点，首次制作了我院英文年报（*Annual Report*），向全球同行发布。

撰写完成《中国农业科学院出国（境）培训情况调查报告》《我国农业 PCT 申请海外获权状况的调查研究》《全国省级农业科研机构国际科技合作战略需求与能力调查

① 中华人民共和国外交部，全书简称外交部

报告》《中国农业科学院公派留学现状与需求调查报告》《中国农科院公派留学情况调查报告》。出版了《中国农业科技“走出去”理论与实践——2014》一书，调查报告《用好公派留学渠道，创新高级人才培养》在我院《调查研究》第 2 号（总 110 号）发布。

与此同时，通过各种媒体及时对最新进展、最新成果、最新人物、重要事件等进行了宣传报道，发布宣传新闻 110 余条，受到社会广泛关注和高度评价。

中国农业科学院、新疆农业大学与赛富林农业大学关于建立联合实验室和促进农业科技创新合作谅解备忘录

中国农业科学院（以下简称 CAAS），总部位于中华人民共和国北京市中关村南大街 12 号，法人代表为李家洋；新疆农业大学（以下简称 XJAU），总部位于中华人民共和国乌鲁木齐南昌路 42 号，法人代表为：雒秋江；哈萨克斯坦赛赛富林农业大学（以下简称 KATU），总部位于 62, Pobedy Avenue, Astana, Kazakhstan，法人代表 Akhylbek Kurishbayev。以上三家单位以下简称为三方。根据中国与哈萨克斯坦两国的科技部签订的《中哈科技合作协定》，一致同意签署此谅解备忘录。

第一条 目 的

三方将通过合作项目开展在农业和自然资源领域的科技合作，目的是提高三方在可持续农业发展科技研发水平和培养高素质人才。

第二条 合作领域

三方主要的合作领域包括：

—遗传资源、作物育种和生物技术；
—生物质与生物能源；
—工程与自动化；
—食品加工技术；
—畜牧兽医；
—农业机械化；
—农业生态和环境科学；
—草原科学；
—三方共同确定的其他领域的合作。

第三条 合作形式

本谅解备忘录所涉及的相关活动必须遵守各国的法律法规。本谅解备忘录中所规定

的合作形式包括：

1. 制定联合研究行动，在 KATU 建立三方联合实验室，通过执行本谅解备忘录第四条提及的技术合作项目（TCPs）促进中哈双方在共同确定的战略领域上的合作；

2. 举办专家参与的各种形式的会议，讨论有关共性和特定的农业科技合作项目并交换信息；在现有合作基础上，确定新的研发项目和规划；

3. 交换包括与农业研究发展相关的各项活动、政策、原则及法律法规等信息；

4. 就特定问题，进行科学家、技术人员和专家互访交流；

5. 执行经三方一致同意并通过的合作计划和项目；

6. 经三方一致同意的其他形式的农业科技领域的合作活动。

第四条　技术合作项目（TCPs）

合作应通过联合执行双方共同确定的技术合作项目（TCPs）来完成。除其他条款外，合作项目应明确定义：

1. 目标和必要性；

2. 各方各自提供的人力、物力和财力；

3. 各方各自的权利和义务；

4. 在合作过程中所取得的技术方法和产品，包括作物新品种等知识产权问题，及其所产生的有效商业用途的条件；

独立条款—每个 TCP 经三方正式签署后，将成为本谅解备忘录的有效组成部分。

第五条　经　费

本谅解备忘录应在各方各自经费允许的范围内，遵照两国现行法律法规履行。

本谅解备忘录下的三方合作活动及合作计划的经费安排应得到三方的一致同意。

在一方向另一合作方提供资金支持的情况下，为支持该项活动的开展，在遵守各方的相关法律和法规前提下，一方向另一方提供的任何资助或其他捐赠，原则上应免除税收入关税。

第六条　成果推广

三方同意不传播任何妨碍申请该谅解备忘录内合作过程中预期或最终产品知识产权的相关信息。

1. 为合理遵守本条款标题的规定，任何一方有权传播或发表在实施本谅解备忘录的 TCP 中所取得的结果，但是应在发表文章和/或其他出版物中明确指明合作项目和项目参加人员的姓名；

2. 三方一致同意，一方应将传播或发表的任何与三方合作相关的信息要提前通知另一方，并至少应在传播或发表出版物十五（15）天之前得到另外两方的书面同意；

3. 如果在15天内未得到对方的答复，发表方将自动授权传播或发表结论或出版物，并以这种方式能报给另外两方；

4. 如果任何一方传播或发表本谅解备忘录内实施的TCP的部分结果，应对发表结果的实用性和真实性独自承担全部责任。对于因传播和发表有关上述结果的使用、应用和功能方面的信息造成的直接或间接的损失而导致的司法或司法以外的行为，另外一方不承担连带责任。

第七条　不可预见的特殊情况

任何一方因其政府行为、换任、转让，或其他合法行为导致合作实体变更或终止合作时，有义务以文本的形式对本谅解备忘录内TCPs中所包含的知识产权规定的变更、转让和终止予以说明。

1. 当由于突发事件造成了不可预见的损失或危害时，受损方应以书面形式通知另一方，以此修改既定义务，但受损方不能因此拒付任何规定费用；

2. 三方应该根据各自国家现行的法律法规，办理保险减少TCPs执行过程中可能造成的损失。

第八条　法人关系

任何一方都是独立的行政机构。三方没有任何隶属、联合或风险承担等其他关系，也没有任何劳动人事关系。

第九条　代表和联系人

以下人员被指定为此谅解备忘录和与此相关的各项合作活动的联系人：

中国农业科学院
贡锡锋　博士
中国农业科学院国际合作局副局长
中华人民共和国北京市中关村南大街12号，100081

新疆农业大学
蒋平安博士
新疆农业大学副校长
中华人民共和国新疆乌鲁木齐南昌路42号，830052

赛富林农业大学

Sergey Mogilnyy 博士

赛富林大学副校长（分管国际事务）

62，Pobedy Avenue，阿斯塔纳，010000，哈萨克斯坦

任何一方在更换联系人时，应以书面形式通知另一方。

第十条 争端解决

在解释或执行本协议过程中出现的所有问题或争端，三方应通过协商解决。

第十一条 生效及终止

1. 本谅解备忘录自三方代表签署之日起生效。有效期五年，可通过附加条款延期；

2. 三方每五年对本谅解备忘录中的合作活动进行评估。任何一方应尽力配合另一方开展项目评估，评估方应将最后评估结果告知另一方；

3. 三方可通过附加条款，达成共识后对本谅解备忘录进行修改；

4. 终止谅解备忘录不得影响正在实施的和谅解备忘录终止时尚未完成的计划或项目，且三方各项权利和义务不得随谅解备忘录的终止而改变。

本谅解备忘录由中国农业科学院、新疆农业大学和赛富林农业大学代表于2014年7月15日在哈塞克斯坦阿斯塔纳共同签署。备忘录以中文、哈萨克文书写，各一式3份，具有同等效力，三方各持1份文本。

中国农业科学院	新疆农业大学	赛富林农业大学

副院长	党委书记	校长

中国农业科学院与西澳大利亚大学合作谅解备忘录

1. 中国农业科学院和西澳大利亚大学已开展了若干合作项目，并联合发表论文若干，合作关系不断发展。

2. 本合作谅解备忘录（以下简称备忘录）旨在促进中国农业科学院（以下简称中国农科院）及其各研究所和研究生院与西澳大利亚大学（以下简称西澳大学）及其各学院、中心和研究所之间的合作。各方在遵守国家法律、法规和政策的前提下，根据自身资源情况开展合作。

3. 双方合作包含但不限于以下内容：

（1）在双方共同感兴趣的领域开展合作研究；

优先领域包括：

—植物科学和作物改良

—土壤科学和微生物学

—动物生产与营养

—旱地农业与生态系统管理

—土地、水资源和能源综合管理

—食品质量和溯源

—气候变化与适应

—病虫害与蜜蜂研究

—研究生培训

（2）研究生、博士后及科学家交流；

（3）联合资助学术活动，包括双方共同感兴趣领域的国际论坛、会议和讲座；

（4）出版物、学术期刊及其他信息交换；

（5）联合开展研究生培训，包括共同指导研究生；

（6）联合开展质量及标准评估；

（7）专业人员交流；

（8）双方同意的其他合作。

4. 本备忘录下的任何合作项目或活动需经双方另行签署书面协议后方可进行。该书面协议需写明合作项目或活动的相关条款，包括财务安排等内容，并经各方指定的代表书面签字。

5. 双方需为本备忘录及其涵盖的合作协议指定联络办公室或联络人。西澳大学为其副校长或经副校长授权之机构。中国农科院为国际合作局局长。

6. 本备忘录经双方签字后生效，有效期 5 年。双方需在本备忘录到期至少 6 个月前对本备忘录的执行情况进行评估并决定是否续签。续签协议，包括对本备忘录的修改，均须经各方指定的代表签字后方可生效。

7. 一方欲终止本备忘录，需提前六十（60）天通知另一方，或经双方书面同意后终止备忘录。

8. 本备忘录不对任何一方构成财务或法律约束，双方亦不形成法律关系。

9. 本备忘录用中英文签署，具有同等法律效力。

中国农业科学院
李家洋院长
日期　2014 年 2 月 27 日

西澳大利亚大学
Robyn Owens　副校长
日期　2014 年 2 月 27 日

中国农业科学院与北卡罗来纳州立大学关于建立“中国农业科学院和北卡州立大学农业科学联合中心”的合作协议

中国农业科学院（以下称中国农科院），总部设在中国北京市海淀区中关村南大街12号；北卡罗来纳州立大学（以下称北卡州立大学），主校区位于美国北卡罗来纳州罗利市。上述两家单位以下简称双方。

2012年5月，签署了有关生物入侵和病虫害防治领域的合作备忘录；

考虑到双方在提升农业生产力、农业可持续发展以及技术创新方面的互补性和重要作用；

为切实推动双方在农业科研、教育和推广等领域的务实合作，共同促进双方共同感兴趣的科学研究；

据此同意如下条款：

双方达成共识建立“中国农科院和北卡州立大学农业科学联合中心”（以下简称联合中心），旨在加强双方科研人员之间的联系，加强机构间的合作、教育培训和推广工作。

第一条　目　标

成立联合中心的目的是促进双方的合作研究、研究生培养、师资交换和技术转移。联合中心将在北卡州立大学和中国农科院共同挂牌成立。在开展与联合中心相关的工作时，双方承诺遵守任何与此类工作相关的规章、政策或法律。

第二条　合作领域

双方的合作将包括但不限于以下领域。

（一）研究：双方共同决定互惠项目，并在共同感兴趣的领域开展合作研究，例如：

—病虫害防治（生物防治、外来入侵物种）；

—作物育种和生物工程（小麦、棉花、烟草）；

—转基因生物；

—动物科学；

—可持续农业；

—粮食安全、食品安全和营养。

（二）教育与培训：开展博士联合培养项目，或共同指导博士研究生，并创造更多机会促进学生交换和科学家交流。

（三）能力建设：共同在亚太和非洲地区开展农业技术转移项目；

（四）学术交流：共同召开学术研讨会和其他高级别的国际活动；促进学者间的短期交流访问。此类项目应最大程度地建立在互访互惠的基础上。

第三条　管理、结构和机制

双方同意成立指导委员会作为联合中心的管理机构。指导委员会由北卡州立大学和中国农科院的同等人数的高级管理人员与科学家组成；成立执行小组，接受指导委员会的支持和指导。

（一）指导委员会是联合中心的官方代表，负责制定和监督执行联合中心的工作方案和政策，并为联合中心提供战略指导，评审联合中心工作目标的达成进度。指导委员会由中国农科院和北卡州立大学分别指派的 3 名代表构成，由双方的高级管理人员共同担任联合主席。指导委员会每年至少会面一次。指导委员会的决议只有在法定成员多数在场或被代表时方可生效。

（二）执行小组将负责联合中心的日常运转。双方各自推荐 1 名主任，并在机构层面为联合中心提供行政服务支持。

（三）中国农科院和北卡州立大学将以联合中心的名义定期召开与重大科学命题相关的国际论坛，报告合作研究进展，并评估合作前景和未来的合作方向。这些会议也将对执行小组和工作委员会的战略计划和行动方案的制订、执行和评估起到促进作用。

第四条　资　金

（一）开展研究、人员交流以及研究生项目的启动资金将由各机构分别承担，但将来可能有联合资助的机会。

（二）各方都应积极为联合中心的工作寻求内部或外部资金。除非特殊说明，各方独自承担由合作事宜产生的费用。

第五条　知识产权与出版物

所有与合作事宜相关的知识产权将依然归属提供该知识产权之一方。合作研究成果经双方同意后由双方本着公共利益的原则联合发表。在合作事宜进一步发展和履行过程中发现、产生和设计的知识产权的归属，应由双方经协商另行签署的研究协议的条款决定。在创造知识产权之前，双方应努力就知识产权之归属达成一致意见。

为避免疑问，本协议的存在和履行不影响双方已持有知识产权的归属和其他权利，但若因合作研究产生的合理需要，双方可拥有对该知识产权的有限使用权。双方同意，由中国农科院和北卡州立大学联合研究产生的知识产权，将根据现有知识产权制度由双方共同执行。同时，知识产权应向公众开放，并可由合作伙伴使用。

合作中使用的所有研究材料都将根据材料转让协议进行转让。生物材料的转让，包括育种材料和种质资源，需遵守美国、北卡罗来纳州和中国的与生物安全和生物勘探相关的法律、规则和规章。任何一方均可使用这些材料，但必须充分确认材料的来源。

第六条　期限、终止和修订

本合作协议在最后一名授权人签字后生效，有效期五（5）年，除非一方提前终止本协议。在本协议终止期六（6）个月之前，双方经书面同意，可对本协议进行更新或延期。任何一方若要终止本协议，需至少提前六（6）个月通知对方。

本合作协议用中文、英文两种语言签署，一式两份，具有同等法律效力。

签　字

双方的授权代表在如下地点和时间签署本协议：

中国农业科学院	北卡罗来纳州立大学
陈萌山	Warwick Arden 博士
党组书记	教务长兼常务副校长
日期　2014 年 12 月 10 日	日期　2014 年 12 月 10 日

中国农业科学院与古巴国家蚕桑项目组关于开展蚕桑合作的行动计划

中国农业科学院与古巴国家蚕桑项目组（以下简称双方）为了落实《中华人民共和国农业部和古巴共和国农业部关于建立古中农业示范园区的框架协定》，深化农业合作关系，加强蚕桑领域合作，在平等互利的基础上，双方一致决定制订《中国农业科学院与古巴国家蚕桑项目组关于开展蚕桑合作的行动计划》（以下简称行动计划）。

经友好协商，双方达成协议如下。

第一条　总　则

本行动计划旨在通过加强中古蚕桑科技交流与合作研发，推动蚕桑产业在古巴的发展。

第二条　合作领域

为了实现本行动计划的目标，双方承诺在两国法律和政策的范围内，在下列领域内重点开展合作，但合作范围不仅限于此。

1. 联合进行蚕桑科学技术研究；
2. 蚕桑产品及其综合产品研发；
3. 科技人员交流与培训。

第三条　合作方式

双方在协商一致的基础上，通过以下方式落实前述领域的合作，以便在双方职责范围内开展长期合作项目。

1. 共同建立蚕桑科技合作中心负责合作内容的实施，组织召开专题会议和学术研讨会；
2. 建立蚕桑科技试验示范园，对蚕桑科研和栽桑养蚕技术进行试验示范；
3. 互派专业研究人员，共同合作研究，交流学习种桑养蚕技术和经验；
4. 为执行中古蚕桑合作项目，双方可以协调本国其他研发单位参与本项目；

5. 中方欢迎古方自费组团到中国进行合作交流，愿意为古巴与中国企业间交流提供方便。

第四条 进度安排

（一）2014 年

1. 中国农业科学院将组织蚕桑专家，赴古巴就蚕桑科技合作中心建设具体事宜与古方商议，商定工作计划；

2. 分别在中国和古巴挂牌建立蚕桑科技合作中心；

3. 中国农业科学院蚕业研究所（江苏科技大学）为古巴培训 15 名蚕桑技术人员，为期 37 天（一个完整的养蚕周期）；

4. 资助古巴蚕桑项目高级管理人员 4 人来华考察整个蚕业生产链（栽桑养蚕、病害控制、缫丝织绸），在华时间 14 天；

5. 2014 年 11 月组派 3～5 人代表团赴古巴参加在国家农牧业研究所第十九次大会举办期间举行的国际蚕业会议，以便促进双方的友好交流；

6. 赠送古方所需一代杂交蚕种 150 张（30 张/月）及配套蚕药；

7. 赠送能够饲养 100 张小蚕的蚕匾和 200 张大蚕的蚕具，及切桑机 3～4 台、伐条机 6 台套。

（二）2015 年

1. 全面开展蚕桑科技试验示范园建设工作；

2. 资助古巴蚕桑项目高级管理人员 2 人来华考察整个蚕业生产链（栽桑养蚕、病害控制、缫丝织绸），在华时间 12～14 天；

3. 中国农业科学院蚕业研究所（江苏科技大学）为古巴培训 16 名蚕桑技术人员（含缫丝 2 人），为期 37 天（一个完整的养蚕周期）；

4. 赠送古方所需一代杂交蚕种 400 张及配套蚕药；

5. 合作建立小型缫丝、织绸示范车间（含设备出口到古巴及安装培训）；

6. 中国派遣 6 名栽桑养蚕技术人员到古巴培训基层技术人员、现指导蚕桑生产，每人次 30 天；

7. 针对蚕、蚕丝及其副产品开展有关生物技术、生物制药和化妆品开发方面的共同研究。

（三）2016 年

1. 继续开展蚕桑科技试验示范园建设工作；
2. 赠送古方所需一代杂交蚕种 500 张及配套蚕药；
3. 中国派遣 6 名栽桑养蚕技术人员到古巴培训基层技术人员、现场指导蚕桑生产，每人次 30 天；
4. 继续合作建立小型缫丝、织绸示范车间；
5. 针对蚕、蚕丝及其副产品开展有关生物技术、生物制药和化妆品开发方面的共同研究；
6. 组织中国蚕桑丝绸企业家代表团到古巴考察，探讨建立中古合资蚕桑丝绸企业的可能性。

（四）2017 年

1. 继续开展蚕桑科技试验示范园建设工作；
2. 赠送古方所需一代杂交蚕种 600 张及配套蚕药；
3. 继续合作建立小型缫丝、织绸示范车间；
4. 针对蚕、蚕丝及其副产品开展有关生物技术、生物制药和化妆品开发方面的共同研究。中国派遣 2 名蚕桑综合技术利用专家到古巴培训蚕桑综合技术人员，每人次 30 天。

（五）2018 年

1. 赠送古方所需一代杂交蚕种 700 张及配套蚕药；
2. 中国派遣 2 名栽桑养蚕技术人员到古巴培训基层技术人员、现场指导蚕桑生产，每人次 30 天；
3. 合作建立小型缫丝、织绸示范车间；
4. 针对蚕、蚕丝及其副产品开展有关生物技术、生物制药和化妆品开发方面的共同研究。中国派遣 2 名蚕桑综合技术利用专家到古巴培训蚕桑综合技术人员，每人次 30 天。

（六）2019 年

1. 完成在古巴建立蚕桑科技试验示范园项目，评价、验收合作成果；
2. 双方根据合作情况，商议确定开展合作的其他工作内容和计划。

第五条　经　费

双方将在各自能力和法律许可的范围内，多渠道争取资源和资金开展合作，并在签证、海关、出入境等方面提供便利。根据本行动计划开展的活动所需要的经费应依据资金、人员及其他资源的情况而定，并应符合两国法律及规定。每个具体项目的经费的负担方式和使用方向，由双方友好协商确定。

第六条　知识产权和保密

1. 双方尊重和承认对方拥有的知识产权，尊重和承认对方及各参与方合法拥有的现有各项未公开信息。

2. 根据双方按照专利权和品种权有关法律规定所约定的知识产权保护形式，双方同意将合作活动中可能产生的成果视为共同拥有知识产权的合作成果。

3. 双方应确保获得的涉密知识和信息处于适当的保密状态，在未获得另一方事先书面同意的情况下，一方不得将这类知识和信息运用于、泄漏或透漏给第三方。

4. 在合作活动中，为育种或类似之目的，一方获取另一方生物材料和材料的某部分，应签署生物材料转让协议，并遵循双方的法律及法规，包括与生物安全相关的法律及法规。

5. 双方确保在根据本行动计划第三条开展的合作中产生的任何知识产权，受到各自国家现行法律法规的保护，并遵守两国参与签署的国际协定的规定。

第七条　争端解决

如对本计划的理解和执行方面出现任何分歧，双方将通过友好协商予以解决，在达成一致的情况下对计划的内容进行修改和补充。

第八条　生效与终止

本行动计划自签署之日起生效，有效期至 2019 年 12 月 31 日。经双方书面同意，本协议可修订或终止。任何一方可提前六个月通过外交渠道书面通知对方要求终止本协议，否则本协议视为继续有效。除非另有协议，本协议的终止不应影响双方事先商定的已在执行中的工作。

本协议于 2014 年 7 月 21 日在哈瓦那签定，一式 2 份，每份都用中文、西班牙文和英文写成，3 种文本同等作用。如对文本解释发生分歧，以英文文本为准。

中国农业科学院　　　　　　　　古巴国家蚕桑项目组

中国农业科学院与全球作物多样性信托基金谅解备忘录

鉴于，中国农业科学院（以下称中国农科院）是总部位于中国北京的国家级综合性农业科研机构，从事农业基础研究和应用研究，并致力于解决农业发展所面临的各项挑战和支持地方农业经济发展；

鉴于，全球作物多样性信托基金（以下称作物依托基金）是总部位于德国波恩的独立国际组织，致力于引领全球力量通过基因库种质资源保存来支持作物多样性保护和利用，确保粮食安全并服务于发达国家和发展中国家的合作伙伴；

鉴于，中国农科院是全球公认的农业研究机构，拥有大量农业发展方面的科研经验，这些经验可以被其他国家借鉴，以应对全球人口增长导致粮食需求增加以及气候变化导致农业产量减少的双重挑战；

鉴于，作物信托基金所开展的全球技术和资金合作，是为了通过建立一个合理且低成本运行的全球作物多样性保护体系，加强在作物多样性资源收集、鉴定、非原生境保护等领域的国际合作与经验交流，促进作物各持资源能够被育种专家、研究人员和农民广泛使用；

据此，中国农科院与作物信托基金（以下称双方）本着通过促进作物多样性保护来保障未来农业发展和粮食生产的共同目标，决定签署本谅解备忘录并接受以下约定。

第一条　合作领域

双方应按照中华人民共和国的相关法规、作物信托基金的相关规定以及双方各自的政策和程序要求，在农业科学和作物多样性领域开展合作。合作领域包括（但不限于）如下：

1. 作物多样性资源收集、鉴定及保护的相关活动，旨在保障作物多样性保护工作并促使多样性资源得以充分利用；

2. 共享基因库数据以及与作物多样性资源收集、特征描述、保护和利用相关的其他信息；

3. 与作物多样性资源收集、鉴定、保护和基因库管理相关的能力建设；

4. 加强对作物多样性保护与利用的宣传活动，以提升对作物多样性重要性的认识与关注；

5. 双方商定的其他领域。

第二条　合作方式

双方应在共同商定的基础上，通过以下方式开展在上述领域的合作；
1. 定期开展高层对话；
2. 双方以及双方共同与相关合作伙伴开展人员交流；
3. 共同组织和参加与作物多样性保护与利用有关的科研项目；
4. 共同组织科技研讨会、讲习班、国际会议和培训班；
5. 相互交流相关技术信息；
6. 双方感兴趣且符合双方目标的任何其他活动。

第三条　实　施

为实施本谅解备忘录，双方将共同制定二年期的工作计划，明确拟开展的活动和各方出资情况。该工作计划可由任一方起草，经双方完全批准后加以实施。

为吸引更多关注和开展更多活动，双方应借助各自在其他国家及与其他伙伴机构的关系网来推动该合作。

第四条　资　金

双方应尽可能利用所有可用的资源，包括其自身的资源和捐赠者提供的资源，来支持本合作。本谅解备忘录中各项活动的经费提供和相关活动的开支应根据财力、人力和其他资源的可动用情况而定，并应符合中华人民共和国的相关法规，作物信托基金的相关规定以及双方各自的政策和程序要求。双方应就此充分磋商。

第五条　通信和地址

中国农科院与作物信托基金须指派人员来执行双方之间的具体合作细节，并从整体上确保本谅解备忘录合理而有效的实施。

中国农业科学院
张陆彪
中国农业科学院国际合作局局长
中国北京中关村南大街 12 号，北京，100081，中国

全球作物多样性信托基金

Dr. Paula Bramel

全球作物多样性信托基金执行副主任

Platz der Vercinten Nationen 7，波恩，53113，德国

第六条　工作机制

双方将各派代表成立联合工作小组，必要时每两年在北京和波恩交替举行会晤，跟进本谅解备忘录的执行情况，并提出必要的发展建议。

第七条　知识产权

应保护知识产权不受侵犯。双方平等拥有从合作成果中共同获得的知识产权。任何一方在转让合作成果时，须以正式文件方式获得另一方许可。

第八条　效力与变更

本谅解备忘录自双方签订之日起 5 年内有效。其有效期每 5 年将自动顺延，除非一方意欲终止本谅解备忘录。终止须在本谅解备忘录到期前至少 6 个月通知另一方。经双方书面商定后，可随时对本谅解备忘录条款进行修改、变更或删减。

谨此，双方通过各自合法授权代表签署本谅解备忘录。本谅解备忘录中英文各一式 2 份，两种文本具有同等效力。

中国农业科学院

吴孔明　副院长

签名

2014 年 6 月 9 日

全球作物多样性信托基金

Marie Haga　执行主任

签名

2014 年 6 月 9 日

中国农业科学院（CAAS）与阿根廷国家农牧业科学院（INTA）技术合作协议

阿根廷共和国国家农牧业科学院（以下简称 INTA）和中国农业科学院（以下简称 CAAS），以下简称双方。

— 鉴于 CAAS 和 INTA 是亚洲和拉丁美洲技术创新的重要机构；

— 鉴于双方机构都把进行研究并将其成果应用到农牧领域，以解决本国和本地区的问题作为重要使命；

— 鉴于双方机构都认为国际合作是科技全球化的重要内容；

— 鉴于双方机构有过合作并签署如下协议：2001 年 12 月 31 日签署过谅解备忘录，2006 年 3 月 31 日签署会议纪要，2010 年 1 月 27 日签署技术合作协议，2011 年 4 月 19 日在布宜诺斯艾利斯签署 INTA-CAAS 协调委员会第一次会议纪要，以及两个机构官员之间频繁互访；

— 鉴于双方合作取得的进展，尤其是双方共同自主的多领域不同项目的活跃的人员交流计划以及共同出资的研究项目，包括 2010—2013 年综合清洁技术控制蜂螨和小麦抗禾谷镰刀菌防治赤霉病物质资源的评估，以及由两国科技部在阿中食品科技中心框架下共同出资的通过非热包装技术增加新鲜和熟制牛肉安全和保鲜期项目；

— 鉴于双方一直秉承深化双边合作的协议，通过双方共同出资或第三方出资方式，旨在完成中华人民共和国农业部和阿根廷农牧渔业部于 2012 年 6 月 25 日签署的 2012—2017 深化农业全球合作共同行动计划项下双方共同感兴趣的现有研究发展并确定新项目。

双方达成协议如下。

第一条 协议宗旨

CAAS 和 INTA 同意，根据双方机构和/或第三方的资金财务要求，深化机构合作，推动专业人员的科技合作。这些活动包括项目合作研究、继续现有技术人员交流和/或任何双方共同感兴趣的相关业务活动。

第二条 双方的义务

1. 双方开展必要的工作，以完成第一条中制定的目标。

2. 双方根据附件一中规定的共同感兴趣的领域，指定每个领域内项目的联系人（各方 1 名或 1 名以上，且双方人数相等），来负责附件的规定的双方机构共同感兴趣的项目的协调以及技术和管理方面的工作。附件的规定不妨碍本协议签署后再选定其他课题领域。

3. 双方承诺在完成正在进行的如下 3 个项目：

— 清洁技术综合治理蜂螨；

— 小麦抗禾谷镰刀菌防治赤霉病物质资源的评估；

— 通过非热包装技术增加新鲜和熟制牛肉安全和保鲜期项目。

双方承诺在根据附件的内容完成现有项目的更新并为确定新项目交流意见。

4. 双方的合作应在本协议的框架内进行，并根据各项活动的特点，制定“专门协议”，且协议须经双方主管单位批准和签署。

5. 双方承诺为了每个科技交流项目和/或计划配备适宜的专业人士。

6. 双方承诺为保证上一条内容的实施，提供必要的经济和物质资源，同时也可以采取第三方融资的方式。

第三条　协调委员会

1. 为了达到合作目标，双方共同成立一个合作协调委员会，各出一名正式委员和一名候补委员。该委员会需在本协议签署后 30 日内成立。双方可以在认为必要的时候替换其委员代表，并立即以书面形式通知对方指定的替换人员。

2. 若有可能，协调委员会每两年分别在中阿两国轮流举行一次工作会议。

3. CAAS 国际合作局和 INTA 国际合作局，可通过阿根廷驻北京大使馆农业处，负责协调委员会的日常沟通。

第四条　协调委员会的权力和职责

1. 协调委员会拥有以下权力和职责：

（1）制订年度工作计划、相应的年度经费预算以及开展活动所需的资金流转方案；

（2）根据工作进展情况，必要时可对年度工作计划和相应的资金预算进行修改，以完成本协议的目标；

（3）跟踪本协议相关工作的进展，制定各个项目的进展表；

（4）讨论与合作项目和/或计划有关的提案、提议和/或建议；

（5）对保密资料有对其保密的义务；

（6）审批出版物和/或文件资料；

2. 协调委员会应向双方主管机构准备和呈报经其审批签字后的会议纪要。会议纪要里要记录工作计划、年度工作时间表、年度计划预算和与会人员。INTA 的主管机构是其国际合作局，CAAS 的主管机构是其国际合作局。

第五条 出版物

借助于本协议取得的部分或最终成果，可在双方都同意的情况下发表，并在出版物上署上参与各方的名字。任何情况下，单方面发表的和本协议有关的文章，均需提及本协议。双方应明确说明对方在出版物或文件内容方面给予的协助和贡献，但这对对方不意味着任何责任。

第六条 知识产权

若本协议框架下的工作成果产生知识产权，则双方将通过一个“专门的技术联合协议”，确定双方的所有权比例，以及产权开发的条款和条件。

第七条 用于工作计划的财产

1. CAAS 和 INTA 的和本协议执行有关的并用于开展工作的动产和不动产，或者今后可能增加和/或使用的，或利用其资金进行租赁的，除非作出相反的正式说明，应为所属方或提供资金获得产权者所有。

2. 由一方借给另一方的物品，需在用完后被完好归还，正常使用的损耗和时间的作用不对其构成损害。接收方被认作是实际意义上的被接收物品的法定保管人。

第八条 双方的责任和独立性

1. CAAS 和 INTA 承诺，双方机构分别承担各自人员为完成本协议目标而开展工作时发生事故和/或疾病的风险，同时各自负责对财产的维护。此外，双方对因其人员的行为或疏忽造成的问题负责。

2. 在和本协议相关的各种情况或行为中，双方同意保持各自机构的技术和管理结构的自主特性和独立性，同时承担有关的责任。

第九条 第三方协议

本协议的签订不妨碍 CAAS 或 INTA 共同或单独和本国或别国其他团体或机构签订同样目的的协议。如遇到这种情况，应提前通知另一方，使其获得必要的信息，以便协调相关的任务。

第十条　正常运行的保证

INTA 和 CAAS 共同或分别采取必要的预防措施，避免发生任何影响落实本协议要求和工作的干扰，这些工作是与本协议各项义务所要求的以及明确与这些义务有关的。

第十一条　分歧解决

1. 按照本协议双方共同追求的目标，INTA 和 CAAS 建立在诚信和诚挚的关系基础上，实现可贵合作的精神。

2. 若在工作的讨论和执行过程中出现不一致或分歧，双方承诺将以直接和友好的方式，通过相应级别部门予以解决。若有分歧无法通过协商进行解决，则签约双方交由一个双方都认可的独立仲裁方裁决。

第十二条　通　知

双方注册的地址如下：

1. CAAS：中华人民共和国北京中关村南大街 12 号，邮编 100081；

2. INTA：Avenida Rivadavia 1439，CP 1033，de la Ciudad Autónoma de Buenos Aires，República Argentina。

第十三条　期　限

本协议自签订之日起生效，有效期 5 年；协议期满后，双方将依据评估结果决定其是否延长相等期限。

第十四条　终　止

1. 在一方没有执行规定的义务时，另一方可以中止本协议。需要提前 30 天要求对方有效执行义务，否则可以解除本协议。

2. 任何一方可以提前六十天通过书面形式通知另一方单方解除本合同。解约本身并不赋予双方提出任何类型的起诉或赔偿。即便发生此类单方面的解约行为，正在进行的工作还将继续，直至完成。

本协议于 2014 年 7 月 18 日签订于布宜诺斯艾利斯，一式 2 份，分别由中文、西班牙文和英文书成，两份文本具有同等效力。若有分歧，则以英文版本为准。

附件：合作优先领域

中国农业科学院	阿根廷共和国国家农牧业科学院
唐华俊　副院长	弗朗西斯哥·胡安·奥斯卡·安格乐西奥　院长

附件

合作优先领域

—种质资源交换
—作物育种
—动物产品（肉类和牛奶）
—棉花
—农业机械
—直播
—蜜蜂科学
—花卉

五、人事管理与人才建设

中国农业科学院2014年人事人才工作综述

2014年，人事局在院党组的正确领导下，在院机关各部门、院属各单位的大力配合下，坚持以邓小平理论、“三个代表”重要思想、科学发展观为指导，全面深入贯彻党的十八大和十八届三中、四中全会以及习近平总书记系列重要讲话精神，紧密围绕创新工程和世界一流科研院所战略目标，积极解放思想、创新思路，不断深化干部人事制度改革，圆满完成各项工作任务。

一、积极沟通、周密筹划，事业单位分类改革扎实推进

结合科技创新工程实施，抓住历史机遇，积极主动与上级主管部门沟通协调，争取政策支持。注重政策研究和系统谋划，着眼于从根本上解决历史遗留问题，为院属单位长远发展争取良好环境。一是积极与农业部、科技部、财政部和中央编办沟通汇报，根据上级部门的改革要求，及时调整工作方案。组织起草关于非营利性科研机构、农业事业单位和拟转企研究所分类细化方案，提交院事业单位分类改革领导小组会议进行专题研究。二是积极推动深圳基因组所和都市农业所的组建工作，多次就我院机构编制调整方案向财政部、中央编办①进行汇报，并得到认同和支持。三是全面梳理事业单位分类改革的标准依据和相关政策，通过科学量化测算，研究探索不同财政保障和投入条件下，划分公益类别的可行性。

二、创新机制、优化环境，人才队伍建设成效显著

（一）大力推进“青年英才计划”，加快引进高层次青年人才

一是在“千人计划”网、科学网、*Nature*网等主流学术网站发布招聘公告的同时，充分利用合作研究、学术会议、出国访问等多渠道物色人选，不断扩大“青年英才计划”社会影响力。二是坚持“注重业绩贡献和发展潜力”的选才标准，采取院所“两级资格审查、两级学术评审”的评选机制，严把引进人才质量关。2014年备案审核通

① 中央机构编制委员会办公室，全书简称中央编办

过 A 类、B 类“青年英才计划”候选人 54 名，D 类候选人 18 名。开展首批“青年英才计划”择优支持评审，11 名候选人通过评审，成为“青年英才计划”入选者。三是以院长办公会纪要的形式，提出了“落实高层次引进人才工作和生活待遇的 5 项措施”，明确相关单位任务分工。研究制定《中国农业科学院高层次引进人才周转住房管理办法》，规范周转住房管理。四是印发《关于做好 2013 年度京区单位“青年英才计划”备案人选调配工作的通知》，系统梳理备案人选调配渠道，加强对京区单位备案人选调配工作的政策指导力度，目前已完成 17 名备案人选调配手续。协助京区单位办理备案人选解决夫妻两地分居、子女投靠等手续，切实解决备案人选后顾之忧。

（二）加大优秀青年人才培养力度，助推优秀青年人才快速成长

一是印发《中国农业科学院党组关于加强优秀青年科技人才培养工作的意见》和《关于加强优秀青年科技人才培养工作的意见重点任务分工方案》，进一步加强顶层设计和统筹谋划。二是在 2014 年院基本科研业务费中设立“中国农业科学院优秀青年科技人才成长和培养政策研究”专项，开展优秀青年科技人才培养政策研究工作。探寻我院优秀青年科技人才成长规律，掌握其在不同成长阶段的政策需求，为下一步工作奠定理论基础，增强政策的科学性和针对性。

（三）深化专业技术职务评审制度改革，创造有利于优秀人才脱颖而出的工作机制

一是研究起草《专业技术职务任职资格评审暂行办法》和《专业技术职务任职资格评审委员会组织管理暂行办法》，严格规范专业技术职务任职资格评审工作。二是进一步落实法人治所自主权，申请下放 30 个创新工程试点研究所副高级专业技术职务任职资格评审权限。三是健全人才分类评价标准。研究制定出版和图书资料等 2 个系列高级专业技术职务任职资格评审参考条件。四是建立 35 岁以下优秀青年科技人才晋升副高级职称单独评审制度。2013 年度，8 名优秀青年人才晋升副高级专业技术职务。五是顺利完成 2013 年度专业技术职务评聘工作。80 人晋升正高级专业技术职务，2 名外籍人员确认正高级专业技术职务，174 人晋升副高级专业技术职务。

（四）加强专家队伍服务和管理，加快高层次创新型领军人才培养

一是加大各类专家举荐力度。评审推荐“千人计划”、“青年千人计划”、“国家特支计划”① 青年拔尖人才、科技部“创新人才推进计划”中青年科技创新领军人才、人

① 国家高层次人才特殊支持计划，全书简称“国家特支计划”

社部[①]“政府特殊津贴专家”等各类人选89人次。二是选派41名专家参加中组部、人社部、农业部举办的各类业务培训班和研修班，选派3名专家赴西藏开展学术讲座和技术指导活动。三是制定《中国农业科学院“西部之光”访问学者和新疆西藏特殊培养学员培养工作管理办法》。协调落实农业部2014年度11名“西部之光”访问学者、3名新疆特培学员访问研修工作。

（五）积极推进继续教育基地建设，不断提升专业技术人员业务素质和创新能力

一是制定《中国农业科学院国家级专业技术人员继续教育基地管理办法》，创新和完善继续教育基地运行机制。二是进一步健全基地管理机构，在院人事局的指导下，由院研究生院具体承担继续教育基地日常运行工作。三是积极开展专业技术人员继续教育活动，分3批选派79人参加了国科大举办的科技团队管理者（课题组长）研讨班，收到良好效果。

（六）加快实施“博士后推进计划”，培养壮大优秀后备人才队伍

扩大博士后招收规模和渠道，申请增设农业工程博士后流动站，获批新增4个计划内招收指标，并与2个单位建立了联合招收关系，在站博士后达318人。基金申请再创新高，45人成功获得基金资助。加强国际合作，推荐5名博士后参加人社部“国际交流计划”和“香江学者计划”评选。加大激励力度，评选出“优秀博士后”10人。改善博士后住宿条件，新增博士后公寓134间，制定《博士后公寓分配方案》，规范公寓管理。举办多期博士后学术沙龙和基金申请辅导报告会。丰富业余生活，组织120余名博士后参加北京博士后运动会，组建博士后篮球队参加院“创新杯”职工篮球赛。

（七）试点举办首届支撑人才岗位技能竞赛，探索支撑人才队伍建设有效途径

成功举办我院首届支撑人才岗位技能竞赛。竞赛旨在贯彻落实院党组关于统筹建设四支队伍的要求，积极树立“强化岗位练兵，引导岗位成才”政策导向，推动建设一支技术精湛、爱岗敬业的高技能支撑人才队伍，打造展示院支撑人才精神风貌的平台。工作中通过认真调研，反复论证，做好赛前集训，程序严谨，确保公平，圆满实现了院领导提出的竞赛要有特色、见成效、创品牌的工作要求，通过举办技能竞赛，找到了推动支撑人才队伍建设的新抓手，调动了支撑人才立足岗位建功立业的积极性以及院属单

---

① 中华人民共和国人力资源和社会保障部，全书简称人社部

位抓支撑人才队伍建设的积极性，为下一步支撑队伍建设的整体谋划奠定了基础。

三、树立导向、注重培养，领导班子和干部队伍建设不断加强

（一）完善从严管理干部队伍制度体系

一是深入学习贯彻《党政领导干部选拔任用工作条例》（以下简称《条例》），根据《条例》精神要求，修订《中国农业科学院党政领导干部选拔任用工作规定》，推进我院党政领导干部选拔任用工作科学化、规范化水平。二是制定《中国农业科学院机关岗位设置与聘用管理办法（试行）》，进一步完善机关岗位设置，规范机关工作人员聘用管理，逐步建立开放、竞争、流动的用人机制。三是制定《中国农业科学院管理的干部职务名称表》，进一步完善我院干部管理体制，强化宏观管理，提高干部管理工作效能。

（二）扎实开展六项干部监督专项整治工作

一是全面开展领导干部个人有关事项报告抽查核实工作，共录入 275 名院本级副处级以上干部和 768 名院属单位副处级以上干部个人有关事项报告材料信息。结合抽查核实工作，印发《关于进一步加强领导干部因私出国（境）证件管理工作的通知》，进一步加强领导干部因私出国（境）证件管理，集中保管院机关处级以上干部、院属京区单位所局级领导因私出国（境）证件 117 本。二是认真开展超职数配备干部核查工作，对超职数配备干部的 2 个单位限其抓紧整改消化。三是开展党政领导干部在企业兼职（任职）核查清理工作，对尚未完成清理工作的单位要求其制定明确的清理时间表，并严格按照清理时间进度执行。四是开展副处级以上领导干部配偶已移居国（境）外情况摸底调查工作，按照《配偶已移居国（境）外的国家工作人员任职岗位管理办法》要求，分别与存在配偶已移居国（境）外情况的 6 名同志进行个别谈话。五是开展领导干部社会化培训核查工作，根据农业部《关于转发〈关于严格规范领导干部参加社会化培训有关事项的通知〉的通知》（农群组发〔2014〕7 号）文件要求，组织院属各单位、院机关各部门对本单位干部目前参加社会化培训的情况开展自查清理。六是开展退（离）休领导干部在社团兼职清理规范工作。根据农业部办公厅《关于规范退（离）休领导干部在社会团体兼职问题的通知》，组织对全院离退休处以上干部在社团兼职情况进行摸底，严格履行审批备案程序，规范兼职行为。

（三）不断优化领导班子和干部队伍结构

全年任免部、院管理的干部 121 人次，任职 69 人次，免职 52 人次，任职中提拔班子正职 10 人，提拔班子副职 8 人。部党组管理的司局级干部任免 36 人次，院党组管理的所级干部任免 85 人次。完成 5 个单位党委、纪委换届批复指导工作，对 3 个院属单位中层干部竞聘上岗工作进行了方案审定和程序指导。任免院机关处级干部 12 人次，提拔 3 人。院属单位处级干部任免备案 51 人次。办理 7 名所级领导管理岗位聘用和院机关 6 名干部退休手续。

（四）加强干部教育培训、实践锻炼和交流轮岗

选派 13 位所级领导赴德国参加“现代农业科研院所建设与发展培训”，选派 10 名所级领导参加中科院组织的所局级领导干部特训班、上岗培训班。组织参加司局级干部选学、调训、在线培训，累计 210 余人次。举办组织人事干部能力建设培训班，对《党政领导干部选拔任用工作条例》《事业单位人事管理条例》进行专题辅导，进一步加强干部队伍建设。选派青年干部参加农业部组织的各种学习实践活动，累计达 100 余人次。举办新入职人员岗前培训班，提升新入职人员对院情、所情的认识。选派 5 名同志作为中央国家机关第八批援疆干部，赴新疆对口支援工作；选派 11 名同志分赴江西省、甘肃省、北京市大兴区等地挂职锻炼；接收来自黑龙江省农业科学院、新疆畜牧科学院等单位 6 名同志到我院挂职学习。深入推动院机关年轻干部基层锻炼活动，选派院机关 6 名年轻同志赴环保所、水稻所、棉花所、基因组所实践锻炼。

（五）加强领导干部日常管理和监督

协助中组部①、农业部完成 2013 年度院领导班子和院领导年度考核测评、干部选拔任用“一报告两评议”工作。完成院属单位 2013 年度任务目标和全院所局级领导干部考核工作。坚持做好事前预告、任前公示。坚持所局级领导干部任前征求纪检监察部门意见和任免前谈话制度，全年征求院党组纪检组、监察局的意见 18 人次，进行所局级领导干部任免前谈话 62 人次。严格执行领导干部个人有关事项报告制度，组织完成全院 1 043名处级干部向上级报告个人重大事项。配合做好 3 个研究所的巡视工作。完成院直属机关第六届委员会和纪律检查委员会 37 位候选人预备人选资格审查工作。

---

① 中共中央组织部，全书简称中组部

四、深化改革、落实政策，劳资管理与社保福利工作有序推进

（一）加强工资总额管理，严肃分配纪律

在保持院属单位总体收入水平稳步提高的前提下，结合单位改革发展、社会效益和经济效益等情况，按照限高、稳中、托低的原则，对收入水平相对较高的单位严格控制增长幅度，对收入水平相对较低的单位适当放宽增长幅度，充分发挥工资总额调控作用。

（二）按照干部管理权限，建立分级分类工资管理制度

经院党组同意，调整全院基本工资审批管理权限，下放所管干部和人才的工资审批权，进一步理顺院所两级职能，优化流程、提高效率，落实法人治所相关政策，建立与现代院所制度相适应、与干部人才管理政策相配套的工资审批管理制度。

（三）加强院属单位收入分配办法备案审批和领导班子成员收入水平的规范管理

要求各单位切实提高对薪酬规范管理重要性的认识，严格执行院属单位收入分配办法的备案审批制度和领导班子成员的收入备案制度，要求院属单位科学确定所领导班子收入水平，坚持公平、公正，加强对研究所内部收入分配政策指导。

（四）积极开展薪酬激励、社保福利政策调查研究

积极开展“青年英才计划”人选等高层次人才协议薪酬模式调研，为进一步完善我院高层次人才分配激励机制打好基础。深入学习、研究国家关于事业单位职工参加养老、医疗保险相关政策规定，深入部分院属单位实地调研成功经验和做法。

（五）做好工资福利日常管理和劳动统计工作

全年累计完成各类工资异动审批 3 500人次。组织防暑降温费、取暖补贴等相关政策落实。全年共办结各类信访 19 件。组织完成人事劳动统计会审，对 15 个年度统计先进单位进行表彰。加强对统计数据的研究分析，编印《中国农业科学院人事劳动统计资料汇编》，为院领导和各部门决策提供参考依据。

五、严格标准、依规操作，事业单位人事管理科学化、规范化水平不断提高

（一）规范京区单位公开招聘人员工作流程

首次集中组织京区单位新进工作人员公开招聘考试，规范公开招聘程序，推进科学合理、客观公正地选用人才，实现人事管理的规范化、科学化、制度化。第一，京区单位公开招聘做到三同步。经院里审核同意后，同步发布招聘公告；同一时间、同一地点，同步组织集中笔试和研究所专业加试；研究所考察确定拟接受人选后，经院审核后同步公示。第二，创新招聘方式。实现京区财务管理岗位打包招聘，打破院属单位界限，实现岗位间的调剂，得到了院领导高度肯定。第三，坚持编制控制原则。对于编制饱和的单位和部门，严格控制进人指标，从源头上杜绝超编进人现象。2014 年京区单位共接收 107 人，其中，应届毕业生 69 人，博士后、留学回国、社会在职人员 38 人。

（二）加强事业单位编制外人员聘用管理

在全院范围内开展编外聘用人员管理工作检查。目前有 31 个院属单位共聘用 3 300 余名编外人员。以此次检查为契机，全面了解了编外人员的岗位分布、用工形式、待遇水平，理清了存在的问题，起草了《关于开展院属单位编外聘用人员管理工作检查的情况报告》，提出了加强编外人员聘用管理的意见和建议，以及下一步的工作思路。在广泛调研和征求意见的基础上，研究起草了《中国农业科学院编制外人员聘用管理办法（试行）》（以下简称《办法》），目前已正式印发。《办法》进一步规范了聘用程序、加强了合同管理，对于用好用活编外人员队伍，充分发挥其对农业科研事业的辅助支撑作用具有重要意义。

六、创造条件、热心服务，离退休职工管理水平稳步提升

（一）进一步建立和完善工作制度，坚持普遍走访慰问，把院党组对老同志的关心落到实处

起草印发了《中国农业科学院机关离退休职工特困救助管理暂行办法》。2014 年春节首次大范围实施特困救助工作，共救助 60 人，经费金额 14. 85 万元。组织春节期间开展普遍走访慰问离退休老同志工作，共计走访慰问 369 人，发放慰问金 19. 36 万元。

制定了《院机关离退休职工住院探视暂行办法》和《院机关离退休职工生日祝寿暂行办法》两个制度，为进一步规范工作程序和财务管理打下了良好基础，全年共慰问探视住院老同志 52 人次，为 39 位老同志生日祝寿。落实好医疗各项待遇，做好日常服务工作。组织 400 余名离退休老同志参加年度体检。协助办理老同志更改就近医院 19 人次，代报药费 50 余人次，合计金额 16 万余元。为院机关全体离退休职工安装“999”一键通急救电话常态化，方便老同志特别是空巢老人、孤寡老人患急病时的紧急救治。

（二）加强离退休党组织建设，落实好老同志各项政治待遇，树立正确导向

积极搭建院党组与离退休职工沟通交流平台，注意发挥好党组织在政治学习、沟通情况、凝聚人心、传递信息方面的重要作用。组织广大离退休党员认真学习习近平总书记系列重要讲话精神，组织 35 名党支部书记参加农业部党务干部培训。召开院党组向老同志工作情况通报会，向老同志通报 2013 年院重要工作进展。积极开展机关离退休党总支“两优一先”评选，1 个党总支被评为先进基层党组织，2 位同志被评为“优秀共产党员”，1 位同志被评为“优秀党务工作者”。组织参加农业部离退休先进集体先进个人推荐评选工作，3 个支部荣获“农业部离退休先进集体”，7 人荣获“农业部离退休先进个人”；蔬菜所第六支部荣获中组部“全国离退休先进集体”称号。

（三）举办全院离退休干部能力建设培训班

院党组纪律检查组组长史志国出席培训班开班式并作重要讲话，农业部离退休干部局陶永平局长出席开班式并为培训班学员传达解读全国老干部局长会议精神，院人事局局长魏琦主持培训班开班式，各单位分管离退休工作的领导和工作人员共计 88 人参加了培训。学习贯彻全国老干部局长工作会议和院离退休工作领导小组会议精神，加强政策和业务培训，研讨交流工作，进一步提高全院离退休工作人员的管理服务能力和工作水平，推动我院离退休工作转型发展、科学发展。

（四）积极开展调查研究

对全院患大病、重病以及孤寡、空巢离退休人员摸底并建立基础档案，重点加强对孤寡老人及癌症患者等特殊离退休群体的照顾。组织开展“关于如何利用社会资源做好我院离退休工作”的专题研究，起草《中国农业科学院关于加强社区居家养老服务工作的研究报告》，报农业部参加评选。

（五）做好农业部老年活动中心“分中心”管理服务工作

加强场地条件建设，认真完成乒乓球活动室和台球室等活动场所的装修改造。积极开展各类文体活动，不断丰富老同志精神文化生活，全年组织老同志参加各类演出、展出、比赛等活动10余次，获得各类奖项10余个。协助完成农业部老年大学新学年招生和管理服务工作。组织我院部分老同志参加农业部老年大学成立五周年庆典活动。

（六）积极推进老有所为工作

在全院范围内认真开展规范退（离）休领导干部在社会团体兼职问题的工作。院老科技工作者协会首次组织举办了贵阳市现代农业发展与规划专题培训班，培训贵阳市所属12个区县主管农业的专业技术管理干部32人；组织我院老科技专家共完成海淀区政府调研项目2个，乡级产业项目论证3个，各类技术服务20多次，培训农民500余人，取得很好的社会效益。

七、优化管理、提升效能，人事人才基础工作不断夯实

（一）扎实做好人员调配和出国政审工作

认真组织编报2015年补充工作人员计划。成功办理院机关调配手续25人次、解决夫妻两地分居手续23人次。严格执行出国（境）相关规定，全年办理因公出国（境）政审备案45人次，因私出国（境）人员审查35人次，完成京区单位因私出国境人员备案变更70人次。认真做好因私出国（境）情况统计，合理掌控备案人员因私出国（境）频率。

（二）加强人事人才宣传管理工作

坚持以院网、院报、简报、局网、展板为宣传主阵地，加大人事人才工作宣传力度。严格规范上网信息审核程序，确保宣传稿件质量。注重培养宣传人员的业务素质，积极选派人员参加相关培训活动，不断提高业务工作水平。

中国农业科学院组织机构图

院　长、党组书记

副院长、党组副书记、党组成员

院机关

- 院办公室
- 科技管理局
- 人事局
- 财务局
- 基本建设局
- 国际合作局
- 成果转化局
- 直属机关党委
- 监察局

后勤服务中心（局）

中国农业科学院研究生院

在京研究所

- 作物科学研究所
- 植物保护研究所
- 蔬菜花卉研究所
- 农业环境与可持续发展研究所
- 北京畜牧兽医研究所（中国动物卫生与流行病学中心北京分中心）
- 蜜蜂研究所
- 饲料研究所
- 原子能利用研究所（农产品加工研究所）
- 生物技术研究所
- 农业经济与发展研究所
- 农业资源与农业区划研究所
- 农业信息研究所
- 农业质量标准与检测技术研究所（农业部农产品质量标准研究中心）
- 农业部食物与营养发展研究所

中国农业科学技术出版社（中国农业科学院农业传媒与传播研究中心）

京外研究所

- 农田灌溉研究所
- 中国水稻研究所
- 棉花研究所
- 油料作物研究所
- 麻类研究所
- 果树研究所
- 郑州果树研究所
- 茶叶研究所
- 哈尔滨兽医研究所（中国动物卫生与流行病学中心哈尔滨分中心）
- 兰州兽医研究所（中国动物卫生与流行病学中心兰州分中心）
- 兰州畜牧与兽药研究所
- 上海兽医研究所（中国动物卫生与流行病学中心上海分中心）
- 草原研究所
- 特产研究所
- 农业部环境保护科研监测所
- 农业部沼气科学研究所
- 农业部南京农业机械化研究所
- 烟草研究所

共建单位

- 柑桔研究所
- 甜菜研究所
- 蚕业研究所
- 农业遗产研究室
- 水牛研究所
- 草原生态研究所
- 家禽研究所
- 甘薯研究所
- 长春兽医研究所
- 深圳生物育种创新研究院

中国农业科学院及院直属单位（部门）领导人员名单

（截至2014年12月底）

院　长：李家洋
党组书记：陈萌山
党组副书记、副院长：唐华俊
副院长：雷茂良　李金祥　吴孔明
党组纪律检查组组长：史志国
党组成员：陈萌山　李家洋　唐华俊　雷茂良
　　　　　李金祥　吴孔明　史志国　魏　琦

农业部（中国农业科学院）巡视组

组　长：高淑君（女）
副组长：刘　俐（女）

院办公室

主　任：汪飞杰
副主任：姜梅林（女）　方　放

科技管理局

局　长：梅旭荣
副局长：陆建中　李新海

人事局

局　长：魏　琦（兼）
副局长：李红康（女）　吴京凯

财务局

局　长：刘瀛弢（女）
副局长：孙东升　韩小玲（女）

基本建设局

局　长：刘现武
副局长：周　霞（女）　夏耀西

国际合作局

局　长：张陆彪
副局长：冯东昕（女）

成果转化局

局　长：袁龙江
副局长：潘燕荣　王登山

直属机关党委

书　记：唐华俊（兼）
常务副书记：高士军
副书记、纪委书记：吕春生
副书记：赵红梅（女）

监察局

局　长：舒文华
副局长：姜维民（正所级）　李延青

后勤服务中心（局）

主任、党委副书记：卢玉明

党委书记：吴胜军
副主任、党委副书记、纪委书记：赵玉林
副主任：郭同军　高建民

研究生院

院　长：李家洋（兼）
常务副院长、党委书记：韩惠鹏
副院长：刘荣乐
副院长、党委副书记、纪委书记：李思经（女）

作物科学研究所

所　长：万建民
党委书记、副所长：张保明
副所长：曹永生（副局级，援藏）　王述民
副所长、纪委书记：齐秀改（女）
副所长、党委副书记：范　静（女）

植物保护研究所

所长、党委副书记：周雪平
党委书记、副所长：张步江
副所长：邱德文
副所长、纪委书记：郑永权

蔬菜花卉研究所

所长、党委副书记：杜永臣
党委书记、副所长：孙日飞
副所长、纪委书记：张宝玺
副所长：胡　鸿（女）　王晓武

农业环境与可持续发展研究所

所长、党委副书记：张燕卿

党委书记、副所长：栗金池（女）
副所长：董红敏（女）　朱昌雄

北京畜牧兽医研究所（中国动物卫生与流行病学中心北京分中心）

所长（主任）、党委副书记：李　明
党委书记、副所长（副主任）：袁学志
副所长（副主任）、党委副书记、纪委书记：文　杰
副所长（副主任）：韩雪松

蜜蜂研究所

所长、党委副书记：王加启
党委书记：谢双红（女）
副所长、纪委书记：彭文君
副所长：李锁平

饲料研究所

所长、党委副书记：齐广海
党委书记、副所长：康　威
党委副书记、纪委书记：项伯纯
副所长：姚　斌

原子能利用研究所（农产品加工研究所）

所长、党委副书记：戴小枫
党委书记、副所长：王长江
副所长、纪委书记：王志东
副所长：王　强　王凤忠
党委副书记：赵俊辉

生物技术研究所

所　长：林　敏

党委书记、副所长：王晓举
副所长、党委副书记、纪委书记：路铁刚
副所长：张洪岭　张春义

农业经济与发展研究所

所长、党委副书记：秦　富
党委书记、副所长：任爱荣（女）
副所长：刘凤彦　王济民
副所长、纪委书记：马　飞

农业资源与农业区划研究所

所长、党委副书记：王道龙
党委书记、副所长：陈金强
副所长：徐明岗　周清波　王秀芳（女）

农业信息研究所

所长、党委副书记：许世卫
党委书记、副 所 长：刘继芳
副所长：孟宪学　王文生

农业质量标准与检测技术研究所（农业部农产品质量标准研究中心）

所长（主任）、党委副书记：钱永忠
党委书记、副所长（副主任）：贡锡锋
副所长（副主任）：苏晓鸥
党委副书记、纪委书记：赖燕萍（女）

农业部食物与营养发展研究所

所　长：王小虎
副所长：王东阳　秦玉昌

中国农业科学技术出版社

社长、直属党支部书记：骆建忠（副所级）
总编辑：张应禄（副所级）

农田灌溉研究所

所长、党委副书记：段爱旺
党委书记、副所长：黄修桥
副所长、纪委书记：周子奎
副所长：齐学斌

中国水稻研究所

所长、党委副书记：程式华
党委书记：方　军（女）
党委副书记、纪委书记：方　向
副所长：李西明　胡培松　钱　前

棉花研究所

所长、党委书记：李付广
党委副书记、副所长：侯志勇
副所长：王坤波
党委副书记、纪委书记：宋国立

油料作物研究所

所长、党委书记：王汉中
党委副书记、副所长、纪委书记：李光明
副所长：廖　星　廖伯寿　黄凤洪

麻类研究所

所长、党委副书记：陈万权

党委书记：熊和平
党委副书记、副所长、纪委书记：王朝云
副所长：臧巩固　李德芳　黄志辉

果树研究所

所　长：刘凤之
党委书记、副所长：郝志强
副所长、党委副书记、纪委书记：丛佩华
副所长：陆致成　程存刚

郑州果树研究所

所长、党委副书记：刘君璞
党委书记、副所长：王志强
副所长：方金豹　王力荣（女）　刘崇怀

茶叶研究所

所长、党委副书记：杨亚军
党委书记、副所长：姜仁华
副所长、纪委书记：江用文
副所长：鲁成银　阮建云

哈尔滨兽医研究所（中国动物卫生与流行病学中心哈尔滨分中心）

所长（主任）：孔宪刚
党委书记、副所长（副主任）：张逐陈
副所长（副主任）：魏凤祥　王笑梅（女）　赵国辉　步志高
党委副书记、纪委书记：夏长友

兰州兽医研究所（中国动物卫生与流行病学中心兰州分中心）

所长（主任）、党委副书记：殷　宏
党委书记、副所长（副主任）：张永光

副所长（副主任）：罗建勋　刘湘涛
党委副书记、纪委书记：赵海燕（女）

兰州畜牧与兽药研究所

所长、党委副书记：杨志强
党委书记、副所长：刘永明
副所长、纪委书记：张继瑜
副所长：阎　萍（女）

上海兽医研究所（中国动物卫生与流行病学中心上海分中心）

所长（主任）：童光志
党委书记、副所长（副主任）：杨　瑾（女）
副所长（副主任）：丁　铲
副所长（副主任）、纪委书记：马志永

草原研究所

所长、党委副书记：侯向阳
党委书记、副所长：王育青
副所长、纪委书记：李志勇

特产研究所

所长、党委副书记：杨福合
党委书记、副所长：程世鹏
副所长：孙长伟　王英平　李光玉
党委副书记：田　欣

农业部环境保护科研监测所

所长、党委副书记：任天志
党委书记、副所长：朱　岩
副所长：李玉浸（正所级）　周其文
副所长、纪委书记：陈　璐

农业部沼气科学研究所

所长、党委副书记：李　谦
党委书记、副所长：蔡　萍（女）
副所长：胡国全　邓　宇

农业部南京农业机械化研究所

所长、党委副书记：陈巧敏
党委书记、副所长：曹曙明
副所长、纪委书记：梁　建
副所长、党委副书记：胡志超

烟草研究所

所长、党委副书记：王元英
党委书记、副所长：许发辉
副所长、党委副书记：王树声
副所长、纪委书记：张忠锋
副所长：梁富昌

中国农业科学院2014年院属各单位人员情况统计表

序号	单位	职工总数	专业技术人员					管理人员							工勤技能人员				
			小计	正高级	副高级	中级	初级及以下	小计	相当副部	正司局级	副司局级	正处级	副处级	科级及以下	小计	技工一级	技工二级	技工三级	技工四级及以下
	全院合计	7 057	5 004	927	1 428	2 019	630	728	3	32	33	176	129	355	1 325	14	210	892	209
	京内合计	2 805	2 153	525	684	763	181	407	3	19	17	95	71	202	245	12	89	124	20
	京外合计	4 252	2 851	402	744	1 256	449	321		13	16	81	58	153	1 080	2	121	768	189
1	院机关	195	69	24	32	13		126	3	7	6	35	18	57					
2	后勤中心	177	39		1	32	6	55		2	5	6	3	39	83	1	28	47	7
3	研究生院	78	53	16	16	17	4	15		1		1	6	7	10		1	9	
4	作科所	353	292	91	102	84	15	25				3	5	17	36	2	8	25	1
5	植保所	223	194	59	67	58	10	17		1		4	1	11	12	1	7	4	
6	蔬菜所	210	169	42	57	58	12	16				2	4	10	25	4	8	11	2
7	环发所	163	118	25	35	52	6	39		1	1	17	6	14	6		3	1	2
8	牧医所	176	148	40	46	51	11	15		2		1	2	10	13		8	5	
9	蜜蜂所	93	77	16	20	34	7	7		1	1	4		1	9	1	4	2	2
10	饲料所	110	99	22	38	34	5	8			1	2	2	3	3			2	1

注：本表数据以工资统计口径为准，即以本人实际执行的岗位工资类别进行分类统计

（续表）

序号	单位	职工总数	专业技术人员					管理人员							工勤技能人员				
			小计	正高级	副高级	中级	初级及以下	小计	相当副部	正司局级	副司局级	正处级	副处级	科级及以下	小计	技工一级	技工二级	技工三级	技工四级及以下
11	加工所	153	132	16	28	49	39	11				3	6	2	10		4	5	1
12	生物所	126	113	30	38	39	6	12				3	4	5	1	1			
13	农经所	90	83	26	28	28	1	6		1	1			4	1	1			
14	资划所	271	239	64	84	83	8	27			1	7	5	14	5		1	3	1
15	信息所	272	223	31	64	88	40	21		1	1	6	7	6	28	1	14	10	3
16	质标所	79	72	13	21	33	5	4		1		1	2		3		3		
17	营养所	23	22	5	5	8	4	1		1									
18	出版社	13	11	5	2	2	2	2						2					
19	灌溉所	142	106	15	25	43	23	16			1	4	1	10	20		2	17	1
20	水稻所	477	205	34	61	79	31	38		2		8	8	20	234		17	150	67
21	棉花所	426	238	32	65	80	61	17			1	4	1	11	171		9	161	1
22	油料所	256	187	24	52	99	12	15			1	2	7	5	54		4	41	9
23	麻类所	177	97	22	23	41	11	18				3	3	12	62		2	57	3
24	果树所	202	90	15	18	43	14	25		1	1	2	8	13	87		2	80	5
25	郑果所	199	160	20	42	76	22	15		2		4	3	6	24		3	18	3

（续表）

序号	单位	职工总数	专业技术人员					管理人员							工勤技能人员				
			小计	正高级	副高级	中级	初级及以下	小计	相当副部	正司局级	副司局级	正处级	副处级	科级及以下	小计	技工一级	技工二级	技工三级	技工四级及以下
26	茶叶所	169	130	20	39	55	16	9		1		2	3	3	30		7	15	8
27	哈尔滨兽医所	408	290	44	61	174	11	25		1	2	5	6	11	93			90	3
28	兰州兽医所	199	154	35	51	65	3	14				3	1	10	31		8	13	10
29	兰州牧药所	193	150	16	46	78	10	12			1	5	1	5	31		28	1	2
30	上海兽医所	109	94	23	26	41	4	10			1	4	2	3	5				5
31	草原所	166	113	15	31	47	20	11		1	1	5	2	2	42	2	24	10	6
32	特产所	420	277	17	46	131	83	33			2	12	1	18	110		4	52	54
33	环保所	116	103	15	33	46	9	12			3	3	3	3	1			1	
34	沼科所	114	92	10	20	32	30	14		1		4	1	8	8		1	4	3
35	农机化所	260	211	21	54	62	74	16		2		5	4	5	33		5	23	5
36	烟草所	185	130	21	46	52	11	16		2	2	5	2	5	39		2	34	3
37	祁阳站	16	12	1	2	7	2	2					1	1	2		2		
38	德州站	15	12	2	3	5	2	1						1	2			1	1
39	廊坊基地	3						2				1		1	1		1		

中国农业科学院 2014 年专业技术人员基本情况统计表

序号	单位	科技人员总数	职称情况				学历情况			学位情况		年龄情况						专家情况				
			正高级	副高级	中级	初级及以下	研究生	大学	大专及以下	博士	硕士	35 岁及以下	36～40 岁	41～45 岁	46～50 岁	51～54 岁	55 岁及以上	两院院士	国家级专家	部级专家	政府特贴	百千万人才
	全院总计	5 573	978	1 552	2 267	776	3 439	1 563	571	2 146	1 623	2 065	824	722	768	755	439	11	16	92	127	56
	机关小计	191	35	68	61	27	114	70	7	43	79	65	18	32	27	29	20	4	0	5	8	2
	京内合计	2 482	557	753	903	269	1 736	574	172	1 228	625	822	358	354	372	375	201	9	11	50	85	38
	京外合计	3 091	421	799	1 364	507	1 703	989	399	918	998	1 243	466	368	396	380	238	2	5	42	42	18
1	院办公室	33	13	10	8	2	27	5	1	11	15	10	1	5	5	3	9	4		4	7	1
2	科技局	18	6	6	5	1	11	6	1	10	3	5	3	4	2	4				1	1	1
3	人事局	24		8	10	6	11	12	1	2	11	9	2	5	3	4	1					
4	财务局	29	2	12	11	4	13	16		4	13	13	3	4	5	3	1					
5	基建局	18	3	5	7	3	7	11		3	6	6	2	5	2	2	1					
6	转化局	18	2	9	3	4	8	7	3	4	3	2	4	3		7	2					
7	国合局	25	5	5	12	3	18	6	1	7	11	10	2	4	3	4	2					
8	机关党委	13	2	7	3	1	11	2		2	9	5	1	1	3	1	2					
9	监察局	13	2	6	2	3	8	5			8	5		1	4	1	2					
10	后勤中心	65	1	4	44	16	4	29	32		5	3		17	16	18	11					

（续表）

序号	单位	科技人员总数	职称情况				学历情况			学位情况		年龄情况						专家情况				
			正高级	副高级	中级	初级及以下	研究生	大学	大专及以下	博士	硕士	35岁及以下	36～40岁	41～45岁	46～50岁	51～54岁	55岁及以上	两院院士	国家级专家	部级专家	政府特贴	百千万人才
11	研究生院	63	17	16	24	6	38	23	2	18	30	20	8	8	6	15	6			1	1	
12	作科所	313	91	102	93	27	220	66	27	186	51	85	40	35	62	60	31	1	1	9	16	8
13	植保所	206	59	68	63	16	166	30	10	151	20	59	36	33	29	32	17	1	3	5	6	4
14	蔬菜所	181	42	57	65	17	108	61	12	79	42	54	30	34	22	22	19	1	2	4	14	4
15	环发所	157	36	45	65	11	123	23	11	86	37	62	24	13	21	28	9		2	3	5	3
16	牧医所	161	41	47	57	16	121	35	5	107	25	61	23	20	28	20	9	1	1	7	11	6
17	蜜蜂所	85	18	24	36	7	45	39	1	23	33	33	12	8	13	12	7			1	2	1
18	饲料所	103	22	39	37	5	83	13	7	58	25	19	20	29	18	10	7			4	4	2
19	加工所	143	16	31	54	42	116	20	7	64	52	90	11	11	8	12	11			1	3	
20	生物所	122	30	39	42	11	91	21	10	76	22	32	25	22	20	20	3	1	1	2	6	5
21	农经所	86	28	28	29	1	66	19	1	55	14	29	9	12	13	16	7			1	1	
22	资划所	256	64	86	93	13	205	41	10	159	48	51	63	38	48	38	18		1	6	5	3
23	信息所	239	33	70	94	42	154	61	24	77	100	113	23	27	25	33	18			1	2	
24	质标所	76	13	22	36	5	54	20	2	29	31	32	14	12	9	6	3				1	
25	营养所	23	6	5	8	4	21	2		14	7	13	2	1	5	2						
26	出版社	12	5	2	2	3	7	1	4	3	4	1		2	2	2	5					
27	灌溉所	117	15	27	48	27	59	39	19	23	49	46	15	11	12	27	6			1		
28	水稻所	226	35	66	89	36	135	63	28	86	63	72	39	27	35	37	16		1	5	3	3

（续表）

序号	单位	科技人员总数	职称情况				学历情况			学位情况		年龄情况						专家情况				
			正高级	副高级	中级	初级及以下	研究生	大学	大专及以下	博士	硕士	35岁及以下	36～40岁	41～45岁	46～50岁	51～54岁	55岁及以上	两院院士	国家级专家	部级专家	政府特贴	百千万人才
29	棉花所	251	32	66	87	66	97	110	44	51	73	103	16	33	49	34	16	1	1	5	5	3
30	油料所	202	24	53	112	13	137	37	28	92	45	76	31	18	24	40	13			6	5	3
31	麻类所	100	23	24	42	11	54	33	13	28	27	47	13	7	18	7	8			2	1	
32	果树所	101	17	21	48	15	67	19	15	12	55	45	18	13	6	11	8			1		
33	郑果所	175	22	44	83	26	81	65	29	24	72	62	32	18	26	18	19		1	2	1	1
34	茶叶所	136	21	40	58	17	61	61	14	31	52	52	25	19	22	11	7	1		1	1	
35	哈尔滨兽医所	315	41	70	181	23	191	96	28	149	63	116	73	51	33	26	16		1	2	6	3
36	兰州兽医所	166	35	54	72	5	104	50	12	95	27	26	43	35	27	25	10			3	4	2
37	兰州牧药所	161	17	49	79	16	94	44	23	33	61	55	22	20	21	26	17		1	1	3	1
38	上海兽医所	103	24	28	46	5	67	29	7	58	17	38	19	19	14	7	6			4	3	2
39	草原所	124	18	36	50	20	75	44	5	42	40	50	13	4	12	28	17			2	1	
40	特产所	310	18	55	146	91	167	92	51	79	113	164	23	41	36	24	22			3	3	
41	环保所	114	18	34	53	9	78	29	7	47	31	59	20	9	12	7	7				1	
42	沼科所	92	10	20	32	30	49	35	8	14	35	55	8	6	8	9	6			1		
43	农机化所	226	23	58	70	75	98	89	39	10	105	109	27	19	23	19	29			1	2	
44	烟草所	146	25	49	54	18	75	45	26	41	59	53	28	18	17	18	12			2	3	
45	祁阳站	13	1	2	8	2	8	3	2	1	7	8	1		1	3						
46	德州站	12	2	3	5	2	5	6	1	2	3	6				3	3					
47	廊坊站	1			1		1				1	1										

中国农业科学院2001—2014年全院属离退休人员变化情况统计表

类别 年份	离退休人员情况							中共党员	高级专业技术职务	
	小计	离休干部	退休干部	工人	退养	退职	街道代管		正高级	副高级
2001年	5 576	436	3 062	1 878	84	53	63			
2002年	5 653	416	3 123	1 907	85	62	60	2 021	823	1 230
2003年	5 728	400	3 201	1 933	73	61	60	2 080	871	1 276
2004年	5 866	389	3 299	1 980	72	73	53	2 079	873	1 285
2005年	5 901	375	3 314	2 034	73	64	41	2 228	870	1 279
2006年	5 363	331	3 054	1 810	71	56	41	2 028	771	1 164
2007年	5 453	318	3 104	1 872	66	55	38	1 937	770	1 169
2008年	5 486	300	3 141	1 879	65	64	37	1 875	821	1 221
2009年	5 563	282	3 209	1 915	66	57	34	1 919	830	1 200
2010年	5 647	268	3 281	1 955	56	56	31	2 084	829	1 225
2011年	5 729	250	3 359	1 969	54	62	35	2 121	839	1 249
2012年	5 813	232	3 437	1 989	60	61	34	2 159	834	1 263
2013年	5 970	222	3 532	2 067	53	61	35	2 183	839	1 281
2014年	6 036	198	3 608	2 080	51	58	41	2 242	830	1 296

中国农业科学院2014年院属各单位离退休人员情况统计表

序号	单位	离退休人员情况							中共党员	高级专业技术职务	
		小计	离休干部	退休干部	工人	退养	退职	街道代管		正高级	副高级
	全院总计	6 036	198	3 608	2 080	51	58	41	2 242	830	1 296
	京内小计	2 163	97	1 647	356	40	3	20	1 002	463	632
	京外小计	3 873	101	1 961	1 724	11	55	21	1 240	367	664
1	院机关	420	32	257	100	21	2	8	261	47	83
2	研究生院	43	4	30	7	1			23	10	9
3	作科所	360	16	281	57	3		2	155	94	118
4	植保所	154	7	120	22	3		2	54	37	44
5	蔬菜所	162	9	115	36	1		1	72	36	46
6	环发所	80	1	77					39	23	32
7	牧医所	168	4	127	31	5		1	68	33	49
8	蜜蜂所	92	2	70	19			1	40	17	26
9	饲料所	16		16					9	6	1
10	加工所	137	2	106	27	1	1		65	24	46

（续表）

序号	单位	离退休人员情况							中共党员	高级专业技术职务	
		小计	离休干部	退休干部	工人	退养	退职	街道代管		正高级	副高级
11	生物所	26		19	5				9	7	2
12	农经所	60	2	56	2				34	23	20
13	资划所	210	11	175	13	4		4	61	37	83
14	信息所	201	7	156	36	1		1	90	49	64
15	质标所	25		25					14	10	7
16	营养所										
17	出版社	18		17	1				8	10	2
18	灌溉所	122	7	78	37				44	18	35
19	水稻所	686	3	148	516		19		131	32	37
20	棉花所	364	7	128	227		2		68	25	22
21	油料所	213	5	105	103				76	22	42
22	麻类所	113	2	42	65	4			41	9	16
23	果树所	217	5	110	101	1			66	10	34
24	郑果所	155	12	86	56		1		55	13	36
25	茶叶所	118	3	75	28		11	1	45	22	25
26	哈尔滨兽医所	338	13	178	147				106	34	54

（续表）

序号	单位	离退休人员情况							中共党员	高级专业技术职务	
		小计	离休干部	退休干部	工人	退养	退职	街道代管		正高级	副高级
27	兰州兽医所	165	1	115	48		1		45	31	43
28	兰州牧药所	182	9	141	30		2		74	29	56
29	上海兽医所	71	3	50	18				30	14	16
30	草原所	136	1	106	29				58	24	39
31	特产所	373	12	173	165		3	20	117	16	39
32	环保所	104	4	79	20		1		50	17	34
33	沼科所	106	2	95	9				58	11	39
34	农机化所	241	9	168	56	6	2		101	24	74
35	烟草所	149	3	67	66		13		68	15	21
36	祁阳站德州站廊坊基地	20		17	3				7	1	2

中国农业科学院专家获得各类奖项、荣誉称号（省部级以上）

“千人计划”入选者（1 人）

作科所：徐云碧

“青年千人计划”入选者（2 人）

饲料所：刘　智
生物所：谷晓峰

中国农业科学院“青年英才计划”入选者（11 人）

植保所：李显春　　周雪平
蔬菜所：黄泽军　　崔　霞
加工所：吴　韬
生物所：王海洋　　徐玉泉　　林　浩
水稻所：张　健　　王克剑
环保所：漆新华

全国杰出专业技术人才（1 人）

棉花所：喻树迅

国家特支计划（“万人计划”）入选者（6 人）

科技创新领军人才
植保所：向文胜
蔬菜所：黄三文　　张友军
环发所：曾希柏

哈尔滨兽医所：陈化兰

百千万工程领军人才

水稻所：钱　前

人社部“百千万人才工程”国家级人选（7人）

作科所：孔秀英

植保所：陆宴辉　　向文胜

环发所：曾希柏

资划所：易可可

郑果所：王力荣

哈尔滨兽医所：蔡雪辉

国家级有突出贡献的中青年专家（7人）

作科所：孔秀英

植保所：陆宴辉　　向文胜

环发所：曾希柏

资划所：易可可

郑果所：王力荣

哈尔滨兽医所：蔡雪辉

享受政府特殊津贴专家（11人）

植保所：万方浩

蔬菜所：于贤昌　　黄三文

蜜蜂所：张宝德

饲料所：刁其玉

麻类所：陈万权

郑果所：王力荣

哈尔滨兽医所：王笑梅

牧医所：李剑勇

环保所：张克强

农机化所：胡志超

科技部“创新人才推进计划”入选者（6 人 1 团队）

中青年科技创新领军人才（6 人）

植保所：王桂荣

牧医所：卜登攀　　唐中林

资划所：何　萍

棉花所：范术丽

哈尔滨兽医所：王晓钧

重点领域创新团队（1 个）

环发所：农业生物环境科学与工程创新团队

中国农业科学院2013年度
晋升专业技术职务任职资格人员名单

院机关

研　究　员：刘瀛弢　耿　瑜
副研究员：魏　琦　卢玉明　苗水清　韩　进
助理研究员：倪　葭　鞠光伟　王　萌　豆　鹏　李冠男
　　　　　　卢　迪　张　爽

研究生院

副研究员：杨建玲　赵百锁　张蓉斌
高级实验师：吴　巍
助理研究员：张玉胜　赵轶洁

作物科学研究所

研　究　员：孙加强　李爱丽　刘三才　谢传晓　刘　斌
副研究员：李　平　贾冠清　赵金凤　郭　勇　林启冰
　　　　　　辛　霞　宋振伟　蒋炳军　鲁玉清
高级农艺师：贾全胜
高级实验师：宋燕春　张秀英
助理研究员：陈红霖　郭　林　杜文明　王景一　张立超
助理研究员：朱杉杉　任玉龙　胡小娇　张宏军　秦培友
　　　　　　隋　毅　王雯玥
实　验　师：付　勤
农　艺　师：马少康　石　磊

植物保护研究所

研　究　员：陆宴辉　李　莉　刘新刚　张克诚

副研究员：姜　雷　李　园　宁约瑟　郭建洋　邹亚飞
　　　　　徐　进　毛建军　耿丽丽
助理研究员：查　静　张志想　程云霞　张　博　谷少华
助理研究员：范洁茹　颜冬冬　葛蓓孛
会 计 师：梁　军

蔬菜花卉研究所

研 究 员：陈　红　崔　霞　张忠华　王孝宣　刘　春
副研究员：徐东辉　程　锋　黄泽军　凌　键
　　　　　李衍素　董春娟　薛璟祺　李　颖
高级农艺师：张合龙
助理研究员：郑　峥　王万兴　赵　鑫　钱　伟　孙进京
实 验 师：林　桓

农业环境与可持续发展研究所

研 究 员：刘国强　刘布春　张晴雯　郭　萍
副研究员：姬军红　郭　瑞　李迎春　马　欣　徐春英
　　　　　刘杏认
助理研究员：李昊儒　王　佳　吴隆起　孙长娇　李　琨
助理研究员：王一丁　崔　博

北京畜牧兽医研究所

研 究 员：王彦芳　唐中林
编　　审：任　鹏
副研究员：刘　涛　张路培　赵福平
助理研究员：赵文婷　高红梅　刘志国　龙瑞才　王立刚
助理研究员：鑫　婷

蜜蜂研究所

研 究 员：安建东
副研究员：谢双红　代平礼
高级农艺师：吕丽萍

助理研究员：张　婷　杨　磊　韩　宾　赵亚周　金　玥
会　计　师：吴朋锐

饲料研究所

研　究　员：丁　强　于会民　孟　昆
副 研 究 员：张　帆　乔　宇　王秀敏
高级农艺师：王金全

农产品加工研究所

副 研 究 员：黄家章　王振宇　李　蕾
高级实验师：李　娟
助理研究员：刘　丽　李　凯　刘丽娅　佟立涛　张书文
助理研究员：张　苗　周林燕　易建勇　黄　峰
工　程　师：陈立杰

生物技术研究所

研　究　员：薛爱红　徐玉泉　金芜军　郎志宏
副 研 究 员：周　焘　刘　波　张　兰　张　芊
助理研究员：王　娟　周加加　于大伟　王友华
实　验　师：黄卫红

农业经济与发展研究所

研　究　员：黄丽江　吕新业　刘　静　吕开宇
副 研 究 员：贾　伟　杨　春　陈秧分　詹　卉
助理研究员：陈珏颖　钱静斐　王国刚

农业资源与农业区划研究所

研　究　员：陈世宝　姚艳敏　李菊梅　范洪黎　王玉军
副 研 究 员：韩　昀　段英华　张　晴　易小燕　王　磊
王洪媛　李　刚
高级农艺师：宋永林

助理研究员：马海龙　张　璐　蔡泽江　温延臣　车升国
助理研究员：余强毅　刘　洋

农业信息研究所

研 究 馆 员：赵颖波
研　究　员：丘　耘　王　川　孙开梦　杨晓蓉
副 研 究 员：郑火国　陈　威　海占广　徐　磊　李辉尚
副研究馆员：寇远涛
副　编　审：彭　华
助理研究员：屠媛媛　郭秀明　沈　辰　梁丹辉　赵　亮　郝心宁　黄　敏
　　　　　　贺鹏举　满　芮　张　超　陶　莎　毕洁颖　李婷婷　罗婷婷
会　计　师：孟　萌
编　　　辑：赵　薇　王亚辉　王玉庭　孔晔晗　翁凌云
馆　　　员：袁　雪

农业质量标准与检测技术研究所

研　究　员：陈　刚　汤晓艳
副 研 究 员：王培龙　邵　华
助理研究员：徐贞贞　王珊珊

农业部食物与营养发展研究所

研　究　员：王　靖
副 研 究 员：伊素芹　李京虎
助理研究员：刘盛洁　曲峻岭　梁克红　韩　娟

中国农业科学技术出版社

编　　　审：闫庆健

农田灌溉研究所

研　究　员：张寄阳
副 研 究 员：刘　浩　李彩霞

助理研究员：郝　琳　徐继伟

中国水稻研究所

研　究　员：唐　健　陈惠哲
副 研 究 员：朱鸿英　冯　跃　林晓燕　魏祥进　曾宇翔
高级农艺师：周锡跃
副研究馆员：许　杰
助理研究员：苏　岩　吴玮勋　圣忠华　胡贤巧　张义凯　王　春
农　艺　师：董国军

棉花研究所

研　究　员：朱荷琴
副 研 究 员：郑鉉爽　邹长松　彭　军　阴祖军　贾银华
高级农艺师：焦光婧
高级实验师：范正义
助理研究员：高　伟　王力娜　王星星

油料作物研究所

研　究　员：吴　刚
副 研 究 员：张兆威　钮琰星　师家勤　王林海　张良晓
助理研究员：徐劲松　郭　勉　魏　鑫　袁松丽　时　杰　夏　婧　刘　遥
朱　莉　周　琦　程晓晖
实　验　师：华文君

麻类研究所

研　究　员：朱爱国
副 研 究 员：黄志辉　戴志刚　王延周　黄思齐
助理研究员：高春生　谢纯良　陈继康　刘志远
会　计　师：侯文新

果树研究所

研　究　员：郝志强　王　昆
副 研 究 员：李　敏　李海飞
高级实验师：王宝亮
助理研究员：袁继存　郑晓翠　任　芳　覃　兴　何文上
助理研究员：安秀红

郑州果树研究所

研　究　员：徐志红
副 研 究 员：刘杰超　张　颖　张恒涛
高级实验师：李　君
助理研究员：孙海生

茶叶研究所

研　究　员：周智修　孙晓玲
副 研 究 员：吕海鹏
高级农艺师：沈星荣
高级实验师：俸春红　陈利燕
助理研究员：任淑敏　罗宗秀　马建强　王　璐　何华锋
助理研究员：马桂岑　姜亚萍
农　艺　师：邓余良　汪秋红

哈尔滨兽医研究所

研　究　员：刘平黄　乔传玲　李　曦
副 研 究 员：孙　元　符　芳　高宏雷　施建忠　陈建飞　姜　丽
高级实验师：衣　宁　刘景利
助理研究员：田　进　孙明霞　张　宇　李永锋　赵丽丽

兰州兽医研究所

研　究　员：张志东　关贵全　卢曾军

副 研 究 员：杨　敏　黄思扬　张克山　郑亚东　田占成　尹双辉
高级农艺师：林　密
高级工程师：唐江山
高级实验师：韦雪玲
助理研究员：杨吉飞　杨顺利　丁耀忠　杨　帆　陈　佳　朱紫祥
会　计　师：刘俊峰

兰州畜牧与兽药研究所

研　究　员：李建喜　罗超应
副 研 究 员：曾玉峰　丁学智
高级实验师：王学红　李维红
助理研究员：郝宝成　刘希望　郭婷婷　胡　宇　尚小飞　熊　琳　杨　晓
符金钟　张玉纲　秦　哲

上海兽医研究所

研　究　员：邱亚峰　金亚美　李国新
副 研 究 员：滕巧泱　李　涛　洪　炀　单同领
助理研究员：李雪松　孙英杰　肖　遂　韩宏晓
实　验　师：史永红

草原研究所

研　究　员：李鸿雁
副 研 究 员：徐林波　张晓庆　徐春波
助理研究员：常　春

特产研究所

研　究　员：彭风华　吴连举
副 研 究 员：杨　光　冷　雪　张海华　杨艳玲　郭　利
助理研究员：刘　昊　刘　炎　安培培　张润祥　李珊珊　杨　勇　雷秀娟
鲍加荣　孙　海　李志鹏　秦红艳　程悦宁　王大涛　王振兴
冯二凯　刘汇涛　张正海　李真光　岳志刚　罗　婧　马海琴
曲正义　张　浩　杨镒峰　崔丽丽　逄世峰　徐　超　鲍　坤
孙晓东

会　计　师：王　莹

农业部环境保护科研监测所

研　究　员：宋正国
副研究员：蔡彦明　安　毅　张贵龙
副　编　审：叶　飞
高级工程师：袁志华
助理研究员：姚金玲　王　倩　沈丰菊　宋晓龙　穆　莉　赵立杰　陈咄圳
　　　　　　贺泽英　霍莉莉　王常荣

农业部沼气科学研究所

研　究　员：陈子爱
副研究员：郭旭晶　汤晓玉
助理研究员：赖成晞　闵师界　徐彦胜　罗惜民
实　验　师：李　强

农业部南京农业机械化研究所

研　究　员：周立新　金诚谦　胡良龙
副研究员：张玉同　常　春　吴惠昌　赵　闰　胡敏娟　张晓泉
高级工程师：李　晔
助理研究员：石研研　曲浩丽　曹明珠　王　冰　张延化　刘敏基　秦维彩
　　　　　　王明友　杨雅婷　周良富　曹　蕾　吴　萍　宋志禹
工　程　师：吕　军　潘林霞

烟草研究所

研　究　员：杜咏梅
副研究员：迟立鹏　王秀芳　王秀国　张继光　王　倩
高级农艺师：宋志美
高级实验师：曹鹏云
助理研究员：张　玉　高晓明　于会泳　陈　丹　侯小东　闫慧峰　刘海伟
　　　　　　任　杰　程立锐
实　验　师：郑　晓

中共中国农业科学院党组关于加强优秀青年科技人才培养工作的意见

农科院党组发〔2014〕27号

（2014年5月19日）

为深入贯彻国家创新驱动发展战略，落实农业部《关于加快青年农业科技人才队伍建设的意见》精神，助推我院跨越式发展，营造有利于优秀青年科技人才健康成长、脱颖而出的优良环境，提出如下意见。

一、充分认识加强优秀青年科技人才培养工作的重要意义

1. 加强优秀青年科技人才培养工作是一项战略任务。青年科技人才是科技人才队伍的生力军，是科研事业兴旺发达的重要保证。当前，全球科技发展进入最为活跃的创新时代，人才全球化竞争日趋激烈，加快青年科技人才培养已成为世界各国提高核心竞争力的战略举措。未来5～10年，是我国经济社会快速转型、农业农村加速发展的重要阶段，也是我院建设世界一流农业科研院所、实现跨越式发展的关键时期，加快培养造就一支创新能力强、综合素质高、结构合理的优秀青年科技人才队伍，对于我院不断提高科技自主创新能力，全面提升对全国农业科技事业发展的引领和支撑能力，具有重要的战略意义。

2. 新的形势和任务要求进一步加强优秀青年科技人才培养工作。经过多年努力，我院青年科技人才队伍建设取得了明显成效，为我院科技事业发展作出了重要贡献。但是与国内外人才激烈竞争的新形势相比，与建设世界一流农业科研院所的紧迫需求相比，我院优秀青年科技人才队伍在总量上、结构上、能力素质上，还存在较大差距；在优秀青年科技人才培养工作方面，还存在创新意识不强、选拔使用机制不健全、评价激励不尽合理、作用发挥不充分等问题，成为制约我院青年科技人才队伍健康发展的瓶颈，亟需下大力气抓紧解决。

二、加强优秀青年科技人才培养工作的总体要求和目标任务

3. 总体要求。要站在建设创新型国家和服务农业现代化建设需求的战略高度，紧

紧抓住我院实施农业科技创新工程的重大机遇，坚持以“服务产业重大科技需求、跃居世界农业科技高端”为使命，以提升农业科技自主创新能力为核心，以 40 岁以下优秀青年科技人才为培养重点，遵循人才成长规律和科技创新规律，不断完善培养措施，加大政策扶持力度。

4. 目标任务。力争到 2020 年，使我院 40 岁以下正高级和 35 岁以下副高级专业技术职务人才总量有较大幅度增加，国家优秀和杰出青年基金获得者、“青年千人计划”、“青年拔尖人才”等高层次优秀青年科技人才队伍不断壮大，具有博士学位、博士后或海外科研工作经历的优秀青年科技人才比例明显提高，自主创新能力和综合竞争实力明显增强，形成有利于优秀青年科技人才脱颖而出、杰出人才不断涌现、京内外研究所协调发展的新局面。

三、抓好优秀青年科技人才的教育培训工作

5. 扎实推进继续教育工作。充分发挥我院“国家级专业技术人员继续教育基地”、“创新人才培养示范基地”的示范引领作用，通过举办青年科技人才专题研修班、学术研讨会、博士后学术论坛和学术沙龙，选派参加国家各类高级专家研修班，有针对性地提高优秀青年科技人才的理论水平和宏观政策把握能力。鼓励在职学习深造，进一步完善知识结构，所在单位给予支持补助。

6. 加快国际化培养步伐。结合推进中外联合实验室的建设，自主设立“优秀青年科技人才合作研究资助项目”，每年选派 20 名左右优秀青年科技人才到国外高水平研究机构或知名大学进行合作研究。结合国家公派出国留学项目、国家外国专家局出国（境）培训项目、农业科研杰出人才境外培训项目和博士后国际交流计划等，每年选派 50 名左右优秀青年科技人才赴国外高水平研究机构、知名大学深造或参与合作研究。

7. 强化赴基层和生产一线锻炼。通过选拔推荐参加援疆、援藏、扶贫或到地方挂职锻炼，组织深入基层和农业生产一线调研，选派参加博士服务团或到共建单位开展合作研究等方式，帮助优秀青年科技人才在实践中了解国情、农情，把握科研重点、明确主攻方向，提高解决农业生产实际问题的能力。

8. 营造求实创新的学术氛围。定期举办“中国农业科技报告会”，瞄准农业科学研究前沿，交流农业科技最新进展，打造我院学习品牌，启发创新思维，激发青年科技人才投身农业科技事业的热情。建立科研诚信档案制度，严厉惩治学术不端行为，倡导学术自由，加强青年科技人才的科研诚信和学风建设。

四、加大优秀青年科技人才的选拔使用力度

9. 支持参与各类重大科研项目。鼓励申报自然科学基金等各类国家项目，推荐进入现代农业产业技术体系人才队伍，继续加大院所基本科研业务费专项的资助力度，支

持青年科技人才自主开展农业科技前瞻性、创新性和储备性研究，尽快成为科技创新骨干力量。各单位在申请国家重大项目、基础前沿科研项目、公益性科研项目时，优先推荐符合条件的40岁以下优秀青年科技人才担任项目负责人或支持主要参与项目实施工作。将青年科技人才培养情况纳入项目考核指标体系，充分发挥“两院”院士、“千人计划”入选者等领军人才的传帮带作用。

10. 吸纳进入创新工程科研团队。在创新工程科研团队中，设置首席科学家助理岗位，聘任35岁以下优秀青年科技人才；在组建或调整科研团队时，优先聘任优秀青年科技人才担任骨干专家；通过科研流动岗位，广泛吸纳优秀博士后参与科技创新活动，为扩大招收规模、提高培养质量提供有利条件。

11. 拓宽晋升专业技术职务通道。开辟优秀青年科技人才成长“快车道”，探索完善40岁和35岁以下优秀青年科技人才晋升正高级、副高级专业技术职务单独评审制度。对业绩突出且潜力较大的优秀青年科技人才，在专业技术职务评审和专业技术岗位聘用时可破格晋升。设置高级专业技术特设岗位，用于聘任“青年千人计划”、“青年英才计划”等高层次引进人才。

12. 提供有利于潜心研究的保障条件。自主设立“优秀青年培养计划”，实行人才引进和培养“双轮驱动”，在全院范围内遴选一批与“青年英才计划”入选者学术水平相当的自有优秀青年科技人才，在科研项目经费、专业技术职务和博士生导师资格评审、研究生招生指标、岗位补助等方面给予支持。

五、构建优秀青年科技人才评价激励体系

13. 健全科技人才评价机制。制定《中国农业科学院专业技术职务评审暂行办法》和不同系列高级专业技术职务评审标准。进一步落实法人治所要求，增大研究所在青年科技人才评价方面的自主权。根据实际情况，有计划、有步骤地向研究所下放副高级专业技术职务评审权限，在条件成熟时积极争取下放正高级专业技术职务评审权限。严格专业技术职务评审程序，加强过程管理，建立检查制度。

14. 完善表彰奖励体系。坚持精神和物质奖励并重，形成国家、院、所和社会力量等多层次人才表彰奖励体系。积极做好中国青年科技奖、青年拔尖人才等的选拔推荐工作。继续做好院“杰出青年奖”评选工作，表彰在科技创新和成果转化工作中取得突出成绩的优秀人才。组织开展院“优秀博士后”评选表彰活动。对获得“优秀博士后”荣誉称号的人员，招聘时院里给予优先考虑。

15. 提供创新创业支持保障。充分吸纳利用社会资本，自主设立“创新研究和成果转化资助项目”，遴选资助优秀青年科技人才自主选题、开展领域前沿探索，以及创新成果产业化工作。探索鼓励青年科技人才创新创业的多种分配方式，推进科技成果、知识产权等技术要素参与收入分配。

16. 加大先进事迹宣传力度。深入挖掘优秀青年科技人才在推进农业科技创新、支

撑农业产业发展等方面的先进事迹，通过报刊、网络、影视等媒介，开展立体式宣传，充分发挥优秀青年科技人才的示范带动作用，提高他们的学术影响力和社会知名度。

六、加强优秀青年科技人才培养工作组织保障

17. 加强组织领导。牢固树立人才是第一资源、未来在于青年的战略思想，坚持院党组统一领导部署，坚持各单位“一把手”抓“第一资源”，把优秀青年科技人才培养工作纳入单位中心工作。创新工作方式方法，进一步加强青年科技人才的思想政治建设，做到有计划、有布置、有落实、有评估，扎实推进优秀青年科技人才队伍建设工作。

18. 整合优势资源。要确立人才投资优先观念，突出重点，创新方式，加大对优秀青年科技人才的支持力度。一方面，要建立院为引导、所为主体的分级负责、共同投入的机制，组织院所两级人事、财务、科技等部门加强经费的争取工作，稳步增大优秀青年科技人才培养资金的规模；另一方面，要广泛吸纳社会捐赠资金，统一纳入到优秀青年科技人才培养的资源中来，最大限度地发挥资源的合力。

19. 加大督导力度。把优秀青年科技人才培养工作纳入年度考核体系。院人才工作领导小组办公室负责全院各单位工作的督导检查，并向院人才工作领导小组报告督导检查情况。研究所负责细化优秀青年科技人才培养工作方案，落实到各个职能部门和团队，将培养成效作为职能部门、团队负责人的重要考核指标，对在优秀青年科技人才培养工作中取得显著成效的，进行表彰奖励。

20. 夯实基础工作。建立优秀青年科技人才信息库和人才工作联络员制度，完善跟踪服务机制，直接掌握联系一批优秀青年科技人才，进一步增强人才工作的针对性和实效性。深入开展优秀青年科技人才成长规律研究，积极挖掘典型案例，认真总结人才培养工作经验，做好优秀青年科技人才队伍建设指导工作。

中国农业科学院“西部之光”访问学者和新疆西藏特殊培养学员培养工作管理办法

农科院人〔2014〕268号

（2014年10月30日）

第一章　总　则

第一条　为贯彻落实党中央、国务院关于实施西部大开发的战略部署，加强新疆、西藏等西部地区专业技术人才队伍建设，做好“西部之光”访问学者（以下简称“访问学者”）和新疆、西藏特殊培养学员（以下简称“特培学员”）的培养工作，建立科学、规范的培养管理机制，特制定本办法。

第二条　本办法所称的访问学者，是指根据中央组织部（以下简称“中组部”）下达的“西部之光”访问学者培养计划，由农业部人事劳动司分配我院培养的西部省市区选派的优秀中青年专业技术人才。本办法所称的特培学员，是指根据人力资源和社会保障部（以下简称“人社部”）等七部门和新疆、西藏自治区人民政府联合实施的新疆、西藏少数民族专业技术人员特殊培养工作，从新疆维吾尔自治区和西藏自治区选拔到我院培养的少数民族科技骨干。

第三条　我院访问学者和特培学员的培养工作实行统一管理、分工负责的培养管理方式。

第四条　访问学者和特培学员通过研修学习，进一步了解和掌握本学科领域的学术前沿动态和发展趋势，提高科技创新能力和学术技术水平。

第二章　组织管理与工作职责

第五条　院人事局是我院访问学者和特培学员培养工作的组织管理部门，根据中组部、人社部和农业部的工作部署，负责落实培养任务，组织协调相关工作。

第六条　承担访问学者和特培学员培养任务的单位要有1位所级领导负责此项工作，人事部门负责访问学者和特培学员的具体工作。培养单位按照访问学者和特培学员的研修意向，确定与其学科专业相符或相近的培养导师。按照注重质量、确保实效原则，明确参与研究的项目课题，安排落实实验室，提供必要的办公科研条件，充分利用研究所科研、信息、人才等方面的资源优势，为访问学者和特培学员的学习和科研创造条件，帮助其解决在院期间学习、工作和生活等方面的实际问题。

第七条　院研究生院负责访问学者和特培学员的学习培养、食宿安排和生活服务保障等工作，为访问学者和特培学员旁听专业课程和借阅图书提供便利条件，并指派专人担任班主任，负责班级管理并协调落实相关工作。

第八条　访问学者和特培学员要联合成立临时党支部和班委会，进行自我管理与服务，组织开展各种学术和联谊活动，促进相互交流，并及时将访问学者和特培学员的思想、学习、生活状况反馈给班主任和培养单位。

第九条　各培养单位要高度重视访问学者和特培学员的培养工作，将其作为事关全局和稳定的重要政治任务，切实加强组织领导，认真落实培养任务。培养单位在抓好访问学者和特培学员业务培训的同时，要把思想教育工作摆在重要位置，贯穿培养过程的始终。培养单位和导师要热情关心和爱护访问学者和特培学员，了解和尊重少数民族同志的风俗习惯，多沟通、多交流，及时了解掌握其思想、学习、生活状况，帮助他们解决实际困难。在研修期间如发生重大事项，应及时向院人事局报告。

第三章　培养方式及目标要求

第十条　访问学者和特培学员的培养实行导师负责制，培养导师由具有较强责任心和较高学术水平的学科带头人或骨干人才担任。

第十一条　访问学者和特培学员在开展研修工作第一个月内，要根据参与的项目课题研究，结合自身的学科专业方向，在培养导师的指导下，拟定研修计划，明确培养目标，并报院人事局备案。研修计划和培养目标将作为访问学者和特培学员研修工作任务完成时的考核依据。

第十二条　培养导师要以高度的政治责任感和强烈的事业心对待培养工作，采取课题研究、学术交流、科研考察等多种方式对访问学者和特培学员进行培养，努力提高其在专业理论水平、科研立项、项目申报、组织实施、科学研究、实验技能和论文撰写等方面的能力。

第十三条　农业部人事劳动司和中国农业科学院对担任访问学者和特培学员的培养导师，颁发《“西部之光”访问学者培养导师聘书》和《新疆/西藏特培学员培养导师聘书》。各单位在年度考核评优和奖励升级时，对完成培养任务成绩突出的人员，要予以考虑。

第四章　经费的管理与使用

第十四条　中组部、人社部培养工作专项经费和农业部培养工作管理经费，按照专款专用、按需支出、严格管理、注重实效的原则，由院研究生院和京外培养单位管理使用。

第十五条 培养工作专项经费，主要用于访问学者和特培学员研修期间的食宿补贴和培养单位、培养导师相关补助。

在京内单位研修的访问学者和特培学员的培养工作专项经费，由院研究生院统一管理，并每月按标准发放伙食补贴；统一安排住宿，住宿补贴不发放给个人。其他培养经费划拨相关培养单位，按照培养工作需要合理合规使用。

在京外单位研修的访问学者和特培学员的培养工作专项经费，由培养单位统一管理，并每月按标准发放伙食补贴；培养单位安排住宿的，住宿补贴不发放给个人。

第十六条 培养工作管理经费，主要用于农业部系统访问学者和特培学员的欢迎会、总结会、研修班、培养导师集体回访和管理人员培训班（经验交流会）等。培养工作管理经费由院研究生院统一管理，按照培养工作计划，报农业部人事劳动司批准后使用。

第十七条 访问学者和特培学员研修期间的培养费用，由培养单位负责。

第五章　组织纪律与考核

第十八条 访问学者和特培学员应严格遵守国家的法律法规，遵守中国农业科学院及研究所有关规章制度，遵守职业道德，尊重培养导师，认真完成学习研修任务。访问学者和特培学员在研修期间取得的科研成果，涉及知识产权的与培养单位依照国家有关规定协商办理。

第十九条 访问学者和特培学员要自觉遵守工作纪律，研修期间一般不得返回原单位。如有特殊情况，严格遵守请假制度，请假 1 天需经培养导师同意，请假 2 ~7 天需培养导师同意后报培养单位人事部门批准，请假 7 天以上需经派出单位和培养单位的人事部门同意，并报院人事局备案。

第二十条 研修工作结束前一个月，以培养单位为主开展考核工作，访问学者和特培学员本人对一年来思想、工作、学习等情况进行全面的总结，形成书面总结材料，填写考核登记表，培养导师和培养单位要对访问学者出具考核鉴定意见。

第六章　附　则

第二十一条 本办法由院人事局负责解释。

第二十二条 本办法自印发之日起施行。

中国农业科学院《关于加强优秀青年科技人才培养工作的意见》重点任务分工方案

农科院人〔2014〕209号

（2014年8月29日）

一、扎实推进继续教育工作

1. 加强制度建设，制定《中国农业科学院院机关工作人员继续教育管理办法》《国家级专业技术人员继续教育基地管理办法》《国家级专业技术人员继续教育基地经费管理办法》等（牵头单位：院人事局；协助单位：院研究生院）。

2. 搭建培训平台，遴选“国家级专业技术人员继续教育基地”培训点，建设培训网站，培育精品课程，加强基地师资队伍、培训教材和条件设施建设（牵头单位：院研究生院；协助单位：院人事局）。

3. 加大培训力度，举办优秀青年科技人才专题研修班、学术研讨会，博士后学术论坛、沙龙等。承办人力资源社会保障部高级专家研修班。选派优秀青年科技人才参加国家各类高级专家研修班（牵头单位：院人事局；协助单位：院研究生院）。

二、加快国际化培养步伐

4. 设立资助项目，制定《“优秀青年科技人才合作研究资助项目”实施方案》，明确选派条件、资助标准、派出管理办法等（牵头单位：院国际合作局；协助单位：院财务局、人事局）。

5. 加大选派力度，每年通过“优秀青年科技人才合作研究资助项目”渠道，遴选并全额资助20名左右优秀青年科技人才赴国际高水平研究机构开展合作研究。每年选派50名左右优秀青年科技人才参加国家公派出国留学项目、外国专家局出国（境）培训项目、农业科研杰出人才境外培训项目和博士后国际交流计划等（牵头单位：院国际合作局；协助单位：院人事局）。

三、强化赴基层和生产一线锻炼

6. 选拔推荐优秀青年科技人才参加援疆、援藏、扶贫或到地方挂职锻炼，组织深入基层和农业生产一线调研，选派参加博士服务团或到共建单位开展合作研究（牵头单位：院人事局；协助单位：院成果转化局）。

四、营造求实创新的学术氛围

7. 每月举办1期“中国农业科技报告会”，瞄准农业科学研究前沿，交流农业科技最新进展，打造院学习品牌，启发创新思维，激发青年科技人才投身农业科技事业的热情（牵头单位：院直属机关党委；协助单位：院人事局）。

8. 加强科研诚信建设。建立科研道德规范制度，完善《中国农业科学院科研道德规范》，弘扬科学精神，规范科研行为，加强青年科技人才的科研诚信和学风建设（牵头单位：院监察局；协助单位：院科技局）。

五、支持参与各类重大科研项目

9. 支持参与各类重大科研项目。鼓励申报自然科学基金等各类国家项目，推荐进入现代农业产业技术体系人才队伍，继续加大院所基本科研业务费专项的资助力度，支持青年科技人才自主开展农业科技前瞻性、创新性和储备性研究，尽快成为科技创新骨干力量（牵头单位：院科技局；协助单位：院办公室、人事局）。

10. 将青年科技人才培养情况纳入科研项目考核指标体系，充分发挥“两院”院士、“千人计划”入选者等领军人才的传帮带作用（牵头单位：院科技局；协助单位：院办公室）。

六、吸纳进入创新工程科研团队

11. 选拔优秀青年科技人才担任首席科学家助理。修订《中国农业科学院科技创新工程岗位管理办法》，设置首席科学家助理岗位，明确岗位职责和基本任职条件（牵头单位：院人事局；协助单位：院办公室）。

12. 在组建或调整科研团队时，优先聘任优秀青年科技人才担任骨干专家（牵头单位：院人事局；协助单位：院办公室）。

13. 通过科研流动岗位，广泛吸纳优秀博士后参与科技创新活动，为扩大招收规模、提高培养质量提供有利条件（牵头单位：院人事局；协助单位：院办公室）。

七、拓宽晋升专业技术职务通道

14. 开辟优秀青年科技人才成长“快车道”。实施 40 岁和 35 岁以下优秀青年科技人才晋升正高级、副高级专业技术职务单独评审制度。对业绩突出且潜力较大的优秀青年科技人才，在专业技术职务评审和专业技术岗位聘用时允许破格晋升（责任单位：院人事局）。

15. 设置引进高层次人才专业技术特设岗位。设置高级专业技术特设岗位，用于聘任“青年千人计划”、“青年英才计划”等高层次引进人才（责任单位：院人事局）。

八、提供有利于潜心研究的保障条件

16. 设立“优秀青年培养计划”。制定《中国农业科学院“优秀青年培养计划”实施方案》，在全院范围内遴选一批与“青年英才计划”入选者学术水平相当的自有优秀青年科技人才（责任单位：院人事局）。

17. 对入选“优秀青年培养计划”的青年科技人才，在科研项目经费、专业技术职务和博士生导师资格评审、研究生招生指标、岗位补助等方面给予支持（牵头单位：院人事局；协助单位：院科技局、财务局、研究生院）。

九、健全科技人才评价机制

18. 建立专业技术职务任职资格分类评价机制。研究制定图书资料和出版系列高级专业技术职务任职资格评审标准，完善自然科学研究、工程技术、农业技术、实验技术、管理等系列高级专业技术职务任职资格评审参考标准。建立支撑岗位和科研岗位分类评审机制（责任单位：院人事局）。

19. 下放高级专业技术职务任职资格评审权限。结合创新工程的实施，综合考虑院属单位组织保障能力、专业技术人员队伍状况、人事管理工作基础等，有计划、有步骤地把副高级专业技术职务评审权限下放给条件成熟的创新工程试点研究所，增大研究所在青年科技人才评价方面的自主权。在条件成熟时积极争取下放正高级专业技术职务评审权限（责任单位：院人事局）。

20. 规范专业技术职务任职资格评审管理。制定《中国农业科学院专业技术职务任职资格评审暂行办法》。严格评审程序，加强评审工作过程管理，建立评审工作检查制度（牵头单位：院人事局；协助单位：院监察局）。

十、完善表彰奖励体系

21. 继续做好院“杰出青年奖”的实施工作。每年选拔若干名40岁以下，在科技创新和成果转化工作中取得突出成绩的优秀青年科技人才，授予“杰出青年”荣誉称号，并给予物质奖励（牵头单位：院人事局；协助单位：院成果转化局、科技局）。

22. 开展“优秀博士后”评选表彰活动。制定“优秀博士后”评选标准，每年开展2次评选。对获得“优秀博士后”荣誉称号的人员，给予物质奖励，招聘时院里给予优先考虑（牵头单位：院人事局；协助单位：院财务局）。

十一、提供创新创业支持保障

23. 设立“创新研究和成果转化资助项目”。制定《中国农业科学院“创新研究和成果转化资助项目”实施方案》，遴选资助优秀青年科技人才自主选题、开展领域前沿探索，以及创新成果产业化工作（牵头单位：院成果转化局；协助单位：院科技局、人事局、财务局）。

24. 健全收入分配体系。制定《中国农业科学院关于加强收入分配管理指导意见》，积极探索有利于青年科技人才发挥作用的多种分配方式，健全与岗位职责、工作业绩、实际贡献紧密联系的激励机制，推进知识产权、科技成果等技术要素参与分配，发挥收入分配对优秀青年科技人才激励保障作用（牵头单位：院人事局；协助单位：院财务局）。

十二、加大先进事迹宣传力度

25. 广泛开展优秀青年科技人才先进事迹。重点表彰一批在推进农业科技创新、支撑农业产业发展等方面取得突出业绩的优秀青年科技人才，通过报刊、网络、影视等媒介，开展立体式宣传（牵头单位：院办公室；协助单位：院直属机关党委）。

中国农业科学院博士后工作补充规定

农科院人〔2014〕43号

（2014年3月3日）

为进一步规范我院博士后工作，扩大招收规模，提高培养质量，经院博士后管理委员会会议研究，对博士后研究人员（以下简称“博士后”）培养和管理工作作如下补充规定。

第一部分　博士后培养工作

第一条　我院博士后合作导师应为研究员，在国内本学科领域内具有一定影响和学术地位，并主持国家级科研项目或课题。

第二条　申请到我院从事博士后研究的人员除满足我院《博士后工作管理办法》规定的进站条件外，还须在近三年内以第一作者发表SCI、EI、CPCI-S、SSCI或CSSCI收录学术研究论文1篇，或在中文核心期刊发表学术研究论文2篇。

第三条　博士后申请出站除须完成《博士后工作协议书》上的要求外，还须在博士后研究期间满足下列条件之一：

1. 以第一作者（共同第一作者需排名第一）或唯一通讯作者，以博士后培养研究所为第一单位发表（或录用）累计影响因子2.0以上的SCI、EI、SSCI源刊物的学术论文；或以共同第一作者中的第二作者，以博士后培养研究所为第一单位发表（或录用）累计影响因子5.0以上的SCI、EI、SSCI源刊物的学术论文；人文社科类须以第一作者（共同第一作者需排名第一）或唯一通讯作者，以博士后培养研究所为第一单位发表（或录用）CSSCI学术论文2篇以上，或在中文核心期刊发表（或录用）学术论文4篇以上；

2. 以博士后培养研究所为完成单位，获得省部级科技奖励三等奖以上（国家级一等奖完成人、国家级二等奖及省部级一等奖的前10名完成人、省部级二等奖的前8名完成人、省部级三等奖的前5名完成人，以一级证书为准）；

3. 以博士后培养研究所作为专利权人，获得国家发明专利两项以上（排名前2名）；

4. 以第一作者出版本学科创新性专著1部以上，或提出重大政策建议（报告）1项以上（有部级及以上领导具体批示）；

5. 从事技术创新工作，通过成果转让为博士后培养研究所创造直接经济效益达到50万元（以财务部门证明为准）。

第四条 满足我院博士后出站标准中任意一项的，可认定为“合格”；否则认定为“不合格”，按退站处理，不予发放博士后证书。

第五条 以博士后研究工作为基础，以科研业绩为主体，建立研究所推荐、院级统一评审的优秀博士后奖励机制。每个研究所每年6月和12月各组织推荐一次优秀博士后候选人，每次推荐1～2名。院级于当年7月和次年1月组织两次评审。对获得优秀博士后称号的人员，招聘时院里将予以优先考虑。

第六条 若博士后提前完成了研究工作并达到了出站要求，经本人申请，合作导师同意，所博士后工作领导小组审核，博管办批准，可以提前出站，但在站工作期限不应少于21个月。研究所须提前一个月将博士后的《提前出站申请报告》和研究所开具的《提前出站情况说明》交博管办。经博管办批准提前出站的博士后，超过批准时间1个月仍未出站的，按自动退站处理。

第七条 博士后在站时间一般不超过3年，承担国家重大项目，获得国家自然科学基金、国家社会科学基金等国家基金资助项目或中国博士后科学基金特别资助项目的博士后，可适当延长在站时间。延期期限为6个月，申请延期次数最多两次。延期申请需经研究所同意，并报院博管会审批。到期未申请延期、延期未得到批准或延期到期的博士后，应及时办理出站或退站手续。逾期1个月不办理者，按自动退站处理。

第二部分　博士后管理工作

第八条 院博管会委员由分管院领导、人事局、科技局、财务局、国合局、后勤服务中心和部分研究所负责人组成。院博管会办公室成员由院人事局、财务局、国合局、后勤服务中心有关人员组成。

第九条 研究所应严格按照人社部《博士后管理工作规定》要求，将博士后纳入本单位人事管理范围，其人事、组织关系、工资、福利待遇等比照本单位同等人员对待，保障博士后与本单位职工享受同等的医疗保障待遇，享受工会会员待遇。严格按照要求做好博士后进出站考核、中期考核、年度考核工作。鼓励、支持博士后申请和承担科研项目。组织党员、团员参加本单位党、团组织生活等。

第十条 博士后进站1个月内，研究所须将签字生效后的《博士后工作协议书》报院博管会办公室备案。进站半年内，研究所须审核持答辩决议书进站博士后的博士学位证书，和在境外获得博士学位博士后的《国外学历学位认证书》（教育部留学服务中心开具）。未取得相应证书的，按退站处理。

第十一条 我院鼓励招收学术水平较高的外籍博士来院从事博士后研究工作。研究所应为外籍博士后购买医疗、意外伤害等商业保险，协助办理来华签证，并到其居住地所属派出所办理登记手续。

第十二条　完善博士后绩效考评机制，鼓励在站博士后不断取得高水平成果。我院每年评选表彰两次优秀博士后，根据当年院级财政收入情况，每年奖励名额一般按在站人数的 10% 控制，每位博士后在站期间仅限当选 1 次。院本级为每位获奖博士后颁发 5 000元奖金，研究所按照不低于 1∶1 比例进行配套奖励。

第十三条　院博管会根据国家博士后工作主管部门对流动站评估的要求，结合我院博士后工作，自主开展研究所博士后工作评估，评估情况与研究所绩效评估挂钩。

第三部分　附　则

第十四条　本规定由院博士后管理委员会负责解释。

第十五条　本规定自发布之日起生效，发布之日前招收的博士后可参照执行。现行《中国农业科学院博士后工作管理办法》和《中国农业科学院优秀博士后奖励规定》与本规定不一致的，以本规定为准。

中国农业科学院高层次引进人才周转住房管理办法

农科院人〔2014〕177 号

（2014 年 7 月 14 日）

第一章　总　则

第一条　为妥善解决京内单位引进人才周转住房问题，规范周转住房管理，营造更加有利于人才聚集和安心工作的良好生活环境，特制定本办法。

第二条　院人事局负责周转住房申请人资格复核并进行分配，后勤服务中心负责周转住房日常管理。

第三条　周转住房管理坚持“统筹分配、顺序入住、只租不售、周转使用”的原则。

第二章　周转住房申请条件

第四条　申请周转住房主要对象：

（一）“千人计划”、“外专千人计划”入选者；

（二）“青年英才计划”A 类、B 类、C 类入选者；

（三）其他经批准的特殊引进人才。

第五条　申请人及配偶在京无住房、未享受安家费补助、未购买院所自建的政策保障性住房。

第三章　申办程序

第六条　周转住房申办工作按照以下程序进行：

（一）个人申请。符合本办法第二章“周转住房申请条件”的人员向所在单位提出申请，提交《中国农业科学院周转住房申请表》和相关证明材料，主要包括在京无房证明、本人及随住家属（配偶、子女等）身份证（国外护照）复印件等。

（二）初审公示。所在单位对申请人申报情况进行初审、公示，并将申请材料、审核意见和需求顺序提交院人事局。

（三）复核分配。院人事局负责对申请人申报材料进行复核，按照所在单位提交申请时间顺序以及所在单位提供的申请人需求顺序进行排序，并根据房源情况分配周转住房，通知后勤服务中心安排入住。

（四）安排入住。申请人持批复后的《中国农业科学院周转住房申请表》到后勤服务中心京区物业管理中心办理相关入住手续。

第七条 办理入住手续流程：

（一）签定《周转住房租用合同》；

（二）签定《安全责任协议书》；

（三）与后勤服务中心京区物业管理中心工作人员共同清点周转住房内物品，填写清单。

第四章 住房标准和承租费用

第八条 周转住房面积标准：

（一）“千人计划”和“外专千人计划”入选者 100 平方米左右；

（二）“青年英才计划”A 类、B 类、C 类入选者 60 ~ 90 平方米；

（三）其他经批准的特殊人才一事一议，确定面积标准。

第九条 每年初或新房源纳入时，由院人事局会同后勤服务中心参照相应区域租房市场价格的 60% 核定周转住房租金标准。

第五章 周转住房管理

第十条 租用协议一年一签，租住期不超过承租人的聘期。

第十一条 承租人应爱惜周转住房及内部设备。房屋及其设备自然损坏时，应及时通知后勤服务中心并积极配合检查和维修。因承租人使用不当或人为造成房屋或设备损坏的，由承租人负责赔偿和修复。

第十二条 在租住期限内，有下列情况之一的，停止租住：

（一）已享受安家费补助或购买院所自建的政策保障性住房的；

（二）所在单位或承租人已自行解决住房的；

（三）调离（包括辞聘、自动离职等）我院或聘期满的；

（四）擅自将房屋转租、转借他人的；

（五）擅自改变该房屋居住用途或房屋结构的；

（六）损坏承租房屋，未在要求期限内修复或赔偿的；

（七）连续两个月未按期缴纳房租或日常费用的；

（八）连续空置 3 个月以上的（特殊原因除外）；

（九）利用周转住房进行非法活动，损害公共利益的；

（十）违反其他相关规定或合同约定的。

第十三条 用人单位应对本单位租住周转住房人员实行动态管理，出现离职、获得住房、违法违纪等情况应及时上报院人事局和后勤服务中心。

第十四条 后勤服务中心按月统计周转住房腾退情况，提交院人事局。

第十五条 院后勤服务中心对人才周转住房经费专账管理，经费主要来源于房屋租金，支出主要用于周转住房基本装修、家具配备和日常维修。

第六章 附 则

第十六条 夫妻双方都符合本办法规定条件的，按照“就高从优”的原则，由住房面积标准较高一方申请，不重复享受。

第十七条 申请人须提供真实、准确的申报材料，凡弄虚作假者，将取消申请资格，已入住周转住房的，将终止租赁，并追究承租人的违约责任。

第十八条 本办法自发布之日起实施。

第十九条 本办法由院人事局和后勤服务中心负责解释。

中国农业科学院党政领导干部选拔任用工作规定

农科院党组发〔2014〕16 号

（2014 年 3 月 19 日）

第一章　总　则

第一条　为认真贯彻执行党的干部路线方针政策，落实从严治党、从严管理干部的要求，推进我院党政领导干部选拔任用工作的科学化、制度化、规范化，建设一支信念坚定、为民服务、勤政务实、敢于担当、清正廉洁的高素质党政领导干部队伍，为建设世界一流农业科研院所提供坚强的组织保证，根据中共中央《党政领导干部选拔任用工作条例》《农业部干部任用工作规定》等有关规定，结合我院实际，制定本规定。

第二条　选拔任用党政领导干部，必须坚持下列原则：

（一）党管干部原则；

（二）五湖四海、任人唯贤原则；

（三）德才兼备、以德为先原则；

（四）注重实绩、群众公认原则；

（五）民主、公开、竞争、择优原则；

（六）民主集中制原则；

（七）依法办事原则。

第三条　院党组、院属各单位党委（以下简称党委）及其人事部门按照干部管理权限履行干部选拔任用职责，负责本规定的组织实施。

第四条　本规定适用于院属各单位、院机关各部门领导班子成员及内设处级机构领导干部的选拔任用工作。

第二章　干部管理权限

第五条　农业部党组管理的所级干部，依据部里的相关规定进行管理。根据工作需要，院党组可以提出人员补充和调整的建议。

第六条　院党组制定《院党组管理的干部职务名称表》，对直接管理的职位进行明确。其中，人事局副局长在任免前需报农业部人事劳动司备案；直属机关党委副书记、纪委书记、监察局副局长在任免前需征求农业部相关部门意见。

第七条 受院党组委托，人事局管理以下干部：

院机关各部门处级及以下干部，后勤服务中心处级干部，研究所所长助理。

第八条 院属各单位管理的干部：

本单位处级及以下干部。其中，人事部门处级干部任免前须报人事局备案；监察、审计处级干部在任免前须分别征求院监察局、财务局的意见；其他正常任免的处级干部，于翌年1月底前一并报人事局备案。

第九条 院属各单位选拔任用处级干部，有下列情形之一的，应当事前就提拔调整干部的原由、拟提拔调整对象个人情况、任用意向及职数配备等书面报告人事局，经同意后方可进行：

（一）在机构变动、班子换届或者主要领导已经明确即将离任时提拔、调整干部的；

（二）新组建单位或者调整规格的单位，第一次任免处级干部的；

（三）突破任职资格规定或者越级提拔干部的；

（四）所级领导干部近亲属在领导干部所在单位内提拔任用的；

（五）个别特殊需要、不经民主推荐，由组织推荐提名作为考察对象的；

（六）处级干部全员竞聘或集中调整处级干部数量超过10人及以上的；

（七）处级干部因被问责受到组织处理或纪律处分，影响期满拟重新任用的；

（八）其他需要报告的事项。

符合以上（二）、（三）、（四）情形的拟任职人选，需报人事局任前备案。

第十条 部、院党组管理的干部免职后及到龄退休后的管理工作由所在单位负责。

第三章 选拔任用条件

第十一条 党政领导干部应当具备下列基本条件：

（一）具有较高的政治理论素质，坚持以马克思列宁主义、毛泽东思想、邓小平理论、“三个代表”重要思想和科学发展观为指导，努力用马克思主义立场、观点、方法分析和解决实际问题，坚持讲学习、讲政治、讲正气，思想上、政治上、行动上同党中央保持高度一致，经得起各种风浪考验。

（二）具有共产主义远大理想和中国特色社会主义信念，坚决执行党的基本路线、方针、政策，热爱农业和农业科技事业，在农业现代化建设中勤奋敬业，实绩突出。

（三）坚持解放思想，实事求是，与时俱进，求真务实；坚持理论联系实际，开拓创新；讲实话，办实事，求实效，反对形式主义。

（四）有强烈的事业心和责任感，有实践经验，有胜任领导工作的组织能力、文化水平和专业知识。

（五）正确行使职权，坚持原则，敢抓敢管，依法办事，清正廉洁，以身作则，艰苦朴素，勤俭节约；密切联系群众，坚持党的群众路线，自觉接受组织和群众批评和监督，加强道德修养，讲党性、重品行、作表率，带头践行社会主义核心价值观，做到自重、自省、自警、自励，反对官僚主义，反对滥用职权、谋求私利的不正之风。

（六）坚持和维护党的民主集中制，有民主作风，有全局观念，善于团结同志，包括团结同自己有不同意见的同志一道工作。

第十二条　提拔担任党政领导干部的，应当具备下列基本资格：

（一）提任处级领导职务的，应当具有 5 年以上工龄和基层工作经历。

（二）提任处级以上领导职务的，一般应当具有在下一级两个以上职位任职的经历。

（三）提任处级以上领导职务，由副职提任正职的，应当在副职岗位工作两年以上，由下级正职提任上级副职的，应当在下级正职岗位工作 3 年以上。

（四）一般应当具有大学本科以上文化程度，其中所级领导干部一般应当具有研究生文化程度。

（五）应当经过党校、行政学院或人事部门认可的其他培训机构的培训，培训时间应当达到干部教育培训的有关规定要求。确因特殊情况在提任前未达到培训要求的，应当在提任后 1 年内完成培训。

（六）具有正常履行职责的身体条件。

（七）担任党的领导职务的，应当符合《中国共产党章程》规定的党龄要求。

第十三条　党政领导干部应当逐级提拔。特别优秀或者工作特殊需要的干部，可以突破任职资格规定或者越级提拔担任领导职务。

破格提拔的特别优秀干部，应当德才素质突出、群众公认度高，并且符合下列条件之一：在关键时刻或者承担急难险重任务中经受住考验、表现突出、作出重大贡献；在条件艰苦、环境复杂、基础差的地区或者单位工作实绩突出；在其他岗位上尽职尽责，工作实绩特别显著。

因工作特殊需要破格提拔的干部，应当符合下列情形之一：领导班子结构需要或者领导职位有特殊要求的；专业性较强的岗位或者重要专项工作急需的。

破格提拔干部必须从严掌握。任职试用期未满或者提拔任职不满 1 年的，不得破格提拔。不得在任职年限上连续破格。不得越两级提拔。

第四章　动　议

第十四条　院党组、党委或人事部门按照干部管理权限，根据工作需要、领导班子和干部队伍建设实际，提出启动干部选拔任用工作意见。

第十五条　人事部门综合有关方面建议和平时了解掌握的情况，对领导班子和干部队伍进行分析研判，就选拔任用的职位、条件、范围、方式、程序等提出初步建议。

第十六条　初步建议向院党组、党委主要领导成员报告后，在一定范围内进行酝酿，形成工作方案。

第五章 民主推荐

第十七条 选拔任用党政领导干部，必须经过民主推荐。民主推荐包括会议推荐和个别谈话推荐，推荐结果作为选拔任用的重要参考，一年内有效。

第十八条 领导班子换届，民主推荐按照领导班子职位设置定向推荐；个别提拔任职，按照拟任职位或职级推荐。

第十九条 民主推荐应当经过下列程序：

（一）召开推荐会，公布推荐职位或职级、任职条件、推荐范围，提供干部名册，提出有关要求，组织填写推荐表；

（二）进行个别谈话推荐；

（三）对会议推荐和谈话推荐情况进行综合分析。

根据工作需要，也可以先进行个别谈话推荐，根据谈话情况，经院党组、党委或者人事部门研究，提出初步名单，再进行会议推荐。

第二十条 会议推荐范围按以下原则掌握：

院机关及100人以下的单位，在全体干部职工会议上推荐；100～200人的单位，在中层以上干部和中级专业技术职务以上人员会议上推荐；200人以上的单位，在中层以上干部和副高级专业技术职务以上人员会议上推荐。

实际参加民主推荐人数需占应参加会议人数的2/3以上，空白表计为有效。

第二十一条 个人向组织推荐领导干部人选，必须负责地写出推荐材料并署名。所推荐人选经人事部门审核符合条件的，纳入民主推荐范围，缺乏民意基础的，不得列为考察对象。

第二十二条 个别特殊需要的领导干部，可以由院党组、党委或人事部门推荐，报上级人事部门同意后作为考察对象。

第六章 考 察

第二十三条 确定考察对象，应当根据工作需要和干部德才条件，将民主推荐与平时考核、年度考核、一贯表现和人岗相适等情况综合考虑，充分酝酿，防止简单以推荐票取人。

第二十四条 有下列情形之一的，不得列为考察对象：

（一）群众公认度不高的。

（二）近3年年度考核结果中有被确定为基本称职以下等次或进行提醒谈话的。

（三）有跑官、拉票行为的。

（四）配偶已移居国（境）外；或者没有配偶，子女均已移居国（境）外的。

（五）受到组织处理或者党纪政纪处分影响使用的。

（六）其他原因不宜提拔的。

第二十五条　按照干部管理权限，由院党组、党委或人事局，研究确定考察对象。考察对象一般应多于拟任职务人数。

第二十六条　对确定的考察对象，由人事部门按干部管理权限进行严格考察。

院与地方双重管理干部的考察工作，由人事局会同地方组织部门进行。

第二十七条　考察党政领导干部拟任人选，必须依据干部选拔任用条件和不同领导职务的职责要求，全面考察其德、能、勤、绩、廉，突出考察政治品质和道德品行，注重考察工作实绩，加强作风考察，强化廉政情况考察。

第二十八条　考察党政领导干部拟任人选，应当保证充足的考察时间，经过下列程序：

（一）组成考察组，制定考察工作方案；

（二）同考察对象所在单位主要领导就考察工作方案沟通情况，征求意见；

（三）根据考察对象的不同情况，通过适当方式在一定范围内发布干部考察预告；

（四）采取个别谈话、民主测评、延伸考察、查阅干部档案和工作资料、同考察对象面谈等方法，广泛深入地了解情况；

（五）综合分析考察情况，与考察对象的一贯表现进行比较、相互印证，全面准确地对考察对象作出评价；

（六）向考察对象所在单位主要领导反馈考察情况，并交换意见；

（七）考察组研究提出人选任用建议。根据干部管理权限由人事部门研究提出任用建议方案，向本级党委（党组）报告。

第二十九条　考察工作中，个别谈话和征求意见范围一般为：

（一）考察对象所在单位领导班子成员；

（二）考察对象所在单位内设机构负责人和主要业务骨干；

（三）考察对象所在处室人员；

（四）其他有关人员。

第三十条　人事部门应当就考察对象的党风廉政情况听取纪检监察部门的意见。对拟提拔的考察对象，应当查阅个人有关事项报告情况，必要时可以进行核实。对需要进行经济责任审计的考察对象，应当委托审计部门按有关规定进行审计。

第三十一条　考察党政领导干部拟任人选，必须形成书面考察材料。考察材料必须写实，全面、准确、清楚地反映考察对象的情况。内容包括以下几个方面：

（一）德、能、勤、绩、廉方面的主要表现和主要特长；

（二）主要缺点和不足；

（三）民主推荐、民主测评等情况。

已经提拔任职的，考察材料须归入本人档案。

第三十二条　人事部门要建立干部考察文书档案。干部考察文书档案包括：

（一）工作方案；

（二）考察报告；

（三）谈话记录；

（四）民主推荐、民主测评表；

（五）考察中重要问题的调查情况及结论；

（六）其他能够反映干部考察情况的有关材料。

第三十三条 考察组应由两名以上成员组成。成员应当符合下列条件和资格：

（一）中共党员；

（二）具有较高的思想政治素质；

（三）熟悉和了解组织人事工作，考察组负责人还应具有较丰富的组织人事工作经验；

（四）具有胜任考察工作所需的政策水平和业务知识；

（五）具有较强的综合分析能力和文字表达能力。

以人事部门干部为主，工作需要时可抽调其他有关部门干部参加。

第三十四条 实行干部考察工作责任制。考察组必须坚持原则，公道正派，深入细致，如实反映考察情况和意见，对考察材料负责，履行干部选拔任用风气监督职责。

第七章 讨论决定

第三十五条 党政领导干部拟任人选，在讨论决定或者决定呈报前，应当充分酝酿。

第三十六条 党政领导干部的选拔任用，须按照干部管理权限由院党组会议、党委会议（或党政联席会议）、人事局局务会议集体讨论作出任免决定，或者提出推荐意见。

对拟破格提拔的人选在讨论决定前，必须报经上级人事部门同意。

第三十七条 讨论决定干部任免事项，必须有2/3以上成员到会。到会成员对任免事项，应当发表同意、不同意或缓议等明确意见。

有关干部任免的决定，需要复议的，应经超过半数成员同意后方可进行。

第三十八条 讨论决定干部任免事项，必须按照下列程序进行：

（一）分管人事工作的领导成员或人事部门负责人，逐个介绍领导干部拟任人选的推荐、考察和任免理由等情况，其中涉及破格提拔的人选，应当说明破格的具体情形和理由；

（二）参加会议人员进行讨论；

（三）以应到会领导成员超过半数同意形成决定。

第三十九条 需报上级部门审批或事前备案的干部，必须呈报院党组、党委的任免请示并附干部任免审批表、干部考察材料、院党组（党委）会议纪要、讨论记录、民主推荐情况等材料。

第四十条　院与地方双重管理干部的任免，在院党组讨论后，需征求协管方的意见。

第八章　任　职

第四十一条　提拔担任所级、处级的党政领导干部实行任前公示制度。公示内容应当真实准确，便于监督，涉及破格提拔的，还应说明破格的具体情形和理由。公示期不少于 5 个工作日。公示结果不影响任职的，办理任职手续。

第四十二条　提拔担任所级、处级的党政领导干部实行试用期制度，试用期为 1 年，自任职文件下发之日算起。

试用期满，组织对试用对象履行岗位职责情况进行考核。考核采取试用对象个人述职、民主测评等方式进行。经考核胜任现职的，正式任职；不胜任的，免去试任职务，一般按试任前职级安排工作。

第四十三条　实行任职谈话制度。对决定任用的所级干部，由分管院领导同本人谈话；对决定任用的处级干部，由所在单位领导同本人谈话。谈话内容主要是肯定成绩，指出不足，提出要求和需要注意的问题。

第四十四条　党政领导干部的任职时间，自集体讨论决定之日算起。

第九章　任期制

第四十五条　院属各单位、院机关各部门领导班子成员的配备，应与单位规模、所在地区情况以及承担的工作任务相适应。单位正式职工在 100 人以下，领导班子成员一般为 3 名；100 ~ 200 人，一般为 3 ~ 4 名；200 ~ 300 人，一般为 4 ~ 5 名；300 人以上，一般为 5 ~ 6 名；领导班子成员中有非中共党员的，可根据需要适当增加 1 名。

第四十六条　对院属各单位、院机关各部门领导班子和班子成员，实行任期制，坚持任用有期、职责明确、严格考核、规范管理、到期解职的原则。

（一）任期一般为 5 年。任期内调整职务，任职 3 年以上的，计算为 1 个任期，不足 3 年的，只计算任职年限，不计算任期届数。

（二）在同一职位上连续任职一般不超过两个任期，在同一单位担任同一职级领导职务累计一般不超过 15 年。

（三）任期内应当保持相对稳定，没有特殊原因的，应当任满 1 个任期。

第四十七条　实行任期目标管理。领导班子任期目标，主要包括班子自身建设、事业发展、干部人才队伍建设、党建精神文明建设和党风廉政建设等。

领导班子成员任期目标，应当在领导班子任期目标基础上，按照工作分工和岗位职责确定，主要包括工作思路、工作目标、工作措施和廉洁自律等。

领导班子和成员任命后2个月内，应当完成任期目标制定工作。任期目标须经广泛征求意见、班子集体讨论、公示无异议后，报人事局备案。

第四十八条　实行严格的任期考核。任期考核分为届中和换届考核，换届考核一般在任期结束前3个月进行，届中考核一般在任期内进行。

第四十九条　任期考核结束后，根据领导干部任期考核结果和新一届领导班子民主推荐、考察情况，按干部管理权限，由部、院党组决定是否继续任职；任职期满后距法定退休年龄不足3年的，原则上不再担任领导职务，涉及提拔使用的，按有关规定执行；在任期内达到退休年龄的，任期自然终止。

第五十条　根据领导干部任期经济责任审计的有关规定，适时安排任期审计。审计结果作为领导班子和班子成员评价、调整的重要依据。

第五十一条　院直属机关党委、纪委，院属各单位党委、纪委的任期和换届，按照《中国农业科学院院属单位党委、纪委换届审批办法（试行）》和基层组织工作的有关规定执行。

第十章　竞争上岗和公开选拔

第五十二条　竞争上岗、公开选拔是党政领导干部选拔任用的方式之一。竞争上岗在本单位或者面向院系统进行，公开选拔面向社会进行。一般情况下，领导职位出现空缺且本单位或院系统没有合适人选的，特别是需要补充紧缺专业人才的，可以进行公开选拔；领导职位出现空缺，本单位符合资格条件人数较多且人选意见不易集中的，可以进行竞争上岗。

第五十三条　竞争上岗、公开选拔在院党组、党委统一领导下进行，由人事部门组织实施。一般应经过下列程序：

（一）公布职位、资格条件、基本程序和方法等；

（二）报名和资格审查，参加公开选拔的应当经所在单位同意；

（三）采取适当方式进行能力和素质测试、测评，比选择优（竞争上岗也可以先进行民主推荐）；

（四）组织考察，研究提出人选方案；

（五）集体讨论决定；

（六）履行任职手续。

第五十四条　竞争上岗、公开选拔应当制定实施方案，方案内容包括指导原则、竞争职位、任职条件、选拔范围、方法程序、时间安排、组织领导和纪律要求等，如果有放宽任职资格条件的情况，需事前报上级人事部门审核同意。

第十一章　交流、回避

第五十五条　实行党政领导干部交流制度。

（一）交流的对象：因工作需要交流的；需要通过交流锻炼提高领导能力的；在一个单位或处室工作时间较长的；按照规定需要回避的；其他原因需要交流的。

（二）交流的重点：分管党务、行政的所级领导干部；从事纪检监察、干部人事、审计、项目和资金管理工作的处级干部。

（三）干部交流可以在机关部门、院属单位内部进行，也可以在机关部门之间、院属单位之间、机关部门与院属单位之间进行。

第五十六条　实行党政领导干部任职回避制度。

党政领导干部任职回避的亲属关系为：夫妻关系、直系血亲关系、三代以内旁系血亲以及近姻亲关系。有上列亲属关系的，不得在同一单位职能部门担任双方直接隶属于同一领导人员的职务或者有直接上下级领导关系的职务，也不得在其中一方担任领导职务的单位从事人事、纪检（监察）、审计、财务工作。

第五十七条　实行党政领导干部选拔任用工作回避制度。

院党组、党委及人事局在讨论干部任免时，凡涉及与会人员本人及其亲属的，本人必须回避。干部考察组成员在干部考察工作中涉及其亲属的，本人必须回避。

第十二章　免职、辞职、降职

第五十八条　党政领导干部有下列情形之一的，一般应当免去现职：

（一）达到任职年龄界限或者退休年龄界限的。

（二）受到责任追究应当免职的。

（三）辞职或者调出的。

（四）非组织选派，离职学习（出国任职）期限超过 1 年的。

（五）因工作需要或其他原因，应当免去现职的。

第五十九条　实行党政领导干部辞职制度。辞职包括自愿辞职、引咎辞职和责令辞职。

辞职应当符合有关规定，手续依照法律或者有关规定程序办理。

第六十条　引咎辞职、责令辞职和因问责被免职的党政领导干部，一年内不安排职务，两年内不得担任高于原任职务层次的职务。同时受到党纪政纪处分的，按照影响期长的规定执行。

第六十一条　实行党政领导干部降职制度。党政领导干部在年度考核中被确定为不称职的，因工作能力较弱、受到组织处理或者其他原因不适宜担任现职务层次的，应当降职使用。对降职使用的干部，其待遇按照新任职务的标准执行。

降职使用的干部重新提拔，按照有关规定执行。

第十三章　纪律和监督

第六十二条　选拔任用党政领导干部，必须严格执行本规定，并遵守下列纪律：

（一）不准超职数配备、超机构规格提拔领导干部，或者违反规定擅自设置职务名称、提高干部职级待遇；

（二）不准采取不正当手段为本人或者他人谋取职位；

（三）不准违反规定程序推荐、考察、酝酿、讨论决定任免干部；

（四）不准私自泄露动议、民主推荐、民主测评、考察、酝酿、讨论决定干部等有关情况；

（五）不准在干部考察工作中隐瞒或者歪曲事实真相；

（六）不准在民主推荐、民主测评、组织考察和选举中搞拉票等非组织活动；

（七）不准利用职务便利私自干预下级或者原任职单位干部选拔任用工作；

（八）不准在工作调动、机构变动时，突击提拔、调整干部；

（九）不准在干部选拔任用工作中封官许愿，任人唯亲，营私舞弊；

（十）不准涂改干部档案，或者在干部身份、年龄、工龄、党龄、学历、经历等方面弄虚作假。

第六十三条　加强干部选拔任用工作全程监督，严肃查处违反组织人事纪律的行为。对违反本规定的事项，按照有关规定对主要领导成员和有关领导成员、人事部门有关领导成员以及其他直接责任人作出组织处理或者纪律处分。

对无正当理由拒不服从组织调动或交流决定的，依照法律及有关规定予以免职或者降职使用。

第六十四条　实行党政领导干部选拔任用工作责任追究制度。凡用人失察失误造成严重后果的，本单位用人上的不正之风严重、干部群众反映强烈以及对违反组织人事纪律的行为查处不力的，应当根据具体情况，追究主要领导成员、有关领导成员、人事部门和纪检监察部门有关领导成员以及其他直接责任人的责任。

第六十五条　院党组及院人事部门负责对院属各单位的干部选拔任用工作和贯彻执行本规定的情况进行监督检查，受理有关干部选拔任用工作的举报、申诉，制止、纠正违反本规定的行为，并对有关责任人提出处理意见或者处理建议。

纪检监察部门、巡视机构按照有关规定，对干部选拔任用工作进行监督检查。

院党组、党委及人事部门，在领导干部选拔任用工作中，应当认真执行有关规定，自觉接受上级组织和党员群众的监督。

第六十六条　建立人事部门与纪检监察部门等有关单位沟通机制，加强对干部选拔任用工作的监督，沟通信息，交流情况，提出意见和建议。

第十四章　附　则

第六十七条　本规定由人事局负责解释。

第六十八条　本规定自发布之日起施行。2006 年 6 月 29 日农科院党组印发的《中国农业科学院领导干部选拔任用工作办法》同时废止。

中国农业科学院管理的干部职务名称表

农科院党组发〔2014〕34 号

（2014 年 7 月 8 日）

一、中共中国农业科学院党组管理的干部职务名称表

（一）

1. 中国农业科学院纪律检查组副组长
2. 中国农业科学院办公室副主任
3. 中国农业科学院科技管理局副局长
4. 中国农业科学院人事局副局长
5. 中国农业科学院财务局副局长
6. 中国农业科学院基本建设局副局长
7. 中国农业科学院国际合作局副局长
8. 中国农业科学院成果转化局副局长
9. 中国农业科学院直属机关党委副书记、纪委书记
10. 中国农业科学院监察局副局长，正、副所级纪检监察专员
11. 中国农业科学院后勤服务中心副主任、党委副书记、纪委书记
12. 中国农业科学院研究生院副院长、党委副书记、纪委书记

上述职务名称表中，人事局副局长任免前需向农业部人事劳动司备案；直属机关党委副书记、纪委书记、监察局副局长任免前需征求农业部相关部门意见。

（二）

13. 中国农业科学院作物科学研究所副所长、党委副书记、纪委书记
14. 中国农业科学院植物保护研究所副所长、党委副书记、纪委书记
15. 中国农业科学院蔬菜花卉研究所副所长、党委副书记、纪委书记
16. 中国农业科学院农业环境与可持续发展研究所副所长、党委副书记、纪委书记

17. 中国农业科学院北京畜牧兽医研究所副所长（中国动物卫生与流行病学中心北京分中心副主任）、党委副书记、纪委书记

18. 中国农业科学院蜜蜂研究所副所长、党委副书记、纪委书记

19. 中国农业科学院饲料研究所副所长、党委副书记、纪委书记

20. 中国农业科学院原子能利用研究所（农产品加工研究所）副所长、党委副书记、纪委书记

21. 中国农业科学院生物技术研究所副所长、党委副书记、纪委书记

22. 中国农业科学院农业经济与发展研究所副所长、党委副书记、纪委书记

23. 中国农业科学院农业资源与农业区划研究所副所长、党委副书记、纪委书记

24. 中国农业科学院农业信息研究所副所长、党委副书记、纪委书记

25. 中国农业科学院农业质量标准与检测技术研究所副所长（农业部农产品质量标准研究中心副主任）、党委副书记、纪委书记

26. 中国农业科学技术出版社社长、直属党支部书记、总编辑

27. 中国农业科学院农田灌溉研究所副所长、党委副书记、纪委书记

28. 中国水稻研究所副所长、党委副书记、纪委书记

29. 中国农业科学院棉花研究所副所长、党委副书记、纪委书记

30. 中国农业科学院油料作物研究所副所长、党委副书记、纪委书记

31. 中国农业科学院麻类研究所副所长、党委副书记、纪委书记

32. 中国农业科学院果树研究所副所长、党委副书记、纪委书记

33. 中国农业科学院郑州果树研究所副所长、党委副书记、纪委书记

34. 中国农业科学院茶叶研究所副所长、党委副书记、纪委书记

35. 中国农业科学院哈尔滨兽医研究所副所长（中国动物卫生与流行病学中心哈尔滨分中心副主任）、党委副书记、纪委书记

36. 中国农业科学院兰州兽医研究所副所长（中国动物卫生与流行病学中心兰州分中心）、党委副书记、纪委书记

37. 中国农业科学院兰州畜牧与兽药研究所副所长、党委副书记、纪委书记

38. 中国农业科学院上海兽医研究所副所长（中国动物卫生与流行病学中心上海分中心）、党委副书记、纪委书记

39. 中国农业科学院草原研究所副所长、党委副书记、纪委书记

40. 中国农业科学院特产研究所副所长、党委副书记、纪委书记

41. 农业部环境保护科研监测所副所长、党委副书记、纪委书记

42. 农业部沼气科学研究所副所长、党委副书记、纪委书记

43. 农业部南京农业机械化研究所副所长、党委副书记、纪委书记

44. 中国农业科学院烟草研究所副所长、党委副书记、纪委书记

二、人事局管理的干部职务名称表

1. 院机关处级及以下干部
2. 后勤服务中心处级干部
3. 院属研究所所长助理
4. 中国农业科学技术出版社副社长

三、向人事局事前备案的干部职务名称表

1. 院属单位人事处处长、副处长
2. 未设人事处单位负责人事工作的处级干部

中国农业科学院机关岗位设置与聘用管理办法（试行）

农科院人〔2014〕2 号

（2014 年 1 月 2 日）

第一章　总　则

第一条　为进一步完善院机关岗位设置，规范机关工作人员聘用管理，根据中央深化事业单位人事制度改革有关精神，依据《事业单位岗位设置管理试行办法》（国人部发〔2006〕70 号）、《〈事业单位岗位设置管理试行办法〉实施意见》（国人部发〔2006〕87 号）、《关于科学研究事业单位岗位设置管理的指导意见》（国人部发〔2007〕24 号）和农业部及我院的相关规定，制定本办法。

第二条　院机关岗位设置遵循按需设岗、分类指导、动态管理、激励有效的原则，岗位聘用坚持按岗聘用、竞争择优、合同管理、流转有序的原则，全面推动院机关工作人员由身份管理向岗位管理的转变。

第三条　本办法适用于院机关各局办（含后勤服务中心）的岗位设置管理。除历史上形成的内退人员外，院机关在册正式工作人员都要纳入岗位管理，涉及领导干部的，按照干部人事管理权限的有关规定执行。

第二章　岗位分类

第四条　院机关岗位分为管理岗位、专业技术岗位、工勤技能岗位 3 种类别（以下简称三类岗位）。管理岗位为院机关主体岗位，按照担负领导职责和管理任务的不同，分为领导岗位和综合管理岗位。工勤技能岗位仅在后勤服务中心设置。

第五条　领导岗位分为局长、副局长、处长和副处长岗位。局长岗位对应职员三级至四级，副局长岗位对应职员四级至五级，处长岗位对应职员五级，副处长岗位对应职员六级。

第六条　综合管理岗位分为高级业务主管、业务主管和业务助理岗位。高级业务主管岗位对应职员四级至五级，业务主管岗位对应职员五级至六级，业务助理岗位对应职员七级至九级。

纪检监察、工会、秘书、团委等按有关规定配备的专职管理人员，纳入综合管理岗位。

第七条 专业技术岗位分为正高级、副高级、中级、初级岗位，原则上，依次分别对应专业技术四级、七级、十级、十二级。

第八条 工勤技能岗位分为技术工和普通工岗位，其中技术工岗位分为5个等级，即一至五级，普通工岗位不分等级。高级技师、技师、高级工、中级工、初级工依次分别对应一级至五级工勤技能岗位。

第三章 岗位设置

第九条 院机关三类岗位总量在中央编办、农业部核定的人员编制数和岗位数范围内进行设置，各部门三类岗位在人事局核定的人员编制数和岗位数范围内进行设置。岗位的设置要适应增强部门运转效能、提高工作效率、提升管理水平的需要。

第十条 局长、副局长领导岗位数按照农业部党组、院党组核定的领导班子职数确定。处长、副处长领导岗位数按照人事局核定的处级领导职数确定。综合管理岗位数、专业技术岗位数和工勤技能岗位数由人事局根据各部门职责任务、工作性质和人员结构特点等因素综合确定，根据工作需要，动态调整。

第十一条 院机关各部门的岗位设置方案，报人事局核准后实施。经核准的岗位设置方案作为聘用人员、确定岗位、调整岗位以及核定工资的依据。

第四章 岗位聘用

第十二条 按照干部管理权限，局级领导岗位的选任按照农业部党组、院党组有关规定执行。

第十三条 处长岗位应聘基本条件：具有大学本科及以上学历；具有处长及以上领导岗位任职经历，或具有在2个及以上副处长岗位累计满2年的任职经历，或具有职员五级及以上综合管理岗位任职经历，或具有正高级专业技术岗位任职经历，新提任的需具有在院属单位或院外单位工作经历；近3年年度考核为称职及以上。

第十四条 副处长岗位应聘基本条件：具有大学本科及以上学历；具有副处长及以上领导岗位任职经历，或在职员七级业务助理岗位工作满3年，或具有职员六级及以上综合管理岗位任职经历，或在中级专业技术岗位工作满4年，或具有高级专业技术岗位任职经历，新提任的需具有基层工作经历；近3年年度考核为称职及以上。

第十五条 高级业务主管岗位应聘基本条件：具有大学本科及以上学历；具有所级领导岗位任职经历，或在职员五级岗位工作满10年且距法定退休年龄不满3年，或在处长领导岗位任职满8年；近3年年度考核为称职及以上。

第十六条 业务主管岗位应聘基本条件：

（一）具有大学本科及以上学历，近 3 年年度考核为称职及以上。

（二）在职员六级岗位工作满 9 年或在副处长领导岗位任职满 7 年可应聘职员五级业务主管岗位。具有处长领导岗位任职经历可转任五级业务主管岗位。

（三）在职员七级业务助理岗位工作满 5 年或在中级专业技术岗位工作满 6 年或具有高级专业技术岗位任职经历可应聘职员六级业务主管岗位。具有副处长领导岗位任职经历可转任六级业务主管岗位。

第十七条 业务助理岗位应聘基本条件：

（一）具有大学本科及以上学历。

（二）在职员八级业务助理岗位工作满 3 年、近 3 年年度考核为称职及以上，可应聘职员七级业务助理岗位；具有博士学位的研究生毕业试用期满考核合格可确定为职员七级业务助理岗位。

（三）在职员九级业务助理岗位工作满 3 年、近 3 年年度考核为称职及以上，可应聘职员八级业务助理岗位；具有硕士学位的研究生毕业试用期满考核合格可确定为职员八级业务助理岗位。

（四）大学本科毕业试用期满考核合格可确定为职员九级业务助理岗位。

第十八条 专业技术岗位的基本任职条件按照我院专业技术职务评聘的有关规定执行。国家实行职业资格准入控制的岗位，应聘者应符合准入控制的条件。

第十九条 正高级专业技术岗位应聘条件：系统掌握本职工作所需的业务知识；分管或承担某一方面重要管理工作任务，并取得明显成效；以第一作者公开发表 6 篇（至少 1 篇核心期刊）及以上论文或组织起草 20 篇及以上重大报告、规章制度或主编、副主编正式出版物 2 部，并对相关管理工作起到指导和推动作用；3 年年度考核优秀，或取得与管理工作相关的省部级（含院级）及以上奖励。

第二十条 副高级专业技术岗位应聘条件：掌握本职工作所需的专门业务知识；承担某一方面重要管理工作任务，并取得较好成效；以第一作者公开发表 4 篇及以上论文或起草 10 篇及以上重要报告、规章制度或主编、副主编正式出版物 1 部，并对相关管理工作有一定的指导意义；3 年年度考核优秀，或取得与管理工作相关的省部级（含院级）及以上奖励。

第二十一条 中级及以下专业技术岗位应聘条件：掌握本职工作所需的业务知识和技能；承担过某一方面管理工作或专业工作，并组织策划与实施，取得较好成效；公开发表过有一定水平的论文或起草过研究报告、规章制度。

第二十二条 工勤技能岗位应聘基本条件：

（一）一级、二级工勤技能岗位，须在本工种下一级岗位工作满 5 年，并分别通过高级技师、技师技术等级考评。

（二）三级、四级工勤技能岗位，须在本工种下一级岗位工作满 5 年，并分别通过高级工、中级工技术等级考评。

（三）学徒（培训生）学习期满和工人见习、试用期满，通过初级工技术等级考核后，可确定为五级工勤技能岗位。

第二十三条 院机关岗位聘用以 5 年为 1 个聘期，期间新聘岗位人员的聘用期限不超过该聘期期满时限。

第二十四条 新进院机关的应届毕业生试用期一般为 1 年，试用期包括在聘用期限内。

第二十五条 对新调入院机关的人员，根据本人德才表现、学历、工作经历和原任职务，比照机关同等条件人员聘用相应岗位。

第五章 考 核

第二十六条 院机关对岗位聘用人员实行年度考核和聘期考核。

第二十七条 年度考核和聘期考核结果分为优秀、称职、基本称职、不称职 4 个等次。考核结果作为岗位续（解）聘、调整、晋升工资、年终奖励的重要依据。年度考核、聘期考核基本称职的，要进行诫勉谈话或调整其岗位。年度考核不称职的，要安排其离岗接受必要的培训，培训时间一般为 3～6 个月，培训期间发待岗工资，培训结束后重新聘用同级别岗位或降级聘用。聘期考核不称职的，降级聘用或不再续聘。

第二十八条 局级领导岗位人员的考核按部、院党组有关规定执行。其他岗位聘用人员年度考核和聘期考核工作由人事局负责组织，各部门具体实施。

第六章 岗位流转

第二十九条 同级处级领导岗位累计任职时间一般不超过 15 年，其中，同一岗位任职时间一般不超过 10 年。任职时间达到最高年限，又不能聘用高一级领导岗位的，须转任综合管理岗位，或安排交流。

第三十条 对于在现岗位级别任职期间，3 年内年度考核有 2 次及以上优秀的人员，在管理岗位提拔和晋升时，可放宽 1 年任职年限要求。

第三十一条 距法定退休年龄不足 2 年的管理岗位聘用人员，在机关全员聘用时主动提出不参与竞聘的，可以保留待遇至退休，不占本部门管理岗位设置数。

第七章 聘用程序

第三十二条 除局级领导岗位外，院机关部门应严格按照人事局核准的岗位设置方案，根据按需设岗、竞聘上岗、按岗聘用的原则，确定具体工作岗位，聘用工作人员。其中，处长、副处长领导岗位涉及提拔的，须执行干部选拔任用的有关规定。

第三十三条 在聘期内如出现岗位空缺，院机关各部门可根据工作需要和具体情况，报送岗位调整、晋升的方案，经人事局审批后，按照公开招聘、竞聘上岗的有关规定，自主组织实施，拟聘人选报人事局审批。

第三十四条 处级领导岗位聘用人员由人事局发任免通知，由人事局负责人与聘用人员签订聘用合同。综合管理岗位、专业技术岗位、工勤技能岗位聘用人员由人事局发聘用通知，由本部门负责人与聘用人员签订聘用合同。

第三十五条 院机关人员原则上不得同时在管理岗位和高级专业技术岗位上任职，因特殊情况，确需兼任的，须按人事管理权限审批。

第三十六条 对于部门实有人员已超过人员编制数的，超出部分设浮动岗。已超编部门原则上不得新进人员，应通过自然减员、调出、解聘等办法，逐步达到规定的人员编制数。

第三十七条 工勤技能岗位人员的聘用管理和待遇等事项，按农业部及我院有关规定办理。

第三十八条 对于未被聘任上岗的人员，实行待聘期，一般为 6 ~ 12 个月。待聘人员应当服从所在部门的转岗培训和临时性工作安排，所在部门应当为待聘人员提供 1 次竞聘上岗机会。待聘期间，待聘人员原岗位待遇不再保留，只发给本人基本工资及一定比例的岗位津贴，但不低于北京市当年最低工资标准。对待聘期满仍未能被聘用的人员，本人应当提出辞职；本人不愿辞职的，由单位办理辞退手续。

第八章　附　则

第三十九条 受院党组委托，人事局负责院机关岗位设置及聘用管理工作。

第四十条 本办法由人事局负责解释。

第四十一条 本办法自印发之日起施行。本办法未尽事宜按我院现行有关规定执行，现行规定与本办法不一致的，按本办法执行。

中国农业科学院编制外人员聘用管理办法（试行）

农科院人〔2014〕323号

（2014年12月19日）

第一章 总 则

第一条 为进一步加强中国农业科学院（以下简称“我院”或“院”）编制外人员（以下简称“编外人员”）聘用管理，提高管理的科学化、制度化和规范化水平，根据《劳动法》《劳动合同法》《劳动合同法实施条例》等法律法规，以及人社部、农业部关于事业单位实行聘用制度的相关政策规定，结合我院工作实际，制定本办法。

第二条 编外人员是指未纳入我院事业编制管理的聘用人员，根据聘用方式或聘用岗位的不同，分为普通编外人员和特殊编外人员，不包括在站博士后、离退休返聘、兼职、实习等人员。

普通编外人员，是指按照《劳动合同法》规定签订劳动合同，与用人单位形成劳动关系的编外人员。

特殊编外人员，是指通过各类人才引进计划引进的、拥有外国国籍或外国永久居留身份的高层次人才，以及未与用人单位签订劳动合同，通过劳务派遣、外包等方式在用人单位工作的人员。特殊编外人员仅适用本办法第五章“特殊编外人员管理”。

第三条 院属各事业单位（含后勤服务中心）是用人单位，其招聘、使用、管理编外人员适用本办法。

院机关各部门原则上不得招聘、使用编外人员。

院属企业和院属各事业单位二级法人单位可参照执行本办法。

第四条 编外人员的管理要坚持谁用人、谁负责的原则，实行规范化管理。

院负责指导、监督用人单位落实国家有关劳动法律、法规，指导做好编外人员管理工作。

用人单位按照法人负责制的要求，负责做好本单位编外人员的日常管理。用人单位人事部门代表单位法人与编外人员签定劳动合同。未经许可，其他任何部门不得自行聘用编外人员。

用人单位应对其所属二级法人单位招聘、使用编外人员的情况进行指导和监督。

第二章　计划管理

第五条　用人单位应按照精简高效、总量控制的原则，根据岗位需要制定编外人员聘用计划。

关键岗位或特殊岗位原则上不使用编外人员。

第六条　用人单位人事部门组织本单位编外人员聘用计划的拟定。院人事局每年根据各单位的工作实际和聘用计划下达编外人员的工资总额。

第三章　招聘范围、条件及程序

第七条　用人单位招聘编外人员应实行公开招聘，根据批准的计划向社会发布招聘公告，公布招聘岗位、工作内容、用人条件、招聘人数、岗位报酬、招聘程序等信息。

第八条　应聘人员必须具备下列条件：

（一）遵守宪法和法律；

（二）具有良好的品行；

（三）岗位所需的专业或技能条件；

（四）适应岗位要求的身体条件；

（五）岗位需要的其他条件。

第九条　编外人员的聘用，应做到公平、公正、公开。招聘结果需由用人部门、人事部门共同审定。如确有需要，可报请单位分管领导审批或提交单位领导集体研究决定。

第十条　编外人员的聘用实行回避制度。受聘人员凡与用人单位负责人员有夫妻关系、直系血亲关系、三代以内旁系血亲或者近姻亲关系的，不得被聘用从事该单位负责人员的秘书或者人事、财务、纪律检查岗位的工作，也不得在有直接上下级领导关系的岗位工作。聘用工作办事人员在办理人员聘用事项时，遇有与自己有上述亲属关系的，也应当回避。

第十一条　用人单位人事部门按照《劳动合同法》规定，代表单位法人与聘用人员签定劳动合同。

用人单位可以根据实际情况，与拟聘用的编外人员协商拟定劳动合同；也可以使用本办法提供的劳动合同范本（附件 1），或当地劳动行政部门发布的劳动合同范本。

对于拟聘用的编外人员，用人单位应在招聘工作结束后，及时填写《编制外人员登记备案表（样表）》（附件 2）并做好归档工作。

第四章 日常管理

第十二条 用人单位应当依据《劳动合同法》等法律法规和本办法，结合本单位实际，建立和完善与劳动合同制度相配套的规章制度，并履行告知义务。

用人单位应严格执行各项规章制度，对于存在违法违规用工现象的，院将对相关责任人进行问责。

第十三条 用人单位在与编外人员订立书面合同时，应与编外人员约定劳动报酬，按时发放。劳动报酬不低于当地最低工资标准。

用人单位应当依法为编外人员及时缴纳各项社会保险，保障编外人员的合法权益。

第十四条 用人单位应当根据编外人员的工作性质、岗位任职条件等，加强对编外人员的考核培训，鼓励编外人员参加本单位党团组织及工会活动，不断提高编外人员的业务素质和工作能力。对于符合条件的编外人员，可依据相关规定由其人事关系单位的上级单位委托我院评审专业技术职务任职资格。

第十五条 编外人员与用人单位因订立、履行、变更、解除或者终止劳动合同发生争议的，可以先向本单位人事部门申请协调解决；协调解决未果的，可依照《中华人民共和国劳动争议调解仲裁法》的规定向劳动争议仲裁机构申请仲裁；对仲裁结果不服的，可以向人民法院提出诉讼。

第五章 特殊编外人员管理

第十六条 用人单位通过各类人才引进计划引进的高层次人才，应按照该人才引进计划的相应政策办理。因个人申请或其他原因无法纳入事业编制内的，按编制外聘用管理。

第十七条 用人单位可根据实际工作需要聘用外籍人员或持有外国永久居留证件的中国籍人。各单位聘用外籍人员时，应与其签定劳动合同，为其办理在华就业的相应手续，并按照我国法律法规关于外国人参加社会保险的有关规定，参加社会保险，享受有关待遇。各单位聘用持有外国永久居留证件的中国籍人时，应按照国家相关政策办理。

第十八条 用人单位采取劳务派遣、外包等用工方式的，应依法选择有资质的主体。

第六章 附 则

第十九条 用人单位按照《劳动合同法》规定，在接受各级政府劳动行政部门监督检查的同时，接受院人事部门、纪检监察部门和工会组织的内部监督指导。

第二十条 用人单位应按照本办法制定具体的实施细则。

第二十一条　本办法自发文之日起施行，由院人事局负责解释。

附件：1. 劳动合同（范本）
　　　2. 编制外人员登记备案表（样表）

附件 1

劳动合同（范本）

甲方（用人单位）　　乙方（职工）
名　称：　　姓　名：
法定代表人：　　身份证号码：
地　址：　　户籍住址：
联系电话：　　联系电话：

根据《中华人民共和国劳动法》《中华人民共和国劳动合同法》有关规定，甲乙双方按照平等自愿、协商一致的原则订立本合同。

一、合同期限

（一）合同期限。双方同意按以下第种方式确定本合同期限。

1. 有固定期限：从年月日起至年月日止。

2. 无固定期限：从年月日起至本合同约定的终止条件出现时止（不得将法定解除条件约定为终止条件）。

3. 以完成一定的工作为期限：从年月日起至工作任务完成时止。

（二）试用期限。双方同意按以下第种方式确定试用期期限（试用期包括在合同期内）。

1. 无试用期。

2. 试用期从________年________月________日至________年________月________日止。

二、工作内容

（一）乙方的工作岗位（工作地点、部门、工种或职务）为____________。

（二）乙方的工作任务或职责是____________。

（三）甲方因工作需要调整乙方的工作岗位，按变更本合同办理，双方签章确认的协议或通知书作为本合同的附件。

三、工作时间

（一）甲乙双方同意按以下第种方式确定乙方的工作时间。

1. 标准工时制，即每日工作________小时，每周工作________天，每周至少休息 1 天。

2. 不定时工作制，即经劳动保障部门审批，乙方所在岗位实行不定时工作制。

3. 综合计算工时工作制，即经劳动保障部门审批，乙方所在岗位实行以________为周期，总工时________小时的综合计算工时工作制。

（二）甲方因工作需要，经与乙方协商后可以延长工作时间。

四、劳动报酬

（一）乙方正常工作时间的工资按下列第（　）种形式执行，不得低于当地最低工资标准。

1. 乙方试用期工资________元/月；试用期满工资________元/月（元/日）。

2. 其他形式：________。

（二）工资必须以法定货币支付，不得以实物及有价证券替代货币支付。

（三）甲方依法安排乙方延长工作时间的，应按法律的规定支付延长工作时间的工资报酬。

五、劳动保护和劳动条件

（一）甲方按国家有关劳动保护规定提供符合国家劳动卫生标准的劳动作业场所，切实保护乙方在生产工作中的安全和健康。

（二）乙方有权拒绝甲方的违章指挥、强令冒险作业，对甲方及其管理人员漠视乙方安全和健康的行为，有权要求改正并向有关部门检举、控告。

六、社会保险和福利待遇

（一）合同期内，甲方应依法为乙方办理参加养老、医疗、失业、工伤、生育等社会保险的手续，社会保险费按规定的比例，由甲乙双方负责。

（二）乙方患病或非因工负伤，甲方应按国家和地方的规定给予医疗期和医疗待遇，按医疗保险及其他相关规定报销医疗费用，并在规定的医疗期内支付病假工资或疾病救济费。

（三）乙方患职业病、因工负伤或者因工死亡的，甲方应按《工伤保险条例》的规定办理。

七、劳动纪律

（一）甲方根据国家有关法律、法规通过民主程序制定的各项规章制度，应向乙方公示；乙方应自觉遵守国家有关劳动纪律、法规和用人单位依法制定的各项规章制度，严格遵守安全操作规程，服从管理，按时完成工作任务。

（二）甲方有权对乙方履行制度的情况进行检查、督促、考核和奖惩。

（三）如乙方掌握甲方的工作秘密，乙方有义务为甲方保守工作秘密，并作如下约定：______________________________。

八、本合同的变更

（一）任何一方要求变更本合同的有关内容，都应以书面形式通知对方。

（二）甲乙双方经协商一致，可以变更本合同，并办理变更本合同的手续。

九、本合同的解除

（一）经甲乙双方协商一致，本合同可以解除。由甲方解除本合同的，应按规定支付经济补偿金。

（二）属下列情形之一的，甲方可以单方解除本合同。

1. 试用期内证明乙方不符合录用条件的；

2. 乙方严重违反劳动纪律或甲方规章制度的；

3. 严重失职、营私舞弊，对甲方利益造成重大损害的；

4. 乙方被依法追究刑事责任的；

5. 乙方患病或非因工负伤，医疗期满后不能从事本合同约定的工作，也不能从事由甲方另行安排的工作的；

6. 乙方不能胜任工作，经过培训或者调整工作岗位，仍不能胜任工作的；

7. 本合同订立时所依据的客观情况发生重大变化，致使本合同无法履行，经当事人协商不能就变更本合同达成协议的；

8. 本合同约定的解除条件出现的。

甲方按照第5、第6、第7、第8项规定解除本合同的，需提前30日书面通知乙方，并按规定向乙方支付经济补偿金，其中按第5项解除本合同并符合有关规定的还需支付乙方医疗补助费。

（三）乙方解除本合同，应当提前30日以书面形式通知甲方。但属下列情形之一的，乙方可以随时解除本合同。

1. 在试用期内的；

2. 甲方以暴力、威胁或者非法限制人身自由的手段强迫劳动的；

3. 甲方不按本合同规定支付劳动报酬，克扣或无故拖欠工资的；

4. 经国家有关部门确认，甲方劳动安全卫生条件恶劣，严重危害乙方身体健康的。

（四）有下列情形之一的，甲方不得解除本合同：

1. 乙方患病或非因工负伤，在规定的医疗期内的；

2. 乙方患有职业病或因工负伤，并经劳动能力鉴定委员会确认，丧失或部分丧失劳动能力的；

3. 女职工在孕期、产期、哺乳期内的；

4. 法律、法规规定的其他情形。

（五）解除本合同后，甲乙双方在 7 日内办理解除劳动合同有关手续。

十、本合同的终止

本合同期满或甲乙双方约定的本合同终止条件出现，本合同即行终止。

本合同期满前一个月，甲方应向乙方提出终止或续订劳动合同的书面意向，并及时办理有关手续。

十一、违约情形及责任

（一）甲方的违约情形及违约责任：________________________________

____。

（二）乙方的违约情形及违约责任：________________________________

____。

十二、调解及仲裁

双方履行本合同如发生争议，可先协商解决；不愿协商或协商不成的，可向有管辖权的劳动争议仲裁委员会申请仲裁。对仲裁裁决不服的，可在法定期限内向人民法院起诉。

十三、其　他

（一）本合同未尽事宜，按国家有关政策规定办理。在合同期内，如本合同条款与国家有关劳动管理新规定相抵触的，按新规定执行。

（二）下列文件规定为本合同附件，与本合同具有同等效力。

1. ____________________
2. ____________________
3. ____________________

（三）双方约定（内容不得违反法律及相关规定，可另加双方签名或盖章的附页）：

____________________。

（四）本合同一式两份，分别由甲方、乙方保存。

甲方：(盖章)　　　　乙方：(签名或盖章)

法定代表人：

(或委托代理人)

______年______月______日　　　　______年______月______日

附件 2

编制外人员登记备案表（样表）

姓名		性别		民族		照片
政治面貌		出生日期				
籍 贯		固定电话及手机号码				
电子信箱		通讯地址及邮政编码				
全日制教育毕业院校及专业				毕业时间及学位		
在职教育毕业院校及专业				毕业时间及学位		
身份证号码			婚姻状况	□已婚　□未婚　□其他		
现工作单位及职务			备　注			
本人简历						
人事部门审核意见	年　月　日					

备注：本样表仅供参考，各单位可根据实际需要进行调整

狠抓四支队伍培训支撑世界一流科研院所建设

——陈萌山在农业部干部教育培训工作会议上的经验交流讲话

(2014 年 3 月 27 日)

近年来，围绕建设“世界一流农业科研院所”的总目标，新一届农科院党组提出，要全面构建以培训制、任期制、聘用制、流动制和代理制为核心的管理体系，坚持科学培训，人才引进与培养双轮驱动，着力做好科研、管理、转化、支撑四支队伍的教育培训工作，在探索实践中取得了初步成效。

一、抓科研人才队伍培训，着力提升自主创新能力

充分发挥国家级专业技术人员继续教育基地示范引领作用。依托人社部授予的首批国家级专业技术人员继续教育基地，整合培训项目，院所两级先后举办 100 多期高级研修班和培训班，累计培训超过 1 万人次。共享优质资源开展联合培训。作为全国科研院所培训联盟秘书长成员单位，按照“长期合作、互惠互利、科学规范、高端起步”的原则，积极与中科院等单位开展科研团队骨干联合培训，使培训工作更丰富、更贴近科研一线实际。积极打造新的院级学术交流平台。坚持以“高端、前沿、权威、原创”为特色，创办“中国农业科技报告会”，每月举办 1 次，以浓厚全院学习教育氛围。此外，我们还积极选派科研人员参加中组部、人社部和我部高级专家理论研修班，有针对性地提高科技人才的理论水平和宏观政策把握能力。

二、抓管理干部队伍培训，着力提升履职尽责能力

抓住理想信念这一核心。着眼于培养“信念坚定、为民服务、勤政务实、敢于担当、清正廉洁”的管理干部队伍，院党组明确提出把坚持正确政治方向、坚定理想信念作为干部教育培训的首要任务和重要内容，作为选任干部的第一标准。抓住理论教育这一根本。坚持把中国特色社会主义理论体系作为自主培训的核心内容，确保理论课程不少于总授课量的 40%。党的十八大以来举办了一系列政治学习报告会，实现院、所、处三级领导干部全覆盖。抓住能力建设这一重点。根据不同层级干部特点和岗位需要，有针对性地开展自主分类培训。累计培训处级干部 900 余人次，重点提高组织管理、工

作业务和沟通协调能力；在任所级干部已轮训一遍，重点提高战略眼光、宏观决策和全局驾驭能力。2014 年，新开辟外专局科研院所管理者境外培训项目，以创新工程试点所的所级干部为主体，组织到国外一流科研院所实地学习培训。

三、抓成果转化队伍培训，着力提升市场创业能力

把专家请进课堂。2013 年举办首期“知识产权管理”专题培训，邀请国家知识产权局、农业部相关领导和联想、先正达高级管理人员来授课，补齐我院成果转化人员“知识短板”，学习跨国企业成果转化的先进经验，进一步找准农业科技成果转化的关键点和增长点。把课堂搬到企业。把教育培训与技术转移、成果转化实践结合起来，探索通过院地、院企合作，选派骨干到哈药集团、联想集团等知名企业学习交流，以增强创新意识和市场意识，系统提高相关人员对市场需求的把握能力，进一步提高对科技成果转化过程中实际问题的了解。

四、抓支撑技能人才队伍培训，着力提升服务保障能力

加强高技能支撑人才实践能力培养。结合国家重大科技项目实施，结合科技平台和支撑系统建设，科学设置支撑人才岗位，注重在实践中培养高技能人才。积极争取设立境内外培训和进修项目，鼓励高技能人才定期参加各类专业技能培训，加强技术交流，提升技术水平。定期举办全院支撑人才技能竞赛活动。加强对优秀支撑人才的宣传，营造重视支撑人才队伍建设的良好氛围。以解决农业科研实际问题的能力水平为评价标准，组织开展全院性的技能竞赛活动，通过制定专门奖励政策，实现以赛代训、以赛促学、以赛聚才的目的，把技能竞赛打造成支撑人才培养选拔和展示的平台。

以上是我院在干部人才教育培训方面的一些探索实践。下一步，我们将以此次会议为契机，认真学习领会韩部长重要讲话精神，学习借鉴其他单位的好经验、好做法，不断创新思路，加大措施，持续支持，进一步加强我院干部人才教育培训，为推动我院创新工程顺利实施、加快实现跨越式发展，更好地支撑我国现代农业发展，提供更加有力的组织人才保障。

六、计划财务管理与条件建设

中国农业科学院2014年财务管理工作概况

2014年，是我院科技创新工程推进实施的关键时期，我院财务管理工作紧紧围绕院中心工作，坚持以“资金安全、管理规范”为主题，围绕实施科技创新工程这个核心任务，做好风险防控、财务公开、制度流程、争取资金、支撑服务、信息化和调查研究等重点工作，积极创建一流作风，进一步增强大局意识、进取意识和责任意识，不断强化服务精神和担当精神，全力推进科技创新工程实施和一流院所建设，着力提升财务保障能力，全面完成各项工作计划，全院经费规模进一步扩大，资金使用管理更加安全规范，科技创新工程经费管理等重点工作进展顺利，常规管理工作运行平稳，取得显著成效。

一、2014年工作回顾

（一）形势与机遇

随着国家财政形势变化、财政体制改革的不断深化以及我院科研活动的深入开展，新的任务和要求不断出现，财务工作面临新的挑战，同时迎来新的机遇。

1. 经济发展进入新常态，财政增幅收窄使得争取财政经费的难度进一步加大

目前，中国经济发展已经正式告别30年以来的高速增长转入新常态。受经济增速放缓的影响，中央财政收入增幅进一步收窄，1—11月累计增幅为6.9%，低于往年同期水平。从当前形势看，预计未来中央财政将转入平稳增长期，增幅减小的态势将在较长时期持续，今后继续争取扩大财政经费规模的难度明显增大。

2. 科研经费关注热度持续升温，加强科研经费使用管理的要求进一步提高

2014年以来，各类科研腐败案件继续频频曝光，多名院士、大学教授因陷科研经费腐败丑闻被查，科研经费监管失控、“跑冒滴漏”流失严重等现象的社会关注热度持续升温。2014年3月《国务院关于改进和加强中央财政科研项目和资金管理的若干意见》（国发〔2014〕11号）颁布实施，针对科研经费使用管理中的问题提出系统化、全过程的配套改革措施；农业部组织开展科研经费使用管理专项检查，我院组织开展科研经费监管专项行动，体现了各级管理部门加强科研经费监管的力度和决心，同时也对科研经费使用管理提出更高要求。

3. 资金使用管理要求更加严格，财务管理工作面临新的挑战和压力

新修订的科学事业单位会计制度年初正式实施，会计科目数量增多、核算要求更新变化，对会计基础工作提出新的要求；会议费、培训费、差旅费、出国经费等一系列配套管理办法密集出台，中央财政国库动态监控管理暂行办法、行政事业单位内部控制规范等监管制度同步发布实施，资金使用管理标准和要求等发生重大变化；中央八项规定和多项中央禁止性规定落实执行，公款特别是财政经费支出使用方向逐步回归限定渠道，严格规范使用资金成为最严格的刚性要求。新形势新要求使得财务管理工作的内容和方式发生重大变化，迅速转变思路和方法，顺利度过适应期，对财务管理工作提出巨大的挑战和压力。

4. 我院迎来新的发展机遇期，财务管理工作迫切需要全面提质提速

中国经济进入新常态、经济增长呼唤科技创新驱动，全国农村工作会议、中央一号文件再次聚焦农业科技，粮食产量十一连增已成定局的形势下，保持粮食持续增长态势、保证饭碗端在自己手上，对农业科技创新提出强烈需求；科技资源整合已经启动，农业科研经费配置优化势在必行；国家农业科技创新联盟成立，我院在全国的影响力显著提升；科技创新工程顺利推进，现代院所建设正式启航，步入跨越式发展的快车道。新形势新机遇对财务管理工作提出了提质提速的新要求。

（二）各项重点工作圆满完成

围绕年初确定的重点工作任务，扎实落实、稳步推进，经过全局上下共同努力，克服许多困难和压力，各项重点工作圆满完成，全面完成了预定目标，有力保障了院党组中心工作顺利开展。

1. 全力争取上级预算支持，全院资金保障持续增强

围绕我院中心和重点工作，在国家财政形势从严从紧的背景下，积极争取做大财政资金蛋糕，确保全院各项工作顺利开展。2014 年部门决算全院总收入 59. 61 亿元，其中财政拨款 27. 95 亿元，均为我院历史最高水平。财政拨款项目支出中，稳定性项目经费比例达到47%，项目支出结构发生重大变化；2015 年获创新工程经费稳定支持 7 亿元，部门预算“一下”稳定性项目经费占比提高至53%。财政拨款基本支出比 2013 年增幅 9. 92%，全院 26 个单位离退休津补贴、同城待遇、护理费标准得到提高；住房公积金、提租补贴、购房补贴三项经费符合条件人员全部得到落实；公用经费增加一次性安排近 1 000万元，解决了部分研究所急需问题。

2. 积极配合全院中心工作，重点工作经费筹措到位

（1）积极探索优化资源配置

围绕创新工程实施，统筹安排经费撬动经济资源。其中，全院获中央财政支持修缮购置专项近 3 亿元；基本科研业务费支持创新工程协同创新近 5 000万元；筹措人才引进与培养经费近 1 000万元，重点支持拟转企所“千人计划”年薪、“青年英才计划”设备费和人才科研经费等。

（2）加强资金统筹，保证院重点工作经费需求

紧密围绕院党组中心工作，积极筹措资金近400万元，合理保障院科研经费专项行动、巡视组工作、种业科技成果权益比例试点等新增重要工作经费需求。支持了院信息化建设、英文年度报告编制、马连洼住宅小区自来水改造等经费需求，付出艰苦努力，为我院各项重点工作的顺利开展提供了资金保障。

（3）配合推进事业单位分类改革

完成事业单位分类改革数据统计和材料编写，完成科技经费座谈会和科技经费管理等材料编写，做好基础性工作，配合推进事业单位分类改革。

在2015年部门预算编报中，经积极争取将人员经费直接下达到研究所；积极争取提高离退休津补贴标准，落实了离退休人员护理费等补助标准，为实现同城同待遇、进一步推进事业单位分类改革打好基础。

（4）保障基地平台建设和运转

配合农业部做好运转费的绩效评价工作。为推进信息化平台建设、加强重大设施平台建设做好铺垫。

按照我院条件建设整体规划，合理筹划、积极争取运转经费，2014年全院新增运行费项目经费600多万元，运转费总额近7 000万元，21个研究所37个研究平台获长期稳定支持，有力地保障了院（园）区平稳运转。

3. 深入研究全力推进，科技创新工程取得阶段性进展

（1）积极争取创新工程经费支持

根据2015年部门预算“一下”批复，我院获得2015年创新工程专项经费支持7亿元，并细化到32个试点研究所，为创新工程进一步顺利推进提供了有力的经费支持。

（2）加强创新工程经费管理制度建设

按照创新工程实施方案的要求，对《中国农业科学院科技创新工程经费管理办法》进行了多次修改和完善，最终获得农业部、财政部审核备案通过，在全院印发实施（农科院财〔2014〕131号）；结合我院农业科研实际，组织起草了《中国农业科学院科技创新工程专项经费管理实施细则（试行）》，对创新工程经费预决算管理、经费支出内容、经费监督等内容进行了细化。在先后征求院属单位财务部门负责人和创新工程试点研究所意见，并报备农业部、财政部通过后，正式印发实施（农科院财〔2014〕238号）。

（3）做好创新工程经费测算研究

认真研究有关农业科技专项管理办法，融入滚动预算和绩效预算的理念，探索我院在三级学科体系布局框架下组建科研团队的运作规律，研究科研团队经费测算标准，获上级部门认可，为将创新工程专项经费细化分解至创新团队提供了依据。

（4）配合完成创新工程试点申报评审

组织开展财务支撑能力评估，指导研究所加强财务支撑。组织完成第二批事业单位和拟转企研究所财务支撑能力评估；根据评估报告中揭示的问题，对研究所进行了有针

对性的指导和帮助。

完成第三批试点申报财务初审，为试点单位遴选提供财务数据支撑。按照创新工程管理中心工作小组统一安排，组织人员对第三批创新工程试点单位申报书进行了审核，并对数据进行了统计和分析。同时，结合近 3 年财务收支、预算执行进度等重要财务数据，进行了集中研究和讨论。在此基础上，完成财务初审总报告 1 份，分报告 10 份。

（5）配合完成创新工程 2015 年度预算审核

根据农业部财务司要求，积极配合财政部驻北京财政监察专员办事处（简称北京专员办）完成对我院科技创新工程 2015 年度预算的审核工作。认真准备汇报材料，协调和配合专员办赴部分所调研，多次组织统计试点所创新工作经费使用情况，积极加强与专员办的沟通，争取更大的支持。

4. 完善流程规范管理，常规工作有序运行

（1）梳理主要业务规范，完善主要业务规范流程

参照财务司业务工作规范，组织全面梳理财务业务工作流程，形成各项主要业务事项的规范流程，进一步提高了各项业务工作的可操作性和规范性，强化了主要业务内部控制，提高了资金使用安全性。

（2）加强内控管理，严控“三公”经费支出

严格执行中央八项规定和各项禁止性规定，加强敏感性支出管理，确保资金支出安全合规；明晰财权事权划分，加强内控和经费支出审核，硬化经费审批制度和预算执行约束；配合落实法人责任，强化“三重一大”制度，加强资金内控管理，严控“三公”经费支出，2014 年，全院“三公”支出较上年减少 30.2%。

（3）提前部署扎实推进，做好部门预算管理工作

完成全院 2013 年决算编审。组织完成全院 2013 年部门决算、住房改革支出决算、财政结转和结余资金决算、项目支出经济分类执行决算，以及非部门预算中央财政资金统计、会计人员信息和职称统计等大量年度财务数据的布置、审核、汇总、分析和上报工作。按照审计要求，完成有关单位部门决算的调整工作。2013 年全院部门决算全院总收支规模 59.3 亿元。

做好 2014 年部门预算批复。按照农业部部门预算批复，及时批复院属 34 个预算单位部门预算和院机关各部门预算，并向院常务会报告全院预算批复情况。2014 年部门预算批复全院总收入 64.99 亿元。

组织开展 2015 年部门预算申报。完成全院 2015 年部门预算“一上”、“一下”和“二上”以及 2015 年项目支出经济分类预算编制和“三公”经费预算指标的调整等工作。由于财政调整科技投入政策等原因，2015 年预算“一下”控制数分批下达，科学类资金推迟至 2014 年 12 月 30 日下达，“二上”草案编报时间缩短、要求提高，为此我们提前部署、早做预算，全院财务人员利用元旦假期加班加点，确保预算“二上”草案高标准完成，按程序报院常务会审批后于 2015 年 1 月 5 日按期报出。

明确重点重在落实，抓好部门预算执行。坚持抓大抓早抓难抓落实，重点抓好创新

工程等重大专项经费和大额科研经费执行，严格“三公”经费等敏感性支出管理；制定《中国农业科学院预算单位请款和用款规程》，做好国库集中支付相关工作，在确保资金安全的前提下推进预算执行进展平稳。2014 全院预算执行进度 79.67%。

（4）强化管理规范支出，日常经费管理运行平稳

财务公开积极稳妥推行。配合院务公开，在一定范围内就预算安排及预算执行情况、院机关经费收支情况等实行财务公开，实现资金运作透明，接受群众的监督。

强化管理，规范院本级财务行为。强化内部控制和支出审核、审批程序，保障公共资金安全有效使用；对自查和接受检查中发现的支出票据规范性以及支付合同、批件不完整等会计基础工作问题，及时落实整改，以点带面，狠抓落实，进一步规范了院本级会计基础工作；协助后勤服务局完善了职工购房补贴、职工供暖费和物业管理费报销流程，贯彻不相容岗位分离和制约制度，坚持财权服务事权，做好会计监督，进一步规范管理行为。

加强调研，做好院属京区职工公费医疗管理。开展公费医疗和医疗保险管理相关调研，积极与海淀医政科沟通，了解公费医疗政策和医改趋势，服务广大职工；做好院属京区单位职工公费医疗管理和机关职工医疗费报销等工作；完成院机关医疗费支出情况统计分析报告，为领导决算提供参考。

抓好评审检查，做好基建财务管理。完成全院 6 个单位 12 个基建项目竣工财务决算评审、16 个建设项目竣工财务决算的批复及牧草改良中心项目的财务核查；完成院本级 2 个基建项目竣工财务决算编制和 6 个基建项目竣工财务决算上报，做好本级基建项目日常会计核算和其他财务管理，配合完成新疆基地建设等 3 个项目验收。

完成其他日常性工作。完成比尔·盖茨基金援助等国际合作项目外汇的确认、汇出、结汇等外汇财务管理，办理本级出国购汇等业务；完成 2014—2015 年职工住房公积金核定后续工作；组织院属京区单位银行账户年检工作；完成 2013 年度企业所得税汇算清缴审计鉴证工作；做好第三次经济普查相关工作。

（5）资产管理与政府采购工作进一步加强

进口产品审核申报成效显著。下大力气抓好全院政府采购进口产品审核申报工作，取得显著成效。全院各单位共申报 47 个进口产品项目，申报仪器设备数量共计 766 台/套、采购合计金额逾 3 亿元。

事业单位国有资产产权登记工作顺利完成。完成院本级产权登记申报和全院 34 个事业单位及 3 个挂靠社会团体产权登记材料的审核上报，进一步理顺了我院国有资产产权关系，强化了产权意识，规范了资产管理。该项工作受到农业部好评。

加快推进我院 80 号土地使用权证登记工作，完成农业部、国管局对该宗土地的审核，向北京市国土局海淀分局提交该宗土地使用权证的申请登记，经国土局批复后取得土地使用权证。

全院资产规模继续扩大，资产管理工作进展有序。2013 年全院国有资产保值增值率为 103.65%，科研条件保障能力进一步增强；完成 2014 年新增资产配置预算，严格

按照配置标准，把住资产“入口”；完成全院固定资产处置审核、审批，完善资产处置程序，对大型仪器设备、房屋等资产的处置进行现场核实，对小价值资产的处置进行抽查核实，把住资产“出口”，防止国有资产流失，全院处置各类固定资产457台、套，账面原值近2 000万元；完成院属各单位资产处置自行审批事项备案，汇总院属各单位在授权范围内资产处置账面原值3 700多台（套），账面原值逾5 000万元，上报农业部完成备案；完成院机关固定资产登记及相关工作，做到账账、账实核对，账实清楚、一致。

抓好重点环节，做好政府采购工作。做好政府采购预算编报和补报，2014年全院政府采购采购金额超过9亿元。

其他工作。配合有关部门，完成院在京单位可移动文物普查、《农业部部属事业单位国有资产管理绩效考核暂行办法（征求意见稿）》相关建议报告、培训疗养服务机构调查统计等工作。

（6）多措并举强化监管，内部审计监督效果显著

科研经费监管“组合拳”效果明显。精心设计，探索试点，研究制定了风险预警与防控体系建设规划，并通过具体开展内控体系评估、实施经济责任审计、加强审计结果运用等多项工作举措实现了规划与建设同步，风险预警与防控体系建设已初具成效并发挥了重要作用；宣教先行，重在理念，组织开展“科研经费管理知识50问”答卷活动，参加全院科研经费知识巡回宣讲，有效促进科研经费使用管理知识在全院的普及；创新方式，体现特色，精心组织开展科研经费使用管理情况专项检查，及时发现问题、加强整改，进一步规范了我院重点专项经费和大额科研经费的使用管理，提升科研经费使用的规范性和安全性；以点带面、突出重点，在年内开展的10家单位经济责任审计工作中加大科研经费审计力度，将500万元以上经费的科研项目作为审计重点内容，确定了外拨经费、材料费、创新工程经费使用、科研副产品收入等审计重点环节，及时发现问题、督促整改，查处问题124个，提出建议37条，确保科研经费使用安全规范高效；开展科研经费使用监管专题调研，提升科研经费管理能力和水平。

落实农业部部署，组织完成3次全院专项检查。根据农业部统一部署和要求，先后组织完成我院2013—2014年厉行节约反对浪费制度落实情况专项督查、贯彻执行中央八项规定严肃财经纪律和“小金库”专项治理以及农业科研经费使用管理情况专项检查等活动。通过专项检查，进一步严肃了财经纪律，规范了我院创新工程等重点专项经费和大额科研经费的使用管理。

配合协助审计署完成各项审计。2014年，审计署对我院实施了2013年度预算执行情况及其他财务收支情况审计和财政存量资金审计。我院高度重视并积极配合支持，在审计过程中，全程跟进做好配合协助，及时了解掌握审计情况；在交换审计意见的过程中，帮助各有关单位分析审计证明材料、研究制定及时整改措施；在院领导的高度重视和亲自带领下，与审计署进行沟通、解释和说明有关情况，收到了较好的效果。

加强基建项目和修购项目审计监督，有效防范基建领域资金使用的风险，促进基建

领域规范管理。全年共委托完成院本级基建和修购项目造价审核10项，送审总额1 500多万元，审减率8.6%；完成财务竣工决算审计2项、基建和修购项目造价审核43项，金额总计审计近3亿元；完成财务竣工决算审计63项，审计总额近4亿元。

（7）精心安排扎实推进，财政专项常规管理稳步开展

组织完成2015年修购专项目申报。科学事业单位共获修购项目专项经费支持近2.6亿元，一批急需和重点项目得到中央财政支持；农业事业单位获中央财政支持6个项目，近900万元。

组织完成全院2014年度修购项目资金实施方案编报、批复。遵循院整体规划中关于搭建院级科研创新平台的顶层设计方案，按照“先修后购”的原则，优先支持定位于解决研究所发展瓶颈问题的39个修缮改造项目。全部项目分3批获农业部批复。

大力推进修购项目验收。推进2009—2011年度修购项目验收，完成81个项目验收，资金超3亿元，并同步开展绩效考评；对39个项目进行督导，推动其加快验收准备和报验，涉及资金近2亿元。

有序推进基本科研业务费管理。完成2014年度院本级基本科研业务费项目立项，共资助项目473个、资金1个多亿元，其中增量资金2 800多万元、资助项目45个；组织开展2015年全院基本科研业务费项目评审立项，顶层设计了围绕科技创新工程实施总体要求和院所学科体系布局的具体项目内容设计原则，并具体承办院本级基本科研业务费项目申请、评审、立项等具体事宜。

编制财政专项数据精编和总结报告。整理和编报财政专项部分的数据精编，完成2008年度、2009年度验收总结报告的编辑出版工作。

5. 夯实基础强支撑，全院财务保障能力进一步提升

（1）财务管理制度建设持续推进

制定或修订急需制度，完善财务管理制度体系。根据财政体制改革的要求和我院跨越式发展需要，拟定院财务管理制度体系框架，在此框架指导下，结合实际工作需要，制定印发《中国农业科学院部门决算工作规程》（农科办财〔2014〕9号）等4个制度，修订实施《中国农业科学院内部审计工作规定》（农科办财〔2014〕118号）等2个制度，启动修订《中国农业科学院财务管理办法》等3个制度，进一步完善了院财务管理制度体系。

完善财务局业务流程，规范日常管理行为。参照财务司业务工作规范，组织全面梳理业务工作流程，形成《财务局主要业务工作规范》，进一步规范局内管理、提升工作质量和效率。

（2）财务信息化水平进一步提高

做好全院财务管理信息系统对接升级。结合新科学事业单位会计制度，及时组织对新制度下会计核算科目设置的合理性、科学性等进行反复研究和讨论，实现全院财务管理信息系统无缝对接升级，保证了日常财务管理工作正常有序开展。

研究开发院科研经费监管系统，探索加强科研经费监管。按照院党组工作安排，立

足我院实际，在摸清全院财务核算软件、财务管理软件等应用状况的基础上，研发实现院所两级涉及定期经费监管、专项经费监管、内部控制管理、财务信息公开、预算执行通报等一系列推进科研经费监管工作的全院科研经费监管系统，提升信息化监管水平。经院常务会批准，监管自查系统已在全院范围实施，门户系统于 2015 年初正式运行。系统运行后，将实现全院科研经费监管信息实时传递，经费监管幅度和力度将明显加大，促进全院科研经费使用管理进一步规范化、高效化。

继续提升国有资产信息化管理水平。完成行政事业单位资产管理信息系统升级，做好数据转换和上报，增强了国有资产信息化管理手段；继续在全院推进使用“大型仪器设备共享信息系统”，促进大型仪器设备共享。

进一步开发和强化审计软件功能，提高审计信息化水平。结合风险预警与防控体系建设需要，进一步开发和强化审计软件功能，从提高审计工作质量和效率着手，保障体系发挥应有的作用；从建立审计信息库着手，加强审计信息化工作，为被审计单位建立审计情况电子信息档案库，重点对审计中发现的问题及需要关注的主要内容等进行登记。

组织编制财务基础数据集，及时更新与修订中央财政专项数据精编，夯实财务工作数据基础。

（3）调查研究工作扎实有效

按计划有序做好调查研究工作。组织完成科学事业单位财会制度规范化和我院财务管理制度体系建设等课题研究，开展京区职工公费医疗调研、科研经费监管调研等专题调研，院属各单位结合新会计制度及系列配套经费管理办法的实施开展了相关业务研讨。调研工作扎实开展，有力地推进全院财务管理能力和水平进一步提升。

充分发挥科技经济政策研究中心平台和数据优势，做好数据支撑和保障，及时、准确、有效支撑上级部门相关管理工作顺利开展。数据支撑、课题研究和支撑保障各项工作有序开展；升级改造了部分管理信息系统，丰富和完善了现行系统的已有功能，为上级部门决策提供数据支撑。

（4）财务队伍能力建设进一步加强

做好京区单位财务岗位应届毕业生统一录用和集中实习等工作，进一步充实财会人员队伍。对京区单位财会专业应届毕业生近期的需求情况进行调研，配合完成 2014 年院机关、院属京区单位财务管理岗位公开招聘相关工作；安排财务岗位新入职人员到财务局集中实习，专门成立实习工作小组，分 3 个阶段对新入职人员进行培训，帮助他们快速认识农科院基本情况，熟悉院内办文办事流程，系统了解财务实务工作，及早成为财务系统的中坚力量。

加强培训宣讲，提升财务人员业务水平。把握新科学事业单位会计制度及配套经费管理办法密集出台实施的契机，及时组织开展财会新制度系列培训和科研经费巡回宣讲，举办全院财务与审计培训班。通过培训宣讲，促进了财务制度和科研经费管理知识在全院的普及，提升了财务人员业务水平。

二、2015 年工作思路

2015 年，我院财务管理工作将以党的十八大和十八届三中、四中全会精神为指引，围绕院党组中心工作，积极适应新常态下财政预算从严从紧的新形势，正确认识财务工作转型期的新任务，坚持争取资金和确保安全双轮驱动，加强学习、加强研究、加强交流，做好“十二五”收官和创新工程试点期总结工作，积极谋划“十三五”，探索中期财政规划和滚动预算，进一步提升全院财务支撑保障能力，全力推进我院世界一流农业科研院所建设。

中国农业科学院 2014 年基本建设工作总结

2014 年，基建工作紧紧围绕院工作会议精神，巩固党的群众路线教育实践活动成果，加大规划编制力度，谋划重大项目建设，争取稳定投资支持，推进本级项目圆满收关，着力提升科学管理能力，为建设世界一流院所、实现跨越发展提供了条件支撑。

一、谋全局求发展，院所区总体规划初见成效

以系统谋划和顶层设计为原则，以土地定位明确、功能分区清晰、院所环境和谐、设施条件配套为目标，围绕建设规划重点开展了 3 方面的工作。

一是年初全面部署规划编制工作，覆盖 24 个院属单位（京内 15 个，京外 9 个）编制所区规划 16 项。选取昌平南口、甘肃张掖、江西进贤等 6 个综合（或专业）试验基地做为试点编制基地建设规划。

二是编写完成《中国农业科学院京区土地功能定位方案》（基建请〔2014〕157 号），得到了李家洋院长、陈萌山书记等主要院领导批示。

三是牵头编制完成了中关村院区、马连洼院区、南口基地 3 个规划以及通州院区的概念性规划，其中，中关村院区、马连洼院区 2 个规划通过了院常务会审议，通州院区的规划通过了主管院领导审议。

二、建平台管长远，推进重大建设项目

采取“探索预研、争取立项、稳步推进”的梯次管理方法，围绕重大项目建设重点推进了 3 方面的工作。

一是积极争取基本建设前期费 118 万元，深入开展了国家农业重大气象灾害模拟舱、农业科研大数据中心、农作物表型鉴定设施群 3 个重大项目预研咨询，北京田间科学实验中心、通州院区征地 2 个重大项目建议书编制工作。目前预研和建议书编制工作已基本完成。

二是指导、协助生物所和作科所编报生物技术研究中心项目建议书、国家作物种质库可行性研究报告，专人跟进与农业部、发改委主管部门汇报，与评审中心衔接现场评审，大大加快了重大项目立项评审进程，两个项目均一次通过了农业部基本建设领导小组会审议，正式上报国家发改委。

三是推进在建项目又好又快地实施。作物分子育种国家工程实验室、研究生宿舍楼

2 个项目通过了农业部组织的竣工验收。畜禽改良中心项目，建安工程全部完成，正在进行设备安装调试，累计完成投资 62%。国家口蹄疫参考实验室，结构已封顶，累计完成投资 56%。生物安全高级别实验室，已经全面开展安装工程，累计完成投资 83%。图书馆项目，通过了规划验收，已开展竣工备案和工程结算审计核对，累计完成投资 92%。国家农业生物安全科学中心，已开展工程结算审计核对，累计完成投资 91%。

三、巧沟通促进度，院本级项目结算有突破

2014 年，院本级项目进入了建设项目竣工验收前的结算谈判这个关键时期，为此，我局对不同项目的结算情况进行分析和研究，对有争议、难解决的问题，集思广益，采取切实可行的办法；对重大疑难问题，及时会同院法律顾问磋商研究对策，加强与施工单位的沟通和谈判。同时，重视矛盾纠纷的处理，如妥善处理劳务分包单位催要人工费事宜，有理有据地进行解答，避免矛盾激化。

经过不懈努力，全年开展了 9 项结算审计工作，其中，图书馆项目，施工总承包、弱电和空调工程完成了结算初审，消防报警、绿化工程完成了结算审计；中关村院区排水系统及环境改造项目，完成全部单项工程的结算审计，已通过了农业部组织的竣工验收；马连洼供暖支线改造工程完成了结算审计。

四、争立项保投资，年度投资稳中有升

发挥会议部署、申报培训、集中评审、动态跟踪等综合功效，确保了《农业创新能力条件建设规划（2012—2016）》内的项目落实，年度投资计划落实到位。

2014 年，申报项目可行性研究报告 37 个，获得批复 32 个；申报项目初步设计和概算 26 个，获得批复 25 个，为院属单位的更大发展争取了条件支持。落实年度投资 40 994万元，较 2013 年（36 380万元）增加了 4 614万元，同比增长 12.68%，是“十二五”以来年度下达投资计划最多的一年，为保证项目开工、顺利实施落实了资金支持。其中，重大工程类项目投资 16 000万元，科研用房类项目投资 5 437万元，试验基地类项目投资 5 088万元，学科群实验室项目投资 14 469万元。

五、重检查强培训，提升基本建设管理能力

贯彻落实《农业部直属单位建设项目管理办法》，采取了现场检查和案例解析活动，直观地对项目管理给予指导。

一是组成 5 个专家组，深入 19 个单位检查了 24 个项目，其中，科研用房类项目 10 个、试验基地类项目 12 个、公共配套类项目和学科群实验室项目各 1 个，发现在建设内容变更、财务管理、合同管理、建设进度 4 个方面存在 10 类问题，形成了 24 份检查

事实记录并提出了整改要求，通过电话追踪、现场复查等方式确保问题整改到位、规范管理意识进一步强化。

二是开展 2 次现场案例解析活动，2014 年上半年，以学科群实验室（农业环境重点实验室）为例，深入细致地分析了政府采购进口产品报批的工作流程及注意事项；下半年，以科研用房（兰州牧药所综合实验室）为例，从基建项目全过程投资控制、现代实验室设计理念及发展和实验室布局与建设等角度解析交流。通过培训，参训人员增长了知识、开拓了视野、取得了经验。

三是全院 28 个项目通过竣工验收，其中，特产所综合实验室、兰牧药所综合实验室、质标所二噁英检测实验室等科研用房类项目 7 个；农业科技展示园、新乡基地、新疆基地、棉花所杂交棉综合试验基地等试验基地类项目 17 个；研究生宿舍楼、农业信息技术应用示范等公共配套类项目 2 个；中关村排水系统及环境改造等基础设施类项目 2 个，建成科研用房及科研辅助用房 63 882. 96平方米，改造实验用房 11 967. 45平方米，建成温网室 24 632. 48平方米，购置仪器设备 1 004台（套），为科技创新能力的提升发挥了有力地条件支撑作用。截至 2014 年年底，全院在建项目 57 个，批复总投资 19. 39 亿元，已下达总投资 16. 46 亿元。

科技经济政策研究中心2014年工作概况

在各有关方面和中国农业科学院各级领导的关心支持下，2014年科技经济政策研究中心（以下简称研究中心）围绕自身承担的工作重点，完成了财政科技项目管理信息系统的运行与维护，组织开展科技经济政策相关研究和服务支撑等各项工作。现将工作汇报如下。

一、2014年主要工作

2014年，研究中心顺利完成了承担的财政科技专项经费管理信息系统的运行与维护、数据分析、决策支持、课题研究等工作，研究中心运行平稳。

（一）财政科技专项经费管理信息系统的升级改造，提供数据支撑和技术服务

1. 财政科技专项经费管理信息系统的升级改造工作

一是管理系统升级改造。公益性行业科研专项经费预算管理系统于2007年开发，在系统的用户界面、易用性、系统的安全性、代码的可维护性等方面都有待改进。2014年初启动了该系统的升级改造工作，利用现有的通用项目管理信息系统开发平台，从旧系统中转换系统功能58个、修复漏洞13个、解决技术疑难3个、改良系统性能29项，顺利完成系统的改造工作，并于2014年5月份顺利完成新旧系统的切换，支撑了2014年度公益性行业科研专项经费预算申报工作。新系统运行稳定，界面美观，操作方便，受到用户的好评。

二是做好现有各信息管理系统功能完善工作。在2013年工作的基础上，对《中央级科学事业单位修缮购置专项资金项目管理信息系统》等6个系统进行了功能升级完善工作。重点是增加新功能、改良系统性能，修复漏洞、解决技术疑难问题，提升系统的稳定性、易用性，改善系统界面友好性，并及时解决用户在使用过程中遇到的问题。

2. 做好管理信息系统的数据维护和技术支持工作，保障系统安全运行

完成对《中央级科学事业单位修缮购置专项资金项目管理信息系统》等7个系统的数据维护和技术支持工作，保证各系统运行安全平稳、数据支撑及时准确。各管理信息系统全年登陆次数达到54万余次，圆满完成各项数据的填报、处理和信息发布等工作。

（二）加强运行管理，各项服务保障工作规范有序

1. 完成中心各项委托合同签定工作

完成研究中心 2014 年度委托研究合同以及房屋租赁、网络通信、数据服务等合同的签订，确保研究中心研究工作顺利开展，各项服务保障工作规范有序。

2. 加强制度建设，完善内部管理

根据工作实际，完善了《科技政策中心管理系统团队工作制度》《科技经济政策中心软件系统运行规范与指南》《科技政策中心管理系统团队软件系统研发规范与指南》《科技政策中心管理系统团队数据与报表制作规范》4 项制度，制定了《科技经济政策中心员工手册》和《科技经济政策中心标准业务流程规范》用来规范科技经济政策中心数据部人员的工作制度、服务标准和研发标准。

3. 保障中心正常运行，为上级部门领导提供优质会议服务

完成各项保障和服务工作，确保中心正常运转。召开科技经济政策研究中心 2014 年度系统运行和维护工作研讨会，承接不同规模的工作会议和研讨会，高效、细致、周到的服务工作得到好评。

4. 预算编制严格细致，为正常运转提供经费保障

研究中心年度预算编制工作严格细致，保障研究中心有效运转，确保课题研究、管理信息系统运行与维护等工作顺利开展。

二、2015 年工作重点

（一）进一步加强数据报表制作等基础性工作

依据《科技经济政策中心标准业务流程规范》，加强数据报表制作等基础性工作力度。通过严格业务流程，多角色相互配合互相监督，多角度核对评审等多种手段，保证出具数据统计表的准确性。

加强中心各项管理制度和业务流程的贯彻和落实，保证每一项工作都按照流程规范一丝不苟的进行，以科学标准的流程规范为保障，提高中心的系统研发、数据表出具、客服工作等各项工作的质量和效率，全面提升团队协作能力和管理水平。

（二）开展历史数据的整理与分析

目前研究中心已运行多年，历史数据在逐年增加，为加强对各系统数据的分析利用，2014 年开始对多个系统的历史数据进行校对和整理，形成便于查询和汇总分析的

数据仓库，初步实现历史数据的分析和挖掘。

（三）强化自身管理，维持中心正常运行

进一步加强内部管理，根据工作实际调整中心日常工作部署，保障中心正常运行。

中国农业科学院2014年公共预算财政拨款收入支出决算表

（金额单位：万元）

项目		上年结转和结余	本年收入		本年支出			年末结转和结余
支出功能分类科目编码	科目名称		合计	其中：基本建设资金收入	合计	基本支出小计	项目支出小计	
类 款 项	栏次	1	5	8	9	10	13	15
	合计	81 606.34	279 523.65	40 994.00	273 071.11	81 089.67	191 981.44	88 058.88
202	外交支出	23.36	155.00		17.33		17.33	161.03
20299	其他外交支出	23.36	155.00		17.33		17.33	161.03
2029901	其他外交支出	23.36	155.00		17.33		17.33	161.03
205	教育支出		15.00					15.00
20508	进修及培训		15.00					15.00
2050803	培训支出		15.00					15.00
206	科学技术支出	60 582.40	214 094.61	19 567.00	218 212.18	61 187.09	157 025.08	56 464.84
20602	基础研究	21 799.63	33 924.21	19 567.00	34 711.32	530.01	34 181.31	21 012.52
2060201	机构运行		532.81		530.01	530.01		2.80
2060204	重点实验室及相关设施	16 385.40	26 611.00	19 567.00	22 831.43		22 831.43	20 164.97
2060206	专项基础科研	5 414.23			4 569.49		4 569.49	844.74
2060299	其他基础研究支出		6 780.40		6 780.40		6 780.40	
20603	应用研究	23 073.95	141 515.40		151 110.33	60 657.09	90 453.24	13 479.02
2060301	机构运行	1 407.46	62 652.75		60 657.09	60 657.09		3 403.13
2060302	社会公益研究	21 666.49	78 862.65		90 453.24		90 453.24	10 075.90

（续表）

项目		上年结转和结余	本年收入		本年支出			年末结转和结余
支出功能分类科目编码（类 款 项）	科目名称		合计	其中：基本建设资金收入	合计	基本支出小计	项目支出小计	
	栏次	1	5	8	9	10	13	15
	合计	81 606. 34	279 523. 65	40 994. 00	273 071. 11	81 089. 67	191 981. 44	88 058. 88
20604	技术研究与开发	81. 07	800. 00		803. 38		803. 38	77. 68
2060402	应用技术研究与开发	81. 07			3. 38		3. 38	77. 68
2060403	产业技术研究与开发		800. 00		800. 00		800. 00	
20605	科技条件与服务	14 943. 82	34 975. 00		30 157. 78		30 157. 78	19 761. 04
2060503	科技条件专项	14 022. 65	34 975. 00		29 400. 79		29 400. 79	19 596. 86
2060599	其他科技条件与服务支出	921. 17			756. 99		756. 99	164. 18
20609	科技重大专项	683. 93	2 710. 00		1 429. 37		1 429. 37	1 964. 56
2060901	科技重大专项	683. 93	2 710. 00		1 429. 37		1 429. 37	1 964. 56
20699	其他科学技术支出		170. 00					170. 00
2069999	其他科学技术支出		170. 00					170. 00
207	文化体育与传媒支出	2 090. 90	112. 60		698. 00	112. 60	585. 40	1 505. 50
20701	文化	2 090. 90			585. 40		585. 40	1 505. 50
2070104	图书馆	2 090. 90			585. 40		585. 40	1 505. 50
20705	新闻出版		112. 60		112. 60	112. 60		
2070505	出版发行		112. 60		112. 60	112. 60		
208	社会保障和就业支出		2 706. 40		2 699. 30	2 699. 30		7. 10
20805	行政事业单位离退休		2 706. 40		2 699. 30	2 699. 30		7. 10
2080502	事业单位离退休		2 706. 40		2 699. 30	2 699. 30		7. 10
211	节能环保支出	29. 47	838. 00		801. 80		801. 80	65. 67

（续表）

项目		上年结转和结余	本年收入		本年支出			年末结转和结余
支出功能分类科目编码（类 款 项）	科目名称		合计	其中：基本建设资金收入	合计	基本支出小计	项目支出小计	
	栏次	1	5	8	9	10	13	15
	合计	81 606.34	279 523.65	40 994.00	273 071.11	81 089.67	191 981.44	88 058.88
21104	自然生态保护	29.47	838.00		801.80		801.80	65.67
2110402	农村环境保护	29.47	838.00		801.80		801.80	65.67
213	农林水支出	18 511.45	49 427.20	21 427.00	38 320.02	4 768.20	33 551.83	29 618.63
21301	农业	18 511.45	49 427.20	21 427.00	38 320.02	4 768.20	33 551.83	29 618.63
2130104	事业运行	1 135.49	5 696.02		6 301.69	4 701.42	1 600.27	529.82
2130106	技术推广	4 747.64	15 848.00	11 100.00	8 792.98		8 792.98	11 802.65
2130108	病虫害控制	487.09	8 108.50	7 000.00	2 907.60		2 907.60	5 687.99
2130109	农产品质量安全	604.34	7 526.00		6 710.71		6 710.71	1 419.64
2130110	执法监管	2 529.15	3 541.00	3 164.00	3 446.56		3 446.56	2 623.59
2130111	统计监测与信息服务	422.97	2 272.00		1 982.11		1 982.11	712.86
2130112	农业行业业务管理	122.51	976.00		861.72		861.72	236.79
2130114	对外交流与合作	58.29	1 258.00		1 058.95		1 058.95	257.34
2130124	农业组织化与产业化经营	18.45	30.00		37.16		37.16	11.29
2130126	农村公益事业	25.24	175.00		173.69		173.69	26.55
2130135	农业资源保护与利用	409.19	3 744.00		3 631.09		3 631.09	522.10
2130199	其他农业支出	7 951.08	252.68	163.00	2 415.77	66.77	2 348.99	5 788.00
221	住房保障支出	368.76	12 174.84		12 322.48	12 322.48		221.12
22102	住房改革支出	368.76	12 174.84		12 322.48	12 322.48		221.12
2210201	住房公积金	206.40	8 650.00		8 699.01	8 699.01		157.39
2210202	提租补贴	31.94	544.10		552.63	552.63		23.42
2210203	购房补贴	130.42	2 980.74		3 070.84	3 070.84		40.32

中国农业科学院2014年行政事业类项目收入支出决算表

（金额单位：万元）

支出功能分类科目编码（类/款/项）	科目名称（项目）	资金来源 合计	上年结转和结余 小计	上年结转和结余 其中：财政拨款结转和结余	财政拨款	其他资金	支出数 合计	支出数 财政拨款	支出数 其他资金	年末结转和结余 合计	年末结转和结余 其中：财政拨款结转和结余
	栏次	1	2	3	4	6	7	8	10	13	14
	合计	224 336.22	49 449.37	44 555.40	155 382.45	19 504.40	178 532.69	158 941.17	19 591.53	45 803.53	40 996.69
202	外交支出	178.36	23.36	23.36	155.00		17.33	17.33		161.03	161.03
20299	其他外交支出	178.36	23.36	23.36	155.00		17.33	17.33		161.03	161.03
2029901	其他外交支出	178.36	23.36	23.36	155.00		17.33	17.33		161.03	161.03
205	教育支出	15.00			15.00					15.00	15.00
20508	进修及培训	15.00			15.00					15.00	15.00
2050803	培训支出	15.00			15.00					15.00	15.00
206	科学技术支出	194 704.46	44 520.92	39 690.79	131 342.05	18 841.49	153 969.95	135 060.52	18 909.43	40 734.51	35 972.32
20602	基础研究	18 043.54	3 724.87	3 362.17	13 824.40	494.27	13 552.18	13 099.26	452.92	4 491.36	4 087.32
2060204	重点实验室及相关设施	10 406.17	3 362.17	3 362.17	7 044.00		6 318.86	6 318.86		4 087.32	4 087.32
2060299	其他基础研究支出	7 637.37	362.70		6 780.40	494.27	7 233.32	6 780.40	452.92	404.05	

（续表）

项目		资金来源					支出数			年末结转和结余	
支出功能分类科目编码（类 款 项）	科目名称（项目）	合计	上年结转和结余		财政拨款	其他资金	合计	财政拨款	其他资金	合计	其中：财政拨款结转和结余
			小计	其中：财政拨款结转和结余							
	栏次	1	2	3	4	6	7	8	10	13	14
	合计	224 336. 22	49 449. 37	44 555. 40	155 382. 45	19 504. 40	178 532. 69	158 941. 17	19 591. 53	45 803. 53	40 996. 69
20603	应用研究	113 004. 18	26 133. 92	21 666. 49	78 862. 65	8 007. 62	98 570. 15	90 453. 24	8 116. 90	14 434. 03	10 075. 90
2060302	社会公益研究	113 004. 18	26 133. 92	21 666. 49	78 862. 65	8 007. 62	98 570. 15	90 453. 24	8 116. 90	14 434. 03	10 075. 90
20604	技术研究与开发	881. 07	81. 07	81. 07	800. 00		803. 38	803. 38		77. 68	77. 68
2060402	应用技术研究与开发	81. 07	81. 07	81. 07			3. 38	3. 38		77. 68	77. 68
2060403	产业技术研究与开发	800. 00			800. 00		800. 00	800. 00			
20605	科技条件与服务	48 872. 13	13 897. 13	13 897. 13	34 975. 00		29 275. 27	29 275. 27		19 596. 86	19 596. 86
2060503	科技条件专项	48 872. 13	13 897. 13	13 897. 13	34 975. 00		29 275. 27	29 275. 27		19 596. 86	19 596. 86
20609	科技重大专项	13 733. 54	683. 93	683. 93	2 710. 00	10 339. 61	11 768. 97	1 429. 37	10 339. 61	1 964. 56	1 964. 56
2060901	科技重大专项	13 733. 54	683. 93	683. 93	2 710. 00	10 339. 61	11 768. 97	1 429. 37	10 339. 61	1 964. 56	1 964. 56
20699	其他科学技术支出	170. 00			170. 00					170. 00	170. 00
2069999	其他科学技术支出	170. 00			170. 00					170. 00	170. 00
211	节能环保支出	867. 47	29. 47	29. 47	838. 00		801. 80	801. 80		65. 67	65. 67
21104	自然生态保护	867. 47	29. 47	29. 47	838. 00		801. 80	801. 80		65. 67	65. 67

（续表）

项目		资金来源					支出数			年末结转和结余	
支出功能分类科目编码	科目名称（项目）	合计	上年结转和结余		财政拨款	其他资金	合计	财政拨款	其他资金	合计	其中：财政拨款结转和结余
			小计	其中：财政拨款结转和结余							
类 款 项	栏次	1	2	3	4	6	7	8	10	13	14
	合计	224 336. 22	49 449. 37	44 555. 40	155 382. 45	19 504. 40	178 532. 69	158 941. 17	19 591. 53	45 803. 53	40 996. 69
2110402	农村环境保护	867. 47	29. 47	29. 47	838. 00		801. 80	801. 80		65. 67	65. 67
213	农林水支出	28 570. 94	4 875. 62	4 811. 78	23 032. 40	662. 91	23 743. 61	23 061. 52	682. 09	4 827. 33	4 782. 67
21301	农业	28 570. 94	4 875. 62	4 811. 78	23 032. 40	662. 91	23 743. 61	23 061. 52	682. 09	4 827. 33	4 782. 67
2130104	事业运行	1 882. 28	1 094. 38	1 094. 38	787. 90		1 600. 27	1 600. 27		282. 01	282. 01
2130106	技术推广	6 661. 02	1 913. 02	1 898. 98	4 748. 00		5 456. 61	5 455. 72	0. 89	1 204. 41	1 191. 26
2130108	病虫害控制	1 456. 84	348. 34	348. 34	1 108. 50		1 206. 84	1 206. 84		249. 99	249. 99
2130109	农产品质量安全	7 953. 08	427. 08	427. 08	7 526. 00		6 710. 71	6 710. 71		1 242. 37	1 242. 37
2130110	执法监管	385. 09	8. 09	8. 09	377. 00		318. 55	318. 55		66. 54	66. 54
2130111	统计监测与信息服务	2 694. 97	422. 97	422. 97	2 272. 00		1 982. 11	1 982. 11		712. 86	712. 86
2130112	农业行业业务管理	1 098. 51	122. 51	122. 51	976. 00		861. 72	861. 72		236. 79	236. 79
2130114	对外交流与合作	1 342. 44	58. 29	58. 29	1 258. 00	26. 16	1 085. 10	1 058. 95	26. 16	257. 34	257. 34
2130124	农业组织化与产业化经营	48. 45	18. 45	18. 45	30. 00		37. 16	37. 16		11. 29	11. 29
2130126	农村公益事业	178. 50	3. 50	3. 50	175. 00		168. 40	168. 40		10. 11	10. 11
2130135	农业资源保护与利用	4 153. 19	409. 19	409. 19	3 744. 00		3 631. 09	3 631. 09		522. 10	522. 10
2130199	其他农业支出	716. 56	49. 80		30. 00	636. 76	685. 05	30. 00	655. 05	31. 51	

中国农业科学院 2014 年度中央级科学事业单位修缮购置专项资金项目批复情况

（单位：个、万元）

序号	预算代码	单位名称	专项批复		备注
			数量	金额	
		合计	39	29 075	其中：延续 2013 年项目 19 个，6 380 万元
1	125161001	农业部沼气科学研究所	1	340	
2	125161002	农业部环境保护科研监测所	1	355	其中：延续 2013 年项目 1 个，75 万元
3	125161003	中国农业科学院（本级）	3	1 950	
4	125161004	中国农业科学院研究生院	2	1 245	
5	125161005	中国农业科学院农业经济与发展研究所	1	195	
6	125161008	中国农业科学院农业信息研究所	3	2 665	
7	125161009	中国农业科学院作物科学研究所	1	2 200	其中：延续 2013 年项目 1 个，955 万元
8	125161010	中国农业科学院蔬菜花卉研究所	1	180	
9	125161012	中国农业科学院农业环境与可持续发展研究所	1	470	其中：延续 2013 年项目 1 个，280 万元

（续表）

序号	预算代码	单位名称	专项批复		备注
			数量	金额	
10	125161013	中国农业科学院农业资源与农业区划研究所	2	1 835	其中：延续2013年项目2个，525万元
11	125161014	中国农业科学院植物保护研究所	1	220	
12	125161015	中国农业科学院农产品加工研究所	1	660	其中：延续2013年项目1个，145万元
13	125161016	中国农业科学院棉花研究所	1	1 515	其中：延续2013年项目1个，615万元
14	125161017	中国农业科学院油料作物研究所	1	410	其中：延续2013年项目1个，90万元
15	125161018	中国农业科学院果树研究所	1	255	其中：延续2013年项目1个，125万元
16	125161019	中国农业科学院郑州果树研究所	1	1 120	其中：延续2013年项目2个，475万元
17	125161021	中国农业科学院茶叶研究所	0	445	其中：延续2013年项目1个，445万元
18	125161023	中国农业科学院烟草研究所	3	1 575	
19	125161024	中国农业科学院麻类研究所	1	110	
20	125161028	中国农业科学院北京畜牧兽医研究所	1	750	其中：延续2013年项目1个，380万元

（续表）

序号	预算代码	单位名称	专项批复		备注
			数量	金额	
21	125161029	中国农业科学院蜜蜂研究所	1	270	
22	125161030	中国农业科学院哈尔滨兽医研究所	1	1 805	
23	125161031	中国农业科学院兰州兽医研究所	2	1 765	其中：延续2013年项目2个，970万元
24	125161032	中国农业科学院兰州畜牧与兽药研究所	1	920	其中：延续2013年项目1个，270万元
25	125161033	中国农业科学院草原研究所	1	180	
26	125161034	中国农业科学院特产研究所	1	2 045	其中：延续2013年项目1个，685万元
27	125161035	中国农业科学院上海兽医研究所	1	910	
28	125161036	中国水稻研究所	1	760	
29	125161038	中国农业科学院饲料研究所	1	1 015	其中：延续2013年项目1个，115万元
30	125161039	中国农业科学院生物技术研究所	2	910	其中：延续2013年项目1个，240万元

注：2013年延续项目不重复计入2014年度项目数

中国农业科学院2014年基本科研业务费项目评审情况汇总表

（单位：个、万元）

序号	单位编码	单位名称	2014年合计		其中：增量预算	
			项目数	预算数	项目数	预算数
		合计	506	11 219.65	55	2 852
1	125161002	农业部环境保护科研监测所	15	330	0	0
2	125161003	中国农业科学院（本级）	18	413.4	1	100
3	125161004	中国农业科学院研究生院	11	90	0	0
4	125161005	中国农业科学院农业经济与发展研究所	32	270	1	30
5	125161008	中国农业科学院农业信息研究所	37	295	3	85
6	125161009	中国农业科学院作物科学研究所	14	1 830	10	615
7	125161012	中国农业科学院农业环境与可持续发展研究所	33	687	6	297
8	125161013	中国农业科学院农业资源与农业区划研究所	53	600	2	120
9	125161014	中国农业科学院植物保护研究所	21	720	5	300
10	125161016	中国农业科学院棉花研究所	41	740	2	80
11	125161017	中国农业科学院油料作物研究所	18	655	3	175
12	125161028	中国农业科学院北京畜牧兽医研究所	40	735	5	270
13	125161030	中国农业科学院哈尔滨兽医研究所	32	756	1	30

（续表）

序号	单位编码	单位名称	2014 年合计		其中：增量预算	
			项目数	预算数	项目数	预算数
14	125161032	中国农业科学院兰州畜牧与兽药研究所	43	690	2	60
15	125161033	中国农业科学院草原研究所	31	413.25	0	0
16	125161035	中国农业科学院上海兽医研究所	32	315	0	0
17	125161036	中国水稻研究所	15	1 060	6	340
18	125161039	中国农业科学院生物技术研究所	20	620	8	350

中国农业科学院2014年度国有资产概况

全院2014年末资产共计1 328 443.77万元，其中，流动资产543 528.11万元，长期投资27 657.71万元，固定资产净值377 590.01万元，在建工程370 118.68万元，无形资产净值9 549.26万元。其中，28个单位国有资产总量超过1亿元。

中国农业科学院各项资产比例如下图所示，2014年末资产状况如下表所示。

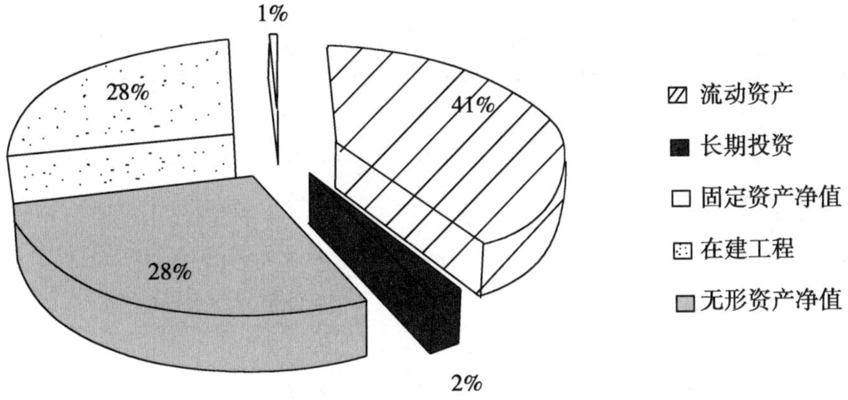

图 中国农业科学院各项资产比例

表 中国农业科学院2014年末资产状况 （单位：万元）

序号	单位名称	资产总额	流动资产	长期投资	固定资产净值	在建工程	无形资产净值	净资产合计
1	合计	1 328 443.77	543 528.11	27 657.71	377 590.01	370 118.68	9 549.26	1 052 548.48
2	农业部沼气科学研究所	6 561.02	2 855.00	135.00	2 447.00	792.81	331.21	5 532.19
3	农业部环境保护科研监测所	15 566.68	8 527.11	25.00	3 698.25	3 304.61	11.72	9 181.36
4	中国农业科学院(本级)	215 137.26	62 764.66	4 000.00	10 387.67	135 860.78	2 124.14	202 474.35
5	中国农业科学院研究生院	16 214.29	6 231.21	140.00	4 815.41	4 979.68	48.00	13 188.05

（续表）

序号	单位名称	资产总额	流动资产	长期投资	固定资产净值	在建工程	无形资产净值	净资产合计
6	中国农业科学院农业经济与发展研究所	5 595.09	5 205.53	0.00	389.56	0.00	0.00	1 915.39
7	中国农业科学院农业质量标准与检测技术研究所	14 401.62	6 622.25	0.00	4 830.38	2 949.00	0.00	9 415.06
8	中国农业科学院农业信息研究所	43 985.67	8 487.20	71.00	31 933.43	3 369.31	124.73	39 003.91
9	中国农业科学院作物科学研究所	81 771.64	39 357.11	276.21	40 210.55	1 484.79	442.99	49 592.26
10	中国农业科学院蔬菜花卉研究所	28 210.20	17 184.09	530.00	9 986.91	509.20	0.00	18 098.25
11	中国农业科学院农业环境与可持续发展研究所	17 644.95	11 759.92	244.38	4 608.15	1 032.35	0.14	8 877.93
12	中国农业科学院农业资源与农业区划研究所	54 304.07	21 969.33	85.00	27 096.11	5 025.68	127.94	40 530.59
13	中国农业科学院植物保护研究所	42 439.26	24 459.58	654.00	6 597.21	10 728.48	0.00	30 489.25
14	中国农业科学院农产品加工研究所	32 875.02	13 639.02	0.00	7 782.82	11 453.17	0.00	22 619.82
15	中国农业科学院棉花研究所	28 874.16	9 571.63	1 120.50	13 763.12	4 161.93	256.99	21 880.33
16	中国农业科学院油料作物研究所	43 960.53	20 218.98	3 029.50	4 115.48	13 048.65	3 547.92	31 775.56
17	中国农业科学院果树研究所	9 958.80	2 940.67	120.00	5 435.14	1 462.98	0.00	7 914.25
18	中国农业科学院郑州果树研究所	15 479.51	7 219.04	131.00	8 126.50	0.00	2.98	9 831.72

（续表）

序号	单位名称	资产总额	流动资产	长期投资	固定资产净值	在建工程	无形资产净值	净资产合计
19	中国农业科学院茶叶研究所	30 691.90	13 863.04	1 016.29	13 381.60	2 346.47	84.50	18 623.41
20	中国农业科学院烟草研究所	28 199.83	18 249.29	203.00	7 160.28	2 251.63	335.62	22 022.92
21	中国农业科学院麻类研究所	9 703.46	5 601.63	42.06	2 172.21	1 066.63	820.93	6 740.21
22	中国农业科学院农田灌溉研究所	11 309.55	3 558.48	62.00	6 899.08	789.99	0.00	9 833.41
23	中国农业科学院北京畜牧兽医研究所	70 291.26	27 454.17	507.00	15 721.68	26 594.96	13.45	58 151.03
24	中国农业科学院蜜蜂研究所	7 461.34	2 504.25	238.00	1 769.09	2 950.00	0.00	6 305.68
25	中国农业科学院哈尔滨兽医研究所	168 840.64	50 076.24	5 680.00	10 081.72	102 989.13	13.54	154 348.09
26	中国农业科学院兰州兽医研究所	97 799.01	56 782.27	2 400.00	27 556.87	11 059.87	0.00	85 706.08
27	中国农业科学院兰州畜牧与兽药研究所	16 785.02	6 403.49	51.00	7 593.15	2 737.38	0.00	13 917.65
28	中国农业科学院草原研究所	15 624.60	4 181.71	489.00	8 567.72	2 347.18	39.00	13 137.91
29	中国农业科学院特产研究所	39 687.44	14 934.31	511.12	14 706.97	8 506.04	1 029.00	28 613.93
30	中国农业科学院上海兽医研究所	28 838.72	6 689.05	750.00	21 387.75	0.00	11.93	23 525.90
31	中国水稻研究所	63 749.70	29 634.96	1 817.65	31 639.94	657.16	0.00	48 059.59
32	农业部南京农业机械化研究所	22 221.24	8 941.47	448.00	10 097.95	2 733.82	0.00	16 321.38
33	中国农业科学院饲料研究所	17 480.17	9 081.94	736.00	5 753.57	1 908.66	0.00	12 483.50

（续表）

序号	单位名称	资产总额	流动资产	长期投资	固定资产净值	在建工程	无形资产净值	净资产合计
34	中国农业科学院生物技术研究所	21 957. 72	12 315. 06	2 075. 00	6 551. 32	1 016. 34	0. 00	9 999. 94
35	中国农业科学技术出版社	4 072. 81	3 760. 26	70. 00	60. 87	0. 00	181. 68	1 974. 67
36	农业部食物与营养发展研究所	749. 56	484. 16	0. 00	264. 55	0. 00	0. 85	462. 91

中国农业科学院2014年度政府采购情况

根据中国农业科学院2014年度《政府采购信息统计报表》，全院2014年采购预算金额108 163.65万元，实际采购金额93 434.59万元。实际采购相对预算的节约资金总额14 729.06万元，总节约率13.61%；货物类节约金额10 304.47万元，节约率25.79%；工程类节约金额3 751.57万元，节约率5.68%；服务类节约金额673.02万元，节约率30.85%。

一、政府采购资金来源

实际采购中财政性资金83 605.67万元，占总采购金额的89.48%；其他资金9 828.92万元，占总采购金额的10.52%。

二、政府采购构成情况

实际采购中货物类采购金额29 642.42万元，占总采购金额的31.73%，工程类采购金额62 284.13万元，占总采购金额的66.66%，服务类采购金额1 508.04万元，占总采购金额的1.61%。

三、政府采购组织形式

实际采购中集中采购金额2 933.75万元，占总采购金额的3.14%，分散采购金额90 500.84万元，占总采购金额的96.86%。

四、政府采购方式

实际采购中公开招标采购金额80 844.46万元，占总采购金额的86.53%，邀请招标采购金额10 339.79万元，竞争性谈判采购金额210.89万元，询价采购金额77.24万元，协议供货采购金额568.77万元，定点采购金额1 393.44万元。

五、政府采购合同授予

实际采购中进口采购金额 18 022. 26万元，国内采购金额 75 412. 33万元，占总采购金额的 80. 71%。

六、节能专项统计

实际采购中节能节水专项同类产品采购金额 668. 87 万元，节能节水采购金额 661. 97 万元，占总采购金额的 98. 96%，非节能节水采购金额 6. 90 万元，占总采购金额的 1. 04%。

七、环保专项统计

实际采购中环保专项同类产品采购金额 2 201. 01万元，环保采购金额 1 954. 97万元，占总采购金额的 88. 82%，非环保采购金额 246. 04 万元，占总采购金额的 11. 18%。

中国农业科学院部门决算工作规程（试行）

农科办财〔2014〕9号

第一章　总　则

第一条　为推进中国农业科学院部门决算（以下简称部门决算）工作的制度化和规范化，提高部门决算编制水平，保证部门决算质量，根据《中华人民共和国预算法》《中华人民共和国会计法》等法律法规，按照《农业部部门决算工作规程（试行）》要求，结合中国农业科学院实际，制定本规程。

第二条　部门决算工作按照“科学、规范、统一、高效”的原则，由财务局负责组织管理。院属单位按照中国农业科学院决算工作总体部署和管理责任组织开展年度决算工作。

第三条　部门决算由院属单位的决算逐级汇总组成，包括院本级和其他院属预算单位的决算。

院本级决算包括院机关、后勤服务中心、（万庄）国际农业高新技术产业园管理委员会、深圳生物育种创新研究院编制的决算；其他院属预算单位决算包括院属研究所、研究生院、中国农业科学技术出版社编制的决算。

第二章　决算工作管理责任

第四条　财务局预算处负责部门决算的布置、培训、会审、报送和批复等组织管理工作。财务局会计处和资产管理处负责部门决算相关数据的审核工作。

第五条　院机关、后勤服务中心、（万庄）国际农业高新技术产业园管理委员会、深圳生物育种创新研究院分别编制本单位决算，并报送财务局审核，由财务局预算处汇总形成院本级部门决算。

第六条　其他院属预算单位负责编制本单位决算，并报送财务局。

第七条　各单位对本单位决算的真实性、完整性、准确性负责。

第三章　决算编制与审核

第八条　院属单位在完成日常会计核算工作的基础上，于每年年度终了，按照相关财务和会计制度进行年终结算。

第九条　院属单位应依据登记完整、核对无误的账簿记录和其他有关资料，按照统一的报表格式和填报要求编制本单位决算报表，做到账实相符、账表相符、表表相符。

第十条　院属单位应按要求编制决算说明，决算说明应反映单位的基本情况、决算分析、问题建议、需要说明的情况及有关依据等。

第十一条　部门决算审核采用人工审核、软件审核、模版审核等方式，审核的主要内容包括：

一、决算材料的齐备性。决算材料包括：以单位正式文件报送的决算报表及各种附表，编制说明等材料。同时报送电子版的数据及说明。

二、决算数据的完整性。决算应反映单位全部收支和资金情况，相关口径与预算批复（含追加调整预算）一致，数据无漏报和重复编报内容。

三、决算数据的合规性和准确性。决算数据应符合国家财经法规和会计制度规定，符合决算编制要求，准确反映会计决算信息。

四、决算数据的一致性。决算报表中当年与上年数据、表间数据、分户数据与汇总数据等应衔接一致。

第十二条　审核未通过的单位，需按要求对决算数据和编制说明进行调整，并在规定期限内重新上报。

第四章　决算会审与报送

第十三条　财务局组织院本级和其他院属预算单位决算会审，将院本级决算和其他院属预算单位决算审核汇总后形成部门决算，并以中国农业科学院文件形式按时报送农业部。

第十四条　财务局根据农业部财务司提出的审核意见，通知有关单位对年度决算进行相应调整，并报农业部财务司审核确定。

第十五条　财务局根据农业部财务司提出的决算审签意见，通知有关单位对年度决算进行相应调整，并将年度决算和调整方案审核汇总后报农业部财务司。

第五章　决算批复

第十六条　财务局根据农业部对我院部门决算的批复，于 15 日内对院属预算单位决算进行批复。

第六章　附　则

第十七条　本规程未尽事宜，按照财政部、农业部和中国农业科学院有关规定执行。

第十八条 我院中央行政事业单位住房改革支出决算、固定资产投资决算参照本规程执行。

第十九条 本规程由财务局负责解释。

第二十条 本规程自发布之日起施行。

中国农业科学院部门决算工作考核暂行办法

农科办财〔2014〕10 号

第一条 为规范和加强中国农业科学院部门决算（以下简称部门决算）管理工作，提高财务信息质量和决算编报质量，根据农业部《农业部部门决算工作考核暂行办法》及有关决算编报要求，结合我院实际情况，制定本办法。

第二条 纳入本办法考核范围的单位，包括院本级和其他院属预算单位。院本级包括院机关、后勤服务中心、（万庄）国际农业高新技术产业园管理委员会、深圳生物育种创新研究院等；其他院属预算单位包括院属研究所、研究生院、中国农业科学技术出版社等。

第三条 中国农业科学院部门决算考核工作由财务局组织实施。

第四条 部门决算工作考核内容包括部门决算报表、附表、编制说明及相应电子介质数据报送的及时性、规范性、真实性、准确性、完整性。

第五条 部门决算工作考核根据考核重点设置指标及分值，每项指标扣至零分为止，总分 100 分。具体考核内容和计分标准详见《中国农业科学院部门决算工作考核评分表》。

考核指标分值为：报送的及时性（10 分）；编报的规范性（10 分）；数据的真实性、准确性、完整性（55 分）；编制说明（25 分）。

第六条 部门决算报送的及时性（10 分）。

单位应在规定期限内编制和报送部门决算报表、附表、编制说明及相应电子介质数据等相关资料。如有决算审签应调整决算的事项，应按规定时间报送调整后的报表和相关材料。

第七条 部门决算编报的规范性（10 分）。

决算资料必须以正式文件上报；单位不得随意增减、更改报表；报表装订规范，不得多页少页；报表封面内容应填列完整、准确，签章齐全。

第八条 部门决算数据的真实性、准确性、完整性（55 分）。

决算填报口径应准确无误；上下年度相关数据衔接一致，如有变动，应详细说明并提供相关文件依据；财政性资金有关指标与财政部年终对账单数据一致；决算表内、表间数据勾稽关系正确，无技术性错误；部门决算数据与其他决算相关数据保持一致；决算填报内容符合预算管理要求；决算数据应与单位财务账目和会计报表等相关数据保持一致；决算纸质报表数据与电子介质数据一致；报表数据填列完整、无漏填漏报。

第九条 决算编制说明（25 分）。

根据决算布置通知要求的格式和内容编写；凡机构人员、会计政策、年初数发生变动等要求说明的特殊事项应逐一说明，如需提供文件依据的，应附相关依据；逻辑性公式、核实性公式报错或审核模板提示问题，须在编制说明中逐条详细说明合理原因，如需提供文件依据的，应附相关依据；根据相关财务指标对部门决算进行数据分析；本单位财务管理、预算执行和决算编报存在的问题及原因分析。

第十条 部门决算工作每年考核一次，考核时间从当年部门决算布置时开始至下一年部门决算布置前为止。按照考核得分高低进行排序，每年评选出30%～50%（其中：一等奖占20%，二等奖占40%，三等奖占40%）的单位予以表彰。具体比例由财务局根据考核得分情况确定。获奖单位可对有关人员进行表彰。

第十一条 本办法由财务局负责解释。

第十二条 本办法自印发之日起实施。

中国农业科学院内部审计工作规定（试行）

农科办财〔2014〕118号

第一章　总　则

第一条　为了加强中国农业科学院（以下简称我院）内部审计监督，维护我院正常经济秩序，保证资金安全、规范及效益，促进廉政建设，保障我院各项事业健康发展，根据《中华人民共和国审计法》《审计署关于内部审计工作的规定》以及《农业部内部审计工作规定》，结合我院实际情况，制定本规定。

第二条　内部审计是一种独立、客观的确认和咨询活动，它通过运用系统、规范的方法，审查和评价本单位的业务活动、内部控制和风险管理的适当性和有效性，以促进完善管理、增加价值和实现目标。

第三条　我院实行内部审计监督制度。院属各单位应当建立健全内部审计制度。院属各单位包括：研究所、研究生院、社会团体、院办企业和院控股（或占主导地位）企业。

第四条　院及院属各单位可以根据需要设立内部审计机构（以下简称内审机构），配备内部审计人员（以下简称内审人员）；有内部审计工作需要但不具有设置独立的内审机构条件的单位，可以授权本单位内设机构履行内部审计职责。

第五条　内审机构在本单位主要负责人的领导下开展工作，在本单位赋予的职权范围内开展审计监督。

第六条　内审机构每年应当向本单位主要负责人提交内部审计工作报告。

第七条　内审机构独立行使审计监督权，不受单位其他部门和个人的干涉。

第八条　内审机构和内审人员办理审计事项，应当坚持客观公正、实事求是、廉洁奉公、保守秘密的原则。

第二章　内审机构和人员

第九条　我院设立审计处，隶属于院财务局，负责管理全院内部审计工作。

第十条　院属各单位设立的内审机构和开展的内部审计工作，接受院财务局审计处的业务指导和监督。

第十一条　内审机构履行职责所必需的经费，按程序列入本单位预算。

第十二条 内审人员应当具备与其从事的审计工作相适应的专业知识和业务能力。

内审人员实行审计专业技术资格制度和后续教育制度，所在单位应当予以支持和保障。

第十三条 内审人员办理审计事项，与被审计单位或者审计事项有利害关系的，应当回避。

第十四条 内审人员依法依规履行职责。任何院属单位和个人不得拒绝、阻碍内审人员依法实施审计，不得打击报复内审人员。

院内审机构负责人的任免按照干部管理权限履行相关程序。院属各单位内审机构负责人的任免，应当事先征求院财务局的意见。

第三章 内审机构职责

第十五条 内审机构应当遵守内部审计准则、规定。

第十六条 我院内审机构（院财务局审计处）的主要职责是：

（一）研究拟定内部审计制度；

（二）负责组织实施对院及院属各单位的财务收支审计、预算执行情况审计、绩效审计、专项经费审计等；

（三）负责组织实施对院属各单位主要负责人的经济责任审计；

（四）负责评价院及院属各单位内控制度体系建设及执行情况，开展风险评估及预警；

（五）负责全院基本建设项目和修购项目审计监督；

（六）负责监督执行国家审计机关和上级审计部门审计决定；

（七）指导院属各单位内部审计工作，组织开展培训；

（八）根据有关部门的规定和授权，开展其他内部审计工作；

（九）负责承担委托审计业务的专业性机构遴选与监管；

（十）完成领导交办的其他工作。

第十七条 院属各单位内审机构或履行内部审计职责的其他机构的主要职责是：

（一）研究拟订内部审计实施办法或细则；

（二）负责开展本单位及所属单位财务收支审计、预算执行情况审计、绩效审计、专项经费审计等；

（三）负责组织实施所属单位负责人经济责任审计；

（四）负责评价本单位及所属单位内控制度体系建设及执行情况，开展风险评估及预警；

（五）负责本单位基本建设项目和修购项目审计监督；

（六）负责监督执行国家审计机关和上级审计部门审计决定；

（七）完成上级单位交办的审计事项。

第四章　内审机构权限

第十八条　内审机构在实施审计期间有权要求被审计单位按照内审机构的规定提供预算或者财务收支计划、预算执行情况、决算、财务会计报告，运用电子计算机储存、处理的财务收支电子数据和必要的电子计算机技术文档，在金融机构开立账户的情况，社会审计机构出具的审计报告，以及其他与财务收支有关的资料，被审计单位不得拒绝、拖延、谎报。

被审计单位负责人对本单位提供的财务会计资料的真实性和完整性负责并作出书面承诺。

第十九条　内审机构进行审计时，有权检查被审计单位的会计凭证、会计账簿、财务会计报告和运用电子计算机管理财务收支电子数据的系统，以及其他与财务收支有关的资料和资产，被审计单位不得拒绝。

第二十条　内审机构进行审计时，有权就审计事项的有关问题向相关单位和个人进行调查，并取得证明材料。相关单位和个人应当支持、协助内审机构工作，如实向内审机构反映情况，提供证明材料。

第二十一条　内审机构进行审计时，被审计单位不得转移、隐匿、篡改、毁弃会计凭证、会计账簿、财务会计报告以及其他与财务收支有关的资料，不得转移、隐匿所持有的违反国家规定取得的资产。

内审机构对被审计单位违反前款规定的行为，有权予以制止；必要时，应及时向单位主要负责人报告，经单位主要负责人批准，有权予以暂时封存，并提出追究有关人员责任的建议。

内审机构对被审计单位正在进行的违反国家规定的财务收支行为，有权予以制止。

第二十二条　内审机构可以根据要求向上级主管单位和本单位有关部门报送审计结果。

第二十三条　内审机构履行审计职责，可以提请人事、纪检、监察等部门予以协助。

第五章　审计程序

第二十四条　内审机构根据审计项目计划确定的审计事项组成审计组，并在实施审计 3 日前，向被审计单位送达审计通知书。遇有特殊情况，经本单位主要负责人批准，内审机构可以直接持审计通知书实施审计。

被审计单位应当配合审计工作，并提供必要的工作条件。

第二十五条　内审人员通过审查会计凭证、会计账簿、财务会计报告，查阅与审计事项有关的文件、资料，检查现金、实物、有价证券，向有关单位和个人调查等方式进行审计，并取得证明材料。

第二十六条 审计组对审计事项实施审计后，应当向内审机构提出审计组的审计报告。审计组的审计报告报送内审机构前，应当征求被审计对象的意见。被审计对象应当自接到审计组的审计报告之日起十日内，将其书面意见送交审计组。审计组应当将被审计对象的书面意见一并报送内审机构。

第二十七条 内审机构对审计组的审计报告进行审议，并就被审计对象对审计报告提出的意见一并研究后，提出内审机构的审计报告及审计决定（被审计单位存在第三十条、三十一条、三十二条所列行为时出具审计决定），经所在部门负责人及单位主要负责人审定后（无分管部门则直接由单位主要负责人审定），印发给被审计单位及相关部门。

第二十八条 被审计单位必须执行审计决定。对审计决定如有异议，可在收到审计决定 10 日内，向内审机构所属单位领导提出申诉。申诉期间审计决定照常执行。内审机构所属单位领导应在收到申诉之日起 30 日内做出处理。

第二十九条 内审机构应该按照国家有关规定建立、健全审计档案。

第六章 违规责任

第三十条 被审计单位违反《中华人民共和国审计法》和本规定，拒绝、拖延提供与审计事项有关的资料，或者提供的资料不真实、不完整，或者拒绝、阻碍检查的，由内审机构责令改正，必要时通报批评；情节严重的，提出对直接负责的主管人员和其他直接责任人员给予处分的建议。

第三十一条 被审计单位违反《中华人民共和国审计法》和本规定，转移、隐匿、篡改、毁弃会计凭证、会计账簿、财务会计报告以及其他与财政收支、财务收支有关的资料，或者转移、隐匿所持有的违反国家规定取得的资产，内审机构可以提出对直接负责的主管人员和其他直接责任人员给予处分的建议；构成犯罪的，移送相关部门处理。

第三十二条 被审计单位的财务收支违反国家法律法规，内审机构认为对直接负责的主管人员和其他直接责任人员应当给予处分的，可以提出给予处分的建议；构成犯罪的，移送相关部门处理。

第三十三条 内审机构提出对以上第三十条、三十一条、三十二条所列行为直接负责的主管人员和其他直接责任人员给予处分的建议后，经单位主要负责人批准，交由院或被审计单位纪检监察部门处理。纪检监察部门应将处理结果反馈内审机构。

第三十四条 被审计单位应在规定的时限内对审计报告中揭示的问题进行整改并将整改情况书面报告内审机构。内审机构应监督检查整改落实情况。

被审计单位未按要求进行审计整改的，内审机构应责令限期完成；逾期仍不进行整改的，可以通报批评；也可以提出对相关责任人的处理建议，并依照第三十三条之规定办理。

第三十五条　内审人员滥用职权、徇私舞弊、玩忽职守，或者泄露所知悉的国家秘密、单位秘密的，依法给予处分，调离审计岗位；构成犯罪的，依法追究刑事责任。

第七章　附　则

第三十六条　本规定由院财务局负责解释。

第三十七条　本规定自印发之日起执行。原《中国农业科学院内部审计工作规定》（农科院监审〔2004〕111 号）同时废止。

中国农业科学院院属单位主要领导干部经济责任审计规定

农科办财〔2014〕125号

第一章　总　则

第一条　为健全和完善经济责任审计制度，加强对中国农业科学院（以下简称我院）院属单位（包含研究所、研究生院、社会团体、院办企业和院控股或占主导地位的企业，以下简称院属单位）主要领导干部（以下简称领导干部）的管理监督，推进党风廉政建设，根据《中华人民共和国审计法》《党政主要领导干部和国有企业领导人员经济责任审计规定》《农业部所属单位主要领导干部经济责任审计规定》和其他有关法律法规，以及干部管理监督的有关规定，结合我院实际情况，制定本规定。

第二条　院属单位主要领导干部经济责任审计的对象包括：

（一）我院所属研究所、研究生院、社会团体的正职领导干部（法人代表），或主持工作1年以上的副职领导干部；上级领导干部兼任单位的正职领导干部，且不实际履行经济责任时，实际负责本单位的常务副职领导干部；

（二）我院院办企业和我院控股或占主导地位的企业的法定代表人。

第三条　本办法所称经济责任，是指领导干部在任职期间因其所任职务，依法对本单位的财务收支以及有关经济活动应当履行的职责、义务。

第四条　领导干部履行经济责任的情况，应当依法接受审计监督。根据干部管理监督的需要，可以在领导干部任职期间进行任中经济责任审计，也可以在领导干部不再担任所任职务时进行离任经济责任审计。一般情况下，领导干部任期届满时实施的经济责任审计和离任审计应该在任期届满或离任前提前安排。

第五条　院属单位半年内接受过经济责任审计的，其领导干部不再担任所任职务时，无特殊情况不再进行离任经济责任审计。

第六条　领导干部经济责任审计，按干部管理权限，实行院所分级负责的审计制度。根据《农业部所属单位主要领导干部经济责任审计规定》（农党组发〔2011〕71号），院属单位主要领导干部经济责任审计，由农业部委托我院实施。

第二章　审计机构、审计人员和审计经费

第七条　院属单位领导干部经济责任审计由院内审机构（财务局审计处）承担，相应履行下列职责：

（一）研究制定经济责任审计的有关规章制度；

（二）组织实施对院属单位领导干部的经济责任审计；

（三）对院属单位审计整改情况进行督促、检查、跟踪审计；

（四）对院属单位组织实施的领导干部经济责任审计工作进行指导和监督；

（五）受院党组直接或间接委派，可直接对院属单位的所属单位领导干部进行经济责任审计；

（六）负责监督和评价委托承担经济责任审计业务的社会机构和人员的工作质量。

第八条　审计人员办理领导干部经济责任审计事项，要依照国家有关法律、法规，坚持客观公正、实事求是、廉洁奉公和保守秘密的原则。

第九条　院内审机构依法独立实施经济责任审计，任何院属单位和个人不得拒绝、阻碍和干涉，不得打击报复审计人员。

第十条　实施领导干部经济责任审计所需经费，按程序列入本单位预算。

第三章　审计内容

第十一条　经济责任审计应当以促进领导干部推动本单位科学发展为目标，以领导干部守法、守纪、守规、尽责情况为重点，以领导干部任职期间本单位财务收支以及有关经济活动的真实、合法和效益为基础，严格依法界定审计内容。

第十二条　院属事业单位和社会团体领导干部经济责任审计的主要内容是：

（一）本单位预算执行及其他财务收支的真实、合法和效益情况；

（二）重要投资项目的建设和管理情况；

（三）内部控制制度的建立和执行情况；

（四）科研项目（课题）开展和管理情况；

（五）对下属单位财务收支以及有关经济活动的管理和监督情况；

（六）国有资产保值增值情况和其他经济目标完成情况；

（七）对以前审计发现问题的整改落实情况；

（八）其他需要审计监督的事项。

第十三条　院办企业和院控股或占主导地位的企业领导人员经济责任审计的主要内容是：

（一）本企业财务收支的真实、合法和效益情况；

（二）有关内部控制制度的建立和执行情况；

（三）履行院国有资产出资人经济管理和监督职责情况；

（四）对控股企业的管理和投资收益情况；

（五）国有资产保值增值情况和其他经济目标完成情况；

（六）对以前审计发现问题的整改落实情况；

（七）其他需要审计监督的事项。

第十四条 在审计以上主要内容时，应当关注领导干部在履行经济责任过程中的下列情况：贯彻落实科学发展观，推动本单位科学发展情况；遵守有关经济法律法规、贯彻执行党和国家有关经济工作的方针政策和决策部署情况；制定和执行重大经济决策情况；与领导干部履行经济责任有关的管理、决策等活动的经济效益和社会效益情况；遵守有关廉洁从政（从业）规定情况等。

第四章 审计实施

第十五条 院属单位领导干部经济责任审计，一般情况下，在被审计领导干部任期届满或离任前至少3个月，院党组直接或间接委派院财务局组织开展审计，财务局应在3个月的时间内完成经济责任审计工作，特殊情况下可适当延长审计时间。在被审计领导干部已经离任的情况或其他情况下，由院党组直接或间接委派财务局组织开展审计。

第十六条 院财务局接到审计通知后组成审计组并实施审计。

第十七条 审计组应于实施审计3日前，向被审计领导干部及其所在单位或者原任职单位（以下简称所在单位）送达审计通知书。遇有特殊情况，经有关院领导批准，可以直接持审计通知书实施经济责任审计。

第十八条 审计组在实施经济责任审计时，应当召开有审计组主要成员、被审计领导干部及其所在单位有关人员参加的审计见面会，安排审计工作有关事项。院人事局根据工作需要可以派人参加。

实施经济责任审计，应当进行审前公告。

第十九条 审计组在经济责任审计过程中，应当听取院党组、院领导班子和被审计领导干部所在单位有关领导同志，以及人事局、监察局的意见。

第二十条 审计组在进行经济责任审计时，被审计领导干部及其所在单位以及其他有关单位应当提供与经济责任审计相关的资料，包括：

（一）财务收支相关资料；

（二）内部管理制度、工作计划、工作总结、会议记录、会议纪要、经济合同、考核检查结果、业务档案等资料；

（三）被审计领导干部履行经济责任情况的述职报告；

（四）其他有关资料。

第二十一条 被审计领导干部及其所在单位应当对所提供资料的真实性、完整性负责，并作出书面承诺。

第二十二条 审计组在实施审计过程中，被审计领导干部及其所在单位以及其他有关单位应当予以配合。

第二十三条 审计组实施审计后，应当将审计组的审计报告书面征求被审计领导干部及其所在单位的意见。根据工作需要，可以征求院党组、院领导班子有关成员，以及人事局、监察局的意见。

被审计领导干部及其所在单位应当自接到审计组的审计报告之日起 10 日内提出书面意见；10 日内未提出书面意见的，视同无异议。

第二十四条 院内审机构负责审议审计组的经济责任审计报告，经主管院领导批准，以院办公室文件形式出具经济责任审计报告和审计结果报告。

第二十五条 院内审机构应将经济责任审计报告送达被审计领导干部及其所在单位。审计结果报告报送院领导，抄送农业部财务司以及院人事局、监察局。

第二十六条 院内审机构实施审计时，如有需要移交人事局、监察局等有关部门继续查实的问题，应形成专题报告送交有关部门。

第二十七条 被审计领导干部及其所在单位对审计意见和处罚决定不服的，可在收到审计报告 30 日内向中国农业科学院书面申请复议。复议期间，处理、处罚决定照常执行。

第五章 审计评价与结果运用

第二十八条 院内审机构应当根据审计查证或者认定的事实，依照法律法规、有关规定和政策，结合责任制考核目标及行业标准，在法定职权范围内，对被审计领导干部履行经济责任情况作出客观公正、实事求是的评价。审计评价应与审计内容相统一，评价结论应当有充分的审计证据支持。

第二十九条 院内审机构对被审计领导干部履行经济责任过程中存在问题所应当承担的直接责任、主管责任、领导责任，应当区别不同情况作出界定。

第三十条 本办法所称直接责任，是指领导干部对履行经济责任过程中的下列行为应当承担的责任：

（一）直接违反法律法规、国家有关规定和单位内部管理规定的行为；

（二）授意、指使、强令、纵容、包庇下属人员违反法律法规、国家有关规定和单位内部管理规定的行为；

（三）未经民主决策、相关会议讨论而直接决定、批准、组织实施重大经济事项，并造成重大经济损失浪费、国有资产（资金、资源）流失等严重后果的行为；

（四）主持相关会议讨论或者以其他方式研究，但是在多数人不同意的情况下直接决定、批准、组织实施重大经济事项，由于决策不当或者决策失误造成重大经济损失浪费、国有资产（资金、资源）流失等严重后果的行为；

（五）其他应当承担直接责任的行为。

第三十一条 本办法所称主管责任，是指领导干部对履行经济责任过程中的下列行为应当承担的责任：

（一）除直接责任外，领导干部对其直接分管的工作不履行或者不正确履行经济责任的行为；

（二）主持相关会议讨论或者以其他方式研究，并且在多数人同意的情况下决定、批准、组织实施重大经济事项，由于决策不当或者决策失误造成重大经济损失浪费、国有资产（资金、资源）流失等严重后果的行为。

第三十二条 本办法所称领导责任，是指除直接责任和主管责任外，领导干部对其不履行或者不正确履行经济责任的其他行为应当承担的责任。

第三十三条 被审计单位应当将经济责任审计报告在中层以上干部范围予以通报，积极整改审计提出的问题，认真落实审计提出建议，并于接到审计报告起90日内，将有关审计事项的整改落实情况以书面形式上报。院财务局负责对审计整改情况进行督促检查。审计整改情况列入研究所评价指标体系。

第三十四条 领导干部经济责任审计结果，作为被审计领导干部所在单位领导班子换届考核依据；作为考核、任免、奖惩被审计领导干部的重要依据。经济责任审计结果报告应当归入被审计领导干部本人档案。

第三十五条 经审计确认领导干部任职期间有严重违反国家规定的财务收支行为的，院财务局应在职权范围内作出审计决定，可以按照国家有关法律、法规规定提出处分建议，报主管领导批准后，交由院人事局或监察局处理；应当追究刑事责任的，移送相关部门处理。

第六章 附 则

第三十六条 院可建立由财务局、人事局、监察局等相关部门组成的联席会议制度，交流、通报领导干部经济责任审计情况，研究解决领导干部经济责任审计中的有关问题。

第三十七条 审计机构和审计人员、被审计领导干部及其所在单位，以及其他有关单位和个人在经济责任审计中的职责、权限、责任等，本规定未作规定的，依照《中华人民共和国审计法》等法律法规和《中国农业科学院内部审计工作规定（试行）》（农科办财〔2014〕118号）的有关规定执行。

第三十八条 院属单位对下属单位领导干部实施经济责任审计，可以参照执行，也可以根据本规定制定本单位领导干部经济责任审计实施细则，报院财务局备案。

第三十九条 本规定由院财务局负责解释。

第四十条 本规定自印发之日起施行。原《中国农业科学院所长任期经济责任审计规定》（农科院监审〔2004〕128号）同时废止。

中国农业科学院院区规划建设管理办法

第一章　总　则

第一条　为提高我院院区规划建设科学化、规范化水平，依据《农业部直属单位建设项目管理办法》及有关法律、法规，制定本办法。

第二条　本办法所称院区包括中关村院区、马连洼院区和通州院区（筹建中）。

第三条　本办法适用于院区内实施的各类资金支持的建设内容，包括建筑物或构筑物新建、扩建、翻建，建筑物或构筑物外立面装饰改造，以及室外水、电、气等基础设施改造与建设等。

第四条　基本建设局是院区规划建设的归口管理部门，负责院区功能定位研究、建设总体规划编制、建设项目规划选址审核、建设项目方案审核和建设规划基础信息管理等。院相关部门依据职能分工，配合支持院区规划建设工作。

第二章　规划编制

第五条　开展院区功能定位研究。依据我院职能定位与发展目标，统筹研究京区土地利用总体方案，提出各院区的功能定位，近期与长期发展建设思路，明确工作保障机制等。

第六条　院区建设总体规划编制。根据我院总体发展规划，结合北京市及所在区域城市规划，编制院区建设总体规划和基础设施规划，规划期限原则上与北京市及所在区域城市规划一致。规划期限结束或我院发展战略重大调整，应重新编制院区建设总体规划和基础设施规划。

第七条　院区建设总体规划的作用。院区建设总体规划通过院常务会审定后，作为规划期限内院区建设的重要依据。原则上院区内实施的建设内容必须符合规划要求，如遇特殊情况需对总体规划进行调整的，应充分论证后报请院常务会审定。

第三章　建设管理

第八条　建设项目选址审核。依据院区建设总体规划和基础设施规划，基本建设局对新建建筑进行选址审核，符合规划的以农科基建文件批复选址，并同意项目建设单位办理建设项目选址意见书（规划条件），批复文件抄送北京市规划委员会。

第九条 建设项目方案审核。在实施第三条所列的建设内容之前，建设单位或部门应编制项目建设方案，基本建设局依据院区建设总体规划和基础设施规划进行审核，符合规划的以农科办基建文件批复并监督执行，同时抄送院区后勤管理部门或单位。

第十条 材料要求与审核程序。建设单位或部门应以请示文件向院报送建设项目选址或建设项目方案，其中项目选址应说明新建建筑物的主要建设目标、规模及用途等，并附院区后勤管理部门或单位意见（主要是水、电、气等接入意见）及拟选址示意图。

建设项目方案应说明拟采取的主要技术方案，其中新建和扩建建筑需附建筑平面图、立面图、剖面图和建筑效果图；外立面装饰改造需附立面图和建筑效果图；基础设施改造与建设需附平面图，及院区后勤管理部门或单位意见。

第十一条 建设规划基础信息管理。各建设单位或部门在完成建设或改造后3个月内，应将建设项目竣工图中与建设方案相关的图纸等技术资料复制1份报基本建设局备案。基本建设局负责定期更新维护院区规划建设基础信息数据，并逐步实现基础数据全院共享，院区各单位可根据需要查询。

第四章 监督检查

第十二条 院区土地使用权归中国农业科学院所有，任何单位或部门未经院同意不得进行建设，凡未履行选址或建设方案审核的建设均为违章建设，其建设内容均为违章建筑或设施。

第十三条 院区后勤管理部门或相关单位应加大日常巡查力度，坚决制止和纠正违章建设，严禁私搭乱建，对于拒不纠正违章建设的单位或部门，提交院区综合管理委员会予以查处；同时，积极创造条件逐步拆除历史遗留的违章建筑。

第五章 附 则

第十四条 院属各单位可根据本办法的规定及职能分工，制定本单位的实施细则。

第十五条 本办法由基本建设局负责解释。

第十六条 本办法自发布之日起施行，2011年5月16日印发的《中国农业科学院院部大院建设规划和基础设施管理办法》（农科办基建〔2011〕87号）同时废止。

进一步贯彻农业部直属单位建设项目管理办法的指导意见

一、关于规划编制

1. 院属各单位应立足职能定位、紧密结合学科发展需求，编制本单位中长期能力条件建设规划，规划期限一般为10年，实行滚动调整机制，即每5年修订调整；规划范围涵盖院区及试验基地（试验站等），建设规划应包括所有资金支持的建设与改造内容。

在充分考虑研究所能力条件建设需求的基础上，由院基本建设局牵头，编制中国农业科学院能力条件建设规划，并报部审定。

2. 院属各单位应对有独立院区，且有建设任务的所区和试验基地，开展院区建设总体规划。建设总体规划是项目选址和方案设计的重要依据，项目申报时需完成建设总体规划编制，并得到部、院和地方规划部门认可。

二、关于投资计划编制

1. 以土建工程为主要建设内容的新建项目，若当年可以取得初步设计批复、次年可以完成开工前准备工作或开工的项目，在申请次年投资时，可以申请项目前期工作费或部分工程款。

2. 以土建工程为主要建设内容的续建项目，若当年具备开工条件或已开工、次年可以开展工程竣工结算的项目，在申请次年投资时，可以申请土建工程结算前所需的建设投资以及仪器设备投资。若当年正在建设、次年可以竣工的项目，在申请次年投资时，可以申请全部剩余投资。

3. 单纯购置项目，若当年可以取得初步设计批复，在申请次年投资时，原则上一次性申请全部投资。

三、关于招标文件技术审核

1. 审核范围：对施工总承包资格预审及招标文件进行技术审核，重点审核内容如下：

（1）招标方式与立项批复招标方式的符合性；
（2）招标内容与初步设计及概算批复的符合性；
（3）投标单位资质要求的合规性；
（4）招标文件获取及递交时间的合规性；
（5）资格审查程序和条件的合规性；
（6）投标保证金、履约保证金约定的合理性；
（7）工期要求的合规性；
（8）评标办法、评分标准的合理性；
（9）废标条件的合规性；
（10）评委会组成的合规性；
（11）安全生产和文明施工等措施费用是否单独列出；
（12）变更、计量、材料及人工费调整、违约、结算审计等约定是否明确，是否合规。

审核范围以外的内容包括但不限于工程量清单、施工图纸、技术规范等由项目单位自行审查。

2. 资料提交与审核时限

项目单位提交电子版招标文件并发送至基本建设局项目管理处公共邮箱（xmgl@caas. cn），5 个工作日内完成审核。

四、关于招标结果报备

项目立项批复公开招标范围内的招标内容均应按照规定时限以研究所红头文件向院基建局报备；院本级承担项目公开招标的评标情况向农业部发展计划司报备。

五、关于项目竣工验收

1. 院属单位承担农业部审批立项的中央投资 3 000万元以下的基本建设项目由院基本建设局负责组织项目竣工验收。

2. 院属单位在申报项目竣工验收前需完成项目初验。项目初验由项目建设单位组织进行，对项目管理、质量、投资、效益、功能及目标实现情况等进行全面的验收总结，要求形成初验表（附件 1）。项目初验合格是申报项目竣工验收的前提条件。未进行项目初验或项目初验不合格的项目不得申请项目竣工验收。

项目初验小组可由项目建设单位参与项目管理的人员组成，也可以聘请财务、造价、工程、仪器设备等专业且具备高级职称的人员构成。

3. 验收总结报告的内容要求：总结报告的主要内容包括项目建设总体完成情况、项目资金到位及使用情况、项目变更情况、项目质量情况、法律法规执行情况、档案资料情况、竣工决算情况、运行管理情况、项目建设成效、有关问题及建议等。

总结报告附件主要内容包括：项目立项及初步设计批复文件、投资计划文件、地方行政许可审批及工程竣工验收、备案文件、项目初步设计批复与实际完成情况对照表（附件 2），项目财务决算及决算审计报告、项目档案总目录等。

六、关于项目档案管理

1. 从项目的提出到项目建设、项目验收全过程中形成的具有保存、查考利用价值的各种载体的文件材料，均应收集齐全，归入项目档案。

2. 按照《农业部直属单位建设项目管理办法》要求，由我院负责组织验收的基建项目文件资料的收集、整理、归档执行《建设工程文件归档整理规范》（GB/T 50328—2001），增加项目建设法人负责制文件、科研仪器设备购置及安装调试等文件，其资料的收集范围及保管期限见附件 3，其整理归档方法同《建设工程文件归档整理规范》（GB/T 50328—2001）。

3. 项目管理团队应配备项目档案管理人员，负责招标文件、合同、协议等文件中有关文件材料的质量、数量、种类、费用承担、移交时限、移交方式等约定条款的议定、审核；负责项目建设全过程文件材料的运转、收集、保管、整理、归档，并达到项目竣工验收的要求。

4. 在签订项目咨询、招标代理、勘察、设计、施工、监理及货物采购等合同、协议时，应设立专门条款，明确项目文件资料的形成、整理、归档、复核、移交、费用承担等责任。

七、关于项目管理信息系统填报

项目建设单位在农业建设项目管理信息系统及院基本建设项目管理信息系统上填报项目申报、实施、验收情况，院基本建设局据此核发农业部农业建设项目竣工验收合格证书。

八、关于信息公开

凡不涉及国家安全和国家秘密、法律法规未禁止公开的部属单位项目，执行农业部的相关规定。

附件：1. 农业基本建设项目竣工初验表（格式）
2. 农业建设项目初步设计批复与实际完成情况对照表（格式）
3. 仪器设备、项目法人负责制文件档案归档范围及保存期限（格式）

附件 1

农业基本建设项目竣工初验表

项 目 名 称：______________________

建设单位名称：______________________

填 报 时 间：____年____月____日

中华人民共和国农业部制

一、项目基本情况表

建设项目名称：			
建设单位：			
建设单位法定代表人：	电话：		
建设单位联系地址：	邮编：		
项目立项审批文号、时间：			
初步设计审批部门、文号、时间：			
竣工初验专家组组长：	单位：	职务：	电话：

二、建设内容完成情况

批复建设地点：
实际建设地点：
批复建设期限： 实际建设期限①：
初步设计（或可研或资金申请报告）批复的建设内容及规模②：
完成的建设内容及规模：
未完成的建设内容及规模：
变更③：
履行基本建设程序情况：
竣工初验专家组评价： 专家签字：

① 从初步设计批复之日至最后完成的批复内容通过验收之日；

② 没有编制初步设计的按项目最后得到的批复文件填报；对合并简化程序批复的建设项目按计划下达建设内容填报；

③ 指《农业部直属单位建设项目管理办法》第三十六条中所列内容

三、建设项目管理情况

设计	初步设计编制单位：	资质：
	设计范围和内容是否完整：	
	设计是否规范：	
	初步设计对可研批复的调整是否符合规定：	
施工承包	土建工程①单位：	资质：
	田间工程单位：	资质：
	建安工程设备安装单位：	资质：
	有无工程肢解发包、转包、违法发包问题：	
建设质量②	建筑工程验收评定结果：	
	田间工程验收评定结果：	
	非安装仪器设备调试与试运行验收评定结果：	
	建安工程设备安装与运行验收评定结果：	
	竣工图完成情况： 竣工图是否与实际建设相符：	
	土建工程质量备案情况：	
	土建工程是否符合规划报建程序：	
法人责任制	项目法人责任制实施情况（班子、人员、制度建立、工作业绩等）：	

① 渔港等项目包括水工，以下同；

② 工程质量评定主要依据单位工程验收结果（由设计、施工、监理或建设单位认可的验收记录）

（续表）

<table>
<tr><td rowspan="3">合同制</td><td colspan="2">应签而未签订合同情况[1]：</td></tr>
<tr><td colspan="2">合同文本规范情况：</td></tr>
<tr><td colspan="2">合同执行情况：</td></tr>
<tr><td>招投标制</td><td colspan="2">招投标制执行情况：</td></tr>
<tr><td rowspan="3">监理制[2]</td><td colspan="2">监理单位：　　　　资质：</td></tr>
<tr><td colspan="2">监理范围：</td></tr>
<tr><td colspan="2">监理内容：</td></tr>
<tr><td rowspan="3">执行法规</td><td>环保：</td><td>消防：</td></tr>
<tr><td>劳动安全卫生：</td><td>抗震设防：</td></tr>
<tr><td colspan="2">其他国家强制性法规执行情况：</td></tr>
<tr><td colspan="3">竣工初验专家组评价：

专家签字：</td></tr>
</table>

① 指设计、施工、监理等类型的合同；

② 主要考察三控制（质量、工期、造价监理）、二管理（资料信息、合同管理）、一协调（协调施工、设计各方关系）落实情况

四、资金使用情况

<table>
<tr><td rowspan="2">立项批复情况</td><td colspan="2">总投资：　其中，中央投资：　地方配套：　自筹资金：</td></tr>
<tr><td colspan="2">建筑工程：　田间工程：　仪器、设备：　其他：</td></tr>
<tr><td>初步设计批复</td><td colspan="2">总计：　其中，建筑工程：　田间工程：
仪器、设备：　工程建设其他费用：　其他：</td></tr>
<tr><td>资金到位情况</td><td colspan="2">总计：　其中，中央投资：　省财政：
地、县级财政：　自有资金：　其他（请注明）：</td></tr>
<tr><td>投资完成情况</td><td colspan="2">总计：　建筑工程：　田间工程：
仪器、设备：　工程建设其他费用：　其他：</td></tr>
<tr><td>形成资产</td><td colspan="2">固定资产：　其他资产：　核销支出：</td></tr>
<tr><td rowspan="4">竣工决算审计</td><td>类型</td><td>社会中介审计　内部审计　政府审计部门</td></tr>
<tr><td>单位</td><td>资质①：</td></tr>
<tr><td colspan="2">委托审计内容是否规范：　审计结论是否规范：</td></tr>
<tr><td colspan="2">概算调整和审批程序是否符合规定：</td></tr>
<tr><td colspan="3">财务制度建立及会计行为规范情况：</td></tr>
<tr><td colspan="3">资金专帐管理、专款专用情况：</td></tr>
<tr><td colspan="3">截留、挤占、挪用、侵占、套取建设资金情况：</td></tr>
<tr><td colspan="3">竣工初验专家组评价：

专家签字：</td></tr>
</table>

① 仅指社会中介审计

五、项目文件管理情况

文件类型		管理情况①	文件类型		管理情况
项目前期产生的资料	项目立项申请报告		执行阶段产生的资料	隐蔽工程验收记录	
	项目建议书或可研报告或资金申请书			建材、仪器设备质量、试验记录	
	项目立项批准文件			设备安装施工记录	
	有关决议、领导讲话、会议记录			工程质量事故报告及处理纪录	
	征用土地、拆迁、补偿等文件			分部、分项工程质量评定记录及单位工程质量综合评定表	
	工程地质（水文、气象）勘查报告			其他（施工日记）	
	初步设计、施工图设计图纸、概预算及批复文件			非安装仪器设备招投标文件及采购合同、进口仪器设备海关文件、随机文件材料（包括使用说明书、合格证等）、调试运行过程中形成的文件	
	向地方报建的批准文件		竣工阶段产生的资料	竣工图	
	仪器设备采购合同及招投标文件				
	非安装仪器设备进口审批文件			施工单位报送甲方的竣工验收申请报告	
	土建发包合同、协议、招投标文件			初验报告、初验表	
	规划、消防、环保、劳动等部门审核文件			质检备案材料	
执行阶段产生的资料	开工报告（大型项目）			竣工决算审计报告	
	建设工程施工许可证				
	工程测量定位记录			工程建设总结和工作报告	
	图纸会审、技术交底				
	施工组织设计等			竣工项目验收申请报告	
	基础处理、基础工程施工文件材料		其他	档案资料总目录	
	监理月报、监理通知、工作总结、质量评价意见报告等监理文件				
	设备试运转报告				
竣工初验专家组评价： 专家签字：					

① 可用有、无或完整、不完整等表述

六、竣工初验意见

<table>
<tr><td>竣工初验结论及整改建议（可附页）：

专家组成员签字：</td></tr>
<tr><td>建设单位意见：

（盖章）
年　月　日</td></tr>
</table>

七、参加竣工初验人员名单及签名

姓　名	单　位	职务、职称	电　话	签　名
初验专家组成员				
建设单位参加初验人员				

附件 2

农业建设项目初步设计批复与实际完成情况对照表

项目名称：

1. 建设内容和资金	2. 可研批复		3. 初设批复		4. 实际完成		备注
	规模或数量	投资估算	规模或数量	投资概算	规模或数量	资金支出	
土建工程							
……							
田间工程							
……							
仪器设备购置							
……							
勘察设计或项目管理费							
……							
新增建设内容							
……							
资金情况	批复投资		批复投资		实际到位		实际支出
总投资							
中央							
地方							
单位自筹							

填表人：　　　　　　　　　　单位：

附件3

仪器设备、项目法人负责制文件档案归档范围及保存期限

保存单位：

序号	分类	归档范围	保存期限
1	仪器设备	设备技术经济计算书	长期
2		设备购置招投标文件	长期
3		设备购置谈判文件	长期
4		设备购置发票（复印件）	长期
5		定购仪器设备协议或合同书	长期
6		进口仪器设备报批文件	长期
7		招标代理资质文件、招标代理协议	长期
8		进口代理资质文件、招标代理协议	长期
9		中标通知书	长期
10		招标代理提交的单位资质	长期
11		仪器设备管理制度	长期
12		压力容器检验文件	长期
13		海关免税证明文件	长期
14		进口产品关税文件	长期
15		报关单、商检、进口检验文件等	长期
16		开箱记录	长期
17		设备图纸和说明	长期
18		设备合格证	长期
19		装箱单和设备配置清单	长期
20		仪器设备使用说明书	长期
21		设备安装规程文件	长期
22		安装记录	长期
23		验收、调试培训记录和总结报告	长期
24		保修文件	长期
25		运行记录	长期
26		保养和大修、中修记录	长期
27		使用分析表	长期
28		检查和事故记录	长期
29		履历表	长期
30		设备改造记录	长期

（续表）

序号	分类	归档范围	保存期限
31	项目法人制负责文件	项目建设、财务、档案管理办法	长期
32		法人授权委托书	长期
33		项目建设过程中决策文件	长期
34		会议纪要文件	长期
35		专家论证意见	长期
36		运行管理办法	长期

中国农业科学院2014年基本建设项目立项情况

2014年批复立项的基本建设项目共32个，批复总投资35 367万元，全部为中央预算内投资。

序号	项目名称	建设年限	项目单位	总投资（万元）
1	农业部农村可再生能源开发利用重点实验室建设项目	2014—2015	沼气科学研究所	1 177
2	农业部现代农业装备重点实验室建设项目	2014—2015	南京农业机械化研究所	1 255
3	农业部农业信息技术重点实验室建设项目	2014—2015	农业资源与农业区划研究所	1 245
4	农业部作物生理生态重点实验室建设项目	2014—2015	作物科学研究所	760
5	农业部农业微生物资源收集与保藏重点实验室建设项目	2014—2015	农业资源与农业区划研究所	758
6	国家肉牛遗传评估中心建设项目	2014—2015	北京畜牧兽医研究所	415
7	国家花卉改良中心建设项目	2014—2015	蔬菜花卉研究所	1 195
8	国家马铃薯改良中心华北分中心建设项目	2014—2015	蔬菜花卉研究所	810
9	国家种质资源吉林山葡萄圃改扩建项目	2014—2015	特产研究所	485
10	国家种质资源武汉野生花生圃改扩建项目	2014—2015	油料作物研究所	695
11	国家种质资源海南野生棉圃改扩建项目	2014—2015	棉花研究所	1 250
12	农业产地环境风险监测能力建设项目	2014—2015	环境保护科研监测研究所	647
13	蜂产品质量安全风险监测能力建设项目	2014—2015	蜜蜂研究所	627

（续表）

序号	项目名称	建设年限	项目单位	总投资（万元）
14	乳品质量安全风险监测能力建设项目	2014—2015	北京畜牧兽医研究所	632
15	茶叶质量安全风险监测能力建设项目	2014—2015	茶叶研究所	627
16	粮油产品质量安全风险监测能力建设项目（华东）	2014—2015	水稻研究所	641
17	粮油产品质量安全风险监测能力建设项目（华北）	2014—2015	作物科学研究所	589
18	中国农业科学院昌平区南口试验基地建设项目	2014—2015	院部	1 850
19	中国农业科学院植物保护研究所广西兴安试验基地建设项目	2014—2015	植物保护研究所	2 320
20	中国农业科学院棉花研究所安阳试验基地建设项目	2014—2015	棉花研究所	1 700
21	中国农业科学院麻类研究所综合实验室建设项目	2014—2015	麻类研究所	2 850
22	中国农业科学院油料作物研究所综合实验室建设项目	2014—2016	油料作物研究所	2 980
23	中国农业科学院农业物联网技术应用综合服务平台项目	2014—2016	农业信息研究所	1 600
24	中国农业科学院棉花研究所温室建设项目	2014—2015	棉花研究所	210
25	农业部食物与营养发展研究所双蛋白工程仪器设备购置项目	2014—2015	食物与营养发展研究所	1 270
26	中国农业科学院农产品加工研究所马铃薯主粮化加工技术集成仪器设备购置项目	2014—2015	农产品加工研究所	1 150
27	农业部植物营养与肥料重点试验室建设项目	2014—2015	农业资源与农业区划研究所	1 211
28	农业部农业基因组学重点实验室（北京）建设项目	2014—2015	生物技术研究所	1 148

（续表）

序号	项目名称	建设年限	项目单位	总投资（万元）
29	农业部特种经济动物遗传育种与繁殖重点实验室建设项目	2014—2015	特产研究所	782
30	农业部授粉昆虫生物学重点实验室建设项目	2014—2015	蜜蜂研究所	832
31	农业部兽用药物创制重点实验室建设项目	2014—2015	兰州畜牧与兽药研究所	825
32	农业部动物寄生虫学重点实验室建设项目	2014—2015	上海兽医研究所	831

中国农业科学院2014年基本建设投资计划概况

2014年基本建设项目共下达6批计划，下达投资40 994万元，其中中央预算内投资40 994万元。

第一批计划文件《农业部关于下达2014年农产品质量安全检验检测体系建设项目中央预算内投资计划的通知》（农计发〔2014〕76号）下达投资3 164万元。

第二批计划文件《农业部关于下达2014年草原防火等专项项目中央预算内投资计划的通知》（农计发〔2014〕156号）下达投资3 677万元。

第三批计划文件《农业部关于下达2014年部门自身建设项目中央预算内投资计划的通知》（农计发〔2014〕157号）下达投资25 053万元。

第四批计划文件《农业部关于下达2014年畜禽水产良种工程项目中央预算内投资计划的通知》（农计发〔2014〕158号）下达投资415万元。

第五批计划文件《农业部关于下达2014年种子工程项目中央预算内投资计划的通知》（农计发〔2014〕161号）下达投资1 685万元。

第六批计划文件《农业部关于下达2014年动物防疫体系建设中央本级项目中央预算内投资计划的通知》（农计发〔2014〕181号）下达投资7 000万元。

中国农业科学院2014年基本建设投资计划情况表

序号	项目名称	建设性质	建设地点	主要建设内容	建设年限	投资来源	下达投资（万元）
1	农业部麻类质量安全监督检验中心建设项目	新建	湖南省长沙市岳麓区咸嘉湖西路348号	新建实验室1 481平方米及配套工程，购置仪器设备211台（套）	2013—2014		745
						中央投资	745
						自有资金	
2	农业部烟草质量安全监督检验中心建设项目	改建	山东省青岛市崂山区科苑经四路11号	改造实验室1 400平方米，购置仪器设备36台（套）	2013—2014		1 020
						中央投资	1 020
						自有资金	
3	农业部农产品加工质量安全监督检验中心建设项目	改建	北京市海淀区圆明园西路2号	改造实验室1 244平方米，购置仪器设备39台（套）	2013—2014		1 399
						中央投资	1 399
						自有资金	
4	农业部现代农业装备重点实验室	改扩建	江苏省南京市玄武区柳营100号	购置农业装备现代设计与数字化加工设备，构建物联网数据获取与处理系统，并改造实验室的水、电、通风和安保系统等	2014—2015		1 255
						中央投资	1 255
						自有资金	

（续表）

序号	项目名称	建设性质	建设地点	主要建设内容	建设年限	投资来源	下达投资（万元）
5	农业部农村可再生能源开发利用重点实验室	改扩建	四川省成都市武侯区人民南路四段13号	购置生物质能源监测和转化利用设备，构建物联网数据获取与处理系统，并改造实验室的水、电、通风和安保系统等	2014—2015		1 177
						中央投资	1 177
						自有资金	
6	农业部农业信息技术重点实验室	改扩建	北京市海淀区中关村南大街12号	购置农业信息采集、加工和储存设备，构建数据中心等	2014—2015		1 245
						中央投资	1 245
						自有资金	
7	国家畜禽改良研究中心项目	新建	北京市海淀区圆明园西路2号和昌平区北京畜牧兽医研究所实验基地	总建筑面积29 778平方米，其中改造原有科研楼4 052平方米，新建25 726平方米；购置仪器设备583台（套）	2010—2015		9 000
						中央投资	9 000
						自有资金	
8	中国农业科学院大理试验基地建设项目	新建	云南省大理白族自治区大理市凤仪镇	新建科研用房1 518.78平方米、生活用房及食堂1 122.32平方米、门卫室及配电室120平方米、防虫和防鸟网室各256平方米、玻璃温室204.8平方米、混凝土道路1 520平方米，铁艺围墙100米；建设绿化、电气、大门、给排水等场区工程；购置仪器设备及农机具7台（套），以及实验边台100延米、中央实验台70延米和通风橱25米	2012—2014		190
						中央投资	190
						自有资金	

（续表）

序号	项目名称	建设性质	建设地点	主要建设内容	建设年限	投资来源	下达投资（万元）
9	中国农业科学院农业资源与农业区划研究所土壤肥料实验室建设项目	新建	北京市海淀区中关村南大街12号	拆除农业微生物菌种资源库及配套实验室1 929平方米，新建土壤肥料实验室5 260.6平方米，配套建设室外工程；购置纯水设备1套，实验台1 200米	2012—2014		760
						中央投资	760
						自有资金	
10	中国农业科学院棉花研究所棉花生物学实验室建设项目	新建	河南省郑州市市辖区高新开发区	新建棉花生物学实验室8 613平方米，配套建设室外道路及广场1 574平方米；购置实验台537延米	2011—2014		400
						中央投资	400
						自有资金	
11	中国农业科学院茶叶研究所综合实验基地建设项目	新建	浙江省绍兴市嵊州市三界镇	新建科研用房3 205平方米，田间试验基地326亩及场区工程；购置配套农机具	2012—2014		1 045
						中央投资	1 045
						自有资金	
12	中国农业科学院环境保护科研监测所产地环境质量重点实验室建设项目	单纯购置	天津市南开区复康路31号	购置液相色谱-电感耦合等离子体质谱联用仪、微波消解系统、原子吸收分光光度计、气相色谱-质谱联用仪、液相色谱仪、光合作用测定系统、总有机碳分析仪、气相色谱、荧光PCR仪、植物生理生态监测系统、红外成像光谱仪、显微镜系统各1台（套）	2013—2014		135
						中央投资	135
						自有资金	

（续表）

序号	项目名称	建设性质	建设地点	主要建设内容	建设年限	投资来源	下达投资（万元）
13	中国农业科学院农业环境与可持续发展研究所农业环境重点实验室建设项目	单纯购置	北京市海淀区中关村南大街12号	购置气体通量高频检测分析仪、植物逆境生理观测系统、环境扫描电子显微镜、稳态同位素质谱仪各1台（套），并建设农业环境学科物联网数据中心	2012—2014		170
						中央投资	170
						自有资金	
14	中国农业科学院粮油加工综合利用技术集成实验室建设项目	新建	北京市海淀区圆明园西路2号	新建粮油加工综合利用技术集成实验室6 967平方米（含人防工程617平方米）	2013—2014		425
						中央投资	425
						自有资金	
15	中国农业科学院北京畜牧兽医研究所农业部奶业技术研究实验室建设项目	新建	北京市海淀区圆明园西路2号	新建实验室5 753平方米、微生物及免疫学检测区171平方米，铺设室外水暖管网及电缆管线，购置实验台、柜424延米，储藏柜203延米，视频投影音响系统1组	2012—2014		688
						中央投资	688
						自有资金	

（续表）

序号	项目名称	建设性质	建设地点	主要建设内容	建设年限	投资来源	下达投资（万元）
16	中国农业科学院果树研究所砬山综合实验基地建设项目	新建	辽宁省兴城市元台子乡	新建科研及辅助用房 1 156.13 平方米、日光温室 10 722.4 平方米、网室 3 840平方米；配套建设道路 647.5 平方米、绿化 500 平方米，以及供电线路、路灯、平整及护坡等场区工程；建设 600 亩试验基地田间工程，包括土地平整 100 亩、田间灌溉系统 560 亩、改造水塘 1 座、主干道路 2 579 米、次干道路 2 118米、田间道路 2 160 延米、泵房 48.42 平方米、围栏 6 777 米、排水沟 5 396 米、泄洪口 107 米、过路涵洞 4 座、供水干线 2 400 米；购置挖掘机、拖拉机各 1 台、风送气送结合式高效精细果园弥雾机 2 台	2012—2014		690
						中央投资	690
						自有资金	

（续表）

序号	项目名称	建设性质	建设地点	主要建设内容	建设年限	投资来源	下达投资（万元）
17	中国农业科学院烟草研究所青岛试验基地建设项目	新建	山东省青岛市	新建烟草初加工实验室3 000平方米、仓库1 420平方米，晒种场1 200平方米，普通智能温室1 152平方米，配套农机具和移动喷灌设备31台（套），200亩滴管系统，实验台及橱柜300延米等	2014—2015		500
						中央投资	500
						自有资金	
18	中国农业科学院油料作物研究所江西进贤综合试验基地建设项目	新建	江西省南昌市	新建科研用房2 300平方米、农机具房、土壤肥料库等，建设田间工程160亩，建设道路、围墙等配套设施	2014—2016		200
						中央投资	200
						自有资金	
19	中国农业科学院兰州畜牧与兽药研究所试验基地建设项目	新建	甘肃省甘州区	新建科研用房、牛舍、动物运动场、饲料加工车间、库房及青贮窖，建设500亩牧草基地田间工程，建设粪污处理系统等配套设施	2014—2016		200
						中央投资	200
						自有资金	

（续表）

序号	项目名称	建设性质	建设地点	主要建设内容	建设年限	投资来源	下达投资（万元）
20	中国农业科学院农业信息研究所农业信息服务技术重点实验室建设项目	单纯购置	北京市海淀区	购置环境立体监测设备、植物生态监测系统、光合作用仪、电化学工作站、光声谱气体监测仪、高性能海量信息处理系统与服务器、显微镜系统、地面三维激光扫描仪、近红外分析仪、三维立体及样带植物荧光成像系统、农业传感器在线测试系统各1台（套），购置物联网数据获取与处理系统，改造103平方米实验室的供电、供水、空调和通风系统	2014—2015		748
						中央投资	748
						自有资金	
21	中国农业科学院农产品加工研究所农产品加工重点实验室建设项目	单纯购置	北京市海淀区	集成创制传统主食工业化装备、植物蛋白修饰改性装备、农产品联合干燥及制粉装备、新型天然生物保鲜材料加工装备各1套	2014—2015		1 285
						中央投资	1 285
						自有资金	

（续表）

序号	项目名称	建设性质	建设地点	主要建设内容	建设年限	投资来源	下达投资（万元）
22	中国农业科学院农业环境与可持续发展研究所旱作节水农业重点实验室建设项目	单纯购置	北京市海淀区	购置质谱检测器、同位素质谱仪、荧光定量 PCR 仪、植物光合测定仪、总有机碳分析仪、微生物鉴定系统、流动注射仪、多气体分析仪、高速冷冻离心机和植物生理生态监测系统等仪器设备各 1 台(套)	2014—2015		809
						中央投资	809
						自有资金	
23	中国农业科学院北京畜牧兽医研究所动物营养与饲料学重点实验室建设项目	单纯购置	北京市海淀区	购置仪器设备 8 套，其中购置四极杆—双压线性离子阱—新型静电场轨道阱傅立叶变换—超高分辨组合式三合一质谱仪、离子色谱—电感耦合等离子体质谱联用仪各 1 套，数据服务器等动物营养数据监测物联网系统仪器设备 8 套	2014—2015		1 276
						中央投资	1 276
						自有资金	

（续表）

序号	项目名称	建设性质	建设地点	主要建设内容	建设年限	投资来源	下达投资（万元）
24	中国农业科学院草原研究所牧草资源与利用重点实验室建设项目	单纯购置	内蒙古自治区呼和浩特市	购置液相色谱仪、荧光分光光度计、荧光定量PCR仪、激光共聚焦显微镜、双向电泳系统、蛋白纯化分析系统、超速冷冻离心机、生化自动工作站、GPC净化浓缩系统、气相色谱仪、营养盐自动分析仪、全自动定氮仪各1台（套）	2014—2015		804
						中央投资	804
						自有资金	
25	中国农业科学院农田灌溉研究所作物需水与调控重点实验室建设项目	单纯购置	河南省新乡市	购置气相色谱仪、液相色谱仪、同位素质谱仪、多气体分析仪、流动注射仪、总有机碳分析仪、微生物鉴定系统、超速冷冻离心机、人工气候室、植物光合测定仪、土壤呼吸监测仪、植物生理生态监测系统、红外成像光谱仪等仪器设备各1台（套）	2014—2015		818
						中央投资	818
						自有资金	

（续表）

序号	项目名称	建设性质	建设地点	主要建设内容	建设年限	投资来源	下达投资（万元）
26	中国农业科学院农业环境与可持续发展研究所设施农业节能与废弃物处理重点实验室建设项目	单纯购置	北京市海淀区	购置温室环境立体监测设备、光合测定仪、液相色谱仪、冷冻干燥机、植物生态监测系统、养殖环境立体监测设备、总有机碳分析仪、光声谱多气体监测仪、动物生理信号遥测系统、多功能酶标仪等仪器设备各1台（套），购置数据获取与处理系统，改造120平方米的实验室的通风、纯水、供气、电路系统	2014—2015		708
						中央投资	708
						自有资金	
27	中国农业科学院农业资源与农业区划研究所面源污染控制重点实验室建设项目	单纯购置	北京市海淀区	氮仪、离子色谱仪、微波消解仪、原子吸收分光光度计、液相色谱仪、气相色谱仪、微生物鉴定系统、倒置荧光显微镜、荧光定量PCR仪、土壤呼吸监测仪、高速冷冻离心机、植物光合测定仪、土壤非饱和导水率测量系统、多气体分析仪各1台（套）	2014—2015		807
						中央投资	807
						自有资金	

（续表）

序号	项目名称	建设性质	建设地点	主要建设内容	建设年限	投资来源	下达投资（万元）
28	中国农业科学院饲料研究所饲料生物技术重点实验室建设项目	单纯购置	北京市海淀区	购置质谱检测器、蛋白质纯化系统、遗传分析仪、液相色谱仪、多用电泳仪、多功能酶标仪、定量荧光PCR仪、荧光分光光度计、全自动定氮仪、流式细胞仪、正置荧光显微镜等仪器设备各1台（套）	2014—2015		715
						中央投资	715
						自有资金	
29	中国农业科学院作物科学研究所作物基因资源与种质创制重点实验室建设项目	单纯购置	北京市海淀区	购置激光共聚焦显微镜及成像系统、宏微观遗传分析工作站、全自动核酸提取工作站、植物基因型分析鉴定系统、全自动WesternBlot分析仪、数据存储、运算与分析系统各1台（套）			1285
						中央投资	1 285
						自有资金	
30	中国农业科学院植物保护研究所作物有害生物综合治理重点实验室建设项目	单纯购置	北京市海淀区	购置高速流式细胞分选仪、超高效液相-软电离气相-串级质谱仪、全自动发酵罐、昆虫细胞离子流成像仪各1台（套），建设作物有害生物学科物联网数据中心	2014—2015		1 232
						中央投资	1 232
						自有资金	
31	项目前期工作费用	新建	北京市海淀区	院区总体规划编制及重大项目评审论证等前期工作费用	2014		118
						中央投资	118
						自有资金	

（续表）

序号	项目名称	建设性质	建设地点	主要建设内容	建设年限	投资来源	下达投资（万元）
32	信息所规划编制费用	新建	北京市海淀区	农业信息化工程建设规划编制费用	2014		30
						中央投资	30
						自有资金	
33	农经所规划编制费用	新建	北京市海淀区	全国畜禽良种工程建设规划编制费用	2014		15
						中央投资	15
						自有资金	
34	国家肉牛遗传评估中心建设项目	改建	京市海淀区	改造实验室 496.8 平方米、机房 58.32 平方米；购置仪器设备 54 台（套）	2014—2015		415
						中央投资	415
						自有资金	
35	国家麻类作物育种中心二期建设项目	新建	湖南省长沙市岳麓区	改造科研育种用温室 616 平方米，晒坪 1 150 平方米，购置育种科研仪器设备 45 台（套）	2014—2016		240
						中央投资	240
						自有资金	
36	国家花卉改良中心建设项目	新建	北京市昌平区	新建连栋玻璃温室 3 020 平方米，日光温室 1 640 平方米及配套水电工程，土地整理 13 亩，完善灌溉工程，购置仪器设备 63 台（套）	2014—2016		220
						中央投资	220
						自有资金	

（续表）

序号	项目名称	建设性质	建设地点	主要建设内容	建设年限	投资来源	下达投资（万元）
37	国家马铃薯改良中心华北分中心建设项目	新建	河北省张家口市张北县察北管理区	新建马铃薯遗传育种及生物学实验室500平方米，组织培养室300平方米，地下种薯贮藏库499平方米，恒温库100平方米，考种室200平方米，生产资料库100平方米，日光温室770平方米，抗旱鉴定棚700平方米，农机具库225平方米，水泵房111平方米，锅炉房55平方米，种薯预储库371平方米，大门1座，围墙573米，种薯分拣场600平方米，道路2 476平方米，打井1眼，配套建设供电、供暖给排水工程；购置仪器设备17台（套）	2014—2016		220
						中央投资	220
						自有资金	

（续表）

序号	项目名称	建设性质	建设地点	主要建设内容	建设年限	投资来源	下达投资（万元）
38	国家种质资源吉林山葡萄圃改扩建项目	改扩建	吉林省吉林市昌邑区	扩建种质资源圃43.5亩，建日光温室大棚1 000平方米，联栋避雨大棚1 600平方米，防护围栏1 640米，建设与完善田间道路、排水渠、滴灌设施、蓄水池等基础设施，购置便携脉冲调制式荧光仪、植物压力室水势仪、高低温交变试验箱等仪器设备13台（套）	2014—2016		485
						中央投资	485
						自有资金	
39	国家种质资源海南野生棉圃改扩建项目	改扩建	海南省三亚市市辖区	改造组培室和信息自动化工作间77平方米，新建玻璃温室5 800平方米、检疫圃910平方米、嫁接棚等120平方米，建设与完善核心圃滴灌系统9亩、田间道路60米、田埂446米等配套基础设施，购置光合作用测定仪、叶面积扫描仪、研究级相差显微镜、超低温冰柜等仪器设备25台（套）	2014—2016		300
						中央投资	300
						自有资金	

（续表）

序号	项目名称	建设性质	建设地点	主要建设内容	建设年限	投资来源	下达投资（万元）
40	国家种质资源武汉野生花生圃改扩建项目	改扩建	湖北省武汉市新洲区	新建种子预处理室、挂藏室、冷库等370平方米，新建保存池、鉴定池、利用池、隔离池1 338个，旱棚500平方米、场区道路1 100米，池中填沙3 500立方米，建设与完善喷灌系统、场区给排水系统和围墙等配套基础设施，购置人工气候箱、核磁共振仪、移动式种子架等仪器设备15台（套）	2014—2016		220
						中央投资	220
						自有资金	
41	国家动物疫病防控生物安全四级实验室	新建	黑龙江省哈尔滨经济技术开发区	建设生物安全二级、三级和四级实验室、后勤管理及配套设施	2005—2014		2 000
						中央投资	2 000
						自有资金	
42	国家口蹄疫参考实验室建设项目	新建	甘肃省兰州市	建设生物安全实验室、强毒动物实验房，改造污水处理站，配置实验设备和实验台等	2005—2015		5 000
						中央投资	5 000
						自有资金	

中国农业科学院2014年建成项目一览表

序号	项目名称	建设单位	实际完成投资（万元）	完成建设内容
1	中国农业科学院特产研究所综合实验室	特产所	2 895	新建综合实验室9 900.53平方米，8层框架结构，地上7层，地下1层，建设配套室外工程，购置配套实验台
2	中国农业科学院特产研究所综合实验室二期	特产所	2 900	新建综合实验室二期11 767.99平方米，其中3号综合实验室4 960.45平方米，5号综合实验室6 807.54平方米，配套建设室外道路、绿化、水暖电外管网等基础设施，并购置实验台
3	农业部肥料质量安全监督检验中心	资划所	1 672	改造实验室2 791.34平方米，其中室内装修2 021.43平方米，电路改造面积1 457.89平方米，完成气路管道改造和通风改造。项目购置ICP-MS、超效液相色谱仪等仪器设备75台（套）
4	国家棉花品种区域试验标准样品库	棉花所	150	新建棉花品种样品库223平方米，购置仪器设备27台（套）
5	中国农业科学院农业科技展示园	院本级	2 690	建设现代农业科技展示温室9 738平方米，植物科普温室4 144平方米，植物工厂1 673平方米，配电室230平方米，道路8 405.34平方米（含广场），停车场1 220.76平方米，室外电缆594米，绿化7 300平方米，购置业务用车1辆

（续表）

序号	项目名称	建设单位	实际完成投资（万元）	完成建设内容
6	油料产地加工技术集成基地建设项目	油料所	420	购置设备 20 台（套），包括油脂精滤机、油罐各 2 台（套），圆筒初清筛、振动清理筛、振动分级筛、比重去石机、脉冲除尘器、转筒式调质机、隧道式微波设备、油料调质器、小颗粒油料脱皮分离系统、大颗粒油料脱壳分离系统、低温压榨机（第一次压榨）、低温压榨机（第二次压榨）、膨化机、低温物理精炼成套装备、调和罐、灌装机各 1 台（套），建成了 50 吨/天油料脱皮（壳）、调质、低温压榨、油脂物理清洁精制中试生产线 1 条
7	国家瓜果改良中心二期建设项目	郑果所	575	新建西甜瓜种子试材库 516.06 平方米，日光温室 1 751.4 平方米，塑料大棚 4 931.6平方米，供电电缆 1 346米（含变压器 1 台、配电柜 3 台），机井及井房 1 眼，安装无塔供水设备 1 套，护栏围墙 2 750米等，购置仪器设备 42 台（套）
8	中国农业科学院新乡综合试验基地基础设施建设项目	院本级	1 750	建成基地主、次入口大门及门卫室，主干道 17 187平方米，人行道 4 205平方米，建设中心变电所及 1#、5#变电所的供配电设施，建设污水处理及中水回用系统，敷设各类管线，建设广场 3 689 平方米，绿化 4 865平方米，围墙 1 319米，购置安装场区监控设施等

（续表）

序号	项目名称	建设单位	实际完成投资（万元）	完成建设内容
9	中国农业科学院新疆综合实验基地建设项目	院本级	2 380	建成综合实验用房 5 482.86 平方米，种子库挂藏室 1 472.1平方米，值班室 14.46 平方米，晒场 7 000 平方米，热力交换站 1 座，监控系统 1 套，及场区配套工程；新打机井 4 眼，建设田间滴灌工程 2 000 亩，配套田间道路及电力工程；配套农机具、仪器设备及实验台柜等
10	中国农业科学院研究生宿舍楼建设项目	研究生院	4 979.68	新建研究生宿舍 15 501.59 m^2，其中地上建筑面积 12 099.73平方米，地下建筑面积 3 401.86平方米
11	北京市昌平区国家级马铃薯区域试验站	蔬菜所	260.9	新建日光温室 660.28 平方米，抗病抗逆性鉴定温室及配套用房 1 398.96平方米，完善田间工程，网室 6 720平方米，凉棚 210.8 平方米，土地整理 120 亩；购置仪器设备 6 台（套）
12	中国农业科学院棉花研究所杂交棉综合试验基地建设项目	棉花所	1 590.69	建设综合试验楼 4 780平方米，种子挂藏风干室 644 平方米，中试车间 1 154平方米，晒场 2 409平方米以及水、电、路、气等场区工程，购置仪器设备 45 台/套
13	国家小麦改良中心二期	作科所	560	改造小麦加代生长室 26.1 平方米，室外供电管线及设施 70 米，购置仪器设备 26 台（套）
14	能源作物高效培育技术示范基地	作科所	200	购置仪器设备 25 台（套）
15	国家大豆品种区域试验标准样品库	作科所	155	购置仪器设备 12 台/套，完成改造标准样品库 80 平方米，中控室 34.01 平方米

（续表）

序号	项目名称	建设单位	实际完成投资（万元）	完成建设内容
16	国家牧草改良中心建设项目	草原所	1 395	建设中心实验楼 2 057 平方米；日光温室 1 704.24 平方米；网室 304 平方米；晒场 500 平方米；病圃 80 立方米；给水管道 240.2 米，新建打井一眼，配置压力罐、变频、水泵系统设施一套，砖混井房 39.6 平方米；中心实验楼及日光温室外电源 770 米；暖气管道 572 米；土地平整 480 亩及田间路 1 500 平方米；新增供水管道 87.15 米，污水检查井 9 座；混凝土 2 号化粪池 1 座；接触消毒池 1 座；消防提水池 1 座；中心实验楼周边道路硬化 1 382.34 平方米；购置仪器设备 60 台（套）
17	油料作物研究所国家油菜品种区域试验标准样品库建设项目	油料所	230	建设样品库 380.5 平方米，安装制冷设备和除湿设备 4 组
18	作物分子育种国家工程实验室项目	作科所	4 056	改造和修缮实验室 5 360 平方米，配套建设消防、通风等系统，更新电梯 1 部及水、电、暖、弱电和监控等设施；购置仪器设备 124 台（套）
19	中国农业科学院草原研究所农牧交错区试验示范基地基础设施建设项目	草原所	1 590	新建混凝土主干道 56 371.4 平方米，砂石路 11 544.4 平方米，涵管 206 米（含 38 个检查井），建 315 千伏安箱式变电站 2 座，敷设 10 千伏高压电缆 2 461 米，敷设 1 千伏低压电缆 5 889 米，购置太阳能庭院灯 35 套，加固防护堤 7 500 米，建设围栏 9 000 米

（续表）

序号	项目名称	建设单位	实际完成投资（万元）	完成建设内容
20	农业部二噁英检测实验室建设项目	质标所	2 949	改造农业部二噁英检测实验室730平方米，购置仪器设备90台（套）
21	部级特种经济动植物及制品质量安全监督检验中心	特产所	2 306	改造检验检测实验室2 946平方米，购置检验测试仪器设备104台（套）
22	中国农业科学院农业信息研究所农业信息技术应用示范项目	信息所	970	购置服务器、网络设备、存储设备、安全设备、物联网设备等硬件24台（套），购置服务器操作系统软件5套，定制开发用户交互构件、知识库支撑中间件、农技推广专家辅助支持系统，农情信息快速采集与监测系统、农技员及专家绩效评价管理系统等应用软件各1套，并进行系统集成。新增光纤交换机2台及服务器配件，并对农技推广专家辅助支持系统等内容进行了升级
23	中国农业科学院上海兽医研究所动物寄生虫检测实验室建设项目	上海兽医所	496	改造标本馆、检测窗口实验室、钉螺室、粪检室等共计509平方米，购置仪器设备66台（套）等
24	国家水稻品种区域试验标准样品库建设项目	水稻所	300	新建品种区域试验标准样品库等土建工程433.42平方米，敷设电缆610米，田间道路562米，购置仪器设备20台（套）等

（续表）

序号	项目名称	建设单位	实际完成投资（万元）	完成建设内容
25	浙江省杭州市国家级农作物品种区域试验站二期建设项目	水稻所	270	新建实验用房 433.42 平方米（增加设备安装平台），防鸟网架 104 亩，道路 762 米，金属围栏 970 米，不锈钢玻璃围墙 656 米，改造田埂 2 364 米（其中 970 米为围栏基础），购置仪器设备 8 台（套）等
26	中关村院区排水系统及环境改造项目	院本级	1 935	敷设雨水、污水管线 1 758.2 米，新建雨、污水井 58 座；改造道路 8 499.93 平方米（含停车场 2 043 平方米），新建人行道 2 830.42 平方米；拆除旧房 9 700 平方米，新建硬化广场 7 994.78 平方米；改造绿化 32 720.45 平方米；购置高空作业车、路面降尘清扫车、挖掘机、水罐车各 1 台，扫雪车 2 台
27	兰州畜牧与兽药研究所综合实验室建设项目	兰州牧药所	2 690	新建综合实验室 6 989.24 平方米，购置实验台 594 延米，样品柜、通风柜、移动通风罩等 116 套；配套建设场区道路 3 927 平方米，敷设场区给排水管线 584 米、室外消防管线 694 米，热力管线 152 米，电力管线 1 290 米
28	中国农业科学院特产研究所野生经济动物生物安全二级实验室改造工程建设项目	特产所	667	改造检验检测实验室 1 393.79 平方米，购置检验测试仪器设备 55 台（套）

中国农业科学院副院长李金祥在中国农业科学院“十三五”基本建设规划研讨会上的讲话

（2014 年 12 月 15 日）

尊敬的郭司长，同志们：

岁末之际，我们齐聚北京，共同研讨“十三五”中国农业科学院基本建设发展大计，机会难得，影响深远。首先，我代表院党组对与会的全体同志表示热烈欢迎，对你们长期以来辛勤工作，为农科院基本建设事业做出的重要贡献表示衷心感谢。

当下，最流行的网络语是“时间都去哪了?”。一转眼，“十二五”收官在即，“十三五”即将登场，我们国家的很多重大部署和战略目标都要在 2020 年实现，我院提出的“建设世界一流农业科研院所”目标，也要在 2020 年基本建成，时间紧迫，责任重大。本次会议既是务虚研讨，也是动员部署，希望大家集中精力，准确把握农业科技创新与现代院所建设对条件平台的需求，科学梳理全院“十三五”基本建设工作的方向、思路和重点，同时能学有所获、学以致用，将新理念、新思路、新方法带回岗位，为科学编制全院和各单位“十三五”基本建设规划，多做贡献。

下面，我就开好研讨会，谈 3 点意见。

一、认真学习，深刻领会规划引领发展的内涵

规划是强化顶层设计的重要载体，是对全局事业和长远发展的重要引领，“十三五”基本建设规划尤为如此。一方面，《农业部直属单位建设项目管理办法》《全国农业科技创新能力条件建设规划（2012—2016 年）》等实施以来，纳入规划才能获得项目支持已经成为硬约束，客观上要求我院“十三五”规划必须既全面反映需求，又突出前瞻性引领，成为指导今后基本建设工作的重要指南。另一方面，“十一五”以来，我院基本建设工作历经了长期“量”的积累，累计获得国家投资 30.5 亿元，为全院快速发展做出了重要贡献；“十三五”将更关注“质”的提升，争取再上层楼，就必须通盘考虑，前瞻布局，走创新驱动、规划引领的发展道路，为我院跨越式发展提供更有力支撑。

二、转变观念，突出“量变”到“质变”的跨越式发展

党的十八大以来，我们能深刻地感受到国家、社会乃至自身都在经历着各种各样的变化，GDP 不再是衡量发展的标杆，大裤衩、大蛋壳等奇异建筑不再被推崇，城市瘦身与减量化的理念渐入人心，这都是时代的变化，是总体向好的特征。我院基本建设工作要有所建树，也必须紧跟时代步伐，转变观念，乘势而上。

一是坚持以研为本，打造高水平、高效率的科研平台。我们实施农业科技创新工程，就是要充分借鉴中国科学院的先进经验。就平台建设而言，我院与中国科学院的差距主要表现在：一是缺少具有较强国际影响力的高水平实验室。中国科学院建有国家实验室 5 个，我院为零；中国科学院建有国家重点实验室 85 个，我院仅 6 个（含共建 1 个）。二是能代表学科领域最尖端的重大科研基础设施匮乏。中国科学院建有 21 项，而我院仅 2 项，且投资规模、装备水平远不在同一数量级。三是平台建设注重“量”的增加，而忽视“质”的提升，缺少体系化布局、标准化建设和信息化整合。常言道，巧妇难为无米之炊。没有高水平的技术手段和平台支撑，建设“世界一流农业科研院所”的目标就失去了基点。下一步，全院基建工作必须把建设高水平科研平台作为核心，以投资为纽带、以机制为保障，不断提升科技创新支撑能力。

二是坚持以人为本，打造和谐生态、美丽宜居的科研环境。互联网时代，最终要的特征就是强调用户体验，进而更好地满足服务对象的需求。我们基本建设的宗旨是服务于科技创新和科研人员，也应该突出科研人员的体验，才能更好地发挥作用。今年，我们在院区规划中突出了“场所精神”的设计，希望通过建筑与景观环境的匹配，打造像剑桥、牛津等世界著名学府的环境氛围，激发创新灵感；通过培训，转变过去片面强调项目设计的规范性，而忽视用户体验，认真汲取跨国公司实验室建设的先进理念、科学家使用与设计经验等，让工程建设与工艺需求更加科学的结合，更好地服务科技创新与人性体验。这些理念，在“十三五”期间还要进一步强化。

三、尊重规律，确保规划的战略性、前瞻性和系统性

加强顶层设计，既要总揽全局，统筹兼顾，也要目标导向，突出重点。“十三五”，我院基建工作必须立足职能定位和优势特色，坚持“服务产业重大科技需求、跃居世界农业科技高端”为使命，系统设计，前瞻布局，重点突破，跨越发展。

一是突出规划的战略性。作为国家队，着力解决关系国家未来发展的重大科学问题和关键技术问题，推进重大科学技术突破，增强共性、核心技术突破能力是我们的使命。编制好基本建设规划，必须牢牢把握服务“重大科技创新能力建设需求”这条主线，以谋划国家重大科技基础设施为重点，按照“探索一批、预研一批、建设一批、运行一批”的思路，积极探索农业领域的重大科技命题与能力建设需求，着力推进国

家农业重大灾害模拟舱、农业科研大数据中心等预研，重点抓好国家作物种质库等项目立项和国家畜禽改良中心等平台建设，将我院平台建设推向一个全新的高度。

二是注重规划的前瞻性。科技创新的前瞻性决定了科研条件建设与规划的前瞻性。物联网技术、3D 打印技术、大数据时代等，这些将深刻改变世界发展格局的技术和潮流，农业也不可避免地经历，要如何抓住机遇、加速发展，值得深思。我相信，未来的农业科研条件建设也是如此。田间设施建设，不再是沟、渠、路等传统的基础设施，要部署大量的智能感知系统，让科研人员可以实时便捷地获取数据；更多地依靠人工环境模拟系统，精准地开展田间试验，不再疲于路途奔波；依靠高通量、自动化的鉴定筛选设备，大幅提高品系鉴定、基因筛选等效率，实现工厂化流水线作业；依靠大数据和高性能计算，打破小作坊的课题单元架构，打造科技大联盟。这些设想，已经或正在成为科研实践的主流。

三是强化规划的系统性。系统性包括方方面，我们要抓准主要矛盾。在规划衔接上，必须从立足当前、着眼长远的视角，将土地利用规划与基本建设规划紧密衔接，把急需问题、重大题材、长远目标等认真梳理，有序排列，分步实施。在渠道配合上，既要重视创新能力条件建设规划，也要积极参与农业部其他行业专项规划，如质检体系、种子工程、动物疫病防疫体系等，确保专业性建设需求得以支持。在项目谋划上，要依据建设需求谋划不同类型的项目，使重大科技基础设施、实验室、试验基地、基础设施、公共配套等各类建设项目，均衡有序、成龙配套地发展建设，大幅提升支撑保障能力。

同志们，本次会议重在务虚，希望大家放下包袱，畅所欲言，为编制规划贡献智慧；同时希望各单位领导顾全大局，大力支持规划编写组工作，确保我院“十三五”规划编制开局顺利。最后，我预祝大会圆满成功。

七、研究生教育与管理

中国农业科学院2014年度研究生教育概况

2014年，研究生院在农业部、中国农业科学院党组的正确领导下，认真贯彻落实党的十八届四中全会精神，紧跟国家高等教育改革发展形势，围绕中国农业科学院"世界一流科研院所"建设和农业科技创新工程实施，按照"一体两翼"的发展思路，继续深入推进研究生教育改革，在扩大招生规模、构建质量保障体系、开展国际合作办学、加强党建和精神文明建设等方面取得了一定的成绩。

一、招生规模稳步发展，招生类别不断丰富

积极与教育部沟通，申请增加招生指标。今年，总计招生1 382人，比2013年增加103人。全日制招生965人，增加24人，其中博士生255人（含联合培养47人），硕士生710人；专业学位硕士招生334人，增加59人；留学生招生60人，增加12人；国际联合培养博士生招生23人，增加5人。现有在校生4 400余人，其中全日制在校生2 904人，专业学位在校生1 400余人，留学生155人。录取情况分析如下。

（一）博士生录取情况

2014年，我院32个培养单位、43个专业的239名导师共招收了255名博士研究生，其中包含硕博连读生28人，与中国农业大学联合培养博士生25人，与华中农业大学联合培养博士生22人，少数民族骨干计划博士生3人。

从录取类别看，非定向生202人，占79.22%；定向委培生53人，占20.78%。

从录取新生来源看，应届毕业生148人，占58.04%；往届毕业生107人，占41.96%。

从录取新生学历情况看，全部具有研究生学历，并均取得了硕士学位。

从录取新生自然情况看，男生136人，占53.33%；党员（含预备党员）177人，占69.41%，共青团员52人，占20.39%；汉族243人，占95.29%；25岁以下58人，占22.75%，26~35岁196人，占76.86%，36~49岁1人，占0.39%。

从录取学科门类情况看，农学门类占71.76%，理学门类占16.08%，工学门类占1.57%，管理学门类占10.59%。

(二) 硕士生录取情况

2014 年，我院 35 个培养单位、60 个专业的 698 名导师共招收了 710 名硕士研究生，其中包含推荐免试生 22 人，少数民族骨干计划硕士生 14 人。

从录取类型来看，学术学位型 494 人，占 69.58%，专业学位型 216 人，占 30.42%。

从录取类别看，非定向生 696 人，占 98.03%；定向生 14 人，占 1.97%。

从录取新生来源看，应届毕业生 610 人，占 85.92%；往届毕业生 100 人，占 14.08%。

从录取新生学历情况看，具有本科学历的有 709 人，高职高专 1 人。

从录取新生自然情况看，男生 343 人，占 48.31%；党员（含预备党员）261 人，占 36.76%，共青团员 438 人，占 61.69%；汉族 682 人，占 96.06%；25 岁以下 635 人，占 89.44%，26～35 岁 75 人，占 10.56%。

从录取学科门类情况看，农学门类 339 人，占 47.75%，理学门类 66 人，占 9.30%，工学门类 60 人，占 8.45%，管理学门类 29 人，占 4.08%，专业学位农业推广硕士 159 人，占 22.39%，兽医硕士 57 人，占 8.03%。

2014 年，教育部对推免生政策做出重大改革，我院积极应对，及时发布推免生接收公告，22 个研究所共接收来自吉林大学等 37 所高校的 2015 级推免生 131 名，比 2014 年增加 5 倍，创历史新高。

通过组织研究所参加全国招生现场咨询会、到高校举办招生专场宣讲会、举办大学生暑期夏令营等形式，加强招生宣传，顺应“新媒体”的迅速发展，开通了招生手机网站和微信平台，及时准确发布招生信息，拓宽宣传渠道。通过上述宣传举措吸引优秀生源，改善生源结构。

2014 年总计毕业 808 名（博士生 182 人，硕士生 626 人），总体就业率为 95.17%，在京区科研单位中位居前列。通过举办就业指导讲座、毕业生双选会、专场招聘会等形式，为毕业生提供就业帮扶，拓宽就业渠道，针对就业困难群体专门召开座谈会，推动其顺利就业。

二、加强交流，协同创新，推进研究生教育综合改革

11 月 30 日，中国农业科学院研究生教育改革与发展研讨会在京隆重召开，来自中国科学院大学、中国农业大学等 9 家科研单位、知名高校及农科院院属 36 个研究所的 50 名专家出席大会。会上，中国科学院大学、中国社科院研究生院、中国农业大学、南京农业大学围绕教育改革做主题发言。会议最终就改革思路和重点举措达成共识。

研究生院将从以下 8 个方面重点推进教育综合改革：①创新管理机制，强学科建

设；②扩大招生规模，提高生源质量；③创新培养模式，提高培养质量；④加强师资队伍建设，健全导师责任制；⑤改革评价监督机制，完善质量监督体系；⑥完善奖助体系，充分发挥激励作用；⑦扩大开放合作，提升国际化水平；⑧强化服务意识，做好学生工作。

三、深化教学改革，提升培养质量

根据研究生教育改革意见，围绕质量提升，继续深化培养改革。

优化教学管理，推进课程建设。探索学院式教学培养管理，挂牌成立生物学等10个院所共建教研室，建立以研究生院集中教学为主体、以研究所专业教研室为支撑的课程管理体系，提高教学水平和质量。首次实施科研原始记录检查，组织专家对植保所等12个单位进行抽查，并提出改进建议。组织召开教学委员会三届二次会议，审议通过了31门课程教学大纲和18门课程建设计划并实施。积极推进网络化教育平台建设，基本建成49门“三有”课程的教学共享平台。

提升综合素质，办好“四大讲堂”。2014年度共举办“学术名家”、“文化名流”、“企业精英”和“国际学者”四大讲堂17期，通过邀请不同领域的知名专家、学者来院讲座，丰富学生的知识储备，开拓了视野，提升了学生的综合素养。

强化教师地位，加强队伍建设。2014年，我院教师总计425人，本院教师255人，占60%，主讲教师中正高级职称占76.5%。通过开展网上教学评估、评选优秀教师、实行“优教优价”等举措，发挥优秀教师的引领示范作用，激励教师提升课堂教学效果。评选表彰2013—2014学年教学名师12名、优秀教师113名。

强化院所结合，监控培养环节。以研究生管理信息系统为平台，发挥研究所在硕博连读、中期考核等环节中的主体作用。完善培养管理信息系统，实现了培养环节全过程网上评审，提升了环节管理的信息化、规范化水平和工作效率，有效推动了中期考核工作的顺利完成。为调动各研究所做好研究生管理工作的积极性和主动性，评选表彰2013年度研究生管理工作先进集体10个、先进个人21人。

四、构建完整奖助体系，发挥正面激励作用

按照教育部统一要求，研究生教育实行收费制度，在此前提下，我院积极制定并完善奖助体系，为学生在校学习生活解决后顾之忧。

研究生院现已建成了相对完善的奖助体系，从入校到毕业，设有新生入学成绩优异奖、研究生国家奖学金、学业奖学金、企业奖学金等共计24种，奖学金总金额700多万元。今年，在财政状况允许的情况下，大幅提升奖助额度，全年评选表彰各类优秀生共计1 000余人次。

奖学金制度的实施，既保证了每位学生能上得起学，又营造了创先争优的良好校

风。按照现有奖助标准计算，优秀博士生在学期间扣除学费后至少每年能获得 10.1 万元以上的奖助，普通博士生也能获得不低于 3.2 万元的奖助；优秀的硕士生在学期间扣除学费后至少每年能获得 5 万元以上的奖助，普通硕士生能获得不低于 1.8 万元的奖助。建成并运行了奖学金评选信息管理系统，奖学金的申报、审核、评审等一系列环节都在系统内完成，提高了奖学金评审的规范化水平，保证了评选的公开、公正、透明。

五、加强学科建设，完善学位管理

根据教育部要求，以提高质量为目标，全面深化学科建设改革。完成研究所、学科专业的在校生、导师、所属研究所情况的前期调研，针对我院学科布局和现状，提出实行培养点管理制度的建议，即在研究所内以培养点为基本单元，对研究生培养的全过程进行管理，在不同研究所之间，由学科点点长单位组织协调，形成以学科作为研究生培养抓手的管理格局。

按照“学位授予单位研究生教育质量保证体系建设基本规范”要求，组织相关职能部门按照“基本规范”的要求逐项进行了讨论，明确了质量保证和监督体系建设过程中的主要任务和工作重点，为下一步质量保证体系建设奠定了基础。

加强导师队伍建设，切实提高指导质量。举办 3 期导师培训班，培训导师 460 余人，至此，完成所有在岗导师轮训，累计培训 1 560余人。实行研究生导师招生资格年度审核制度，形成招生导师约束机制。

充分发挥所级学位评定委员会、学科评议组和院学位评定委员会三级学位管理机制的作用，建立论文审查、责任追究制度，提高学位授予质量。2014 年共授予各类学位 1 091人（博士 201 人，学术硕士 491 人，全日制专业学位硕士 145 人，在职专业学位硕士 245 人，同等学历硕士 9 人），学位论文产出质量全面提升，以学生为第一作者发表论文 1 344篇，较去年增加 63 篇。

六、发挥资源优势，服务三农事业

专业学位教育继续围绕服务三农发展、提高教育质量展开。2014 年录取新生 334 人（农业推广硕士 303 人，兽医硕士 31 人），授予学位 245 人，现有在校生 1 400余人。2014 年，为服务国家“一路一带”建设及中国与中亚科技合作战略，同时配合中国农科院西部农业科技发展总体部署，与新疆塔里木大学合作，在南疆设立教学点，开展专业学位教育。组织 2015 级农业推广硕士专业学位考试报名 150 余人，赴疆考前辅导，预计录取新生 60 人左右。

在招生人数和招生培养协助单位数量基本稳定的前提下，积极改进教学管理、论文管理和导师管理，将工作重点转向培养质量的提升。全年开课 74 门，总学时数 2 524学时，听课学生 890 余人次。为配合全日制研究生培养方案的调整及教学时间安排的变化，灵活调整授课时间，保证教学质量。全年论文盲评合格率达95.6%。

服务中国农业科学院“立地”战略，成立中国农业科学院培训中心。制定了管委会工作章程、培训中心议事规程，设立了培训工作常设机构——继续教育处。确定了管委会、培训中心、继续教育处组成人员，初步形成完整的管理体系。培训中心挂靠研究生院，整合全院资源，打造“高水平、开放式、多渠道、现代化”科技传播平台。继续发挥“国家级专业技术人员继续教育基地”和“发展中国家技术培训基地”两个平台作用。现已开展了“种业高级技术人员研修班”、“新入职人员岗前培训班”、“农村职业经理人培训班”、“发展中国家植物工厂技术培训班”等10余期培训班，培训学员1 000余人。

七、破解国际办学瓶颈，留学生教育保持良好势头

积极推进中外合作办学项目。中—比（中国—比利时）联合培养博士项目进展顺利，有5名学生如期赴比利时开展论文研究，录取2014级博士生23名。与荷兰瓦赫宁根大学就中—荷（中国—荷兰）联合培养博士项目签署框架协议，中荷联合培养项目进入了实质性阶段。此外，与德国哥廷根大学、美国北卡罗来纳州立大学、加拿大圭尔夫大学、新西兰林肯大学、澳大利亚悉尼大学5所国际一流大学进行沟通和磋商，并达成了良好合作意向。与国家留学基金委达成意向，将我院国际联合培养项目纳入国家派出留学计划支持，有望破解国际合作办学的瓶颈。

充分发挥我院国际交往合作优势，不断提升留学生教育质量。2014年留学生报名人数300余人，招收留学生60人，生源来自非洲、亚洲和欧洲等三大洲的43个国家，其中97%以上为学历研究生，学历生中80%为博士生，涉及24个研究所和30个专业。通过完善留学生手册、组织开展文化活动等多种形式，不断提升留学生教育管理和服务水平：组织开设了汉语等6门课程，并将留学生英语课程首次面向中国学生开放，为下一步开展英语课程建设等提供了借鉴；组织留学生参加“2014外国友人眼中的百姓中国梦”摄影比赛等活动并取得佳绩。通过规范管理、周到服务，我院的留学生教育质量不断提升，今年共毕业39人，发表文章59篇，其中SCI 48篇，影响因子3.0以上14篇。

2014年，共有来自比利时、美国、荷兰等8个国家（组织）的12个代表团33人次来访，组织派出了2个团组8人次，分别前往比利时、荷兰、德国、美国和加拿大5个国家的大学，就开展国际联合培养博士项目做出了积极的努力，并达成了一定的意向。

2014 年研究所研究生教育评价结果

为了贯彻落实院党组提出的现代化院所建设行动，实施科技创新工程，进一步提高研究生培养质量。按照院领导指示，需要建立中国农业科学院对研究生院、研究生院对研究所、研究所对导师的研究生教育管理三级评价体系。研究所研究生教育管理评价由研究生院组织实施，依据研究所的管理工作情况和上报的各种材料数据进行评价。

2014 年 12 月，研究生院组织实施了 2014 年研究所研究生教育评价工作，评价结果如下：

排名	研究所	得分	排名变动	排名	研究所	得分	排名变动
1	植保所	97.14	0	17	兰州牧药所	73.78	-5
2	作科所	92.77	2	18	特产所	73.39	9
3	资划所	89.49	0	19	蜜蜂所	73.27	-5
4	牧医所	88.04	4	20	茶叶所	73.13	-1
5	加工所	86.79	1	21	信息所	72.97	-4
6	蔬菜所	86.49	7	22	环保所	72.42	4
7	饲料所	86.38	3	23	灌溉所	72.37	1
8	哈尔滨兽医所	82.95	-6	24	郑果所	70.96	-8
9	环发所	82.62	13	25	烟草所	69.66	-4
10	油料所	81.92	-5	26	麻类所	67.51	4
11	生物所	78.96	-4	27	草原所	64.81	4
12	棉花所	78.22	13	28	果树所	64.03	-10
13	质标所	77.14	2	29	农机化所	63.42	-6
14	水稻所	75.34	6	30	沼科所	62.49	-1
15	上海兽医所	75.11	-6	31	农经所	59.05	-3
16	兰州兽医所	74.77	-5				

关于表彰中国农业科学院2013年度研究生管理工作先进集体和先进个人的决定

农科研生〔2014〕42号

各研究生培养单位：

按照中国农业科学院研究生院农科研生〔2014〕5号文件《关于评选中国农业科学院2013年度研究生管理工作先进集体和先进个人的通知》的精神，在各研究生培养单位申报的基础上，依据2013年度中国农业科学院各研究所研究生教育考核指标体系考核评价结果，经研究生院2014年3月26日第五期院务会研究决定，表彰植物保护研究所等10个研究所为我院2013年度研究生管理工作先进集体，陈巨莲等21位同志为我院2013年度研究生管理工作先进个人。

附件：中国农业科学院2013年度研究生管理工作先进集体和先进个人名单

中国农业科学院研究生院

2014年3月27日

附件

中国农业科学院 2013 年度
研究生管理工作先进集体和先进个人名单

一、研究生管理工作先进集体

中国农业科学院植物保护研究所
中国农业科学院哈尔滨兽医研究所
中国农业科学院农业资源与农业区划研究所
中国农业科学院作物科学研究所
中国农业科学院油料作物研究所
中国农业科学院农产品加工研究所
中国农业科学院生物技术研究所
中国农业科学院北京畜牧兽医研究所
中国农业科学院上海兽医研究所
中国农业科学院饲料研究所

二、研究生管理工作先进个人

陈巨莲　植物保护研究所
姜　昊　农业资源与农业区划研究所
邢丽丽　作物科学研究所
王友华　生物技术研究所
顾惠明　上海兽医研究所
赵利华　饲料研究所
李潇萍　兰州兽医研究所
王学智　兰州畜牧与兽药研究所
王晓武　蔬菜花卉研究所
刁青云　蜜蜂研究所
张蕙杰　农业信息研究所
孙逸钊　茶叶研究所
刘好宝　烟草研究所
姬军红　农业环境与可持续发展研究所
张　萌　南京农业机械化研究所

沈菊艳　农田灌溉研究所
周　莉　环境保护科研监测所
范琳琳　特产研究所
王济民　农业经济与发展研究所
邱　坤　沼气科学研究所
张文静　草原研究所

关于院所结合共建教研室的通知

农科研生〔2014〕2 号

各研究所：

为充分发挥研究所教学资源和科技资源的优势，构建符合现代农业科研院所发展需求的研究生教学组织管理模式，根据《中国农业科学院关于深化研究生教育改革的若干意见》有关精神和研究生院教学委员会的决定，研究生院与京区研究所共建教研室，实行共建共管。

在与相关研究所共同研究的基础上，研究生院制定了《教研室设置和管理暂行办法》（附件 1），请有关研究所按照本办法积极组建教研室。第一批 10 个教研室名称和人员组成见附件 2。各教研室负责研究生专业课程初步安排见附件 3。

请有关研究所高度重视教研室建设，积极支持教研室工作，并将教研室建设和管理中的意见和建议，及时通知研究生院，以保证教研室顺利开展工作，提高研究生教学质量和管理水平。

附件：1. 中国农业科学院研究生院教研室设置和管理暂行办法
　　　2. 教研室设置和人员组成（第一批）
　　　3. 教研室负责研究生专业课程初步安排

中国农业科学院研究生院

2014 年 1 月 9 日

附件 1

中国农业科学院研究生院
教研室设置和管理暂行办法

总　则

第一条　为发挥研究所教学资源和科技资源的优势，构建符合现代农业科研院所发展需求的研究生教学组织管理模式，提高研究生课程教学质量，根据《中国农业科学院关于深化研究生教育改革的若干意见》和中国农业科学院研究生院教学委员会会议决定，研究生院设立教研室。为做好教研室管理工作，制定本办法。

教研室组织机构

第二条　教研室是依托研究所成立的从事教学组织和教学研究的基本单位，由研究生院根据研究生教学工作需要设立。教研室一般以研究所为单位设立。在学科专业涉及多个研究所时，可由依托研究所负责成立教研室。

第三条　教研室主任由所长或分管研究生工作的副所长兼任，兼顾学科平衡和工作需要设副主任 1 至 3 人，配备 1 至 2 名教学秘书负责教研室日常管理工作。教研室副主任和教学秘书由教研室主任提名，经研究所与研究生院协商后确认。教研室副主任一般应具有教学经验。教学秘书由研究所负责研究生管理的相关人员兼任。学科专业和课程数量多的教研室，可在教研室下设课程小组，设组长 1 人，可由教研室主任或副主任兼任。

第四条　教研室实行研究生院和研究所双重领导，在业务上接受研究生院的管理。研究生院培养处负责制订研究生教学管理规章制度，统筹协调教研室教学管理工作，统一编制研究生教学计划，组织课程教学、评估、监督和管理。培养处设专人负责与教研室的沟通和联系，做好服务管理工作。

教研室职能

第五条　教研室在研究生院指导下，开展组织教学研究、课程建设和课程教学工作。具体职能包括研究教育教学规律，组织教师开展课程教学研究，开展教学内容和教学方法改革，提高教学水平；按照研究生培养方案和教学需求，组织实施课程建设，提出课程建设方案，组织编写教材和讲义、制作教学课件；负责教学计划组织实施，完成课程设置、开课计划、教师聘请、教学组织实施等工作。

教研室任务

第六条 组织教师开展教育教学研究，组织教学业务学习和观摩活动，开展教学研究交流，研究教学方法，提高教师教学技能。

第七条 组织教师研讨课程建设方案，参加研究生院课程建设项目，按照“三有”（教师小组、讲义、多媒体课件）课程的标准和要求，完成课程建设任务。

第八条 组织完成研究生院安排的教学计划，严格遴选任课教师，检查督促授课教师按照教学大纲和教学计划的要求，完成备课、授课、实验实习教学、辅导答疑、作业批改、命题、阅卷登分等各个教学环节，完成教研室的教学工作。协助研究生院培养处做好教学组织、考务、教学评估等工作，并按时将有关教学资料交研究生院培养处存档备案。

第九条 建立健全教研室工作制度，加强教学资料库建设，规范教学档案管理。

保障条件

第十条 研究生院提供经费支持和保障教研室开展教学研究、课程建设和教学组织工作。主要内容包括：①教研室活动经费每年 3 万～6 万元，用于教研室主任、副主任和教学秘书的津贴，召开教研室研讨会议，购买教学资料，开展教学研究等相关活动；②支持教研室开展课程建设项目，按 1 学分课程 2.5 万元、2 学分课程 4 万元、3 学分课程 6 万元的标准，支持教研室开展“三有”课程建设；③研究生院按《中国农业科学院研究生院兼职教师教学津贴暂行规定》的标准支付任课教师的讲课津贴和课程组织费。

第十一条 研究所支持教研室根据研究生教学工作需要，承担研究生教学任务，为教研室人员开展工作提供条件支持。研究所将本所任课教师教学工作量纳入年度考核内容，并将评估结果作为评优的重要依据。

第十二条 研究生院组织教研室教学管理评估，评估结果纳入《研究所研究生教育考核指标体系》的内容（加分项），作为研究生管理工作先进集体和先进个人评选的重要依据。教学评估优秀的课程主讲教师，研究生院给予表彰和奖励。

附 则

第十三条 本办法由研究生院培养处负责解释。

第十四条 本办法自 2014 年 1 月 10 日起施行。

附件 2

教研室设置和人员组成（第一批）

一、生命科学与技术教研室

依托单位：生物所

负责专业：生理学、微生物学、生物化学与分子生物学、生物物理学、生物信息学

主　任：路铁刚

副主任：孙国庆

教学秘书：王友华

二、环境科学与工程教研室

依托单位：环发所

负责专业：气象学、环境科学、环境工程、农业生物环境与能源工程、农业生态学、设施农业与生态工程、农业气象与气候变化、畜禽环境科学与工程

主　任：董红敏

副主任：张燕卿、朱昌雄

教学秘书：姬军红

三、食品科学与工程教研室

依托单位：加工所

负责专业：食品科学、粮食、油脂与植物蛋白工程、农产品加工及贮藏工程、农产品质量与食物安全、农产品加工利用

主　任：戴小枫

副主任：王　强、王　静（质标所）

教学秘书：张德权、吴　伟（质标所）

四、作物学教研室

依托单位：作科所

负责专业：作物栽培学与耕作学、作物遗传育种、作物种质资源学、药用植物资源学

主　任：王述民

副主任：李立会、赵　明、刘录祥

教学秘书：邢丽丽

五、园艺学教研室

依托单位：蔬菜所

负责专业：果树学、蔬菜学、茶学、观赏园艺

主　任：王晓武

副主任：贺超兴、明　军

教学秘书：徐东辉

六、农业资源与环境教研室

依托单位：资划所

负责专业：土壤学、植物营养学、农业水资源与环境、农业遥感、农业环境学

主　任：徐明岗

副主任：白由路、陈仲新

教学秘书：杨　鹏、姜　昊

七、植物保护教研室

依托单位：植保所

负责专业：植物病理学、农业昆虫与害虫防治、农药学、生物防治学、杂草学、入侵生物学、转基因生物安全学

主　任：邱德文

副主任：郑永权、王振营、王锡锋

教学秘书：陈巨莲

八、畜牧学与草学教研室

依托单位：牧医所

负责专业：动物遗传育种与繁殖、动物营养与饲料科学、特种经济动物饲养（含蚕、蜂等）、野生动植物保护与利用、草地资源利用与保护、饲草遗传育种与种子科学、饲草生产加工及利用

主　任：文　杰

副主任：齐广海（饲料所）、杜立新、高洪文

教学秘书：郑　彦、王皓宇

九、农业信息教研室

依托单位：信息所

负责专业：管理科学与工程、农业信息管理、农业信息分析学、情报学、信息技术与数字农业

主　任：许世卫

副主任：孟宪学、王文生

教学秘书：张蕙杰

十、农业经济管理教研室

依托单位：农经所

负责专业：农业经济管理、农业资源与环境经济、国际农产品贸易、农业技术经济、产业经济

主　任：王济民

副主任：李先德、毛世平

教学秘书：王　艳

附件3

教研室负责研究生专业课程初步安排

教研室	主任	依托单位	负责的研究生专业课程	数量
生命科学与技术教研室	路铁刚	生物所	分子细胞生物学、细胞遗传学、分子遗传学、分子遗传学专题、微生物学专题、现代农业生物技术专题、基因工程原理、蛋白质组学与分析技术	8门
环境科学与工程教研室	董红敏	环发所	气象学研究进展、气候变化与农业、污染生态学、高级农业生态学、生态学专题、环境科学研究进展、生物环境测试与控制技术、畜禽养殖环境工程进展、设施农业工程学	9门
食品科学与工程教研室	戴小枫	加工所	高级食品化学、农产品加工与食品科学专题、农产品贮藏专题、现代食品工程原理、现代食品生物技术、食品微生物学、农产品质量安全研究进展、食品检测技术、食品安全管理体系	9门
作物学教研室	王述民	作物所	作物高产理论与实践、作物栽培学与耕作学专题、作物育种学专题、作物种质资源学专题	4门
园艺学教研室	王晓武	蔬菜所	高级蔬菜栽培生理学、高级蔬菜育种学、高级观赏植物育种学	3门
农业资源与环境教研室	徐明岗	资划所	土壤物理学、土壤化学、植物营养的土壤化学、土壤生物学、土壤学研究进展、高级植物营养与肥料学、作物营养与施肥专题、现代土壤耕作学、环境化学、农业水资源利用学、农业水环境学、农业遥感原理与应用、地理信息系统、农业遥感科学进展、农业区域发展专题	15门

（续表）

教研室	主任	依托单位	负责的研究生专业课程	数量
植物保护教研室	邱德文	植保所	植物病原真菌学、植物病原细菌学、植物病原线虫学、高级植物病毒学、高级植物病理学、昆虫生理学、昆虫生态学、昆虫分类学、农药学、农药生物化学、农药制剂学、农药残留与毒理学、高级杂草学、入侵生物学、高级生物安全、生物防治原理与实践、波谱学与色谱学	17 门
畜牧学与草学教研室	文　杰	牧医所	高级动物育种学、高级动物营养学、草地资源学、放牧管理学、牧草、草坪草育种学	5 门
农业信息教研室	许世卫	信息所	管理信息系统、知识管理、农业信息分析学、信息管理基础、信息资源管理、多媒体与虚拟农业技术、数据库原理与应用、农业信息技术	8 门
农业经济管理教研室	王济民	农经所	农业经济管理专题、农业技术经济学、中级计量经济学、外国农业经济、农村金融学	5 门

注：1. 共计 10 个教研室负责研究生专业课程 83 门；

2. 不含研究生回所后需开设的课程

中国农业科学院研究生院教学委员会三届二次会议纪要

中国农业科学院研究生院教学委员会三届二次会议于2014年10月10日在北京举行。本次会议的任务是贯彻落实党的十八大关于“深化教育领域综合改革”的精神，总结我院研究生培养和教学改革进展、开展“院所共建”教研室工作交流、审定课程教学大纲及主干课程建设成果，审议《研究生回所课程管理办法》和《研究生院课程建设实施办法》，讨论研究生培养与教学有关问题。来自中国农业科学院31个研究生培养单位的38名教学委员会委员、“院所共建”教研室以及研究生院各业务处室的40余位特邀代表出席了会议。研究生院常务副院长、教学委员会副主任委员韩惠鹏研究员主持会议。

中国农业科学院副院长、主任委员吴孔明院士在会上做了重要讲话。讲话站在全院和战略的高度，强调了研究生教育综合改革的重要意义，肯定了研究生培养和教学改革一年来取得的积极成效，指出我院在优化培养制度建设、创新教学组织模式、强化过程管理、推动院所联动、提高培养质量等方面均有新的进展和突破，为今后继续深化教育改革奠定了良好基础。讲话结合当前研究生教育发展新形势，客观分析了我院研究生教育在条件建设、课程建设、学科建设、教育管理体制和机制等方面存在的不足，要求全院上下居安思危、未雨绸缪，准确把握机遇挑战，科学制定改革工作的时间表和路线图。最后，讲话围绕国家发展战略需求和中国农业科学院科技创新目标，阐释了研究生教育在全院发展中的重要地位，强调研究生教育综合改革是一个系统工程，要顶层设计、院所联动、分类推进，进一步增强做好研究生教育工作的责任感和使命感；要提高研究生教育国际国内交流与合作水平，培养学生参与国际、国内两种竞争的能力；在条件建设、课程建设、管理体制与机制方面，要继续深化改革，着力破解改革发展中遇到的问题，优化育人环境，培养“顶天立地”的高层次创新人才。

研究生院副院长、教学委员会副主任委员刘荣乐研究员就研究生培养与教学改革工作进展作了报告，并就会议有关议题作了说明。随后，作物学教研室主任王述民研究员、植物保护教研室副主任郑永权研究员、农业资源与环境教研室主任徐明岗研究员依次做了“院所共建”教研室工作交流，介绍了各自教研室成立以来开展的主要工作，交流了教研室管理经验，并提出了进一步发挥“院所共建”教研室职能的建议。会议分作物学科组、动物学科组、资源与环境学科组、管理与工程学科组4个学科组进行分组讨论。各学科组讨论了研究生培养与教学改革工作进展情况，审议了《研究生回所课程管理办法》《研究生院课程建设实施办法》、教研室课程建设项目申报计划、主干课程建设成果和研究生新修订课程教学大纲，讨论了“农产品质量与食物安全”等7个专业博士生入学考试科目设置调整方案。在大会总结交流阶段，各学科组召集人向大会汇报了本组的具体讨论情况。刘荣乐副主任委员针对讨论交流情况作了大会总结。会议经过充分讨论形成以下意见。

1. 会议认为，我院研究生培养与教学改革实施一年来，措施得力、进展顺利、效果明显，取得了非常好的阶段性成果。同时，针对新培养方案、“大小学”期制、实验记录检查和院所共建教研室等改革中出现的新情况，要加强调研和协调，在改革中不断完善和发展。

2. 会议认为，研究生回所3个月内完成开题报告时间比较紧张，建议博士生开题报告时间推迟到第二学期5月底，硕士生开题时间在第二学期8月底。

3. 会议原则通过了《研究生回所课程管理办法（试行）》《研究生院课程建设实施办法（试行）》，建议研究生院根据会议意见修改完善后施行。

4. 会议审议通过了“分子细胞生物学”“放牧管理学”“牧草育种学”“农业遥感原理与应用”“土壤化学”“农村金融学”“植物病原细菌学”“昆虫生态学”“农药学”“农药制剂学”“农药残留与毒理学”“转基因生物安全研究进展”“生物防治原理与实践”“波普学与色谱学”“高级观赏植物育种学”“农业信息分析学”“高级食品化学”共17门新建课程建设项目申报计划与“高级蔬菜育种学”1门修订课程建设项目申报计划，建议研究生院按照课程建设相关办法，加强与教研室的沟通协调，组织实施课程建设项目。

5. 会议讨论并原则通过了“作物育种学专题”等31门课程的教学大纲，并提出了具体修改意见，建议研究生院培养处将相关意见反馈给任课教师以便修改完善。

6. 会议审议通过了“动物传染病学专题”“食品微生物学”2门主干课程建设成果，建议研究生院培养处将会议意见反馈给课程负责人，按照评审专家意见和学科组意见修改完善。

7. 会议讨论并原则通过了“农产品质量与食物安全”“杂草学”“生物防治学”“生物物理学”等7个专业博士生入学考试科目设置调整方案，并提出了具体建议意见，由招生就业处按照相关意见修改完善考试科目设置。

本次会议是深化我院研究生教育改革的一次重要会议，全面总结了我院研究生培养与教学改革进展，审议通过了研究生课程建设和回所课程管理的办法，讨论了研究生培养和教学管理相关问题，有利于总结经验、凝聚共识、规范管理，对进一步深化我院研究生培养与教学改革、全面提高研究生培养质量具有重要的指导意义。

关于授予付睿琦等 36 人博士学位、邹勇等 140 人硕士学位的决定

农科学位〔2014〕3 号

院属各研究所：

中国农业科学院第八届学位评定委员会第二次全体会议于 2014 年 1 月 16 日在北京召开，根据《中华人民共和国学位条例》和《中国农业科学院学位授予工作细则》规定，决定授予付睿琦等 36 人博士学位、邹勇等 140 人硕士学位，详细名单见附件，学位授予时间为 2014 年 1 月 16 日。

附件：中国农业科学院 2013 年冬季授予学位名单

中国农业科学院学位评定委员会

2014 年 3 月 5 日

附件

2014年冬季授予学位人员名单

1. 授予博士学位人员名单（36人）

付睿琦 杨　锚 陈　松 陈玛琳 陈　思 陈伟维 邵　靖 柳金平 肖碧林
朱　伟 郝卫平 唐巧玲 陈相永 张生学 李　芳 顾立江 焦晓明 赵美霞
刘旦梅 邓　欣 李建平 李　飞 冯华朋 曾显营 任小平 吕洪坤 占小登
罗　炬 张颖君 刘红艳
MD. Anisur Rahman　Talat Farshid　Thi thi Tar
Mohammad Muhebbullah Ibne Hoque　Khan Muhammad Kashif Riaz　Ali Abid

2. 授予学术型硕士学位人员名单（9人）

邹　勇 滕晓龙 康大成 李颖睿 张　伟 齐俊贤 田　甜
Hidayat Ashari　Cyimana Mulinda

3. 授予同等学力硕士学位人员名单（4人）

杨珍伟 杨硕 范　玉 李昊儒

4. 授予全日制专业学位硕士学位人员名单（1人）

曾少敏

5. 授予非全日制专业学位硕士学位人员名单（126人）

白长清 蔡春河 常本超 车永辉 陈凤山 陈啸云 陈志勇 东宇辉 范海涛
高　峰 耿鹏森 顾宝达 关喜涛 郭力野 韩新春 黄　建 焦少杰 孔佑树
赖松萍 李宝英 李海龙 李洪颖 李树欢 李勇海 刘　封 刘金江 刘卫平
刘运岭 刘韵非 明　月 牟蕴慧 秦广臣 曲　吉 史晓璐 宋国英 苏　曼
孙洛夫 谭旭辉 唐　铭 王　菁 王连军 王显峰 吴　超 吴志强 谢宝峰
徐　娥 轩殿勇 杨纯杰 于瑞君 张国友 张　磊 赵　阳 周　黎 周　鑫
朱洪涛 孙　峰 王学娜 梁子东 白　冰 路明祥 魏　一 李粉霞 王文峰

吴烨东	徐友伟	许娟妮	杨　俊	张　瑜	陈凯新	田　昕	王晓婷	杨汉卿
杨　静	张文会	叶万军	张永欣	汪　博	吴宏达	常俊景	李素霞	崔嵩岑
党永超	戈照平	侯　帅	李　平	杨　斌	云春艳	方健黎	袁文斌	高云飞
黄　旗	黄元炬	李鹤鹏	李　泳	刘　青	沈昶伟	尉文彬	云晓鹏	翟宏伟
张　洋	陈晓敏	韩承伟	黄珍平	霍玉刚	贾新合	金振国	刘宁涛	任红晓
唐　琳	王晋雄	王立春	王　蕊	吴　波	吴俊彦	徐洪岩	杨　学	姚清鉴
应雄美	余大龙	张　强	赵翠荣	赵　云	郑晓微	朱玉君	邢　迪	杨国丽

关于授予姜成钢等 165 名博士、胡祥发等 750 名硕士学位的决定

农科学位〔2014〕5 号

院属各研究所：

中国农业科学院第八届学位评定委员会第三次全体会议于 2014 年 6 月 25 日在北京召开，根据《中华人民共和国学位条例》和《中国农业科学院学位授予工作细则》规定，决定授予姜成钢等 165 名博士、胡祥发等 750 名硕士学位，其中学术型硕士学位 482 名，同等学力硕士学位 5 名，全日制专业学位硕士 144 名，非全日制专业学位硕士 119 名，具体名单见附件。

附件：2014 年夏季授予学位人员名单

中国农业科学院学位评定委员会
2014 年 8 月 27 日

附件

2014 年夏季授予学位人员名单

1. 授予博士学位人员名单（165 人）

姜成钢	侯俊玲	王　旭	靳　茜	张云贵	许咏梅	王步云	沙日耐	邵西群
苏君鸿	罗　东	肖红利	郑崇珂	张增林	钟铮铮	孟红岩	杨作仁	张凤启
施勇烽	胡时开	王　凯	张　薇	周晓鸿	林　敏	王　杕	常敬华	崔文明
王妍入	赵　飞	齐建建	郭　宁	孙继峰	张淑江	沈　浦	武慧斌	袁　亮
余　超	俄广鑫	姚　娜	李晓丽	李长慧	王士勇	李真光	孙军峰	郭　晶
李　凯	高闪电	宫晓炜	康永兴	杨　坤	张丽娜	苏晓峰	柳小庆	邓　超
郑　武	那　雷	姜建芳	杨建莹	隋倩雯	冯　棣	周建霞	贺　远	郑建树
丁安明	陈明丽	王彩红	王姣姣	张慧杰	陈　晨	倪　娜	李红娟	朱玉昌
喻　理	李　鑫	赵永敢	习　斌	尹国伟	岳慧丽	王曦光	姜丽华	李超汉
吕红豪	张春芝	柴彦君	张文学	宁东峰	王健波	王　磊	李宗南	李金亚
胡向敏	贺　振	吴圣勇	王忠跃	边　磊	吴小虎	崔　丽	黄兆峰	齐会会
徐海云	陆涛峰	刘　欣	肖俊峰	马　涛	李文清	晁跃辉	李　俊	薛艳林
崔东安	王　婧	刘淑清	王　炜	杨　莘	张　旻	田明星	詹　媛	刘建波
高　立	李旭勇	史鸿飞	梁立滨	王　琦	张念章	吴　琼	陈　蕾	冯若飞
闫　琰	王志丹	杨光明	高　云	蒋　辉	袁智慧	冯　献	王　克	叶　晗
张　琳	席桂萍	周忠丽						

S. M. Mizanur Rahman
Uddin Mohammed Shalim
Mohammad Eyakub Ali
Tomoro Eric-Desire
Bello Babatunde Kazeem
Pimpan Pimonrat
Uluko Hankie
Carrasco Torrano Antonio Carlos
Ilyas Muhammad Kashif
Abdelsami Musa Ibrahim Adam
Wahocho Niaz Ahmed
Hussain Zahid
Ashrafunnahar
Tunio Muhammad Tarique
Tofael Ahmed
Julian Witjaksono
Sami Mohammed Adam Mohammed
Wubie Abebe Jenberie
Petchpikul Vangmul
Hassan Hamza Abdel-Halim Mostafa
Husham Nasreldin Mustafa Hussan
Adel Fahmi Ahmed Ahmed
Talpur Khalid Hussaim
Bashir Lubna
Ko Ko
Al-Mayahi Alaa Hussein Sadoon

Mutlag Ali Mahdi Mutlag

2. 授予学术型硕士学位人员名单（482人）

胡祥发	潘　霞	许鸿越	李　宁	张文博	姜延涛	曹　阳	王　斌	徐建文
张瑜洁	柏　宇	崔西苓	史发超	薛庆婉	杨　娟	弓　湃	谷　伟	尚立国
王文涛	杨晓燕	张　林	麻婷婷	李脉泉	徐　坤	宗　莹	辛士超	霍凤敏
邵　弨	汪小杰	王慧敏	王　坤	薛鲜丽	杨芯卓	曹　建	曹　宇	龚前园
江晶晶	雷　志	李　超	李馥丽	李田田	王　平	谢　礼	徐　潮	许博思
张华光	祝步拓	李　颖	任　飞	唐小丽	伍文宪	张　屾	张　喆	赵成金
訾　倩	郭小婧	贾艳丽	高新桃	王　健	卫　正	陈文杰	杨　方	杨晓梅
张　婧	张盼弟	惠锦卓	纪巧凤	李　洁	鲁　宁	唐晓川	王　杰	韩　余
沈　成	王申莹	吴朋来	白芳芳	梁华锋	刘文娟	陶国通	刘义飞	彭东玲
孙维拓	顾新娇	刘　越	孙　聪	王显贵	王秀荣	程韵韵	李　同	董　琪
高青珍	董向艳	孙　杰	黄亚涛	李敏洁	李朋颖	毛文成	黄彩霞	封小龙
冯晓琳	郭丽娜	李亚茹	卢洋洋	马奕颜	王延州	魏丹丹	席利莎	薛海晓
张　伟	赵丽丽	王　馨	杨艺婷	胡　娜	赵　春	焦　艺	李　银	李　珍
潘　晗	孙红梅	杨　扬	曾目成	沈敏江	王新兵	安晓霞	杨媛茹	陈　阳
裴鹏刚	赵　霞	任　夏	尚　斌	宋毓峰	孙弋媛	张　良	陈荣荣	高友菲
江安龙	刘金栋	刘小刚	马飞前	牟颖熙	田　玲	王小倩	徐东东	杨　莉
张焕欣	张　伟	赵沙沙	周　扬	周志强	邹　筱	程海亮	崔艳利	陆许可
许菲菲	赵凤利	王　会	徐明月	李　楠	朱涛涛	刘　林	吕向光	邱结华
王　兰	王　莉	文志华	张　斌	张宏伟	李　凌	李艳丽	吴清章	张雪峰
郑吉云	白　鹏	符思路	姜　锋	姜俊烨	焦付超	李金梅	李　龙	刘　波
刘　丹	宋高原	周　静	卢合均	李媛媛	陈夏晔	王　勇	邢要非	李　敏
王恒玲	陈小龙	蒯　雁	王玉华	张军刚	刘晓梅	宋　娟	杨　雨	于　营
赵伟伟	付晓伟	常耀军	范元广	赵君全	邓　珍	段蒙蒙	段韫丹	范珊珊
李佩荣	李　涛	梁　欢	刘基生	刘　锦	刘晓林	路洪凤	苏晓梅	王红飞
王　敏	杨　冲	张铁耀	张伟伟	张小丽	张学铭	豆峻岭	贺玉花	陈春梅
冯素花	滑金杰	刘盼盼	刘　爽	施　江	薛金金	尹　鹏	张桂华	张坚强
张振梅	徐雷锋	孟繁华	徐艳丽	张　丽	张水勤	胡　玮	阎宏亮	陆仲烟
高嵩涓	李　昂	李国龙	李文超	荣勤雷	王　美	赵姣姣	李永旗	鹿　莹
李　景	刘时东	朱　聪	刘书通	李志鹏	王德营	韩丹蕊	李新乐	贾双伟
陈　璐	孟姗姗	曹华宁	崔江宽	葛润静	蒋　洁	金　文	李潇桐	李媛媛
刘　伟	宁利园	潘　逸	秦发亮	秦　吕	沈凡瑞	史倩倩	王梦颖	王　振
张家家	朱琳峰	王玲飞	孙超超	袁午舟	周荣芳	毕建华	孟　坤	夏　艳

朱红娟　田丽霞　杜光青　郭井菲　郭颖伟　李敏敏　刘　遥　王英丽　王月琴
武鸿鹄　杨　康　张亚平　张　勇　耿书宝　杜　琴　赵　冲　高贝贝　徐希宝
杨　帅　郑　玉　周训卿　朱玉龙　高　阳　瞿巧钰　闫晓阳　杨　龙　杨鑫浩
梁利娜　彭　赫　蔡玉音　杜立啸　李小凤　韦　姣　肖　博　岳　雷　朱香镇
杜军慧　贺亚南　刘小丹　舒国涛　孙　艳　王　辰　王　晨　王光凯　王延晖
王耀武　吴　洋　赵敬贤　朱师云　崔　祥　邓晓文　郭军蕊　楼　灿　郁欢欢
张立霞　赵　芹　刘　萌　孙月娇　冯跃进　李励军　马春艳　马　赛　潘　龙
苏红光　孙春阳　汤超华　田传欢　王德山　王少璞　杨培歌　喻小琼　张　莉
李　跃　强海平　王梦颖　贺　晶　刘青松　张　雪　李　薇　徐龙龙　张　红
贡　筱　郭　强　刘　操　邢思远　常瑞祥　刘翠翠　卢　超　沈友明　隋修锟
张改梅　王海勇　王　坤　程　群　韩　月　李颖利　曲昱蓉　任超超　汪军卿
王艳歌　吴家俊　吴晓刚　杨晓娇　杨逸凡　余　磊　岳嘉蘋　白小飞　蔡伟刚
陈玲凤　陈玉明　慈彦鹏　崔保亮　单继艳　单丽玲　冯　烁　高　明　高　奇
霍　红　纪晓琳　李长龙　李倩倩　李晓芳　李媛媛　孙　超　孙　晶　孙　亮
孙　凌　孙留克　孙永珍　王春花　王　帅　王雪枝　王　增　谢小春　尹春红
张　辉　张利杰　张娈娈　张苗苗　赵莎莎　郑惠文　周玉梅　范朋举　范彦雷
高　鹏　韩广伟　江海海　郎一飞　刘静宜　乔洋洋　宋江伟　王芳芳　王海明
姚文娟　张浩浩　张　萌　张　晓　赵帅阳　郑莹莹　夏鑫超　闫　星　范　超
江兆玲　王昊欣　肖文龙　王　卓　李　峥　刘晓宇　王　烁　张　洁　张　静
李俊杰　李　慧　李喜明　石自忠　岳子惠　高显钧　黄佳琦　霍　然　刘佳佳
刘　磊　罗颖玲　王　宁　白裕兵　李美娟　刘黎黎　谢思娜　苏　晓　葛欣旭
黄冬春

Kiflom Weldu Okubazghi　Samuel Kesete Ghirmay
Dia Souleymane　Ahmed Abdul-Gafar

3. 授予同等学力硕士学位人员名单（5 人）

吕　律　陈妍　沈星荣　宁　扬　夏　雪

4. 授予全日制专业学位硕士学位人员名单（144 人）

洪彦涛　焦　浏　李　真　余曼丽　张　硕　郭志军　李晓娜　刘艳改　宋明梅
王天抗　成良强　王　蕾　吴金锋　武耀龙　方鹏飞　薄国栋　丛　鑫　丁　睿
高亭亭　李　哲　于　利　朱　佩　李腾懿　李　昂　李世超　刘东明　刘书林
王　慧　张明华　张　萍　张晓敏　张新英　白晓燕　郭洋涛　王鹏程　何翠翠
何福龙　侯艳林　刘立生　于会丽　岳龙凯　张　文　郑　凯　刘刚金　常　帅

祁伟彦 秦子惠 唐小凤 张吉祥 张文玥 冯 磊 黄晓庆 孔德龙 雷文斌
李 羽 刘彦彦 罗茂海 马涛涛 王 洁 王苗苗 魏金金 邢振龙 张召荣
赵凤杰 郑作涛 周延乐 朱文超 薛 冬 杨立强 王月超 杨 斌 张爱华
周 梁 崔 鹏 冯宇隆 刘 念 裴 沛 吴 鑫 杨 琴 张淑珍 沈一茹
文伯健 陈双庆 李保花 刘 佩 梁晓芳 米晓霞 杨丽华 姜 楠 李淑静
牟 慧 王 杰 夏安琪 王 强 胡 娟 李 静 李正翔 王振军 朱春生
邓玲玲 段明明 郭小勇 郭艳红 郭亦非 胡 超 梁瑞英 缪秋红 乔洪宾
伍妙梨 张花景 陈 曦 韩 斅 胡旭乐 李 莉 李文辉 刘丽萍 吕 让
马兴杰 牛银杰 全传松 申 梁 陶 冶 王香玲 王云鹤 严 昊 杨 超
张志慧 赵鸿远 赵颖慧 周 泷 蔡 虎 董 虎 李登科 李君君 林中青
刘 彬 刘 伟 卢 昌 蒲元华 孙东杰 仝燕许 杨 洋 程 龙 尚利明

5. 授予非全日制专业学位硕士学位人员名单（119 人）

董风雪 郭 雷 何 璠 侯佳欣 胡莹莹 季立婧 贾学文 兰红宇 李 鹏
李伟东 林 静 刘 瑶 刘 畅 刘宗林 潘 栗 邱 虹 舒 帆 舒 朗
宋 安 宋玉和 陶 磊 万 妮 王传岐 王立君 王 岩 王 营 武中庆
夏雪芹 徐 翔 杨恩庶 杨 利 于晓雷 赵立娟 周亚光 韩凯东 胡潮水
李乾志 赖婧滢 司智霞 谢 辉 赵 鹏 邹家龙 侯建英 李旭军 提文祥
王世平 向必坤 熊永生 杨丽维 付立新 骆冬洁 南 楠 沈群超 孙延军
陶 烨 叶小君 张长水 周 伟 蔡 化 高 薇 刘文博 吴国平 吴 豪
陈晓东 樊志鑫 顾田甜 瞿素萍 毛晓梅 王 俊 邬志祥 张芮豪 周兴伟
陈茂娟 迟 莉 丁 伟 桂良强 李青超 李伟杰 唐大鹏 武琳琳 杨 莹
尹艳琼 曾慧芳 赵 伟 郑竹胜 白桂萍 董晓慧 冯 骏 付秋娟 何伟锋
康 媛 李志新 刘继民 吕 芃 沈海军 舒培培 王翠玲 王 科 王彤彤
王应学 魏国胜 谢树鹏 许 健 薛俊武 杨耿斌 杨淑萍 于运凯 张文英
钟建龙 周 娅 朱宗第 邹 茜 李存贵 李明波 刘坤洋 孙世宇 王新爱
吴芳春 杨志刚

中国农业科学院 2014 年度优秀论文名单

根据《中国农业科学院优秀学位论文评选及奖励办法》的规定，严格按照个人申请、所学位委员会初审、学科评议组二审、院学位委员会复审、候选论文通讯评议、院学位委员会终审的评选程序，经中国农业科学院第八届学位评定委员会第四次会议审议并投票表决，确定陈晨等 10 名博士、高贝贝等 19 名硕士获中国农业科学院 2014 年度优秀学位论文奖。优秀学位论文名单在中国农业科学院网站公示 30 天无异议后正式发文予以公布（农科学位〔2015〕3 号），具体名单如下。

1. 中国农业科学院 2014 年度优秀博士学位论文名单

序号	姓名	专业	导师	论文题目	一级学科
1	陈晨	农产品质量与食物安全	钱永忠	农药残留混合污染联合毒性效应研究	作物学
2	邓　超	生物化学与分子生物学	张　杰	苏云金芽胞杆菌 LM1212 菌株芽胞和晶体形成的分化研究	生物学
3	郭　晶	预防兽医学	陈化兰	H5N1 禽流感病毒的 M1 蛋白对哺乳动物致病力的分子机制研究	兽医学
4	姜桂英	土壤学	徐明岗	中国农田长期不同施肥下的土壤固碳潜力及预测	农业资源与环境
5	李旭勇	预防兽医学	陈化兰	H5N1 亚型禽流感病毒对哺乳动物致病机制及 H9N2 亚型禽流感病毒生物学特性研究	兽医学
6	齐建建	蔬菜学	黄三文	黄瓜遗传多样性和人工驯化的分子基础	园艺学
7	王　琦	预防兽医学	王笑梅	J 亚群禽白血病病毒致病性增强的分子机制	兽医学
8	王妍入	农产品质量与食物安全	李培武	黄曲霉毒素替代物绿色免疫分析研究	作物学

（续表）

序号	姓名	专业	导师	论文题目	一级学科
9	吴小虎	农药学	郑永权	氟磺胺草醚对土壤微生物多样性的影响	植物保护
10	杨作仁	生物化学与分子生物学	李付广	棉花 T-DNA 激活标签突变体 pag1 分子机制的研究与应用	生物学

2. 中国农业科学院 2014 年度优秀硕士学位论文名单

序号	姓名	专业	导师	论文题目	一级学科
1	高贝贝	农药学	折冬梅	农药职业暴露风险评估之背负式喷雾场景	植物保护
2	高　奇	预防兽医学	高玉龙	ALV 多重 PCR 检测方法建立及 ALV-J U3 区嵌合病毒体外复制研究	兽医学
3	纪晓琳	预防兽医学	王笑梅	5′非编码区自然插入 19nt 对 J 亚群禽白血病病毒复制和致病力的影响	兽医学
4	江安龙	作物遗传育种	马有志	抗旱相关转录因子大豆 *GmNF-YA20* 和粗山羊草 *AetTZF1* 的克隆及其功能解析	作物学
5	江海海	预防兽医学	朱兴全	江西猪弓形虫病和衣原体病血清学调查及我国部分地区猪弓形虫基因型研究	兽医学
6	李　银	农产品加工及贮藏工程	张春晖	蛋白氧化对肌肉保水性的影响机制研究	食品科学与工程
7	刘　丹	作物种质资源学	景蕊莲	小麦抗逆相关基因 *TaPP2AbB″*的克隆及功能分析	作物学
8	路洪凤	蔬菜学	黄三文	黄瓜早花基因的 QTL 定位	园艺学

（续表）

序号	姓名	专业	导师	论文题目	一级学科
9	米晓霞	食品加工与安全	陈　刚	禽蛋及猪血浆中类固醇激素含量的检测——液相色谱串联质谱法	食品科学与工程
10	沈一茹	养殖	邹剑敏	基于UPLC Q-TOF/MS代谢组学技术对低温诱导腹水综合征肉鸡肝脏代谢组变化的研究	畜牧学
11	孙　亮	预防兽医学	吴东来	蓝舌病病毒4型VP5蛋白单克隆抗体的制备及抗原表位的鉴定	兽医学
12	王慧敏	生物化学与分子生物学	姚　斌	嗜热微生物来源的α-半乳糖苷酶的基因克隆和性质研究	生物学
13	王　坤	生物化学与分子生物学	罗会颖	嗜热纤维素酶基因的克隆表达及链霉菌S9来源的木聚糖酶XynAS9热稳定性改良研究	生物学
14	王　平	生物化学与分子生物学	伍宁丰	嗜热耐酸α-淀粉酶PFA在芽孢杆菌中分泌表达的研究	生物学
15	吴清章	作物遗传育种	刘贯山	一个烟草白茎突变体的鉴定与遗传分析	作物学
16	尹春红	预防兽医学	王笑梅	两株禽呼肠孤病毒分离株生物学特性分析及间接ELISA方法的建立	兽医学
17	张　伟	农业遥感	覃志豪	川东丘陵区耕地复种指数遥感反演研究	农业资源与环境
18	赵丽丽	食品科学	吕加平	羊乳的热稳定性与凝胶特性的研究	食品科学与工程
19	朱玉龙	农药学	郑永权	土壤中噻虫啉生物有效性的评价及生物炭对其影响规律	植物保护

2014 年新增博士研究生指导教师名单

根据《中国农业科学院研究生指导教师工作条例》的规定，经中国农业科学院第八届学位评定委员会第三次全体会议审议，并以无记名投票形式表决通过，批准毕金峰等 83 人新增为我院博士研究生指导教师。新增博士研究生指导教师名单在中国农业科学院网站公示 15 天无异议后正式发文予以公布（农科学位〔2014〕8 号），博士研究生指导教师资格从 2014 年 6 月 25 日起生效。具体名单如下。

2014 年新增博士研究生指导教师名单

序号	姓名	性别	研究所	专业
1	毕金峰	男	加工所	农产品加工利用
2	蔡雪辉	男	哈尔滨兽医所	预防兽医学
3	曹卫东	男	资划所	植物营养学
4	曾洪梅	女	植保所	植物病理学
5	陈建华	男	麻类所	作物种质资源学
6	陈巨莲	女	植保所	农业昆虫与害虫防治
7	陈卫华	男	加工所	农产品加工利用
8	邓国华	男	哈尔滨兽医所	预防兽医学
9	范术丽	女	棉花所	作物遗传育种
10	冯新港	男	上海兽医所	预防兽医学
11	高清竹	男	环发所	农业气象与气候变化
12	耿　贵	男	甜菜所	作物遗传育种
13	郭建英	女	植保所	入侵生物学
14	郭　维	男	加工所	植物病理学
15	黄世文	男	水稻所	植物病理学
16	贾万忠	男	兰州兽医所	预防兽医学
17	江和源	男	茶叶所	茶学

（续表）

序号	姓名	性别	研究所	专业
18	江幸福	男	植保所	农业昆虫与害虫防治
19	蒋红云	女	植保所	农药学
20	居　辉	女	环发所	农业气象与气候变化
21	李呈军	男	哈尔滨兽医所	预防兽医学
22	李建平	男	资划所	农业区域发展
23	李建伟	男	资划所	土壤学
24	李盛本	男	基因所	生物化学与分子生物学
25	李秀波	女	饲料所	兽药学
26	李英慧	女	作科所	作物种质资源学
27	刘崇怀	男	郑果所	果树学
28	刘贯山	男	烟草所	作物遗传育种
29	刘光清	男	上海兽医所	预防兽医学
30	刘国华	男	饲料所	动物营养与饲料科学
31	刘宏斌	男	资划所	农业生态学
32	刘文科	男	环发所	植物营养学
33	刘晓辉	男	植保所	生物化学与分子生物学
34	刘永生	男	兰州兽医所	预防兽医学
35	刘　智	男	饲料所	微生物学
36	陆宴辉	男	植保所	农业昆虫与害虫防治
37	罗良国	男	环发所	农业生态学
38	骆学农	男	兰州兽医所	预防兽医学
39	马良勇	男	水稻所	作物遗传育种
40	毛世平	男	农经所	产业经济
41	聂继云	男	果树所	果树学
42	漆新华	男	环保所	环境科学

（续表）

序号	姓名	性别	研究所	专业
43	阮　珏	男	基因所	生物信息学
44	沈清武	男	加工所	农产品加工利用
45	宋福平	男	植保所	生物化学与分子生物学
46	宋　英	女	植保所	生物化学与分子生物学
47	苏小运	男	饲料所	生物化学与分子生物学
48	孙加强	男	作科所	生物化学与分子生物学
49	唐绍清	男	水稻所	水稻遗传育种
50	万里强	男	牧医所	草业科学
51	汪　洪	男	资划所	植物营养学
52	王　栋	男	牧医所	动物遗传育种与繁殖
53	王立刚	男	资划所	生态学
54	王　权	男	上海兽医所	预防兽医学
55	王晓钧	男	哈尔滨兽医所	预防兽医学
56	吴黎明	男	蜜蜂所	农产品质量与食物安全
57	吴青君	女	蔬菜所	农业昆虫与害虫防治
58	吴永常	男	资划所	农业区域发展
59	武雪萍	女	资划所	农业水资源与环境
60	辛九庆	男	哈尔滨兽医所	预防兽医学
61	邢朝柱	男	棉花所	作物遗传育种
62	邢秀梅	女	特产所	特种经济动物饲养
63	熊国胜	男	基因所	作物遗传育种
64	熊　伟	男	环发所	农业气象与气候变化
65	薛　敏	女	饲料所	动物营养与饲料科学
66	薛新宇	女	农机化所	作物土壤机械工程学
67	杨培龙	男	饲料所	生物化学与分子生物学

（续表）

序号	姓名	性别	研究所	专业
68	杨庆文	男	作科所	作物种质资源学
69	张春晖	男	加工所	农产品加工利用
70	张光恒	男	水稻所	水稻遗传育种
71	张会民	男	资划所	土壤学
72	张蕙杰	女	信息所	农业经济管理
73	张　杰	女	兰州兽医所	预防兽医学
74	张永强	男	生物所	生物化学与分子生物学
75	张玉波	男	基因所	生物化学与分子生物学
76	赵桂苹	女	牧医所	动物遗传育种与繁殖
77	郑金铠	男	加工所	农产品加工利用
78	郑向群	男	环保所	环境工程
79	郑永辉	男	哈尔滨兽医所	预防兽医学
80	周素梅	女	加工所	农产品加工利用
81	周艳君	女	上海兽医所	预防兽医学
82	朱启运	男	兰州兽医所	预防兽医学
83	宗绪晓	男	作科所	作物种质资源学

2014 年增聘专业学位导师名单

非全日制专业学位院外导师新增 66 人。其中，黑龙江省农业科学院 32 人，云南省农业科学院 12 人，辽宁省农业科学院 5 人，天津师范大学 17 人。名单如下。

2014 年增聘专业学位硕士研究生指导教师名单

序号	姓名	性别	出生年月	工作单位	职称	研究方向	证书编号
1	滕险峰	男	1971.5	黑龙江省农业科学院科研处	研究员	农村与区域发展	14013
2	何　宁	女	1966.3	黑龙江省农业科学院外事处	研究员	植物抗逆生理研究	14014
3	焦少杰	男	1969.2	黑龙江省农业科学院育种所	研究员	高粱育种	14015
4	赵海滨	男	1974.8	黑龙江省农业科学院育种所	研究员	小麦育种	14016
5	张春利	男	1970.3	黑龙江省农业科学院育种所	研究员	小麦遗传育种	14017
6	吴俊江	男	1970.3	黑龙江省农业科学院大豆所	研究员	大豆高产栽培	14018
7	郭玉莲	女	1970.10	黑龙江省农业科学院植保所	研究员	杂草防除、除草剂应用技术及环境毒理	14019
8	孟　英	女	1970.12	黑龙江省农业科学院耕作栽培所	研究员	作物栽培	14020
9	毕洪文	女	1964.9	黑龙江省农业科学院信息中心	研究员	农业信息技术	14021
10	孙向东	男	1965.7	黑龙江省农业科学院农产品质量安全所	研究员	农产品加工与质量安全	14022

（续表）

序号	姓名	性别	出生年月	工作单位	职称	研究方向	证书编号
11	杨　学	男	1969.12	黑龙江省农业科学院经作所	研究员	经济作物病虫害、抗病基因分子标记及克隆	14023
12	吴广文	男	1964.7	黑龙江省农业科学院经济作物所	研究员	亚麻育种	14024
13	黄绪堂	男	1964.11	黑龙江省农业科学院经济作物所	研究员	向日葵育种	14025
14	申忠宝	男	1973.3	黑龙江省农业科学院草业所	研究员	牧草育种与栽培	14026
15	王晓祥	男	1969.1	黑龙江省农业科学院园艺分院	研究员	果树育种与栽培技术	14027
16	史庆馨	女	1969.9	黑龙江省农业科学院园艺分院	研究员	大白菜育种	14028
17	鹿文成	男	1970.11	黑龙江省农业科学院黑河分院	研究员	作物遗传育种	14029
18	丁俊杰	男	1974.6	黑龙江省农业科学院佳木斯分院植保所	研究员	大豆病害	14030
19	张敬涛	男	1964.4	黑龙江省农业科学院佳木斯分院	研究员	大豆高产及窄行免耕	14031
20	王延峰	男	1973.11	黑龙江省农业科学院牡丹江分院	研究员	食用菌育种、栽培及菌渣利用	14032
21	崔秀辉	女	1963.5	黑龙江省农业科学院齐齐哈尔分院	研究员	杂粮育种	14033
22	刘传雪	男	1970.12	黑龙江省农业科学院佳木斯水稻所	研究员	水稻育种	14034
23	刘宝民	男	1965.2	黑龙江省农业科学院成果产业处	教授级高级政工师	农村与区域发展	14035
24	姬景红	女	1979.4	黑龙江省农业科学院土壤肥料与环境资源研究所	副研究员	土壤肥力	14036

（续表）

序号	姓名	性别	出生年月	工作单位	职称	研究方向	证书编号
25	马星竹	女	1980.5	黑龙江省农业科学院土肥所	副研究员	农业资源利用	14037
26	刘玉峰	男	1978.3	黑龙江省农业科学院畜牧所	副研究员	养羊生产	14038
27	刘自广	男	1969.10	黑龙江省农业科学院畜牧所	副研究员	民猪耐寒机制研究	14039
28	钱春荣	女	1973.8	黑龙江省农业科学院耕作栽培所	副研究员	玉米高产高效栽培	14040
29	刘春来	男	1975.2	黑龙江省农业科学院植保所	副研究员	生物防治	14041
30	冯　鹏	男	1980.12	黑龙江省农业科学院佳木斯分院	副研究员	牧草育种及栽培	14042
31	付　博	男	1978.5	黑龙江省农业科学院畜牧所	副研究员	动物遗传育种与繁殖	14043
32	洪　非	男	1974.11	黑龙江省明水县政府	副高	农村与区域发展	14044
33	吴文炜	男	1963.11	云南省农业科学院农业环境资源研究所	研究员	农业害虫与防控技术、农药研发与应用技术	14001
34	赵智勇	男	1976.9	云南省畜牧兽医科学院	副研究员	兽医	14002
35	陈宗麒	男	1955.12	云南省农业科学院农业环境资源研究所	研究员	害虫生物防治	14003
36	和江明	男	1969.8	云南省农业科学院园艺作物研究所	研究员	蔬菜生物技术育种	14004
37	金　航	男	1964.4	云南省农业科学院药用植物研究所	研究员	中药资源	14005

（续表）

序号	姓名	性别	出生年月	工作单位	职称	研究方向	证书编号
38	李家瑞	男	1964. 1	云南省农业科学院农业环境资源研究所	研究员	农作物病害防治	14006
39	李　露	男	1969. 4	云南省农业科学院粮食作物研究所	研究员	项目管理	14007
40	李荣福	男	1971. 2	云南省农业科学院茶叶研究所	副研究员	咖啡、茶叶栽培与加工	14008
41	李学林	男	1966. 6	云南省农业科学院	研究员	农业经济与区域发展	14009
42	刘本英	男	1972. 11	云南省农业科学院茶叶研究所	研究员	茶树种质资源与遗传育种	14010
43	罗　坤	男	1962. 7	云南省种业集团、云南省茧丝绸协会	研究员	蚕桑、农业产业经济	14011
44	马　钧	男	1965. 1	云南省农业科学院园艺作物研究所	副研究员	果树育种	14012
45	白元俊	男	1966. 10	辽宁省农业科学院植物保护研究所	研究员	水稻病害	14045
46	陈玉成	男	1960. 8	辽宁省农业科学院食品与加工研究所	研究员	农产品贮藏与加工	14046
47	刘爱群	男	1971. 1	辽宁省农业科学院蔬菜所	研究员	蔬菜栽培	14047
48	潘百涛	男	1978. 10	辽宁省设施农业工程技术中心	研究员	设施农业工程	14048
49	邹庆道	男	1969. 12	辽宁省农业科学院蔬菜研究所	研究员	番茄育种	14049
50	孙金生	男	1965. 4	天津师范大学生命科学学院	教授	水生生物学	14050
51	隋　茁	女	1958. 6	天津市畜牧业发展服务中心	高级畜牧师	畜牧	14051

（续表）

序号	姓名	性别	出生年月	工作单位	职称	研究方向	证书编号
52	冯守明	男	1965.8	天津市水产研究所	正高级工程师	水产养殖	14052
53	耿绪云	男	1963.11	天津市水生动物疫病预防控制中心	正高级工程师	海水养殖	14053
54	马维林	男	1960.6	天津市渔政渔港监督管理处	高级工程师	海水养殖	14054
55	宋文萍	男	1956.10	天津渤海水产研究所	研究员	水产养殖	14055
56	缴建华	男	1965.1	农业部渔业环境及水产品质量监督检验测试中心（天津）	研究员	生物科学	14056
57	徐晓丽	女	1983.3	天津市水产技术推广站	工程师	水生生物学	14057
58	薛淑霞	女	1979.6	天津市水生动物疫病预防控制中心	副研究员	细胞生物学	14058
59	张亦陈	男	1975.8	天津师范大学生命科学学院	副教授	海洋生物学	14059
60	刘逸尘	女	1974.8	天津师范大学生命科学学院	副教授	海洋生物学	14060
61	马成仓	男	1963.6	天津师范大学	教授	环境科学	14061
62	孙建华	女	1955.12	天津师范大学生命科学学院	教授	发酵工程	14062
63	多立安	男	1962.7	天津师范大学生命科学学院	教授	生态学	14063
64	岳洁瑜	女	1982.10	天津师范大学生命科学学院	讲师	作物遗传育种学	14064
65	段旭川	男	1962.8	天津师范大学生命科学学院	副教授	分析化学	14065
66	张国刚	男	1976.5	天津师范大学生命科学学院	副教授	生态学	14066

研究生奖助学金评选情况统计及国家奖学金获奖名单

根据奖学金的有关规定和评选办法，2014 年评选出“三仪最佳论文奖”获得者 16 名、“三仪奖优秀学生干部标兵”获得者 15 名（2014 年底完成）；“天邦研究生奖学金”获得者 10 名（2014 年底完成）；“先正达奖学金”获得者 2 名；“孟山都奖学金”获得者 20 名（2014 年底完成）；“拜耳作物科学奖学金”获得者 6 名（2014 年底完成）；“天根奖学金”获得者 15 名；“大北农励志助学金”获得者 20 名，“金龙鱼优博奖学金”获得者 8 名。完成了 2014 级特困生补助的评选和奖金发放工作（50 人左右 2014 年底完成）；完成了 2014 级研究生学业奖学金的评审工作，其中博士研究生学业奖学金一等奖 43 名，二等奖 104 名，三等奖 54 名；硕士研究生学业奖学金一等奖 136 名，二等奖 353 名，三等奖 199 名，奖励金额共计 746 万元；完成了研究生国家奖学金评选的工作，最终按照规定评选出了 30 名博士生、48 名硕士生。评选出优秀学生干部 145 名、社会活动优秀奖 177 名及先进班集体 10 个。

中国农业科学院关于上报 2014 年研究生国家奖学金名单的函

根据《中国农业科学院研究生院研究生学业奖学金评选办法（试行）》（农科研生〔2014〕106）的有关规定，经个人申请、各研究所初审、研究生院复审，最终确定李婕筠等 889 名 2014 级研究生在 2014—2015 学年度学业奖学金的获奖等级，其中博士研究生学业奖学金一等奖 43 名，二等奖 104 名，三等奖 54 名；硕士研究生学业奖学金一等奖 136 名，二等奖 353 名，三等奖 199 名，奖励金额共计 746 万元。获奖名单经公示 2 个工作日无异议，现决定按照获奖等级一次性给予李婕筠等 889 名同学 2014—2015 学年度学业奖学金（农科研生函〔2014〕25 号）。

中国农业科学院2014年博士研究生国家奖学金获奖名单

序号	学号	姓名	性别	民族	公民身份证号	基层单位	专业	培养单位	入学年月
1	82101111142	董坤哲	男	汉	410421198707266037	牧医所	动物遗传育种与繁殖	中国农业科学院研究生院	2011.9
2	82101129021	闻治国	男	汉	142229198501253317	牧医所	动物营养与饲料科学	中国农业科学院研究生院	2012.9
3	82101121163	曾健雄	男	汉	510311198711064513	哈尔滨兽医所	预防兽医学	中国农业科学院研究生院	2012.9
4	82101121027	赵　翔	男	汉	362502199006230419	环发所	生物物理学	中国农业科学院研究生院	2012.9
5	82101131040	王　悦	女	汉	332528198907102223	环发所	农业水土工程	中国农业科学院研究生院	2013.9
6	82101121081	刘　锐	男	汉	341227198911060036	加工所	农产品质量与食物安全	中国农业科学院研究生院	2012.9
7	82101121138	吴晓云	男	汉	62230119861003853X	兰州牧药所	动物遗传育种与繁殖	中国农业科学院研究生院	2012.9
8	82101121170	王　帅	男	汉	37132319871209583X	兰州兽医所	预防兽医学	中国农业科学院研究生院	2012.9
9	82101121190	彭成圆	女	汉	360502198706037429	农经所	农业经济管理	中国农业科学院研究生院	2012.9
10	82101121183	王　琛	女	汉	140106198503213042	农经所	农业经济管理	中国农业科学院研究生院	2012.9

（续表）

序号	学号	姓名	性别	民族	公民身份证号	基层单位	专业	培养单位	入学年月
11	82101121152	王小兰	女	汉	51062319870209902X	上海兽医所	预防兽医学	中国农业科学院研究生院	2012.9
12	82101131906	马　锐	女	汉	230405197504260243	生物所	生物化学与分子生物学	中国农业科学院研究生院	2013.9
13	82101131110	郭利桃	女	汉	43102519880629682X	蔬菜所	农业昆虫与害虫防治	中国农业科学院研究生院	2013.9
14	82101129011	林　涛	男	汉	370214198703054013	蔬菜所	蔬菜学	中国农业科学院研究生院	2012.9
15	82101121096	祝光涛	男	汉	370781198612246711	蔬菜所	蔬菜学	中国农业科学院研究生院	2012.9
16	82101131057	陈俊宇	男	汉	350103198711092716	水稻所	作物遗传育种	中国农业科学院研究生院	2013.9
17	82101121024	奉保华	男	汉	431121198606058915	水稻所	生物化学与分子生物学	中国农业科学院研究生院	2012.9
18	82101121139	吴学壮	男	汉	371525198508091034	饲料所	动物营养与饲料科学	中国农业科学院研究生院	2012.9
19	82101121066	陈雅琼	女	汉	152632198604150021	烟草所	作物遗传育种	中国农业科学院研究生院	2012.9
20	82101111044	李　娜	女	汉	410725198610103364	油料所	作物遗传育种	中国农业科学院研究生院	2011.9
21	82101121126	毛连纲	男	汉	370725198710270415	植保所	农药学	中国农业科学院研究生院	2012.9

（续表）

序号	学号	姓名	性别	民族	公民身份证号	基层单位	专业	培养单位	入学年月
22	82101121128	张嘉坤	女	汉	130133198504043345	植保所	农药学	中国农业科学院研究生院	2012.9
23	82101131112	张万娜	女	汉	410727198802100646	植保所	农业昆虫与害虫防治	中国农业科学院研究生院	2013.9
24	82101121182	刘利花	女	汉	410503198105062048	资划所	农业经济管理	中国农业科学院研究生院	2012.9
25	82101121106	徐新朋	男	汉	130822198407086211	资划所	植物营养学	中国农业科学院研究生院	2012.9
26	82101121101	张旭博	男	汉	610403198511143013	资划所	土壤学	中国农业科学院研究生院	2012.9
27	82101121005	侯　健	男	汉	370306198507131013	作科所	生物化学与分子生物学	中国农业科学院研究生院	2012.9
28	82101131008	姬荣桓	男	汉	41082519900625203X	作科所	生物化学与分子生物学	中国农业科学院研究生院	2013.9
29	82101131062	宋利强	男	汉	130728198802026019	作科所	作物种质资源学	中国农业科学院研究生院	2013.9
30	82101131004	祝秀亮	男	汉	371424198707192135	作科所	生物化学与分子生物学	中国农业科学院研究生院	2013.9

中国农业科学院2014年硕士研究生国家奖学金获奖名单

序号	学号	姓名	性别	民族	身份证号	基层单位	专业	培养单位	入学年月
1	82101122327	樊惠中	男	汉	142232199007191379	牧医所	动物遗传育种与繁殖	中国农业科学院研究生院	2012.9
2	82101122340	张跃博	男	汉	371428199002222517	牧医所	动物遗传育种与繁殖	中国农业科学院研究生院	2012.9
3	82101122366	杨春合	男	汉	371424198907143610	牧医所	动物营养与饲料科学	中国农业科学院研究生院	2012.9
4	82101122234	潘　蓉	女	汉	331002198910150662	茶叶所	茶学	中国农业科学院研究生院	2012.9
5	82101122236	徐　斌	男	汉	412724198803245137	茶叶所	茶学	中国农业科学院研究生院	2012.9
6	82101122079	张现超	男	汉	13042519870813611X	灌溉所	农业水土工程	中国农业科学院研究生院	2012.9
7	82101125165	王晓玲	女	汉	410482198907157807	哈尔滨兽医所	兽医	中国农业科学院研究生院	2012.9
8	82101125159	邵周伍林	男	汉	530102199005200339	哈尔滨兽医所	预防兽医学	中国农业科学院研究生院	2012.9
9	82101132420	郭立平	女	汉	130821198801220646	哈尔滨兽医所	预防兽医学	中国农业科学院研究生院	2013.9
10	82101122412	李晓菲	女	汉	370285198810261742	哈尔滨兽医所	预防兽医学	中国农业科学院研究生院	2012.9
11	82101122004	姜亚珍	女	汉	620422198905047121	环发所	气象学	中国农业科学院研究生院	2012.9
12	82101122254	余　意	女	汉	43060219880219302X	环发所	植物营养学	中国农业科学院研究生院	2012.9
13	82101122118	谢小雷	男	汉	37292419891220181X	加工所	农产品加工及贮藏工程	中国农业科学院研究生院	2012.9

（续表）

序号	学号	姓名	性别	民族	身份证号	基层单位	专业	培养单位	入学年月
14	82101122097	滑慧娟	女	汉	130523198804282224	加工所	食品科学	中国农业科学院研究生院	2012. 9
15	82101122443	王　淼	女	汉	370681198909133229	兰州兽医所	预防兽医学	中国农业科学院研究生院	2012. 9
16	82101125175	高泽乾	男	汉	130427198805285339	兰州兽医所	预防兽医学	中国农业科学院研究生院	2012. 9
17	82101122056	信朋飞	男	汉	130929198810292576	麻类所	生物化学与分子生物学	中国农业科学院研究生院	2012. 9
18	82101122150	李黎贝	男	汉	130528198904123011	棉花所	作物遗传育种	中国农业科学院研究生院	2012. 9
19	82101122463	刘玉凤	女	汉	370911198906202820	农经所	产业经济	中国农业科学院研究生院	2012. 9
20	82101115102	刀金威	男	傣	533123198602101451	上海兽医所	兽医	中国农业科学院研究生院	2011. 9
21	82101122388	潘　溪	女	汉	320121198902061725	上海兽医所	预防兽医学	中国农业科学院研究生院	2012. 9
22	82101122039	余小霞	女	汉	360481198903061268	生物所	生物化学与分子生物学	中国农业科学院研究生院	2012. 9
23	82101122240	袁迎迎	女	汉	372929198902173028	蔬菜所	观赏园艺	中国农业科学院研究生院	2012. 9
24	82101122289	柳　洋	女	汉	370681198901266828	蔬菜所	农业昆虫与害虫防治	中国农业科学院研究生院	2012. 9
25	82101122160	王琳琳	女	汉	210502198906111846	水稻所	作物遗传育种	中国农业科学院研究生院	2012. 9
26	82101122126	滕　飞	男	汉	320923199001080436	水稻所	作物栽培学与耕作学	中国农业科学院研究生院	2012. 9
27	82101122352	杨金玉	男	汉	130426198808270013	饲料所	动物营养与饲料科学	中国农业科学院研究生院	2012. 9

（续表）

序号	学号	姓名	性别	民族	身份证号	基层单位	专业	培养单位	入学年月
28	82101122344	郭俊刚	男	汉	371426198902166015	饲料所	动物营养与饲料科学	中国农业科学院研究生院	2012. 9
29	82101122023	曹鑫涛	男	汉	530322198911291537	饲料所	生物化学与分子生物学	中国农业科学院研究生院	2012. 9
30	82101125119	王彩虹	女	汉	371081199004277327	饲料所	食品加工与安全	中国农业科学院研究生院	2012. 9
31	82101125111	黄　健	男	汉	510622198903154818	特产所	野生动植物保护与利用	中国农业科学院研究生院	2012. 9
32	82101122458	张　杰	男	汉	42112719890228047X	信息所	管理科学与工程	中国农业科学院研究生院	2012. 9
33	82101122304	范秀娟	女	汉	372323198909062143	烟草所	农业昆虫与害虫防治	中国农业科学院研究生院	2012. 9
34	82101125026	冯　莹	女	汉	41130319880430152X	烟草所	作物	中国农业科学院研究生院	2012. 9
35	82101122165	孙亭亭	女	汉	370181199007293861	烟草所	作物遗传育种	中国农业科学院研究生院	2012. 9
36	82101122111	刘四磊	男	汉	411024198708158618	油料所	食品科学	中国农业科学院研究生院	2012. 9
37	82101122306	李莎莎	女	汉	410523198810064028	植保所	农药学	中国农业科学院研究生院	2012. 9
38	82101122310	陶　燕	女	汉	412822198810024888	植保所	农药学	中国农业科学院研究生院	2012. 9
39	82101132317	陈茜茜	女	汉	410782199010202782	植保所	农药学	中国农业科学院研究生院	2013. 9
40	82101122293	黄训兵	男	汉	371323199005137230	植保所	农业昆虫与害虫防治	中国农业科学院研究生院	2012. 9
41	82101125122	刘金钏	女	汉	140624198909172025	质标所	食品加工与安全	中国农业科学院研究生院	2012. 9

（续表）

序号	学号	姓名	性别	民族	身份证号	基层单位	专业	培养单位	入学年月
42	82101122083	宋文恩	男	汉	370921199007261816	资划所	环境科学	中国农业科学院研究生院	2012.9
43	82101125114	夏　浪	男	汉	429004198910114057	资划所	农村与区域发展	中国农业科学院研究生院	2012.9
44	82101125113	谭杰扬	男	瑶	431127199103287858	资划所	农村与区域发展	中国农业科学院研究生院	2012.9
45	82101122263	赵　芬	女	汉	371311198904033128	资划所	农业遥感	中国农业科学院研究生院	2012.9
46	82101122020	尹丽娟	女	汉	370983198908083222	作科所	生物化学与分子生物学	中国农业科学院研究生院	2012.9
47	82101122133	范胜栩	女	汉	133027198911020028	作科所	作物遗传育种	中国农业科学院研究生院	2012.9
48	82101132134	张　鑫	女	汉	370983199008016141	作科所	作物栽培学与耕作学	中国农业科学院研究生院	2013.9

李家洋在 2014 级研究生开学典礼上的讲话

（2014 年 9 月 3 日）

各位来宾、老师、同学们：

今天，雨后的北京晴空万里、格外清新，校园里处处洋溢着青春的气息，我们怀着喜悦的心情在这里隆重举行 2014 级研究生开学典礼。看到大家意气风发、豪情满怀，作为院长，我感到由衷的高兴和自豪。

首先，我代表中国农业科学院和研究生院，向刚刚步入中国农科院的 2014 级 255 名博士研究生、710 名硕士研究生和来自 31 个国家的 72 名留学生同学们表示衷心的祝贺和热烈的欢迎！并在教师节即将来临之际，向辛勤工作在教学、科研第一线的教师和导师们致以诚挚的问候和崇高的敬意！

同学们，中国农业科学院成立于 1957 年，是全国规模最大、学科最全、综合研究实力最强的国家级综合农业科研机构，担负着全国农业重大基础与应用基础研究、应用研究和高新技术研究的任务，致力于解决我国农业及农村经济发展中基础性、方向性、全局性、关键性的重大科技问题。建院以来，我院始终牢记农业科研国家队使命，以服务“三农”为己任，坚持科教兴农战略，不断提升科研创新能力，引领带动全国农业科技发展，为推动农业科技进步、保障国家粮食和食物安全、促进农业农村经济发展做出了重要贡献。

中国农业科学院研究生院成立于 1979 年，是我国第一批具有博士学位与硕士学位授予权的单位之一。建院以来，一直秉承“明德格物、博学笃行”的办学宗旨，坚持“立足科研，质量为本，科教兴农”的办学理念，以“院所结合，两段式培养”为特色，不断更新教育理念，深化教育改革，创新管理机制，建立了适合于农业科研单位的科学、严谨、完善的研究生培养体系。现已形成包括硕士、博士、留学生和港澳台学生以及专业学位教育在内的多层次、多类型的人才培养体系。2002 年以来，我院连续以农学门类第一名荣膺“中国一流研究生院”，在全国研究生院竞争力排名中列农林学科第一位。在全国第三轮学科评估中，我院的作物学、兽医学博士一级学科排名全国第一。

同学们，你们是幸运的，你们生活在一个快速变革、充满活力、充满可能的年代。国家对深化研究生教育改革作出了一系列重要部署，在导向上更加突出服务经济社会发展，更加突出创新精神和实践能力培养，更加突出科教结合和产学结合，更加突出对外开放。中国农科院也正围绕“建成世界一流农业科研院所”的发展目标和“顶天立地”的办院理念，大力实施科技创新工程，加快推进现代科研院所建设。这些重要改革，为你们带来了更多的机遇、更多成功的可能。今年，我院大幅提高了奖助学金，让同学们能够更加安心地投入到学习和科研工作中去。同时，我院也将更加重视研究生创新能力和实践能力的培养，努力为同学们创造更好的科研环境和平台。

2014 年中央农村工作会议提出："中国要强，农业必须强；中国要美，农村必须美；中国要富，农民必须富。"解决好"三农"问题，最根本的出路在科技。作为农科学子，在国家全面深化改革的大幕徐徐开启之际，你们的舞台更加广阔、前景更加光明；作为农科学子，你们更要担负历史使命，练就本领，勇于担当，珍惜机遇，报效祖国。今天，你们选择中国农业科学院作为迈向新的人生历程的起点，我相信，几年后当你们满载收获向更高的目标迈进时，将无悔于今天的这一选择，同时也将为自己能够亲历中国农业科学院和中国农业科技的变化与发展，并成为这一历史进程的参与者和推动者，而感到骄傲和自豪。

在同学们即将掀开人生新的一页的时候，我想向同学们提四点希望，与大家共勉。

第一，希望你们"立志高远"。国无志不立，人无志不强。当今时代，我们正在为全面建成小康社会、实现中华民族伟大复兴的中国梦而团结奋斗。你们作为中国农业科研国家队的一员，一定要胸怀远大理想，心系"三农"事业，将个人的目标追求与祖国的农业科技发展紧密结合，把自身的科研成就建立在支撑国家农业产业发展重大需求上来，不断突破自己，不断追求卓越，立志做一个"顶天立地"的农科人。

第二，希望你们"创新求真"。中华民族是富有创新精神的民族，要实现中国梦，我们比以往任何时候都更需要科技创新的力量。在"四化同步"的进程中，农业发展面临许多前所未有的挑战与问题，需要我们保持和发扬勇于创新的精神，创造性地解决问题和开展工作。科学之路无坦途，也没有捷径可走。同学们在学习和科研工作中务必坚持实事求是的科学精神和严谨务实的治学态度，忠于真理、探求真知，坚守良好的学术道德修养，自觉维护学术精神，珍惜个人名誉，争做遵守学术规范的先行者。

第三，希望你们"勤奋刻苦"。千里之行，始于足下。农业科研有其特殊性和艰巨性，很多学科的研究既受到自然条件周期性的约束，也经受着风吹日晒的考验。大家把农业科研作为自己为之奋斗的事业，就必须具备吃苦耐劳和艰苦奋斗的作风，克服浮躁，刻苦钻研，以自己的辛勤劳动，创造优异的成绩。同时，农业科研具有长周期性和公益性，这就要求我们要长期坚守、执著追求，以一种"板凳宁坐十年冷"的信念，找准方向，扭住不放，才能走向成功。

第四，希望你们树立"团队精神"。如今的科学研究，早已告别了单打独斗、小作坊制的年代。一项农业科学问题的解决，往往涉及多个领域，单靠一个学科、一个单位、一位科学家很难解决，而是需要多学科、多领域、跨区域、团队式的共同合作。我们中国农业科学院的科技创新工程，就是以学科团队建设为基础的。希望同学们在学习和科研中树立协作共事、淡泊名利的团队和包容精神，严于律己，宽以待人，学会承担，学会合作，学会分享。

著名作家柳青说过，"人生的道路虽然漫长，但紧要处常常只有几步，特别是当人年轻的时候。”同学们，我希望你们牢记并践行“明德格物，博学笃行”的院训精神，珍惜时光，热爱科学，追求卓越，努力成为有信念、有梦想、有奋斗、有奉献的农科青年；我坚信你们一定能够担当起党和人民赋予的历史重任，能够在实现中国梦的伟大实践中书写出无愧于时代的壮丽篇章！

谢谢大家！

李家洋在2014届研究生毕业典礼暨学位授予仪式上的讲话

（2014年6月26日）

尊敬的各位来宾、老师们，亲爱的同学们：

今天是一个充满光荣与梦想、幸福与感动的日子。我们欢聚在这里，隆重举行2014届研究生毕业典礼暨学位授予仪式。首先，我代表中国农业科学院，向圆满完成学业、即将踏上崭新人生旅程的165名博士毕业生、626名硕士毕业生以及5名在职同等学力申请硕士学位、119名农业推广硕士学位同学表示热烈的祝贺！向其中的31名毕业留学生表示格外的祝福！向多年来精心培育、悉心指导研究生成长的院属各单位领导和老师表示衷心的感谢！向关注中国农业科学院发展、关爱研究生成长的家长和社会各界人士表示诚挚的问候！

同学们，在中国农业科学院求学的历程中，你们满怀信心和勇气，不断夯实自己的理论基础、丰富自己的知识结构，不断迈向科学的前沿、技术创新的前沿，不断提高认识问题、分析问题、解决问题的能力。你们顶着烈日在试验田里收集样品，挥汗如雨；你们为了一项实验或数据分析，通宵达旦；你们为完成一篇报告或论文，废寝忘食。你们完成学业的同时，也为我院攻克一个又一个科研难题作出了重要贡献，为我院攀登科技高峰付出了辛勤汗水。今天的你们变得更加坚定，更加自信。我为你们感动，也为你们骄傲！

同学们，洪范八政，食为政首，农业是百业之基。当前，全面深化改革的春风已经吹向希望的田野，农科学子们的舞台将越来越宽广，你们应当也必将大有可为。在告别校园之际，我希望你们从这里不仅带走知识、友谊和梦想，也能牢记一种宝贵的农科精神，那就是“祁阳”精神。在这里，我想和同学们分享一个故事。1960年，响应党中央号召，为了解决我国南方218万平方公里红壤地低产问题，以刘更另院士为首的一批批农科青年，远离都市繁华，撇下妻子儿女，毅然来到贫困、偏僻的山区——湖南祁阳县官山坪，建立试验站。他们“喝的是泥巴水，住的是土砖房，吃的是自家菜，过的是单身日，干的是农家活，拿的是临工钱。”就是在这样的条件下，我们的科技工作者扎根基层，默默坚守了54年，献出了青春年华，献出了聪明才智，攻克了一系列长期困扰我国农业生产的难题，先后取得了28项国家和省部级科研成果奖，最终让“红色的荒漠”变成了“绿色的良田”。

同学们，身为农业科技国家队的学子，你们应该感到骄傲，感到光荣。同时，更应该牢记自己的使命和责任。希望你们牢记并传承“执着奋斗，求实创新，心系三农，服务人民”的祁阳精神，做一个顶天立地的农科人。如何才能顶天立地呢？我想说说我的看法，也是我对同学们的几点希望。

要做到顶天立地，就要心系祖国，理想高远。立志报效祖国、服务人民，这是大德，养大德者方可成大业。希望同学们将个人的理想和祖国的发展紧密结合起来，发奋努力，追求卓越，在服务祖国、奉献人民、引领未来的过程中，实现自己的人生价值。

要做到顶天立地，就要不断学习，本领过硬。学习是一生的事业，“善读书者，无之而非书”，就是说善于读书的人，世间万物没有什么不是书。既要读有字的书，更要读无字的书。唯有在实践中学习，在学习中实践，不断增强服务祖国、造福人民的真才实学，不断提高实现中国梦所必需的素质和能力，才能练就顶天立地的本领。

要做到顶天立地，就要甘于奉献，勇于坚持。同学们，我院已故的刘更另院士在祁阳站工作整整31年，创造了一项又一项重大科技成果。希望同学们学习刘院士的无私奉献精神，心系人民，扎根基层，能到祖国最需要的地方去建功立业；希望同学们学习刘院士数十年如一日的坚定意志，为了理想勇于坚持，埋头苦干，耐得住寂寞，不轻言放弃，在平凡的岗位上作出不平凡的事业。

亲爱的同学们，无论你们今后走到哪里、工作在什么岗位，希望同学们能够秉承祁阳精神和“明德格物，博学笃行”的院训精神，在时代大潮中顶天立地、建功立业，成就自己的宝贵人生。

同学们，因为有了你们、有了所有农科人的共同努力，近些年母校实现了快速发展，农业科技创新工程顺利启动，科研成果和高水平文章越来越多，我院正向“建设世界一流农业科研院所”的宏伟目标稳步迈进。希望同学们继续关注母校的发展，母校永远是你们的家，请你们常回家看看。

最后，祝各位同学一帆风顺，前程似锦！

谢谢大家！

吴孔明在中国农业科学院研究生院第三届教学委员会第二次会议上的讲话

（2014 年 10 月 10 日）

同志们：

今天，我们在此召开中国农业科学院研究生院教学委员会三届二次会议。出席会议的有来自全院 32 个研究生培养单位的 53 名教学委员，有来自京内 10 个“院所共建”教研室的 30 余名特邀代表，还有研究生院各职能处室的同志们。大家共聚一堂，共商我院研究生教育事业发展大计。在此，我代表院党组、代表家洋院长感谢大家！本次会议的主要任务是贯彻落实党的十八大关于“深化教育领域综合改革”的精神，总结我院研究生培养和教学改革进展情况、开展“院所共建”教研室工作交流、审定课程教学大纲、主干课程建设成果，审议研究生回所课程教学管理办法和研究生课程建设管理办法，分析问题、交流经验、凝聚共识，不断深化我院研究生培养与教学改革，促进我院研究生教育事业又好又快发展。

下面，我讲三点意见。

一、开端良好，稳中有进，我院研究生培养与教学改革取得积极成效

2013—2014 学年是我院全面推进研究生培养与教学改革的第一年，在院党组的坚强领导下，在各研究生培养单位的大力支持和共同努力下，我院研究生教育攻坚克难、锐意进取，着力优化制度建设、创新教学组织模式、强化过程管理、提高培养质量，工作有进展、有突破。在此，我不做面面俱到的工作总结，只捡几项重点工作谈一谈。制度建设方面。研究生院牵头组织完成了研究生培养方案制定及实施工作。与旧版培养方案相比，新版培养方案涵盖我院 17 个一级学科，53 个博士学位授权点和 65 个硕士学位授权点，以我院研究生教育的发展需求和特点为基础，拓宽学科基础，精炼课程体系，优化培养环节，明确导师职责，为我院研究生培养提供了一套科学、规范、基本适用的纲领性指导文件。教学组织管理方面。研究生院顺利实行了集中教学“大小”学期制。秋季为大学期，春季为小学期，分别开设全校 60%、40% 左右的课程。“大小”学期制的实行，使博士生、硕士生的回所时间分别提前了 1 ~ 2 个月，适度延长了研究生回所开展科学研究的时间，既提高了学生的课程学习效率，又为研究生及早进入科研

角色、参与实验争取了宝贵的时间。过程管理方面。强化了研究所和导师在研究生培养中的责任，加强培养环节管理，增加了文献综述和科研实验记录检查环节，细化了研究生学术活动要求等。值得一提的是，研究生院研究制定了《研究生科研实验记录检查办法》，推动研究所开展了研究生科研记录自查，并于 2014 年 6—7 月组织了对植保所等 12 个研究生培养单位的科研记录抽查工作。从检查结果看，各研究所的执行情况总体上是好的，但对存在的问题也不能掉以轻心。各研究所要结合本研究所的特点，提出有针对性和可操作性的科研记录检查的实施办法，切实把这项工作抓实抓好。正所谓见微知著，做好科研实验记录，不仅有利于培养研究生良好的实验习惯和过硬的科研素质，而且有利于带动整个研究所崇尚科学、求真务实的科研风气。我认为科研实验记录管理是一项常做常新、永无止境的工作，我们要利用好这个抓手，继承严谨求是的科研传统，留住科研记录这笔宝贵财富。院所联动方面。研究生院在与相关研究所共同研究的基础上，制定了《中国农业科学院研究生院教研室设置和管理办法》，并于 2014 年 2 月 26 日启动了作物学等 10 个院所共建教研室。我认为这项工作对于我院研究生教育而言具有里程碑的意义，是对“院所结合，两段式培养”模式的丰富完善，是对全院教学资源和科技资源的系统整合，更是对我院研究生教育办学模式的锐意创新。今后，根据我院研究生教育发展实际，我们要进一步推动京外所教研室建设，结合数字化大校园建设，打破时空限制，整合全院科研教学资源，逐步形成全院统一协调、研究生院基础教学与研究所教研室专业教学两者相辅相成、高度融合的研究生教学体系。

同志们，研究生培养与教学改革实施一年来，各项工作顺利推进，总体效果良好。改革措施的有效落实和成绩的取得，是院党组高度重视和亲切关怀的结果，是各部门、各单位协同推进的结果，是研究生院各职能部门全力落实的结果，凝聚着在座各位和广大师生员工的智慧和汗水。在此，我再次表示衷心的感谢！

二、求真务实，科学分析，找准我院当前研究生培养与教学中存在的主要问题

科学判断当前国内外研究生教育发展面临的新形势，客观分析自身发展面临的挑战和机遇，是我们赢得主动、做好一切工作的前提。近年来，我院研究生教育事业取得了长足发展，取得的成绩大家有目共睹。但是，我们必须清晰地认识到，与国家研究生教育综合改革总体目标相比，与中国农业科学院科技创新的要求相比，我们要走的路还很长，要做的工作还很多。今天开的是教学委员会，我们不谈招生规模和生源质量，不谈学生工作，只从研究生培养和教学的角度谈一谈我们现存的主要问题，以明确今后在研究生培养和教学上改革的方向。

（一）条件建设亟待加强

条件问题是育人环境问题，要一分为二地看。与大学相比，我们的研究生在研究平台、导师队伍、生活待遇等方面是有比较优势的。但我们也不得不承认，我们的教室资源很紧张，文体活动场所很有限，我们的食堂、宿舍、浴室等配套设施不甚理想，我们缺乏综合性的整体校园文化环境，这些都在一定程度上影响了研究生全面素质和创新能力的培养，也逐渐成为制约进一步提高我院研究生教育质量的现实因素。

（二）课程建设有待加强

课程建设一直是科研单位研究生教育的一个短板。研究生院多年来在充分挖掘教学资源，提高研究生教学质量上想了许多办法，措施是得力的。从学生教学评估反馈情况看，我院开设的课程教学质量总体是比较好的。但是，从课程体系看，我们还不够规范和系统，课程数量总体偏少，课程类型不够丰富，公共选修课、专业选修课、方法类课程、综合素质类课程较高校少，数学、化学等基础类、理论类课程教学有待加强。另外，课程间层次不明晰、贯通性不够、交叉重复等现象也是存在的。从教学教法看，“老师讲、学生听”的传统教学模式仍占主导，师生间互动不足、研讨、实践环节偏少，导致学生课堂参与度低，学习积极性不高；从教师队伍看，尽管经过多年努力，我院已逐步建立起一支400余人的专兼职教师队伍，但是外聘教师比例依然较高，队伍的整体稳定性和可持续性较高校差，特别是新老教师的更替、教学小组的构建以及语言类、能力类、通识类课程教师缺口较大等问题值得关注。

（三）发展不平衡需引起重视

学科是研究生教育的平台，是教学、科研、师资等方面实力的集中反映。研究生教育发展不平衡集中反映在学科上。去年，教育部学位与研究生教育发展中心完成了第三次学科评估工作，总体上看，我院研究生教育学科上的竞争力还是不错的。我们有像作物学、兽医学这样全国排名一等一的优势学科，也有排不上名次的弱势学科。通过评估不难发现，我院各培养单位在学科发展的科研平台条件、师资队伍能力水平、课程建设、招生规模以及科研产出等方面均存在着严重的不平衡。众所周知，不平衡就必然阻碍教育理念的顺利实施，不平衡就必然影响培养质量的整体提高和教育的可持续发展。所以，我们要关注学科排名，分析学科的整体水平和在国内同类学科中所处的位置，寻找自身发展中的差距和不足，为科学制定今后的发展目标和战略服务。

（四）管理体系有待进一步健全

“院所结合、两段式培养”是具有我院特色和行之有效的研究生教育模式，既发挥了研究生院在组织课程集中教学方面的优势和效率，又体现了研究所在支撑研究生论文研究方面的优势。多年来，由于我院研究生规模较小，管理的任务主要集中在研究生院。近年随着研究生规模的逐渐扩大，研究生院已经发展成为业务职能齐全的教育管理机构，但整体上说归口到研究所，一般仍还是由科研处一名同志承担着研究生教育管理的所有业务，往往还是兼职的，这显然不能适应发展的需要。研究所需要在这方面认真研究、加大力度，规模大的最好能够成立专门的研究生管理机构，规模小的最起码也要做到专人管理。此外，研究生教育是一项系统性很强的工作，不是收收文件、上传下达就可以了，院所两级的研究生管理人员都要在日常工作基础上下功夫，从教书育人的角度，不仅关注学生的学习和工作，还要关心他们的日常生活，体现人文关怀。

据反映烟草所学生的生活条件就不错。吃饭、住宿都不是小问题，我们讲以生为本，就是要从人发展的角度，把各方面工作做实做细。另外，研究生院的管理队伍还要进一步加强，专业化水平还要进一步提高。学生规模逐年增加，工作要求不断提高，管理人员不足、管理水平不够是不行的。我们要着力打造一支规模适度、高素质、专业化、服务型的研究生教育管理队伍。

毋庸置疑，这些年我院研究生教育发展形势向好，但是办教育不能固步自封。越是发展形势好的时候，就越要居安思危。对我院研究生教育自身发展实际和所面临的形势要科学分析、准确把握，不可盲目乐观，不可有丝毫松懈，有的时候我们把困难和问题考虑得更充分一下，把工作做的更细致一些，才能够把解决问题的措施落实得更扎实、更彻底。

三、院所联动、狠抓落实，推进研究生教育改革发展取得更大成效

研究生教育综合改革是全方位、全过程、多方联动的改革，单靠哪一方力量都做不到，单改哪一方面都不能取得卓越成效，要精心谋划、顶层设计，整体推进改革工作。培养与教学是保障研究生培养质量的必要环节，在研究生成长成才中具有全面、综合和基础性作用，是深化当前研究生教育改革的重要着力点。当然，改革不能“眉毛胡子一把抓”，还是要有的放矢、分类推进，我觉得现在我们要从以下几个方面多做文章、多下功夫。

第一，提高做好研究生教育工作的认识。面向国家发展战略需求，把握“顶天立地”的农业科技创新方向，主动承担参与国际农业科技竞争和引领全国农业科技创新方向，这是现代农业科研院所建设赋予我们农科人的光荣使命。作为全院战略发展中重

要组成部分，研究生教育承载着中国农科院人的梦想和期待。各研究所要增强做好研究生教育工作的紧迫感和责任感，把研究生教育纳入到现代科研院所建设和科技创新工程的工作日程中，结合本单位实际加强管理力量、完善管理制度、创新工作方式，严格按照内涵式发展要求，切实把导师队伍建设、学位论文质量等工作抓好。作为研究生培养的第一责任人，导师责任重大，我们国家自古就有尊师重教、崇智尚学的优良传统，一个好的导师是学校的光荣，是学生一生的幸运，所以我们的导师要铭记教书育人的使命，甘当人梯，甘当铺路石，以人格魅力引导学生心灵，以学术造诣开启学生的智慧之门。“逆水行舟，不进则退”，在当前高度竞争的大环境里，我们只有认清形势、把握机遇，积极主动、创造性地开展工作，全力提高培养质量，才能够为世界一流科研院所建设，为国家农业科技创新提供强有力的人才支撑。

第二，提高国际国内交流与合作水平。刘延东同志在 2014 年全国研究生教育工作会议上强调，要用 3 种眼光看待研究生教育，即世界眼光、历史眼光和全局眼光。站在更高、更宏观的层次上，研究生教育最终是培养学生参与国际、国内两种竞争的能力。我想最直接有效的方式无疑是加强研究生培养的国际合作，深化与企业行业、高等院校的合作交流。这些方面我们已有一定前期基础，今后要继续加大工作力度，积极支持研究生赴国外高水平大学进修、参与科学研究以及参加学术活动，拓宽其国际视野，提高国际竞争力；深化与国外高水平大学的研究生教育合作，积极引进师资力量和优质教学资源，使广大研究生受益；要主动谋划与国内高水平大学的合作，签订合作协议也好，联合培养也好，充分利用国内高水平大学的教学与科研条件，互通有无，共同进步。

第三，继续深化改革，着力解决发展中存在的主要问题。去年的研究生培养与教学拉开了我院研究生教育综合改革的序幕，经过全院上下的共同努力，取得了有益的进展，但是，“行百里者半九十”，研究生教育改革的任务仍相当繁重，必须继续深化改革，打好改革的攻坚战。条件建设方面，要继续抓好数字化校园建设、马连洼新研究生宿舍楼建设，进一步落实研究生奖助体系，举全院之力，聚各方资源，加大研究生教育投入力度，相信在院所积极共建的基础上，我们必定能建成农科优势突出、培养特色鲜明、基础设施完备、学术氛围和文化气息浓厚的综合性高等学府。课程建设方面，一方面，要充分考虑实行“大小”学期制后课程教学的新特点，进一步优化课程设置，创新教学教法，优化课程管理，引导学生在互动式、研讨式课程学习中，既学到扎实的理论知识，又训练其创新创业综合能力，成为适应经济社会需要的复合型人才。另一方面，要着力培养我们自己的教师队伍，特别是基础类、方法类、素质类、通识类课程的高水平授课人才。不能放不开手脚，更不能因噎废食，谁也不是天生会讲课，要创造机会让青年科研人员走上讲台，在教学相长中历练教书育人的能力水平。管理体制与机制方面，根据不同类型、不同层次、不同学科，按照社会需求，特别是行业用人标准，动态修订完善研究生培养方案，继续推动建立“院所共建”教研室并发挥其应有职能，充分调动研究所和导师在研究生培养工作中的主动性和创造性，充实管理人员队伍，提升管理人员素质，科学规范抓好培养环节节点管理，着力促进科教深度融合，构建好研究生培养质量保障体系。

同志们，今年是中国农业科学院研究生院成立第三十五周年。放在人类历史发展的长河中，35 年只短短一隅，但是中国农业科学院研究生教育从无到有、从弱到强、逐步发展壮大起来了。站在新的历史高度全力办好研究生教育，是全院的大事，是各所的大事。在我院建设现代科研院所和实施农业科技创新工程的大好形势下，必须要全院一盘棋，心往一处想，劲儿往一处用，整合全院科技资源、人才资源和智力资源，才能办好既让学生和导师满意，又适应国家农业科技创新需求的教育。正如习总书记所说，改革只有进行时没有完成时，我院的研究生教育仍走在改革的路上，唯有砥砺奋进、务实创新，才能够真正适应国家农业科技发展的需求、回应学生和导师的期待，才能更好地为农业农村经济发展、全面建成小康社会做出我们农科人应有的贡献。

同志们，教学委员会是我院研究生教学培养的咨询和决策机构，在加强研究生教学管理、提高培养质量方面发挥着非常重要的作用。本次会议研究生院的同志们做了大量调研工作，提供的会议材料很充分，会议议题很务实，希望各位委员和代表积极建言献策，为研究生培养和教学改革做出新的贡献。

最后，预祝今天的会议圆满成功。谢谢大家！

八、综合政务管理

中国农业科学院科技传播工作管理办法

农科院办〔2014〕315号

第一章 总 则

第一条 为加强和规范全院科技传播工作，营造有利我院改革创新发展的良好环境和舆论氛围，促进科技创新工程实施和世界一流农业科研院所建设，根据国家和农业部有关新闻宣传、政务信息报送等工作的规定，结合我院实际，制定本办法。

第二条 本办法适用于院属各单位、院机关各部门（以下简称各单位、各部门）开展的科技传播工作。

第三条 本办法所称科技传播工作，包括新闻宣传、院媒传播、政务信息报送和舆情监测与应对等4方面工作。

新闻宣传工作，是指面向国内外举办新闻发布会、媒体通气会，组织或接受记者采访，发放新闻通稿等新闻发布活动，通过报刊、广播、电视、网络等公共媒体，对我院科研和管理活动开展新闻报道的工作。

院媒传播工作，是指利用院网、院报等院属媒介，自主发布我院工作动态和相关信息的工作。

政务信息报送工作，是指依托《中国农科院简报》《中国农科院每日要情》《中国农科院信息》《中国农科院信息专报》等刊物，收集和报送我院在科研和管理活动中产生的有参考价值的内部信息，为有关领导了解情况、科学决策提供信息服务的工作。

舆情监测与应对工作，是指收集和研判各类媒体报道的涉院舆情，对相关问题进行调查处理，并及时发布信息的工作。

第四条 我院科技传播工作坚持以邓小平理论、“三个代表”重要思想和科学发展观为指导，深入贯彻习近平总书记系列重要讲话精神，坚持政治性、科学性和艺术性相统一，服从和服务于全院中心工作，唱响科技创新主旋律，促进农业科技进步，提升国内外影响力，充分展现我院作为全国农业科技领域改革排头兵、创新国家队、决策智囊团的作用。

第五条 我院科技传播工作的基本原则是：全面、客观、准确、及时、通俗地反映各项工作进展，严格执行国家、农业部有关新闻宣传、广播电视、报刊出版、互联网、保密、知识产权等方面的管理规定，防止失实报道和失泄密事件发生。

第二章　工作机构与人员队伍

第六条　我院科技传播工作实行院党组统一领导，院办公室归口管理，各单位、各部门各负其责的管理机制。

第七条　院党组负责指导全院科技传播工作，审定全院科技传播工作规划及年度工作计划，定期听取科技传播工作汇报，研究科技传播工作重大问题，部署重大科技传播活动。

第八条　院办公室负责全院科技传播工作的组织、协调、指导和监督，具体工作由宣传信息处承担。主要职责是：

（一）组织制定全院科技传播工作规划及年度工作计划，并组织实施；

（二）组织策划全院性重大科技传播活动，并协调实施；

（三）组织制定科技传播工作相关管理制度，并监督落实；

（四）协调和搭建重要新闻媒体渠道；

（五）组织和监管院属媒介的建设与信息发布；

（六）组织开展全院科技传播工作的能力培训与绩效考评；

（七）协调和指导各单位、各部门开展科技传播工作；

（八）承办院党组安排的其他科技传播工作。

第九条　各单位、各部门负责本单位、本部门科技传播工作的策划、组织和实施，配合院办公室做好全院性科技传播工作。

各单位、各部门应明确科技传播工作的责任处室。必要时成立科技传播工作领导小组，领导和统筹协调本单位、本部门的科技传播工作，组长由领导班子成员担任。

第十条　我院设立新闻发言人，一般由院领导担任，代表院履行对外发布新闻、声明和有关重要信息等职责。

各单位应设立新闻发言人，一般由分管本单位科技传播工作的负责人担任，代表本单位履行对外发布新闻、声明和有关重要信息等职责。

第十一条　我院建立由新闻通讯员、网络评论员等人员组成的院级科技传播工作队伍。

院新闻通讯员应由各单位、各部门推荐政治素质高、文字基础好、组织能力强的人员担任，原则上每个单位、部门至少推荐 1 名，主要负责协调本单位、本部门的科技传播工作，及时采集与报送新闻信息稿件，协助、承办院相关科技传播工作。

院网络评论员应由各单位、各部门推荐熟悉网络、精通业务、懂得新媒体运行规律和特点的人员担任，原则上每个单位、部门至少推荐 1 名，主要承担网络评论文章的组织撰写等。

第十二条　各单位、各部门应根据实际情况，建立覆盖各处室的内部科技传播工作队伍。

第三章　工作内容

第十三条　我院新闻宣传的主要内容包括：

（一）我院改革、创新、发展的重要举措与成效；

（二）我院“顶天立地”的创新成果与创新思想；

（三）我院涌现的先进人物与团队的典型事迹；

（四）可向媒体发布的其他内容。

第十四条　我院院媒传播的主要内容包括：

（一）应公开的全院基本情况与基本数据信息；

（二）我院各项工作动态与进展；

（三）农业科普知识；

（四）涉农突发事件有关科技问题的专家解读等。

第十五条　我院政务信息报送的主要内容包括：

（一）我院在科研管理工作中取得的明显成效与经验；

（二）我院最新重大科技成果、重要科研进展；

（三）国外最新重大农业科研成果与动态；

（四）我院专家学者对农业农村经济与农业科技发展重点、难点、热点问题的分析判断与政策建议等。

第十六条　我院舆情监测的主要内容包括；

（一）我院日常新闻报道；

（二）涉院突发事件和负面舆情信息等。

第四章　工作程序

第十七条　我院年度科技传播工作计划的制定程序如下：

（一）各单位、各部门组织制定本单位、本部门的年度科技传播工作计划，经分管领导审签后报送院办公室；

（二）院办公室根据全院工作重点和各单位、各部门年度科技传播工作计划，组织制定全院年度科技传播工作计划；

（三）征求院机关各部门意见修改完善后，报主管院领导审签，提请院党组会议审定。

第十八条　我院重大科技传播活动的申办程序如下：

（一）各单位、各部门向院办公室提出申请，同时报送相关策划方案；

（二）院办公室审核通过后，报请相关院领导审批；

（三）院办公室协调组织相关单位、部门实施。

第十九条 我院新闻发布会（或媒体通气会）的申办程序如下：

（一）各单位、各部门提前10个工作日，向院办公室提出申请，同时报送相关背景材料；

（二）院办公室审核通过后，报请相关院领导审批；

（三）院办公室协调组织相关单位、部门，制定新闻发布工作方案，报请审定后组织实施。

第二十条 院办公室负责受理媒体对全院性工作的采访，相关单位和部门应给予协助配合，提供相关背景材料。

各单位负责受理媒体对本单位工作和专家的采访。

第二十一条 我院新闻采访实行预约制。未履行预约程序的，不得接受采访。

新闻媒体采访院领导，由院办公室提出拟办意见，报请院领导本人同意后安排。必要时，报请主管院领导同意后安排。

新闻媒体采访全院性工作，由院办公室提出拟办意见和拟接受采访的院领导或部门，报请主管院领导同意后安排。

来院采访的我国港澳台地区记者或外国记者，须符合《香港澳门记者在内地采访办法》《台湾记者在祖国大陆采访办法》《中华人民共和国外国常驻新闻机构和外国记者采访条例》有关采访规定的要求。

第二十二条 院媒新闻信息的发布程序如下：

（一）各单位、各部门组织撰写新闻稿件，经分管领导审签后，报送相关院媒责任部门；

（二）责任部门组织对稿件进行审核、编辑、刊发。

中央领导同志视察我院或出席我院活动的新闻稿件，以新华社通稿为准。涉及农业部领导和院领导的新闻稿件，须经领导本人审定后方可刊发。

院网非新闻信息稿件的审核和发布依据《中国农业科学院网信息更新分工意见》（农科办办〔2012〕62号）进行。

第二十三条 院媒开设新专栏的程序如下：

（一）各单位、各部门制定拟开设专栏的工作方案，经分管领导审签后，报送相关院媒责任部门；

（二）责任部门审核通过后，报请相关院领导审批；

（三）按照“谁开设、谁负责”的原则，由拟开设的单位、部门组织设计并审核、发布相关内容。

第二十四条 我院政务信息的编报程序如下：

（一）各单位、各部门组织撰写政务信息稿件，经分管领导审签后报送院办公室；

（二）院办公室对政务信息稿件审核通过后，经编辑在合适的院政务信息刊物上刊发。须报请院领导审签的稿件，由院办公室呈报相关院领导。

第二十五条 我院舆情监测与应对的工作程序如下：

（一）院办公室组织监测涉院舆情，定期编发舆情报告。如发现有重要或负面舆情，第一时间报告分管院领导；

（二）院办公室及时了解涉院负面舆情真相，研判舆情发展趋势；

（三）院办公室协助相关单位、部门，制定舆情应对方案，采取有力措施，迅速处置舆情。

第二十六条 面向我国港澳台地区媒体或外国媒体开展的全院性科技传播活动，由院办公室会同国际合作局，按照相关工作程序组织实施。

第二十七条 全院任何人员不得以院或所在单位名义发布非职务成果。

第五章 条件保障

第二十八条 全院上下须高度重视科技传播工作，将其作为科技创新工作的重要组成部分，与中心工作同部署、同推进，努力构建齐抓共管、分工协作的“大宣传”格局。

第二十九条 各单位、各部门须在经费预算中安排科技传播工作经费，为科技传播工作的开展提供必要的办公条件。

第三十条 各单位、各部门须加强相关人员的业务培训，不断提高科技传播工作能力。

第三十一条 各单位、各部门须建好本单位、本部门的中、英文门户网站，逐步推进新媒体平台建设，不断提升科技传播工作的信息化手段。

第三十二条 各单位、各部门须做好科技传播稿件的收集、整理、登记、存档工作，及时将重要媒体报道材料报送院办公室。

第三十三条 各单位须与中央、部委、地方新闻媒体加强沟通联系与协作，推动建立多层次、多角度、立体化的工作平台。

第六章 考核与奖惩

第三十四条 各单位、各部门的科技传播工作绩效应作为年度工作指标，纳入研究所评价体系和机关部门考核。

第三十五条 院办公室建立科技传播工作通报制度，定期对各单位、各部门报送新闻信息稿件的采用情况进行统计，并在全院范围内通报。

第三十六条 院办公室依据《中国农业科学院信息宣传工作考核奖励办法》（农科办办〔2012〕61号）和有关管理规定，组织评选全院科技传播工作先进单位和个人，并予以表彰和奖励。

第三十七条 对于违反本办法有关规定，造成不良影响和后果的单位、部门和个人，进行通报批评、督促整改，并取消当年先进单位和个人的评选资格。

第七章　附　则

第三十八条　本办法由院办公室负责解释。

第三十九条　本办法自发布之日起施行。

附件：1. 中国农业科学院重大科技传播活动申请单
2. 中国农业科学院新闻发布会（或媒体通气会）申请单
3. 中国农业科学院新闻采访约访单
4. 中国农业科学院院媒新闻信息发布审核单
5. 中国农业科学院院媒重要新闻信息签发单
6. 中国农业科学院院网非新闻信息发布审核单
7. 中国农业科学院院媒开设新专栏申请单
8. 中国农业科学院政务信息报送审核单
9. 中国农业科学院约稿单

附件1

中国农业科学院重大科技传播活动申请单

<table>
<tr><td>院领导批示</td><td colspan="5"></td></tr>
<tr><td>会签单位</td><td colspan="5"></td></tr>
<tr><td>院办公室领导
审核意见</td><td colspan="5"></td></tr>
<tr><td>院办公室
宣传信息处
拟办意见</td><td colspan="5"></td></tr>
<tr><td>时间安排</td><td colspan="5"></td></tr>
<tr><td>传播方式</td><td colspan="5"></td></tr>
<tr><td>重点内容</td><td colspan="5"></td></tr>
<tr><td>活动主题</td><td colspan="5"></td></tr>
<tr><td>申请单位</td><td colspan="2"></td><td>单位领导
签字盖章</td><td colspan="2"></td></tr>
<tr><td>经办人</td><td></td><td>联系电话</td><td></td><td>申请时间</td><td></td></tr>
</table>

注：拟开展的科技传播活动策划方案另附

附件 2

中国农业科学院新闻发布会（或媒体通气会）申请单

<table>
<tr><td>院领导批示</td><td colspan="5"></td></tr>
<tr><td>会签单位</td><td colspan="5"></td></tr>
<tr><td>院办公室领导
审核意见</td><td colspan="5"></td></tr>
<tr><td>院办公室
宣传信息处
拟办意见</td><td colspan="5"></td></tr>
<tr><td>拟邀请
新闻媒体</td><td colspan="5"></td></tr>
<tr><td>拟发布内容
提　纲</td><td colspan="5"></td></tr>
<tr><td>拟发布主题</td><td colspan="5"></td></tr>
<tr><td>拟发布时间</td><td colspan="2"></td><td>发布地点</td><td colspan="2"></td></tr>
<tr><td>申请单位</td><td colspan="2"></td><td>单位领导
签字盖章</td><td colspan="2"></td></tr>
<tr><td>经办人</td><td></td><td>联系电话</td><td></td><td>申请时间</td><td></td></tr>
</table>

注：相关背景材料另附

附件 3

中国农业科学院新闻采访约访单

<table>
<tr><td>院领导批示</td><td colspan="5"></td></tr>
<tr><td>院办公室领导
审核意见</td><td colspan="5"></td></tr>
<tr><td>院办公室
宣传信息处
拟办意见</td><td colspan="5"></td></tr>
<tr><td>采访内容与
要求</td><td colspan="5"></td></tr>
<tr><td>约访记者</td><td colspan="2"></td><td>拟采访时间</td><td colspan="2"></td></tr>
<tr><td>约访新闻单位</td><td colspan="5"></td></tr>
<tr><td>经办人</td><td></td><td>联系电话</td><td></td><td>报签时间</td><td></td></tr>
</table>

注：媒体采访提纲另附

附件4

中国农业科学院院媒新闻信息发布审核单

院媒责任部门审核意见	
单位领导签字盖章	
稿件标题	
供稿人及电话	
提供单位	
提供日期	
联系人	通讯员： 电话： E-mail：

附件5

中国农业科学院院媒重要新闻信息签发单

<table>
<tr><td>院领导
签　发</td><td colspan="5">年　　月　　日</td></tr>
<tr><td>院媒责任
部门审核</td><td colspan="5">年　　月　　日</td></tr>
<tr><td>稿件标题</td><td colspan="5"></td></tr>
<tr><td>提供单位</td><td colspan="5"></td></tr>
<tr><td>经办人</td><td></td><td>联系电话</td><td></td><td>报签时间</td><td></td></tr>
</table>

附件 6

中国农业科学院院网非新闻信息发布审核单

院网络中心 审核意见	
单位领导 签字盖章	
稿件标题	
供稿人及电话	
提供单位	
提供日期	
联系人	通讯员： 电话： E-mail：

附件 7

中国农业科学院院媒开设新专栏申请单

<table>
<tr><td>院领导批示</td><td colspan="5"></td></tr>
<tr><td>会签单位</td><td colspan="5"></td></tr>
<tr><td>院媒责任部门
审核意见</td><td colspan="5"></td></tr>
<tr><td>稿件来源</td><td colspan="5"></td></tr>
<tr><td>拟开设专栏
栏目设置</td><td colspan="5"></td></tr>
<tr><td>专栏名称</td><td colspan="5"></td></tr>
<tr><td>拟上线时间</td><td colspan="5"></td></tr>
<tr><td>申请单位</td><td colspan="2"></td><td>单位领导
签字盖章</td><td colspan="2"></td></tr>
<tr><td>经办人</td><td></td><td>联系电话</td><td></td><td>申请时间</td><td></td></tr>
</table>

注：拟开设专栏工作方案另附

附件 8

中国农业科学院政务信息报送审核单

院办公室领导 审核意见	
院办公室宣传 信息处拟办意见	
单位领导 签字盖章	
稿件标题	
供稿人及电话	
提供单位	
提供日期	
联系人	通讯员： 电话： E-mail：

附件9

中国农业科学院约稿单

院领导批示					
院办公室领导审核意见					
院办公室宣传信息处拟办意见					
约稿内容					
约稿事由					
经办人		联系电话		报签时间	

中国农业科学院2014年度科技传播重点活动计划

农科办办〔2014〕43号

为统筹做好全院科技传播工作，构建院所联动新机制，进一步提升传播的质量与效果，充分展现我院作为改革排头兵、创新国家队、决策智囊团的实力、地位与作用，特制定全院2014年度（2014年4月—2015年3月）科技传播重点活动计划。

一、总体思路

以科技创新工程的实施动态为主线，以全院重大活动的开展和重点工作的推进为抓手，以体制机制创新、科研创新成果、科技推广活动、科技人物及团队为主要题材，坚持日常—月度—季度重点活动相结合，做到“事前定方案、事中抓落实、事后有总结”，及时报道院所重要工作动态与重大进展，普及科技知识，弘扬科学精神，为深入推进科技创新工程进一步凝心聚力，为加快世界一流科研院所建设提供强大的舆论支持。

二、重点活动

在做好“顶天立地”科研成果、科技推广、先进人物（团队）等相关工作成效的日常报道，以及涉农突发事件与热点问题及时应对的基础上，重点加强以下主题活动的策划报道。

（一）2014年第二季度

1. 季度重点

中国农业展望。发布中国农业中长期展望报告，把脉未来10年中国农业发展态势，展现我院农业信息技术研究的最新成果，凸显我国权威机构主导农产品话语权的重大意义。

实施时间：4月

结合活动：首届中国农业展望大会

配合单位：信息所

2. 月度重点

食物营养普及。探讨食物营养示范基地建设，传播食物营养知识，提出我院在食物营养领域科学研究与知识普及的设想与下一步行动。

实施时间：5月

结合活动：食物营养普及与示范基地建设研讨会

配合单位：食物营养所

研究生教育改革。总结回顾我院近年来研究生教育改革推出的重要举措以及取得的成绩，提出下一步研究生教育发展目标。

实施时间：6月

结合活动：研究生教育改革研讨会

配合单位：研究生院

农产品加工成果推介。集中推介一批我院在农产品加工方面的最新成果，畅谈农产品加工的未来发展前景。

实施时间：6月

结合活动：农产品加工业投资前景及中国农科院加工所成果推介会

配合单位：加工所等相关研究所

（二）2014年第三季度

1. 季度重点

创新工程中的青年英才。公布首批青年英才计划择优资助评审结果，展现我院在青年英才选拔、评价、激励中的体制机制创新，以及年轻科技人员通过创新工程的开展，在思想观念、工作状态、奋斗精神等方面的变化。

实施时间：7月

结合活动：首批青年英才计划择优资助评审会

配合单位：人事局、创新工程试点研究所

农业科技“走出去”。集中展示我院在农业科技“走出去”方面的做法与成效，提出下一步我院农业科技“走出去”的规划。

实施时间：8月

结合活动：农业科技“走出去”战略研讨会

配合单位：国际合作局

2. 月度重点

农作物种业发展。分析比较国内外农作物种业研发现状，凸显我国加快农作物种业发展的重要性与紧迫性，提出农业科研单位的工作重点。

实施时间：7月

结合活动：农作物种业发展战略研讨会

配合单位：成果转化局、作科所

国际重大合作项目成效。开展国际合作项目中期评估，体现我院牵头组织的重大国际科技合作项目的成效以及我院在全国重大国际农业科技合作活动中的主导作用，彰显我院的国际影响力。

实施时间：7 月

结合活动：国际合作项目中期评估会

配合单位：国际合作局

知识产权工作。研讨中国农业知识产权管理的现状与问题，提出下一步农业知识产权管理的对策与重点工作。

实施时间：9 月

结合活动：中国农业知识产权管理研讨会

配合单位：成果转化局

（三）2014 年第四季度

1. 季度重点

主要作物高产高效技术推广模式。结合重要农时，展示观摩我院在玉米、小麦、水稻、大豆、油菜、马铃薯6 种主要农作物增产增效方面的集成创新成果及其示范推广效应。

实施时间：10 月

结合活动：现场观摩会和主要作物高产高效技术推广模式座谈会

配合单位：成果转化局、相关研究所

2. 月度重点

农业机械成就。总结回顾我国植保机械学科 80 年来的科研成就以及我院在农艺农机结合方面开展的工作，展望植保机械学科的未来发展趋势。

实施时间：10 月

结合活动：植保机械学术研讨会

配合单位：科技局、农机化所等相关研究所

信息化引领现代农业。围绕农业大数据、农业物流网、农业智能控制、农业预警监测等农业信息化科技前沿技术，探讨我国农业信息化发展趋势，展示我院在农业信息化中发挥的地位和作用。

实施时间：10 月

结合活动：农业信息化科技前沿技术与应用学术研讨会

配合单位：信息所等相关研究所

都市农业发展。分析我国都市农业发展的现状与存在问题，探讨我国都市农业发展的发展趋势，提出我院推进都市农业建设的设想。

实施时间：11 月

结合活动：首届全国都市农业发展学术研讨会

配合单位：科技局、果树所

（四）2015 年第一季度

1. 季度重点

创新工程实施 2 周年成效。结合国家奖的颁布和创新工程实施 2 周年，总结提炼创新工程试点 2 年来取得的科研成果、体制机制创新，提出下一步重要举措与工作目标。

实施时间：1 月

结合活动：创新工程实施 2 周年总结研讨会

配合单位：科技局、创新工程管理办公室

2. 月度重点

院工作会议。盘点我院 2014 年工作亮点，提出全院 2015 年工作思路与主要举措。

实施时间：1 月

结合活动：院 2015 年工作会议

配合单位：院办公室

农产品和食物安全。春节前夕，总结回顾一年来我院在保障我国农产品质量安全方面所做的工作以及发挥的重要作用。

实施时间：2 月

结合活动：全国农产品质量检查活动

配合单位：科技局、成果转化局、质标所等相关研究所

生态农业。以异常天气对农业的不利影响为切入点，梳理我院在农业科技防灾减灾方面的研究新进展和发挥的作用，以及在生态农业方面开展的工作以及取得的成绩。

实施时间：3 月

结合活动：全国抗灾减灾行动

配合单位：科技局、环发所、资划所、蜜蜂所等

三、工作措施

1. 建立选题征集与策划会商机制

每季度初面向全院各单位征集本季度计划要发布的重大成果（包括获奖成果）和要开展的重要科研活动，经遴选列入全院性季度宣传计划，确保对重大成果与重要科研活动的新闻报道及时有效。不定期组织召开宣传策划会，对宣传计划和专题策划方案进行讨论和完善。

2. 建立院所协同与媒体推动机制

院办公室要发挥好统筹协调作用，重点加强宣传活动的策划和指导，协助各单位制定有关宣传策划方案并组织实施。院属各单位要紧密配合全院性宣传活动的开展，认真做好本单位各项重点宣传任务。加强与重要新闻媒体的沟通合作，做好重要科技成果的解读和科普宣传，深入挖掘科研团队在成果背后的感人故事和科研精神，提高新闻传播的影响力。

3. 建立突发事件应对与科普宣传机制

针对重大动物疫病、食品质量安全、重大自然灾害、涉农虚假谣言等涉农突发事件，及时发出我院专家的声音，进行科学解读，加强科普宣传，回应公众质疑，正确引导社会舆论，树立科研单位和科学家的良好形象。

4. 建立信息报送与网络舆情监测机制

通过信息刊物将我院重要工作动态、重要农业科技信息和重大农业问题政策建议及时上报上级有关部门，为领导了解情况和科学决策提供参考依据。及时跟踪我院重要新闻报道的传播情况，开展网络舆情监测，分析新闻传播效果，编发网络舆情报告。

中国农业科学院领导干部外出报备工作规范

农科办办〔2014〕102 号

为进一步做好我院领导干部外出报备工作，根据中共中央办公厅、国务院办公厅相关规定及农业部相关规范，制定本规范。

一、适用范围

本规范适用于我院处级及处级以上领导干部离开单位所在省（区、市）出差、出访、探亲以及离岗休假、学习、病休等外出报备工作。

二、基本要求

1. 按照农业部要求，院长、院党组书记外出，须提前 2 天向部长或主持工作的部领导报备。

2. 院党组副书记、副院长、院纪检组长、院党组成员、院巡视组组长及副组长外出，应提前 2 天向院长或主持工作的院领导报备。

3. 院机关各部门主要负责同志外出，应提前 2 天报分管院领导审核，分管院领导同意后报院长或院党组书记批准。

4. 院机关各部门副职外出，应提前 2 天报分管院领导批准。

5. 院属各单位主要负责同志外出 3 天以上（包括 3 天）的，应提前 2 天报院长或院党组书记批准。

6. 院属各单位副职和院机关各部门、院属各单位处级领导干部外出，按干部管理权限由本单位主要负责同志（主持工作负责同志）或分管负责同志批准，具体规定由各单位制定。

7. 院办公室要做好协调服务，院长和院党组书记原则上不同时外出；尽量避免院领导同一时间到同一省（区、市、单位）出差。院机关各部门和院属各单位领导班子成员原则上不能同时全部外出；主要负责同志外出，应明确 1 位负责同志在单位主持工作，并在外出请示报告单中注明。

三、报备工作程序

（一）院长、院党组书记外出报备

1. 秘书按照农业部要求，填写《部领导外出报告单》（表式见附件1），发送部值班室。

2. 部值班室将《部领导外出报告单》呈报部长批示。

3. 部长批示后，部值班室将部长批示反馈秘书。

4. 秘书将获批的院长、院党组书记外出情况向院办公室报备。

（二）院党组副书记、副院长、院纪检组长、院党组成员、院巡视组组长及副组长外出报备

1. 院领导兼职秘书填写纸质版《院领导外出报告单》（表式见附件2），报院办公室。

2. 院办公室将《院领导外出报告单》呈报院长批示。

3. 院长批示后，院办公室将院长批示反馈院领导。

（三）院机关各部门主要负责同志外出报备

1. 院机关各部门综合处填写《院机关各部门负责同志外出请示报告单》（表式见附件3），报至院办公室。

2. 院办公室将《院机关各部门负责同志外出请示报告单》呈报分管院领导审核。

3. 分管院领导审核后，院办公室将《院机关各部门负责同志外出请示报告单》呈报院长或院党组书记批示。

4. 院长或院党组书记批示后，院办公室将批示反馈机关各部门。

（四）院机关各部门副职外出报备

1. 院机关各部门综合处填写《院机关各部门负责同志外出请示报告单》，报至院办公室。

2. 院办公室将《院机关各部门负责同志外出请示报告单》呈报分管院领导批示。

3. 分管院领导批示后，院办公室将院领导批示反馈机关各部门。

（五）院属各单位主要负责同志外出报备

1. 院属各单位办公室/综合处填写《院属各单位主要负责同志外出请示报告单》（表式见附件4），报至院办公室。

2. 院办公室将《院属各单位主要负责同志外出请示报告单》呈报院长或院党组书记批示。

3. 院长或院党组书记批示后，院办公室将批示反馈院属各单位。

如果院领导在国内出差，院办公室通过电话或短信向院领导请示。如果分管院领导出国（境），院机关各部门主要负责同志的外出请示报告单由院办公室直接呈报院长或院党组书记批示，院机关各部门副职的外出请示报告单由院办公室备案并反馈。

四、其他事项

1. 院长或院党组书记因紧急事项临时外出，可口头直接向农业部部长请示；其他院领导因紧急事项临时外出，可口头直接向院长请示；院机关各部门、院属各单位主要负责同志因紧急事项临时外出，可口头直接向分管院领导、院长或院党组书记请示；院机关各部门副职因紧急事项临时外出，可口头直接向分管院领导请示。相关请示批准情况应及时告知院办公室并补办报备手续。未经院领导批准，不得自行外出。

2. 外出期间如行程有变化，应及时补充报告。

3. 我院领导干部出国（境）的，须在请示报告单中注明出国（境）审批情况。

附件：1. 部领导外出报告单
2. 院领导外出报告单
3. 院机关各部门负责同志外出请示报告单
4. 院属各单位主要负责同志外出请示报告单

附件 1

部领导外出报告单

填写时间：　年　月　日

<table>
<tr><td rowspan="5">部领导批示：</td><td>单　　位</td><td></td></tr>
<tr><td>出 差 人</td><td></td></tr>
<tr><td>出差时间</td><td>年　月　日（上午/下午/晚上）
至　　年　月　日（上午/下午/晚上）</td></tr>
<tr><td>出差地点</td><td></td></tr>
<tr><td>出差事由</td><td></td></tr>
</table>

附件2

院领导外出报告单

填写时间：　年　月　日

<table>
<tr><td rowspan="5">院领导批示：</td><td>单　　位</td><td></td></tr>
<tr><td>出 差 人</td><td></td></tr>
<tr><td>出差时间</td><td>年　月　日（上午/下午/晚上）
至　　年　月　日（上午/下午/晚上）</td></tr>
<tr><td>出差地点</td><td></td></tr>
<tr><td>出差事由</td><td></td></tr>
</table>

附件3

院机关各部门负责同志外出请示报告单

填写时间：　年　月　日

<table>
<tr><td rowspan="8">院领导批示：</td><td>单　　位</td><td></td></tr>
<tr><td>出 差 人</td><td></td></tr>
<tr><td>出差时间</td><td>年　月　日（上午/下午/晚上）
至　　年　月　日（上午/下午/晚上）</td></tr>
<tr><td>出差地点</td><td></td></tr>
<tr><td>出差事由</td><td></td></tr>
<tr><td>主要负责同志（或主持工作同志）意见</td><td></td></tr>
<tr><td colspan="2">如主要负责同志外出，____________
____________期间由____________主持工作</td></tr>
</table>

附件 4

院属各单位主要负责同志外出请示报告单

填写时间：　年　月　日

<table>
<tr><td rowspan="7">院领导批示：</td><td>单　　位</td><td></td></tr>
<tr><td>出 差 人</td><td></td></tr>
<tr><td>出差时间</td><td>年　月　日（上午/下午/晚上）
至　　年　月　日（上午/下午/晚上）</td></tr>
<tr><td>出差地点</td><td></td></tr>
<tr><td>出差事由</td><td></td></tr>
<tr><td>主要负责同志（或主持工作同志）意见</td><td></td></tr>
<tr><td colspan="2">如主要负责同志外出，____________
____________期间由____________主持工作</td></tr>
</table>

中国农业科学院公务接待管理办法

农科办办〔2014〕202 号

为进一步规范我院公务接待工作，加强接待经费管理，强化预算监督，参照《党政机关厉行节约反对浪费条例》《党政机关国内公务接待管理规定》《中央和国家机关外宾接待经费管理办法》等相关规定，结合我院实际，特制定本办法。

第一章　总　则

第一条　公务接待是指接待来院出席会议、考察调研、执行任务、学习交流、检查指导、请示汇报工作等公务活动的来访人员，安排他们的食宿、交通等相关事务性工作。不得将来访人员休假、探亲、旅游等活动纳入公务接待范围。不得用公款报销或者支付应由个人负担的费用。

第二条　公务接待应当坚持有利公务、务实节俭、严格标准、简化礼仪、高效透明的原则。各部门应加强公务接待的计划管理，合理统筹安排公务接待活动，严格执行有关管理规定和开支标准，在核定的年度接待费预算内安排接待活动，不得超预算或无预算安排接待，不得向同级机关、下级机关、下属单位和企业等摊派、转嫁费用。

第三条　各部门应当严格控制接待范围和接待标准，不得超标准接待，不得组织与公务活动无关的参观，不得到营业性娱乐、健身场所活动，不得赠送礼金、有价证券、纪念品和土特产品等。

第四条　接待部门凭来访者公务接待函，填写公务接待清单，经院领导或部门主要领导批准后方可进行接待。因特殊原因不能及时审批清单的，须电话或短信请示主管领导批准后先行接待，接待后再履行报批手续。

第五条　接待费的报销支付应严格按照国库集中支付和公务卡管理的有关制度执行，采用银行转账或公务卡方式结算，不得以现金方式支付。

接待费报销凭证包括财务票据、派出单位公函（或者部门领导审定的接待方案）和接待清单。

第六条　除涉密内容和事项外，接待经费的预决算应当按照预决算信息公开的有关规定，及时公开，接受社会监督。

第七条　财务局应加强对公务接待经费使用情况的审核把关；监察局应加强对接待管理和经费使用情况进行监督检查；各部门应如实提供包括接待计划、经费预算、开支报销凭证等在内的相关资料，主动配合接受检查，并认真落实检查意见。

第八条 违反本办法规定，有下列行为之一的，按照《财政违法行为处罚处分条例》《党政机关厉行节约反对浪费条例》等有关规定，责令整改，追回资金，并追究有关人员责任：

（一）擅自提高接待开支标准的。

（二）无公函或未经批准邀请接待的。

（三）违规扩大接待开支范围，或报销与接待无关的费用的。

（四）虚报接待人数、天数，套取接待经费的。

（五）使用虚假发票报销接待费用的。

（六）其他违反本办法的行为。

第二章 国内接待

第九条 坚持对等节俭的原则，根据公务接待对象及活动内容，做好接待工作。

（一）中央和地方副省部级以上（含）领导或著名专家学者及社会知名人士来院，由院主要领导出面接待，院办公室负责安排接待工作。

（二）中央和地方司局级领导来院，根据业务类型由分管院领导出面接待，由业务部门做好接待事宜。

（三）其他人员来院由各部门根据分工做好接待工作。院领导原则上不参加接待，如确需院领导会见或出席有关活动的，须事先报院办公室，由院办进行协调安排，但院领导原则上不陪同考察、不陪餐。

（四）各部门接待费用执行“谁邀请，谁负担，谁接待，谁承担”的原则。

第十条 接待有关部门和单位来我院检查指导工作、调研或汇报交流的，应要求对方发来公函，明确公务内容、行程和人员；因工作需要，我院主动邀请有关领导和专家来院指导工作、培训讲座和开展学术交流等公务活动的，可不需要对方单位发来公函，但相关邀请方案要明确公务内容、行程和来访人员名单，并经部门主要负责人审核同意。

第十一条 接待对象应当按照规定标准自行用餐，确因工作需要，可以安排工作餐1次，并严格控制陪餐人数。接待对象在10人以内的陪餐人数不得超过3人；超过10人的，不得超过接待对象人数的1/3。

第十二条 工作餐用餐标准根据北京地区经济发展水平、市场价格和会议用餐标准，在国家没有出台具体标准前，暂定为180元/（人·次）。工作餐应当供应家常菜，不得提供鱼翅、燕窝等高档菜肴和用野生保护动物制作的菜肴，不得提供香烟和高档酒水，不得使用私人会所、高消费餐饮场所，可考虑优先在内部场所接待。

第十三条 公务接待住宿费用标准参照《中央和国家机关差旅费管理办法》。

第十四条 公务接待交通费应根据实际情况安排，视人数多少安排小轿车、中巴士或大巴士，尽可能集中乘车，减少随行车辆。确需租用车辆的，应与资质合格、运营规范的汽车租赁公司签定租赁合同。

第十五条 确因工作需要，邀请专家学者、知名人士和有关部门领导来我院指导工作或做讲座，经分管院领导批准，可报销受邀人员的往返交通费用、在院活动期间的住宿费、交通费等，上述费用据受邀方级别、参照差旅费标准给予相应安排。

第三章 外宾接待

第十六条 外宾接待工作应当坚持服务外交、友好对等、务实节俭的原则（外宾指不具有我国国籍的外籍人士）。

第十七条 外宾接待实行部门预算，不得超预算或无预算安排。外宾接待计划应当明确外宾团组中由我方招待的人数、天数，费用开支范围以及资金来源、列支渠道、预算等。计划编制必须严格控制在年度外宾接待费预算内，不得突破。

第十八条 对应邀来华的外宾，应当根据互惠对等原则或外事交流协议等，区分为全部招待、部分招待和外宾自理。无互惠对等原则及外事交流协议的，招待天数不得超过5天（含抵、离境当天），招待人数可由各单位按内部规定执行，超出规定天数和人数的，一律由外宾自理。

第十九条 外宾接待经费开支范围主要包括：住宿费、日常伙食费、宴请费、交通费、赠礼等。外宾接待经费原则上不得列支外宾来华国际旅费。

第二十条 住宿费按以下办法执行：

（一）外宾住宿应当注重安全舒适，不追求奢华。副部长级及以上人员率领的外宾代表团，可安排在五星级、四星级宾馆；司局级及以下人员率领的代表团以及其他一般外宾代表团，安排的宾馆最高不超过四星级。

（二）外宾住房标准：副部长级及以上人员可安排套间，其他人员安排标准间。

（三）各单位可结合实际情况与符合条件的宾馆签订长期合作协议，争取优惠价格。

第二十一条 日常伙食费按以下办法执行：

（一）外宾日常伙食招待应当注意节俭，严格根据伙食费标准选择菜品，提倡采用自助餐等形式。

（二）外宾日常伙食费（含酒水、饮料）标准：正、副部长级每人每天500元；其他人员每人每天300元。

第二十二条 宴请费按以下办法执行：

（一）宴请外宾严禁讲排场，优先安排在宴请举办单位内部的宾馆和招待所，不上高档菜肴和酒水，杜绝奢侈浪费。除宴会外，提倡采用冷餐会、酒会、茶会等多种宴请形式。

（二）外宾宴请费（含酒水、饮料）标准：正、副部长级人员出面举办的宴会，每人每次400元；司局级及以下人员出面举办的宴会，每人每次300元。冷餐、酒会、茶会分别为每人每次150元、100元、60元；

（三）外宾在华期间，宴请不得超过2次，包括赴区县访问时，由区县接待单位或有关单位联合安排的1次宴请。

第二十三条 交通费按以下办法执行：

（一）外宾用车应当根据实际情况安排，除少数重要外宾乘坐小轿车外，其他外宾可视人数多少安排小轿车、中巴士或大巴士。在符合礼宾要求的前提下，外宾出行应当集中乘车，减少随行车辆；

（二）接待外宾确需租用车辆的，各单位应当与资质合格、运营规范的汽车租赁公司签定租赁合同。

第二十四条 对外赠礼按以下办法执行：

（一）对外赠礼采购应当节约从简，实物礼品应当尽量选择具有中国特色或我院特色的纪念品、传统手工艺品和实用物品，朴素大方，不求奢华。礼品可按接待计划统一订制，选择价格便宜，质量过硬，有信誉的生产厂家批量采购。

（二）赠礼对象仅为外方团长夫妇，必要时可包括主要陪同人员，原则上由接待单位赠礼1次，其他单位不得重复赠礼。如外方赠礼，可按对等原则回礼。

（三）对外赠礼以赠礼方或受礼方级别较高一方的级别确定赠礼标准。赠礼方或受礼方为正、副部长级人员的，每人次礼品不得超过400元；赠礼方或受礼方为司局级人员的，每人次礼品不得超过200元；其他人员，可以视情况赠送小纪念品，不得超过150元。

（四）对访问我院的著名友好人士、社会名流、专家学者，确有必要赠礼的，按照正、副部长级人员标准执行。

第二十五条 外宾在华期间的医药、邮电通讯、洗衣、理发等费用，除国家元首、政府首脑外，均由外宾自理。

第二十六条 我方陪同人员人数，应当根据礼宾要求，从严掌握。

第二十七条 我方参加宴请人数应当根据礼宾要求安排，5人（含）以内的，中外人数原则上在1∶1以内安排；外宾超过5人的，超过部分中外人数原则上在1∶2以内安排。

第二十八条 陪同外宾赴外地访问期间，陪同人员的伙食费、住宿费、交通费、公杂费等开支标准执行中央和国家机关国内差旅费管理的有关规定执行，并由所在单位分别负担。确需与外宾同餐、同住、同行的，经所在单位领导批准，可按对应的外宾接待标准实报实销。

第四章 附 则

第二十九条 本办法适用于院本级，由中国农业科学院负责解释。

第三十条 本办法自发布之日起施行，请各部门严格遵照执行。

附件：中国农业科学院公务接待清单

附件

中国农业科学院公务接待清单

部门		日期	
公务内容			
接待对象清单			
姓名	单位	职务/级别	备注
陪同人员清单			
姓名	单位/部门	职务/级别	备注
餐费		住宿费	
交通费		其他费用	
部门领导审批		处室负责人审核	
经办人		联系电话	

中国农业科学院电子文献资源建设管理办法（试行）

农科院办〔2014〕273号

第一章　总　则

第一条　为促进院电子文献资源建设健康、可持续发展，进一步提升电子文献资源服务保障能力，特制定本办法。

第二条　本办法所称电子文献资源是指以互联网IP认证或本地镜像方式提供服务、需要付费采购的网络版电子文献出版物，主要包括文摘/引文/工具型数据库、数值数据库、全文数据库、电子期刊数据库、学位论文全文数据库、电子图书数据库和多媒体数据库等。

第三条　电子文献资源建设应以建设世界一流农业科研院所为导向、以满足全院科技创新与发展需求为宗旨，遵从以下原则。

（一）共同投入原则。在积极争取国家经费支持的前提下，根据“谁使用谁付费”要求，不断探索和完善院级投入带动、院属各单位费用共担的电子文献资源投入机制与模式。

（二）规范管理原则。明确相关单位的责任和义务，制定电子文献资源建设的相关制度和工作规范。强化沟通和协调，建立电子文献资源建设共同参与的工作机制，营造电子文献资源持续发展的工作环境。

（三）科学采集原则。以需求为导向，科学开展电子文献资源需求分析、资源评价、协议谈判、经费分担方案核算，统筹拟定电子文献资源建设方案。

（四）信息公开原则。坚持电子文献资源采购工作的公开和透明，及时、准确地向院属各单位通报电子文献资源采购方案以及费用分担信息。

第二章　组织管理

第四条　院信息化领导小组的主要职责：

（一）统筹院电子文献资源建设工作；

（二）协调落实院电子文献资源建设经费；

（三）审定年度电子文献资源建设方案及共建数据库的费用分担方案。

第五条 信息所的主要职责：

（一）积极争取国家科技图书文献中心（以下简称 NSTL）对院电子文献资源建设经费的支持；

（二）筹集电子文献资源经费，科学制定共建数据库的分担方案，建立和完善电子文献资源经费共同投入、联合保障机制和模式；

（三）开展电子文献资源需求调研、资源评价、方案拟定、协议谈判、开通服务，负责数字图书馆门户和资源整合平台建设、电子文献资源宣传和培训等工作。

第六条 院属各单位应明确 1 名所级领导分管电子文献资源建设工作，选定 1 名熟悉电子文献资源的人员担任联络员。院属各单位及联络员的主要职责：

（一）协助信息所开展电子文献资源需求调查，及时将本单位的需求传递给信息所电子文献资源需求分析人员；

（二）了解本单位对于共建数据库的需求，选择和确认本单位拟共建购买的国内外数据库，并按要求支付费用；

（三）将数据库开通、试用、培训等信息及时传递给本单位科研人员，负责与信息所相关业务人员进行沟通，解决本单位电子文献资源使用的相关问题，为信息所业务人员到所培训提供支持。

第三章 经费使用

第七条 经费来源主要包括 NSTL 补贴经费、院补贴经费以及院属各单位共建经费 3 部分组成。

第八条 筹集的电子文献资源经费用于购买 NSTL 指定数据库、全院共性数据库和院属单位个性化数据库。

第九条 信息所应每年留有一定风险基金，一般为共建数据库费用总额的 6%，用于汇率变化等费用。基金剩余部分转入下一年度，不足部分由信息所垫付并从下一年度经费中扣除。

第十条 院属各单位共建经费直接支付给数据库商或指定的图书进口代理商。

第四章 费用分担方法

第十一条 分担依据为：院属各单位科技人员数量、非本院职工在读研究生数量（注：研究生数量 1/3 计入研究生院、2/3 计入培养单位）、外文期刊引用量等。

第十二条 计费方法。

（一）纳入 NSTL 或院经费补贴的共建数据库：

1. 引用量可统计外文数据库分担费用 = （数据库费用总额 − NSTL 和院补贴经费）×

$$\left(\frac{\text{单位科技人员数量}+\text{研究生数量}}{\text{共建单位科技人员总量}+\text{共建单位研究生数量}}\times 50\% + \frac{\text{单位该数据库期刊引用数量}}{\text{共建单位该数据库期刊引用数量}}\times 50\%\right)$$

2. 其他数据分担费用 = （数据库费用总额 - NSTL 和院补贴经费） ×

$$\left(\frac{\text{单位科技人员数量}+\text{研究生数量}}{\text{共建单位科技人员数量}+\text{共建单位研究生数量}}\times 100\%\right)$$

（二）未纳入 NSTL 或院经费补贴的共建数据库：

1. 引用量可统计外文数据库分担费用 = 数据库费用总额 ×

$$\left(\frac{\text{单位科技人员数量}+\text{研究生数量}}{\text{共建单位科技人员总量}+\text{共建单位研究生数量}}\times 50\% + \frac{\text{单位该数据库期刊引用数量}}{\text{共建单位该数据库期刊引用数量}}\times 50\%\right)$$

2. 其他数据分担费用 = 数据库费用总额 ×

$$\left(\frac{\text{单位科技人员数量}+\text{研究生数量}}{\text{共建单位科技人员总量}+\text{共建单位研究生数量}}\times 100\%\right)$$

第十三条 共建数据库分担计费时，院属各单位科技人员数量以上一年度人事统计数据为准，研究生数量以研究生院提供的上一年度研究生在校生（不包括本院在职职工）总数为准。

第五章 工作流程

第十四条 需求调研。通过问卷调查、引文分析、使用调查等手段，组织开展院属各单位对电子文献资源调研。

第十五条 供应调研。通过多种途径查找、发现和遴选电子文献资源供应情况，了解电子文献资源的服务模式、价格模型，以及在国内的集团采购方案。

第十六条 综合评估。采用资源内容质量、学科匹配度、使用（试用）统计分析、平台易用性、经济性以及出版商服务等多项指标，对续订数据库和拟新增数据库进行综合评估，确定电子文献资源引进顺序。

第十七条 拟定采购计划。根据电子文献资源续订、拟新增初步分析，以及 NSTL 和院电子文献资源经费预算情况，拟定院电子文献资源年度采购计划。

第十八条 咨询论证。将拟定的电子文献资源年度采购计划提交“中国农业科学院电子文献资源专家咨询委员会”咨询和论证，根据专家咨询意见修改后实施。

第十九条 各单位确认。将拟采购数据库中的共建数据库信息发送至院属各单位，由院属各单位确认本单位拟参加共建数据库的种类，并将相关信息反馈给信息所。

第二十条 采购。信息所与出版商或代理商开展资源续订和新增采购价格方案的谈判，为全院争取最低价格和最优服务，并签订有关协议。

第二十一条　费用分担。根据信息所开展引文分析结果、共建数据库价格方案与资金分担办法，计算出各单位分担费用，由院信息化领导小组审核批准。

第二十二条　付费。院属各单位直接向指定的数据库代理公司支付分担费用，院属各单位付费时间应在收到代理公司付款通知后 1 个月内完成，超过 1 个月付费的，应承担数据库代理公司收取的滞纳金。

第二十三条　运维服务。信息所负责数据库的开通服务、IP 地址更新、资源整合平台维护、使用咨询与培训等服务工作，保障科研人员方便、快捷、深度利用电子文献资源，提升科研创新能力。

第六章　附　则

第二十四条　本办法由院信息化工作领导小组办公室和信息所共同负责解释。

第二十五条　本办法自发布之日起试行。

中关村院区建设施工管理办法（试行）

农科办服〔2014〕159号

第一章　总　则

第一条　为规范建设施工管理秩序，营造良好的科研、办公及生活环境，制定本办法。

第二条　本办法所指的建设施工，含基本建设、修缮项目及日常维修等活动，即对建筑物、构筑物、道路、场地及管线（给水、排水、燃气、供热、电力、通信及其他工业管线）进行新建、扩建、改建、维修、更新、改造等行为。

第三条　院区综合管理委员会负责中关村院区建设施工的监督管理。

第二章　施工申报

第四条　建设单位在施工前，应向院区综合管理委员会办公室（院后勤服务中心）提出开工申请。应注明施工内容、施工地点、预计工期等情况，并根据施工内容简要说明破路或开挖位置、施工现场检查井及树木保护措施、临建设施搭设位置、环境保护措施等。

第五条　院区综合管理委员会依据院区管理相关规定对施工申请进行审核。审核合格后，发给《中关村院区施工许可证》。

第三章　施工现场管理

第六条　水电管理。施工现场水、电管线驳接应在后勤服务中心工程人员指导下进行，安装独立表箱，实行单独计量。

因施工需要停水、停电等可能影响到施工现场周围地区单位和居民的工作、生活时，应提前两天报请后勤服务中心批准，并通告可能受影响的单位和居民。因施工导致突发性停水、停电的，施工单位应当立即向后勤服务中心报告，同时采取补救措施。

第七条　设施保护。建设单位应对施工现场内的隐蔽工程、检查井、树木及周边道路等采取有效保护措施。

第八条　安全管理。

（一）建设工程外立面紧邻人行道或者车行道的，施工单位应当在该道路上方搭建坚固的安全天棚，并设置必要的警示和引导标志。

（二）因施工需要，对道路实施全部或部分封闭，影响行人出行安全的，施工单位应当设置安全通道，并设置夜间警示灯；临时占用施工工地以外的道路或者场地的，施工单位应当设置围档予以封闭。

第九条 环境保护。

（一）降低噪声干扰。建设施工向环境排放噪声的，应当遵守相关法律、法规的规定。建设施工使用的产生噪声的固定设备应设置在远离噪声敏感建筑物一侧，运输车辆进入施工现场严禁鸣笛。除抢修、抢险作业外，禁止在夜间22时至次日凌晨6时进行产生环境噪声污染的建筑施工作业。

（二）防止光污染。施工单位进行电焊作业或者夜间施工等使用灯光照明的，应当采取有效的遮蔽光照措施，避免光照直射居民住宅。

（三）施工单位应保持施工现场及外围环境整洁卫生。

1. 建筑垃圾应集中、分类堆放，及时清运；生活垃圾应采用封闭式容器，日产日清。严禁凌空抛撒垃圾。

2. 水泥和其他易飞扬细颗粒散体材料，要库内存放或有覆盖物封闭，运输要防止遗撒、飞扬，卸运应有降尘措施。

3. 施工现场出入口应设洗车处，防止道路遗撒。

4. 施工现场应设置良好的排水系统，保持排水畅通，地面无积水。

第十条 工程车辆管理。工程车辆进出院区，由建设单位提前报院保卫处备案，并按保卫处指定的路线行驶。

第四章 责任追究

第十一条 对违反本办法的，由院区综合管理委员会办公室责令改正。情节严重或拒不改正的，由院区综合管理委员会对相关部门进行通报批评，并追究单位负责人责任。

第十二条 对违反本规定的行为，有关法律、法规对其法律责任已有规定的，从其规定。

第五章 附 则

第十三条 本办法自发布之日起施行。

第十四条 本办法由院区综合管理委员会办公室负责解释。

中国农业科学院现代农业科技展示园园区管理办法（试行）

农科办服〔2014〕195 号

（2014 年 3 月 3 日）

第一章　总　则

第一条　为加强中国农业科学院现代农业科技展示园园区（以下简称园区）管理，营造良好的研发、生产、经营和办公环境，保障园区安全有序运行，根据中国农业科学院相关管理制度，制定本办法。

第二条　中国农业科学院院区综合管理委员会（以下简称综管委）负责园区管理重大事项决策，协调督促管理部门开展工作。

第三条　园区日常管理实行分工负责制。

农业环境与可持续发展研究所（以下简称环发所）、蔬菜花卉研究所（以下简称蔬菜所）负责管理所属建筑物（构筑物）及外延至公共道路内侧路肩或围墙的区域，具体管理内容及工作标准参照《中国农业科学院单位责任区管理办法（试行）》（农科院服〔2013〕247 号）执行。

院后勤服务中心负责公共区域交通疏导、保安巡逻、消防安全、绿化养护及卫生保洁，相关费用由环发所、蔬菜所按所属建筑物（构筑物）面积分摊。

第二章　安全管理

第四条　园区实施封闭管理。

通常情况下，车辆、人员由东门出入。遇有参观考察、外事活动须出入南门的，由主办方经管理部门提前通知院后勤服务中心进行安排。

第五条　机动车辆进入园区，应遵守以下规定：

（一）根据《中国农业科学院院部大院机动车辆行驶和停放管理办法（试行）》（农科院服〔2012〕264 号），社会车辆进入园区实行计时收费；

（二）遵守交通管理规定，爱护道路公共设施，不得碾压绿化草坪，损坏路面路牌及各类标志等公共设施；

（三）按道路指示标识或工作人员指令行驶，时速不得超过安全标准，严禁超车；

（四）车辆在规定位置有序停放，严禁挤占消防通道。

第六条　消防安全。

（一）落实消防安全责任制。综管委与管理部门、管理部门与园区内单位逐级签署《消防管理责任书》，明确责任主体，完善消防管理制度，定期开展安全检查和隐患排查。

（二）园区内单位加强消防安全宣传教育，认真落实消防安全管理规定。

1. 严禁占用、堵塞任何消防通道、楼梯走道、天台出口或其他疏散口，保证公共区域疏散通道的畅通；

2. 严禁损坏、盗用消防设施、器材，挪用消防设施及消防水源；

3. 严禁封闭或损坏安全疏散标识，事故照明设施及消防标识。

第三章　秩序维护

第七条　园区内设置、张贴室外广告，由管理部门报请综管委办公室审核，并按综管委办公室统一规划组织施行。

第八条　不得在室外进行生产或经营活动。

第九条　园区内用于经营的房产，由管理部门参照《中关村院区房产经营管理办法（试行）》（农科院服〔2013〕259 号）实施管理。

第十条　园区内建设施工，依据《中关村院区建设施工管理办法》（农科办服〔2014〕159 号），由管理部门报请综管委办公室审核，取得《建设施工许可证》后进行。

第十一条　举办大型活动，须提前 3 个工作日报请综管委办公室备案。

第四章　附　则

第十二条　本办法由中国农业科学院院区综合管理委员会办公室负责解释。

第十三条　本办法自发布之日起实施。

中国农业科学院关于印发《中国农业科学院会议费管理办法》的通知

农科院办〔2014〕39号

院属各单位、院机关各部门：

《中国农业科学院会议费管理办法》已经2014年第二次院常务会议审议通过（附件1），现印发给你们，请遵照执行。

加强会议管理是进一步贯彻落实中央八项规定，巩固我院党的群众路线教育实践活动成果的重要举措。最近农业部批复了院本级的会议计划，2014年院本级会议数量比2013年减少了50%。根据农业部有关要求和《中国农业科学院会议费管理办法》，现将我院2014年会议计划管理有关要求通知如下。

一、院属各单位使用公用经费（包括改革启动费、运转费等日常运转类性经费）召开的四类会议计划由各单位领导班子会议集体研究后报院审定。依托我院和院属各单位的学会、协会组织召开的年会按规定报上级主管部门和院备案。院机关各部门按批复的会议数量（附件2），编制详细会议计划，明确会议名称、内容、时间地点、代表人数、工作人员数、经费开支及列支渠道等内容。

二、院属各单位实施科研、基建等项目召开的业务性会议应严格按照项目合同书（任务书、实施方案等）确定的会议预算，组织编制详细会议计划，明确会议名称、内容、时间地点、代表人数、工作人员数、经费开支及列支渠道等内容，由本单位领导班子会议集体研究决定，列入本单位会议计划。院本级项目会议计划由院审定。

三、请院属各单位（部门）于2月28日前将需要院审定或备案的详细会议计划（附件3）和领导班子研究会议计划纪要报院办公室综合处，会议计划需发送电子文件。

各单位、各部门要按照院党组关于认真贯彻落实中央八项规定、大幅度精简会议论坛活动的要求和《中国农业科学院会议费管理办法》，严格执行会议和论坛活动计划，切实改进会风，不断提高会议、论坛活动的质量和效率。会议计划不得随意调整，未列入计划的会议不得召开。确因工作需要临时召开会议的，须由申请单位的领导班子集体研究，按程序报院批准。财务部门要严格按照审定的会议计划审核和列支会议经费。对擅自突破、调整会议计划或违反《中国农业科学院会议费管理办法》的要予以严肃处理。

附件：1. 中国农业科学院会议费管理办法
2. 中国农业科学院2014年院本级四类会议计划
3. 中国农业科学院2014年会议计划申报表

中国农业科学院

2014年2月24日

附件 1

中国农业科学院会议费管理办法

农科院办〔2014〕39 号

第一章　总　则

第一条　为贯彻落实中央关于改进工作作风，密切联系群众八项规定及实施细则和部、院党组实施办法，进一步加强我院会议管理，厉行节约，精简会议，改进会风，提高会议效率和质量，节约会议经费开支，根据《中央和国家机关会议费管理办法》和《农业部会议费管理办法》，制定本办法。

第二条　院属各单位、院机关各部门会议的分类、审批和会议费管理等，适用本办法。

第三条　各单位、各部门召开会议应当坚持厉行节约、反对浪费、规范俭朴、务实高效的原则，严格控制会议数量，规范会议费管理。

第四条　各单位、各部门召开的会议应当实行分类管理、分级审批。

第五条　内容相似的会议，应当联合或合并召开。严禁召开无实质内容、可开可不开的会议。不得邀请与会议内容无关的单位和人员参会。

第六条　各单位、各部门应当严格会议费预算管理，控制会议费预算规模。会议费预算要细化到具体会议项目，执行中不得突破。会议费应纳入部门预算，并单独列示。

第二章　管理职责

第七条　院办公室的主要职责是：

（一）负责中国农业科学院会议计划编制和会议报请审批管理；

（二）会同财务局制定或修订中国农业科学院会议费管理办法；

（三）审核会签以中国农业科学院名义召开的会议通知；

（四）审核汇总各单位年度会议计划执行情况；

（五）对院属各单位、机关各部门年度会议计划执行情况进行监督检查。

第八条　财务局的主要职责是：

（一）参与制定或修订中国农业科学院会议费管理办法；

（二）负责会议费预算管理，以及国库集中支付和公务卡管理；

（三）按规定汇总报送院本级和院属预算单位上年度会议计划和执行情况；

（四）对院属各单位、机关各部门会议费预算执行情况进行监督检查。

第九条 院属各单位、机关各部门的主要职责是：

（一）负责制定本单位会议管理的实施细则，加强会议费使用的内控管理，配合开展相关监督检查；

（二）按规定编报本单位、部门年度会议计划，办理会议登记并进行审核，编报年度会议计划执行情况；

（三）按规定编报本单位、部门会议费预算并管理、使用会议费，做好相应的财务管理和会计核算工作，对会议费报销进行审核把关，确保各类凭证来源合法，内容真实、完整、合规。

第三章 会议分类和审批

第十条 我院会议分类按照中央和国家机关会议分类标准执行：

一类会议。是以党中央和国务院名义召开的，要求省、自治区、直辖市、计划单列市或中央部门负责同志参加的会议。

二类会议。指以农业部名义召开的，要求各省（自治区、直辖市、计划单列市）农业系统或部系统各单位主要负责同志参加的会议。

三类会议。指以中国农业科学院名义召开的，要求院系统各单位主要负责同志或农业科研系统有关人员参加的会议。

四类会议。是指除上述一类、二类、三类会议以外的其他业务性会议，包括小型研讨会、座谈会、评审会等。

第十一条 会议审批程序和要求：

一类会议、二类会议。我院不能召开一类、二类会议。

三类会议。院办公室于每年 10 月底前，将我院下一年度三类会议计划（包括会议数量、会议名称、召开的理由、主要内容、时间地点、代表人数、工作人员数、所需经费及列支渠道等）报农业部办公厅，同时抄送归口司局。中国农业科学院召开三类会议原则上每年不超过 1 次。院属各单位不能召开三类会议。

四类会议。院机关各部门、院属各单位于每年 10 月底前，将下一年度使用公用经费（包括改革启动费、运转费等日常运转类性经费）召开的四类会议计划（主要是会议数量、会议名称、代表人数、所需经费及列支渠道等）报院办公室。院办公室汇总、初审，报院常务会议审批后执行。院本级会议计划报部审批后执行。

实施科研、基建等项目召开的业务性会议应严格按照项目合同书（任务书、实施方案等）确定的会议预算编制会议计划，报研究所审定。依托我院和院属各单位的学会、协会组织召开的年会按规定报上级主管部门备案。

各单位、部门在院系统内部会议室召开会议且发生会议费的，均应按上述程序和要求编报年度会议计划；不发生会议费的，不执行上述会议审批程序。

第十二条 严格会议计划管理。年度会议计划经批准后，如确需调高会议规格，或者召开暂未列入年度会议计划的会议，须事先按规定程序报批。未按规定程序批准，不得计划外召开会议。

第十三条 三类、四类会议会期均不得超过 2 天；传达、布置类会议会期不得超过 1 天。

会议报到和离开时间，三类会议合计不得超过 2 天，四类会议合计不得超过 1 天。

第十四条 严格控制会议规模。

三类会议参会人员不得超过 150 人，其中，工作人员控制在会议代表人数的 10%以内。

四类会议参会人员视内容而定，一般不得超过 50 人。

实际参会人员不得超过批准后的年度会议计划确定的人数。

第十五条 各单位召开会议应当改进会议形式，充分运用电视电话、网络视频等现代信息技术手段，降低会议成本，提高会议效率。

电视电话、网络视频会议的主会场和分会场应控制规模，节约费用支出，一般不得邀请外地人员到主会场参会。

第十六条 会议实行定点管理，各单位、各部门应当到定点饭店召开，按照协议价格结算费用。未纳入定点范围，价格低于会议费综合定额标准的院系统内部会议室、礼堂、宾馆、招待所、培训中心，可优先作为会议场所。

三类、四类会议应当在四星级以下（含四星）定点饭店召开。

参会人员在 50 人以内且无外地代表的会议，原则上在院内部会议室召开，不安排住宿。会议筹备工作应在院内部会议室进行，不得安排在宾馆饭店。

第十七条 对在单位驻地外召开会议进行严控严管。凡在外地召开的会议，必须在编报年度会议计划时详细说明在外地召开的理由，未说明理由或者理由不充分的，不得到外地召开。确需召开暂未列入年度会议计划会议的，除应急、救灾外，应申请安排在驻地召开，不得到外地召开。

不得到与会议内容无关的地点召开会议。不得到党中央、国务院明令禁止开会的风景名胜区（庐山、黄山、峨嵋山、普陀山、九华山、五台山、武夷山、九寨沟、张家界、黄果树瀑布、西双版纳和三亚热带海滨）召开会议。

第十八条 各单位、各部门召开会议，必须严格执行年度会议计划。应当办理会议通知，明确会议时间、地点、场所、内容，会议代表范围、名额、有关要求等；综合处（办公室）要在单位内部办理会议登记，对会议计划审批、天数、人数、场所、经费渠道、金额等进行审核，发现不符合年度会议计划及有关规定的，必须责成经办部门人员查明原因、及时更正。

机关各部门召开会议的会议通知，必须以中国农业科学院办公室文件办理，并会签院办公室。

第四章　会议费开支范围、标准和报销支付

第十九条　会议费开支范围包括会议住宿费、伙食费、会议室租金、交通费、文件印刷费、医药费等。

交通费是指用于会议代表接送站，以及会议统一组织的代表考察、调研等发生的交通支出。会议代表参加会议发生的城市间交通费，按照差旅费管理办法的规定回所在单位报销。

第二十条　会议费开支实行综合定额控制，各项费用之间可以调剂使用。

会议费综合定额标准如下：

单位：元/（人·天）

会议类别	住宿费	伙食费	其他费用	合计
三类、四类会议	240	130	80	450

综合定额标准是会议费开支的上限，应在综合定额标准以内结算报销。

各单位、部门在院系统内部会议室召开会议且不发生会议费，发生其他相关费用的，不执行上述开支标准。

第二十一条　三类、四类会议费原则上在部门预算公用经费或项目经费中列支。

会议费由会议召开单位承担，不得向参会人员收取，不得以任何方式向下属机构、企事业单位、地方转嫁或摊派。

第二十二条　各单位在会议结束后应当及时办理报销手续。会议费报销时应当提供会议审批文件、会议通知及实际参会人员签到表、定点饭店等会议服务单位提供的费用原始明细单据、电子结算单等凭证。财务部门（机构）要严格按照规定审核会议费开支，对未列入年度会议计划，以及超范围、超标准开支的经费不予报销。

第二十三条　各单位会议费支付，应当严格按照国库集中支付制度和公务卡管理制度的有关规定执行，以银行转账或公务卡方式结算，禁止以现金方式结算。具备条件的，会议费应由财务部门（机构）直接结算。

第五章　会议费公示和年度报告制度

第二十四条　各单位、部门于每年10月底前，将本年度会议计划执行情况（包括年底前拟召开的会议）报院办公室，办公室汇总、初审，报院常务会议审定。

第二十五条　各单位、部门于每年年初，将上年度会议计划和执行情况（包括会议名称、主要内容、时间地点、代表人数、工作人员数、经费开支及列支渠道等）报

财务局。财务局于 3 月底前，将院本级和部院预算单位上年度会议计划和执行情况汇总后报农业部财务司，同时抄送科教司。

第二十六条　院办公室每年将非涉密会议的名称、主要内容、参会人数、经费开支等情况在院内公示，具备条件时向社会公开。

第六章　监督检查和责任追究

第二十七条　院办公室、财务局会同有关部门对各单位会议计划执行和会议费管理使用情况进行监督检查。主要内容包括：

（一）召开会议是否严格执行年度会议计划；

（二）会议会期、规模、地点、场所等是否符合规定；

（三）会议费开支范围和开支标准是否符合规定；

（四）会议费报销和支付是否符合规定；

（五）是否向下属机构、企事业单位或地方转嫁、摊派会议费；

（六）会议费管理和使用的其他情况。

第二十八条　进一步改进会风。严禁借会议名义组织会餐或安排宴请；严禁套取会议费设立“小金库”；严禁在会议费中列支公务接待费。

严格执行会议用房标准，不得安排高档套房，会议用房以标准间为主；会议用餐严格控制菜品种类、数量和份量，有条件的须安排自助餐，严禁提供高档菜肴，不安排宴请，不上烟酒；会议会场一律不摆花草，不制作背景板，不提供水果。

不得使用会议费购置电脑、复印机、打印机、传真机等固定资产以及开支与本次会议无关的其他费用；不得组织会议代表旅游和与会议无关的参观；严禁组织高消费娱乐、健身活动；严禁以任何名义发放纪念品；不得额外配发洗漱用品。

委托下级或地方接待单位协助安排会议的，应当事先通知接待单位，明确会议的有关要求及开支标准。接待单位不得超标准接待。

第二十九条　违反本办法，有下列行为之一的，依法依规追究会议举办单位和相关人员的责任。责令改正，追回资金，并经报批后予以通报。对直接负责的主管人员和相关负责人，报请按规定给予行政处分。涉嫌违法的，移交司法机关处理。

（一）计划外召开会议的；

（二）以虚报、冒领手段骗取会议费的；

（三）虚报会议人数、天数等进行报销的；

（四）违规扩大会议费开支范围，擅自提高会议费开支标准的；

（五）违规报销与会议无关费用的；

（六）其他违反本办法行为的。

第七章 附 则

第三十条 各单位应当按照本办法，结合本单位业务特点和工作需要，制定会议费管理的实施细则，加强会议费使用的内控管理。各单位实施细则须报院备案。

第三十一条 在国内举办国际会议，按照《财政部关于印发〈在华举办国际会议费用开支标准和财务管理办法〉的通知》（财行〔2012〕1号）等规定执行。

第三十二条 各单位、部门举办培训、庆典、论坛、展会、赛会等活动，执行相应的管理规定，不执行本办法。

第三十三条 本办法由院办公室和财务局负责解释，自2014年1月1日起施行。此前所发文件与本办法不一致的，以本办法为准。

附件 2

中国农业科学院 2014 年院本级四类会议计划

序号	部　门	计划数量
1	院办公室	9
2	科技管理局	8
3	人事局	4
4	财务局	9
5	基本建设局	4
6	国际合作局	5
7	成果转化局	5
8	直属机关党委	3

附件 3

中国农业科学院 2014 年四类会议计划申报表

报送单位（公章）：　　　　单位主要负责人签字：

序号	会议名称	会议内容	参加人员	时间	会期	地点	代表人数	工作人员数	所需经费（万元）	列支渠道	备注

经 办 人：　　　　联系电话：

填表说明：①时间：填写到月份；②会期：填写半天、一天或一天半；③地点：填省份，在外地召开的要说明理由

关于公布中国农业科学院 2013—2014 年度“好公文”评选结果的通知

农科办办〔2014〕184 号

按照《中国农业科学院办公室关于开展“好公文”评选活动的通知》（农科办办〔2014〕65 号）要求，院属各单位积极参评，共推荐参评公文 65 份。为确保评选活动公平、公正，院办公室邀请院机关各部门综合处处长组成评审组进行评选。评审组根据《中国农业科学院公文处理办法》（农科院办〔2013〕6 号）、《党政机关公文格式》（GB/T 9704—2012）要求，制定了《中国农业科学院 2014 年好公文评审表》，评选标准在注重公文格式的基础上，对公文内容、语言文字和行文规则、办理程序等方面进行综合考察。评审组成员按照评分标准对每一份公文进行评选打分，共评选出 10 个单位获 2013—2014 年度“好公文”优秀奖。现将好公文评选获奖单位公布如下（排名不分先后）：

蔬菜花卉研究所、北京畜牧兽医研究所、农产品加工研究所、农业信息研究所、棉花研究所、油料作物研究所、茶叶研究所、特产研究所、南京农业机械化研究所、烟草研究所。

希望各单位、各部门不断加强公文管理工作，严格落实《中国农业科学院公文处理办法》（农科院办〔2013〕6 号），综合处/办公室要做好把关工作，规范公文管理，提高综合政务能力，为服务科研、建设世界一流科研院所贡献力量，提供优质的政务保障。

中国农业科学院2014年后勤保障工作总结

2014年，中国农业科学院围绕实施科技创新工程、建设世界一流科研院所的总体目标，抓住后勤保障和院区管理的关键环节，以服务科技创新、服务长期发展、服务职工生活为出发点，加强谋划，重点突破，狠抓落实，改善了一大批设施，优化了一系列服务，改进了多方面管理，后勤服务保障水平和能力大幅提升。

一、积极谋划全面推进，改善科研基础保障条件

科技创新是我院的中心工作，一切管理和科研活动，都要围绕出成果、出人才来展开。2014年，我院投入1 000多万元，对电力系统进行智能化改造，完成核心设备升级和监控系统安装，10个配电室用电和安全信息实现互联互通，供电安全性、可控性得到大幅提升；投入500多万元，对农科一路、农科二路进行改造，拓宽机动车道，铺装双向人行步道，增加停车设施，院区交通压力得到显著缓解；灰楼改造工程经过充分论证，完成主体及外围设计，进入招投标程序。科技人员周转住房保障体系基本建成，装修专家公寓49套，改造博士后公寓148间，新增科辅人员用房89间，基本满足不同层次科技人员的住房周转需求。2013年，农业部交办建设国家种业科技成果产权交易平台任务，我院边组织设计，边安排施工，按期保质完成一期、二期工程，确保揭牌仪式和确权推介活动顺利开幕。

二、创新思路统筹谋划，全面推进服务质量升级

随着经济社会发展，职工群众对后勤服务保障的内容和质量提出更高的要求，督促我们要创新理念，开拓思路，丰富内涵，提升效能。新启用的后勤综合服务大厅，整合了交费、维修、办证、计生、咨询等多项服务功能，极大地简化了办事程序，较好地解决了服务窗口分散给职工群众办事带来的不便。后勤服务大厅运行以来，在服务职工方面发挥了重要作用，多次接受上级单位的考察调研，成为浓缩我院服务特色的新亮点。对现有服务设施进行优化布局，开设便民服务网点，提供理发、售菜、超市、餐饮等生活服务，实现了服务集中、生活便捷、经营规范和环境整洁的目标。利用院机关办公楼负一层闲置空间建成1 500平米的健身中心，职工足不出院，即可享受高品质健身服务。加大幼教资金投入，升级硬件，增加师资力量，院幼儿园成功通过了北京市“一级一类”园级验收，为职工子女创造了一流的学前教育环境。为满足职工子女入园需求，

对幼儿园投入 40 万元，新增 1 个教学班，解除青年科技工作者子女入托的后顾之忧。投入 100 多万元，改善职工食堂餐厨设备，强化食品安全管理，增加花色品种，确保职工一日三餐吃得放心、舒心。积极响应患者需求，我院门诊部加强精细管理，增加特色诊疗和节假日值班服务，极大方便了患者。

三、探索“大后勤”改革，助力研究所轻装上阵

对院本级及院属 35 个单位房产使用、经营情况进行调查统计，并结合财务报表反推印证，确保统计范围全覆盖，为院领导决策和加强院属房产管理提供可靠依据。2014 年，我院主动顺应事业单位分类改革的形势要求，由院后勤服务中心接管部分研究所物业，开启探索“大后勤”管理的帷幕。科海福林大厦托管后，不仅从院区管理层面统筹解决部分单位科研、办公用房不足的困难，同时也提高了相关单位的经济收益。马连洼院区办公区结束了“三龙治水水难治”的局面，由院后勤服务中心委托专业物业公司进行日常服务与管理，并投入 60 万元对供热系统进行改造，缓解了供暖长期不达标的迫切问题。对现代农业科技展示园区进行了局部规划，拆除遗留临建，开辟园区东门，更新铁艺围栏，整修道路，增设交通管理系统，院区面貌焕然一新。在研究所获得高品质服务的同时，后勤保障职工队伍的职业化、专业化素质也得到锻炼提高，为进一步推动科研后勤改革打下坚实基础。

四、标本兼治、重在治本，建设平安和谐院区

安全是一切工作的重中之重。2014 年，我院创新安保机制，强化责任落实，加强源头管控，全年未发生一起安全责任事故，治安警情呈现逐年下降趋势。成立安保应急分队，实行 24 小时不间断巡逻，显著提高隐患前期排查能力和突发事件快速处置能力。在日常安全管理工作中，强化安全责任监督落实，重点加强对实验室、药品库、人员密集场所的安全监管和隐患排查。坚持综合治理、源头管控，关停不具备住人条件的全部地下空间；强力整治私搭乱建，在 2013 年对公共区域环境治理的基础上，着重对住宅区私搭乱建进行全面整治，第一阶段拆除违建 87 处、1 000多平米；集中拆除职工食堂区域内违建 13 处、300 多平米，大量安全隐患被消灭。

整洁有序成为院区环境面貌的常态。2014 年，我院陆续印发了《建设施工管理办法》《现代农业科技展示园管理办法》，对院区管理制度体系进行补充完善。通过落实监督检查机制和反馈跟踪机制，各单位责任区管理不完善、无序施工等突出问题得到显著改善。通过组织“五一”“十一”院区清洁日活动，增强了职工环保意识和主人翁责任感。加强与地方政府的沟通联系，改善住宅区公共设施条件，推动社区规范化管理，农科社区顺利通过海淀区“六型社区”项目验收，院区综合管理向着“和谐、文明、优美、平安”的目标稳步迈进。

陈萌山在院区综合管理委员会2015年第一次全体会议上的讲话

（2015年4月8日）

根据录音整理

同志们：

今天召开2015年院区综合管理委员会第一次全体会议。今天的会议有一个创新，就是请到了北下关街道办事处毕主任和农研派出所杨所长亲自参加会议，给我们介绍北下关街道和农研派出所的工作情况，他们和我院联系特别紧密，我感到非常亲切，这对我们院区管理工作是一个很好的促进，对毕主任和杨所长表示衷心的感谢。

刚才，金祥同志通报了2014年度完成的重点任务和2015年的工作要点，大家在讨论中提出了很好的意见。可以讲，中国农业科学院的大院管理形成了高度共识，得到了大家的重视和支持，更重要的是我们形成了良好的管理机制，工作水平也有很大提升。应该讲，现代院所建设包括大院治理，把大院治理好，是现代院所建设的一个不可或缺的部分。下面我讲几点意见。

一、院区管理工作成效显著

去年，大家齐心协力抓院区整治，院区呈现新的面貌。特别需要表扬的是后勤服务中心，还有院区综合管理委员会各成员单位，全力配合，攻坚克难，使院区环境发生了重大变化。

一是管理机制进一步健全完善。建立起院区综合管理委员会抓总，院后勤服务中心与各部门、各单位齐抓共管的院区综合管理机制，形成了有布局、有安排、有协作、有配合的良好工作局面。特别是在2014年拆除私搭乱建的过程中，对我们的工作机制进行了检验，实践证明是有效的、有力的。

大院区、大物业的管理理念正在形成，院区整体管理水平又迈出了坚实的一步，下一步将实现马连洼院区和香山院区物业统一管理。特别是马连洼院区和香山院区是今年工作的重点，也是承诺为职工群众办实事的一个重要内容。

二是院区管理更加规范有序。在院区管理和建设方面制定了一系列规章制定，涉及责任区分工、车辆行驶和停放管理、公共设施管理等方面，对管理行为进行了刚性约束。同时，居民委员会平稳转制，成立居民区议事会，推进北圃场居委会转制等，社区管理呈现规范化局面。

近年来，在院区建设方面，海淀区委区政府给予了大力支持，2014 年区委书记隋振江、区长孙文锴来我院调研，帮助解决院区建设的实际问题，北下关街道工委、办事处、城管北下关支队、农研派出所等单位和部门，主动对接，出谋划策，在加强院区综合治理、维护平安和谐秩序等方面给予了大力支持，在体育设施、自行车棚、停车位修缮等方面都给予了资金支持和工作指导。

三是基础服务设施得到维修改造。去年对农科一路、农科二路进行综合改造，效果非常好。通过近两年的建设，中关村院区 3 横 5 纵 8 条主干道全面改造完成。已经维修和正在维修的项目，包括种子交易大厅两期修缮任务，院部科研辅助用房（灰楼）改造工程，10 个配电室升级改造，人才周转用房、科辅用房等等，有效缓解了中关村院区科研辅助设施不足的问题。

四是初步形成良好的院区环境秩序。对严重影响院区环境的二百间平房、居民区与办公区结合部、东区广场花园、展示园区域等进行了整治。加强道路绿化美化，形成了以银杏、国槐和西府海棠为特色的区域道路景观，大幅度提升院区环境品质。

二、高度重视院区发展建设存在的问题

一是院区综合管理水平有待进一步提升。用制度管理院区的力度还不够，监督检查需要进一步加强；部分单位和职工居民主人翁意识、主体意识不强，一些单位仍然存在院中院、小圈子的思想，部分研究所还设有内部停车位；居民区还存在私搭乱建、种植菜园、堆放杂物等现象，需要进一步整治。

二是科研单位的文化氛围不够浓厚。最近几年，围绕院区文化建设想了很多办法，如农科五路的宣传橱窗、楼宇建筑物标识、主干道标识等，但是文化氛围整体性不够，科研文化氛围不够浓厚。有的研究所重视程度不够。去年，我到德国考察，发现国立的科研单位和大学的科研文化氛围非常浓厚，比如，院所建设发展历程、科研发展的功勋人物、雕像雕塑以及科研成果的宣传和展示随处可见，我院在这方面还做得不够。东西花园还需要进一步改造，中国农业科学院的花园与紫竹院公园、与理工大学校园相比，要有自己的特点特色，突出农业科研的主题。

三是居民区环境设施改造滞后，马连洼院区的基础设施亟需改造。有三件大事对居民区的影响比较大：一是楼道粉刷和安装门禁系统，这件事在做，但还不够彻底；二是在街道办事处的大力支持下，投入近 300 万元改造了 28 个自行车棚，我们需要注意自行车停放如何规范；三是拆除私搭乱建，这项工作已经启动，还需要下大气力做好。我院有 80 栋左右楼房，有的建成于 20 世纪六七十年代，上下水管线老化严重，有的还存在一定的安全隐患。居民区环境设施建设欠帐较多，车辆增多挤压绿地面积，居民区整

体环境设施还比较落后。

四是信息化、智能化管理水平有待进一步提高。特别是在基础工作方面，地下管网的分布以及区域管网的走向、材质、规格、建成时间等，基本情况缺失较多，基础工作比较薄弱。

三、标本兼治综合治理，推动院区建设再上新台阶

要加强中关村院区建设，营造环境优美、设施完善、科研文化浓厚、宜工宜居的良好氛围，争取今年院区管理再上台阶。

（一）落实院区规划，提高土地和基础设施使用效率

2014年，院区整体规划已经院常务会审议通过，要在抓落实上下功夫，调动各方面的资源和力量，营造集工作、生活于一体的良好院区。一是抓住“十三五”规划有利时机，积极谋划重大项目，争取财政资金，通过项目实施改善基础设施，从根本上解决科研基础设施老化和不足问题。二是充分利用国家政策。近两年国家相继出台房改房小区管理政策，比如老旧小区改造、物业费改革、取暖费改革、成立业主委员会等等，要加强调研，早一步行动，充分利用国家政策调整的有利时机，把居民区建设好。三是充分借助北京市的力量。刚才毕主任讲了，北下关街道是北京市科技城分中心，北下关街道承担北京市科学城分中心建设项目的任务，将把低效率用地改造作为试点，把中关村南大街列为创新创业示范一条街，等等。我们要充分利用有利的政策条件，借力打力，为我所用，实现中关村院区土地和房产资源的高效利用，解决设施不足的问题，特别是解决人才住房困难的问题。

（二）统筹院区管理和房产出租经营

院区综合管理已基本到位，房产出租经营工作还在推进。今年重点抓好3个方面的工作：一是全面提升马连洼办公区物业管理水平。要建设一支专业化的管理队伍。2014年之前三所三龙治水，物业管理不专业、不规范，现在后勤已经在努力推进这项工作。二是逐步实现院区出租房产的统一经营管理。科海福林大厦已经实现由研究所管理到院后勤中心统一管理的平稳过渡，农经所和资划所反映统一管理效果好。统一管理不仅可以满足各研究所用房需求，而且提高了对外出租收益。建议各研究所内部物业逐步由后勤统一实行社会化管理。2015年上半年就进行调研，下半年开始推动这项工作。三是继续整治院区环境，拆除私搭乱建。要在院区规划的总体框架下，做好院区绿化美化，特别是三个大门周边、主干道和东区、西区花园等几个核心区，在现基础上进行景观升级改造。院区的景观设计，要突出我院的特色和农业科研的特点。对于私搭乱建问题，

已经下发通知，集中时间、集中精力，彻底拆除，要充分依靠地方政府部门特别是街道、城管监察和派出所的力量，对钉子户要制定攻关方案，各研究所可以提条件，但工作要自己做，不能推到后勤服务中心和院区综合管理委员会。二百间地区整治方面，院里已经成立班子把这项工作往前推进。

（三）加强宣传教育，充分发挥各单位和广大职工居民的主体作用

后勤服务中心、机关党委等各相关单位要加强宣传教育，让大家了解国家政策和相关的法律法规，了解我院加强院区管理的规章制度，让每一位职工居民都明白什么可以做，什么不可以做，树立爱护环境、人人有责的观念，使文明行为常态化。

（四）统筹推进院区综合管理，加大对不文明行为的惩治力度

进一步强化院区管理委员会各成员单位的主体作用。后勤服务中心要保持与街道办事处、农研派出所、城管监察部门、居民委员会的密切联系和协作，争取更多更大的支持。要进一步完善规章建设，细化管理措施，加强监督检查。各部门要主动参与院区管理。好的经验要及时推广，存在的问题要及时改正。

同志们，加强院区建设，是营造优良科研氛围的重要环节，更是现代科研院所建设的重要内容，大家对此也有很高的期待，家洋院长、院党组也非常重视，我们一定要齐心协力、一以贯之地抓好，抓出成效，依靠大家共同努力，打造和谐优美文明平安院区，使科技创新的思维不断涌现，使大家在院区工作更加愉快，生活更加幸福。

九、党的建设、思想政治和党风廉政工作

中国农业科学院直属机关2014年党建工作综述

2014年，在院党组和部直属机关党委的正确领导下，我院直属机关党的工作坚持以深入学习贯彻党的十八大、十八届三中四中全会和习近平总书记系列重要讲话精神为主线，继续巩固和扩大党的群众路线教育实践活动成果，紧紧围绕实现跨越式发展和建设世界一流院所两大核心任务，坚持围绕创新、服务创新、促进创新的基本定位，不断加强党的思想、组织、作风、廉政、制度建设，党建工作取得新成效，从思想、政治和组织上保证了全院中心工作的顺利实施。

一、深入学习贯彻党的十八大、十八届三中四中全会和习近平总书记系列重要讲话精神，不断加强理论武装

学习中央一系列重要会议和习近平总书记系列重要讲话精神是各级党组织的重要政治任务。2014年，院党组、直属机关党委印发或转发了《中共农业部党组关于学习贯彻习近平总书记“三严三实”要求的通知》《关于转发习近平总书记系列重要讲话精神学习成果征集展示活动的通知》和《关于认真学习贯彻习近平总书记在庆祝全国人民代表大会成立60周年大会上重要讲话精神的通知》等重要文件；发放《学习习近平同志关于党建重要论述》《农业部践行党的群众路线支部工作法》《支部工作手册》《党员党内生活手册》等学习材料1 200余本（册），邀请中共中央政策研究室副主任潘盛洲、中央党校教授谢春涛分别作党的十八届三中、四中全会精神辅导报告；组织党组织负责人、基层党支部书记参加农业部党组中心组学习扩大会和支部书记专题学习班，动员职工参加农业部直属机关党委组织开展的“学习贯彻十八届四中全会精神 为全面推进农业法制建设建言献策活动”。

院属各单位党组织高度重视理论武装工作，纷纷采取报告会、主题活动、观看教育片等多种形式，对党员干部加强中央精神、党的理论、重大方针政策的宣传教育。注重发挥中心组学习的“龙头”和示范作用，认真落实院党组《关于进一步加强和改进党组织中心组学习的实施意见》，进一步健全学习组织，制定学习计划，注重学理论、学党章、学政策、学知识、学方法，普遍组织中心组学习4次以上，领导干部撰写学习体会48篇、研究论文50篇。

通过多种形式的组织学习，引导广大党员尤其是领导干部深刻领会全面深化改革、依法治国和从严治党的重大意义，增强了改革创新的信心，强化了依法治所的意识，提高了从严治党的自觉性，提升了全院广大党员干部分析问题、解决问题的能力。

二、强化整改落实，继续巩固和扩大教育实践活动成果，保持了作风建设的新常态

按照中央和农业部党组统一部署，我院于2014年1月24日召开党的群众路线教育实践活动总结大会，全面总结了开展教育实践活动做法、成效和特点，并就下一步巩固和扩大教育实践活动成果作了部署。院属44个单位也按时完成了教育实践活动总结。我院教育实践活动扎实的工作和取得的成效得到了中央31督导组组长令狐安、韩长赋部长的充分肯定和干部职工群众的广泛认可。民主测评结果中对院所领导班子总体评价为“好”的满意度显著上升。

为确保教育实践活动善始善终、善做善成，一年来，我院高度重视教育实践活动整改落实、建章立制工作，扎实推进深化整改和专项整治任务落实。2014年6月，起草印发《关于开展党的群众路线教育实践活动整改落实工作阶段性检查的通知》，要求院属各单位认真贯彻中央、农业部及院党组深化整改工作的部署要求，切实抓好“两方案一计划”的落实和领导干部个人整改措施落实。同时，形成《中国农业科学院党的群众路线教育实践活动自查报告》上报农业部教育实践活动领导小组。2014年12月，依据《中共中央办公厅印发〈关于深化“四风”整治、巩固和拓展党的群众路线教育实践活动成果的指导意见〉的通知》精神，各单位认真组织教育实践活动整改落实情况“回头看”活动，对已经整改的继续巩固成果，尚未整改到位的加大了工作力度。在2014年度民主生活会期间，院党组及各单位党组织对2013年度专题民主生活会整改落实情况开展通报并进行满意度测评，院党组提出的33项整改落实任务、4个专项整治任务和44项制度建设任务全部完成了相关工作，达到了预期目标，整改任务质量效果“好”和“较好”达到100%，群众满意率和基本满意率为98.4%。各单位提出的909条整改措施也得到有效落实，赢得群众高度认可。我院整改落实工作也得到了部党组的充分肯定，在部教育实践活动整改落实工作座谈会上做了典型发言。

据统计，较教育实践活动开展前，全院压缩会议366次，减少了38%；压缩文件322件，减少了22%；压缩评比表彰活动21项，减少了17%；减少各类领导小组8个，减少了13%；减少议事机构6个，减少了10%，全院“三公”经费压缩了2 027万元，减少了43%；减少因公临时出国（境）团组89个，减少人数136人。

可以说，通过教育实践活动整改工作的落实，群众反映的“四风”突出问题持续得到解决，党员干部行为不断规范，贯彻群众路线的长效机制和刚性约束初步形成，进一步巩固扩大了教育实践活动成果，丰富了全院作风建设的经验。

三、严肃党内生活，切实提升党组织的凝聚力和战斗力

贯彻党要管党、从严治党方针，必须扎实做好抓基层、打基础工作，着重抓好党员

领导干部民主生活会，进一步完善党的组织建设，组织开展创先争优活动，深入调查研究，增强了各级党组织的生机和活力。

一是组织召开院直属机关第六次党员代表大会和参加农业部直属机关第八次党员代表大会。2014 年 11 月 3 日，召开了院直属机关第六次党员代表大会，回顾总结了上一届直属机关党委会的工作，研究部署了今后 4 年我院直属机关党的工作，选举产生了第六届党委会和纪委会。认真做好我院出席农业部第八次党员代表大会代表的推荐和参会工作，推荐产生的来自我院科研一线、青年、妇女、学生等方面 28 名代表顺利完成了大会交给的各项任务，院党组副书记、直属机关党委书记唐华俊当选为农业部直属机关党委委员、常委，院直属机关纪委书记吕春生当选为农业部直属机关纪委委员。全年，6 个研究所党委、直属支部完成换届或增补工作，健全了党的组织。

二是开好党员领导干部民主生活会。根据中央和农业部的部署和要求，印发了《关于开好 2014 年度党员领导干部民主生活会的通知》，院属党组织以“严格党内生活，严守党的纪律，深化作风建设”为主题认真组织开好领导干部民主生活会。在直属机关党委、人事局、监察局的共同指导下，44 个单位严格按照规定程序做好各项工作，民主测评满意率普遍为 100%，达到了好效果，促进更高层次上的团结。

三是开展加强基层党组织建设调研。针对少数党组织不能按时换届的问题，组织对院属党组织换届情况进行了详细摸底，形成调查材料报院党组。先后组织到作科所、资划所、信息所、中国科学院京区党委等单位进行实地调研，深入了解各单位党建工作好的做法及存在的实际问题，为进一步加强我院服务型党组织建设提供有益参考。关注研究基层党支部如何在科技创新工程中更好地发挥战斗堡垒作用，由机关党委主持完成的《新形势下加强我院党支部工作创新研究》课题研究，获得全国党建研究会科研院所专委会 2014 年度课题研究成果二等奖。

四是进一步健全全院党建制度体系。起草制定了《关于进一步加强党内生活制度建设的实施细则》《直属机关党支部工作细则》《关于进一步加强和改进党组织中心组学习的实施意见》《关于落实党风廉政建设主体责任、监督责任的意见》，修订了《研究所委员会工作条例》《研究所职工代表大会条例》等规章制度，进一步健全完善我院党建制度体系，对于提高全院党建科学化水平具有重要意义。

五是积极开展评先进、树典型活动。秉承公平、公开、公正的原则，评选产生中国农业科学院 2012—2013 年度先进基层党组织 29 个、优秀共产党员 45 名、优秀党务工作者 31 名。“七一”前夕，在建党 93 周年暨党支部书记专题学习交流会上，对以上先进组织和个人进行了表彰。在全院营造了争当先进、赶超先进的良好氛围，激励广大党员和干部职工振奋精神、鼓足干劲、贡献力量。

六是强化基层党支部建设。全院 360 个基层党支部认真落实三会一课、民主评议党员、党员发展管理等制度，不断增强党内生活的政治性、原则性和实效性。注重开展服务型党组织建设，涌现了以作科所第二党支部、蔬菜所第二党支部、资划所第一党支部、茶叶所种植中心党支部、后勤服务中心物业管理中心党支部为代表的一批先进典型。他们立足本职、发挥优势、搭建平台，服务科技创新、服务党员职工、服务农民群众，充分体现了基层党组织的创造力、凝聚力和战斗力。“七一”前夕，我院召开了党支部书记专题学习交流会，总结交流经验、推动支部工作。

七是注重党员和党务干部队伍建设。重视党员发展工作，不断增强对优秀中青年科研骨干、留学回国人员的吸引力、凝聚力，全年发展新党员 92 名，为党员队伍注入新鲜血液。举办党办主任、党支部书记培训班，培训党务干部 100 余人次，全院党务干部素质明显提升。

八是组织召开院“两研会”六届二次会议。围绕落实党要管党、从严治党责任，切实加强服务型党组织建设主题，院“两研会”召开六届二次会议，总结回顾过去两年的工作，对 2015 年全院党建研究工作进行了部署。会前，组织评委会对理事单位上交的 50 篇论文进行评选，其中一等奖 2 篇、二等奖 5 篇、三等奖 8 篇、优秀奖 15 篇，并在会上对获奖论文进行了表彰。

九是切实加强党建宣传工作。配合中央重大政治活动和部、院重大党建活动做好宣传工作，先后制作“学习四中全会精神　全面推进依法治国”等宣传展板 14 块，分别在主楼和院内展示。扎实做好日常党建信息的审核发布和上报工作，全年共发布党建信息 300 余条，向农业部上报信息 50 余条。我院被农业部授予党建宣传信息工作一等奖。

四、落实“两个责任”，持续加强党风廉政建设和反腐败工作

坚持以落实院党组关于党风廉政建设责任制的要求为重点，加强反腐倡廉理论和党性党风党纪学习教育，不断筑牢党员干部廉洁从政思想防线。

一是起草制定《关于落实党风廉政建设主体责任、监督责任的意见》，认真落实“两个责任”。明确直属机关党委、院属各单位党组织落实主体责任措施，直属机关纪委、院属各单位纪委落实监督责任措施，建立健全落实“两个责任”的工作机制，共同推进我院党风廉政建设和反腐败工作。

二是采取多种方式宣传贯彻《中国共产党党员领导干部廉洁从政若干准则》，督促党员干部廉洁从政。开展了廉政漫画、诗句、随笔作品征集活动，活动得到了干部职工的积极响应，共有 17 名职工创作了 25 件作品。结合形势发放党风廉政警示教育片，把反腐倡廉教育经常化、常态化。

三是严明党的纪律，落实八项规定，加大监督检查和惩戒问责力度。督促各单位加强对本单位廉政风险点进行经常性的检查，形成震慑力，对违纪违规的严肃处理，坚决防止“四风”反弹。2014 年，按照驻部纪检组监察局要求，院直属机关党委、纪委对植保所党委、纪委给予 2 名正所级干部党纪处分的请示予以审议，并完成上报和履行送达手续等相关工作。

五、深化精神文明建设，认真做好群团组织和统战工作

始终坚持两个文明一起抓，全年精神文明建设迈上了新台阶、取得新突破，统战工作有了新举措，群团工作有了新成绩，营造了团结协作、健康向上的和谐氛围，增强了全院干部职工的凝聚力和向心力。

一是不断深化精神文明建设。起草了《中国农业科学院文明单位创建活动实施办法》，对我院文明单位创建工作作了进一步规范。通过各单位申报、院精神文明建设协调领导小组评选，产生院级文明单位31个，在2015年院工作会议上受到表彰。推荐农业资源与农业区划研究所申报全国文明单位并成功当选，兰州兽医研究所也通过甘肃省委推荐成为全国文明单位，实现了我院全国文明单位零的突破。

二是全力组织好农科讲坛。根据院党组部署，自2014年3月起，在全院中青年科技人员中举办农科讲坛（中国农业科学院科技报告会），每月1次。院团委负责讲坛的具体组织工作。一年来，瞄准高端、权威、前沿和原创的定位，认真做好每期讲坛的方案策划，做好与每期主讲嘉宾和主持人的沟通交流，做好每期讲坛的组织与宣传工作。全年共举办讲坛8期，李家洋院士、吴孔明院士、Roger N Beachy（罗杰·比奇）院士、刘旭院士、陈化兰研究员、万建民研究员、陈万权研究员、林而达研究员一批国内外知名科学家担任主讲嘉宾。通过举办农科讲坛，在全院营造了良好的学习氛围，创新氛围，科学氛围。农科讲坛，已经成为我院标志性的学习品牌。

三是加强群团组织工作。完成了“中国梦、健康美”第二届职工健步走活动和“创新杯”职工篮球比赛，举办了“魅力巾帼　芳耀农科”赛诗会。春节前，认真开展了“当好娘家人、永远和职工在一起——走访百名困难职工”活动，共发放送温暖资金52.59万元（含实物折款）。院团委、妇工委分别组织了系统内评优工作，经各单位申报、评委会评审，选举产生院级先进基层团组织、优秀共青团员、优秀共青团干部和青年之友82个（名），院级先进基层妇女组织、巾帼建功标兵、巾帼文明岗、优秀妇女干部、妇女之友69个（名）。

四是认真做好统战工作。认真做好党外人士的联系和服务工作，搭建参政议政平台，做好推荐部党组成员联系我院统战对象候选人工作和2位党外人士挂职锻炼的选派工作。2014年，全面开展我院归侨侨眷调查统计工作，目前登记在册归侨侨眷66位，其中归侨20位，侨眷46位。

截至2014年年底，全院394个党组织中在职职工党员3 874人，占全院职工的53%；科研岗位党员3 041人，占在职科研人员总数的55.5%；处级以上党员干部877人，占全院处级干部的80%。在创新工程315个科研团队中，175个团队的首席科学家是党员，占56%。2014年，我院作为第一单位获得的7项国家奖中，第一完成人是党员的有4项，占近60%。广大党员立足本职、建功立业，为促进我院各项事业的发展发挥了骨干作用，作出了积极贡献。京区党员队伍中就涌现出了一批获得省部级以上表

彰的先进个人：作科所王天宇和植保所万方浩被评为农业部优秀共产党员，质标所李恩普获得农业部优秀党务工作者荣誉称号。植保所陈万权获得“全国五一劳动奖章”荣誉称号，作科所遗传育种系当获得“中央国家机关五一劳动奖状先进集体”荣誉称号，牧医所李奎获得“中央国家机关五一劳动奖章先进个人”荣誉称号，资划所辛晓平获得“全国三八红旗手”荣誉称号，资划所杨秀春博士获得“全国民族团结进步模范个人”荣誉称号。我院直属机关党建工作的成效得到了农业部直属机关党委的肯定，院直属机关党委获得“农业部先进基层党组织”荣誉称号，资源区划所党委获得“农业部先进基层服务型党组织”荣誉称号。

2014 年，我院党的工作虽然取得了一定的成绩，但也应当清醒地认识到，工作中还存在着一些薄弱环节，比如京内外党的工作还需进一步加强统筹指导，全院党建工作的生机活力还要进一步激发，党的基层组织建设还需进一步完善健全，党内生活内容和形式还需进一步创新等，这些问题都需要在今后的工作中不断加以改进。

中国农业科学院群众路线教育实践活动深化整改情况专题报告

（2014 年 10 月 17 日）

根据中央要求以及部党组的统一部署，从 2013 年 7 月 12 日开始，我院在全院 44 个单位和部门、360 个党支部和 6 800多名党员中，认真组织开展了群众路线教育实践活动。韩长赋部长把我院选为教育实践活动联系点，3 次到我院调研指导，多次听取汇报。在韩部长以及部第七督导组精心指导下，院党组坚持学习教育贯穿始终，领导带头贯穿始终，联系实际贯穿始终，边查边改贯穿始终，推进中心工作贯穿始终，突出科研单位特色贯彻始终，取得了实实在在成效，有力地促进了全院各项事业的快速发展。

我院教育实践活动虽然结束了，但深化整改落实工作一刻没有放松。院党组严格按照中央和农业部要求，以严肃认真的态度一鼓作气持续抓好教育实践活动，敬终如始、一抓到底，一以贯之地坚持教育与实践的统一，坚持两手抓、两手都要硬，把教育和实践有机结合起来，深化整改落实工作。我院严格按照中央以及农业部的部署，进一步查找工作不足、及时补缺补漏，推动专项整治、强化整治效果，促进整改落实、兑现整改承诺。进一步抓好制度建设，增强针对性、适用性、可操作性，确保行得通、指导力强、能长期管用。还对院属各单位解决突出问题、建立长效机制的情况进行抽查，确保取得实效。

一、坚持严字当头，确保各项整改任务落实

院党组始终高度重视教育实践活动整改落实工作，坚决贯彻中央以及部党组关于深化整改工作的部署和要求，坚持严的标准、采取严的举措，严格对照中央的明确规定、自己的各项承诺、先进典型的标尺，确保各项整改任务全部落实到位。

（一）关于中央明确的规定和要求

在精简文件、检查评比方面，我院加大发文把控力度，坚决遏制以文件代替文件、以文件代替落实的现象。没有实质内容的文件坚决不发，与我院工作无关的文件一律不转发。较教育实践活动开展前，压缩文件 322 件，减少了 22%。压缩评比表彰活动 21 项，减少了 17%；减少各类领导小组 8 个，减少了 13%；减少议事机构 6 个，减少了 10%。推进“无纸化”办公，OA（办公自动化）系统已部分上线，今后凡不涉密文

件、简报一律通过OA系统发布，一般不再印发纸质文件。

在精简会议方面，根据国家和农业部新颁布的会议管理办法，制定了《中国农业科学院会议费管理办法》，进一步规范会议审核程序和经费管理程序，大幅度压减会议。2014年院本级会议比2013年压缩了近一半，全院压缩会议366次，减少了38%。中国农业科学院视频会议系统建成运行后，将大幅度减少会议成本和京外基层单位参会成本，提高会议效率。

在停建楼堂馆所方面，及时印发了《中国农业科学院关于停止建设楼堂馆所的通知》，要求各单位对楼堂馆所进行清理，全面停止新建、扩建、改造楼堂馆所等建设行为，一律不得以任何形式和理由使用基本建设投资、修缮购置投资、自筹资金及其他资金新建、扩建、迁建、装修改造各类楼堂馆所项目。同时，加大对全院在建项目管理，做到了科学合理控制项目总投资，严格控制建设单位综合实验楼建筑面积。

在压缩“三公”经费方面，严格控制“三公”经费支出，规范经费支出行为、加强报销管理与审核、提高经费使用安全性。较教育实践活动开展前，全院“三公”经费压缩了2 027万元，减少了43%。

在严控因公出国（境）方面，根据中央要求，本着务实、高效、精简、节约的原则，制定了《中国农业科学院因公临时出国管理规定》。较教育实践活动开展前，全院减少因公临时出国（境）团组89个，减少人数136人。

在清理办公用房方面，严格按照《关于党政机关停止新建楼堂馆所和清理办公用房的通知》及农业部关于清理办公用房的有关要求，制定了《中国农业科学院行政办公用房管理办法》，成立了办公用房整改督导组，要求院属各单位、机关各部门开展办公用房自查工作，对于存在的问题立即进行了整改，都已按要求完成了整改工作。

在清理公务用车方面，认真落实中央以及农业部要求，开展自查自纠专项治理，严格杜绝违规行为。制定了《中国农业科学院后勤服务中心公务用车管理暂行规定》，明确了监督机制和处罚机制，加大对公务用车的管理力度。对公务用车实行分级管理，履行出车登记，严禁公车私用，所有公车节假日一律停驶，在办公区内停车场就地封存。

（二）关于承担的部党组整改落实任务执行情况

我院承担了部党组“两方案一计划”中起草《中国农业科学院科技创新工程经费管理办法》的整改任务。目前，这项工作已经完成。2014年5月29日，《中国农业科学院科技创新工程经费管理办法》已经上级部门同意备案，并以中国农业科学院文件（农科院财〔2014〕131号）印发执行。

（三）关于院党组提出的整改落实任务执行情况

院党组“两方案一计划”中提出33项整改落实任务、4个专项整治任务和44项制度建设任务。

院党组切实加强对整改落实工作的领导和督导，要求承担院党组整改落实任务的院机关各部门和单位以“准、狠、韧”劲头抓好落实，确保整改落实任务一抓到底、见到实效。

院党组对整改落实任务实施项目化推进，制定了具体方案，使每一项整改落实任务都有明确目标要求、牵头单位、责任主体和进度安排，不断细化推进措施，做到定一项改一项、改一项成一项。

目前，院党组提出的33项整改落实任务、4个专项整治任务和44项制度建设任务全部完成了相关工作，达到了预期目标，整改任务质量效果“好”和“较好”达到100%。

（四）关于院领导班子成员个人整改措施

院党组8位党组成员已按照中央要求和个人承诺，全部完成了个人整改任务。个人整改措施落实情况已经由本人向院党组进行了报告。院党组集体讨论并提出意见，在一定范围内召开了通气会。

二、发扬钉钉子精神，持续用力深化专项整治

在教育实践活动中，院党组针对制约我院发展的关键问题和职工群众关心的突出问题，确定了服务型机关建设、科研学风建设、科研经费监管、院区综合治理4项专项整治任务。院党组抓住要害、集中发力、持续用劲，确保解决问题势如破竹，改进工作立竿见影。

（一）进一步加强服务型院所机关建设，促进提升服务科研、服务一线的能力和水平

1. 开展强化服务意识教育培训

把服务意识教育培训工作作为职工教育培训的一项重要内容，邀请有关领导、专家进行以牢固树立服务理念、提高服务水平为主题的培训。印发实施《中国农业科学院机关工作秩序管理规定》，从工作时间、工作纪律、考勤与请假、各种假期规定、缺勤工资等方面对院机关职工工作状态和行为作出明确规定。结合《规定》的宣贯工作开展一次院机关全体人员的服务意识培训活动。

2. 开展机关绩效考核工作

制定了机关绩效考核办法，采用定量考核与定性评价相结合、指标评价与满意度测评相结合的方法，从工作任务完成情况、制度完善与执行情况、党风廉政建设情况以及

工作作风、工作效率、服务水平等方面对各部门工作绩效进行客观公正的评价；通过调查问卷、走访座谈等多种形式，对机关工作人员的服务进行满意度测评，加大对机关工作人员的约束力。

3. 严控发文和会议数量

严格控制发文数量，遵循“少而精”的原则，坚决遏制以文件代替文件、以文件代替落实的现象。凡公开性文件，尽量通过 OA 系统、院网、邮件等方式发送，一般不再印发纸质文件。院办公室将加强对各部门发文的指导力度和公文质量的审核力度，确保文件务实高效。根据国家和农业部新颁布的会议管理办法，制定中国农业科学院会议管理实施细则，进一步规范会议审核程序和经费管理程序，大幅度压减会议。2014 年年底建成院视频会议系统，连结农业部和覆盖院属京内外各单位，通过该系统的实施将大幅度减少会议成本和京外基层单位参会成本，提高会议效率。

4. 建立机关协同联动工作制度

针对需多部门协同配合完成的工作任务，遵循职责明确、分工明确、团结协作和公开、公平、公正的原则，建立工作领导小组，明确主管院领导、牵头部门及配合部门，落实工作责任，形成工作合力。牵头部门制定工作方案，提出工作目标、工作步骤、分工安排、完成时限和质量要求等，对任务完成负主责，具体组织任务落实，并履行统筹协调、督促检查职责。领导小组定期召开各协同部门会议，全面、及时、准确地掌握工作进展情况，做好部门间的信息沟通，协调解决工作中的困难和问题。初步形成了分管院领导抓落实、牵头部门负主责、配合部门分工负责的工作格局。

5. 完善机关调研工作制度

起草《中国农业科学院关于进一步加强机关调研工作的意见》，制定《2014 年院领导基层调研工作计划》。做好院领导和各部门调研的协调工作，加强调研的计划性和针对性，减少研究所接待负担。院领导带领院机关相关局办负责人及工作人员，结合分管工作分别到 2 ~ 3 个研究所进行调研，与一线科研人员、离退休职工进行面对面的沟通交流，听真话，查实情，广泛听取基层职工的意见和建议。院机关各部门领导班子成员每年要提交 1 篇理论学习文章和 1 篇有工作针对性、有情况分析的调研报告。机关处级干部也要结合分管的工作，每年至少撰写 1 篇调研报告，拓展工作思路，提高工作质量。

（二）进一步加强科研学风建设，促进形成学风端正、实事求是的学术氛围

1. 开展职业道德教育行动

积极开展院科研道德规范和学风建设教育，并对科研经费管理检查中发现的问题开展宣讲活动，提高思想认识。组织各单位通过举办讲座、多种形式学习等途径，对全院科研人员、聘用人员、博士后、研究生、实习生等开展科研道德教育，加强守规守则培训，强化《中国农业科学院职工守则》《中国农业科学院科技人员道德准则》《中国农

业科学院科研道德规范》教育。2014 年 6 月 4—5 日，科技局组织召开了全院科技管理工作会议，结合规范科研行为、加强全院项目与经费管理、创新科技管理机制等方面开展了培训。

2. 开展整顿“学风浮躁、学术失范”行动

组织各单位采取座谈交流、群众评议等多种形式，重点检查科研团队和个人，是否有不安心从事系统、扎实、深入的学术研究，而是浮光掠影、浅尝辄止、粗制滥造的行为；是否有片面追求论文数量忽视质量的行为；是否有选题低水平跟进或重复的行为；是否有选取研究方向时优先考虑自身利益和个人发展的行为等；是否有导师对学生缺乏应有指导的行为；是否有学生考试作弊、违反课堂纪律、应付课堂作业和考核的行为；是否有实验原始记录不规范的行为；是否有几个项目结题时重复汇报同一成果的行为；是否有利用行政职务垄断科研资源的行为；是否有课题成果不真实，课题专利申请时间早于课题任务书签署时间、专利发明人不是课题组成员的行为；是否有剽窃他人研究思想或成果的行为；是否有成果发表时一稿多投的行为；是否有大段抄袭或翻译他人论文的行为；是否有参加与自己专业无关的评审及审稿工作的行为；是否有在各类项目评审、机构评估、出版物或研究报告审阅、奖项评定时，出于直接、间接或潜在的利益冲突而作出违背客观、准确、公正的评价的行为；是否有未经单位许可私自接受 NGO（非政府组织）委托研究的行为等，对发现问题提出具体整治措施，适时督促指导。对检查中发现科研团队和个人存在问题，提出处理意见，严肃处理学术不端行为。围绕科研不端行为，制定印发了《院学术行为规范管理办法》，并印发至院属各单位，规范全院科研行为，保证各项科研工作合理、合法、合规运行。

3. 开展学术道德和科研诚信制度建设行动

组织建立学风表现审核制度。对申报进入创新工程试点的研究所，将团队的学风表现作为入选的参照标准之一，优先遴选学风端正、信誉良好的科研团队。组织完善考核奖惩办法。制定科技产出奖励制度，充分调动科研人员积极性，鼓励引导重大成果产出。院道德委员会制定学术反腐管理办法，对学术不端行为采取“零容忍”政策，对严重违反学术道德的学术腐败行为进行严肃处理，对于违背学术道德的人不但要给予行政处罚，而且要公布其姓名，予以曝光。组织完善学科评价方法与制度，建立符合我院特点的学科分类评价体系。在作物学科试点评价基础上，引导各研究所评价学科发展状况、发展态势、学科影响等，找出差距和问题，提出推动建设的措施，形成学科评价分析报告。组织修订完善《研究生指导教师工作条例》和《招生资格年度审核办法》，防范导师出现违反科研道德或出现学术失范行为。充分发挥院学术委员会和各研究所学术委员会在学术道德、学风建设方面的指导作用，对一些倾向性问题、苗头性问题，提出监管意见，营造良好学术氛围。

4. 开展优化配置科技资源行动

在创新工程经费中，优化科研经费投入结构，较大幅度地提高基础研究和应用基础研究的支持力度，推动我院重大理论突破，从源头上增强原始创新的能力。加大项目资

源统筹力度，提高基本科研业务费和科技经费的使用效益。做好基本科研业务费增量项目的策划与组织实施，重点支持协同创新专项的前期研究，并整合大项目，延长项目研究周期。在 2014 年基本科研业务费增量项目立项中，组织凝练出一批满足国家需求、符合我院学科发展方向、工作基础好的重大命题，提供较为充足的科研经费，适当延长了项目研究周期。

（三）进一步加强科研经费监管，促进科研工作顺利进行和科研队伍健康发展

1. 完善科研经费管理制度体系

制定了《中国农业科学院“三重一大”事项集体决策制度》，修订并印发了《中国农业科学院内部审计工作规定》《中国农业科学院院属单位主要领导干部经济责任审计规定》，印发了《中国农业科学院办公室关于推行财务公开的通知》《中国农业科学院办公室关于进一步加强材料费管理有关要求的通知》，在《中共中国农业科学院党组关于落实党风廉政建设主体责任、监督责任的意见》中将“着力加强科研经费监管”明确列为院党组以及院属各单位党组织落实主体责任的措施，从制度层面进一步细化、规范了科研经费的管理和使用。

2. 组建科研经费管理宣讲队

院监察局、财务局、院办公室联合组成宣讲团，就国务院 11 号文件精神、科研项目管理及经费使用、违纪违规案例通报等开展科研经费管理专题巡讲，巡讲范围覆盖全院所有研究所、全部科研和管理人员。通过宣讲，切实增强了农业科研国家队的责任感、使命感，增强了科研经费使用管理的问题意识，增强了科研经费管理的政策意识和法纪意识。

3. 开展科研经费使用管理专项检查

院党组专门成立科研经费监管领导小组，加强全院科研经费使用管理的组织领导。从研究所抽调分管财务的所级领导和精干的财务人员，组成轮查小组，分赴各研究所对科研经费使用管理进行全面检查。专项检查自 2014 年 9 月 17 日启动，分为“工作部署、单位自查轮查整改、检查组抽查、总结评价”4 个阶段进行，重点检查创新工程经费、大额科研项目经费、外拨经费、科研副产品等使用管理情况，帮助研究所查找问题、整改问题。

（四）进一步解决职工群众关心的院区环境问题，促进建成环境优美、设施先进的科研院区

1. 院地合作共建，整治院区环境

加强与海淀区政府合作共建，重点围绕拆除违章建设、老旧住宅小区改造、院区周

边低效用地开发等开展合作，改善院区环境。院所联动，协调北下关城管大队，分区域对违章建设进行拆除。加强院地对接，将中国农业科学院老旧小区整体改造项目纳入北京市统一规划，统筹考虑农科社区老旧小区改造中的房屋安全和节能、基础设施和环境建设问题。

2. 加强居民区管理

成立了中关村院区居民议事会，落实广大居民和职工群众的知情权、参与权、管理权和监督权。议事会由院后勤服务中心、院离退休人员管理办公室、农科社区居委会选派的代表以及社区居民代表共同组成。在业主委员会成立前，议事会负责反映居民意愿、监督物业管理和重要项目实施、协助宣传解释政府部门以及我院关于居民区管理的有关政策和决策。

3. 加强职工健身活动场所的建设与管理

加强东区休闲健身广场的管理，认真做好秩序维护、绿植养护、环境卫生、灯光照明和安全监管等各项工作，加强健身运动场地和人行步道等设施保护，制定严谨的管理运转方案，力争提供最好的休闲服务场所。建成并启用院职工健身活动中心，该中心总建筑面积达 1 440平方米，设有乒乓球区、健身器械区、瑜伽区、休息区以及更衣淋浴区 5 个功能区域，可容纳近百人同时进行健身锻炼。

三、强化硬约束，认真开展“制度落实促进年”活动

院党组着眼于现代科研院所建设需要，将制度建设作为群众路线教育实践活动的一项重要工作内容来抓。院党组始终强调制度要务实管用，突出针对性和指导性，搞好配套衔接，增强整体功能。院党组坚持增强制度执行力，认真开展“制度落实促进年”，坚持制度面前人人平等、执行制度没有例外，不留“暗门”、不开“天窗”，坚决维护制度的严肃性和权威性，坚决纠正有令不行、有禁不止的行为，确保制度成为硬约束而不是橡皮筋。

（一）重视学习教育，深刻认识制度落实的重要性

院党组充分发挥理论中心组领学和示范表率作用，认真组织学习了习近平总书记关于加强制度建设、狠抓工作落实以及创新驱动发展战略的有关论述，研究落实党风廉政建设“两个责任”，加强科研经费监管，推进创新工程深入实施。充分利用院务会、廉政专题会、财务管理会、干部培训班等机会宣讲制度建设和抓落实的重要性，提出制度落实的具体要求。新修订、制定的制度及时印发至全院各单位，并刊登在网站上，做到既公开透明，又方便广大职工学习。通过学习，全院干部职工深刻理解了习近平总书记强调的“制度问题更带有根本性、全局性、稳定性、长远性，保证权力正确行使，必须把权力关进制度的笼子里，坚持用制度管权管事管人”的丰富内涵，学制度、用制

度、遵守制度的意识得到进一步增强，遵纪守法、按章办事的自觉性得到进一步提高。

（二）加强组织领导，确保“制度落实促进年”有序开展

院党组高度重视“制度落实促进年”活动，以落实“党的群众路线教育实践活动制度建设计划”为重点，积极行动、统筹安排，确保活动顺利进行。一是明确责任分工。院所领导班子对制度宣传贯彻、健全落实工作负总责，院所办公室担负牵头责任，其他各职能部门和创新团队积极配合，形成上下联动、齐抓共管的工作格局。二是注重制度建设的有效性。在制度修订和制订过程中，认真研究有关法律法规和上级管理制度，广泛征求职工意见，集思广益，并反复修改完善，确保出台的制度切实可行。三是规范制定程序。各项制度的制定和审定严格遵守程序，先调查研究、草拟初稿、领导审核、会议讨论、修订完善、发布等程序，做到规范有序，科学实用。

（三）开展自查自评，建立健全符合现代院所建设的制度体系

院党组按照体现职工群众意愿、体现改进作风、体现提高效率、体现工作规律的要求，按照于法周延、于事简便的原则，切实加强制度建立健全工作。对于经过实践检验行之有效、职工群众认可的制度，予以重申，着力抓好落实；对于不适应密切联系职工群众、加强作风建设要求，与现行法规制度相抵触、不一致的，予以废止；对于与新形势新任务要求不相适应的，予以修订完善；对于制度缺位的，抓紧研究制定新制度。目前为止，我院共清理制度 182 项，建立健全制度 44 项，主要涉及体现职工群众意愿的科学民主决策机制和工作落实机制，健全干部选拔任用、人才选聘培养和考核评价体系，建立健全提升履职尽责能力的相关制度规定，建立健全领导干部工作生活待遇的制度规定，建立健全院所厉行节约反对浪费的相关制度规定，建立完善基本建设管理制度，完善经费科研经费预算管理和公开制度，以及有利于院所跨越式发展、切实解决职工群众反映的突出问题共 9 个方面。通过制度建设，打造作风建设长效机制，巩固了教育实践活动成果，为推进现代院所建设提供了制度保证。

（四）强化制度落实，充分发挥制度落实在促进院所各项事业发展的保障作用

制度落实是制度建设取得成效的关键所在。院党组严抓制度落实工作，强化硬约束，增强执行力。一是加大制度宣传。把制度宣传作为院所宣传工作的重要内容，在网站、公告栏、报刊、杂志等媒介进行公布、张贴，提高职工群众对各项制度的知晓度。二是从严落实责任。强调制定执行要做到领导带头，明确制度落实责任，分工到人。建立和完善制度执行的责任制，一级抓一级、层层抓落实，调动各方面力量，形成了多方

联动、党政齐抓共管的强大合力和严格执行制度的良好氛围。三是强化监督检查。在抓好经常性监督检查的基础上，通过设立意见箱、召开座谈会、听取职工代表意见等形式，听取职工群众的意见和建议，发挥群众的力量进行广泛监督，保证各项制度真正落到实处。四是加强考核评价。将制度落实情况纳入绩效考核评价指标体系，加强对重点工作任务的督查督办，同时加大对违反规章制度行为的查处力度，确保各项规章制度落到实处，真正使规章制度成为全院职工共同遵守的行为准则。

群众路线是我们党的生命线和根本工作路线。教育实践活动虽然结束了，但发扬优良作风推动农业科技创新永无止境。我院将认真学习贯彻习近平总书记在群众路线教育实践活动总结大会上的讲话精神，深入总结这次教育实践活动，特别是深化整改工作中取得的认识、积累的经验，使之经常化制度化。将认真落实从严治党责任，进一步查找差距、弥补不足，持续深入改进作风，持续抓好各项整改任务的落实，绝不出现“烂尾”工程，决不让“四风”问题反弹回潮。将深化和拓展教育实践活动成果，围绕科研创新工作，加强我院基层服务型党组织建设，推动作风建设规范化、常态化、长效化。

中共中国农业科学院党组关于进一步加强党内生活制度建设的实施细则

农科院党组发〔2014〕14 号

加强党内生活制度建设，是深入学习贯彻党的十八大精神，学习贯彻党章的重要举措。全院各级党组织要以高度的政治自觉，充分认识党内生活制度建设的重要性，切实增强党内生活的原则性和实效性，提高党建工作的科学化水平。现根据农业部党组《中共农业部党组关于进一步加强机关党内生活制度建设的意见》（农党组发〔2013〕62 号，以下简称《意见》），结合我院实际，制定以下实施细则。

一、明确党内生活制度建设的总体要求和基本原则

（一）总体要求

党内生活制度建设要坚持以邓小平理论、“三个代表”重要思想、科学发展观为指导，以学习贯彻党章为根本，以加强党的执政能力建设、先进性和纯洁性建设为主线，以提高全院党建工作科学化水平为目标，以贯彻落实《中国共产党党和国家机关基层组织工作条例》以及农业部党组《意见》为重点，健全党内生活制度，提高制度执行力，推进党内生活正常化、制度化，增强我院党组织的凝聚力、创造力、战斗力。

（二）基本原则

加强我院党内生活制度建设必须坚持围绕中心、服务大局，通过完善制度、落实制度，推进党建工作与科研工作紧密融合；必须坚持党要管党、从严治党，严格按照党章办事，按照党内政治生活准则办事，严格执行党的纪律；必须坚持以人为本、以研为本、强化服务，保障党员主体地位，落实党员各项权利；必须坚持与时俱进、改革创新，积极探索农业科研单位党建工作规律，不断巩固和发展党建创新成果。

二、建立健全党内生活制度

（三）贯彻落实民主集中制

院属各级党组织要坚持民主集中制原则，凡属党内重要事项都要按照集体领导、民主集中、个别酝酿、会议决定的原则，由党的基层委员会、总支部委员会、支部委员会集体讨论，作出决定。党组织主要负责人带头发扬民主，自觉接受监督，把贯彻落实民主集中制情况作为领导班子建设和党风廉政建设的重要内容，作为干部选拔任用的重要依据。推进基层党组织议事决策的科学化、民主化，搭建党内民主建议和讨论的平台，鼓励党员积极建言献策，落实党员参与党内事务决策的权利。按照《关于在中国农业科学院直属机关党的基层组织中全面实行党务公开的实施方案》（直党字〔2012〕1号）要求，全面落实基层党组织党务公开制度。健全党内情况通报制度，严格落实基层党组织每年至少向党员大会（党员代表大会）报告一次工作情况和加强党的建设情况制度。

（四）坚持和完善民主生活会制度

院属各单位、院机关各部门领导班子每年按期召开党员领导干部民主生活会，重点抓好确定会议主题、征求意见、谈心交心、批评和自我批评、整改落实等环节，有针对性地解决问题。会前，在一定范围内向干部职工通报上次民主生活会整改落实情况，并进行群众满意度测评。认真开展谈心活动，充分交流思想，相互帮助提醒。领导班子主要负责人要发挥好“第一责任人”作用，带头开展批评和自我批评，营造开诚布公、敢于批评的良好氛围。开展批评和自我批评要逐个进行，按照“团结—批评—团结”的公式，打消顾虑，敞开心扉，坦诚相见，敢于正视问题、揭短亮丑，敢于改正缺点、修正错误，既深刻剖析和检查自己，又开展诚恳的相互批评，触及思想和灵魂，坚持有则改之、无则加勉，不搞无原则的纷争，切实增强民主生活会的政治性、思想性、原则性和实效性。党员领导干部还要以普通党员身份参加所在党支部的组织生活会。院直属机关党委要会同人事局、监察局加强对各单位党员领导干部民主生活会的指导监督。

（五）坚持和完善民主评议党员制度

党支部要结合每年一次的专题组织生活会，开展民主评议党员工作。党员评议工作可与干部职工年度考核一并进行，要重点抓好学习教育、自我评价、党内外群众评议、组织考察、支部大会讨论等环节。党员要认真撰写党性分析材料，开展相互评议和批评，党支部对每个党员形成书面评议意见，并评定等次。党员评议分为优秀、合格、不合格三个等次，优秀等次一般不超过党员总数的 30%。确定为优秀党员和不合格党员的，要报上级党委审批。各单位党组织将民主评议结果作为对党员奖惩的重要依据，大力表彰优秀党员，严肃处置不合格党员。

（六）坚持按期换届选举制度

各级党的基层委员会、总支部委员会、支部委员会必须严格执行任期规定，按期按程序换届选举。党的基层委员会每届任期 4 ~ 5 年，总支部委员会、支部委员会每届任期 3 年。如需延期或提前换届选举，须报上级党组织审批。无特殊情况，延长期限不得超过 1 年。结合实际积极探索基层党组织选举工作方式方法。选好配强基层党组织负责人，按规定及时增补基层党组织委员、书记、副书记。党的基层委员会一般设委员 5 ~ 9 人，设书记 1 人、副书记 1 ~ 2 人。总支部委员会一般设委员 5 ~ 7 人，设书记 1 人、副书记 1 人。支部委员会一般设委员 3 ~ 5 人，设书记 1 人，必要时增设副书记 1 人。

（七）认真落实“三会一课”制度

党支部每季度召开一次党员大会，每月召开一次党支部委员会、一次党小组会，每季度上一次党课，领导班子成员每年讲一次党课。把“三会一课”作为坚守共产党人精神家园、加强理想信念教育的重要阵地，不断改进形式，充实内容，提高质量。充分发挥党支部的统领作用、党小组的组织作用和党员的主体作用，把“三会一课”与主题党日、主题教育实践等活动相结合，采取走出去看、请进来讲，个人思考、研讨交流等形式开展。支部活动，支委会要统筹谋划、党员分头落实，提高党组织生活的针对性和实效性。

三、加强党员的教育、管理与服务

（八）健全党员发展制度

认真贯彻落实中共中央办公厅《关于加强新形势下发展党员和党员管理工作的意见》（中办发〔2013〕4 号）。严格按照党章规定的党员标准发展党员，始终把政治标准放在首位，加强入党积极分子培养教育，扩大发展党员工作中的民主，严格工作程序和纪律，不断提高党员发展质量，做到成熟一个发展一个，防止“带病入党”。选派到基层挂职或借调到院外单位工作人员要求入党，两年以内（含两年）的，应向原单位党组织提出入党申请，由原单位党组织负责对其进行培养、教育和考察；超过两年的，由现单位党组织负责。负责发展的党组织（无论是其原单位或现单位）都要主动征询对方意见。根据实际工作需要，院直属机关党委授权直属党总支审批发展党员。实行总量调控，坚持有计划有步骤地发展党员，各直属党组织每年年初将本年度党员发展计划报院直属机关党委审批。推行发展党员公示制、票决制、责任追究制。

（九）规范党员管理制度

加强党员组织关系管理，理顺隶属关系，确保每个党员都能纳入党的一个基层组织管理之中。党员因工作单位发生变化或外出学习、工作时间超过6个月，应转移党的正式组织关系；党员外出时间在3个月以上，不超过6个月的，转临时组织关系。加强对党员参加组织生活情况督促检查，各单位党员领导干部要将参加组织生活情况作为年度述职的一项重要内容。党组织对无故不参加组织生活的党员，要及时给予批评帮助。加强党费收缴管理，党员要每月按规定标准交纳党费，党组织每年年终要向全体党员公布党费收缴使用情况。

（十）健全党员立足岗位创先争优制度

院属各级党组织要把创先争优融入科研中心任务、融入岗位职责、融入制度建设，着力在建立健全创先争优长效机制上下功夫。建立健全党员承诺践诺制度，设立党员先锋岗、党员责任区，充分发挥党员先锋模范作用；在全院每两年开展一次“两优一先”评选表彰活动，持续增强基层党组织创造力凝聚力战斗力；大力宣传先进典型，在全院建立健全学习先进争当先进制度，充分发挥先进典型的示范带动作用。

（十一）健全党内激励关怀帮扶机制

坚持以人为本，把政治上的关怀放在首位，通过工作上的激励、生活上的帮扶，全面关心和爱护党员，特别是关心老党员、帮扶生活困难党员。注重政治激励、物质激励、精神激励、榜样激励、责任激励，保障党员的民主权利，帮助党员解决实际问题，激发党员创先争优动力。注重思想疏导、精神抚慰、亲情关爱，经常与党员谈心交心，坚持走访慰问，经常开展活动，做好有针对性的思想政治工作，各单位要坚持每半年分析一次党员干部的思想状况，在党组织内部营造积极向上、彼此关爱、互相帮助、共同进步的良好氛围。

（十二）健全党员能进能出机制

严格执行党的政治纪律、组织纪律、廉政纪律、经济纪律、群众纪律和保密纪律，使党员队伍更加纯洁。党支部对无正当理由连续 6 个月不参加党的组织生活，或不缴纳党费，或不做党所分配的工作的党员，按自行脱党予以除名，报上级党组织批准。对理想信念不坚定、不履行党员义务、不符合党员条件的党员，党组织应对其进行教育，要求其限期改正；经教育仍无转变的，应当劝其退党；劝而不退的予以除名。对那些思想品德败坏、无可救药的蜕化变质分子、腐败分子，要坚决从党的队伍中清除出去。处置不合格党员要按照稳妥、慎重的要求，做到事实清楚、理由充分，处理恰当、手续完备，不定比例、不下指标，认真执行规定，严格审核把关。对被劝退和除名的党员，党组织要做好包括思想政治工作在内的相关工作。

（十三）完善党员干部直接联系群众制度

坚持党的群众路线，把直接联系群众作为院属各单位党员干部加强党性修养、锤炼优良作风、提高服务能力的重要途径。健全党员领导干部党建联系点制度，院党组成员联系一个研究所，院直属机关党委常委联系一个直属党组织，院直属机关党委委员联系本单位一个党支部，各单位党组织负责人也要建立联系点，把联系点建成基层党建工作的示范点。各级党组织要按照“服务发展、服务民生、服务群众、服务党员”的总要求，着眼服务中心、建设队伍，落实直接联系群众制度，改进服务作风，提高服务能力，扎实推进服务型党组织建设。

四、抓好党内生活制度的贯彻落实

（十四）加强对党内生活制度建设的领导

建立健全落实党内生活制度的责任制，坚持领导抓、抓领导，一级抓一级，一级带一级，确保各项制度行得通、管得住、用得好、能坚持。院党组成员要带头参加所在支部的组织生活。党员领导干部特别是主要负责人要以身作则，率先垂范，做遵守维护党章、执行党内生活制度的表率。开展经常性的党章党纪党规学习教育，让广大党员干部熟知党内生活基本制度，牢固树立按制度办事的理念，使各项制度人人皆知、人人执行。加大对违反党章和党内生活制度行为的查处问责力度，对党章意识不强、不按党章规定办事的要及时提醒，对严重违反党章和制度的行为要坚决纠正。

（十五）加强分类指导和监督

认真总结推广基层党组织学习贯彻党章，严格党的组织生活，健全党内生活制度的经验和做法，选树先进典型，大力宣传表扬，强化示范带动，营造学习制度、遵守制度、维护制度的良好氛围。院属各单位要按照科研、管理、离退休、研究生等不同性质类型党组织的实际情况和特点进行分类指导，切实加强党内生活制度建设。鼓励广大党员群众参与制度建立和落实的全过程，充分发挥党员群众的监督作用。坚持党建带团建，进一步加强我院共青团的各项建设，广泛组织开展主题团日、讲团课等活动，切实增强共青团的活力。院直属机关党委要会同人事局、监察局建立抓落实的机制，适时组织开展贯彻落实党章和党内生活制度的专项督查。

中国共产党中国农业科学院研究所委员会工作条例

农科院党组发〔2014〕18 号

第一章　总　则

第一条　为进一步加强中国农业科学院党的建设，充分发挥研究所党委作用，根据《中国共产党章程》《中国共产党党和国家机关基层组织工作条例》、中共中央办公厅《关于在推进事业单位改革中加强和改进党的建设工作的意见》等党内有关规定，结合我院实际，特制定本条例。

第二条　实行所长负责制的研究所（包括后勤服务中心、研究生院，下同），党委发挥政治核心作用，在上级党组织的领导下，按照参与决策、推动发展、监督保障的要求，围绕院所中心任务，会同行政领导班子共同做好本单位工作。

第三条　党委要坚持民主集中制原则。凡属重要事项都要按照集体领导、民主集中、个别酝酿、会议决定的原则，由党委集体讨论，作出决定。

第二章　组织设置

第四条　党员 100 人以上的单位，设立党委。党员不足 100 人的，因工作需要，经上级党组织批准，也可以设立党委。党委由党员大会或者党员代表大会选举产生。

第五条　凡设立党委的研究所，应设立纪委，并配备专职或兼职纪检干部。纪委书记一般应当由党委副书记或者相应职级的党员干部担任。

第六条　根据党章规定，党委和纪委要按时换届。党员人数 200 人（含 200 人）以下的单位，一般设 5 ~7 名党委委员、3 ~5 名纪委委员；党员人数在 200 人以上的单位，一般设 7 ~9 名党委委员、5 ~7 名纪委委员。每届任期 4 ~5 年，原则上与行政领导班子同步。党委委员和纪委委员任职年龄原则上不超过法定退休年龄。党委、纪委领导班子人员有变动时要及时调整充实。

第七条　党委书记和所长由同一人担任的，一般应配备 1 名专职副书记；党委书记和所长分开任职的，党委书记一般应兼任行政副职，党员行政主要领导人一般应进入党委领导班子。院直属各单位党委、纪委换届和班子成员调整按规定程序办理，京外各研究所党委、纪委换届选举、人选的请示和选举结果抄送院直属机关党委备案。

第八条 党委书记、副书记的选任应符合《党政领导干部选拔任用工作条例》第二章第七条（党政领导干部应当具备的基本条件）和第八条（提拔担任党政领导职务的应当具备的基本资格）规定的内容。

第九条 凡设立党委的研究所，一般应设置党委办公室。党委办公室也可以与其他处室合署办公，加挂党委办公室牌子，并配备专职党务工作人员。每年的党建工作经费要列入单位年度经费预算，以保障工作需要。

第三章　基本职责

第十条 党委的基本职责是：

（一）宣传贯彻党的路线、方针、政策，宣传执行党中央、上级组织和本组织的决议，保证和监督党的路线、方针、政策及国家法律、法规在研究所的贯彻执行。

（二）组织党员深入学习马克思列宁主义、毛泽东思想、邓小平理论、“三个代表”重要思想以及科学发展观，学习党的路线、方针、政策，学习社会主义核心价值观，学习国家的法律、法规，学习党的历史，建设学习型党组织。

（三）凡涉及本单位改革发展稳定和事关职工群众切身利益的重大决策、重要人事任免、重大项目安排、大额度资金使用事项，党委必须参与决策。决策前，党政主要领导对决策议题要充分酝酿、沟通协调，党委要及时召开会议研究讨论，形成集体意见；决策时，参加会议的党委领导成员要认真履行职责，保证党组织的意见得到充分表达和体现；决策后，党委要发动党员团结带领职工保证决策顺利实施。各单位要将党委参与重大问题决策的内容和程序具体化、制度化。采取党政联席会议等方式对本单位重大问题进行决策的，要在实践中不断完善联席会议运行机制。

（四）坚持党管干部、党管人才原则，在选人用人中发挥党组织的主导作用，按照干部管理权限切实履行把握用人条件、提出推荐人选、做好组织考察、加强管理监督、培养后备人才等职责。如对干部任免等重大决策问题有不同意见，应及时提出，充分协商，必要时可以向上级党组织和主管部门反映情况。

（五）对党员进行教育、管理和服务，督促党员履行义务，保障党员的权利不受侵犯。

（六）对党员进行监督，督促党员干部和其他任何工作人员严格遵守党纪国法，加强党风廉政建设，严格执行党的纪律，坚决同腐败现象作斗争。

（七）做好思想政治工作，了解和反映群众的意见，维护群众的正当权益，帮助群众解决实际困难，推进精神文明建设、文化建设与和谐院所建设。

（八）对要求入党的积极分子进行教育、培养和考察，做好发展党员工作。

（九）领导工会、共青团、妇委会等群团组织，支持这些组织依照各自的章程独立负责地开展工作。

（十）认真贯彻执行党的统战政策，做好党外人士的联系和服务工作，充分发挥党外人士建言献策、民主监督作用。

第十一条　纪委在党委和上级纪委双重领导下开展工作，主要任务是：

（一）维护党的章程和其他党内法规，经常对党员进行遵纪守法教育，作出关于维护党纪的决定；

（二）检查党组织和党员贯彻执行党的路线方针政策和决议的情况，对党员干部行使权力进行监督；

（三）协助党委加强党风廉政建设和组织协调反腐败工作；

（四）检查、处理党组织和党员违反党的章程和其他党内法规的案件，按照有关规定，决定或取消对这些案件中的党员的处分；

（五）受理对党组织和党员违犯党纪行为的检举和党员的控告、申诉，保障党员的权利。

第四章　党员的教育、管理、服务和发展

第十二条　按照建立学习型党组织的要求，建立健全让党员经常受教育、永葆先进性的长效机制，做到经常性教育与集中培训相结合。党员每年参加各种形式的教育和培训时间一般不少于24学时，其中党委领导班子成员一般不少于40学时。拓宽党员受教育的渠道，积极组织党员参加党内集中教育活动，完善党员领导干部讲党课制度，对党员参加学习教育情况进行严格考核。

第十三条　深入开展创先争优活动。紧密联系实际，充分发挥党支部的战斗堡垒作用和党员的先锋模范作用，在推动科学发展、促进院所和谐、服务三农事业、加强基层组织的实践中建功立业。

第十四条　严格党的组织生活，增强党内生活的原则性和实效性，健全党内生活制度。按期召开民主生活会，认真开展批评和自我批评，定期开展党员党性分析评议活动。经常分析党内思想状况，加强党员思想教育。做好民主评议党员工作，严肃处置不合格党员。

第十五条　做好党员服务工作，建立健全党内激励、关怀、帮扶机制，关心党员思想、学习、工作和生活，了解党员需求，及时反映涉及党员切身利益的重要情况，认真做好离退休党员、流动党员的服务工作。

第十六条　严格按照坚持标准、保证质量、改善结构、慎重发展的方针和有关规定发展党员。对要求入党的积极分子进行教育、培养和考察，做好发展党员工作，高度重视将科研骨干、学术带头人、留学归国人员中的优秀分子培养成党员。

第五章　党内民主与监督

第十七条　坚持民主基础上的集中和集中指导下的民主相结合，保障党员民主权

利，加强党内基层民主建设，切实推进党内民主，充分发挥基层党组织和广大党员的积极性、主动性、创造性，坚决维护党的集中统一。

第十八条 落实党员对党组织事务的知情权、参与权、选举权、监督权，保障党员主体地位和民主权利。推进党务公开，健全党内情况通报制度，及时公布党内信息，畅通信息沟通渠道。

第十九条 建立健全充分反映党员意愿的党内民主制度和党员定期评议基层党组织领导班子成员等制度，营造党内民主讨论、民主监督环境。党委讨论决定重要事项前，应当充分听取党员的意见。

第六章 党务干部队伍建设

第二十条 专职党务干部的配备，一般占本单位职工总数的1%～2%。

第二十一条 对党务干部特别是新任党支部书记进行培训，全面提高他们的政治素质和业务素质。

第二十二条 本着有利于优化结构、增强活力、相对稳定、合理流动的原则，有组织、有计划地安排党务干部交流任职。

第二十三条 关心和爱护党务干部，充分调动和发挥他们工作的积极性、主动性、创造性，及时发现、表彰和宣传他们中的先进典型。

第七章 党风廉政建设

第二十四条 坚持党要管党、从严治党，加强党对党风廉政建设和反腐败工作统一领导，推进改革创新，加强反腐败体制机制创新和制度保障。

第二十五条 实行党风廉政建设责任制，要坚持党委统一领导，党政齐抓共管，纪委组织协调，部门各负其责，依靠群众的支持和参与。

第八章 附 则

第二十六条 本条例适用于院属各研究所党委。中国农业科学技术出版社参照执行。

第二十七条 本条例自颁布之日起生效，院党组授权直属机关党委负责解释。

第二十八条 本条例生效后，原《中国共产党中国农业科学院研究所委员会工作条例》（1995农科院办字第109号）即行废止。

中国农业科学院研究所职工代表大会条例

农科院党组发〔2014〕22号

第一章　总　则

第一条　为保障职工参与研究所民主管理的权利，实现研究所决策的民主化、科学化，加快推进现代农业科研院所建设，根据《中华人民共和国工会法》和《中国工会章程》等有关规定并结合我院实际，制定本条例。

第二条　具有事业法人资格的院属各研究所（含后勤服务中心、研究生院、农业科学技术出版社，以下简称研究所）应建立健全职工代表大会或职工大会制度（以下简称职代会）。

第三条　职代会制度是研究所实行民主管理的基本形式，是实现所务公开、依靠职工民主办所的重要途径。研究所应充分发挥职代会在审议重大决策、民主监督、维护职工合法权益等方面的作用。

第四条　职代会在研究所党委（以下简称所党委）领导下开展工作，实行民主集中制。

第二章　职责与任务

第五条　职代会的职责：

（一）听取研究所年度工作报告和财务工作报告；审议所长任期目标和研究所发展规划、重大改革方案和重要规章制度等。

（二）审议通过涉及研究所职工权益的重大事项。

（三）会同有关部门，对研究所领导班子成员进行民主评议和监督。

第六条　职代会的任务：

（一）宣传党的路线、方针、政策，贯彻院所发展思路与建设目标，积极推进现代研究所建设。

（二）充分发挥职工的积极性、主动性和创造性，鼓励职工崇尚科学、爱岗敬业、心系“三农”。

（三）认真做好思想政治工作，对职工进行理想、法纪和职业道德教育。

（四）维护职工合法权益，密切联系职工，如实反映职工的合理意见、建议和要求，征集、整理和督促落实职工代表的提案。

（五）加强职代会自身建设，不断提高参与民主决策、民主管理和民主监督的能力。

第三章　组织制度

第七条　职代会每届五年，原则上与研究所工会委员会任期同步。

第八条　职代会代表人数一般为在职职工人数的 10% ~30%，最低不少于 30 人。在职职工 100 人以下的研究所，可直接召开职工大会。

第九条　职代会在会议期间设立大会主席团。主席团一般由 5 ~15 人组成，其中设主席 1 人，副主席 1 ~2 人。

第十条　主席团成员由研究所工会委员会提名，并应具有广泛的代表性，其中科研人员不少于 1/2，经所党委研究同意，在职代会预备会议上讨论通过，由职代会第一次大会选举产生。

第十一条　根据工作需要，职代会设立代表资格审查、代表提案、制度建设、职工权益保障等若干工作委员会，完成职代会或主席团交办的工作。

第十二条　大会主席团的主要职责：

（一）主持召开职代会，组织大会期间的各项活动。

（二）听取各工作委员会专项议题的初步审议意见，审议通过大会议题和大会议程。

（三）研究大会议题中需要通过和解决的事项，起草大会决议。

（四）主持大会表决和选举工作。

（五）处理大会期间发生的问题。

第十三条　职代会每年至少召开 1 次，必须有 2/3 以上的职工代表出席方为有效。不能按期召开大会时，须经所党委批准，报上级工会备案。根据工作需要或遇有重大问题，经所领导提议，所党委研究同意，可临时召开职代会。

第十四条　职代会开会前，研究所工会委员会应根据研究所的中心工作和职工迫切要求解决的重大问题提出大会议题，经所党委研究同意，提交大会讨论通过。

第十五条　职代会形成的决议必须经到会全体职工代表半数以上投票表决通过。

第四章　职代会与工会

第十六条　研究所工会委员会作为职代会的办事机构，承担职代会闭会期间的下列工作：

（一）积极向职工宣传民主管理的有关知识，宣传职代会的性质、任务和作用，提高职工行使民主决策、民主管理、民主监督权利的意识。

（二）在所党委的领导下，负责职代会的筹备工作，组织职工民主选举职工代表。

（三）负责对职工代表候选人的资格审查，起草职代会的议程和议题。负责征集职工代表提案。

（四）负责提出职代会主席团组成人员及各工作委员会的组建方案。主持召开职代会各工作委员会负责人联席会议。

（五）职代会闭会期间，对于职工代表提出的需要临时解决的问题，所工会委员会负责征求相关工作委员会及职工代表的意见，报所领导研究解决。

（六）接受和处理职工代表的申诉，维护职工代表的合法权益。

第五章　职工代表

第十七条　依法享有政治权利并符合下列基本条件的在职职工，均可当选为职工代表。

（一）拥护党的领导，热爱祖国，热爱本职工作。

（二）关心研究所改革发展，作风正派，办事公道，联系职工群众，为职工办实事。

（三）具有一定的政策法律水平和议事能力。

第十八条　职工代表以处、室为选举单位，由职工直接选举。职工代表应具有广泛的代表性，科研人员一般应占职工代表总数的 60% 以上。职工代表实行届内常任制，可以连选连任。职工代表调离或因故不能履行职责的，由原选举单位另行推荐。

第十九条　职工代表的权利：

（一）在职代会上有表决权和选举权、被选举权。

（二）向职代会提交提案。

（三）监督检查职代会决议和提案落实情况。

（四）参加职代会组织的有关活动。

第二十条　职工代表的义务：

（一）学习党的方针政策和国家有关法律法规，遵守各项规章制度，做好本职工作。

（二）维护研究所的整体利益和职工合法权益，了解并如实反映职工的建议、意见和要求。

（三）执行职代会的决议，努力做好职代会交给的各项工作。

第二十一条　职工代表按照规定行使民主权力，任何组织和个人不得压制、阻挠和打击报复。

第六章　附　则

第二十二条　院属各研究所可结合实际情况，参照本条例制定实施细则。

第二十三条　本条例自颁布之日起开始执行，院党组授权院工会负责解释。

第二十四条　自本条例颁布之日起，原《中国农业科学院研究所职工代表大会暂行规定》(96) 农科院（办）字第570号即行废止。

中共中国农业科学院党组关于落实党风廉政建设主体责任监督责任的意见

农科院党组发〔2014〕47号

为深入贯彻党的十八大、十八届三中全会和十八届中央纪委三次全会精神，认真落实党风廉政建设党委主体责任和纪委监督责任（以下简称“两个责任”），共同推进我院党风廉政建设和反腐败工作，结合我院实际，制定本意见。

一、切实提高对落实“两个责任”重要性的认识

党的十八届三中全会对反腐败体制机制创新和制度保障作出部署，提出“落实党风廉政建设责任制，党委负主体责任，纪委负监督责任”的具体要求。这是党中央对反腐倡廉形势科学判断后作出的重大决策，是对反腐倡廉规律的深刻认识和战略思考，是对加强反腐倡廉建设的重要制度性安排，是实现两个百年奋斗目标的基本保障，也是推进我院科技创新工程和现代农业科研院所建设、实现跨越式发展的基本保障。我院各级党组织和纪委要切实增强主体责任和监督责任意识，强化使命感，自觉肩负起党风廉政建设的政治责任，旗帜鲜明地履行职责，积极行动，勇于担当，切实把两个责任落到实处，深入推进我院党风廉政建设和反腐败斗争。

二、认真落实院党组和各级党组织党风廉政建设主体责任

按照中央的要求，党委履行主体责任主要包括：加强领导，选好用好干部，防止出现选人用人上的不正之风和腐败问题；坚决纠正损害群众利益的行为；强化对权力运行的制约和监督，从源头上防治腐败；领导和支持纪检监察机关查处违纪违法问题；党委主要负责同志要管好班子，带好队伍，管好自己，当好廉洁从政的表率。

院党组和院属各级党组织要把党风廉政建设和反腐败工作作为重大政治任务，摆在突出位置，切实担负起统一领导、直接主抓、全面落实的主体责任，并通过建立有效的工作机制，形成层层负责、层层落实的工作格局。

（一）院党组落实主体责任措施

院党组对全院党风廉政建设工作负全面领导责任。经常召开专题会议分析和研判院党风廉政建设形势，部署工作任务，制定和完善工作计划，提出具体措施，解决突出问题，开展监督检查。每年年初向农业部党组和中央纪委驻农业部纪检组报告上一年度院党风廉政建设情况，重要情况、重大问题及时报告。重点强化以下措施。

1. 院长、院党组书记共同履行党风廉政建设第一责任人的职责，重要工作亲自部署、重大问题亲自过问、重点环节亲自协调、重要案件亲自督办。院领导班子成员严格落实“一岗双责”，将党风廉政建设融入分管领域工作的各环节。建立院领导约谈院属各单位、院机关各部门主要负责同志制度。院领导要定期约谈分管部门或院属单位主要负责同志，听取关于党风廉政建设的专题汇报。

2. 从严管理干部。加强巡视工作，开展常规巡视，有针对性地开展专项巡视。加强审计监督，逐步扩大干部任中审计比例。加强干部选拔任用监督，在干部提拔任用酝酿中要听取院党组纪检组监察局的意见。严格落实院属各单位、院机关各部门主要负责人向院党组集中述廉制度。开展对领导干部报告个人有关事项的汇总综合和抽查核实。严格规范领导干部在社团兼职行为。

3. 加强对权力运行的制约和监督。推进权力运行全过程的制度化、规范化、程序化。坚持开展廉政风险防控管理，针对廉政风险点，完善防控措施。探索建立权力清单制度，推进政务、党务公开透明运行。

4. 持之以恒抓作风建设。持续抓好中央八项规定精神落实，防止“四风”反弹。突出抓好纪律建设，严明党的政治、组织等各项纪律。认真践行党的群众路线和“为民务实清廉”的要求，了解实情办实事，落实好领导干部联系基层工作制度。重点抓好科研学风建设，建立和完善教育、监督、约束、惩戒机制，加强对学术不端行为的监督检查，强化科研活动全过程监管，促进形成学风端正、实事求是的学术氛围。

5. 着力加强科研经费监管。在科研经费使用管理上明确要求、落实责任，强化法人责任。促使科研管理、财务审计、纪检监察形成合力，加快形成监管的长效机制。重点加强科技创新工程专项经费使用情况的监管，确保资金规范使用。

6. 支持并自觉接受执纪部门监督。支持院党组纪检组监察局、直属机关纪委履行监督职责，提供必要的保障。院监察局局长、直属机关党委常务副书记、直属机关纪委书记列席涉及党风廉政建设工作的院党组会议。自觉接受中央纪委驻农业部纪检组的监督，院党政主要负责人每年初向驻部纪检组通报本人上年度廉洁从政情况；认真听取驻部纪检组关于院党风廉政建设的意见和建议。加强院党组纪检组、监察局、直属机关党委、直属机关纪委的工作力量。院党组纪检组、监察局负责人的选拔任用征求驻部纪检组监察局的意见；院直属机关纪委负责人的选拔任用征求部直属机关纪委的意见。

（二）直属机关党委落实主体责任措施

1. 加强对直属机关纪委的工作领导，支持直属机关纪委履行监督职责，提供必要保障。

2. 协助院党组纪检组加强对院属各单位党组织落实主体责任情况的监督指导，每年度开展党风廉政建设责任制专项检查，定期向院党组报告院党风廉政建设情况。

3. 指导院属各单位党组织开展党内生活，加强党内监督。贯彻民主集中制，严肃开展批评和自我批评，严格党内生活，增强党性原则，促进院属各单位领导班子提高解决自身问题的能力。

（三）院属单位党组织落实主体责任措施

院属各单位党政一把手、机关各部门主要负责同志要认真履行第一责任人的职责，班子成员要落实“一岗双责”，切实增强不抓党风廉政建设就是严重失职、抓不好党风廉政建设就是严重渎职的意识，对本单位或分管领域的党风廉政建设常研究、常部署，种好自己的“责任田”。

1. 每半年向院党组报告本单位及牵头承担的党风廉政建设工作任务进展和完成情况。重要情况、重大问题及时报告。

2. 加强干部队伍建设，从严管理监督干部。规范行使选人用人权，坚决纠正跑官要官等选人用人上的不正之风。班子主要负责同志定期约谈重点岗位负责人，听取党风廉政建设情况。

3. 强化权力运行全过程监督，持续加强廉政风险防控机制建设，不断建立完善相关制度，堵塞漏洞，实行对廉政风险防控动态管理。

4. 着力加强科研经费使用的廉政风险防控工作，明确责任部门和责任人，防止出现责任虚置、责任不清的现象。明确研究室主任、团队首席、课题组长等基层单位、项目负责人的直接责任，做到业务工作、廉政建设“两手抓，两手都要硬”，既要严于律己、率先垂范，又要教育管理好下属干部职工。强化财务部门的把关责任，提高财务人员的担当意识、责任意识，督促、支持财务部门履好责，把好关。

5. 坚决抓好中央八项规定精神落实，防止“四风”反弹。加强对本单位、本部门作风建设的领导，着力解决群众反映强烈的突出问题。

6. 配合和支持院党组纪检组监察局、直属机关纪委等上级纪委、纪检部门查处违纪违规问题。领导和支持本单位纪委、纪检监察部门履行监督职责，健全纪委，配备必要力量。

三、切实强化党组纪检组和各级纪委党风廉政建设监督责任

纪委（纪检组）的监督责任是党章赋予的重要职责。党组纪检组监察局协助院党组抓好党风廉政建设，并负有监督责任，重点做好监督执纪问责工作。院属各级纪委负有协助本单位党组织加强党风廉政建设和组织协调反腐败的工作职责，同时负有监督责任，必须严格执好纪、问好责、把好关。

（一）党组纪检组落实监督责任措施

1. 承担院党组加强党风廉政建设的日常工作。组织召开院党风廉政建设工作会议，制定工作计划，安排任务分工，组织开展监督检查。承担院党风廉政建设工作领导小组办公室的日常工作。

2. 加强向院党组请示汇报，就院党风廉政建设工作，保持经常性的向党组汇报。对加强院党风廉政建设及其他重大问题提出意见和建议。

3. 每半年向中央纪委驻农业部纪检组报告院党组纪检组履行监督责任的情况，重要情况、重大问题及时报告。

4. 开展对院属单位和院机关各部门领导班子及成员贯彻落实中央和农业部党组及我院党组决策部署、执行民主集中制、落实民主决策、执行廉洁从政规定情况的监督。

5. 加强对干部选拔任用工作的监督，前移监督关口，把好廉政关。

6. 严肃查处违纪违规问题，做到有案必查、有腐必惩。根据职责要求，核实了解反映院属单位、机关各部门领导班子成员问题的线索。重点查处副所局级领导干部违纪违规问题。既要坚决查处挤占、挪用、滥用、贪污科研经费的违纪违法问题，又要严肃查处科研领域顶风违反中央八项规定精神的问题，经查实的案件一律点名道姓进行通报，并利用典型案例开展警示教育。

7. 开展经常化约谈。对有苗头性问题、情节轻微问题的领导干部进行谈话提醒。坚持抓早抓小，就群众反映的突出问题、风气问题、发生在干部身上的苗头性问题，约谈单位主要负责同志及本人，提醒早纠正、早整改，防止小问题变成大问题。

8. 加强对院直属机关纪委、院属各单位纪委履行监督责任的工作领导，支持和指导院直属机关纪委、院属各单位纪委核查举报线索、查办违规违纪问题。

9. 加强自身建设，牢固树立自觉接受监督的意识，严格对纪检监察干部的教育管理和监督，防止出现“灯下黑”现象。

（二）直属机关纪委落实监督责任措施

1. 加强对院属京区单位党员干部落实中央八项规定精神、厉行节约、转变工作作

风、廉洁自律情况的监督，严肃查处顶风违纪问题。

2. 加强对院机关处级及以下党员干部选拔任用工作的监督，前移监督关口，把好廉政关。

3. 重点查处院属京区各单位、机关各部门处级及以下党员干部的违规违纪问题。

4. 加强对院属京区单位纪委、纪检工作人员落实监督责任的领导，加强对京外单位纪委、纪检工作人员落实监督责任的指导，建立完善院属单位纪委向院党组纪检组和直属机关纪委定期报告、述职制度。

5. 加强对院属单位纪委查办案件工作的领导或指导，建立院属单位纪委向院党组纪检组和直属机关纪委报告重要线索处置和案件查办情况的制度。

6. 开展廉政教育，推进机关廉政文化建设，利用查办的典型案例开展警示教育，进一步增强党员干部廉洁从政意识。

（三）院属单位纪委落实监督责任措施

1. 加强向本单位党组织请示汇报，对加强本单位党风廉政建设工作及其他重大问题提出意见和建议。

2. 每半年向院党组纪检组和直属机关纪委报告本单位党风廉政建设情况及自身履行监督责任的情况。

3. 违纪问题重要线索处置、案件查办、执纪执法部门查处本单位人员情况在向本单位党委（支部）、本单位领导班子报告的同时，向院党组纪检组和直属机关纪委报告。

4. 加强对本单位党员干部贯彻落实中央八项规定精神、厉行节约、转变工作作风、廉洁自律情况的监督。

5. 加强对本单位干部选拔任用工作的监督，提出廉政意见，把好廉政关。

6. 严肃查处本单位党员干部的违规违纪问题。

7. 开展廉政教育，推进单位廉政文化建设，促进党员干部增强廉洁从政意识。强化科研人员廉洁从业意识，建立一支政治坚定、能力卓越、风清气正的科研队伍。

四、建立健全落实“两个责任”的工作机制

（一）完善层层抓落实的领导机制

院属各单位、机关各部门领导班子要把党风廉政建设纳入整体工作部署。领导班子主要负责同志做到党风廉政建设重要工作亲自部署、重大问题亲自过问、重点环节亲自协调、重要案件亲自督办。领导班子其他成员根据工作分工，切实抓好分管范围内的党

风廉政建设工作。各级纪委要积极履行组织协调和监督职责，协助本单位党组织把党风廉政建设责任分工到位，一级抓一级，层层落实责任，层层传导压力。

（二）建立科学有效的考核评价体系

把落实党风廉政建设“两个责任”情况作为各级领导干部考核评价的重要内容，作为对领导班子总体评价和领导干部评先评优、提拔使用的重要参考依据。在平时考核、年度考核、任期考核、干部考察中，既要评价领导干部业务工作的绩效和能力，又要评价其推进党风廉政建设的绩效和能力。

（三）完善严格的责任追究机制

对履行职责不力，导致本单位、本部门在政策落实、项目执行、科研管理、权力规范运行等方面出现大面积违纪违规问题或长期风气不正的，要追究相关领导班子和领导干部的责任。对发现问题不闻不问、不抓不管不报告的，无论是领导班子还是纪委、纪检组，都要追究责任，切实维护党风廉政建设责任制的权威性和威慑力。

中共中国农业科学院党组关于进一步加强和改进党组织中心组学习的实施意见

农科院党组发〔2014〕50号

为进一步加强和改进领导干部理论学习，积极推进领导班子思想政治建设，根据中央和农业部党组关于进一步加强和改进领导干部理论学习和党委（党组）中心组学习的有关要求，现就进一步加强和改进我院党组织中心组学习提出如下意见。

一、充分认识加强和改进中心组学习的重要性

1. 中心组学习是各级领导班子和领导干部在职学习的重要组织形式，是加强各级领导班子思想政治建设的重要措施，是运用理论指导实践，提高科学决策水平和执政能力，建设学习型、服务型、创新型党组织的重要途径，是发挥领导干部带头作用，推动全院理论学习深入发展的组织保证。各级党组织特别是主要负责同志，要从党和国家事业发展全局和推进科技创新事业、加快现代农业科研院所建设的高度，充分认识新形势下加强和改进中心组学习的重要意义，不断增强学习的主动性、自觉性，努力把中心组学习提高到一个新水平。

二、进一步明确中心组学习的主要内容

2. 抓好理论学习，提高理论素养，坚定理想信念。要精心研读经典著作，加深对马克思列宁主义、毛泽东思想、中国特色社会主义理论体系的领会和掌握，尤其要把深入学习贯彻中国特色社会主义理论体系和习近平总书记重要讲话精神作为中心组学习的首要任务，系统学习党的基本理论、基本路线、基本经验、基本纲领。在深入把握中国特色社会主义科学性和真理性的基础上，坚定道路自信、理论自信、制度自信。

3. 抓好党章学习，提高宗旨意识，严明组织纪律。深入学习贯彻《中国共产党章程》和中央八项规定等党内各项规章，把中央和部院党组有关落实党风廉政建设主体责任监督责任的有关精神和意见作为中心组学习重要内容，切实提高党员领导干部的宗旨意识和责任意识，强化党政一把手第一责任人责任、党委（党组）的主体责任、纪委的监督责任、财务部门的审核把关责任和团队首席（课题组负责人）的直接管理责任，以科研经费使用监管为重点，不断创新加强科研经费使用监管的有效途径，提高制

度的约束力、执行力，推动科研经费使用管理的科学化和规范化，以严肃的纪律为现代院所建设保驾护航。

4. 抓好政策学习，把握工作大局，明确努力方向。深入学习和掌握党的路线方针政策，以及习近平总书记对“三农”问题和科技创新的一系列重要论断，及时学习领会党和国家重大战略部署和重要会议精神，从中汲取丰富营养。深入学习中共中央、农业部等有关部委和我院出台的科技管理等政策，准确理解相关政策出台的背景和目的，结合院所实际，进一步增强国家队的使命感和责任感，梳理工作思路、研判工作大局、明确工作目标，加大改革力度，制定配套政策措施，促进院所持续健康发展。

5. 抓好知识学习，完善知识结构，提高综合素质。努力学习政治、历史、经济、文化、科技、法律、社会管理等科学知识，不断完善知识结构，提高综合素质，拓展视野、创新思维，自觉地在科技创新工程建设、农业科研体制改革、科技管理与绩效评价机制创新等业务工作中运用好各种知识，增强工作的科学性、预见性、主动性和创造性。

6. 抓好方法学习，掌握管理规律，提高工作能力。认真学习辩证唯物主义和历史唯物主义，掌握好、运用好马克思主义立场、观点和方法，加强对农业科研院所管理规律的研讨，加强工作调研和典型学习，不断完善工作机制、改进领导方式，创建服务型院所机关，全面提高科学管理、民主管理和依法管理的能力，加速推进现代农业科研院所的建设。

三、大力弘扬马克思主义学风

7. 中心组学习要把理论与实践、改造主观世界与改造客观世界、运用理论与发展理论紧密结合起来，做到学以致用、用以促学；要加强调查研究，大兴求真务实之风，认真研究解决农业科技创新、院所管理中的重大问题，使各项工作体现时代性、把握规律性、富于创造性；要紧密联系领导干部的思想实际和领导班子思想政治建设实际，坚定理想信念，牢固树立马克思主义世界观、人生观、价值观和正确的权力观、地位观、利益观，坚持正确的政绩观，弘扬和践行社会主义核心价值观，牢记“两个务必”，讲党性、重品行、作表率；要充分运用党的群众路线教育实践活动成果，加强学风建设，着重解决学风浮躁和学术失范问题，进一步净化学术风气；要以加强服务型党组织建设为载体，树立服务科研、服务基层、服务群众的工作理念，把服务理念贯穿到增强院所创新活力、促进科技创新能力提升、保障科技创新工作持续健康发展的工作中。

四、进一步完善中心组学习制度

8. 健全学习组织。中心组以本单位党政领导班子成员为核心成员，根据学习需要吸纳内设机构和下属单位主要负责人，还可邀请上级单位和相关业务单位的同志参加。

党组织主要负责同志任中心组组长，主要职责是审定学习计划，确定学习主题和研讨专题，提出学习要求，主持集体学习研讨，指导和检查中心组成员的学习。党组织主要负责同志兼任行政主要领导职务的单位，可设中心组副组长，由分管党建工作的领导担任，主要职责是配合组长抓好学习的组织工作。中心组成员要做认真学习的表率，以自身的示范作用推动干部群众的学习。中心组要配备学习秘书，一般由党办、综合处（办公室）或人事处负责同志担任，主要职责是配合组长做好组织学习服务工作。

学习秘书的主要任务包括：协助中心组组长在每年年初提出年度学习计划和阶段性学习安排，提交组长审定；提供学习参考资料和学习书目，组织学习辅导报告，安排学习讨论，设计调研选题和调研方案；做好集体学习研讨时的记录和考勤，真实记录学习时间、地点、内容、参加人员、学习讨论和发言等情况，全面整理纪要、编发简报、向上级部门报告学习情况；起草反映情况的书面材料和总结，提交组长审定；管理中心组学习记录、学习考勤等有关档案资料；做好中心组学习的其他服务工作。院党组中心组学习秘书，由院办公室主任担任。

9. 制订学习计划。根据院党组安排部署和本单位实际，各单位党组织应制订中心组年度学习计划并做出阶段性学习安排，明确学习内容和要求。年度学习计划内容包括：目的要求、学习专题、阅读书目、具体步骤、实施办法等。根据年度计划，结合中心工作，提出学习安排要求，明确学习和调研重点，列出思考讨论题。中央重要文件和会议精神，要及时列入学习内容。各单位中心组学习每季度不少于 1 次，年度集中学习研讨时间不少于 12 天。每季度末对下一阶段学习做出具体调整。

10. 严格考勤管理制度。中心组成员每次学习都应自觉到会。学习期间一般不得请假，确因工作需要或其他特殊情况不能按时参加中心组学习时，应提前向组长（副组长）请假，并安排时间补课，尽快补交书面学习体会。

11. 严格述学评学制度。中心组成员在述职、述廉及领导班子民主生活会上，要把参加理论培训、中心组学习、在职自学、自主选学和做读书笔记、撰写理论文章和调研报告及解决思想、工作难题等情况作为重要内容进行专门陈述，并对学习中存在的问题进行认真检查剖析。

12. 严格报告通报制度。每年 12 月底，各单位要对本年度中心组学习情况进行全面总结，并结合年终考核述职向干部职工通报情况，并于下年度 2 月底前向直属机关党委报送上年度学习情况总结和下年度中心组学习计划。每次中心组学习结束，都要及时报送学习情况，主要包括学习内容、学习形式、参加人员、学习成果等，情况简明扼要、实事求是。有关材料需经中心组负责同志审签后上报直属机关党委。直属机关党委每半年对各单位中心组学习情况进行通报。各单位党组织要通过简报、网络等形式，向干部职工通报中心组学习的情况和成果。

13. 严格档案管理制度。建立健全中心组学习档案，做好归档立卷工作，建立年度专卷，加强保管。主要包括：中心组组长、副组长、成员及学习秘书名单，年度和阶段性学习计划、总结，中心组组长学习讲话和中心组成员学习体会、发表的理论文章，学习成果转化情况材料，中心组学习会议记录等。

14. 严格检查考核制度。按照中央关于加强领导干部学习考核和督促检查的有关要求，建立健全学习管理长效机制。检查考核的主要内容：中心组组长（副组长）履行职责的情况，中心组成员坚持学习制度、完成学习任务的情况，领导班子运用理论指导实践、推动学习成果转化的情况等。检查考核的主要方法：采取全面了解与个别抽查相结合的方式，听取中心组组长介绍情况，个别访谈中心组成员，调阅学习记录及相关资料，召开党员干部座谈会，旁听中心组学习，实地了解学习情况等。各单位中心组学习的检查考核，由直属机关党委会同人事局实施。完善理论学习考核激励机制，直属机关党委每年开展领导干部理论学习论文（调研报告）的征集活动，把中心组学习检查考核结果纳入党建工作责任制、绩效考核的重要内容。人事局把中心组学习检查考核结果纳入领导班子思想政治建设的重要内容，作为领导班子考核和干部使用的重要依据。

五、不断丰富中心组学习形式

15. 坚持集体学习与个人自学相结合。集体学习是中心组学习的主要形式，个人自学是中心组集体学习研讨的基础。集体学习要以理论和政策学习为重点，结合农业科技和农业产业发展全局性战略性问题，科技创新工作热点难点问题，每次突出 1 ~ 2 个主题，保证集体学习研讨的时间和质量。组织好专题讲座、辅导报告，深入开展学习讨论和交流，认真进行学习讲评。把重点发言和集体讨论、专题学习和系统学习结合起来，可采取学习讲坛、读书会、座谈会、报告会、观看录像、社会考察、讨论交流、撰写心得体会等灵活多样的学习方式进行学习，充分调动中心组成员学习积极性。个人自学要根据年度学习安排，制订自学计划，认真学习指定书目，积极参加自主选学，做好学习笔记，撰写学习心得。

16. 积极开展专题调研，撰写理论学习论文或调研报告。专题调研是深化理论学习、运用学习成果指导实践的重要途径。中心组要把理论学习与研究农业科研领域热点难点和分管工作结合起来，深入基层和群众，开展专题调研和案例研究。要把理论学习和解决实际工作问题结合起来，每次集中学习要围绕主题，结合调研和学习体会进行讨论，并对今后的工作提出建议。重视调研成果转化，努力形成可操作的政策措施和制度成果。中心组成员每年应至少撰写 1 篇高质量的理论学习文章或调研报告。

17. 各单位党组织要不断创新和丰富学习方式。坚持以中心组学习带动党支部学习，联系实际解决问题，扩大学习成果。可根据形势和任务需要，结合院所发展战略研究等重大活动，为干部、职工进行专题辅导，把理论学习与指导、推动院所实际工作结合起来。以中心组学习扩大会、联合会等形式邀请有关领域专家进行辅导，邀请相关单位共同探讨解决问题，推动学习资源共享，形成左右联合、上下联动的良好氛围。中心组成员可结合自身学习体会为党员干部作辅导报告。建立主题实践活动、主题联学等机制，不断提高中心组学习的实效。

六、切实加强对中心组学习的领导和指导

18. 各级党组织要把加强和改进中心组学习作为加强领导班子思想政治建设的重要工作，经常研究学习情况，提出改进措施，抓好督促落实。党组织主要负责同志作为党组织中心组学习的第一责任人，要切实担负起领导责任，以高度负责的精神抓好中心组学习。

19. 直属机关党委在院党组领导下，对院属各单位中心组学习做好有针对性的指导和服务工作。加强经验交流，及时总结各单位中心组学习经验，适时开展交流活动。认真开展调查研究，研究提出增强中心组学习实效的思路和措施。加强学习服务，及时为中心组学习提供学习书籍等资料及辅导信息。加强中心组学习秘书培训，不断提高学习秘书的服务能力和水平。

本意见自发布之日起实施，《关于加强和改进中国农业科学院领导干部中心组学习的意见》（农科院党组发〔2001〕8号）同时废止。

中国农业科学院直属机关党支部工作细则

直党字〔2014〕9号

第一章 总 则

第一条 为进一步加强和改进新形势下中国农业科学院直属机关党支部工作，充分发挥基层党支部作用，根据《中国共产党章程》《中国共产党党和国家机关基层组织工作条例》以及党内有关规定，结合我院党务工作实际，制定本细则。

第二条 党支部工作要认真贯彻党的路线方针政策，紧密围绕本单位本部门中心工作，不断加强党的思想建设、组织建设、作风建设、制度建设和反腐倡廉建设，不断提高党的建设科学化水平，充分发挥党支部思想引导、组织协调、凝聚人心、服务群众的作用，保证本单位本部门各项工作任务完成。

第三条 本细则适用于中国农业科学院直属党支部和直属党委、总支中设立的党支部。京外研究所党支部参照执行。

第二章 党支部的设置和基本任务

第四条 凡有正式党员3人以上50人以下的单位和部门，要设立党的支部委员会。正式党员不足3人，没有条件单独成立党支部的单位，可与邻近单位部门的党员组成联合党支部。凡有正式党员3人以上，执行临时任务时间较短或因某种原因暂时不能成立正式党支部的，可成立临时党支部。成立党支部须经上级党组织批准。

第五条 党员7人以上的党支部，设立支部委员会，支部委员会由党员大会选举产生。党员不足7人的党支部，不设支部委员会，由党员大会选举支部书记1人，必要时设副书记1人。

离退休职工中党员人数较多的单位应单独设立离退休职工党支部。

第六条 党的支部委员会和不设支部委员会的支部书记、副书记，每届任期2年或者3年。

第七条 党员人数较多的党支部，应根据党员的数量和分布情况，划分若干党小组，每组选举党小组长1人。一个党小组不应少于3名党员（其中至少要有1名正式党员）。

第八条 党支部委员会的名额由上级党的委员会决定。根据党员人数和工作需要，一般情况下，支部委员会由 3 至 5 人组成，最多不超过 7 人。

第九条　党支部委员会可分别设置支部书记、组织委员、宣传委员、纪律检查委员，委员名额多的还可以设支部副书记、青年委员等。

第十条　党支部委员应由党性观念强，廉洁奉公，热爱党的工作，密切联系群众，善于做思想政治工作的正式党员（党龄满 3 年）担任。党支部书记应由具有较高的思想政策水平、组织领导能力，工作经验丰富、作风正派、团结同志，在群众中有威信的党员干部担任。党支部书记一般应由本部门党员行政主要负责人担任。

支部书记、副书记和委员要切实履行职责，保证一定时间做支部工作。

第十一条　党支部委员会由支部党员大会采取差额选举的方式产生。

（一）支部党员大会换届选举，由上届委员会主持。不设委员会的支部，由上届支部书记主持。

（二）委员候选人数应多于应选人数的 20%。支部委员会委员候选人，由上届委员会根据工作需要和多数党员的意见提出，经上级党组织审查同意后，在党员大会上进行选举。党支部委员会的书记、副书记由上届委员会提出候选人，报上级党组织审查同意后，在委员会全体会议上进行选举。

（三）选举一律采用无记名投票方式。进行选举时，有选举权的到会人数超过应到会人数的 4/5，会议有效；候选人获得的赞成票，超过到会有选举权的人数的一半，始得当选。当选人多于应选名额时，以得票多的当选。如遇票数相等不能确定当选人时，应就票数相等的被选举人重新投票，得票多的当选。当选人少于应选名额时，对不足的名额另行选举。如果接近应选名额，也可以减少名额，不再进行选举。新一届党支部委员会选举产生书记和副书记后，报上级党组织批准。新一届委员及分工同时报上级党组织备案。

（四）不设委员会的党支部书记和副书记，由全体党员充分酝酿，提出候选人，经上级党组织审查同意后，在党员大会上选举产生，报上级党组织批准。

第十二条　支部委员会任期届满时，应及时进行改选；不设支部委员会的党支部，也应根据上述规定，按期改选支部书记。如需延期或提前进行换届选举，应报上级党组织批准，延长期限一般不超过 1 年。支部委员因人员工作变动或其他原因缺额，影响支部正常工作时，应及时补选。上级党组织认为有必要时，可以调动或者指派党支部书记、副书记。

第十三条　党支部的基本任务：

（一）宣传和执行党的路线方针政策，宣传和执行党中央、上级组织和本组织的决议，充分发挥党员的先锋模范作用，团结党内外干部群众，努力完成本单位本部门所担负的任务。

（二）组织党员认真学习中国特色社会主义理论和党的路线方针政策及决议，学习党的基本知识、科学文化业务知识。

（三）对党员进行教育、管理和监督，提高党员素质，增强党性。严格党的组织生活，开展批评和自我批评，维护和执行党的纪律，监督党员切实履行义务，保障党员的权利不受侵犯。

（四）密切联系群众，经常了解群众对党员和党的工作的意见建议。紧密结合中心任务和业务工作，做好思想政治工作，推进精神文明建设，帮助群众解决实际困难。充分发挥工、青、妇等群众组织的桥梁纽带作用，支持其依据各自章程独立开展活动。做好统战工作。

（五）充分发挥党员和群众的积极性、创造性，发现、培养和推荐他们中间的优秀人才，鼓励和支持他们在科技创新中贡献自己的聪明才智。

（六）对要求入党的积极分子进行教育和培养，做好经常性的发展党员工作，重视吸收科研骨干、学术带头人、留学归国人员中的优秀分子入党。

（七）做好党务公开，落实党员的知情权、参与权、选举权、监督权，充分发挥党员在党内生活中的主体作用。拓宽党员意见表达渠道，充分营造党内民主讨论、民主监督环境，调动广大党员干事创业和建言献策的积极性。

（八）严格党内监督，维护和执行党的纪律，加强党风廉政建设。监督党员特别是党员领导干部认真执行中央有关党风廉政建设的规定，落实党风廉政建设责任制，推进惩治和预防腐败体系建设及廉政文化建设。处理违纪党员。

第十四条 党支部可下设党小组。党小组是在党支部直接领导下对党员进行教育和管理的一种组织形式，是党支部的组成部分。党小组的主要任务：

（一）组织党员学习，做好思想政治工作。

（二）组织和监督党员执行党支部的决议，完成支部布置的任务。

（三）协助党支部做好日常性的党务工作。

（四）定期召开党小组生活会，开展批评和自我批评，组织和督促党员按时参加党组织的各种活动。

（五）督促党员经常联系群众。

第三章 党支部的主要职责

第十五条 党支部的组织形式主要有支部党员大会和支部委员会。支部党员大会是支部全体党员参加的大会，是党支部的最高领导机关。在支部党员大会闭会期间，由支部大会选举的支部委员会负责处理支部的日常工作。

第十六条 支部党员大会的主要任务：

（一）定期听取、讨论和审查支部委员会的工作报告，对支部委员会工作进行审查和监督。

（二）传达、学习党的路线方针政策和上级党组织的决议、指示，根据本单位本部门的实际情况，讨论和制定本单位本部门贯彻执行的计划和措施。

（三）听取和讨论支部委员会的工作报告，并决定党支部的重大问题。

（四）讨论接收新党员的发展和预备党员的转正，讨论提出对党员的奖励和处分的意见，决定职权范围内的对党员的表彰和处分。

（五）选举产生新的支部委员会和出席上级党的代表大会的代表，增补和撤消党支部委员。

（六）党员大会有权修改或否定支部委员会做出的决定。支部委员会如发现党员大会的决议不符合党的路线、方针、政策和上级党委的决议时，可请示上级党组织裁决或重新召开党员大会讨论决定。

第十七条　党支部委员会的职责：

（一）贯彻执行上级党组织的决定、指示和支部党员大会的决议。

（二）保证监督行政工作的正确方向和任务的完成。

（三）做好对党员的教育、管理和发展党员工作，搞好党支部的自身建设。

（四）处理好党支部的日常事务，按期向支部党员大会和上级党组织报告工作。

（五）开展经常性的思想政治工作，关心群众生活。

（六）领导工、青、妇等群众组织工作，充分发挥其作用。

第十八条　党支部书记在党支部委员会的集体领导下，按照支部党员大会、支部委员会决议，负责主持党支部的日常工作。其主要职责是：

（一）负责召集支部委员会和党员大会，结合本单位本部门具体情况，认真传达贯彻执行党的路线方针政策和上级的决议、指示；研究安排支部工作，将支部工作中的重大问题及时提交支部委员会和支部党员大会讨论决定。

（二）做好经常性的思想政治工作，了解掌握党员的思想、工作和学习情况，发现问题及时解决。

（三）检查党支部工作计划、决议的执行情况和出现的问题，按时向支部委员会、党员大会和上级党组织报告工作。

（四）与党支部委员经常交流情况，协调本部门内党、政、工、团、妇关系，充分调动各方面的积极性。

（五）抓好支部委员自身的学习，按时召开支部生活会，充分发挥支部委员会的集体领导作用。

第十九条　党支部副书记协助支部书记工作，书记不在时，由副书记主持支部的日常工作。

第二十条　党支部委员在支部委员会的集体领导下，负责党支部的具体工作。其主要职责分别如下。

（一）组织委员职责：

1. 了解和掌握支部的组织状况，做好党支部在组织方面的管理工作。根据工作需要，提出党小组的划分和调整意见，检查、督促党员过好组织生活。

2. 了解掌握党员的思想状况，配合宣传委员、纪检委员，对党员进行思想和纪律教育，收集、整理党员的模范事迹，向支部委员会提出表扬和奖励建议。

3. 做好发展党员工作。及时了解掌握入党积极分子的情况，并负责培养、教育和考察，按照发展党员的工作方针和原则，有计划地提出发展党员的意见，具体办理接收新党员和预备党员转正手续。

4. 做好党员管理工作。负责党员和党组织的统计工作、接转组织关系、收缴党费，定期向党员公布党费收缴情况；组织民主评议党员和深入开展创先争优活动。

5. 做好统战工作。负责对党员和群众进行统战政策、统战基本知识的教育，反映统战对象的意见和要求。

（二）宣传委员职责：

1. 了解掌握党员和群众的思想状况，根据不同时期的党的工作任务，根据上级党组织指示，宣传党的路线、方针、政策，提出宣传教育工作的计划和意见。

2. 组织党员学习党的基本理论、基本路线、基本知识和时事政策，组织党课学习，做好思想政治工作。

3. 围绕本单位本部门中心工作，开展多种形式的宣传活动，活跃党员和群众的文化生活。

4. 充分利用网络、报刊、闭路电视、板报等宣传媒介，做好本单位本部门的宣传报道工作。

5. 加强与本部门工青妇等群众组织的联系，协调各群众组织与本部门党政领导的关系，指导、支持各群众组织开展工作。

（三）纪律检查委员职责：

1. 协同组织委员、宣传委员负责对党员进行党性、党风、党纪教育，不断提高全体党员遵纪守法的自觉性

2. 维护党员的民主权利，受理党员的控告和申诉，检查党员执行党的纪律情况，同各种违纪违法行为做斗争。

3. 认真调查、及时处理党员违犯党的纪律的案件。

4. 考察了解受处分党员改正错误情况，帮助、教育他们改正错误，鼓励他们积极工作。

5. 经常向支部委员会和上级纪律检查委员会汇报和反映本单位本部门党风党纪的情况。

第四章　党支部的基本制度

第二十一条　集体领导制度：

坚持民主集中制原则，重大问题必须集体讨论决定。对少数人的不同意见，应当认真考虑并允许保留，经集体作出的决定，个人必须无条件执行。书记要充分发扬民主，善于集中委员的意见，个人不能擅自决定重大问题；委员要支持书记的工作，按照各自的分工，在自己的职权范围内，独立负责地完成分担的任务。

第二十二条 “三会一课”制度：

（一）党员大会。每季度召开 1 次或 1 次以上，必要时可随时召开。主要内容包括：传达、学习上级党组织的决议、指示；定期听取、讨论支部委员会工作报告，对支部委员会工作进行审查和监督；讨论接受新党员和预备党员转正；讨论决定对党员的表彰和处分；选举支部委员会和出席上级党代会的代表；讨论决定其他需要由支部党员大会讨论决定的重要问题。

（二）支委会。每月至少召开 1 次，必要时可随时召开。主要内容包括：研究贯彻执行上级党组织和支部党员大会的决议和意见；分析党员、群众的思想情况；研究党员教育、管理和发展党员工作；安排支部活动。

（三）党小组会议。每月至少召开 1 次，如有特殊任务，次数可增加，也可以推迟召开。主要内容包括：组织党员学习；传达落实支部的决议和工作安排；听取党员的思想汇报，开展批评和自我批评；研究入党积极分子的培养教育和发展党员等党务方面的有关工作。

（四）党课。除参加上级党组织统一组织的党课外，支部还要结合实际每年至少组织 1 次。党课教员一般由在同级党组织中担任一定领导职务的党员干部或先进党员担任，也可以聘请上级党组织的党员领导干部兼任，或聘请党校教师、相关专家学者兼任。

第二十三条 理论学习制度：

（一）推进学习型党支部建设。按照上级党组织的部署和要求，结合本单位本部门实际，制订党支部理论学习的计划和实施方案。

（二）理论学习可以采取集中学习、自学、专题辅导、研讨交流等多种形式。要丰富学习内容，创新学习方式，保证学习时间，注重学习效果。

第二十四条 组织生活会制度：

（一）党支部或党小组每半年至少召开 1 次组织生活会，根据需要可随时召开。在组织生活会上进行党员教育，党员汇报思想，开展批评与自我批评。

（二）党员领导干部要带头参加双重组织生活会，按规定参加每年召开 1 次的党员领导干部民主生活会。

第二十五条 民主评议党员制度：

（一）民主评议党员是按照《党章》规定的党员条件，通过对党员的正面教育、自我教育和党内外群众的评议以及党组织的考核，对每个党员在各项工作中的表现和作用做出客观的评价。

（二）每年 1 次，一般安排在年终结合党支部工作总结和年终考评进行。

（三）民主评议党员活动的主要环节如下。

1. 组织党员开展学习教育；
2. 撰写以党性分析为主要内容的自我评价材料；
3. 以党支部为单位召开党员大会进行民主评议；

4. 支委会根据评议情况，形成初步的评议意见，报上级党委审批；

5. 上级党委按照上级审定的优秀党员比例，审批各党支部的初评意见，并发文通报；

6. 对评出的优秀党员，由上级党委进行表彰；对个别不符合党员条件或违纪的党员，根据《中国共产党章程》和《中国共产党纪律处分条例》及有关规定，按程序进行处理；

7. 各党支部对评议情况进行总结，并报上级党委备案。

第二十六条 党员联系群众制度：

（一）党支部要按照上级党组织的要求和自身条件，组织党员在做好本职工作的基础上，选择适当的方式，做好联系和服务群众工作。

（二）党员联系群众的方式包括：结对帮扶困难群众、开展主题实践活动，参加设岗定责活动和社会公益活动，定期走访群众，及时解决群众提出的问题。

第二十七条 请示汇报制度：

（一）党员要向党组织汇报思想、学习、工作情况及对党组织的建议。

（二）党小组每月向党支部请示汇报 1 次，党支部每月向上级党组织请示汇报 1 次，可以采取口头或书面两种形式。

第二十八条 创先争优活动制度：

（一）开展创建先进党支部、争当优秀共产党员和优秀党务工作者活动，是支部建设和发挥党员先锋模范作用的一项经常性工作，要认真抓好，及时总结推广先进典型的事迹，激励党员奋发进取，建功立业。

（二）结合工作总结和党员评议，创先争优活动每两年评选表彰 1 次。

第五章　党员的教育和管理

第二十九条 党员教育的总体要求是：牢牢把握加强党的执政能力建设、先进性、纯洁性建设这条主线，坚持党要管党、从严治党，建设学习型、服务型、创新型的马克思主义执政党，确保党始终成为中国特色社会主义事业的坚强领导核心。

第三十条 党支部每年要结合本单位本部门工作实际，制定教育计划，并认真组织实施。党员教育的基本方法包括：党课教育法、民主讨论法、典型教育法、社会实践法、自我教育法。

第三十一条 所有党员（包括临时关系的党员）必须编入党的一个组织，按规定和要求参加组织生活，接受党内外群众的监督。

第三十二条 党员因工作单位发生变化或外出学习、工作时间在 6 个月以上的，要统一使用“中国共产党党员组织关系介绍信”接转党组织关系；党员临时外出工作、学习等时间在 6 个月以内的，要统一使用“中国共产党党员证明信”，并在原单位缴纳党费和享有表决权、选举权和被选举权。

第三十三条 党员组织关系介绍信由党员自己携带，到新单位立即交给党组织，对超过 6 个月不转移组织关系的党员，以自行脱党论处。

第三十四条 党支部要经常检查、讲评党员参加党的组织生活和发挥先锋模范作用情况，弘扬正气，鼓励先进，对各种不良倾向要敢抓敢管，增强党组织的战斗力。

第三十五条 加强本单位本部门离退休党员的教育、管理和服务。主动了解和掌握他们的思想、学习、生活情况；根据实际情况，安排他们过好组织生活；适时组织形势报告会和情况通报会，并注意听取他们的意见和要求。

第三十六条 对于自费出国留学、短期请假出国（境）、短期去港澳台探亲或到国外及港澳台长期定居的党员的管理，按中组部《关于共产党员因私事出国或去港澳地区的若干问题的规定》办理。

第六章 党内监督

第三十七条 党内监督要严格执行《中国共产党章程》《中国共产党党内监督条例（试行）》《中国共产党纪律处分条例》以及《中国共产党党员权利保障条例》等党内法规。

第三十八条 按照《中国共产党章程》规定，党支部应对全体党员特别是党员领导干部实行有效监督。党支部要接受上级党组织和全体党员的监督。

第三十九条 党内监督的重点：

（一）遵守党的章程和其他党内法规，维护中央权威，贯彻执行党的路线方针政策和上级党组织决议、决定及工作部署的情况。

（二）参加党支部的组织生活，履行党员义务，完成党组织分配任务的情况。

（三）贯彻执行民主集中制的情况。

（四）保障党员权利的情况。

（五）在干部选拔任用工作中执行党和国家有关规定的情况。

（六）密切联系群众，讲实话、办实事、求实效，关心和维护人民群众根本利益的情况。

（七）遵纪守法，廉洁自律，遵守职业道德和社会公德的情况。

（八）坚持原则，敢于同各种错误思想倾向和违纪违法行为作斗争的情况。

第四十条 党内监督的主要方法：

（一）通过民主评议党员、组织生活会、民主生活会和党员向党组织的汇报了解党员思想情况，对党员进行监督。

（二）支部委员会定期向支部党员大会报告工作；定期向上级党组织汇报工作，并如实反映党员群众要求，对上级党组织工作提出意见。

（三）通过多种形式和渠道，经常听取党外群众对党组织、党员的意见和反映，自觉接受群众的监督。

（四）落实党员权利保障机制，增强党支部工作的透明度，切实保障党员对党内事务的知情权、参与权和监督权。

（五）认真做好群众来信来访工作。

第七章　发展党员工作

第四十一条　发展党员工作要严格执行《中国共产党章程》和中央《关于加强新形势下发展党员和党员管理工作的意见》（中办发〔2013〕4号）要求，按照“坚持标准，保证质量，改善结构，慎重发展”的方针，坚持不懈做好发展党员工作。

第四十二条　发展党员必须始终坚持入党自愿和个别吸收的基本原则。要对入党积极分子逐个进行考察，不能突击发展。

第四十三条　发展党员的主要程序：

（一）自愿提出入党申请。要求入党的同志自愿向所在单位党组织提出书面申请，申请主要写对党的认识、入党动机和本人主要表现。党组织接到申请后，应派人与申请入党人谈话，进行入党教育和鼓励。

（二）确定入党积极分子。入党申请人经党小组推荐、支委会（不设支委会的支部大会）审查同意后，便确定为入党积极分子。党支部将入党积极分子报上级党委备案，同意后下发《入党积极分子考察登记表》，指定两名正式党员作为入党积极分子的培养联系人。

（三）进入考察期。考察期1年以上，自党支部确定其为入党积极分子之日算起。党支部每半年要对要求入党的积极分子进行1次考察，每次考察情况要填入入党积极分子考察表。

（四）确定发展对象。入党积极分子经过1年以上培养教育后，在听取党小组、培养联系人和党内外群众意见基础上，经支委会或支部大会讨论，决定近期发展的入党积极分子，可列为发展对象，并要求其本人写出自传（主要写本人简历、家庭主要成员及主要社会关系的政治历史情况以及自己的现实情况等）。

（五）短期培训。基层党委对发展对象进行短期集中培训，时间一般不少于40个学时，未经培训的（除个别特殊情况外）不能发展入党。

（六）政治审查。审查发展对象对党的路线、方针、政策的态度、政治历史和重大政治斗争中的表现。审查发展对象直系亲属和关系密切的主要社会关系的政治情况，形成综合性的政审材料和结论意见。

（七）确定入党介绍人。入党介绍人由两名正式党员担任，一般由培养联系人担任，也可由发展对象约请，或由党组织指定。入党介绍人的主要任务如下。

1. 向被介绍人解释党的纲领、章程，阐明党员的条件、义务和权利，认真了解被介绍人的入党动机、政治觉悟、思想品质、工作表现、经历等情况，如实向党组织汇报。不能有马虎态度，更不能有意隐瞒和歪曲事实真相。

2. 指导被介绍人填写《入党志愿书》，并认真填写自己的意见（填写入党介绍人意见时，不要简单地以“提希望”的形式代替写缺点，而应实事求是地对被介绍人的政治觉悟、思想品质、工作表现和其他方面情况作出全面评价，并表明自己对其能否入党的态度）。向支部大会负责地介绍被介绍人情况。

3. 被介绍人批准为预备党员以后，应继续对其进行教育帮助，使其按期转为正式党员。

（八）填写入党志愿书。发展对象填写《入党志愿书》，须经上级党组织同意，在入党介绍人指导下填写。并要求其填写时要实事求是，不得有任何隐瞒和伪造。字迹要清楚，不得涂改。对《入党志愿书》上有的项目没有内容可填时，应注明“无”。在“对党还有哪些需要说明的问题”一栏，主要填写需要向党说明，而其他栏目中不能填写的问题，或对某些栏目需要补充说明的问题。

（九）支委会审查并征求党内外群众意见。召开支委会，严格审查发展对象填写的《入党志愿书》和有关材料、经支委集体讨论认为发展对象合格和手续完备后，即提交支部大会进行讨论。党支部派 1 ~2 名正式党员召开座谈会，听取党内外群众对发展对象的意见。记录整理表内评定意见反映要求真实。除表内情况还应附一份完整的群众座谈会原始记录（参加人员必须签名）。

（十）公示。在支部大会讨论通过接收预备党员的决议之前，单位党组织应对拟发展对象在本单位进行 5 个工作日的公示。

（十一）召开支部大会，到会有表决权的正式党员达到应到会的正式党员半数以上；申请入党人及其入党介绍人必须参加支部大会；会议主要程序如下。

1. 申请入党人汇报对党的认识、入党动机、本人履历、现实表现以及向组织说明的其他问题。

2. 党小组和介绍人介绍入党人的主要情况，并对其能否入党表明意见。

3. 支委会报告对申请入党人审议情况。

4. 与会党员充分发表意见，对申请入党人能否入党进行讨论。

5. 申请入党的人对大会讨论情况表明自己的态度。

6. 采取无记名投票方式进行表决。

（十二）上级党组织派专人同申请人谈话。在审批接收新党员前，上级党组织要派专人同申请人谈话，作进一步的考察。谈话前，党组织要对支部报来的入党材料进行审查，看材料是否齐全，手续是否完备，并采取座谈或个别谈心的方式，听取党内外人员对入党申请人的反映。

（十三）党委审批。党委在收到支部上报的接收预备党员决议 3 个月内审批，如遇特殊情况可适当延长审批时间，但不得超过 6 个月。凡无故超过规定时间而未予审批的，应追究有关人员责任。党委审批必须坚持集体讨论，不能以党政联席会的形式讨论审批党员，党委审批意见要填写在《入党志愿书》上，注明预备期起止时间，并通知报批党支部。

（十四）支部向本人发出入党通知书。党支部接到上级党委入党审批通知后，应及时通知本人并在党员大会上宣布。党支部应将上级党委批准的预备党员编入党支部活动，告诉其交纳党费的时间、规定等。

（十五）预备期的培养考察。预备期为 1 年，从支部大会通过预备党员之日算起。党组织通过听取本人汇报、个别谈心、集中培训、介绍人帮助等方式，对预备党员进行教育和考察，发现问题及时同本人谈话。预备党员要自觉地接受党组织的教育和考察，经常向党组织汇报思想和工作情况，每半年要向支部书面汇报思想和工作 1 次。

（十六）预备党员转正。预备党员在预备期满前适当时候向支部提出书面转正申请，党小组提出意见，党支部征求党内外群众意见，支委会审查后经支部大会讨论、表决通过，报上级党委审批。党委对党支部上报的接收预备党员的决议，必须在 3 个月内审批，并通知报批的党支部。

（十七）延长预备期或取消预备党员资格。对预备期满后不完全具备条件或犯有一定错误，但还没有完全丧失预备党员条件，可延长预备期。延长时间最长不超过 1 年，最短不少于半年。延长预备期必须经过支部大会讨论作出决议，填入《入党志愿书》，报上级党委。延长预备期期满后，由党支部根据其是否具备党员条件作出转为正式党员或取消预备党员资格的决议并报上级党委审批。对在预备期内不能履行党员义务，确定不具备党员条件或犯有严重错误或延长预备期后经过教育考察已不具备党员条件的，应取消预备党员资格。取消预备党员资格必须经过支部大会讨论通过，支部大会决议填入《入党志愿书》报上级党委审批。

第四十四条 每年向上级党委组织部门报告发展党员工作情况和发展党员工作计划。严格执行发展党员工作中的纪律，抵制和防止不讲原则、降低标准等不正之风。

第八章 思想政治工作

第四十五条 党支部必须把思想政治工作摆到重要议事日程。要经常分析和解决党员群众在科技创新和院所发展中出现的新情况、新问题、新动态，总结思想政治工作的经验，创新形式和方法，以人为本，为构建和谐农科院做贡献。

第四十六条 党支部要把思想政治工作列入工作计划，结合党员群众的思想实际，确定工作目标、措施和方法。掌握思想动态，及时发现问题，认真加以解决。定期分析党员群众的思想状况，有针对性地做好经常性的思想政治工作。

第四十七条 思想政治工作要紧密联系实际、实事求是，坚持引导和说服教育为主的原则，做到表扬与批评相结合、言教与身教相结合、提高思想认识与解决实际问题相结合，广泛开展谈心活动，把思想政治工作融入到业务工作中去。组织各方面力量齐抓共管、共同实施，提高思想政治工作效果。

第九章　党费收缴

第四十八条　党员要按照《中国共产党章程》和《关于中国共产党党费收缴、使用和管理的规定》（中组发〔2008〕3 号）规定及时向党组织交纳党费。

（一）预备党员从支部大会通过其为预备党员之日起交纳党费。

（二）党员工资收入发生变化后，从按新工资标准领取工资的当月起，以新的工资收入为基数，按规定比例交纳党费。

（三）党员自愿多交党费不限，自愿一次交纳 1 000元以上党费，全部上缴中央。

（四）党员遇特殊情况，经党支部同意，可以每季度缴纳 1 次党费，也可以委托亲属或者其他党员代交或补交党费。补交党费的时间一般不得超过 6 个月。

（五）对不按照规定交纳党费的党员，其所在党支部应及时对其进行批评教育。对无正当理由连续 6 个月不交纳党费的，按自行脱党处理。

第四十九条　党支部收缴的党员党费，一律要按时、足额上缴上级党委统一管理和使用。党支部每年应当在党员大会上向党员公布一次党费收缴和使用情况，自觉接受党员监督。

第十章　附　则

第五十条　离退休干部党支部工作按照中共中央组织部《关于进一步加强和改进离退休干部党支部建设工作的意见》（中组发〔2006〕12 号）等有关规定执行。

第五十一条　本细则由中国农业科学院直属机关党委负责解释。

第五十二条　本细则自颁布之日起施行。

中共中国农业科学院直属机关第六次代表大会党委工作报告和纪委工作报告

直党字〔2014〕32 号

全面加强党的建设
为我院跨越式发展提供坚强保证
——中国农业科学院党组副书记、副院长唐华俊在中共中国农业科学院直属机关第六次代表大会上的报告
(2014 年 11 月 3 日)

各位代表：

中国共产党中国农业科学院直属机关第六次代表大会，是在全党深入贯彻落实十八届四中全会精神，我院全力推进科技创新工程、实现跨越式发展关键阶段而召开的一次十分重要的会议。这次大会必将对进一步加强我院党的建设具有十分重要的意义。

现在，我受中共中国农业科学院直属机关第五届委员会委托，向大会做工作报告，请予以审议。

一、第五届党委工作回顾

我院第五届直属机关委员会是在 2005 年 11 月 25 日选举产生的，在农业部直属机关党委和院党组领导下，坚持以邓小平理论、“三个代表”重要思想和科学发展观为指导，认真贯彻中央精神，紧紧围绕科技创新中心工作，带领全院党组织和党员，不断加强和改进党的思想、组织、作风、反腐倡廉和制度建设，积极探索新形势下农业科研单位党建工作规律，充分发挥了党委政治核心作用、党支部战斗堡垒作用和党员先锋模范作用，为推动我院发展、促进科技创新，建设和谐院所提供了有力保证。

（一）坚持开展重大学习教育活动，学习实践科学发展观和党的群众路线教育实践活动成效显著

院直属机关党委坚持把围绕中心、服务大局作为党建工作基本原则，通过认真贯彻中央精神，扎实搞好重大教育活动，积极动员党组织和党员在推动科技创新中充分发挥作用。

在学习实践科学发展观和党的群众路线教育实践活动中，直属机关党委在院党组领导下，主要承担活动办公室职责，在文件起草、组织引导、综合协调、宣传教育、督导检查等方面发挥了重要作用，积极当好党组参谋，为活动顺利开展贡献了力量。

在重大学习教育活动中，我院党组织坚决贯彻落实中央要求，不折不扣做好各个阶段、环节工作；同时又紧密结合科技创新中心工作，着力突出农业科研单位特色，精心组织实施，扎实有序推进，取得显著成效。特别是在党的群众路线教育实践活动中，我院坚持学习教育贯穿始终，领导带头贯穿始终，联系实际贯穿始终，边查边改贯穿始终，推进中心工作贯穿始终，突出科研单位特色贯彻始终。针对查找出来的问题，在服务型机关建设、科研学风建设、科研经费监管、院区环境改造等方面开展专项整治，取得显著成效，京区26个党组织群众满意率测评在90%以上，得到中央第31督导组、农业部党组和广大职工群众的充分认可。

通过开展重大学习教育活动，全院党组织和党员进一步深化了对中央精神的理解，进一步增强了党要管党、从严治党的责任感使命感，进一步转变了工作作风，密切了与职工群众关系，广大党员积极为跨越式发展做贡献。

（二）坚持把思想建设作为全院党建工作的根本任务，不断强化理论武装，始终把握正确的政治方向

思想建设是党的建设的灵魂，院直属机关党委坚持不懈地用中国特色社会主义理论武装党员干部，增强坚持中国特色社会主义的道路自信、理论自信和制度自信。深入开展理想信念教育，加强党性修养，保持党的先进性和纯洁性。认真学习贯彻党的十六届五中、六中全会，以及十七届历次全会、十八大、十八届三中全会精神，加强科学发展观、党史二卷等专题学习，使全院党员干部深入了解世情国情党情，准确把握党和国家各个时期重大方针政策，坚持正确的政治方向。

坚持推进学习型党组织建设。认真落实院党组《关于推进学习型党组织建设的实施方案》要求，以院所两级中心组学习为龙头，以创建学习型党支部为基础，着重在理论武装、坚定信念、提高素质上下功夫。通过培训交流、专家辅导、主题实践等形式，强化学习效果。坚持理论联系实际，京区所局级干部共撰写论文550余篇，不断把学习成果转化为推动创新的动力，使科学理论成为指导工作的强大思想武器。

坚持正确舆论导向。配合北京奥运会、党的十八大等重大活动和“七一”、“国庆”等重要纪念日，积极做好党的宣传，唱响主旋律，传播正能量。9 年来，通过院网、院党建网等媒介发布信息 8 000余条，汇编先进典型事迹 10 余册，制作展板 20 余块，连续 5 年荣获农业部党建宣传信息工作先进单位称号。

（三）坚持把组织建设作为全院党建工作的基础工作，不断强化组织建设，党组织和党员队伍建设水平不断提高

组织建设是党的建设基础，院直属机关党委注重从制度、规范、机制、方法等方面创新，全面推进党建工作。建立了工作会制度，坚持每年召开党的工作会议，总结交流经验，部署党的工作。认真贯彻《中国共产党党和国家机关基层组织工作条例》，编写了《中国农科院党的基层组织工作手册》和《党员手册》，对党委换届、党支部换届、发展党员、中心组学习、民主生活会、民主评议党员和缴纳党费等内容进行明确，提升了我院基层党建工作规范化水平。根据现代院所建设要求，及时修订印发了《中国农科院研究所党委工作条例》和《研究所职工代表大会条例》，认真落实民主办院、开放办院要求，积极构建现代院所党的建设各项制度。

注重抓好基层党组织建设。在院党组领导下，及时督促指导到届直属党组织按规定及时完成换届选举，指导新建单位建立党组织，保证了党组织在我院全覆盖。认真贯彻民主集中制原则，积极探索院所长负责制下党组织发挥作用的有效途径，坚持党管干部、党管人才，推动党委在事业发展中发挥政治核心作用。认真做好政治稳定工作，充分发挥党组织的政治核心作用，确保院所和谐稳定。坚持每年举办党办主任、党支部书记培训班，累计培训党务干部 1 200余人次。通过经常化培训，全院党务干部素质能力明显提高。

注重加强党员教育、监督和管理。认真落实“三会一课”制度，定期开展党员党性分析，引导党员保持先进性。以建国 60 周年、建党 90 周年等重大纪念活动为契机，组织党员参与丰富多彩的主题实践活动，激发党员爱国、爱院、爱所热情。重视党员发展工作，落实中央“控制总量、优化结构、提高质量、发挥作用”的总要求，不断增强对优秀中青年科研骨干、留学回国人员的吸引力、凝聚力，9 年发展新党员 1 129名，为党员队伍注入了新鲜血液。党员队伍日益壮大，截至 2013 年年底，京区在职职工党员 1 707人，占京区职工总数的 62%；京区处级以上党员干部 454 人，占京区处级干部总数 83%；“十二五”期间我院新增的“863”、“973”、国家自然基金等重点项目中，党员主持人比例占 73%；在创新工程京区前两批 99 个创新团队中，党员团队首席占 70%；京区离退休党员 985 名，占京区离退休职工总数的 48%，广大离退休党员虽然从工作岗位上退下来，但长期受党的教育培养，政治觉悟好，理想信念坚定，思想不退，本色不变，老有所为，积极为我院发展建言献策。这些都充分体现了党员在推动我院事业发展中的核心作用。

创先争优是我院长期坚持的传统。9 年来，在基层评选基础上，全院共表彰先进基层党组织 101 个、优秀党员 207 名和优秀党务工作者 140 名。通过创先争优，我院涌现出一大批先进集体和先进个人，其中获得农业部及中央国家机关以上单位表彰奖励的组织有 17 个，个人有 44 名。2005 年以来，贾继增、刘玉梅、景蕊莲、何萍、肖世和、陈万权等一系列先进人物相继涌现，成为职工学习的楷模。

加强对创先争优先进典型宣传，在全院党员干部中形成了学先进、比贡献、促发展的良好氛围。党员领导干部带头援疆援藏，孙日飞、张燕卿被评为优秀援藏干部，舒文华、王长江被评为优秀援疆干部并荣立二等功。在抗击历史罕见的低温雨雪冰冻灾害、四川汶川特大地震灾害、青海玉树地震等事件中，我院广大党员坚决贯彻上级党组织部署要求，不顾个人安危，冲在一线，走在前面，加班加点，无私奉献，在危急时刻和紧要关头充分显现了党员的先锋模范作用。在 2008 年抗震救灾中，我院 3 000余名党员积极捐款 455 万元（其中特殊党费 364. 67 万元）；为青海玉树地震灾区捐款 61. 82 万元，充分显现了我院共产党员“一方有难、八方支援”的精神，帮助灾区人民共度难关。

（四）坚持把作风建设作为全院党建工作的重要任务，认真贯彻中央八项规定，切实推进作风转变，党风廉政建设取得积极成效

作风建设是党的优良传统，院直属机关党委坚决贯彻中央要求，积极引导各级党组织和党员，从思想作风、工作作风、生活作风和学术作风等方面入手，牢固树立群众观念，积极践行务实清廉作风。认真贯彻中央八项规定，起草了《中国农科院改进工作作风有关规定》及其实施办法，促进全院形成良好作风。坚持院所两级民主生活会制度，认真开好领导干部民主生活会。每次民主生活会都明确主题，广泛征求意见、开展谈心沟通思想、开展批评与自我批评、制订整改方案、落实整改措施、及时通报情况，民主生活会质量不断提高。

深入开展党风廉政教育，通过举办“廉政文化宣传月”、开展讲廉政课、观看廉政片等活动，坚定理想信念，坚守共产党人精神追求。积极推进廉政文化建设，大力营造“以廉为荣、以贪为耻”的浓厚文化氛围，使党员干部自觉做到遵纪守法、廉洁从政、廉洁从业。

充分发挥直属机关纪委作用，认真履行党章赋予的职责，紧紧围绕院党组中心工作，强化反腐倡廉宣传，严格党内监督检查，及时处理违纪案件和信访举报，积极配合有关部门从源头上预防和治理腐败，为我院发展提供了强有力的政治和纪律保证。

（五）坚持把创新文化建设作为党建工作的重要抓手，积极推进，大力营造促进科技创新的良好氛围

2006 年，我院开展了创新文化建设。先后起草了《关于开展创新文化建设工作的

指导意见》和《关于深入推进创新文化建设的意见》，对创新文化建设进行部署。院属各单位结合实际制定实施方案，建立起所长负总责、党委组织实施、工青妇组织齐抓共管、全体职工参与的创新文化建设格局。把创新文化建设列入各单位年终考核内容，并作为加强各级党组织建设和文明单位评选的重要指标，推动创新文化建设任务落实并取得显著成效。如加工所党委部署开展创新文化建设年活动，组织举办了“读红书、看亮剑、学精神”征文活动，在职工中反响很大；农经所党委开展了以“浓情”为主题的文化建设活动，引领全所职工争创一流业绩，为研究所的健康发展做出新的更大贡献。

我院创新文化成果丰硕。在理念文化方面，总结提炼出“执著奋斗、求实创新、情系三农、服务人民”的“祁阳站”精神，成为农业部“三种精神”之一，成为全国农业科技战线的一面旗帜，谱写了院歌，编辑出版了两期《农科英才》，收录了61位优秀个人和2个先进集体的事迹，弘扬了中国农科院的核心价值和优良传统；在标识文化方面，体现我院标识的《中国农科院视觉形象识别系统管理手册》广泛应用，确定了院徽和院旗；在制度文化方面，印发了院《职工守则》和《科研人员道德准则》，大力开展宣传，使《两则》成为每一位职工的自觉行为。在园区文化方面，重点推进基础设施改造，建设优美院区，努力形成与世界一流农业科研院所相符合的园区工作环境。通过创新文化建设，积极营造创新氛围，激发了创新思维。

（六）坚持把精神文明建设作为和谐院所建设的重要载体，支持统战和群团组织工作，精神文明建设不断深化

坚持“两手抓、两手都要硬”，深入开展精神文明建设。在职工中宣传社会主义核心价值观，开展“讲文明、树新风”活动，树立农科院人良好形象。积极开展文明单位创建活动，9年累计评选院级文明单位54个（次），文明单位标兵9个（次）。5个单位被授予农业部“文明单位”称号，研究生院和资划所被授予中央国家机关“文明单位”称号，环发所魏灵玲博士荣获首都精神文明建设奖。广泛开展文体活动，先后举办第五届、第六届职工运动会，促进群众性精神文明活动开展。组队参加农业部第二届职工运动会，团体总分名列农业部直属单位第一名。与解放军艺术学院以“科技拥军、文化助民”为主线，开展共建活动，2008年，我院被授予“全国爱国拥军模范单位”荣誉称号。

认真做好统战工作，注重加强同各民主党派和党外知识分子联系，及时通报情况，听取建议，积极向全国政协、北京市和海淀区政协推荐人选，目前京区有4名全国政协委员，2名北京市政协委员，1名北京市政府参事，4名海淀区政协委员，积极为他们参政议政、更好的发挥作用创造条件。2012年，我院被中央统战部六局授予“党外知识分子建言献策信息工作先进单位”称号。

支持工青妇组织紧紧围绕全院工作大局，结合自身特点，积极主动开展工作，顺利

完成院工会、院妇委会、院团委换届改选。在职工中每年开展思想状况调查，了解掌握职工思想动态，有针对性做好思想政治工作。坚持开展“送温暖 献爱心”活动，各级党组织工会组织累计筹集发放慰问金 240 万多元，慰问走访困难党员和困难职工 1 000 余户。

在妇女中坚持开展“提升妇女素质　展示女性风采”系列活动，形成鲜明特色。开展“巾帼建功”评选表彰活动，大力营造女职工成长、成才、成功的和谐环境。刘玉梅研究员光荣当选党的十七大代表，景蕊莲、何萍研究员光荣当选党的十八大代表，李锡香、何萍、辛晓平研究员被授予“全国三八红旗手”称号，李锡香研究员被授予“十佳全国巾帼建功标兵”，陈继兰研究员被授予“全国巾帼建功标兵”，董红敏研究员被授予“全国五一劳动奖章”。院妇女组织先后 7 次被全国妇联、中央国家机关评为“先进妇女组织”。2012 年，院妇工委被授予“全国妇女创先争优先进集体”荣誉称号。

在团员青年中广泛开展读书活动，提高青年素质。先后举办“青春风采”主持人大赛、“学党史、知党情、跟党走”知识竞赛、我向院长建言跨越式发展征文、演讲比赛等活动，展示青春风采。从 2013 年起承办了每月 1 期的农科讲坛，精心打造学习品牌，启迪创新思维，激发青年投身科研热情。

（七）坚持把党建研究作为解决全院党建工作实际问题的重要手段，努力探索农业科研院所党建工作规律，不断增强党建工作的有效性和针对性

依托院“两研会”、全国“两研会”和科研院所专委会平台，围绕我院党建工作热点、难点问题开展调查研究，形成了一批有情况、有分析、有对策的研究成果，推动了全院党建工作开展，提高了党建工作科学化水平。

组织开展的《中国农科院创新文化建设》《中国农科院保持共产党员先进性长效机制》《院所长负责制下党组织、党员发挥作用》等多项课题研究，13 次获得全国党建研究会、中央国家机关党建研究会、科研院所专委会表彰奖励。有 11 篇党建文章在《紫光阁》《科研院所党建》、农业部《交流与参考》等刊物上刊登，扩大了我院党建工作影响力。

在多年工作中，我们对农业科研单位党建工作规律的认识更加深刻，积累了一些经验。我们的体会是：做好我院党的工作，必须坚持围绕中心、服务大局，把促进科技创新作为党建工作的出发点和落脚点，使党建工作与业务工作紧密结合，防止“两张皮”；必须坚持以研为本，充分考虑农业科研院所特点、科研人员需求和实际，才能真正激发党员参与的积极性；必须坚持精神文明建设和创新文化建设，充分发挥工青妇组织作用，建设和谐院所，为科技创新营造良好氛围；必须落实党建工作责任制，充分发挥党委书记、党办主任、党支部书记等党务干部作用，才能使党建各项任务真正落到实处。对于这些认识，我们要继续坚持好、运用好，并不断与时俱进、开拓创新。

同志们，长期以来，我院党组织认真贯彻党的路线方针政策和上级工作部署，广大党员和党务工作者勤奋敬业、努力工作，使我院党的建设不断得到加强。直属机关党委连续三届被授予农业部直属机关“先进基层党组织”荣誉称号。这些成绩的取得，靠的是农业部直属机关党委和院党组的正确领导，也是全院党组织、党务工作者和广大党员奋发进取和辛勤工作的结果。在此，我代表第五届直属机关党委向长期以来关心、重视和支持我院党建工作的各级领导表示衷心感谢，向默默无闻、埋头苦干的广大党务工作者和党员同志们表示衷心问候！

回顾本届党委的工作，在充分肯定成绩的同时，我们要清醒地看到不足，比如直属机关党委等少数党组织由于各种原因，未能实现按时换届；少数党支部活动不多，与中心工作结合不紧密，战斗堡垒作用未能充分发挥；个别党员政治敏感性不强，组织纪律性淡漠，出现违规违纪现象；党务干部队伍年龄偏大，年轻党务工作者的能力素质还需进一步提高等。这些问题都要予以高度重视，在今后工作中不断加以改进。

二、今后工作建议

同志们，这次大会将选举产生中共中国农业科学院第六届委员会和纪律检查委员会。新一届两委会将在农业部直属机关党委和院党组领导下，承载京区3 800多名党员和广大职工的嘱托和希望，担负深入贯彻十八大、十八届三中、四中全会和习近平总书记系列重要讲话精神，把我院党的事业不断推向前进的重大任务和光荣使命。在此，我代表本届委员会，就新一届委员会的工作提出几点建议。

今后一个时期，我院党建工作的指导思想和总体要求是：高举中国特色社会主义伟大旗帜，坚持以邓小平理论、“三个代表”重要思想和科学发展观为指导，深入贯彻党的十八大、十八届三中、四中全会精神，深入贯彻习近平总书记系列重要讲话精神，坚持解放思想、改革创新，坚持党要管党、从严治党，紧密结合实施科技创新工程，全面开展基层服务型党组织建设，以服务型党组织建设引领全院党建工作，使服务党员、服务科研、服务基层成为全院党组织建设的鲜明主题，不断增强党组织的创造力、凝聚力和战斗力，为实现中国梦、农科梦，加快世界一流科研院所建设提供坚强保证。

（一）以围绕创新、服务创新、促进创新为全院中心工作的基本定位，充分发挥党组织的政治核心、战斗堡垒作用

围绕创新、服务创新、促进创新已经成为我院党建工作的出发点和落脚点，已经成为广大党员的共识。未来几年，我院党组织要继续坚持围绕创新、服务创新、促进创新的基本定位，牢牢把握实现跨越式发展和建设“世界一流农业科研院所”的核心任务，大力宣传实施创新工程的重大意义、总体思路、主要任务和评价方式，使得广大党员和科研人员充分了解、普遍认同、积极参与。全院党组织要围绕推进实施创新工程，积极

动员党员立足岗位创先争优，在加快实施科技创新工程、推进农业科技创新、服务“三农”中发挥先锋模范作用。

（二）以坚定理想信念为基础，坚持不懈抓好理论武装，不断提高党员干部素质

思想建党是我们党加强自身建设的一条重要经验，理论创新每前进一步，理论武装就要跟进一步。全院党组织要把理论学习作为党的建设头等大事来抓，扎实推进学习型党组织建设，以思想理论建设为根本，以党性教育为核心，以增强党性观念为重点，以道德建设为基础，着力加强党章学习，教育引导党员坚定理想信念，补精神之钙、筑思想之魂。

当前，根据中央部署，要深入学习贯彻习近平总书记在党的群众路线教育实践活动总结大会上重要讲话等系列讲话精神和党的十八届四中全会精神。特别是刚刚闭幕的党的十八届四中全会是在我国全面建成小康社会进入决定性阶段召开的一次重要会议。会议通过的《中共中央关于全面推进依法治国若干重大问题的决定》，对全面推进依法治国作出了整体部署，是我国全面推进依法治国的纲领性文件。全院各级党组织要高度重视，认真组织干部职工学习十八届四中全会决定，全面领会精神，迅速把思想和行动统一到党中央的重大决策部署上来。要结合党的工作实际贯彻落实全会精神，不断健全完善党的建设各项制度，把党要管党、从严治党落到实处。充分发挥党组织在依法治国、依法治院中的战斗堡垒作用，充分发挥党员带头守法的先锋模范作用。

（三）以服务型党组织建设为重点，不断加强基层党组织建设，进一步增强党组织创造力凝聚力战斗力

根据中央部署，扎实推进服务型党组织建设。结合院所实际，明确服务型党组织的建设要求，服务内容，服务载体和服务方式。通过服务型党组织建设，创新基层党建工作，激发党组织的生机活力。

加强党的制度建设。认真落实新修订的《中国农业科学院研究所党委工作条例》，推进基层党组织工作制度化、规范化。不断完善研究所党委考核评价指标，努力建立起一套更加客观、符合我院特点的党建工作考核评价体系。更加重视党支部工作，科学设置党支部，选好配齐党支部班子，创新党支部活动方式，在各方面工作中发挥党支部作用。建立起一支熟悉中心工作、熟悉党建工作，具有全局意识、创新意识、务实意识的党务干部队伍，建立完善管用的党务干部培训体系，提高党务干部工作水平。推进党建信息化建设，探索建立党员基础信息数据库和党员教育平台，及时掌握全院党员队伍变化情况，提升党建工作信息化水平。

健全党员能进能出机制，不断优化党员队伍结构，进一步抓好在学术带头人、科技

骨干和留学归国人员中发展党员工作，在保证党员质量基础上，不断壮大党员队伍。加强和改进离退休党支部建设，坚持思想上关心、生活上照顾、精神上关怀，满腔热情为老同志办实事、办好事，充分发挥离退休党员的政治优势、经验优势和作风优势。重视学生党员工作，提高学生党员质量；根据学生党员特点和需求，加强教育和培养；关心关爱学生党员，帮助解决学生党员在学习、生活、就业等方面的实际困难。

（四）以密切联系职工群众为根本，进一步巩固和扩大党的群众路线教育实践活动成果，大力加强作风建设

巩固教育实践活动成果，继续严格贯彻落实中央八项规定和《党政机关厉行节约反对浪费条例》以及我院《改进工作作风的有关规定》及其实施办法，全面纯洁党的作风，持续深入改进作风，保持全院作风转变的良好势头。

进一步抓好院党组《关于进一步加强党内生活制度建设意见》的落实，不断增强管党治党意识，落实从严治党责任，坚持思想建党和制度治党紧密结合，坚持开好党员领导干部民主生活会，用好批评与自我批评武器，严肃党内政治生活。

开展党性党风教育，深入学习领会习近平总书记提出的“三严三实”要求，自觉加强党性锻炼和自身修养，增强宗旨观念。严明党的纪律，对那些违反党章和党内法规的人和事严肃处理，对庸懒散现象切实采取措施加以解决，使全院党组织真正成为坚强堡垒。

（五）以落实“两个责任”为重点，深入推进惩防体系建设，进一步提升反腐倡廉工作科学化水平

党的十八届三中全会明确了“落实党风廉政建设责任制，党委负主体责任，纪委负监督责任”。全院党组织和纪委组织要强化履职尽责，种好“责任田”，牢牢把党风廉政建设放在心上抓在手上。

党委要切实落实好主体责任，把党风廉政建设作为党委工作重要组成部分，摆上重要日程，定期听取汇报，研究解决问题。所长、书记必须履行好第一责任人职责，牢固树立不抓党风廉政建设就是严重失职的担当意识，管好班子、带好队伍，对重大问题亲自过问，对重点环节亲自协调，对重要案件亲自督办，做到常研究、常部署。直属机关党委将协助院党组纪检组加强对院属单位党组织落实主体责任情况的监督指导，定期向院党组报告。

纪委要切实落实好监督责任，加强对落实中央八项规定、厉行节约、转变工作作风、廉洁自律情况的监督，严肃查处顶风违纪问题。加强处级及以下党员干部选拔任用工作监督，前移监督关口，把好廉政关。积极开展反腐倡廉教育，利用查办的典型案例开展警示教育，夯实拒腐防变的思想基础。深入开展法制教育，增强党员干部遵纪守法

和诚实守信的自觉性。

（六）以建设和谐院所和营造良好氛围为要求，不断推进精神文明和创新文化建设，增强激励创新的软实力

在全面实施科技创新工程中，不断深化精神文明和创新文化建设。大力发扬我院老一辈科学家热爱祖国、热爱农科院、执著科研、淡泊名利、服务三农、甘于奉献的优良传统，坚持以人为本、以研为本的理念，大力弘扬科学精神，增强追求卓越、自主创新的自信心，不断激发广大科技人员的创新激情和创新活力。

以社会主义核心价值观学习教育为重点，不断丰富精神文明建设内容，拓展载体，突出亮点，提升文明建设水平。坚持开展院先进工作者评选活动，深入开展文明单位创建活动。以重大纪念日和活动为契机，开展形式多样的主题实践活动，以喜闻乐见的形式吸引职工参与，打造群众性精神文明建设活动亮点。重视统战工作，积极做好举荐工作，使更多党外知识分子成为各级人大代表和政协委员，鼓励党外人士积极参政议政、民主监督和建言献策。鼓励支持工青妇组织依据各自章程开展活动。在广泛调研基础上，在直属机关党委领导下成立青年工作委员会，加强对青年工作的领导和指导，研究所未成立青年工作委员会的也应尽快成立，以党建带群建，充分发挥群团组织联系群众、教育群众、组织群众的桥梁和纽带作用。

同志们，让我们紧密团结在以习近平同志为总书记的党中央周围，高举中国特色社会主义伟大旗帜，深入学习、全面贯彻党的十八大和十八届三中、四中全会精神，认真落实党建工作责任制，进一步增强忧患意识、创新意识和使命意识，解放思想、改革创新，全面加强党的建设，为我院实施科技创新工程，建设世界一流农业科研院所，实现跨越式发展做出新的更大的贡献！

坚持惩防并举　全面履行职责
为实现跨越式发展保驾护航
——中共中国农业科学院直属机关纪律检查委员会向中共中国农业科学院直属机关第六次代表大会的工作报告

(2014 年 11 月 3 日)

吕春生

各位代表：

受中共中国农业科学院直属机关纪律检查委员会委托，向中共中国农科院直属机关第六次代表大会作工作报告，请予审议。

一、主要工作回顾

自中共中国农科院直属机关第五次代表大会以来，在院党组以及部、院直属机关党委的领导下，直属机关纪委坚持以邓小平理论和“三个代表”重要思想为指导，深入贯彻落实科学发展观，紧紧围绕中心工作，全面落实党风廉政建设责任制，扎实开展廉政风险防控管理，加大从源头上预防和治理腐败力度，努力构建具有中国农科院特色的惩治和预防腐败体系，将党风廉政建设贯穿渗透到科技创新工作各个环节之中，为我院改革发展提供了强有力的政治和纪律保证。

（一）健全组织机构，明确责任分工，形成“一岗双责”的工作格局

坚持把贯彻落实党风廉政建设责任制作为加强党风廉政建设的首要任务，及时调整充实落实责任制的各级领导机构，积极探索符合我院实际的责任制落实办法，健全机制、强化责任、完善措施，不断推动反腐倡廉建设向纵深发展。

为加强对党风廉政建设工作的领导，我院成立了以院长为组长的党风廉政建设领导小组，全面负责党风廉政建设工作的组织领导。2010 年，配齐党组纪检组领导班子，实行党组纪检组、监察局、直属机关纪委合署办公。经过几年的努力，院属 31 个研究所（除营养所）全部设立了纪委，配齐了纪委书记，为进一步做好党风廉政建设工作奠定了坚实的组织基础。

根据《贯彻落实〈建立健全惩治和预防腐败体系 2008—2012 年工作规划〉的实施办法》以及《贯彻落实〈建立健全惩治和预防腐败体系 2013—2017 年工作规划〉的实施办法》，按照“谁主管、谁负责”的原则，将每年的反腐倡廉工作任务逐项分工、落实到党风廉政建设领导小组成员单位，明确牵头部门和配合部门，做到年初有责任分

工，年中有督促推动，年终有总结汇报，把责任制的落实与机关和基层业务工作紧密结合起来，同部署同检查同考核，逐步形成“一岗双责”的工作格局。

（二）开展廉政教育，发展廉政文化，营造风清气正的良好氛围

大力开展反腐倡廉教育。坚持把宣传教育作为加强党风廉政建设的基础性工作，有针对性地开展党性党风党纪教育，着力增强党风廉政宣传教育的实效性。积极配合院直属机关党委开展深入学习实践科学发展观、创先争优、群众路线教育实践活动，强化理论武装。组织党员干部认真学习贯彻中纪委全会和部、院党风廉政建设工作会议精神，以专题讲座、研讨交流、知识测试等形式，先后开展了惩防体系“实施纲要”、“工作规划”、“廉政准则”等主题教育，印发了《中国农科院党员领导干部廉政手册》，有效增强了党员干部的宗旨意识、纪律意识和廉洁从政意识。

将《中国农业科学院关于加强廉政文化建设的意见》作为行动指南，以廉政文化建设为抓手，以典型教育活动为载体，以网站、简报、闭路电视为依托，着力增强党风廉政宣传教育的感召力、感染力和说服力。2010 年，在全院范围组织开展为期 1 个月的“《廉政准则》宣传月”活动，通过领导干部讲党课、制作廉政宣传展板、观看廉政电教片、参观警示教育基地等多种手段，加强示范教育和警示教育，营造了党员干部勤政廉政的良好氛围。2013 年，重点加大了对新制定的《中国农业科学院科研道德规范》的宣传，通过撰写宣传文稿、在院网院报等媒体刊登“规范解读”、制作宣传画下发院属单位张贴等宣传方式，教育和引导广大科技人员自觉加强科研道德修养，抵制科研不端行为，从根本上净化学术风气，在全院形成以学风建设为核心的特色廉政文化氛围。

（三）加强廉政风险防控，夯实源头防腐的制度基础

推进廉政风险防控机制建设是提高我院反腐倡廉制度化水平，从源头上防治腐败的一项重要举措。2011 年，组织院属各单位、机关各部门从重点领域、重点部门、重点环节入手，排查廉政风险，健全内控机制，构筑制度防线。全院共排查出廉政风险点 3 032个，有针对性地制定防控措施 4 227条，初步建成了以规范权力运行为核心、以强化科研管理为手段的科学防控机制，形成了具有我院特色的“院—所—处室”三级廉政风险防控网。在此基础上，2013 年组织我院管理的 59 个社会团体以及院所办企业开展了社会团体廉政风险防控机制建设，共查找出廉政风险点 542 个，提出廉政风险防控措施 787 条。

（四）强化监督制约，规范权力运行，遏制违规违纪行为的发生

严格落实《中国共产党党内监督条例》，突出监督重点，增强监督实效，形成全方

位、多角度、立体化的监督体系，加强廉洁自律检查，党员干部特别是党员领导干部自觉接受监督的意识明显增强。2008—2013 年，我院共计 18 人主动上交礼金和有价证券合计 11.23 万元。注重整合纪检监察、人事、财务、基建等行政部门的监督力量，完善协调机制，增强监督效果。协助组织人事部门开展干部选拔任用的监督工作，为拟提拔任用的干部进行廉政鉴定，从源头上把好用人关。配合财务、基建等部门先后开展了工程建设领域突出问题、"小金库"等重点领域和关键环节的专项治理工作，堵塞管理漏洞，最大程度地遏制违规违纪行为的发生。2013 年 5 月，按照院党组部署，会同财务局、科技局联合组成科研经费专项检查工作领导小组，组织 14 个检查组分两批对院属 31 个研究所，共计 126 项课题开展科研经费管理、使用的专项检查。其中每个所都专门检查了一把手课题。检查中，共发现项目经费未实行单独核算、自行调整经费预算、挤占挪用科研经费等九大方面的问题。检查结束后，及时下发整改通知，要求各单位举一反三，限期整改，形成制度，抓好落实。同时，针对检查中发现的突出问题和共性问题，出台科研经费管理使用的"十六条禁止性规定"，提高科研经费管理使用的科学性和规范性。

（五）认真受理信访，严肃查办案件，维护和谐稳定的发展环境

坚持把受理群众来信来访和查办案件作为加强党风廉政建设的一项重要任务来抓，及时核查有关问题，有效化解矛盾纠纷，维护院所和谐稳定。

近年来，我院结合实际，不断拓宽信访渠道，规范信访受理程序，完善信访工作机制，力争把问题解决在基层，把矛盾化解在萌芽状态。2008—2013 年，累计受理群众来信、来访、来电 265 件（去除重复件）。2012 年，在院党组的重视和领导下，纪检监察、办公室、人事等部门密切配合，成功解决了 7 起长期信访问题，取得了良好效果。2013 年，将妥善处理重复信访件、重要信访件列入党风廉政责任书范围，重申院属单位处理信访问题的责任。重点对久拖不决的信访问题进行认真清理，按照"一信一策"、"一人一策"的原则，系统地提出解决办法，消除了不安定隐患。

查办案件是纪检部门提高执纪水平和履职能力的一门"必修课"。为此专门成立案情分析小组，坚持把查办案件作为发现问题、揭露问题、解决问题的过程，深入研究制度和管理上的漏洞，探索加强防范的途径和办法，预防类似问题的发生。不断加强对院属单位信访和案件查办工作的指导，并多次协助驻部纪检组监察局、部直属机关纪委、海淀区人民检察院初查案件。2008 年以来，院属研究所纪委查处违纪案件 6 起，对 8 人进行了党纪处分。

（六）加强自身建设，树立良好作风，打造素质过硬的干部队伍

坚持把队伍建设作为加强党风廉政建设的重要组织保证，努力打造一支有干劲，办

实事，谋发展的纪检监察干部队伍，内强素质，外塑形象，以自身建设的实际成效助推纪检工作上台阶、上水平。

每年结合业务工作和队伍建设需要制定学习培训计划，采取“走出去”和“请进来”相结合的方式，不断创新培训内容，注重培训质量，将理论武装的“软任务”变成“硬指标”。例如，积极选派干部参加中纪委、农业部举办的纪检监察业务培训班，两年举办一期全院纪委书记或纪检监察干部培训班。通过学习培训，更新知识理念，启发创新思维，纪检监察干部的政策水平、业务能力和综合素质得到了进一步提升。

坚持以服务科研为己任，找准切入点和着力点，将纪检监察干部全面推向优化发展环境的第一线，全程参与教育实践活动督导、科研经费专项检查等活动，做到上级决策推进到哪里，我们的跟踪、服务、监督就跟进到哪里，确保院所稳步改革、跨越发展。几年来，选派多名年轻干部协助上级部门参与巡视、案件查办等相关工作，这些同志的优良表现屡次得到接收单位的充分肯定和表扬，这也是纪检干部保持优良作风和过硬素质的一个重要体现。

回顾近年来我院纪检工作，有以下 4 点经验体会。

第一，必须围绕中心，服务大局。坚持把保障现代农业科研院所建设和创新工程的顺利实施作为谋划和开展党风廉政建设工作的出发点和落脚点，将反腐倡廉建设放在全院改革、发展、稳定大局中去把握，有效地保证了党风廉政建设正确的政治方向和持续的工作力度。

第二，必须齐抓共管，形成合力。不断坚持和完善“党委统一领导、党政齐抓共管、纪委组织协调、部门各负其责、依靠群众支持和参与”的领导体制和工作机制，围绕组织谋划、任务分解、力量调配、检查考核等关键环节抓落实，增强各级党组织和领导干部参与支持反腐倡廉工作的责任感，形成齐抓共管、分工协作的工作合力，确保反腐倡廉各项工作落到实处、取得实效。

第三，必须解放思想，改革创新。在党风廉政建设进程中，既坚持多年来工作中行之有效的成功经验，又结合新的实践需要，紧紧抓住农业科研院所易于滋生腐败的重要领域、重点岗位和关键环节，用发展的思路和改革的办法加强教育、健全制度、强化监督，不断拓宽预防腐败的工作领域，形成了惩防体系建设整体推进、协调发展的良好局面。

第四，必须澄清是非，保护干部。牢固树立查实问题是成绩、澄清是非也是成绩；惩治腐败是成绩、预防腐败也是成绩的观念。既严明党的纪律，坚决查处违纪案件，又支持改革创新，保护党员干部干事创业的积极性，着力营造想干事、能干事、干成事的良好环境。

二、对新一届纪律检查委员会的工作建议

党的十八大对坚持中国特色反腐倡廉道路，全面推进惩治和预防腐败体系建设提出

了明确要求。深刻领会十八大精神，准确把握新形势下反腐倡廉建设的新部署和新要求，积极探索科研院所反腐倡廉建设的特点和规律，认真履行职责，创造性地开展工作，以党风廉政建设和反腐败工作的新成效护航我院科技创新工程和现代院所建设，是院直属机关纪委和各级纪委肩负的神圣使命。

今后一个时期，院直属机关纪检工作要坚持以邓小平理论、“三个代表”重要思想和科学发展观为指导，认真贯彻落实党的十八大、十八届三中、四中全会和中央纪委三次全会的部署和要求，围绕中心、服务大局，坚持标本兼治、综合治理、惩防并举、注重预防的方针，加快推进惩防体系建设，强化教育，健全制度，加强监督，着力解决党员干部在党性党风党纪方面存在的突出问题，充分发挥各级纪委的职能作用，把党风廉政建设提高到新的水平，为推动我院跨越式发展提供坚强有力的保证。为此，提出以下建议。

（一）严明党的纪律，确保政令畅通

党的十八大对严明党的纪律、加强党的纪律建设提出明确要求。各级党组织要深入开展政治纪律教育，促使党员干部坚决贯彻党的路线方针政策，坚决维护中央权威，坚决遵守 3 个“决不允许”和 5 个“不允许”的要求。各级党员领导干部要做遵守纪律的楷模，严格遵守党的政治纪律，自觉同党中央在思想上、政治上、行动上保持高度一致。各级纪委要把维护党的政治纪律放在首位，加强对政治纪律执行情况的监督检查，严肃处理违反政治纪律的行为。要以严明的政治纪律推动中央、部、院重大决策部署落到实处，积极协助直属机关党委紧紧围绕科学发展这个主题和跨越式发展这条主线，开展对科技创新工程、现代农业科研院所建设等重点工作落实情况的监督检查，为确保中央、部、院重大决策部署落到实处提供坚强的政治保证和纪律保证。

（二）落实“两个责任”，深化“一岗双责”

以习近平同志为总书记的党中央对反腐败工作提出了新要求，作出了新部署。院党组印发了《关于落实党风廉政建设主体责任监督检查的意见》，各级党委要切实担负起党风廉政建设的主体责任，所长、党委书记是党风廉政建设的第一责任人，要强化“不抓党风廉政建设就是失职”的意识，班子及其他成员对职责范围内的党风廉政建设切实担负起责任，落实“一岗双责”。各级纪委要在党委的领导下履行监督责任，抓好中心任务，强化监督实施细则，转职能、转方式、转作风，抓落实，实现双层领导体制的具体化、程序化、制度化。

（三）执行八项规定，促进良好作风

作风建设是我们党的生命线。各级党组织和党员领导干部要进一步加强作风建设，不折不扣落实中央改进工作作风、密切联系群众的八项规定，严格执行我院关于改进工作作风的实施细则，把改进工作作风规定落实到每一项工作、每一个环节中，切实做到讲实话、干实事，敢作为、勇担当，言必行、行必果。各级纪委要把改进党风政风作为一项经常性工作来抓，并纳入领导干部党风廉政建设责任制考核范围，切实抓好“八项规定”贯彻落实情况的监督检查工作，要制定监督检查方案，增强监督检查工作的预见性和可操作性，创新监督检查方式，重点检查调查研究、文风会风、出差出访、厉行节约等方面存在的突出问题，认真纠正和严肃查处违法“八项规定”的行为，督促党员干部进一步转变作风、摆正位置，把心思放到干事业上，把工夫下到抓落实上，把本领用在促发展上。

（四）完善惩防体系，科学防治腐败

反对腐败、建设廉洁科研院所，是一项长期的任务。各级纪委要把完善惩治和预防腐败体系放在更加突出位置，在“常”、“长”二字上狠下功夫，经常抓、长期抓，使惩治更加有力，预防更加有效。

一是坚持不懈抓宣传教育。要深入开展理想信念和宗旨教育、党性党风党纪教育，促使党员干部树立正确的世界观、人生观、价值观和权力观、地位观和利益观；坚持开展示范教育、警示教育和岗位廉政教育，引导党员干部筑牢拒腐防变的防线、守住做人处事用权交友的底线、不越纪律法律的红线；要持续推进廉政文化建设，特别是加强以学风建设为重点的特色廉政文化建设，健全完善科研行为规范相关制度，着力构建教育引导、制度规范、监督约束、惩戒警示的学风建设长效机制，努力营造以廉为荣、以贪为耻的良好氛围。

二是加大力度抓制度落实。要加强对院机关和直属单位规章制度执行情况的监督检查，督促机关和院属单位认真贯彻落实《关于在中国农业科学院直属机关党的基层组织中全面实行党务公开的实施方案》《中国农科院关于政务公开工作的方案》等党务、政务公开制度，主动接受民主监督，确保权力在阳光下运行；不断巩固深化廉政风险防控机制建设成果，构建廉政风险防控长效机制，努力在提高制度执行力上下功夫，促进现代农业科研院所管理民主、廉洁、高效。

三是突出重点抓监督制约。要认真落实党内监督条例，密切配合院纪检组和巡视组，深入开展巡视工作，加强对院属单位主要领导干部落实部院党组决议、执行民主集中制、落实党风廉政责任制和勤政廉政情况的监督，重点抓好院机关和院属京区处级及以下党员干部的监督。要围绕权力运行的“关节点”、内部管理的“薄弱点”和腐败问

题易发的“风险点”，建立科学完善的权力运行制约机制，加强对重点领域和关键环节权力行使的监督。

四是以人为本抓信访办案。要坚持以人为本，注意倾听基层群众的心声，高度重视群众的合理诉求，改进信访工作机制，对倾向性、苗头性问题早发现、早预防、早解决，及时把问题解决在初始阶段。对重点信访件和重复信访件，要做到“一信一策”、“一人一策”，与相关单位和部门密切协作，形成合力，及时妥善处理。要针对信访和案件中暴露出来的薄弱环节，举一反三、查缺补漏，充分发挥查办案件的治本功能。

（五）坚持从严要求，加强自身建设

各级党组织要切实加强对纪检工作的领导，选好配好纪检干部，建立健全纪检组织，支持纪检部门依照党章开展工作，解决纪检工作实际困难和问题，坚决保护坚持党性、坚持原则的纪检干部，为他们开展工作撑腰做主。广大纪检干部要带头践行中央“八项规定”，切实转变工作作风，以服务科技创新为己任，积极作为。要加强理论学习，不断完善知识结构，提高运用政策、依纪依法办案的能力，努力成为反腐倡廉的行家里手。要加强调查研究，时刻关注党风廉政建设工作的动态，摸清党风廉政建设工作存在的问题，加强对信访举报工作和群众意见的分析，善于从体制机制上解决源头问题，不断提高业务能力和工作水平。要大胆开拓创新，主动适应新形势新任务的要求，解放思想、转变观念，敢想敢干，敢闯敢试，不断探索反腐倡廉工作特点和规律，努力实现思想观念和思想方法、工作思路和工作方法、干部素质和工作作风的与时俱进，不断提高党风廉政建设工作质量和水平。

各位代表，面对党风廉政建设和反腐败工作的新形势，面对转型跨越发展的新要求，院直属机关党的纪检工作责任重大，任务艰巨。让我们在部直属机关纪委、院党组和院直属机关党委的领导下，振奋精神，坚定信心，真抓实干，开拓进取，以更加坚强的党性、更加积极的态度、更加务实的作风、更加严明的纪律、更加有力的措施，不断开创党风廉政建设工作的新局面，为实现我院跨越式发展做出新的更大贡献！

关于中共中国农业科学院直属机关第六届委员会、纪律检查委员会选举结果的通知

直党字〔2014〕31 号

中共中国农业科学院直属机关第六次代表大会于 2014 年 11 月 3 日召开，会议选举王小虎等 21 名同志为中共中国农业科学院直属机关第六届委员会委员，选举文杰等 11 名同志为中共中国农业科学院直属机关纪律检查委员会委员。

经中共中国农业科学院直属机关第六届委员会和纪律检查委员会第一次全体会议选举，报请中共农业部直属机关委员会批准（农党委组〔2014〕29 号），王晓举、吕春生、孙日飞、陈金强、赵红梅、唐华俊、高士军同志任中共中国农业科学院直属机关委员会常务委员会委员；唐华俊同志任中共中国农业科学院直属机关委员会书记，高士军同志任中共中国农业科学院直属机关委员会常务副书记；吕春生、赵红梅同志任中共中国农业科学院直属机关委员会副书记；吕春生同志任中共中国农业科学院直属机关纪律检查委员会书记，李延青同志任中共中国农业科学院直属机关纪律检查委员会副书记。

特此通知。

附件： 1. 中共中国农业科学院直属机关第六届委员会委员名单

2. 中共中国农业科学院直属机关纪律检查委员会委员名单

2014 年 11 月 19 日

附件 1

中共中国农业科学院直属机关第六届委员会委员名单

（按姓氏笔画为序）

王小虎	王述民	王晓举	卢玉明	吕春生	孙日飞
许世卫	吴京凯	李延青	李红康	汪飞杰	陈金强
赵红梅	骆建忠	唐华俊	袁龙江	高士军	康　威
梅旭荣	谢双红	戴小枫			

附件2

中共中国农业科学院直属机关纪律检查委员会委员名单

（按姓氏笔画为序）

文　杰　王登山　刘现武　刘继芳　吕春生　孙东升
张陆彪　李延青　李红康　范　静　郑永权

关于同意中共中国农业科学院植物保护研究所委员会换届选举结果的批复

直党字〔2014〕10号

中共中国农业科学院植物保护研究所委员会：

你单位报来的《关于中共中国农业科学院植物保护研究所委员会换届选举结果的报告》（农科植保党字〔2014〕16号）收悉。

经研究，同意中共中国农业科学院植物保护研究所委员会由王振营、张步江、张杰、陆宴辉、周雪平、郑永权、袁会珠、郭建英8人组成，张步江为党委书记，周雪平为党委副书记；同意纪律检查委员会由王立霞、郑永权、郑传临、袁会珠4人组成，郑永权为纪委书记，袁会珠为纪委副书记。

特此批复。

2014年7月23日

关于成立中国农业科学院党的建设工作领导小组的通知

农科院党组发〔2014〕60 号

为进一步加强全院基层党组织和党员队伍建设，不断提升我院党建工作水平，经 2014 年 12 月 1 日院党组会议研究决定，成立中国农业科学院党的建设工作领导小组。现将有关事项通知如下。

一、党的建设工作领导小组组成

党的建设工作领导小组在院党组的领导下，由院办公室、科技局、人事局、财务局、直属机关党委、监察局、后勤服务中心（局）等有关部门组成。领导小组下设办公室，办公室设在直属机关党委。

组　长：李家洋　院长
陈萌山　院党组书记
副组长：唐华俊　院党组副书记、副院长、直属机关党委书记
史志国　院党组纪检组组长
魏　琦　院党组成员、人事局局长
成　员：汪飞杰　院办公室主任
梅旭荣　科技局局长
刘瀛弢　财务局局长
高士军　直属机关党委常务副书记
舒文华　监察局局长
卢玉明　后勤服务中心主任
李红康　人事局副局长
吕春生　直属机关党委副书记、纪委书记
赵红梅　直属机关党委副书记
李延青　监察局副局长、直属机关纪委副书记
方　军　中国水稻研究所党委书记
王晓举　生物技术研究所党委书记
办公室主任：高士军（兼）

二、党的建设工作领导小组职责

1. 根据中央和部党组、院党组决策部署，研究加强和改进党建工作的思路和举措，明确全院关于党建工作的总体目标任务和年度工作要点。

2. 讨论党建工作中事关全局的重要问题，对重点工作进行统筹安排、研究部署和组织协调。

3. 了解掌握院属各研究所、各部门党建工作情况，必要时组织力量对各研究所、各部门贯彻中央和院党组关于党建工作重大部署情况进行督促检查。

4. 组织和推动有关方面深入研究科研院所党建工作的重要理论和实践问题，总结、推广新鲜经验，促进党的建设改革创新。

5. 及时向院党组汇报全院党建工作的重要情况，提出意见建议。

6. 承担院党组交办的其他任务。

三、党的建设工作领导小组办公室职责

1. 做好领导小组会议的服务工作，包括会议议题的准备、会议纪要的整理、会议决定事项的督查落实等。

2. 负责领导小组的日常事务，做好与领导小组成员单位的联系协调工作。

3. 根据领导小组的要求和安排，对党建工作的重要问题开展调查研究，提出意见建议，牵头负责、协助或参与党建工作重要文件、文稿的起草工作。

4. 指导院属各研究所、各部门按照部、院党组的要求，落实好党建工作各项任务，对各单位党组织抓基层党建工作责任制落实等情况进行督促检查，总结工作经验，及时向领导小组汇报。

5. 承担领导小组交办的其他任务。

四、党的建设工作领导小组工作制度

1. 领导小组会议制度。党的建设工作领导小组每年至少召开一次工作会议，研究党建工作重大课题、重大举措以及其他重大事项。会议由领导小组组长或副组长召集并主持。

2. 督查指导制度。由党的建设工作领导小组办公室牵头，定期组织领导小组成员单位对全院党的建设重点项目落实情况进行督查指导。

3. 情况通报制度。定期对全院党的建设工作进行总结，认真查找存在的突出问题，并及时在一定范围内进行通报。

中国农业科学院党组

2014 年 12 月 2 日

关于同意中共中国农业科学院生物技术研究所委员会换届选举结果的批复

直党字〔2014〕13号

中共中国农业科学院生物技术研究所委员会：

你单位报来的《关于中共中国农业科学院生物技术研究所委员会换届选举结果的报告》（农科生技党〔2014〕6号）收悉。

经研究，同意中共中国农业科学院生物技术研究所委员会由王志兴、王晓举、张岐蜀、张洪岭、路铁刚5人组成，王晓举为党委书记，路铁刚为党委副书记；同意纪律检查委员会由王磊、宋斌、路铁刚3人组成，路铁刚为纪委书记。

特此批复。

2014年8月1日

关于同意中国农业科学院深圳农业基因组研究所成立临时党支部的批复

直党字〔2014〕16号

中国农业科学院深圳农业基因组研究所：

你单位报来的《关于成立临时党支部的请示》（中农深所〔2014〕8号）收悉。

经研究，同意成立中国农业科学院深圳农业基因组研究所临时党支部，同意黄三文为临时党支部书记，钱万强、杨记磙、李楠为临时党支部委员。建议待时机成熟时，按有关规定和程序进行正式选举，成立党的委员会，届时党组织关系实行属地化管理。

特此批复。

2014年8月18日

关于同意中共中国农业科学院直属机关党委支部委员会换届选举结果的批复

直党字〔2014〕35 号

中共中国农业科学直属机关党委支部委员会：

你单位报来的《关于中共中国农业科学院直属机关党委支部委员会换届选举结果的报告》收悉。

经研究，同意中共中国农业科学院直属机关党委支部委员会由高士军、吕春生、赵红梅、刘燕、宋恒春 5 名同志组成，高士军为党支部书记，吕春生为党支部副书记。

特此批复。

2014 年 12 月 18 日

关于同意中共中国农业科学院饲料研究所委员会换届选举结果的批复

直党字〔2014〕37号

中共中国农业科学院饲料研究所委员会：

你单位报来的《中共中国农业科学院饲料研究所委员会关于换届选举结果的报告》（农科饲党〔2014〕4号）收悉。

经研究，同意中共中国农业科学院饲料研究所委员会由康威、齐广海、项伯纯、吴子林、刘国华5人组成，康威为党委书记，齐广海、项伯纯为党委副书记；同意纪律检查委员会由项伯纯、武书庚、马书宇3人组成，项伯纯为纪委书记。

特此批复。

2014年12月26日

关于表彰中国农业科学院 2012—2013 年度先进基层党组织优秀共产党员和优秀党务工作者的决定

直党字〔2014〕7 号

院属各单位、院机关各部门党组织：

两年来，我院各级党组织、广大共产党员和党务工作者在农业部和院党组的领导下，高举中国特色社会主义伟大旗帜，以邓小平理论、“三个代表”重要思想、科学发展观为指导，深入学习贯彻党的十八大、十八届三中全会和习近平总书记系列重要讲话精神，紧密围绕我院中心任务，全面加强我院党的思想、组织、作风、制度、反腐倡廉建设及和谐院所建设，在加快提升全院科技创新、成果转化、科研保障能力和促进粮食生产、农民增收中充分发挥了基层党委的政治核心作用、党支部的战斗堡垒作用和共产党员的先锋模范作用，涌现出了一批先进基层党组织、优秀共产党员和优秀党务工作者。

为表彰先进，树立典型，经各单位党组织申报，无记名投票评选，院直属机关党委常委会审定并报院党组同意，决定授予研究生院党委等 29 个党组织“中国农业科学院 2012—2013 年度先进基层党组织”称号；授予万方浩等 45 名同志“中国农业科学院 2012—2013 年度优秀共产党员”称号；授予王丹莉等 31 名同志“中国农业科学院 2012—2013 年度优秀党务工作者”称号。希望本次受到表彰的集体和个人把荣誉作为新的起点，再接再厉、永不自满，为农业科技创新做出新的更大贡献。

全院各级党组织、共产党员和党务工作者要向受到表彰的先进典型学习。学习先进基层党组织坚决贯彻执行党中央的方针政策，坚持党的群众路线，围绕中心、服务大局，不断增强党组织的创造力、凝聚力和战斗力，积极推进“学习型、服务型、创新型”党组织建设；学习优秀共产党员坚定理想信念，牢记党的宗旨，立足本职岗位争创一流业绩；学习优秀党务工作者忠诚党的事业，热爱党务工作，钻研党建业务，切实做到爱岗敬业、勤奋工作、开拓创新、乐于奉献，形成学习先进、赶超先进、争当先进的良好氛围，以改革创新的精神、“三严三实”的作风扎实推进党的建设，为我院建设世界一流农业科研院所和实现跨越式发展提供坚强的政治、思想和组织保证。

附件：中国农业科学院 2012—2013 年度先进基层党组织、优秀共产党员和优秀党务工作者名单

2014 年 6 月 9 日

附件

中国农业科学院 2012—2013 年度 先进基层党组织、优秀共产党员和 优秀党务工作者名单

一、先进基层党组织

（29 个）

研究生院党委
作物科学研究所党委
植物保护研究所党委
农业环境与可持续发展研究所党委
农业经济与发展研究所党委
农业资源与农业区划研究所党委
棉花研究所党委
哈尔滨兽医研究所党委
上海兽医研究所党委
烟草研究所党委
院办公室党支部
院科技局党支部
院人事局党支部
院监察局党支部
院机关离退休党总支
院后勤中心京区物业管理中心党支部
蔬菜花卉研究所第四党支部
北京畜牧兽医研究所第七党支部
蜜蜂研究所行政党支部
饲料研究所第二党支部
农产品加工研究所科研第一党支部
生物技术研究所第二党支部
中国水稻研究所水稻生物学国家重点实验室党支部
油料作物研究所综合处党支部
麻类研究所苎麻与生物加工党支部

果树研究所科研第二党支部
郑州果树研究所第二党支部
草原研究所第四党支部
环境保护科研监测所第二党支部

二、优秀共产党员

（45名，按姓氏笔画排序）

万方浩　植物保护研究所二级研究员
王　勇　院后勤中心办公室主任、党办主任
王允白　烟草研究所质检中心主任，研究员
王天宇　作物科学研究所二级研究员
王文国　沼气科学研究所副研究员
王延周　麻类研究所副研究员
王学智　兰州畜牧与兽药研究所科技管理处处长，副研究员
王海波　果树研究所果树应用技术研究中心副主任，副研究员
王新超　茶叶研究所改良中心副主任，副研究员
田国彬　哈尔滨兽医研究所科研第一党支部支部书记，研究员
乔宪生　郑州果树研究所科研与产业管理处处长，研究员
刘　洁（女）　院成果转化局产业发展与知识产权处副处长，副研究员
刘世洪　农业信息研究所网络技术研究室主任，研究员
刘洪业　院基本建设局项目管理处七级职员，工程师
闫艳春（女）　研究生院党委委员、教工第一党支部书记，生物学教研室主任，教授
吴子林　饲料研究所综合处（党委办公室）处长（党办主任），副研究员
吴敬学　农业经济与发展研究所党委委员，研究员
张合龙　蔬菜花卉研究所北京中蔬园艺良种研发中心副总经理，高级农艺师，助理研究员
张宇宏　生物技术研究所副研究员
张孝安　中国农业科学技术出版社种植业编辑室主任
张秀荣（女）　油料研究所芝麻与特色油料作物遗传育种创新团队首席科学家，研究员
李　平　农田灌溉研究所副研究员
李　炀　院机关离退休党总支副主任医师
李　奎　北京畜牧兽医研究所农业部畜禽遗传资源与种质创新重点开放实验室主任，教授

李一民　院机关离退休党总支会计师
李继莲（女）　蜜蜂研究所副研究员
杨　鹏　农业资源与农业区划研究所科研处处长，研究员
杨长登　水稻研究所水稻生物学国家重点实验室副主任、党支部书记，研究员
杨进才　兰州兽医研究所中农威特生物科技股份有限公司总经理助理
沈银书　院办公室宣传信息处处长
周　京　院国际合作局综合处副处长
居　辉（女）　农业环境与可持续发展研究所研究员
林克剑　院科技管理局发展规划处副处长，副研究员
林矫矫　上海兽医研究所研究员（正所级）
姚金玲（女）　环境保护科研监测所党委秘书，助理研究员
胡志超　南京农业机械化研究所副所长、党委副书记，研究员
贺　勇　院财务局专项处七级职员，共青团院机关支部书记
项伯纯　院直属机关党委院工会常务副主席
贾金龙　农产品加工研究所科研处副处长
钱永忠　农业质量标准与检测技术研究所副所长，研究员
高　于　院监察局监察一处研究实习员
崔艳伟　草原研究所中农草业公司初级工
彭　军　棉花研究所科技管理处副处长，副研究员
彭风华（女）　特产研究所办公室主任，研究员
谢　波（女）　院人事局劳资（综合处）副处长

三、优秀党务工作者

（31 名，按姓氏笔画排序）

王丹莉（女）　北京畜牧兽医研究所办公室（党委办公室）副主任，副研究员
王志东　农产品加工研究所副所长、纪委书记，研究员
王香平（女）　上海兽医研究所综合办公室主任，副研究员
毛世平　农业经济与发展研究所科研处处长，第一党支部书记、纪委委员，研究员
邓　祥　院监察局综合处处长，党支部组织委员，副研究员
叶　阳　茶叶研究所党委委员、第一党支部书记，研究员
左　旭（女）　院办公室秘书处七级职员，组织委员
刘录祥　作物科学研究所科研处处长、第五党支部书记，研究员
刘继芳　农业信息研究所党委书记，研究员
孙进昌　麻类研究所综合处副处长，行政支部书记，副研究员
朱　岩　环境保护科研监测所党委书记

张志刚　农田灌溉研究所党办主任，副研究员
张晓鹏　哈尔滨兽医研究所党办主任，助理研究员
李付广　棉花研究所所长、党委书记，研究员
李思经（女）　研究生院党委副书记，研究员
杜长江　果树研究所党办人事处副处长
杨　敏　兰州兽医研究所纪委委员，综合处处长，行政党支部委员，副研究员
杨志强　兰州畜牧与兽药研究所所长、党委副书记，研究员
苏晓鸥　农业质量标准与检测技术研究所副所长，党委委员、纪委书记，第二党支部书记，研究员
陆建中　院科技管理局副局长，党支部副书记，研究员
陈武一　植物保护研究所党办人事处正处级干部，助理研究员
陈金强　农业资源与农业区划研究所党委书记，副研究员
赵红梅（女）　农业环境与可持续发展研究所党委办公室主任，副研究员
夏春华　南京农业机械化研究所党委办公室主任，副研究员
徐东辉　蔬菜花卉研究所科研处副处长，副研究员，第四党支部书记
徐亲阳　水稻研究所党办人事处处长，综合处党支部书记，副研究员
秦　艳（女）　草原研究所党办主任（人事处处长），第四党支部书记，副研究员
高　毅（女）　院后勤中心中国农业科学院幼儿园，综合三党支部书记，幼教高级
康　威　饲料研究所党委书记，副研究员
董　莘（女）　院机关离退休党总支老干部离退休党支部书记，助理研究员
管　辉　烟草研究所党委书记，研究员

中国农业科学院文明单位创建活动实施办法

农科院党组发〔2014〕40号

第一条 为进一步推动中国农业科学院精神文明创建活动深入开展，根据农业部的有关要求，结合我院实际，制定本办法。

第二条 本规定所称文明单位是指院属各单位积极开展精神文明创建活动，物质文明、精神文明协调发展，精神文明建设成绩突出，由院精神文明建设委员会授予的荣誉称号。

第三条 开展文明单位创建活动，是践行富强、民主、文明、和谐，自由、平等、公正、法治，爱国、敬业、诚信、友善的社会主义核心价值观，落实《公民道德建设实施纲要》的重要举措；是组织和引导广大干部职工进行自我教育、自我管理，提高干部职工思想道德水平和单位整体文明程度，创建一流作风，建设现代农业科研院所的重要途径。各级党组织要坚持重在建设、贵在坚持、务求实效的原则，做到党政群团齐抓共管，干部职工同创共建。

第四条 我院设立精神文明建设协调领导小组，在院党组直接领导下进行工作。领导小组组长由院领导担任，直属机关党委、院办公室、科技局、财务局、成果转化局、后勤服务中心为成员单位，其主要负责同志参加领导小组的工作。

院精神文明建设协调领导小组办公室设在直属机关党委，负责督促检查、指导协调院属各单位、机关各部门精神文明创建工作，组织评选院级文明单位。各单位设立精神文明建设委员会或领导小组，负责组织本办法的实施。

第五条 各单位精神文明建设领导小组依据本规定，结合实际情况，制定本单位文明单位建设的具体规划措施。

第六条 文明单位建设实行任期目标管理。文明单位建设的检查考核要和科研、科技开发和经营管理等工作的考核结合起来；要和单位规章制度的建立、内部运行机制改革和任期目标检查考核结合起来进行。

第七条 中国农业科学院文明单位标准：

（一）组织领导有力，创建工作扎实。坚持以邓小平理论、“三个代表”重要思想、科学发展观为指导，坚定执行党的路线、方针、政策，自觉坚持“两手抓、两手都要硬”，把创建活动摆上重要日程，纳入单位年度工作计划，与中心工作统筹安排，同步推进。创建工作组织机构健全，目标明确，责任落实。领导班子团结协作，作风民主，开拓创新，勤政廉洁，真抓实干，在创建活动中发挥模范作用，单位内部开展层层创建活动，职工参与率、满意率高。热心参与社会公益事业，积极开展科技下乡、科技扶贫、科技救灾活动，积极参与所在地区创建活动。

（二）思想教育深入，道德风尚良好。切实加强思想道德建设，深入进行党的基本理论、基本路线、基本纲领和基本经验学习宣传教育，践行社会主义核心价值观，深入开展学雷锋活动，大力弘扬和培育民族精神，积极开展深入细致的思想政治工作，引导干部职工树立坚定的理想信念和正确的世界观、人生观、价值观，严格遵守《中国农业科学院职工守则》和《中国农业科学院科技人员道德准则》。认真贯彻落实《公民道德建设实施纲要》，深入推进社会公德、职业道德、家庭美德、个人品德建设，领导干部讲党性、重品行、做表率。

（三）学习风气浓厚，文体活动丰富。积极开展创建学习型党组织、创先争优等活动，坚持对干部职工进行科学文化知识、业务技能培训以及形势政策和国情教育，形成全员自觉学习的良好风尚。崇尚科学，反对迷信，倡导健康文明的生活方式。计划生育率达到 100%。坚持开展群众性文体活动，干部职工精神文化生活丰富多彩、健康向上。

（四）加强民主管理，严格遵纪守法。健全民主管理制度。落实各项公开办事制度、重大问题和重要事项集体决策等制度，认真研究和解决干部职工反映的突出问题，保障干部职工合法权益。治安防范措施落实，平安创建深入扎实，民主法制教育经常化、制度化。单位内部治安状况良好，工作纪律严明，安全工作落实，无严重安全生产责任事故，年度平安单位考核达标。领导干部无违法违纪案件，全体员工无严重违法违纪案件及刑事案件，单位无“黄赌毒”等丑恶现象，无因参加邪教活动被立案查处、无发生失泄密事件。

（五）内外环境优美，环保工作达标。内务管理规范有序，制度健全，职责明确，落实到位。内外环境清洁整齐，无脏、乱、差现象，自觉执行禁烟规定。义务植树尽责率、庭院绿化面积达标。节能减排工作组织机构键全，目标明确、措施具体，落实节油节电达标。坚持开展节能宣传教育和岗位培训，自觉执行各项节约制度办法。

（六）业务水平领先，工作实绩显著。重视现代农业科研院所建设，在农业科技创新、成果应用转化方面成绩突出，能够圆满完成当年各项工作任务，经济效益逐年有所提高，在成果产业化和科技服务“三农”工作中作出贡献。企事业单位适应社会主义市场经济的发展，改革进取，诚实守信，管理规范，经济效益和社会效益稳步提高。

第八条　院文明单位申报、评选和表彰工作坚持客观公正、实事求是，业绩突出、确保先进的原则。

第九条　院文明单位实行届期制，每届 3 年，届期内动态管理。一般在一个评选届期第三年的第三季度进行申报评选。文明单位的申报评选不分配比例和指标，严格按照条件评选。

第十条　符合文明单位条件的单位，原则上采取自愿申报的方式进行。申报程序为：

（一）申报单位按照文明单位标准进行自评，并将自评情况在干部职工大会上进行通报，广泛听取群众意见，由单位精神文明建设领导机构讨论决定是否申报文明单位。

（二）申报单位填写《中国农业科学院文明单位申报表》并附2 000字左右文字材料和有关图片，报院精神文明建协调领导小组办公室。

第十一条 文明单位评选程序为：

（一）初审。院精神文明建设协调领导小组办公室根据申报程序、申报条件及申报材料等对申报单位进行初步审查。

（二）考核。院精神文明建设协调领导小组办公室组织考核小组，按照文明单位评选标准对申报单位进行考核，并形成书面意见。

（三）评选。院精神文明建设协调领导小组根据考核情况，确定文明单位候选单位。评选委员会在听取考核组和申报单位汇报并进行评议的基础上，采取无记名投票方式进行表决，确定该评选年度院文明单位。

第十二条 文明单位的复查：

（一）院文明单位按照我院文明单位标准认真进行自查，符合条件的，向院精神文明建设协调领导小组办公室提交自查报告，提出复查申请。

（二）院精神文明建设协调领导小组办公室依据文明单位标准对申报单位进行审核和复查（按本办法第十一条、第十二条有关程序）。

（三）对发生以下情况之一的，取消其文明单位称号。

1. 党政领导干部违法违纪，受到查处的；
2. 发生严重安全责任事故或者年度平安单位考核不达标的；
3. 涉及参与邪教组织活动，立案查处的；
4. 违反计划生育规定的；
5. 发生失泄密事件，立案查处或造成较大影响的；
6. 工作人员发生刑事案件，受到查处的；
7. 违反文明单位标准，经批评在整改期限内没有明早改进的；
8. 其他不符合文明单位的情况。

第十三条 评选后以院精神文明建设协调领导小组的名义对文明单位进行表彰，授予“中国农业科学院文明单位”标牌和证书。

第十四条 各单位可以结合实际，本着“精神奖励为主，物质奖励为辅”的原则，制定奖励办法，对在文明单位创建活动中有突出贡献的组织和个人进行奖励。

第十五条 院精神文明建设协调领导小组办公室和院文明单位均应建立健全文明单位档案。档案内容包括：文明单位申报报告和登记表、基本情况、主要事迹、历次检查情况和考核记录等。

第十六条 根据有关规定，院精神文明建设协调领导小组办公室在评选出的文明单位中，优中选优，推荐参加农业部文明单位、中央国家机关文明单位、全国文明单位的评选。

第十七条 院精神文明建设协调领导小组办公室在非评选年对文明单位进行复查，

对存在问题的单位，予以批评警告，限期整改。发生第十三条第三款所列情形之一的，由院精神文明建设委员会视情节、后果及影响，决定是否取消文明单位称号。

第十八条　本办法适用于我院所属各类型单位和院机关各职能部门。

第十九条　本办法由院精神文明建设协调领导小组办公室负责解释。

第二十条　本办法经院党组审查批准后施行。《关于重新印发中国农业科学院文明单位建设暂行规定、文明单位标准的通知》（农科院党组发〔2002〕8 号）同时废止。

中国农业科学院关于表彰2014年度文明单位的决定

农科院党组发〔2015〕2号

党的十八大以来，院属各单位、院机关各部门坚持以党的十八大、十八届三中、四中全会精神为指导，深入学习贯彻习近平总书记系列重要讲话精神，努力践行社会主义核心价值观，群众性精神文明创建活动蓬勃开展，全院干部职工文明素质不断提高，涌现出一批成绩突出的先进单位。为激励先进、树立典型，振奋精神，推动全院精神文明创建活动深入开展，院精神文明建设协调领导小组决定授予院办公室等31个单位（部门）“2014年度中国农业科学院文明单位”称号。

希望受表彰的单位珍惜荣誉，发扬成绩，再接再厉，锐意进取，始终保持创建活动的生机和活力，不断提高创建水平，更好地发挥示范带动作用。全院各单位要以先进为榜样，更加广泛、深入、扎实地开展群众性精神文明创建活动，培育和践行社会主义核心价值观，以精神文明建设成效促进现代院所建设，为实现我院跨越式发展和建设“世界一流农业科研院所”作出新的更大的贡献。

附件：2014年度中国农业科学院文明单位名单

2015年1月23日

附件

2014 年度中国农业科学院文明单位名单

院办公室
人事局
基本建设局
国际合作局
成果转化局
直属机关党委
监察局
后勤服务中心（局）
研究生院
农业环境与可持续发展研究所
饲料研究所
农产品加工研究所
生物技术研究所
农业经济与发展研究所
农业资源与农业区划研究所
农业信息研究所
农业质量标准与检测技术研究所
中国农业科学技术出版社
中国水稻研究所
棉花研究所
油料作物研究所
麻类研究所
郑州果树研究所
茶叶研究所
哈尔滨兽医研究所
兰州畜牧与兽药研究所
草原研究所
特产研究所
农业部环境保护科研监测所
农业部沼气科学研究所
烟草研究所

中国农业科学院直属机关 2014 年党的工作要点

直党字〔2014〕2 号

2014 年中国农业科学院直属机关党的工作的总体要求是：深入学习贯彻党的十八大、十八届三中全会和习近平总书记系列讲话精神，紧紧围绕院党组关于“创建一流作风、建设一流院所”中心任务，着力建设学习型、服务型、创新型党组织，为建设世界一流农业科研院所、实现跨越式发展提供思想、政治和组织保证。

一、加强思想理论建设

（一）强化理论武装

切实加强马克思列宁主义、毛泽东思想的学习，加强中国特色社会主义理论体系学习，加强马克思主义哲学、党史、国史、社会主义发展史的学习。牢牢抓住思想理论建设这个根本，深入推进学习型党组织建设，认真落实农业部《关于加强和改进机关司局和直属单位领导干部中心组学习的意见》，发挥好中心组学习示范带动作用。组织党员干部学习《马克思主义哲学十讲》《科学发展观学习纲要》《中国特色社会主义学习读本》。坚定中国特色社会主义道路自信、理论自信、制度自信。

（二）深入学习宣传贯彻十八届三中全会和习近平总书记系列讲话精神

通过组织报告会、中心组学习、交流研讨等学习形式，把学习贯彻十八届三中全会和习近平总书记系列重要讲话精神引向深入。注重学习成果转化运用，利用农科院报、闭路电视、宣传展板、院机关党建网等载体，开展形势任务教育，共享学习资源，及时宣传各级党组织学习宣传贯彻十八届三中全会精神的做法，凝聚共识，推动我院全面深化改革各项任务的落实。

（三）围绕我院改革创新加强思想政治工作

围绕推进科技创新工程等重点任务，做好党员和科技人员的思想政治工作。深入基层开展调查研究，广泛了解党员干部思想状况，及时发现苗头性、倾向性问题并进行汇总、分析，提出解决对策和建议。关心党员干部利益诉求，注重人文关怀、心理疏导和正面激励疏导，坚持解决思想问题与实际问题相结合。注重运用微博、微信、手机客户端等现代手段拓宽思想政治工作渠道，增强吸引力感染力和针对性实效性。坚持不懈抓好我院政治稳定工作。

二、巩固和扩大党的群众路线教育实践活动成果

（四）认真落实教育实践活动整改工作

认真总结我院教育实践活动的成果和经验，继续抓好整改落实、建章立制工作，不断巩固成果，推动我院党建各项制度的贯彻落实。着力改进会风文风，进一步减少会议、文件、简报，以改进作风的新成效推进科技创新事业跨越式发展，提高全院党员干部服务职工群众能力，以农业科技创新的新发展检验教育实践活动成果。

（五）认真贯彻落实中央八项规定和《党政机关厉行节约反对浪费条例》

加强对我院贯彻落实八项规定情况的监督检查，严格执纪监督，加大惩戒问责力度，严肃查处违反八项规定行为。严肃查处用公款互相宴请、赠送节礼、高档消费等行为，强化正风肃纪，把贯彻执行中央八项规定和《党政机关厉行节约反对浪费条例》贯穿作风建设始终，自觉接受职工群众评议和监督，务求取得实效。

三、认真做好抓基层打基础工作

（六）加强基层党组织建设

认真贯彻落实《中共中国农业科学院研究所委员会工作条例》，进一步明确新形势下研究所党委的基本职责、议事和决策、党内民主与监督等内容。印发《中国农业科学院直属机关党支部工作细则》，明确党支部的定位和职能，促进党支部工作规范化，确保党支部的战斗堡垒作用充分发挥。组织召开院直属机关第六次党员代表大会，严格按照换届选举有关规定，进行院直属机关党委、纪委换届选举工作。

（七）严肃党内生活

抓好《中共中国农业科学院党组关于进一步加强机关党内生活制度建设的实施细

则》的贯彻落实，坚持贯彻执行民主集中制，创新“三会一课”内容和形式，严格党员领导干部民主生活会制度，坚持按期换届选举和党员发展等制度，着力增强我院党内生活的政治性、原则性和实效性。

（八）深入开展创先争优活动

组织开展2012—2013 年度“两优一先”评选活动，召开纪念建党93 周年大会，表彰2012—2013 年度优秀共产党员、优秀党务工作者和先进基层党组织。广泛宣传“两优一先”先进事迹，营造创先争优浓厚氛围。

（九）加强党员发展和管理、服务工作

贯彻落实《中国共产党发展党员工作细则》，制定党员发展计划，确保发展党员的质量和数量，重点做好在科研骨干、学术带头人、留学归国人员中发展党员工作。做好党内统计、党费收缴使用管理、党员组织关系接转等日常管理工作。

四、加强文化建设

（十）组织起草进一步深化我院创新文化建设的指导意见

按照建设世界一流农业科研院所的目标和要求，加强创新文化理念的固化和制度化建设，使先进的思想文化观念成为我院职工共同的行为规范；以文明有序、团结和谐的文化氛围促进科技创新工程的实施；以创新文化激励创新精神和创新思维，传播弘扬先进理念、解放思想、更新观念促进我院跨越式发展。

（十一）学习贯彻社会主义核心价值观

按照《中共中央办公厅印发〈关于培育和践行社会主义核心价值观的意见〉的通知》要求，积极培育和践行社会主义核心价值观。结合我院实际，在践行中找准核心价值观同干部职工思想道德情感的契合点，把践行社会主义核心价值观与我院学习贯彻《中国农业科学院职工守则》《中国农业科学院科技人员道德准则》和《中国农业科学院科研道德规范》相结合，加强科研诚信和学风建设，在工作中严格遵守科研道德规范，弘扬科学精神。引导干部职工把社会主义核心价值观内化于心、外化于行。

（十二）大力开展职工文体活动

充分调动干部职工投身我院现代院所建设的积极性和主动性，活跃职工文化生活，组织开展“中国梦、贡献美”教育读书活动、第二届“中国梦、健康美”职工长走等活动。积极支持文艺、羽毛球、乒乓球、篮球、摄影和瑜伽俱乐部等群众性业余文化体育活动团体开展活动。组织开展2013—2014年度妇女先进集体和个人评选和纪念“三八”国际劳动妇女节暨“魅力巾帼　芳耀农科”赛诗会活动。通过组织开展系列职工喜闻乐见的文体活动，进一步巩固广大职工的中国特色社会主义的共同思想基础，营造积极向上、文明和谐的文化氛围。

五、深化精神文明建设，构建和谐院所

（十三）贯彻落实《中国农业科学院研究所职工代表大会工作条例》

职代会制度是推进现代院所建设、实行民主管理的基本形式，是研究所实现所务公开、增强议事决策的透明度、确保广大职工享有知情权、参与权和监督权的重要途径。要充分利用网络、宣传栏、培训等多种形式，学习宣传《中国农业科学院研究所职工代表大会工作条例》，充分发挥其在开放办院、民主办院中的作用。

（十四）进一步推进文明单位创建活动

修订《中国农业科学院文明单位建设暂行规定》，在全院组织开展2013—2014年度文明单位评选表彰活动。认真做好中央国家机关和农业部文明单位复查自检工作。积极培育、选树和宣传身边的先进集体和优秀人物。开展青年志愿服务活动，弘扬雷锋精神。

（十五）做好统战和群团工作

做好党外人士的联系和服务工作，落实好院党组成员联系党外人士等制度。完善统战对象信息库，搭建参政议政平台，充分发挥党外人士建言献策、民主监督作用。加强对工青妇组织的领导，提高群团组织联系群众、引导群众、服务群众和维护职工群众权益的能力，注重发挥其桥梁纽带作用，协助党组织做好化解矛盾、理顺情绪、困难帮扶等工作。

六、推进党风廉政建设

（十六）强化党的纪律建设

加强党的政治纪律、组织纪律、工作纪律、财经纪律和生活纪律，把严明党的政治纪律作为我院党的工作的重要任务，强化对党员干部特别是领导干部的监督、管理和教育，确保各级党组织和党员干部在思想上政治上行动上同党中央保持高度一致。加大对违反纪律行为的查处力度，坚持纪律面前人人平等。

（十七）深入开展反腐倡廉教育

认真贯彻落实中央纪委三次全会精神和农业部党风廉政建设工作会议各项部署。以党性党风党纪教育、法制教育、诚信教育和科研道德教育为重点，创新反腐倡廉教育方式方法，提高针对性实效性。

（十八）严格办案执纪

认真做好信访举报受理工作，加强对下级纪检组织办理信访举报件的督导。有针对性地开展以案说纪警示教育，增强防范意识。严肃查处违规违纪问题，及时通报案件。

七、加强党务干部队伍建设和党建研究

（十九）加强党务干部队伍建设

加强基层党组织带头人队伍建设，选好配强党组织领导班子。组织开展新任基层党组织书记、党办主任和工青妇组织负责人培训，加强党务干部政治理论、业务能力、工作程序等方面的学习，不断提高党务干部业务水平。提高“两手抓”的意识和能力。关心党务干部成长，推动党务干部与业务干部的双向交流，保持党务干部队伍生机和活力。

（二十）加强党建研究

充分发挥“研究会”作用，结合学习贯彻党的十八大和十八届三中全会精神，围

绕新形势下我院党建工作的新要求开展调查研究，查找、分析我院党建工作中存在的突出问题，提出对策建议，不断提高党建工作的科学化水平。组织召开院“两研会”第六届理事会第二次会议，做好全国“两研会”的换届选举工作。组织落实好所局级干部撰写理论学习论文工作。

2014年中国农业科学院工会委员会情况

职工总数	正式职工	换届时间	担任职务	姓　名	出生年月	学历	所在部门	行政职务	参加工作时间
3 357	2 788	2011年	主席	高淑君	1955.2	大学	巡视组	组长	1971.12
			常务副主席	项伯纯	1961.8	大学	饲料所	党委副书记	1979.11
			副主席	吴京凯	1963.4	大学	人事局	副局长	1986.8
			委员	王加启	1967.6	研究生	蜜蜂所	所长	1993.8
				任爱荣	1955.8	研究生	农经所	党委书记	1974.5
				刘　俐	1955.3	大学	巡视组	副组长	1971.11
				孙启刚	1954.11	大专	后勤中心	副主任	1972.12
				宋　斌	1968.11	研究生	生物所	工会副主席	1987.6
				张宝玺	1959.12	研究生	蔬菜所	副所长	1982.2
				李思经	1962.3	研究生	研究生院	党委副书记、副院长	1983.8
				李桂芬	1962.9	大学	蜜蜂所	工会副主席	1982.9
				杨克理	1960.3	大学	作科所	工会副主席	1985.8
				汪飞杰	1964.12	研究生	院办	主任	1986.8
				周　霞	1962.10	大学	基建局	副局长	1985.8
				郑永权	1962.11	研究生	植保所	副所长	1985.8
				赵俊辉	1959.11	大学	加工所	党委副书记	1983.8
				徐晓慧	1963.3	大学	资划所	工会副主席	1981.12
				秦玉昌	1963.10	研究生	营养所	副所长	1986.8
				惠　燕	1962.12	大学	环发所	工会副主席	1980.11

中国农业科学院工会 2014 年工作要点

农科工会〔2014〕3 号

2014 年院工会工作总体要求是：深入学习贯彻党的十八大、十八届三中全会以及中国工会十六大精神，特别是习近平总书记系列讲话精神，在农业部直属机关工会和院直属机关党委的领导下，紧密围绕我院的中心工作，在服务职工群众、推进和谐院所建设中充分发挥工会的政治优势和组织优势。进一步加强研究所职工代表大会建设和工会组织自身建设，积极开展各类文体活动，开展岗位建功，扎实做好服务职工的各项工作，为实现我院跨越式发展的战略目标作出贡献。

一、组织学习贯彻中央精神

根据党组织的安排，积极组织广大职工学习贯彻党的十八届三中全会精神。组织各级工会干部认真学习贯彻《中国工会第十六次全国代表大会工作报告》和新修订的《中国工会章程》。重点学习习近平总书记关于工人阶级和工会工作的重要讲话精神，进一步坚定走中国特色社会主义工会发展道路的信心和决心。组织开展“中国梦、贡献美”教育读书活动，通过采取专题辅导报告、个人自学、阅读职工电子书和交流座谈等学习形式，巩固广大职工的中国特色社会主义的共同思想基础，增进对实现中国梦的强烈共识。积极组织参加农业部工会组织的“又生春雨再兴农”主题活动，增强广大职工做好农业科研工作的责任感和使命感。

二、健全和完善职工代表大会制度

为贯彻落实院党组关于“民主办院、科学办院、开放办院”的指导思想，院工会重新修订了《中国农业科学院研究所职工代表大会条例》，各基层工会组织要认真学习并贯彻落实，进一步建立健全职代会制度，充分发挥其在研究所民主管理工作中的作用。组织开展职代会建设情况调研活动和职代会建设工作座谈会，注重总结经验，发现典型。

三、开展岗位建功活动

积极引导各单位工会组织结合实际和岗位特点，认真学习岗位知识、增强业务本领，争创一流业绩。组织参加中华全国总工会和中央国家机关五一劳动奖状、奖章评选活动以及公文写作技能大赛活动。进一步推动形成钻研业务、提高技能、比学赶超的风气，努力营造干事创业的良好氛围。

四、积极开展职工文体活动

通过开展多层次、多方面的文体活动，引导广大职工加强身体锻炼，推进院所文化建设。4 月份组织开展以“中国梦、健康美”为主题的第二届职工长走活动。委托院篮球俱乐部和乒乓球俱乐部分别组织举办邀请赛活动。下半年，组队参加农业部职工篮球比赛。

五、做好职工队伍思想政治工作

坚持以人为本原则，紧密结合院所科技创新工程，配合各级党组织及时了解掌握本单位职工的思想动态、工作状况和实际诉求，认真开展耐心细致的思想政治工作。进一步加强人文关怀和心理疏导工作。上半年组织心理健康知识讲座，发放心理健康科普知识手册和心理健康测评爱心卡，培育积极向上、健康乐观的良好心态。

六、开展好“办实事”活动

努力为职工办实事、办好事、解难事。继续做好“送温暖”走访慰问活动，重点关注大病特困职工、失独家庭、残疾子女家庭、女职工关爱行动和“阳光助学”等帮扶工作。重视单身职工的婚恋问题，积极组织参加央务鹊桥活动，努力为单身职工提供服务。进一步督促落实职工带薪休假制度，维护好职工的休息权和健康权。7—8 月，组织开展院各类先进职工健康疗养活动。

七、加强工会财务管理和经审工作

严格执行中央“八项规定”和财务有关规定，精打细算、勤俭节约，用好工会经费，服务职工群众。严格执行工会经费的收缴、上解、使用、管理的各项制度，认真做好经费预算决算工作。加强工会财务人员业务培训，做好工会调查统计工作。第四季度，组织开展工会财务工作先进单位的评选表彰活动。

八、切实加强工会组织建设

认真做好基层工会换届选举的指导工作，适时组织全院工会干部培训班。切实加强各级工会“两委”班子建设，充分发挥“两委”委员作用。要注意总结经验创新方法，不断探索工会组织在围绕院所中心工作、服务职工群众、营造和谐氛围等方面的工作规律，进一步增强工会工作的时代感、新鲜感和吸引力。

2014年中国农业科学院团委委员会情况

正式职工人数	团员总数	换届时间	担任职务	姓　名	出生年月	学历	所在部门	行政职务	参加工作时间
2 788	2 406（含研究生院学生2 236）	2009.12	书　记	马秀勇	1976.9	硕士	直属机关党委宣传处	正处	2003.6
			副书记	韩　进	1979.9	博士	直属机关党委办公室	副处长	2005.7
			副书记	杨建玲	1978.10	硕士	研究生院研究生工作处	副处长	2004.7
			委　员	田文礼	1980.7	博士	蜜蜂所中蜜公司	副总经理	2004.7
				郝志鹏	1982.3	大学	环发所科技处	副处长	2003.7
				郑　莹	1983.10	硕士	信息所党委办公室	干部	2006.7

中国农业科学院团委2014年工作要点

农科团〔2014〕1号

2014年中国农业科学院共青团和青年工作总体思路是：深入学习贯彻党的十八大、十八届三中全会和习近平总书记系列讲话精神，深入学习社会主义核心价值观，加强团员青年思想引导；组织好中国农业科技报告会（农科讲坛），服务全院重点工作；结合院机关和研究所特点，激发基层团组织活跃，服务青年成长成才；加强调查研究，积极推进新时期新情况下团员青年工作创新，提高青年工作科学化水平，为我院跨越式发展贡献力量。

（一）认真学习贯彻党的十八大、三中全会和习近平总书记系列讲话精神

院属团组织要结合新时期团员青年特点，按照各单位各部门党组织要求，动员组织青年积极参与到十八大、十八届三中全会、习近平总书记系列重要讲话精神等各项学习贯彻活动中去，通过自学、参加辅导报告、座谈研讨、主题实践等多种方式，深入理解和贯彻中央精神和总书记的讲话要求。

（二）加强团员青年思想引导

创新工作方式，广泛开展社会主义核心价值观教育，增强我院广大青年的道路自信、理论自信、制度自信，进一步坚定实现中华民族伟大复兴的“中国梦”的使命感、责任感。在团员中大力宣传我院青年科技人员献身农业、报效国家的理想信念，崇尚学习、勇于创新的价值追求，鼓励全院青年立足岗位，淡泊名利，潜心科研，不懈奋斗。

（三）组织好农科讲坛

为了弘扬科学精神，启发创新思维，在全院营造崇尚学习、热爱学习、相互学习的学术氛围，根据院党组要求，自2014年3月起，在全院中青年科技人员中举办中国农业科学院科技报告会（农科讲坛），每月1次。院团委负责讲坛的组织工作，力求在青年科技人员中培育有吸引力、有影响力的学习品牌，在全院营造良好的学习氛围，创新氛围，科学氛围。

（四）组织参加农业部第七次团代会

组织我院 17 名团代表参加农业部第七次团代会。通过参加团代会，进一步增强团员意识和民主集中制原则的再教育，促进与部系统其他单位青年团工作的互动交流，相互学习、借鉴启发，提高我院共青团工作水平。

（五）组织青年实践增长才干

重点开展两项工作：一是继续选派优秀青年参加中央国家机关、农业部直属机关团委组织的“根在基层、中国梦”青年干部下基层活动；二是利用多种形式，组织和要求我院青年团干部深入院里的野外台站、实验基地，实地了解科研一线情况，增进对院情所情的了解，增进对农业科技创新的感性认识，增进对农科院的感情，激发工作的热情，满怀信心的做好本职工作和投身跨越式发展。

（六）开展评优和青年主题活动

在全院团的基层组织和团员青年中，评选 2011—2013 年度“先进基层团组织、优秀共青团员、优秀共青团干部”，树立典型，并做好向农业部和中央国家机关推荐工作。各基层团组织结合实际，选取具有时代性、团员青年比较关注的热点问题，开展我来荐书、研讨交流、参观考察等学习活动，搭建青年拓宽视野、展示自我、沟通交流的平台；鼓励开展青年户外健身活动、创新创意赛等富有青年特色的活动。

（七）加强共青团规范化建设

继续积极争取党组织在组织、队伍和资源等方面的带动和支持，实现基层团建与基层党建在工作层面上的有效衔接。选派基层团干部参加中央国家机关和农业部团干部培训，加强基层组织建设和团干部队伍建设。抓好优秀品牌案例的征集和推广，坚持用典型引路的方法激发基层团组织活力，推动基层共青团工作创新。

关于表彰2012—2013年度中国农业科学院先进基层团组织　优秀共青团员优秀共青团干部和青年之友的决定

农科团〔2014〕3号

院属各单位、各部门团组织：

两年来，全院各级团组织和广大团员、团干部认真学习贯彻党的十八大、十八届三中、四中全会和习近平总书记系列重要讲话精神，积极投身科技创新工程，紧密围绕各单位各部门中心工作，在建设世界一流农业科研院所和实现我院跨越式发展中立足岗位、扎实工作，涌现出一大批先进典型。

为表彰先进，激励各级团组织和广大团员、团干部更加奋发进取，为推动中国农业科学院各项事业发展做贡献，中国农业科学院团委决定，授予研究生院团委等19个团组织2012—2013年度“中国农业科学院先进基层团组织”称号，授予王珑等20名同志2012—2013年度“中国农业科学院优秀共青团员”称号，授予佟继旭等22名同志2012—2013年度“中国农业科学院优秀共青团干部”称号，授予李思经等21名同志2012—2013年度“中国农业科学院青年之友”称号。

这次表彰的优秀共青团员是我院广大团员中的优秀分子，他们热爱党，热爱祖国，热爱人民，热爱农业科研事业，勤奋工作、勇于创新，在平凡的岗位上创造了不平凡的工作业绩，为广大团员青年作出了表率。这次表彰的优秀共青团干部是我院广大团干部的优秀代表，他们忠于党的事业，热爱团的岗位，竭诚服务青年，在各自的工作领域发挥了骨干作用，赢得了团员青年的信赖和拥护。这次表彰的先进基层团组织是我院广大基层团组织的先进典型，他们坚持围绕中心、服务大局，积极探索农业科研单位团建工作的新途径，团结带领院所团员青年爱岗敬业、务实创新，在服务科技创新中做出了积极贡献。这次表彰的青年之友是我院共青团事业的坚定支持者，他们关心青年成长成才，热心青年工作，支持本单位团组织和青年积极开展活动，深受团员青年喜爱和尊重，在青年中具有较高威信。

希望这次受到表彰的集体和个人以此为新起点，再接再厉、积极开拓、锐意进取、再创佳绩。希望全院各级团组织和广大团员、团干部以他们为榜样，扎实工作、无私奉献，在本职工作岗位上创造更多业绩，取得更大进步。

附件：1. 2012—2013年度中国农业科学院先进基层团组织名单

2. 2012—2013 年度中国农业科学院优秀共青团员名单
3. 2012—2013 年度中国农业科学院优秀共青团干部名单
4. 2012—2013 年度中国农业科学院青年之友名单

中国农业科学院团委
2014 年 12 月 23 日

附件 1

2012—2013 年度
中国农业科学院先进基层团组织名单

研究生院团委
蔬菜所团支部
环发所团支部
蜜蜂所团支部
加工所团支部
生物所团支部
农经所团支部
资划所团支部
信息所团支部
质标所团支部
灌溉所团委
水稻所团委
油料所团总支
茶叶所团总支
哈尔滨兽医所团委
上海兽医所科研团支部
环保所团委
农机化所团委
烟草所团支部

附件 2

2012—2013 年度
中国农业科学院优秀共青团员名单

王　珑　院机关团支部（财务局专项处九级职员）
任佳森　研究生院团委副书记、2012 级硕士 11 班团支部书记
姚志鹏　研究生院团委体育部部长
刘中阳　环发所条财处研究实习员
周　荣　牧医所实验师
高　歌　蜜蜂所北京中蜜科技发展有限公司区域经理
孔志强　加工所生物安全室研究实习员
马　媛　生物所财务处会计
郭悦萌　农经所出纳
郑　江　资划所研究实习员
王一方　信息所助理研究员
王化柱　质标所助理会计师
陈国庆　水稻所助理研究员
魏　鑫　油料所特聘副研究员
薛　晨　茶叶所研究实习员
李　凯　哈尔滨兽医所助理研究员
俞仓炜　上海兽医所研究实习员
陈　曦　特产所实习研究员
李尚昆　农机化所研究实习员
刘　旦　烟草所助理研究员

附件3

2012—2013年度
中国农业科学院优秀共青团干部名单

佟继旭　研究生院团委书记
孔德男　蔬菜所团支部书记
郝志鹏　环发所团支部书记
周　乐　牧医所团支部宣传委员
黄京平　蜜蜂所团支部副书记
范　蓓　加工所团支部书记
赖婧滢　生物所团支部书记
魏　赛　农经所团支部书记
肖碧林　资划所团支部书记
寇远涛　信息所团支部副书记
许彦阳　质标所团支部书记
杜臻杰　灌溉所团委委员
章蓉蓉　水稻所团委副书记
余　波　油料所团总支书记
孟照刚　果树所团委书记
任淑敏　茶叶所团总支书记
刘益民　哈尔滨兽医所团委书记
董　辉　上海兽医所团委书记
王云峰　草原所团支部书记
赵长海　环保所团委青年委员
赵　闰　农机化所团委书记
迟立鹏　烟草所团支部书记

附件 4

2012—2013 年度
中国农业科学院青年之友名单

李思经　研究生院党委副书记、副院长
胡　鸿　蔬菜所副所长
栗金池　环发所党委书记
袁学志　牧医所党委书记、副所长
谢双红　蜜蜂所党委书记
戴小枫　加工所所长
张春义　生物所副所长
任爱荣　农经所党委书记
陈金强　资划所党委书记
刘继芳　信息所党委书记
钱永忠　质标所所长、党委副书记
吕谋超　灌溉所科技处处长
程式华　水稻所所长
李光明　油料所副所长、党委副书记
郝志强　果树所党委书记
杨亚军　茶叶所所长、党委副书记
夏长友　哈尔滨兽医所党委副书记
李光玉　特产所副所长
朱　岩　环保所党委书记、副所长
曹曙明　农机化所党委书记、副所长
张忠锋　烟草所副所长、纪委书记

2014年中国农业科学院妇女工作委员会组织机构情况

正式职工人数	女职工数	换届(或成立)时间	担任职务	姓　名	出生年月	学历	所在部门	行政职务	参加工作时间
2 788	1 228	2011年	主　任	高淑君	1955. 2	大学	院巡视组	组长	1971
			副主任	栗金池	1956. 9	本科	环发所	党委书记	1973
			副主任	任爱荣	1955. 8	研究生	农经所	党委书记	1974
			副主任	孟祥云	1956. 5	本科	监察局	局长	1975
			委　员	周　霞	1962. 10	本科	蔬菜所	党委书记	1985
			委　员	范　静	1969. 6	本科	作科所	副所长	1991
			委　员	冯东昕	1963. 6	研究生	国合局	副局长	1986
			委　员	齐秀改	1955. 10	大学	作科所	副所长	1974
			委　员	胡　鸿	1962. 10	本科	蔬菜所	副所长	1983
			委　员	刘　俐	1955. 3	大学	院巡视组	副组长	1971
			委　员	刘　燕	1964. 4	研究生	机关党委	处长	1985
			委　员	汤承超	1980. 12	研究生	机关党委	主科	2006
			委　员	郑　彦	1964. 3	大学	畜牧所	处长	1986
			委　员	蒋红云	1965. 11	研究生	植保所	副研	2007
			委　员	赵兰芝	1963. 11	本科	饲料所	科长	1985
			委　员	张明晶	1975. 8	研究生	加工所	副处长	2002
			委　员	白丽梅	1962. 3	大学	资划所	处长	1980
			委　员	张小红	1962. 12	本科	出版社	主科	1981

中国农业科学院 2014 年妇女工作要点

农科妇〔2014〕3 号

2014 年中国农业科学院妇女工作的总体要求是：深入学习党的十八届三中全会和中国妇女十一大精神，落实农业部妇女工作会议精神和中国农科院 2014 年党的工作部署，坚持围绕中心、服务大局，以“文化引领，巾帼建功，共筑农科梦”为主题，以巾帼建功活动为载体，持续开展“提升妇女素质，展示女性风采”活动。进一步加强妇女组织建设，团结带领广大女职工发扬“爱国爱家、崇德敬业、求实创新、执著奉献”的精神，为加快建设世界一流农业科研院所和实现我院跨越式发展作出新贡献。

一、深入贯彻落实中央精神，增强广大女职工干事创业的责任感和使命感

2014 年是全面深化改革的关键之年，各级妇女组织要把学习贯彻中央精神作为重要任务来抓，通过多种形式组织女职工认真学习领会党的十八届三中全会、习近平总书记系列讲话精神，切实把思想和行动统一到中央决策部署上来，不断加深对全面深化改革重大意义的认识。结合我院创新工程实施和事业单位分类改革的推进，引导女职工牢固树立进取意识、机遇意识、创新意识、责任意识，把智慧和力量凝聚到建设世界一流农业科研院所的目标任务上来，推动我院跨越发展。

二、践行社会主义核心价值观，开展多种形式的文化教育活动

把践行社会主义核心价值观同我院女职工思想道德建设结合起来，弘扬科学精神，遵守科研道德规范，引导广大女职工树立正确的世界观、人生观，培养高尚的道德情操。各单位要结合实际和妇女自身特点，以重大节日、纪念日等为契机，开展主题鲜明、情趣高雅、健康向上的文化教育活动。院妇工委以“魅力巾帼　芳耀农科”为主题组织“三八”国际劳动妇女节纪念活动，大力讴歌我院农业女科技工作者的先进事迹和贡献，征集诗作、出版诗集、举办赛诗会，展现我院广大女科技工作者自尊、自信、自立、自强的时代风采和文化底蕴。向女职工发放科学健康生活书籍，宣传崇尚科学、健康的工作生活理念。积极参与中央国家机关妇工委举办的“全国女性摄影作品展”等文化活动。

三、认真组织巾帼建功评选活动，发挥先进模范的示范带头作用

积极响应中国妇女十一大“巾帼建新功、共筑中国梦”号召，继续开展“巾帼建功”评选活动，认真组织2013—2014年度巾帼文明岗、巾帼建功标兵、先进基层妇女组织、优秀妇女工作干部等评选活动。积极主动做好向上级妇女组织的推优工作。参加中央国家机关妇工委开展的全国“三八”红旗手、红旗集体先进事迹进部委巡展和农业部妇工委召开的“播种新梦想，传递正能量”优秀女干部职工先进事迹座谈会等活动。以报告会、座谈会、参观交流、网络展板、事迹短片等多种方式，广泛宣传我院妇女的先进典型，在广大妇女中营造“学先进、赶先进”的浓厚氛围。

四、加强对女职工关心关爱，注重妇女在家庭建设中的独特作用

切实关注妇女需求，回应妇女关切，维护妇女权益。关心女职工的成长与进步，为女职工成长成才牵线搭桥，为女职工参政议政搭建平台，不断提升女职工素质和能力。关爱女职工心理健康，通过组织心理讲座、咨询以及面对面交流等活动，开展心理疏导，排解心理压力。注重人文关怀，组织我院女职工参加中国妇女活动中心举办的“健康与我同行”品牌活动十周年暨“情系黄河我爱吾家”大型女性健康公益活动。各单位要组织好女职工每年的妇科专项体检，促进女职工身心健康；要主动开展覆盖面广、参与度高的文体活动。鼓励女职工参加院工会、团委组织的职工健步走和农科讲坛等活动。

充分发挥妇女在“和谐家庭”建设中的优势。引导女职工参与家庭道德文明建设，积极传承夫妻和睦、尊老爱幼、科学教子、勤俭持家、邻里互助的中华民族传统美德。争取党组织和工会组织的支持，加大对残疾子女、单亲困难女职工和特困女职工慰问帮扶力度。发扬妇女优势，展现母爱的伟大，鼓励各单位妇女组织开展社会公益性献爱心活动。组织好女职工参与中央国家机关干部职工家庭建设好经验征集活动等。

五、重视妇女组织和干部队伍建设，不断提高工作能力

进一步建立健全妇女组织，努力建设学习型、服务型、创新型妇女组织。做好院妇工委换届工作，督促指导各单位建立健全妇女组织。妇女干部要加强与女职工的沟通联系，帮助女职工解决实际困难。院妇工委将通过学习培训、经验交流、读书研讨等系列活动，不断加强对妇女干部的教育培养，提升妇女干部的自身素质和谋事干事能力。

关于表彰 2013—2014 年度中国农业科学院先进基层妇女组织　巾帼建功标兵　巾帼文明岗优秀妇女工作干部　妇女之友的决定

农科妇〔2015〕1 号

院属各单位、机关各部门妇女组织：

两年来，我院各级妇女组织和广大女职工在院党组、院直属机关党委和各级党组织的领导下，根据上级妇女组织的工作部署，以邓小平理论、“三个代表”重要思想和科学发展观为指导，学习贯彻习近平总书记系列重要讲话和党的十八大精神，不断加强基层妇女组织建设和提升女职工综合素质，在实施科技创新工程和推进现代院所建设中作出了积极贡献，涌现出一批先进集体和先进个人。为表彰先进，树立典型，由各单位申报、经院妇工委组织评选，并报院直属机关党委批准，公示无异议后，决定授予院机关妇女委员会、中国水稻研究所女工委等 9 个妇女组织为中国农业科学院“先进基层妇女组织”称号，授予后勤服务中心王玉娣、哈尔滨兽医研究所王笑梅等 9 名同志为中国农业科学院“巾帼建功标兵”称号，授予植物保护研究所财务管理处、麻类研究所农业部麻类质量监督检验测试中心等 9 个集体为中国农业科学院“巾帼文明岗”称号，授予蜜蜂研究所王安、农田灌溉研究所乔冬梅等 10 名同志为中国农业科学院“优秀妇女工作干部”称号，授予生物技术研究所王晓举、中国水稻研究所方向等 32 名同志为中国农业科学院“妇女之友”称号。

希望受到表彰的先进集体和先进个人把荣誉作为新起点，谦虚谨慎惜荣誉，再接再厉创佳绩；希望院各级妇女组织要向受到表彰的先进妇女组织学习，结合农业科研和妇女工作实际，不断创新工作思路，充分发挥党组织联系妇女群众的桥梁纽带作用，使妇女组织真正成为可信赖依靠的“妇女之家”；希望全院广大女职工要以受到表彰的先进个人为榜样，在农业科技创新的各个岗位上勤于学习、勇于创新、乐于奉献，争做新时期的农科巾帼，以更加开阔的胸襟、更加务实的精神、更加昂扬的姿态、更加坚定的步伐，为我院建设世界一流农业科研院所和跨越式发展作出新贡献。

附件：中国农业科学院 2013—2014 年度先进基层妇女组织　巾帼建功标兵　巾帼文明岗　优秀妇女工作干部　妇女之友名单

2015 年 1 月 29 日

附件

中国农业科学院 2013—2014 年度 先进基层妇女组织　巾帼建功标兵　巾帼文明岗 优秀妇女工作干部　妇女之友名单

一、先进基层妇女组织（9 个）

（一）京内单位（5 个）

院机关妇女委员会
研究生院妇女委员会
作物科学研究所妇女委员会
蔬菜花卉研究所妇女委员会
农产品加工研究所妇女委员会

（二）京外单位（4 个）

中国水稻研究所女工委
棉花研究所女工委
油料作物研究所工会女工委
上海兽医研究所妇女工作委员会

二、巾帼建功标兵（9 名）

（一）京内单位（5 名，按姓氏笔画排列）

王玉娣　后勤服务中心京区物业管理中心主任
李玉娥　农业环境与可持续发展研究所研究室主任、研究员
李哲敏　农业信息研究所研究室常务副主任、研究员
杨秀春　农业资源与农业区划研究所副研究员
陈黎红　蜜蜂研究所中国养蜂学会副理事长、研究员

（二）京外单位（4 名，按姓氏笔画排列）

王笑梅　哈尔滨兽医研究所副所长、研究员
刘桂香　草原研究所研究室主任、研究员
张亚玉　特产研究所研究室主任、研究员
阎　萍　兰州畜牧与兽药研究所副所长、研究员

三、巾帼文明岗（9 个）

（一）京内单位（5 个）

植物保护研究所财务管理处
农业环境与可持续发展研究所党办人事处（办公室）
北京畜牧兽医研究所农业部奶产品质量安全风险评估实验室（北京）
农业经济与发展研究所农业资源与环境经济研究室
农业质量标准与检测技术研究所残留检测研究室

（二）京外单位（4 个）

麻类研究所农业部麻类质量监督检验测试中心
哈尔滨兽医研究所动物流感基础与防控研究团队
农业部南京农业机械化研究所综合管理处
烟草研究所烟草规模化转基因技术体系平台

四、优秀妇女工作干部（10 名）

（一）京内单位（5 名，按姓氏笔画排列）

王　安　蜜蜂研究所妇委会主任
齐秀改　作物科学研究所妇委会主任
张　兰　生物技术研究所妇委会委员
张小红　中国农业科学技术出版社妇委会主任
周　霞　院机关妇委会主任

（二）京外单位（5 名，按姓氏笔画排列）

乔冬梅　农田灌溉研究所妇女组织主任
赵海燕　兰州兽医研究所女工委主任
徐亚平　农业部环境保护科研监测所妇委会副主任
翁　蔚　茶叶研究所女工委主任
贾晓辉　果树研究所妇委会副主任

五、妇女之友（32 名）

（一）京内单位（17 名，按姓氏笔画排列）

王晓举　生物技术研究所党委书记、副所长
王道龙　农业资源与农业区划研究所所长、党委副书记
刘继芳　农业信息研究所党委书记
孙日飞　蔬菜花卉研究所党委书记
张保明　作物科学研究所党委书记
张燕卿　农业环境与可持续发展研究所所长、党委副书记
李金祥　院党组成员、副院长
周雪平　植物保护研究所所长
赵玉林　后勤服务中心党委副书记、副主任
赵俊辉　农产品加工研究所党委副书记
骆建忠　中国农业科技技术出版社社长、党支部书记
秦　富　农业经济与发展研究所所长
袁学志　北京畜牧兽医研究所党委书记、副所长
钱永忠　农业质量标准与检测技术研究所所长、党委副书记
康　威　饲料研究所党委书记
彭文君　蜜蜂研究所副所长
韩惠鹏　研究生院党委书记、常务副院长

（二）京外单位（15 名，按姓氏笔画排列）

方　向　水稻研究所党委副书记
田　欣　特产研究所党委副书记

朱　岩　环境保护科研监测所党委书记
宋国立　棉花研究所党委副书记、纪委书记
张宗义　油料作物研究所综合处处长
李志勇　草原研究所纪委书记、副所长
杨志强　兰州畜牧与兽药研究所所长、党委副书记
陈小兵　南京农业机械化研究所党委委员
姜仁华　茶叶研究所党委书记
赵国辉　哈尔滨兽医研究所副所长
郝志强　果树研究所党委书记、副所长
徐富荣　上海兽医研究所党委委员、工会主席（副所级）
殷　宏　兰州兽医研究所所长、党委副书记
黄志辉　麻类研究所副所长
管　辉　烟草研究所党委书记

中国农业科学院党的建设和思想政治工作研究会关于表彰2014年优秀研究论文的决定

农科研发〔2014〕3号

各会员单位：

今年，各会员单位根据院“两研会”的安排，全面学习贯彻落实党的十八大和十八届三中、四中全会精神，围绕学习贯彻习近平总书记系列讲话精神、加强服务型党组织建设等内容积极开展调查研究，认真撰写研究论文，形成了一批具有鲜明特色的研究成果，为促进本单位党的建设和思想政治工作，推进现代农业科研院所建设发挥了积极的作用。

为进一步加强交流学习，提高各会员单位党建研究水平，院“两研会”秘书处制定了《评选办法》，组织成立了优秀论文评审小组，对各会员单位上交的50篇论文进行了评选，共评选出一等奖2篇，二等奖5篇，三等奖8篇，优秀奖15篇。

这些获奖论文能够紧紧围绕院所党建工作的重点、热点和难点问题，总结好经验、好做法，提出的对策建议切实可行，针对性和操作性较强，供学习借鉴价值较高。经研究决定，对《以改革创新人事人才工作为动力大力推进基层服务型党组织建设》等30篇论文给予表彰奖励。

希望获奖的会员单位、优秀个人戒骄戒躁、再接再厉，力争取得更多、更好的研究成果；希望广大会员单位以先进为榜样，认真开展调查研究，扎实做好党的建设和思想政治工作，为全院加强服务型党组织建设、实现跨越式发展作出应有贡献。

附件：中国农业科学院党的建设和思想政治工作研究会2014年获奖论文名单

2014年11月20日

附件

中国农业科学院党的建设和思想政治工作研究会 2014 年获奖论文名单

一等奖			
1	人事局	以改革创新人事人才工作为动力 大力推进基层服务型党组织建设	魏　琦
2	机关党委	新形势下如何做好我院宣传思想工作的思考 ——坚定理想信念弘扬主旋律　传播正能量	李建才
二等奖			
1	农机化所	科研院所党务干部队伍建设研究	曹曙明、 夏春华、江　帆
2	农经所	加强服务型党组织建设助推农业科技创新发展	曹新明
3	信息所	认真落实服务主体责任 助推农业信息事业发展 ——关于基层服务型党组织建设的实践与思考	信息所
4	植保所	传承植保所优秀文化　争创世界一流研究所 ——学习棉花所先进经验的体会	植保所
5	环保所	以人为本　助力创新为科研工作保驾护航 ——关于加强农业科研院所服务型党组织建设的思考	朱　岩、 胡　梅、 姚金铃
三等奖			
1	兰州 牧药所	密切党群关系　加强服务型党组织建设	刘永明
2	生物所	加强研究所服务型党组织建设的实践与思考	王晓举、 张岐蜀
3	环发所	践行群众路线　服务科技创新	环发所
4	作科所	加强服务型党组织建设　促进研究所跨越式发展	作科所
5	院办公室	建设服务型基层党组织的实践与思考	左　旭
6	饲料所	基层服务型党组织建设思考与实践	康　威
7	水稻所	多元价值观背景下基层科研单位培育和践行社会主义核心价值观途径探讨	水稻所党办
8	后勤中心	院后勤服务中心服务型党组织建设的思考与实践	后勤中心

（续表）

优秀奖			
1	加工所	干在实处　落成实效 加强科研单位服务型党组织建设的探索与思考	加工所
2	资划所	扎实推进农业科研单位服务型党组织建设	资划所党委
3	蜜蜂所	从研究所实际出发推进基层服务型党组织建设	谢双红、马媛媛
4	茶叶所	在实干中践行党的群众路线	杨亚军、林修竹
5	质标所	以习总书记讲话精神为指导扎实推进新时期科研单位党建工作	郭春潮
6	棉花所	如何做好农业科研院所基层单位党建工作的几点思考	聂菊玲、宋国立
7	监察局	服务型党组织建设目标下改进我院纪检监察工作的思考	监察局
8	特产所	党建在服务科技创新工程中几点问题的思考	特产所
9	烟草所	科研单位加强服务型党组织建设的思考	烟草所党委
10	上海兽医所	以“三个服务”为着力点推进服务型党组织建设	王香平、杨　瑾
11	果树所	建设服务型党组织核心在服务	杜长江
12	牧医所	建立科学的党支部考核制度研究	袁学志、王丹莉
13	草原所	深刻领会习近平总书记重要讲话精神 扎实推进科研单位服务型党组织建设	王育青、王云峰
14	兰州兽医所	提高党的建设科学化水平　不断推动党组织建设	兰州兽医所
15	出版社	从服务型党组织建设视角看文化企业的企业文化建设 ——兼谈党建和企业文化建设的关系	骆建忠

2014 年度京区各单位获国家、省（部）级奖励情况表

荣誉称号	获奖集体或个人	授予单位
全国民族团结进步模范个人（1 人）	杨秀春（资划所）	中央民族工作会议暨国务院第六全国民族团结进步表彰大会表彰
全国五一劳动奖章（1 人）	陈万权（麻类所—植保所）	中华全国总工会
全国三八红旗手（1 人）	辛晓平（资划所）	全国妇女联合会
中央国家机关五一劳动奖先进集体（1 个）	作科所遗传育种系	中央国家机关工委
中央国家机关五一劳动奖章（1 人）	李奎（牧医所）	中央国家机关工委
中央国家机关“最具活力团支部奖”（1 个）	院团委	共青团中央国家机关委员会
中央国家机关优秀共青团干部（1 人）	马秀勇（机关党委）	共青团中央国家机关委员会
农业部先进基层党组织（1 个）	院直属机关党委	农业部直属机关党委
农业部先进基层服务型党组织（1 个）	资划所党委	农业部直属机关党委
农业部优秀共产党员（2 人）	王天宇（作科所） 万方浩（植保所）	农业部直属机关党委
农业部优秀党务工作者（1 人）	李恩普（质标所）	农业部直属机关党委

中国农业科学院党组贯彻落实《建立健全惩治和预防腐败体系2013—2017年工作规划》实施办法

（2014年4月29日）

为深入贯彻落实党的十八大和十八届三中全会精神，加强惩治和预防腐败体系建设，进一步推进中国农业科学院党风廉政建设和反腐败斗争，依据中央《建立健全惩治和预防腐败体系2013—2017年工作规划》（以下简称《工作规划》）和《农业部党组贯彻落实〈建立健全惩治和预防腐败体系2013—2017年工作规划〉实施办法》，结合中国农业科学院实际，制定本实施办法。

一、总体要求

全面推进惩治和预防腐败体系建设是全党的重大政治任务和全社会的共同责任。中国农业科学院党组认真贯彻中央的部署和农业部要求，紧紧围绕我院科技创新工作“顶天立地”的发展战略和加快建设世界一流科研院所的目标，以全力保障科技创新工程顺利实施为宗旨，认真抓好惩治和预防腐败体系建设任务的落实，大力推进作风建设，坚决惩治腐败，强化教育、制度、监督、改革等各项工作，党风廉政建设和反腐败斗争取得新的明显成效。当前，我院深入贯彻落实十八届三中全会精神，全面推进科技创新工程，党风廉政建设和反腐败斗争的要求更高，任务更重，反腐败形势依然严峻。要认真总结我院反腐倡廉工作的经验成效，坚持惩治和预防腐败两手抓、两手硬，不断把党风廉政建设和反腐败斗争引向深入。

加强惩治和预防腐败体系建设，要以邓小平理论、“三个代表”重要思想、科学发展观为指导，深入贯彻落实党的十八大、十八届三中全会和习近平同志系列重要讲话精神，坚持标本兼治、综合治理、惩防并举、注重预防，以建设廉洁政治为目标，以抓党的作风建设入手，以改革精神加强反腐败体制机制创新和制度保障，坚定不移反对腐败，更加科学预防腐败，努力营造干部职工廉洁从政、廉洁从业的良好环境，为完成农业科技创新各项目标任务提供有力保障。

经过今后5年扎实工作，党的作风建设深入推进，“四风”问题得到基本治理，一流作风建设取得明显成效，惩治腐败力度进一步加大，预防腐败工作扎实开展，对权力运行的制约监督更加科学有效，党员干部廉洁自律意识和拒腐防变能力进一步增强，惩治和预防腐败体系进一步完善。

二、坚持不懈抓好党的作风建设

深入贯彻中央八项规定精神，强化纪律约束，坚决纠正“四风”，树立党员干部为民务实清廉形象，密切党同人民群众的血肉联系。大力推进有利于科研创新的优良学风建设和服务型机关作风建设。

（一）严明党的纪律，大力弘扬党的优良传统和作风

各级党组织要落实作风建设的工作责任，一级管好一级，一级带动一级。坚持对党员干部严格要求、严格教育、严格管理、严格监督（直属机关党委、纪检组监察局、各单位党组织）。

各级党组织和广大党员干部要自觉学习党章、遵守党章、贯彻党章、维护党章，自觉反对特权思想，牢固树立党的意识和组织纪律观念。严格执行党的纪律，坚决克服组织涣散、纪律松弛问题，在思想上政治上行动上与党中央保持高度一致（直属机关党委、纪检组监察局、各单位党组织）。

扎实推进作风建设，坚持和完善领导干部联系基层制度，推动党员干部深入基层，密切同基层研究所及科技人员的联系，切实改进工作作风（人事局、直属机关党委、各单位党组织）。

加强执纪监督，严肃处理违反党的纪律行为，决不允许有令不行、有禁不止，确保中央加强作风建设的决策部署落到实处（纪检组监察局、直属机关党委、各单位党组织）。

（二）深入落实中央八项规定精神，建立健全作风建设长效机制

紧紧扭住落实中央八项规定精神不放松，坚决纠正“四风”。认真落实《中国农业科学院关于改进工作作风的有关规定》《中国农业科学院改进工作作风有关规定实施办法》，各级领导干部要以身作则，带头落实八项规定精神（人事局、院办、直属机关党委、纪检组监察局、各单位党组织）。

把贯彻落实八项规定精神情况纳入绩效管理，细化量化为考核指标，完善机制，加强日常监督检查，坚决纠正打折扣、搞变通行为，坚决防止反弹（院办、人事局、直属机关党委、纪检组监察局、各单位党组织）。

严格查处违反八项规定精神的案件，加大监督检查力度，及时发现问题，督促整改。铁面执纪，严肃查处违纪违规行为（纪检组监察局、直属机关党委、各单位党组织）。

加强制度建设，全面推进废、改、立工作，提高制度执行力，强化监督检查，构建

加强作风建设、密切联系群众的长效机制，以制度建设固化作风建设成果，切实把制度的笼子扎得紧一些、密一些，从体制机制上堵塞滋生不正之风的漏洞，改进和保障作风建设制度化、常态化（院办、直属机关党委、人事局、纪检组监察局、各单位党组织）。

（三）巩固党的群众路线教育实践活动成果，推进一流作风建设

认真总结中国农业科学院党的群众路线教育实践活动好经验好做法，巩固、发展、运用活动成果，不断把一流作风建设引向深入（直属机关党委、院办、人事局、纪检组监察局、各单位党组织）。

加强服务型机关作风建设，建立绩效考核和评估制度，推进机关管理科学化。建立院机关各部门协同联动工作制度、定点联系调研制度，提升服务科研、服务一线的质量和效率（院办、直属机关党委、人事局、纪检组监察局、各单位党组织）。

深入开展作风建设专项整治，精简会议论坛、文件简报等，严控三公经费，杜绝庸（平庸无为）、懒（懒惰不勤）、散（散漫懈怠）、木（麻木迟钝）、推（推诿扯皮）等不良现象（院办、直属机关党委、财务局、各单位党组织）。

三、坚决有力惩治腐败

坚持“老虎”、“苍蝇”一起打，既坚决查处领导干部违纪违法案件，又切实解决发生在群众身边的腐败问题，做到有腐必惩、有贪必肃，对腐败分子“零容忍”。

（一）加大查办违纪违法案件力度，充分发挥惩治的震慑作用

严肃查办领导干部贪污贿赂、权钱交易、失职渎职的案件；严肃查办严重违反政治纪律的案件；严肃查办贪污、挤占、挪用、滥用科研经费的案件；严肃查处违反“三重一大”决策制度造成重大损失的案件；严肃查处基本建设、政府采购等重点领域违法违纪案件（纪检组监察局、直属机关党委、各单位党组织）。

健全查办案件组织协调机制，畅通举报渠道，严格查办案件程序，严明办案纪律，依纪依法、安全文明办案，提高办案质量和效率。建立常态化的督办督查机制，对下级纪委办理信访举报的情况进行跟踪、督促和检查，积极化解信访矛盾。大力开展警示教育，发挥查办案件的治本功能，举一反三，堵塞漏洞（纪检组监察局、直属机关党委、各单位党组织）。

坚持抓早抓小，治病救人。对党员干部身上的问题早发现、早教育、早查处，防止小问题变成大问题。对反映的问题线索，及时采取约谈、函询等方式向本人和组织核实，加强诫勉谈话工作。对疏于监督管理，致使领导班子成员或者直接管辖的下属发生

严重违纪违法问题的，要严肃追究责任（纪检组监察局、直属机关党委、各单位党组织）。

（二）严肃查处用人上的腐败问题，匡正选人用人风气

坚持党管干部原则，按照“三靠、两有、一底线”的标准和导向，选好用好干部。深化干部人事制度改革，提高选人用人公信度（人事局、各单位党组织）。

贯彻《党政领导干部选拔任用工作条例》，完善中国农业科学院党政领导干部选拔任用工作制度。突出抓好严禁超职数配备干部、规范党政领导干部在企业兼职（任职）或领取报酬、领导干部个人有关事项报告抽查核实等重点工作（人事局、各单位党组织）。

建立干部监督工作联席会议制度，发挥监督合力作用。坚持和完善干部选拔任用前征求同级纪检监察部门意见的制度（人事局、纪检组监察局、直属机关党委、各单位党组织）。

对违反组织人事纪律的行为，发现一起查处一起；对违规用人问题及时发现、迅速处理、严格问责，不仅查处当事人，而且追究责任人，形成风清气正的用人环境（人事局、纪检组监察局、各单位党组织）。

四、科学有效预防腐败

推进预防腐败工作，努力形成使领导干部不想腐的教育机制、不能腐的制度机制、不敢腐的惩戒机制。

（一）深化党风廉政教育

深入开展中国特色社会主义和中国梦教育、理想信念和宗旨教育、社会主义核心价值体系教育，并作为领导干部理论中心组学习的重要内容，作为新任职领导干部教育培训的重要内容。建立领导班子主要负责人讲廉政党课的长效机制（直属机关党委、人事局、纪检组监察局、各单位党组织）。

开展岗位廉政教育。对新任用干部和新录用工作人员，任职谈话时要提出明确的廉政要求。对管钱管物管人等重点岗位干部，要加强日常教育。开展干部考察、项目审批、资金安排、项目招标、出差、出国（境）等活动之前的廉政教育和提醒（人事局、直属机关党委、纪检组监察局、各单位党组织）。

加强宣传和舆论引导工作。把党风廉政建设和反腐败宣传教育工作纳入党的宣传教育工作总体部署和年度安排。结合院内“两优一先”等评选表彰活动，及时发现身边勤政廉政典型，大力宣传其先进事迹，教育和引导党员干部踏实做事、勤政廉洁。院属

新闻宣传媒体要积极宣传院系统党风廉政建设和反腐败工作的方针政策、决策部署和工作成效。充分发挥院网、院报、简报、闭路电视的作用（直属机关党委、院办、各单位党组织）。

（二）加强反腐倡廉法律法规制度建设

严格落实《党政机关厉行节约反对浪费条例》，制定相应的配套细则（院办、财务局）。

严格执行国家工作人员国内差旅、因公临时出国（境）、国内公务接待管理方面的制度规定（财务局、院办、国际合作局）。

严格执行楼堂馆所建设、办公用房清理和公务用车配备使用管理等方面的制度规定（基建局、财务局、后勤服务局）。

完善廉政风险防控管理制度，进一步落实廉政风险防控管理。各单位要加强动态管理，构建长效机制，根据工作实际情况及时修改完善《廉政风险防控手册》（纪检组监察局、各单位党组织）。

健全领导干部报告个人有关事项等制度。对领导干部个人有关事项报告进行汇总综合和上报核实（人事局、纪检组监察局）。

探索开展领导干部集中述廉，制定和完善院属单位主要负责人集中述廉制度（纪检组监察局、直属机关党委）。

（三）强化权力运行制约和监督，确保权力正确行使

加强党内监督，强化对民主集中制执行情况的监督检查，落实集体领导和分工负责、重要情况通报和报告、述职述廉、民主生活会等监督制度，建立健全谈话和诫勉、询问和质询、特定问题调查等监督制度，加强和改进对主要领导干部行使权力的制约和监督（直属机关党委、人事局、纪检组监察局、各单位党组织）。

加强和改进巡视工作，突出发现问题，扩大巡视成果运用，发挥震慑力［农业部（中国农业科学院）巡视组、人事局、直属机关党委、纪检组监察局］。

强化上级纪检监察部门对下级纪检监察部门的领导。查办案件以上级纪检监察部门为主，线索处置和案件查办在向同级党组织报告的同时必须向上级纪检监察部门报告（纪检组监察局、直属机关党委、各单位党组织）。

加强行政监督，强化对机关职能部门履行监管职责情况的监督，加强监察和审计监督，加大问责力度（纪检组监察局、院办、人事局、财务局）。

加强民主监督，有效听取各方面的意见、建议和批评。发挥工青妇等人民团体的监督作用，支持和保证群众监督。推进党务公开、院所务公开，依法公开权力运行流程（直属机关党委、院办、纪检组监察局、各单位党组织）。

加强对“三重一大”集体决策、干部选拔任用、国有资产管理、项目招投标、成果转化等重点领域和关键环节的监督（纪检组监察局、人事局、财务局、基建局、成果转化局、各单位党组织）。

五、突出特色，推进科研经费监管、学风建设工作

加大对科研经费的监管力度，深入开展科研经费使用专项治理，组织开展科研经费管理使用专题研究，建立科研经费使用信息公开制度，细化科研经费管理十六项禁止性规定，建立全院财务信息系统，推进财务信息化工作（纪检组监察局、科技局、财务局、各单位党组织）。

建设一流学风，深入开展学风建设专项治理。建立健全学术行为规范管理制度，建立学风表现评审制度、考核奖惩办法、学科评价方法与制度，加大监督考核力度（科技局、纪检组监察局、直属机关党委、人事局、各单位党组织）。

开展以学风建设为核心的特色廉政文化建设。大力宣传《中国农业科学院科研道德规范》，加强科学道德、职业道德教育，广泛宣传科学大家严谨科学的治学精神，净化学术风气，优化学术氛围，鼓励学术争鸣，营造健康开放的科研环境（科技局、直属机关党委、纪检组监察局、各单位党组织）。

六、加强党风廉政建设和反腐败工作的组织领导

（一）落实主体责任

领导班子特别是一把手要切实增强主体意识，严格执行党风廉政建设责任制，担负起《工作规划》贯彻落实第一责任人的主体责任。领导班子其他成员根据分工，按照“谁主管谁负责”的原则，抓好职责范围内的《工作规划》贯彻落实工作，做到齐抓共管，确保任务落实。

（二）强化组织协调

纪检监察部门要履行协助党委加强党风建设和组织协调反腐败工作的职责。按照“转职能、转方式、转作风”的要求，增强党的意识、大局意识、主业意识、责任意识，进一步明确纪检监察工作职责定位，更好发挥党内监督专门机关作用，强化对监管者的监督。

(三) 形成工作合力

各单位要发扬“钉钉子”精神，以抓铁有痕、踏石留印的劲头，落实相关工作。牵头单位（括号中排在第一位的）要对承担的工作任务制定落实的具体措施，抓好责任分解和任务分工。协助部门要积极配合支持，承担起相应的工作职责。纪检监察部门要切实履行组织协调职责，协助党委健全工作机构，制定工作方案，作出具体安排，组织有关部门抓好工作落实。

(四) 加强监督检查

贯彻落实《工作规划》和本实施办法情况应纳入党风廉政建设责任制专项检查，列入对各单位领导班子和领导干部的考核评价指标体系，严格绩效考核，强化责任追究。院党风廉政建设工作领导小组及其办公室要做好组织协调和督导检查工作。

中国农业科学院科研经费信息公开管理办法

（2014 年 10 月 28 日）

为进一步加强我院科研经费管理，规范科研经费使用，提高资金使用效益，根据《国务院关于改进加强中央财政科研项目和资金管理的若干意见》《中国农业科学院关于政务公开工作的方案》等文件规定，制定本管理办法。

第一章　总　则

第一条　本管理办法要求公开的科研经费信息是指：除有特殊规定不宜公开的科研课题（项目）经费外，由研究所分配和使用的科研经费信息。

第二条　研究所对各级财政资助的科研经费信息公开，按照本办法制定实施细则；对非各级财政资助的科研经费信息公开，可根据本单位实际情况在实施细则中规定公开的内容、形式、范围、期限。

第三条　研究所是信息公开的责任主体，应坚持客观真实、注重实效的原则，组织实施科研经费信息公开工作。

第四条　信息公开前，研究所应依照国家保密法律法规和有关规定对拟公开的信息进行保密审查，涉及国家秘密技术的，按国家秘密技术保护有关法律法规执行。涉及商业秘密、知识产权、个人信息的关键词用“*”替代。确保公开的信息不泄密。

第二章　公开范围和内容

第五条　向全所职工公开的科研经费信息包括：

（一）全年各项科研经费信息。公开内容包括：主持人、课题（项目）名称、立项部门与合同金额等。

（二）立项信息。公开内容包括：课题（项目）名称、立项部门、实施期限、主持人和成员、经费额度、外协单位和外拨资金额度等。

（三）结题验收信息。公开内容包括：课题（项目）名称、实施期限、主持人和成员、获得成果、经费结算情况、验收时间、验收组织单位、验收组成员和结题验收意见等。

第六条　向所领导班子成员、财务管理、科研管理和纪检监察部门负责人公开的科研经费信息包括：课题（项目）经费使用的过程信息、课题（项目）组科研副产品收入及处置信息。

过程信息公开内容主要包括：预算调整情况、试剂耗材费、会议费、劳务费、专家咨询费、出国（境）费、大型仪器设备采购费、外拨经费等详细信息。

第七条　课题主持人向课题（项目）组成员公开的科研经费信息包括：本课题（项目）分配和使用的全部科研经费，科研副产品收入及处置情况。

第三章　公开形式和期限

第八条　科研经费信息可采取内网、提供查询、电子邮件、公告栏、文件传阅、会议通报等多种形式公开。

第九条　全年各项科研经费信息在每年 3 月底前公开；课题（项目）的立项信息在研究所收到签定完毕的课题（项目）任务书后 1 个月内公开；结题验收信息在课题（项目）验收工作结束后 1 个月内公开；过程信息至少每季度公开 1 次。

第十条　所有科研经费信息公开的时间，均不得少于 1 个月。

第四章　管理和责任追究

第十一条　研究所应建立科研经费信息公开的反馈机制。纪检监察部门应加强对科研经费信息公开的监督检查，对群众的质疑和合理要求，责成相关部门作出解释说明。涉及重要事项和重大问题的，领导班子要认真讨论研究解决。

第十二条　对未按规定进行科研经费信息公开的单位，院纪检组监察局将给予提醒或通报批评，并责令整改。

第五章　附　则

第十三条　研究所制定的科研经费公开实施细则，报院纪检组监察局备案后实行。

第十四条　院属其他承担科研课题（项目）的单位，按照本管理办法执行。

第十五条　本管理办法由院纪检组监察局负责解释。

第十六条　本管理办法自 2015 年 1 月 1 日起实施。

中共中国农业科学院党组巡视工作实施办法（试行）

农科院党组发〔2014〕24号

第一章　总　则

第一条　为加强党内监督，完善巡视制度，规范巡视工作，根据《中国共产党章程》《中国共产党巡视工作条例（试行）》和《中共农业部党组关于巡视工作的办法（试行）》，结合我院实际，制定本办法。

第二条　院党组实行巡视制度，建立专门巡视机构，对院属各单位、机关各部门领导班子及其成员进行巡视监督。

第三条　巡视工作坚持以邓小平理论和“三个代表”重要思想为指导，深入贯彻落实科学发展观，认真贯彻执行党要管党、从严治党的方针，健全和完善监督机制，维护党的纪律，保证党的路线方针政策、决议、决定和农业部、中国农业科学院重大决策部署的贯彻执行。

第四条　巡视工作坚持党的领导，实事求是、客观公正，发扬民主、依靠群众的原则。巡视工作要与领导班子建设和领导干部选拔任用工作相结合，要与纪检监察工作相结合，充分发挥发现问题、教育警示、形成震慑、预防和惩治腐败、加强党风廉政建设和作风建设、加强领导班子建设方面的重要作用。

第二章　机构设置

第五条　成立中国农业科学院巡视工作领导小组（以下简称巡视领导小组），向院党组负责并报告工作。

第六条　巡视领导小组组长由党组书记担任，副组长由纪检组长和人事局负责同志担任，成员有农业部（中国农业科学院）巡视组组长、副组长和院监察局、人事局、直属机关党委相关负责同志。

第七条　巡视领导小组下设办公室（以下简称巡视办公室），配备处级专职人员1名。巡视办公室设在院党组纪检组监察局，为巡视工作日常办事机构。

第八条　成立中国农业科学院巡视组（以下简称巡视组），承担巡视工作，向巡视领导小组负责并报告工作。

第九条 巡视组设组长、副组长和专兼职工作人员。

巡视组实行组长负责制，副组长协助组长工作。

第十条 巡视领导小组的职责是：

1. 贯彻部、院党组有关巡视工作的决议、决定；

2. 研究决定巡视工作年度计划；

3. 听取巡视工作汇报，对巡视工作反映的情况、提出的意见和建议研究提出处理意见，重要情况和意见、建议及时向院党组报告；

4. 研究对巡视工作成果运用的意见、建议；

5. 向院党组报告巡视工作情况；

6. 对巡视组进行管理和监督；

7. 研究处理巡视工作中的其他重要事项。

第十一条 巡视组对院属各单位、机关各部门领导班子及其成员的下列情况进行监督：

1. 贯彻执行党的路线方针政策和决议、决定的情况，贯彻落实部、院党组重大决策部署的情况；

2. 执行民主集中制的情况；

3. 执行党风廉政建设责任制和自身廉政勤政的情况；

4. 执行中央八项规定、开展作风建设的情况；

5. 选拔任用干部的情况，领导班子及其成员履行职责的精神状态、责任意识和工作成效情况；

6. 联系群众，认真解决群众最关心、最直接、最现实的利益问题的情况；

7. 院党组要求了解的其他事项。

第十二条 巡视办公室的职责是：

1. 拟定巡视工作年度计划和巡视工作方案；

2. 研究巡视工作相关政策，制定和完善巡视工作制度；

3. 承担巡视工作的综合协调，落实巡视工作安排；

4. 负责对兼职巡视人员进行培训；

5. 配合巡视组对院党组和巡视领导小组决定的事项进行督办；

6. 负责整理和保存与巡视工作有关的文件、电子文档和档案资料；

7. 办理巡视领导小组和巡视组交办的其他事项。

第十三条 根据我院实际，在常规巡视的基础上，可在科研经费使用管理、重大专项组织实施、科研道德和学风建设等方面开展专项巡视。专项巡视采取一次一授权的方式，重点对某一单位存在的一个或几个方面的问题开展巡视。

第三章 工作程序

第十四条 巡视组应事先向院办、人事局、财务局、直属机关党委、监察局等部门了解被巡视单位领导班子及其成员的有关情况，上述部门应给予积极配合。

第十五条 巡视组根据被巡视单位情况制定巡视工作方案，并报巡视领导小组审批。主要内容包括：巡视对象、巡视时间、巡视内容、工作方法和工作要求等。

第十六条 巡视办公室一般应在开展巡视前 10 个工作日向被巡视单位发出巡视通知，并协调安排巡视组进驻有关事宜。

第十七条 巡视组进驻前，委托被巡视单位在办公地点的醒目位置张贴巡视预告。主要内容包括：巡视工作的监督范围、时间安排以及巡视组的联系方式等有关情况。

第十八条 巡视组进驻后，应当向被巡视单位的党政主要负责人及领导班子成员通报巡视工作的计划安排和要求，说明巡视的目的和任务。

应当召开全体在职职工大会通报巡视工作安排，150 人以上的单位可以召开副处级、副高级技术职务以上在职人员大会进行通报。会后，对被巡视单位的领导班子及其成员进行民主测评。

第十九条 巡视组的主要工作方式：

1. 听取被巡视单位领导班子的工作汇报，根据工作需要，还可听取党风廉政建设、干部选拔任用、经营收益、财务管理等方面的专题汇报；

2. 根据工作需要列席被巡视单位的党委（支委）会、所（局）务会、所（局）长办公会、民主生活会等有关会议；

3. 受理反映被巡视单位领导班子及其成员问题的来信、来电、来访等；

4. 分别召开不同类型人员参加的座谈会，听取意见；

5. 与被巡视单位领导班子成员和干部群众个别谈话；谈话范围：被巡视单位领导班子全体成员，所属部门、单位副处级以上干部不少于 50%，副研以上职工不少于 30%，工青妇组织、民主党派、离退休职工代表；

6. 调阅复制有关文件、档案、会议记录等资料；

7. 对京外单位，要走访当地相关部门听取意见；

8. 以适当方式对被巡视单位的下属单位或服务对象进行走访调研；

9. 对专业性较强或者特别重要问题的了解，可以商请有关职能部门或者专业机构予以协助；

10. 对反映领导班子及其成员的重要问题，可以进行深入了解；

11. 发现被巡视单位存在群众反映强烈、明显违反规定并且能够及时解决的问题，应及时向巡视领导小组汇报，向被巡视单位提出处理意见。

第二十条 巡视了解工作结束后，要及时整理有关材料，常规巡视在 1 个月内、专项巡视在 1 周内写出巡视工作报告，向巡视领导小组汇报，并针对了解、掌握的重要情况和问题提出处理建议。

第二十一条 巡视领导小组根据巡视组的建议，研究提出处理意见，报院党组决定。

第二十二条 巡视报告经巡视领导小组同意后，巡视组应当在15个工作日内向被巡视单位领导班子反馈。

第二十三条 被巡视单位自收到巡视反馈意见1个月内，向巡视领导小组上报整改方案，并且自整改方案报送之日起6~12个月内报送整改情况报告。

除特殊情况外，被巡视单位应将整改情况在一定范围内通报。

第二十四条 对院党组决定事项，依据干部管理权限和归口管理、各司其职的原则，按照以下途径移送交办：

（一）对涉及被巡视单位执行党的路线方针政策、贯彻落实科学发展观、党风廉政建设责任制、处理改革发展稳定、科研经费使用管理、重大专项组织实施、科研道德学风建设等方面的问题，移交被巡视单位党组织或者院有关部门处理；

（二）对被巡视单位领导班子及其成员涉嫌违纪的问题，移交院监察局处理；

（三）对被巡视单位领导班子及其成员在执行民主集中制、干部选拔任用、工作作风等方面存在的问题和巡视组提出的关于领导班子建设的建议，移交院人事局处理。

第二十五条 院有关部门收到移交的办理事项后，应当按照规定时限办理并将办理情况和结果书面反馈巡视办公室。

第二十六条 院人事局、监察局应当把巡视结果和巡视整改情况作为干部考核评价、选拔任用、奖励惩处和对干部进行调整、免职、降职等组织处理的重要依据。

第二十七条 巡视组要及时整理巡视工作的有关资料，于巡视工作结束后交巡视办公室统一归档。

巡视组的工作记录本应按被巡视单位单独记录，不得多个被巡视单位混用或与其他笔记本混用。

巡视工作重要资料应留有备份。

第四章　巡视组的管理

第二十八条 巡视组人员应当具备下列基本条件：

1. 政治坚定，同党中央保持高度一致，认真学习马克思列宁主义、毛泽东思想、邓小平理论和“三个代表”重要思想，深入贯彻落实科学发展观，坚决执行党的路线方针政策，具有履行职责所需要的政治理论水平；

2. 坚持原则，依法办事，实事求是，公道正派，联系群众，清正廉洁，组织纪律性强，严守秘密；

3. 有强烈的事业心和责任感，思想敏锐，有一定的工作经验，熟悉党务政务和相关的政策法规；

4. 有较强的调查研究和文字综合能力；

5. 身体健康，能胜任工作要求。

第二十九条　巡视组组长、副组长的党组织关系在院监察局，人事关系和工资关系可保留在原单位。

第三十条　根据巡视任务需要，从院属研究所和机关各部门抽调处级及以上干部或近期退出领导工作岗位的所局级干部参加巡视工作。

第三十一条　严肃工作纪律。巡视组要正确履行职责，不干预被巡视单位的正常工作，不处理被巡视单位的具体问题，不查办案件。巡视工作人员严格遵守保密、廉洁自律等有关规定，实行公务回避、任职回避。

第三十二条　严格执行请示报告制度。巡视组对巡视中发现的有关问题，应及时请示报告。发现重要情况、重大问题或紧急情况可直接向院党组汇报。

第三十三条　加强巡视组自身建设。建立健全巡视组日常管理制度，严格规范工作程序，组织巡视组人员参加学习培训，不断提高工作人员的政治、业务素质和履职水平。

第三十四条　巡视组要认真履行职责。对被巡视单位干部群众反映强烈、属于巡视工作职责范围内的重要问题，应当了解而没有了解，应当报告而没有报告甚至隐瞒不报的要追究责任，并视情节轻重予以处理。

第五章　附　则

第三十五条　本办法由巡视领导小组负责解释。

第三十六条　本办法自发布之日起试行。

中国农业科学院巡视工作领导小组
组成人员和组织机构

一、组成人员

组　长：陈萌山

副组长：史志国　魏　琦

成　员：高淑君　刘　俐　舒文华　高士军

二、组织机构

中国农业科学院巡视工作领导小组下设办公室（简称巡视办公室），配备处级专职人员 1 名。巡视办公室设在院党组纪检组监察局，为巡视工作日常办事机构。

农业部（中国农业科学院）巡视组成员

组　长：高淑君（正司局级）
副组长：刘　俐（副司局级）
巡视办公室专职人员：孟　晨（院监察局综合处副处长）

农业部（中国农业科学院）巡视组
关于巡视过程中有关问题线索的处理规程（试行）

为进一步规范中国农业科学院巡视组在巡视过程中有关问题线索的处理，根据《中共中国农业科学院党组巡视工作实施办法（试行）》和农业部巡视工作领导小组办公室《巡视过程中有关问题线索的处理规程（试行）》，制定本规程。

一、认真梳理问题线索

巡视过程中有关问题线索是指对被巡视单位领导班子及其成员、其他干部有关执行政治纪律、党风廉政建设、作风建设、执行民主集中制和选人用人等问题的反映。巡视组对群众举报、巡视谈话等渠道获取的问题线索，要及时、全面、认真梳理，并指定专人负责。对有关问题线索要严格控制知晓范围。

二、合理分类问题线索

巡视组对问题线索应按以下标准合理进行分类处理。

第一类，主要指反映的问题线索具体清楚，有可查性，对照党纪政纪，需要做进一步了解关注的；或者反映的问题线索比较具体清楚，有一定可查性，需要予以了解关注的。

第二类，主要指反映的问题线索经了解后，对照党风廉政建设等有关规定，判断其不具备给予党纪政纪处分条件，但可能要给予组织处理的。

第三类，主要指反映的问题线索涉及领导班子或者班子成员履行职责的精神状态、工作作风、责任意识等，可能需要采取约谈措施的。

第四类，主要指反映的问题线索不具体，或没有依据，基本不具可查性；或者反应的问题性质、程度均属一般性质的，以及经了解可判断明显不属实的。

三、严格按照程序处理

巡视组对巡视期间发现的问题线索应当及时研究，按照上述标准进行分类，并及时向院巡视工作领导小组汇报情况。经院巡视工作领导小组同意后，巡视组可在巡视权限内通过函询、个别谈话等方式进行深入了解。

（一）第一类问题线索的处理程序

经过了解核实后，该类问题写入巡视报告。主要报告反映的问题、深入了解的情况以及提出的处理建议。

需移交有关部门进一步核查的问题线索，院巡视办公室应及时向有关部门移交。对涉及被巡视单位领导班子成员违纪的问题，移交院纪检组监察局处理；涉及处级及以下干部违纪的问题，移交直属机关纪委和本单位党组织处理。对线索明确、事实清楚、违纪情节严重的问题，应直接移交有关部门处理。对情况复杂的问题，院巡视工作领导小组应召开会议听取巡视组汇报，并研究提出处理方案。

（二）第二类问题线索的处理程序

此类问题线索以及在执行民主集中制、干部选拔任用等方面存在的问题，由院巡视办公室移交院人事局处理。

（三）第三类问题线索的处理程序

此类问题线索经巡视组向院巡视工作领导小组报告后，依据《农业部司处级干部谈话函询暂行办法》（农党组发〔2006〕9 号）中第九条和《中国农业科学院干部年度考核工作暂行规定》（农科院党组发〔2006〕55 号）中第十条有关规定的要求，对群众反映较大或民主测评总体评价中“基本称职 + 不称职”票之和超过 20% 的领导班子或班子成员，应由上级党组织主要领导同志对其进行提醒或诫勉谈话。谈话应作书面记录，并经本人核实后由院巡视办公室归档。

（四）第四类问题线索的处理程序

此类问题线索由院巡视办公室直接归档，不作处理。

第一、第二类问题线索移交后，有关部门应进一步核查，并按有关规定做出处理。

农业部（中国农业科学院）巡视组关于2014年巡视工作的总结

农业部第三巡视组（以下简称“院巡视组”）2014年7月人员到位，按照部、院巡视工作领导小组的部署和要求，认真履行职责，坚持边组建边巡视，边探索边规范，完成了对果树研究所、烟草研究所、农业资源与农业区划研究所3个单位的巡视，配合院人事局对7位所（局）级干部的提任和试用期满进行了考察。现将有关情况报告如下。

一、巡视工作情况

（一）健全组织机构，人员、经费、办公条件落实到位

部、院党组高度重视巡视工作，2014年，部党组将中国农科院巡视工作纳入农业部统一管理，并选派了专职巡视组组长、副组长，进一步加强对巡视工作的领导。院巡视工作领导小组随之正式成立，院党组书记陈萌山亲自担任组长，院党组纪检组组长史志国、院党组成员魏琦任副组长，院人事局、院直属机关党委、院监察局有关负责同志担任成员。巡视工作领导小组办公室设在院党组纪检组监察局，配备了处级专职人员1名。并落实了100多平米的办公用房和1辆办公用车，解决了办公设备购置和差旅等专项经费，保证了巡视工作的顺利开展。

（二）加紧建章立制，确保巡视工作科学化、规范化

按照《中共农业部党组关于巡视工作的办法（试行）》有关要求，紧密结合我院改革发展实际，院巡视组起草了《中共中国农业科学院党组巡视工作实施办法（试行）》，详细规定了我院巡视工作的目的、范围、机构设置、工作程序等；制定了《中国农业科学院2014年巡视工作计划》和《关于巡视过程中有关问题线索的处理规程（试行）》，明确了巡视工作的指导思想、总体安排、巡视重点和工作方法、程序与要求；组织编印了《中国农业科学院巡视工作手册》，巡视组成员人手一份；制作了《巡视工作机构图》和《巡视工作流程图》等展板，努力做到全方位熟悉工作，以最快速度进入角色。完善的制度建设使巡视工作有章可循、有据可查，为规范管理创造了条件。

（三）积极参加和组织培训，努力提高自身综合素质

针对巡视组新组建的特点，着力加强巡视队伍建设，提高巡视干部的能力、素质和业务水平。一方面积极参加农业部举办的巡视工作培训班，另一方面组织开展好自身的系统培训。巡视组成员集中学习了习近平、王岐山等领导同志关于巡视工作的讲话精神；观看了中纪委、中央巡视工作领导小组办公室、中央巡视组有关领导讲话的专题录像片，并组织专题讨论。对新参加巡视工作的同志，组长、副组长都要与其进行严肃、认真的谈话，严明组织纪律，明确工作内容，详细解读工作程序和基本要求，确保每次巡视工作不出纰漏。通过学习培训，在很大程度上提升了巡视人员的综合素质和工作能力，为巡视任务的顺利完成提供了保障。

（四）严谨求实，扎实开展巡视工作

1. 主要做法

按照院党组和院巡视工作领导小组的要求，巡视工作与纪检监察、党风廉政建设和干部考察结合起来，2014 年下半年对 2009 年以来尚未被巡视过、今明两年拟换届的单位开展巡视。

巡视组严格按照工作程序开展巡视工作。进驻被巡视单位前向有关部门了解情况，制定详细的巡视工作方案；提前 10 个工作日向被巡视单位发出巡视通知；委托被巡视单位张贴巡视预告，设立征求意见箱；公布联系电话和电子信箱。进驻被巡视单位后，巡视组分别向领导班子成员、全体或副研副处以上职务在职职工通报巡视工作的计划安排和要求，说明巡视的目的和任务。随后，采取听取被巡视单位领导班子的汇报、召开职工大会对领导班子及其成员进行民主测评、与干部群众个别谈话、接待处理信访、查阅各项资料、走访试验场站和基地等多种方式，全面了解领导班子及其成员执行党的路线方针政策和决议决定的情况，执行民主集中制的情况，执行党风廉政建设责任制和廉洁自律各项规定的情况以及开展作风建设情况以及执行《干部任用条例》的情况。对个别谈话所涉及的问题能够及时梳理分析，进一步调查、核实。巡视了解工作结束后，认真组织撰写巡视报告，对报告内容反复推敲，力求客观、准确。及时将巡视报告提交院巡视工作领导小组和院党组审议，做好巡视意见反馈工作。

7 月 14 日—7 月 25 日，对果树研究所进行了巡视；9 月 15 日—9 月 26 日，对烟草研究所开展巡视；10 月 28 日—11 月 15 日，对农业资源与农业区划研究所巡视。在上述 3 个所巡视期间，巡视组个别谈话共计 150 人次，调研单位 7 个，京外走访当地协管部门 3 个，接待来访 29 人次，受理来信 2 件，向被巡视单位提出整改意见 10 条，发现领导干部违纪违法问题线索 3 件。目前，已完成果树所巡视意见的反馈和有关问题的移送处理工作，提出了 3 条意见和 6 条建议，并将巡视中干部职工反映的 3 个方面 12 个

问题线索移交有关部门处理；烟草所和资源区划所巡视报告已经院巡视工作领导小组和院党组审议通过并反馈意见。

2. 被巡视单位的总体情况

（1）果树研究所（略）

（2）烟草研究所（略）

（3）农业资源与农业区划研究所（略）

（五）配合院人事局做好干部考察工作

2014 年，院巡视组组长、副组长带队完成了 4 位所级干部提任、3 位所（局）级干部试用期满的考察工作。

二、存在不足和努力方向

对照中央、部、院党组对巡视工作的要求，巡视组自身发现问题的能力有待进一步提升，处理问题的手段有待进一步提高，政策学习有待进一步深入，部门之间的分工协作机制有待进一步细化。

在今后的工作中，院巡视组要进一步增强使命感、责任感，充分发挥巡视工作在我院党风廉政和领导班子建设中的重要作用，坚持实事求是、客观公正的原则，努力学习，大胆实践，不断总结，勇于创新，使我院的巡视工作迈上新台阶，为院科技创新工程保驾护航。

三、体会与建议

（一）体　会

1. 领导重视是做好巡视工作的关键

部、院党组对中国农科院的巡视工作高度重视，部党组成员、驻部纪检组朱宝成组长亲自对巡视组正副组长进行任职谈话，部巡视工作领导小组通过组织学习培训提高巡视人员的综合素质；院党组和院巡视工作领导小组对巡视组给予人财物力支持、严格要求和具体指导，听取巡视工作汇报，审议巡视工作报告。这使得我们不断提高对巡视工作重要性的认识，不断增强责任感和使命感，激励我们自觉地把巡视工作置于党的领导之下，努力学习和实践，积累经验、提高能力，使巡视工作为中国农业科学院的建设和发展保驾护航。

2. 制度建设是做好巡视工作的保障

规章制度具有根本性、长期性，规章制度体系建设是巡视组当前和今后一个时期的重要工作。巡视组组建伊始，我们就把各项规章制度的建设纳入重要议事日程，根据中央和部、院党组的要求，紧密结合中国农业科学院的实际制定相关规章制度和工作规程，并认真贯彻执行，切实保障巡视工作规范有序地开展。

3. 实事求是、客观公正是做好巡视工作的原则

巡视工作是党内监督的重要组成部分，在落实党要管党、从严治党、加强领导班子建设和党风廉政建设中发挥重要作用。我们要充分利用巡视工作的各种有效形式，加强对领导班子和班子成员、特别是党政一把手的深入了解，对他们的特点认真梳理分析研判，作出实事求是、客观公正的评价，为院党组选拔任用干部、配好配强领导班子提供决策依据。

4. 突出重点、把握特点、发现问题、推进工作是做好巡视工作的根本任务

中央明确了巡视工作的重点是领导班子和班子成员，监督重点是事关政治纪律、组织纪律、作风建设和党风廉政建设的5个方面，要求坚持问题导向，形成震慑，这是我们做好巡视工作的根本遵循。但同时我们也要把握中国农业科学院的特点，高度关注科研经费使用管理、重大专项组织实施、科研道德和学风建设以及影响单位和谐发展的问题，为院党组加强领导班子和干部队伍建设服务，推进科技创新工程和现代科研院所建设。

（二）建议（略）

陈萌山在中共中国农业科学院直属机关第六次代表大会上的讲话

（2014 年 11 月 3 日）

各位代表、同志们：

中共中国农业科学院直属机关第六次代表大会隆重召开，这是我院政治生活中的一件大事。我谨代表院党组向大会的召开表示热烈祝贺，向新当选的中共中国农业科学院直属机关第六届委员会和纪律检查委员会委员表示祝贺，向当选部直属机关第八次党代会的代表和委员候选人预备人选表示祝贺，向与会的全体代表、向全院全体党员致以亲切的问候！

上午，华俊同志代表第五届直属机关党委作了工作报告，讲得很好，我完全赞同。第五届院直属机关党委、纪委成立以来，在部直属机关党委和院党组领导下，坚持以邓小平理论、“三个代表”重要思想和科学发展观为指导，认真贯彻落实党中央一系列部署和农业部党组的一系列安排，紧紧围绕科技创新中心工作，全面加强党的思想、组织、作风、反腐倡廉和制度建设，积极探索农业科研单位党建工作的规律和特点，在各项工作中，充分发挥了党组织政治核心、战斗堡垒作用和共产党员先锋模范作用，为推动我院发展、促进科技创新、建设和谐院所提供了坚强的思想、政治和组织保障。院党组对直属机关党委和院属各级党组织多年来的工作给予充分肯定。在此，我代表院党组向第五届院直属机关党委委员、纪委委员，特别是几位长期担任研究所党委书记、兢兢业业的为党工作、即将退休的党务工作者，向全院各级党组织和广大党务工作者，并通过大家向全体党员表示衷心的感谢和崇高的敬意！

同志们，党的十八大作出了创新基层党建工作，加强基层服务型党组织建设的重大部署。今年 1 月，中央印发了《关于加强基层服务型党组织建设的意见》。10 月 8 日，习近平总书记在党的群众路线教育实践活动总结大会上强调，要巩固和拓展教育实践活动成果，持续加强党的作风建设，在从严治党上继续探索、不断前进。党的十八届四中全会作出全面推进依法治国的战略部署，强调要加强和改进党对法治工作的领导，要加强党内法规制度建设，提高党员干部法治思维和依法办事能力。希望新一届直属机关党委全面贯彻落实中央和习近平总书记重要讲话精神，坚持不懈地加强党的建设，尤其是作风建设，落实从严治党责任，全面开创我院党的工作新局面。我理解，明年和今后一个时期，我院党的工作要突出抓从严治党和基层服务型党组织建设这两件大事，更好地为科技创新和跨越式发展保驾护航。今天，我在前一段调研的基础上，着重就加强我院基层服务型党组织建设讲3点意见。

一、深刻认识加强我院基层服务型党组织建设的重要性、必要性和紧迫性

加强基层服务型党组织建设，是建设学习型、服务型、创新型马克思主义执政党的基础工程，是党的建设工作“围绕中心、服务大局”的重要保障，体现了我们党对新的历史条件下基层党组织根本功能的新定位、核心任务的新认识，明确了基层党组织建设的方向和重点。我们要按照中央要求，深入领会，形成共识，增强行动的主动性。我认为，加强我院基层服务型党组织建设有3个方面的重要性和必要性。

第一，加强我院基层服务型党组织建设，是实现党的宗旨、巩固党的执政基础、密切党同群众联系的客观要求。我们党的宗旨就是全心全意为人民服务。建设基层服务型党组织，指向就是基层，对象就是群众，途径就是服务，就是要以服务为导向，在服务基层、服务群众中体现党的价值、体现党组织的力量，只有不断提高党组织的服务意识和水平，真正实现发展为了人民、发展造福人民，才能深度体现落实党的宗旨，赢得人民群众的全心支持、真心拥护。最近，在开展基层服务型党建专题调研中，我们到了几个研究所，到了中科院北京分院。在有关所的调研中，广大科技人员特别是青年科技人员反映突出的问题是，科研任务重、考核考评压力大、住房紧缺、小孩入园入学难，还有反映工作环境不适应，家庭困难等方面问题。这些问题都是现实的，每天每时都不能回避，解决不好，科技人员心里就不稳、不踏实，影响他们的发展和对未来的预期，极大地分散精力，影响创造力的发挥。建设基层服务型党组织，应该是鲜活的，就是要从科技人员和职工群众最需要、最迫切的问题入手，在诚心诚意办实事、尽心竭力解难事、坚持不懈做好事中，实实在在地解决他们的困难和问题，让广大科技人员和干部职工在基层服务型党组织建设中感受到变化，获得实惠。

第二，加强我院基层服务型党组织建设，是发挥党组织自身功能定位，保障科技创新工程实施，建设世界一流农业科研院所的迫切需要。我理解，党组织的功能定位就是政治核心作用和推动发展的凝聚作用。自2013年我院启动实施科技创新工程以来，全院职工积极拥护、热烈响应、踊跃参与。可以说，创新工程为我院带来了新的变化、新的发展，我们在科研产出、支撑产业发展等方面硕果累累。实施好创新工程，国家瞩目、社会关注、职工期盼、任务繁重、要求严格，这就更加需要我们发挥基层党组织的引领和感召作用。目前，我院有各级党组织394个，有在职党员3 874人，占全院职工的53%；科研岗位党员3 041人，占在职科研人员总数的55.5%。我们还有一大批离退休老同志，他们十分关心爱护我们，关心全院发展。可以说，我院发展的好坏、科技创新工程实施效果如何，党组织和党员作用地发挥尤为关键。要树立“服务能力就是管理能力，服务水平就是管理水平”的理念，把基层党组织的管理职能转化为服务职能，寓领导和管理于服务之中，通过开拓思路、创新机制、丰富手段，保障科技创新工程实

施，以党组织和党员良好的作风、优质的服务转化生成为党的创造力、凝聚力和战斗力，为建成世界一流农业科研院所提供强大的思想、政治和组织保证。

第三，加强我院基层服务型党组织建设，是创新新时期党建工作，巩固教育实践活动成果、持续加强作风建设的重要举措。党的群众路线教育实践活动旨在纠作风之弊，务为民之实。2013 年下半年以来，根据中央要求和农业部党组部署，我院认真开展了党的群众路线教育实践活动，聚焦作风建设，密切联系群众，坚持边查边改，解决了一批制约我院发展的关键问题和职工群众关心的突出问题，取得了实实在在成效，为新时期党建工作的创新创造积累了新的思路、新的办法。教育实践活动有期限，加强作风建设无尽期。要深入把握教育实践活动成功的经验和有效的做法，特别是创新的做法，把目前作风转变的好机制和好势头保持下去，使作风建设真正地落地生根。开展服务型党组织建设是教育实践活动的延续和深化，是巩固扩大教育实践活动成果、推动问题整改落实的有力抓手，是持续推进院所机关作风建设的制度性安排。要通过加强基层服务型党组织建设，切实用作风建设的新成效改进工作、助力发展、推动创新。

二、正确认识加强我院基层服务型党组织建设的目标定位

加强基层服务型党组织建设，要明确目标、找准定位，切实增强针对性、实效性。

明确目标，就是要围绕中心、服务大局，坚持把基层服务型党组织建设放到科研中心工作中部署落实，确保服务不跑偏。中国农业科学院党的工作就是要为跨越式发展保驾护航，为全院跨越式发展和科研工作创造条件、优化环境、营造氛围。贯彻落实好中央要求，加强我院基层服务型党组织建设，这个基本目标不能动摇。

找准定位，就是要以服务科技创新为导向，建设面向产业发展需要、面向国家重大需求，服务科技创新的基层党组织。要以服务科研人员为导向，建设理解科研人员、支持科研人员、服务科研人员的基层党组织。要以服务职工群众为导向，建设倾听群众关切、解决群众困难、营造和谐氛围的基层党组织。要坚持接地气，增强实效性，体现时代性；要坚持务实管用，确保有利于科研创新，有利于充分调动科研人员积极性。要通过基层服务型党组织建设调动每一个基层组织、每一个党员干部的积极性，凝聚改革共识，汇聚发展力量，推动科技创新，促进跨越发展。

加强服务型党组织建设是贴近群众、团结群众、引导群众、赢得群众的新实践。中央明确指出，群众满意是基层服务型党组织建设的根本标准。加强我院基层服务型党组织建设的总体目标就是要建设国家社会满意、科研人员（包括我们的研究生）满意、职工群众满意的基层服务型党组织。具体目标是“六有”：一是要有坚强有力的领导班子，建设服务意识强、服务作风好、服务水平高的党组织领导班子，特别是配好党支部书记。党支部书记是工作贯彻落实到基层的关键一环，是“最后一公里”，配好党支部书记非常关键。要着力提升党支部为创新工程科研团队服务、为党员群众服务的能力水平。二是要有本领过硬的骨干队伍，培养带头服务、带领服务、带动服务的党员干部队

伍。特别是要配备党性观念强、群众基础好、作风务实、熟悉科研的党务工作者。三是要有功能实用的服务场所，建设便捷服务、便利活动、便于议事的综合阵地。有条件的可以设立党务工作办公室、陈列室，要有相对固定的活动场所，开辟宣传空间。四是要有形式多样的服务载体，创新贴近科研、贴近实际、贴近职工、贴近基层的工作抓手。善于利用田间地头、实验室、野外台站开展党建活动。五是要有健全完善的制度和相应的经费保障，形成规范化、常态化、长效化的工作机制。要保障活动经费，比如资划所千方百计，多方筹措经费，每年都为党员提供一定的活动经费，值得借鉴。六是要有职工群众满意的服务业绩，取得职工欢迎、职工受益、职工认可的实际成效，让职工群众时时刻刻、真真切切地感受到党组织的关怀和温暖。

三、准确把握加强我院基层服务型党组织建设的工作重点

加强我院基层服务型党组织建设，要坚持把建设活动与院所发展实际紧密结合，既要整体部署、全面推进，又要体现特点、突出重点；要坚持办实事、求实效，以锲而不舍、弛而不息的精神，一抓到底，抓出成效。经过我们的共同努力，使全院基层党组织服务意识进一步增强、服务能力进一步提高、服务成效进一步提升，涌现出一大批符合“六有”目标的基层服务型党组织。为此，要重点抓好 6 个方面工作。

一是筑牢服务理念。服务型党组织首先必须是学习型党组织。要切实抓好学习教育。重点学习习近平总书记系列重要讲话精神，通过学习来解决“谁来服务、为谁服务”的服务理念问题。习近平总书记多次强调，我们党来自人民、根植人民、服务人民。在加强基层服务型党组织建设中要明确这一条，在任何时候、任何情况下，与人民同呼吸共命运的立场不能变，全心全意为人民服务的宗旨不能忘，群众是真正英雄的历史唯物主义观点不能丢，要始终坚持立党为公、执政为民。要引导广大党员牢固树立全心全意为人民服务的宗旨，牢固树立围绕创新、服务创新、推动创新的理念，牢固树立把服务贯穿于科研工作全过程的观点。要通过宣传和教育，使围绕科研、做好服务成为全院党员干部的思想自觉，内化于心，外化于行。

二是突出服务重点。中央明确要求基层服务型党组织建设要以服务改革、服务发展、服务民生、服务群众、服务党员为工作重心。我院基层服务型党组织建设要牢牢把握这个工作重心，着实做细服务内容。

服务改革，就是要贯彻落实党中央、农业部以及院党组关于事业单位分类改革、现代院所建设的重大部署，做好宣传引导工作，统一思想认识，协调处理改革发展中涉及的切身利益问题，组织动员广大党员和职工理解改革、支持改革、参与改革，贡献力量。围绕科技创新工程的实施，要有一系列的配套措施，包括院机关要开展重新聘任、竞争上岗、双向选择，激活机关的活力。在这些工作中，都会涉及我们的切身利益。党员在改革过程中要带头，要做好工作。

服务科研，就是要按照党中央对科技创新提出的新要求、新部署，进一步解放思

想、抓住机遇，全身心地投入到创新驱动发展战略伟大实践中去。要立足和谐团队建设，强化对科技创新工程实施的保障作用，加快建设世界一流农业科研院所的步伐。

服务“三农”，就是在保障国家粮食安全、发展现代农业中充分发挥农业科技国家队作用。要聚焦世界科技前沿，集中优势力量，大力提升科技创新能力；要对接现代农业需要，创新工作机制，加速科技成果转化，在农业增产增效、解决生产重大技术难题、科技扶贫、科技救灾减灾等方面充分发挥科技支撑作用。

服务职工，就是要自觉践行党的群众路线，认真倾听职工群众意见，真心实意为职工群众做好事、办实事、解难事。暖人心的事多了，党的工作就有热度、有凝聚力。近期，根据调研提出的一些问题，院党组专门研究了加快职工住房建设问题。我院加强与北京市政府、北京市规划委协调，把遗留问题解决好，盘活土地资源，为科研工作和全院发展服务。要努力改善我院科技人员的住房条件，千方百计解决他们最大的民生问题。院党组要求有关部门继续加强与海淀教委的沟通，努力保障我院职工子女顺利入学；继续加大投入和管理，办好院幼儿园，解决职工的后顾之忧；优化院区建设规划，继续加强院区环境整治，提升物业管理水平，建好职工健身活动中心，筹建职工生活服务设施，为职工提供良好的工作生活环境。各级党组织要切实关心科研人员和干部职工的生活，尽力帮助解决实际困难，让大家安心、放心、专心地搞科研。要切实发挥工青妇等群团组织作用，开展形式多样、丰富多彩的文体活动，丰富职工业余生活，缓解工作压力，建设和谐院所。认真做好统战工作，进一步密切与各民主党派和党外知识分子的联系，及时通报情况，听取意见，为他们参政议政、更好地发挥作用创造条件。要加强离退休老同志服务管理工作，落实好老同志的政治待遇，丰富老同志的精神文化生活，认真听取老同志的意见建议，坚持每年为老同志办10件实事，把实事办实、办好。

服务党员，就是要立足于增强党员职工思想素养，坚定理想信念，立足于提高党员职工能力素质，实现长远发展；立足于帮扶生活困难党员职工，体现党组织的人文关怀。要引导党员在科研工作中破解难题，在急难险重任务中发挥先锋模范作用。

三是创新服务载体。“不解决桥和船的问题，过河就是一句空话”。适用对路的载体，就是基层服务型党组织建设的“桥和船”，这些“桥和船”可以是服务活动，也可以是服务窗口，还可以是服务平台。

要结合本单位本部门优势，选择载体。全院各个单位、各个部门的工作性质、任务和特点各不相同。要鼓励党组织结合本单位本部门实际，在实践中探索和创造新的服务载体，不断丰富服务型党组织的工作形式和内容。最近我到几个所开展调研，就发现了一些颇具特色的服务载体，比如资划所第一党支部与山东省青州市后史村党支部开展合作共建，帮助解决中央电视台曝光的“毒生姜”问题。共建以来，效果非常好，解决了实际问题，农民群众非常赞成，基层农村非常满意。同时，党员科技人员将农业生产中碰到的实际问题转化成科研命题，又促进了农业科研与生产的紧密结合。这种把科研工作与党的建设结合起来，互促互补、齐抓共建的方式，值得借鉴推广。

要结合党员职工需求，设计载体。要根据不同层级、不同工作职责、不同工作性质的实际情况，选择开展主题活动，搭建平台，创建品牌。我在调研中了解到，有些单位就特别注重从党员队伍实际情况出发，从群众需求最强烈最迫切的方面做起，从工作有基础有条件的方面突破，取得了实实在在的成效。比如，作科所第二党支部工作做得好，支部书记程须珍干得好，她热爱党的基层工作，具有丰富的基层党的工作经验，非常有激情，非常有热情，非常投入，想了很多办法。这个支部由作物种质资源中心 7 个课题组的 26 名党员组成，是一支长期活跃在农业科研第一线、老中青结合、业务精湛的农业科研队伍。针对 26 名党员分散在 7 个课题组，平时会议多、出差多、业务工作繁忙的特点，支部书记带领支部一班人制定切实可行的学习计划，利用早上、晚上、节假日等时间，组织党员学习。针对党员人数多、不好集中的特点，划分了党小组开展活动；针对青年党员多的特点，建立了红色微博；针对支部内科研人员集中的特点，结合开展学术活动，活跃支部生活，增进交流与了解。在调研过程中，不少同志反映，开展党的工作，组织党员活动没有时间、没有经费。我认为，关键还是没有思路。中国农业科学院有资源、有条件把党的工作做好，关键是要有明确的要求，要把党委、支部，特别是支部书记的作用发挥好。各级党委、党支部一定要重视党的工作，重视基层服务型党组织的建设工作。

要结合现代信息技术，创新载体。在调研中，我们了解到信息所第二和第四党支部在全国多个省市示范推广“农信采”、“农业经济电子地图”、“基层农技推广信息化平台”等成果，加速了农业信息科技成果的转化，提高了信息所的科研影响力，取得了良好的经济效益和社会效益。信息所创建了国家农业图书馆官方微博、微信，为广大涉农机构或个人提供农业实用技术文献查询和网络传递服务，一年就完成咨询服务 500 余次，传递中文农业实用技术文献 4 000余篇，成效显著。

要系统梳理和总结基层服务型党组织建设方面的有效做法，将好的平台、好的做法加以固化，加以交流推广，形成符合中国农业科学院实际和特点的工作方法和活动品牌。

四是强化典型引路。典型引路是基层服务型党组织建设的重要方式。要注重总结基层经验。鼓励基层党组织立足实际、积极探索，及时总结经验，大力宣传推广，聚集推动基层服务型党组织建设的正能量。全院党组织要注意挖掘和培养一批科研业绩好、服务质量高、职工群众公认的先进典型，采取经验交流会、宣传推进会等形式，宣传推广典型做法，树标杆、作样板，用先进典型引领带动基层工作，推动基层服务型党组织建设不断走向深入。要注重表彰先进人物。我院有一批优秀的党员队伍，国家级的优秀个人和先进单位很多。要在为民服务中进一步挖掘、推荐更多的成果突出、影响力大的优秀科学家，积极宣传他们的先进事迹，积极推荐参加先进人物评选，引导广大科研人员学习他们长期扎根农业农村、潜心科研、甘于奉献的精神。我院有一大批科学家在各自的岗位上默默奉献。今年，我专门到资划所的呼伦贝尔试验站调研，觉得辛晓平带领的团队很不容易，为他们的精神喝彩，为他们的精神感动。他们在野外条件艰苦、长期坚持，站长和副站长就住在上下铺。他们的坚守在当地赢得了大家的赞赏，影响力很大。

这些事迹非常平实，他们自己觉得是应该做的。但是，我们要去发现、去总结，要在全院、在每一个单位宣传他们的感人事迹，用身边人的事迹带动和促进我院的发展。

五是构建标准规范、务实管用的服务机制。基层服务型党组织建设是一项长期任务，需要科学系统、体系完备的机制保障实施。要建立健全联系服务机制。认真贯彻落实我院党员干部直接联系职工群众的制度，不断完善党员领导干部党建联系点、机关青年干部到研究所挂职锻炼、援疆援藏、干部挂职任职、与科研人员谈心谈话、征集职工群众意见、党代表直接联系服务职工群众、研究所科研党支部与农村基层党支部合作共建等各项制度，形成上下联动、横向互动、互促互补、齐抓共建的基层服务型党组织建设良好局面。要建立健全考核机制。把服务型党组织建设纳入每年年终的研究所党建考核体系，把考核结果作为对党组织工作业绩评价考核的重要内容。要建立健全表彰激励机制。通过评选优秀服务品牌、先进基层服务型党组织、先进基层服务型个人等方式，传递正能量，营造为科研服务、为职工服务的良好氛围，激励党员干部无私奉献、自觉服务。

六是机关党的工作要高度重视研究生服务型党组织建设。要把关心爱护学生的成长，为他们放飞青春梦想，实现人生出彩搭建舞台，作为创建基层服务型党组织的出发点。要创新服务内容，做好人文关怀，培养学生热爱农业、献身科学的职业精神，养成自尊自信、理性平和、健康向上的良好心态，以开阔的心胸和积极的心境看待社会，为中国农业科学院乃至中国农业科研培养更多高素质的青年俊才。研究生服务型党组织建设工作要有自身的特点，特别是要有青年人的特点。要搭建好学习平台，让他们学有所成；要建设好教师队伍，加强对学生的人文关怀，让他们在中国农科院学习期间能够健康地、更快地成长，贡献更多的科研成果。

同志们，加强我院基层服务型党组织建设，是新时期坚持党的群众路线的新实践，是新时期党的建设工作的新常态。今天选出的新一届直属机关党委和纪委，肩负着做好新形势下直属机关党的建设工作的重要责任，肩负着组织好我院基层服务型党组织建设的重要责任。院党组对新班子寄予厚望。希望大家在农业部直属机关党委和院党组的领导下，不辱使命、不负重托，努力成为团结广大党员和干部职工的坚强领导集体。新当选的“两委”委员要按照习近平总书记对党员领导干部“三严三实”的要求，严以修身、严以用权、严以律己，谋事要实、创业要实、做人要实。要争做服务科研的模范，在建设服务型党组织中发挥示范带动作用，带头服务，带动基层党组织和全体党员做好服务；要争做开拓创新的模范，把不断创新作为增强党建工作生机活力的动力源泉，加强对党建工作全局性、战略性问题的研究和谋划，积极推进党建工作思路创新、制度创新和实践创新；要争做推动落实的模范，大力发扬求真务实、埋头苦干的良好作风，脚踏实地，真抓实干，以自己的人格魅力和模范行为，带动广大党员干部切实将院党组决策部署落到实处；要争做清正廉洁的模范，坚持公道正派，为人、处事出以公心，坚持原则，实事求是，不循私情，正确对待权力、地位和自身利益，廉洁自律，克己奉公，遵纪守法，为政清廉。

最后，我还要特别强调一个问题，就是党要管党、从严治党的问题。院党组将着力加强我院党的工作，要成立院党组党的工作委员会，统筹推动京内、京外研究所党的工作。这是中央的要求，也是我院的现实需要。“党要管党、从严治党”是习近平总书记在教育实践活动总结大会上提出的重大命题，是面向新时期党建工作的重要任务。反“四风”是从严治党的起点，坚持不懈地正风肃纪，持之以恒地推进反腐败斗争，是从严治党的新常态。我院各级党组织和广大党员要认真学习习近平总书记系列重要讲话精神，按照农业部党组的具体要求，自觉地把思想和行动统一到中央部署上来，进一步提高责任意识，不折不扣地兑现教育实践活动整改方案，把从严治党的责任落实到作风建设中，切实提高机关党建工作水平。

落实从严治党，要体现在用严格的制度规范权力，严格的标准约束管理，严格的纪律制约行为，让党员干部心有所畏、言有所戒、行有所止，让中国农业科学院保持创新创业的政治生态、创新创业的优良环境。

好的环境可以感化人，坏的环境可以改变人。政治生态好，坏人不敢做坏事；政治生态不好，好人也可能做坏事。在个人定力和从政环境的关系上，有 3 句话我觉得有道理：一是常在河边走不湿鞋，难；二是出淤泥而不染，更难；三是船晃人不晃，难上加难。如果我们能远离河边的水、清除池塘中的泥、把稳行进中的船，就能最大限度地保护干部和工作人员，这就是科研环境、从政环境、工作环境的重要性。不好的自然环境危害的是人们的身体健康，不好的工作环境危害的是人们的精神健康。最近，我院有的单位发生了一些重大的科研经费使用管理违纪违法的案件。案件虽然发生在一个课题组、一个科学家的身上，但影响是一大片。我院从去年就开始抓科研经费的监管，开展科研经费大检查，一个研究所不落，一个课题组不落，从严检查，发现问题严肃处理。前不久，又通报了 10 个案件，对重点单位的重点案件进行了主动查处，从中举一反三、吸取教训。此外，我们用了 1 年多的时间，集中解决中国农业科学院存在的 10 多个长期信访问题。对于信访点，有百分之一的合理性，就用百分之百的真诚来对待处理，很好地解决了这些问题。总之，就是要使我院党的工作为全院的科技创新工作创造条件、优化环境、营造氛围。我院从严治党一定要从中国农科院的实际出发，抓住两个重点，一个是科研学风建设，一个是科研经费的监管，要持之以恒地抓下去。如何坚持从严治党，治理好政治生态，营造好工作环境，我认为，最重要的就是要依法依规办事，坚持任人唯贤，坚持按程序操作，坚持群众公认，使德才兼备的人有平台、能干事、干成事。最近，我们调整了一些所的领导班子，调整以后出现了新的变化，要坚持下去。

去年教育实践活动中，我们开了一次高质量的民主生活会，批评和自我批评认真严肃、真枪实弹，可以讲刻骨铭心，效果显著。要以此为起点，健全和规范党内民主生活，使党内政治生活正常化、常态化。习近平总书记昨天在福建调研时强调，“对党内政治生活的管理和监督在标准上要严格起来，在内容上要系统起来，在措施上要完善起来，在环节上要衔接起来，做到不漏人、不缺项、不掉链，使存在的问题能及时发现，发现的问题能及时解决，解决一个问题能举一反三、触类旁通”。

各级党组织负责人特别是主要领导同志，要带头执行党章，带头参加党内政治生活。一个单位的党风政风影响一个单位的整体风气。党政主要领导要做到心胸坦荡，不编织关系网，领导干部之间的关系简单了，一个单位内部的关系就简单了。领导干部复杂，下面就复杂。我们有的单位存在不团结、发展迟缓、抓不住机遇的问题，就和内部不和谐、编小圈子有关系。党员领导干部，特别是主要领导干部要严格落实政治纪律，不搞潜规则，以自己忠实的行为带出一个单位好的风尚。

要使勇于担当、敢于担当、实干兴邦成为我们机关工作最基本的价值追求。一个班子、一个领导干部，几年下来山河依旧、面貌未改、怨声载道，原因多多、责任少少，这是为官一任最大的不幸。当前，中国农业科学院正处在全面实施创新工程、推进跨越式发展的关键时期，任务艰巨、机会难得、不可错失。我院的发展势头很好，各级党组织要以踏石留印、抓铁有痕的劲头抓落实，特别是所长书记、机关的局长主任要主动作为，像钉钉子一样抓落实。要令出即行，说到做到，抓把泥土攥出油，真正把创新工程的各项改革举措落实到位，把关乎全院发展的大事抓出成效。

同志们，加强和改进党的工作，当好农业创新推动发展的国家队，为实现中华民族伟大复兴的中国梦而努力奋斗，使命光荣、目标宏伟、责任重大。全院各级党组织要深入学习贯彻党的十八大和十八届三中、四中全会精神以及习近平总书记的系列重要讲话精神，一心一意谋发展，聚精会神抓党建，扎实深入开展服务型党组织建设，为我院科技创新工程实施和各项工作顺利开展提供坚实保证，为实现世界一流农业科研院所的宏伟目标而努力奋斗！

从严治党　从党委书记做起

——陈萌山在 2014 年安阳两研会上的讲话

（2014 年 11 月 27 日）

同志们：

这次会议，机关党委做了精心准备。编印了学习资料，将习近平总书记在教育实践活动总结大会上的讲话和韩长赋部长在农业部教育实践活动整改落实工作座谈会上的讲话，以及有关文件等资料汇编成册，供大家学习。组织了党建论文评选，以引导全院党组织和党员学习、研究理论，推动实践发展。对两年来两研会工作进行了认真总结梳理，对今后的工作进行了科学的谋划。这次会议地点选在棉花所，是为了更好学习棉花所艰苦奋斗的创业精神和敢为人先的创新精神，以更好地引导和激发全院各级党组织自觉担当农业科研国家队的使命和责任。

上午，史组长作了工作报告，中国科学院过程所陈运法书记为我们作了一场精彩的党建工作辅导，我们还颁发了优秀论文奖，4 个党组织作了大会交流。刚才，4 个小组代表汇报了下午讨论的情况，大家讲得都很好。家洋院长对这次会议高度重视，专门提出要求。下面，我就学习贯彻十八届四中全会和习近平总书记系列重要讲话精神，并根据家洋院长的要求，落实党要管党、从严治党责任讲 3 点意见。

一、什么叫从严治党

党的十八大以来，以习近平同志为总书记的党中央突出强调党要管党、从严治党，把党风廉政建设和反腐败斗争提上国家治理体系和治理能力现代化的新高度，以猛药去疴、重典治乱的决心，刮骨疗毒、壮士断腕的勇气，坚持重点惩治腐败，树立了党的权威，赢得了群众的充分信任。同志们，中央有一个判断，就是党的群众路线教育实践活动取得的成效是初步的，以往的教训和广大干部群众最担心的是问题反弹，雨过地皮湿、活动一阵风，最盼望的是形成常态化，保持长效性。为此，中央在党的群众路线教育实践活动一结束，就提出了从严治党的新要求。因此，我理解反“四风”是从严治党的起点，坚持不懈地正风肃纪，持之以恒地推进反腐败斗争，是从严治党的新常态。那么，如何理解、中国农科院如何落实从严治党？

第一，从严治党就是要严格按照党的规定办事。党的十八届四中全会首次专题研究全面推进依法治国重大问题，并将“形成完善的党内法规体系”第一次纳入法治国家建设的“五大体系”之列，将“加强和改进党对全面推进依法治国的领导”作为全面推进依法治国的“六大任务”之一，深刻诠释了党的建设与法治建设相辅相成、共生共存的密切关系，凸显了从严治党在全面推进依法治国进程中的重要地位和关键作用，进一步昭示了治国必先治党、治党务必从严的极端重要性，开创了从严治党、依规治党的新纪元。可以说，全面推进依法治国从根本上讲是对我们党自身提出的要求，是我们党在治国理政上的自我完善、自我提高，体现了一以贯之的治国思想、执政理念。习总书记指出：“从严治党，最根本的就是要使全党各级组织和全体党员、干部都按照党内政治生活准则和党的各项规定办事。”从严治党对我院来讲，就是要健全完善党的建设制度体系，全面加强党的领导，把党建工作和科技创新工作统一起来，把从严治党和依法治院结合起来，全面加强现代院所治理体系和治理能力建设，保障农业科研国家队意志、目标的实现。从严治党总的目的是巩固党的执政地位，抓好从严治党是最大的政绩。在中国，如果共产党弱了、垮了，国家社会动乱，其他政绩又有什么意义。中国农业科学院从严治党，就是要更好地保障科技创新服务国家的需求，绝不能把从严治党与科技创新工作割裂开来，虚化、弱化。

第二，从严治党就是要持之以恒推进作风建设。习近平总书记在党的群众路线教育实践活动总结大会上的讲话，是在新的起点上深化作风建设、坚持从严治党的纲领性文献。2013 年下半年以来，根据中央要求和农业部党组部署，我院认真开展了党的群众路线教育实践活动，聚焦作风建设，密切联系群众，坚持边查边改，解决了一批制约我院发展的关键问题和职工群众关心的突出问题；我们制定了《关于进一步加强党内生活制度建设的实施细则》，修订了《研究所党委工作条例》等规章制度。我们抓住科研学风建设和科研经费监管两个方面的问题，进行专项整改。开展了科研经费大检查，在全院范围进行案例宣讲，对重点单位的重点案件进行了主动查处；提出强化四个责任，发挥六个作用，建立起科研经费规范使用的制度和监管办法等，努力营造风清气正的科研环境，为我院发展赢得了主动。我们要深入学习贯彻习近平总书记在党的群众路线教育实践活动总结大会上的重要讲话精神，深入落实从严治党各项要求，始终绷紧作风建设这根弦，防止出现教育实践活动一结束就曲终人散，“四风”问题又“涛声依旧”，在新的起点上把我院作风建设不断引向深入。

第三，从严治党就是要不断提升中国农业科学院党建工作水平。2012 年年底，我在杭州两研会上提出，党的工作要为跨越式发展保驾护航。两年来，我们紧紧围绕实现跨越式发展和建设世界一流院所两大核心任务，把加快农业科技创新作为党建工作的出发点和落脚点，坚持围绕创新、服务创新、促进创新的基本定位，全面加强党的建设各项工作，全院发展环境进一步优化，科研人员和干部职工精神振奋，干劲十足，党组织的政治核心和战斗堡垒作用得到充分发挥。

加快科技创新，有力支撑国家现代农业发展，是一项光荣长期的任务，是一个艰巨、充满挑战的过程，党的建设将伴随始终，党建工作任重道远，从严治党永远在路上。一个有社会主义制度特色的国家级现代科研院所，一定是一个有现代治理体系和治理能力的党的工作组织。与这个标准相比，目前我院党建工作还存在不小的差距。一是党组织还不够健全。主要表现为党组织换届不及时。据统计，京区 27 个党组织基本能做到按时换届，个别党组织由于行政班子调整未按时换届；京外 18 个党委，已到换届时间但尚未换届的有 6 个，有的已经 28 年未换届。京内京外所党的工作统筹不够，尤其是京外所党组织实行属地化管理，由于没有业务隶属关系，再加上是中央驻地单位，地方党委对研究所党的工作的要求和指导普遍软化，研究所党组织工作亟待加强。二是党内生活还不够健全。我院坚持党内政治生活制度基本面是好的，但也确实存在一些问题。有的党组织把制度挂在墙上不落地，党内生活制度形同虚设；有的党支部跨部门、跨课题组设置，党员科研任务重，支部活动与中心工作结合不紧密；有的党组织“三会一课”等变相为工作研讨会、部署会，学政策理论少、谈业务工作多；有的党组织民主发扬不够、正确集中不够，党内政治生活不严肃，一些党员领导干部不愿批评、不接受批评比较普遍，组织生活会、民主生活会、党员民主评议等党内生活质量不够高；一些党组织对创新党内生活内容方式重视不够，活动内容单调、形式呆板，缺乏吸引力和感染力，党员不愿参加，党内政治生活流于形式；党员活动缺少经费和时间，缺乏手段和平台。这些问题虽然在去年党的群众路线教育实践活动中进行了初步纠正，但没有思想和制度进一步强化保障，又很容易回潮。三是党建工作队伍还不够健全。在力量配备上，党务干部队伍兼职化现象较为普遍，除个别研究所保留党办以外，绝大多数单位采取合署办公，党办主任身兼数职；在能力培养上，缺乏系统性培训，与新形势的要求相差较大；在干部交流方面，整体上还比较狭窄；个别党员领导干部，党性观念不强，政治敏感性不高，组织纪律性淡漠，甚至出现违规违纪现象，影响党组织整体形象。四是党风廉政建设尤其是科研经费监管任务仍然艰巨。经过 2 年多的建设，我院科研经费违规使用的问题有所好转，但开支不规范、乱开支问题仍然存在，有些单位的领导、有些科研人员对这个问题的重视程度不够，或者根本没有引起重视，在严格监管的高压下仍然不收手，仍然按照已有的思维和过去的惯例使用经费，对监管、抽查、审计心存侥幸。我们什么时候能做到国家审计来了，手不乱、心不慌？有的同志讲，社会主义制度什么时候完善了，什么时候我们科研经费使用管理就不出问题，这样认识十分有害，思想认识不到位，是存在问题最严重的病态，“总开关”不解决，问题就永远难解决。

当前，我院已经进入推进跨越式发展、建设世界一流院所的“快车道”。创新工程加快实施，国家重大科研项目立项稳步增长，国家科技奖励、高水平 SCI 论文、发明专利等重大成果产出进一步增加，农业增产增效模式研究取得初步成效，科研经费监管、学风建设有很多新的亮点，党的建设不断取得新进展。但是我们也清醒地看到，我院实现建成世界一流院所的目标任务仍然艰巨，发挥农业科研国家队作用的责任和使命仍然繁重。我们面临四大机遇挑战：能不能顺利推进创新工程试点，能不能通过分类改革建立起公益性科研单位的体制和机制，能不能主动适应科研计划管理改革的要求，能不能谋划好“十三五”的工作，取决于我们能不能发挥好党的组织优势和制度优势，继续汇聚起加快发展的正能量，凝聚广大科研人员和干部职工的共识，形成加快发展的强大合力。

二、为什么要从党委书记做起

近年来，一些地区和部门发生了系统性、塌方式腐败，对地方政治生态带来了严重冲击破坏。“塌方式腐败”之所以不断发生，原因主要在于这个单位的主要领导不作为或者不干净，从严治党主体责任落实不到位，地方发展、单位发展的政治生态出现了问题。火车跑得快，全靠车头带，车头出了问题，其他问题就白谈。

党委书记在我院从严治党格局中处于独特的重要地位。一方面，党委书记在我院党的组织体系中处于承上启下的关键位置，是上级党组织决策部署的执行者，也是本单位党组织的领导者。另一方面，科研单位实行院所长负责制，党委书记是研究所的政治领导核心、所长及其行政班子的坚定支持者、研究所重大决策的主要参与者、所内群团组织合法权益的有力保障者、职工群众政治上的坚强依靠者。因此，我院落实从严治党责任，要从党委书记做起，党委书记是第一责任人。要通过从严治党，首先使党委书记成为学习型书记、清明廉洁的书记、团结模范的书记、敢于担当的书记、善于创新的书记，成为科研工作的后勤部长，成为思想政治工作的灵魂工程师，成为院所文化建设的园丁，敢于担当、敢于作为，善于担当、善于作为，以个人出色的岗位奉献和强大的人格魅力，影响和促进研究所的发展。

一要做带头学习的书记。要用科学理论武装头脑，练就“金刚不坏之身”。认真学习中国特色社会主义理论体系，深入学习领会习近平总书记系列重要讲话精神，自觉践行社会主义核心价值观，进一步坚定理想信念、坚守共产党人的精神追求。无论是专家型书记还是管理型书记，都要积极学习现代管理理念，不断更新学科专业知识；都要加强党内规定和国家宪法法律规定的学习，作精通法律法规的书记。不断提高把握国家战略需求和世界科技发展态势的能力，组织领导重大科技创新活动的能力以及科学、民主、依法管理的能力，使自己既是科研管理行家，又是发展战略专家。要从国际先进做法中、从前人的实践当中、从社会发展的经验当中，学习知识、汲取营养、积累智慧。通过学习开阔胸襟、开阔眼界。要切实做到学习理论和研究问题相结合，既研究战略问题也研究战术问题，科学地回答研究所的长远发展布局问题，有效地制定解决具体问题的办法等。每年，要在系统深入学习调研的基础上，针对某一个问题，撰写一篇研究论文，这应作为必修课、指令性任务加以考核。

二要做清明廉洁的书记。正人必先正己，正己才能正人。党委书记怎么做，全所党员都在看。作为党委书记，要坚持以身作则、率先垂范，做到对上负责与对下负责的统一。凡要求党委成员做到的、党员群众做到的，党委书记必须首先做到；要求下级做到的，上级必须首先做到；要求别人做到的，自己必须首先做到。要以向我看齐的姿态、以敢于拿自己开刀的勇气，听意见、摆问题、管自身、抓督查，发挥示范作用。我们不可能永葆青春，但我们可以永葆清白。党委书记必须在廉洁自律上零容忍，严格遵守中央八项规定，以正己一点带正人一片，以正己之效立正人之威。

三要做团结模范的书记。所长书记是一列火车的火车头，是一个单位台前幕后的指挥，路走的快慢、戏唱的好坏，要靠一二把手掌控。所长是班长，这是科研单位的特点所在，书记必须服从维护这个大局，要积极支持所长的工作。在全局工作中，努力做到建议而不决议、配合而不迎合、补台而不旁观、揽事而不争功。要带头讲默契、讲团结，不因祸福而趋避，而为荣辱休戚与共。党委书记要支持所长工作，当好科技工作的后勤部长；同时，所长要尊重、服从党委书记职责范围内的工作意见。总之，所长书记因事业的需要走到一起来，要保持相互的敬畏和尊重，这是真正团结的思想根基。机关各局办的党支部书记要做团结班子的模范，带头营造宽松的工作环境、宽容的人际关系、宽厚的人文关怀。最近看一本书，讲到即使对最熟悉、最亲切的人，天天见面，事事相关，仍然能保持尊重和耐心，这是一种极高的修养，是干事兴业最好、最高的境界。

四要做敢于担当的书记。党委书记必须坚持原则、敢抓敢管，不能和稀泥，不讲无原则的话，不讲无原则的团结。凡属职责范围内的事情，必须果断处置，尽职尽责做好，解决不了的问题，及时向上级党组织反映。对违反党纪法规、党建制度，有损单位形象的人和事，要敢于批评，一把抓到位，一手抓到底。对一些苗头性、倾向性的问题，要及早发现，从源头上加以治理，严防小错酿成大错，“小节”演化成大过。党委书记包括所长，若不认真履行党风廉政建设的主体责任，这个班子很难有威信、有战斗力，这个单位很难不出问题。无数事实证明，若平时对干部和管理人员供着捧着、藏着掖着、绕着避着，该扯袖子不扯、该敲警钟不敲，就有如“为渊驱鱼、为丛驱雀”，就是为政失德、从政不善。

五要做善于创新的书记。党组织是否有创造力、凝聚力和战斗力，很大程度上取决于党委书记的创新能力。现代院所需要什么样的院所机关，如何发挥党委书记的领航作用，要创新思路、创新办法，把工作做细、做活。不要离开院里的科技创新中心工作机械地做党的工作，不要停留在已有的认识和办法上做党的工作，不要把别的经验办法简单地引入做党的工作。要创新贴近科研、贴近实际、贴近职工、贴近基层的党建工作抓手。加强策划和探索，把党内学习、中心组学习、院所文化、党员模范作用等方面的要求做得更加有用、有效，切实增强党的工作活力、吸引力、影响力。

三、党委书记如何抓好从严治党

党委书记要认真学习领会习近平总书记在党的群众路线教育实践活动总结大会上的讲话精神，自觉把思想行动统一到中央的各项要求上来，牢固树立“不抓党建”就是失职的政治意识，自觉担负起管党治党的政治责任，努力把我们的党建设好。

一是落实从严治党责任。党委书记无论兼任什么行政职务，前提是不能忘记党内职务，决不能只重业务不抓党风，只用干部不抓教育，只重发展不抓反腐，要真正把党的各项工作放在心上、扛在肩上、抓在手上，落实在行动上，负起从严治党第一责任。要坚决落实从严治党的主体责任，把抓好党建作为最大政绩，一心一意谋发展、聚精会神抓党建，把党建工作和中心工作一起谋划、一起部署、一起考核，切实做到真管真严、敢管敢严、长管长严。要加强党性党纪教育，增强党员执行组织制度的自觉性，教育引导党员干部牢记党员身份，坚定理想信念，加强党性修养，使严格遵守法律和制度成为一种思想境界，成为一种行为习惯。特别是要教育党员干部深刻认识党风廉政建设与科技创新工作的辩证统一的关系，排除各种错误观念和思想倾向的干扰。

二要执行从严治党制度。制度治党，就是严明规章制度，以制度管人管事。要健全完善院所长负责制，不断规范清理各项规章制度，真正做到一个领域有一个规章、一个方面工作有一个制度、一类事情有一个程序，全面构建现代院所建设制度体系。制度的生命力在于执行，制度的执行重在领导干部带头，领导干部的一举一动、一言一行，都会对制度的执行带来示范效应。党委书记要带头学习制度，带头执行制度，维护制度的严肃性和权威性，使制度真正成为硬约束，构建依法治理的长效机制。要从严治党，在中国农科院一个重要的标志就是从严管理科研经费，确保科研工作顺利开展，确保科研经费产出多出成果，科研经费管理确保不出系统性风险，科研经费使用确保不出重大案件，用好国家财政每一分钱（系统性风险是指，由于单位管理制度缺陷、法人监管责任缺失等因素所造成的科研经费使用的整体性风险；重大案件是指，金额较大、影响恶劣、涉嫌触犯刑法的科研经费违法使用案件），要在原来落实四个责任，发挥六个作用的基础上，筑牢三道防线。一是筑牢思想的防线。要经常讲、反复讲，使财经纪律真正成为带电的高压线，真正深入人心里、融入血液中、体现到行动上。二是筑牢行动的防线。在科研经费使用监管上，研究室主任、团队首席是行动执行的主体，把自觉、自律严格开支体现在每一张发票上，确保业务事项真实、合法、合规；财会人员是行动把关的主体，严格按照预决算和财经纪律审好每一笔开支，确保经费开支凭证的真实、合法、合规；所长书记是行动审批的主体，要审查支出事项的必要性，是否合法、合规。每个行动主体要敬畏国家法律、敬畏社会公德，做到提笔千斤，真正担当起自己的责任和使命。三是筑牢监管的防线。把监督、巡视、内审有效地结合起来，在监管上打组合拳，着力抓好内审引领监管的制度建设，要按照国家审计部门的工作机制、审查力度，长期聘用社会审计力量进行内部审计，审计到哪里，纪检监督、党内巡视就跟进到哪里，每年内审 1/4 的所，5 年一个周期，确保所长书记在一个任期内内审 1 次。内审的目的是着眼于纠正问题，着眼于举一反三建章立制，起到红红脸、洗洗澡、治治病的作用，构建科研经费监管的有效机制。

三要严肃党内政治生活。党内政治生活是党组织教育管理党员和党员进行党性锻炼的主要平台，从严治党必须从党内政治生活严起。习近平同志指出：严肃党内生活，最根本的是认真执行党的民主集中制，着力解决发扬民主不够、正确集中不够、开展批评不够、严肃纪律不够等问题。一个班子强不强、有没有战斗力，同有没有严肃认真的党内政治生活密切相关；一个领导干部强不强、威信高不高，也同是否经过严肃认真的党内政治生活锻炼密切相关。要加强和规范党内政治生活，严明政治纪律，增强党内政治生活的政治性原则性战斗性，维护党的权威。要坚持和完善民主集中制，保障党员主体地位，营造党内民主平等的同志关系、民主讨论的政治氛围、民主监督的制度环境。坚持好领导班子民主生活会制度，用好批评和自我批评的武器，使之成为一种习惯、一种自觉、一种责任。去年教育实践活动中，我们开了一次高质量的民主生活会和组织生活会，全体党员干部受到了思想洗礼和党性锻炼。要以此为起点，把高标准、高质量保持和复制下去，使党内政治生活正常化、常态化。最近，部党组会对此专门进行研究部署，我院各级党组织要严格按要求落实。各级党组织负责人特别是主要领导同志，要带头参加党内政治生活，以自己忠实的行为带出一个单位好的风尚。

四是从严管理干部。从严治党，重在从严管理干部。干部管理要有严标准、严措施、严约束，若失之于宽、失之于软，就会导致小毛病演变成大问题，影响干部自身成长，削弱党的创造力、凝聚力、战斗力。要严把“入口关”，严格执行干部管理各项规定，严格对领导干部的选拔任用管理，领导干部个人推荐干部及考察干部失真失误必须承担责任。党委书记要真正负起监督同级和下级的责任，敢抓敢管，善抓善管，确保监督真正落到实处。要坚持法律监督、党内监督、群众监督和舆论监督相结合，让从严管理干部贯穿到干部教育培养、考察考核、选拔任用和日常管理的各个环节，使干部不敢腐败专权、不敢失责懈怠。要建立全覆盖谈心谈话制度，把新提拔、平级交流、到龄退休、失职渎职、违规违纪和工作中有情绪及工作不力的干部，全部纳入谈话范围，切实解决谈得不够、敲打不够的问题。

五要营造严的风气。各级党组织负责人特别是党委书记要带头执行中央八项规定，严明党的纪律，持续深入改进工作作风，打造服务人才、服务科研、服务基层的院所机关，将教育实践活动形成的优良作风进行下去，发扬下去。要使勇于担当、敢于担当、实干兴邦成为我院党的工作最基本的价值追求。党委书记要认真履职尽责，做到理必求真、事必求是、言必守信、行必踏实，紧紧盯住作风领域出现的新变化新问题，及时跟进相应的对策措施，做到掌握情况不迟钝、解决问题不拖延、化解矛盾不积压，把作风建设各项工作落到实处。要主动作为，以踏石留印、抓铁有痕的劲头抓落实，真正把创新工程的各项改革举措落实到位，把关乎全院发展的大事抓出成效。要狠抓研究所学风建设，广泛开展科研诚信教育，严格遵守科学道德规范，自觉抵制不良科研风气，对学术不端行为“零容忍”，营造宽松公平的科研环境。

六要突出科研单位特点。各级党组织负责人特别是党委书记要认真学习贯彻党的十八届三中、四中全会和习近平总书记系列重要讲话精神，努力做到先学一步、学深一层、学实一点。要密切跟踪国内外发展形势，深入研究科研单位党建工作新情况、新问题。要突出科研单位特点，体现中国农科院特色，围绕科技创新和现代院所建设，主动地、创造性地开展工作，不断探索党建工作新方法、新模式。要通过形式多样、丰富多彩的活动，融政策、理想信念、理论知识、团队精神、形势教育于一体，寓教于乐，从而促进相互之间的沟通和理解，达到理顺关系、化解矛盾、统一思想、增进友谊的效果。同时开展对社会热点、难点问题的讨论，通过充分讨论，进一步认清形势，增进共识。

七要坚持顶层设计。新形势下，加强我院党的工作，必须京内、京外统筹推动，这是中央的要求，也是我院的现实需要。为了进一步加强我院尤其是院属京外单位基层党组织和党员队伍建设，完善党建工作责任制，院党组决定成立党的建设工作领导小组，统筹指导院属京内外各级党组织建设工作。这么做，有利于形成全院“一盘棋”的党建工作体系，促进党建工作各项任务和部署的落实；有利于促进全院党建工作重大问题和新情况新问题的经常性研究；有利于加强各部门工作的协调，形成党建工作合力，增强党建工作实效。

同志们，从严治党关系到人心向背，关系到我们事业的兴衰成败，让我们紧密团结在以习近平同志为总书记的党中央周围，继续打好党风建设这场硬仗，以好的作风保障创新工程试点和现代院所建设，为实现世界一流农业科研院所的宏伟目标而努力奋斗！

陈萌山在中国农业科学院2014年党风廉政建设工作会议上的讲话

（2014年1月15日）

同志们：

今年我院党风廉政建设工作总的要求，家洋院长前天在院工作报告里讲的很明确；刚才，朱保成组长传达了中央的重要精神，代表部党组作了重要指示，志国同志又作了具体部署，4个单位介绍了经验教训。这4个单位重复讲了一个问题，重复讲了一个内容。它释放了一个强烈的信息，这就是联系我院的实际，党风廉政建设今年的工作要聚焦科研经费的管理。它体现了一个要求，就是科研经费的管理要上升到我院党风廉政建设的高度，上升到我院党风廉政建设的首要任务，增加力度，体现重要性和紧迫性。

下面，我强调4点。

一、高度重视党风廉政建设工作

党的十八大以来，新一届党中央坚持从严管党治党，中纪委和各级纪检监察机关坚决贯彻中央决策部署，全面履行党章赋予的职责，聚焦党风廉政建设和反腐败斗争，严明党的纪律特别是政治纪律，坚决维护党的集中统一；扭住落实中央八项规定精神、纠正“四风”不放，一个节点一个节点抓，步步深入、环环紧扣；坚持有案必查、有腐必惩，充分体现中央对腐败现象“零容忍”的要求。这就是腐败没有“特区”，反腐败没有“禁区”，党的纪律是带电的高压线，主要领导不抓党风廉政建设就是严重失职，纪检监察部门不严肃惩治腐败现象就是严重失职。

习近平总书记昨天在中纪委三次全会上强调，滋生腐败的土壤依然存在，反腐败形势依然严峻复杂，一些不正之风和腐败问题影响恶劣、亟待解决。全党同志要深刻认识反腐败斗争的长期性、复杂性、艰巨性，以猛药去疴、重典治乱的决心，以刮骨疗毒、壮士断腕的勇气，坚决把党风廉政建设和反腐败斗争进行到底。

2013年，我院各级党组织和纪检监察部门，紧紧围绕全院中心工作，坚决贯彻中央部署和农业部党组要求，突出科研单位特点，切实加强党风廉政建设，在科研经费监管、学风建设等方面取得了突出成效。但同时我们必须清醒地看到，社会上有滋生腐败的土壤，农科院也不是一片净土；社会上发生的腐败现象，农科院也不是一片清白。

2013 年我们检查科研经费使用管理，存在大量的不规范行为，甚至存在违规违法现象。2013 年我院还发生了几件影响较大的事件。有的单位违规提取科研经费发放绩效数额较大；个别同志身为财务人员知法犯法；各种举报腐败的信件、邮件，特别是署名举报数量没有明显减少；还有个别单位顶风私设小金库。我们对这些问题的影响不能低估，特别是对这些问题暴露出来的纪律观念淡薄、单位内控机制薄弱等问题要深刻反思、引以为戒。

今年是我院全面深化改革年、科技创新工程深入推进年，也是完成“十二五”规划目标任务的关键年，要做到健康发展、平安发展、稳定发展，不发生重大的案件、不出现重大的折腾，党风廉政建设的保驾护航任务艰巨。我们不能以所谓的“惯例”作依据，顶风违纪；我们不能因为有体制原因，就容忍违规，放松监管；我们不能因为问题出在课题组、出在下面，就认为这是小节，不会影响大局；我们不能因为社会上普遍存在，就熟视无睹，甚至偏袒违规违纪。总之，我们不能放松党风廉政建设、放松查处纠正问题。

二、院所领导干部要做到勤政廉政、率先垂范

我们要发扬党的优良传统，最大的传统就是习近平总书记讲的领导带头。领导带头、以身作则，是最基本的政治品格，是最重要的行动命令。我们院领导、机关各局办负责人、各研究所所长和党委书记，要带头落实党风廉政建设责任制，切实做到自重、自省、自警、自励，积极在廉政方面做出表率。确保自己不做任何违规违法的事，还要大胆地推进党风廉政建设工作。检验这一点能否做到的基本标准，就是我们的行为能不能经得起群众和社会的检验，有没有可查实的举报。举报不断，举报不停，要么是工作不到位、不得法；要么是领导班子要求不严、身上不干净。所以，各单位的主要领导，要带头执行法规制度，作执行民主集中制的模范，抓紧制定本单位的重大事项决策制度，凡属重大决策、重要人事任免、重大项目安排和大额度资金运作事项，必须由领导班子集体作出决定。提高决策水平，防范决策风险，促进领导班子成员廉洁从政、廉洁从业。要带头改进工作作风，坚定理想信念，牢记党的性质和宗旨，牢记党对干部的要求。严格执行党的政治纪律、组织纪律、财经纪律、工作纪律和生活纪律等各项纪律，坚决克服组织涣散、纪律松弛问题，在思想上政治上行动上同党中央保持高度一致。

三、切实抓好三项重点工作

一是巩固和发展教育实践活动成果，推进一流作风建设。重点任务是推进有利于科研创新的学风建设和服务科研、服务科研人员的院所服务型机关作风建设。

建设优良学风，首先要加强教育引导，开展科学道德、职业道德教育，广泛宣传科学大家的治学精神，净化学术风气。加强科研文化建设，优化浓厚学术氛围；要建立学

风表现评审制度，加大监督考核力度；要鼓励学术争鸣，保护不同意见，努力造就开放的科学环境。

建设服务型院所机关，要提升机关干部的服务意识，认真执行限时办结制，落实首问责任制，消除服务意识差、工作散、推、懒等现象；要全面开展绩效管理，制定机关绩效考核办法，建立科学合理的评估指标体系和评估机制，推进机关管理的科学化；要提高机关协同工作能力，建立院机关各部门协同联动工作制度，推动重要工作落实、重大问题解决；要完善机关调研工作制度，加强调研的计划性和针对性，建立定点联系制度，减少研究所负担，提高调研实效。

二是贯彻落实党政机关厉行节约反对浪费条例，细化制度抓落实。中共中央、国务院印发的《党政机关厉行节约反对浪费条例》，把八项规定进一步具体化、规范化，将厉行节约、反对浪费的党纪政纪要求上升为党内法规，彰显了我们党从严治党和根治铺张浪费的坚强决心，具有极其重要的现实意义和重大深远的历史意义。2014 年，要结合我院实际，制订实施细则和配套制度，进一步完善经费管理、国内差旅、因公临时出国（境）、公务接待、公务用车、会议活动、办公用房、资源节约等各项管理规定，形成厉行节约反对浪费的制度体系和长效机制。这里特别强调，后勤管理和课题组的管理，在厉行节约上要出文章、出效益、出效果。后勤管理要量化行为，明确考核办法。院属各研究所都是独立的法人单位，都拥有独立的所区、后勤、食堂，除尽可能地推行社会化管理外，还要制定实施细则，严防跑冒滴漏，从节约一滴水、节约一度电、节约一张纸、节约一瓶试剂、节约每一件耗材的点滴做起，营造节约光荣、浪费可耻的浓厚氛围。

三是开展科研经费专项治理，用好国家财政每一分钱。管好用好科研经费，是科研事业持续健康发展的基本要求，是创新工程做大做成的保障，更是我院党风廉政建设的重要内容。要把握科研规律，创新管理方式，进一步加强科研经费监管，更好地发挥资金使用效益。从科研经费的管理上看，有 3 个方面的问题要高度重视：一是研究所的法人代表抓财务工作、把关审批的意识不够强，有的欠缺把关能力，有的甚至放弃把关。特别是课题组的开支管理，出现了放任自流的问题；二是内控机制普遍不健全，制度针对性不强，程序不规范，内审不到位；三是财会力量普遍薄弱，有的会计出纳缺乏起码的职业操守。当前，科研经费使用管理，社会关注度很高，中央有关部门监管要求很高，我院科技创新事业发展要求很高。所以，院党组决定，在 2013 年普遍检查科研经费使用管理的基础上，2014 年着眼于规范使用，开展科研经费管理使用专项治理。通过专项治理，要重点管好用好创新工程经费，我们的底线是不能出问题。要继续严格执行科研经费管理有关规定，按照财政部、科技部《科学事业单位财务制度》的要求，加强科研经费和国有资产的管理，规范内部成本费用核算，建立健全财务监督制度。要通过信息化手段，加强在线监管，推进科研经费公开透明运行。要强化课题承担单位法人的管理责任，强化课题负责人的使用责任。要进一步加强财会队伍建设，提升制度建设能力和财务管理能力。进一步加强科技人员培训，提高科研人员廉洁自律意识。

四、党组织、纪检监察部门要切实发挥职能作用

习近平总书记在中纪委三次全会上指出，要改革党的纪律检查体制，完善反腐败体制机制，增强权力制约和监督效果，保证各级纪委监督权的相对独立性和权威性。我们要认真贯彻落实中央的决策部署和部党组的要求，切实发挥职能作用，以改革创新精神，推进我院党风廉政建设各项工作。

各单位领导要充分认识纪检监察工作的重要地位和重大作用，全力支持纪检监察部门开展工作。各单位领导班子在中心工作谋划、重大行动推进和干部队伍建设中，要主动让纪检监察部门同时介入，充分发挥他们的监督检查作用、纪律保障作用和参谋助手作用。要加强纪检监察干部的培养，保障工作经费，创造有利条件。

纪检监察部门的同志要敢抓敢管、敢于担当，紧紧围绕中心工作，最大限度发挥监督保障作用，要以零容忍的态度反腐败，做到有贪必肃、有腐必惩。要根据中央《建立健全惩治和预防腐败体系2013—2017年工作规划》和农业部的有关要求，抓紧健全完善中国农科院惩治和预防腐败体系工作规划。要加强党内监督，强化对民主集中制执行情况的检查监督，落实集体领导和分工负责、重要情况通报和报告、述职述廉、民主生活会、信访处理、谈话和诫勉、询问和质询、特定问题调查等监督制度，加强和改进对主要领导干部行使权力的制约和监督。院纪检组监察局要加强对各所局办纪检工作的领导，落实案件查处，督促配好纪检干部。要加强行政监督，强化对机关职能部门履行监管职责情况的监督，加强监察和审计监督，加大问责力度。要加强民主监督，有效听取民主党派、无党派人士的意见、建议和批评。发挥工会、共青团、妇女组织的监督作用，支持和保证群众监督。要加强对重点领域关键环节的监督，加大案件查办和责任追究的力度。要完善巡视组织建设，创新巡视方式方法，扩大巡视成果运用，努力实现巡视全覆盖。要健全和完善廉政风险防控机制，坚持用制度管权管事管人，确保决策权、执行权、监督权既相互制约又相互协调，真正做到让权力在阳光下运行。

院所各级领导和纪检监察干部要积极化解信访矛盾，维护和谐稳定。要关心群众生活，对于职工群众信访中提出的合理诉求，要千方百计予以解决，不能无故拖延。要本着“维护稳定、维护发展、依照法规”的精神处理历史遗留问题。要抓早抓小，把解决实际问题与解决思想问题紧密结合，把矛盾化解在萌芽状态，防止矛盾的积累发酵。同时，各单位的主要领导要注意改善管理方式和方法，要防止因管理方式方法不当，制造上访事件。院里坚决支持所长书记的工作，大胆进行管理，但管理要依法依规、有情有理。特别是一老一小，弄得不好就容易形成感情上的对立，把一些小问题复杂化，让小问题进一步发酵，影响我们的中心工作，牵扯我们大量的精力。院办、人事、纪检监察等相关部门要加强联动、主动出击，密切与有关研究所的配合，力争在最有利的时机下、最短的时间内处理好群众反映的问题。

纪检监察干部要加强自身建设，提高履职能力。要着力提高政治素质，坚持党性原

则，带头执行党的路线方针政策，坚决同消极腐败现象作斗争。要着力提高履职监督能力，认真学习反腐倡廉理论和政策法律，努力掌握纪检监察业务知识，以及经济、管理等方面知识，创新工作思路和工作方式，把党风廉政建设工作推向优化科技创新环境的第一线。要着力提高自律意识，做到为民务实清廉，自觉接受来自各方面的监督，以实际工作和行动赢得支持和信任。

春节就快到了，各单位各部门要切实关心群众生活，做好走访困难家庭、解决困难职工生活问题的工作，这也是我们落实“八项规定”、转变工作作风、密切联系群众的具体举措。要坚决贯彻落实中央八项规定精神，严格禁止公款送礼、公款吃喝，狠刹奢侈浪费之风，要认真贯彻中纪委和农业部最近一系列通知精神要求，过一个风清气正的春节。

同志们，党风廉政建设工作关系到我们事业的兴衰成败。我们要深入贯彻落实习近平总书记的讲话和中纪委三次全会精神，准确把握党风廉政建设的新任务、新部署、新要求，切实增强党风廉政建设工作的整体性、协调性、实效性，紧密结合我院实际，以高度的政治责任感和使命感，做好党风廉政建设工作，为我院科技创新工作保驾护航，为我院跨越式发展保驾护航。

谢谢大家！

中国农业科学院党组副书记、副院长、直属机关党委书记唐华俊在中国农业科学院直属机关党委第六次代表大会预备会上的讲话

（2014 年 11 月 3 日）

各位代表、同志们：

中国共产党中国农业科学院直属机关第六次代表大会经过院直属各级党组织的共同努力，完成了各项筹备工作，今天大会即将胜利开幕。在此，我谨代表院直属机关党委向出席大会的各位代表和同志们表示亲切的问候！向为筹备党代会做了大量工作、付出辛勤努力的同志们表示衷心的感谢！

这次大会，是在全院深入贯彻落实党的十八届四中全会精神，加快推进基层服务型党组织建设，实现我院跨越式发展关键时期召开的一次重要大会。为了圆满完成党代会的各项重要任务，下面，我讲 3 点意见。

第一，统一思想，提高认识。这次会议将认真总结回顾第五次党代会以来的工作，科学谋划未来四年我院党建工作目标和任务。这对于进一步加强我院党的建设，充分发挥基层党组织的领导核心作用、战斗堡垒作用和广大党员的先锋模范作用；对于进一步密切党同人民群众的血肉联系，充分调动各方面的积极性，推进我院各项事业又好又快的发展具有重大而深远的意义。因此，希望各位代表和与会同志，能够从全局和战略的高度，提高认识，切实把思想和行动统一到院党组和上级党组织的决策部署上来，切实增强政治责任感和历史使命感，以对党、对我院广大干部群众高度负责的精神和饱满的政治热情，认真履行代表职责，同心同德，共同努力，完成会议各项任务，努力把这次大会开成一个凝聚人心、鼓舞士气、团结奋进、共谋发展的大会。

第二，顾全大局，不负重托。本次大会的两项主要任务是：听取和审议直属机关党委第五届委员会工作报告、纪委报告，选举产生新一届直属机关党委和纪委。顺利完成这两项任务，对于巩固和发展我院党建工作的大好形势，开创各项工作新局面，具有十分重要的意义。各位代表要充分发扬求真务实的作风，密切联系我院实际，深入思考、畅所欲言、坦诚建言、立足发展、群策群力，共同讨论好、审议好、修改好“两委”工作报告；要讲真话，说实话，实事求是的总结过去工作，肯定成绩，找准不足，把对实现我院跨越式发展、构建和谐院所的意见、建议表达到会议上来，使工作报告更加贴近实际，充分体现广大党员的意志，符合广大干部群众的意愿，更好地指导未来 5 年的工

作。要顾全大局。这次党代会将按照党章要求选举产生新一届党委、纪委，这是大会一项重要任务。提交会议酝酿、选举的“两委”委员等人事方案，是在认真研究，反复酝酿，组织了多次自下而上、自上而下的民主推荐、组织考察，广泛听取了方方面面的意见而形成的。目前的人事安排方案已经院党组和农业部直属机关党委批准。希望各位代表能从讲政治、讲党性、守纪律的大局出发，认真审阅“两委”委员候选人预备人选的材料，充分考虑工作需要，坚持民主集中制，行使好代表权利，履行好代表职责，确保选举工作顺利进行。

第三，严明纪律，转变会风。这次代表大会为响应中央八项规定和我院关于减少会议、提高会议效率的相关要求，会期安排为1天。会议时间短，任务重，为此，大会期间，大会主席团要充分发挥领导核心作用，敢于领导、善于领导，认真细致地做好每个阶段和每个环节的工作。对代表提出的有关问题，要做好解释工作。各小组召集人要切实担负起自己的工作职责，要做好本代表组的组织工作，完成好大会主席团赋予的各项任务。会议期间，各位代表和与会人员要严格遵守本次大会的会议纪律及各项规定，不得迟到早退，如有特殊情况不能参会，必须向大会主席团请假，以严明的纪律和良好的作风，确保大会顺利进行。

最后，预祝大会取得圆满成功！

唐华俊在中共中国农业科学院直属机关第六届委员会第一次全体会议上的讲话

（2014年11月3日）

各位委员：

刚刚闭幕的院直属机关第六次党员代表大会，认真总结了上一届“两委会”工作，就今后一个时期院直属机关党的工作进行了全面部署，选举产生了第六届党的委员会、纪委会。刚才又选举产生了党委常委会组成人员和书记、副书记。部直属机关党委和院党组对第六次党代会召开高度重视，对做好我院机关党建工作提出了明确要求，我们要认真组织学习，切实抓好贯彻落实。

同志们选举我担任院直属机关党委书记，我深感担子重，责任大。如何按照党的十八届四中全会的决定和习近平总书记关于从严治党的指示精神抓好院直属机关党建工作，更好地服务全院中心工作，为实现跨越式发展提供坚强保证，这是我们新一届委员会一项既光荣又艰巨的任务。我坚信，我们全体同志有信心、有决心在院党组和部直属机关党委的领导下，在已有成绩的基础上，发扬好的传统，继续开拓进取，使我院直属机关党的建设不断取得新成效。

陈萌山同志对新一届委员会提出了很高要求，大会代表也对我们寄予厚望。我们要深入贯彻党的十八大和十八届三中、四中全会精神，认真履行职责，按照这次代表大会确定的各项任务，狠抓落实，扎实工作，不断推进我院直属机关党建工作发展，不辜负上级党组织和全体党员、各位代表的期望和重托。下面，我就抓好当前的重点工作，谈3点意见。

一是认真传达贯彻好本次党代会的精神。这次党代会是我院全体党员政治生活中的一件大事，开得很成功。传达贯彻好大会精神，既是做好当前和今后一个时期我院党建工作的前提，也是扩大党内民主，推进党务公开，使党员更好地了解和参与党内事务的要求。各直属党组织要高度重视，周密安排，认真做好传达贯彻的各项工作。要向基层党组织和全体党员传达大会主要精神，尤其是传达学习好陈萌山同志在大会上的讲话以及大会主要文件。要结合本单位党建工作的实际，贯彻落实好大会精神，认真研究制定加强基层服务型党组织建设的措施，提高党建工作科学化、制度化、规范化水平。

二是继续抓好党的十八届四中全会精神的学习贯彻。学习贯彻十八届四中全会精神是当前的重要政治任务。各单位要按照《关于认真学习贯彻党的十八届四中全会精神的通知》的要求，切实抓好四中全会精神的学习贯彻工作，在全面把握四中全会《中共中央关于全面推进依法治国若干重大问题的决定》的精神实质上下功夫。要与抓好本单位党建工作紧密结合起来，以从严治党、改革创新的精神，全面总结本单位党建工作，针对存在的薄弱环节和突出问题，认真谋划今后的党建工作，明确职责任务，狠抓落实，共同推进。

三是加强“两委会”自身建设，充分发挥委员的作用。机关党委是院党组抓党的工作、思想政治工作，特别是抓党员干部队伍建设的重要部门。做好机关党的工作，加强机关党的建设，我们在座的各位都负有重要责任，肩负重要任务，大家都要有这种认识。各位委员绝大多数是各单位党政主要负责同志，虽然本单位的工作任务比较重，但代表们推选我们为委员，既是对我们的信任，也是对我们寄予了厚望，所以，大家要不负众望，按照习近平总书记“三严三实”的要求以及陈萌山同志在讲话中提出的争做“四个模范”的要求，不断增强政治意识、责任意识、全局意识和服务意识，认真履行工作职责，不辱使命，不负重托，团结好、带领好广大党员和干部职工。要总结探索符合科研院所实际，开展党建工作的新途径、新方法和新经验，研究新情况、解决新问题，增强工作的前瞻性、主动性，使党建工作始终保持鲜明的时代特征和旺盛的生命力。此外，委员发挥作用，除了在委员会会议上积极发表自己的意见建议，很重要的是要创造性地组织开展好具有本单位特色的党建工作，为我院党建工作提供典型经验。要注意把基层党组织一些好的做法、意见和建议，及时向机关党委反馈，以便认真研究，更好地指导工作。

同志们，让我们紧密团结在以习近平同志为总书记的党中央周围，在院党组和部直属机关党委的领导下，齐心协力，扎实工作，努力把我院直属机关党的工作提高到一个新的水平，为我院实施科技创新工程，建设世界一流农业科研院所，实现跨越式发展做出新的更大的贡献！

谢谢大家！

聚焦中心工作　强化作风建设
不断开创党风廉政建设和反腐败工作新局面

——中国农业科学院党组纪检组组长史志国在中国农业科学院2014年党风廉政建设工作会议上的工作报告

（2014年1月15日）

同志们：

这次会议的主要任务是：深入贯彻党的十八大、十八届三中全会、十八届中央纪委三次全会精神，回顾总结2013年党风廉政建设工作，安排部署2014年重点工作。驻部纪检组监察局非常关心我院这次会议，朱保成组长专门到会作重要讲话，为我们传达了中央纪委三次全会的最新精神。院党组对这次会议十分重视，专题听取汇报，家洋院长亲自提要求，萌山书记亲自部署。稍后，萌山书记还要作重要讲话，希望与会同志们认真学习领会，坚决贯彻落实。下面，我受院党组委托，向大会作工作报告。

一、2013年工作回顾

2013年，我院党风廉政建设工作在部党组、驻部纪检组的正确领导下，认真贯彻落实党的十八大、十八届中央纪委二次全会和农业部党风廉政工作会议精神，紧紧围绕一流农业科研院所建设，以党风廉政建设责任制为总抓手，以落实中央八项规定、开展党的群众路线教育实践活动为切入点，以学风建设、科研经费监管、化解信访矛盾为着力点，严肃纠正“四风”，弘扬优良学风，强化对重点领域突出问题的专项整治，加大对违纪违规案件的查处力度，多项工作创出了亮点，形成了特色，取得了实效，得到了上级领导和有关部门的高度肯定。下面我从6个方面向大家进行汇报。

（一）切实把思想和行动统一到中央和农业部决策部署上来，全面部署党风廉政建设各项工作

院党组高度重视党风廉政建设工作，全力支持纪检监察部门履行职责，定期听取党风廉政建设工作专题汇报，对有关工作进行研究、提出要求，帮助解决重大问题，带动院属各单位党委切实担负起党风廉政建设的政治责任。

一是统一思想认识。采取多种形式，组织全院广大党员干部认真学习中纪委全会、农业部廉政会议精神，与深入学习贯彻党的十八大精神紧密结合，与学习贯彻中央八项规定紧密结合，与学习贯彻党的群众观点和群众路线紧密结合，与学习贯彻中央关于厉行勤俭节约、反对铺张浪费的各项要求紧密结合，切实把思想和行动统一到中央精神上来，围绕深入推进党风廉政建设和反腐败斗争这条主线，抓好纪律建设、作风建设、反腐倡廉建设三项工作。

二是落实廉政责任。将全年党风廉政建设工作细化成 3 个方面 30 项具体任务，分解到党风廉政建设领导小组成员单位，靠实责任单位，明确责任范围、考核对象和责任追究。各牵头单位紧盯自己分管领域，做到“守土有责”；协办单位及时跟进，形成整体合力。各级领导干部严格落实“一岗双责”，全院上下层层签订廉政责任书，谁主管谁负责、一级抓一级、层层抓落实的党风廉政建设工作体制不断完善。

三是贯彻八项规定。坚决执行中央、农业部关于改进作风的各项规定，结合我院实际从 7 个方面作出 22 条具体要求，以踏石留印、抓铁有痕的劲头狠抓落实。改进调查研究方面。院党组成员多次赴基层“走亲连心”，轻车简从，简化接待，减少陪同，不给基层添麻烦、增负担，不扰乱基层工作秩序，亲民的作风赢得了赞许，也为全院党员干部树立了榜样。严肃会风文风方面。精简文件简报，精简各类会议，杜绝在高档酒店开会、禁止会议宴请。院工作会议期间，会议在机关会议室召开，参会人员在机关食堂用餐，严格控制了会议时间，提高了会议质量。厉行勤俭节约方面。严格控制“三公”经费支出，截至 2013 年年底，全院“三公”经费同比降低了 20.05%。其中，公务接待费、公务用车运行维护费和因公出国（境）费用分别下降 34.24%、0.66% 和 11.80%。改进工作作风方面。出台《关于进一步加强督办工作的实施意见》，加强对院党组会、常务会议定事项和院重大任务部署工作的分工、落实的督办，做到有要求就有部署、有部署就有落实、有落实就有成效。

（二）认真开展群众路线教育实践活动，坚决纠正“四风”问题

院党组充分认识到，“四风”问题解决好了，刹住了，才能得到群众的拥护和支持，才能为做好党风廉政建设工作打下重要的思想和工作基础。自启动教育实践活动以来，院党组带头坚决反对“四风”，大力整治清除作风之弊、行为之垢，有力增强了广大党员干部的宗旨意识和群众观点，有效遏制了“四风”的蔓延，促进了党风政风的进一步好转。

一是领导带头深挖“四风”。活动期间，院党组先后 5 次召开查摆“四风”专题会议，认真梳理“四风”问题在我院的表现。从进一步找准“四风”问题的突出表现，到领导班子及成员对号入座、认领问题，到逐条剖析问题的危害与根源，再到针对每条问题提出具体的整改措施，层层推进、步步深入，着力从思想根源和体制机制上深入剖析，查找原因，明确整改思路和方向，推动批评和自我批评渐入佳境。在院党组的示范

带动下，44 个院属单位、部门的领导班子，290 个在职党支部，都严肃认真地召开了高质量的专题民主生活会和专题组织生活会，切实做到了“红脸出汗”，真正解决了一批“四风”问题。

二是立行立改狠刹“四风”。按照中央《关于落实中央八项规定精神坚决刹住中秋国庆期间公款送礼等不正之风的通知》《关于严禁元旦春节期间公款购买赠送烟花爆竹等年货节礼的通知》《关于严禁公款购买印制寄送贺年卡等物品的通知》要求，加强学习、严格把关，紧盯中秋、国庆、元旦、春节等重要节点，狠刹公款送月饼节礼、公款吃喝、公款贺年、奢侈浪费等不正之风，有效避免了一些违规情况的发生。针对我院“四风”方面存在的突出问题，提出 8 个方面 33 条整改措施，并制定科研经费监管、科研学风建设、服务型机关建设、院区综合治理 4 个专项整治方案跟进整改。通过认真开展整治，解决了一批作风问题、制约我院发展的关键问题和职工群众关心的热点难点问题。

三是严格督导正风肃纪。为使教育实践活动不走过场、取得实效，院党组专门组建了与教育实践活动领导小组办公室并行的督导组，在活动启动后迅速派出 9 个督导小组，对 44 个院属单位、部门进行全程督导。自督导工作开展以来，各督导小组普遍深入督导单位 4 次以上，走访每一个基层党支部，进一步发动职工群众帮助督导单位领导班子查找“四风”、聚焦“四风”。特别是对那些思想认识不到位、查摆问题轻描淡写、自我剖析避重就轻、整改措施大而化之的，敢于逗硬较真，及时纠正，督促各单位始终保持匡正风气的动力和压力，确保教育实践活动善做善成、取信于民。

（三）加大重点领域专项治理力度，营造风清气正的科技创新氛围

按照中央纪委二次全会“抓好高校和科研院所党风廉政建设，着力解决学术诚信、基建工程、科研经费等方面存在的突出问题”的要求，一年来，院党组围绕科技创新工程的启动实施，瞄准上述易于滋生腐败的重点领域，以开展教育实践活动为契机，一项一项治，一步一步推，多项工作实现“零的突破”。

一是推进以学风建设为核心的特色廉政文化建设。出台我院第一个规范科研行为的制度规定——《中国农业科学院科研道德规范》，组建院科研道德委员会，围绕《中国农业科学院科研道德规范》开展系列宣传活动。如在院网头条发表《加强我院科研道德建设　促进科研事业健康发展》的社评文章，在院报刊登《〈中国农业科学院科研道德规范〉解读》，自创主题宣传画《弘扬科研道德　抵制不端行为》下发至院属各单位、各研究室及课题组张贴，教育和引导广大科技人员坚守职业素养和操守，坚持“板凳需坐十年冷”的恒心和毅力，在全院形成以学风建设为核心的特色廉政文化氛围。

二是开展科研经费管理使用专项检查。成立院科研经费专项检查领导小组，由纪检组监察局牵头，财务局、科技局配合，抽调研究所纪委书记、财务人员和科研骨干组成

14 个检查组，首次对全院除营养所之外的 31 个研究所、共计 126 个课题开展了专项检查。课题期限涵盖 2004—2012 年，涉及资金 4.25 亿元。其中每个所都专门检查了一把手课题。检查中，共发现项目经费未实行单独核算、自行调整经费预算、挤占挪用科研经费等九大方面的问题。检查结束后，及时下发整改通知，要求各单位举一反三，限期整改，形成制度，抓好落实。同时，针对检查中发现的突出问题和共性问题，出台科研经费管理使用的“十六条禁止性规定”，提高科研经费管理使用的科学性和规范性。

三是加强基建和政府采购项目监督。按照基建和政府采购项目招投标廉政监督办法，对院本级和院属单位 231 个基建和政府采购项目招投标工作进行全过程监督，涉及金额 9.23 亿元。其中纪检组监察局参与监督及督导 32 个，涉及金额 4.54 亿元。完成院本级基建项目和修购项目工程审计（委托）24 项，竣工决算审计 5 项。

四是推进社会团体廉洁从业风险防控。按照农业部部署，在全院范围开展社会团体廉政风险防控机制建设。据统计，我院管理的社会团体、院所办企业共 59 个，共查找出廉政风险点 542 个，其中一级风险点 45 个，二级风险点 166 个，三级风险点 331 个，共提出廉政风险防控措施 787 条。

（四）坚持教育制度监督并重，增强领导干部廉洁自律意识

牢牢把握“教育是基础，法制是保证，监督是关键”这个纲，以领导班子和领导干部为重点对象，坚持教育、制度、监督三者并重，相互配套，抓源头治腐，取得了明显成效，多项工作在农业部有关会议上进行了典型交流发言。

一是加强反腐倡廉教育。加强示范教育和警示教育。积极宣传优秀科技工作者和团队的先进事迹，树立勤廉兼优的先进典型，发挥表率作用。发放《党员领导干部廉政手册》、组织观看《拒腐防变每月一课》警示教育片，教育提醒党员领导干部遵纪守法，提高拒腐防变的能力。院属单位结合群众路线教育实践活动的开展，组织开展了领导干部讲党课、听取专题辅导报告、参观警示教育基地等形式多样的教育活动，收到了良好的效果。深化岗位教育。将廉政教育与科研经费检查工作相结合，广泛收集行业内、社会上存在的科研经费违法案例，以及我院近些年审计和检查中发现的违规违纪问题，面向研究所主管领导和相关人员进行案例宣讲，以案明纪、以案促廉，在研究所引起强烈反响。在此基础上，向全院印发《科研经费管理使用违法违规案例选编》，进一步增强广大干部和科研人员遵纪守法的自觉性。

二是加强反腐倡廉制度建设。把权力关进制度的笼子里，努力形成用制度管权、按制度办事、靠制度管人的有效机制。年初将制度建设有关要求分工落实到党风廉政建设领导小组成员单位。各牵头单位结合群众路线教育实践活动整改落实、建章立制环节的工作，修订或制定了科学民主决策、干部选拔培训和人才选聘培养、提升履职尽责能力、工作生活待遇、厉行节约反对浪费、基本建设管理、科研经费管理、科研道德建设、职工群众反映的突出问题 9 个方面 51 项制度规定。其中，纪检组监察局牵头制定

了《中国农业科学院科研道德规范》《中国农业科学院选用招标代理机构备案管理暂行规定》和《中国农业科学院“三重一大”决策制度实施办法》3 项制度。

三是加强对权力运行的监督和制约。积极开展巡视工作。2013 年，院巡视组完成对上海兽医所等 6 个单位的巡视，提出整改意见建议 18 条，将巡视成果和院属单位领导班子考核评价结合起来，进一步加强对院属单位领导班子及成员的监督。严格执行领导干部个人有关事项报告等制度，组织全院 68 名所局级以上领导干部和 973 名处级干部向上级报告个人重大事项。严格落实领导干部任前征求纪检监察部门意见，全年征求意见 13 人次。进一步深化领导干部经济责任审计，完成领导干部任期经济责任审计 7 项。

（五）严肃查办违纪违法案件，维护院所和谐稳定的发展环境

与往年相比，2013 年案件数量多、查办难度大。对于重要信访举报和重要案件，院长书记坚持亲自过问、亲自指导、亲自督办；纪检组监察局坚持集体分析、集体研究、集体决策，有力地保证了办案工作的顺利进行，有效地维护了院所和谐稳定的发展环境。

一是认真受理信访举报。全年共收到来信、来电、来访 64 件，其中重复件 12 件，实际 52 件。从反映对象上看，涉及所局级干部 11 人，副所局级干部 6 人，处级干部 6 人。从反映的内容来看，涉及经济问题的 25 件；涉及工作作风、管理问题的 18 件；涉及廉洁自律问题的 2 件；涉及职称问题的 2 件；涉及工资、退休问题的 2 件；其他问题 3 件。上述 52 件来信来访，由纪检组监察局自行核实或者牵头与有关部门共同核实的 21 件。

二是积极化解信访矛盾。将妥善处理重复信访件、重要信访件列入党风廉政责任书范围，重申院属单位处理信访问题的责任。重点对久拖不决的信访问题进行认真清理，按照“一信一策”、“一人一策”的原则，系统地提出解决办法，消除了不安定隐患。对重复信访多、疑难信访问题解决不到位的基层单位，通过派人指导、现场督办、协调解决等方式，把问题发现在第一时间、解决在第一阶段、控制在第一层面，进一步提高基层化解矛盾、解决信访问题的能力。

三是加强查办案件力度。2013 年，正式立案调查了 2 名财务人员违反财务管理规定和公费医疗管理规定，违规报销医疗费的问题。办案人员克服了案件持续时间长，票据多等困难，查清了全部违纪事实，挽回了经济损失，对 2 名违纪人员进行了政纪处理。在查办案件过程中，重视办案的治本作用。在调查 2 个院属公司的问题时，督促公司主管部门采取措施，开展清理整顿行动，及时堵塞了管理漏洞；在调查研究所群众反映比较强烈的问题时，边调查边督促研究所整改，取得了较好效果。

（六）加强自身建设，努力打造一流的纪检监察干部队伍

一年来，全院各级纪检监察部门和广大纪检监察干部以高度的政治责任感和使命感，忠实履职，秉公执纪，纪检监察干部队伍整体素质和工作水平不断提高。一是坚持以服务科研为中心。要求纪检监察干部在优化单位发展环境中要敢于担当，通过全程参与教育实践活动督导、科研经费专项检查等活动，增强纪检监察干部了解、把握、服务科研和大局的能力。二是坚持在贯彻落实八项规定中作表率。打铁还须自身硬，在认真落实中央纪委要求，积极开展会员卡专项清退活动中，全院 150 名专兼职纪检监察干部全部递交了个人会员卡零持有报告，身体力行诠释了务实清廉的活动内涵。三是坚持深入调查研究、不断提高反腐倡廉建设科学化水平。有针对性地开展“坚决反对腐败 建设廉洁政治”反腐倡廉理论征文活动，共征集理论文章和调研成果 26 篇，这些理论研究成果为反腐倡廉建设提供了重要的理论支撑。

同志们，2013 年我院党风廉政建设和反腐败工作取得的新成效、呈现的新局面，是部党组、驻部纪检组高度重视的结果，是院党组正确领导的结果，是各单位党委精心组织的结果，是纪检监察部门真抓实干的结果。一年来的工作成绩来之不易，我们要坚定信心、倍加珍惜。在看到成绩的同时，也要清醒地认识到当前我院党风廉政建设工作仍然存在着一些不容忽视的问题和薄弱环节。例如，个别领导干部对加强党风廉政建设工作的重要性、紧迫性认识不够，“一岗双责”的意识不够强，落实责任制还不够到位；一些单位科研经费管理基础薄弱，预算管理和支出控制不严，出现了科研经费违规使用的现象；一些单位的一些责任人不能很好地履职尽责，导致所在单位频频出现撞线现象；个别单位内控制度执行不到位，对会计人员监管不严，导致了违反财经纪律问题的发生，等等。这些问题需要在今后的工作中引起高度重视，认真加以解决。

二、2014 年主要任务

2014 年，我院党风廉政建设和反腐败工作要坚持以邓小平理论、“三个代表”重要思想、科学发展观为指导，全面贯彻落实党的十八大、十八届三中全会、中央纪委三次全会以及农业部党风廉政建设工作会议精神，聚焦我院党风廉政建设中心工作，坚持标本兼治、综合治理、惩防并举、注重预防的方针，持续加强有中国农业科学院特色的惩治和预防腐败体系建设，不断创新和完善党风廉政建设工作体制机制，突出巩固群众路线教育实践活动成果，推进一流作风建设；狠抓八项规定落实，反对铺张浪费；开展科研经费规范管理专项行动 3 项重点，全面加强党风廉政建设和反腐败工作，营造风清气正的科研氛围，为顺利实施创新工程、建设世界一流农业科研院所提供坚强有力的纪律保证。着重抓好以下几项工作。

（一）深入学习党的十八届三中全会、中央纪委三次全会精神，加强对党风廉政建设的组织领导

党的十八届三中全会、中央纪委三次全会对加强反腐败体制机制创新和制度保障作了一系列重大部署。习近平同志在中央纪委三次全会上指出，滋生腐败的土壤依然存在，反腐败形势依然严峻复杂，一些不正之风和腐败问题影响恶劣亟待解决。全党同志要深刻认识反腐败斗争的长期性、复杂性、艰巨性，以猛药去疴、重典治乱的决心，以刮骨疗毒、壮士断腕的勇气，坚决把党风廉政建设和反腐败斗争进行到底。各单位党委要组织认真学习十八届三中全会、中纪委三次全会和习近平同志讲话精神，深刻认识全面深化改革与推进党风廉政建设和反腐败斗争的关系，严格落实党风廉政建设责任制，自觉承担党风廉政建设主体责任，把反腐倡廉工作纳入重要议事日程，与改革各项工作同步考虑、同步部署、同步实施；支持和保证纪委认真履行职责，发挥监督执纪作用。各单位、各部门主要负责同志要认真履行第一责任人的职责，坚持“一岗双责”，做到重要工作亲自部署、重大问题亲自过问、重点环节亲自协调、重要案件亲自督办。特别是要把严格执行政治纪律和落实中央八项规定作为重要任务，坚持一级管好一级，一级带动一级，督促班子其他成员和各职能部门各司其职、各负其责，敦促教育党员干部廉洁自律、守住底线。要坚决纠正无组织无纪律、自由主义、好人主义等现象，让大道理管住小道理，全局利益管住局部利益。要进一步强化上级纪委对下级纪委的领导。查办案件以上级纪委领导为主，线索处置和案件查办在向同级党委报告的同时必须向上级纪委报告。各级纪委书记、副书记的提名和考察以上级纪委会同组织部门为主。纪检监察部门要按照中央《建立健全惩治和预防腐败体系 2013—2017 年工作规划》部署，制定符合本单位实际的、可操作性强的 2013—2017 年惩防体系建设具体实施办法，明确责任分工，加强检查考核，强化责任追究，协调推动牵头部门和协办部门落实反腐倡廉各项任务。

（二）巩固教育实践活动成果，推进一流作风建设

世界一流的农业科研院所离不开一流的作风作保障。要不断巩固教育实践活动成果，把作风建设融入到惩治和预防腐败体系建设，针对作风、学风方面容易出现的新情况、新问题，立足于超前防范，以教育引导，用制度规范，靠监督制约，建立作风建设的长效机制。开展机关作风专项治理活动。建立机关协同联动工作制度，组织开展院机关绩效考核、全员竞聘工作，对机关工作人员的服务进行满意度测评，对工作不在状态的人员予以调整，坚决治理推诿扯皮、敷衍塞责、得过且过、不思进取等不良风气。开展学风建设专项治理行动。大力宣传《中国农业科学院科研道德规范》，抓好正反面典型教育，用身边的人、身边的事，教育广大干部和科技人员弘扬科学精神，信守科研道

德，营造风清气正的学术氛围。制定全院学术行为规范管理办法，健全完善学风表现审核制度、考核奖惩办法、学科评价方法与制度，充分发挥科研道德委员会在学术道德、学风建设方面的指导作用，对一些苗头性、倾向性问题，提出监管意见。纪检监察部门要开展经常性的监督检查，不断推动作风建设常态化。

（三）狠抓八项规定落实，反对铺张浪费

八项规定出台以来，中央纪委已先后 4 次共对 32 起违反中央八项规定精神典型问题进行了通报，足见新一届中央领导集体对于整顿党风的决心之大。要紧紧扭住落实中央八项规定精神不放松，以抓铁有痕、踏石留印的劲头，坚决纠正“四风”，不断改进学风文风会风。当前，要严格落实中共中央、国务院印发的《党政机关厉行节约反对浪费条例》（以下简称《条例》），结合科研工作和我院实际，按照《条例》精神和要求，细化完善厉行节约反对浪费的各项规章制度。《条例》已作出明确规定的，绝不允许以任何理由打折扣、搞变通。《条例》未作出具体规定的，只要具备条件，各单位、各部门要先行一步，严格要求。要制订实施细则和配套制度，进一步完善经费管理、国内差旅、因公临时出国（境）、公务接待、公务用车、会议活动、办公用房、资源节约等各项管理规定，形成厉行节约反对浪费的制度体系和长效机制。作风问题都与公私问题有联系，都与公款、公权有关系。公款姓公，一分一厘都不能乱花；公权为民，一丝一毫都不能私用。各级领导干部就是要讲大公无私、公私分明、先公后私、公而忘私。各级领导干部要把自己摆进去，紧密联系思想、工作、生活实际，认真对照检查，带头落实中央各项规定。纪检监察部门要加大检查监督力度，对没有做到的要督促做到，违反规定的要限令整改，情节严重的要严肃处理并给予通报、曝光。

（四）围绕科研经费监管，开展科研经费规范管理专项行动

规范科研经费使用是提高经费使用效率的必要手段，是促进多出科研成果的重要保障，是建设世界一流农业科研院所的内在要求。各单位要高度重视并认真贯彻落实国家相关政策规定，不断提高科研经费管理水平，坚决堵住科研经费“黑洞”。有关部门要组织开展科研经费管理使用专题研究，尽快拿出具体的研究方案，拿出足够的时间和精力进行调研，对科研经费管理使用存在的问题深入分析原因，结合我院实际提出切实可行的意见建议。要认真落实习近平同志在三次全会上关于要强化公开，依法公开权力运行流程，让广大干部群众在公开中监督，保证权力正确行使的讲话精神，大力推进科研经费阳光管理，今年要开展的专项行动就是一次阳光行动。要制定科研经费使用信息公开办法，围绕立项信息公开、过程信息公开、结题验收信息公开 3 个环节，健全监督保障机制；积极推进财务管理信息化，加强对科研经费管理使用的监管；进一步细化科研经费管理使用“十六条禁止性规定”，对试剂、耗材的采购，绩效、劳务费的发放等再

作详细规定，使其更加具备可操作性，让科研经费全过程运转在阳光下，确保科研经费使用规范安全，真正用出实效。

（五）多渠道多方式，强化领导干部日常监督和管理

要按照中央纪委三次全会部署，强化对领导干部的监督管理。加强理想信念教育，增强宗旨意识，使领导干部不想腐。加强党纪国法、廉政法规和从政道德教育，将其纳入学习型党组织建设，党委（党组）中心组每年安排廉洁从政专题学习，把廉洁从政教育作为必修内容列入干部培训规划。加强体制机制创新和制度建设，强化监督管理，使领导干部不能腐。严格落实党内监督、廉洁自律各项制度，要切实执行组织纪律，不能搞特殊、有例外，各级党组织要敢抓敢管，使纪律真正成为带电的高压线。各单位、各部门主要负责同志每年要向院党组提交述廉报告。要不断完善巡视工作制度，努力解决巡视组长级别过低、人员不固定等问题，为巡视工作提供坚强的组织保障。要进一步扩大巡视范围、提高巡视质量，突出巡视重点、丰富巡视内容，改进巡视工作方式方法，加强巡视成果的运用。各单位要抓紧健全党务公开、政务公开办法，完善“三重一大”事项集体决策制度，积极推进电子政务建设，让权力在阳光下运行。纪检监察部门要加强对院属单位落实党务公开、政务公开、“三重一大”制度情况的监督检查。

（六）加强信访办案，始终保持惩治腐败的强劲势头

信访工作是送上门的群众工作，是院党组关心的民心工程。对群众的信访举报特别是多次重复举报，各单位党委一定要高度重视，始终坚持“不推诿、不搁置，解决好、根治好”的原则，从根源入手、在关键处用劲，切实减少由于问题没有根本解决而造成的群众重复访、越级访等不良后果。习近平同志多次强调“枫桥经验”，其中一个重要内容就是小事不出村，大事不出镇，矛盾不上交，就地化解。我们各级领导就是要这样负起责任来，各单位守土有责，不能动辄矛盾激化然后上交。对长期不能平息矛盾，长期不能解决重复上访的单位要对主要领导问责。同时院机关各部门也要为各级领导加强管理、大胆管理提供有力、有效的服务和支撑。纪检监察部门要把督办督查作为推动信访工作落实的重要抓手，建立常态化的督办督查机制，对下级纪委办理信访举报的情况进行跟踪、督促和检查，确保群众反映的信访举报问题逐件处理到位。坚持有腐必惩、有贪必肃，使领导干部不敢腐。坚持“老虎”、“苍蝇”一起打，特别是加大对违反中央八项规定；违反“三重一大”决策制度造成重大损失；违法违规使用科研经费；基本建设、政府采购等重点领域的违法违纪案件的查处力度。通过剖析典型案例，查找廉政风险，及时向发案单位和主管部门提出有针对性的整改建议和意见，努力实现遏制“老虎”、“苍蝇”效果的最大化、最优化。

（七）明确职责定位，加强纪检监察队伍自身建设

要落实党委的主体责任和纪委的监督责任，强化责任追究，不能让制度成为纸老虎、稻草人。这是习总书记在中央纪委三次全会上提出的新要求，各级党委、纪委要加深对这一论述的理解，切实履行起职责来。纪检监察部门要把加强干部队伍建设作为开创党风廉政建设工作新局面的基础性工作，抓紧抓实。要进一步明确职责定位，转职能、转方式、转作风，集中精力抓好党风廉政建设和反腐败工作。要加强自身建设，牢固树立进取意识、机遇意识、责任意识“三种意识”，着力提高调查研究、组织协调、查办案件、执纪监督、实践创新“五种能力”，继续保持优良作风，坚守责任担当，树立忠诚可靠、服务人民、刚正不阿、秉公执纪的良好形象。

同志们，2014 年党风廉政建设工作会议，是在我院贯彻落实党的十八届三中全会精神，全面推进和深化改革之际召开的一次重要会议。我们一定要深入学习中央纪委三次全会精神，在部、院党组的正确领导下，以高度的政治责任感，以更加坚决的态度、更加有力的措施，开拓创新，积极作为，不断取得党风廉政建设和反腐败工作新成效，为我院全面深化改革，建设世界一流农业科研院所作出新的更大贡献！

春节即将到来，在此我代表纪检组监察局向大家拜个早年，感谢大家一年来对纪检监察工作的关心和支持，祝愿大家在新的一年里再创佳绩。同时衷心希望大家过年别忘八项规定，过一个热热闹闹又风清气正的春节。

十、人物介绍

智者行远

——记国家科技进步奖二等奖获得者方智远院士

方智远，蔬菜遗传育种专家，参加工作50年来，在甘蓝遗传育种领域作出了卓越贡献，带领研究团队建立了甘蓝自交不亲和系及雄性不育系的选育、繁殖和制种技术体系，培育出20多个不同类型甘蓝新品种，累计推广面积1亿亩以上，先后4次获国家级成果奖，主持的甘蓝雄性不育系育种技术体系的建立与新品种选育获2014年度国家科技进步奖二等奖。

激情科技相携手　攻克育种闯难关

20世纪70年代以前，作为我国主要蔬菜作物之一的甘蓝，种植的新品种大都引自国外，不仅每年需要花费大量外汇，种子的质量和数量也难以保障。1967年，外商对“黄苗”甘蓝种子提高价格并降低质量，造成华南地区种植的“黄苗”甘蓝未熟抽薹，广东等地的菜农蒙受了惨重损失。面对外商的挑衅，年轻的方智远在老同志的带领下，和其他单位通力协作，繁育出质量可以同进口种子相媲美的优质“黄苗”甘蓝种子，并逐步在数量上满足了生产需要，为国家节省了外汇开支。

随后，方智远及其团队在大量引进国外品种的过程中发现，国外培育的甘蓝杂交一代，不仅比一般常规品种产量高、整齐度好，而且抗病性强，但拥有这项技术亲本的国家对此严格保密，我国不能直接引进利用，要解决这个问题，就必须培育出我国自己的杂种一代品种。1970年，方智远着手进行甘蓝杂种一代育种的研究，从整地播种到定植、施肥、浇水、授粉等工作，他和课题组成员都倾力而为。北京市的春天常常沙尘漫天，他们几乎天天都在试验地里餐风涉土，盛夏又要头顶烈日，俯下身一株一株、一朵花一朵花地给甘蓝人工授粉，稍有空隙就奔波在北京市郊区及山东省、山西省、河南省、河北省等地了解新品种的试验示范情况。辛勤的培育终于获得了丰硕的成果，1973年，他们利用自交不亲和系途径育成我国第一个甘蓝一代杂种——“京丰一号”，不仅结束了我国甘蓝品种长期依靠国外引进的被动局面，提高了我国的甘蓝生产和育种水平，对其他蔬菜作物杂种优势利用研究也起到了重要促进作用。

此后，方智远率领课题组又陆续育成适于春秋两季种植的“报春”、“秋丰”、“双金”、“元春”、“庆丰”、“晚丰”6个早中晚期配套的优良品种，解决了甘蓝品种单一、收获过于集中的问题，使甘蓝在我国市场上四季可见。1985年，他们又与北京市农林科学院蔬菜所合作完成甘蓝自交不亲和系选育及其配置的系列新品种，荣获国家技术发明奖一等奖。

育种创新不停步　推广增效为人民

科学的探索永无止境。从 20 世纪 80 年代开始，方智远先后主持国家“六五”、“七五”、“八五”重点科技攻关专题“甘蓝抗病新品种选育”，在解决了品种配套的问题后，又把提高品质、抗病、抗逆作为新的目标，相继培育出国内首批抗病品种“中甘 8 号”、“中甘 9 号”和第二代春早熟新品种“中甘 11 号”、第三代春早熟新品种“8398”。这些品种具有优质、丰产、抗病、抗逆等优点，比原主栽品种平均增产 10% 以上，亩产增收 200 元以上。

目前，世界各国培育甘蓝杂交种采用的技术途径主要是自交不亲和系，但自交不亲和系存在人工授粉繁殖亲本成本高、亲本长期连续自交易退化、配制的种子纯度很难达到 100% 等缺陷，而雄性不育系的利用则可以解决这些问题。方智远带领甘蓝育种课题组从 20 世纪 70 年代后期就开始甘蓝不育系的研究，经过 30 多年的艰苦努力，在甘蓝显性核基因雄性不育技术和胞质雄性不育技术上取得了具有自主创新性的领先成果，在世界上首次发现了甘蓝显性雄性不育材料 79 – 399 – 3，明确该材料的不育性主要受一对显性核基因控制。他们利用常规育种技术与生物技术相结合，培育出优良的甘蓝显性雄性不育系，研究建立了甘蓝显性雄性不育系的选育、繁殖、制种技术体系，配制出 6 个优良的甘蓝杂交种，并实现了甘蓝雄性不育系规模化制种。这些甘蓝新品种在全国区试中比对照品种增产 5.8% ~22.6%，品质、产量和春甘蓝的早熟性等方面优于国内外同类品种，规模化制种杂种杂交率 100%，比自交不亲和系制种提高 8% ~10%，实现了甘蓝杂交制种由自交不亲和系到雄性不育系的重大变革。6 个新品种在 25 个省（区、市）累计推广 1 175.3万亩，新增经济效益 30 多亿元。该成果获 2014 年度国家科技进步奖二等奖，这是甘蓝课题组第四次获国家级大奖。

在潜心科研的同时，方智远十分重视成果的生产应用。为了推广甘蓝新品种，蔬菜花卉研究所在全国设立了 10 余个繁种示范基地、30 余个良种销售网点，方智远率领课题组成员不辞劳苦，深入多地生产一线，只为让良种尽快撒播在祖国大地。他们多年在北京市郊区蹲点，建立长期繁种基地和新品种示范基地，与许多农村基层干部和农民结下深厚友谊。为了让农民兄弟尽快掌握新技术，他们采用典型示范、办培训班等方法传授制种、栽培等技术，并区域试验、大面积示范推广了一系列技术体系，使新品种迅速推广到 30 个省（区、市），累计 1 亿亩以上。

团结协作出成果　希望寄予众后生

方智远一开始就把甘蓝杂种优势育种技术创新和品种改良等应用研究及相关应用基础研究作为课题组的主要任务，50 年来，他带领团队始终围绕这一目标，不畏艰难、团结奋斗。他注重发挥团队每个人的积极性，特别关心支持中青年科技人员的学习成长，团队中青年科技人员都有一年以上的国外学习经历，团队成员各有特长，形成了一支年龄结构合理、战斗力强的工作队伍，大家分工协作、优势互补，成为取得成绩的根本原因。

方智远在科研中与兄弟单位的团结协作堪称典范，许多研究成果都体现了他的合作精神和胸怀，如20世纪70年代完成的自交不亲和系选育技术和育成甘蓝新品种、80年代完成的病原鉴定及多抗性鉴定技术，就是分别与北京市农林科学院、西南农业大学、上海市农业科学院、江苏省农业科学院等兄弟科研教学单位协作完成的。

坚定信念终不悔　淡泊名利志高远

方智远担任蔬菜花卉研究所所领导期间，行政事务和研究工作非常繁重，社会兼职也多，又患有高血压，每天忙前忙后，几乎没有节假日。虽然社会活动多，但他公私分明，凡是因私用车或在餐厅用餐，都按章交费；岳母病重期间，都是下班后乘公共汽车去探望，没有因为自己是院士、所长便搞特殊化，充分体现了共产党员廉洁奉公的品格。1995年，方智远获何梁何利基金科学与技术进步奖10万港元的奖励，他全部捐献给所里，作为所科技奖励基金，用于表彰先进工作者、优秀论文作者等。

在担任所领导期间，方智远团结同志、工作努力，带领全所职工共同奋斗，研究所改革逐步深化，科研、成果开发及精神文明建设工作等都有较大进步，经济实力显著增强，职工收入连年提高，优秀中青年人才不断涌现。研究所承担的“七五”、“八五”、“九五”国家和农业部重点科研课题都圆满完成计划任务，主持完成并获国家重大成果奖励9项、省部级成果奖励17项。以“中蔬牌”商标注册的良种（苗）销往全国各地，取得了良好的经济效益，在科研成果转化上也积累了成功经验，研究所初步进入科研和开发相互促进、同步发展的良性循环，先后获得全国农业科研机构综合科研能力优秀单位、全国农业科研单位科研开发综合能力百强单位、中央国家机关先进基层党组织等荣誉称号。

在荣誉面前，方智远总是谦虚地说：“党和人民给予我的太多了。”他说：“我深沉地爱着我们伟大的祖国，爱着我一生为之追求的事业。我将在有生之年，为我国农业科研事业的发展、为国家的繁荣昌盛更加勤奋地学习、更加努力地工作，不辜负祖国对我的培养，无愧于领导、前辈、同事、亲友对我的期望。”他对工作的坚持执着，就像种子一样把根扎在土壤深处，为人民奉献出丰硕的果实。

心系稻作技术发展　勇攀科技领域高峰

——记国家科技进步奖二等奖获得者朱德峰研究员

水稻研究所朱德峰研究员长期心系“三农”，以水稻产业发展为己任，坚持理论联系实际、产学研结合，取得了多项科研成果，为推动我国水稻产业发展做出了突出贡献，得到广泛好评。2013 年被农业部授予“全国农业先进个人”荣誉称号，由他主持完成的“超级稻高产栽培关键技术及区域化集成应用”获 2014 年国家科技进步奖二等奖，这也是水稻研究所建所以来栽培学科领域取得的首项国家级科技成果奖励。

潜心研发关键技术　技术应用效益显著

1986 年，朱德峰研究生毕业后即进入水稻研究所工作，在科研第一线潜心钻研已近 30 年。近 10 年来，作为研究所稻作技术研究与发展中心主任、国家水稻产业技术体系栽培与土肥研究室主任、中国农业科学院水稻高效栽培创新团队首席专家，他深感责任重大，带领团队创新稻作技术、推进技术应用、服务水稻产业，为我国水稻的科技发展、产业发展和国家粮食安全做出了突出贡献。作为主持人和主要参加人，获得国家科技进步奖二等奖 2 项、三等奖 1 项，省部级奖励 10 余项，先后获得农业部、浙江省有突出贡献中青年专家等称号。他在稻作技术研究上涉及领域广泛，不断深入水稻生产一线发现问题、提炼课题、刻苦钻研，研发了近 10 项水稻生产关键技术并获农业部主推，获得发明专利 20 余项，实用新型专利多项。其中超级稻高产栽培技术、水稻好气灌溉技术、水稻强化栽培技术、水稻钵形毯状秧苗机插新技术、水稻高低温防控技术、水稻机插育秧模式与技术、双季稻全程机械化生产技术，以及水稻机插育秧基质、稻田开沟机等，多项理论与技术属首创，在全国的水稻生产中发挥着重要作用。

由他组织专家联合实施的超级稻高产栽培关键技术与区域化集成应用项目，揭示了超级稻品种高产形成的三大生长规律，形成了三项关键栽培技术，提出超级稻区域化高产栽培技术。该技术连续多年被农业部列为水稻主推技术，年推广 200 余万公顷，增产稻谷逾 17 亿千克，增效达 46 亿元，经济社会效益显著。他首创的水稻钵形毯状秧苗机插新技术，获得 10 余项发明专利授权及多项实用新型专利授权，解决了从日本引进的水稻毯苗机插技术在我国存在的问题，实现了水稻钵苗机插，大幅度提高了水稻机插产量和效益，连续 4 年被农业部列为水稻主推技术应用于我国主要水稻主产区，年推广面积达 130 余万公顷，增产稻谷达 8 亿千克，增效 21 亿元。该技术提高了我国水稻机械化生产技术水平，推进了我国稻作技术转型升级。近年来，他针对水稻机插集中育供秧存在的问题，创新采用机插二段育秧的新模式，研发完善了育秧配套装备，将育供秧能力提高了10余倍，并显著提高秧苗质量，深受稻农欢迎，为我国机插秧推广提供了新的育秧模式。

登高望远成果丰硕　乐于育人注重合作

从生产中来到生产中去，站得高看得远，这是朱德峰开展稻作技术研究的信条，也是他研发的稻作技术能在生产中广泛应用的基础。早在超级稻还不被国人知晓也还未开展研究时，他就敏锐预感到这是个非常重要的研究方向。1995年，他在国内学术刊物上详细介绍了国际水稻研究所开展新株型水稻研究的思路和做法，特别指出了其组织育种、农艺、植物生理、植物模拟等多学科专家协同研究的意义，对日后我国组织超级稻研究具有重要的启示作用。主持我国超级稻栽培技术协作组后，他组织全国超级稻栽培技术研究团队，提出水稻高产株型理论思路，揭示超级稻高产理论，创新超级稻高产技术，并深入生产一线研究和解决超级稻推广中的制约因素和瓶颈，为超级稻大面积推广应用提供技术支撑，为我国超级稻研究和应用处于世界领先水平作出重要贡献。

由他首创的水稻钵形毯状秧苗机插新技术，也是把握了我国水稻产业技术转型发展中面临的新问题，分析由日本人首创的毯苗机插的问题，通过深入研究找出的新方法。他深深认识到，以手工作业为主的传统水稻生产方式已不能适应经济社会发展要求，水稻生产迫切需要技术转型。他和团队成员加强农机农艺结合，密切与农机专家合作，首创了水稻钵形毯状秧苗机插新技术，该技术的研究成功及其推广面积的成倍上升和应用效率之高，为行业资深专家叹服。

作为博士生导师，他兢兢业业、言传身教，先后培养博士、硕士研究生10余名，有的学生已成为该领域地区性的领军专家。他不仅重视研究生培养，还善于与国内外同行交流，不断提高科技创新能力和解决实际生产问题的能力。他所带领的科研团队成绩显著，深受好评。他们研究的稻作新技术，兼具有实用价值和理论高度，累计发表文章220多篇，主编出版9部专著及技术推广和农技服务用科普图书，其中《超级稻品种配套栽培技术》印刷10余次，出版18万余册。

重视稻作生产实际　推进产业技术转型

鉴于朱德峰对稻作生产实际和稻作技术的了解，农业部、中国农业科学院及水稻研究所在组织生产技术推广和技术研发时，总会找到他咨询，他总是竭尽所能提供技术培训和咨询服务。他力推我国水稻产业技术转型升级，推动水稻产业的规模化经营、机械化作业、社会化服务。

朱德峰每年有3个月以上的时间在稻区的田间地头，开展产业调研、试验示范和培训指导，掌握产业发展动向，了解稻农需求，同事和农民朋友笑称“朱老师看水稻就知道生产问题”，足见他下田之频繁、经验之丰富。他每年开展并指导新模式、新技术及新产品的大田示范方 20 余个，针对我国水稻生产灾害频发及稻作技术转型中出现的新情况和新问题，经常组织团队科学家第一时间深入一线，及时解决问题。近年来，共提出抗灾减灾建议和技术报告 20 余份，撰写了大量适用性强的抗灾减灾技术资料。2010 年，西南稻区全年连续发生自然灾害，水稻生产形势十分严峻，他通过调研分析，提出西南稻区春旱影响及应对措施，并多次深入西南稻区的贵州省、云南省等地开展抗旱技术指导和培训；夏末秋初又深入湖北省等地开展抗涝技术指导；秋季针对中晚稻后期低温灾害，提出防止水稻后期低温危害的技术方法，为当年我国水稻抗灾减灾做出了重要贡献，得到了当地政府和稻农的高度赞扬。

他还特别注重与种粮大户、专业合作社、家庭农场等新型水稻生产经营主体的联系，了解他们的需求，每年带领团队下乡技术指导 50 余次，利用各种培训、示范和调研机会，把技术资料、技术要点直接送到种粮大户手中。有的种粮大户把他作为技术顾问，收集当地稻农的水稻生产问题，直接联系请教，并将解决问题的方法和技术传播给其他农户。多年来，他在新模式、新技术和新产品推广中无偿帮助和服务过无数稻农，他的无私奉献和辛勤汗水，使得科研成果和实用技术真正走进了千家万户，为实现水稻增产增效和稻农增收做出了重要贡献。

热心社会服务　积极建言献策

在本职工作之余，朱德峰还兼任多项社会职务，有人大、政协的，也有学会、协会等社团组织的，他曾担任政协浙江省第九届和第十届委员会常委、九三学社浙江省第五届和第六届委员会常委、九三学社水稻研究所支社第四届和第五届主委，做了许多参政议政、建言献策工作。他结合本职工作深入调研，先后提出“关于切实采取有效措施，积极鼓励企业到省外建粮食生产基地的建议”、“创新菜园子与菜篮子对接路径，确保蔬菜价格平稳的建议”等多份调研报告和建议提案，为政府决策提供了重要参考，也为水稻产业发展、保障粮食安全、经济社会发展和民生改善等做出了贡献。他情系“三农”，结合本职特点和个人所长，联合同行专家积极开展科技服务，为广大农技工作者和稻农提供技术培训和技术指导，提升水稻生产技术水平。

守卫棉花　服务棉农

——记全国三八红旗手梁革梅研究员

梁革梅，女，1970 年出生于北京，中国农业科学院植物保护研究所研究员、博士生导师，中华全国青年联合会、中央国家机关青年联合会委员，农业部青年联合会常委。1992 年毕业于北京农学院植物保护专业，1999 年和 2002 年分别获中国农业科学院研究生院农学硕士和博士学位。2000—2001 年在美国 Texas A&M 大学进行合作研究。长期从事棉花害虫综合防治、抗药性机制与治理等研究工作，先后主持和参加国家科技支撑计划项目、自然科学基金项目、“973”计划项目和“863”计划项目等多项课题研究。2009 年获第三届中国植物保护学会青年科技奖，2011 年获农业部“巾帼建功标兵”称号，获国家科技进步奖二等奖 2 项、中华农业科技奖一等奖 1 项、农业部优秀创新团队奖 1 项、省部级科技进步二等奖 2 项。2015 年获“全国三八红旗手”荣誉称号。

献身科研　无怨无悔

梁革梅 1992 年刚参加工作，就赶上我国棉铃虫大暴发。作为中国农科院植保所棉花害虫研究组最年轻的一员，她目睹了严重的棉铃虫灾害：棉农面对“打不死”的棉铃虫束手无策，老弱妇孺一起上阵用手捉虫，人们冒着酷暑反复打药而中暑中毒……棉农对新技术的渴望、对科研人员的期待，使她暗下决心：要提出有价值的防治建议，创建切实可用的技术，努力解决棉铃虫防治难题，为农民带来实实在在的好处。她秉承课题组前辈数十年如一日踏实做科研的精神，不断督促自己，认真学习、积极进取，努力在平凡的工作岗位上建功立业。

那时，科研条件和工作环境十分艰苦，每年从棉花播种到采摘收获的 5 个多月里，棉花长在地里多长时间，她就在田间呆多长时间。7 到 8 月的高温期也是虫害防控关键期，高温高湿的天气、刺鼻难闻的农药气味、繁杂琐碎的数据调查，都丝毫不能减少她坚持试验的决心……这一坚持就是 20 多年，吃苦已成了习惯。她所在的课题组多年来项目多、任务重，她从来都任劳任怨，不计个人得失，工作始终勤勤恳恳、夜以继日，从未休过一次年假，甚至孩子出生的前一天还在地里和实验室忙碌，产假没休完就回到工作岗位，孩子做手术也只是抽空照顾而没有放下工作……无论是试验条件的艰苦，还是辛勤奉献的付出，抑或是对家庭和孩子的亏欠，她都无怨无悔，用热情洋溢的青春岁月执着追求自己“科研助农”的理想。

立足生产　服务农民

在科研工作中，梁革梅总是以生产实践为出发点，潜心研究、攻坚克难。针对棉铃虫由于抗性增强而导致的大暴发，她从 1992 年就开始着手解决棉铃虫对菊酯类农药的抗性问题，从辅助研究到独挡一面，系统开展了棉铃虫的抗性监测、抗性品系筛选、交互抗性、抗性机理、*Bt* 与化学农药协调防治等研究，并创制出一种可以防治高抗棉铃虫的复配农药，投入应用收到了立竿见影的效果。棉铃虫具有杂食性，既为害棉花，也为害玉米、花生、豆类、蔬菜、花卉等，而人们对环境、果蔬粮的安全性要求越来越高。对此，她及时筛选了一些对棉铃虫高效、对人畜低毒、对天敌安全的农药品种，提出了防治棉铃虫的高毒农药替代品种。针对转基因抗虫棉大面积种植后，棉田害虫种群明显变化、次要害虫上升为主要害虫的新问题，她又通过多次试验比较，提出了高效防治苗蚜、伏蚜、棉盲蝽，同时又对天敌安全的农药品种。这些实用高效的产品和技术，对于指导农民合理高效使用农药、延缓抗性产生和有效进行抗性治理等起到了重要作用。

由于在棉花病虫害防治方面取得的成果日益显著，梁革梅陆续主持了一些国家级的研究课题。在主持国家科技支撑计划“棉花重大病虫害防控技术研究与集成示范”时，她坚持科研成果服务于生产，注重解决棉花生产中的实践难题。针对我国棉花产业结构调整后各棉区不同农田生态系统中棉花病虫害发生的新问题，全面考虑不同类型农田生态系统的服务功能，重点研究适合各生态区、可持续有效控制棉花病虫害的关键新技术，并结合各生态区种植特点进行集成，建立适用于不同生态系统的病虫害综合防治策略和体系。她带领的研究团队在利用功能植物防治棉蚜、棉花黄萎病生物防治、棉花早衰综合防治、抗病抗虫中植棉系列棉花品种开发与应用等方面取得重大进展，并通过组织农民培训、发送口袋书、科技咨询等方式将这些技术推广到田间地头、普及到产棉大户，取得了良好的社会、生态和经济效益，为保障我国棉花产业持续发展提供了技术支撑。

放眼国际　创新领先

随着研究日益深入，梁革梅深感进一步系统学习昆虫学理论知识的重要性。从 1999 年开始，她师从著名农业昆虫学家、中国工程院院士郭予元先生攻读博士学位。这使她的视野更加开阔，能够密切关注国际前沿，针对国际热点科学选题并积极尝试和开拓创新。早在我国 *Bt* 棉花还未大规模种植前，她就独具慧眼，在国内率先开展了棉铃虫对 *Bt* 抗性研究，历经 18 年筛选出了多个棉铃虫抗性品系，最高的品系抗性倍数达 3 000多倍。在此基础上，她又综合运用分子生物学、蛋白质组学、生理生化和生态学等理论与方法，研究了关于棉铃虫对 *Bt* 产生抗性的风险评价、交互抗性、适合度变化、抗性遗传、抗性机理和治理等系统工作，在 *Scientific Reports*, *Pest Management Science*, *Journal of Invertebrate Pathology* 等国际权威杂志上发表了多篇相关论文。这些成果奠定了我国在害虫 *Bt* 机制研究方面的领先地位，也为转基因作物的抗性风险评价、制定抗性治理策略等提供了借鉴。

随着我国 *Bt* 抗虫棉种植时间的持续，棉铃虫对 *Bt* 的耐受性也有所增强，国外已开发并开始大面积种植转双价基因抗虫棉花以延缓棉铃虫的抗性、扩大抗虫棉的杀虫谱。她敏锐地捕捉到这一发展动向，开始研究双价抗虫棉中表达的叠加蛋白对治理抗性棉铃虫的效果，并创新性地研究了这种叠加蛋白对不同抗性品系的作用和叠加蛋白的作用机制，为我国合理应用双价抗虫棉打下了理论基础。她还立足长远，对我国有自主知识产权的新型 *Bt* 杀虫基因和含新 *Bt* 基因的组合等进行筛选，评价具有高效杀虫效果基因的抗性发展趋势、交互抗性、环境安全性等，总体评价新基因的应用前景，为我国转基因作物的后续发展把关护航。

热爱生活　回报社会

工作中的梁革梅兢兢业业，生活中的她每天笑容满面，她总说："保持年轻的心态最重要，热爱生活的人才会更热爱事业。"在中国农业科学院和植物保护研究所举办的各项文体活动中，经常能看到她矫健的身姿和出色的表现。作为中央国家机关青年联合会第二、第三、第四届委员，第十一届全国青年联合会委员和农业部青联常委，她关注社会发展，积极建言献策，热心社会公益，投身各项活动：到陕西省延安市、内蒙古神东矿区等地开展学习教育，到天津市滨海新区、广东省清远市等地考察当地经济社会发展，到北京市少管所与学员一起游戏和交流，慰问春节留京农民工等，为促进社会和谐做贡献。

潜心科研　无悔付出

——记全国五一巾帼标兵陈茹梅研究员

陈茹梅，研究员、博士生导师，2001年毕业于中国农业大学，获博士学位。多年来从事植物生物反应器技术和玉米籽粒营养性状改良研究，先后主持完成"863"课题、国际合作项目、"国家生物育种重大专项"课题并参加"973"课题，发表科研论文30多篇，SCI论文12篇，在*Plant Biotechnology Journal*、*BMC Genomics*等知名期刊发表科研论文7篇，获发明专利授权2项。先后获得农业部直属机关优秀共产党员，中国农业科学院"巾帼建功标兵"、十佳青年、优秀共产党员、文明职工，2013—2014年度"全国五一巾帼标兵"等荣誉称号。

名师高徒　七年攻关终突破

在攻读博士学位期间，陈茹梅有幸得到裘维蕃和范云六两位院士的言传身教。两位恩师高深的学术造诣、对科学孜孜不倦的追求献身精神始终激励和鞭策着她在工作中不畏艰难、勇于探索。她所在的团队秉承了范云六院士敬业执着、严谨求实、艰苦奋斗的工作作风，从2000年开始了转植酸酶基因玉米研究，从此开启了一段让她无畏奋斗、无私付出的新征程。

为了早日取得科研上的重大突破，陈茹梅带领同事们在实验室加班加点已是常事，历经7年夜以继日的拼搏和科研攻关，终于结出硕果，玉米种子生物反应器生产高活性植酸酶研究取得巨大突破。他们利用生物技术和传统育种方法相结合，创制了高表达植酸酶玉米新种质，并研发了植酸酶玉米检测鉴别配套技术体系，包括特异性的身份验证标志物、植酸酶玉米的胶体金标记单克隆抗体试纸条和植酸酶活性检测方法。

立足国情　三代智慧结硕果

研发植酸酶玉米的主要背景是因为磷对于动物生长必不可少，在饲料生产中，必须添加磷酸氢钙供动物生长发育之用，但我国磷矿资源严重缺乏，仅能维持使用10～15年，并且磷酸氢钙的生产过程污染严重、耗能高。此外，植酸是抗营养因子，和钙、铁、锰、锌、镁以及蛋白质等营养元素形成不溶性的螯合物束缚这些物质，严重影响动物对这些营养元素的吸收利用。植酸酶玉米中的植酸酶可以降解饲料中含量丰富的植酸，释放出有利于动物生长发育的无机磷，提高饲料中磷的利用效率。每年可减少饲料中磷酸氢钙的添加量80万～120万吨，折合人民币约15亿元，还可使动物粪、尿中磷的排泄减少30%～40%，减轻环境污染。同时，植酸酶玉米是利用农业种植方式替代现存的微生物工业发酵方式生产植酸酶，可减少能源消耗和厂房、设备等投入。因此，以玉米为载体生产植酸酶可实现生产“绿色磷”的梦想，并充分体现了生物技术育种的多功能性、延展性和优越性。

2009年，植酸酶玉米获得了农业部颁发的转基因生物应用安全证书，这一成果凝结了范云六院士研发团队三代人的智慧和心血，也是陈茹梅和团队成员共同奋斗、努力拼搏的结果。2014年，植酸酶玉米安全证书的续申请也获通过，为植酸酶玉米的产业化推进奠定了坚实基础。后续又通过优势互补的产学研合作，培育成功多个生产高活性植酸酶并稳定遗传的转基因玉米新品种，开展了肉鸡、蛋鸡和猪的饲料有效性试验，结果表明可以有效提高饲料磷的利用效率，降低动物粪便的磷含量，具备产业化应用条件。如果这些新品种得以推广，不仅可使种植者增收，饲料生产者和养殖业者也可从中受益，并将对提升我国种业竞争力及饲料和养殖业的可持续发展产生重要的积极作用。

砥砺前行　开发玉米新种质

在开展植酸酶玉米研究的同时，陈茹梅团队研究建立了玉米籽粒生物反应器技术体系，包括稳定的玉米遗传转化技术体系、玉米胚和胚乳特异性启动子库、蛋白高效表达调控系统以及玉米籽粒表达产物代谢组学检测技术等。并利用玉米籽粒生物反应器平台开展合作，针对玉米籽粒中的植酸、和木聚糖、甘露聚糖等淀粉类多糖抗营养因子开展了玉米籽粒高效表达植酸酶、木聚糖酶、甘露聚糖酶等研究工作。这些高效表达的酶类可以分别催化降解玉米、大豆等饲料原料中影响动物对饲料营养物质消化吸收的抗营养因子，提高饲料转化效率。还针对营养性状改良开展了籽粒中高效表达活性维生素E、富含微量元素铁、锌的转基因玉米研究等工作，这些研究相继得到了稳定高效表达目的产物的饲料专用玉米新种质，目前，研究团队正在推进这些新种质的生物安全评价工作，已取得一定进展。

传道授业　培育青年人才

作为课题组长和导师，陈茹梅始终关心实验室每一名年轻人的成长和发展。在实验室，总会和他们一起细致分析、深入讨论试验中遇到的问题，对学生进行耐心的指导和帮助，要求学生养成良好的科研素养，着意培养他们分析问题、解决问题的能力和实验技能；在生活上，她总会给予学生无微不至的关怀，尽己所能解决他们的实际困难，为他们创造良好的科研氛围。在学生和同事眼中，她是一位优秀的导师和团队首席，学生见贤思齐、勤学不缀、刻苦钻研，团队精诚团结、和谐融洽，敢于迎接挑战，充满活力和创造力。

用陈茹梅自己的话说：荣誉仅代表过去，致力科研、无悔付出的目标将会激励她在以后的工作中注重科研积累，加倍努力，再创佳绩！

植根田野的“芝麻花”

——记全国五一巾帼标兵张秀荣研究员

张秀荣，女，1961年生，山东省武城县人，中国农业科学院油料作物研究所研究员，享受湖北省政府津贴专家。现任中国农业科学院芝麻与特色油料作物遗传育种创新团队首席专家、国家芝麻产业技术体系岗位专家、油料作物研究所芝麻种质资源课题组长，兼任中国农业技术推广协会油料作物技术分会理事。1987年至今一直在科研一线从事芝麻种质资源和育种研究工作，先后主持或参加国家、省部级及国际合作等科研课题20余项，以第一作者或通讯作者发表论文60余篇，主编著作1部，获授权专利5项，主持选育芝麻品种17个，获省部级科技奖励5项。曾两次被评为中国农业科学院优秀共产党员，获湖北省全省创先争优优秀共产党员、湖北省五一巾帼奖、湖北省五一劳动奖章等荣誉，并获“全国五一巾帼标兵”荣誉称号。

“立地”——花开江淮沃土

芝麻很不起眼，俗话说，“捡了芝麻，丢了西瓜”，比喻因小失大，但张秀荣决心把芝麻研究做好。1995年她担任芝麻种质资源课题组负责人后，充分发挥带头作用和主观能动性，解放思想，开拓创新，吃苦在前，用勤奋弥补人手不足等客观困难，带领课题组逐渐走出困难局面，课题组也从过去的2人发展为现在固定人员6人、研究生和聘用人员8人以上的创新团队，其中还拥有4名博士科研骨干。

她率先在全国开展了芝麻航天育种，主持育成了芝麻高产优质多抗广适性“中芝”、“航芝”等系列新品种。她历经十年育成的“中芝13”，具有“三高一广”的突出特点，即高耐湿、高抗病、高产、广适应性，全国累计推广面积1 200万亩，创造经济效益6亿多元。“中芝13”备受农户青睐，也得到了种子经销商的广泛好评，被种子主管部门评价为里程碑式的品种，获得湖北省科技进步一等奖和中国农业科学院科技成果一等奖。通过与多家企业合作，其育成品种转化效率在全国芝麻同行业中名列前茅，新品种推广覆盖了我国芝麻主产区的湖北、安徽、河南、湖南、江西、江苏、浙江、重庆、四川等省市，并在新疆试种成功和推广，有力地推动了我国江淮流域主产区芝麻品种的更新换代和单产提高，对农民增收、企业增效发挥了重要作用。

“顶天”——勇攀科研高峰

“中芝 13”等新品种的大面积推广应用，为张秀荣带来了看得见的成绩，但她并没有因此而忽视基础研究。为改变芝麻基础研究相对薄弱的局面，她带领团队构建了首张芝麻高密度遗传连锁图谱，建立了芝麻基因组数据库平台（http：//ocri-genomics. org/sinbase）和芝麻种质资源共享信息平台，促进了全国芝麻研究的交流和发展。通过对芝麻资源遗传多样性评价、耐湿机理、分子标记、基因克隆等的深入研究，在 *BMC Genomics*、*BMC Genetics*、*Plant Science*、*BMC Plant Biology*、*Plant & Cell Physiology* 等国际知名杂志上发表了系列文章，提升了我国在国际芝麻研究中的地位和影响力。

目前，张秀荣所带领团队的研究水平已进入世界先进行列。尤其是她带领团队所领衔的芝麻基因组测序工作，获得有效数据 5.4×10^{10}碱基对，通过 Survey 分析和流式细胞仪检测，发现芝麻基因组大小为 3.57×10^{8}碱基对，组装的 Scaffold 总长度为 2.76×10^{8}碱基对，约含有 27 148个基因。通过对芝麻进化、油脂合成、芝麻素合成等科学问题进行分析，绘制了精细物理图谱并向世界公布了基因组序列，为推动芝麻分子生物学研究和重要基因挖掘奠定了基础，研究结果已发表在 *Genome Biology* 上。

“不已”——志在产业发展

张秀荣长年坚守在科研一线，其科研任务、研究成果等综合考核在全所课题组长中始终位列前茅。连续 10 多年来，她每年坚持举办或参加技术培训、示范观摩、送科技下乡等服务“三农”活动，坚持深入各地农户、种业公司、加工企业进行实地调研，了解产业需求。她说，孩子已留学回国工作，不需要操心，趁着身边没什么负担，还可以大干几年。她就是这样一位能吃苦、能战斗、能奉献的科技工作者。

在当前我国芝麻自给率仅 50% 的严峻形势下，张秀荣深感责任重大。针对现今芝麻品种高大株型的特点与当前轻简化生产、密植习惯不相适应的情况，她提出了利用矮化、紧凑基因资源开展芝麻“理想株型”育种与机械化新种质创制及育种的新方向，通过协调芝麻个体与群体的关系，以期大幅度提高单位面积产量，已取得阶段性进展。“我们希望和全国同行共同努力，通过提高单产和含油量，力争 8 ~ 10 年内使我国芝麻产油量在现有基础上翻一番，基本满足我国芝麻消费需求，让小小芝麻香飘万家。”谈起芝麻产业发展前景，张秀荣表达了美好心愿。

解析植物病毒密码　引领国际科技创新

——记全国优秀科技工作者周雪平教授

周雪平，教授，科技创新工程“作物有害生物功能基因组研究”科研团队首席科学家，中国农业科学院植物保护研究所所长、植物病虫害生物学国家重点实验室主任，兼任国际植物病理学会理事、国际植物保护学会理事、国际病毒分类委员会委员等学术职务。长期从事植物病毒病害及分子植物病毒学研究，对多种重要作物的病毒进行了生物学、血清学、流行学、基因组结构及致病机理研究，取得了突出成绩，在*Molecular Cell*、*Genes & Development*等刊物发表SCI论文188篇，被SCI论文引用3 225次，其中他引2 450次。主持完成的“双生病毒种类鉴定、分子变异及致病机理研究”荣获2014年度国家自然科学奖二等奖。

瞄准前沿　揭示双生病毒致病机理

双生病毒作为最大的一类植物DNA病毒，已对全球50多个国家和地区的番茄、棉花、木薯、豆类等作物造成毁灭性危害。随着国际贸易日趋频繁，双生病毒及其传播介体烟粉虱在世界各地不断扩散，所造成的危害呈逐年加重趋势，引起了全世界的广泛关注。针对防控双生病毒病害的重大需求，周雪平领衔的团队对我国双生病毒的种类、发生分布、变异进化规律以及病毒致病机理等开展了系统研究。通过对27个省市的番茄、辣椒、棉花、番木瓜、豆类作物和杂草等多种植物进行病毒调查，发现双生病毒分布于我国云南、广西、广东、海南等22个省区市，主要危害番茄、番木瓜、南瓜、甘薯、烟草等作物，尤其是番茄黄曲叶病毒，已在15个省市造成严重危害。通过全基因组克隆和序列测定，确定了我国双生病毒种类的多样性，分离鉴定出41种双生病毒，发现的双生病毒新种数占全球发现的双生病毒总数的13.5%，居世界首位。构建了双生病毒侵染性克隆，发现双生病毒的复制缺乏忠实性和保真性：双生病毒遗传结构是异质种群，病毒种群具有准种特征，具有与RNA病毒相似的突变率。国际著名学术期刊*Nature Reviews Genetics*认为周雪平团队的研究成果是病毒进化方面的重要发现之一。除了病毒种群发生大量异质突变，周雪平团队还发现双生病毒基因组存在重组现象，如云南南瓜曲叶病毒是由泰国番茄黄曲叶病毒、孟加拉胡椒曲叶病毒及另一未知病毒重组交换后形成。国际学术界曾以“致命的杂合体使丰收无望”为标题专题介绍了周雪平在病毒重组方面的发现。

周雪平团队还对双生病毒及其伴随的卫星DNA的致病机理进行研究，利用遗传学和分子生物学等技术手段，以系统翔实的实验证据揭示了双生病毒编码的一个致病因子通过调控植物内源基因沉默抑制子抵御寄主防卫反应的新机制，在国际上首次发现卫星 DNA 编码的 bC1 蛋白是病毒诱导产生典型病害症状所必需的，但对病毒或卫星 DNA 自身的复制是非必需的，表达 *bC1* 基因的转基因烟草能诱导产生类似病毒病的症状。揭示了双生病毒卫星 DNA 编码的 *βC1* 是重要致病因子和 RNA 沉默抑制子。阐明了 *βC1* 抑制转录水平基因沉默（TGS）的机制，*βC1* 通过与甲基循环中的关键酶 S-腺苷高半胱氨酸水解酶（SAHH）互作降低 SAHH 的活性，从而达到抑制甲基化和 TGS 的目的。国际著名期刊 *Nature Reviews Microbiology* 两篇综述论文介绍了该发现。在进一步的研究中，周雪平团队发现 *βC1* 上调植物的钙调素类似蛋白 rgs-CaM 的表达，通过上调 rgs-CaM 表达抑制植物 RNA 沉默通路中一个重要组份 RNA 依赖的 RNA 聚合酶 6（RDR6）的功能。在明确 *βC1* 致病机理的基础上，对卫星 DNA 进行了改造，缺失了 *βC1* 并引入了多克隆位点，将双生病毒的卫星 DNA 改造成可用于快速鉴定植物基因功能的基因沉默载体。该沉默载体在植物上不产生任何的病毒症状，沉默表型容易确认，沉默效率高、持续时间长，可以稳定高效地诱导基因沉默，为快速研究植物基因功能提供了技术支持。国际植物学顶级学术刊物 *Current Opinion in Plant Biology* 高度评价该体系并称其具有广阔的应用前景。

作为一名植物病理学家，周雪平还通过与昆虫学家合作，明确了近年入侵我国的 B 型烟粉虱与其所传播的双生病毒之间存在互利关系，《科学现场》（*Live Science*）称“这是国际科学界首次发现一种入侵昆虫与其所传播的病毒之间存在这种互利共生关系”。随后，又发现病毒与其卫星 DNA 共同侵染降低了植物中茉莉酸的滴度从而提高了烟粉虱的存活力和生殖力。

经过多年的研究，在“973”课题、国家杰出青年基金、国家自然科学基金重点项目等的资助下，周雪平团队明确了我国双生病毒的种类、分布、生物学特性与侵染循环特征，解析了双生病毒在植物体内的种群遗传结构和变异进化规律，阐明了双生病毒及其伴随的卫星 DNA 的致病机理。相关结果在双生病毒病预测预报和抗病毒育种中得到应用，对于制定安全高效的双生病毒防控策略具有重要的理论和指导意义。他本人因在国际植物双生病毒研究领域的一系列原创性发现和突出贡献，应邀为植物病理学领域中最有影响的 *Annual Review of Phytopathology* 撰写关于双生病毒卫星分子的综述文章，彰显了我国在植物病毒学科研究中的国际领先地位。

立足生产　控制作物病毒危害

目前，世界上尚无对植物病毒有治疗作用的抗病毒剂，国际上均采用早期监测与防控的方法减轻病毒病危害，而早期监测与防控的核心就是病毒检测技术。针对我国缺乏作物病毒有效检测技术的现状，周雪平团队通过提纯病毒粒子或表达病毒外壳蛋白基因，获得高纯度抗原并免疫小鼠，制备了大麦黄矮病毒等 36 种重要作物病毒的单克隆抗体。利用制备的检测特异性好、灵敏度高的单克隆抗体，创制了病毒快速检测术及检测试剂盒。该试剂盒已广泛应用于作物病毒病的早期诊断、监测预警与防控，为健康种苗生产、病毒病预测预报和科学使用农药提供了关键技术。他作为水稻产业体系岗位科学家，负责我国水稻病毒病防控技术研究，建立了 5 种水稻病毒的免疫学快速检测技术，开发了检测病毒（包括水稻和稻飞虱）的免疫学快速检测试剂盒。这些快速检测技术已在我国水稻产区广泛应用，建立了我国水稻病毒病的预测预警和实时监控平台，为水稻病毒病的科学防控做出了贡献。

为人师表　培养植保学科英才

在攀登科学高峰的同时，周雪平及时将前沿科研成果融入教学中，先后承担了基因工作操作技术、分子生物学原理、植物病毒学、高级植物病理学、现代分子生物学专题、植物与病原互作等课程的教学工作，受到了学生的一致好评。在传授科学知识的同时，他还通过大量生动的例子让学生明白做人、做学问的道理，鼓励学生从事科研不能怕吃苦、不能怕失败，要有勇于追求真理的执着精神。目前，共指导博士后 15 名、博士生 75 名、硕士生 36 名，其中，1 人获长江特聘教授和国家杰出青年基金，2 人获国家优秀青年基金，1 人的博士学位论文获全国优秀博士学位论文。作为导师，他不仅以身作则、勤奋工作、做好学生表率，更注重挖掘学生的潜力，培养他们的良好品行，教导学生爱国敬业，努力为我国培养一批植物病理学领域的学术骨干。

由于成绩突出，周雪平 1998 年入选教育部跨世纪优秀人才计划并享受政府特殊津贴，2001 年获国家杰出青年基金，2004 年获国家重点基础研究发展计划(“973”) 先进个人称号并入选新世纪百千万人才工程国家级人选，2005 年入选教育部长江学者特聘教授并获全国优秀博士后称号，2009 年成为教育部创新团队负责人，2012 年被评为全国农业科研杰出人才，2014 年获全国优秀科技工作者荣誉称号。

青藏高原的“牦牛妈妈”

——记全国优秀科技工作者阎萍研究员

阎萍，女，山西省运城市人，中共党员，中国农业科学院兰州畜牧与兽药研究所副所长，研究员、博士、动物遗传育种与繁殖专业博士生导师，甘肃省优秀专家、甘肃省领军人才和创新工程人才。现任国家畜禽资源管理委员会牛马驼品种审定委员会委员、中国畜牧兽医协会牛业分会副理事长、全国牦牛育种协作组常务副理事长兼秘书长。她心系牧区、情系牧民，参加工作 30 年来，一直以不怕苦、不怕累、不怕脏的“牦牛精神”激励和要求自己，在牦牛遗传育种领域辛勤耕耘、默默奉献，为发展我国的牦牛育种事业和建设社会主义新牧区做出了突出贡献。2012 年当选 CCTV（中央电视台）“大地之子”年度农业科技人物，先后荣获甘肃省首届优秀科技工作者、全国优秀基层农牧科技工作者、全国农业科技先进工作者、全国优秀科技工作者、新中国 60 年畜牧兽医贡献杰出人物奖、中国农业科学院巾帼建功标兵等荣誉称号，当选甘肃省和兰州市党代会代表，多次受到党和国家领导人的亲切接见。

培育牦牛新品种　造福藏民族地区

在青藏高原开展草地畜牧业尤其是牦牛科研的难度与艰辛是很多人难以想象的，阎萍作为一名普通的科研工作者，克服风霜雨雪、寒冬酷暑的浸打，默默扎根在广袤的青藏高原，以牦牛新品种繁育与改良作为毕生追求，一干就是 30 年。先后主持和完成国家、省部等重点科研项目 10 余项，成功培育出国家级牦牛新品种——大通牦牛，填补了世界上牦牛人工培育品种的空白。大通牦牛新品种是以我国独特遗传资源为基础培育的具有完全自主知识产权的牦牛新品种，为牦牛育种提供了成功经验，在学术研究和生产实践中都具有十分重要的意义。大通牦牛新品种的体重与产肉指标比同龄家牦牛提高 25%，青年牦牛的受胎率达到 70% ~80%，比同龄家牦牛提高 15% ~20%。目前，该成果已成为青藏高原牦牛产区及毗邻地区广泛推广应用的新品种和新技术，对我国牦牛良种制种、供种体系建设和牦牛改良及生产性能提高具有重要价值，对促进高寒地带少数民族地区牧业经济的发展具有重要作用。目前，由她培育的大通牦牛新品种在我国牦牛产区得到广泛推广，每年改良家牦牛约 30 万头，覆盖率达我国牦牛产区的 75%，取得了明显的社会、经济和生态效益。

推广科学新技术　开启养殖新篇章

牦牛是青藏高原高寒牧区的主导畜种，是藏民族的基本生产生活资料，但牦牛科学研究滞后、科学技术普及率低、产业发展缓慢。为了推动牦牛产区科学养畜，促进产业发展，帮助牧民群众致富，阎萍在青藏高原严酷的自然环境中，在交通不便、没有公路的牦牛饲养地，或骑马或徒步，翻山越岭，不畏艰辛，坚守在牦牛研究领域。在牦牛圈里，同当地牧户一起抓绑牦牛、一起测定生产性能；在高寒牧区帐篷里，同当地藏族群众一起喝酥油茶吃糌粑。30 年来，阎萍的足迹遍布青藏高原牦牛产区的各个角落，从青海省大通种牛场到西藏那曲牦牛合作社，从川西北若尔盖草原到云南省迪庆藏族自治州，从甘南牧区到天祝白牦牛繁育基地，海拔 3 000 ~ 5 000米的高寒牧区，到处都有她的身影，到处都留下了她的足迹。把成果用到牧民家，把论文写在草原上，普及科学养畜新技术，推广牦牛新品种，为青藏高原牦牛业发展、藏族群众的养畜致富默默奉献，她被牧民们亲切地称为“牦牛妈妈”。

凝聚团队力量　再创科研佳绩

作为牦牛遗传资源与育种团队的领头人，阎萍深知一个人的力量是有限的，只有依靠团队的智慧和力量才能使学科的研究成果得以传承和发扬。在科学研究中，要耐住寂寞，潜心钻研，要坚守，不能这山望着那山高，要勇往直前，不断攀登。在她的带领下，团队成员围绕牦牛种质资源创新这一核心课题，在注重传统强势学科发展的前提下，组织优势和特色学科开展协同攻关。2011 年甘肃省牦牛繁育工程重点实验室揭牌成立，为解决牦牛繁育方面的关键问题和推动自主创新提供了必要保障。近年来，为营造良好的学术氛围，并为青年科技工作者和研究生提供学术交流和展示的平台，团队启动了“牦牛科技学术周”活动。她还十分注重加强学术道德和科研诚信建设，教育团队成员恪守学术道德，弘扬文明新风。2013 年，她率领的团队被甘肃省总工会授予“劳动先锋号”荣誉称号。

阎萍及其团队先后承担了国家肉牛牦牛产业技术体系项目、科技部成果转化项目、“863”计划项目、公益性行业科研专项、甘肃省重大科技项目、甘肃省生物技术项目等国家及省部级项目 20 余项，获国家和省部级科技成果奖励 6 项，其中大通牦牛新品种及培育技术 2007 年获国家科技进步奖二等奖，出版学术著作 8 部，发表论文 200 余篇，多年的潜心科研，取得了丰硕成果，在学界产生了良好影响。

三十多年如一日，阎萍一直和牦牛打交道，她不仅像爱孩子一样热爱这些生活在青藏高原的宝贵生命，也像对待挚友一样学习体会它们的品格。阎萍说：“牦牛任劳任怨、不畏艰险、坚韧不拔，我们搞科研的没有惊心动魄的壮举，需要默默地辛勤耕耘在自己的专业领域，要出成果就要有这种‘牦牛精神’。”她所率领的团队始终以“牦牛精神”为座右铭，将选育优质高产新品种作为工作追求，并将科技成果转化为生产力，把造福藏区、惠及广大牧民作为奋斗目标，尽心竭力、踏实前行，为提高我国牦牛生产能力不懈努力！

情系红土三十载　扎根山村终不悔

——记全国最美科技人员宣传典型文石林研究员

文石林，1964 年 12 月生，博士、研究员，现任中国农业科学院湖南祁阳农田生态系统国家野外科学观测研究站副站长。他三十年如一日坚守在农村科研基地，在艰苦简陋的条件下做出了突出贡献，被誉为“全国最美科技人员”。

植根山村　无怨无悔

文石林 1984 年从华中农业大学土壤农业化学系毕业后，分配到中国农业科学院祁阳红壤实验站，现湖南祁阳农田生态系统国家野外科学观测研究站（以下简称祁阳站）工作，从此，他的大半个人生，便与湖南省祁阳县文富市镇官山坪村这个偏僻的山沟紧紧连在了一起。

祁阳站地处偏僻农村，那时住的是土砖平房，墙壁开裂，天花板是用木条钉上的，固定不住的石灰块常常从天花板上掉下来，生活用水是浑浊的泥巴水，物质和文化生活异常匮乏。当时职工的户口落在镇上，家属也住在站里，子女在当地村小学读书，直到 20 世纪 90 年代初才全部迁到湖南省衡阳市城区。在 20 世纪八九十年代，祁阳站先后接收了 10 名大学生和 1 名研究生。来到这个位于荒郊野岭的实验站后，这些刚刚毕业满怀热情的年轻人都很失望，这里的生活与农村无异，他们对今后工作、生活和前途感到迷茫，大部分毕业生在几年内离开了祁阳站，文石林是这批人中唯一一个留下来的大学生。

初到祁阳站，文石林同样感到失望和迷茫，工作和生活条件异常艰苦，待遇不高，个人问题不易解决，使他对自己的前途非常担忧。在老一辈科学家的言传身教下，他逐渐适应了祁阳站的生活，并喜欢上了农业科研这项事业。自 20 世纪 60 年代初开始，许多老一辈的科研工作者就在祁阳工作，从祁阳站建站初期便和当地农民同吃同住同劳动，他们也和刚进站的年轻人一样参加站里的生产劳动，有些即使家在北京市，也把大部分时间留在了祁阳，他们的敬业精神深深感动了文石林，他们在科研工作中一丝不苟的态度也使文石林受益匪浅。文石林慢慢体会到，要做好农业科学研究，只有从农业生产中发现问题，才能更好地运用科学手段解决实际问题推动生产实践；体会到农业科研不仅需要有人在实验室利用高科技手段研究解决基础理论和机理问题，也需要一批人在农村基层从事田间试验和野外数据收集等基础工作，尽管后者的工作难以发表高水平的科技论文，但可以有效解决农业生产实际问题；体会到既然选择了农业科研这项工作，就有责任和义务做好。正是靠着这种信念，使文石林一直坚守在农村科研基地，虽曾有多次机会离开祁阳站，但他都义无反顾，执著坚守，这一坚守就是 30 年。

爱情亲情　无暇兼顾

由于长期在农村基地工作，个人问题一直难以解决，与同龄人相比，文石林结婚较晚。婚后爱人在衡阳市工作，夫妻长期聚少离多，女儿从上幼儿园到大学基本都是爱人独自操心，使同样要上班工作的她身心俱疲。因为女儿上学时的家长会几乎都是爱人参加，以致班主任老师认为女儿是单亲家庭。长期的分居生活，也给独自抚养孩子的爱人带来了极大不便，有一次她和女儿都感冒了，加上过度劳累，在私人诊所打针时刚插上针管就晕倒了，一旁量体温的女儿吓得大哭起来，文石林听到消息后感到非常内疚和不安，默默流下了眼泪。

文石林家姐弟两人，1992 年姐姐意外去世后，父母一直在农村生活。2005 年，文石林 80 岁的老父亲检查出肺癌晚期，他也很想回去照顾父亲，但因工作太忙无法脱身，直到 2006 年 8 月，才赶到病危的父亲身边，等了他许久的父亲在见到他的第二天就安详地走了。想起这些往事，文石林十分伤感："这么多年来，我父亲只来过衡阳一次，我都没有时间好好陪他。"自 2006 年父亲去世后，母亲一直独自留在农村老家，文石林也曾把母亲接到衡阳一起生活，但由于自己长期不在家，爱人也要忙于工作，加之语言不通，母亲独自一人呆在衡阳家里很不适应，不久就执意回乡下老家生活。现在母亲已 85 岁高龄，作为唯一的儿子无法照顾老母亲，文石林觉得亏欠了太多亲情。

苦干实干　成绩斐然

祁阳站的科研条件非常简陋，特别是 20 世纪 80—90 年代，科研经费严重不足、科研信息闭塞、文献查询困难、学术交流机会少，当时总结出的顺口溜是"一把尺子一杆秤，背着泥土上北京"。为了在艰苦简陋的条件下做出成绩，文石林在科研工作上一丝不苟，从整地、施肥、播种、管理、收获到取样分析等工作都亲力亲为，从生产中发现问题并解决问题。他白天是农民，在地里干活，晚上是科研工作者，在实验室整理数据、写材料。20 世纪 90 年代，文石林还曾到比祁阳基地更艰苦的地方——冷水滩孟公山实验基地呆了 3 年，这 3 年里，实验基地只有 3 个人，轮流独自一人住在基地 10 天。就是在这样艰苦的环境里，他们取样、烘干、测量水分和养分，量测一块土地上长了多少根草、牧草有多高……经过反复实验筛选出好的品种，再从栽培技术等方面来指导农民如何提高牧草产量，圆满完成了研究项目，筛选出优良牧草品种 10 多个。

在完成科研工作的同时，文石林还承担了实验站部分管理工作。2003 年，他被任命为祁阳站副站长，负责祁阳站科研和基本建设工作。在他和同事们的不懈努力下，祁阳站的科研和条件建设均取得了突出进展：2003 年至今，只有十几名职工的祁阳站共获得12项省部级成果奖；十几年间，祁阳站完成2个基本建设项目、5个修购项目，从撰写可行性研究报告、初步设计到项目实施和验收，文石林都亲自参与并推动圆满完成，祁阳站固定资产也从80多万元增加到1 000多万元。

30年来，文石林克服了长期夫妻分居、生活条件艰苦、基地科研条件简陋、科研经费不足、信息闭塞、科技交流机会少等诸多困难，坚守在祁阳站这个农村基地从事科研工作，平均每年在基地工作200多天，取得了突出的科研成绩。20世纪80—90年代，文石林主要从事牧草引种及栽培研究，筛选出了10多个适合于南方红壤区生长的牧草品种，总结了这些品种的栽培管理技术，为南方红壤区草食动物养殖发展做出了积极贡献。进入21世纪以来，主要从事红壤改良及退化治理研究工作，在丘陵坡地立体生态农业、红壤酸化及肥力退化等方面的研究取得了重大进展。2000年以来，文石林共获得各类成果奖8项，其中省部级一等奖1项、二等奖1项、三等奖3项，中国农业科学院二等奖3项；通过国家牧草品种审定委员会审定登记牧草品种2个；在国内外刊物上发表论文50多篇，合作出版专著3部。由于在中澳（中国—澳大利亚）合作项目中做出了杰出贡献，获得澳大利亚国际农业研究中心“John Dillion纪念奖”。

十一、大事记

中国农业科学院 2014 年大事记

1 月

1 月 7 日 棉花生物学国家重点实验室通过科技部专家组验收。科技部、农业部、河南省科技厅有关领导出席了验收会，中国农业科学院副院长刘旭、吴孔明参加了验收会。棉花生物学国家重点实验室筹建 2 年来，共承担各类国家级、省部级项目 87 项，项目总经费 2.6 亿元，共发表学术论文 126 篇。

1 月 9 日 农业部副部长、中国农业科学院院长李家洋会见了来访的拜耳作物科学公司研发合作部总监菲利普·海威（Philippe Hervé）一行。双方就进一步加强农业科技领域的合作交换了意见。

1 月 10 日 国家科学技术奖励大会在人民大会堂举行，中国农业科学院院属研究所为第一完成单位共获得奖励 6 项，这是自 2000 年国家科技奖励制度改革以来，中国农业科学院首次实现三大奖项全覆盖。哈尔滨兽医研究所陈化兰研究员主持完成的“禽流感病毒进化、跨种感染及致病力分子机制研究”获自然科学二等奖，农业资源与农业区划研究所张夫道研究员主持完成的“低成本易降解肥料用缓释材料创制与应用”获技术发明二等奖，植物保护研究所万方浩研究员主持完成的“主要农业入侵生物的预警与监控技术”、农业环境与可持续发展研究所梅旭荣研究员主持完成的“旱作农业关键技术研究与集成应用”、北京畜牧兽医研究所侯水生研究员主持完成的“北京鸭新品种培育与养殖技术研究应用”、郑州果树研究所王力荣研究员主持完成的“桃优异种质的发掘、优质广适新品种的培育与利用”4 项成果分获科技进步二等奖。

1 月 13—14 日 中国农业科学院 2014 年工作会议在北京召开。农业部副部长、中国农业科学院院长李家洋作了题为《全面深化改革　加快世界一流院所建设步伐》的工作报告，中国农业科学院党组书记陈萌山作总结讲话。会上公布了 2013 年度研究所综合评价结果，表彰了 2008—2013 年度院级先进集体和先进工作者、全院 2013 年度重大科技成果和受到有关部委嘉奖的集体及个人。院领导班子成员、院级老领导、两院院士，院属各单位党政主要负责同志和京区各研究所领导班子成员，院机关各部门领导班子成员及处级干部等 240 余人参加了会议。

1 月 14 日 农业部副部长、中国农业科学院院长李家洋会见了来访的 *Science*《科学》杂志主编麦克纳特（Marcia Mc Nutt）一行，李家洋介绍了中国农业科学院的基本情况及当前中国农业发展现状，并与麦克纳特就全球粮食安全、水资源管理、土地利用以及农业科技在提升农业生产能力中的重要作用等话题进行了深入交流。吴孔明副院长等参加了会见。

1月14日　中国农业科学院与金龙鱼慈善公益基金会共同设立的“2013年金龙鱼农业科学青年英才奖”颁奖仪式在北京举行。全院共有8位在读博士研究生和4位青年科技人员分别获得了“金龙鱼优博奖学金”和“金龙鱼杰出青年奖”。农业部副部长、中国农业科学院院长李家洋，副院长吴孔明，院党组成员、人事局局长魏琦出席颁奖仪式。

1月15日　中国农业科学院召开2014年党风廉政建设工作会议。会议深入贯彻落实党的十八届三中全会精神和中纪委十八届三次全会精神，总结2013年反腐倡廉工作，部署2014年重点工作。中央纪委驻农业部纪检组组长朱保成，中央纪委驻农业部纪检组副组长、监察部驻农业部监察局局长董涵英，农业部副部长、中国农业科学院院长李家洋，院党组书记陈萌山出席会议。院党组纪检组组长史志国作了题为《聚焦中心工作　强化作风建设　不断开创党风廉政建设和反腐败工作新局面》的工作报告。

1月17日　中国农业科学院各单位积极响应院区综合管理委员会的号召，组织职工对责任区内的安全隐患、卫生死角展开集中排查和清理，确保院区安全有序。院纪检组组长、院区综合管理委员会副主任史志国带领院办公室、后勤中心主要负责人，对院区地下空间等重点部位的应急措施落实情况和消防设施、通风设备、逃生通道、应急标识等管理使用情况进行了认真检查，并要求各单位要在这次活动的基础上，切实做好春节期间的安全管理，要有应急预案，严格执行领导带班和值班制度，加强应急值守，确保安全稳定。

1月17—18日　受农业部副部长、中国农业科学院院长李家洋和院党组书记陈萌山委托，副院长李金祥一行深入作科所、生物所南滨农场基地，水稻所陵水基地，棉花所荔枝沟基地、崖城基地和大茅基地，实地察看了“海燕”台风造成的损失情况，代表院党组向长期工作在南繁基地的科研人员和工作人员表示慰问和感谢，并发放了慰问金。

1月18日　由中国农业科学院人事局、科技局主办，质标所承办的支撑人才岗位技能竞赛赛前集训班在北京举行。集训班采用专题讲座、现场答疑、交流互动的方式，使学员们进一步了解掌握业务技能要求，学习相关政策法规，来自院属18个研究所的90余名学员参加了此次集训。农业部农产品质量安全监管局副局长金发忠，中国农业科学院党组成员、人事局局长魏琦出席开班仪式并讲话。

1月21日　中国农业科学院副院长吴孔明会见了来访的先正达全球生物技术总裁迈克尔·坎帕（Michiel Campagne）一行，中国农业科学院与先正达公司的合作在过去1年来取得了初步成效，通过科学家峰会确定了共同感兴趣的合作领域，双方就进一步加强农业科技领域的合作交换了意见。

1月22日　中国农业科学院召开2013年工作情况通报会，院党组书记陈萌山向离退休老同志通报全院2013年工作进展、党的群众路线教育实践活动开展情况和2014年重点工作部署情况，院纪检组组长史志国，院党组成员、人事局局长魏琦出席会议。院级离退休老领导、院属京区各单位正所局级离退休干部、各单位离退休党支部书记、院机关各离退休党支部书记、院属各单位和机关各局办的负责同志共90余人参加了会议。

1月22日 农业部种子管理局领导到中国农业科学院作物科学研究所调研，就贯彻落实《国务院办公厅关于深化种业体制改革提高创新能力的意见》，在部分科研院所和高等院校推进试点工作有关问题进行调研座谈。中国农业科学院党组书记陈萌山，农业部种子管理局局长张延秋、副局长马淑萍、廖西元、吴晓玲等领导出席会议。

1月22日 农业部发展计划司叶贞琴司长一行5人到中国农业科学院调研基本建设工作。院党组书记陈萌山、副院长李金祥出席座谈会。陈萌山代表院党组对发展计划司长期以来对中国农业科学院科研条件建设的大力支持表示感谢，并对中国农业科学院建设世界一流农业科研院所的目标及配套机制进行了阐述。李金祥就中国农业科学院加强宏观战略研究，特别是开展北京3个院区功能定位研究及通州院区筹建等重要工作进行了介绍。

1月22日 中国农业科学院与廊坊市广阳区科技合作交流会在廊坊举行。中国农业科学院副院长吴孔明、廊坊市广阳区委书记尹广泰出席会议并讲话。蔬菜所、饲料所、资划所、植保所等单位专家代表和广阳区农业局、畜牧局、林业局负责人分别就中国农业科学院在广阳区开展的科技合作项目、技术培训与服务情况及取得的成效进行了汇报，就下一步的工作打算和重点进行了深入交流。

1月23日 中国农业科学院召开安全生产委员会扩大会议，传达贯彻习近平总书记等中央领导同志重要讲话精神、全国安全生产电视电话会议、全国安全生产工作会议精神及农业部安全生产委员会2014年第一次全体会议精神，全面总结中国农业科学院2013年安全生产工作，部署2014年的工作及春节、“两会”期间安全保卫重点。院纪检组组长、安委会主任史志国出席会议并讲话。

1月23日 北京市科学技术委员会张虹委员一行来中国农业科学院调研，听取北京国家现代农业科技城国际合作与交流中心工作，并就中国种业产权交易中心项目建设事宜与中国农业科学院进行研讨。院党组书记陈萌山、副院长吴孔明会见了张虹委员一行。

1月24日 农业部部长韩长赋专程来到中国农业科学院看望庄巧生院士，代表农业部党组向他致以节日的问候，感谢他为农业科技进步作出的突出贡献。农业部副部长、中国农业科学院院长李家洋陪同看望。

1月24日 中国农业科学院召开党的群众路线教育实践活动总结大会。农业部副部长、中国农业科学院院长李家洋出席会议，院党组书记、院教育实践活动领导小组组长陈萌山代表院党组作了院党的群众路线教育实践活动总结，农业部第七督导组组长崔军作了重要讲话。大会由院党组副书记、副院长、院教育实践活动办公室主任唐华俊主持。会上，资划所、生物所、兰州牧药所、烟草所作了交流发言。院领导、近期退出院党组领导班子的老同志，党的十八大代表、全国人大代表、政协委员，京区各单位领导班子成员、党办主任，京外各单位教育实践活动领导小组负责人，院机关党员和离退休党员代表共200多人参加了会议。

1月24日　由中国科学院院士和中国工程院院士共同评选的2013年中国十大科技进展新闻结果揭晓。中国农业科学院哈尔滨兽医研究所陈化兰团队、中国科学院及有关高校和科研单位在禽流感病毒研究方面取得的进展获评“中国十大科技进展新闻”；由农产品加工研究所、植物保护研究所等单位共同完成的“棉花抗黄萎病中植棉系列新品种选育及应用”研究成果获得提名。

1月24日　为表彰在粮食生产“十连增”、农民增收“十连快”、农业农村经济各业平稳较快发展做出突出贡献的全国农业系统广大干部职工，弘扬正气，振奋精神，农业部表彰了一批全国农业先进集体和先进个人，中国农业科学院植物保护研究所陈万权研究员、北京畜牧兽医研究所李奎研究员、中国水稻研究所朱德峰研究员被授予“全国农业先进个人”荣誉称号。

1月24日　经农业部党组会议研究决定：高淑君任农业部（中国农业科学院）巡视组组长（正局级）；刘俐任农业部（中国农业科学院）巡视组副组长（副局级）。免去高淑君同志的中国农业科学院直属机关党委常务副书记职务。

1月24日　经农业部党组会议研究决定：张燕卿任中国农业科学院农业环境与可持续发展研究所所长，自任职之日起上岗试用，试用期1年；免去梅旭荣的中国农业科学院农业环境与可持续发展研究所所长职务。

1月24日　经农业部党组会议研究，并征得中共天津市委同意，决定：任天志任农业部环境保护科研监测所所长；朱岩同志任农业部环境保护科研监测所党委书记。

1月24日　经农业部党组会议研究，并征得中共湖南省委同意，决定：陈万权任中国农业科学院麻类研究所所长，自任职之日起上岗试用，试用期1年；免去熊和平的中国农业科学院麻类研究所所长职务。

1月24日　经农业部党组会议研究，并征得中共江苏省委同意，决定：陈巧敏任农业部南京农业机械化研究所所长，自任职之日起上岗试用，试用期1年。

1月26日　中国农业科学院纪检组组长、安委会主任史志国带领安委会委员对院南口试验基地内的蔬菜所生产车间、饲料所试验室、蜜蜂所生产车间，以及资划所建筑工地、国家农业图书馆等单位开展安全检查。重点检查了安全生产责任制落实情况，消防设备、消防器材配备情况，值班值守、应急管理措施落实情况；现场考查了安全员、中控室值班人员应对突发事件的处理能力。

1月26日　中国农业科学院召开专题会议，贯彻落实农业部副部长余欣荣2013年年底来院检查马铃薯主粮化关键技术与全营养产品研发项目实施进展时的讲话精神，研究部署2014年度工作。院党组书记陈萌山出席会议并讲话。科技局、食物营养所、加工所和蔬菜所的相关领导及专家参加了会议。

1月27日　中国农业科学院副院长吴孔明会见了到访的比利时列日大学校长伯纳多·朗泰尔（Bernard Rentier）一行。吴孔明向客人介绍了中国农业科学院的基本情况以及院所建设、创新工程、国际合作等方面的进展。双方还重点就未来如何通过多渠道争取对研究生培养项目的资金支持进行了探讨。

1月27日 中国农业科学院党组书记陈萌山到农业信息研究所调研指导工作，转达了有关部委领导对信息所工作的肯定，对信息所2013年在安全搬迁、科研发展、支持院公益服务等方面取得的成绩表示祝贺。陈萌山要求，信息所要做好图书文献服务、网络服务和学术期刊服务3个“产品”，为全院乃至全国农业发展提供一流的支撑。

1月27日 中国农业科学院召开党外人士迎春座谈会。院京区全国政协委员、市政协委员，各民主党派、侨联负责人和无党派人士代表参加座谈。院党组副书记、副院长唐华俊代表院党组向全院广大党外人士、统战工作同志致以美好的祝愿和新春祝福，向大家通报了全院2013年改革发展情况、取得的成绩和2014年工作部署以及党的群众路线教育实践活动开展情况，听取了大家的意见和建议，并对2014年统战工作提出了新的要求。

1月28日 在马年新春即将来临之际，农业部副部长、中国农业科学院院长李家洋，院党组书记陈萌山，院领导唐华俊、刘旭、李金祥、吴孔明、史志国、魏琦分别看望了卢良恕、王连铮、沈桂芳、吕飞杰等院级老领导、在京院士，向他们致以节日问候。

1月29日 新春佳节来临之际，农业部副部长、中国农业科学院院长李家洋，院党组书记陈萌山，副院长李金祥，院党组成员、人事局局长魏琦一行，深入春节期间坚守工作岗位的一线干部职工中间，向大家致以新春问候和美好祝愿。院领导还慰问了农研派出所民警和院办秘书处的工作人员。

2月

2月12日 国家知识产权局公布了第十五届中国专利奖授奖决定，中国农业科学院的4项发明专利获得中国专利优秀奖，获奖数量创历史新高。分别是农产品加工研究所木泰华等发明的“甘薯蛋白及其生产技术”，麻类研究所刘正初等发明的“欧文氏杆菌工厂化发酵快速提取苎麻纤维工艺”，哈尔滨兽医研究所刘长明等发明的“一种猪圆环病毒2型遗传标记毒株及其应用”，南京农业机械化研究所石磊等发明的“油菜捡拾脱粒机”。

2月12日 中国农业科学院召开机关年轻干部实践锻炼第二批总结会暨第三批启动会。院党组书记陈萌山出席会议并讲话，院党组成员、人事局局长魏琦主持会议。参加第二批实践锻炼的代表汇报交流了收获和感悟，第三批实践锻炼干部代表作了表态发言。

2月13日 中国农业科学院副院长吴孔明会见了来访的国际农业研究磋商组织（CGIAR）世代挑战计划（GCP）项目主任简·马塞尔·瑞博（Jean-Marcel Ribaut）一行，吴孔明对瑞博的来访表示欢迎，并肯定了中国农业科学院与GCP已取得的合作成绩，双方就进一步加强农业科技领域的合作交换了意见。

2 月 13 日 中国农业科学院党组书记陈萌山，农业部畜牧业司司长王智才等，考察了蜜蜂研究所授粉蜂繁育基地和试验基地，现场了解了授粉蜂为蔬菜瓜果授粉的情况。陈萌山充分肯定了蜂授粉对于农作物和果蔬的增产作用。他要求，蜜蜂所要继续深入开展蜂授粉技术研究，密切配合农业部开展好蜂授粉与绿色防控增产技术集成应用示范，在蜂业科技创新中发挥引领作用，切实推动养蜂业和种植业持续健康发展。

2 月 14 日 为了更好地贯彻落实国家粮食安全战略和科技创新驱动战略，推动我国转基因生物新品种研究和产业化进程，由中国生物工程学会、中国植物生理与分子生物学学会、中国作物学会、中国植物保护学会和中国农业生物技术学会联合发起，中国农业科学院生物技术研究所承办的“农作物生物育种产业化高层研讨会”在北京召开。中国工程院院士、中国农业科学院副院长吴孔明出席会议并致欢迎词。国家有关部门、科研院校、种子企业代表近 300 人参会。

2 月 16 日 农业部副部长、中国农业科学院院长李家洋到草原研究所调研，并与科研人员代表座谈，围绕学科发展、人才引进、创新工程申报、研究所评价、成果产出、研究生招生等大家关心的问题进行了交流探讨。

2 月 16 日 由中国农业科学院草原研究所主持的“973”计划项目“天然草原生产力调控机制与途径研究”工作部署会在呼和浩特市召开。农业部副部长、中国农业科学院院长李家洋，中国农业科学院副院长刘旭，科技部基础研究司重大项目处处长沈建磊，农业部科教司石燕泉巡视员，内蒙古科技厅、农牧业厅以及中国农业科学院科技管理局等单位的领导出席了会议。

2 月 17 日 中国农业科学院副院长吴孔明同国际合作局、成果转化局和研究生院 3 个的单位领导班子成员座谈，研讨研究生院发展战略与定位。吴孔明强调，研究生院应立足中国农业科学院工作全局，要在研究生培养、基础学科建设、打造专业技术人才培养基地 3 个方面发挥作用。

2 月 18 日 中国农业科学院作物科学研究所万建民科研团队最新研究发现，一种植物特有的 GPA3 蛋白作为调控水稻贮藏蛋白运输的关键因子，参与稻米的蛋白品质形成。科研人员还从细胞生物学和分子遗传学的角度阐明了 GPA3 在水稻贮藏蛋白定向分选过程中的关键作用，为育种家改良稻米蛋白品质提供了重要的理论基础，彰显了科研团队在水稻贮藏研究领域的国际领先地位。相关研究成果于 1 月 31 日在线发表在《植物细胞》上。

2 月 18 日 农业部副部长、中国农业科学院院长李家洋会见了来访的全球作物多样性信托基金（Global Crop Diversity Trust）执行主任玛瑞·哈格（Marie Haga）。双方就加强作物种质资源保护与利用领域的合作交换了意见。副院长吴孔明等参加了会见。

2 月 21 日 中国农业科学院党组书记陈萌山、副院长吴孔明等到中国水稻研究所调研水稻产业发展科技支撑工作。水稻所领导班子成员以及相关部门负责人、专家参加了座谈会。

2 月 25 日 湖北省召开 2013 年度科技奖励大会，中国农业科学院油料作物研究所王汉中研究员主持完成的“油菜高含油量聚合育种技术及应用”荣获湖北省技术发明一等奖。该研究使我国油菜含油量研究和育种跃居世界领先水平。

2月25日—3月3日 为促进中澳农业科技务实合作，农业部副部长、中国农业科学院院长李家洋率团出访了澳大利亚的悉尼大学、莫道克大学和西澳大学以及印度尼西亚农业研究发展署，并应邀出席了在新加坡召开的“生命科学大会”，为大会作了特邀主旨报告。

2月26日 中国农业科学院纪检组组长、安委会主任史志国主持召开专题会议，研究部署全国“两会”期间有关工作。院属各单位、机关各部门的有关领导参加会议。会议传达了农业部总经济师、办公厅主任毕美家在农业部部署“两会”期间有关工作会议上的讲话精神，并重点对全院在全国“两会”期间的安全生产、信访工作、舆情监测和突发事件应对、值班值守及信息调度等工作进行了部署。

2月26日 从湖南省2013年度科学技术奖励大会上传来喜讯，中国农业科学院麻类研究所熊和平研究员主持完成的“苎麻饲料化与多用途研究和应用”成果荣获湖南省科技进步一等奖。

2月26日 中国农业科学院党组书记陈萌山会见了来访的芬兰农林部长雅利·科斯基宁（Jari Koskinen）一行，双方就加强农业政策研究、农产品质量安全、农业环境与可持续农业发展等领域的合作交换了意见。中国农业科学院副院长吴孔明，科技局、国合局、作科所、畜牧所、加工所、质标所、生物所、资划所领导参加了会见。会谈结束后，芬兰代表团还参观了国家农业科技展示园。

2月27日 北京市海淀区委书记隋振江、区长孙文锴一行到中国农业科学院调研，考察了中关村院区社区建设情况，参观了国家现代农业科技展示园，并就加强院地共建工作进行了座谈交流。中国农业科学院党组书记陈萌山主持座谈会。副院长李金祥介绍了中国农业科学院的基本情况，汇报了希望海淀区委、区政府协助解决的一些问题。

2月28日 由中国农业科学院油料作物研究所牵头，与深圳华大基因联合开展的芝麻基因组破译工作顺利完成。该项研究分析了芝麻高含油量和特有抗氧化、抗衰老功能性成分芝麻素的形成机制，相关研究结果已在线发表在国际著名刊物 *Genome Biology*（《基因组生物学》）上。

3月

3月5日 中国农业科学院召开院区综合管理委员会2014年第一次全体会议。院党组书记陈萌山出席会议并讲话，李金祥副院长总结回顾了2013年院区综合管理工作，对2014年重点工作进行安排部署。

3月6日 中国农业科学院党组书记陈萌山主持召开2014年院信息化工作第一次会议，总结了全院2013年信息化工作进展情况，部署了2014年9项重点任务。院信息化工作领导小组及其办公室全体成员、相关建设任务的负责同志参加了会议。

3月6日　中国农业科学院妇工委举办“魅力巾帼　芳耀农科”赛诗会，庆祝第104个“三八”国际劳动妇女节。院党组书记陈萌山，副院长李金祥，院纪检组组长史志国，院党组成员、人事局局长魏琦，农业部妇工委领导出席活动，近年来获部级及以上奖励的妇女先进个人，院属京区各单位、院机关各部门领导，院妇工委委员，以及女职工代表共300余人参加了活动。

3月10日　中国农业科学院2014年首期“农科讲坛（中国农业科技报告会）”在国家农业图书馆报告厅拉开帷幕。农业部副部长、中国农业科学院院长李家洋作了题为“水稻品种设计育种的分子基础”的学术报告。院党组书记陈萌山出席报告会并致辞。报告会由院党组成员、人事局局长魏琦主持。

3月10—12日　由中国农业科学院作物科学研究所主办、国家谷子糜子产业技术研发中心承办的首届国际谷子遗传学会议在北京召开。来自中国、美国、英国、巴西等9个国家和地区的200余位科学家和研究人员，围绕“推动谷子成为禾本科功能基因组研究的模式植物”这一主题，对国际谷子遗传学研究领域的最新研究成果进行了充分而广泛的交流，为推动今后更加深入的合作奠定了坚实基础。农业部副部长、中国农业科学院院长李家洋出席会议开幕式并致辞。

3月11日　农业部科技教育司（以下简称科教司）司长唐珂等一行来中国农业科学院调研。副院长刘旭，科技管理局、成果转化局及院9个研究所的有关领导，专家参加了调研座谈会。唐珂在座谈会上详细介绍了科教司2014年工作重点，对科教司施行“体系工作法”的相关要点和思路进行了宣讲，并对2014年拟建设100个国家农业科技创新与集成示范基地的方案进行了深入解读。

3月12日　中国农业科学院党组书记陈萌山，院党组成员、人事局局长魏琦到农业部食物与营养发展研究所调研，听取了所领导关于研究所建设与发展现状、长远发展思路以及2014年工作计划的汇报。食物营养所领导班子成员与相关部门负责人参加了座谈会。

3月15日　中国农业科学院副院长吴孔明会见了来访的联合国秘书长减灾事务特别代表玛格丽特·瓦尔斯特龙（Margareta Wahlström），简要介绍了中国农业科学院的基本情况及当前中国农业发展现状，双方就农业防灾减灾问题进行了深入交流。

3月21日　中国农业科学院副院长吴孔明会见了来访的美国北卡罗来纳州立大学副校长李百炼（Bailian Li）一行，双方就积极推进农业科技和教育领域的合作达成了共识。会后，代表团访问了作科所、植保所、资划所、中美生物防治联合实验室和国家农业科技展示园。

3月24日　中国农业科学院蔬菜花卉研究所王晓武科研团队和美国科学院院士迈克·菲林（Michael Freeling）科研团队合作，对植物基因组多倍化进化进行了深入研究，发现了转座子甲基化调控基因分化和多基因组分化的表观遗传机制，将对基因组进化和植物遗传育种产生重要影响。相关研究结果在线发表于国际权威学术杂志*PNAS*（《美国科学院院刊》）上。

3月24—26日 为做好支撑人才队伍建设，探索建立中国农业科学院创新工程技能型人才发展的职业通道和科学的评价方法，中国农业科学院“首届支撑人才岗位技能竞赛”在北京举行，共有来自12个院属单位的47名选手参加。李金祥副院长出席开幕式。

3月25日 北京市召开科学技术奖励大会，对获得2013年度北京市科学技术奖的成果进行了表彰。中国农业科学院共有8项成果获奖，其中一等奖1项，二等奖2项，三等奖5项，获奖成果数量约占农业与林业领域授奖总数的40%，再次显示出国家级农业科研机构的创新实力和成果水平。

3月26日 中国农业科学院副院长吴孔明会见了联合国粮农组织（FAO）助理总干事王韧。双方就进一步加强能力建设等领域的合作交换了意见。

3月27日 中国农业科学院与中国科学报社举行科技宣传合作座谈会，就充分发挥双方的各自优势资源进一步加强合作进行了交流和探讨，并签署了科技传播战略合作协议。农业部副部长、中国农业科学院院长李家洋，院党组书记陈萌山，中国科学报社社长陈鹏、党委书记刘峰松出席座谈会。院办公室主任汪飞杰与刘峰松分别代表双方在战略合作协议上签字。

3月27日 中国农业科学院副院长吴孔明会见了世界农用林业中心主任托尼·西蒙斯（Tony Simons）。双方就深化科技合作进行了探讨，共同签署了“中国农业科学院—世界农用林业中心农用林业与可持续畜牧业联合实验室”的合作协议并为实验室揭牌。

3月27日 中国农业科学院副院长吴孔明会见了荷兰皇家艺术与科学院院长汉斯·张（Hans CHANG）一行。双方就积极推进农业科技合作交换了意见，并探讨了“中荷科学战略联盟项目（PSA）”。

3月27—28日 中国农业科学院第七届学术委员会第四次会议在北京召开。来自全国有关省（区、市）农业科学院、高等院校、中国科学院以及中国农业科学院的120余位委员出席会议。会议由刘旭副主任委员主持。农业部副部长、中国农业科学院院长、院学术委员会主任委员李家洋在会上作了题为“聚焦科学问题 推动协同创新”的工作报告。

3月29日 中国农业科学院在京召开科技创新工程试点所所长和团队首席培训班，进一步统一思想、凝聚共识，强化使命、明确任务，为深入推进科技创新工程提供坚强保障。农业部副部长、中国农业科学院院长李家洋，院党组书记陈萌山，院领导唐华俊、吴孔明、史志国、魏琦等出席培训班。

4月

4月1日 农业部国际合作司王鹰司长一行到中国农业科学院调研，听取了关于中国农业科学院国际合作现状、在实施创新工程背景下国际合作工作的整体推进思路、近期拟实施的重点工作等方面的汇报，还就新时期新形势下如何充分发挥国际合作的协调、指导、引领、支撑和拓展作用进行了深入的交流讨论。农业部副部长、中国农业科学院院长李家洋，院党组书记陈萌山出席座谈会。会议由吴孔明副院长主持。

4月2日 中国气象局党组中心组全体成员到中国农业科学院调研科技创新工程试点实施情况，在中国农业科学院党组书记陈萌山的陪同下考察了国家农业图书馆、国家农作物种质资源库和国家现代农业科技展示园，并进行了座谈交流。农业部副部长、中国农业科学院院长李家洋出席座谈会并讲话。刘旭副院长介绍了中国农业科学院的基本情况和科技创新工程试点情况。中国气象局的领导谈了对中国农业科学院考察体会，提出了合作建议。

4月8日 中国农业科学院副院长吴孔明会见了来访的挪威农业与环境研究院院长尼尔斯·瓦格斯塔德（Nils Vagstad）一行，双方就进一步拓展农业科技多领域合作交换了意见。

4月8日 中国农业科学院2014年第二期“农科讲坛（中国农业科技报告会）”在国家农业图书馆报告厅举行。中国农业科学院副院长、中国工程院院士吴孔明作了题为“棉花害虫治理的理论与实践”的报告。农业部副部长、中国农业科学院院长李家洋，院党组书记陈萌山，院党组成员、人事局局长魏琦出席报告会。

4月9日 农业部副部长、中国农业科学院院长李家洋会见了来访的智库阿尔卑巴赫欧洲论坛主席弗朗茨·菲施勒（Franz Fischler）一行，双方就进一步推动合作交流、加强农业科技领域合作交换了意见。

4月10日 甘肃省委常委、组织部长吴德刚，省政府副省长郝远一行到中国农业科学院调研，就贯彻落实习近平总书记在甘肃省考察时的重要讲话精神进行座谈。院党组书记陈萌山出席座谈会。甘肃省委组织部、省科技厅有关负责人，院办公室、科技局、人事局、成果转化局和兰州兽医研究所、兰州畜牧与兽药研究所负责同志参加了座谈会。

4月10日 农业部副部长、中国农业科学院院长李家洋在海南省出席博鳌亚洲论坛2014年年会期间，会见了比尔及梅琳达·盖茨基金会全球政策与倡导总裁马克·苏思曼（Mark Suzman），双方就进一步加强农业科技领域合作交换了意见。

4月14日 中国农业科学院副院长吴孔明会见了来访的国际原子能机构（IAEA）副总干事兼核科学与应用司司长道得·默哈迈德（Daud Mohamad）一行，双方就进一步加强合作交换了意见。会后，外宾参观了我院国家农业科技展示园、重大工程楼和种质资源库。

4月14日 新疆科技厅巡视员胡克林、副厅长崔玉亭一行到中国农业科学院调研，吴孔明副院长出席了座谈会，双方就加快推进“中国—中亚科技合作中心”建设、农业人才培养、如何有效参加上海合作组织科技伙伴计划等交换了意见。

4月14日 中国农业科学院召开了2014年创新工程绩效管理咨询专家组第一次会议。会议围绕创新工程绩效管理进行研讨，并针对创新工程绩效管理办法和指标体系征求专家意见。院党组书记陈萌山，副院长唐华俊、刘旭、吴孔明等出席会议。

4月16—18日 中国农业科学院副院长吴孔明率领院有关单位领导和专家一行15人赴秦巴山区陕西省安康市开展科技扶贫和院地科技合作工作，先后深入安康市高新区中国（安康）富硒产品研发中心规划建设点、紫阳县陕西硒谷产业发展有限公司、茶叶标准示范园等地进行调研，详细了解安康现代农业及富硒产业发展情况，并举行了院市合作示范区建设启动仪式。

4月18日 农业部副部长、中国农业科学院院长李家洋会见了来访的国际马铃薯中心（CIP）主任魏蓓娜（Barbara Wells）和理事会主席柯荣利（Rodney Cooke）一行。双方就进一步深化科技合作交换了意见。

4月19日 中国农业科学院农业经济与政策顾问团2014年工作会议在京召开。农业部副部长、中国农业科学院院长李家洋出席会议并讲话。与会专家围绕当前农业农村经济的热点问题及顾问团2014年的工作等内容进行了讨论。

4月19日 中国农业科学院举办了“中国梦·健康美”第二届职工健步走活动。农业部副部长、中国农业科学院院长李家洋，院党组书记陈萌山，副院长吴孔明，院党组成员、人事局长魏琦，农业部直属机关工会主席张广卿，京区各单位领导以及1 400余名职工参加了健步走活动。

4月20—21日 由中国农业科学院农业信息研究所主办的首届中国农业展望大会在京召开。农业部副部长陈晓华、中国农业科学院党组书记陈萌山、农业部市场与经济信息司司长张合成、经济合作与发展组织（OECD）农业与贸易司副司长瑞德·萨法迪（Raed Safadi）等出席大会开幕式并讲话。会议由中国农业科学院副院长吴孔明主持。

4月25日 中国农业科学院党组书记陈萌山一行前往深圳农业基因组研究所调研，先后考察了基因组所科研楼、办公楼、宿舍楼和正在升级改造的试验农田，同科研人员进行了交流，并听取了筹备组工作汇报。中国农业科学院副院长吴孔明，院党组成员、人事局局长魏琦等陪同调研。

4月30日 中国农业科学院党组书记陈萌山一行到农产品加工研究所检查指导马铃薯主粮化项目，听取了关于马铃薯馒头和面条、主粮化战略与消费引导、专用品种筛选等方面的研究进展汇报，现场观摩了马铃薯馒头、面条的加工工艺流程，对取得的工作进展给予充分肯定，并要求加工所把马铃薯主粮化项目作为创新驱动的样板工作来抓。

4月30日 中国农业科学院党组书记陈萌山主持召开院党风廉政建设领导小组第一次会议。会议审议通过《中国农业科学院贯彻落实2014年反腐倡廉工作任务的分工意见》，听取了2014年科研经费专项行动、财务信息化等工作进展汇报，并对下一阶段工作作了部署。院纪检组组长史志国出席会议。

4月30日 经农业部党组会议研究决定：吴胜军同志任中国农业科学院后勤服务中心党委书记，自任职之日起上岗试用，试用期1年；免去方宜文同志的中国农业科学院后勤服务中心党委书记职务，到龄后办理退休手续。

4月30日　经农业部党组会议研究决定：免去张逐陈的中国农业科学院监察局局长职务。

4月30日　经农业部党组会议研究，并征得中共黑龙江省委同意，决定：张逐陈同志任中国农业科学院哈尔滨兽医研究所党委书记；免去高士军同志的中国农业科学院哈尔滨兽医研究所党委书记职务。

4月30日　经农业部党组会议研究决定：高士军同志任中国农业科学院直属机关党委常务副书记。

5月

5月5日　中国农业科学院2014年第三期“农科讲坛（中国农业科技报告会）”在国家农业图书馆报告厅举行。哈尔滨兽医研究所研究员陈化兰应邀作了题为“禽流感病毒的认知和防控”的报告。农业部副部长、中国农业科学院院长李家洋，院党组书记陈萌山，副院长吴孔明，院党组成员、人事局局长魏琦出席报告会。农业部兽医局副局长向朝阳，中国动物疫病防控中心副主任辛盛鹏，以及全国畜牧总站、中国农业影视中心等农业部相关司局和兄弟单位的领导也应邀参加了报告会。报告会由李金祥副院长主持。

5月7日　中国农业科学院副院长吴孔明会见了来访的土耳其食品农业和畜牧部副部长尼哈特·帕克迪尔（Nihat Pakdil）一行。双方就进一步拓展农业科技合作交换了意见，并签署了《中国农业科学院与土耳其农业研究与政策总署谅解备忘录》，以加强在人员交流、种质资源交换、合作研究、联合申请项目、科技信息交流等领域的合作。

5月8日　“中国种业十大功勋人物”在京揭晓。中国农业科学院方智远院士、郭三堆研究员获此殊荣。据介绍，此次评选活动由农民日报社和中国种子协会联合主办，旨在全国范围内撷取改革开放35年来民族种业发展历程中作出突出成就的人物。

5月9日　农业部副部长张桃林在中国农业科学院党组书记陈萌山、农业部科教司副司长刘艳等领导的陪同下赴中国农业科学院棉花所调研。张桃林一行先后视察了棉花生物学国家重点实验室、日光温室、转基因实验室、早熟育种实验室，与科研人员进行了交谈，并听取了关于研究所发展情况及存在的问题的详细汇报。

5月9日　农业部副部长张桃林一行在中国农业科学院党组书记陈萌山的陪同下到中国农业科学院新乡综合试验基地考察指导工作。张桃林一行考察了新乡基地信息化展厅、矮败小麦试验区以及小麦种质创新、育种试验区和新品种展示区，听取了院新乡基地工作和作科所小麦科研工作的汇报。

5月9—10日　由中国农业科学院农业信息研究所《中国乳业》杂志社和宁夏奶业协会共同主办的“2014（第三届）中国乳业技术创新与可持续发展大会”在银川市召开，大会主题是“转型升级、提质增效、健康发展”。宁夏回族自治区人民政府主席刘慧、自治区党委副书记崔波，自治区人大常委会副主任王儒贵、自治区人民政府副主席屈冬玉，农业部原常务副部长、中国奶业协会名誉会长刘成果，中国农业科学院院长李金祥等出席了大会开幕式。

5月12日 农业部副部长、中国农业科学院院长李家洋会见了来访的美国农业部副部长迈尔克·斯邱思（Michael Scuse）一行。双方就落实中美科技合作和中美合作谅解备忘录等事宜交换了意见。

5月13日 中央国家机关工会联合会在中国农业科学院举行五一劳动奖状和奖章颁奖仪式。院党组书记陈萌山，中央国家机关工委统战群工部副部长、工会联合会副主席孔冈，农业部直属机关党委副书记胡永万，农业部直属机关工会主席张广卿，及获奖单位的领导、职工代表参加了颁奖仪式。颁奖仪式上，获得全国五一劳动奖章的麻类所所长陈万权，获得中央国家机关五一劳动奖状先进集体的作科所遗传育种系代表黄长玲研究员，以及获得中央国家机关五一劳动奖章的牧医所研究员李奎3位同志先后发言。

5月13日 中国农业科学院2014年国家引智基地和示范单位工作交流会在农产品加工研究所召开。国家外国专家局经济技术专家司巡视员王营，农业部人事劳动司副司长刘英杰，中国农业科学院副院长吴孔明以及院11个研究所的40余位专家参加了会议。

5月14日 农业部副部长、中国农业科学院院长李家洋会见了来访的英国洛桑研究所即任所长阿奇姆·杜伯曼（Achim Dobermann）。双方就进一步推动合作交流，加强农业科技领域合作交换了意见。

5月15日 由中国农业科学院主办，中国农业科学院油料所等单位承办的油菜全程机械化高效生产模式示范现场活动，在湖北省公安县夹竹园镇举办，集中展示油菜生产从播种、产中管理到收获等9项关键技术的集成效果。中国农业科学院党组书记陈萌山、副院长吴孔明，湖北省政协副主席郭跃进，中国工程院院士官春云，农业部农机化司巡视员丁翔文等出席会议。

5月18日 中国农业科学院棉花研究所主导的二倍体棉花——亚洲棉（Gossypiumarboreum）全基因组测序及图谱绘制完成。相关研究论文已在国际权威学术期刊*Nature Genetics*（《自然—遗传学》）上发表。这是我国继二倍体棉花雷蒙德氏棉基因组图谱绘制完成后，在棉花基因组学研究领域取得的又一项突破性成果。

5月20日 由中国农业科学院农产品加工研究所主办的2014年世界真菌毒素大会在京召开。会议围绕真菌毒素的形成、代谢和降解机理、防控基础、控制与消除技术等内容展开深入交流研讨，共商全球真菌毒素防控大计。中国农业科学院党组书记陈萌山、国际真菌毒素学会主席安东尼奥（Antonio Logrieco）、欧盟驻华使团农业参赞柯林马（Markus Klingler）等领导出席开幕式并致辞。

5月20日 国际组织驻华机构工作座谈会在中国农业科学院召开，会议旨在总结近年来在华开展合作的情况、梳理问题、提出建议，进一步提升合作水平。中国农业科学院副院长吴孔明出席会议并讲话，来自国际农业研究磋商组织（CGIAR）下属7个研究中心驻华办事处以及国际应用生物科学中心（CABI）东亚中心、国际植物营养研究所（IPNI）北京办事处等 9 家单位的代表参加了会议。

5 月 23 日 农业部副部长陈晓华一行到中国农业科学院农业信息研究所调研，先后参观了国家农业图书馆、网络中心机房、农业监测预警研究空间、农业信息分析研究区和农业信息技术研究区等，听取了研究所情况汇报，并与所班子和科研人员代表座谈。中国农业科学院党组书记陈萌山陪同。

5 月 23 日 中国农业科学院作物科学研究所承办的“小麦优质高产综合技术集成与高效生产模式研究”项目现场观摩会在河南省新乡市举办。中国农业科学院副院长刘旭以及有关部门的领导和科研人员共 30 余人出席了现场会。

5 月 25 日 农业部副部长余欣荣在部科技教育司司长唐珂的陪同下来到中国农业科学院，第三次听取马铃薯主粮化项目研究进展，部署和指导下阶段工作。中国农业科学院党组书记陈萌山以及马铃薯主粮化项目团队的主要专家参加了会议。

5 月 26 日 农业部副部长、中国农业科学院院长李家洋会见了来访的美国科学促进会首席执行官兼 *Science*（《科学》）杂志执行出版人阿兰·莱什纳（Alan Leshner）。双方就进一步加强农业科技领域的合作交换了意见。

5 月 27 日 农业部副部长、中国农业科学院院长李家洋会见了来访的陶氏益农全球副总裁罗兰德·梅尼那德（Rolando Meninato）一行，双方就进一步加强农业科技领域的合作交换了意见。中国农业科学院与陶氏益农公司签署了奖学金项目协议。

5 月 27 日 由中国农业科学院国际合作局主办的中国农业科学院 2014 年干部职工“英语之星”风采大赛在国家农业图书馆报告厅举行。吴孔明副院长出席颁奖仪式并讲话。本次大赛得到各研究所的积极响应和大力支持，来自全院 24 个研究所和研究生院的 43 名选手参加了比赛。

5 月 27—29 日 中国农业科学院副院长李金祥到兰州牧药所调研条件建设工作。李金祥一行参观了所史陈列室、研究所所区和新综合实验楼，并与科研人员交流，了解科研一线实际情况和工作条件，听取了研究所创新能力条件建设基础及下一步条件建设需求和现有基地规划情况的汇报。

5 月 28 日 农业部副部长、中国农业科学院院长李家洋会见了来访的意大利国家研究委员会主席路易吉·尼古拉斯（Luigi Nicolais）一行，双方就进一步加强农业科技领域的合作交流交换了意见。

6 月

6 月 4—5 日 中国农业科学院科技管理工作会议在北京召开。农业部副部长、中国农业科学院院长李家洋作了题为《统筹布局　创新机制　推动农业科技跨越发展》的主旨报告，副院长刘旭主持会议并作总结讲话。

6 月 6 日 中国农业科学院 2014 年第四期“农科讲坛（中国农业科技报告会）”在国家农业图书馆报告厅举行。美国国家科学院院士、加州大学戴维斯分校世界粮食中心主任罗杰·比奇（Roger N. Beachy）应邀作了题为《先进遗传技术在农业应用中的优势与挑战》的报告。农业部副部长、中国农业科学院院长李家洋，院党组书记陈萌山，副院长刘旭、李金祥，纪检组组长史志国，院党组成员、人事局局长魏琦等院领导出席报告会。报告会由吴孔明副院长主持。

6月7日 农业部副部长余欣荣到中国农业科学院调研深化种业体制改革进展，了解国家种业科技成果产权交易中心建设情况，并考察了作物科学研究所小麦抗旱育种科研情况。中国农业科学院党组书记陈萌山陪同调研并主持座谈会。副院长吴孔明汇报了中国农业科学院落实“国办109号”文件工作进展情况以及国家种业科技成果产权交易中心建设方案。

6月8—14日 应欧盟、全球作物多样性信托基金和拜耳作物科学公司的邀请，中国农业科学院吴孔明副院长率团访问了位于比利时布鲁塞尔的欧盟总部、拜耳作物科学公司根特研发中心以及位于德国波恩的全球作物多样性信托基金，以深化和推进相关农业科技领域的合作。

6月10—11日 中国农业科学院在北京组织举办了院属单位离退休干部工作培训班。院党组成员、纪检组长史志国在培训班开班式上讲话，农业部离退休干部局陶永平局长出席开班式并传达解读了全国老干部局长会议精神，院党组成员、人事局局长魏琦主持开班式。

6月12—19日 中国农业科学院副院长李金祥率团访问了韩国和俄罗斯，进一步深化与两国的农业科技合作。在韩国期间，代表团与韩国农村振兴厅共同召开了中韩第十九次农业技术合作年会并签署了2014年中韩技术合作项目协议。在俄罗斯期间，代表团与圣彼得堡国立农业大学签署了合作谅解备忘录。

6月17日 中国农业科学院副院长吴孔明会见了来访的加拿大农业和农业食品部副部长安吉拉·里昂（Andrea Lyon）一行。双方就进一步拓展农业科技合作交换了意见，就如何开展生物技术领域的合作进行了磋商。

6月19日 农业部副部长余欣荣到河北调研地下水超采区综合治理进展，期间实地考察了中国农业科学院马铃薯主粮化项目在衡水的马铃薯替代种植试验情况。中国农业科学院党组书记陈萌山、农业部种植业管理司司长曾衍德、科技教育司司长唐珂陪同调研。

6月20日 由中国农业科学院作物科学研究所和保定市农业局联合组织的中麦175现场观摩会在河北省高碑店市举行。中国农业科学院党组书记陈萌山在观摩现场指出，中麦175是实现我院“立地”目标的重要小麦品种，已列入中国农业科学院重点推广成果，要进一步加大示范展示力度，扩大推广面积，推动农业增产增收。

6月20日 农业部副部长、中国农业科学院院长李家洋会见了来访的比尔与梅琳达·盖茨基金会（以下简称盖茨基金会）农业发展部新任主任帕米拉·安德森（Pamela Anderson）博士，双方就如何进一步加强农业科技领域的合作深入交换了意见，副院长吴孔明参加了会见。

6 月 24 日 科技部党组书记、副部长王志刚在中国农业科学院党组书记陈萌山的陪同下到棉花研究所调研。王志刚一行深入棉花生物学国家重点实验室、棉花转基因实验室、早熟育种实验室，详细了解科技创新、成果转化等方面情况，并与所领导班子和科研骨干进行了座谈。

6 月 26 日 中国农业科学院 2014 届研究生毕业典礼暨学位授予仪式在京举行。农业部副部长、中国农业科学院院长兼研究生院院长李家洋，院党组成员、人事局局长魏琦出席典礼。

6 月 27 日 中国农业科学院召开党组中心组（扩大）学习会，全面系统学习习近平总书记十八大以来关于农业、科技工作系列重要论述，研究落实党风廉政建设“两个责任”，加强科研经费监管，推进创新工程深入实施。农业部党组成员、中纪委监察部驻部纪检组组长朱保成，农业部副部长、中国农业科学院院长李家洋出席会议并讲话。国家审计署农林水利审计局副局长杨岗和院纪检组组长史志国分别作了科研经费审计专题报告和科研经费管理案例分析报告。院党组书记陈萌山主持会议并作总结讲话。

6 月 30 日 中国农业科学院召开纪念建党 93 周年暨党支部书记专题学习交流会，表彰先进、重温党章、交流工作体会，庆祝党的生日。院党组书记陈萌山，副院长刘旭、李金祥、吴孔明，纪检组组长史志国，院党组成员、人事局局长魏琦出席会议。会议由刘旭副院长主持。

6 月 30 日 中国农业科学院党组书记陈萌山在院纪检组组长史志国，院党组成员、人事局局长魏琦陪同下来到农业部（中国农业科学院）巡视组办公地点，现场听取了巡视组组长高淑君的工作汇报，并就开展好新一轮巡视工作提出要求。

7 月

7 月 8 日 中国农业科学院北京畜牧兽医研究所猪基因工程与种质创新团队冯书堂研究员主持完成的“国际首例小型猪近交系研究与鉴定”成果，荣获 2014 年度中国农业科学院科技成果奖特等奖。

7 月 9 日 由院工会和院团委联合主办，院篮球俱乐部承办的京区“创新杯”职工篮球赛。经过 12 个比赛日、86 场比赛，比赛圆满落幕。院党组书记陈萌山，副院长李金祥，院党组纪检组组长史志国观看了决赛并为获奖单位颁奖。

7 月 10 日 由国家食物与营养咨询委员会、吉林省食物与营养咨询指导委员会主办、农业部食物与营养发展研究所与吉林农业科技学院共同承办的“食物与营养教育示范基地建设研讨会”在吉林市召开。

7 月 11 日 中国农业科学院北京畜牧兽医研究所猪遗传育种创新团队在猪耳面积性状主效基因挖掘研究上取得新进展，国际上首次发现了位于猪 5 号染色体上的耳面积性状主效基因。

7 月 11 日 广西壮族自治区党委常委、副主席唐仁健一行 8 人到中国农业科学院调研，就院地农业科技合作进行座谈交流。农业部副部长、中国农业科学院院长李家洋，副院长吴孔明，院党组成员、人事局局长魏琦出席座谈会。院党组书记陈萌山主持会议。

7 月 13 日 中央电视台《新闻联播》播发了“棉花所：培育新品种 创新中国棉”的新闻，将棉花研究所的宣传引向高潮。央视新闻重点以培育抗虫棉新品种为例，介绍了棉花所紧密围绕国家产业发展需求，协同全国棉花科研力量联合攻关，不断培育出引领全国的新品种，为我国棉花产业发展提供有力科技支撑的创新历程。

7 月 13—16 日 应哈萨克赛富林农业大学校长库里什巴耶夫（Akkhylbek. K. Kurishbayev）的邀请，中国农业科学院副院长李金祥率团访问了该校，并与新疆农业大学一起和萨克赛富林农业大学签署了《中国农业科学院、新疆农业大学与赛富林农业大学关于建立联合实验室和促进农业科技创新合作谅解备忘录》。这是中国农业科学院在中亚国家首次建立的农业科学研究联合实验室，也是落实科技部中国—中亚科技合作中心建设的重要举措。

7 月 14 日 中国农业科学院 2014 年第五期“农科讲坛（中国农业科技报告会）”在国家农业图书馆报告厅举行。作物科学研究所所长万建民教授应邀作了题为“水稻籼粳交杂优势利用的分子育种研究成果”的报告。农业部副部长、中国农业科学院院长李家洋，院党组书记陈萌山，副院长刘旭、吴孔明，院党组成员、人事局局长魏琦出席报告会。农业部种植业司、中国绿色食品中心、农产品质量安全中心等部委和兄弟单位的领导也应邀参加了报告会。

7 月 14 日 全国哲学社会科学规划办公室公布 2014 年度国家社科基金重大项目（第一批）立项名单。中国农业科学院农业经济与发展研究所蒋和平教授作为首席专家投标课题“基于改革视角下国家粮食安全问题研究”名列其中，获得资助，实现了中国农业科学院申请国家社会科学基金重大项目立项零的突破。

7 月 15 日 中国农业科学院科研经费管理首场宣讲会在京举行，院党组书记陈萌山在会上讲话，院党组纪检组组长史志国主持会议。

7 月 15 日 中国农业科学院与通州区人民政府举行《中国农业科学院通州院区筹建工作备忘录》签字仪式。院党组书记陈萌山、副院长吴孔明，通州区区长、副区长等出席会议。

7 月 15 日 中国农业科学院深圳农业基因组研究所第一期生物信息学特训班在深圳正式开班。中国农业科学院副院长吴孔明出席开班仪式并讲话。

7 月 16 日 农业部副部长、中国农业科学院院长李家洋会见了来访的莫桑比克农业部长若泽·帕谢科（José Pacheco），双方就深入开展农业科技领域的合作交换了意见。

7 月 16 日—18 日 中国农业科学院党组书记陈萌山一行到兰州牧药所和兰州兽医所调研创新工程试点实施工作，并与两所创新工程科研团队首席专家、科研人员、所领导班子成员、科研管理人员等进行了座谈。

7 月 17 日　农业部 2013 年度“西部之光”访问学者、新疆西藏特培学员培养工作总结座谈会在中国农业科学院召开。中共中央组织部人才工作局、人力资源和社会保障部专业技术人员管理司、农业部人事劳动司相关领导，中国农业科学院党组成员、人事局局长魏琦和中国农业科学院研究生院相关领导等出席会议。

7 月 17—25 日　中国农业科学院副院长唐华俊率团赴阿根廷和古巴执行农业科技合作任务，期间与阿根廷农牧业科学院签署合作协议，并在古巴为古中蚕桑科技合作中心揭牌，进一步深化了中国农业科学院与两国的农业科技合作。

7 月 18 日　中国农业科学院成果转化局在京举办国家专利奖申报讲座，邀请了国家知识产权局专利管理司市场处处长王双龙主讲，共有来自 17 个研究所以及水产科学研究院的 50 多名科研人员和分管领导参加。

7 月 20—23 日　农业部副部长、中国农业科学院院长李家洋赴新疆阿克苏、昌吉、石河子等地调研，并与塔里木大学、新疆农业科学院、新疆畜科院、新疆农垦科学院科技人员交流座谈。调研期间，李家洋与新疆维吾尔自治区党委常委尔肯江・吐拉洪、自治区副主席田文进行了会谈，并签署了《中国农业科学院与新疆维吾尔自治区人民政府农业科技合作协议》。

7 月 21 日　中国农业科学院 2014 年以“强化红线意识　促进安全发展”为主题的“安全生产月”活动落下帷幕。此次活动认真组织实施，取得了明显实效。

7 月 22 日　由中国农业科学院油料作物研究所联合有关单位协调攻关研发的以小桐子、光皮树、废弃油脂等非食用油脂资源为原料转化生物柴油关键技术获得 2014 年度中国农业科学院科技成果一等奖。

7 月 22 日　由中国农业科学院生物技术研究所林敏研究员科研团队与美国亚利桑那大学自然资源和环境学院的天然产物研究中心莫尔纳教授（Molnar）科研团队合作完成的“通过真菌聚酮合酶亚基重排以多样性为导向的苯二酚内酯组合生物合成”研究取得重大突破。相关研究论文于 7 月 22 日在线发表在美国科学院报（PNAS）上。论文第一作者为“青年英才计划”候选人徐玉泉研究员。

7 月 22 日　在“八一”建军节即将到来之际，中国农业科学院与解放军艺术学院庆“八一”军民共建活动在植物保护研究所廊坊基地举行。中国农业科学院党组书记陈萌山、副院长李金祥，解放军艺术学院领导出席座谈会。

7 月 24 日　农业部食物与营养发展研究所召开第一届理事会第二次全体会议。农业部副部长、中国农业科学院院长、食物营养所理事会理事长李家洋主持会议并讲话。

7 月 24 日　中国农业科学院党组书记陈萌山一行到院南口中试基地调研并主持召开现场办公会。陈萌山听取了南口中试基地基本情况、规划设计、电改造项目进展及科研开展情况的汇报，实地查看了入驻研究所的科研试验区、成果中试与转化车间。

7 月 24 日　由中国农业科学院农产品加工研究所主导、联合山东悦一生物科技有限公司等 6 家单位共同完成的“骨素加工关键技术装备研发与应用”成果通过了农业部组织的专家组鉴定。

7月25日 农业部系统干部职工“英语之星”风采大赛落下帷幕。经过激烈角逐，中国农业科学院代表队荣获“英语之星”风采大赛团体赛二等奖，张礼文（生物技术研究所）荣获个人单项赛一等奖，黄佳琦（农业信息研究所）荣获个人单项赛二等奖，陈超（蜜蜂研究所）荣获个人单项赛优秀奖。

7月29日 由中国农业科学院农业资源与农业区划研究所主持研发的西北沿黄灌区盐碱地改良关键技术研究与应用获得2014年度中国农业科学院科技成果一等奖。

8月

8月1日 经农业部党组会议研究决定：免去刘旭的中国农业科学院副院长职务；免去刘旭的中国农业科学院党组成员职务。

8月1日 经农业部党组会议研究决定：王加启任中国农业科学院蜜蜂研究所所长，自任职之日起上岗试用，试用期1年；免去吴杰的中国农业科学院蜜蜂研究所所长职务，保留正所级待遇；谢双红同志任中国农业科学院蜜蜂研究所党委书记。

8月1日 经农业部党组会议研究决定：钱永忠任中国农业科学院农业质量标准与检测技术研究所所长（农业部农产品质量标准研究中心主任）自任职之日起上岗试用，试用期1年；免去叶志华的中国农业科学院农业质量标准与检测技术研究所所长（农业部农产品质量标准研究中心主任）职务，保留正所级待遇；贡锡锋同志任中国农业科学院农业质量标准与检测技术研究所党委书记，自任职之日起上岗试用，试用期1年；免去李恩普的中国农业科学院农业质量标准与检测技术研究所党委书记职务，到龄退休。

8月4日 农业部副部长张桃林赴中国农业科学院深圳农业基因组研究所调研。农业部财务司司长李健华、科技司巡视员石燕泉，中国农业科学院副院长吴孔明等陪同调研。

8月5日 “轮选987”是中国农业科学院作物科学研究所利用自创的矮败小麦技术育成的矮秆、多抗、超高产小麦品种。北京市农业局组织专家对北京市房山区窦店村今年种植170亩“轮选987”小麦进行现场实收测产，结果显示平均亩产达到682千克，创造了北京市小麦单产最高纪录，同时也刷新了该品种2011年创造的亩产605千克单产纪录。

8月5日 由中国农业科学院承建的农业部视频会议西区分会场正式投入使用，中国农业科学院安委会组织安委会委员、各单位主管安全主要负责人及安全员在西区分会场参加了农业部安委会2014年第二次全体（扩大）视频会议，也标志着中国农业科学院视频会议系统建设取得了阶段性成果。

8月6日 中国农业科学院党组书记陈萌山一行到农业资源与农业区划研究所呼伦贝尔草原生态系统国家野外科学观测研究站调研，实地考察了站区科研生活设施、综合观测场、放牧实验平台、降水实验平台等，并主持召开了座谈会。

8月6日　中国农业科学院安委会主任史志国带领安委会成员抽查了部分实验室、生产车间和地下空间，要求在检查中发现的问题，立即整改不留死角。

8月6日　中国农业科学院郑州果树研究所王力荣研究团队与深圳华大基因联合开展的桃全基因组重测序工作取得阶段性进展。该研究对84份桃种质进行重测序，在全基因组水平上绘制了从光核桃到普通桃的进化路线，并鉴定了与人工选择相关的候选基因。相关研究结果在线发表于 *Genome Biology*（《基因组生物学》）。

8月7—8日　中国农业科学院党组书记陈萌山一行到草原研究所调研创新工程申报工作。与草原所领导班子、团队首席专家以及职能部门负责人进行了座谈，并召开了创新工程与科研经费管理宣讲会。

8月8日　新乡市人民政府副秘书长唐俊生一行5人来到中国农业科学院调研，就创建国家农业科技园区事宜与中国农业科学院副院长吴孔明进行了深入交流。

8月11日　中国农业科学院麻类研究所举行农业科技合作签字仪式，与湖北省、湖南省科教单位分别就蔬菜、蚕桑、植保、人才培养等方面签订了协议。来自中国农业科学院、湖北省农业科学院、湖南农业大学、武汉市农业科学技术研究院及麻类所的领导和专家近30人参加了签字仪式。中国农业科学院副院长李金祥出席了签字仪式并致辞。

8月11日　中国农业科学院副院长吴孔明会见了来访的捷克作物科学研究所副所长吉班·库玛·堪杜（Jiban Kumar Kundu）博士。双方就如何进一步深化中捷农业科技合作深入交换了意见。

8月11日　在新疆维吾尔自治区党委召开的“中央和国家机关、中央企业第七批援疆干部总结表彰大会”上，农业部援疆干部团队等50个集体被授予“第七批中央和国家机关、中央企业援疆干部优秀团队”称号，中国农业科学院5名援疆干部作为农业部援疆团队（共10人）的重要组成部分，分别被授予优秀援疆干部称号，并荣立二等功和三等功。

8月12日　中国农业科学院副院长吴孔明会见了来访的新西兰初级产业部产业伙伴关系和项目事务副部长本·道尔顿（Ben Dalton）。双方就农业领域共同关注的问题进行了交流，并就进一步加强中新农业科技领域合作交换了意见。

8月13日　在全国现代种业发展工作会议召开期间，依托中国农业科学院建设的国家种业科技成果产权交易中心正式启动运行。农业部副部长余欣荣，中国农业科学院党组书记陈萌山出席启动仪式，并共同为产权交易中心揭牌。

8月13日　中国博士后科学基金会公布了中国博士后科学基金第七批特别资助获资助人员名单，中国农业科学院共7人获得资助，共获资助金105万元。这是中国农业科学院自参评中国博士后科学基金特别资助以来获资助人数和金额最多的一次。

8月13日　由中国农业科学院与中国电信集团公司共同组建的“国家农业科技服务云平台联合实验室”在北京揭牌。中国农业科学院党组书记陈萌山、中国电信集团副总经理出席揭牌仪式。该联合实验室挂靠在中国农业科学院农业信息研究所。

8月14日 北京市规划委员会副主任王玮一行应邀来院调研座谈。院党组书记陈萌山出席会议并讲话。李金祥副院长主持会议。

8月14—15日 由中国农业科学院主办、新疆农业科学院承办的“第十九届全国农科院系统外事协作网会议暨中国农业科学院第三届外事专办员培训班”在新疆维吾尔自治区乌鲁木齐市召开。中国农业科学院副院长吴孔明出席会议并讲话。

8月20日 中国农业科学院科技创新工程绩效任务书签约仪式暨绩效管理研讨会在北京举行。农业部副部长、中国农业科学院院长李家洋分别与进入科技创新工程试点的院属22个研究所的负责同志签定了《创新工程绩效管理任务书》，标志着院创新工程绩效管理工作的正式实施。院党组书记陈萌山强调，签定《创新工程绩效任务书》是创新工程全面实施的再次动员、加快实施的重要标志，更是我们对国家的再一次庄严承诺。

8月20日 中国农业科学院植物保护研究所“千人计划”学者王国梁教授及其科研团队以“水稻先天免疫抗细菌和真菌病害的研究进展”为题在植物病理学领域顶尖期刊 *Annual Review of Phytopathology*（《植物病理学年评》）发表文章，着重阐述了水稻与稻瘟病菌、白叶枯病菌互作的分子调控网络。

8月22日 由国际油菜测序联盟牵头首次完成了甘蓝型油菜的基因组测序工作，这是国际上首次对传统的多倍体作物复杂的基因组进行的完整测序和组装，并完成了其与亲本种的系统比较和进化分析。中国农业科学院油料作物研究所是此项工作的主要参与力量。该突破性研究成果于8月22日发表在国际顶级期刊 *Science*（《科学》）上。

8月22日 中国农业科学院北京畜牧兽医研究所杨青川研究员及其科研团队在国际上首次发现了紫花苜蓿开花调控基因——CCCH类型锌指蛋白 *MsZFN* 基因。相关研究结果已发表于 *Plant Science*（《植物科学》）上。

8月24日 辽宁省种子管理局组织有关专家对中国农业科学院果树研究所选育的梨矮化砧木新品种“中矮4号”进行了备案鉴定。

8月25—29日 中国农业科学院2014年新入职人员岗前培训班在北京举行。来自院机关和京内外各研究所新入职的应届高校毕业生以及博士后出站、留学回国人员等210余人参加了培训。院党组书记陈萌山出席开班仪式并讲话。院党组成员、人事局局长魏琦主持开班仪式。

8月26—28日 中国农业科学院党组书记陈萌山一行赴西藏调研，考察了西藏农牧科学院6个研究所和拉萨市曲水县净土健康产业，看望了中国农业科学院及农业部援藏干部，并先后与西藏农牧科学院、西藏自治区农牧厅、拉萨市人民政府交流座谈。调研期间，陈萌山与西藏自治区党委常委、拉萨市委书记齐扎拉、自治区副主席坚参同志举行了会谈。

8月28—30日 由中国农业科学院兰州畜牧与兽药研究所主办的第五届国际牦牛大会在甘肃兰州召开。本届大会以“牦牛产业可持续发展”为主题。中国农业科学院副院长唐华俊、甘肃省科技厅厅长李文卿、国际山地综合发展中心副总干事艾科拉亚·

沙马、中国农业科学院兰州畜牧与兽药研究所领导等出席开幕式并致辞。

8 月 29 日　经农业部党组会议研究决定：雷茂良任中国农业科学院党组成员、副院长。

8 月 29 日　经部党组会议研究决定：唐华俊同志任中国农业科学院直属机关党委书记。

8 月 29 日　中国农业科学院北京畜牧兽医研究所杨青川研究员率领的科研团队历时 10 多年育成的耐盐高产紫花苜蓿新品种——“中苜 5 号”通过了全国草品种审定委员会审定。

8 月 31 日　据国家自然科学基金委员会网站信息统计，截至 8 月底，中国农业科学院共有 32 个研究所获准 2014 年度国家自然科学基金项目 291 项，资助总经费 1.6 亿元，较 2013 年增加了 600 余万元，平均立项率 26.5%，较 2013 年上升 0.9 个百分点，自然基金立项工作再创佳绩。

9 月

9 月 1 日　由人社部“专业技术人才知识更新工程”资助，由农业部人事劳动司主办，中国农业科学院人事局及农业信息研究所共同承办的“农业信息技术和农业监测预警高级研修班”在北京开班。中国农业科学院党组书记陈萌山、中国科学院院士孙九林、农业部市场与经济信息司副司长出席开班仪式并讲话。人社部专业技术人员管理司、农业部人事劳动司等单位的领导出席仪式。开班仪式由中国农业科学院党组成员、人事局局长魏琦主持。

9 月 1 日　中国农业科学院党组副书记、副院长唐华俊到农产品加工研究所调研指导创新工程工作，听取了研究所的工作汇报，并进行了深入交流。

9 月 1 日　中国农业科学院副院长李金祥和农业部投资计划司投资处处长罗东等一行到中国农业科学院深圳农业基因组研究所调研。李金祥一行深入到试验基地农田基础设施建设项目和农田水源工程工地现场考察，并对基因组所进行了全面调研并听取汇报。

9 月 2 日　中国农业科学院 2014 年第六期“农科讲坛（中国农业科技报告会）”在国家农业图书馆报告厅举行。中国农业科学院麻类研究所所长陈万权应邀作了题为“中国小麦条锈病研究的进展与问题”的报告。

9 月 3 日　农业部党组成员、中央纪委驻农业部纪检组组长宋建朝一行到中国农业科学院调研，就进一步加强党风廉政建设工作进行指导。中国农业科学院党组书记陈萌山，副院长唐华俊，纪检组组长史志国，党组成员、人事局局长魏琦出席座谈会。

9 月 3 日　农业部副部长、中国农业科学院院长李家洋会见了来访的联合国粮农组织助理总干事王韧一行。双方就进一步深化农业科技合作与交流交换了意见。

9 月 3 日　中国农业科学院研究生院 2014 级新生开学典礼在京举行。农业部副部长、中国农业科学院院长兼研究生院院长李家洋，中国农业科学院领导唐华俊、李金祥、吴孔明，院属京区各单位领导、研究生导师代表及优秀教师代表出席了开学典礼。

9月5日 农业部副部长、中国农业科学院院长李家洋到湖北省浠水县考察指导中国水稻研究所优质稻高产技术集成示范工作。农业部种子管理局副局长，水稻所相关领导和专家陪同考察。

9月5日 中国农业科学院党组书记陈萌山会见了来访的智利农业部长卡洛斯·富尔切（Carlos Furche）一行。双方就加强农业科技合作进行了交流探讨。中国农业科学院副院长吴孔明参加了会见。

9月9日 在第三十个教师节来临之际，农业部副部长、中国农业科学院院长兼研究生院院长李家洋向全体教职员工致以节日的问候。

9月9日 中国农业科学院副院长吴孔明会见了来访的德国食品与农业部研究司司长克劳斯·黑德（Klaus Heider）一行。双方就如何深化农业科技领域合作进行了交流，并就中德农业科技中心建设交换了意见。

9月10日 中国农业科学院作物科学研究所水稻功能基因组研究创新团队在水稻抗条纹叶枯病基因功能研究中取得重要新进展，为通过分子手段培育抗病虫水稻品种提供了有用的基因资源，为水稻抗稻飞虱及其传播病毒病机制的阐明奠定了基础。国际权威刊物 *Nature Communications* 在线出版了相关研究成果。

9月10日 由中国保险学会主办，中国农业科学院农业信息研究所和中国人民财产保险股份有限公司联合承办的“2014 中国农业保险研讨会”在北京举行。

9月11日 财政部副部长胡静林等一行赴中国农业科学院深圳农业基因组研究所调研。农业部副部长、中国农业科学院院长李家洋陪同调研。

9月11日 院党组书记陈萌山与院援疆干部进行集体谈话，对他们即将开启的援疆之旅寄语嘱托。

9月14日 中国农业科学院作物科学研究所邱丽娟研究员率领的大豆基因资源研究与利用创新团队在国际上率先构建出一年生野生大豆的泛基因组，为作物野生种质资源保护、基因发掘和育种利用研究提出了新的方法。相关研究成果于9月14日在线发表在国际权威期刊 *Nature Biotechnology*。

9月15日 农业部副部长、中国农业科学院院长李家洋到麻类研究所考察调研，并与所领导班子成员、中层干部和科技人员代表座谈。

9月15—16日 由科技部国际合作司主办，中国农业科学院、中国—东盟技术转移中心等单位联合承办的“中国与东盟国家农业科技论坛”在广西南宁市举行。中国农业科学院副院长吴孔明出席论坛，科技部国际合作司领导出席开幕式并致辞。

9月16日 亚太经济合作组织（APEC）农业技术合作工作组（ATCWG）第18届年会在北京召开。中国农业科学院副院长、ATCWG 第七任牵头人唐华俊出席并主持会议。来自中国、美国、日本、澳大利亚等15个成员体和 APEC 秘书处的81名代表参加了会议。

9月16日　中国农业科学院副院长吴孔明利用到南宁参加“中国—东盟农业科技论坛”的机会到广西农业科学院调研，并与该院领导和科技管理人员座谈交流。

9月16日　中国农业科学院5位参加中央国家机关第八批援疆干部人才启程赴疆，开展为期3年的对口支援工作。

9月17日　中国农业科学院召开科研经费使用管理专项检查工作研究部署会，贯彻落实农业部“全国农业科研项目经费使用管理情况专项检查工作动员部署视频会议”精神，研究部署全院科研经费使用管理专项检查工作。院党组书记陈萌山出席会议并讲话，院党组副书记、副院长唐华俊主持会议，院纪检组长史志国参加会议。

9月17—20日　由中国植物保护学会承办的2014年海峡两岸生物防治学术研讨会在云南省昆明市召开，主题为“病虫草害生物防治与食品安全”。中国农业科学院副院长、中国植物保护学会名誉理事长吴孔明出席开幕式并致辞。

9月18—19日　中国农业科学院举办了“博士后管理人员业务培训班”。中国农业科学院副院长李金祥，人社部专业技术人员管理司、农业部人事劳动司有关领导出席开班仪式。

9月19日　农业部副部长、中国农业科学院院长李家洋会见了来访的爱思唯尔（Elsevier）全球战略联盟高级副总裁布瑞德·芬威克（Brad Fenwick）博士，就进一步加强农业科技领域合作交换了意见。

9月19日　中国农业科学院党组书记陈萌山带队调研了农业资源与农业区划研究所，听取了研究所党委关于加强基层服务型党组织建设的情况汇报，与所领导班子、科技创新团队首席、党支部书记、工青妇组织、民主党派等各方代表进行了座谈交流。

9月20—21日　由中国农业技术经济学会主办、四川省农业科学院承办的“中国农业技术经济学会2014年学术研讨会”在成都市召开。中国农业技术经济学会会长、中国工程院副院长刘旭出席会议并致开幕词。

9月22日　第五届全国杰出专业技术人才表彰大会在北京市举行。中国农业科学院棉花研究所喻树迅院士荣获“全国杰出技术人才”称号。

9月22日　中国农业科学院相关研究所联合地方政府、科研机构及农民合作社开展的玉米高产高效技术集成攻关研究与示范推广取得重大进展。经专家测产表明，该示范区超高产攻关模式示范田，亩产突破1 000千克大关，增收达到800元，有望在黄淮海地区实现大面积“玉米吨粮田”的目标。

9月22—23日　中国农业科学院财务与审计培训班在杭州市举办。院党组副书记、副院长唐华俊出席开班仪式并讲话。审计署农林水利审计局、财政部会计司、农业部财务司的有关领导出席培训班并作专题报告。

9月22—24日　中国农业科学院基本建设局举办了“2014年基本建设现场交流培训”。农业部发展计划司监管处处长霍剑波出席并作专题报告。

9月23日　农业部副部长、中国农业科学院院长李家洋会见来访的西南大学校长张卫国一行，双方就推进柑橘研究所发展、加强院校农业科技交流与合作等进行了交流。西南大学副校长，中国农业科学院副院长吴孔明，党组成员、人事局局长魏琦出席座谈会。

9月23日 农业信息研究所主持召开院电子文献资源建设专家咨询会议。中国农业科学院副院长唐华俊出席会议。

9月23日 中国农业科学院哈尔滨兽医研究所天然免疫联合实验室郑永辉研究员领衔的基础免疫创新团队研究发现了抑制艾滋病病毒囊膜蛋白合成的新途径。该研究为艾滋病疫苗的研制及抗艾滋病药物的研发指明了新的方向。相关研究成果在美国出版的《病毒学杂志》上发表。

9月24日 中国农业科学院党组书记陈萌山带队调研了农业信息研究所，听取了研究所党委关于加强基层服务型党组织建设的情况汇报，与所领导班子、科技创新团队首席、党支部书记、工青妇组织、民主党派等各方代表进行了座谈交流。

9月24日 为认真贯彻和落实院农业科研项目经费使用管理情况专项检查工作领导小组部署，扎实有序开展专项检查工作，中国农业科学院在杭州召开专项检查布置会。

9月24—26日 中国农业科学院2014年第一期导师研讨会在京举行。来自全院31个研究所的152名研究生导师参加。中国农业科学院副院长吴孔明出席开班仪式并讲话。开班仪式由研究生院党委书记、常务副院长韩惠鹏主持。国务院学位办公室领导出席开班仪式。

9月25日 中国农业科学院党组书记陈萌山会见了来访的国际玉米小麦改良中心(CIMMYT)理事会主席约翰·斯内普(John Snape)博士以及中心主任托马斯·兰普金(Thomas Lumpkin)博士一行。双方就进一步深化农业科技合作交换了意见。

9月25日 依托中国农业科学院农业资源与农业区划研究所，由唐华俊研究员主持的全球变化国家重大科学研究计划项目“气候变化对我国粮食生产系统的影响机理及适应机制研究”在北京市召开课题结题验收会，项目4个课题顺利通过验收。

9月26日 中国农业科学院举行院职工健身活动中心启用仪式。院党组书记陈萌山，副院长唐华俊、李金祥，院党组成员、人事局局长魏琦出席启用仪式。

9月26日 从在京召开的中国科学技术信息研究所“2014年中国科技论文统计结果发布会”获悉，《中国农业科学》再次入选“中国科技论文统计源期刊”(中国科技核心期刊)，并蝉联“中国精品科技期刊”和“中国百种杰出学术期刊”称号。

9月26—28日 中国农业科学院参加第十八届中国(廊坊)农产品交易会。吴孔明副院长出席了大会开馆式。

9月28日 中国农业科学院首批“青年英才计划”择优支持评审会在北京召开。11名符合申报条件的“青年英才计划”候选人参加了评审答辩。农业部副部长、中国农业科学院院长李家洋出席并主持会议。

9月28日 中国农业科学院举办了纪检监察案件检查工作专题讲座。讲座由院党组纪检组组长史志国主持，中纪委监察部驻农业部纪检组监察局正局级纪检监察专员唐宝振应邀主讲。

9 月 29 日　中国农业科学院纪检组组长、安委会主任史志国，院办公室主任、安委会副主任汪飞杰带队，对作科所种质库机房和配电室，研究生院学生宿舍和地下室等进行安全检查。

9 月 29 日　中国农业科学院农业资源与农业区划研究所农业布局与区域规划研究室吴永常研究员负责自主研发的“多维信息农业区域规划应用平台”项目取得系列性技术突破，在多个地方农业规划工作中取得显著的应用效果。

9 月 29 日　在吉林省劳动模范表彰大会上，中国农业科学院特产研究所程世鹏研究员喜获“吉林省劳动模范”称号。吉林省委书记、省长出席表彰大会，并为劳模颁奖。

9 月 30 日　中国农业科学院党组书记陈萌山代表李家洋院长和院党组看望慰问了离休院领导沈桂芳、董涛，并通过他们向全院离休老干部、老党员表达敬意，转达关怀，褒扬他们的重要贡献，希望他们保重身体，继续为我院科技创新献计献策，发挥参谋作用。院办公室、人事局相关负责同志等陪同走访慰问。

9 月 30 日　国家知识产权局专利管理司副司长曹冬根一行应邀来院调研座谈。中国农业科学院副院长吴孔明出席会议。

9 月 30 日　在北京举办的中央民族工作会议暨国务院第六次全国民族团结进步表彰大会上，中国农业科学院农业资源与农业区划研究所杨秀春同志被授予“全国民族团结进步模范个人”荣誉称号，这是农业部系统唯一一位获此殊荣的农业科技专家。

9 月 30 日　全国科技活动周组委会给中国农业科学院发来感谢信，对参加科技部等 13 个部委组织的 2014 年全国科技活动周重点示范活动——“科技列车赣南行”的我院专家表示感谢。

9 月 30 日　中国农业科学院北京畜牧兽医研究所张军民研究员带领科研团队，在以天然矿物凹凸棒石作为抗生素替代品防控仔猪腹泻研究中取得重要进展，相关成果受到国际关注。

10 月

10 月 8 日　中国农业科学院召开农业科研项目经费使用管理情况专项检查互查工作汇报会。院党组副书记、副院长唐华俊出席会议并讲话。

10 月 9 日　由中国农业科学院主办，中国水稻研究所等单位承办的双季晚稻综合技术集成示范现场会在江西省珠湖农场举行。

10 月 10 日　农业部副部长、中国农业科学院院长李家洋会见了来访的法国农业科学院院长吴烨（François Houllier）一行。双方就未来深化农业科技合作交换了意见，并签署了《中国农业科学院与法国农业科学院合作框架协议》。

10 月 10 日　中国农业科学院研究生院召开教学委员会三届二次会议。中国农业科学院副院长、教学委员会主任委员吴孔明院士出席会议并讲话。来自全院31个研究生培养单位的89位教学委员会委员和“院所共建”教研室特邀代表参加了会议。

10月10日 2014年中国政府“友谊奖”揭晓，由中国农业科学院农业环境与可持续发展研究所承担的“中国可持续型农业技术研究发展计划”，日方长期专家组组长山下市二先生喜获此殊荣，并应邀参加李克强总理会见。

10月13日 中国农业科学院蔬菜花卉所研究员黄三文领导的国际番茄变异组研究团队通过对世界各地的360份番茄种质进行了重测序分析，构建了完整的番茄遗传变异组图谱，最新研究成果以长篇幅论文在线发表于10月13日的*Nature Genetics*（《自然·遗传学》）杂志。

10月15日 中央纪委驻农业部纪检组组长、农业部党组成员宋建朝就加强农业科研经费使用管理到中国农业科学院油料作物研究所调研。中国农业科学院纪检组组长史志国、农业部科教司副巡视员、湖北省农业厅纪检组组长等陪同调研。

10月15日 农业部副部长、中国农业科学院院长李家洋会见了美国密歇根州立大学自然科学学院副院长戴维·德维特（David De Witt）代表团一行。双方就如何加强中国农业科学院与美国密歇根州立大学在生物技术领域的合作深入交换了意见，并就下一步具体行动方案达成了共识。吴孔明副院长参加了会见。

10月16日 中国农业科学院2014年第七期“农科讲坛（中国农业科技报告会）”在国家农业图书馆报告厅举行。中国农业科学院农业环境与可持续发展研究所研究员林而达讲述“针对气候变化公约的农业研究”。农业部副部长、中国农业科学院院长李家洋，副院长唐华俊、李金祥出席报告会。报告会由唐华俊主持。

10月16—17日 中国农业科学院2014年综合政务会议在北京市召开。会议旨在围绕全院创新发展战略要求，进一步提升综合政务管理水平，明确新时期政务工作任务。

10月19日 中国农业科学院科技创新工程协同创新项目“东北黑土地保护工程”牵头单位农业资源与农业区划研究所在北京市召开了项目咨询论证会，副院长李金祥，农业部计划司、科教司等相关领导出席。项目顺利通过论证。

10月20日 中国农业科学院召开粮棉油增产增效技术集成综合生产模式研究工作会议，系统总结水稻、小麦、玉米、大豆、油菜、棉花六大作物2年来在增产增效模式研究与示范推广方面取得的成效，全面部署下一阶段重点任务。院党组书记陈萌山出席会议并讲话，副院长吴孔明主持会议。

10月20日 中国农业科学院棉花研究所举办了棉花全程机械化现场观摩暨棉花新品种展示会。中国农业科学院党组书记陈萌山、副院长吴孔明，河南省农业厅厅长，喻树迅院士出席了观摩会。

10月20日 中国农业科学院副院长唐华俊率一行10余人到山东省青州市后史村生姜实验基地，深入田间地头，对资划所第一党支部与后史村党支部通过解决“毒姜”问题开展的一系列合作共建开展调研。

10 月 21 日 中央国家机关精神文明建设协调领导小组办公室主任杨宝琴一行在农业部直属机关党委副书记等的陪同下，对中国农业科学院申报首都文明单位的农业资源与农业区划研究所和研究生院进行实地考察。院党组副书记、副院长唐华俊出席了汇报会。

10 月 21 日 中国农业科学院召开种业科技成果权益比例试点暨产权交易工作推进会。院党组书记陈萌山在会上指出，要充分认识种业科技体制改革的重要性、必要性，增强责任感、使命感，确保试点工作取得成功。会议由副院长吴孔明主持。

10 月 22 日 中国农业科学院农产品加工研究所“花生低温压榨制油与饼粕高效利用关键技术研究与示范”和“羊肉加工增值关键技术创新与应用”2 项成果入选农业部农产品加工局发布的 2014 年度农产品加工十大科技创新推广成果。

10 月 24 日 中国农业科学院创新办会同农业资源与农业区划研究所、环境保护科研监测研究所、农业环境与可持续发展研究所、蔬菜花卉研究所，筛选凝练出“东北黑土地保护工程”、“南方地区稻米重金属污染综合防控工程”、“华北集约化农区地下水资源高效利用工程”、“旱区马铃薯高效增产工程”4 个重大问题，启动协同创新试点。

10 月 27 日 中国农业科学院召开院党组 2014 年第 2 次中心组（扩大）学习会。农业部副部长、中国农业科学院院长李家洋传达了四中全会精神，中国农业科学院党组书记陈萌山主持会议。

10 月 28 日 中国农业科学院院长李家洋会见了来访的根特大学校长安妮·德帕普（Anne De Paepe）女士一行。双方就深化农业科技合作，进一步加强共同培养研究生工作等方面交换了意见。吴孔明副院长参加了会见。

10 月 28 日 农业部在中国农业科学院召开种业权益比例改革试点工作座谈会。农业部副部长余欣荣在会上做了讲话。中国农业科学院党组书记陈萌山同志出席会议。

10 月 29 日 2014 年度国家自然科学基金项目评审结果揭晓，中国农业科学院作物科学研究所刘斌博士、植物保护研究所刘文德博士、哈尔滨兽医研究所李呈军博士分别获得 2014 年度国家优秀青年科学基金项目资助。

10 月 30 日 中国农业科学院吴孔明科研团队和英国兰开斯特大学（Lancaster University）威尔逊教授（Kenneth Wilson）科研团队合作研究发现了一种对寄主棉铃虫有利的浓核病毒（HaDNV-1）。相关研究成果于 2014 年 10 月 30 日发表于著名国际病理学专业期刊 *PLoS Pathogens*（《公共科学图书馆：病原体》）上。

11 月

11 月 2 日 中国农业科学院麻类研究所的“高效节能清洁型麻类工厂化生物脱胶技术”和“麻育秧膜研制及其在水稻机插育秧中的应用”两项科技成果通过了由农业部科技发展中心组织的成果评价。

11月2—6日 农业部2014年“西部之光”访问学者、新疆特培学员欢迎座谈会和专题研修班在中国农业科学院举办。农业部人事劳动司、中组部人才工作局、人社部专技司相关领导出席欢迎会。会议由中国农业科学院党组成员、人事局局长魏琦主持。

11月3日 中共中国农业科学院直属机关第六次代表大会在北京举行。农业部直属机关党委常务副书记潘显政、院党组书记陈萌山出席会议并讲话，农业部人事劳动司副司长出席会议。院党组副书记、副院长、直属机关党委书记唐华俊受第五届党委会委托作工作报告。

11月4日 中国农业科学院与广西壮族自治区人民政府在南宁签署深化农业科技合作备忘录，农业部副部长、中国农业科学院院长李家洋，广西壮族自治区副主席唐仁健代表双方在备忘录上签字。广西壮族自治区主席陈武出席签字仪式。

11月5日 全国政协委员、中国优质农产品开发服务协会会长朱保成到中国农业科学院农产品加工研究所调研指导工作，听取了加工所所长的工作汇报，实地考察了加工所园区。中国农业科学院党组书记陈萌山、农业部农产品加工局局长陪同调研并出席座谈会。

11月5日 中国农业科学院召开党员干部大会，传达学习党的十八届四中全会精神。院党组书记陈萌山出席大会并讲话，院党组副书记、副院长唐华俊主持会议。

11月5日 经农业部组织专家验收，中国农业科学院作物科学研究所在新疆生产建设兵团第四师71团万亩（10 500亩）玉米示范田亩均单产实现1 227.6千克/亩的全国大面积高产新纪录，使我国玉米万亩单产迈上1 200千克/亩的新台阶。

11月6日 中国农业科学院北京畜牧兽医研究所文杰研究员带领家禽遗传育种团队研发完成的“黄羽肉鸡节粮、优质和抗病新品系选育关键技术及应用”成果由中国农学会组织专家进行了成果评价，达到国际先进水平。

11月6日 中国园艺学会和北京华耐农业发展有限公司联合设立的华耐园艺科技奖评审结果揭晓，由中国农业科学院果树研究所姜淑苓研究员主持完成的“梨优异矮化种质创制与矮化砧品种培育利用”成果荣获2014年度华耐园艺科技奖。

11月10日 农业部副部长、中国农业科学院院长李家洋会见了前来参加“农业基因组大会”的国际水稻所（IRRI）所长罗伯特·齐格勒（Robert Zeigler），双方就进一步加强水稻领域的科技合作进行了深入交流。

11月10日 中国农业科学院南京农业机械化研究所土下果实收获技术创新团队成功创制出国内首台八行花生捡拾联合收获机，填补了国内在该技术领域的空白。

11月10日 由中国农业科学院草原研究所牵头，联合中国农业科学院深圳农业基因组研究所等单位共同合作的羊草全基因组测序计划全面启动。

11月11日 在浙江省宁海县越溪乡高产品种与技术示范方，经专家组田间实割测产，由中国水稻研究所选育的籼粳杂交稻“春优927”在该示范方种植获得亩产955千克，创造了水稻所水稻新品种单产新突破。

11月13—14日 由中国农业科学院与英国洛桑试验站联合举办的合作研讨会在北

京举行。农业部副部长、中国农业科学院院长李家洋，国家自然基金委国际合作局局长冯峰，洛桑试验站主任阿奇姆·杜伯曼（Achim Dobermann）出席开幕式并致辞。中国农业科学院副院长吴孔明主持会议。

11月15日　中国农业科学院科技创新工程第三批试点研究所遴选结果经院常务会审议通过，并正式批复。此次共选定蜜蜂所、农经所、信息所、食物营养所、灌溉所、麻类所、果树所、郑州果树所、草原所、沼科所10个研究所及其77个科研团队，第一、第二批试点研究所新增45个科研团队进入科技创新工程第三批试点，于2015年启动实施。

11月16日　中国农业科学院副院长吴孔明赴深圳农业基因组研究所调研并召开现场办公会。院机关有关部门及研究生院的负责同志出席。

11月16日　农业部科教司司长唐珂一行到中国农业科学院深圳农业基因组研究所调研。中国农业科学院副院长吴孔明，广东省农业厅、深圳市有关部门领导及中国农业科学院有关部门负责人陪同调研。

11月16—21日　第16届中国国际高新技术成果交易会在深圳会展中心举行。中国农业科学院副院长吴孔明率团参展。中共中央政治局委员、国务院副总理刘延东，中共中央政治局委员、广东省委书记胡春华，全国政协副主席、科技部部长万钢参观了中国农业科学院展区。

11月17日　经农业部党组会议研究决定：舒文华任中国农业科学院监察局局长。

11月17日　经农业部党组会议研究决定：王长江同志任中国农业科学院农产品加工研究所党委书记，自任职之日起上岗试用，试用期1年；免去舒文华同志的中国农业科学院农产品加工研究所党委书记职务。

11月17日　经农业部党组会议研究，并征得中共青岛市委同意，决定：王元英任中国农业科学院烟草研究所所长；许发辉同志任中国农业科学院烟草研究所党委书记，自任职之日起上岗试用，试用期1年；免去管辉同志的中国农业科学院烟草研究所党委书记职务，保留正所级待遇。

11月17日　经农业部党组会议研究，并征得中共四川省委同意，决定：李谦任农业部沼气科学研究所所长；蔡萍同志任农业部沼气科学研究所党委书记，自任职之日起上岗试用，试用期1年。

11月19日　农业部南京农业机械化研究所报举行钱浩声先生诞辰110周年植保机械学术研讨会暨农机所所庆80周年纪念活动。来自业界的领导、专家、同行以及农机化所在职职工和部分离退休职工代表们欢聚一堂，共同庆贺。

11月20日　农业部科教司在中国农业科学院组织召开了农业科技创新联盟建设研讨会。中国农业科学院党组书记陈萌山、副院长唐华俊出席了会议。

11月20日　中共浙江省委副书记王辉忠在省委副秘书长、省农业厅副厅长、富阳市委书记等陪同下到中国水稻研究所视察，并与水稻所领导、科研人员进行了座谈。所领导出席座谈会。

11月20日 中国农业科学院哈尔滨兽医研究所陈化兰科研团队的最新研究揭示了H9N2禽流感病毒对公共卫生的潜在风险。相关研究成果于11月20日发表在著名国际病原学专业期刊 *PLoS Pathogens*（《公共科学图书馆：病原》）上。

11月20日 中国农业科学院上海兽医研究所科研人员率先从发病鸭场分离鉴定出引起新发鸭传染病的病原，将之命名为“坦布苏病毒（Tembusu virus，TMUV）”，并成功研制出“鸭坦布苏病毒病活疫苗（FX2010-180P株）”。

11月21日 中央农村工作领导小组副组长袁纯清到中国农业科学院考察调研。农业部副部长、中国农业科学院院长李家洋、院党组书记陈萌山、副院长雷茂良，农业部科教司巡视员陪同考察并座谈。

11月21日 中国农业科学院2014年第八期“农科讲坛（中国农业科技报告会）”在国家农业图书馆报告厅举行。中国工程院副院长、中国工程院院士刘旭作了题为“小麦耐盐种质98-160研究进展”的报告，并和与会人员进行了互动交流。院党组书记陈萌山，院领导雷茂良、李金祥、吴孔明、魏琦出席报告会。报告会由陈萌山主持。

11月22日 农业部部长韩长赋来到中国农业科学院深圳农业基因组研究所调研。农业部副部长、中国农业科学院院长李家洋，广东省副省长，深圳市副市长及农业部有关司局、广东省和深圳市有关部门领导参加调研。

11月25日 中国农业科学院特产研究所杨福合研究员率领的科研团队邵西群博士课题组经过3年努力在水貂阿留申病毒检测中发现了自然感染貉和蓝狐的阿留申病病毒新种（RFAV），并首次成功分离了一株非水貂源RFAV，进而证明RFAV极可能是感染貉的类似水貂阿留申病症的新病原。相关成果发表在国际知名传染病期刊 *Emerging Infectious Diseases*（《新发传染病》）上。

11月26日 中央组织部在人民大会堂举行了全国离退休干部先进集体和先进个人表彰会。中国农业科学院蔬菜花卉研究所第六党支部作为农业部唯一推荐单位荣获“全国离退休干部先进集体”称号。蔬菜所第六党支部书记参加了表彰会并受到习近平总书记亲切接见。

11月27日 中国农业科学院党的建设与思想政治工作研究会第六届理事会第二次会议在河南省安阳市召开。院党组书记、院“两研会”会长陈萌山出席会议并讲话。院党组纪检组组长、院“两研会”副会长史志国作工作报告。院党组成员、人事局局长魏琦，院巡视组组长高淑君出席会议。

11月29日 中国农业科学院蔬菜花卉研究所研究员、深圳农业基因组研究所副所长黄三文领导的科研团队历经5年的研究发现了黄瓜苦味合成、调控及驯化的分子机制。最新一期的国际顶级学术期刊 *Science*（《科学》）杂志以长篇幅论文的形式发表了这一研究成果。

11月30日 中国农业科学院研究生教育改革与发展研讨会在北京市召开。中国农业科学院副院长吴孔明、农业部科教司副司长刘艳、国务院学位办处长欧百钢出席研讨会并讲话。

12 月

12 月 1 日　农业部副部长、中国农业科学院院长李家洋主持召开 2014 年第十一次常务会。会议审议了中国农业科学院 2015 年工作会议方案、2014 年研究所评价指标体系修改方案、中国农业科学院科技传播工作管理办法。

12 月 1 日　农业部副部长、中国农业科学院院长李家洋，副院长吴孔明分别会见了来访的瓦赫宁根大学与研究中心校长兼主席露易丝 · 福莱斯科（Louise Fresco）教授。双方就加强进一步的合作进行了深入交流。

12 月 1 日　院办公室会同成果转化局在院网开设"粮棉油增产增效技术集成生产模式研究"专栏，并于 12 月 1 日正式上线。该专栏由信息所网站资源系统室设计开发。

12 月 1 日　中国农业科学院举办了学习贯彻党的十八届四中全会精神辅导报告会，邀请中央党校中共党史教研部主任、博士生导师谢春涛教授作专题报告。报告会由院党组副书记、副院长唐华俊主持。

12 月 2 日　农业部在中国农业科学院国家种业科技成果产权交易中心举办了种业科技成果确权推介交易活动。农业部种业权益比例改革指导小组副组长、中国农业科学院党组书记陈萌山，副院长吴孔明出席会议并讲话。

12 月 2 日　黑龙江省副省长胡亚枫到中国农业科学院哈尔滨兽医研究所调研指导工作。省科技厅、省工信委、省办公厅等领导参加调研。哈尔滨兽医研究所领导陪同调研。

12 月 3—12 日　中国农业科学院党组书记陈萌山率团访问了德国联邦食品与农业部、美国加州大学戴维斯分校、北卡州立大学和国际玉米小麦改良中心，并在加州大学戴维斯分校作了题为"中国农业发展形势及中国农业科学院创新人才战略"的学术报告。

12 月 10 日　国家知识产权局颁布了《关于第十六届中国专利奖授奖的决定》，中国农业科学院 4 项专利获得中国专利优秀奖。这是继 2013 年中国农业科学院 4 项专利入围第十五届中国专利优秀奖之后再次多项专利获奖。

12 月 10 日　农业部召开离退休干部先进集体和先进个人表彰大会。中国农业科学院有 3 个党支部荣获农业部离退休干部"先进集体"称号；7 人荣获"先进个人"称号。

12 月 15—16 日　中国农业科学院"十三五"基本建设规划研讨会在北京市召开。中国农业科学院副院长李金祥，农业部发展计划司副司长出席会议。院属各单位、院机关各部门相关负责同志共 70 余人参加了会议。

12 月 16 日　农业部党组副书记、副部长余欣荣在中国水稻研究所调研种业权益比例改革试点工作，中国农业科学院党组书记陈萌山、浙江省农业厅厅长等陪同调研。

12 月 16—17 日　中国农业科学院副院长雷茂良前往河北省阜平县调研，实地考察了槐树庄、骆驼湾等村镇农业农村经济发展情况，并就进一步加强务实合作、加快当地脱贫致富等问题进行了座谈。保定市副市长，阜平县委书记、县长陪同调研。

12月18日 中国农业科学院在北京组织召开了科技发展战略研究培训暨科技规划工作会。中国农业科学院副院长吴孔明出席会议并讲话。

12月22日 在国家农业科技创新联盟成立大会上，农业部副部长、中国农业科学院院长李家洋当选为国家农业科技创新联盟理事长。农业部部长韩长赋出席成立大会并讲话。

12月23日 国家发改委农村经济司胡恒洋巡视员一行到中国农业科学院农业质量标准与检测技术研究所调研，并与所领导班子进行座谈。农业部发展计划司副司长，中国农业科学院副院长李金祥、基建局局长、质标所所长等陪同调研。

12月23日 中国农业科学院农业资源与农业区划研究所申报“全国文明单位”迎来中央国家机关全国文明单位考核组实地考核。考核组由中央国家机关工委宣传部副部长赵建国带队，农业部直属机关党委副书记、纪委书记胡永万，中国农业科学院院党组副书记、副院长唐华俊出席汇报会。

12月24日 西藏自治区副主席坚参一行7人到中国农业科学院农产品加工研究所考察，并与专家进行了座谈交流。加工所领导以及马铃薯主粮化项目组专家参加了座谈。

12月26日 中国农业科学院作物科学研究所邱丽娟研究员率领的大豆基因资源研究团队在大豆耐盐基因挖掘研究中取得重要进展。相关研究成果以专题文章发表于最新一期 *The Plant Journal*（《植物学杂志》）上。

12月30日 中国农业科学院举行党组中心组2014年第三次（扩大）学习会，农业部副部长、中国农业科学院院长李家洋出席会议。会议由院党组书记陈萌山主持。

十二、附　　录

中国农业科学院科技期刊及报纸一览表

序号	刊物名称	主办单位	主管单位	创刊年份	类别	主编	编辑部主任	电话	刊号	联系人	联系人电话	电子邮箱	网址	刊期
1	中国农业科学	中国农业科学院（信息所承办）	农业部	1960	学术类	刘　旭	李云霞	010－82106281	CN 11-1328/S ISSN 0578-1752	孙雷心	010－82109808	zgnykx@ caas. cn	www. ChinaA-griSci. com	半月
2	*Journal of Integrative Agriculture*	中国农业科学院（信息所承办）	农业部	2002	学术类	刘　旭	李云霞/张以民	010－82106281	CN 10-1039/S ISSN 2095-3119	张以民	010－82105098	jia_ journal@ caas. cn	www. ChinaA-griSci. com	月
3	农产品质量与安全	中国农业科学院（质标所承办）	农业部	2003	综合类	翟虎渠	钱永忠	010－82106522	CN 11-5896/S ISSN 1674-8255	李　艳	010－82106522	aqs@ caas. cn	www. iqstap. com/sites/iqt	双月
4	农业科技通讯	中国农业科学院（信息所承办）	农业部	1972	技术类	侯连德	刘　东	010－82109664	CN 11-2395/S ISSN 1000-6400	刘　东	010－82109664	tongxun@ caas. cn; tongxuna@ 126. com	aii. caas. net. cn	月
5	中国食物与营养	中国农业科学院/国家食物与营养咨询委员会（信息所承办）	农业部	1995	技术类	许世卫	刘　宏	010－82109761	CN 11-3716/TS ISSN 10069577	刘　宏	010－82109761	foodandn@ 263. net	aii. caas. cn	月
6	作物学报	中国作物学会/作科所	中国科协	1950	学术类	万建民	程维红	010－82108548	CN 11-1809/S	程维红	010－82108548	chengweihong@ caas. cn	zwxb. chinacrops. org	月

（续表）

序号	刊物名称	主办单位	主管单位	创刊年份	类别	主编	编辑部主任	电话	刊号	联系人	联系人电话	电子邮箱	网址	刊期
7	*The Crop Journal*	中国作物学会/作科所/中国科技出版传媒股份有限公司	中国科协	2013	学术类	万建民	程维红	010－82108548	CN 10-1112/S	程维红	010－82108548	chengweihong@caas. cn	www. journals. elsevier. com/the-crop-journal	双月
8	作物杂志	中国作物学会/作科所	中国科协	1985	技术类	赵　明	姚　杰	010－82108790	CN 11-1808/S	姚　杰	13681491781	yaojie@ caas. cn	zwzz. cbpt. cnki. net；zwzz. china-crops. org/ma-gas. asp？menuid＝22	双月
9	中国种业	作科所/中国种子协会	农业部	1982	技术类	王述民	刘根泉	010－82109494	CN 11-4413/S ISSN1 671-895X	刘根泉	13641287335	chinaseedqks@sina. com	www. chinaseed-qks. cn	月
10	植物遗传资源学报	作科所/中国农学会	农业部	1982	学术类	刘　旭	刘根泉	010－82109494	CN 11-4996/S ISSN 1672-1810	刘根泉	13641287335	zwyczyxb2003@sina. com	www. zwyczyxb. cn	季
11	植物保护	中国植物保护学会	中国科协	1963	学术类	陈万全	王　音	010－62819059	CN 11-1982/S ISSN 0529-1542	王　音	13581952263	zwbh1963@263. net	www. plantprotec-tion. ac. cn	双月
12	中国蔬菜	蔬菜所	农业部	1981	技术类	孙日飞	龚一帆	010－82109550	CN 11-2326/S ISSN 1000-6346	龚一帆	1371 8787 897	zgsc@ caas. cn	www. cnveg. org	月
13	园艺学报	中国园艺学会	中国科协	1962	学术类	方智远	赵　华	010－62192388	CN 11-1924/S ISSN 0513-353X			yuanyixuebao@126. com	www. ahs. ac. cn	双月

（续表）

序号	刊物名称	主办单位	主管单位	创刊年份	类别	主编	编辑部主任	电话	刊号	联系人	联系人电话	电子邮箱	网址	刊期
14	中国生物防治学报	植保所/中国植物保护学会	农业部	1985	学术类	张　杰	张　莹	010－62815625	CN 11-5973/S ISSN 2095-039X	张　莹	010－62815625	bj_ zhangying@163. com	www. zgswfz. com. cn	双月
15	中国农业气象	环发所	农业部	1979	学术类	梅旭荣	雷水玲	010－82109774	CN 11-1999/S ISSN 1000-6362	雷水玲 高志平	010－82109774/82109772	leishl@ ieda. org. cn; gaozhiping@ieda. org. cn	zgnyqx. ieda. org. cn	双月
16	畜牧兽医学报	中国畜牧兽医学会	中国科协	1956	学术类	文　杰	任　鹏	010－62815987	CN 11-1985/S ISSN 0366-6964	任　鹏	010－62815987	xmsyxb@ 263. net	www. xmsyxb. com	月
17	中国畜牧兽医	畜牧所	农业部	1974	技术类	李　琍	赵连生	010－62816020	CN 11-4843/S ISSN 1671-7236	赵连生	010－62894572	zgxmsy@ caas. cn	www. chvm. net	月
18	中国蜂业	蜜蜂所/中国养蜂学会	农业部	1934	综合类	李海燕	方兵兵	010－62598244/62591804	CN 11-5358/S ISSN 0412-4367	刘世丽	010－62595931	zgyf 2008@126. com	www. bee1934. org	旬
19	中国农业科技导报	中国农村技术开发中心（生物所承办）	科技部	1999	技术类	范云六	蔡晶晶	010－82109848	CN 11-3900/S ISSN 1008-0864	蔡晶晶	010－82109848	nykjdb@163. com; nkdb@ caas. cn	www. nkdb. net	双月
20	核农学报	中国原子能学会/原子能所	农业部	1987	学术类	华跃进	杨　洋	010－62811654	CN 11-2265/S	杨　洋	010－62811654	hnxb5109@126. com	www. hnxb. org	月

（续表）

序号	刊物名称	主办单位	主管单位	创刊年份	类别	主编	编辑部主任	电话	刊号	联系人	联系人电话	电子邮箱	网址	刊期
21	农业经济问题	中国农业经济学会/农经所	农业部	1980	学术类	秦　富	李玉勤	010－82108705	CN 11-1323/F	张宁宁	010－82109789	zhangningning@caas. cn	www. iaecn. cn	月
22	农业技术经济	中国农业技术经济研究会/农经所	农业部	1982	学术类	王济民	李玉勤	010－82108705	CN 11-1883/S	张宁宁	010－82109789	zhangningning@caas. cn	www. iaecn. cn	月
23	中国土壤与肥料	资划所/中国植物营养与肥料学会	农业部	1964	技术类	黄鸿翔	张　华	010－82109637	CN 11-5498/S ISSN 1673-6257	单秀枝	010－82108656	trfl@ caas. ac. cn	chinatrfl. alljournal. net. cn	双月
24	植物营养与肥料学报	中国植物营养与肥料学会	农业部	1994	学术类	白由路	张　华	010－82109637	CN 11-3996/S ISSN 1008-505X	徐晓芹	010－82108653	zwyf@ caas. ac. cn; zwyf@ chinajournal. net. cn	www. plantnutrifert. org	双月
25	中国农业资源与区划	资划所/全国农业资源区划办公室	农业部	1980	学术类	唐华俊	张　华	010－82109637	CN 11-3513/S ISSN 1005-9121	李　刚	010－82109628	quhuabjb0141@sina. com	www. cjarrp. com	双月
26	中国农业信息	资划所	农业部	1989	技术类	王道龙	张　华	010－82109637	CN 11-4922/S ISSN 1672-0423	李　刚	010－82109628	zgnyxx001@126. com	www. cjarrp. com	半月
27	农业图书情报学刊	信息所	农业部	1984	学术类	贾善刚	刘　东	010－82109667	CN 11-2711/G2	孔晔晗	010－82109667	xuekan@ caas. cn	nytsqb. caas. cn	月

（续表）

序号	刊物名称	主办单位	主管单位	创刊年份	类别	主编	编辑部主任	电话	刊号	联系人	联系人电话	电子邮箱	网址	刊期
28	中国乳业	信息所/中国奶业协会	农业部	2002	技术类	冯艳秋	赵京颐	010－82109914	CN 11-4768/S ISSN 1671-4393	聂迎利	010－82109890	zhgry@ caas. cn	www. ryzxw. com	月
29	生物技术通报	信息所	农业部	1985	学术类	路铁刚	李　楠	010－82109903	CN 11-2396/Q ISSN 1002-5464	李　楠	010－82109903	biotech@ caas. cn; linan@ caas. cn	biotech. caas. cn	月
30	农业网络信息	信息所	农业部	1986	技术类	刘世洪	赵京颐	010－82109657	CN 11-5065/TP ISSN 1672-6251	陈晓明	010－82109657	nywlxx@ caas. cn	aii. caas. net. cn	月
31	农业展望	信息所	农业部	2005	技术类	许世卫	潘月红	010－82109913	CN 11-5343/S ISSN 1673-3908	潘月红	010－82109913	nyzy@ caas. cn	aii. caas. net. cn	月
32	中国园艺文摘	信息所	农业部	1985	技术类	赵瑞雪	李文炬	010－82109897	CN 11-4921/S	李文炬	010－82109897	zgyywz@ caas. cn	aii. caas. net. cn	月
33	中国猪业	信息所	农业部	2006	技术类	冯艳秋	赵京颐 彭　华	010－82106275	CN 11-5435/S	彭　华	010－82106275	zhuye@ caas. cn	aii. caas. net. cn	月
34	中国畜牧兽医文摘	信息所	农业部	1985	技术类	刘继芳	刘　斌	010－82109897	CN 11-4919/S ISSN 1672-0857	刘　斌	010－82109924	zgxmsywz@ 126. com	zxwa. cbpt. cnki. net/WKD/WebPublication/index. aspx? mid = zxwa	月

（续表）

序号	刊物名称	主办单位	主管单位	创刊年份	类别	主编	编辑部主任	电话	刊号	联系人	联系人电话	电子邮箱	网址	刊期
35	中国畜禽种业	信息所	农业部	2005	技术类	孟宪学	杨　碚	010－82106255	CN 11-5342/S	赵　薇	010－82106255	zgxq010@126. com	aii. caas. cn	月
36	农业科研经济管理	中国农学会	中国科协	1993	学术类	史志国	张　华	010－82109637	CN 11-3801/S ISSN 2095-3577	李　刚	010－82109628	nykygl@126. com	www. cjarrp. com	季
37	灌溉排水学报	灌溉所	水利部/农业部	1982	学术类	段爱旺	高　峰	0373－3393253	CN 41-1337/S ISSN 1672-3317	李香萍	0373－3393346	gfid@ sina. com	ggps. cbpt. cnki. net	双月
38	中国水稻科学	水稻所	农业部	1986	学术类	程式华	阮刘青	0571－63370480	CN 33-1146/S ISSN 1001-7216	夏小东	0571－63370278	cjrs @ 263. net; ruanlq@ 163. com	www. ricesci. cn	双月
39	Rice Science	水稻所	农业部	1990	学术类	程式华	阮刘青	0571－63371017	CN 33-1317/S ISSN 1672-6308	李　冠	0571－63371017	li@ ricescience. org	www. ricescience. org	双月
40	中国稻米	水稻所	农业部	1995	技术类	钱　前	庞乾林	0571－63370368	CN 33-1201/S	庞乾林	13388608073	zgdm@ 163. com	www. zgdm. net	双月
41	中国棉花	棉花所	农业部	1958	技术类	喻树迅	刘全义	0372－2525362/9	CN 41-1140/S ISSN 1000-632X	曾志平	0372－2525369	journal@ cricaas. com. cn; cottonsci@ gmail. com	journal. cricaas. com. cn	月

（续表）

序号	刊物名称	主办单位	主管单位	创刊年份	类别	主编	编辑部主任	电话	刊号	联系人	联系人电话	电子邮箱	网址	刊期
42	棉花学报	中国农学会	中国科协	1989	学术类	喻树迅	刘全义	0372 - 2525362/9	CN 41-1163/S ISSN 1002-7807	曾志平	0372 - 2525369	journal@ cricaas. com. cn; cottonsci@ gmail. com	journal. cricaas. com. cn	双月
43	中国油料作物学报	油料所	油料所	1979	学术类	王汉中	肖唐华	027 - 86813823	CN 42-1429/S ISSN 1007-9084	吴克力	13147160655	ylxb@ oilcrops. cn	www. jouroil-crops. cn	双月
44	中国麻业科学	麻类所	农业部	1979	学术类	熊和平		0731 - 88998521	CN 43-1467/S ISSN 1673-7636	黎　宇	18900710623	csibfc@ sina. com	www. chinaibfc. com/zyzz/&i = 46&com Conten-tId = 46. html	双月
45	中国果树	果树所	农业部	1959	技术类	刘凤之	米文广	0429 - 3598131	CN 21-1165/S ISSN 1000-8047	米文广	0429 - 3598131	zggsbjb@ vip. 163. com	www. zggskj. com	双月
46	果树实用技术与信息	果树所	农业部	1994	科普类	赵进春	郝红梅 胡成志	0429 - 3598131	CN 21-1342/S	郝红梅	0429 - 3598131	gssyjs2007@ sohu. com	www. zggskj. com	月
47	果树学报	郑果所	农业部	1984	学术类	王志强	邓秀新 李绍华 方金豹 陈新平	0371 - 65330928	CN 41-1308/S ISSN 1009-9980	王　珂	0371 - 65330927	chinagsxb@ 163. com	gskk. cbpt. cnki. net/WKA/Web-Publication/in-dex. aspx? mid = gskk	双月
48	中国瓜菜	郑果所	农业部	1988	技术类	刘君璞	陈新平 张　显 陈劲枫 周普国	0371 - 65330928	CN 41-1374/S	代　军	0371 - 65330927	zggc@ 163. com	www. zzgss. cn/Qk/QkDefault. aspx? tid = 3	双月

（续表）

序号	刊物名称	主办单位	主管单位	创刊年份	类别	主编	编辑部主任	电话	刊号	联系人	联系人电话	电子邮箱	网址	刊期
49	果农之友	郑果所	农业部	2000	技术类	陈新平	张　莉	0371－65330928	CN 41-1343/S	李艳萍	0371－65330949	gnzy@163.com	www.zzgss.cn/Qk/QkDefault.aspx?tid=1	月
50	中国茶叶	茶叶所	农业部	1979	技术类	黄　飞		0571－86650375	CN 33-1117/S			zjf@mail.tricaas.com		
51	茶叶科学	茶叶所	中国科协	1964	学术类	朱永兴	朱永兴	0571－86651902	CN 33-1115/S	朱永兴	0571－86651902	zyx99@vip.163.com	www.tea-science.com	双月
52	生物技术进展	茶叶所/生物所	农业部	2011	学术类	林　敏	梁国彪	010－82106118	CN 33-1375/Q ISSN 2095-2341	蔡晶晶	010－82106118	prog_biotech@163.com；prog_biotech@caas.cn	www.swjsjz.cn	月
53	中国预防兽医学报	哈尔滨兽医所	农业部	1979	学术类	孔宪刚	赵晓岩	18946066140	CN 23-1417/S ISSN 1008-0589	赵晓岩	18946066140	zhaoxiaoyan2080@aliyun.com	www.zgyfsyxb.com	月
54	畜牧兽医科技信息	哈尔滨兽医所	农业部	2002	技术类	王笑梅	秦红丽	0451－51997179	CN 23-1501/S ISSN 1671-6027		0451－51997179	Xmsykjxx2004@sohu.com		月
55	中国兽医科学	兰州兽医所	农业部	1971	学术类	殷　宏	张文举	0931－8342195	CN 62-1192/S ISSN 1673-4696	张文举	13919450537	zgsykx@zgsykx.com	www.zgsykx.com	月

（续表）

序号	刊物名称	主办单位	主管单位	创刊年份	类别	主编	编辑部主任	电话	刊号	联系人	联系人电话	电子邮箱	网址	刊期
56	中国草食动物科学	兰州牧药所	农业部	1981	学术类	阎　萍	魏云霞	0931－2115279	CN 62-1206/Q ISSN 2095-3887	肖玉萍	0931－2115279	xumuchj@163. com	zgcsdw. periodicals. net. cn	双月
57	中兽医医药杂志	中兽医所	农业部	1982	学术类	杨志强	赵四喜	0931－2115280	CN 62-1063/R ISSN 1000-6354	王华东	0931－2115280	zsyyyzz@ periodicals. net. cn; zhaosixi@ sina. com		双月
58	中国动物传染病学报	上海兽医所	农业部	1993	学术类	童光志	周　杰	021－34293142	CN 31-2031/S ISSN 1674-6422	章力勇 郑海红	021－34293142	bianjibu @ shvri. ac. cn; zhhh79@ 163. com	www. shvri. ac. cn/zazhi	双月
59	中国草地学报	草原所	农业部	1979	学术类	侯向阳	刘天明	0471－4926880	CN 15-1344/S ISSN 1673-5021	刘天明	0471－4926880	zgcdxb@ 126. com	www. gricaas. net/web/news. asp? nc = 13. 80	双月
60	特产研究	特产所/中国农学会特产学会	农业部	1962	技术类	杨福合	刘艳环	0431－81919588	CN 22-1154/S ISSN 1001-4721		13804326623	tcyjbjb@ 126. com		季
61	特种经济动植物	特产所	农业部	1982	技术类	杨福合	周淑荣	0431－81919599	CN 22-1155/S ISSN 1001-4713			tzjjdzw@ 126. com		月
62	农业资源与环境学报	环保所/中国农业生态环境保护协会	农业部	1984	学术类	任天志	叶　飞	022－23611149	CN 12-1437/S ISSN 2095-6819	肖　洁	022－23611149	caed@ vip. 163. com	www. aed. org. cn	双月

（续表）

序号	刊物名称	主办单位	主管单位	创刊年份	类别	主编	编辑部主任	电话	刊号	联系人	联系人电话	电子邮箱	网址	刊期
63	农业环境科学学报	环保所/中国农业生态环境保护协会	农业部	1982	学术类	李文华	李无双	022－23674336	CN 12-1347/S ISSN 1672-2043	李无双	022－23674336	caep@ vip. 163. com	www. aes. org. cn	月
64	中国沼气	中国沼气学会/沼科所	农业部	1983	技术类	王锡吾		028－85230681	CN 51-1206/S ISSN 1000-1166			zhongguo zhaoqi1983@ vip. 163. com		双月
65	中国农机化学报	农机化所	农业部	1957	学术类	曹曙明	王利民	025－84346296	CN 32-1123/S ISSN 1006-7205	凌小燕	025－84346270	jcam@ vip. 163. com		双月
66	农业开发与装备	农机化所	农业部	1995	技术类	陈巧敏	胡进鑫	025－84346221	CN 32-1123/S	胡进鑫	025－84346221	njjzy2189@ sina. com	www. nriam. com/njjzy	双月
67	中国烟草科学	烟草所	农业部	1979	学术类	王元英	张久权	0532－88703238	CN 37-1277/S ISSN 1007-5119	张久权	18663928228	joezhang85@ 126. com	www. zgyckx. com. cn	双月

中国农业科学院通讯录

单位名称	通讯地址	邮编	区号	电话	传真
院办公室	北京市海淀区中关村南大街12号	100081	010	82109398	82103005
科技管理局	北京市海淀区中关村南大街12号	100081	010	82109427	82105534
人事局	北京市海淀区中关村南大街12号	100081	010	82109437	82105563
财务局	北京市海淀区中关村南大街12号	100081	010	82105658	82105668
基本建设局	北京市海淀区中关村南大街12号	100081	010	82109471	82105582
国际合作局	北京市海淀区中关村南大街12号	100081	010	82109477	62174060
成果转化局	北京市海淀区中关村南大街12号	100081	010	82105192	82105192
直属机关党委	北京市海淀区中关村南大街12号	100081	010	82105708	82105708
监察局	北京市海淀区中关村南大街12号	100081	010	82109502	82109448
后勤服务中心	北京市海淀区中关村南大街12号	100081	010	82109668	82109668
研究生院	北京市海淀区中关村南大街12号	100081	010	82109689	82106609
作物科学研究所	北京市海淀区中关村南大街12号	100081	010	82109715	82105819
植物保护研究所	北京市海淀区圆明园西路2号	100193	010	62815905	62895365
蔬菜花卉研究所	北京市海淀区中关村南大街12号	100081	010	82109520	62146160

（续表）

单位名称	通讯地址	邮编	区号	电话	传真
农业环境与可持续发展研究所	北京市海淀区中关村南大街12号	100081	010	82109567	82109567
北京畜牧兽医研究所	北京海淀区圆明园西路2号	100193	010	62815851	62895372
蜜蜂研究所	北京市海淀区香山北沟1号	100093	010	62593512	62593512
饲料研究所	北京市海淀区中关村南大街12号	100081	010	82109812	82106054
农产品加工研究所	北京市海淀区圆明园西路2号	100193	010	62815836	62895382
生物技术研究所	北京市海淀区中关村南大街12号	100081	010	82106405	82106405
农业经济与发展研究所	北京市海淀区中关村南大街12号	100081	010	82109801	62187545
农业资源与农业区划研究所	北京市海淀区中关村南大街12号	100081	010	82109640	82106225
农业信息研究所	北京市海淀区中关村南大街12号	100081	010	82109915	82103127
农业质量标准与检测技术研究所	北京市海淀区中关村南大街12号	100081	010	82106515	82106500
农业部食物与营养发展研究所	北京市海淀区中关村南大街12号	100081	010	82105179	82105184
中国农业科学技术出版社	北京市海淀区中关村南大街12号	100081	010	82109700	82109700
农田灌溉研究所	河南省新乡市牧野区宏力大道（东）380号	453002	0373	3393354	3393344

（续表）

单位名称	通讯地址	邮编	区号	电话	传真
中国水稻研究所	杭州市体育场路359号	310006	0571	63370235	63370989
棉花研究所	河南省安阳市黄河大道西段38号	455000	0372	2562206	2562256
油料作物研究所	湖北省武汉市武昌区徐东二路2号	430062	027	86811837	86816451
麻类研究所	湖南省长沙市岳麓区咸嘉湖西路348号	410205	0731	88998505	88998528
果树研究所	辽宁省兴城市兴海南街98号	125100	0429	3598108	3598288
郑州果树研究所	郑州市航海东路金色港湾南	450009	0371	65330901	65330987
茶叶研究所	杭州市梅灵南路9号	310008	0571	86650180	86650056
哈尔滨兽医研究所	哈尔滨市南岗区马端街427号	150001	0451	51997177	51997166
兰州兽医研究所	甘肃省兰州市城关区盐场堡徐家坪1号	730046	0931	8342489	8340977
兰州畜牧与兽药研究所	兰州市七里河区硷沟沿335号	730050	0931	2115192	2115191
上海兽医研究所	上海市闵行区紫月路518号	200241	021	54082828	54081818
草原研究所	内蒙古呼和浩特市新城区乌兰察布东街120号	010010	0471	4961330	4961330
特产研究所	吉林省长春市净月经济开发区聚业大街4899号	130112	0431	81919856	81919800
环境保护科研监测所	天津市南开区复康路31号	300191	022	23613820	23613820
沼气科学研究所	四川省成都市人民南路四段13号	610041	028	85230689	85230691

（续表）

单位名称	通讯地址	邮编	区号	电话	传真
南京农业机械化研究所	江苏省南京市玄武区中山门外柳营 100 号	210014	025	84346212	84432672
烟草研究所	山东省青岛市崂山区科苑经四路 11 号	266101	0532	88701030	88702056
柑橘研究所	重庆市北碚区歇马镇柑橘村 15 号	400712	023	68349709	68349712
甜菜研究所	黑龙江省哈尔滨市南岗区学府路 74 号	150080	0451	86609312	86609312
蚕业研究所	江苏省镇江市四摆渡	212018	0511	85616572	85628183
农业遗产研究室	南京市卫岗 1 号南京农业大学院内	210095	025	84396771	84396771
水牛研究所	广西省南宁市邕武路 24-1 号	530001	0771	3338589	3338814
草原生态研究所	兰州市嘉峪关西路 768 号	730020	0931	8910979	8910979
家禽研究所	江苏省扬州市邗江区仓颉路 58 号	225125	0514	85599000	85599010
甘薯研究所	江苏省徐州市经济技术开发区徐海路高铁站北	221131	0516	82189208	82189209
长春兽医研究所	吉林省长春市净月经济开发区柳莺西路 666 号	130122	0431	86985807	86985828
深圳生物育种创新研究院（筹）	深圳市大鹏新区鹏城片区	518120	0755	22377816	25273835

各省、自治区、直辖市农（牧、林）业科学院通讯录

单位名称	通讯地址	邮编	区号	电话	传真
北京市农林科学院	北京市海淀区曙光中路9号	100097	010	51503241	51503300
天津市农业科学院	天津市南开区白堤路268号	300192	022	23678666	23678667
河北省农林科学院	石家庄市探谈固南大街45号	050031	0311	87652019	87066140
山西省农业科学院	太原市小店区长风街2号	030006	0351	7073032	7040092
内蒙古自治区农牧业科学院	呼和浩特市玉泉区昭君路22号	010031	0471	5295455	5295644
辽宁省农业科学院	沈阳市沈河区东陵路84号	110161	024	31027396 31023112 （一楼大厅收发室）	31027397
吉林省农业科学院	吉林省长春市净月旅游开发区彩宇大街1363号	130124	0431	87063135	87063132
黑龙江省农业科学院	哈尔滨市南岗区学府路368号	150080	0451	86662295	86662295
黑龙江省农垦科学院	黑龙江省佳木斯市安庆街382号	154007	0454	8359120	8359120
上海市农业科学院	上海市奉贤区金齐路1000号	201403	021	62200183	62201221
江苏省农业科学院	南京市孝陵卫钟灵街50号	210014	025	84390014	84432691
浙江省农业科学院	杭州市石桥路198号	310021	0571	86404011	86400481

（续表）

单位名称	通讯地址	邮编	区号	电话	传真
安徽省农业科学院	合肥市庐阳区农科南路40号	230031	0551	6216026	2160337
福建省农业科学院	福州市五四路247号	350003	0591	87884606	87884262
江西省农业科学院	南昌市南昌县莲塘北大道1738号	330200	0791	87090310	87090001
山东省农业科学院	济南市工业北路202号	250100	0531	83179224	88604644
河南省农业科学院	郑州市花园路116号	450002	0371	65729140	65711374
湖北省农业科学院	武汉市洪山区南湖瑶苑特1号	430064	027	87389499	87389499
湖南省农业科学院	长沙市芙蓉区远大二路892号	410125	0731	84691327	84691124
广东省农业科学院	广州市天河区金颖路20号	510640	020	87511099	87503358
广西壮族自治区农业科学院	南宁市大学东路174号	530007	0771	3243866	3244521
海南省农业科学院	海口市琼山区流芳路9号	571100	0898	65369365	65314539
四川省农业科学院	成都市锦江区静居寺路20号	610066	028	84504011	84504198
重庆市农业科学院	重庆市九龙坡区白市驿镇	401329	023	65705208	65703532
贵州省农业科学院	贵阳市小河区金竹镇	550006	0851	3761026	3761504
云南省农业科学院	昆明市北京路2238号	650200	0871	65136637	65136633
西藏自治区农牧科学院	拉萨市金珠西路130号	850000	0891	6862174	6862174

（续表）

单位名称	通讯地址	邮编	区号	电话	传真
西北农林科技大学（陕西省农业科学院）	陕西省杨陵示范区	712100	029	87082809	87082810
甘肃省农业科学院	兰州市安宁区农科院新村1号	730070	0931	7616187	7616187
青海省农林科学院	西宁市城北区宁大路253号	810016	0971	5311151	5311192
宁夏农林科学院	银川市黄河东路590号	750002	0951	6886710	6886712
新疆农业科学院	乌鲁木齐市南昌路403号	830091	0991	4502057	4516057
新疆畜牧科学院	乌鲁木齐市克拉玛依东街151号	830000	0991	4832351	4832351
中国热带农业科学院（华南热带农业大学）	海南省海口市城西学院路4号	571101	0898	66962965	66962904

农业部有关司局及直属单位电话号码

单位	电话	单位	电话	单位	电话
办公厅	59193127	乡镇企业局	59192718	人力资源开发中心、中国农学会	59194204
部值班室	59192316	渔业局	59192936	农村经济研究中心	66115901
人事劳动司	59192510	农产品质量安全监管局	59193168	农村合作经济经营管理总站	59193126
产业政策与法规司	59192730	直属机关党委	59192416	信息中心	59192709
农村经济体制与经营管理司	59193197	驻部纪检组监察局	59192419	农产品质量安全中心	62191443
市场与经济信息司	59193146	离退休干部局	59192411	中国绿色食品发展中心	62191402
发展计划司	59192532	机关服务中心	59192259	规划设计研究院	65002616
财务司	59192514	中国水产科学研究院	68673938	工程建设服务中心	62126228
国际合作司	59192440	中国热带农业科学院	0898－66962965	财会服务中心、中华农业科教基金会	59194361
科技教育司	59193024	全国农业展览馆	65919095	对外经济合作中心	59194805
种植业管理司	59192806	中国农业电影电视中心	82101700	农业贸易促进中心	59194627

（续表）

单位	电话	单位	电话	单位	电话
种子管理局	59192813	农民日报社	85834842	国际交流服务中心	59192672
农业机械化管理司	59192822	中国农业出版社	59195133	中央农业广播电视学校	59196013
畜牧业司	59191873	中国农村杂志社	68131899	科技发展中心	59199373
兽医局	59193307	中国农民体育协会	59194391	农业生态与资源保护总站	59196398
农垦局	59192648	管理干部学院	81706299	全国农业技术推广服务中心	59194544
农药检定所	59194067	中国动物疫病预防控制中心	59194658	东海区渔政局	021－52755808
优质农产品开发服务中心	65521802	中国兽医药品监察所	62160625	南海区渔政局	020－87300715
农业机械试验鉴定总站	59199012	中国动物卫生与流行病学中心	0532－85610280	渔业船舶检验局	59199257
农业机械化技术开发推广总站	67634176	中国农垦经济发展中心	59199509	全国水产技术推广总站	59195075
中国农机安全报社	59199211	农村社会事业发展中心	59199673	中国水产学会	59199605
草原监理中心	59193013	渔政指挥中心	59192919	华龙实业发展有限责任公司	59194436
全国畜牧总站、中国饲料工业协会	59194608	黄渤海区渔政局	0535－6223752		

有关单位通讯录

单位	通讯地址	邮编	区号	电话	电子邮件
科学技术部	北京市复兴路乙15号	100862	010	58881800	
国家发展和改革委员会	北京市西城区月坛南街38号	100824	010	68502000	bgt@ ndrc. gov. cn
国家机关事务管理局	北京市西城区西安门大街22号	100017	010	66036447	webmaster@ ggj. gov. cn
中国农业大学	北京市海淀区圆明园西路2号	100094	010	62736518	xbglq@ cau. edu. cn
中国农学会	北京市朝阳区麦子店街22号	100125	010	59194203	
中国科学技术协会	北京市海淀区复兴路3号	100863	010	68571878	